兽医中药药理学

第 2 版

SHOUYI ZHONGYAO YAOLIXUE

DI-ERBAN

秦 韬 主编

中国农业出版社

北 京

第2版编写人员

主　编　秦　韬

副主编　李　健　马玉芳　吴异健　黄小红

参　编（按姓名笔画排序）

王全溪　邓　辉　白丁平　任　喆

杨　波　张伟妮　张凯照　俞道进

崔红杰

审　稿　黄一帆

第1版编写人员

主　编　黄一帆

副主编　姚金水　李　健

参　编（按姓名笔画排序）

马　霞　马玉芳　俞道进　秦　韬

郭振环　梅景良　黄小红

审　稿　宋大鲁

FOREWORD 2

第2版前言

第1版《兽医中药药理学》以中兽医基本理论为指导，结合兽医临床实践与应用，用现代科学研究中药，阐明中药的药理作用，丰富了兽医中药学的内容，使大家了解了中药药理的最新研究成果，为进一步推广和发展兽医中药打下了坚实的基础。

随着近几年中药药理方面的研究日益增多，涌现出许多可喜的成果，为了使读者及时了解兽医中药学最新的研究进展与成果，我们编写了第2版《兽医中药药理学》。希望本书的出版既能给中兽医药学的教学、科研、新中兽药研发以及兽医临床工作者提供参考并有所帮助，也能进一步推广兽医中药药理学的最新研究成果，促进中兽医药学的基础研究和应用研究。

本书分为总论、各论。总论中的绪论，扼要介绍了基本概念、学科任务、学科简史、研究发展等。总论部分的第一至四章，分别重点阐述中药药性与兽医中药药理的现代研究、中药的主要化学成分与药理作用、影响中药药理作用的因素及兽医中药复方药理的研究方法及特点。总论的第五章重点介绍了中兽药新药安全药理学及临床试验的基本要求及新中兽药注册申报等内容，以供中兽医药工作者申报新中兽药时参考。

各论第六至二十三章，共收入240味中药，按兽医中药传统分类进行编撰。每章先写概述，而后分写各味中药。每味药介绍来源、拉丁学名、性味、归经、功效、主治、主要成分、药理作用、临床应用、注意事项及不良反应等，在兽用的基础上，添加了一部分中药在水产上的应用，突出阐述药理作用，将现代药理研究成果与临床应用相互联系。

由于水平有限，收集和参考的资料主要来源于动物体内外的试验研究结果，部分内容尚不完整或不系统，有待于今后充实和完善，恳请读者批评指正！

本书邀请福建省兽医中药与动物保健重点实验室首席专家黄一帆教授审稿并提出宝贵意见；在编写过程中得到福建农林大学廖吕燕老师及张雪莉、孙梦珂、黄永源、郑强、郭琼等研究生的大力帮助；本书的完成得到各位编者的奉献和支持。谨此一并致以衷心感谢！

福建农林大学　秦韬

2023年1月

FOREWORD 1
第1版前言

进入21世纪以来，兽医中药药理学的研究迎来了新的机遇和挑战。在政府和民众比以往更加重视动物源性食品安全、化学合成药物的毒副作用、药物残留和细菌耐药性等问题的形势下，兽医科技工作者传承与创新并举，应用现代兽医药学的手段和方法，研究兽医中药与动物机体相互作用规律和作用机理，取得了丰硕成果。相关的研究文献日益增多，许多进展令人可喜。在此情况下，我们组织力量收集有关材料，编写了这本《兽医中药药理学》。希望本书的出版能给中兽医药学的教学、科研、新中兽药研发及兽医临床工作者提供参考并有所帮助，也能进一步推广兽医中药药理学的研究成果，进而促进中兽医药学的基础研究和应用研究。

本书分绪论、总论、各论。绪论，扼要介绍了基本概念、学科任务、学科简史、研究发展等。总论部分的第一至四章，分别重点阐述中药药性与兽医中药药理的现代研究、中药的主要化学成分与药理、影响中药药理作用的因素、兽医中药复方药理的研究方法及特点。总论的第五章重点介绍了中兽药新药安全药理学与临床试验的基本要求及注册申报等内容，以供中兽医药工作者申报新中兽药时参考。

各论第六至二十三章，共收入250味中药，按兽医中药传统分类进行编定。每章先写概述，而后分写各味中药。每味药介绍来源、拉丁学名、性味、归经、功效、主治、主要成分、药理作用、临床应用、注意事项及不良反应等，突出阐述药理作用，注意将现代药理研究成果与临床应用相互联系。

由于水平有限，收集和参考的资料主要来源于动物体内外的试验研究结果，部分内容尚不完整或不系统，有待于今后充实和完善，恳请读者批评指正！

本书邀请著名中兽医学家南京农业大学宋大鲁教授审稿并提出宝贵意见；

在编写过程中得到福建农林大学廖吕燕老师及黄诗杭、陈景杰、陈新瑶、宋玉龙、檀新珠等研究生的大力帮助；本书的完成得到各位编者的奉献和支持。谨此一并致以衷心感谢！

福建农林大学　黄一帆

2016年3月

CONTENTS
目　录

第 2 版前言

第 1 版前言

绪论 …… 1

第一节　兽医中药药理学的概念与学科任务 …… 1

一、兽医中药药理学的概念 …… 1

二、兽医中药药理学的学科任务 …… 1

第二节　兽医中药药理学的发展简况 …… 2

一、古代兽医中药的发展 …… 2

二、近现代兽医中药药理学的研究发展 …… 2

三、兽医中药药理学的发展趋势 …… 3

第一章　中药药性与兽医中药药理 …… 7

第一节　中药四气的现代认识 …… 7

一、中药四气多元性研究 …… 8

二、中药四气与药效相关性研究 …… 8

三、中药四气物质基础研究 …… 8

四、中药四气与机体各系统功能活动关系的研究 …… 9

五、四气的作用机制研究 …… 10

第二节　中药五味的现代认识 …… 11

一、五味的现代研究内容 …… 12

二、五味的现代研究方法 …… 13

第三节　中药升降浮沉的现代认识 …… 14

第四节　中药归经的现代认识 …… 15

一、对确定归经的依据进行探讨 …… 15

二、药物有效成分代谢分布测定法 …… 15

三、微量元素法 …… 15

四、环核苷酸测定法 …… 16

五、受体学说研究法 …… 16

第五节　中药的配伍禁忌 …… 16

第六节　中药的不良反应 …… 17
一、中药不良反应的类型及其原因 …… 18
二、中药不良反应的毒性成分及其中毒机理 …… 18

第二章　中药的主要化学成分与药理 …… 21

第一节　生物碱 …… 21
第二节　苷类 …… 23
第三节　黄酮类 …… 24
第四节　挥发油 …… 27
第五节　鞣质 …… 30
第六节　有机酸 …… 31
第七节　糖类 …… 32
第八节　油脂和蜡 …… 35
第九节　树脂 …… 36
第十节　植物色素类 …… 36
第十一节　无机成分 …… 37

第三章　影响中药药理作用的因素 …… 41

第一节　中药药物及环境因素 …… 41
一、中药药材品种的影响 …… 41
二、中药的产地、采集季节的影响 …… 42
三、药用部位的影响 …… 43
四、贮藏条件的影响 …… 43
五、加工炮制的影响 …… 43
六、剂型和制剂的影响 …… 45
七、剂量、煎煮火候和时间及用药方法的影响 …… 46
八、配伍禁忌的影响 …… 47
九、环境因素的影响 …… 48
第二节　机体状态 …… 49
一、生理状态的影响 …… 49
二、病理状态的影响 …… 49

第四章　兽医中药复方药理 …… 51

第一节　复方中药配伍的研究 …… 52
一、相辅相成的配伍 …… 52
二、相反相成的配伍 …… 52
第二节　兽医复方中药药理的研究方法 …… 53
一、全方研究 …… 54

二、拆方研究 …… 54
三、药对研究 …… 55
四、计算机直接试验设计 …… 55
五、动物病理模型及新技术的应用 …… 55
第三节　兽医复方中药药理研究的特点 …… 56
第四节　兽医复方中药药理研究尚须注意的问题 …… 58

第五章　中兽药新药药理学和毒理学研究的基本要求及注册申报 …… 62

第一节　中兽药新药安全药理学及临床试验的基本要求 …… 62
一、中兽药新药安全药理学试验的基本内容 …… 62
二、中兽药新药临床试验的基本要求 …… 64
第二节　中兽药及其提取物的研发方向及注册申报 …… 70
一、兽药法规中关于中兽药提取物的分类及研发方向 …… 70
二、植物提取物在兽药及饲料添加剂的开发方向 …… 70
三、活性成分开发建议 …… 71
四、中兽药及其提取物的注册申报 …… 72
五、中兽药及其提取物的研发趋势 …… 77

第六章　解表药 …… 81

第一节　发散风寒药 …… 82
麻黄（82）　桂枝（85）　荆芥（87）　防风（89）
细辛（91）　紫苏（93）　白芷（94）　苍耳子（97）
辛夷（98）　葱白（99）
第二节　发散风热药 …… 100
柴胡（100）　葛根（103）　升麻（105）　薄荷（106）
桑叶（107）　菊花（109）　蝉蜕（110）　牛蒡子（111）

第七章　清热药 …… 116

第一节　清热泻火药 …… 117
石膏（117）　知母（119）　栀子（121）
第二节　清热燥湿药 …… 124
黄芩（124）　黄连（125）　黄柏（126）　苦参（128）
白头翁（130）　秦皮（131）　龙胆草（132）
第三节　清热解毒药 …… 134
金银花（134）　连翘（136）　大青叶（138）　板蓝根（139）
山豆根（141）　蒲公英（143）　鱼腥草（145）　穿心莲（147）
紫花地丁（150）　半边莲（151）　白花蛇舌草（152）　败酱草（153）
千里光（154）

第四节　清热凉血药 …… 155

生地黄（155）　玄参（158）　牡丹皮（159）　赤芍（162）　白药子（166）

第八章　泻下药 …… 172

第一节　攻下药 …… 173

大黄（173）　芒硝（176）　番泻叶（177）　芦荟（178）

第二节　润下药 …… 180

火麻仁（180）　郁李仁（182）

第三节　峻下逐水药 …… 182

甘遂（182）　大戟（184）　芫花（184）　巴豆（186）　牵牛子（187）　商陆（188）　千金子（190）

第九章　消导药 …… 192

山楂（192）　麦芽（194）　鸡内金（195）　神曲（六神曲）（196）

第十章　祛风湿药 …… 198

羌活（199）　独活（200）　威灵仙（202）　汉防己（203）　秦艽（205）　木瓜（207）　桑寄生（208）　桑枝（209）　五加皮（210）　豨莶草（211）　乌梢蛇（213）　海桐皮（213）

第十一章　化湿药 …… 216

苍术（217）　佩兰（219）　厚朴（220）　藿香（222）　砂仁（224）　白豆蔻（225）　草豆蔻（226）

第十二章　渗湿利水药 …… 229

茯苓（230）　猪苓（232）　泽泻（233）　薏苡仁（236）　车前子（238）　滑石（240）　木通（241）　萹蓄（242）　瞿麦（243）　茵陈（244）　金钱草（246）　石韦（248）　海金沙（249）　灯心草（250）

第十三章　温里药 …… 253

附子（253）　[附] 乌头（256）　干姜（256）　肉桂（258）　吴茱萸（259）　花椒（261）　小茴香（262）　艾叶（263）　胡椒（264）　丁香（266）　高良姜（267）

第十四章　理气药 …… 271

陈皮（272）　青皮（274）　枳实（275）　木香（277）

香附（279）　乌药（280）　川楝子（281）

第十五章　驱虫药 …… 284

使君子（284）　苦楝皮（285）　槟榔（286）　［附］大腹皮（288）
贯众（288）　常山（289）　雷丸（290）　蛇床子（291）

第十六章　止血药 …… 294

大蓟（294）　小蓟（295）　地榆（296）　紫珠（298）
白茅根（299）　槐花（301）　仙鹤草（302）　侧柏叶（304）
白及（305）　血余炭（306）　三七（307）　茜草（309）
蒲黄（310）

第十七章　活血化瘀药 …… 314

川芎（316）　乳香（318）　没药（319）　丹参（321）
桃仁（324）　延胡索（325）　郁金（327）　姜黄（328）
三棱（330）　莪术（331）　益母草（332）　红花（334）
［附］番红花（336）　五灵脂（336）　牛膝（337）　王不留行（339）
泽兰（339）　苏木（340）　刘寄奴（341）

第十八章　化痰止咳平喘药 …… 343

第一节　清化热痰药 …… 344
桔梗（344）　前胡（346）　瓜蒌（347）　贝母（348）
竹茹（350）　海藻（351）　昆布（353）
第二节　温化寒痰药 …… 354
半夏（354）　天南星（356）　旋覆花（357）　白芥子（358）
苏子（359）　白前（360）
第三节　止咳平喘药 …… 360
杏仁（苦杏仁）（360）　百部（362）　紫菀（363）
款冬花（364）　马兜铃（365）　桑白皮（366）　枇杷叶（367）
白果（368）　洋金花（370）

第十九章　安神药 …… 373

酸枣仁（373）　柏子仁（375）　远志（376）　朱砂（377）
龙骨（377）

第二十章　平肝熄风药 …… 380

牛黄（380）　石决明（382）　天麻（383）　钩藤（384）
地龙（386）　僵蚕（388）　全蝎（389）　蜈蚣（390）

代赭石（391）

第二十一章　开窍药 …… 394

石菖蒲（394）　冰片（396）　苏合香（397）

第二十二章　补虚药 …… 399

第一节　补气药 …… 402

人参（402）　党参（404）　黄芪（406）　白术（407）
山药（409）　刺五加（410）　白扁豆（412）　甘草（413）
大枣（415）　蜂蜜（416）　太子参（418）

第二节　补阳药 …… 421

巴戟天（421）　肉苁蓉（423）　仙茅（424）　淫羊藿（426）
杜仲（427）　续断（429）　狗脊（430）　骨碎补（431）
补骨脂（432）　益智仁（433）　蛤蚧（435）　菟丝子（436）
锁阳（437）

第三节　补血药 …… 438

当归（438）　熟地黄（441）　何首乌（442）　白芍（445）
阿胶（447）　龙眼肉（449）

第四节　补阴药 …… 450

南沙参（450）　北沙参（451）　麦冬（453）　天冬（455）
黄精（456）　石斛（458）　玉竹（460）　百合（461）
枸杞子（462）　女贞子（467）　龟板（469）　鳖甲（470）
山茱萸（471）

第二十三章　外用药 …… 485

硫黄（485）　雄黄（486）　砒石（487）　炉甘石（488）
硼砂（489）　明矾（490）　大蒜（491）

中药拉丁学名索引 …… 494

绪 论

第一节 兽医中药药理学的概念与学科任务

一、兽医中药药理学的概念

兽医中药药理学（pharmacology of traditional chinese veterinary medicine，PTCVM），是在中兽医药理论指导下运用现代科学方法研究中药与机体（包括病原体）相互作用及其作用规律的科学。

兽医中药药理学既要研究中药对机体的作用、作用机制以及产生作用的物质基础（化学成分），与此同时也要研究中药进入机体后的变化，即机体对中药的处理过程（包括中药的吸收、分布、转化和排泄）。因此，研究前者称之为兽医中药药效学（pharmacodynamics of TCVM）；研究后者称之为兽医中药药动学（pharmacokinetics of TCVM）。

二、兽医中药药理学的学科任务

中兽医药学是一个独特的学术理论体系，具有丰富的科学内涵，整体观念、辨证施治是其突出的特点。兽用中药是指在中兽医药理论指导下，用于防治动物疾病的各种物质（包括植物、动物和矿物等）。因此，应注意兽医中药药理学在研究思路、学科性质及任务等方面与兽医药理学的区别。在中兽医药理论的指导下，应用现代科学的先进技术和手段，不断揭示中药防治动物疾病的科学本质和内涵，是兽医中药药理研究的核心内容，其任务和目标主要有以下几点：

1. 揭示中药防治动物疾病的科学机理 应用现代兽医药学的手段和方法，深入研究中药的作用性质、作用机制以及体内过程，从更深的层次认识中药防治疾病的科学机理以及产生药效的物质基础。

2. 阐明中兽医药理论的科学本质 通过中药药理学的研究途径，逐步阐明中兽医药理论体系的中药药性、功效、主治等现代理论实质，探讨阴阳五行、脏腑、八纲、气血津液等科学内涵和本质。

3. 指导合理用药，提高应用效果 通过中药药理的研究，使临床兽医人员在诊治疾病时，除按传统的理法方药外，能结合中药药理研究成果选用有针对性的药物，做到辨证、辨病论治相结合，提高临床治疗效果；同时还可以促进中药饲料添加剂的深度开发，有利于畜禽健康养殖和食品安全。

4. 促进中西兽医结合 兽医中药药理学是在现代兽医学的不断发展过程中逐步培育

形成的理论体系，其本身就是中兽医学与西兽医学结合的产物。通过中药药理学的研究，不断揭示中药治病的现代科学原理，使更多的现代兽医科技人员理解和掌握中兽医药学，进一步促进中西结合兽医学科的培育和发展。

第二节　兽医中药药理学的发展简况

一、古代兽医中药的发展

古人将野生动物驯化成家畜的长期实践中，逐步就有了兽医中药的起源。夏商时期，始创汤药。战国时期形成《黄帝内经》，提出了四气、五味等药性理论，奠定了中药学的发展基础。秦汉时代，第一部人畜通用的药物专著《神农本草经》问世，收载药物 365 种，对药物的四气、五味、用药规律等有了进一步的论述。

隋唐五代时期，我国兽医药学开始建立较为完整的体系。唐显庆四年，《新修本草》由政府颁行，收载药物 844 种，成为我国第一部药典，较公元 1542 年的《纽伦药典》早 800 多年。唐代李石著《司牧安骥集》，为现存较完整的中兽医药典籍，此后日本译著的《司牧安骥集》第十二卷，记述兽医中药 277 种。

宋元时期，兽医中药学进一步发展和充实。宋代出现了我国最早的兽医药房。据《文献通考》载“宋之群牧司有药蜜库……掌受糖蜜药物，以供马医之用。”北宋时王愈著《蕃牧纂验方》，收专治马病的药方 57 个。元代卞宝著《痊骥通玄论》，收兽医药方 113 个，药物 249 种，并按功用分为 13 门 37 类，为兽医中药最早的实用分类。

明代是我国兽医中药学发展的一个重要时期。李时珍所著《本草纲目》，收载药物 1 892 种，附方 11 096 个，其中包括了许多兽医方面的内容。如记载可作饲料、令家畜肥壮的药物 16 种，治疗六畜病证的药物 78 种，对家畜有剧毒的药物 21 种。万历年间著名兽医喻本元、喻本亨合著的《元亨疗马集》(附牛驼经)，刊行于公元 1608 年，是古代最完整的兽医典籍，在冬卷中收载药物 260 种；在“经验具方”中，收方剂 170 余个；在全书 400 多个经验良方中，涉及药物 400 多种。

清代虽然中兽医药学逐渐衰落，但却出现了不少牛病专著。如《养耕集》，收常用中药 134 种，简便实用；《抱犊集》列举药物 209 个，记述了不少方药。

古人由于受历史条件的限制，只能在当时的哲学、文化的影响下，从抽象的角度去阐明中药作用机制，经长期实践和努力探索，逐步升华形成了传统的中药药性理论，如四气、五味、升降浮沉、归经等。这些药性理论至今对中药的临床应用和中药药理的研究仍起着重要的指导作用。

二、近现代兽医中药药理学的研究发展

中药应用于兽医临床虽有几千年的历史，但用现代医药学方法来研究兽医中药的作用机理为时较晚。人医中药药理学的研究一般认为开始于 20 世纪 20 年代。1923 年我国学者陈克恢等率先对麻黄进行了系统的化学成分和药理作用的研究，发现从麻黄中提取的有效成分麻黄碱具有特异性的药理作用，1924 年报道了麻黄碱具有拟肾上腺素样作用（沈映君，2009)。这一重大研究成果震动了国内外医药界，开启了中药药理研究的里程碑。

在中药药理学研究工作的启示下，兽医中药药理学研究，早期多从单味药的化学成分、药理研究入手，也取得一定进展。在20世纪40年代出版的《兽医实验国药新手册》(1940年)，就报道了冰片的药理研究、生石膏的解热作用、冬虫夏草的药理研究、使君子的驱虫试验、全虫对人工接种破伤风梭菌的治疗试验等（陈正伦，1995）。

1956年1月国务院发布了《关于加强民间兽医工作的指示》；1958年6月在兰州召开了第一次全国中兽医研究工作座谈会；同年7月1日成立了中国农业科学院中兽医研究所，从此兽医中药药理学的发展进入了一个新阶段。当时的兽医中药药理科技工作者，坚持了临床药理学的研究方向；也开始进行复方药理学的研究；进行中药抗微生物、抗寄生虫等大量的筛选工作。如中药麝香及梅片的药理作用研究、复方贯仲散的药理研究、乌梅汤的拆方研究、凉膈白虎汤的实验研究、酒曲承气汤和酒曲七结散的系统药理研究、千金散的解痉作用研究等（陈正伦，1995），特别是从中草药中筛选有效抗菌方药方面做了大量工作。

1978年十一届三中全会以后，政府有关部门更为重视中兽医药的科技工作。中兽医科技工作者获得了更多政策和资金的支持。他们进一步重视对中药基本理论的研究，如性味、归经、十八反、十九畏等；对中医治则的研究，如活血化瘀、扶正固本、通里攻下、清热解毒等治法研究；对中药复方药理的研究，如四君子汤、加减七补散、大承气汤、木槟硝黄散、木香槟榔散、白虎汤、黄连解毒汤等，都取得了可喜的成就（陈正伦，1995）。特别在中药单味药的药理作用进行了较为系统的研究，如主要作用于抗感染、抗寄生虫的药物；增强免疫功能的药物；主要作用于中枢神经系统、外周神经系统、呼吸系统、消化系统、心血管系统、血液系统的药物；具有调整内分泌系统功能的药物；具有利尿作用、具有子宫兴奋作用的药物等（吴立夫，1996；盛忠梅，1994；钟丕，1997；林义明，1994等），都进行了大量的药物筛选和药理研究工作，积累了许多有益的成果。

进入21世纪以来，广大民众更为关注食品安全、药物残留、细菌耐药等问题，使兽医中药的应用和研究工作得到了进一步重视。兽医中药药理研究工作很快发展到细胞水平、分子水平及基因表达等，许多现代医药科技新方法、新手段应用于中药药理研究，如中药血清药理学、中药血清药化学、中药药代、毒代动力学、蛋白组学等；新技术的应用有流式细胞技术、印迹法（IBT）、基因芯片、高效液相（HPLC）、聚合酶链反应(PCR)、激光扫描共聚焦技术（SLSM）、微透析技术（MD）等（胡庭俊，2007；胡元亮，2004；朱兆荣，2012等）。全国各地的中兽医药科技工作者深入进行了单味药、有效部位及有效成分的研究，取得了突破性的进展（徐占云，2013；秦倩倩，2013；王德青，2013；苏建青，2010；胡庭俊，2007等）。不少科技人员日益重视中药复方药理、中药药动学、中药不良反应等的研究，使中药复方药理的研究逐渐发展成为中药药理研究的重要内容，不少的研究文献在探明中药复方的配伍规律、药效物质基础和作用机制等方面，取得了重要的成果（魏彦明，2002；胡元亮，2002；张永东，2006等）。

三、兽医中药药理学的发展趋势

纵观数十年来的研究进展，其明显的不足是兽医中药药理的研究未能密切结合中兽医药基本理论，且与兽医临床和畜牧生产实际联系尚不够紧密。当今的兽医中药药理学虽已成为一门独立的学科，但其主要任务仍是在中兽医药理论指导下，运用现代兽医药学的研究方法，验证中药的传统功效，揭示中药产生功效的机制。兽医中药药理学与传统中兽医药学和现代兽医药学的关系是相互依存、相互促进和发展的，这是中兽医药学发展，也是兽医中药药理学科发展的必然趋势。在畜牧兽医科技急剧发展的形势下，兽医中药药理学面临许多新的历史任务，从发展的趋势看，今后应加强以下方面的研究：

1. 加强中兽医证候动物模型的研究　科学的中兽医证候动物模型的建立，是中药药理深入研究重要的基础。进入21世纪以来，这方面的工作还是十分薄弱，成熟的可行的证候模型不多，急需加强。同时这也是体现在中兽医药理论指导下进行中药药理研究的重要方面。

2. 加强中药复方药理的研究　近年来，中药复方药理的研究，在以阐明中药复方的配伍规律、药效物质基础和作用机制为中药复方研究的中心环节，并逐步成为中药药理研究的重要内容。以往中兽医药科技人员和许多现代医药科技人员都重点研究了单味药的药理和化学成分，但这些研究结果对兽医临床的指导意义还不大。因为复方并不是简单的单味药成分的组合。今后仍应以中兽医的整体观为指导，进一步加强中药复方药理及其物质基础的研究。

3. 重视中药有效部位、有效成分药理作用的研究　中药的有效部位、有效成分是产生药理作用的物质基础，近年来已引起中药药理工作者的重视，但是早期的研究往往较为局限，尤其对有效成分的研究还不够深入。许多单味中药某些有效成分的药理研究成果，尚难以代表该味中药的药理作用。对中药有效成分要做全面分析，这一成分或这些成分在该中药的其他药理作用中不一定都是其物质基础。因此，应进行复方、单味、有效部位、有效成分以及单体相结合的药理研究，对成分要做全面分析，不能以点代面。这些工作难度较大，但对明确中药作用的物质基础有重要的意义。

◆ 参考文献

陈韩英，陈文云，刘丽梅，等，2008. 中药复方对热刺激小鼠脾脏IFN-γ、IL-4含量的影响[J]. 畜牧兽医学报（6）：810-813.

陈正伦，1995. 兽医中药药理学[M]. 北京：中国农业出版社.

杜林林，李梁，刘娟，等，2012. 复方苦芩对犬细小病毒致肠黏膜细胞凋亡及相关基因表达的影响[J]. 中国兽医学报（10）：1511-1515.

高海，刘开永，李秀岚，等，2009. 中药复方连翘对感染法氏囊病毒雏鸡免疫功能的影响[J]. 畜牧兽医学报，40（1）：109-116.

高永林，吴立夫，2004. 中药热毒清注射液对内毒素性肾功能衰竭的预防作用及其机理[J]. 畜牧兽医学报，35（3）：295-300.

何子双，胡元亮，印遇龙，等，2008. 甘草次酸对早期断奶仔猪内脏器官发育的影响[J]. 畜牧兽医学报（7）：989-993.

侯家玉，方泰惠，2007. 中药药理学[M]. 北京：中国中医药出版社.

胡庭俊，陈炅然，张霞，等，2007. 蕨麻多糖对小鼠免疫细胞信号转导相关分子的影响[J]. 中国兽医科学（10）：909-913.

胡元亮，孔祥峰，李祥瑞，等，2004.10种中药成分对CEF的增殖和抵抗NDV感染的影响［J］.畜牧兽医学报，35（3），301－305.

胡元亮，王小龙，2002.中药促孕液及其组分药对大白鼠肠系膜微循环和家兔子宫运动的影响［J］.畜牧兽医学报，33（2）：140－144.

黄群山，戴承胜，刘宇，等，2005.八珍汤对乳牛产后免疫状态的影响［J］.中国兽医科技（11）：73－77.

姜代勋，陈武，谷金妮，等，2007.双黄连注射液对中性粒细胞磷酸二酯酶4B基因表达的影响［J］.畜牧兽医学报（11）：1262－1266.

鞠洪涛，韩文瑜，王世若，等，2000.中草药消除大肠埃希氏菌耐药性及耐药质粒的研究［J］.中国兽医科技（3）：27－29.

林义明，朱周福，1994.橘皮散行气止痛的药理初探［J］.中国兽医科技：18－20.

刘晓强，周宏超，俞亚玲，等，2012.黄连解毒汤对感染大肠埃希菌大鼠脑组织TLR9表达的影响［J］.畜牧兽医学报，43（12）：1963－1968.

秦倩倩，付本懂，伊鹏霏，等，2013.穿心莲内酯提高异嗜性粒细胞吞噬和杀伤鸡大肠杆菌O78功能的体外试验［J］.中国兽医学报（1）：38－42.

任晓镤，陈伟，张利莉，2013.甘草及醉马草水煎液对表皮葡萄球菌生物膜形成的影响［J］.中国兽医学报（1）：125－128，149.

沈映君，2009.中药药理学专论［M］.北京：人民卫生出版社.

沈映君，陈长勋，2008.中药药理学［M］.上海：上海科学技术出版社.

盛忠梅，朱天倬，佘爱民，等，1994.苎麻叶的止血成分及止血作用研究［J］.中国兽医科技：16－18.

宋友文，谢珍，蒋厚迪，等，1999.中药制剂产后康复宁的药理研究［J］.中国兽医学报（3）：77－80.

苏建青，褚秀玲，韦旭斌，2010.人参皂苷及其衍生物体内抗马立克氏病毒的间接免疫荧光观察与PCR检测［J］.中国兽医学报（4）：485－488.

王德青，王梦琳，赵晓娟，等，2013.甘草次酸脂质体体外对鸡IL－2、IL－4和IFN－γmRNA表达的影响［J］.中国兽医学报（6）：874－877.

王晓波，鞠玉琳，李希洙，等，2007.复方“连黄”对金黄色葡萄球菌耐药基因femA的影响［J］.中国兽医科学（12）：1082－1085.

魏彦明，杨孝朴，2002.四君子汤对实验性脾虚证模型大鼠血浆内几种神经肽含量的影响［J］.畜牧兽医学报，33（4）：404－407.

吴立夫，张向鹏，1996.金银花连翘提取物对大肠杆菌热敏肠毒素的拮抗作用［J］.畜牧兽医学报，26（5）：475－480.

伍小波，古淑英，罗先钦，等，2012.紫花地丁黄酮类提取物体外抗传染性支气管炎病毒作用研究［J］.中国兽医学报（11）：1694－1697.

肖潇，李英伦，杨锐，2010.复方蒲公英对金黄色葡萄球菌耐药质粒的体外消除试验［J］.中国兽医科学（3）：307－311.

徐玉凤，刘家国，黄鸿兵，等，2010.“芪蓝饮”及不同提取成分对NDV在鸡胚成纤维细胞中增殖的影响［J］.中国兽医学报（12）：1654－1658.

徐占云，秦睿玲，褚耀诚，等，2013.枸杞多糖对雏鸡淋巴细胞体外增殖及分泌IL－2的影响［J］.畜牧兽医学报（2）：322－328.

张长帅，付本懂，申海清，等，2011.药典方剂生肌散主要药效学试验［J］.中国兽医学报（4）：575－578，618.

张永东，段慧琴，董虹，等，2006.四君子汤对北京鸭十二指肠、空肠CCK、VIPmRNA表达的影响［J］.畜牧兽医学报（8）：809－813.

钟丕，李庆章，高学军，等，1997. 黄芪多糖和香菇多糖对 vMDV 感染雏鸡淋巴细胞化学发光的影响 [J]. 畜牧兽医学报，28 (6)：542-546.
钟秀会，周占祥，孙秉贵，等，2000. 黄芩白术对 LPS 诱导流产小鼠的保胎作用及子宫内 TNF-A 含量的影响 [J]. 畜牧兽医学报，31 (5)：430-435.
周宏超，胡格，范光丽，等，2011. 黄芪多糖对 SLT-Ⅱe 诱导大鼠肠黏膜微血管内皮细胞分泌细胞因子的影响 [J]. 中国兽医学报 (2)：222-226.
朱兆荣，刘娟，杜林林，等，2012. 复方苦苓对小鼠免疫功能及犬 IL-4mRNA 和 IFN-γmRNA 表达的影响 [J]. 中国兽医科学 (8)：875-880.
左之才，甘梦，崔恒敏，等，2013. 中药复方对骨髓抑制小鼠血液生理指标及细胞因子的影响 [J]. 中国兽医科学 (5)：537-544.

第一章
中药药性与兽医中药药理

中药药性，即中药的性能，包括中药的性味、归经、升降沉浮、有毒无毒等。中药药性理论是古代大量用药经验的积累和总结，并在长期医疗实践中逐步完善，最终发展形成独特的理论体系。研究中药药性不能脱离中兽医药理论的指导作用，中药药性又与药理相互联系，指导临床用药。通过兽医中药药理学的方法对中药药性进行研究，是从药理学的角度出发，对中药药性本质的进一步阐述，使得具有宏观性、整体性的药性理论和具有微观性、针对性的药理理论相互融合，同时也丰富和发展了古典的中药药性理论，扩大对中兽药功效的认识和临床应用范围，为兽医中药在现代医疗中的更广泛的应用奠定了理论基础，从而使兽医中药药性理论得到科学的诠释。

第一节　中药四气的现代认识

中药四气是指寒、热、温、凉四种不同的药性，又称四性。主要反映药物影响动物体阴阳盛衰、寒热病理变化的作用性质，是中药最主要的性能，是说明药物作用的主要理论依据之一，也是中医辨证论治、处方遣药的依据。

四气中温热与寒凉属于两类不同的性质，温次于热，凉次于寒，即在共性中有程度上的差异。四气之外，还有平性，指药物性质平和、作用较缓和的中药，实际上仍略有微寒、微温的差异，其性平是相对而言，仍未超出四气的范围。因此，中药四气实际上可以看作是寒（凉）、热（温）二性。

四气作为指导中医临床的重要药性理论之一，受到历代医家的重视。气是古代哲学名词，是构成宇宙万物的基本物质。“四气”在《辞源》中释为：“四时阴阳变化，温热寒凉之气。”即四气原是指四季的气候特点。有关中药寒热温凉四气的记载，最早见于《黄帝内经》和《神农本草经》。《素问·至真要大论》言：“寒者温之，热者寒之”“治以寒凉”“治以温热”等提法虽未言明为气，但这种寒、热、温、凉已经是药物四气作用表述的结果了，因此药性之气，源于《素问》。药“有寒热温凉四气”，则首先由《神农本草经》提出，其在介绍每味药物功效之前先冠以四气，四气不同，药物作用不同，四气是药物性能的重要标志，此处的“气”即指药性而言。在《神农本草经》中还提出：“疗寒以热药，疗热以寒药”，即运用四气理论指导临床用药的原则，全面奠定了四气用药的理论基础。

四性现代研究是中医或中兽医学术发展及中兽医药学现代化的关键问题之一，是中兽医药学保持特色、发挥优势的重要前提。目前主要包括以下几个方面：

一、中药四气多元性研究

中药四性具有多元性特征。寒热药性具有相对性，对某味中药赋以寒性、热性只是针对其全部药性特征中的主要方面而言。通过加工炮制、配伍应用等，可以调节或促使一味中药居于主导地位的寒、热药性发生转变。另外，中药品种直接与药性和临床疗效相关，且在影响寒热药性诸因素中居主导地位。基于基础物质成分的原因，品种不同，寒热药性不同；品种相近，则寒热药性相似；品种虽同，但在一定条件影响下，如药用部位、采收时间、生态环境、加工炮制、贮运条件、制剂等，寒热药性可以发生变化。

二、中药四气与药效相关性研究

中兽药药性理论是药效得以发挥的重要理论基础。当前许多学者将四性的现代研究方向定位在与药效相结合，通过不同的层面进行药效—药性相关性方面的探讨。

1. 结合证候进行研究 中药寒热药性只有在证的基础上才能得到充分表征，基于证的病理机制探讨，正确的中药药性研究方法才具有客观、科学的特点。

2. 结合物质关系进行研究 有学者提出中药四性“性—效—物质三元论”假说。认为中药的物质性表现为本质属性和非本质属性两种客观存在，功效是本质属性的客观表现，药性是客观实在性、本质属性的主观反映。构成中药四性理论的三个核心元素是药性、物质、功效。通过此方面的研究，可对中药四性理论采用现代科技方法和语言并进行标识。标识中药四性理论的基本要素是经验、性状、功效、成分；标识要素量、标识阈区的差异，以及标识要素间关联度的差异，可以作为判定和认知中药寒凉、热温的现代标准和规范。

3. 结合组群中药理论进行研究 有学者以中药整体调理寒热证型和中药多成分共存状态下的性—效相关性为客观假设前提，提出“组群中药四性组合性效谱”假说。认为某一类别功效相近、四性属性相同的中药，组群理论上应该具有基本相同的、能客观反映其药性寒热本质的“性效谱”，“性效谱”可作为界定某一中药四性属性的科学依据。由此认为“组群中药四性组合性效谱”应是中药四性理论现代研究重点寻求的主攻方向之一，研究“组群中药四性组合性效谱”可使中兽药四性理论体系具体化、科学化和现代化。

4. 结合药物药理性质进行研究 当前许多研究将多味中药分别进行了抗菌、解热、抑制、兴奋作用和是否含有挥发油的研究，结果与各药药性相比较，发现多数寒性药具有解热、抗菌、抑制作用；热性药多具有兴奋、刺激作用，而且大多含有挥发油。另有部分学者分析了解表药、清热药、温里药及作用于中枢神经系统、心血管系统、内分泌系统的部分药物的药理资料，认为温热药与寒凉药对机体的功能活动存在兴奋和抑制对应关系，即热性药对机体功能的病理性衰退呈兴奋作用，寒性药对机体功能的病理性亢进呈抑制作用。

三、中药四气物质基础研究

1. 四气与有机和无机化学成分关系的研究 有关四性物质基础方面研究目前已经大范围开展并取得了一些进展。国内学者热衷于从有机成分入手进行研究，但仅限于小范围单味药研究，而对系列药物研究较少。对无机成分的研究主要集中在对常量元素、微量元素、稀土元素、离子、配合物等方面的研究，但不同研究者之间结果差异很大。中药四性属性是由中药所含物质的基础成分所决定的，尽管中药多是以“混合物”作为功效单位，但这种分子群在治疗具体疾病时，是以协同、增效或拮抗的方式进行的。一味中药含有众多的化合物分子，但并非所有分子均是活性成分，中药主要活性成分相对分子质量在250以下者多表现为温热药性，而主要活性成分相对分子质量在250以上者多表现为寒凉药性。进一步研究还发现，药物所含活性成分分子量越大，其寒性系数也越大。故认为通过对中药主要活性成分分子质量进行测定，可大体界定一味中药的寒热药性。其中一些具有一定骨架的化合物分子或不同骨架分子组成的分子群也表现出特定的生理活性作用。中药的基本母核（分子骨架）一致的同类化合物，或者是基本基团一致的同类化合物，与中药的性味及其化学成分密切相关，且呈现一定规律性。中药的药性有其特定的分子生物学基础，中药化学成分的分子多样性决定了中药药性本质上的多样性，并决定了中兽药对机体的作用往往是多靶点的机制。故认为可在分子水平上确定中药所含有效分子群与中药四性间的关系。

2. 四气与中药组分关系的研究　有学者提出采用以组分中药进行中药四性理论现代研究的模式。所谓标准组分，是指从原药材中可重复分离得到的赋予系统化学与系统生物学表征的分子群。采用系统论和整体论的方法，以中药标准组分为出发点，集成采用系统化学表征与系统生物学表征技术进行概述表达，在这个技术集成平台上，组分标准化将应运而生。同时，认为在组分标准化的基础土，继承中药多组分、多靶点、协同作用的思想，利用系统生物学技术，进行中药四性的基础性研究，这可能是揭示中药四性物质基础和作用机制的有效研究方法。

3. 四气与药物化学成分、微量元素关系的研究　在中药四气药效的物质基础研究方面，还对药物化学成分、微量元素等方面进行了研究报道。温热药如附子、乌头等均含有的有效成分——去甲乌药碱可能是多种温热药性的物质基础，具有增强心肌收缩力、增加心率、扩张血管等药理作用；无机盐类中药的结晶水是此类中药产生寒凉性质的重要因素；寒凉性中药一般具有解热、镇静、降压、抗菌作用等共同药理效应，黄芩碱、小檗碱等成分都不同程度地具有这种作用，因而认为这些有效成分为中药寒凉性的物质基础。分析176种中药中铁、锰、铜、锌四种元素含量及比例与药性的相关性，发现中药药性与铁、锰元素含量有密切关系。中药药性热、温、平、凉、寒与铁的含量比例呈正相关，与锰的含量比例呈负相关。即热性中药含锰高，寒性中药含铁高。通过对植物类中药进行无机元素含量的检测和分析，测得42种无机元素含量的均值，并建立了元素区间尺度表，可以此比较出不同药物中每种元素含量的高低。可根据药物元素含量与均值的偏移（F值）定性来判别每味中药的药性。

四、中药四气与机体各系统功能活动关系的研究

中药四气理论指导疾病治疗方面的现代研究，主要与中枢神经系统、自主神经系统、内分泌系统、能量代谢功能等方面有关。

1. 四气与中枢神经系统功能关系的研究　中药的四性影响中枢神经递质的含量。兴

奋中枢神经的中药多属温热性质，如温热药附子、肉桂、干姜等可使动物脑内参与合成儿茶酚胺的多巴胺β羟化酶活性增加，而去甲肾上腺素（NA）、多巴胺（DA）含量逐渐增加。抑制中枢神经的中药多属寒凉性质，如寒凉药知母、石膏、黄柏等可使动物脑内多巴胺β羟化酶活性降低，而去甲肾上腺素合成抑制，含量降低。

2. 四气与自主神经系统和内分泌系统功能关系的研究 寒证患者交感神经-肾上腺系统功能偏低；热证患者交感神经-肾上腺系统功能偏高。实验结果表明，寒凉药可抑制儿茶酚胺类合成，降低交感神经活性，并对肾上腺皮质功能、代谢功能有抑制作用。长期给予寒凉药的动物的肾上腺皮质、卵巢黄体等内分泌系统释放功能受到抑制，对刺激反应迟缓。而温热药对交感神经、肾上腺髓质、皮质功能、代谢功能等有一定的增强作用。温热药还有调整肾上腺皮质反应速度的作用。多数温热药可使血清17-羟皮质类固醇含量增加，温里药附子可使血清促甲状腺激素含量增加，还可对下丘脑-垂体-肾上腺皮质轴受抑大鼠的肾上腺皮质、性激素（雌激素）水平、子宫雌激素受体及雌二醇与其受体的亲和力等异常改变具有保护和治疗作用；两类药性通过对自主神经和内分泌功能的调整，可纠正机体寒热不平衡状况。

3. 四气与能量代谢功能关系的研究 实验证明，用热性药如附子、肉桂、干姜等组成的复方，麻黄附子细辛汤以及麻黄、桂枝、干姜、肉桂等均能提高实验大鼠或小鼠的耗氧量；而寒凉药如生石膏、龙胆草、知母、黄柏所组成的复方则会明显降低大鼠耗氧量。温热药如鹿茸能提高大鼠脑、肝、肾组织的耗氧量，并促进糖原分解；温热药还能延缓体温下降并能延迟寒凉环境中小鸡、大鼠的死亡时间。热性方药如四逆汤可增加大鼠饮水量，使其代谢也升高；寒性药如黄连解毒汤则使大鼠肛温降低，即使在寒冷环境中仍可使其体温下降。以上实验表明此两类药性对机体能量代谢有一定影响。此外，寒凉药如知母、黄连、黄柏、大黄、栀子等能抑制Na^+-K^+-ATP酶的活性；相反，温热药淫羊藿等可通过兴奋Na^+-K^+-ATP酶的活性，提高细胞贮能和供能物质ATP的含量，以纠正寒证（阳虚证）患者的能量不足。

4. 寒凉药与抗感染、抗肿瘤作用的关系研究 许多中药，特别是清热解毒药、辛凉解表药药性多属寒凉，都具有一定的抗感染疗效，常用于治疗细菌、病毒等病原体引起的急性感染，如黄连、黄芩等。部分寒凉药如白花蛇舌草、穿心莲的制剂在体外无显著抗菌、抗病毒作用，但临床用于治疗感染性疾病有效。在抗肿瘤的实验中发现，对肿瘤细胞有抑制活性的大部分是寒凉药。已证明有抗肿瘤作用的寒凉药有山慈菇、山豆根等。

五、四气的作用机制研究

1. 从药物对机体产热、散热的正负影响区别中药四气 四气最本质的属性是药物对体内产热功能的影响。寒性、热性药物分别通过调节体内热生成的不同环节而发挥作用。①对中枢神经递质的影响：主要测定脑内DβH活性、NE含量、5-HT含量、作用时间和持续时间。寒凉药对中枢神经递质为负效应，温热药为正效应。②对交感神经-肾上腺髓质系统的影响：主要测定血清及肾上腺中DβH活性、尿中CAS排出量、自主神经平衡指数、心率等。寒凉药为负效应，温热药为正效应。③对前列腺素和环核苷酸的影响：主要测定尿中CAS和cAMP、cGMP排出量，计算$PGE_2/PGF_{2\alpha}$及cAMP/cGMP。寒凉药为负效应，温热药为正效应。④对能量代谢的影响：主要测定大鼠脑、肝、肾组织耗氧量、糖原分解情况、在寒冷环境中的大鼠体温变化、饮水量。寒凉药为负效应，温热药为正效应。⑤对内分泌系统的影响：主要测定血清 TSH 含量、尿中 17－OHCS 排出量、血清 LH 含量、大鼠动情周期。寒凉药为负效应，温热药为正效应。⑥对内源性或外源性致热原的影响：主要测定其抗大肠杆菌内毒素和革兰氏阴性菌的脂质 A（Lipid A）的活性；对致热源 IL－1β 作用下兔 VSA 温敏神经元放电的影响；内毒素诱导的实验动物白细胞计数、血清 C－反应蛋白、微量元素（Cu^{2+}、Fe^{2+}、Zn^{2+}）的测定。寒凉药对内毒素起拮抗作用，部分温热药可能也有拮抗作用。

2. 用生物热力学方法研究和评价中药四气　中药寒、热、温、凉四气包含两个层面，一是药物本身蕴涵不同形式或不同量值的能量或热量物质，这些物质在体内正常转化（代谢），可产生生理性的能量转移和热的变化；二是药物可能含有内生致热物质或相关物质，这些物质作用于机体后能产生一系列生理或病理反应，这些反应大多伴有能量转移和热的变化。无论哪种形式的能量转移和热的变化，均可使机体呈现寒、热、温、凉的差异，均应符合开放系统的热力学第二定律。基于中医药与热力学的相关性，选取来源、组成、成分、功用基本相同或相似的方药进行生物热动力学分析引起人们极大的关注。在细胞、亚细胞层面设计四气的生物热力学试验：①对细菌生长的影响。温热药能使供试细菌指数生长期的生长速率常数相对减少，传代时间延长，产热量相对增加；反之，寒凉药能使供试细菌指数生长期的生长速率常数相对增加，传代时间缩短，产热量相对减少。②对线粒体体外代谢热动力学的影响。温热药代谢热曲线呈上升趋势，寒凉药则呈下降趋势。温热药可使线粒体 ATP 含量增加，寒凉药使 ATP 含量下降。

第二节　中药五味的现代认识

五味的本义是指辛、甘、酸、苦、咸五种由口尝而直接感知的真实滋味。作为中药性能中的五味，其含义有二：一是反映了部分药物的真实滋味，是通过口尝而得来的感性认识，其与实际滋味相符。如甘草的甘味、黄连的苦味、酸枣仁的酸味、鱼腥草的辛味、芒硝的咸味。二是代表药物的某种作用，是在大量临床实践经验积累之上推导而得来的，关于药物作用的理性认识，是中药作用规律的高度概括和标志。如知母的甘味、板蓝根的苦味、白芍的酸味、桔梗的辛味、玄参的咸味。人们对药物的发现是与觅食活动联系在一起的，因此食物和药物的滋味通过口尝可以感知。《淮南子·修务训》中记载：神农“尝百草之滋味，水泉之甘味。”徐灵胎说：“入口则知味”。因而可以说人们对药物真实滋味的感知，是五味理论的萌芽。随着人们对药物知识的逐步积累，古代医家开始探求药物作用的机制，很自然地将药物的滋味与药物的作用联系在一起，从而产生了“滋味说”。《周礼·天官》中记载：“凡药以酸养骨，以辛养筋，以咸养脉，以苦养气，以甘养肉，以滑养窍”。然而，药物和食物的滋味不止五味，《黄帝内经》中又增加了淡味，在《本草经集注》《日华子本草》等书中还提到滑味，后世又增加了涩味。五味不仅仅是代表药物的真实滋味，而且是药物产生作用的物质基础，更是五行哲学理论在中药药性理论中的一种衍化。因此，将甘淡并称，酸涩并论，基本药味仍为“五味”。五味的最早记载见于《吕氏春秋》一书，书中即有“调和之事，必以甘酸苦辛咸，先后多少”之说。将五味与药物相结合记载的最早文献见于《黄帝内经》《神农本草经》。如《素问·至真要大论》曰：“淡味渗泄”，《神农本草经·序例》谓：“药物酸咸甘苦辛”，《素问·至真要大论》中提出：“辛甘发散为阳，酸苦涌泄为阴，咸味涌泄为阴，淡味渗泄为阳。六者或收或散，或缓或急，或燥或润，或软或坚，以所利而行。”《素问·藏气法时论》中论述了“辛散、酸收、甘缓、苦坚、咸软”等具体作用特点。这是对五味作用的最早概括。在此基础上，用阴阳五行的哲学思想探讨五味的作用、五味与五脏的关系、五味对五脏生理及病理的影响，把人们对药味的感官认识上升到理性认识，标志着五味学说的确立。

五味与脏腑相配属。《素问·至真要大论》云：“夫五味入胃，各归所喜。故酸先入肝，苦先入心，甘先入脾，辛先入肺，咸先入肾。”《素问·五藏生成》曰：“心欲苦，肺欲辛，肝欲酸，脾欲甘，肾欲咸。”说明五味对于五脏各有所偏嗜，各有所喜归。因此，当五脏中某一脏不足，可以五味来调节补益五脏。即《素问·阴阳应象大论》中曰：“形不足者温之以气，精不足者补之以味。”由于五脏与形体各部有特定的联系，因此五味与人体各部亦有相应的联系，如《灵枢·九针论》曰：“五走：酸走筋，辛走气，苦走血，咸走骨，甘走肉，是谓五走也。”所以筋、气、血、骨、肉之病，也可运用五味的偏嗜来治疗。因此《黄帝内经》中，按照五行的框架，以人体五脏为中心，确立了五味与五脏、五色与五脏所主的对应关系，用五味补五脏，以调节脏腑功能失调。治疗五脏所主部位的疾病，探索和解释五味对机体整体平衡调节作用，并以此指导医疗实践。

一、五味的现代研究内容

1. 辛味药 辛味药主要含挥发油，其次为苷类、生物碱等。常用的芳香化湿药均为辛味药，其共同的特点是都含有芳香性挥发油。厚朴、广藿香、苍术、佩兰和砂仁含挥发油分别为1%、1.5%、1%～9%、1.5%～2%和1.7%～3%；白豆蔻、草豆蔻和草果也含挥发油。常用的开窍药均为辛味药，除蟾酥外，也主要含有挥发油。从各元素的均值来看，辛味药的锌含量显著低于咸味药，钙含量显著低于苦味药。因此，低锌、低钙可能是辛味药潜在的元素谱征。现代研究表明，辛味药的功效主要与扩张血管、改善微循环、发汗、解热、抗炎、抗病原体、调整肠道平滑肌运动等药理作用相关，辛味药所含挥发油是其作用的主要物质基础。

2. 甘味药 甘味药化学成分以糖类、蛋白质、氨基酸、苷类等机体代谢所需的营养成分为主。甘味药的无机元素总平均值列五味中的第二位，镁含量较高。绝大多数的消食药、补益药和养心安神药为甘味药，能补五脏气、血、阴、阳之不足，如人参大补元气等，甘味药能补充机体营养物质、增强和调节机体免疫、内分泌功能，提高抗病能力。

3. 酸味药 酸味药数量较少，在常用的42种酸涩药味中，单酸味者有16种、单涩味者有14种、酸涩味者有12种。单酸味药主要含有机酸类成分，常见中药中的有机酸有脂肪族的二元多脂羧酸、芳香族有机酸、萜类有机酸等；单涩味药主要含鞣质，酸涩味药也含有大量的鞣质，如五倍子含鞣质60%～70%、诃子含鞣质20%～40%、石榴皮含鞣质10.4%～21.3%。酸味药的无机元素的总平均值最低，其中钠、铁、磷、铜、锰、镁含量均低于咸、甘、辛、苦味药，尤以铁含量最低。当鞣质与烧伤表面、局部出血组织、胃溃疡面等部位接触后，能与组织蛋白质结合生成不溶于水的化合物（鞣酸蛋白），并沉淀或凝固于组织表面形成致密的保护层，有助于局部创面止血、修复愈合，以及免受刺激。因此，鞣质具有止泻、止血、治疗烧伤、促进胃溃疡愈合等多种作用。例如含鞣质多的涩味药如紫珠、棕榈炭、侧柏叶、地榆等均具有较好的止血作用。

4. 苦味药　苦味药中的苦寒药以生物碱和苷类成分为多，是苦寒药“苦”“寒”性质的来源。常用的清热药和攻下药多是苦味药。清热药中的苦寒药黄连、黄芩、黄柏、北豆根、苦参等均主要含生物碱，皆具有抗菌、抗炎、解热等作用；栀子、知母等主要含苷类成分，具有抗菌、解热、利胆等作用。苦寒泻下药大黄和番泻叶均含番泻苷，具有泻下、抗菌和止血作用。苦味药无机元素总平均值居五味中第四位，钙含量高于辛，锂含量高于咸，因此，高锂、高钙可能是苦味药功效物质基础。

5. 咸味药　咸味药的数量较少，多为矿物类和动物类药材。咸味药主要含有碘、钠、钾、钙、镁等无机盐成分。化痰药中的咸味药海藻、昆布、海蛤壳、海浮石、瓦楞子、礞石等均具有化痰、软坚的功效，如昆布、海藻内服可治疗瘿瘤（单纯性甲状腺肿）。研究表明，富含无机盐元素是咸味药的突出特征，而高铁、高锌、高钠、低锂是咸味药的元素谱征或本质属性，因此咸味药的高铁、高锌、高钠是其功效的物质基础。

二、五味的现代研究方法

1. 从与化学成分、功能的联系上研究五味　辛味药多含有挥发油，能行能散。如麻黄的挥发油成分左旋α-松油醇，可以兴奋汗腺、增加排汗，表现出“能散”；桂枝的挥发油成分桂皮醛和桂皮油既可发汗解热、健胃、解痉、镇痛，又能兴奋胃肠道平滑肌，使其收缩加强，紧张力增加，从而有利于胃肠积气的排除，消除或缓解痞满、胀痛等症状；枳实所含挥发油成分右旋柠檬烯能行气消痰、宽中除胀，还能促进消化液的分泌，改善消化吸收功能，起到健脾开胃的作用，有的则可抑制胃肠道蠕动，缓解其痉挛而止痛；姜中的挥发油成分姜酚及姜烯，能使血管扩张，促进血液循环，表现出“能行”。甘味药多含有苷类、糖类、蛋白质、氨基酸及维生素等多种成分，能补能缓。如甘草中的甘草苷元、异甘草苷元，均能明显抑制实验动物的离体肠运动并能解除组胺引起的肠痉挛而止痛，表现出“能缓”；有甘味的黄芪富含糖类、多种氨基酸、叶酸、维生素P、维生素B_5、泛酸及微量元素铁、锰、钙、磷、镁等，可提高机体免疫力，使细胞数明显增多，促进血清和肝蛋白更新，表现出“能补”。酸味药大多含有有机酸如苹果酸、枸橼酸、鞣酸等，能收能涩。如五倍子含鞣酸70%～80%，其作用于黏膜表面，使蛋白质沉淀凝团，成为不溶物，表现出“能收”；又可使分泌细胞干燥，表现出“能涩”。苦味药含生物碱、苷类，能燥能泄。如黄连、黄柏所含小檗碱，广谱抗菌、消炎作用很强，能通过对痢疾杆菌、大肠杆菌的抑菌作用而起到治疗肠炎、痢疾之效，表现出“能燥”；大黄含蒽醌衍生物，对消化道有局部刺激作用，从而促进肠管运动而引起泻下作用，表现出“能泄”。咸味药含钠、钾、钙、镁、铝、碘和其他活性成分，能软能润。如海藻、昆布含碘，软化瘿瘤，可治甲状腺肿（瘿瘤），表现出“能软”；芒硝的主要成分为硫酸钠，内服后不易被肠黏膜吸收，存留肠内形成高渗溶液，使肠内水分增加，能浸润软化结粪，并引起机械刺激和化学刺激，促进肠蠕动，发生泻下作用，表现出“能润、能下”。

2. 采用定量方法研究药味 有学者通过对植物类中药所含元素多寡和该药“味”之间关系的分析，建立药物的定量判别方程。首先检测 105 味植物类中药的 42 种元素，依据《中药学》《中药大辞典》等专著分别选择辛、甘、苦三味的典型药物，用 Wilks 最小化方法从中筛选出对药味有显著性贡献的 11 种元素（$P<0.01$），再按照 Bayes 准则建立“最优”线性判别函数，得到辛、甘、苦三味的定量判别函数式，并将回判结果与传统的进行比较。结果：经统计分析，三类判别方程有非常显著的差异（$P<0.01$），通过该函数的计算，药味与传统药味的符合率为 67%。还有学者对 133 味药物水煎液的 pH 进行测定，结果显示，单酸药 pH 较对照药 pH 明显降低，二者经比较有非常显著性差异（$P<0.01$），从而说明药味产生的基础是药物疗效及其功能，同时也证明了药味起源于口尝的真实性和客观性有其理论基础。

第三节　中药升降浮沉的现代认识

中药的升降浮沉是药物性能在动物体内呈现的一种走向和趋势，即在动物体内环境里药物作用的部位。向上向外的作用称为升浮，向下向内的作用称为沉降。一般来说，具有解表、透疹、祛风湿、升阳举陷、开窍醒神、温阳补火、行气解郁及涌吐等功效的药物，其作用趋向主要是升浮的；而具有清热、泻火、利湿、安神、止呕、平抑肝阳、息风止痉、止咳平喘、收敛固涩及止血等功效的药物，其作用趋向主要是沉降的。

中药升降浮沉理论的现代研究除不断丰富和发展原有的经典理论外，还集中研究了升降浮沉与中药药理作用的关系及影响药物升降浮沉的因素这两个方面。

一方面，补中益气汤对子宫脱垂有肯定疗效，它可以选择性提高兔、犬在体或离体子宫肌的张力；单味升麻、柴胡都可显著提高兔离体子宫肌的张力，说明了升麻、柴胡两味药物，可起到向上的升提作用。随着研究的进一步深入，发现在传统的中药升降浮沉理论之外，其亦有特殊性、双向性、不明显性及可变性。花叶类药物质地轻扬，本主升浮，但旋覆花、丁香降气止呕，槐花治肠风下血，番泻叶泻下导滞等，其性沉降而非升浮；子实类药物质地重实，本主沉降，但蔓荆子疏散表邪以清利头目、苍耳子发散风寒通鼻窍等，其性升浮而非沉降。因此，中药升降浮沉之特殊性应从其临床发挥的作用方面去理解。有些中药具有升浮和沉降的双向作用趋向，如麻黄发汗、解表既具有升浮的特性，又能止咳平喘、利尿消肿而具有沉降的特性；白芍上行头目祛风止痛，既具有升浮的特性，又能下行血海以活血通经，又具有沉降的特点；黄芪既能补气升阳、托毒生肌，具有升浮的特性，又能利水消肿、固表止汗，具有沉降的特点。

另一方面，药物升、降，浮、沉的性能与药物的性味、炮炙、质地、配伍等因素密切相关。《本草纲目》中记载：“酸咸无升，甘辛无降，寒无升，热无沉”。大多数味辛、甘，性温热者属升浮药；味酸、苦、咸，性寒凉者属沉降药。加工炮制能改变药物升降浮沉的作用趋势。如酒炙提升，盐制则降，姜炒则散，醋炒则敛。大黄经酒炙炒后则能改其通下之性为上行，具有行血通经，祛瘀止痛的功效。延胡经醋炒炙后，增强其收敛止痛的作用。就药物的质地而言，凡花、叶及质地轻松的药物，大多作用升浮，如辛夷、菊花、升麻；凡属于实及质地重浊的药物，大多作用沉降，如苏子、枳实、代赭石。但也有例外，前人有“诸花皆升，旋覆独降；诸子皆沉，蔓荆独升”之说。又有麻黄既可发汗解表，又能止咳平喘、利水消肿；川芎上行巅顶，下通血诲，具升降两方面的功效。在配伍用药中，升浮药配伍在大量的沉降药之中，方剂功效随之趋下；沉降药处于大量的升浮药中，方剂的功效也随之趋上。

第四节　中药归经的现代认识

归经指中药对人体或动物机体某部分具有选择性治疗作用的特性。中药归经理论是中药药性理论的一个重要组成部分。目前，实验研究的思路可概括为两大类：一是根据中药有效成分在体内的分布及其作用部位研究中药的归经；二是根据药理效应，选定某些特异性的药理观察指标研究中药的归经。这些研究既阐明了中药归经的物质基础，又突出了中医理论的特色，为中药或中兽药规范化、标准化研究奠定了基础。

归经的现代研究，主要有以下方法：

一、对确定归经的依据进行探讨

主要有两种方法：一是以所治病证的脏腑归属确定归经。如能治疗咳嗽、气喘等肺系疾病的药物归入肺经；能治疗心悸怔忡等心系疾病的药物归入心经；能治疗阳痿、遗精等肾系疾病的药物归入肾经等。二是以药物的自然属性确定归经。如以五味配五脏来确定药物的归经，则辛入肺、苦入心、甘入脾、咸入肾、酸入肝；以五色配五脏来确定药物的归经，则色白入肺、色赤入心、色黄入脾、色青入肝、色黑入肾；以五气配五脏来确定药物的归经，则燥气入肝、焦气入心、香气入脾、腥气入肺、腐气入肾；以药物的质地、形状等特征为依据来确定药物的归经，则质之轻者上入心肺，质之重者下入肝肾，如质地重坠之牡蛎、磁石能沉坠入肝肾；胡桃形似脑而补脑等。此种标定方法多采用取类比象的方法，不足以反映归经理论的普遍规律。

二、药物有效成分代谢分布测定法

该方法就是通过现代药物动力学的技术，观察中药中的某些成分在体内脏器的分布特点，以此来说明中药活性成分在体内的分布与中药归经的关系，从而揭示中药归经的实质。多数情况下，病变部位的药物浓度与其药效有直接关系，运用此种方法能从一定层次上反映药物的归经。如应用放射自显影技术观察 ^{3}H-川芎嗪在动物体内各主要脏器的分布，结果主要分布在肝脏和胆囊，与文献记载的川芎归肝、胆经相符，因而认为归经的实质是药物活性成分在体内某些脏器的高浓度分布。^{3}H-麝香酮在早孕小鼠的子宫、卵巢中的分布量较未孕小鼠相对增加，说明其对妊娠子宫有相对的专一性蓄积。

三、微量元素法

不少研究者认为，中药的某些作用与微量元素有关。提出微量元素“归经”假说，认为中药的微量元素在体内的迁移、选择性富集及微量元素络合物对疾病部位的特异亲和是中药归经的重要基础，并从中医“肾”功能方面探讨，认为微量元素锌、锰是中药归肾经的物质基础。通过对常用的 21 味补肾助阳药进行微量元素的系统分析，提出了以微量元素锌、锰、铁作为共同的物质基础，实施对神经—内分泌—免疫调节网络的控制而呈现整体效应。明目类中药富含锌、锰、铁等微量元素，其含量与眼组织中微量元素的浓度相关。

四、环核苷酸测定法

cAMP、cGMP 普遍存在于体内各组织，且是细胞功能的重要调节物质，对多种信息尤其是药物的刺激非常灵敏，各脏器组织中的含量水平基本可以反映细胞功能的某一动态平衡状态，许多中药通过调节体内环核苷酸的含量起作用。用五味子、鱼腥草、汉防已水煎剂分别给鼠灌胃，用放射免疫法测定动物脑、心、肺、肝、脾等组织中 cAMP、cGMP 的含量，发现各组织 cAMP、cGMP 含量及 cAMP/cGMP 比值的变化与各药物的归经有关。

五、受体学说研究法

归经与受体学说均强调药物的选择性作用。不少学者认为，药物的有效成分及其受体是归经的物质基础。对于中药来说，其作用来自于某种有效成分的结构、构象符合了某种受体的要求，从而结合产生作用，表现为具有一定的限定性和选择性，而中药所要说明的就是这种限定性和选择性。从受体学说来看，药物对作用部位的选择性就是受体对药物的选择性。受体具有饱和性、特异性和可逆性，某些受体的分布可以跨器官、跨系统。中药进入体内后，由于受体性质的限制，只能作用于特定的受体，表现为某一种或某几种效应，而非其他效应，这与中医药理论上的归经极其相似。如细辛含消旋去甲乌药碱，具有兴奋 β_1 受体的作用，而 β_1 受体主要分布在心脏、肠壁组织，因此细辛可治疗心脏疾病，即古人所言的归心经；槟榔含有乙酰胆碱，为心脏受体接受而产生抑制作用，为胃肠受体接受而产生兴奋作用，从而验证了《本草经解》所云“槟榔归心、胃、大肠经”的论述。

第五节　中药的配伍禁忌

配伍禁忌即药物处方和调剂时应该避免的药物组合。当复方用药时，这样的药物组合会使药效降低或丧失，甚至产生毒副反应，故而属于配伍禁忌。

对于配伍禁忌，目前已经重点针对“十八反”“十九畏”中药，通过动物实验和临床观察，从毒理、药理、物质基础等方面进行了研究。有部分禁忌业已得到证实，例如，乌头含有多种生物碱（次乌头碱、乌头碱、中乌头碱、川乌碱甲、川乌碱乙等），半夏含有 β-谷甾醇、三萜烯醇、3,4-二羟基葡萄糖苷，两者搭配，可增强对神经末梢及中枢神经系统的麻痹性，量大而中毒深者还可因心脏停搏、呼吸衰竭而死亡，故此二药不宜配伍。藜芦含有甾体生物碱、原藜芦碱、伪藜芦碱、红藜芦碱等，能使血压下降，心跳减慢，呼吸抑制，而细辛含挥发油，能引起呼吸兴奋，血压上升，两者药理作用完全相反，故不宜配伍。大戟科的狼毒、瑞香科的瑞香狼毒、天南星科的海芋和尖尾芋（广东、广西狼毒）等，均含有皂苷（三萜类或甾体类），与密陀僧的铅离子作用时会产生沉淀现象，而其沉淀物具有强烈的毒性，可引起中枢神经系统的中毒症状，故这些药不宜配伍。

此外，相关研究也发现部分配伍禁忌并不是绝对的，如有人将丁香与郁金合用治疗呃逆、噎膈、呕吐等，均取得较好的效果；在动物实验中，人参配五灵脂、官桂配赤石脂、丁香配郁金等大剂量使用时，家兔均无明显的不良反应；甚至有些相反，还具有相辅相成的作用，如甘遂甘草合剂抗肿瘤的药理效应研究表明，该合剂对 S_{180} 和 HAC 实体瘤有明显的抑制作用，抑瘤率大于 30%，各给药组瘤组织大多见成片或大片坏死，其坏死程度明显较模型组严重，大剂量组还可见到瘤组织周围淋巴细胞和巨噬细胞浸润增多。

与此同时，随着研究的深入，一些新的配伍禁忌逐渐被人们所认识，如麝香的中枢神经兴奋作用可使马钱子的急性毒性增强。另外，有人从生药的科属上分析，指出“十八反”“十九畏”中的植物药，相当部分属于有毒植物，配伍禁忌中因而包含有毒性叠加而成剧毒的因素。

需要指出的是，反畏理论历来存有争议，部分禁忌的现代研究结果也尚未形成明确的结论或统一的认识。从总体来看，中药配伍禁忌的毒理、药理及物质基础研究主要集中在一些毒效指标，而缺乏整体、细胞及分子层面的系统研究。针对存在的问题，未来的中药配伍禁忌研究，首先应规范配伍禁忌研究的实验条件，包括药材来源、制剂形式、给药途径、实验模型（含病理生理模型）等；其次，应加强研究中药配伍禁忌在方剂中的作用，使得这些源于方剂的经验总结能够继续在方剂的运用中得以验证和深化；此外，由于中药配伍禁忌属于药物相互作用产生不良反应的毒理学范畴，应结合前沿的毒理学研究方法来探讨配伍禁忌中药的毒性，其研究的最终落脚点应是阐明中药配伍禁忌毒性作用的机理和物质基础。

第六节 中药的不良反应

中药不良反应是指中药包括中草药、中药饮片及其制剂中成药在正常用法和用量的情况下，产生除治疗作用以外的非预期且有害于机体的反应。实际上，药物的不良反应，无论是西药还是中药，都存在着不可避免的负面作用，即“是药三分毒”。

中药的毒性是中药药性的组成部分。临床条件下，毒即是药。在滥用药物时，药也是毒。古人认为毒与药是相通的，且毒作为药物的代称，体现毒是中药治疗作用的特征内涵。“夫药本毒物……药之治病，无非是以毒拔毒，以毒攻毒”。张景岳云：“药，以能治病，皆谓之毒，药以治病，因毒为能，所谓毒者以气味之有偏也……”。毒反映了中药的偏性和治病功效，在于毒纠正了阴阳的偏盛或偏衰。中药之所以能治病，就是利用药物的偏性（毒），调节机体的阴阳偏性，达到阴阳之间的相对平衡，使疾病痊愈。凡药皆有毒（偏性），毒（偏性）是中药最基本的性能。可见中药的毒就是偏性。然而，偏性既是中药性能的特征，又是产生不良反应的基础。临床上，中兽药偏性的应用，用之得当可发挥治疗效应，用之不当则对机体也可发生损害。现代医学把这种损害称为药物的“不良反应”。

一、中药不良反应的类型及其原因

中药的成分复杂，药理作用多样，不良反应也不相同。从中药中提取的有效成分直接灌胃或采用注射给药，所引起的毒性反应往往更为多见，且较严重。中药的副作用可表现在多个方面，尤其是单味药的应用更为突出，而中药通过组方后，副作用可明显减轻。因剂量过大而立即发生的毒性反应称为急性毒性，多损害循环、呼吸和神经系统。因长期用药体内药物蓄积过多而逐渐出现的不良反应，称为慢性毒性或长期毒性，常损害肝、肾、造血器官和内分泌器官的功能。过敏反应造成组织损伤和生理功能紊乱。三致反应（致畸胎、致癌、致突变）属于中药慢性毒性中的特殊毒性反应，其后果是严重的。

中药品种繁多，药材来源复杂，同名异物或异物同名，不同基原的药材其所含的化学成分有差异，所出现的生物活性及毒性也就不同。辨证施治是中医中药治病的精髓。若不对证用药则可导致不良反应。明代医药学家李时珍说过，药物“用之得宜，皆有功力，用之失宜，参术亦能为害”。一个好的中药方，包含着严密的配伍，七情即是体现中药作用的相互相成（增效）及其相互制约（减毒）。中药的炮制是中药的特色之一，其目的在于减毒。中药若不经炮制或炮制不当入药，或不遵循炮制技术或不科学的处理中药，容易产生种种不良反应。值得注意的是，不恰当或盲目的联用中西药物，不仅可相互产生拮抗，降低药效，而且还可引起严重的不良反应。

二、中药不良反应的毒性成分及其中毒机理

中药的不良反应是指中药在中医辨证施治理论指导下应用于临床所引起的与治疗无关的或意外的有害反应。中药有毒无毒是相对的，任何药物都有其规定的安全剂量范围，过量使用均可出现毒性。以下简述中药不良反应的毒性成分及其中毒机理。

1. 生物碱 中药生物碱既是中药的活性成分，又是中药的毒性成分。如附子、川乌、草乌等，所含的乌头碱主要损害循环系统和神经系统（中枢和外周）。含番木鳖碱（士的宁）的中药主要有番木鳖和马钱子，士的宁能兴奋脊髓、延髓、大脑，尤其脊髓兴奋最为突出。含阿托品类生物碱的中药有曼陀罗、闹羊花、颠茄、山莨菪等，此类生物碱能阻断节后胆碱能神经支配的效应器上的M-胆碱受体而呈现广泛的药理作用，中毒后多因循环衰竭和呼吸衰竭而死亡。含吡咯里西啶类生物碱的中药有千里光、猪屎豆、天芥菜等，该类生物碱有肝毒性，引起肝细胞病变，使肝细胞RNA酶活性下降，RNA、DNA的合成减少，DNA横断裂，具有迟发性肝损害作用，可导致肝出血、淤血、变性、坏死。含秋水仙碱的中药有山慈姑、野百合、秋水仙等。秋水仙碱是典型的细胞有丝分裂毒素，使细胞分裂在中期停止，对骨髓的抑制作用可引起白细胞缺乏和血小板减少等药源性血液病；还有含麻黄碱的麻黄，含苦楝碱的苦楝子，含雷公藤碱的雷公藤和昆明山海棠，过量均可中毒或窒息死亡。

2. 苷类 强心苷也是不少中药的活性成分，过量也成为毒性成分。如万年青、夹竹桃、蟾蜍等，过量可引起胃肠功能紊乱，还能促使Ca^{2+}内流，引起心肌细胞滞后去极化，导致心律失常。含氰苷的中药有苦杏仁、桃仁、白果、亚麻子、瓜蒂、木薯等。中毒是由于其所含的氰苷、氢氰酸等，水解生成有剧毒的氰离子。氰离子可与细胞线粒体中呼吸链

上氧化型细胞色素氧化酶的 Fe^{3+} 结合，形成氰化高铁型细胞色素氧化酶，阻断电子传递，从而使组织细胞不能得到充足的氧，生物氧化作用不能正常进行造成的细胞内窒息。由于呼吸中枢麻痹而死亡。含皂苷的中药有木通、黄药子、商陆等，可引起局部的刺激作用和溶血作用，并能抑制呼吸，损害心脏、肾脏。含黄酮苷的中药有芫花、广豆根等，主要作用是刺激胃肠道及对肝脏的损害。

3. 萜和内酯类 含萜和内酯类的中药有艾叶、千金子等，其毒性作用主要是对局部强烈的刺激，对中枢神经系统有抑制作用。《开宝本草》中介绍千金子种子含脂肪油，有毒成分为环氧续随子醇苯乙酸二乙酸酯；此外，含有殷金醇棕榈酸酯以及续随子醇二乙酸苯甲酸酯等，内服除对胃肠刺激外，还可引起肝损害。雷公藤甲素是环氧化二萜内酯的化合物，具有明显的肾毒性。

4. 毒蛋白 含毒蛋白的中药有苍耳子、蓖麻子和望江南等，这些植物蛋白均为细胞毒，能抑制细胞内蛋白质等生物大分子的合成而杀死细胞。其毒性首先是对胃肠道有强烈的刺激和腐蚀作用，引起广泛出血，最终呼吸衰竭而死亡。巴豆主要含毒性球蛋白，能溶解红细胞，使局部细胞坏死。内服可使消化道腐蚀、出血，损坏肾脏及尿血。动物实验表明巴豆油是胃癌诱导剂。

5. 鞣质 含鞣质的中药有五倍子、诃子、石榴皮等。水解鞣质有直接致肝脏毒，长期大量应用可致肝小叶中心坏死、脂肪肝、肝硬化等。

6. 马兜铃酸 含马兜铃酸的中药有关木通、广防己、马兜铃、细辛、川木香、川木通等。马兜铃酸具有很强的生理作用，也有很强的肾毒性和致癌性。马兜铃酸引起肾脏损害的特点是广泛的肾间质增生，其致病机制不是很清楚。目前认为马兜铃酸具有“胞浆毒”的特性而引起慢性肾损害。短期内大剂量马兜铃酸作用于肾小管上皮细胞，可致细胞的坏死及细胞凋亡；小剂量使该细胞变性和萎缩，出现肾小管功能障碍。小剂量马兜铃酸反复作用于肾脏，可致肾间质纤维化。

7. 重金属 中药的重金属含量超标，如果摄入重金属量稍大或长期摄入少量汞、砷、铅，在体内蓄积到一定量均可引起中毒。如朱砂、轻粉、白降丹和红升丹等主要含有汞化合物。汞化合物能抑制多种酶的活性，引起中枢神经和自主神经功能紊乱。含汞中药对肾脏的损害最为突出，严重时可引发急性肾衰竭而死亡。砒霜含三氧化二砷，雄黄含硫化砷。砷为细胞原浆毒，能抑制机体酶系统，损害神经细胞和胃肠道黏膜。砷化物主要经肾脏排泄、无机砷在体内呈甲基化过程，可加重肾损害。黄丹、铅粉、黑锡丹和红丹含有铅化合物。铅是多亲和性毒物，作用于全身各个系统，主要损害神经、造血，消化和心血管系统。铅对肾血管有损害作用，可引起少尿或无尿、血尿、管型尿和肝肾功能损害。

随着中兽药的广泛应用，其所出现的不良反应已日益受到重视，加强中兽药安全性和不良反应深入系统的研究，尤其是中药多种成分，多种单味药配伍的相互影响，如化学成分变化，药效和毒理的变化等；研究中药或中兽药不良反应的物质基础、作用机制、临床表现、毒代动力学的变化，解毒措施和防治办法都是非常必要和重要的。我们不但要继承古人对中药的认识，也要继承古人对不良反应的认识，在继承的基础上对中药的毒（偏性）以科学的阐释，进一步提高中兽药的治疗效果，减少和防止不良反应的发生，从而达到合理使用中兽药的目的。

◆ 参考文献

董世芬，宁一博，靳洪涛，2019. 中药不良反应与中药毒性研究进展 [J]. 医药导报，38 (11)：1419-1424.
方金苗，杜武勋，2015. 中药四气、五味药性物质基础研究 [J]. 辽宁中医药大学学报，17 (12)：66-68.
郭永胜，黄书婷，李良松，2020. 中药四气理论的起源与形成探析 [J]. 中医杂志，61 (16)：1405-1409.
黄一帆，2013. 中西结合兽医学概论 . 第 2 版 [M]. 北京：中国农业出版社 .
沈映君，2012. 中药药理学 . 第 2 版 [M]. 北京：人民卫生出版社 .
隋峰，姜廷良，2012. 从机体 TRP 寒热感受环节挖掘中药四气的现代科学内涵 [J]. 中国中药杂志，37 (16)：2501-2504.
王琳珊，靳会欣，董占军，2017. 系统药理学研究方法在中药不良反应研究中的应用进展 [J]. 中国药房，28 (35)：5033-5036.
肖林榕，2011. 中西医结合发展史研究 [M]. 北京：北京科学技术出版社 .
赵春妮，吕志平，2010. 中西医结合导论 [M]. 北京：人民卫生出版社 .
赵雯，韩庆杰，胡志希，2015. 浅谈中西医结合的思路与方法 [J]. 辽宁中医杂志，42 (3)：554-556.

第二章

中药的主要化学成分与药理

中药所含的化学成分多种多样，其结构也极为复杂。有些成分是一般高等植物普遍共有的，如糖类、油脂、脂类、蜡、酸、蛋白质、氨基酸、维生素、色素、树脂、无机盐类等；另一些为某些中药所特有，如生物碱类、黄酮类、强心苷、皂苷、挥发油、有机酸等，而且大多具有显著的生理活性。通常将中药成分分为有效成分和无效成分。有效成分是指目前已知具有特殊的医疗效用或生物活性的物质，如麻黄碱、小檗碱、黄芩素、薄荷醇等。能用一定的分子式或结构式表示，并具有一定的熔点、沸点、旋光度、溶解度等理化常数的有效成分又称有效单体；尚未提纯成单体的有效成分一般称为有效部分或有效部位。无效成分是指目前尚未发现其药用价值的其他化学成分。随着研究的深入开展，中药成分的更多药理作用将被揭示。

第一节　生 物 碱

（一）概述

生物碱是自然界中广泛存在的一大类碱性含氮化合物，具有广泛的生理功能，是许多药用植物的有效成分，目前运用于临床的生物碱药品已达 80 多种，相当多的生物碱具有抗肿瘤活性、低毒性和成本低的特性，因而引起了人们的广泛关注。

（二）性质

生物碱的分子结构多属于仲胺、叔胺或季铵类，少数为伯胺类。它们的构造中常含有杂环，并且氮原子在环内，难溶于水，与酸可形成盐，有一定的旋光性与吸收光谱，大多有苦味，呈无色结晶状，少数为液体。生物碱有几千种，由不同的氨基酸或其直接衍生物合成而来，是次级代谢物之一，对生物机体有毒性或强烈的生理作用。游离生物碱极性较小，一般不溶或难溶于水，能溶于有机溶剂。它们的盐类大多易溶于水及醇。多数生物碱具有旋光性，大多是左旋的，具有明显的生理效应（匡海学，2003）。

（三）分类

生物碱的分类方法有多种，常根据生物碱的化学构造进行分类。近年来按生源途径结合化学结构类型可分为鸟氨酸系生物碱（主要包括吡咯烷类、莨菪烷类、吡咯里西啶类生物碱）、赖氨酸系生物碱（主要有蒎啶类、喹诺里西啶类和吲哚里西啶类生物碱）、苯丙氨酸和酪氨酸系生物碱（主要包括苯丙胺类、异喹啉类、苄基苯乙胺类等生物碱）、色氨酸系生物碱（主要有简单吲哚类、色胺吲哚类、半萜吲哚类、单萜吲哚类生物碱）、邻氨基苯甲酸系生物碱（主要包括喹啉和吖啶酮类生物碱）、组氨酸系生物碱（主要为咪唑类生物碱)、萜类生物碱(包括单萜类、倍半萜类、二萜类、三萜类生物碱)、甾体类生物碱等(匡海学,2003)。

生物碱多根据它所来源的植物命名。例如,麻黄碱是由麻黄中提取得到而得名,烟碱是由烟草中提取得到而得名。生物碱的名称又可采用国际通用名称的译音,例如,烟碱又叫尼古丁(nicotine)。

(四)药理作用

1. 抗菌、抗病毒、杀虫作用 苦参生物碱对 HBV 有强有力的抗病毒活性。HBV 转基因鼠用氧化苦参碱治疗后,肝内 HBsAg 和 HBeAg 的量与对照组相比均有明显下降。氧化苦参碱在人体同样有抗 HBV 活性。苦参生物碱对 HCV 病毒亦有抑制作用(焦霞,2002)。8-辛基小檗碱、黄连生物碱可以增强头孢吡肟、左氧氟沙星的抑菌作用,降低两者的 MIC,为临床抗感染治疗提供另一种可能,不但可以延长抗生素在临床的使用周期,还可以降低抗生素的用量,降低细菌对抗生素的选择性压力,减少耐药突变的发生率(毛磊,2020)。金铁锁毛状根中的生物碱对大肠杆菌和铜绿假单胞菌有一定的抗菌活性。对金铁锁 HRs 的生物碱的抑菌活性进行测定,结果表明生物碱对大肠杆菌和铜绿假单胞菌有一定的抑菌作用(李虎,2022)。

2. 抗肿瘤作用 从石蒜科几种植物中分离得到 20 余种生物碱,其中伪石蒜碱具有抗肿瘤活性;豆科植物苦豆子根茎中获得槐果碱也有抗癌作用。10-羟基喜树碱、10-甲氧基喜树碱、11-甲氧基喜树碱、脱氧喜树碱和喜树次碱等,对白血病和胃癌具有一定疗效。而从卵叶美登木、云南美登木、广西美登木及它们亲缘植物变叶裸实中分离得到美登素、美登普林和美登布丁等 3 种大环生物碱,具有较好抗癌活性。掌叶半夏在民间用于治疗宫颈癌,其中含葫芦巴碱,对动物肿瘤有一定疗效。从三尖杉、蓖子三尖杉和中国三尖杉中分离出近 20 种生物碱,其中三尖杉酯碱和高三尖杉酯碱对急性淋巴性白血病有较好疗效。花椒根为芸香科花椒属植物花椒的根,《本草从新》中讲其有散寒、除湿、止痛、杀虫等功效,主治虚寒血淋、风湿痹痛、胃痛、牙痛、痔疮、湿疮、脚气、蛔虫病等症。花椒根含有多种生物碱类成分,民间曾用于宫颈癌的治疗。研究表明,花椒根总生物碱可能通过调节血清中 IL-2 和 TNF-α 水平来增强机体的免疫应答能力,促进其抗肿瘤活性。花椒根总生物碱具有体内抗肿瘤作用,其机制可能与增强机体细胞免疫功能及促进肿瘤细胞凋亡有关(龙奕霄,2022)。

3. 免疫调节作用 白英中富含多种活性成分,其中甾体糖苷生物碱是一类重要的抗肿瘤活性成分。研究证明,白英总甾体生物碱对多种人癌细胞具有增殖抑制作用,为白英抗肿瘤的有效部位。在低浓度下,白英总甾体生物碱能够显著促进 T 淋巴细胞、B 淋巴细胞和腹腔巨噬细胞增殖,并增强巨噬细胞的吞噬能力且浓度越小作用越明显,浓度增大则表现为明显的抑制作用。白英总甾体生物碱及其大极性和小极性部位均可抑制小鼠 S180 移植瘤的生长,且具有增强荷瘤小鼠免疫功能的作用;此外,白英总甾体生物碱可能具有双向免疫调节作用(吴桐,2020)。异喹啉类生物碱通过促进或抑制树突状细胞、巨噬细胞、肥大细胞、淋巴细胞等的活化或分化,下调 TNF-α、IL-17 等促炎细胞因子表达,上调 IL-10 等抑炎细胞因子表达等途径,发挥免疫调节和抗炎效应(常兰,2020)。

4. 对心血管系统的作用　小檗碱可以对抗哇巴因、氯化胆碱、氯化钙和氯仿-肾上腺等药物，以及冠脉结扎、缺血-再灌注等所致的大鼠实验性心律失常。临床上小檗碱对室性、室上性心律失常有较好的治疗作用。运用双微电极电压钳技术观察到小檗碱对大蒲肯野纤维延迟激活的钾离子流（TV）有阻断作用，并呈浓度依赖性，因此阻断延迟激活钾通道（KV）可能是小檗碱延长 APD，发挥抗心律失常作用的重要机制之一（王瑞国，2007）。吴茱萸碱有血管舒张作用，但对不同血管作用有差异。它是通过抑制血管平滑肌中受体介导的 Ca^{2+} 通道及内皮活化而发挥舒血管作用。吴茱萸碱可松弛兔海绵体，此作用呈浓度依赖性、非血管内皮依赖性。其作用主要为抗心肌损伤，增强心肌收缩力和保护心脏，舒张血管，对血压的影响随作用时间而呈先降后升的过程（林晶晶，2015）。唐古特乌头总生物碱具有平稳的降压作用，降压速度较为平缓。研究表明，藏药唐古特乌头总生物碱的急性毒性较小，属小毒；且具有一定的心血管活性（李钦玲，2019）。

第二节　苷　　类

（一）概述

苷类又称配糖体，是由糖或糖的衍生物（糖的部分）的半缩醛羟基与非糖物质（苷元部分）的羟基脱水缩合而成的缩醛衍生物，可根据苷键原子分为氧苷、氮苷、碳苷和硫苷。众多苷类化合物发挥药理活性的结构是脱糖基的次级代谢产物或苷元部分，氧苷易脱糖产生苷元，但碳苷结构比较稳定，在强烈条件下如强酸强碱条件下可去糖基化。苷连接的糖基水解后大多是单糖且具有还原性，因而可以通过糖苷键断裂建立糖基与苷的定量测定方法。苷类化合物广泛存在于植物中，是众多中药材的活性成分，对机体的呼吸、消化、神经和免疫等系统发挥着重要的作用（唐圆，2021）。

（二）性质

纯净的苷大多为无色、无臭而有苦味的结晶。少数苷例外，如皂苷多呈无定形、黄酮苷与蒽醌苷多为黄色、甘草甜素具甜味等。多数苷呈中性或酸性，少数呈碱性。当苷分子含葡萄糖醛酸或苷元中含酚性羟基时，呈酸性，苷类生物碱具碱性。大多数苷有一定的水溶性，通常苷比苷元在水中的溶解度大，若含去氧糖或甲氧基糖，则亲脂性增强。苷元易溶于有机溶剂。大多苷类能被稀酸或酶水解，生成糖和苷元或次生苷。植物体内的低聚糖苷（原生苷或一级苷）经水解，可失去部分糖，生成含糖分子数较原生苷少的次生苷。苷类没有还原性，多呈左旋光性。由于多数苷由 β-葡萄糖形成的，当苷类水解后产生 β-葡萄糖，其溶液由左旋变为右旋，并有强还原性。由于苷类分子中有糖的成分，因此，Molisch 反应呈阳性，苷类水解后能还原 Fehling 溶液。

（三）分类

苷类涉及范围广，虽然糖基部分有一定的共性，但苷元的结构类型差别很大，形成的苷类在性质和生物活性上各不相同，在植物中的分布情况也不一样。所以苷类的分类可以按照不同的观点、不同的角度做不同的分类。根据苷键原子的不同分为 O-苷、S-苷、N-苷和 C-苷等类型，在自然界存在最多的是 O-苷。另按苷元的结构类型、结合特异的理化性质和生理活性进行分类命名，如氰苷、酚苷、醇苷、蒽苷、黄酮苷、皂苷、强心苷、香豆素苷、环烯醚萜苷等（李丽芬，2001）。

（四）药理作用

苷的共性在糖的部分，但由于苷元的结构类型不同，各种结构类型的苷类在植物中的分布情况亦不一样。苷类化合物多具有广泛的生物活性，是很多中草药的有效成分之一。

1. 对心血管作用 三七皂苷 R_1 和 R_d 能显著促进或改善正常及去甲肾上腺素所致耳廓微循环障碍小鼠耳廓的微循环，亦可延长血浆复钙时间（陈重华，2002）。人参皂苷 Rg_1 可改善心肌缺血再灌注损伤大鼠模型的心功能，降低心肌梗死面积，降低灌流液中相关激酶的活性，提高细胞内抗氧化能力，从而发挥心肌保护作用（陈海霞，2016）。三七皂苷 R_1 可以改善心肌收缩和舒张功能障碍，减轻心脏肥厚及纤维化（Xiao，2018）。

2. 对中枢神经作用 三七皂苷 R_1 可改善缺血缺氧性脑病、抗脑缺血再灌注损伤、修复神经退行性病变（谭亮，2019）。大豆皂苷 Bb 预处理能够减轻大鼠脑 I/R 损伤引起的神经功能缺陷、脑水肿及脑梗死，并且能够促进突触相关蛋白的表达，具有神经保护作用（高倩，2022）。

3. 抗微生物作用 连翘酯苷在体外和体内对引发奶牛乳腺炎的主要致病菌金黄色葡萄球菌、停乳链球菌、无乳链球菌均有较好的抑制作用（王宏军，2005）。

4. 抗肿瘤作用 重楼皂苷Ⅰ抑制肝癌细胞株 Huh7 细胞和 HepG2 细胞的增殖，诱导两种细胞的凋亡，降低其迁移能力（喻青青，2021）。薯蓣皂苷可通过调节细胞周期、调控细胞凋亡、介导肿瘤细胞 EMT 改变及逆转肿瘤细胞耐药性，来抑制肿瘤细胞的增殖及增加细胞对药物的敏感性，其诱导的细胞产生自噬机制（王胜超，2020）。

第三节　黄 酮 类

（一）概述

黄酮类化合物是一类中药中分布很广，而且是重要的多酚类天然产物。黄酮类化合物（flavonoids）又称生物类黄酮化合物，黄酮体、黄碱素和类黄酮，是色原酮或色原烷的衍生物，其基本骨架为具有 15 个碳原子组成的化合物（$C_3-C_6-C_6$），骨架中含有两个苯环，两个苯环由一个 C_3 部分桥连，C_3 部分可以是脂肪链，也可以与 C_6 部分形成六元或五元氧杂环。黄酮类化合物中，碳环开环化合物只有查尔酮和二氢查尔酮两种，具有五元碳环的黄酮类化合物主要为橙酮和橙酮醇，具有六元碳环的黄酮类化合物分为黄酮和异黄酮，据碳环的氧化程度的不同又可分为黄酮、黄酮醇、二氢黄酮、二氢黄酮醇、黄烷和花青素等。

（二）性质

天然黄酮类化合物多以苷类形式存在，并且由于糖的种类、数量、联接位置及联接方式不同可以组成各种各样黄酮苷类。组成黄酮苷的糖类包括单糖、双糖、三糖和酰化糖。黄酮苷固体为无定形粉末，其余黄酮类化合物多为结晶性固体。黄酮类化合物不同的颜色为天然色素家族添加了更多色彩。这是由于其母核内形成交叉共轭体系，并通过电子转移、重排，使共轭链延长，因而显现出颜色。黄酮苷一般易溶于水、乙醇、甲醇等极性强的溶剂中；但难溶于或不溶于苯、氯仿等有机溶剂中。糖链越长则水溶度越大。黄酮类化合物因分子中多具有酚羟基，故显酸性。酸性强弱因酚羟基数目、位置而异。

(三) 分类

根据中央三碳链的氧化程度、β-环连接位置（2-或3-位）以及三碳链是否构成环状等特点，可将主要的天然黄酮类化合物分为：黄酮类（flavones）、黄酮醇（flavonol）、二氢黄酮类（flavonones）、二氢黄酮醇类（flavanonol）、花色素类（anthocyanidins）、黄烷-3,4二醇类（flavan-3,4-diols）、双苯吡酮类（xanthones）、查尔酮（（chalcones）和双黄酮类（biflavonoids）等15种。另外，还有一些黄酮类化合物的结构很复杂，其中包括榕碱及异榕碱等生物碱型黄酮。

(四) 药理作用

1. 抗氧化作用 由于结构的特殊性，黄酮类化合物具有很强的清除自由基和抗氧化的能力，主要表现在降低自由基的产生和清除自由基两方面，且其清除自由基的能力与其药理活性密切相关。它的清除自由基抗氧化作用是黄酮类化合物许多生理活性的基础。吞噬细胞释放的氧自由基具有强大的杀菌作用，但过量的氧自由基可引起膜脂质、蛋白质、核酸等的过氧化反应而受损。许多病理生理现象，如衰老、突变、肿瘤、炎症、变态反应、缺血再灌注损伤、动脉粥样硬化等都与氧自由基有关，黄酮类的抗自由基作用，与黄酮、黄酮醇为氢的传递体有关；并与过氧化物歧化酶的辅基血红素中 Fe^{3+} 螯合，从而与酶活性被抑制有关。Abraham 等研究了 *Ficus pumila* L. 中分离到的黄酮 rutin、apigenin 6-neohesperidose、kaempferol 3-robinobioside 和 kaempferol 3-rutinoside 的抗氧化性和清除自由基的能力，结果显示黄酮 rutin 具有很强的清除自由基 DPPH 和抑制超氧自由基生成的活性，且清除能力与浓度有明显的依赖关系（Abraham，2008）。香樟叶总黄酮提取物进行体外抗氧化活性探究，发现对 DPPH 自由基、OH·自由基和 ABTS 自由基都有较强的清除作用（郑丽鋆，2022）。氧化试验结果表明，同浓度下，香蕉皮总黄酮的羟自由基、$ABTS^{+}$ 自由基清除能力及 Fe^{3+} 还原能力均显著强于维生素 C（彭思琪，2022）。不过近年一些研究显示，黄酮在体内本身的抗氧化活性很低或不直接引起抗氧化活性，因为它们很少被吸收，被吸收的黄酮大部分代谢后被排出体外，而在黄酮的代谢过程中会提高尿酸的水平，这才是黄酮最可能的提高抗氧化活性的原因。

2. 调节心血管系统 由于黄酮类化合物的抗氧化性，在抗心律失常和改善冠脉循环方面表现出很好的活性，有降血脂、降胆固醇、抑制血栓和扩张冠状动脉等作用。张锦等通过研究表明，银杏黄酮磷脂复合物对大鼠心肌再灌注血管内皮损伤具有明显的保护作用，可能与其增强抗氧化酶活性，减少自由基对内皮细胞的氧化损伤，减少内源性血管活性物质 ET1 释放，纠正 PGI_2/TXA_2 失衡等机制有关（张锦，2009）。近年来的研究发现，存在于植物中的类雌激素具有较强的心血管保护作用，且未发现有不良影响。越来越多的研究显示，大豆异黄酮对心血管有多方面的调节作用，有望成为一种良好的抗心脑血管疾病的药物（闵巍巍，2007）。黄酮类化合物通过作用于雌激素受体、调控心血管细胞活性的关键酶及相关基因从而发挥心血管保护作用，如抗炎、抗氧化、预防心血管疾病等作用（牛慧，2019）。大豆异黄酮的雌激素作用，使其能够有效地清除胆固醇，降低血脂；大豆异黄酮中含有的染料木素能够抑制血栓的形成，从而有效阻止动脉粥样硬化的形成。由于受雌激素的影响，大豆异黄酮能够抑制血管平滑肌细胞的增殖，调节平滑肌细胞功能（张翠芬，2018）。

3. 促进动物生长 异黄酮类化合物具有微弱的雌激素活性，能与下丘脑、垂体等处的雌二醇受体不同程度的结合，影响动物神经内分泌系统的性腺轴和生长轴，使睾酮、胰岛素生长因子-Ⅰ型（IGF-Ⅰ）生成和释放增加。而睾酮是促进雄性动物蛋白质合成代谢的激素，直接促进肌肉蛋白的合成并通过肝脏影响 IGF-Ⅰ的发育，使 IGF-Ⅰ水平显著升高，IGF-Ⅰ对肌肉组织的增长且有很强的促进作用（闵巍巍，2007）。

4. 抗癌、防癌作用 黄酮类化合物抗癌、防癌的作用，主要是通过其抗自由基作用，诱导肿瘤细胞凋亡。其直接抑制癌细胞生长、抗致癌因子、促进抑癌基因表达、干预肿瘤细胞信号转导、抑制血管生长、提高机体免疫力而实现的。研究证实，水飞蓟宾（silybin）对前列腺癌、乳腺癌、宫颈癌、结肠癌、肺癌、肝癌等多种癌细胞均有很好的抑制作用（mokhtari，2008；hogan，2007）。黄芩素等 5 种黄酮作为半枝莲黄酮抗癌的主要成分，得到主要黄酮类成分的 70 个抗癌靶点。主要黄酮类成分可作用于 TP53、AKT1、VEGFA、CCND1、STAT3、MTOR、MAPK1、CTNNB1 等 24 个关键靶点；参与 DNA 转录正调控、线粒体凋亡、蛋白质磷酸化、细胞增殖等生物过程；调控胰腺癌、前列腺癌、结直肠癌、PI3K-Akt、VEGF、MAPK、mTOR 等信号通路。结果表明半枝莲的主要黄酮类成分能够多成分、多靶点、多通路发挥协同抗癌作用，是半枝莲抗癌的药效物质基础，木犀草素、AKT1、PI3K-Akt 可能是其抗癌的最佳成分、靶点及通路。齐彦爽等的研究中采用网络药理学预测了黄芪总黄酮抗肺癌的 46 个作用靶点，进行 KEGG 通路分析后进一步构建了成分-靶点-通路-疾病网络，以及蛋白-蛋白互作网络。结果显示黄芪总黄酮抗肺癌具有多靶点、多通路的特点（齐彦爽，2020）。

5. 抗炎、免疫作用 梁统等研究了侧柏总黄酮对二甲苯致小鼠耳片肿胀及角叉菜胶诱发大鼠足爪肿胀作用，结果表明，侧柏总黄酮具有较强的抗炎作用，与中性粒细胞花生四烯酸代谢产物白三烯 B4（LB4）、5-羟廿碳四烯酸（5-HETE）生物合成及 β-葡糖苷酸酶释放的抑制作用有关（梁统，2004）。郑必胜等通过检测木棉花黄酮对 RAW264.7 分泌细胞炎症因子 TNF-α 和 IL-6 的抑制效果，可得当木棉花黄酮质量浓度大于 0.5 g/L 时能显著抑制炎症因子 TNF-α 的分泌，当木棉花黄酮的质量浓度为 0.25 g/L 及以上时即可显著抑制炎症因子 IL-6 的分泌（郑必胜，2022）。陈琳等采用二甲苯诱导的小鼠耳肿胀、角叉菜胶诱导的大鼠足爪肿胀、棉球诱导的大鼠肉芽肿和佛氏完全佐剂诱导的大鼠佐剂性关节炎模型，以及腹腔巨噬细胞培养并诱导生成 IL-1 的方法研究了豹皮樟总黄酮的抗炎作用，结果表明，豹皮樟总黄酮对二甲苯诱导的小鼠耳肿胀、角叉菜胶诱导的大鼠足爪肿胀、棉球诱导的大鼠肉芽肿和大鼠佐剂性关节炎具有抑制作用，对大鼠腹腔巨噬细胞 IL-1 的生成有抑制作用（陈琳，2004）。黑籽南瓜黄酮类化合物能够有效抑制脂多糖（LPS）诱导的小鼠单核巨噬细胞（RAW264.7）产生炎症因子一氧化氮（NO）和前列腺素 E_2（PGE_2），证明其具有抗炎活性（尉松瑶，2022）。吕萍等通过小鼠碳粒廓清实验发现，长白山紫苏黄酮中剂量和高剂量组可显著、极显著提高小鼠碳粒廓清指数 K 和吞噬指数 α，且高剂量组可促进小鼠胸腺及脾脏生长发育，使免疫器官指数升高，增强小鼠的非特异性免疫功能，表明长白山紫苏黄酮具有良好的免疫活性（吕萍，2021）。陈皓等研究利用高脂饮食和环磷酰胺诱发幼年大鼠肥胖且免疫力低下，发现山楂叶多糖和黄酮均可对抗由环磷酰胺引起幼年肥胖大鼠体重异常的现象。同时，促进脾淋巴细胞的增殖功能并提高免疫器官指数，从而起到增强幼年大鼠免疫力的效果（陈皓，2021）。

第四节　挥 发 油

（一）概述

挥发油是植物中一类具有芳香气味、在常温下能挥发的油状液体的总称，在植物界分布很广，特别是菊科、芸香科、伞形科、唇形科、樟科、木兰科、姜科等植物中。许多挥发油都具有多方面的作用，在医疗方面的应用也越来越普遍。

（二）性质

1. 大多数是无色或淡黄色透明液体，少数挥发油显蓝绿色、红色等，如含有薁类成分的挥发油多显蓝色。挥发油都含有特殊的香气或臭气，有刺激性的灼热或辛辣味，呈中性或酸性反应。挥发油常温下为液体，有的在冷却时其主要成分可能结晶析出。这种析出物习称为“脑”，如樟脑、薄荷脑等。滤去析出物的油称为“脱脑油”，如薄荷油的脱脑油习称“薄荷素油”，但仍含有约50%的薄荷脑。

2. 挥发油在水中溶解度很小，但已具有挥发油的特殊香气，因此可用来制造芳香水（如金银花露、薄荷水等）。挥发油为亲脂性物质，难溶于水，能完全溶于无水乙醇，在含水的醇（如70%的乙醇）中只能溶解油中的一部分成分（一般是含氧的成分），易溶于醚、氯仿、石油醚、二硫化碳和脂肪油等亲脂性有机溶剂，在低浓度乙醇中溶解度较小。

3. 各种挥发油的相对密度差异很大（0.696～1.198），大多数挥发油都比水轻，仅少数挥发油比水重，如丁香油、桂皮油等。有的相对密度与水很接近，故随水蒸气蒸出后与水很难分层。

4. 不同挥发油有不同的旋光度和折光率，可作为质量鉴定的项目，因挥发油是多种成分的混合物，大多数没有确定的沸点。

5. 挥发油遇香兰素-浓硫酸显紫、蓝、红等颜色，油中如有醛、酮类成分，则与2,4-二硝基苯肼试液显色；如有酚类成分，则与三氧化铁试液显色；如有酸类成分，则与溴酚蓝等指示剂显色（姚新生，1995）。

（三）分类

挥发油的成分比较复杂，一种挥发油中常常有数十种至数百种化合物组成，虽然其组成成分复杂，但多以数种化合物占较大比例为主成分，从而使不同的挥发油具有相对固定的理化性质及生物活性。组成挥发油的成分可分为以下四类：

1. 萜类化合物　挥发油的组成成分中萜类所占比例最大，且主要是单萜、倍半萜及其含氧衍生物，含氧衍生物多是该油中生物活性较强或具芳香气味的主要成分。

2. 芳香族化合物　挥发油的芳香族化合物多为小分子的芳香成分，在油中所占比例次于萜类。

3. 脂肪族化合物　一些小分子的脂肪族化合物在挥发油中也广泛存在，但含量和作用一般不如萜类和芳香族化合物。

4. 其他类化合物　除以上三类化合物外，有些中药经过水蒸气蒸馏能分解出挥发性成分，这些成分在植物体内，多数以苷的形式存在，经酶解后的苷元随水蒸气一同馏出而成油（匡海学，2003）。

（四）药理作用

1. 抗肿瘤作用 杨超等通过抗肿瘤细胞实验表明，蒲公英挥发油对乳腺癌细胞株MCF-7有很好的抑制作用，IC_{50}为0.61 mg/mL；动物实验中HE、TUNEL染色发现蒲公英挥发油组乳腺癌细胞数目减少，细胞排列变稀疏，能明显抑制肿瘤增值、促进凋亡，Micro-CT扫描发现肿瘤组织体积变小、且小鼠骨骼完好（杨超，2018）。石雪蓉等运用体外培养细胞MTT法观察姜黄挥发油对肿瘤细胞的抑制作用及对BALB/C小鼠脾细胞增殖的影响，结果发现姜黄挥发油能抑制人急性早幼粒白血病细胞株HL-60和肝胚细胞癌HepG2细胞株的增殖，并能促进BALB/C小鼠脾细胞的增殖（石雪蓉等，2003）。曾立威等采用噻唑蓝（MTT）比色法检测三七姜挥发油对体外培养的人鼻咽癌细胞系CNE-2细胞株、人肺癌细胞系A549细胞株、人肝癌细胞系HepG2细胞株、人乳腺癌细胞系MCF-7细胞株的生长抑制作用，计算半数抑制浓度（IC_{50}）。结果发现三七姜挥发油能抑制不同肿瘤细胞（CNE-2、A549、HepG2、MCF-7）的增殖，且呈剂量依赖性（曾立威，2017）。痰火草挥发油对肿瘤细胞A549、PC-3、SGC-7901和HepG2均显示一定的抑制活性，其中对SGC-7901和HepG2的抑制活性较强，半数抑制浓度（IC_{50}）值分别为35.01 μg/mL和22.43 μg/mL（陈新颖，2017）。

2. 抗菌作用 姜黄挥发油洗剂具有抗石膏样毛癣菌感染作用，其疗效与联苯苄唑比较无显著差异，对感染模型抗真菌作用的总有效率达87.5%（杜青云等，2003）。余科义等通过抗菌试验表明，野菊花挥发油对金黄色葡萄球菌具有较强的抗菌活性，最低抑菌浓度和最低杀菌浓度分别为1 mg/mL和2 mg/mL，对粪肠球菌有一定抑菌作用（余科义，2021）。郭朝晖等考察了丁香、小茴香、肉桂、八角茴香的挥发油的体外抑菌作用，结果发现4种挥发油对革兰氏阳性及阴性菌均有一定的抑菌作用。尤其以丁香和八角茴香挥发油含量高，且抑菌效果显著（郭朝晖等，2002）。博落回叶挥发油具有一定的抗菌活性，对枯草芽孢杆菌ATCC 6633、金黄色葡萄球菌ATCC 27217、溶血性葡萄球菌ATCC 29213、青枯病菌GMI 1000、农杆菌ATCC 11158、大肠杆菌CMCC 44102、黑曲霉CMCC 98003、白色念珠菌ATCC 10231的抑菌圈直径为（7.7±0.6）～（15.9±0.8）mm，MIC值为125～500 μg/mL（李春梅，2021）。花椒挥发油可持续杀灭白色念珠菌，抑制生物膜形成，具有较好生物活性，疗效确切，副作用小（曲培艺，2020）。

3. 对中枢系统的作用 缬草挥发油能明显抑制小鼠的外观行为活动，显著加强戊巴比妥钠及水合氯醛对中枢神经系统的抑制作用；对戊四氮、电刺激所致的小鼠惊厥有明显的对抗作用，并可明显延长硫代氨基脲所致小鼠惊厥的潜伏时间（徐红等，1997）。石菖蒲挥发油是石菖蒲最主要的药理活性成分，其中α-细辛醚和β-细辛醚是石菖蒲挥发油主要药效物质基础。α-细辛醚和β-细辛醚不仅能够快速通过血脑屏障，更重要的是能通过鼻腔吸入经嗅神经传导通路对中枢神经系统产生广泛而持久的影响，从而防治中枢神经系统疾病（郝野陆，2022）。用超临界CO_2萃取法从胡椒根中提取的挥发油，对二甲苯所致的小鼠耳肿胀有显著拮抗作用，能明显延长痛阈值时间，减少小鼠自主活动次数，说明其具有明显的抗炎、镇痛、镇静作用（何思煌等，2003）。梁金月等采用噻唑蓝比色法测定积雪草挥发油对β-淀粉样蛋白（Aβ）和1-甲基-4-苯基-吡啶离子（MPP^+）诱导的SH-

SY5Y 神经细胞损伤的影响，采用气质联用（GC－MS）技术分析其成分。结果发现积雪草挥发油具有较强的抗氧化和乙酰胆碱酯酶抑制活性，对 SH－SY5Y 细胞有明显的促生长作用，对 Aβ 和 MPP^+ 诱导的 SH－SY5Y 神经细胞损伤有显著的改善作用（梁金月，2022）。苏合香挥发油可通过下调 TLR9 表达来促进糖氧剥夺/再复氧诱导的神经细胞增殖，并抑制凋亡，减轻氧化应激损伤，从而保护脑缺血再灌注损伤（陈雨，2020）。

4. 对呼吸系统的作用　姜黄挥发油可明显增加小鼠呼吸道酚红分泌和大鼠痰的排出量，提示其能促进呼吸道腺体分泌，发挥祛痰作用。对浓氨水诱发的大鼠咳嗽以及枸橼酸诱发的豚鼠咳嗽，本品均能明显延长引咳潜伏期和减少咳嗽次数，达到镇咳效果。对组胺诱发的豚鼠哮喘，预先使用，可明显延长引喘潜伏期，具有预防作用（李诚秀等，1998）。小叶枇杷挥发油能直接松弛豚鼠离体气管平滑肌，对 His、Ach 收缩离体气管平滑肌，减少肺-支气管灌流液的作用有明显对抗作用；使 His、Ach 诱导的及卵清蛋白复制的哮喘豚鼠潜伏期延长，哮喘豚鼠咳嗽次数减少；并使哮喘模型豚鼠降低的血浆 cAMP 含量显著增加，具有明显的平喘作用（骆勤鞠洋等，2003）。

5. 对平滑肌的作用　崔婷等利用缩宫素致大鼠离体子宫平滑肌痉挛模型考察化合物对子宫平滑肌收缩活动的影响。结果发现从蓬莪术挥发油中分离得到 2 个倍半萜化合物，分别鉴定为（1R，4S，5R，6R，7S，10R）－1（10），4（5）-双环氧吉玛烷- 11（12）-烯- 6 -醇（1）和 curcumanolide A（2）。其中化合物 2 对缩宫素诱导的大鼠离体子宫平滑肌收缩具有抑制作用（崔婷，2022）。马可等研究发现肉豆蔻挥发油中含有大量的单萜类和芳香族类化合物，具有较好的体外抗氧化能力，能显著抑制低氧条件下 PASMC 增殖，作用于细胞 12 h，其半数抑制浓度（IC_{50}）为 1.66 g/L 当浓度为 3.2 g/L 时，与常氧下 PASMC 相比，低氧刺激下细胞 SOD 活性增加，MDA 含量减少，GSH 含量升高。结果表明，肉豆蔻挥发油含有多种化学成分，具有显著的抗氧化和清除自由基的能力，且对低氧诱导 PASMC 增殖具有明显的抑制作用，有可能用于低氧性肺动脉高压的治疗（马克，2018）。

6. 驱虫作用　植物挥发油应用广泛，罗勒、丁香花、万寿菊、香蜂花、凤仙花、紫罗兰、夜来香、茉莉花、广藿香都可作为驱蝇防蚊的花卉普及养殖。以黄花蒿为主要原料研制成的蚊香抑菌驱蚊，绿色环保。过江藤属植物叶中提取的挥发油制备成 20%的混悬液外用能够治疗疥疮、杀虱子、杀螨虫（杜丽，2014）。Zhu 等研究发现，猫薄荷油的驱避效果显著强于化学驱避剂避蚊胺，要获得 6 h 的保护时间，避蚊胺的浓度需468 $\mu g/cm^2$，而猫薄荷油的浓度只需 23 $\mu g/cm^2$ 即可（Zhu，2006）。不同浓度的飞机草挥发油可显著影响柳毒蛾幼虫的死亡率，飞机草挥发油处理 7 天的 LC_{50} 为原液的 41%，1/10 原液、1/5 原液和原液对柳毒蛾幼虫半数致死时间（LT_{50}）分别为 135 h、93 h、56 h（王龙，2012）。

7. 抗过敏活性　甘草根挥发油的主要活性成分甘油草酸能抑制Ⅰ型和Ⅳ型过敏反应，而且挥发油中的其他活性成分 β-石竹烯和 α -草烯也具有抗过敏活性（Tanaka S 等，1996）。陈皮挥发油具有抗过敏活性，可能是通过抑制过敏介质释放的某个环节或是直接对抗过敏介质而发挥作用。

第五节　鞣　　质

(一) 概述

鞣质（tannins）又称单宁，目前认为是由没食子酸（或其聚合物）的葡萄糖（其他多元醇）酯、黄烷醇及其衍生物的聚合物以及两者混合共同组成的植物多元酚，是植物界中分布非常广泛的一类大分子的复杂酚类化合物。因为它能与皮质中的蛋白质结合，使皮质致密、柔韧，可用来鞣皮，故称为“鞣质”；又因多半带酸性，又称“鞣酸”。植物鞣质广泛地存在于自然界植物的叶、果实及树皮等部位中，除了幼嫩的分生组织外，几乎所有的植物组织中都含有鞣质，如许多植物的叶、树皮、未成熟的果实、种皮和其他各种伤残部位都含有丰富的鞣质（王玉增，2014）。

(二) 性质

为非晶形棕色粉末，味涩。可溶于水、醇、丙酮、乙酸乙酯中，不溶于无水醚、苯、氯仿、石油醚。水溶液呈胶体状态，容易氧化而颜色加深，加入多量盐类，能将鞣质析出。水溶液遇三氯化铁等高铁盐产生蓝黑色或蓝绿色反应或沉淀。在制备鞣质的药物时，应避免与铁器过多接触，也要避免与蛋白质、重金属盐、生物碱、有机胺等配伍。注射液中如含有鞣质，往往引起刺激，甚至肌肉坏死，所以一般须设法事先将鞣质除去。水溶液遇重金属盐（铅、银、锌、铜等）、蛋白质或生物碱能生成沉淀。所以在提取工作中也有用醋酸铅沉淀鞣质的（李丽芬，2001）。

(三) 分类

由于鞣质往往是多种近似化合物的混合物，而且大多是极性较强的无定性物质，所以很难提纯。根据其化学结构特征而分为三大类（匡海学，2003）：

1. 可水解鞣质　此类鞣质有类似苷的性质，可被酶或酸水解生成糖和没食子酸，如五倍子、石榴皮、大黄、桉叶中含此类鞣质。

2. 缩合鞣质　此类鞣质不能被水解，加酸久煮即缩合成“鞣红”，如苹果肉暴露在空气中变成红棕色，即因氧化生成“鞣红”的关系，如槟榔、桂皮、钩藤、茶叶中即含缩合鞣质。

3. 复合鞣质　即水解鞣质和缩合鞣质的结合体，如山茶、番石榴属中的山茶素 B、山茶素 D 及番石榴素 A。

(四) 药理作用

鞣质的多元酚类结构赋予它一系列独特的化学性质，使它受到了国内外广泛的关注。

1. 止泻止血作用　鞣质具收敛性，用作收敛药，内服可用于治疗胃肠道出血、溃疡和水泻等症；外用于创伤、灼伤，可使创伤后渗出物中蛋白质凝固，形成痂膜，可减少分泌和防止感染，鞣质能使创面的微血管收缩，有局部止血作用。

2. 抑菌抗病毒作用　鞣质能凝固微生物体内的原生质，故有抑菌作用；有些鞣质具抗病霉作用，如贯众能抑制多种流感病毒，青蒿鞣质具有抗病毒的活性（张军峰，2004）。鞣质类化合物作为天然产物在抗病毒方面具有独特的优势。研究发现，从荔枝果实的乙醇提取物中分离得到的原花青素（litchitannin）A2（103）具有体外抗病毒 CVB3 的作用，

IC_{50}为35.2 μg/mL（Xu，2010）。

3. 解毒作用　鞣质可用作生物碱及某些重金属中毒时的解毒剂。

4. 其他作用　鞣质具较强的还原性，可清除生物体内的超氧自由基，延缓衰老；此外，鞣质还有抗变态反应、抗炎、驱虫、降血压等作用。余甘子鞣质能够通过调控SREBP-1/FASN/ACC信号通路，抑制脂肪酸从头合成，调节脂代谢，降低小鼠血清中AST、ALT、TG、TC的含量，改善高脂饮食诱导的小鼠脂肪变性，调节肠道菌群紊乱从而发挥防治代谢相关脂肪性肝病的作用（张艳鹤，2022）。五倍子鞣质可减弱IFN-γ诱导的Caco-2单层屏障损伤，维持肠黏膜屏障的完整性，其机制可能与维持正常的紧密连接功能及抑制信号通路的激活有关（邢慧资，2021）。

第六节　有机酸

（一）概述

有机酸（organic acids）是一类含有羧基（—COOH）的有机化合物（氨基酸除外），广泛存在于植物的叶、花、茎、根、果实等部分，如乌梅、五味子、覆盆子等。

（二）性质

有机酸多溶于水或乙醇，呈显著的酸性反应，难溶于其他有机溶剂，有挥发性或无。在有机酸的水溶液中加入氯化钙或醋酸铅或氢氧化钡溶液时，能生成水不溶的钙盐、铅盐或钡盐的沉淀。如需自中草药提取液中除去有机酸常可用这些方法。低级脂肪酸（8个碳以下）能溶于水，碳链长的脂肪酸或芳香酸可溶于一般有机溶剂，有机酸的盐大多能溶于水而不溶于有机溶剂，某些低级脂肪酸及芳香酸可随水蒸气蒸馏，利用这些特点可从中草药中提取分离有机酸（李丽芬，2003）。

有机酸除少数以游离状态存在外，一般都与K^+、Na^+、Ca^{2+}等离子结合成盐，有些与生物碱结合成盐。脂肪酸多与甘油结合成油脂，个别油脂是其他多元醇的酯（如具有抗癌活性的薏苡仁酯是丁二醇的脂肪酸酯），或与其他高级醇结合成蜡，还有些有机酸是树脂的组成部分。

（三）分类

1. 脂肪族有机酸　一元、二元、三元和多元羧酸，如酒石酸、草酸、苹果酸、枸橼酸、抗坏血酸（即维生素C）等。

2. 芳香族有机酸　如桂皮酸、水杨酸、咖啡酸、绿原酸、苯甲酸等。

3. 萜类有机酸　如熊果酸、齐墩果酸、甘草次酸、茯苓酸等。

（四）药理作用

有机酸一般有酸味，具收敛、固涩功效。如五味子收敛止汗，金樱子涩精止遗，覆盆子涩精缩尿，乌梅敛肺止咳、温肠止泻等。

一般认为脂肪族有机酸无特殊生物活性，但有些有机酸如酒石酸、枸橼酸可作药用。有报告认为，苹果酸、枸橼酸、酒石酸、抗坏血酸等综合作用于中枢神经。有些特殊的酸是某些中草药的有效成分，如土槿皮中的土槿皮酸有抗真菌作用。咖啡酸的衍生物有一定的生物活性，如绿原酸为许多中草药的有效成分，有抗菌、利胆、升高白细胞等作用。绿原酸类化合物是金银花的主要有效成分，包括绿原酸、异绿原酸、咖啡酸和3,5-二咖啡酰奎尼酸。前三者是金银花的主要活性成分，异绿原酸是一混合物，咖啡酸是绿原酸的水解产物，而3,5-二咖啡酰奎尼酸为其主要成分（于生兰，2002）。薄晓玮等采用结晶紫染色法对金黄色葡萄球菌生物膜形成量进行了测定。结果表明，乌梅总有机酸最佳提取条件为乙醇70%（体积分数）、料液比3∶40（g∶mL）、超声提取时间1.5 h及超声提取温度50 ℃。在该条件下，乌梅总有机酸提取率为24.50%。提取物浓度为0.5MIC、1MIC和2MIC时，对金黄色葡萄球菌生物膜形成的抑制率分别为13.06%、48.24%和74.01%。表明乌梅总有机酸对金黄色葡萄球菌生物膜的形成具有抑制作用（薄晓玮，2020）。

有报道显示，紫花地丁提取的有机酸对金黄色葡萄球菌的抑菌作用和杀菌作用明显（刘湘新，2004）。银杏叶总有机酸对缺血性脑损伤的神经具有保护作用（姚建标，2022）。板蓝根及大青叶所含的有机酸则具有较强的抗内毒素活性，其作用以水杨酸及苯甲酸作用最强（金薇，2004）。阿魏酸是当归的有效成分，能直接清除氧自由基，抑制脂质过氧化，提高谷胱甘肽过氧化物酶（GSH-PX）及相关酶的活性。用阿魏酸钠等5种中药来观察对白内障患者晶状体的影响，发现阿魏酸钠抗晶状体氧化性损伤的作用最强。甘草次酸、雄果酸、水杨酸、苯甲酸、桂皮酸等也有清除自由基效应（杨旭辉，2004）。中药有机酸类成分药理作用广泛，如抗炎症反应、抑制血小板聚集、抗血栓、抗氧化、诱导肿瘤细胞凋亡等，其中抗炎症反应、抑制血小板聚集、抗血栓、抗氧化的药理作用可能对心血管系统疾病具有潜在的临床应用价值（汤喜兰，2012）。

第七节　糖　　类

（一）概述

糖类化合物广泛存在于自然界，分为单糖、寡糖和多糖，以及三者的衍生物如树胶、黏液质等。多糖是一类由醛糖或酮糖通过糖苷键连接而成的天然高分子多聚物，是中药主要活性成分之一。多糖是所有生命有机体的重要组成部分，在生物体内不仅是作为能量资源和构成材料，而且存在于一切细胞膜结构中，参与细胞各种生命现象的代谢活动，也是生物体内除核酸和蛋白质以外的又一类重要的生物分子，具有很强的生物活性。

（二）分类及性质

糖类在中草药里普遍存在，按其组成可分为三类：

1. 单糖类　是指不能再水解成更小分子的多羟基醛或多羟基酮的化合物，化学通式为$(CH_2O)_n$。绝大多数天然存在的单糖$n=5\sim7$，即五碳糖（L-阿拉伯糖、D-木糖等）、六碳糖（D-葡萄糖、D-果糖、D-甘露糖等）、七碳糖（景天庚糖）。

单糖类，多为结晶性，有甜味，易溶于水，可溶于稀醇，难溶于高浓度乙醇，不溶于乙醚、苯、氯仿等极性小的有机溶剂。单糖因具有醛基或酮基，故有还原性，可使碱性酒石酸铜试液还原生成砖红色的氧化亚铜沉淀。单糖有旋光性，而且有多种立体异构体。

2. 低聚糖类（寡糖）　是指由2～9个单糖分子通过糖苷键聚合而成的直糖链或支糖

链的聚糖。但目前仅发现 2～5 个单糖分子的低聚糖，分别称为二糖或双糖（蔗糖、麦芽糖）、三糖（甘露三糖、龙胆三糖）、四糖（水苏糖）、五糖（毛蕊草糖）等。

低聚糖具有与单糖类似的性质：结晶性，有甜味，易溶于水，难溶或不溶于有机溶剂。有的有还原性，如麦芽糖、乳糖、甘露三糖等；有的无还原性，如蔗糖、龙胆三糖等。低聚多糖可为适宜的酶在酸性溶液中加热水解，变为单糖，水解过程中常有旋光性的改变。

3. 多聚糖类（多糖） 是由 10 个以上单糖分子脱水缩合而成，通常几百甚至几千个单糖分子组成。由一种单糖组成的多糖，称为均多糖（homosaccharide），可至数千；由两种以上不同的单糖组成的多糖，称杂多糖（heterosaccharide）。在多糖结构中除单糖外，还含有糖醛酸、去氧糖、氨基糖与糖醇等，而且还可以有别的取代基。淀粉、菊糖、树胶、黏纤维素是中草药中最常见的多糖类。

多聚糖，大多为无定形化合物，分子质量较大，无甜味与还原性，难溶于水，有的与水加热可形成糊状或胶体溶液。不溶于醇及其他有机溶剂。水解后生成单糖或低聚糖，可有旋光性与还原性。在中草药的提取过程中，往往采用水浓缩液中加入乙醇的方法除去树胶、果胶、葡糖、黏液以及蛋白质等物质，以提取分离生理活性较强的高分子多糖类。

（三）药理作用

1. 降血糖与降血脂 刘颖等研究发现补充南瓜多糖和消渴丸后，大鼠的体重逐渐增加，血糖含量显著下降，总胆固醇、甘油三酯、低密度脂蛋白和游离脂肪酸含量也显著降低，高密度脂蛋白含量显著升高，并且南瓜多糖的降糖降脂效果优于消渴丸（刘颖，2006）。张敬芳等报道黄芪多糖（APS）能明显增加糖尿病大鼠肾脏 IR 及 IRS－1 的表达（$P<0.01$），从而增加组织对胰岛素的敏感性，改善胰岛素信号传导，进而达到降低血糖的水平（$P<0.01$）（张敬芳，2007）。赵凯迪等采用高脂高糖饲料喂养大鼠 6 周后，大鼠腹腔注射 STZ（每千克体重 30 mg）建立Ⅱ型糖尿病模型，结果发现桔梗多糖含量为 89.65%，在 1 000 μg/mL 质量浓度下其对 DPPH、ABTS＋、·OH、PTIO 的清除能力分别为 91.3%、89.7%、83.8%和 90.4%。与模型组相比，桔梗多糖能够有效缓解 T2DM 大鼠体重的下降，显著降低其 FBG，以及显著提高 OGTT 水平，经桔梗多糖高剂量治疗后，TC、TG、LDL－C、MDA 水平显著下降，HDL－C、SOD、GSH、CAT 水平显著上升，且所有指标均呈剂量依赖性（赵凯迪，2022）。王晴等对小鼠适应性喂养 7 天后，对其进行腹腔注射 STZ（每千克体重 30 mg），建立Ⅰ型糖尿病模型，结果发现甘草多糖含量为 690 mg/g，在 1 000 μg/mL 质量浓度下其对 DPPH、ABTS＋的清除能力分别为 82.84%±0.80%和 85.52%±2.27%。甘草多糖高剂量组小鼠的总胆固醇、甘油三酯、高密度脂蛋白、低密度脂蛋白分别为 2.79±0.36 mmol/L、0.98±0.12 mmol/L、1.28±0.23 mmol/L 和 1.67±0.29 mmol/L，与模型组有极显著性差异（$P<0.05$）。说明甘草多糖可以通过改善 1 型糖尿病 T1DM 小鼠脂代谢水平和氧化应激水平从而起到降血糖作用（王晴，2022）。

2. 抗肿瘤作用 李建军等研究发现，灵芝多糖对在体肿瘤细胞 RNA、DNA 的含量和 RNA、DNA 的比值均有下调作用，且使在体 G_0/G_1 期肿瘤细胞百分比增加，G_2TM

期肿瘤细胞百分比下降，对S期细胞百分比影响不大；离体实验中灵芝多糖对S_{180}肿瘤细胞没有抑制作用（李建军，2007）。大量研究表明，岩藻多糖具有显著的抗肿瘤作用，能够抑制肿瘤细胞的生长、侵袭和转移、抑制肿瘤新生血管的生成和诱导细胞凋亡；此外，岩藻多糖作为免疫调节分子，可以减少化疗药物和放疗的副作用。岩藻多糖在癌症的治疗方面显示巨大的潜力。然而，不同来源和结构的岩藻多糖其抗肿瘤活性及作用途径和机制也不尽相同。岩藻多糖的生物活性与单糖组成、分子质量大小、硫酸根的含量，以及链接位置、主链及侧链糖苷键连接方式等多种因素有关，从而呈现出不同的抗癌活性（王祺瑶，2022）。猪苓多糖对肺癌和膀胱癌细胞的周期具有一定调控作用。猪苓多糖对肺癌A549细胞增殖影响的实验结果显示，猪苓多糖抑制了细胞从G_1期向S期转换，也同时下调了细胞周期蛋白D1（Cyclin D1）基因和蛋白表达（沈耿，2016）。潘静等采用MTT法检测不同浓度的苦竹叶多糖对子宫颈癌HeLa细胞、肺癌A549细胞、人胃癌SGC7901三种常见的人恶性肿瘤细胞生长抑制率。结果表明，苦竹叶多糖在浓度为100 μg/mL、200 μg/mL、400 μg/mL、600 μg/mL时对子宫颈癌HeLa细胞、肺癌A549细胞、人胃癌SGC7901细胞有明显抑制作用。在浓度为600 μg/mL作用96 h后，对人胃癌SGC7901细胞增殖抑制作用最强，其IC_{50}值为386 μg/mL。说明苦竹叶多糖对此三种人恶性肿瘤细胞株的生长在一定的浓度范围内均有抑制作用，且呈剂量和时间依赖关系（潘静，2021）。

3. 抗氧化作用 沈成龙等动物实验结果发现，连续灌胃4周后，与模型对照组相比，松茸多糖可以使小鼠血清中的ALT、AST和AKP活力显著降低（$P<0.05$），使肝脏中CAT、SOD和GSH-Px的水平显著升高（$P<0.05$），MDA的含量显著降低（$P<0.05$），且呈剂量依赖性（沈成龙，2022）。王莹等通过抗氧化试验表明，黄精多糖对DPPH自由基和超氧自由基的半清除率（IC_{50}）分别为1.08 mg/mL和0.93 mg/mL，且其对自由基清除能力随着其浓度的增加而增大（王莹，2021）。张振明等发现，与模型组相比，女贞子多糖（PFLL）抑制胸腺指数和脾脏指数下降，其量效关系呈正相关；对抗心、肝、肾组织中MDA升高及脑组织中LF升高，其量效关系均呈负相关；抑制心、肝、肾组织中SOD及GSH-PX活力下降，其量效关系均呈正相关（张振明，2006）。甘草多糖具有较好的抗氧化性，甘草多糖含量为690 mg/g，在1 000 μg/mL质量浓度下其对DPPH、ABTS+的清除能力分别为82.84%±0.80%和85.52%±2.27%。甘草多糖高剂量组小鼠能够极显著升高超氧化物歧化酶、过氧化氢酶、总谷胱甘肽的含量，极显著降低丙二醛含量（王晴，2022）。

4. 免疫调节作用 李发胜等用水提醇沉的方法提取补骨脂多糖研究发现，补骨脂多糖可作用于IL-2和IFN-7。IL-2能促进T淋巴细胞、B细胞的转化率，增加T细胞、B细胞对IL-2的合成和分泌。补骨脂多糖还可以促进细胞分泌IFN-7，通过IFN-7发挥广泛的免役增强效果（李发胜，2008）。王慧铭等研究发现，鳖甲多糖能显著对抗免疫抑制剂引起的小鼠免疫器官萎缩，对免疫器官具有保护作用。鳖甲多糖可改善免疫抑制小鼠的非特异性免疫功能（王慧铭，2008）。党参多糖和硒化党参多糖能够促进免疫抑制小鼠免疫器官的生长发育、促进脾淋巴细胞增殖，提高血清中IgG、IgM的含量，但硒化党参多糖的效果优于党参多糖（林丹丹，2016）。猴头菇多糖能够明显改善免疫应激对小鼠胸腺和脾脏显微结构的损伤，抑制免疫应激诱导的促炎细胞因子分泌和细胞凋亡基因表达，增强抗氧化酶活性（王趁芳，2022）。

第八节 油脂和蜡

（一）概述

油脂（fatty oils、fats）是脂肪油和脂肪的总称，为饱和与不饱和高级脂肪酸的甘油酯所组成的混合物。习惯上分为油（脂肪油）和脂肪。常温下为液体的称为油，植物油脂多属之，多存在于植物的种子和果实中，含量多在50%左右；常温下为固态或半固态的称为脂肪，动物油脂多属之。油脂可供食用与药用。

蜡（waxes）是高级脂肪酸和高级一元醇结合的酯类，主要存在于植物果实、茎、幼枝和果实的表面，常温下为固体。

（二）性质

1. 油脂与蜡的相对密度均在0.91～0.94，不溶于水，易溶于乙醚、氯仿、苯、石油醚等有机溶剂。在乙醇中冷时难溶，热时可溶。

2. 油脂不具挥发性，无一定的熔点或沸点，大多数具明显而确定的折光率，可用于鉴定。

3. 油脂与碱作用能形成肥皂，叫做“皂化”。在空气中久放易发生氧化。油脂氧化后可产生过氧化物、酮酸、醛等，使油脂具特殊的臭气和苦味，这种现象称为“氧化酸败”。酸败后的油脂不能再供药用。

4. 油脂的化学组成为长链脂肪酸与甘油结合而成的酯类，水解后产生甘油与脂肪酸。

5. 蜡性质稳定，不溶于水，其化学组成为分子质量较大的一元醇的长链脂肪酸酯。如蜂蜡的主成分为软脂酸蜂酯（myricin，$C_{15}H_{31}COOC_{30}H_{61}$）。有些蜡为脂肪酸的甾醇酯或大分子的脂肪烃。

（三）药理作用

含油脂丰富的中药一般可用作润肠通便药，如火麻仁、芝麻、杏仁等；蓖麻仁、巴豆油为刺激性泻药。有的脂肪油还有特殊的疗效，如大枫子油抑菌，可以治疗麻风，薏苡仁油脂中的薏苡仁酯，据报道有驱蛔虫与抗癌等作用；鸦胆子油能腐蚀赘疣，鱼肝油可以预防维生素A、维生素D缺乏症等。大多数的油脂与蜡在医药上作为制造油注射剂、软膏、硬膏的赋形剂，如麻油、花生油、棉子油、蜂蜡等。制作油注射剂的脂肪油必须精制。

白鲁根等细胞增殖试验显示，≤0.1%助溶剂DMSO细胞培养液对胃癌BGC-823细胞活性无影响，使用DMSO溶解沙棘油干预胃癌细胞，当沙棘油浓度为2 μg/mL、5 μg/mL、10 μg/mL、20 μg/mL均能够较好地抑制BGC-823细胞的增殖（$P<0.05$）（白鲁根，2021）。刘洁等研究表明，中国林蛙卵油（EORTCD）能明显降低实验性高脂血症家兔血清TC、TG的含量，提高高密度脂蛋白胆固醇（HDL-C）的含量，抑制自由基的产生（康旭亮，2002）。富含α-亚麻酸的苏子油具有改变大鼠脑和肝脏中脂肪酸的作用，可以用于降低血脂（王玉萍，2003）。

第九节　树　　脂

（一）概述及性质

树脂（resins）是植物正常生长分泌的一类化学组成较为复杂的化合物，多与树胶、挥发油和有机酸等混合存在。与挥发油共存的称香树脂；与树脂共存的有机酸统称香脂酸（balsamic acid），如安息香；有些树脂与糖结合成苷，称为苷树脂，如牵牛苷树脂。含树脂的中药有阿魏、没药、苏合香、安息香、牵牛子等。

树脂通常为无定形固体。质脆，遇热发黏变软后熔化，燃烧时有浓烟与明亮的火焰。比水重，不溶于水，溶于乙醇和乙醚等有机溶剂。

（二）分类

树脂为多种物质的混合物，包括树脂酸、树脂醇、树脂酯和树脂烃以及它们的聚合物。其中大多为二萜烯与三萜烯类衍生物及木脂素等。

（三）药理作用

树脂类成分为主的生药具有一定的医疗用途，如乳香、没药、血竭能活血、散瘀，作用于局部有防腐消炎、止痛作用；苏合香脂芳香开窍，有减慢心率、增进冠状动脉血流量、降低心肌耗氧量等作用；阿魏油胶树脂能消积散痞，有抗凝血和泻下等作用；安息香脂有抗菌、祛痰作用；牵牛子脂有泻下作用；松香可驱风止血等。

第十节　植物色素类

（一）概述及性质

植物色素类（phytochromes）在中草药中分布很广，主要有脂溶性色素与水溶性色素两类。

1. 脂溶性色素　主要为叶绿素、叶黄素与胡萝卜素，三者常共存。此外，尚有藏红花素、辣椒红素等。除叶绿素外，多为四萜衍生物。这类色素不溶于水，难溶于甲醇，易溶于高浓度乙醇、乙醚、氯仿、苯等有机溶剂。胡萝卜素在乙醇中也不溶。叶绿素等在制备中草药制剂或提取其他有效成分时常须作为杂质去除，以使药物纯化。中草药（特别是叶类、全草类）的乙醇提取液中含有多量叶绿素，可在浓缩液中加水使之沉出，也可通过氧化铝、碳酸钙等吸附剂而除去。

2. 水溶性色素　主要为花色苷类，又称花青素，普遍存在于花中。溶于水及乙醇，不溶于乙醚、氯仿等有机溶剂，遇醋酸铅试剂会沉淀，并能被活性炭吸附，其颜色随 pH 的不同而会改变。花色苷在制备中草药制剂或提取有效成分时，常作为杂质去除。

（二）药理作用

随着科学研究的深入，已发现不少色素具有药用价值，如叶绿素有抗菌、促进肉芽生长和除臭等作用；胡萝卜素是维生素 A 的前体，服后在体内能转变成维生素 A，可用于防治维生素 A 缺乏症；紫草的萘醌类色素能抑菌；红花中的红花红素与红花黄素能活血化瘀与抗氧化；姜黄中的姜黄素（curcumin）能降血脂和抑菌；栀子中的栀子黄色素

(gardenin) 能抑菌。

藏红花素是西红花、栀子中共有的色素类成分，广泛用于食品添加剂，又具有去黄疸、利胆及明显的降血脂作用。预先灌胃栀子黄色素可抑制四氯化碳引起的小鼠血清天冬氨酸转氨酶（AST）、丙氨酸转氨酶（ALT）、乙醛脱氢酶（LDH）及肝脏丙二醛（MDA）含量和肝脏指数的升高，缓解肝脏还原型谷胱甘肽（GSH）含量的降低，减轻四氯化碳引起的肝小叶内灶性坏死。其机制可能为藏红花素和栀子苷具有淬灭自由基的作用，而且还能升调 GSH 等自由基清除剂的含量，保护肝细胞膜结构与功能的完整性，阻止肝细胞对酶的释放而保护受四氯化碳损伤的肝脏；同时，通过对细胞色素 P_{450} 的选择性抑制作用可阻止四氯化碳在肝微粒体内的代谢活化（那莎，2005）。藏红花素可有效改善慢性阻塞性肺疾病急性加重期大鼠的肺功能，抑制氧化应激和炎症反应，减少肺泡上皮细胞凋亡，其机制与下调 NLRP3 表达有关（王海贺，2022）。异丹叶大黄素可抑制低氧诱导的大鼠肺动脉平滑肌细胞增殖，其机制可能与抑制 PI3K/Akt 信号通路的活化及 ROS 的产生有关（陈昌贵，2021）。栝楼黄色素提取物具有较强的抑制猪油氧化能力，并且随着提取物浓度的增加，其抗氧化能力逐渐增强（孙体健，2005）。

第十一节　无机成分

（一）概述

植物类中药的无机成分（inorganic constituents）多为钾、钠、钙、镁、铝、硫、磷等，大部分以盐的形式存在于细胞中，它们或与有机物质结合存在，或呈各种结晶状态。如大黄中的草酸钙结晶、夏枯草中的氯化钾、桑叶中的碳酸钙等。

（二）药理作用

无机盐具有一定的医疗效用，如夏枯草中主要为钾盐的无机成分，其含量在 3%以上，可起钾盐的药理作用，有降压和利尿作用；马齿苋所含氯化钾等钾盐有兴奋子宫的作用，附子中的磷脂酸钙与其强心作用有关；海带、海藻所含的碘，福寿草中的锂都有一定的治疗作用。

铁是血红蛋白中氧的携带者，也是多种酶的活性部位。冠状动脉栓塞者，血清中铁很快降低。用于治疗心血管病的中草药，铁的含量均较高。锰可以改善动脉粥样硬化患者脂质的代谢，防止实验性动脉粥样硬化的作用。铬参与胰岛素的作用，铬为有机化合物，称为葡萄糖铬，在控制中风的危险因素-高血糖中占有重要的地位。

当归补血汤大补气血，其组成药物当归、黄芪含铁量较高，临床用其治疗贫血效果显著。王清任用少腹逐瘀汤重加黄芪治疗妇科各种出血症收到奇效，这与现代医学治疗贫血、出血等用铁剂的道理是一致的（孙平川，2001）。

很多试验已经证明，中药中含有的微量元素在疾病的防治上有着重要的作用。铁、锰、铜、锌、镍、钴、碘、硒、钼、硅、铬、氟、锡、钒等 14 种微量元素为动物体所必需。动物机体内的许多大分子，如核酸、蛋白质、酶、激素、维生素等的生理活性与一些微量的金属离子有关，一旦缺乏或过多均可导致疾病。譬如微量元素铁、锌、铜、锰等均与酶的活性有关，具有促进生长发育，提高免疫能力等功效。

◆ 参考文献

白鲁根，景丽，蔡喜，等，2021. 沙棘油抑制人胃癌细胞增殖及其机制的研究 [J]. 长治医学院学报，35 (4)：245-248.

薄晓玮，杨志萍，綦国红，2020. 乌梅有机酸提取条件优化及其对生物膜形成的抑制作用 [J]. 湖北农业科学，59 (13)：118-122.

常兰，戴岳，2020. 异喹啉类生物碱的免疫调节作用 [J]. 药学与临床研究，28 (3)：198-201.

陈昌贵，田立群，易春峰，等，2021. 异丹叶大黄素对低氧肺动脉平滑肌细胞增殖的作用及机制 [J]. 中国药师，24 (7)：223-227.

陈海霞，黄广丽，周红瀛，等，2016. 人参皂苷 Rg1 减轻大鼠离体心脏缺血再灌注损伤的作用研究 [J]. 河北医药，38 (4)：485-488.

陈皓，王隆，余静，等，2021. 山楂叶多糖和黄酮调节幼鼠的糖脂代谢和免疫功能研究 [J]. 食品安全质量检测学报，12 (21)：8397-8403.

陈曦，2011. 生物碱类成分防治心血管疾病的研究概况 [J]. 安徽医药，15 (11)：1444-1445.

陈新颖，许良葵，杨燕军，等，2017. 痰火草挥发油成分及抗肿瘤活性研究 [J]. 天然产物研究与开发，29 (2)：264-267.

陈雨，林高城，白亮，2020. 苏合香挥发油对脑缺血再灌注诱导神经细胞损伤的影响 [J]. 中成药，42 (12)：3298-3302.

崔婷，倪红，刘娟，等，2022. 蓬莪术挥发油中倍半萜类化学成分及舒张子宫平滑肌活性 [J]. 中草药，53 (14)：4265-4269.

杜丽，张吉星，漏德宝，等，2014. 植物挥发油抗菌及驱虫作用研究进展 [J]. 药学服务与研究，14 (3)：203-206.

郝野陆，牛文民，2022. 石菖蒲挥发油用于中枢神经系统疾病防治研究进展 [J]. 陕西中医药大学学报，45 (2)：141-145.

李春梅，刘爽，邢丹，等，2021. 博落回根茎叶挥发油化学成分及抗菌活性研究 [J]. 化学与生物工程，38 (1)：26-33.

李虎，闵聪，董浩，等，2022. 金铁锁毛状根生物总碱的提取及抑菌活性评价 [J]. 中国食品添加剂，33 (2)：121-127.

李钦玲，郭晓忠，2019. 藏药唐古特乌头总生物碱的 LD_{50} 及心血管活性研究 [J]. 化学与生物工程，36 (9)：16-19.

梁金月，李亚娟，刘亚月，等，2022. 积雪草挥发油的神经保护作用及其化学成分的研究 [J]. 华西药学杂志，37 (1)：53-57.

林晶晶，王静，沈涛，2015. 吴茱萸生物碱类对心血管的药理作用研究进展 [J]. 中国临床研究，28 (10) 1392-1393，1396.

龙奕霄，蒙永，蒋霞，2022. 花椒根总生物碱抗肿瘤活性研究 [J]. 中国药业，31 (4)：63-66.

吕萍，2021. 长白山紫苏黄酮提取及其对小鼠非特异性免疫功能研究 [J]. 食品研究与开发，42 (24)：8-14.

马可，南星梅，苏姗姗，等，2018. 肉豆蔻挥发油对低氧诱导肺动脉平滑肌细胞增殖的抑制作用及其抗氧化活性 [J]. 中国药理学与毒理学杂志，32 (7)：535-542.

毛磊，王炜，马立艳，等，2020. 黄连生物碱及衍生物对多重耐药铜绿假单胞菌体外抗菌活性的研究

[J]. 临床和实验医学杂志，19 (15)：1574-1578.
牛慧，周西瑞，韩天，等，2019. 黄酮类化合物对绝经期女性心血管保护作用及其机制 [J]. 临床合理用药杂志，12 (4)：172-174.
潘静，杨人泽，钟斌，2021. 苦竹叶多糖体外抗肿瘤活性研究 [J]. 药品评价，18 (23)：1432-1435.
齐彦爽，李肖，秦雪梅，等，2020. 黄芪总黄酮联合顺铂对 Lewis 荷瘤小鼠抗癌作用的研究 [J]. 药学学报，55 (5)：930-940.
曲培艺，郁洁雯，徐瑶，等，2020. 花椒挥发油对白色念珠菌的抗菌作用研究 [J]. 广东化工，47 (17)：259-260.
沈耿，徐谦，曾星，2016. 猪苓多糖通过 HuR 调节 Cyclin D1 表达抑制 A549 细胞增殖 [J]. 中草药，47 (6)：944-948.
谭亮，汤秋凯，樊光辉，2019. 三七皂苷 R1 在心血管及神经系统疾病应用的研究进展 [J]. 华南国防医学杂志，33 (2)：142-145.
汤喜兰，刘建勋，李磊，2012. 中药有机酸类成分的药理作用及在心血管疾病的应用 [J]. 中国实验方剂学杂志，18 (5)：243-246.
唐圆，谭周进，谢果珍，2021. 植物中苷类化合物的水解及其药理作用研究进展 [J]. 现代农业科技 (17)：216-219，226.
王趁芳，邓娟，韩玉皎，等，2022. 猴头菇多糖对免疫应激小鼠胸腺和脾脏显微结构、免疫功能及细胞增殖和凋亡的影响 [J]. 中国食品卫生杂志，34 (3)：482-490.
王海贺，王璐，李玲，等，2022. 藏红花素对慢性阻塞性肺疾病急性加重期大鼠肺组织 NOD 样受体蛋白 3 表达及血清 IL-1β 水平的影响 [J]. 陕西中医，43 (7)：847-850.
王龙，王志明，李涛，2012. 飞机草挥发油对柳毒蛾的室内活性分析 [J]. 林业科技，37 (3)：26-27.
王祺瑶，卢畅，彭婵妮，等，2022. 海藻岩藻多糖抗肿瘤活性研究新进展 [J]. 食品安全质量检测学报，13 (7)：2043-2050.
王胜超，吴敏，黄尤光，2020. 薯蓣皂苷抗癌机制的研究进展 [J]. 重庆医学，49 (18)：3123-3126，3131.
王莹，李锋涛，黄美子，陈毓，卢军锋，杨雨欣，钱建中，2021. 黄精多糖提取工艺优化及其抗氧化活性研究 [J]. 畜牧与兽医，53 (12)：53-59.
王玉增，刘彦，2014. 植物单宁研究进展综述 [J]. 西部皮革，36 (16)：23-30.
尉松瑶，高冷，高晓晨，等，2022. 响应面法优化提取黑籽南瓜黄酮类化合物及其抗炎活性的研究 [J]. 食品科技，47 (5)：238-245.
吴桐，王建农，杜肖，2020. 白英总甾体生物碱有效部位对体内肿瘤抑制及体外免疫调节作用研究 [J]. 中南药学，18 (11)：1786-1790.
邢慧资，桑锋，段晓颖，2021. 五倍子鞣质对 IFN-γ 所致 Caco-2 细胞单层屏障损伤的保护作用及其机制研究 [J]. 中药材，44 (11)：2663-2668.
杨超，闫庆梓，唐洁，等，2018. 蒲公英挥发油成分分析及其抗炎抗肿瘤活性研究 [J]. 中华中医药杂志，33 (7)：3106-3111.
姚建标，2022. 银杏叶提取物中有机酸成分分析及其抗脑缺血损伤保护作用的研究 [D]. 浙江大学.
余科义，薄新党，王文辉，2021. 大别山野菊花挥发油的成分及抗菌活性 [J]. 食品工业，42 (7)：52-56.
喻青青，樊旭，朱敏，等，2021. 重楼皂苷Ⅰ抗肝癌细胞作用的初步研究 [J]. 中国免疫学杂志，37 (1)：57-60，65.
曾立威，唐春燕，徐勤，2017. 三七姜挥发油成分的 GC-MS 分析与体外抗肿瘤活性研究 [J]. 华夏医学，30 (4)：33-38.

张翠芬，2018. 大豆异黄酮对心血管疾病的研究综述［J］. 中国食品添加剂，(9)：210－213.

张艳鹤，郑亚云，芦超，等，2022. 余甘子鞣质对代谢相关脂肪性肝病小鼠脂质代谢及肠道菌群的调节作用［J］. 药物评价研究，45（2)：287－293.

赵凯迪，王秋丹，林长青，2022. 桔梗多糖抗氧化特性及对2型糖尿病大鼠降血糖作用［J］. 食品与机械，38（7)：186－190，198.

郑必胜，魏瑞敬，郭朝万，等，2022. 木棉花黄酮的大孔树脂纯化及其祛痘功效分析［J］. 华南理工大学学报（自然科学版)，50（4)：119－128.

郑丽鋆，叶燕燕，吴美婷，等，2022. 香樟叶总黄酮提取工艺优化及其抗氧化性研究［J］. 中国野生植物资源，41（7)：11－17.

朱晓芹，郑雅，刘志强，等，2020. 半枝莲主要黄酮类成分抗癌协同机制的网络药理学分析［J］. 中药新药与临床药理，31（9)：1037－1044.

Xiao J，Zhu T，Yin YZ，et al.，2018. Notoginsenoside R1，a unique constituent of Panax notoginseng，blinds proinflammatory monocytes to protect against cardiac hypertrophy in ApoE -/- mice［J］. Eur J Pharmacol（833)：441－450.

XU X Y，XIE H H，WANG Y F，et al.，2010. A－type proanthocyanidins from Lychee seeds and their antioxidant and antiviral activities［J］. J Agric Food Chem，58（22)：11667.

Zhu JunWei，Zeng XiaoPeng，Ma Yan，et al.，2006. Adult repellency and larvicidal activity of five plant essential oils against mosquitoes［J］. J Am Mosq Control Assoc，22（3)：515－522.

第三章

影响中药药理作用的因素

中药药理作用受到许多因素的影响，主要有药物因素（如药材、制剂、剂量和配伍等）、机体因素（如动物种类、年龄、性别、体质等生理及不同的病理状况等）和环境因素。

第一节　中药药物及环境因素

中药的品种、产地、采药季节、贮藏条件，以及剂量、剂型、给药途径等，均对中药作用的发挥有着显著的影响。

一、中药药材品种的影响

中医药和中兽医药是中华民族的传统瑰宝，我国拥有丰富的药用动物、植物、矿物资源和历史悠久的中医药经验。中药材品种繁多，经历代本草不断扩充，发展到现在已达 11 000 多种。全国各地使用的中药药材约 5 000 种。中药材的绝大多数是我国自产，少数为在植或进口。因而在研究其药理作用时，必须对其认真的考证、分析和鉴定。

由于历史原因和各地用药习惯的差异，中药品名与实际品种之间长期存在同名异物、异名同物、真伪混杂及各地中药材品种的混乱，如同科同属的数种植物，甚至不同科的植物均作为“同一种”中药来使用的现象大有所在。例如《中国药典》所载正品大青叶为十字花科菘蓝的叶，而市面所售则来源复杂，常见的有蓼科蓼蓝、爵床科马蓝和马鞭草料路边青等多种不同科属的植物。曾经发生的关木通与木通两种不同品名的中药，在优秀的经典名方龙胆泻肝丸中出现了肾毒性问题，就是中药材品种混乱的典型例子。问题出于制剂过程使用了关木通替代典方中的木通所致。因为马兜铃科关木通所含马兜铃酸有肾毒性，用量过大可导致急性肾脏衰竭。2005 年版《中国药典》规定只有木通科的木通、三叶木通和白木通作为木通使用，而马兜铃科的关木通不能再作为木通使用。又如大黄致泻的主要成分是结合型蒽苷，掌叶大黄、唐古特大黄等正品大黄中，结合型蒽苷含量高，泻下作用明显；而其他混杂品种如华北、天山等大黄中，因其含量低，泻下作用差。

鉴于品种的混淆，化学成分的不同，从而导致中药的质量不稳定，药理、毒理作用存在着较大的差异。在中药应用实践中必须按照国家标准《中国兽药典·二部》及《兽药规范·二部》所颁布的药品作为正品。

二、中药的产地、采集季节的影响

1. 产地 中药主要是植物药，也包括部分的动物药和矿物药。药材的产地对药物质量和疗效有着密切的关系。中药的分布和生产离不开一定的自然条件，而不同地区的土壤、气候、日照、雨量等自然环境条件的差异，对动、植物的生长发育有着不同程度的影响。因此，各种中药材的品种、产量和质量都存在一定地域性。不同产地的同一药材药效迥异。如金银花在不同产地其有效成分绿原酸含量差异极显著，在某些地方所产为5.66%，而有的地方产的仅为1.81%。又如党参，由于产地不同而被称之为文党、潞党和板桥党3种，它们的毒性都很弱，对离体回肠、呼吸系统、循环系统的作用没有明显差别，但在降体温作用及抗角叉莱胶浮肿作用方面，潞党的作用显著，板桥党有一定程度的镇痛作用，而文党则有显著的镇痛作用。《新修本草》云："离其本土，则质同而效异；乖于采摘，乃物是而实非。"《本草衍义》也认为："凡用药必择所出土地所宜者，则药力具，用之有据。"产地与药理作用有密切关系，只有在特定地域才能生产出优质药材，即所谓的"道地药材"。如川贝母、川附子、川黄连、浙贝母、怀山药、怀地黄、怀牛膝、潞党参、云茯苓、云木香及藏红花等；又如甘肃的当归、宁夏的枸杞、云南的三七、山西的黄芪等，都是历史悠久，享有盛名的地道药材（陈长勋，2006）。

2. 采收季节和采收方法 民间有云："适时采集是个宝，过时不采成了草。"这些部表明按季节采收直接关系到药材的质量。各种植物的根、茎、叶、花、果、种子或全草都有一定的生长和成熟时期，所以各种中草药适宜的采收时间和采集方法，随着植物的种类和入药部位而有所不同。应该因地制宜，选择药用植物有效成分含量最高时进行采收为最佳的采药时间。

通常叶类、全草类药材以花前叶盛期或花盛开期采收最好，如臭梧桐、薄荷、益母草等。花类药材多半是在花含苞欲放或初开时采收，如槐花、金银花等，而也有少数花宜在花盛开时采摘，如菊花、旋覆花等。果实、种子类药一般在充分成熟后采收，如栝楼（瓜蒌）、枸杞等，此时其中有效成分含量相对较高。少数者，如青皮应在未成熟时采收。树皮类药如厚朴、杜仲、川楝皮宜在春末或夏初剥取，此时树汁多。根皮类药及藤本类药如牡丹皮、忍冬藤、红藤以秋末冬初采收为宜。根茎类药材宜在晚秋季节地上部分枯萎后或春初发芽前收获，此时植物生长缓慢，根及根茎中贮藏的各种营养物质丰富，有效成分的含量最高，如党参、葛根、天花粉、大黄等。

由于药物的作用与其有效成分含量的多少是一致的。亦可用植物化学的方法来测定不同时期入药部位有效成分含量的高低，以确定药物采收时间。麻黄中生物碱以秋季含量最高；槐花在花蕾时芦丁含量最高；青蒿中青蒿素的含量以7月中旬至8月中旬花蕾出现前为高峰，应在开花前采收；薄荷在部分植株开始有花蕾时，挥发油含量高；人参中有效成分皂苷含量则：最低的在1月份为7%，最高的在8月份为22.6%，高低相差在3倍以上，故人参的采收应在6—9月。臭梧桐叶应在开花前采摘，有效成分含量高，药理活性大。此外，值得注意的是有些植物在昼夜间其有效成分含量也出现很大变化。如水仙中的石蒜碱和伪石蒜碱的含量，一天内各有两次升降，其生物碱含量相差2～3倍。

三、药用部位的影响

不同的药用部位所含化学成分的质和量的不同，其药理作用亦差异较大。如麻黄生物碱的含量，以麻黄茎的髓部含量最高，麻黄节中含量较少，而根中则不含生物碱。白参、红参的不同部位及不同的生长年份、不同的加工方法和产地，皂苷的含量有较大的差异。钩藤药用其钩，但占植物地上部分 70%～80%的茎枝，经检测二者所含总生物碱一致，其钩藤碱和钩藤总碱的药理作用基本相仿，表现对猫急性高血压及大鼠肾型高血压具有一定的降压作用和良好的安神、镇静作用（陈正伦，1995）。

四、贮藏条件的影响

中药贮藏保管的优劣，直接影响药材的质量。药材因受其生长条件的限制，季节性很强，所以要及时采收加工，妥善保藏。如果贮藏不当，可能发生霉败变质、走油、虫蛀，直接影响药理作用和临证效应。药材的正确贮藏首先要选择适宜的放置场所。室温一般控制在 20 ℃以下，最好在 5～10 ℃，相对湿度为 60%左右。应加强仓库管理工作，注意特殊药材的保管，如贵重药材、芳香性及胶类药材等，还要定期检查，防治虫害。贮藏不当，也可使含挥发油的药材氧化、分解或自然挥发（如樟脑、冰片、麝香等）而降低药效。有的成分会因存放时间长，而被酶分解而失效。为确保中药材质量，应当注意以下几个方面：

1. 湿度　相对湿度在 75%以上，药材含水量 11%以上时，含淀粉、黏液质、糖类等成分较多的药材及炭炒、焦炒药材因吸收空气中的水分而易受潮变质。

2. 温度　室温在 25 ℃以上时，含糖类及黏液质成分的药材易发生变质、发霉、生虫，脂肪易酸化，挥发油易漂逸散去。

3. 日照　日光照射可使某些药物变色而影响质量。供提取小檗碱的原料药三棵针，在见光和避光的条件下存放 3 年后，其小檗碱的含量分别降低 54.1%和 39.8%。

4. 虫蛀　含淀粉、蛋白质、糖类药材易发生虫蛀。

5. 霉变　温度过高，湿度过大时，使散落药材表面的霉菌孢子大量繁殖而导致药材霉变。

6. 时间　药材贮存时间过长，有效成分因长期氧化而降低。中药可随着贮藏时间的延长，其有效成分将逐渐减少。

总之，贮藏不当是造成中药材霉烂、虫蛀、变质或有效成分损失的重要原因，也必定影响中药的药理作用。如刺五加放在日照、高温（40～60 ℃）、高湿（相对湿度在 74%以上）的条件下贮存 6 个月，其所含的丁香苷几乎完全损失。

五、加工炮制的影响

中药材大多是生药，有的具有较强的毒性、烈性或不良作用而不能直接服用或者用于制剂，有的不易被煎提而直接影响其制剂中有效成分的含量，有的因易变质而不能久存，均需经炮制后才能入药或贮藏。因此，炮制是提高中药质量和临床疗效的重要保证（赵新先，2002）。中药的加工炮制，会使中药的质量发生极大的变化，从而影响其药理作用。

注重中药的传统炮制，或是改善其炮制方法，是保证中药药理作用的关键。《本草蒙鉴》载："酒制升提；姜制发散；入盐走肾而软坚；用醋注肝而住痛；乳制润枯生血；蜜制甘缓益元……。"可见中药炮制前后，药材的成分质和量将有所变化，药理作用和临证效应亦随着改变。

加工炮制影响药理作用主要有以下几个方面：

1. 减毒、去毒 中药成分复杂，有些药物有效成分和有毒成分或产生副作用的成分同时存在，通过炮制，使有毒成分或副作用消除或减少。烈性中药大多要经过漂、浸、煮等炮制过程，使其有毒成分逐渐溶出和分解。如附子炮制，需浸泡、煎煮，使乌头碱被分解破坏，而消旋去甲乌药碱和棍掌碱因耐热而保留，故毒性较生附子大降，而熟附子保留强心作用。附子可煎煮时间愈久，对离体心脏的强心作用愈显著，毒性亦愈低。生半夏对胃黏膜具有强烈的刺激作用而致呕吐，炮制后由于对黏膜失去刺激性，其催吐作用和毒性也明显降低。生首乌因含结合型蒽醌衍生物，具润肠通便作用。经炮制后的制首乌由于结合型蒽醌衍生物发生水解，含量减少，而游离蒽醌衍生物和糖的含量明显增加，故补益作用增强，泻下作用减弱或消除。芍药主要有效成分为芍药苷，但所含的安息香酸对胃黏膜有刺激作用，并增加肝脏解毒负担。炒后的芍药安息香酸含量降低，对胃的刺激性也随着降低。

有些中药炮制时需加多种辅料，如甘草、明矾等，使其与有毒成分结合而达到解毒目的或减少副作用。甘草含生理解毒物质葡萄糖醛酸；明矾是铝的复盐，在水中解离后，可水解为氢氧化铝，在水中呈凝胶状，带负电荷，可与生物碱、苷等吸附而产生解毒效果。如乌头、附子炮制时添加甘草以解毒；远志炮制时加甘草以减轻远志对胃的刺激。

2. 增效 中药所含生物碱大多难溶于水，而易溶于酒精等有机溶剂。如果加酸可使生物碱成盐，因加大其水溶性而提高有效成分的煎出率。如延胡索的有效成分为生物碱，醋炒后较生品煎剂总生物碱高出近1倍。中药炮制时酒炒的目的主要在于增加有效成分的溶出量，而苷、挥发油、酯类、甾醇及部分生物碱均可溶于酒精，当酒渗入药材内部，分布于细胞内的有效成分先溶于酒精，然后逸出细胞外，以分散状态存在于浸出液中，疗效也得到提高。

有些中药含有大量胶质，难于煎出，炮制可破坏其胶质。如杜仲含大量杜仲胶，炒后的杜仲胶被破坏，因而较生杜仲对麻醉猫的降压作用大1倍。

3. 降低药物的毒性或不良反应 凡药均有毒，毒性具有普遍性，中药亦是。药物之所以能祛邪治病，是因为凡药都具有某种偏性，这种偏性就是它的毒性（任艳玲，2006）。炮制能使中药产生化学成分的转变，甚至产生新的化学成分，因而药理作用也随之改变。通常炮制后可使其中某一成分的作用更加突出。如巴豆有毒，泻下作用竣烈，制成巴豆霜可减低毒性；从生半夏的95%乙醇浸膏中分离出含有2分子右旋葡萄糖和苯甲醛组成的苷，其苷元对胃黏膜有强烈刺激性可导致呕吐，而姜半夏却有镇吐作用，姜半夏镇吐成分为葡萄糖醛的衍生物及一种水溶性苷，没有刺激性。半夏按《中国兽药典》规定的8%明矾水浸泡后，刺激性成分草酸钙针晶被溶解而含量下降。当草酸钙含下降到0.5%以下，几乎不引起刺激性。靳晓琪等研究发现，半夏刺激性毒性的物质基础主要为草酸钙针晶及凝集素蛋白，白矾可与半夏草酸钙针晶发生反应从而降低半夏的刺激性毒性，生姜起协同作用以减少炎症的发生，而其余毒性的研究则没有定论（靳晓琪，2019）。首乌经蒸制后，蒽苷分解而游离蒽醌衍生物和含糖量增加，致泻作用减弱或消除而补养强壮作用增强。药物配伍的“七情合和”理论，将药物之间相互配合应用及其可能发生的相互作用进行了总结，正确的配伍可以增强药物的疗效，减轻或消除药物的毒性、烈性和副作用，而不合理的配伍则可降低药物的作用，甚至引起不良反应。

4. 改变或增加药效　经酒拌—蒸熟的制大黄，结合型蒽苷减少，抗菌成分游离型蒽苷含量增加，故生大黄泻下作用强，而熟大黄则抗菌作用增强，部分蒽苷转变为蒽苷元而泻效缓和；炉甘石经煅烧后氧化锌含量大增；人参经制成红参后，其单体有所变化，且产生白参所没有的人参炔三醇、人参皂苷（人参皂苷有5种特殊成分，其中的人参皂苷Rh2对癌细胞增殖具有抑制作用）。

5. 炮制方法的改进　药材炮制加工过程，可影响其内在成分，直接关系到其药理反应的性质和强度。遵古炮制的方法由于条件的限制，不一定完全合理。因此，中药的一切炮制应以药效作为标准较为妥善。

近代通过化学、药理、临证研究，可为炮制方法的改进提供依据。远志传统加工法要“去心”，而带心远志的毒性及溶血作用较去心远志为小，镇静作用略强，祛痰作用基本一致；连翘习以去心，经植化和抑菌试验证明，连翘心的作用与连翘基本一致，而连翘心的毒性比皮更小；黄芩炮制的主要目的是破坏黄芩酶，使其失去分解黄芩苷和汉黄芩苷的活性。比较不同炮制方法发现冷浸法最差，而加热煮10 min及蒸效果均较好；乌头炮制法以盐煮法最好，可使强心指数从原生药的<1提高到11.5。有些中药炮制后的药效反而降低，如麦芽、谷芽、神曲习以炒黄或炒焦，经检测消化淀粉的效价都有不同程度的降低，炒焦后其效价基本消失；侧柏叶习以炒焦止血，经检测其促凝血作用反较生品略差。有些中药炮制前后药效变化不明显，如酸枣仁生用或炒用，经实验证明二者镇静作用相似（陈正伦，1995）。

6. 利于贮藏，保持药效　中药炮制还利于贮藏，保持药效。许多中药有效成分属苷类，同时含有分解苷的酶。如属强心苷的有万年青、杠柳、蟾酥等；属皂苷的有柴胡、桔梗等；属氰苷的有杏仁、桃仁等；属黄酮苷的有槐花、黄芩、陈皮等，其药理作用主要在苷元，糖基能保护苷元在胃内不被水解、氧化而破坏，故必须以苷分子的形式存在才能发挥药理作用。经炮制处理，酶的活性被破坏，避免苷类在共同酶的作用下被分解成苷元和糖而保持应有的药效。如芥子苷能被药材中共存的芥子酶水解，故须炒制，“杀酶保苷”以避免疗效降低。经测定炒芥子苷含量说明了炮制有利于保持药效的稳定。

六、剂型和制剂的影响

同一中药或复方制成不同剂型或由于制剂工艺或给药途径的不同，往往影响药物的吸收和血液浓度，进而影响其药理作用。如枳实或青皮煎剂口服，未见升高血压的记载，但制成注射剂静脉注射，却出现强大的升压作用。

现代的中药制剂，具有更高的要求，国家为此制定了药品生产标准，以保证制剂的质量和药效。使同名产品确有相同的效应，应当采取一定措施，加强质量控制。目前制剂均按《中国兽药典·二部》及《兽药规范·二部》规定及各省市区批准的药品标准执行，对指导中药材及其成方制剂的生产和统一产品的规格，起到良好的作用。随着药学事业和制药工业的发展，中药剂型有了很大的改进，中药软胶囊、气雾剂、膜剂、栓剂等新剂型也已广泛应用于临床；中药超微粉及纳米中药也在不断的研究和发展中。这些剂型及其制剂工艺的变更，势必影响中药的药理作用。

七、剂量、煎煮火候和时间及用药方法的影响

1. 剂量 剂量是药性的基础，是药性的决定因素。当然，也是决定药物配伍后发生药效、药性变化的重要因素。一个配伍，不同的剂量比例显示不同的（质或量的）药效。中药一般都有一定的量效关系。在一定范围内，药物剂量的大小与其有效成分在血液中浓度的高低及其作用强度呈正相关。剂量过小，药物效应不明显；剂量过大，可能出现中毒的证候。但是，也有的量效关系不明显，小剂量有效，大剂量反而药效不明显或药理综合作用发生改变。如人参小剂量对多数动物心脏呈现兴奋作用，大剂量则呈现抑制作用；人参皂苷小剂量可兴奋中枢，而大剂量则抑制。甘草在复方中用1～2 g起调和作用，5～10 g有温胃养心功效，30 g以上就有类似肾上腺皮质激素样作用。由人参、白术、茯苓、炙甘草各等分组成的四君子汤能明显提高巨噬细胞的吞噬功能，但这种增强作用与甘草在方中的用量有关，甘草含量为全方的1/5时，能提高吞噬功能；甘草用量达全方的1/3时，其增强作用明显减弱。所以一个药的最合适剂量是以临床疗效及药理毒理研究作为参考依据，经过反复的临证实践而确定的。

中药大多数是天然药，且绝大多数为植物药，由于采收季节、产地环境、贮藏、加工等条件的不同，势必影响其有效成分的含量和药效，更由于天然药中所含的有效物质有些可能仅为微量，故按合成药那样去严格规定最小有效量、极量、最小中毒量等往往是困难的，但毒性大的药物应规定剂量。《中国兽药典·二部》及《兽药规范·二部》均对剧毒药做了明确的规定。如制川乌、制附子入药，宜先煎久煎、用量应遵照药典规定的范围应用。临证上对中药新制剂的试用，尤其是注射剂必须定出可靠的客观指标进行检测和观察，通过临证上反复验证，积累数据，调整剂量，定出安全有效范围。不同动物的临床用药，要根据多方面的因素综合分析而决定。

2. 煎药方法 兽医中药通常用的剂型是散剂和汤剂。煎汤讲究火候、时间。历代医家都很重视煎煮中药的方法和条件。《医学源流论》云："煎药之法，最宜深究，药之效不效，全在于此。"说明了煎煮药物的方法与药效密切相关。煎煮汤剂所用水量的多少、火候的大小及时间的长短以及药物的"先煎""后下"等，都会影响药物有效成分的溶出和药效的发挥。复方汤剂的单煎合并与合煎决不是一个简单的数学关系。煎剂在煎煮过程中可能会发生酸碱中和形成复盐、重排、酯水解、苷类等的糖链水解、聚合、缩合、氧化、消除等化学反应，是一个极其复杂的动态过程。如在观察桂枝汤分煎、合煎对药效的影响时发现，对流感病毒性肺炎的抑制病毒复制、抗炎、镇痛作用，合煎优于分煎，说明复方中药的共同煎煮和各药分别煎煮后混合使用，在药效上是有区别的。药物性质、质地及用药目的不同，煎煮的方法和条件也不同。如解表药煎煮时的火力要大，时间要短；补益药煎煮的火力要小，时间稍长。矿物类药宜先煎久煎；附子煎煮时间要求更长，以减少乌头碱的毒性。芳香性药物，如豆蔻、砂仁、大黄、薄荷入汤剂宜后下。

3. 用药方法　中药用法包括给药途径、给药时间和给药次数。不同的用药方法，可以产生不同的药理效应。不同的途径给药各有其特点。临床用药时，除应考虑各种给药途径的特点外，还需注意病症的特点。中药大部分为内服，如汤剂、丸剂、散剂、片剂、酒剂、膏滋剂、舔剂、锭剂等；也有外用药，在患部洗、撒、敷、噙等；此外，灌肠、点眼、滴耳也常用。现代对于药物的成分提取及灭菌技术上的进步，已提出一些单体及将某些中药或古方做成了注射液，不仅提高了药效，而且还发现了一些新作用、新用途，扩大了临证应用范围。如丹参注射液、生脉注射液，以及枳壳、枳实、青皮注射液静脉注射等，可用以防治危重休克而显示其回阳救逆、复脉的效应。

八、配伍禁忌的影响

中药配伍是中医用药的主要形式，即按病情的需要和药物性能选择两种以上药物配合应用，以达到增强药物的疗效，调节药物的偏胜，减低毒性、副作用或不良反应的目的。

《本草经》记载："药有单行者，有相须者，有相使者，有相畏者，有相恶者，有相反者，有相杀者。凡此七情，合和视之。"说明药物配合使用，药与药之间会发生某些相互作用。"七情"是中药配伍的基本内容。具体而言，配体中的相须，即两种功用相似的药物配合应用，可相互增加疗效；如黄连与连翘同用对金黄色葡萄球菌的抑菌力比单用黄连强 6 倍以上。相使，即两种功用不同的药相配伍，能互相促进提高疗效；如补气的黄芪与祛湿的茯苓合用，能相互增强补气利水的功能。附子的强心成分为消旋去甲乌药碱，单独使用时，其强心作用既不明显也不持久。在四逆汤中尽管干姜、甘草无强心作用，由于配伍关系，使其强心作用增强且持久，毒性减弱。说明附子与干姜、甘草同用在强心指标上有协同作用。附子与甘草合煎，生成的沉淀中除有酯型生物碱成分、甘草皂苷类成分，还有甘草黄酮类成分。黄酮类成分与酯型生物碱生成沉淀，从而可降低药液中酯型生物碱含量，起到降低附子毒性的作用（梁生旺，2007）。多味功效相近的有毒中药配伍，运用"同性毒力共振，异性毒力相制"的原理达到减毒增效作用。一方面在治疗作用的基础上，减少单味中药用药剂量，使之低于最小中毒剂量，配伍后达到同样的预期疗效；另一方面每味中药毒性的发生方向往往不同，配伍使用可使毒性发生方向趋于分散而使毒性反应减小。如十枣汤由甘遂、大戟、芫花三味有毒之品组成，为峻下逐水之剂，具猛、毒之性。现代研究证明，甘遂、大戟、芫花单味药剂量为每日 1.5 g 时有较强攻逐水饮作用，但中毒严重程度呈等比倍增，若将三味中药同时配伍而每味药只取 0.5 g 时，则同样可达到单品 1.5 g 的攻逐水饮之功，且毒性大大降低（尹利顺，2021）。相畏，是一种药物制约另一种药的性能或抑制另一种药物的毒性或烈性。如截疟七宝散中的常山通过槟榔的相畏，抑制了常山致恶心、呕吐等消化道反应，但不影响其抗疟作用。相杀，即一种药物能够减轻或消除另一药物的毒性，如绿豆能杀巴豆毒。《本草纲目》中谓"相畏者，受彼之制也。""相杀者，制彼之毒也。"乌头配伍甘草同煎较乌头单煎相比，其乌头碱的溶出率降低约 1/5。说明了甘草解乌头毒可能是由于降低乌头中乌头碱的溶出率所致。又如四逆汤煎剂与单附子煎剂的小鼠半数致死量（LD_{50}）相差 4 倍多。其原因主要是在共同煎煮过程中甘草或干姜降低（相杀）了附子的毒性。

相恶，就是一种药物的功效能被另一种药物削弱或破坏，或两者的功效均降低或丧失，如黄芩能减低生姜的温性。在白虎加人参汤中，知母、人参都有降血糖作用，但两药合用却使降血糖作用减弱，甚至消失。相反，即两种药物合用后，可产生毒性反应或副作用。实验证明，甘草与芫花合用 LD_{50}减小，毒性增大。

因此，相须、相使配伍，在药效上发挥了增效协同作用，相畏、相杀配伍能减低或消除毒性，以上均为用药之所求，临床用药时应充分利用；相恶配伍在药效上产生拮抗作用，相反配伍则出现较多的不良反应或增强毒性，这两种配伍为用药之所忌，属配伍禁忌。为了用药安全，避免毒副作用的发生，七情中的相反、相恶是复方配伍禁忌中应当遵循的原则。

用药安全还必须注意妊娠禁忌。根据药物对孕畜和胎儿危害程度不同，可分为禁用和慎用两类。禁用药大多是毒性较大或药性峻烈的药物，例如三棱、莪术、水蛭等。孕期开窍药、峻泻药等可导致流产。慎用药大多是破气、行滞、通经、活血以及辛热、滑利、沉降的药物，如桃仁、大黄、附子、肉桂等。近代实验报道，半夏有致畸作用，对妊娠过程是有一定影响的。如半夏汤灌胃给药可使妊娠大鼠阴道出血率、胚胎死亡率比正常的显著增高，注射给药对小鼠胚胎有致畸作用。说明半夏动胎之说有其道理。又如芫花、甘遂、丹皮酚等能影响子宫内膜和胚胎的营养；芫花中的芫花萜、芫花素可引起多种怀孕动物发生流产，可能是因为该药可引起子宫内膜炎症，使溶酶体破坏，促进前列腺素合成释放增加，使子宫平滑肌收缩。红花、大戟、麝香等能兴奋子宫，甚至引起子宫痉挛；莪术、姜黄、水蛭等能影响孕激素水平；莪术中的萜类和倍半萜类化合物，牡丹皮的有效成分牡丹酚对鼠均有抗早孕作用。水蛭、冰片、麝香酮等对小鼠有一定终止妊娠的作用（孙建宁，2006）。

九、环境因素的影响

环境因素包括地理条件、气候、养殖环境、畜禽栏舍结构及配备设施等。环境因素首先对动物机体产生影响，继而影响药物的作用。中医学特别强调，机体的生命活动，如某些生理活动与环境密切相关。天人相应及天人合一成为如何理解生命活动与自然界关系的重要理论之一。

由于环境有时辰节律，机体的活动也随之变化，机体状态的变化可以影响某些药物的效应。按现代时间药物动力学观点，药物效应也具时间属性，近似昼夜节律性质。药物效应的时间属性是与药物在体内的代谢变化分不开的，而药物体内的代谢主要与肝脏微粒体氧化酶系有关。研究结果表明，这些酶指标均具有昼夜节律性变化，对药物的择时用药具有积极的意义（陈长勋，2006）。近年根据生物活动表现的昼夜节律，体温、肾上腺素、皮质激素分泌等的昼夜波动，常与外界环境的昼夜变化有关。药物作用也常呈现昼夜节律，如附子、乌头，通过测定其所含乌头碱量及参附注射液的急性毒性，证实动物对其敏感性存在昼夜节律。乌头碱的毒性午时（13 时）最高（66.7%）；戌时最低（13.3%），两组差异显著。雷公藤的醋酸乙酯提取物是一治疗类风湿关节炎的药物，于 24 h 内按不同时辰，每 4 h 给小鼠分组给药，观察给药后一周内的死亡率，发现其毒性具有明显的时辰节律，以中午 12 时给药者死亡率最高，20 时至次晨 8 时给药者死亡率最低。二苓平胃散提取液用治仔猪白痢，以脾旺时辰（早上 8—9 时）疗效最佳（陈正伦，1995）。

第二节　机体状态

机体对中药的反应，往往随着生理状况和病理状况的不同而不同，所以机体因素也是影响中药药理作用的重要因素。

一、生理状态的影响

生理状况包括动物的种类、品种、体质、年龄、雌雄及膘情等，对中药药理作用的发挥影响很大。年龄不同，对药物的反应也不同。如初生及幼龄的动物正处在发育阶段，各系统各器官尚未发育完善，对药物的耐受性较差，用药量应相对减少；而老龄动物的肝肾等器官，神经、内分泌、免疫等系统功能减退，体质多虚弱，往往影响药物有效成分的吸收、代谢、排泄和药理作用的发挥。故有老龄体虚者祛邪攻泻之品，不宜多用；幼龄动物为稚阳之体，切不可峻补。动物膘情、体重的状况对药物的功效也有一定的影响。

禀赋不同对药效有一定的影响。遗传因素、身体素质对抗病能力及药物反应存在较大差异。现代研究表明，药物代谢酶如细胞色素 P_{450} 的多态性影响药物代谢；药物转运蛋白如 P-糖蛋白的最小化多态性影响药物吸收、分布和排泄；药物作用受体或靶位也存在多态性；肠道菌群不同个体也各自有异。这些多态性的存在可能导致了许多中药治疗过程中药药理作用和不良反应的个体差异。

由于兽医对象有马、牛、羊、猪、狗、猫、兔、鸡、鸭、鹅等之别，有的中药适用于各种动物，也有的却不适用。如催吐药不能用于马属动物，而用于反刍动物则有促进反刍、增进食欲的功效，不仅不吐，反有强壮的作用；用于吹鼻，则可取嚏而开窍，用以判别动物反射的强弱及预后的优劣。家畜的性别不同，对药物的反应也有明显差异。如母畜由于体重差异及激素的影响，对某些药物的敏感性亦不同。

二、病理状态的影响

动物机体的病理状态同样影响着药物的作用。机体的功能状态不同，药物的作用也不同，如玉屏风散能使免疫功能低下者增强免疫功能，又能使免疫功能亢进者的免疫功能趋向正常；当归能使痉挛状态的子宫平滑肌松弛，也能使处于松弛状态的子宫平滑肌收缩力增强，呈现双向调节作用。如黄芩、穿心莲等药，对正常体温并无降低作用，但对人工发热动物病理模型确有退热作用。又如五苓散在实验中对正常的犬和小鼠不出现利尿作用，但对水肿、小便不利者，则有利尿作用。桂枝汤的药理作用常因机体功能状态不同而呈现双向调节作用，即桂枝汤对高体温动物可解热；对低体温可升温。桂枝汤灌胃并能逆转下丘脑 cAMP 含量的变化，使之向正常水平方向恢复。说明机体处于不同的病理状态下对中药的药理作用有重要影响。

中兽医学认为脾胃虚弱者的运化之力弱，对药物的耐受能力较差，并影响药物的吸收、代谢，从而影响药效作用。因此，无论是攻是补，都应以不损脾胃为度。肝肾功能低下时，可影响药物在体内代谢和排泄，而使药物作用延长；同时也容易导致药物的积蓄，甚至中毒。

◆ 参考文献

陈长勋，2006. 中药药理学 [M]. 上海：上海科学技术出版社.
陈正伦，1995. 兽医中药药理学 [M]. 北京：中国农业出版社.
靳晓琪，黄传奇，张耕，2019. 半夏的毒性物质基础及其炮制解毒机制 [J]. 时珍国医国药，30 (7)：1717-1720.
梁生旺，王淑美，陈阿丽，2007. 中药配伍前后的化学变化研究及分析方法 [J]. 河南中医学院学报，22 (1)：44-46.
任艳玲，2006. 中药不良反应与防治 [M]. 吉林：吉林科学技术出版社.
孙建宁，2006. 中药药理学 [M]. 北京：中国中医药出版社.
吴皓，钟凌云，李伟，等，2007. 半夏炮制解毒机制的研究 [J]. 中国中药杂志，32 (14)：1402-1405.
尹利顺，张丽娜，张红，等，2021. 中药配伍减毒的现代研究进展与思考 [J]. 中国合理用药探索，18 (9)：1-5.
赵新先，2002. 中药现代化 [M]. 广州：广州世界图书出版公司.

第四章

兽医中药复方药理

东晋·葛洪所撰《肘后备急方》(317—321年)中，卷八为“治牛马六畜水谷疫疠诸病方”，这是我国最早的兽医古方，共计15方，多为小单方。到了明代喻本元、喻本亨兄弟合撰的《元亨疗马集》(1608年)，全书收载400余方，多为复方。追溯人类用药的历史，先有单味药治疗逐步发展到复方用药，这不仅是认识上的一个飞跃，临床普遍应用中药复方，这更是祖国医药学宝库中的精华之一。

中药复方是临床用药的最广泛形式，因此，复方的药理研究更体现理法方药中的重要环节，也是更易结合临床，是治疗病证的主要措施之一。中药复方较之单味药，具有疗效强、毒性低等优点。

现代中药复方指由两味及两味以上中药以中医药理论为指导，按照“君臣佐使”组方原则及配伍理论而组成的方剂。临床上中药复方作为一个整体而起作用，但是从所含成分来分析，实际上单味中药也可算复方，故在药理研究采用综合与分析两种方法有类似之处，难以截然分开，但复方中药更有其特殊性，即药味多、成分多、功效多，更适于中医辨证论治的特色。因此，复方中药在中药药理研究中更具有特别重要的地位，对阐明中医基本理论和用药经验也有着重要意义(沈映君，2012)。

大量经典方组成精辟、疗效显著，经过长期临床实践的验证，至今仍广为应用。随着现代畜牧业发展的需要和人们迫切需求以及呼吁着无污染、无药物残留的动物产品。中兽医药在这种机遇和挑战面前，许多中药复方在中医和中兽医临床上的大量应用而取得显著疗效。在抗感染方面，如淫羊藿、黄精、当归/板蓝根、黄芪组成的复方可用于治疗猪蓝耳病(易方，2014)；小鱼眼草、凉粉草、圆穗蓼和梁王茶组成的复方对鸡大肠杆菌病有确切的防控效果(张步彩，2019)；复方苦参和青蒿槟榔复方能有效防控鸡球虫病(王婕然，2018；曹玉娟，2021)。在作用于消化系统方面，如芪苓散可有效调节仔猪肠道菌群，促进生长(孙铭君，2016)。对于内分泌和免疫系统，芪苓散和参芪多糖口服液均表现出确实的调节作用(马绍伟，2016；丘富安，2017；刘晓盼，2018)。

中医、中兽医结合临床的需要，在研究经典方和现代方的同时，还创制新方、老方新用、开发现代复方制剂，创制了许多有效新方，如理气健脾散、巴槟破结散、木槟硝黄散、党参藜芦汤、逐水导滞汤、地榆槐花汤、犬痢汤、促精散、催情散、清宫液、复方仙阳汤等。再如从安宫牛黄丸中化裁而成的清开灵、对当归芦荟丸的研究发现了具有抗白血病作用的靛玉红等，都很好体现了开展对经典方研究创制新方的成果。老方新用如生脉散药理研究，改为注射剂后成为一种优于常用的强心剂应用于临床；四逆汤有明显强心、抗休克、改善微循环等作用；从而在一定程度上反映中药复方的现代科学内涵。

中兽医药在治疗疾病过程中有许多成功的经验与创造，形成了许多行之有效的经验方。结合养殖生产如何提高动物群的非特异性免疫，黄一帆团队研制的芪苓散和参芪多糖口服液在提高畜禽的抗应激能力和促进健康等方面有较好的效果（马绍伟等，2016；丘富安等，2017；刘晓盼等，2018），还通过系统的研究证实了猴头菇多糖和太子参多糖对畜禽的免疫增强作用（蔡旭滨等，2016；蔡旭滨等，2017；骆钰等，2019）。

古老的传统文化和几千年的临床实践造就了中医药独特的理论框架、思路及其丰富的临床经验和确有疗效的方药。同时，古代科学技术的限制导致了中医药在许多方面的不足。今天紧紧扣住中兽医药的精华，利用高科技带动中西结合的研究，为动物健康养殖做出贡献，关键在于切实对这个契机的把握和努力发展中兽医药事业。

第一节　复方中药配伍的研究

中药复方是中医或中兽医的特色。中药治病的基本原理是利用中药的偏性，以偏纠偏，调整阴阳。其偏性是以中药的有效成分作为物质基础的，中药的成分繁多而复杂，相互配伍后，有作用协同而增效者；有相互拮抗或抵消疗效、或减低毒性者；有相互反畏而增加毒性者。其中相辅构成或相反相成，使中药的应用成为一个有机的配伍过程。药贵精专，方重配伍。这正是中药配伍理论的应用意义之所在（季宇彬，2005）。

一、相辅相成的配伍

在中兽药的配伍关系中，相须和相使都具有相辅相成、相得益彰的应用意义。相须的药物多是性质和功能相类似，药物合用后能明显增强疗效，例如，石膏配知母、大黄配芒硝等，即是“同类不可离”之配伍关系。相须的药物在历代名方中往往同时做主要药物使用。相使的配伍虽然也能增强疗效，但两药的主要功效和性能不属同一类药，只在某一点上有交叉或类似，其配伍关系存在着主辅之分。主辅的确定除与药物的性能强弱有关外，主要是以用量来区分。辅药能增强主药的疗效，临床上强化了主药对所治病症的针对性。

二、相反相成的配伍

中医或中兽医临床上，常常通过相反相成的配伍，更加精准地运用中医药，更好地发挥复方中药的疗效。

1. 药性相反

（1）寒性药和热性药同用，抑其性而取其用　以一药的寒热之性针对病性，而取其另一药的具体功用治其症侯，如石膏配麻黄、大黄合附子。

（2）寒热并治，用于寒热错杂的病症　各种寒热互结之证，均可寒热药并用，如黄芩配半夏、干姜配黄连，均以黄芩、黄连性寒清泻以除热。干姜、半夏性温开散以怯寒，共同达到平调寒热、和其阴阳的治疗效果。

（3）配与君药药性相反的药，反佐法起到相反相成的疗效　多于病情危重发生拒药时，在热药中加些许寒性药或在寒药中加少量的热性药，以利于促使机体对药物受纳和更好地发挥主药的治疗作用。

2. 药味相反　所谓药味相反实际是体现在不同药味的具体作用上相互对立。如药味的辛与酸，辛味呈促动性，酸味呈滞动性，故辛味和酸味药物相合多呈一散一敛之势。桂枝配白芍，桂枝辛温既发散风寒，又温助卫气，白芍酸寒收敛，可敛阴和营止汗，合用可奏调和营卫之效；麻黄配白果，麻黄之辛可宣肺散邪，白果之涩能敛肺定喘，二药的散与收，既加强平喘之功，又防止肺气的耗散。

3. 药势相反　用升降浮沉理论加以概括中药的药势，即指药物作用的趋势。利用中药的升降浮沉之性，逆其病势以纠正机体功能失常，协调脏腑功能。如柴胡芳香疏泄，可升可散，具有升发透达之性，而黄芩能清泻在里之热邪，二者相伍，一内一外，以达到和解少阳之目的；柴胡配枳实，以枳实之理气泻热破结辅佐，柴胡升发阳气，疏肝解郁，透邪外出，升与降之间，加强了气机的调畅而升清降浊，可用于阳郁厥逆及肝脾不和之证。栀子与淡豆豉，栀子苦寒，性缓下行，清胸中之热，而淡豆豉清轻升散，宣透郁热，升降有序，相反相成，对热郁胸中之烦闷尤为切合。

4. 功用相反　药物的偏性直接体现了药物的具体功效及作用。有些药物的作用机制是相互拮抗的、对立的，而合用意在相反而相成。如补益与攻下，即为攻补兼施；如泻下攻积的大黄与益气养血的人参、当归配伍，治疗气血虚弱之便秘。

5. 反、畏药物的配伍　相反的药物应属用药配伍禁忌，即“十八反”“十九畏”中的药物。药物作用后可产生或增强毒副作用，临床应避免使用。但古方所论以及长期临床实践证明，传统的“十八反”“十九畏”中的某些药物仍可以合用，如甘草和海藻相反，而合用后增强了消肿馈坚之功，在用治瘿瘤方面可增进疗效。另据医书记载，有半夏与乌头并用者，有丁香与郁金配伍者，也有甘草与甘遂合剂者，这些相反药物的配伍使用，在一定的范围内和程度上产生了相应的治疗效果。必须注意的是，对于反、畏药的配伍使用目前尚在研究之中，若要配伍应用，仍需采取慎重态度，不可盲目。

6. 有毒中药的配伍　有毒中药的配伍即相杀或相畏关系。中药的毒性亦为药物的偏性之一，而药物毒性的产生又与其偏性的强弱、剂量的大小、炮制方法、给药的途径、用药的时间、剂型的选择、药物的配伍以及机体的耐受程度等多种因素有关。其中药物配伍是消除或降低中药毒性的重要环节之一。通常在组方遣药时通过相杀或相畏的反相配伍以纠正药物的偏性，最终达到治疗效果。

随着科学技术的飞速发展，现代高新科学技术使许多领域、许多学科发生着巨大的变化。尽管古代的科学技术远远赶不上今天，但是在临床实践方面直接认识和思路却有独到之处。如采用复方用药，使各味药协同作用，不仅能针对患者整体以及疾病的多个环节产生整体效应，而且减少了毒副作用。在科学技术高度发展的今天，应该进一步完善中兽医有关中药复方的理论，使中药复方的作用环节更加准确，组方、剂量和制剂等更科学，疗效更好，使中兽药复方从经验层次上升到科学的水平，从而走向世界。

第二节　兽医复方中药药理的研究方法

中药复方是由两种或两种以上的单味中药组合而成，按君、臣、佐、使的组方原则，作为一个整体对多靶器官起作用。复方中药对阐明中医或中兽医基本理论和临床用药有着重要意义。复方中药具有药味多、成分多、功效多的特点，更适合于中医或中兽医的辨证论治。中药药理研究的方法，目前主要为全方研究和拆方研究两大类。

一、全方研究

全方研究是指在遵守原方配伍、剂量配比的基础上，将复方药物经一定方法制备成制剂后，作为一个整体用于研究的方法。此研究方法适用于阐明复方药物的作用、作用机制，验证新方药效及新药的临床前药理研究等。但是，全方研究的不足之处是难以揭示复方中各药所起的作用及其配伍规律。中药复方的应用是在整体观和辨证施治指导下进行的，其作用部位是多个靶器官。为了阐明中药复方的有效性，配伍理论的科学性，并结合药理学研究，确定君臣佐使有效部位、有效成分，同时在整体动物实验、器官和组织、细胞、分子生物学等水平上开展中药药理研究，以阐明君臣佐使配伍理论的科学内涵。

二、拆方研究

大多数复方由三味或三味以上药物组成，组成药物越多，药物之间配伍关系越复杂，要分析方中各药的作用、相互关系和合理的剂量配比，必须设计合适的拆方分析方法。通过拆方研究，主要目的为：①阐明复方配伍的科学性；②寻找发挥增效减毒作用的最佳组合；③确定复方中主要药物或活性物质；④寻找复方中药物的最佳剂量配比关系；⑤精简方剂以创制中兽药复方新药；⑥为方剂剂型改革提供理论依据和思路。

采用拆方实验研究复方取得了许多显著的成果。如天皂合剂在中期引产有效，拆方时发现，天花粉在方中起了决定性的作用。又如当归芦荟丸治疗慢性粒细胞性白血病，青黛起了决定性的作用等。

目前常用的拆方研究方法，主要有以下几种：

（1）单味药研究法　此法是把复方拆至单味药，研究每一味中药及全方的药理作用，从中找出起主要作用药物及各单味药物在复方中的地位，各药物之间的协同、拮抗等配伍关系。该法虽可在一定程度上阐明方中各药的作用和作用的大小，但难以分析方中各药的相互作用、配伍规律和合理的用药剂量。

（2）撤药分析法　此法是在全方药效评价的基础上，分别从方中撤出一味或一组药物后进行实验研究，用以判断撤出的药味对全方功效影响的大小。如黄芩汤，分别将全方中的黄芩、芍药、甘草和大枣减去，并与全方进行药理作用比较，结果显示撤除黄芩对药效下降最明显，黄芩在全方中起主导作用。

（3）药物组间关系研究法　此法是在以中医或中兽医理论指导下，将中药复方中的组成药物按功效或性味进行分组，以探讨药物组间关系及组方理论。可在一定程度上阐明组方原则的合理性等。

（4）正交设计研究法　按正交设计表，将一个复方中的药物（因素）和剂量（水平）按一定规律设置，然后遵循这种规律性设计，以最少的实验次数，求出最佳的实验结果，是目前中药药理实验中常用的一种设计方法。该法常将方中每味药物作为一个因子，以给不给药，或给多大剂量药等作为该因子的水平，从而构成不同因素和水平组合的多种复方，通过比较各种不同组合药效的差异，推断各药在全方中的地位与最佳用药剂量，并可分析主要药物、次要药物以及药物之间的交互作用。但是，此种方法由于受正交表的限制，在因素、水平比较多的时候，试验次数较多，工作量亦大。

按正交设计原理及 F 值与 t 值的特点关系而建立的正交 t 值法，该法试验分三步进行（主药分析、辅药交互分析、剂量选择），改进正交表形式，便于分析两药间的协同或拮抗作用，适用于研究较为复杂的中药复方。如运用正交 t 值法对活血祛瘀复方的研究。

三、药对研究

药对是指在方剂中两味药物相对固定，经常成对使用的配伍形式，是复方最小的组方单元，是联系众多复方的纽带，具有复方的基本功效。药对在药效方面起着相互促进、相互制约、相互依赖和相互转化的作用。药对作为中兽药复方的核心部分，研究药对有利于探索复方的配伍规律。如桂枝汤有桂枝-芍药、桂枝-甘草、芍药-甘草等药对。药对配伍虽然简单，在特定药物的配合下能够发挥独特疗效，诸如“麻黄无桂枝不汗”“附子无干姜不热”“石膏得知母更寒”等都是前人对两药配伍应用产生特殊功效的精辟总结。药对在《伤寒论》中常被作为完整的配对形式出现在方剂之中。如四逆散及由其加减变化衍生出来的众多复方都含有柴胡-芍药、柴胡-枳实、芍药-甘草、柴胡-甘草等药对，这些基本药对沟通了此类方剂间的内在联系，使得这类复方有共同之处。药对配伍规律的阐明不仅有利于理解两药同用的妙处，而且为含有该药对的其他复方的研究提供借鉴。

四、计算机直接试验设计

直接试验设计是在正交试验和均匀试验的基础上研制的一种试验方法。此方法不拘泥于表格，优中选优，方案具有良好的均匀性，试验次数少于正交试验，是分析中兽药复方的一种理想方法。有人用计算机直接试验设计方法研究补中益气汤取得了很好的效果。

五、动物病理模型及新技术的应用

动物病理模型是复方研究的重要方法。中药能调节动物的病理状态，但对健康动物则无明显作用，所以建立一定的动物病理模型，对开展复方与病证的疗效及作用机理研究十分必要。动物病理模型一定要符合中兽医辨证的要求。选用实验动物主要是小动物（小鼠、大鼠、家兔等），必要时可使用本动物进行实验，如雏鸡、雏鸭、仔猪等。

动物病理模型实验的方法通常有：物理方法，如电灼伤、电刺激、人工骨折；化学方法，如用亚硝胺、甲基胆蒽；生物方法，如大肠杆菌注入兔耳静脉复制温病病理模型，甘蓝加猪脂饲喂小鼠复制脾虚模型；损伤内脏的方法，如四氯化碳引起肝损伤；氧化钙注射液恒速静脉注射引起高钙血症对心肌的损伤；手术切除，如切除肾上腺或胰腺等。通过动物离体或在体器官药理实验，镇痛、解热实验，抗菌、抗炎实验，心肌缺血对心电图的影响，泻下原理分析等。采用动物模型观察有关指标是研究中药复方药理作用与机制的常用方法。

在研究过程，实际上是多学科的应用和现代新技术的应用过程。如实验药理学是复方研究的基本方法。兽医临床药理学主要包括药物在体内的过程、作用机理和临床药效及合理用药，即研究中药的药物代谢动力学、药效学和治疗学。

许多医学新学科在复方研究中起到了有力的促进和帮助，使得中兽医药的研究有了如此快速的进展。如分子生物学、物理药学、血液流变学、血液动力学；越来越多的新技术被应用于各种研究领域，如紫外光谱法、红外光谱法、核磁共振法和质谱法等。中药复方实验工作中重视汇聚各学科的最新技术：在中药复方配伍规律的化学成分含量变化研究中，现代制剂学、药物化学、分析化学、分子光谱学、质谱学、色谱学、X射线衍射、软电离质谱技术、电子显微镜、放射性同位素等，都是不可缺少的。在动物病理模型实验过程，除了利用整体动物功能水平、组织和细胞反应、生物化学指标测定外，一些先进的技术如细胞因子、神经递质等生物活性因子测定、离子通道、基因、受体功能分析手段已被引入中药药理学研究领域。细胞重组技术、核酸探针和分子杂交技术、聚合酶链反应、杂交瘤和单克隆抗体技术等分子生物学技术用于中药对基因表达与调控也成为热点。基因芯片、蛋白芯片、组织芯片等芯片的综合应用，以及不断涌现的科学研究新方法、新技术的应用，都为阐明中兽药复方组方原理提供了重要的科学技术手段。

第三节　兽医复方中药药理研究的特点

中药配伍具有很强的科学性，也是中兽药现代化研究的一个重要内容。药物按君臣佐使的法度加以组合并确定一定比例的配伍即组成方剂。方剂是药物配伍的发展，是药物配伍应用的较高形式，因此配伍是中兽药用药的主要形式。药物通过配伍具有许多优越性，能增效、减毒、扩大治疗范围、适应复杂病情及预防药物中毒等。

中兽药的配伍决不是药物之间的简单相加，配伍用药的恰当与否，直接影响治疗效果。配伍规律体现了中医或中兽医基本理论和整体观念、辨证论治的特色思想，体现了中药的基本理论。其中涵盖了药物的性味、归经、升降浮沉、毒性等方面的内容；体现了中兽医临床各科的治疗大法和用药原则；体现了中兽药用法、用量、制剂等用药法度。同时在中兽药现代化研究进程中，配伍使用后的中药通过多种复合成分的灵活组合，可多途径、多方面调节机体的动态平衡，用以适应机体病理变化多样性的这一优势和特点尤显突出，成为中兽药研究的主要方向之一。

1. 中（兽）医理论是复方中药药理的研究基础　中药复方的药理研究首先应建立在中医药理论的基础上，其原因在于中药复方是中医药结合的产物，是在长期的中医临床实践中逐步形成和发展起来的。中（兽）医理论有其特殊、完整的理论体系，复方中药的药理研究不仅不能脱离中（兽）医的理论范畴，而且应以中医理论为基础，引进现代科学技术来探讨其临床防治疾病的机制。在进行中药复方研究时，尤其是对药效物质基础和作用机理的研究，要重视和考虑中药复方的理论，努力使之真正体现到实验设计中去。如果离开中（兽）医，复方中药药理的研究将会是无本之木、无源之水。

中兽医药学，历史悠久，源远流长，积累了丰富的经验，形成了独特的医药理论体系。在中药方面，主要体现在中医辨证论治，七情和合，君、臣、佐、使等用药原则和发挥中药复方的综合整体作用方面。中兽药复方通过合理组成、严谨的配伍、恰当的药量和明确的主治，显现确切的疗效，具有显著的特色。在研究中药复方化学成分过程，同样必须以中兽医药理论为指导，明确其组方中各药的作用与关系，以及它们的整体综合作用，结合现代科学技术，有的放矢地去研究中兽药复方成分与疗效的关系，阐明中兽医药防治疾病的作用机制，从而保持中医药的特色。

2. 把中药复方作为一个整体进行研究　中药复方中，化学成分十分复杂，但是化学成分的作用不是孤立的，其防治疾病的物质基础不只是各有效成分的简单加和。各成分之间可能产生协同、增效或拮抗、减毒或相互作用生成新的化合物等，是复方中诸药综合作用的结果。如当归芦荟丸（当归、龙胆草、栀子、黄连、黄芩、黄柏、大黄、青黛、芦荟、木香、麝香）主治一切肝胆之火、惊悸、抽搐、狂躁、目眩、耳聋、便秘、尿赤等。主药以当归为君，龙胆、青黛为辅。现代研究发现，青黛中的有效成分靛玉红，不仅能使得临床疗效进一步提高，而且在治疗慢性粒细胞性白血病方面有较好的效果。

合理的配伍组方可起到增效减毒的作用，但对其机制的研究，至今还主要集中在分析制剂过程溶出成分是否发生质或量的变化。虽然配伍对药动学的影响研究已开展，但用复方中某一两种成分作为指标，分析复方的药代动力学，往往不能代表全方的体内过程。因而原方其他成分与功效也必须引起关注。以药效、毒效作指标还存在所选药效、毒效指标是否具有检测方便、定量准确、量效线性关系良好等问题。

3. 中兽药复方药理研究必须开展多学科的综合研究　中药药理学是中兽医药学与现代兽医药理学相结合的产物。运用现代各学科的理论来综合研究中兽药复方的药理成为必然趋势。要使中兽药复方药理研究有新的突破，就必须开展多学科综合研究，充分利用生理、生化、病理、免疫等现代科学理论方法和手段，从器官水平、细胞水平、分子水平上观察和分析问题，进行多学科，多指标的综合研究。

4. 兽医复方中药的增效及药物偏性的纠正　复方中药增强疗效是复方协同作用的一个方面，纠正药性之偏胜或利用相反相成来减弱方药的毒副作用，则是复方的另一个方面。如由附子、甘草、干姜组成的四逆汤有回阳救逆之功效，附子为其强心主药，其强心主要有效成分为消旋去甲基乌药碱，附子单用时其强心升压作用不如全方，且毒性较大，并可导致异位性心律失常。单味甘草不能增加心脏收缩度，但有升压作用。干姜未见任何有意义的生理效应。全方煎剂的强心、升压作用优于各单味煎剂，且能减慢窦性心律，避免单味附子所产生的异位性心律失常，全方与附子单味煎剂相比毒性减小，这主要归结于甘草有降低附子毒性的作用。

5. 兽医中药复方的优势　兽医中药复方的优势在于方中各药配伍后，可起到协同或拮抗的作用，从而对机体进行整体调节，其化学成分并不等于单味药化学成分的简单相加。在煎煮过程中，由于温度、pH、煎煮时间等原因，使复方中的某些成分发生溶出率的改变、挥发、水解、氧化、产生沉淀等物理的或/和化学的变化，使原有的某些成分消失或是产生新的化合物，从而使配伍表现出减毒、增效，甚至产生单味药不具备的药理活性。利用薄层扫描法、高效液相色谱-质普联用法测定附子与甘草配伍前后化学成分的变化，发现附子中 3 种有毒乌头生物碱随甘草的增加而呈线性减少，而甘草酸含量在配伍后也明显降低。进一步研究表明，甘草次酸能与乌头生物碱形成复盐，此盐在体内可逐渐分解，避免了机体因短时间内吸收大量乌头生物碱而引起的强烈反应，从而验证了传统的中医理论“附子得甘草性缓”。朱砂与昆布配伍后，两药中的 Ig 和 I_2 含量均有明显下降，原因是共煎时有 Ig^{2+} 游离，产生可引起中毒的物质 IgI_2，从而解释了朱砂与昆布不宜配伍应用的理由。

6. 临床上要“以法统方” 方剂，是中医和中兽医辨证论治的重要奥秘所在。这是因为，方剂是中医和中兽医理、法、方、药的集中体现，是理论与实际相结合的交汇点。法是立方的依据。方药必定来自于临床辨证论治中论治所确立的治疗法则。病机是辨证的核心，治法是方剂的灵魂，方从法立。“药”是方剂之组分，“方”是治病之单元。药有个性之特长，方有合群之妙用。在配方时应“七情和合”，尽量趋利避害，使方剂发挥最优功效。例如，下法，临床上不仅可通便，间接可退热。仲景下法制方 31 个，如各种承气汤、十枣汤、下瘀血汤等。张子和发展了下法，认为下法是“不补之中有真补”。中西医结合下法用于急腹症，使下法得到较大的发展。现代研究发现大黄有效成分有明显的抗菌和抗癌作用，能够抑制四种胰酶而有治疗急性胰腺炎的作用；大黄多糖对机体细胞有保护作用，表现在抗癌、抗辐射、抗突变、抗肝炎、抗血栓、抗衰老，促进机体免疫功能，促进核酸和蛋白质合成。除了下法，清热、攻下、活血祛瘀、扶正祛邪等治法，有必要进一步深入研究。

第四节 兽医复方中药药理研究尚须注意的问题

中医药和中兽医药要走向世界，要求对中药复方药效物质基础及其作用机制进行深入研究。近年来兽医中药复方研究在中药药理研究中的比重不断增加。这些研究为阐明复方药理作用与作用机制，探明方中各药的作用，精简复方，修正用药剂量，创制新方，研制复方新药做出了积极贡献。但复方研究是一项难度很高的工作。中药配伍的奥秘无穷，复方研究还有很多问题有待深入探讨。

一个好的方剂，既包含有辨证论治的基本理论和法则，又反映出用方遣药的精辟配伍所在。如何识别、分离复方中的效应物质及阐明其作用机制，成为中药复方研究所面对的更为棘手的问题，也是中药现代化研究的关键。中药复方物质基础与药理作用的研究，可进一步揭示中医药与中兽医药理论特别是配伍理论的科学内涵，弄清复方作用的物质基础上大大提高中药复方制剂活性成分的可测性，内在质量的可控性、稳定性。同时将改变外观粗糙、使用不便等缺点。因而复方中药药理研究尚须注意以下一些问题：

1. 不能轻易废弃或更改原方的制剂要求 中药组方配伍之所以产生增效减毒是由于各种有效成分作用于不同环节，产生综合协同的结果。应该说这是一种合理的假说，不过任何科学假说都应该经受科学实验的验证，而中药复方药理研究在科学验证方面尚待加强。具体某个复方中各种药物（或成分）分别作用于哪些环节，哪些环节间的作用产生了相互协同或拮抗等，都存在尚待进一步探讨的问题（陈长勋，2015）。

白虎汤是清热剂的基础方之一，也是治疗气分热的代表方，兽医临床上常用于治疗马乙型脑炎、大叶性肺炎等。据《医学衷中参西录》中载有：“石膏梗米汤可代替白虎汤”。故白虎汤或改为石膏梗米汤，二方均可治疗猪、牛的温热病症（陈正伦，1995）。

中药炮制的要求必须符合法度、中药剂量的比例关系、给药方法等，先按原方作药理研究，在此基础上再作调整，才能比较完整地了解原方的药理反应性质和强度。如果在原方的药材需要改变时，要根据原方对中药材的要求，不要轻易更换中药代用品。如在龙胆泻肝汤中的木通改为与其药材形状相似的关木通后，则出现关木通中的马兜铃酸通过肾毒作用而损害肾脏。

2. 临床疗效是中药药理研究的基础 兽医中药药理研究选方应以临床疗效为前提，首先选用的是临床效果确切的药方。因为中药复方的一个最显著的特点，是源于临床，用于临床。即在临床应用的反复实践中总结出来的，这与主要从实验室研究而来的现代医药学化学药物的研究方式、方法与途径大不相同。无论是经典古方的研究，还是经验方的研究，在开展中药化学和中药药理学基础研究之前，不仅要认真地、严格地分析和考察该方可靠的临床疗效，而且在实验设计时，必须充分考虑其研究内容、研究指标，以及预期研究结果与该方临床应用的密切关联性，真正使其研究成果能为阐明该方在发挥临床疗效的科学原理。

南京农业大学中兽医教研室成功研制中药促孕灌注液，治疗母畜卵巢静止和持久黄体性不孕症，疗效显著（胡元亮等，1999）。进一步的药理研究使用电镜技术观察该药及其主药对小鼠子宫内膜的超微结构影响。选用 21 日龄雌性幼鼠和成年去卵巢母鼠，分别给予促孕灌注液和三种主药淫羊藿、红花、益母草灌注液，以生理盐水为阴性对照，乙烯雌酚为阳性对照，给药 7～12 天后剖杀小鼠，切取子宫中段制备超薄切片，透视电镜观察。结果发现，各中药均能引起子宫内膜增生。在幼鼠，使其子宫内膜提前出现性成熟后增生期的形态学特征：上皮增厚，腺体增大；分泌细胞表面微绒毛变密变长；细胞内分泌颗粒增多，并开始出现糖原颗粒；线粒体、内质网、高尔基复合体增大增多。其超微结构变化类似但弱于阳性对照组，而阴性对照组小鼠，子宫内膜仍呈幼稚型。在成年去卵巢小鼠，使子宫内膜萎缩退行性变化恢复，并出现持续增生的变化：微绒毛增多、变长、“出芽”、分叉；细胞分裂象多见；新生的结构正常的线粒体增多，原有的含退化结构髓样小体的线粒体减少，且退化结构浓缩变小，线粒体开始芽生复制，外形如长柄勺子。这些特殊变化在阳性对照组极为少见；而阴性对照组，萎缩退行性变化明显，微绒毛短稀，几乎消失，腺体萎缩、崩解、消失残迹多见，各种细胞器萎缩、破坏明显，线粒体崩解，多含有较大的髓样小体。超微结构变化显示，各中药均有微弱的雌激素样作用。4 种中药比较表明，促孕灌注液的作用强于单味药，三种主药中以淫羊藿作用最强，提示促孕灌注液的雌激素样作用以淫羊藿为主（宋大鲁等，1992）。

3. 复方药理研究要有严密的科学性 兽医中药复方研究时要严格设置实验条件和对照。应注意相关条件的选择；对中药品种进行鉴定，注意中药同名异物、异物同名造成的混乱；实验中用药量推算要有根据；动物病理模型与证型首选一般公认的试验成功率高的，若要自制病理模型要理论上有根据，试验重复性要高，实验条件严格可控，实验动物数量合乎要求；实验结果要认真分析，不能轻易肯定或否定；实验结果的讨论与分析要以中兽医为主，联系中兽医理论和临床实际，结合西兽医及现代研究手段，不要脱离中医理论指导而把实验数据生搬硬套。

中药材及其加工制备过程都应注意相关的标准化，或条件的合理化，许多药物因制备条件或方法的改变，其提取物的成分可能发生变化，或有新的化合物产生。如中药的超临界流体萃取、超微粉中药等的中药剂型改变或制剂工艺的进步，应注意药物提取成分的变化，可否影响其配伍的变化。

4. 不能以作用明显与否区分有效成分或无效成分 复方中的成分复杂，包括赖以防治疾病的有效成分、辅助成分及无效成分。中药材的药效不是来自任何单一的活性成分，而基本上是多种活性成分的共同作用，甚至与“非活性成分”的协同作用。即使一个活性相对较强的成分，也很难代表全方的作用。因此，用复方中其一成分作为指标，分析复方的药代动力学，其意义具有一定的局限性。药物的最终价值取决于药效动力学过程。尤其是对有效成分不明或有效成分并不单一的复方更应关心其药效或毒效动力学过程，尤其是它的整体调节和多靶作用机制，很难用单项或少数指标全面准确地概括。某些复方的作用明显的是有效成分，但作用不明显的也不能认为是无效成分，而应视其在整个方中对疗效所起的作用而确定。不能以作用明显与否直接判定是有效成分或无效成分。如茵陈蒿汤中的脂肪类和多糖类通常作为无效成分除去，但它们可以促使利胆有效成分 6,7 -二甲基七叶内酯的煎出率提高，从而提高全方的疗效，因此脂肪类和多糖类在本方中仍起一定的作用。对一个具体的复方研究必须把它作为一个整体，系统地、全面地加以研究，应全面考察中药复方中各种成分与全方的关系，才能正确地考察出其中的有效成分，揭示其发挥药效作用的物质基础，阐明其本质。而不能只用现代药理药化指标衡量中药作用的特殊性，这些在研究时都值得予以关注。

5. 中药复方配伍应是安全、有效、稳定、可控 兽医中药复方配伍的基本要求是安全、有效；对于制剂要稳定、可控。因此，要注意方中药味的药性（包括毒性）和用量；在较长期投服的药剂及中药饲料添加剂的配方中，应尽量不用有毒、药性峻烈或药性过偏的药味。同时注意中药在生产和保存过程要避免外源性有毒物质的污染，如由于环境污染和种植药用植物时滥用农药所致的农药残留和重金属残留问题应予杜绝，以确保中药的质量。

尽管兽医中药复方的成分非常复杂，作用涉及的环节非常广泛，但随着科学技术的发展，中药复方的药效物质基础和作用机制将会被逐步阐明，从而促进中兽医药事业走向现代化、国际化。

◆ 参考文献

蔡旭滨，陈凌锋，檀新珠，等，2016. 太子参茎叶多糖对断奶仔猪生长性能和血清抗氧化指标、免疫指标及生化指标的影响 [J]. 动物营养学报，28 (12)：3867 - 3874.

蔡旭滨，陈凌锋，吴晓晴，等，2017. 太子参茎叶多糖联合枯草芽孢杆菌对断奶仔猪生长性能及免疫功能的影响 [J]. 家畜生态学报，38 (11)：32 - 37.

曹玉娟，黄杰，黄俊杰，等，2021. 青蒿槟榔复方防治鸡柔嫩艾美耳球虫地克珠利耐药株感染的研究 [J]. 畜牧与兽医，53 (5)：107 - 111.

陈长勋，2015. 中药药理学 . [M]. 第 2 版 . 上海：上海科学技术出版社 .

陈正伦，1995. 兽医中药药理学 [M]. 北京：中国农业出版社 .

胡元亮，宋大鲁，徐福南，等，1993. 中药促孕灌注液作用机理研究——中药促孕灌注液及其对小白鼠卵巢发育的影响 [J]. 中兽医医药杂志 (2)：6 - 8.

胡元亮，徐魁梧，徐芬义，等，1999. 新型中药促孕灌注液治疗奶牛子宫内膜炎及促孕效果验证 [J]. 畜牧与兽医，3 (31)：8 - 10.

胡元亮，张宝康，刘家国，等，1999. 新型促孕灌注液对母猪子宫内膜炎及促孕效果观察 [J]. 中兽医学杂志 (2)：3-5.
黄一帆，2013. 中西结合兽医学概论 [M]. 北京：中国农业出版社.
季宇彬，2005. 复方中药药理与应用 [M]. 北京：中国医药科技出版社.
刘晓盼，罗洋，龙瑶，等，2018. 参芪多糖口服液对鸡咽部黏膜免疫功能的影响 [J]. 中国兽医科学，48 (10)：1299-1309.
骆钰，李鸿文，刘珍妮，李明慧，等，2019. 猴头菇多糖对 MDRV 感染雏番鸭主要免疫器官细胞凋亡及血清免疫相关指标的影响 [J]. 中国兽医科学，49 (4)：512-521.
马绍伟，邱其华，叶文林，等，2016. "芪苓散"超微粉对河田鸡血清抗氧化性能及免疫生化指标的影响 [J]. 中国家禽，38 (10)：21-26.
丘富安，任喆，郑纪元，等，2017. 参芪多糖口服液对鸡空肠黏膜免疫功能的保护作用 [J]. 中国兽医科学，47 (11)：1441-1449.
沈映君，2012. 中药药理学. 第 2 版 [M]. 北京：人民卫生出版社.
宋大鲁，胡元亮，张宝康，等，1992. 中药促孕灌注液作用机理研究（一报）——中药促孕灌注液对家兔子宫运动的影响 [J]. 中兽医学杂志，3 (24)：126-127.
孙铭君，吴秀钦，李健，等，2016. 三种抗生素替代物对仔猪盲肠菌群和血液生化指标的影响 [J]. 黑龙江畜牧兽医 (7)：124-126.
王婕然，姜晓文，于文会，等，2018. 复方苦参对鸡球虫病疗效研究 [J]. 中国兽医医药杂志，37 (2)：53-56.
易方，刘家国，王德云，等，2014. 抗猪繁殖与呼吸综合征病毒中药多糖复方的体外筛选 [J]. 畜牧与兽医，46 (5)：82-86.
张步彩，袁橙，苏治国，等，2019. 4 味中药复方治疗鸡大肠杆菌病效果的研究 [J]. 中国畜牧兽医，46 (9)：2803-2812.

第五章

中兽药新药药理学和毒理学研究的基本要求及注册申报

第一节　中兽药新药安全药理学及临床试验的基本要求

当前，随着养殖规模的不断扩大以及公众对于食品安全的空前重视，我国新中兽药的研发和注册申报已进入一个新的阶段。《中国兽药典》（2020年版）收载的中药材及饮片、提取物、成方和单味制剂共1 370种，配套《兽药产品说明书范本》（中药卷）收载成方制剂196个，兽用中药资源非常丰富。农业农村部于2012年颁布的《饲料原料目录（征求意见稿）》中列出的“可饲用天然植物”共112种，进一步扩大了中兽药的应用范围。目前，我国有2 000多家兽药厂，生产各种中兽药制剂4 000余种，但是近年来三类以上的中兽药新产品或新制剂申报和批准得很少，主要原因之一是中兽药生产企业对于中兽药及其提取物注册申报的相关规定和方法了解得不够深入。本章主要针对中兽药新药申报过程中的一些关键环节进行阐述，并简要介绍中兽药新药申报注册的基本流程，同时展望了中兽药新药的研发方向，希望对于中兽药的研发和生产提供一定的借鉴。

一、中兽药新药安全药理学试验的基本内容

1. 概述　安全药理学研究，是考察受试物在治疗范围或治疗范围以上剂量时，对生理功能潜在的不期望出现的不良影响。

安全药理学研究的目的，在于确定受试物可能关系到靶动物安全性的非期望出现的药物效应；评价受试物在毒理学和/或临床研究中观察到的药物不良反应和/或病理生理作用；研究所观察到的和/或推测的药物不良反应机制。

通过安全药理学研究，可为临床研究和安全用药提供信息，也可为长期毒性试验设计和开发新的适应症提供参考。

试验设计应符合随机、对照、重复的基本原则。

2. 中兽药新药安全药理学试验的基本内容

（1）受试物　受试物应能充分代表临床试验样品和拟上市兽药，因此应采用制备工艺稳定、符合临床试验用质量标准规定的样品。一般用中试或中试以上规模的样品，并注明其名称、来源、批号、含量（或规格）、保存条件及配制方法等。如果由于给药容量或给药方法限制，可采用提取物（如浸膏、有效部位等）进行试验。试验中所用溶媒和/或辅料等应标明批号、规格、生产厂家。

（2）生物材料　为了获得科学有效的安全药理学信息，应选择最适合的动物或其他生物材料。选择生物材料需考虑的因素包括生物材料的敏感性、可重复性，整体动物的种属、品系、性别和日龄，受试物的背景资料等。应说明选择特殊动物/模型等生物材料的理由。

整体动物常用小鼠、大鼠、豚鼠、家兔等。动物选择应与试验方法相匹配，同时还应注意品系、性别及日龄等因素。常用清醒动物进行试验。如果使用麻醉动物，应注意麻醉药物的选择和麻醉深度的控制。

体外生物材料可用于支持性研究（如研究受试物的活性特点，研究体内试验观察到的药理作用的发生机制等）。常用体外生物材料主要包括：离体器官与组织、细胞、细胞器、受体、离子通道和酶等。

（3）样本数和对照　为了对试验数据进行科学和有意义的解释，安全药理学研究动物数和体外试验样本数应充分满足需要。每组小鼠和大鼠数一般不少于 10 只。原则上动物应雌雄各半，当临床拟用于单性别时，可采用相应性别的动物。

试验设计应考虑采用合理的空白、阴性对照，必要时还应设阳性对照。

（4）给药途径　原则上应与临床拟用药途径一致。如采用不同的给药途径，应说明理由。

（5）剂量或浓度　体内研究：应尽量确定不良反应的量效关系和时效关系（如不良反应的发生和持续时间），至少应设三个剂量组。低剂量应相当于主要药效学的有效剂量，高剂量以不产生严重毒性反应为限。

体外研究：应尽量确定受试物的剂量-反应关系。受试物的上限浓度应尽可能不影响生物材料的理化性质和其他影响评价的特殊因素。

（6）给药次数和检测时间　一般应采用单次给药。如果受试物的药效作用在给药一段时间后才出现，或者重复给药的非临床研究结果或靶动物用药结果出现安全性问题时，应根据这些作用或问题合理设计给药次数。应根据受试物的药效学和药代动力学特性，选择检测安全药理学参数的时间点。

（7）观察指标　根据器官系统与生命功能的重要性，可选用相关器官系统进行安全药理学研究。心血管系统、呼吸系统和中枢神经系统是维持生命的重要系统，临床前安全药理学试验必须完成对这些系统的一般观察。当其他非临床试验及临床试验中观察到或推测对靶动物可能产生某些不良反应时，应进一步追加对前面重要系统的深入研究或补充对其他器官系统的研究。

根据对生命功能的重要性，观察受试物对中枢神经系统、心血管系统和呼吸系统的影响。

消化系统：主要观察给药后动物的采食、饮水、粪便性状等的变化。如出现明显的异常，应进一步。

中枢神经系统：直接观察给药后动物的一般行为表现、姿势、步态，有无流涎、肌颤及瞳孔变化等；定性和定量评价给药后动物的自发活动与机体协调能力等。如出现明显的中枢兴奋、抑制或其他中枢系统反应时，应进行相应的体内或体外试验的进一步研究。

呼吸系统：测定并记录给药前后的呼吸频率、节律和呼吸深度等。治疗剂量出现明显的呼吸兴奋或抑制时，应进行相应的体内或体外试验的进一步研究。

心血管系统：测定并记录给药前后心率和节律等的变化。治疗剂量出现明显的心率、节律异常时，应进行相应的体内或体外试验的进一步研究。

（8）结果及分析　应根据详细的试验记录，选用合适的统计方法，对结果进行定性和定量的统计分析，同时应注意对个体试验结果的评价。根据统计结果，分析受试物的安全药理作用，结合其他安全性试验、有效性试验及质量可控性试验结果，进行综合评价。

如不按以上要求进行相关的研究，应充分说明理由。

中药、天然药物情况复杂，应根据受试物的特性，选择合适的试验方法和研究内容。

二、中兽药新药临床试验的基本要求

1. 概述　临床试验是指在一定控制条件下科学地考察和评价兽药治疗或预防靶动物特定疾病或证候的有效性和安全性的过程。充分、可靠的临床研究数据是证明所申报产品安全性和有效性的依据。

兽用中药、天然药物的研制过程，与西兽药相比，既有相同点，也有其特殊性。首先，中药新药的发现或立题，多来源于临床的直接观察及经验获得的提示；其次，中药内在成分及其相互作用的复杂性致使其药学、药效及毒理的研究面临更多的困难；再者，影响研究结论客观性和准确性的因素也相对较多。因此，临床试验对中药有效性和安全性的评价具有更加特殊的意义。

施加因素、受试对象及试验效应，构成了临床试验的三个主要方面。施加因素，主要指受试兽药及对照药物，是作用于受试对象并可能引起效应的主要研究的因素。受试对象则是施加因素所作用的对象，是由研究目的、试验用药的功能、主治所决定的，具有某种特征的个体所组成的群体。试验效应则是施加因素作用于受试对象所呈现的结局，或是受试对象对施加因素作用的反应结局。新兽药临床试验正是以有效性及安全程度为其效应的衡量指标，严格而有效地对上述三个方面进行控制，以便最大程度地减少系统误差与随机误差，从而提高研究结论的科学性和准确性。

2. 兽用中药、天然药物临床试验的基本内容　根据试验目的的不同，兽用中药、天然药物的临床试验一般包括靶动物安全性试验、实验性临床试验和扩大临床试验。申请注册新兽药时，应根据注册分类的要求和具体情况的需要，进行一项或多项临床试验。

（1）靶动物安全性试验　靶动物安全性试验是观察不同剂量受试兽药作用于靶动物后从有效作用到毒性作用，甚至到致死作用的动态变化的过程。该试验旨在考察受试兽药使用于靶动物的安全性及安全剂量范围，为进一步临床试验给药方案的制定提供依据。

（2）实验性临床试验　实验性临床试验是以符合目标适应证的自然病例或人工发病的试验动物为研究对象，确证受试兽药对靶动物目标适应证的有效性及安全性，同时为扩大临床试验合理给药剂量及给药方案的确定提供依据。实验性临床试验的目的在于对新兽药临床疗效进行确证，保证研究结论的客观性和准确性。

（3）扩大临床试验　扩大临床试验是对受试兽药临床疗效和安全性的进一步验证，一般应以自然发病的动物作为研究对象。

3. 兽用中药、天然药物临床试验的共性要求

(1) 以中兽医学理论为指导　中药用于防治动物疾病及提高生产性能有着悠久的历史，并已形成了一套完整的理论体系。基于对生命活动规律和疾病发生学的整体观，中兽医学对疾病的治疗通常立足于通过调节脏腑、经络、气血等机能建立机体内环境的稳态，维持机体气机出入升降、功能活动的有序性，提高机体对外环境的适应能力。因此，中药的特点和优势在于“整体调节”，这与化学药品“对抗疗法”有着本质的不同。

兽用中药、天然药物临床试验中评定治疗结局指标的确立，不应只从单纯生物医学模式出发，仅着眼于外来致病因子，或生物学发病机理的微观改变和局部征象，而应从整体水平上选择与功能状态、证候相关的多维结局指标。在中药临床试验设计时，将治疗效能定位于对病因或某一疾病环节的直接对抗，或仅仅对用药后短期内的死亡率等极少指标的考察，显然是不合理的。

对适应证疗效的定位，除了治疗或预防作用外，也完全可定位于配合使用的层面，如辅助治疗、缓解病情或对某类药物的增效作用等。

(2) 试验设计原则　兽用中药、天然药物临床试验的设计应遵循随机、对照和重复的原则。

随机原则：随机是指每个受试动物以机会均等的原则随机地分配到试验组和对照组，目的在于使各组非实验因素的条件均衡一致，以消除非实验因素对试验结果的影响。

对照原则：对照是比较的基础，为了评价受试兽药的安全性和有效性，就必须有可供比较的对照。合理设置对照可消除或减少实验误差，直观地判断出受试动物治疗前后的变化（如体征、症状、检测指标的改变，以及死亡、复发、不良反应等）是由受试兽药，而不是由其他因素（如病情的自然发展或机体内环境的变化）引起的。

试验组和对照组动物应来自同一个受试群体，二者的基本情况应当相近。试验组与对照组的唯一区别是，试验组接受受试兽药治疗，而对照组接受对照兽药治疗或不给药。

重复原则：试验组与对照组应有适当的样本含量，过小或过大都有其弊端。样本含量过小，检验效能偏低，导致总体中本来具有的差异无法检验出来，但也并非样本愈大愈好。如果无限地增加样本含量，无疑将加大实验规模，延长实验时间，浪费人力物力，还有可能引入更多的混杂因素。

决定样本含量（病例数）的因素不外乎以下方面：首先，与样本所包含个体的差异程度有关。个体之间差异越大，所需观察的病例数越多；反之，若个体之间差异较小，所需观察的病例数就较少。其次，与组间效应差异的程度有关。组间效应差异越大，所需观察病例数就越少；反之，则所需观察的病例数较多。再者，还与统计资料的性质有关。以计数资料或等级资料作组间效应比较时，所需的样本含量，较以计量资料要大。除此之外，统计推断的严格程度（即以显著性检验为基础所进行的统计推断，所得出的结论与真实性相符合的程度）也影响样本含量的大小。

一般来说，临床试验的样本含量至少应达到最低临床试验病例数规定（表 5－1、表 5－2、表 5－3），而实际情况下，应根据统计学的要求科学而灵活地确定样本含量。

(3) 试验方案　试验方案制定与审批：临床试验应制定切实可行的试验方案。试验方案应由申请人和临床试验承担单位共同协商制定并盖章、签字，报申请人所在地省级兽医行政主管部门审批后实施。需要使用一类病原微生物的，应当按照《病原微生物实验室生物安全管理条例》和《高致病性动物病原微生物实验室生物安全管理审批办法》等有关规定，向农业农村部履行审批手续。临床试验批准后，应当在有效的批准时限内完成。临床试验应当按照批准的临床试验方案进行。

表 5-1 靶动物安全性试验每组最低动物数

受试动物种类	动物数
马、牛等大动物	5
羊、猪等中动物	8
兔、貂、狐等小动物	10
犬、猫等宠物	8
家禽	15

表 5-2 实验性临床试验每组最低动物数

受试动物种类	动物数	
	自然病例	病症模型
马、牛等大动物	10	5
羊、猪等中动物	20	10
兔、貂、狐等小动物	20	15
犬、猫等宠物	15	10
家禽	30	15

表 5-3 扩大临床试验每组最低动物数

受试动物种类	动物数	
	自然病例	病症模型
马、牛等大动物	20	30
羊、猪等中动物	30	50
兔、貂、狐等小动物	30	50
犬、猫等宠物	20	30
家禽	50	300

一般情况下，临床试验方案应包括以下内容：①临床试验的题目和目的；②临床试验承担单位和主要负责人；③进行试验的场所；④试验预期的进度和完成时间；⑤临床试验用兽药和对照用兽药；⑥病例选择或人工发病的依据和方法；⑦试验设计；⑧主要观测指标的选择；⑨数据处理与统计；⑩疗效评定标准。

受试兽药：一般情况下，受试兽药包括临床试验用兽药和对照用兽药。

临床试验用兽药应为中试或已上市产品，其含量、规格、试制批号、试制日期、有效期、中试或生产企业名称等信息应明确，且应注明“供临床试验用”字样。

对照用兽药应采用合法产品，选择时应遵循同类可比、公认有效的原则。在试验方案及报告中应阐明对照兽药选择的依据，对二者在功能以及适应证上的可比性进行分析，并明确其通用名称、含量、规格、批号、生产企业、有效期及质量标准推荐的用法用量等。对照用药物使用的途径、用法、用量应与质量标准规定的内容一致。

临床试验用兽药和对照用兽药均需经省级以上兽药检验机构检验，检验合格的方可用于临床试验。

菌（毒、虫）种：人工发病使用的菌（毒、虫）种应明确，一般需采用已被认可的标准株。采用其他来源的菌（毒、虫）种，应提供详尽的背景资料，包括来源、权威部门鉴定报告和主要生物学特性等。

效应指标的选择：正确选择效应指标是观察并做出判断的基础，对保障研究结论的客观、准确至关重要。主要效应指标一般应具有关联性、客观性、精确性、灵敏性和特异性。

关联性：所选指标与研究目的有本质的联系，应与疗效和安全性密切相关，并能确切反映试验兽药引起的效应。

客观性：临床试验应选择具有较强客观性的指标，或建立对定性指标或软指标观测的量化体系，以减少或克服观测过程中因研究者主观因素造成的偏倚。客观性包括两个方面的含义，一是指标本身应具有客观特性，能通过适当的手段和方法被客观地度量和检测，并以一定的量值表述其观测结果；二是指度量、观测的客观性，即度量、观测的结果应能恰当地真实地反映其状态及程度。

精确性：包括准确性和可靠性，前者反映观测值与真实值接近的程度，后者表示观测同一现象时，多次结果取得一致或接近一致的程度。

灵敏性：灵敏性高可以提高观测结果的阳性率，但需注意灵敏性过高所导致的假阳性结果。

特异性：选择的指标应能反映效应的专属性，且不易受其他因素干扰。

除此之外，应该看到许多疾病往往表现为机体功能、代谢、组织结构等多方面的综合改变，对所使用兽药的反应也可能是多方面的，因而评价药物效应的指标也必需是综合性的。一般来说，如果有必要而且可能，应从临床症状、体征指标、功能或代谢指标、病原学和血清学等多方面地设置观测指标，以便能对疗效做出全面综合的判定。

疗效判定：对疗效的判定必须有客观、明确、操作性强的标准。疗效等级通常划分为痊愈、显效、有效和无效。应该注意的是，不同的疾病有不同的临床过程，对治疗药物的反应也不尽相同，因而疗效的等级划分也不是一概而论的。

（4）试验记录　临床试验承担单位应对所有数据和整个试验过程做详尽的记录，并按规定保存及管理，以备审核人员进行检查。

（5）统计方法　对试验数据的分析处理，一般要借助适宜的统计方法。选用的统计方法是否正确，直接关系到统计推断的合理性及结论的科学性。

临床研究统计资料一般可分为计量资料和计数资料。不同类型的数据资料，须采用不同的统计分析方法，不可混淆。

（6）结论推导　结论的外推是一个建立在对资料、数据的分析，统计学显著性检验的基础上，由样本的信息推及总体的过程。结论外推时须以研究样本的同质性为基础。

结论的推导应兼顾差异的统计学意义和实际临床意义。如果某种新的防治措施，既具有临床意义，又具有统计学意义，这将是我们所期望的。若疗效的比较，其差异具有临床意义，但却达不到统计学显著水平，此时应考虑试验样本是否足够大。

（7）临床试验报告　临床试验报告是反映兽药临床试验研究设计、实施过程，并对试验结果做出分析、评价的总结性文件，是正确评价兽药是否具有临床应用价值的重要依据。

临床试验单位应对其出具的临床试验报告盖章确认，并对试验报告的真实性负责。临床试验负责人和主要参与人员需在临床试验报告上签字，并负有职业道义和法律责任。

临床试验承担单位应符合农业农村部规定的相关资质要求。负责新兽药临床试验的研究者应具有兽医师以上资格和相关试验所要求的专业知识和工作背景。

4. 靶动物安全性试验　应选用健康的靶动物进行试验，一般采用与临床应用相同的给药途径、间隔时间和疗程。

以推荐的临床用药剂量为基础设置不少于 3 个剂量组，一般为 1、3、5 倍剂量组，必要时设置 10 倍剂量组。

观察指标一般应包括临床体征、血液学指标、血液生化指标、二便等，有条件或必要时可进行剖检和组织病理学检查。

5. 实验性临床试验

（1）一般性原则　在试验设计和具体实施过程中，应严格控制试验条件，将可能影响试验结果准确性的因素降低至最低限度。保证试验各组处于相同的试验环境下，并有可靠的隔离措施。试验各组的处置方法应明确，包括给药剂量、给药途径及方式、给药时间及间隔、给药周期、观察时间和动物的处置等。给药剂量的选择、单次给药剂量的设定、给药周期的确定等都应以药效学试验和安全性试验的数据为依据。要做到剂量科学准确，对不同试验个体应做到给药确实并均等。

（2）人工发病或复制病证模型

受试动物：一般采用健康动物。对动物的饲养管理应达到一级或一级以上实验动物的管理要求。受试动物来源、品种、日龄、性别、体重、健康状况、免疫接种、日粮组成及饲养管理等背景资料应清楚，同一试验应尽可能使用背景相对一致的动物。

发病或造模方法：人工发病或造模，一般应采纳被广泛认可的方法。采用新方法的，应说明新方法的优势及其建立的依据，包括菌（毒、虫）种、药物、人工环境等致病因素的选择，染毒或给药途径的选择，剂量筛选过程，染毒后的生物学效应，应附具研究数据和必要的文献资料。应清晰、详尽地描述发病的方法和过程，并对发病是否成功做出评价。

试验分组：试验各组的设置取决于所考察兽药的特性，也与是否要进行有效剂量的筛选相关。一般应设置不少于三个剂量的试验组（即高、中、低剂量组，中剂量为拟推荐剂量）和三个对照组（即兽药对照、阳性对照和阴性对照组）。

（3）自然病例的临床试验　以自然发病的动物作为受试对象时，病例选择的准确性至关重要。为此，研究者应制定病例选择的诊断标准、纳入标准、排除标准以及病例剔除和脱落的条件，在确定合格受试动物时，诊断标准、纳入标准和排除标准互为补充、不可分割，以避免产生选择性偏倚。

诊断标准：诊断标准是指能够准确诊断一个疾病或证候的标准。选择或制定的诊断标准应符合特异性、科学性、客观性和可操作性原则，一般可考虑采用：①国家统一标准：由政府主管部门、全国性学术组织制定的诊断标准；②高等农业院校教科书记载的有关诊断标准；③地方性学术组织制定的诊断标准。采纳诊断标准时应说明标准来源或出处。没有现行标准或现行标准存在缺陷时，应自行制定或完善相关诊断标准。诊断标准的内容，不仅包括临床诊断或辨证，还应有必要的病理剖检、生理生化指标检测、血清学、病原学诊断等数据作为佐证，保证病例纳入的准确性。

主治病证定位为中兽医证候的，除了以中兽医理论进行辨证，制定病例诊断的证候标准外，一般还应在对病证实质进行分析的基础上，尽可能采用适当的现代兽医学诊断指标（生理生化、病理变化、血清学、病原学等）。某些疾病临床有不同分型或分期，且不同型、期有其明显的临床特征者，应明确分型或分期。

病例纳入标准：纳入标准是指合格受试动物所应具备的条件。在一项具体的研究中，被纳入研究的对象，除应符合诊断标准外，研究者还必须根据具体的研究目的及实施的可行性，对研究对象的其他条件同时做出规定。一般包括病型、病期、病程、品种、年龄、性别、体质、胎次以及其他情况。选择的病例可以来自不同养殖场或兽医诊疗单位，但各动物个体不能有过大的差异。

病例排除标准：排除标准指不应该被纳入研究的条件，如同时患有其他病证或合并症者，已接受有关治疗可能影响对效应指标观测者，伴有影响效应指标观测及结果判断的其他生理或病理状况（如生殖周期），以及其他偶然性因素。

病例记录表：病例记录表是收集、记录第一手临床数据的表格。临床试验的成功与否可取决于病例记录表的设计，蹩脚的表格可能导致填写的内容不可靠，收集的数据不完整。在设计病例记录表时，应仔细对照试验设计中的观测指标，力求周密细致，简明清晰。

研究者应确保将任何观测结果和发现准确而完整地记录在病例记录表上，记录者应在表上签名并加注日期。

试验分组：一般设置高、中、低 3 个剂量组和阳性药物对照组，预防试验还应设置阴性对照组。

6. 扩大临床试验

（1）一般性原则　一般采用健康动物或自然发病的病例，对病例的选择应有确切的诊断标准和恰当的纳入标准，以降低品种、体格、性别等因素对试验结果的影响。

（2）试验设计

试验分组：治疗试验一般设置推荐剂量组和药物对照组，预防试验设置推荐剂量组、兽药对照组和不处理对照组。推荐剂量应有试验依据。

给药方案：推荐剂量、给药方法和疗程等应与标准、说明书草案中的推荐用法相一致。

第二节　中兽药及其提取物的研发方向及注册申报

一、兽药法规中关于中兽药提取物的分类及研发方向

兽药法规对作为原料中兽药的植物（中药）提取物的要求根据农业部公告第 442 号《中兽药、天然药物注册分类及资料要求》中中兽药注册分类的规定，将植物提取物（中兽药提取物）新兽药分为以下三种：

1. 单一有效成分　规定作为中兽药原料药使用的单一有效成分含量应当占总提取物的 90%以上。注册资料涉及有效化合物单体的提取、加工、全面安全性研究、药代动力学和药效学等研究方面，相关产品第一次开发属一类新药。单一有效成分新兽药开发技术含量高、周期长、成本高，当然回报也高；但如果没有专利等相关知识产权的保护，一旦开发成功被仿制的风险很大。在生物医药领域有代表性的品种是青蒿素，青蒿素是我国真正意义上的自主创新新药，被我国企业开发出来以后，因为研发过程中没有注意对知识产权的保护，致使产品专利被美国企业申请，目前我国的青蒿素产品不能出口美国、欧盟、日本等市场，只能向非洲、中北亚等市场销售。我国青蒿素产品已向非洲 35 个国家出口和销售。

2. 有效部位　指从中药中提取的一类或几类化学成分的混合体，规定有效部位含量达总提取物的 50%以上。有效部位新药既能体现中药多成分、多靶点、多途径的特点，又能使药物有效成分更加富集，药理作用和临床疗效更加明显；充分体现中兽医理论“整体观念”和“辨证施治”原则，其产品属二类药。有效部位的提取纯化，使化学成分更加清楚，较之三类复方制剂的全成分提取物有质的飞跃，可使药品质量标准的制订和生产质量的控制更加具有针对性，药品质量更加稳定可控；科技含量大大提高，增加了药品安全性、有效性和质量的可控制性，使其更易于同国际标准接轨，增强国际竞争能力，推动中兽医药走向世界。并且有效部位新兽药开发周期也相对较短、成本也在可接受范围，有效部位及其制剂品种的新兽药开发应该作为今后中兽药新药研究的重点。

3. 全成分提取物　临床应用增加适口性，提高药效和疗效，包括复方、单味中药，均含有全部中药材有效成分。药物成分不明确，相关产品属三类药。本类新药开发周期相对较低、全成分提取是新兽药产品开发过程中适用剂型（如口服液、注射液等）需要而采用的技术手段，对于中兽药的质量没有质量上的提高和改善。但作为新中兽药产品具有周期短、成本低等特点，可以作为技术研发实力和资金实力不是特别强的中小型兽药企业优先开发品种。典型的品种为双黄连浸膏粉。

二、植物提取物在兽药及饲料添加剂的开发方向

中草药在畜禽养殖及动物疫病防治方面产品开发应着重于以下几个方向：

1. 抗菌，促生长　养殖业长期以来将抗生素作为促生长剂在动物饲料中使用，除了对消化道内有害病原微生物有抑杀作用以外，可能更重要的作用在于抑制了饲料产品在贮存运输过程中微生物及致病菌的滋生，这样能防止饲料营养成分降解和降低腹泻概率。虽然天然产物开发的中兽药产品的抑菌效果比不上抗生素和化学合成药，但因为中兽药极大

降低了耐药性风险，避免超级细菌的产生，因此开发替代饲用抗生素的抗菌、促生长作用的中兽药饲料添加剂应作为今后中兽药发展的重点，如青蒿、黄芩等。

2. 抗应激、抗感染　有许多在抗菌方面有较好作用的传统中药在动物抗应激和抗感染方面也有较好的效果。在母猪哺乳和奶牛挤奶过程中，由于机械损伤容易造成乳腺感染，发生乳房炎症。而哺乳母畜及禽类一般喜欢安静的环境，对于噪音很敏感，容易产生应激反应。另外，奶牛和禽类因为自身皮毛结构的关系，对高温适应性较差，容易发生热应激。在以上几个方面都可以开发一些中兽药产品。如禽类抗热应激的“清凉散”“灭呼散”，而常用清热解毒的中药有黄连、鱼腥草、苦参等。

3. 抗病毒（或免疫佐剂），**增强机体免疫力**　传统中医药讲究“天人合一，整体施治”，在疾病治疗和疫病防治方面讲究“治未生、治未发、治未成、治未传”。许多中草药具有抗病毒和增加机体免疫力的作用，而病毒性疾病在当前养殖业最为常见和难于处理，所造成的损失也最为严重。抗病毒能力和机体免疫力增强，可以减少抗生素的使用，因此这类产品也是今后中兽药发展的重要方向。常用具有抗病毒和增加机体免疫力的中草药有金银花、杜仲、柴胡、大青叶、黄精、黄芪、五味子、夏枯草、白扁豆、荆芥、牡丹皮、白芍、升麻、紫苏叶和板蓝根等。

4. 调节肠道菌群　调节肠道菌群、改善代谢排泄物、减少粪臭素、改善饲养环境等方向的产品开发也值得关注。

除了以上 4 个方面以外，中兽药在其他许多方面也有很好的作用和发挥的空间。但是一个好的中兽药产品的开发，除了对动物疾病有深刻的理解以外，还需要寻找合适的中药品种，具体而言就是要找到对应的靶标有效成分对症开发。

三、活性成分开发建议

不同品种的中草药植物所含有生物活性成分千差万别，一般而言，在中兽药产品开发中应当关注并优先考虑以下几大类的中药成分或药材。

1. 生物碱类　生物碱（alkaloid）是存在于自然界（主要为植物，但有的也存在于动物）中的一类含氮的碱性有机化合物。大多数有复杂的环状结构，氮素多包含在环内，有显著的生物活性，是中草药中重要的有效成分之一。已知生物碱种类很多，约在 2 000 种以上，可分为 59 种类型。主要分布于植物界，绝大多数存在于高等植物的双子叶植物中，已知存在于 50 多个科的 120 多个属中，如与中药有关的一些典型的科如毛茛科（黄连、乌头、附子）、罂粟科（博落回、延胡索）、茄科（洋金花、颠茄、莨菪）、防己科（汉防己、北豆根）、豆科（苦参、苦豆子）等。

2. 有机酸类　有机酸类（organic acids）是分子结构中含有羧基（—COOH）的化合物。在中草药的叶、根，特别是果实中广泛分布，如金银花、杜仲、乌梅、五味子、朝鲜蓟、迷迭香、覆盆子等。常见植物中的有机酸有绿原酸、水杨酸、苹果酸、没食子酸和枸橼酸等。

3. 挥发油类　挥发油又称精油（essen - tial oils），是存在于植物中的一类具有芳香气味、可随水蒸气蒸馏出来而又与水不相混溶的挥发性油状成分的总称。大多数挥发油具有芳香气味。《中华人民共和国药典》（2005 年版，一部）收载的挥发油有八角茴香油、紫苏油、肉桂油、桉油、薄荷油、丁香罗勒油、满山红油、松节油、牡荆油。

以上3类化合物，因具有较强的生物学活性受到了包括生物医药、动物保健、动物营养领域研究机构和学者的广泛关注，纷纷将研究方向瞄准含有以上类别化合物的植物及植物提取物，将其开发成中兽药或饲料添加剂。国内某企业早在20世纪90年代就开始关注某一类生物碱的研究进展及其相关植物资源，后来发现该生物碱具有良好的生物活性，不但在体外有抑制畜禽常见致病菌的作用，并且在体内能显著降低小肠蠕动，并有改善肝功能增强免疫力的作用。更进一步的研究发现，该生物碱还具有类氨基酸降解酶抑制剂的作用，可以相对提高肠道内食糜的营养水平。因此，初步将含有该生物碱的植物提取物作为可以促进动物生长，预防幼畜腹泻的中兽药产品开发。标准化植物（中药）提取物将原植物（中药）中具有生物学活性的有效成分提取出来，采用合理的指标对其质量进行控制，使不同地区、不同企业生产出来的产品具有同一性。与原植物药材相比，减少了不同产地、不同季节药材之间的质量差异，药理和药效作用更加明显，避免了传统中兽药方剂采用植物药材的种种缺点。采用标准化植物提取物作为原料中兽药进行开发是中兽药现代化的发展方向。

四、中兽药及其提取物的注册申报

1. 新型中兽药注册的基本程序和相关法规

（1）注册的基本程序　中兽药注册的基本程序为接收材料—形式审查—受理—技术审评、复核检验—行政审批。

（2）注册的相关政策法规　与新型中兽药注册时相关的政策法规主要有以下方面：

《中华人民共和国动物防疫法》；

《兽药管理条例》；

《重大动物疫情应急条例》；

《病原微生物实验室生物安全管理条例》；

《病原微生物实验室生物安全环境管理办法》；

《高致病性动物病原微生物实验室生物安全管理审批办法》；

《兽药注册办法》；

《新兽药研制管理办法》。

《农业部公告第442号公告》（兽用生物制品，化学药品，中兽药、天然药物，兽医诊断制品，兽用消毒剂分类及注册要求以及《兽药变更注册事项及申报资料要求》和《进口兽药再注册申报资料项目》）。

2. 新型中兽药的注册分类　根据农业部442公告规定，兽用中药、天然药物注册时可分为以下四类。

一类：未在国内上市销售的原药及其制剂。包括：从中药、天然药物中提取的有效成分及其制剂；来源于植物、动物、矿物等的药用物质及其制剂；中药材代用品。

二类：未在国内上市销售的中兽药的某一部位及其制剂。包括：中药材新的药用部位制成的制剂；从中药、天然药物中提取的有效部位制成的制剂。

三类：未在国内上市销售的制剂。包括：传统中兽药复方制剂；现代中兽药复方制剂，包括以中药为主的中西兽药复方制剂；兽用天然药物复方制剂；由中药、天然药物制成的注射剂。

其中，界定是否为传统的中兽药复方制剂，应满足三个条件：一是要依据中兽医理论进行组方；二是由传统工艺制成；三是功能主治要以中兽医理论和证候语言来表述。

四类：改变国内已上市销售产品的制剂。包括：改变剂型的制剂；改变工艺的制剂。

其中，界定工艺有无质的改变，应满足两个条件：首先，要看在成型工艺前，和原剂型相比有没由变化，如果没有变化，而且辅料等又不影响药效发挥的情况下，可以认为工艺无质的改变；其次，其实质是看工艺的改变是否会引起药物所含成分发生较大的改变，或是引发药物成分在体内的吸收、利用等较大改变，具体要靠综合审评来判定。

3. 新中兽药注册需提供的技术资料　总体要求：除了要符合第 442 号公告的要求，根据不同的注册分类，提供 31 项资料以外，还要符合相关法规的要求，以安全、有效、质量可控为纲，重在领会精神实质。应视申报过程为举证求证过程。

注册申报：为了证实所申报产品的安全、有效与质量可控，有针对性地提供科学、翔实、可靠的证据。

评审评价：依据申报者提供的试验数据以及标准复核、样品检验的结果，从安全、有效、质量可控三个方面做出综合评价的过程。从实质上讲，新兽药申报就是紧紧围绕安全性、有效性和质量可控三个命题举证、求证的过程。通过提供可信的数据、来证明所申报的项目是可行、可靠的。

举证求证要点：试验材料背景交代清楚；试验设计及方法切实可行；试验保障措施周到有力；研究思路清晰，参数选择有据；试验数据详实，可推可导可追溯；力求证据链条化，避免孤证。

把握实质：主要是满足法规需要和举证需要。其中法规需要主要包括申请人的资质和样品生产企业的资质。正确分类，按类别提供资料，把握每一资料项目的实质和要点。按照资料项目顺序逐项提交资料，共 4 大部分 31 项，整个资料是一个有机的整体，应避免条块化。

（1）综述资料（①～⑯项）

综述资料是对注册资料的总体介绍，从该部分能够获得关于注册产品的全面的基本的轮廓信息。

① 兽药名称。指通用名称。

② 证明性文件。申请人法人资格文件；生产机构合法性文件；提供样品制备车间的 GMP 证书；对不侵犯他人知识产权做出的承诺。

③ 立题的目的与依据。处方来源、选题依据、开发前景分析。

④ 对主要研究结果的总结及评价。该部分内容是核心。应对新产品的安全性、有效性与质量可控性做出综合评价。

⑤ 兽药说明书样稿及其起草说明。

⑥ 包装、标签设计样稿。

（2）药学研究资料（⑦～⑱项）

总的来说，包括工艺研究和质量控制两个方面。工艺研究包括：剂型选择、工艺筛选、小试到中试。工艺筛选不可撇开药效，考察的指标应是与药效紧密相关的成分。工艺放大的数据主要包括：使用的原、辅料情况，操作步骤及参数，关键环节的控制指标及范围，设备的种类和型号，制备规模，样品检验报告。如果申报一、二类兽药，还要有原料药学研究的数据资料。

⑦药学研究资料综述。对药学研究部分的试验结果、结论进行概述。

⑧ 药材来源及鉴定依据。要求药材符合国家标准，必要时设内控标准；因为对于一个新产品的研发，影响效果的因素是多方面的，所以必要时要附上对药材来源的鉴别报告、分批次的检验报告。

⑨ 药材生长环境、生长特征、形态描述、栽培、产地加工和炮制等。涉及新药材、新原料时提供。

⑩ 药材性状、组织特征、鉴别等质控研究。涉及新药材、新原料时提供。

⑪ 药材标本。涉及新药材、新原料时提供。

⑫ 生产工艺研究（核心内容之一）。主要是指实验室小试工艺研究，包括工艺选择的依据和过程、工艺筛选指标参数的选择、剂型选择、辅料的选择、制剂工艺等。需要强调的是，工艺研究应避免盲目性，不可撇开药效，考察的指标应是与药效紧密相关的成分，同时兼顾制剂的稳定性。溶剂、提取方法、温度、醇沉浓度、干燥方法、辅料、pH、灭菌方法等是重点关注的方面。

⑬ 确证化学结构或组分。仅申报一类兽药时需要提供。

⑭ 质量研究（核心内容之一）。原料、处方、工艺三固定是质量研究的前提。概括地讲，是研究确定质量控制点及其相关方法、限度。质量控制点，是指可能影响产品真伪、优劣、稳定性、安全性以及有效性的，可以用客观指标进行规范的环节。

主要包括原料和制剂的质量控制。

原料质量控制：要求使用的药材均应有国家标准，没有国家标准的应研究制定标准；提取物注册应符合有效部位达50%或单一成分达90%以上的要求，否则只能作为原料的中间体依附于制剂注册。

制剂的质量控制：质控研究的数据是质量标准制定的基础和依据，质量标准是质控技术的浓缩和反映，要选择合适的质控点及质控方法，就要着重控制影响制剂有效性、安全性的关键药味及关键成分；质控方法应具有特异性、准确性和敏感性，并且应经过验证，也应经得起验证；要重视对已有方法的借鉴，但应做研究、改进，并验证，而不是生吞、照搬。

制定质量标准时含量的测定，对于中药制剂质量控制的意义是有限的，特别是有效成分复杂或有效成分不明确的，再加上中药材成分复杂，制剂多复方，常为多种成分或多类成分共奏疗效，还难以确定某单一成分与疗效呈量效关系，对于某个或某些有效成分或指标性成分的含量控制是“多点控制”中药质量的手段之一。在进行含量测定时一定要着重做好以下几部分内容：

第一，含量测定的选择　进行含量测定时必须要求主要药味（君药）贵重或剧毒；主要药效成分明确；测定方法较为完善，包括方法准确、灵敏、考核数据齐全；要点线结合控制，如某类成分加上其中一种成分。

对于测定成分，可选择有效成分或指标性成分清楚的，对单一成分定量；有效成分类别清楚的，可对总成分定量；处方中同时有枳壳和枳实、橙皮苷、黄连、黄柏等药材中都含有小檗碱时，所测成分应归属于某单一药味；含量成分不能过低，否则较难真正反映制剂的内在质量；中西结合制剂，除必须建立西药的含量测定外，还要尽可能建立中药君药的含量测定。

第二，方法学考察　对于自行建立的新方法，均要进行方法学考察研究。样品前处理，特别是对于制剂中含有药材原粉的，对样品必要的提取纯化尤为重要，一是可以排除干扰物质，二是可以保护色谱柱。对于固定相、流动相、内标物、扫描条件等测定条件要加以选择。

除此以外，还要进行线性、稳定性、精密度、重复性测定，检测灵敏度及检测下限测定，并进行回收率和空白试验。

第三，含量限度制定　含量限度是在检验方法确定的基础上，积累足够的数据后总结提出来的。

一般要求不少于 10 批次的实测数据，个别过低或过高数据应分析原因，不足以作为限度制定的依据。中药制剂含量限度，有规定下限、幅度和标示量等三种。

另外，稳定性也是核心内容之一，其重要性可以与安全、有效、可控相提并论，主要包括影响因素试验、加速试验和长期试验，根据包装材料、贮存条件的要求，制定有效期，一般要求有实测数据和图谱，温湿度条件要求为 25 ℃±2 ℃，RH60%±10%。

⑮ 质量标准及其起草说明（核心内容之一）。按照制剂通则的要求，依据质控研究的结果起草质量标准。质控项目的设置应有可靠的依据，一般以有意义、有方法、结果判定客观为原则。使用权威的有效期内的标准物质，如对照品、对照提取物、对照药材。研究方法的可靠性应经过科学考察和验证。起草说明是质量标准制定详尽的技术资料，对各项均应做逐项说明，尤其是对检定该药真伪优劣的项目应做重点详细说明。

⑯ 样品及检验报告书（核心内容之一）。包括中试研究、中试样品的试制和检验报告；中试是介于生产和实验室规模之间的工艺研究实践，不是简单放大。要求生产线、设备在性能上与生产设备相一致。通过中试研究，目的在于研究工艺的可行性与关键工艺参数设置的合理性，期待发现规模放大后可能会产生的问题，并研究解决。申报时应提供不少于 3 批中试样品试制的研究报告，并对工艺进行评述。

⑰ 稳定性研究（核心内容之一）。中药的不稳定因素可能来自生物、物理、化学等方面，相对西药更复杂。容易受到细菌、霉菌的影响。例如，黄芩中含有黄芩酶，可使黄芩苷及汉黄芩苷酶解，从而影响药效。物理变化包括吸潮、黏结、混悬剂凝聚、液体颜色、澄明度、沉淀等。化学变化主要指标示性成分含量的变化。包括影响因素试验、加速试验和长期试验。探讨贮存条件的要求，制定有效期。一般要求有实测数据和图谱。温、湿度条件：(25±2)℃，RH60%±10%，ICH 采用条件。

⑱ 直接接触兽药的包装材料和容器的选择依据及质量标准。包装材料和容器是药品的组成部分，特别是内包材，应符合标准，有助于稳定，不应与药品发生反应。应与制剂工艺相适应。

(3) 药理毒理研究资料（⑲～㉗项）

⑲ 药理毒理研究资料综述，指自己试验所获资料。

⑳ 主要药效学试验资料及文献资料。明确药物主要药理作用、作用的强弱、有无实用价值及开发前景。主要药效学研究结论（功能）的依据、试验方法，应注意整体和离体相结合，且以整体试验为主，效应指标的选择应注重特异性、敏感性、重现性、客观性以及多指标的综合应用。试验用样品，可以是实验室小试产品，但工艺、含量应与中试产品基本一致。一般在实验动物上考察。

㉑ 安全药理研究的试验资料及文献资料。在非临床研究阶段，探讨并确定所研发产品潜在的不期望的药效活性，指导安全用药，预测毒副作用。参见《兽用中药、天然药物安全药理学研究技术指导原则》。可用小试样品考察。一般在实验动物上考察。

㉒ 急性毒性试验资料及文献资料，给药途径尽可能与临床用药相一致。

㉓ 长期毒性试验资料及文献资料，给药途径尽可能与临床用药相一致。试验周期根据临床用药时间决定，临床用药期 1～3 天时给药 14 天，临床用药期 7 天时给药 28 天，临床用药期 30 天时给药 90 天，长期用药的给药 6 个月。按梯度设置剂量组，最大剂量应有部分动物出现毒性或死亡。给药期较长的，可以将药物按剂量换算，混于饲料中，自由采食。

㉔ 致突变试验资料及文献资料。

㉕ 生殖毒性试验资料及文献资料。

㉖ 致癌试验资料及文献资料。一、二类或处方中涉及无国家兽药标准药味的，应由制定单位出具报告。

㉗ 过敏性（局部、全身和光敏毒性）、溶血性和局部（血管、皮肤、黏膜、肌肉等）刺激性等主要与局部、全身给药相关的特殊安全性试验资料和文献资料。根据特殊产品需要提供。

（4）临床研究资料（㉘～㉛项）

㉘ 临床研究资料综述。对自己试验所获资料的综述，对靶动物安全及临床疗效进行评述。

㉙ 临床研究计划与研究方案。需在申报者所在地的省级兽医行政管理部门履行审批手续，异地试验的还应在试验地的省级兽医行政管理部门备案。涉及一类病原微生物的试验应在具有生物安全保障的单位进行，需事先报农业农村部审批。超过审时限，或补充临床试验的，应重新审批。

㉚ 临床研究及试验报告。包括靶动物安全性试验、实验临床试验和扩大临床试验。参见《兽用中药、天然药物临床研究技术指导原则》《兽用中药、天然药物临床试验报告撰写原则》。

㉛ 靶动物药代动力学和残留试验资料及文献资料。仅一类兽药涉及。

临床试验常见问题有以下几种：

第一，与法规相抵触　主要表现为产品有对一类疫病或爆发性流行病的治疗、缺乏生物保护意识、承担单位不具备相关资质等。《动物防疫法》明确规定：国家对动物疫病实行预防为主的方针，发生一类动物疫病时，应当采取下列控制和扑灭措施：划定疫点、疫区、受威胁区；采取封锁、隔离、扑杀、销毁、消毒、无害化处理、紧急免疫接种等强制性措施，迅速扑灭疫病；在封锁期间，禁止染疫、疑似染疫和易感染的动物、动物产品流出疫区。

第二，人工造模出现问题 主要表现为人工复制病例或疾病模型出现问题，如模型≠疾病；缺少与主治病证间的衔接；菌（毒）株、剂量、途径不合理；发病表现与攻击菌（毒）株的生物学特性不符等。

第三，试验设计存在问题 表现为受试病例缺乏可靠的诊断依据；不能正确把握样本数量与试验精度的关系；给药方案不明确；试验动物处置不明确；对照药物选择或使用不当；临床观测指标选择不当；疗效判定缺乏科学的标准；统计方法错误等。

第四，试验数据不够翔实 表现为病例来源不明、缺少病例逐头记录或汇总资料、不够重视细节和数据的溯源、观测结果样本数不明。

第五，报告撰写问题 主要是不同于一般的试验报告；剪切、粘贴或模板模式存在问题；缺少交待试验日期、地点等信息；前后文数据冲突、矛盾；缺少试验负责人及主要参加人的签章；缺少中兽药评审评价的要点。

五、中兽药及其提取物的研发趋势

中兽药是我国兽医药学的宝贵遗产，长期以来对畜禽养殖做出了不可磨灭的贡献，不仅在中国得到了继承和发展，而且在国际上也产生了巨大的影响，亚洲的很多国家和地区把中兽药当成治疗畜禽疾病、提高畜禽健康的重要手段，与西方现代兽医药共同应用于临床。欧美各国在“回归自然”理念的影响下，也越来越重视中兽药的研究，一些中兽药的治疗作用逐渐得到了认可，中兽药及其提取物的研发方兴未艾。2009 年 5 月，中国农业科学院兰州畜牧与兽药研究所牵头承担了“十一五”国家科技支撑计划“中兽药现代化技术研究与开发”项目；2011 年 10 月，中国农业大学牵头承担了“十二五”国家科技支撑计划“现代中兽药研究与新药创制”项目；2011 年 5 月，乾坤集团向中国农业大学教育基金会捐资 100 万元，与中国农业大学携手共建“中兽药研究开发实验室”。在当今中兽药研发“热潮”中，中兽药及其提取物的研发应着重注意以下趋势。

1. 构建中兽药创新体系

（1）实现创新主体向中兽药企业的转移是构建我国中兽药创新体系的关键 我国中兽药产业创新体系必须在政府的宏观指导下，集高等学校、科研机构、制药企业成为创新主体，中兽药高等院校和中兽药科研机构成为创新源头，三者共同推动知识的积累和交流，培养、提供和交流创新人才，提高技术竞争力。而政府的作用就在于保证创新主体间以及创新主体与外界的信息交流，并且刺激创新。确定中兽药企业在中兽药产业创新体系中的主体地位，一方面可以使得整个中兽药体系更加完善，运作效率更高，因为企业直接与市场关联，只要企业积极介入到研究创新过程中，就能更快地促成科研成果的产生；另一方面，由于高技术的创新存在很大的风险，所以具体到运作方式、资金投入等方面，科研机构和高等院校往往无法具有相应的机制作为保障，所以通过政府引导，加强企业和科研机构、高等院校的合作，通过“产学研”一条龙，可以建立风险投资体系和资金后援保障，这样以企业为创新主体的三方联动，可以促进中兽药创新成果的加速产出。

（2）制定中兽药创新目标、建立创新成果平台是构建我国中兽药创新体系的基础 只有制定了通过严格梳理、调研、论证，明确并且切实可行的中兽药创新目标，才能正确引导创新体系的发展与完善。政府应当重点支持重点实验室、中兽药研究开发中心及中兽药产业基地的建设。中兽药创新平台应当发挥它们各有的优势，突出特色、整体布局、协调发展，目的在于改善中兽药研究开发的条件，提高仪器装备水平和实验动物标准，加强信息共享与交流。通过这些平台的运作，使得疗效确切、使用安全、质量可靠的中兽药新产品尽快进入市场，提高我国中兽药产业的竞争力。

(3) 加强培养中兽药创新人才是构建我国中兽药创新体系建设的核心　首先，高等农业院校要实现真正意义上的课程改革和专业设置，增加新兴、边缘学科和人文社会学科，增加学生实践创新的培养项目，从根本上改变学生知识结构单一、缺乏创造思维的现状，培养中兽药技术、法律、管理等复合性人才，为中兽药创新提供技术、法律以及进程管理的保障。其次，可以加强企业和学校共同培养中兽药创新人才。企业的中兽药创新技术人员可走进高校，带着一线的具体问题重温课本、学习新知，不断提高研发能力，而大学、科研院所的博士生、硕士生也可以走向企业研发中心，在企业的研发中心体会到企业研究创新中遇到的困难与问题，而不仅仅是书本理论的学习与操作。这样双方增强互动，共同促进高素质中兽药创新人才的培养与成长。再者，通过建设中兽药创新重点实验室，以国家重大科技专项为纽带，带动一批创新人才的培养，造就一批中兽药学术带头人和科研骨干。

(4) 引入中介服务机构是进一步完善我国中兽药创新体系的重要环节　中介机构是推动科技与经济结合，促进科技成果向现实生产力转化的重要环节，是连接企业和其他社会科技资源的纽带和桥梁。我国大多数中兽药企业不能建立功能完善的技术开发和转化体系，必须借助外界来满足其技术创新的要求。但是，目前我国整个畜牧兽医行业的创新体系的硬件设施和服务性支持还比较落后，中兽药行业更加薄弱，应选择有条件的中兽药研究所逐步改制成研发中心，扩大中介服务职能，按照市场经济规律的要求，规范运营，提高中介服务水平，将中介机构逐步引入药物创新体系，以此加强创新各组织单元间的交流与联络，实现科技资源的优化配置与整合，从而加速中兽药科研成果产业化。

2. 加强中兽药制剂研究　中兽药的剂型和质量，直接影响其在使用时的有效性和安全性，利用现代制药技术改进传统中兽药剂型、研发适应新型养殖模式的中兽药新剂型、建立科学可行的质量控制体系对中兽药及其提取物的研发，乃至整个中兽药事业的发展具有极其重要的意义。

(1) 推动中兽药新剂型的研发　中兽药制剂相对单一、工艺简单、产品粗糙，其剂型多为散剂、丸剂、粉剂等原始剂型，中兽药在微囊缓释剂、靶向制剂等新剂型方面的应用几乎为空白，对中兽药前处理的研究还很匮乏。中兽药超微粉则是近几年来中兽药剂型研究领域为数不多的亮点。中兽药超微粉碎技术将药材粉碎至 5～20 μm，使细胞内有效成分充分暴露，溶出速度及溶出量大大提高，临床起效快，生物利用度高。福建农林大学黄一帆团队，在国内率先开展了中兽药超微粉碎方面的研究，已针对鱼腥草、穿心莲、油菜花粉、黄连解毒散、“芪苓”制剂等单味和复方中药的超微粉开展了有效成分溶出、药代动力学、指纹图谱等研究工作，取得了若干项成果。同时，国内同行也对天麻、当归、川贝母、西洋参等中药的超微粉进行了不同方面的研究，使得中兽药超微粉碎技术的研究与应用不断推进。2011 年河南省科技厅批准建立河南省中兽药超微粉工程技术研究中心（河南省康星药业股份有限公司）。但是，中兽药超微粉的稳定性、质量标准、临床使用剂量以及如何产业化等问题，仍有待于进一步的研究与探讨。

（2）建好中兽药的评价体系　中兽医临床证型与西医临床表现截然不同，是两个体系，中兽药评价应有符合中兽医理论基础的药物评价模型。因此，根据中兽医辨证论治理论，通过多靶点、多层次同步测试与相关分析，建立与中兽药研发密切相关的动物模型，建立证候药效学评价体系和标准，是开展中兽药新制剂研发的关键。中兽药有效成分应是能反映中兽药治疗作用的特征性成分，同时具有稳定、可测的特点。中兽药的效果如何，首先应选择中兽药中的有效成分作为中兽药制剂的质量监控指标。在整个质量评价体系中，应注重制剂效果评价体系的建立，包括体内外药物释放的相关性测定和药代动力学的评价等。

（3）采用分析新技术　研究开发中兽药新制剂，必须对中兽药的成分进行准确定量、定性，对其结构进行分析。常规的色谱、质谱、高效液相、红外等检测技术已广泛用于药物分析领域，但这些技术只能对单一成分进行准确定量、定性和结构分析。对于成分复杂、代谢产物多的中兽药来说，常规的色谱、质谱、高效液相、红外等单一检测技术难以完成其成分准确定量、定性和结构分析。指纹图谱是多种分析方法和技术的组合，适合于多成分药物分析，该技术是中兽药分析技术创新研究的重点。

（4）制定中兽药质量标准　中兽药成分复杂，有些药物的主成分含量较低，质量难以控制。因此，建立中兽药前处理、粉碎、提取、浓缩、干燥等过程的标准化技术指标，建立中兽药原料及制剂的特征性鉴别、鉴定技术标准和规范，以及给药方法技术规范和药效评价技术规范是新制剂研发成功与否的保证。

3. 开展中兽药药代动力学研究　兽医药有效成分复杂、药效多样，因此药代动力学研究一直是兽医中药药理研究领域的难点和薄弱环节。由于中兽药所表现的药效不是单一的，代谢指标的选择比较困难，更难以做到 PK/PD 相结合。建立适合中兽药自身作用特点的中兽药药物代谢动力学研究方法，是当前研究的热点和难点。近年来福建农林大学黄一帆团队进行了穿心莲、鱼腥草、油菜花粉、黄连解毒汤、葛根芩连散等若干种常用单味中药有效成分的药代动力学研究，阐明了多种中药有效成分在动物体内的代谢规律和生物利用度；李新圃等开展了银黄颗粒中黄芩苷在大鼠体内的药动学研究；葛铭等开展了复方菟丝子注射液在犬体内的药动学研究；底佳芳等开展了白藜芦醇苷和大黄素在鸡体内的药动学研究，这些研究为中兽药药代动力学的发展积累了重要的数据。

近年来国内产生的一些研究理论和研究方法，如血清药理学、证治药代动力学和脾主药代动力学、血清药物化学、代谢组学等在我国的中药药代动力学研究中已有应用。PK/PD 同步分析的研究方法，对综合评价药物活性物质群的药代动力学和药效动力学，在反映药物作用的整体观等方面意义尤为突出。另外，建立植物化学—药效学—药代动力学的三维研究体系，配合体外—体内试验，发现化学指纹—药效指纹—药代指纹的关系，鉴别指纹图谱的变化，研究有效部位（成分）的指纹和药代指纹的一致性和差异性，进而建立新的三维模型，实现认识中药作用的整体观念，也能为现代科学阐明药物作用的物质基础提供新的研究方法。

中兽药药代动力学研究的发展方向主要有以下几点：

① 在中药复方药代动力学研究中引入药效动力学指标。建立中药复方药代动力学和药效动力学同步分析统一模型，逐步完善中药复方药代动力学研究方法。在符合中医药理论的前提下，真实客观地反映中药复方的体内过程，并通过药代动力学和药效动力学相关性研究阐明中药复方配伍的药效物质基础及中药复方的药效作用机制。

② 开展中药复方多组分的药代动力学研究。根据能表征复方物质基础的多种药效成分的血药浓度测定结果，建立复方整体药代动力学模型。

③ 建立中药复方药代动力学和药效动力学同步分析统一模型（PK/PD），逐步完善中药复方药代动力学研究方法。

④ 随着生物信息学包含的各种组学的发展，代谢组学将成为中医药现代研究的一种重要技术手段。

◆ 参考文献

崔东安，王磊，王旭荣，等，2014. 中兽药临床疗效评价的现状和展望 [J]. 中国农业科技导报（2）：116－121.

底佳芳，张秀英，2008. 中药复方制剂在鸡体内的药代动力学研究 [J]. 中国畜牧兽医，35（1）：116－118.

葛铭，张瑞莉，田文儒，2008. 复方菟丝子注射液的药代动力学试验 [J]. 中国兽医杂志，44（1）：55－56.

巩忠福，2010. 新型中兽药的注册与申报 [J]. 兽药市场指南（9）：15－17.

巩忠福，2011. 中兽药注册的技术要求及常见问题分析 [J]. 兽医导刊（7）：17－19.

胡莉萍，2015. 我国中兽药制剂研究现状、存在问题及对策 [J]. 山东畜牧兽医（3）：53－54.

黄一帆，张国祖，2015. 中兽药超微粉研究与应用 [M]. 北京：中国农业出版社：1－2.

梁剑平，2008. 我国中兽药产业现状及创新体系研究分析 [J]. 发展（1）：58－59.

刘开永，张敏，侯玉泽，等，2008. 中兽药代谢及药物代谢动力学研究动态 [J]. 安徽农业科学，36（22）：9554－9555.

刘晓曦，刘明江，尹朋，等，2014. 中兽药网络药理学研究进展 [J]. 畜牧兽医学报（6）：859－862.

游锡火，2014. 我国中兽药产业发展战略研究 [J]. 中国畜牧杂志，50（8）：8－10.

第六章 解表药

以发散表邪、解除表证为主要功效的药物称为解表药。表证相当于现代医学传染病发展的初期阶段。1923 年陈克恢等率先开展对辛温解表药麻黄的化学成分与药理作用研究，证实了麻黄碱的拟肾上腺素样药理作用，为推动用现代科学方法研究中药奠定了基础，也是从天然产物中寻找开发新药的典范，之后在解表药和解表方的药理研究也取得了较好的进展。21 世纪着重在不同层次揭示了解表药治疗表证的药理基础，有效指导临床应用及解表药新产品开发，也促进中医表证等相关理论研究的进步（刘建勋，2020）。

本类药物多味辛，质轻扬，主要归肺、膀胱经，偏行肌表，一般都具有促进肌表发汗的作用，通过发汗达到发散表邪，解除表证，防止疾病传变的目的。部分药物还兼有利水、止咳平喘、透疹，以及祛风除湿、止痛等作用。

解表药主要用于治疗外感表证，部分药物还用于水肿、喘咳、麻疹、风疹、风湿痹痛、疮疡初起等证而兼有表证者。表证有寒热虚实之分，解表药根据其药性和功效的不同，可分为发散风寒药和发散风热药。发散风寒药多属辛温，辛能发散，温可祛寒，故又名辛温解表药，主治风寒表证。部分药物还可用于治疗具有风寒表证的咳喘、水肿、麻疹、疮疡初起及风湿痹痛等，代表药物有麻黄、桂枝、荆芥、防风、细辛等；发散风热药多属辛凉，辛能发散，凉可退热，又名辛凉解表药，主治风热表证。部分药物还可用于治疗风热所致目赤多泪，咽喉肿痛，麻疹不透及风热咳嗽等，代表药物有柴胡、葛根、牛蒡子、薄荷、菊花及桑叶等。

现代药理研究认为，解表药之所以能治疗各种表证，主要与下列药理作用有关：

1. 发汗作用 表证可通过发汗使邪从汗解，解表药可通过促进汗腺分泌而散热。麻黄水煎液、麻黄碱、麻黄挥发油、麻黄水提物及麻黄汤、桂枝汤等皆能调控神经系统，促使实验动物出汗。生姜的挥发油及其辛辣成分（姜酚及姜烯酚）能使血管扩张，促进血液循环而协助发汗。如受寒后煎服热生姜汤则感觉全身温暖，说明生姜能改善血液循环而协助发汗；桂枝也因能扩张末梢血管，促进体表的血液循环而增强麻黄的发汗作用。

2. 解热、降温作用 大多数解表药具有不同程度的解热作用，能使实验性发热动物的体温降低，如柴胡、桂枝、细辛、羌活、荆芥、防风、葛根、白芷、紫苏、浮萍、生姜及银翘散、桑菊饮、麻杏石甘汤、桂枝汤、九味羌活汤、柴葛解肌汤及新加香薷饮等；有些药物还能使正常动物的体温下降，如麻黄挥发油、柴胡皂苷、葛根素、桂枝煎剂、桂皮醛、荆芥油、藁本中性油、细辛挥发油、薄荷精油等。关于其解热和降温作用机制尚不清楚，可能与多个环节有关，如有的通过发汗；有的扩张皮肤血管，增加散热；有的抑制中枢 cAMP 或 PGE_2 的合成使致热物质减少；有的通过抗炎；有的通过抗菌、抗病毒等作用消除病因而使发热的体温降低，也可能是药物作用于以上多个环节群体效应的结果。

3. 镇静、镇痛作用 解表药镇静作用表现为小鼠的自主活动减少或使巴比妥类药物所致动物的睡眠时间延长等。本类药物中的绝大多数药物及部分有效成分均有镇痛作用，如柴胡、桂枝、升麻、生姜、细辛、白芷、防风、荆芥、羌活、蔓荆子、薄荷、藁本、桑叶、菊花、辛夷、麻黄，以及桂枝汤、九味羌活汤、麻黄汤、抗感冲剂等对动物实验性疼痛模型均有明显的抑制作用，其镇痛的部位或成分有细辛挥发油、柴胡皂苷、α-薄荷酮和桂皮醛等。

4. 抗炎、抗过敏作用 本类药物中的绝大多数药物及方剂，如柴胡（皂苷）、升麻、防风、白芷、藁本、荆芥、细辛、羌活、蔓荆子、生姜、麻黄、桂枝、薄荷、辛夷、苍耳子，以及银翘散、桑菊饮、九味羌活汤、麻杏石甘汤、桂枝汤调控多种炎症因子的释放而抑制炎症反应。皮肤的疾患，如荨麻疹等，因其具有善行数变的临床特点，中医认为这些疾病是由风邪所致，而解表药长于祛风散邪，故临床多用，且疗效卓著。现代医学认为此类疾病与过敏反应有关。本类药物中的不少药物，如麻黄、桂枝、生姜、辛夷、柴胡、蝉蜕、荆芥、防风、羌活、紫苏，以及小青龙汤、麻黄汤、麻杏石甘汤、葛根汤等分别对各型变态反应有抑制作用，其作用机制较复杂，有的可阻止过敏原进入体内，有的可阻止肥大细胞脱颗粒，有的可阻止生物活性物质作用于效应器官，有的可抑制抗体产生等。上述作用是其治疗过敏性炎症和过敏性疾患（过敏性鼻炎、哮喘等）的重要机制。

5. 免疫调节作用 解表方药的主要作用在于透表达邪，以防传变。解表药的这一功效，与代表机体卫气的免疫功能关系密切，中医学中有所谓“正气存内，邪不可干”“未病先防”“已病防传”等理论。实验证明，寒冷刺激作用于机体可使免疫功能下降，柴胡、葛根、苏叶、防风，以及桂枝汤、银翘散、麻黄汤、麻杏石甘汤等在一定剂量下均能促进巨噬细胞的吞噬功能，从而提高机体的抗病能力，麻杏石甘汤和桂枝汤还能提高血清溶菌酶的含量，有利于表邪的解除。

6. 止咳、祛痰、平喘作用 大多数解表单味药有效部位及复方均有镇咳、祛痰、平喘作用，如麻黄、白芷、紫苏叶、柽柳、细辛挥发油、桂皮油、柴胡皂苷及薄荷醇等均有明显的镇咳作用；麻黄、荆芥、紫苏叶、葱白、薄荷、细辛挥发油、桂皮油能促进气管排泌而呈现祛痰作用；麻黄、荆芥、紫苏叶、藁本、苍耳子等有平喘作用。

7. 抗菌、抗病毒作用 大多数药物如辛温解表药如麻黄、桂枝、荆芥、防风、细辛、羌活、白芷、生姜、香薷、辛夷、葱白、柽柳和辛凉解表药如柴胡、薄荷、菊花、升麻、桑叶、蔓荆子、牛蒡子等，对多种细菌如金黄色葡萄球菌、肺炎球菌、溶血链球菌、大肠杆菌、伤寒杆菌以及某些皮肤致病性真菌的生长均有一定的抑制作用；麻黄、桂枝、紫苏叶、防风、藁本、香薷、辛夷、薄荷、蔓荆子等，对呼吸道病毒也有一定的抑制作用（沈映君，2012）。

第一节 发散风寒药

麻 黄

本品为麻黄科植物草麻黄（*Ephedra sinica* Stapf.）、中麻黄（*E. intermedia Schrenk* et C A. Mey.）或木贼麻黄（*E. equisetina* Bge.）的干燥草质茎。主产于我国内蒙古、河北、山西、河南、陕西等地。

麻黄性温，味辛、微苦。归肺、膀胱经。具有发汗解表、宣肺平喘、利水消肿的功效。主治风寒感冒，咳嗽、气喘、水肿等证。

［主要成分］

主要含多种生物碱和少量挥发油。生物碱中主要有效成分为左旋麻黄碱（L－ephedrine），占总生物碱的80%～85%；其次为伪麻黄碱（D－pseudoephedrine），以及微量的L－N－甲基麻黄（L－N－methyl－ephedrine）、D－N－甲基伪麻黄碱（D－N－methyl－pseudo－ephedrine）、去甲基麻黄碱（L－nor－ephed－rine）、去甲基伪麻黄碱（D－norpseudo－ephedrine）和麻黄次碱（麻黄定，ephedine）等；挥发油中含I－α－松油醇（I－α terpineol）、2,3,5,6－四甲基吡嗪（2,3,5,6，－tetramethylpyrazine）、L－α萜品烯醇等；此外，尚含多酚（单宁及相关化合物和聚黄烷醇类两大基本类型的化合物的总称）、黄酮苷、多糖和杂环化合物等。

［药理作用］

1. 发汗作用 有人认为其作用机制是麻黄阻碍了汗腺导管对钠的重吸收，进而导致汗腺分泌增加。麻黄中的挥发油有发汗作用。麻黄的水溶性提取物75～300 mg/kg对大鼠的发汗作用具有剂量依赖性。生品麻黄发汗作用最强，发汗作用的主要有效部位是挥发油和醇提部位；蜜炙麻黄的平喘作用最强，平喘的主要有效部位是生物碱和挥发油，故炮制对发汗作用的影响主要在于挥发油类的变化，对平喘作用的影响主要在于生物碱和挥发油的变化（李佳莲等，2012）。

2. 平喘作用 麻黄中的平喘有效成分是麻黄碱。麻黄碱通过以下三方面的作用达到平喘目的：促进去甲肾上腺素和肾上腺素释放，间接发挥肾上腺素作用；直接兴奋α－受体，使末梢血管收缩而缓解支气管黏膜肿胀；直接兴奋β－受体，使支气管平滑肌松弛，阻止过敏介质的释放。

3. 解热抗炎作用 研究表明，草麻黄对热应激下的HSP70和NF－kB均有明显的抑制作用，有助于抑制热应激诱导的促炎因子IL－1β，促进下丘脑稳态（Wonnam Kim，2019）。麻黄挥发油、麻黄配桂枝的馏出液和蜜沫麻黄煎液等对实验性发热动物（兔、大鼠）有解热效果。麻黄挥发油和萜松醇对正常小鼠体温有降低作用。麻黄水提物、醇提物口服或腹腔注射后，能明显降低腹腔毛细血管的通透性，抑制鸡胚囊膜肉芽组织的形成，并能抑制由致炎物右旋糖酐、角叉菜胶等引起的炎症反应。其抗炎作用可被酚妥拉明、普萘洛尔的前给药所阻断。伪麻黄碱的抗炎作用最强，甲基麻黄碱、麻黄碱次之。

4. 镇静、镇痛作用 麻黄挥发油按164.6 mg/kg，给小鼠腹腔注射，可明显延长戊巴比妥钠所致的睡眠时间，显著降低戊四氮所致的惊厥率和死亡率，但对士的宁和苯甲酸钠咖啡因所致惊厥无影响。故认为麻黄挥发油的镇静作用可能在脑干。麻黄挥发油（274.3 mg/kg）及麻黄水煎液对热刺激小鼠有明显的镇痛作用。

5. 抗菌、抗病毒作用 麻黄煎剂和麻黄挥发油对金黄色葡萄球菌，甲型和乙型溶血链球菌、流感嗜血杆菌、肺炎双球菌、炭疽杆菌、白喉杆菌、大肠杆菌等均有不同程度的体外抑制作用。麻黄生物碱液对金黄色葡萄球菌代谢作用的最佳抑菌浓度为1.125 mg/mL。麻黄挥发油对流感病毒（亚甲型）有明显的抑制作用，对甲型流感病毒PR8株感染的小鼠有治疗作用。麻黄鞣酸中的（+）-儿茶素通过抑制MDCK细胞的细胞器的酸化作用来抑制MDCK细胞中流感病毒A/PR/8/34的生长。麻黄抗菌、抗病毒作用是其发散表邪的现代科学依据。

6. 镇咳祛痰作用 麻黄水提物和麻黄碱给小鼠、豚鼠等灌服，对SO_2和机械刺激所致咳嗽反应均有抑制作用，其镇咳强度约为可待因的1/20，复方效果更佳。萜品烯醇也是镇咳的有效成分之一。麻黄挥发油按0.4 mL/kg灌胃尚有一定的祛痰作用，它能促进气管排泌酚红。

7. 免疫抑制作用 草麻黄70%乙醇提取后滤渣能减轻二硝基氯苯所致的小鼠耳廓肿胀，使胸腺萎缩，调整二硝基氯苯所致的血液中CD4+/CD8+的失调，表明麻黄对小鼠的细胞免疫有抑制作用。麻黄附子细辛汤中麻黄的非麻黄碱类成分，具有抑制IgE的间接组胺释放和增加大鼠嗜碱细胞性白血病细胞（RBL-2H3）的环磷酸腺苷（cAMP）含量的作用。研究发现，麻黄多糖能通过抑制脾细胞增殖来发挥免疫抑制作用，对自身免疫性疾病和遗传性过敏症有治疗潜力。

8. 利水消肿作用 麻黄有一定的利尿作用，且以其有效成分D-伪麻黄碱的作用最明显。如给麻醉犬静脉注射D-伪麻黄碱0.5～1.0 mg/kg，尿量可成倍增加，一次给药作用可维持30～60 min；家兔静脉注射D-伪麻黄0.2～1.0 mg/kg，亦可见尿量明显增加，但当剂量增至1.5 mg/kg以上时，尿量反而减少。其利尿作用机制，初步认为是由于扩张肾血管而使肾血流增加有关，也有认为是阻碍肾小管对钠离子重吸收的结果。

9. 抗凝血作用 麻黄果多糖能使家兔体外凝血时间、凝血活酶时间和白陶土部分凝血活酶时间均较正常对照组延长，推断麻黄果中多糖成分可以通过内外源凝血两条途径影响血液凝固过程。麻黄水煎液能明显延长寒凝气滞的急性血瘀模型大鼠的PT、缩短ELT，还可明显降低模型大鼠的血液黏度，改善其血液流变性。

10. 调节血压 静脉注射3 mg/kg麻黄根碱A、B、C和D，都能明显降低大鼠血压，其中麻黄根碱B活性最强，对大鼠和自发性高血压大鼠的降压作用在0.1～3 mg/kg呈量效关系；麻醉家兔耳缘静脉注射5 mL/kg麻黄果多糖，发现家兔血压明显下降，推断麻黄果多糖可能通过M受体来兴奋副交感神经产生降压作用。由于结构与肾上腺素的化学结构类似，麻黄碱具有拟肾上腺素的作用，能够兴奋肾上腺素能神经而发挥升高血压的作用。麻黄碱和伪麻黄碱均有增加心输出量和升高血压的作用。从麻黄根中分离得到的酪氨酸甜菜碱对大鼠有类似麻黄碱的升压作用。

11. 其他作用 麻黄非生物碱类能显著升高高脂血症模型小鼠血清中SOD活性和显著降低MDA含量，且ALT和AST活性均显著降低，揭示了麻黄非生物碱小分子有降血脂和保肝等作用。草麻黄提取物能诱导白色脂肪褐变，调控细胞能量代谢（Se-Jun Park，2022）。麻黄水溶性多糖可清除氧自由基，具有一定的抗氧化作用。草麻黄补体抑制成分能够显著抑制脊髓损伤组织中ICAM-1 mRNA的表达，从而减轻大鼠脊髓损伤后的免疫炎性反应，在继发性脊髓损伤中起到重要的保护作用。草麻黄多酚作为一类重要的生理活性物质，具有抗氧化、抗辐射、抑菌、预防心血管疾病、抗突变和预防龋齿等多种功效（李子健，2020）。

［临床应用］

麻黄药用部位为草质茎。采收加工方法均为秋季采收其茎，阴干或晾至7～8成干时再晒干。历代炮制方法主要有去节生用、酒炙、蜜炙和醋制等，现仅蜜炙法仍在使用。基于考证结果，建议经典名方中的麻黄选取麻黄科草麻黄（*E. sinica*）为基原，以其干燥草质茎入药，未注明炮制要求的建议以生品入药（李恒阳，2022）。

1. 风寒感冒 适用于外感风寒的表实证。常与桂枝相须为用，再配伍杏仁等。《抱犊集》：主治牛春雨汗闭证，方如麻黄汤。韩冰毅等采用加味麻杏石甘桂芝汤治疗牛流感，效果理想。加味麻杏石甘桂芝汤：麻黄30 g、杏仁30 g、石膏60 g、桂枝60 g、升麻25 g、葛根30 g、贯仲30 g、桔梗50 g、前胡30 g、苏子30 g、桑皮25 g、连翘30 g、甘草20 g、生姜25 g。研末，开水冲药，灌服，1剂/天，连服3～5剂。

2. 咳嗽气喘 用于风寒或肺热所致的咳嗽气喘，常与杏仁等配伍。《伤寒论》：主治肺热咳喘，方如麻杏石甘汤。

3. 水肿实证兼有表证 常与白术、生姜、甘草等配伍（陈正伦，1995）。

［注意事项］

表虚多汗、肺虚咳嗽及脾虚水肿者慎用。另麻黄不宜与西药酶制剂、强心药、解热镇痛药和氨茶碱等合用。

［不良反应］

麻黄碱对大鼠皮下注射LD_{50}为650 mg/kg；D-伪麻黄碱盐酸盐对兔皮下注射等最小致死量为500 mg/kg；10%麻黄挥发油乳剂对小鼠腹腔注射LD_{50}为14 mg/kg。麻黄提取物给小鼠腹腔注射可见眼眶内出血，眼球突出。

桂 枝

本品为樟科植物肉桂（*Cinnamomun cassia* Presl.）的干燥嫩枝。主产于广西、广东及云南等地。

桂枝性温，味辛、甘。归心、肺、膀胱经。具有发汗解肌、温通经脉的功效。主治风寒表证，关节痹痛，水湿停滞。

［主要成分］

成分主要有挥发油（桂皮油），含量0.43%～1.35%，油中主要成分为桂皮醛（cinnamic aldehyde）、桂皮酸（cinnamic acid），少量醋酸桂皮酯（cinnamyl acetate）、醋酸苯丙酯（phenylpropyl acetate）；此外，尚含反苷桂皮酸、香豆素、鞣质、黏液质及树脂等。

［药理作用］

1. 解热、镇痛作用 桂枝水煎剂及其有效成分桂皮醛、桂皮酸钠可使由伤寒、副伤寒菌致热的家兔体温降低，并能使正常小鼠的体温和皮肤温度下降，其解热和降温作用可能是由于皮肤血管扩张，促进发汗使散热增加所致。桂枝煎剂4.25 g/kg、2.12 g/kg、1.06 g/kg灌服，对酵母性发热大鼠和安痛定所致低体温大鼠均有解热和升温作用，表明桂枝对体温有双向调节作用。桂枝煎剂及桂枝水提物加总挥发油的混合物给小鼠灌服，对热刺激引起的疼痛反应有明显的抑制作用。

2. 镇静、抗惊厥作用 桂枝具有明显的镇静、抗惊厥作用。桂枝的总挥发油、水提物及其有效成分桂皮醛可使小鼠自主活动减少，巴比妥类催眠药的催眠作用增强，对抗苯丙胺所致中枢神经系统过度兴奋，并能延长士的宁所致强直性惊厥的死亡时间，减少烟碱引起的强直性惊厥及死亡的发生率，还可抑制小鼠听源性惊厥等。桂枝提取液对毛果芸香碱所致癫痫模型离体海马脑片的群峰电位有明显降低作用，提示其对中枢神经系统的突触传递过程有明显抑制效应，是其抗癫痫作用机制之一。

3. 抗炎、抗过敏作用 桂枝有明显的抗炎、抗过敏作用，其挥发油可以抑制 TNF－α、IL－6、COX－2 和 NF－κB p65 的表达（Chunlian Li，2021）。桂枝煎剂、总挥发油等对角叉菜胶、蛋清、二甲苯等所致急性炎症有明显的抑制作用，且能明显抑制小鼠腹腔毛细血管通透性亢进，桂枝总挥发油尚能抑制小鼠棉球肉芽肿。桂枝按 50 mg/kg 给豚鼠灌服，每天 1 次，连续 4 周，对柯萨氏病毒诱导的多发性肌炎有良好的治疗作用。桂枝挥发油对 LPS 所致急性肺损伤模型大鼠肺组织中高度活化的核因子 KB 信号通路及异常升高的蛋白酪氨酸激酶（PTK）有显著的抑制或拮抗作用，提示核因子 KB 信号通路是桂枝挥发油抗炎作用的主要靶点之一，其对 PTK 活性的抑制可能是抗炎机制之一。桂枝尚能抑制 IgE 所致肥大细胞脱颗粒释放介质，还能抑制补体活性；总挥发油对过敏性炎症模型大鼠佐剂性关节炎有抑制作用，表明桂枝有抗过敏作用。以透明质酸酶抑制率为指标考察桂枝中的抗过敏活性成分，发现缩合类单宁为其强抗过敏组分。桂皮醛可以通过抑制 JAK2/STAT3 的磷酸化，改善小鼠的关节炎（武豪杰，2021）。

4. 抗菌作用 体外实验证明，桂枝浸出液滤纸片对金黄色葡萄球菌、白色葡萄球菌、铜绿假单胞菌、变形杆菌、甲型链球菌和乙型链球菌具有明显抑制作用；桂枝蒸馏液对大肠杆菌、白色念珠菌、金黄色葡萄球菌和枯草芽孢杆菌有抑制杀灭作用；桂枝挥发油对金黄色葡萄球菌、大肠杆菌在一定浓度范围时有良好的杀菌效果。

5. 对心血管的作用 桂枝水煎剂（20 g/kg）能使小鼠心肌营养血流量增加，且有扩张外周血管作用；桂枝水煎液加芳香水混合液（20 g/kg）给小鼠灌服对寒凝血瘀所致的肛温下降及微循环障碍有明显的改善作用。桂枝蒸馏液（1.5 mL/L）能降低大鼠离体心脏再灌注室颤发生率，改善心功能，如能恢复心率，提高心室最大收缩速率及左室功能指数，同时伴心肌摄氧量增加。其作用机制为抑制心肌缺血再灌注时冠脉流量的减少及心肌细胞乳酸脱氢酶和磷酸肌酸激酶的释放，减少心肌脂质过氧化产物的生成，提高超氧化物歧化酶的活力；桂枝还能增加冠脉流量（沈映君，2012）。

6. 其他作用 桂枝水煎液具有一定的利尿作用，可明显降低良性前列腺增生模型大鼠的前列腺湿重和前列腺指数，并明显改善前列腺组织病理表现。桂枝的桂皮醛成分有抗肿瘤作用，如给小鼠注射（50 μg/mL），对 SV40 病毒所致肿瘤的抑制率为 100%。桂皮醛能促进胃肠蠕动，增加消化功能，有芳香健胃之效。桂皮酸还有利胆作用；此外，桂皮醛在体外对血小板聚集有抑制作用，并有抗凝血酶作用。桂皮醛可显著降低 db/db 小鼠空腹血糖含量，改善 db/db 小鼠胰岛形态及功能（王丹，2019）。

［临床应用］

1. 感冒 用于风寒感冒、发热恶寒患畜，有汗或无汗者皆可应用。表实无汗者，常与麻黄配伍，方如麻黄汤；表虚有汗者，多与芍药、生姜、大枣等配伍，方如桂枝汤。桂枝挥发油有抗甲型流感病毒作用。

2. 痹症　适用于寒湿性痹痛，常与羌活、附子、防风等配伍，如桂枝附子汤。

3. 水肿　适用于脾阳肾虚、水湿内停的水肿，常与茯苓、泽泻等配伍，如五苓散（胡元亮，2013）。

4. 结核病　桂枝与桑白皮、乌梅、茯苓、大黄、当归、柴胡、木香和莪术乙醇提取物，可以与吡嗪酰胺联合有抗牛分枝杆菌作用（谢宗会，2020）。

［注意事项］

辛温偏燥，下药须慎，尤其是暑热天时，牲畜燥火大，对各种急性病证不宜使用。

［不良反应］

桂皮醛对小鼠静脉注射、腹腔注射、灌胃的 LD_{50} 分别为 132 mg/kg、610 mg/kg、2 225 mg/kg。小剂量的桂皮醛使动物运动抑制；大剂量则引起强烈痉挛，运动失调，呼吸急促，最终麻痹死亡（陈正伦，1995）。

荆　芥

本品为唇形科植物荆芥（*Schizonepeta tenuifolia* Briq.）的干燥地上部分。主产于新疆、甘肃、陕西、河南、山西、山东、湖北、贵州、四川及云南等地。

荆芥性微温，味辛。归肺、肝经。具有解表散风、透疹、消疮的功效。主治风热、风寒表证、出血等。

［主要成分］

主要有挥发油类、单萜类、单萜苷类、黄酮类、酚酸类等成分，其中挥发油含量丰富，油中主要成分为右旋薄荷酮（d-menthone）、胡薄荷酮、异薄荷酮、异胡薄荷酮、柠檬烯等成分。但应注意，由于荆芥分布较广泛，因产地、生长环境、采收时间等的差异，其所含挥发油的种类和含量不尽相同。

［药理作用］

1. 对中枢神经系统的作用

（1）解热作用　荆芥煎剂或浸剂（生药）2 g/kg 剂量灌胃给药，对伤寒混合菌苗引起的发热家兔有微弱解热作用；荆芥挥发油 0.5 mL/kg 灌胃，对正常大鼠有降低体温作用；薄荷酮、胡薄荷酮灌胃给皮下注射内毒素的发热大鼠，未见明显退热作用。荆芥内酯聚乳酸乙醇酸纳米粒（SCH-PLGA-NP）对酵母致热大鼠具有明显的解热作用。

（2）镇静作用　荆芥油 0.5 mL/kg 灌胃家兔，能使家兔自发活动减少，四肢肌肉略有松弛。

（3）镇痛作用　小鼠热板法实验表明，荆芥水煎剂 15 g/kg 有显著镇痛作用。小鼠热板法与扭体法实验表明，荆芥酯类提取物灌胃给药、SCH-PLGA-NP 静脉注射给药具有明显的镇痛作用（沈映君，2012）。

2. 对呼吸系统的作用

（1）平喘作用　荆芥挥发油能直接松弛豚鼠离体气管平滑肌，并对抗乙酰胆碱或组胺引起的气管平滑肌收缩；荆芥挥发油能抑制过敏豚鼠肺组织和气管平滑肌释放慢反应物质（SRS－A），并能对抗 SRS－A 引起的豚鼠回肠收缩作用；荆芥挥发油以喷雾或灌胃方式给药均能对抗乙酰胆碱与组胺混合液所致的豚鼠哮喘反应，延长引喘潜伏期，减少抽搐动物数。

（2）祛痰作用　小鼠酚红试验表明，荆芥挥发油 0.5 mL/kg 灌胃或腹腔给药具有祛痰作用。

3. 对免疫功能的作用　荆芥挥发油对致敏豚鼠平滑肌的 SRS－A 释放有抑制作用，对大鼠被动皮肤过敏反应（PCA）亦有一定抑制作用。荆芥穗有明显抗补体作用，从中分离的单体成分薄荷酮、长叶薄荷酮、橄榄内酯、橙皮素、香叶素及毛地黄黄酮作用却较弱。

4. 抗炎作用　荆芥水煎剂（生药）20 g/kg 能明显抑制巴豆油混合致炎剂引起的耳部炎症；荆芥挥发油对二甲苯致小鼠耳廓肿胀、醋酸致小鼠腹腔毛细血管通透性增高、花生四烯酸致大鼠足肿胀、角叉菜胶致大鼠急性胸膜炎和小鼠棉球肉芽肿等多种炎症模型均表现出良好抗炎作用，对流感病毒性肺炎也表现出治疗作用。其作用机制与拮抗白三烯活性、抑制 PLA2 活性、减少前列腺素释放、抑制致炎细胞因子 IL－1 和 TNF 合成（Bor－Sen Wang，2012)、抑制 TLR 信号转导通路的重要接头分子 Myd88 和关键分子 TRAF6 的蛋白表达及抗氧化作用有关。

5. 抗菌、抗病毒作用　荆芥煎剂体外对金黄色葡萄球菌和白喉杆菌有较强抗菌作用，对炭疽杆菌、乙型链球菌、伤寒杆菌等多种致病菌亦有一定抑制作用。荆芥醇提物、荆芥穗总提取物、荆芥油对甲型流感病毒 A/PR/8/34（H1N1）感染小鼠具有保护作用，能降低死亡率、减轻肺指数，荆芥穗的水提物作用不明显。荆芥挥发油对流感病毒 A1 型（H1N1）鼠肺适应株 FM1 感染所致的病毒性肺炎小鼠表现出保护作用，作用机制与抑制 TLR 信号转导通路的重要接头分子 Myd88 和关键分子 TRAF6 的蛋白表达有关。荆芥可以抑制肠病毒 71 诱导的 ROS、p38 激酶活化，从而发挥抗病毒效果（Sin－Guang Chen，2017)。

6. 对血液功能的作用

（1）影响血小板聚集　荆芥炭脂溶性提取物（StE）体内用药对 ADP 诱导的血小板聚集作用不明显，体外用药 0.625 mg/mL 时产生强烈促进作用，高于 5.0 mg/mL 剂量时则呈抑制作用；StE 对实验性血栓形成影响不显著，高剂量似有抑制倾向，提示 StE 对血液系统表现出双向性，既有较强止血作用，又在高剂量时出现活血倾向。

（2）对血液流变学的作用　荆芥炭脂溶性提取物 StE 显著提高实验大鼠的全血比黏度（高切、低切）和血细胞比容，对血浆黏度和 RBC 电泳时间影响不明显，但动物红细胞数有上升趋势。荆芥内酯类提取物也能显著降低大鼠全血比黏度和红细胞的聚集性，表现出改善血液流变学的作用。

（3）止血　荆芥炭混悬剂和荆芥炭挥发油具有止血作用。荆芥炭止血作用的活性部位主要为脂溶性提取物（StE），一定剂量内其对数剂量与小鼠凝血和出血时间的倒数呈显著性线性关系；小鼠、家兔口服 StE 后止血作用明显，维持 6～12 h。其止血作用是通过体内促凝血及抑制纤溶活性的双重途径达到，且高剂量时不引起 DIC。

［临床应用］

1. 感冒　与防风、羌活等配伍治外感风寒，方如《医学正传》中的荆防败毒散。如与薄荷、银花、连翘等配伍可治风热表证，方如《温病条辨》中的银翘散。荆芥挥发油具有较好的抗流感病毒的效果。

2. 出血　用于便血、尿血、衄血、子宫出血等，荆芥碳常可配合其他止血药同用。方如《本事方》中的槐花散主治肠风下血，症见血色鲜红或粪中带血。

3. 风疹瘙痒　常与防风、苦参相配使用，方如《元亨疗马集》中的防风汤，水煎洗患处（陈正伦，1995）。荆芥在寄生虫性、真菌性皮肤病的治疗方面也表现不错。据统计，治疗犬螨虫性皮肤病组方用药使用频次，荆芥排名第三（陈欢，2022）。

［不良反应］

荆芥油小鼠灌胃的 LD_{50} 为（1.1±0.3）mL/kg；荆芥炭脂溶性提取物小鼠腹腔注射的 LD_{50} 为 1.967 g/kg。家兔荆芥油灌胃 0.15 mL/kg，每日 1 次，连续 20 天，主要脏器功能形态无明显毒性反应。

防　风

本品为伞形科多年生草本植物防风［*Saposhnikovia divaficata*（Turcz.）Schischk］的根。主产于东北、华北，以及陕西、甘肃、宁夏、山东等地。

防风性微温，味辛、甘。归膀胱、肝、脾经。具有解表祛风，胜湿止痛，祛风止痉的功效。主治表证、风湿证、风疹瘙痒、破伤风。处方名：防风、青防风、炒防风、防风炭。

［主要成分］

根含挥发油 0.3%～0.6%，主要成分为辛醛（octanal）、β-没药烯（β-bisabolene）、壬醛（nonanal）、T-辛烯-4-醇（T-octen.4-ol.）等；此外，还含有色原酮类、聚乙炔类、多糖类、有机酸类和香豆素类化合物等。

［药理作用］

1. 解热作用　防风 95%乙醇提取物大鼠腹腔注射给药，能显著降低伤寒、副伤寒甲乙三联菌苗致热大鼠体温。防风水煎液对酵母、蛋白胨及伤寒、副伤寒甲菌苗精制破伤风类毒素混合制剂致热大鼠有解热作用。防风水煎液对三联疫苗（百日咳、白喉、破伤风疫苗）致热家兔，在 1～2 h 内解热作用明显。防风中的阿米醇苷对酵母致热大鼠有一定退热作用，肌内注射给药后，0.5 h 开始起效，退热作用可持续 3～4 h。

2. 镇静、镇痛作用　防风水煎剂给小鼠灌胃，明显减少小鼠自发活动次数，并与阈下催眠剂量戊巴比妥钠有协同作用。防风的甲醇提取物可以延长戊巴比妥催眠小鼠的睡眠时间。电刺激鼠尾法表明，小鼠灌服 50%防风乙醇浸出液，能明显提高痛阈。小鼠醋酸扭体法、热板法、鼠尾温浴法实验都表明防风镇痛作用显著，纳洛酮能拮抗其镇痛作用，表明其镇痛部位主要在中枢。小鼠醋酸扭体法实验亦表明防风挥发油有良好镇痛效果。防风中的升麻素苷和 5-O-甲基维斯阿米醇苷对腹膜化学刺激及温度刺激引起的小鼠疼痛均有明显的抑制作用，并能显著提高小鼠的痛阈值（窦红霞，2009）。

3. 抑菌、抗病毒作用 防风对金黄色葡萄球菌、乙型溶血性链球菌、肺炎双球菌及两种霉菌（产黄青霉、杂色曲霉）等均有抑制作用。防风水煎液及其复方有一定抑制流感病毒A3作用。

4. 对免疫功能的影响 防风水煎剂按40 g/kg小鼠灌胃，连续4天，提高腹腔巨噬细胞的吞噬功能；防风水提液显著提高氢化可的松致免疫功能低下小鼠的巨噬细胞吞噬百分率和吞噬指数，脾脏指数亦明显增加。防风多糖能提高NK细胞的杀伤活性，促进IL-2对NK细胞的激活，提高NK细胞活性，在一定范围内显著增加IL-2诱导的LAK细胞杀伤活性，增强脾淋巴细胞的杀伤活性。

5. 抗过敏作用 防风对豚鼠离体气管、回肠平滑肌过敏性收缩以及2,4-二硝基氯苯所致的豚鼠迟发型超敏反应均有明显抑制作用。对卵白蛋白所致的豚鼠过敏性休克有一定的保护作用。对弗氏完全佐剂所致的大鼠关节炎肿胀、小鼠被动异种皮肤过敏反应有明显抑制作用。防风对药物所致小鼠皮肤瘙痒、组胺所致豚鼠局部瘙痒、组胺引起的毛细血管通透性增加及二甲基亚砜所致豚鼠耳肿胀均有抑制作用。

6. 抗炎作用 防风水煎剂和醇浸剂能抑制大鼠足肿与巴豆油所致小鼠耳廓肿胀，亦能降低小鼠腹腔毛细血管通透性。防风与荆芥合提挥发油对二甲苯所致小鼠耳廓肿胀、醋酸所致小鼠腹腔毛细血管通透性增高、角叉菜胶所致大鼠胸膜炎、棉球肉芽肿均有抑制作用，其抗炎作用对正常小鼠和去肾上腺小鼠都很明显，且能降低炎症模型中PGE_2的含量，表明其抗炎作用不依赖于肾上腺轴，而与抑制炎症介质的产生有关。防风中的升麻素苷和5-O-甲基维斯阿米醇苷均能明显抑制二甲苯引起的皮肤肿胀，降低炎症反应（沈映君，2012；Min Yang，2020）。

7. 抗惊厥作用 对小鼠皮下注射戊四氮或士的宁所致的惊厥，防风能使动物惊厥发生潜伏期延长，但对电惊厥无对抗作用。

8. 降压作用 防风草内酯对麻醉犬有降压作用，并能抑制离体蛙心收缩，对血管紧张素转化酶（ACE）有较弱抑制作用。

9. 抑制胃肠运动 防风能抑制小鼠小肠推进运动，在5～15 g/kg剂量范围内呈现剂量依赖性，但在15～25 g/kg剂量范围内则表现出随剂量的增大作用减弱；防风对胃排空也有不同程度的抑制作用，与剂量相关性的表现，恰好与对小肠运动的影响相反。

［临床应用］

1. 感冒 用于外感风寒感冒，鼻流清涕，发热无汗表实证，常与荆芥、羌活、独活等配伍。方如《医学正传》中的荆防败毒散；用于风热感冒，鼻流浊涕，咽喉肿痛者，常与银花、连翘、荆芥等配伍。方如《温病条辨》中的银翘散。银翘散复方中药制剂（金银花、黄芩、连翘、薄荷、荆芥、淡豆豉、牛蒡子、玄参、地黄组成）对猪高热病治愈率可达45%。

2. 痹症 适用于风寒湿邪侵袭筋骨所致全身或局部肢体风湿痹症，常与羌活、独活、秦艽等配伍。《元亨疗马集》中主治马风湿在表，方如防风散。

3. 破伤风 与天南星、僵蚕、全蝎等同用。方如《元亨疗马集》中千金散（陈正伦，1995）。

4. 马脱肛 方如《元亨疗马集》中防风散：防风、荆芥、花椒、白矾、苍术、艾叶，水二升，共煎三五沸，去渣。带热洗净血脓，先用剪刀去尽风皮膜，纳以中指入肛，取出硬粪一粒，再洗去血，送入肛头，干履底火热熨之。

［注意事项］

对阴虚火旺及血虚发痉患畜忌用。

［不良反应］

防风煎剂小鼠灌胃的 LD_{50} 为（213.8±25.4）g/kg；防风水提取液腹腔注射的 LD_{50} 为（112.8±8.06）g/kg；防风醇浸剂腹腔注射的 LD_{50} 为（11.80±1.90）g/kg，皮下注射 LD_{50} 为（59.04±12.75）g/kg。

细　　辛

本品为马兜铃科植物北细辛［*Asarum heterotropoides* Fr. Schmidt var. *mand - shuricum*（Maxim.）Kitag.］、汉城细辛［*Asarum sieboldii* Miq. var. *seoulense* Nakai］或华细辛［*Asarum sieboldii* Miq.］的带根干燥全草。前两种均称“辽细辛”。主产于东北、华北，以及陕西、甘肃、宁夏、山东等地。

细辛性温，味辛。有小毒。归肺、肾、心经。具有祛风散寒、止痛、通窍温肺化痰的功效。主治外感风寒、肺寒咳嗽、风湿痹痛。

［主要成分］

主要有效成分为挥发油，不同产地、不同品种、不同季节采收的细辛挥发油含量差异较大，全草2.39%～3.80%、叶0.65%、根茎与根4.06%，主要成分有甲基丁香油酚（methyleuagenol）、黄樟醚（safrole，约占8%）、细辛醚（asaricin，约占2%）及优香芹酮等多种化合物；此外，细辛尚含有去甲乌药碱、多种氨基酸和无机元素。

［药理作用］

1. 镇静作用 1.5%华细辛挥发油给小鼠（0.2 mL/kg）及豚鼠（2 mL/kg）腹腔注射，能使动物活动减少，安静，行走稍有不稳，小鼠出现翻正反射消失，呼吸轻度减慢。辽细辛挥发油0.06 mL/kg给小鼠腹腔注射，可产生明显镇静作用，翻正反射消失，随剂量加大，中枢抑制作用加强，0.8～1.2 mL/kg可致呼吸停止而死亡。辽细辛挥发油0.045～0.24 mL/kg对阈下剂量的戊巴比妥钠和水合氯醛均有协同催眠作用。小鼠腹腔注射华细辛挥发油亦可明显延长硫喷妥钠的睡眠时间（沈映君，2012）。

2. 解热作用 辽细辛挥发油灌胃对因温热刺激、伤寒及副伤寒甲乙混合菌苗和四氢 β-苯胺所致人工发热家兔均有解热作用；辽细辛挥发油0.12 mL/kg与0.24 mL/kg腹腔注射1 h后，对啤酒酵母引起的大鼠人工发热呈现出解热作用，并可维持5 h以上，同样剂量腹腔注射后30 min可降低正常大鼠肛温。1.5%华细辛挥发油1.2 mL/kg腹腔注射对由伤寒菌苗致热家兔有明显的解热作用，2 mL/kg腹腔注射对正常豚鼠亦有一定降温作用（梁学清等，2011）。

3. 镇痛作用 辽细辛挥发油镇痛作用较强，0.5 mL/kg灌胃对电刺激家兔齿髓神经所致的疼痛有抑制作用，镇痛强度与安替比林0.5 g/kg相当。小鼠醋酸扭体法和热板法实验表明，辽细辛挥发油0.06～0.51 mL/kg腹腔注射有明显镇痛作用。

4. 抗炎作用 辽细辛挥发油抗炎作用明显，腹腔注射 0.12～0.96 mL/kg 对角叉菜胶引起的大鼠足肿胀有明显抑制作用，此作用在切除肾上腺的大鼠亦能看到，与醋酸可的松 40 mg/kg 相似。辽细辛挥发油明显减少炎症组织和渗出液中白细胞含量，但对 5－HT 和 PGE_2 含量影响不明显，对组胺、PGE_2 引起的足肿胀无抑制作用，但能对抗组胺或 PGE_2 引起的毛细血管通透性增高，对 5－HT 引起的毛细血管通透性增加无明显影响，表明辽细辛挥发油对抗组胺和 PGE_2 的致炎作用与对抗两种介质增加毛细血管通透性有关。辽细辛挥发油亦能抑制大鼠白细胞游走反应及棉球肉芽组织增生，并使胸腺萎缩，降低正常大鼠肾上腺内维生素 C 含量，其对切除肾上腺大鼠的足肿胀抑制程度比正常鼠低，提示细辛挥发油有 ACTH 样作用，其抗炎作用原理除增强肾上腺皮质功能外，抑制炎症介质的释放、毛细血管通透性的升高、白细胞游走及结缔组织增生亦为其作用环节。华细辛水提液对大鼠甲醛性及蛋清性关节炎有一定抑制作用。

5. 抑菌作用 细辛醇浸剂、挥发油体外对革兰氏阳性菌、枯草杆菌及伤寒杆菌有抑制作用；煎剂对结核杆菌和伤寒杆菌亦有抑制作用。细辛挥发油中的黄樟醚体外有较强的抗真菌作用。

6. 影响心血管系统 细辛醇提液 0.1～0.4 mL/kg 使犬左心室内压（LVP）、平均动脉压（MAP）升高，心排出量增加，心率加快。细辛中所含去甲乌药碱对麻醉犬具有同样作用，使用肾上腺素 B 受体阻断剂后其改善泵血功能和心肌收缩性能的作用绝大部分被取消，但仍显著增加心排出量。辽细辛挥发油对蟾蜍内脏血管灌流量显示有增加作用。细辛醇提液 10 mL/kg 给小鼠腹腔注射，使耳廓微循环减慢或停止，血管轻度收缩。

7. 抗组胺及抗变态反应 细辛中分离出的甲基丁香油酚、N－异丁基十二碳四烯酰胺和去甲乌药碱明显抑制组胺所致离体豚鼠回肠的收缩。细辛水和乙醇提取物能使速发型变态反应总过敏介质释放量减少 40%以上。细辛水煎液 50 mg/kg 可明显降低分离的豚鼠外周血中淋巴细胞 α－醋酸萘酯酶百分率；小鼠口服细辛水浸出液后免疫功能明显受到抑制，抑制作用与其影响实验小鼠体淋巴细胞亚群的分布和 β－内啡肽的产生有关。

8. 抗衰老作用 细辛可提高超氧化物歧化酶（SOD）的活性和减弱脂质过氧化，避免有害物质对细胞结构和功能的破坏，增强机体对自由基的清除能力，具有明显的抗氧化作用。细辛、杜仲及其合剂能够提高一氧化氮合酶（NOS）、过氧化氢酶（CAT）活性，增加血浆一氧化氮（NO）含量、降低肝组织丙二醛（MDA）含量，且能改善衰老小鼠的生精功能，明显抑制衰老小鼠血清睾酮含量的下降，具有延缓衰老的作用（王晓丽等，2013）。

［临床应用］

1. 感冒 适用风寒感冒兼有阳虚者，常与麻黄、附子等配伍。方如《伤寒论》中的麻黄附子细辛汤。

2. 咳喘 适用肺寒咳嗽、痰多清稀者，常与干姜、五味子、桂枝、麻黄等配伍。方如《伤寒论》中的小青龙汤。戴富春等运用小青龙汤加杏仁 40 g、元参 30 g、射干 30 g、冬花 20 g、桔梗 30 g，共研细末，开水冲药，候温灌服，治疗红骡效果显著。

3. 风湿痹痛 适用于风湿所致的筋骨疼痛等，常与羌活、独活、防风等配伍。方如《备急千金药方》中的独活寄生汤。

4. 脑颡 常与辛夷、酒知母、酒黄柏、苍耳子等配伍。

［注意事项］

本品辛烈，用量不宜过大。细辛对肾、肺、心等有一定毒性，心、肾功能不全者慎用。不宜与藜芦同用。

［不良反应］

小鼠灌胃与静脉注射 LD_{50} 分别为 123.75 mg/10 g 及 7.78 mg/10 g。大剂量可使蛙、小鼠、兔等动物初呈兴奋现象，继即陷入麻痹状态，逐渐使随意运动与呼吸运动减退，反射消失。最后呼吸麻痹而死亡，呼吸先于心跳而停止，对心肌、平滑肌有直接抑制作用（陈正伦，1995）。

紫 苏

本品为唇形科植物紫苏［*Perilla frutescens*（L.）Britt］的干燥叶（或带嫩枝）。我国华北、华中、华南、西南及台湾省均有野生种和栽培种。

紫苏性温，味辛。归肺、脾经。具有解表散寒，行气和胃的功效。主治风寒感冒，头痛，咳嗽，胸腹胀满。

［主要成分］

主要含挥发油（紫苏醛），尚含有黄酮类化合物（芹菜苷元、木犀草素等）及糖类、鞣质类、β-谷甾醇等。

［药理作用］

1. 解热作用 家兔灌胃紫苏煎剂或浸剂（生药）2 g/kg，对伤寒混合菌苗所致发热有微弱解热作用。紫苏水提物（生药）25 g/kg 和紫苏挥发油 3.56 g/kg 对伤寒副伤寒菌苗所致热家兔均有明显解热作用。

2. 镇静作用 紫苏叶水提物 4 g/kg 或紫苏醛 100 mg/kg，能显著延长环己巴比妥诱导大鼠的睡眠时间。水提物灌胃亦能减少动物运动量，其镇静有效成分初步认为是紫苏醛、豆甾醇组分及莳萝油脑（dillapiol），其中莳萝油脑的 ED_{50} 为 1.57 mg/kg。

3. 抑菌作用 对红色毛癣菌、石膏样小孢子癣菌、絮状表皮癣菌有较好的抑菌效果。紫苏的石油醚和醋酸乙酯提取物对金黄色葡萄球菌和大肠杆菌的生长具有明显抑制作用，正丁醇提取物则无抗菌活性。进一步分离得到的 3,3,-二乙氧基迷迭香酸、黄示灵、咖啡酸、迷迭香酸 4 种化合物均具有抑制金黄色葡萄球菌和大肠杆菌生长的活性，其中迷迭香酸和新化合物 3,3,-二乙氧基迷迭香酸的抗菌活性较强。紫苏醛和柠檬醛为其抗真菌（皮肤丝状菌）的主要活性成分，两者有协同作用。紫苏黄酮提取物也表现出对金黄色葡萄球菌、大肠杆菌、霉菌等的抑制作用（刘思佳等，2021）。

4. 镇咳、平喘作用 紫苏能减少支气管分泌物，缓解支气管痉挛。其化学成分石竹烯具松弛气管、镇咳祛痰作用，另一成分沉香醇具有平喘作用。紫苏脂肪油 5 g/kg、2.5 g/kg 灌胃给药，能抑制氨水引起的小鼠咳嗽反应，腹腔注射给豚鼠能对抗 2%乙酰胆碱与 0.1%磷酸组胺等量混合液引起的哮喘反应（沈映君，2012）。

5. 抗炎、抗过敏作用 紫苏水提液能通过抑制肿瘤坏死因子生成发挥抗炎作用，且可以减轻巴豆醇乙酯和花生四烯酸引起的炎症反应。紫苏提取物粗品的大孔树脂70%乙醇洗脱液冷冻干燥品能显著抑制透明质酸酶活性，显著降低小鼠皮肤蓝斑的吸光值，明显抑制巴豆油所致小鼠耳廓肿胀，显著拮抗组胺所致的大鼠皮肤毛细血管通透性增加。紫苏糖肽能剂量依赖性抑制致敏肥大细胞组胺的释放。紫苏精油能下调炎症因子（IL1、IL6）及前炎症因子（IL17、IL22、IL23）(Yani Xu，2022)。

6. 对免疫功能的作用 紫苏叶乙醚提取物可增强脾细胞免疫功能，乙醇提取物和紫苏醛有免疫抑制作用。紫苏叶热水提取物 25 mg/kg 对 ConA 和化合物 48/80 诱导的大鼠肥大细胞组胺释放有中度抑制作用。紫苏叶提取物具有干扰素诱导活性。紫苏叶汁可使 MDP 及 OK432 处理过小鼠血中的肿瘤坏死因子（TNF）水平明显下降。

7. 兴奋胃肠运动 紫苏能促进消化液分泌，增强胃肠蠕动。紫苏酮是促进小鼠小肠运动的有效成分，其口服的 ED_{50} 为 11 mg/kg。紫苏叶提取液能明显减轻大鼠吸入 CCl_4 引起的小肠黏膜绒毛的损伤程度，对肠黏膜有保护作用。在饲料中添加紫苏叶后，大鲵胃肠中重要消化酶活性、胃酸分泌能力和肠道吸收能力均显著提高（徐杭忠等，2021）。

8. 抗氧化作用 炒紫苏子的水提物能显著清除超氧阴离子、负氧离子和降低丙二醛水平，且作用优于维生素 C 等阳性对照物；炒紫苏子醇提物能显著降低小鼠丙二醛水平，提高超氧化物歧化酶（SOD）活性，在低剂量（134 mg/kg）时还能显著降低单胺氧化酶水平；而高剂量（213 mg/kg）水提物则能显著降低丙二醛、单胺氧化酶水平，提高 SOD 活性；低剂量（106 mg/kg）水提物只能降低丙二醛、单胺氧化酶水平。紫苏油可在一定程度上拮抗 D-半乳糖腹腔注射对小鼠的损伤，随着紫苏油剂量的提高，丙二醛含量先降后升，谷胱甘肽含量先升后降，提示过量紫苏油的摄入可能对机体的氧化还原能力具有负面影响（董玲婉等，2008）。紫苏叶应用于大鲵饲料中，能显著提高大鲵肝脏与肠道的抗氧化能力（徐杭忠等，2021）。

9. 调脂保肝作用 紫苏子能明显降低高血脂症大鼠 TC 和 TG 含量，但对 HDL-C 的水平无显著影响，还发现紫苏子对 CCl_4 所致化学性肝损伤有辅助保护作用。紫苏子油可预防大鼠脂代谢紊乱，改善兔试验性高脂血症的活性。富含 α-亚麻酸的苏子油能够改变大鼠脑和肝脏中的脂肪酸含量，可用于调节血脂（董玲婉等，2008）。

10. 抗动脉粥样硬化和心脏保护作用 紫苏子油性提取物可以改善抑制 ApoE-/-小鼠动脉斑块形成、维持正常心脏结构和功能，其可能通过调节 PPARα/PCG-1α/NRF-1 轴增加 ATP 和肌丝蛋白磷酸化、改善能量代谢、发挥心脏保护的作用（郑双等，2019）。

［临床应用］

1. 风寒表证 适用于发热恶寒、咳嗽、无汗的风寒表证。常配伍杏仁、前胡、桔梗等。方如《温辨条辨》中的杏苏散。

2. 脾胃气滞 用于肚腹胀满、食欲不振等证。常与藿香、半夏、陈皮等同用。

3. 胎动不安 常配伍砂仁、陈皮和木香等。

白 芷

本品为伞形科多年生草本植物白芷［*Angelica dahurica*（Fisch. ex Hoffm.）Benth. et hook. f.] 或杭白芷 [*A. dahurica* (Fisch. ex Hoffm) Benth. Et hook. f. var. *formosana* (Boiss) Shan et Yuan] 的干燥根。主产于四川、浙江以及东北等地。

白芷性温，味辛。归肺、胃经。具有散风祛湿，消肿排脓，通窍止痛的功效。主治风寒感冒、风湿症，疮黄肿痛、脑颡鼻脓。

[主要成分]

含香豆素及其衍生物、挥发油两大类成分，如欧前胡素、异欧前胡素、氧化前胡素、白当归素、比克白芷素、壬基环丙烷、α-蒎烯、月桂酸乙酯、十四烷醇等（赵爱红，2012；何开家，2008）。

[药理作用]

1. 解热、镇痛、抗炎作用 0.5%浓度的总香豆素溶液高剂量（0.15 g/kg）、低剂量（0.05 g/kg）均有明显的镇痛作用，能明显减少冰醋酸所致的小鼠扭体反应次数，高剂量组还能明显延缓小鼠扭体反应的出现。腹腔注射给药，高、低剂量对小鼠醋酸扭体反应的抑制率分别为57.8%、40.0%。小鼠热板法试验表明，白芷总香豆素有明显的镇痛作用，在30 min内作用最强。白芷香豆素高剂量（120 mg/kg）、中剂量（60 mg/kg）均能明显减轻巴豆油所致小鼠右耳的红、肿等症状，显著抑制巴豆油所致的小鼠耳肿胀，高剂量组的抑制率可达72.8%，作用强度与剂量呈正相关；白芷香豆素高中剂量均能明显抑制醋酸所致小鼠腹腔毛细血管通透性的增高，高剂量组的抑制率可达42.2%，作用强度与剂量呈正相关；白芷香豆素高中剂量均能明显减轻角叉菜胶所致小鼠右后足的红、肿等症状，显著抑制角叉菜胶所致的小鼠足肿胀，高剂量组的抑制率可达72.1%，作用强度与剂量呈正相关。对川白芷的醚提液、醇提液、水提液和水煎液药理研究发现，川白芷几种制剂其抗炎镇痛的有效部位是脂溶性部位。通过小鼠实验表明，白芷总挥发油对物理、化学性刺激具有明显的镇痛作用，且无身体依赖性，对其自主活动有显著的抑制效应。因此，白芷的镇痛效果确切，显著的镇静效应可能是其发挥镇痛作用的重要机制之一。最新研究表明，白芷总挥发油对疼痛模型大鼠的β-内啡肽及其前体物质前阿黑皮素有明显的升高作用，其镇痛机制是通过促进具有镇痛作用的β-内啡肽前体物质前阿黑皮素信使核糖核酸（POMC mRNA）的表达而实现（郑辉等，2009）。

2. 抗病原微生物作用 川白芷水煎剂体外对多种细菌，如大肠杆菌、痢疾杆菌、变形杆菌、伤寒杆菌、铜绿假单胞菌、霍乱杆菌、人型结核杆菌和金黄色葡萄球菌等均有抑制作用。川白芷0.5%NaOH提取物对大肠杆菌的抑制作用最为明显，其MIC为6.25 g/L；对沙门菌、无乳链球菌、金黄色葡萄球菌的MIC分别为12.50 g/L、25.00 g/L、25.00 g/L。70%乙醇提取液能抑制克鲁斯氏锥虫表边毛体的形成，水浸剂对奥杜盎氏小芽孢癣菌等致病真菌也有一定抑制作用。

3. 抗肿瘤作用 异欧前胡素及白当归素对人体癌HeLa细胞有细胞毒活性，其LD_{50}均为100 μg/mL。白芷中的东莨菪素体外对鼻咽癌9KB细胞的ED_{50}为100 μg/mL。白芷能强烈抑制12-O-14烷酰佛波醇-13-醋酸酯（TPA肿瘤促进剂）促进掺入培养细胞磷脂中的作用，有效成分为欧前胡素及异欧前胡素。经研究发现，白芷中含有的欧前胡素、异欧前胡素均能抑制小鼠腹腔巨噬细胞释放肿瘤坏死因子（TNF），其抑制作用在10^{-6}～10^{-4} moL/L，浓度范围内呈剂量依赖性。

4. 对中枢神经的作用 白芷具有中枢兴奋作用，白芷毒素在小剂量时能兴奋延脑呼吸中枢、血管运动中枢、迷走中枢和脊髓，使呼吸兴奋、血压升高、心率减慢，并引起流涎；大剂量时可致间歇性惊厥，继而导致麻痹。

（1）抗惊厥 白芷总香豆素类成分具有抗惊厥作用，可明显延长戊四氮和 3－巯基丙酸所致模型小鼠的惊厥潜伏期，缩短惊厥持续时间，从而降低小鼠的死亡率；白芷的二氯甲烷萃取物在中、大剂量条件下也具有抗惊厥的作用。

（2）缓解偏头痛 白芷能改善偏头痛动物行为学表现，减少 NO 分泌，增加 5－羟色胺（5－HT）含量，降低降钙素基因相关肽的阳性率；另外，白芷的香豆素和挥发油具有明显的镇痛作用，其机制可能是减少模型动物脑内和血中 NO 的合成。

（3）止疼作用 白芷总挥发油、水煎液对疼痛模型大鼠有明显的镇痛作用，其中水合氧化前胡素、佛手柑内酯可能是白芷镇痛的效应物质基础；另外，白芷挥发油可促进 β－内啡肽的前体物质前阿黑皮素信使核糖核酸的表达、调整体内单胺类神经递质含量而发挥镇痛作用。

（4）抗抑郁 白芷冰片方在多个动物模型上具有显著的抗抑郁作用，其机制与增强中枢 5－HT 能神经系统功能，上调海马 BDNF/TrkB/p－CREB 神经营养通路有关（庞心悦，2021）。

5. 对心血管与血液的作用 白芷和杭白芷的醚溶性成分对体外家兔耳血管有显著扩张作用，而白芷的水溶性成分有血管收缩作用。白芷的水溶性成分灌胃给药可明显缩短小鼠凝血时间。欧芹素乙、异欧芹素乙对花生四烯酸（AA）诱导的兔血小板聚集有抑制作用，而对 ADP 及 PAF 诱导的血小板聚集无作用，认为其可能作用机制是通过抑制 AA 代谢来抑制血小板聚集，并通过对兔血小板内 $TAXB_2$ 的影响证实了这一推测，二者对 CAMP 的影响有相反趋势行为。

6. 对皮肤的影响 白芷中富含香豆精成分，其中线性呋喃香豆素为光敏活性物质，当这种物质进入机体后，一旦受到日光或紫外线照射，可使受照射处的皮肤产生日光性皮炎、红肿、色素增加、表皮增厚等症状。在长波紫外线照射下，能与细胞内 DNA 结合，抑制 DNA 复制，使迅速增殖的银屑病表皮细胞恢复正常的增殖率，从而使皮损愈合。白芷多糖（ADP）对皮肤细胞的生长存在一定的剂量关系，与空白组比较，＞50 mg/L 剂量组差异有极显著性，25 mg/L 剂量组差异有显著性，12.5 mg/L 剂量组差异无显著性，在所考察的浓度范围内，ADP 对细胞生长增殖存在一定的剂量依存关系。

7. 其他作用 研究报道显示，白芷挥发油具有良好的抗过敏作用；白芷所含呋喃香豆素类成分（如花椒毒素、欧前胡素、水合氧化前胡素等）与小鼠离体脂肪细胞共孵，能增强肾上腺素和 ACTH 所诱导的脂肪分解作用，抑制胰岛素诱导的由葡萄糖合成甘油三酯的作用，而间接发挥促进脂肪分解和抑制脂肪合成的作用。此外，白芷香豆素能够增加交感神经递质的活性，因而具有拮抗副交感神经的作用（何开家等，2008）。

［临床应用］

1. 外感风寒 常与荆芥、防风、细辛等配伍。

2. 风湿痹痛 常与独活、桑枝、秦艽等配伍。

3. 疮痈成脓难溃 常与金银花、天花粉、穿山甲、皂角刺等配伍；乳痈初起，常与瓜蒌、贝母、蒲公英等配伍。

4. 鼻窍不通 常与辛夷、苍耳子、薄荷等配伍（胡元亮，2013）。

5. 治疗偏头痛 可与吴茱萸、川芎等配伍。

［注意事项］

因白芷酊剂外用会增加皮肤对长波紫外线的敏感性，加强紫外线的作用引起日光性皮炎，应予以注意。

［不良反应］

小鼠灌胃给药，白芷挥发油的 LD_{50} 为 5.86 kg（生药）/kg，白芷水煎液的最大耐受量（800 g（生药）/kg）为人用剂量的 1 600 倍。

苍 耳 子

苍耳子系菊科苍耳属植物苍耳（*Xanthium sibiricum* Patr.）（曾用学名为 *X. strumarium* L.）的干燥成熟带总苞的果实。主产于山东、安徽、江苏、湖北等地。

苍耳子性温，味辛、苦，有小毒。归肺经。具有散风除湿，通鼻窍，解疮毒功效。主治风寒感冒、脑颡鼻脓。

［主要成分］

果实含苍耳子苷（xanthostrumarin）、苍耳醇（xanthanol）、异苍耳醇（isoxanthanol）、苍耳酯（xanthumin）以及脂肪油、生物碱、维生素 C 等；此外，尚含有梳理糖苷样物质，有毒性作用。

［药理作用］

1. 抗微生物作用 苍耳子煎剂在体外对金黄色葡萄球菌、铜绿假单胞菌、炭疽杆菌、肺炎球菌、乙型链球菌和白喉杆菌等多种微生物具有较强抑制作用；苍耳子水提物有抗真菌作用；苍耳子煎剂在体外对乙型肝炎病毒有抑制作用；苍耳子醇提液可抑制Ⅰ型单纯疱疹病毒生长。

2. 抗炎、镇痛作用 苍耳子醇提取物给小鼠灌胃能降低二甲苯引起的耳肿胀抑制率、角叉莱胶引起的足跖肿胀抑制率。生品、炒品、炒后去刺苍耳子水煎液 40 g（生药）/kg 给小鼠灌胃，对乙酸引起的扭体反应的抑制率分别为 17.0%、27.1%和 32.0%。苍耳子甲醇提取物 1 g/kg 皮下注射，抑制率为 10%～30%；苍耳子 75%醇提物 5 g（生药）/kg 和 15 g（生药）/kg 对乙酸引起的扭体反应抑制率分别为 12.5%和 6.2%，对热痛刺激引起的甩尾反应的 3 h 痛阈平均提高率分别为 19.3%和 7.6%。

3. 抗过敏作用 苍耳子水煎液灌胃能明显抑制小鼠溶血空斑形成、巨嗜细胞吞噬功能和白细胞移动，表明苍耳子对细胞免疫和体液免疫均有抑制作用。苍耳子 70%醇提物 0.2～1 g/kg（即相当于生药剂量 3.1～15.3 g/kg）灌胃，剂量依赖性地抑制大鼠同种被动皮肤过敏性炎症反应，大剂量苍耳子对抗血清所致的皮肤毛细管通透性升高的抑制率 40.4%，对化合物 48/80 所致的小鼠过敏性休克，苍耳子也剂量依赖性地降低其死亡率。

4. 抗血栓形成 苍耳子 75%醇提物 3 g（生药）/kg 和 10 g（生药）/kg 灌胃 3 天，显著延长电刺激麻醉大鼠颈动脉血栓形成时间，延长率分别为 24.0%和 46.4%，轻度延长凝血时间。不延长部分凝血活酶时间和凝血酶原时间。但在体外实验发现苍耳子水煎液0.2 g（生药）/mL 能显著延长牛凝血酶凝聚人血纤维蛋白原时间，提示其有抗凝血酶作用（赵杰，2010）。

5. 降血糖作用 苍耳水提物（CEW）中含有α-葡萄糖苷酶抑制剂（AGI）的活性成分，抑制 AG 活性的作用强于阿卡波糖，浓度在0.312 5～10.00 g/L 范围内，抑制率与浓度成正比，可提高正常小鼠的耐糖量；CEW 可降低糖尿病小鼠血糖（郭凤霞等，2013）。

6. 其他作用 苍耳子醇提物灌胃能抑制小鼠盐酸性溃疡形成。苍耳子中的苍耳亭可通过降低癌细胞能量代谢，抑制癌细胞 mTOR/4E - BP1 信号通路的活化，抑制大鼠肺癌。（孔顺，2022）。苍耳子鼻炎胶囊治疗鼻窦炎模型大鼠后上调 syndecan - 4（Sdc4）基因的表达，促进激活 RhoG，从而抑制了细胞黏附，促进细胞移行和创伤鼻黏膜组织修复过程（敬樱，2014）。

[临床应用]

1. 风寒感冒、鼻窍不通、浊涕下流、脑颡流鼻 常与薄荷、白芷、辛夷等配伍。

2. 风湿痹痛 常与威灵仙、肉桂、川芎等配伍。

3. 疮疡肿毒 苍耳子可以内服，亦可煎汤洗患部。亦可用于疥疮、湿疹瘙痒等。

4. 治疗破伤风 苍耳子 200 g，水煎剂内服可以治疗动物破伤风感染。

[注意事项]

血虚头痛不宜服用；过量服用易致中毒。

[不良反应]

苍耳子有毒。其毒性物质可以溶于水，鼠李糖是主要毒性成分。小鼠一次腹腔注射LD_{50}为0.93 g/kg，大鼠、小鼠、豚鼠及家兔对不同途径给药的中毒表现基本相同，如活动减少，对外界刺激反应迟钝，呼吸不规则，死前呼吸极度困难，伴有阵发性惊厥。

辛　夷

本品为木兰科植物望春花（*Magnolia biondii* Pamp.）、玉兰（*Magnolia denudate* Desr.）或武当玉兰（*Magnolia sprengeri* Pamp.）的干燥花蕾，又称木笔花、望春花。主产于河南、陕西等地。

辛夷性温，味辛。具有散风邪、通鼻窍之功效。主治脑颡鼻脓。

[主要成分]

辛夷花蕾中化学成分主要包括挥发油中的枸橼醛、丁香油酚、桉油精、乙酸龙脑脂、β-桉油醇、1,8-桉叶素、樟脑、β-蒎烯以及木脂体和辛夷木脂体等木脂素类成分。辛夷所含非挥发性成分种类与辛夷一致，但有效成分的含量远高于辛夷全花蕾，经典名方以辛夷仁入药（渠亚蓉，2021）。

[药理作用]

1. 抗炎作用 辛夷二氯甲烷提取物对角叉菜胶所致小鼠后足肿胀程度有明显减轻作用。辛夷挥发油能对抗小鼠腹腔毛细血管通透性增高，减轻耳肿胀和棉球肉芽肿以及大鼠胸膜炎的发生，其作用机制是其对白细胞介素1（IL - 1）、肿瘤坏死因子（TNF）、磷脂

酶 A_2（PLA_2）、前列腺素 E_2（PGE_2）以及组胺等炎症介质的产生均有较好的抑制作用，而对机体糖皮质激素的合成与分泌没有明显影响。

2. 抗病原微生物作用　体外抑菌试验证明，辛夷的挥发油和极性较大的提取部位有较强的抑菌作用。15%～30%辛夷煎剂体外试验对趾间毛癣菌等 10 种致病性真菌有抑制作用。高浓度辛夷制剂对白色念珠菌、金黄色葡萄球菌、乙型链球菌、白喉杆菌、痢疾杆菌、炭疽杆菌以及流感病毒也有不同程度的抑制作用。

3. 抗变态反应　辛夷单药能够减轻肥大细胞释放组胺，发挥明显的抗炎、抗过敏作用，并且能够通过影响嗜酸性粒细胞活性剂淋巴细胞凋亡减轻哮喘大鼠模型的气道损害，影响 Th2 细胞活化后形成的以 IgE 为基础的嗜酸性粒细胞与肥大细胞介导的免疫反应，上调 Thl/Th2 比值，并且影响其下游炎性介质产物 IL－4、IFN－γ 的表达。辛夷挥发油对变态反应性鼻炎豚鼠外周血中 Thl、Th2 具有反向调节作用，能够维持 Thl/Th2 的动态平衡，并且最终影响其释放的炎症介质的表达，发挥对变态反应性鼻炎的治疗作用。辛夷挥发油可延长豚鼠哮喘发作的潜伏期，减轻哮喘的严重程度，抑制微血管通透性增加、血浆蛋白渗出减少，能从整体水平上对模型动物起保护作用（王永慧等，2012）。

4. 降压作用　辛夷花苞干燥粉末的水、醇提取物静脉注射、肌肉注射或腹腔注射，对麻醉犬、猫、兔及不麻醉大鼠均有降压作用。肌肉注射对不麻醉犬也出现降压，1 g/kg（按生药计算）时血压降低 40%以上。对实验性肾性高血压大鼠也有降压作用，对肾性高血压犬则效果不明显。

5. 其他作用　辛夷煎剂、流浸膏对子宫有兴奋作用，已孕子宫较未孕子宫者更为敏感。辛夷挥发油对肾缺血再灌注损伤具有一定的保护作用。辛夷能够激活鼻咽癌细胞（CNE2）内 p38，从而增强顺铂对 CNE2 的细胞毒作用，并且随辛夷浓度的增强，p38 的磷酸化水平逐渐增高。辛夷中 3 种木脂素成分还具有抗血小板活化因子（PAF）的活性作用。

[临床应用]

1. 外感风寒　常与防风、白芷、川芎等同用。

2. 脑颡鼻脓　常与知母、黄柏、沙参、木香、郁金等同用。方如辛夷散。辛夷散对猪传染性萎缩性鼻炎、鸡传染性鼻炎具有良好的治疗效果。

[注意事项]

阴虚火旺者忌服。

葱　白

本品为百合科植物葱（*Allium fistulosum* L.）近根部的鳞茎。主产于全国各地。

葱白性温，味辛。归肺、胃经。具有宣通上下阳气，发汗解表的功效。主治风寒感冒，阴寒腹痛，二便不通，痢疾，疮痈肿痛，虫积腹痛。

[主要成分]

鳞茎含挥发油，油中主要成分为蒜素（allicin）；又含二烯丙基硫醚（allyl sulfide）。叶鞘和鳞片细胞中含有草酸钙结晶体，又含维生素 C、维生素 B_1、维生素 B_2、烟酸、维生素 A、脂肪油和黏液质。脂肪油中含棕榈酸（palmitic acid）、硬脂酸（stearic acid）、花生酸（arachidic acid）、油酸（oleic acid）和亚油酸（linoleic acid）。黏液质中主要成分为多糖类，其中有 20%纤维素、3%半纤维素、41%原果胶（protopectin）及 24%水溶性果胶（pectin）。

［药理作用］

1. 抗病原微生物作用 葱白挥发性成分等对白喉杆菌、结核杆菌、痢疾杆菌、葡萄球菌及链球菌有抑菌作用；水浸剂（1∶1）在试管内对堇色毛癣菌、许兰黄癣菌、奥杜盎小芽孢癣菌、羊毛状小芽孢癣菌、石膏样小芽孢癣菌、腹股沟表皮癣菌、红色表皮癣菌、考夫曼—沃尔夫表皮癣菌、星形奴卡菌等多种皮肤真菌有不同程度的抑制作用。葱的滤液在试管内有杀灭阴道滴虫的作用。

2. 其他作用 鲜大葱有降低胃液内亚硝酸盐含量的作用，0.667 g 大葱至少可以降低 2 μg 亚硝酸盐，提示大葱可能阻断胃内亚硝胺合成，从而抑制胃癌的发生。大葱的黏液质对皮肤和黏膜有保护作用，其含硫化物有轻度局部刺激作用、缓下作用和驱虫作用，其挥发性成分由呼吸道、汗腺和泌尿道排出时，能刺激分泌，有祛痰、发汗和利尿作用。

［临床应用］

1. 发汗解表 用于外感风寒的轻证。

2. 通达阳气 用于阴寒内盛，格阳于外，脉微，厥逆。腹泻者，配伍附子。

3. 疮痈疔毒 捣烂外敷。

4. 驱虫 鲜葱白捣烂取汁，用麻油调和，有止腹痛，驱虫的效果。葱白 100 g，大蒜 100 g（去皮），榨汁，兑温水适量，灌服，1 剂/天，连用 7～10 剂可治疗兔球虫（刘大蓉，2017）。

5. 治疗动物胎动不安 葱白 1 500 g，切碎，加水煮 30 min，取汁，候温一次内服，1 剂/天，连用 3～7 剂（刘旭银，2000）。

第二节 发散风热药

柴 胡

本品为伞形科植物柴胡（*Bupleurum chinense* DC.）、狭叶柴胡（*Bupleurum scorzonerifolium* Wild.）或同属数种植物的干燥根。柴胡又称北柴胡，主产于东北、华北、华东、中南、西南，以及陕西、甘肃等地；狭叶柴胡又称红柴胡、南柴胡，主产于东北、华北、西北，以及山东、江苏、安徽、湖北等地。

柴胡性微寒，味苦。归肝、胆经。具有发表退热，舒肝解郁，升举阳气的功效。主治寒热往来、肝脾不和、久泻脱肛、子宫脱垂。

［主要成分］

主要成分含柴胡皂苷 a、b、c、d（saikosaponin a、b、c、d）、α-菠菜甾醇（α-spinasterol）、挥发油（柴胡醇、丁香酚、已酸、γ-十一酸内酯、对-甲氧基苯二酮等）和多糖等。地上部分主要含黄酮类、少量皂苷类、木脂素类、香豆素类等成分。

［药理作用］

1. 解热降温作用 柴胡注射液 250 mg/kg（1/5LD_{50}）给家兔耳缘静脉注射，对内生性致热原所致家兔的发热效应有明显抑制作用；同时脑脊液中 cAMP 含量也明显低于发热对照组，表明柴胡注射液中的总挥发油可能直接作用于下丘脑体温调节中枢，并通过某种途径抑制神经元内 cAMP 的产生或释放，体温调节中枢的调定点上移受到抑制，致使体温下降。

2. 抗炎作用 柴胡具有显著的抗炎作用，柴胡皂苷是其抗炎的有效成分，能对多种炎症过程包括炎性渗出、毛细血管通透性升高、炎症介质释放、白细胞游走和结缔组织增生等产生抑制作用。血小板活性因子被认为是引起过敏和炎症反应的重要介质，柴胡皂苷 d是血小板活性因子的抑制剂。关于柴胡皂苷抗炎作用的机制研究，有学者认为柴胡皂苷抗炎药理作用在于它的苷元部分，苷元基本母核中环氧齐墩果烯骨架及 4 位碳原子上的侧链—CH_2OH 在抗炎功效上发挥重要作用；亦有研究认为，柴胡皂苷抗炎作用与强的松龙相似，可使大鼠肾上腺重量增加，胸腺重量减少，提示其通过刺激肾上腺、促进肾上腺皮质激素合成、分泌糖皮质激素来实现抗炎作用。

3. 镇静、镇痛作用 柴胡煎剂、总皂苷及柴胡皂苷元对中枢神经系统有明显的抑制作用，能使实验动物的自发活动减少，条件反射抑制，并能延长环己巴比妥对实验动物的睡眠时间；拮抗去氧麻黄碱、咖啡因和去氧麻黄碱对小鼠的中枢兴奋作用。柴胡皂苷注射液 1 mL/kg 腹腔注射，可延长猫的睡眠时间，特别是慢波睡眠Ⅱ期和快动眼睡眠期。

4. 抗癫痫、抗抑郁作用 柴胡注射液能明显抑制毛果芸香碱致痫家兔与大鼠模型的脑电活动。柴胡皂苷部分、挥发油部分对小鼠最大电休克（MES）模型有明显拮抗作用，水溶性部分则有效对抗小鼠 PTZ 模型，提示柴胡皂苷、挥发油部分可能有抗癫痫的强直阵挛发作作用，水溶性部分可能对失神发作起拮抗作用。进一步研究表明，柴胡皂苷 a（saikosaponina，SSa）能对抗小鼠 PTZ 致痫，对小鼠的强直性惊厥发生有较好的保护作用，且对 IL－6 诱发的大鼠脑电痫性活动，大鼠高频（100 Hz）脑电波的功率和波幅的增大具有抑制作用，SSa 还能明显抑制 PTZ 诱导的体外培养大鼠海马星形胶质细胞 TNF－α 释放及肿瘤坏死因子受体 1（TNFRl）的高表达，体内给药对 PTZ 致痫大鼠海马区 TN-FR1 的高表达也有抑制作用。柴胡多糖经 PI3K/Akt/GSK－3β 缓解癫痫模型鼠大脑神经元凋亡—缓解癫痫（Xiaomao Li，2022）。柴胡可以上调抑郁模型小鼠大脑的 cAMP/PKA/CREB 通路中 PRKACA 和 CREB 的表达，从而表现出抗抑郁功能（Baijin Chang，2022）。

5. 抗病毒、细菌内毒素作用 柴胡对鸡胚内流感病毒有显著的抑制作用，能显著降低鼠肺炎病毒所致小鼠肺指数增高，阻止肺组织渗出性变性，降低肺炎病毒所致小鼠的死亡率。柴胡皂苷 a、d 和二次生成的柴胡皂苷 b_1、b_2、b_3、b_4 对 Na^+、K^+－ATP 酶有很强的抑制作用，能引起能量和水盐代谢的变化而发挥抗病毒作用（沈映君，2012）。

6. 促进免疫作用 柴胡多糖能增加库否（Kupffer）细胞吞噬功能，能明显增加巨噬细胞、自然杀伤细胞（NK）的功能；能提高病毒特异抗体滴度；能提高淋巴细胞的转化率和皮肤迟发性超敏反应。柴胡果胶多糖可促进脾细胞多克隆性 IgG 生成，该多糖可通过 IL－6 促进抗体生成。柴胡多糖对辐射损伤的小鼠具有非常显著的保护和增强免疫功能的作用。柴胡皂苷 a（SSa）、d（SSd）、f（SSf）也具有免疫调节作用，能增加小鼠胸腺和脾脏重量，提高 T、B 细胞的活性以及 IL－2 的分泌水平，SSd 与 SSa 还能使小鼠血浆 IgA 和 IgG 的水平提高，尤以 SSd 的活性为强。

7. 保肝作用 柴胡提取物能不同程度地降低急性肝损伤模型动物血清中的天冬氨酸氨基转移酶（AST）、丙氨酸氨基转移酶（ALT）、碱性磷酸酶（ALP）和肿瘤坏死因子-α（TNF－α）的含量，从而对肝脏起到一定的保护作用。柴胡皂苷能抑制酒精诱导的脂质过氧化反应对肝组织的损伤，对酒精性肝损伤有明显的保护作用；还发现能显著降低肝细胞中丙二醛（MDA）含量，并可以提高超氧化物歧化酶（SOD）活性，抑制自由基的生成，从而提高抗氧化能力。柴胡皂苷能在一定程度上降低肝纤维化模型动物的死亡率，改善肝功能指标，抑制肝纤维化血清中 AST、ALT、ALP 的升高和血清总蛋白（TP）、白蛋白（Alb）的降低。柴胡皂苷 d 可明显提高乙醇损伤动物肝细胞存活率，抑制 ALT 活性的升高，并对肝细胞中 MDA 含量升高和谷胱甘肽过氧化物酶（GSH－Px）活性降低有明显抑制作用；能显著降低肝纤维化动物血清 ALT、AST 水平和血清透明质酸（HA）、层粘连蛋白（LN）、Ⅳ型胶原（Ⅳ－C）的含量，提高肝组织中 SOD 的活性，降低血清和肝组织中的 MDA 的含量；能减少四氯化碳（CCl_4）诱导的肝纤维化，可能与抑制肝中 TNF－α、白细胞介素（IL）－6、核转录因子（NF）－kB p65 的表达和增加 NF－kB 抑制蛋白-α（IkB－α）的活性有关；能够升高肝纤维化动物血清中的 IL－10、一氧化氮（NO）水平和降低过高的 TNF－α 水平，还能够降低肝组织中转化生长因子 β－1（TGFβ－1）、α-平滑肌肌动蛋白（α－SMA）的蛋白表达，并调节血清中微量元素锌、钙的水平（吕晓慧等，2012）。小柴胡汤可上调 Nrf2 通路抵抗氧化应激，抑制肝星状细胞活化，缓解肝纤维化（胡睿，2018）。

8. 利胆、降血脂作用 柴胡水浸剂和煎剂有明显的利胆作用，能使实验动物的胆汁排出量增加，使胆汁中胆酸、胆色素和胆固醇的浓度降低，并以醋炙柴胡利胆作用最强。超临界流体萃取法（SFE）所提取的柴胡有效部位对部分肝切除小鼠的肝再生有显著促进作用，并可显著增加小鼠胆汁分泌量。

9. 对物质代谢的影响 柴胡皂苷 a、c、d 混合物能明显增加大鼠的蛋白质生物合成；北柴胡煎剂或醇提取物，给兔口服，可升高血糖；SSd 可抑制小鼠血清总胆固醇、甘油三酯、低密度脂蛋白的实验性升高的形成（李仁国，2013）。

［临床应用］

1. 少阳经证，寒热往来 常与黄芩、半夏、甘草、生姜、大枣等配伍。方如小柴胡汤。

2. 肝气郁结，胸肋疼痛 单用或与当归、白芍、枳实等配伍。方如逍遥丸。

3. 外感发热 常与葛根、黄芩、石膏、羌活、白芷等配伍。方如柴葛解肌汤（司红彬，2011）。柴胡注射液用于治疗感冒、流行性感冒及疟疾等发热。马、牛 20～40 mL，羊、猪 5～10 mL，犬、猫 1～3 mL。

4. 目赤肿痛 常与龙胆草、栀子、黄芩、生地、车前、泽泻、木通、甘草等配伍。方如龙胆泻肝汤。

5. 气虚下陷 治久泻脱肛、子宫脱垂、阴道脱等。常与黄芪、白术、升麻、党参、当归、陈皮等配伍。方如补中益气汤。

［注意事项］

柴胡注射液主要注意事项有晕厥、过敏、过敏性休克。柴胡煎剂和柴胡皂苷还有溶血作用，应予以注意。

［不良反应］

本品毒性小。口服较大剂量可出现嗜睡，并出现深睡等中枢抑制现象。还可出现食欲减退、腹胀等现象。

葛 根

本品为豆科植物野葛［*Pueraria lobata*（Willd.）Ohwi］或甘葛藤（*Pueraria thomsonii* Benth.）的干燥根。主产于河南、湖南、浙江、四川等地。

葛根性凉，味甘、辛。归脾、胃经。具有解肌退热，生津止渴，透疹，生阳止泻的功效。主治风热表证，热病伤津，脾虚泄泻。

［主要成分］

其化学成分主要为黄酮类化合物，含量为0.06%～12.30%，包括葛根素（peurarin）、大豆苷（daidzin）、大豆苷元、葡聚糖等；还含有葛根苷类，如葛根苷A、葛根苷B、葛根苷C等，三萜皂苷及生物碱类成分。另含尿囊素（Allantion）、β-谷甾醇、淀粉，以及微量元素锌、铜、铁等。

［药理作用］

1. 解热作用 葛根醇浸液灌胃给药，对伤寒混合菌苗致热家兔有较强的解热作用。野葛醇浸膏1.25 g/kg、甘葛醇浸膏2.5 g/kg以及葛根素0.2 g/kg腹腔注射，对雌性大鼠皮下注射致热剂2,4-二硝基苯酚（15 mg/kg）所致的体温升高有明显抑制作用，其中以野葛和葛根素作用较突出。其特点是起效快，解热作用以3～5 h最明显，体温可降到正常以下，而甘葛的解热作用较弱，且作用时间短，结果提示葛根素是其解热成分之一。

2. 降血糖作用 葛根素是葛根降糖的有效成分，葛根素可使四氧嘧啶性高血糖小鼠的血糖明显下降，血清胆固醇含量减少，当选用最低有效剂量的葛根素（250 mg/kg）与小剂量（无效量）阿司匹林（50 mg/kg）组成复方后，降血糖作用可加强，可维持24 h，并能明显改善高血糖小鼠的耐糖量。葛根素对肾上腺素性的高血糖无效。进一步研究证实，葛根素可调节链佐星糖尿病模型大鼠的β-内啡肽水平从而降低血糖；可降低糖尿病大鼠血清晚期糖基化终产物（AGEs）和单核细胞趋化蛋白（MCP）水平，减轻心肌的病变程度；还可通过激活α1 A肾上腺素受体，增加葡萄糖摄取，从而改善胰岛素抵抗（IR），提示葛根素能从多方面逆转IR所致的心血管并发症。

3. 对血管的作用

（1）抗心肌缺血 葛根总黄酮、葛根素是影响心脏功能的成分。葛根素是一种β-受体阻断剂。给麻醉犬静脉注射后，可使心率明显减慢，心输出量减少；能使正常和痉挛状态的冠脉扩张，增加冠脉血流量；改善心肌缺血反应。葛根的多种制剂均能对抗垂体后叶素引发的动物心肌缺血。葛根素对缺血心肌及缺血再灌注心肌有保护作用，可减少心肌乳酸生成，降低耗氧量和肌酸激酶释放量，保护心肌超微结构，改善微循环障碍，减少TXA2生成（蔡琳，2014）。

（2）抗心律失常　葛根乙醇提取物、黄豆苷元灌胃后能明显对抗氯化钡、乌头碱所致大鼠心律失常，预防氯化钡所致大鼠室颤，降低氯仿所致小鼠室颤发生率，缩短大鼠结扎冠脉后室颤发作时间。葛根素灌胃及静脉注射能明显对抗乌头碱、氯化钡所致心律失常；静脉注射后，可明显延长心肌动作电位时程及有效不应期。葛根抗心律失常机制可能通过影响心肌细胞膜对K^+、Na^+、Ca^{2+}通透性，进而降低心肌兴奋性、自律性及传导性，也与β受体阻断效应有关。

（3）扩血管、降血压　葛根总黄酮、葛根素静脉注射后，对外周血管具有一定的扩张作用。葛根水煎剂、醇浸膏、葛根总黄酮、葛根素、大豆苷元对高血压模型动物均有一定的降压效果。葛根素、大豆苷元能降低血浆肾素及血管紧张素水平，葛根素尚有减少血浆儿茶酚胺含量。目前认为葛根降压机制可能在于：β受体阻断效应；抑制肾素-血管紧张素系统；影响血浆儿茶酚胺代谢；改善血管的反应性。另外，葛根醇浸膏及葛根素能减弱去甲肾上腺素或乙酰甲胆碱对高血压犬的升压或降压反应。

（4）改善血液流变性和抗血栓形成　在体外葛根素能抑制ADP诱导的人及动物血小板聚集。给动物灌服葛根总黄酮能降低全血黏度和血小板黏附率，明显抑制ADP诱导的体内血栓形成（蔡琳，2014）。

4. 抗氧化作用　体外实验表明，葛根异黄酮Ⅰ在0.01～1.0 g/L时可明显抑制小鼠肝、肾组织及大白兔脑组织匀浆在振荡温室条件下引起的LPO升高，并有剂量效应关系。豚鼠心室乳头肌实验显示，超氧阴离子损伤心肌组织后，心肌组织中MDA含量升高，SOD活性下降，但预防性加入葛根素0.15 mmol/L，心肌组织中MDA含量和SOD活性恢复到对照组水平（赖玲，2013）。黄羽肉鸡添加葛根素（750 mg/kg）可以提高免疫器官的抗氧化能力。

5. 降血脂作用　葛根素500 mg/kg能明显降低血清胆固醇。对饮酒大鼠所致血清载脂蛋白A－Ⅰ降低以及甘油三酯升高，葛根口服液均有明显的对抗作用。葛根素能直接抑制低密度脂蛋白（LDL）的氧化修饰，具有浓度依赖性，从而降低ox－LDL水平，亦可抑制金属离子诱发的高密度脂蛋白（HDL）的氧化过程，对心血管系统起到保护作用。

6. 抗肿瘤作用　葛根提取物、总皂苷、多糖、葛根素、大豆苷元对P388白血病的3H－TdR掺入率均有不同程度的抑制作用，并以总皂苷的作用最强。葛根总黄酮前后用药90天，对小鼠胃癌、大鼠肺癌均有明显的抑制作用，其作用机制与提高NK细胞、SOD及P450的活性有关。大豆苷元可抑制白血细胞HL－60的增殖，在10～20 mg/mL浓度范围内明显抑制黑色素瘤B16细胞的增殖。葛根提取物对ESC癌、S180肉瘤及Lewis肺癌均有一定的抑制作用（沈映君，2012）。

7. 对消化系统作用　葛根素可促进牛瘤胃菌体蛋白的合成，优化瘤胃菌群，提高瘤胃对饲料养分的降解率（聂春桃，2021）。葛根提取物可以优化动物肠道屏障功能，抵抗肠炎，促进修复（刘阳，2022）。

［临床应用］

1. 外感表证　配伍柴胡、黄芩和石膏等，用于治疗风热表证；若与麻黄、桂枝等配伍，可用于风寒表证。

2. 猪、羊痘疹不畅 常与升麻、紫草等配伍。主治羊痘，方如葛根汤；主治猪痘，方如葛根解毒汤。

3. 湿热泻痢 与黄连、黄芩等配伍，方如《伤寒论》中葛根黄芩黄连汤。加味葛根芩连汤（葛根、黄连、黄芩、金银花、白术、茯苓和甘草）治疗湿热泄泻造成的仔猪肠炎（刘晓曦，2021）。加味葛根芩连汤对禽大肠杆菌病的治疗也效果显著。

4. 热病伤津 单用或与天花粉、麦冬等配伍。

［注意事项］

不可多服，恐损胃气；其性凉，易于动呕，胃寒者所当慎用；夏日表虚汗多尤忌。

［不良反应］

葛根无毒。浸膏液小鼠口服 7.5 mg/g，大鼠口服 13.5 mg/g 皆未见死亡。

升 麻

本品为毛茛科植物三叶升麻（*Cimicifuga heracleifolia* Kom.）、兴安升麻［*Cimicifuga dahurica*（Turcz.）Maxim.］及升麻（*Cimicifuga foetida* L.）等的干燥根茎。主产于陕西、青海、云南、四川等地。

升麻性微寒，味辛、微甘。归肺、脾、胃、大肠经。具有发表透疹，清热解毒，升举阳气的功效。主治痘疹，疮疡肿毒，久泻脱肛。

［主要成分］

升麻属植物成分主要有三萜及其苷类（包括 9,19 -环羊毛脂烷型四环三萜及其苷类，约 100 多种）、苯丙素类化合物（普遍含有阿魏酸、异阿魏酸等咖啡酸衍生物，具有较强的抗炎活性）、色酮类（升麻素、升麻素糖苷等）、挥发油（已知 21 种化合物，主要成分为棕榈酸，占所鉴定化合物的 55.01%）及其他类型。

［药理作用］

1. 解热作用 北升麻甲醇提取物 1 g/kg 或异阿魏酸 1～2 g/kg 灌胃，可使正常大鼠体温下降；对伤寒—副伤寒混合疫苗所致大鼠发热也有解热作用。

2. 镇痛作用 单穗升麻提取物 2 g/kg 灌胃，对醋酸引起的小鼠扭体反应及压尾刺激均有镇痛作用。北升麻提取物 1 g/kg 及 5 g/kg 灌胃，只对小鼠扭体反应有抑制作用。

3. 抗菌作用 升麻对金黄色葡萄球菌及白色葡萄球菌、乙型链球菌、白喉杆菌、伤寒杆菌、铜绿假单胞菌、埃希氏大肠杆菌、志贺氏痢疾杆菌有体外抑制作用。升麻素体外对白色念珠菌、石膏样毛癣菌、红色毛癣菌、新型隐球菌、犬小芽孢菌、铁锈色小孢子菌、发癣毛癣菌、石膏样小孢子菌、絮状表皮癣菌、羊毛状小孢子菌、热带念珠菌等真菌有抑制作用，其最小抑菌度，除铁锈色小孢子菌为 300 μg/mL 外，均为 100 μg/mL。

4. 抑制核苷运转和抗病毒作用 从升麻根茎分离的 24 个三萜化合物能抑制植物血凝素（PHA）刺激的淋巴细胞的核苷转运。构效关系表明，侧链上的半缩醛结构、12 位氧代、B 环上的环丙烷及 C－7（8）双键与活性有关；其中 cimicifuoside 抑制活性最强，

4 ng/mL时可引起 50%被抑制。兴安升麻总皂苷（Cd－S）也能抑制体外 PHA 刺激的淋巴细胞对胸腺嘧啶脱氧核苷的转运，并在体外对猴免疫缺陷病毒（SIV）具有抑制作用。

5. 抗炎作用 以 2 g/kg 异阿魏酸、北升麻提取物或单穗升麻提取物给大鼠灌胃，对角叉菜胶或右旋糖酐所致足肿胀均有抑制作用。升麻提取物具有抗变态反应的活性，可能与其抑制肥大细胞组胺释放和细胞因子基因表达有关。口服西米烯苷，一种典型的三萜苷，可以抑制 poly（I：C）诱导的气管炎模型小鼠诱导的趋化因子 CXCL2、CXCL10、p－选择素/VCAM1 的表达，抑制肺中性粒细胞浸润（Liufang Hu，2021）。

6. 抗肿瘤作用 从兴安升麻提取的 24－O－乙酰升麻醇－3－O－β－D－木糖苷，可有效抑制人肝癌细胞株 $HepG_2$ 的增殖，并且可将其阻滞在 G_2/M 期，同时伴随 G_0/G_1 期细胞数下降，S 期细胞数增多。随着作用时间的延长，G_2/M 期细胞逐渐增多，到 24 h 出现少量凋亡细胞。其诱导的肿瘤细胞凋亡和细胞周期阻滞与半胱氨酸天冬氨酸蛋白酶家族的激活、抗凋亡蛋白 Bcl2 表达的改变，以及细胞周期素依赖性激酶 cdc2 和细胞周期蛋白 B 的下调直接相关。升麻总苷对人肝癌细胞株 $HepG_2$ 具有较强的抑制作用，半数抑制浓度 IC_{50} 为 21 mg/L，但对原代培养正常小鼠肝细胞的抑制作用较弱，IC_{50} 为 105 mg/L。升麻总苷在 25 mg/L 可阻滞 $HepG_2$ 细胞于 G_1 期，在 50、100 mg/L 时，可将其阻滞于 G_2/M 期。升麻总苷可明显抑制小鼠肝癌 H22 的生长，具有良好的抗肿瘤活性，并呈现一定的剂量依赖性。从升麻中提取的三萜皂苷化合物，对 MDA－MB－453 的半数抑制浓度 IC_{50} 值为 5.7 mg/L，具有较高的抑制活性（吴德松，2009）。

[临床应用]

1. 痘疹 多用于猪、羊、鸡、鸽痘初起，疹发不畅。常与葛根、银花、连翘等配伍，如升麻葛根汤。升麻 40 g、葛根 30 g、芍药 60 g、炙甘草 30 g、龙胆草 40 g、板蓝根 30 g、金银花 30 g、野菊花 30 g，将上述中药加工成细粉，1 天 2 次，连用 5～7 天。

2. 胃火亢盛、口舌生疮、咽喉肿痛等 常与石膏、黄连等配伍。

3. 气虚下陷 脾气下陷所致的脱垂症，如脱肛、子宫脱等。常与白芷、陈皮、当归、川芎、茯苓等同用。如《牛医金鉴》治牛脱肛的升提散。

[不良反应]

升麻碱无特殊药理作用，可使皮肤充血，乃至形成溃疡；内服则引起胃肠炎，严重时可发生呼吸困难。

薄　荷

本品为唇形科植物薄荷（*Mentha haplocalyx* Briq.）的干燥地上部分。主产于江苏、江西、浙江等省（自治区、直辖市）。

薄荷性凉，味辛。归肺、肝经。具有宣散风热，清利头目，透疹等功效。主治外感风热，目赤肿痛，咽喉肿痛。

[主要成分]

含挥发油，油中主要成分为薄荷醇（menthol）、薄荷酮（meuthone）、乙酸薄荷酯（menthyl acetate）、莰烯（camphene）、异薄荷酮（isomenthone）、蒎烯（pinene）、薄荷

烯酮（menthenone）和兰香油烃（azulen）等。

［药理作用］

1. 发汗解热作用 内服小量薄荷能引起皮肤毛细血管扩张，促进汗腺分泌，增加散热，因而有发汗解热作用。这一作用可能是通过兴奋中枢而实现的。

2. 抗菌、抗病毒作用 薄荷精油对于常见病原菌如金黄色葡萄球菌有很好的抑菌效果，最低抑菌浓度范围为0.039%～5.00%。在体外蚀斑抑制实验中，薄荷油对单纯疱疹病毒的两种亚型（HSV－1和HSV－2）均显示较强的抑制作用，IC_{50}分别为0.002%和0.000 8%。

3. 抗炎作用 浓薄荷水能明显抑制由二甲苯所致小鼠耳肿胀，并对蛋清所致大鼠足跖肿胀有明显的抑制作用，表明浓薄荷水有明显的抗炎作用。

4. 镇静作用 圆叶薄荷和欧薄荷的精油能明显延长戊巴比妥钠诱导的睡眠时间。薄荷醇对戊巴比妥的中枢抑制作用有一定的量效关系，含1.5%和0.5%薄荷醇的溶液对戊巴比妥的中枢抑制作用无明显影响，4.5%薄荷醇的戊巴比妥溶液可使小鼠的入睡时间明显缩短，急性死亡率增加，但对睡眠的持续时间无明显影响。

5. 保肝、利胆作用 每日灌胃给予薄荷石油醚提取物10 g（生药)/kg，连续8天，对*D*－氨基半乳糖所致小鼠急性肝损伤有明显的保护作用，可降低血清中AST及ALT水平。含薄荷挥发油多的丙酮干浸膏组的利胆作用比50%甲醇干浸膏组强，这主要是挥发油的主要成分薄荷醇有很强的利胆作用，薄荷醇的羟基乙酰化后，其利胆作用减弱，这说明羟基是利胆的关键基团。给大鼠灌服薄荷醇（260 mmol/kg）3～4 h后，胆汁排出量增加约4倍，随后减少；给同等剂量薄荷酮5 h后，胆汁排出才达高峰，增加50%～100%。薄荷的丙酮或50%甲醇提取物，可显著增加胆汁酸的分泌量（沈映君，2012)。

［临床应用］

1. 外感风热 可配伍柴胡、石膏、栀子等。《牛医金鉴》中温病初起，方如消黄清凉散。又如《中兽医方剂选解》中麻黄消肿汤主治猪、羊等外感风热。清暑散可以治疗动物中暑，薄荷、木通、皂角、甘草各15 g，麦冬、茵陈、石菖蒲、茯苓各25 g，香薷、白扁豆、藿香、菊花、金银花各30 g，共为末，开水冲调，候温灌服，用量为：马、牛250～350 g/次；猪、羊50～80 g/次；兔、禽1～3 g/次。

2. 透疹 用于痘疹透发不畅，常与升麻、葛根、蝉蜕等配伍。

3. 目赤肿痛 用于风热上犯所致目赤或咽喉肿痛等症。常与菊花、牛蒡子等配伍。如《普济方》中薄荷汤，主治目赤肿痛。

［不良反应］

薄荷油中所含的胡薄荷酮可能是导致肝毒性的成分。一次性口服大剂量薄荷油可造成小鼠、大鼠急性肝脏毒性，大鼠剂量为2.4 mL/kg，给药后24～48 h大鼠ALT等肝功能指标随之升高达到高峰。小鼠口服薄荷油的LD_{50}为3.0 mL/kg。

桑 叶

本品为桑科植物桑（*Mours alba* L.）的干燥叶。在我国桑树遍及全国，尤其以浙江、江苏等南方养蚕地区产量较大。

桑叶性寒，味苦、甘。归肺、肝经。具有疏散风热、清肺润燥、平肝明目的功能。主治风热感冒、肺热燥咳、目赤肿痛等症。

［主要成分］

1-脱氧野尻霉素（DNJ）、脱皮固酮（ecdysterone）、牛膝固酮（inokosterone）、芸香苷（rutin）、桑苷（moracetin）、异槲皮苷（isoquercitrin）、东莨宕素（scopoletin）、东莨宕苷（scopolin）、丁香油酚（eugenol）、香豆素、胡芦巴碱（trigonelline）、腺嘌呤（adenine）、胆碱（choline）、胡萝卜素、麦角甾醇、维生素 B_1、糖、鞣质等。

［药理作用］

1. 降血糖作用 1-脱氧野尻霉素（DNJ）作为糖苷酶的一种强烈抑制剂，它会阻碍麦芽糖和蔗糖等二糖与 α-糖苷酶的结合，结果二糖就不能水解成葡萄糖而直接被送入大肠，进入血液中的葡萄糖减少，因而降低了血糖值。桑叶 DNJ 对 α-糖苷酶具有明显可逆的非竞争性抑制作用，桑叶分离提取的 DNJ 能与 α-糖苷酶结合，并且亲和性明显高于麦芽糖、蔗糖等二糖，因此能有效抑制麦芽糖和蔗糖在肠道内的分解，降低单糖在肠道内的吸收量，进而抑制餐后血糖浓度升高从而达到降低血糖，治疗糖尿病的功效。桑叶黄酮具有促进糖尿病小鼠血清胰岛素、肝己糖激酶的分泌和肝糖元合成等作用。桑叶多糖具有降低血糖、改善四氧嘧啶诱导糖尿病小鼠症状的作用。

2. 降血脂作用 桑叶黄酮能显著抵抗急性高脂血症小鼠血清中的总胆固醇（TC）、甘油三酯（TG）和高密度脂蛋白胆固醇（HDL-C）的升高，同时升高血清中高密度脂蛋白胆固醇和低密度脂蛋白胆固醇的比值；桑叶黄酮同样对饲喂高脂饲料的大鼠模型也同样具有降低血脂的作用，而且降血脂作用随着剂量的升高而增强。

3. 抑制肿瘤细胞的作用 氧野霉素是桑叶中的一种生物碱，其对肿瘤转移的抑制率是 80.5%，能显著抑制人体早期幼粒白血病细胞系的增长，能够抑制糖苷酶的活性，在肿瘤细胞表面产生一种未成熟的碳水化合物链，并且诱导细胞系的不断分化，抑制肿瘤细胞生长，表现出显著的效应（何昕，2012）。

4. 抗炎作用 桑叶水煎剂能够对巴豆所引起的小鼠肿胀产生十分有效的抑制作用。经统计发现，抑制率在 32.3%和 32.8%左右，并且对醋酸所引起的腹腔毛细血管通透性产生有效的抑制作用，抑制率在 55.7%和 61.3%左右（张欧等，2013）。

5. 降血脂作用 桑叶可以对脂肪肝的形成进行有效的抑制，利用抑制肠道内胆固醇吸收的作用，而实现降低血清脂肪的作用。桑叶可以升高高脂血症大鼠的 HDL-C、HDL-C/TC 水平；并且可以降低 TC、TG、LDL-C 水平。

［临床应用］

1. 外感风热 用于风热感冒、肺热咳喘、咽喉肿痛等症。常与菊花、银花、薄荷、桔梗等配伍。方如《温病条辨》中的桑菊饮。

2. 燥热伤肺 用于燥热伤肺的咽干咳嗽。常与石膏、党参、麦冬、杏仁、枇杷叶等配伍。方如《医门法律》中的清燥救肺汤。

3. 目赤肿痛 用于风热或肝火上炎所致的目赤肿痛。常与菊花、决明子等配伍。

［不良反应］

桑葚中含有胰蛋白酶抑制物，致使肠道内的消化酶不能破坏C型产气荚膜杆菌β毒素，而引起出血性肠炎。桑葚含脂肪酸，过量食用对消化道可产生刺激症状。

菊 花

本品为菊科植物菊（*Chrysanthemun morifolium* Ramat.）的干燥头状花序。各地均产。

菊花味辛甘、苦，性微寒。归肺、肝经。具有散风清热，平肝明目的功效。主治风热感冒，目赤肿痛，疮黄肿毒。

［主要成分］

菊花中挥发油含量约0.13%，并含菊苷（chrysanthemin）、腺嘌呤（adenine）、胆碱（choline）、水苏碱（stachydrine）、氨基酸、黄酮类成分，如木犀草素（luteolin）、木犀草素-7-葡萄糖苷（luteolin-7-glucoside）、刺槐素等，以及微量维生素B_1及维生素A样物质等。

［药理作用］

1. 抗病原微生物作用 体外实验表明，菊花水浸剂或煎剂（1∶1～1∶5）对金黄色葡萄球菌、乙型溶血性链球菌、大肠杆菌、宋内氏痢疾杆菌、变形杆菌、伤寒杆菌、副伤寒杆菌、铜绿假单胞菌、人型结核杆菌、霍乱弧菌都有抑制作用。菊花水浸剂（1∶4）对某些常见皮肤致病性真菌亦有抑制作用。小鼠体内抑菌实验表明，新鲜全草（地上部分）加水蒸馏所得的挥发油，对金黄色葡萄球菌、大肠杆菌、福氏痢疾杆菌等有较强的抑菌作用，对铜绿假单胞菌作用很弱，对肺炎双球菌无效。

菊花中的木犀草素和木犀草素-7-葡萄糖苷对病毒的逆转录酶有抑制作用，以木犀草素的作用最强。用70%丙酮对菊花进行提取浓缩，再以己烷、氯仿、醋酸乙酯和水分配提取。其中醋酸乙酯、正丁醇提取物具有抑制HIV逆转录酶和HIV复制的活性。从醋酸乙酯提取物中得到的金合欢素-7-O-β-D-吡喃半乳糖苷是抗HIV的活性成分。

此外，体外实验表明，毫菊的醋酸乙酯总提物（80 μg/mL）对培养基中红细胞感染疟原虫的百分率有明显降低作用，浓度为100 μg/mL时作用更显著。对感染疟原虫的小鼠，腹腔注射毫菊的乙醇提取物及氯仿分离物，结果显示1.4 g/kg醇提物及0.8 g/kg氯仿分离物，能在给药第5天抑制疟原虫生长。

2. 解热作用 菊花浸膏灌胃对人工发热家兔有解热作用。

3. 抗炎作用 菊花提取物给小鼠腹腔注射，对组胺所致毛细血管通透性增强有抑制作用，减少台盼蓝扩散。其提取物10 mg相当芦丁2.5 mg抗炎作用。

4. 对心血管系统的作用 菊花水煎醇沉制剂对离体兔心有显著扩张冠脉、增加冠脉流量的作用；对在体犬心也有增加冠脉流量和心肌耗氧量的作用。菊花制剂对实验性冠脉粥样硬化兔的离体心脏，也能增加冠脉流量和提高心肌耗氧量。给小鼠腹腔注射菊花制剂，能提高其对减压缺氧的耐受性。杭菊酚性部分对豚鼠离体心脏冠脉流量增加约40%，超过同剂量丹参的增加量。杭白菊酚性部分亦有提高小鼠对低压缺氧耐受性的作用。

5. 对脂质代谢的影响 对于正常的基础饲料组大鼠，菊花提取物能保持血清总胆固醇基本不变，而提高有保护作用的 HDL 浓度，降低有危害作用的 LDL 浓度，在高脂膳食情况下具有抑制血胆固醇和甘油三酯升高的作用。

6. 抗肿瘤作用 菊花挥发油中含有较多的β-榄香烯，而β-榄香烯具有广谱抗肿瘤等广泛的药理作用。菊花中其他抗肿瘤成分包括：芹菜素、木犀草素和小白菊内酯，作用机制包括抑制肿瘤细胞生长，抑制恶性肿瘤细胞的侵袭、转移，增强肿瘤细胞对化疗药物的敏感性，以及抗氧化、抗诱变、增强免疫功能等（姜保平等，2013）。

［临床应用］

1. 外感风热 多用于外感风热或温病初起，常与桑叶、薄荷、连翘等配伍。方如桑菊饮。犬瘟热属卫分证见干咳，气轮微红，脉浮略数，舌淡红。用桑菊饮治疗效果好。

2. 目赤肿痛 对于风热或肝火所致目赤肿痛者，常与桑叶、夏枯草等配伍。

3. 疮黄肿毒 尚未破溃者，常与大黄、连翘、黄芩、当归等配伍。

［注意事项］

临床应用，除个别有轻度上腹痛、腹泻外，一般无其他反应。

蝉　蜕

蝉蜕为同翅目蝉科昆虫黑蚱（*Cryptotym panaatrata* Fabr.）、蚱蝉（*C. pustulata* Fabr.）或其同属它种蝉羽化时的蜕壳。别名蝉衣、蝉退、知了皮、蝉壳、金牛儿等。主产于山东、河南、河北、湖北、江苏、四川、安徽等地，以山东产量较大。

蝉蜕性微寒，味甘。归肝、肺经。具有疏散风寒，宣肺，透疹，明目退翳，熄风止痉的功效。主治外感风热、目赤肿痛、破伤风等症。

［主要成分］

本品含大量甲壳质（chitin）、嘌啶类色素、异黄质嘌呤、赤嘌呤、氮等，主要为角蛋白氨基酸。目前研究发现蝉蜕中含有大量的氨基酸类成分，其中游离氨基酸 12 种，水解氨基酸 17 种。相对含量以丙氨酸、脯氨酸和天冬氨酸等最高；丝氨酸、苏氨酸、谷氨酸、β-丙氨酸、酪氨酸、γ-氨基丁酸次之；异亮氨酸、苯丙氨酸、亮氨酸较低；缬氨酸、鸟氨酸、蛋氨酸等量最低。

［药理作用］

1. 抗惊厥作用 蝉蜕醇提物和水提物均有抗惊厥作用，其中水提物的直接抑制作用显著，且抗惊厥作用强度明显强于醇提物。曾有学者对蝉蜕的氨基酸成分做过分析，有抗惊厥的药理作用，其微量元素分析试验测出有较高含量的钙和铝与抗惊厥作用有关。

2. 镇静、镇痛、解热作用 蝉蜕醇提取物能显著减少正常小鼠自发活动，拮抗咖啡因的兴奋作用，与戊巴比妥类物有协同作用，增强戊巴比妥的催眠效果。蝉蜕煎剂能阻断猫颈上交感神经节的传导作用，对肾上腺素能受体和乙酰胆碱降压反应则无影响。小鼠扭体法测定结果证明，蝉蜕各部分均有明显的镇痛作用，其强度为蝉蜕整体＞身＞头足。对过期伤寒杆菌所致的发热兔和角叉菜胶致热大鼠，蝉蜕煎剂有显著的解热作用（杨璐等，2011）。

3. 镇咳、祛痰、平喘作用　灌服蝉蜕提取物的敏化大鼠支气管及肺组织炎性表现得到明显改善。蝉蜕对组胺参与的致喘模型有明显的平喘作用，能稳定肥大细胞脱颗粒，阻滞过敏介质（如组胺等）释放，抑制变态反应及气道受损的程度，从而减缓气道炎症，降低气道高反应性来预防和治疗支气管哮喘（徐树楠等，2007）。

4. 抗炎、抗氧化作用　从蝉蜕中分离得到的2个乙酰多巴胺二聚体成分均有抗炎和抗氧化活性，对于Cu^{2+}、AAPH和SIN-1介导的脂质过氧化作用有较强的抗氧化活性。蝉蜕醇提物成分具有较强的抑菌活性，推断其消炎功效与抑菌活性有关。

5. 免疫抑制作用　蝉蜕能显著抑制二甲苯致小鼠耳廓肿胀；能显著提高小鼠网状内皮细胞吞噬能力和小鼠血清溶血素生成。蝉蜕提取物可诱导活动期SLE患者淋巴细胞活化后凋亡，并随着药物作用浓度增加和作用时间延长，T淋巴细胞活化增高和凋亡细胞数逐渐增加。

6. 抗肿瘤作用　蝉蜕水提物小鼠体内试验表明，蝉蜕对艾氏腹水癌细胞显示有高度的抗肿瘤活性；在体外细胞培养中蝉蜕能选择性地抑制癌细胞生长而不影响正常细胞。

7. 对心血管的影响　蝉蜕水提液对正常大鼠的血液流变学无明显影响，而对高脂血症病态下的血液流变学有明显的改善作用，能显著降低其全血和血浆黏度、体外血栓形成、红细胞聚集指数、血清甘油三酯及总胆固醇水平。蝉蜕醇提取物对红细胞膜具有一定的保护作用，可降低小鼠腹腔毛细血管的通透性。

[临床应用]

1. 外感风热　用于外感风热、温病初起或痘疹初起有表证者，常与薄荷、桑叶、菊花、升麻、葛根等配伍。

2. 目赤肿痛　对于外感风热或肝火上炎所致的目赤肿痛、翳膜遮睛，常与白芷、菊花、青葙子、薄荷等配伍。

3. 破伤风　用于破伤风轻症；重症可与金蝎、乌蛇、防风等配伍。《元亨疗马集》主治马破伤风，方如千金散。蔓荆子25 g、旋复花25 g、白僵蚕20 g、南星15 g、首乌15 g、桑螵蛸15 g、蝉蜕30 g、天麻15 g、乌蛇10 g、沙参15 g、川芎15 g、防风30 g、阿胶25 g、当归30 g、羌活25 g、细辛20 g、全蝎15 g、升麻15 g、半夏15 g、藿香20 g、地肤子50 g、露蜂房一个，引用绿豆一合，黄酒半盅，煎汤灌服。

[注意事项]

孕畜忌用。

牛 蒡 子

本品为菊科植物牛蒡（*Arctium lappa* L.）的干燥成熟果实。别名恶实、蝙蝠刺、牛蒡、鼠黏子。主产于河北、浙江、四川以及东北等地。

牛蒡子性寒，味辛、微苦。归肺、胃经。具有疏散风热、宣肺透疹、解毒利咽的功效。主治外感风热、疮黄肿毒、咽喉肿痛等症。

［主要成分］

主要含牛蒡苷（arctin），水解得牛蒡苷元（arctigenin）；另含脂肪油25%～30%，为软脂酸、硬脂酸、亚麻油酸、油酸的甘油酯。尚含牛蒡酚（lappaol）A、B、C、D、E、F、H等7种木脂素类化合物。

［药理作用］

1. 抗炎作用 采用RAW 264.7细胞和THP-1细胞研究牛蒡子苷元抗炎活性的机制发现，苷元可以通过下调iNOS的表达和酶活力来抑制LPS刺激的NO、TNF-α、IL-6过量产生，但是对COX-2的表达和活力没有影响。牛蒡子苷元一方面可通过其抗氧化活性来抑制ROS依赖STAT信号；另一方面还可显著抑制STAT1、STAT3和JA K2的磷酸化来抑制iNOS的表达，进而降低炎症因子的表达。可见，牛蒡子苷元通过阻断JAK-STAT信号通路来抗炎。

2. 抗肿瘤作用 牛蒡子木脂素类成分是其抗癌和抗肿瘤的活性成分，其作用机制包括抑制肿瘤细胞增殖、直接细胞毒作用、抗肿瘤细胞转移、牛蒡子苷元对肺癌细胞（A549）、肝癌细胞（HepG2）、胃癌细胞（KATOI）均具有细胞毒性，但对正常细胞均无细胞毒性。进一步研究牛蒡子苷元对人肺腺癌细胞抗癌机制的结果表明，苷元可以通过下调NPAT蛋白表达来抗G_0/G_1相癌细胞增殖，且这与细胞内GSH水平相关。牛蒡子苷元可明显抑制肝癌（SMMC-7721）细胞增殖并诱导其凋亡，这可能与牛蒡子苷元下调细胞中Bcl-2基因的表达有关（曾晓燕等，2014）。

3. 抗糖尿病作用 牛蒡子提取物能明显改善STZ糖尿病大鼠多饮、多食和消瘦，降低尿蛋白、尿微量白蛋白、减少肾组织转化生长因子β_1（TGF-β_1）mRNA、单核趋化蛋白1（MCP-1）mRNA的表达；同时，牛蒡子提取物还能降低大鼠肾皮质蛋白激酶C（PKC）活性，能减少肾小球PAS染色阳性基质面积比以及Col-IV、FN的表达，减轻肾脏病理损害，减轻细胞内蛋白非酶糖基化（张晓娟等，2013）。牛蒡子多糖可通过SREBP-1/SCD-1轴调节2型糖尿病大鼠肝脏的脂质代谢（Min Chen，2020）。

4. 抗病毒作用 牛蒡苷及其苷元对甲型1流感病毒（H1N1）有直接的抗病毒作用，可抑制细胞外钙内流和内钙的释放，从而松弛离体大鼠的气管、结肠、肺动脉和胸主动脉，牛蒡苷及苷元可以直接抑制病毒的生长，在体表对H1N1有较强的抵抗作用，是其中医理论解表的主要表现之一。Yang Z等对鼻感染病毒小鼠测定其肺部指标及死亡率，发现由牛蒡子苷元进行鼻内治疗，可以显著改善感染小鼠肺部的各项指标。牛蒡子及其活性成分牛蒡子苷元对鲤春病毒血症病毒也具有良好的体外抗病毒活性，牛蒡子苷元在鲤鱼体内能在鲤春病毒血症病毒复制的第一天即发挥抗病毒作用（沈毓峰，2021）。

［临床应用］

1. 外感风热，咽喉肿痛 常配伍桔梗、银花、连翘等，方如银翘散。

2. 痈肿疮毒 用于痈肿疮毒尚未破溃者，常配伍大黄、连翘、黄芩、当归等。《元亨疗马集》鼠黏子散主治马肺毒生疮。

3. 猪、羊痘疹透发不畅 常与蝉蜕、薄荷、葛根等配伍。

［注意事项］

本品有通便作用，对风热毒盛而兼便秘者尤为适宜。脾虚泄泻者应慎用。

◆ 参考文献

蔡琳，2014. 葛根的化学成分、药理及临床作用的研究进展 [J]. 山东化工，43 (8)：40-41.
陈欢，张雅绮，赵瑞涛，等，2022. 犬螨虫性皮肤病组方用药规律的古代文献研究 [J]. Classical Chinese Medicine Research (1)：2624-2532.
陈正伦，1995. 兽医中药药理学 [M]. 北京：中国农业出版社.
崔高胜，2020. 葛根芩连汤治疗幼畜腹泻 [J]. 中兽医学杂志，1 (1)：87.
戴富春，张兴瑞，2019. 小青龙汤加减治疗马属动物咳喘症 [J]. 中兽医学杂志 (3)：35.
戴光文，陈素莲，韦邦伟，等，2017. 不同复方中药制剂防治猪高热病筛选试验 [J]. 中兽医学杂志 (6)：4-5.
刁云宏，彭思毅，谢晓萍，2017. 辛夷复方制剂在鼻炎防治中的应用 [J]. 中兽医学杂志 (4)：83-84.
董玲婉，周丽娜，2008. 紫苏药理作用研究进展 [J]. 中国药业，17 (1)：61-62.
郭凤霞，曾阳，李锦萍，2013. 苍耳水提物抑制 α-葡萄糖苷酶活性及降低小鼠血糖的作用 [J]. 浙江大学学报 (医学版)，42 (6)：632-637，665.
韩冰毅，杨宏平，传卫军，等，2009. 加味麻杏石甘桂芝汤治疗牛流感 [J]. 畜牧兽医杂志 (2)：91.
何开家，张涵庆，2008. 白芷化学成分及其药理研究进展 [J]. 现代中药研究与实践，22 (3)：59-62.
何昕，2012. 桑叶的药理作用及其临床应用研究 [J]. 实用心脑肺血管病杂志，20 (6)：1074-1075.
胡元亮，2013. 中兽医学 [J]. 北京：科学出版社.
姜保平，许利嘉，王秋玲，2013. 菊花的传统使用及化学成分和药理活性研究进展 [J]. 中国现代中药，15 (6)：523-530.
姜慧，廖天月，万晶琼，等，2022. 经典名方中薄荷的本草考证 [J]. 中国实验方剂学杂志，28 (10)：150-158.
敬樱，赵静，张天娥，等，2014. 通窍开玄法对鼻窦炎模型大鼠鼻黏膜影响的分子机制研究 [J]. 中国中医急症 (10)：1773-1775.
孔顺，王菲菲，张少楠，等，2022. 苍耳亭抗大鼠肺癌机制研究 [J]. 广州中医药大学学报，39 (5)：1123-1129.
赖玲，2013. 葛根的研究进展 [J]. 海峡药学，25 (1)：10-14.
李恒阳，丁笑颖，张丹，等，2022. 经典名方中麻黄的本草考证 [J]. 中国实验方剂学杂志，28 (10)：102-110.
李佳莲，方磊，张永清，等，2012. 麻黄的化学成分和药理活性的研究进展 [J]. 中国现代中药，14 (7)：21-27.
李仁国，2013. 柴胡有效成分及药理作用分析 [J]. 陕西中医，34 (6)：750-751.
李天星，李新民，2013. 中药葛根的研究进展 [J]. 湖南中医杂志，29 (8)：151-153.
李子健，李锋，裴乐，等，2020. 畜牧与饲料科学 [J]，41 (2)：87-91.
刘大蓉，2017. 葱白在防治畜禽疾病上的用途 [J]. 中国动物保健，19 (2)：62-63.
刘建勋，2020. 中药药理学 [M]. 北京：中国协和医科大学出版社.
刘蓉，何婷，陈恬，等，2012. 桂枝挥发油抗甲型流感病毒作用 [J]. 中药药理与临床，28 (2)：76-79.
刘蕊，廖文兵，李健，等，2011. 超微粉碎对葛根芩连汤中葛根素、黄芩苷溶出的影响 [J]. 中兽医医药杂志 (2)：11-14.
刘思佳，邢钰彬，星萍，等，2021. 紫苏黄酮抗菌活性表征 [J]. 食品研究与开发，42 (23)：163-168.

刘晓曦，马云飞，李焕荣，等，2021. 加味葛根芩连汤对湿热泄泻仔猪肠道炎症和损伤修复的作用 [J]. 畜牧兽医学报，52 (1) 1：246 - 255.
刘旭银，胡朝锦，2000. 动物中草药新用途 [M]. 重庆：重庆大学出版社：110 - 111.
刘阳，张钊，郭双双，等，2022. 葛根提取物对产气荚膜梭菌感染肉鸡生长性能和肠道屏障功能的影响 [J]. 中国畜牧杂志，58 (6)：232 - 239.
吕晓慧，孙宗喜，苏瑞强，等，2012. 柴胡及其活性成分药理研究进展 [J]. 中国中医药信息杂志，19 (12)：105 - 107.
聂春桃，尚相龙，杨梓曼，等，2021. 不同水平葛根素对肉牛瘤胃体外发酵指标及养分降解率的影响 [J]. 江西农业大学学报，43 (6)：1381 - 1387.
庞心悦，景永帅，郑玉光，等，2021. 白芷的化学成分及对神经系统疾病的治疗作用 [J]. 中国药理学与毒理学杂志，35 (9)：690 - 691.
渠亚蓉，胡静，周琪，等，2021. 辛夷、辛夷仁和辛夷外苞片中非挥发性成分比较 [J]. 中成药，43 (9)：2576 - 2580.
沈映君，2012. 中药药理学 . 第 2 版 [M]. 北京：人民卫生出版社 .
沈毓峰，2021. 牛蒡子苷元衍生物抗鲤春病毒血症病毒活性及机制研究 [D]. 西北农林科技大学 .
施璇，余应梅，欧阳经鑫，等，2022. 葛根素对饲喂氧化大豆油黄羽肉鸡免疫器官抗氧化功能的影响 [J]. 中国兽医学报，42 (1)：120 - 127，148.
王丹，王芳，杨怡，等，2019. 桂皮醛对 db/db 糖尿病小鼠胰岛形态与功能的影响 [J]. 实用医学杂志，35 (11)：1744 - 1747.
王福财，张振龙，2021. 加减千金散治疗马破伤风的体会 [J]. 畜牧兽医杂志，40 (3)：83 - 84.
王开，张加力，温伟，2013. 升麻葛根汤配合西药治疗肉鸽痘病 [J]. 中国兽医杂志 (3)：78 - 79.
王晓丽，金礼吉，续繁星，等，2013. 草药细辛研究进展 [J]. 亚太传统医药，9 (7)：68 - 71.
王永慧，叶方，张秀华，2012. 辛夷药理作用和临床应用研究进展 [J]. 中国医药导报，9 (16)：12 - 14.
王子旋，高园，颛孙相勋，等，2022. 薄荷精油纳米乳剂制备及对耐药金葡菌抑制研究 [J]. 扬州大学学报：农业与生命科学版，43 (3)：40 - 46.
吴德松，卿晨，2009. 升麻药理学活性研究进展 [J]. 医学综述，15 (6)：918 - 920.
吴昊，温晓茵，颜鹏，等，2021. 细辛的化学成分及药理作用研究进展 [J]. 中国实验方剂学杂志，27 (4)：186 - 195.
吴辉，陈晓光，苏曼莉，等，2018. 白芷、吴茱萸、川芎对偏头痛大鼠行为的影响 [J]. 湖北中医药大学学报，20 (1)：20 - 23.
武豪杰，张明辉，洪成智，等，2021. 桂皮醛对关节炎大鼠 JAK/STAT 信号通路的作用机制研究 [J]. 中国免疫学杂志，37 (11)：1325 - 1330.
谢宗会，蒋昌河，万成杰，等，2020. 十五种中药与吡嗪酰胺联合抗牛结核杆菌的体外实验 [J]. 实用药物与临床，23 (8)；709 - 711.
徐杭忠，李伟龙，罗莉，等，2021. 紫苏叶可促进中国大鲵生长并改善部分生理功能 [J]. 水生生物学报，45 (4)：774 - 780.
徐树楠，张美玉，王永梅，等，2007. 蝉蜕镇咳、祛痰、平喘作用的药理研究 [J]. 中国药理学通报，23 (12)；1678 - 1689.
杨璐，李国玉，王金辉，2011. 蝉蜕化学成分和药理作用的研究现状 [J]. 农垦医学，33 (2)：184 - 186.
杨雨晴，2011. 苍耳子的药理作用 [J]. 医学信息 (5)：1645 - 1646.
曾晓燕，戴岳，夏玉凤，2014. 牛蒡子的研究进展 [J]. 中国野生植物资源，33 (2)：6 - 9.
张欧，谭志平，李颜屏，2013. 中药桑叶的药理作用及其临床应用分析 [J]. 中国医药指南，11 (6)：

265 - 266.
张晓娟，张燕丽，左冬冬，等，2013. 牛蒡子的质量控制、药理作用研究进展 [J]. 中医药信息，30 (6)：125 - 128.
赵爱红，杨鑫宝，杨秀伟，等，2012. 兴安白芷的挥发油成分分析 [J]. 药物分析杂志，32 (5)：763 - 769.
赵杰，2010. 苍耳子的药理作用与临床应用 [J]. 中国现代药物应用，4 (6)：96 - 97.
赵学思，2013. 宠物中医临床犬瘟热论治（下）[J]. 中国动物保健 (10)：63 - 67.
郑双，谭伟江，李想，等，2019. 紫苏籽提取物在 ApoE -/-小鼠中的抗动脉粥样硬化和心脏保护作用 [J]. 中国实验动物学报，27 (6)：683 - 691.
周军，2014. 清暑散治疗畜禽中暑效果好 [J]. 中国动物保健，16 (8)：50.
朱春霞，顾祖莲，杨博，等，2017. 虎杖苷-桂皮醛对 MSU 诱导的 THP - 1 细胞痛风性炎症模型的影响及机制 [J]. 中药材 (7)：1710 - 1713.
Baijin Chang，Yanru Liu，Jingting Hu，et al.，2022. Bupleurum chinense DC improves CUMS - induced depressive symptoms in rats through upregulation of the cAMP/PKA/CREB signalling pathway [J]. J Ethnopharmacol. 289：115034.
Bor - Sen Wang，Guan - Jhong Huang，Huo - Mu Tai，et al.，2012. Antioxidant and anti - inflammatory activities of aqueous extracts of Schizonepeta tenuifolia Briq [J]. 50 (3 - 4)：526 - 31.
Chunlian Li，Yijie Luo，Weicheng Zhang，et al.，2021. A comparative study on chemical compositions and biological activities of four essential oils：Cymbopogon citratus (DC.) Stapf，Cinnamomum cassia (L.) Presl，Salvia japonica Thunb. and Rosa rugosa Thunb [J]. J Ethnopharmacol (280)：114472.
Liufang Hu，Xiaojun Song，Takayuki Nagai，et al.，2021. Chemical profile of Cimicifuga heracleifolia Kom. And immunomodulatory effect of its representative bioavailable component，cimigenoside on Poly (I：C) - induced airway inflammation [J]. J Ethnopharmacol (267)：113615.
Min Chen，Jingge Xu，Yan Wang，et al.，2020. Arctium lappa L. polysaccharide can regulate lipid metabolism in type 2diabetic rats through the SREBP - 1/SCD - 1 axis [J]. Carbohydr Res. (494)：108055.
Min Yang，Cong - Cong Wang，Wen - le Wang，et al.，2020. Saposhnikovia divaricata - An Ethnopharmacological，Phytochemical and Pharmacological Review [J]. 26 (11)：873 - 880.
Se - Jun Park，Dong - Hyun Shon，Yang - Hwan Ryu，et al.，2022. Extract of Ephedra sinica Stapf Induces Browning of Mouse and Human White Adipocytes [J]. Foods，11 (7)：1028.
Sin - Guang Chen，Mei - Ling Cheng，Kuan - Hsing Chen，et al.，2017. Antiviral activities of Schizonepeta tenuifolia Briq. against enterovirus 71 in vitro and in vivo [J]. Sci. Rep.，7 (1)：935.
Wonnam Kim，Wonil Lee，Eugene Huh，et al.，2019. Ephedra sinica Stapf and Gypsum Attenuates Heat - Induced Hypothalamic Inflammation in Mice [J]. Toxins (Basel)，12 (1)：16.
Yani Xu，Yaohui Shi，Jingxia Huang，et al.，2022. The Essential Oil Derived from Perilla frutescens (L.) Britt. Attenuates Imiquimod - Induced Psoriasis - like Skin Lesions in BALB/c Mice [J]. Molecules，27 (9)：2996.

第七章

清　热　药

凡以清解里热为主要作用的药物，称清热药。清热药药性寒凉，具有清热泻火、解毒、凉血、清虚热等功效，主要用于各种里热证，也可用于其他热证。根据主要功效，清热药可归为清热泻火药、清热凉血药、清热燥湿药和清热解毒药四类，主要药理作用如下：

1. 抗病原微生物作用

（1）抗菌作用　本类药物大多数都有一定的 抗菌作用，但其抗菌范围和抗菌强度各不相同。抗菌的有效成分有小檗碱、黄芩素、绿原酸、异绿原酸、木犀草素、癸酰乙醛、秦皮乙素、紫草素、苦参碱和穿心莲内酯等，这些有效成分为清热药的深入研究奠定了物质基础。当下，有人将清热作用等同于抗感染作用，甚至把清热解毒药与抗生素相提并论，这是一种错误认识。首先，与抗生素相比，大多数清热药的体外抑菌作用都比较低。其次，体外筛选方法存在很大的局限性，中药成分复杂，所含的鞣质、药液的酸碱度等都可通过物理的或非特异性的机理影响抑菌作用。再次，中药品种、炮制、采收季节等均可影响其抑菌效果，如大青叶有 7 科 16 种，所含有效成分的多少不一，其抗菌作用就有很大差异。最后，也是最为重要的，体外抑菌作用与进入体内后的临床效果之间没有必然联系。例如，穿心莲水溶性黄酮部分体外抑菌作用显著，进入体内则无效；而穿心莲内酯临床有效，体外抑菌试验却无效。

（2）抗病毒作用　体外试验和临床实践都证明，许多清热药及其复方对多种病毒均有一定的抑制作用，如银花、连翘、黄芩、牡丹皮、赤芍、大青叶、板蓝根、鱼腥草、地骨皮、紫草、野菊花、射干、青蒿等可抑制流感病毒；蒲公英、败酱草、夏枯草、赤芍、银花等可抑制单纯性疱疹病毒；大青叶可抑制乙脑病毒、腮腺炎病毒；赤芍可抑制副流感病毒、肠道病毒；夏枯草、栀子、半枝莲等可抑制乙肝病毒；紫花地丁、黄连、紫草、穿心莲、金银花、螃蜞菊、夏枯草等可抑制艾滋病毒。近年来，还发现黄连、生地、蒲公英能诱生干扰素、阻碍病毒复制；黄芩能抑制 HIV 逆转录酶。

2. 抗毒素作用　清热药有明显的抗毒素作用，其拮抗方式主要有直接和间接作用两种。

（1）直接作用　表现为降解内毒素，拮抗外毒素。例如，经清热药复方“清解灵”（白头翁、蒲公英、败酱草、大黄、甘草）处理过的内毒素与多黏菌素 B 处理过的内毒素从电镜下观察到两者结构变化相同，使内毒素的链状盘绕结构崩解呈板状或短片状。而小檗碱能使霍乱弧菌毒素所致腹泻潜伏期延长以及腹泻程度减轻，显示其抗外毒素的作用。

（2）间接作用　降低细菌的毒力。射干具有抗透明质酸酶的作用，可以阻止透明质酸的降解、维持结缔组织正常结构，故可阻止细菌、毒素在结缔组织中的扩散，间接降低细菌毒力。葡萄球菌产生的凝固酶能使纤维蛋白凝固、附着在细菌表面，使其不易被吞噬或破坏，而黄芩、知母、牡丹皮及黄连解毒汤在低于抑菌浓度时就能抑制凝固酶的形成，有利于细菌在体内被消灭。

3. 解热作用　发热是温热病的主要症状，细菌、病毒、内毒素均可引起内热原释放而致热。清热药中大部分药物和方剂均有明显的解热作用，如石膏、知母、水牛角、羚羊角、黄芩、黄连、银花、鱼腥草、大青叶、板蓝根、地骨皮、紫草、穿心莲、青蒿、白虎汤、青瘟败毒饮、黄连解毒汤等，对动物实验性发热模型均有较好的退热作用。从临床观察到，清热药的退热作用与阿司匹林有所不同，前者退热时一般不伴有明显发汗。

4. 抗炎作用　炎症是产生里热证候的重要原因。清热药不论单味还是复方对炎症反应均有不同程度的抑制作用。如大青叶、板蓝根、银花、连翘、黄柏、黄芩等对多种致炎剂（角叉菜胶、二甲苯、蛋清、巴豆油、右旋糖酐和甲醛等）引起的实验性炎症均有一定的抑制作用。研究发现，穿心莲、秦皮等明显兴奋垂体-肾上腺系统的作用；黄芩、紫草、鱼腥草等对环氧化酶、脂氧化酶二途径多种产物生成有抑制作用，紫草素能抑制白三烯 B_4（LTB_4）的合成，这些可能是其抗炎、解毒、解热作用的重要机理。

5. 抗肿瘤作用　“清热解毒”是中医治疗恶性肿瘤的基本治则，清热药对恶性肿瘤的治疗效果是肯定的。体外试验和动物试验都证明广豆根、青黛、苦参、知母、半枝莲、白花蛇舌草、地骨皮、穿心莲、赤芍及青蒿素等，对多种实验性肿瘤有明显的抑制作用。

综上所述，清热药的药理作用相当广泛，其治疗各种热证的机理可能是整体效应的结果。例如，通过抗菌、抗病毒、抗毒素消灭病邪内传或消除已侵入脏腑的病邪；通过解热、抗炎、抗过敏、抗肿瘤缓解症状；通过提高体内抗菌物质的含量和促进免疫功能而增强机体的抗病能力和促进组织损伤的修复。因此，清热药在治疗感染性疾病中占有重要地位。值得指出的是，在治疗严重细菌感染性疾病时，清热药若能与抗生素联合应用，既可发挥抗生素较强抑杀细菌的作用，又可发挥清热药增强免疫、清除内毒素等作用，达到祛邪而不伤正的效果。

第一节　清热泻火药

石　膏

石膏为硫酸盐类矿物石膏（Gypsum fibrosum）的矿石。主产湖北、安徽、四川、山西等地。

石膏性大寒，味辛、甘。归肺、胃经。具有解肌清热，除烦止渴的功效。主治壮热不退，肺热喘急，口渴咽干，热毒壅盛，发斑发疹，口舌生疮；煅敷生肌敛疮；外治痈疽疮疡，溃不收口，汤火烫烧。

［主要成分］

主要成分为含水硫酸钙（$CaSO_4 \cdot 2H_2O$），还含有黏土、砂粒、有机物、硫化物等。石膏中尚含有钛、铜、铁、铝、硅、锰、银、镁、钠、铅、锌、钴、铬、镍等微量元素。

煅石膏为无水硫酸钙（$CaSO_4$）。

［药理作用］

1. 解热作用 生石膏对正常体温无降温作用，而对人工发热动物具有一定的解热作用，对人工发热家兔有明显的退热作用，其退热作用可能与其主要成分钙的作用无关。15 g/kg 生石膏煎剂灌胃对注射伤寒五联菌苗所致的发热家兔无退热作用；如果先给兔灌胃生石膏煎剂，再注射伤寒五联菌苗则不能引起体温大幅升高。石膏具有迅速但维持时间较短的解热作用，对伤寒菌苗引起的发热兔，5 g/kg 生石膏的降温效果与 0.2 g/kg 安替比林相似，以服药后半小时体温下降为显著，在 1～1.5 h 作用最强。

2. 对机体免疫功能的影响 在体外培养实验中，1∶1 的石膏 Hanks 液能明显增强兔肺泡巨噬细胞对白色葡萄球菌及胶体金的吞噬能力，并能促进吞噬细胞的成熟，Ca^{2+} 可提高肺泡巨噬细胞的捕捉率，加强其吞噬活性和加速对尘粒的清除，在维持巨噬细胞生理功能上具有重要意义。一般认为 Ca^{2+} 在石膏的上述功能中起重要作用。

3. 对平滑肌的作用 小剂量石膏上清液使家兔的离体小肠和子宫振幅增大；大剂量则紧张性降低，振幅减少。石膏还可使小鼠尿排出量增加，小肠维持功能减慢，并增加大鼠和猫胆汁排泄。

4. 对骨骼肌的作用 石膏内服经胃酸作用，一部分变成可溶性钙盐，至肠吸收入血能增加血清内钙离子浓度，可抑制神经应激能力（包括中枢神经的体温调节功能），减低骨骼肌的兴奋性，缓解肌肉痉挛，又能减少血管通透性。

5. 对心血管系统的作用 小剂量石膏溶液对于离体蟾蜍心及兔心有兴奋作用，大剂量则产生抑制作用。静脉注射 4%石膏上清液 0.1 mL/kg 时，对家兔、猫的呼吸、血压及血流量无影响，而注射 1 mL/kg 以上时，显现呼吸抑制、血压下降、血流量减少、心率减慢。静脉注射石膏液 0.1 mL/kg，可使家兔和猫的大腿动脉的血流量呈一时性减少，其后增加，并使冠状动脉血流量减少。

6. 其他作用 长期喂饲石膏，可使大鼠垂体、肾上腺、颚下腺、胰腺及胸腺的钙含量增高。而对摘除甲状腺、副甲状腺的大鼠，则可使胸腺钙含量增加，脾脏钙含量减少。

［临床应用］

1. 气分实热，高热不退 常与知母相须为用，以增强清里热的作用。如白虎汤；气血两燔，神昏发斑，常与水牛角、生地、丹皮等同用。

2. 阳明实热 治猪阳明胃实热，可用石膏 100 g、知母 15 g、粳米 100 g、黄芩 15 g、大黄 20 g、甘草 10 g，水煎，每天 1 剂，连用 2 剂（曹进国等，2001）。治猪热毒发斑，可用石膏 100 g、大黄 20 g、板蓝根 20 g、丹皮 20 g、大青叶 15 g、生地 25 g、甘草 10 g，水煎灌服，每天 1 剂，连用 3 剂（林家义，1994）。

3. 肺热咳嗽，气喘 常与麻黄、杏仁、甘草等配伍，如麻杏甘石汤。治牛肺热咳嗽，可用麻黄 40 g、杏仁 60 g、石膏 400 g、金银花 40 g、大黄 60 g、白前 40 g、炙甘草 40 g，石膏捣碎先煎后加他药同煎，趁热灌服，每天 1 剂，连用 3 剂（曹进国等，2001）。

4. 湿疹、烫伤、疮疡不敛及创伤久不收口 外用煅石膏，与枯矾、陈石灰、血竭、乳香、没药、冰片等同用。

[注意事项]

非气分实热证，脾胃虚寒及血虚、阴虚发热患畜忌服。

[不良反应]

石膏毒性甚小，临床用至每剂 250 g 也未见毒性反应。生石膏水煎剂给小鼠静脉注射的 LD_{50} 为 14.7 g/kg 或 16.7 g/kg，石膏煎煮后残渣再用水煎测得之 LD_{50} 与首煎者相近。

知 母

本品为百合科植物知母（*Anemarrhena asphodeloides* Bge.）的根茎，除去须根者称毛知母，除去外皮者称知母肉。主产于河北，在山西、山东、陕西、甘肃、内蒙古、辽宁、吉林和黑龙江等省（自治区、直辖市）都有分布。

知母性寒，味苦、甘。归肺、胃、肾经。具有清热泻火、生津润燥的功效。主治外感热病，高热烦渴，肺热烦咳，骨蒸潮热，内热消渴，肠燥便秘。

[主要成分]

皂苷及其苷元，如知母皂苷（timosaponin）、菝葜皂苷元（sarsasapogenin）、芒果苷（mangiferin）及异芒果苷（isomangiferin）等。

[药理作用]

1. 抗病原微生物作用 体外试验知母对伤寒杆菌、痢疾杆菌、白喉杆菌、肺炎球菌、葡萄球菌等，以及铜绿假单胞菌、大肠杆菌等细菌有明显抑菌作用。对于小鼠实验性结核杆菌感染，饲以含知母的饲料可使病变有所减轻，但死亡率未见降低。此外，知母对某些致病性皮肤真菌及白色念珠菌也有一定抑制效果。

2. 解热、抗炎作用 知母皮下注射对大肠杆菌所致家兔发热有解热作用。石膏与知母均有解热作用，两者合用解热效果增强，知母解热有效成分为芒果苷。知母对二甲苯所致小鼠耳肿胀和 HAC 所致小鼠腹腔毛细血管通透性亢进均有一定抑制作用，芒果苷 50 mg/kg 灌服或腹腔注射对角叉菜胶性大鼠脚爪水肿及棉球性肉芽肿均有显著抑制作用。另有资料认为，知母总多糖部位为知母主要抗炎成分。

3. 对交感神经系统的影响 对于用温热药造成的热证模型，以知母为主药的复方（知母、黄柏、石膏、龙胆草）能抑制大鼠交感神经-肾上腺系统，知母、黄柏、石膏、龙胆草或知母、石膏以及单味知母，均可使大鼠心率减慢。生知母及盐知母均能抑制异丙肾上腺素所致小鼠心率增加；知母、黄柏及单味知母可使肾上腺重量明显减轻；知母配黄柏、配石膏或单味知母也能使肾上腺 DβH 活性显著降低，表明知母可通过改变中枢递质或其他因素，使大鼠中枢抑制活动增强，抑制交感神经中枢而使心率减慢，同时抑制肾上腺 DβH 活性使 CAs 合成和释放减少，交感神经肾上腺系统功能活动降低。

4. 抑制钠泵 知母中提得的菝葜皂苷元是 Na^{+}、K^{+}-ATP 酶抑制剂，体外试验对组织切片耗氧率或提纯的兔肾 Na^{+}、K^{+}-ATP 酶都有强烈的抑制作用，抑制率达 88.6%。整体试验中给予甲状腺激素可致大鼠肝、肾及小肠黏膜 Na^{+}、K^{+}-ATP 酶显著升高，但脑组织者无明显变化，同时灌服菝葜皂苷元可使肝、肾 Na^{+}、K^{+}-ATP 酶恢复至正常水平，小肠者还低于正常，对脑无明显影响，并能使肾切片耗氧率的显著增高也恢复至正常水平。酶抑制动力学研究表明，菝葜皂苷元对兔肾 Na^+、K^+ - ATP 酶抑制的曲线与哇巴因形状相似而较弱，两者均于 1 mol/L，可达最大抑制，其 IC_{50} 菝葜皂苷元为 9.0×10^{-6} M，哇巴因为 3.2×10^{-7} M，菝葜皂苷元的抑制性质为对 Na^+、K^+ - ATP 均为混合性抑制，哇巴因对 ATP 为反竞争性抑制，磷脂不抑制哇巴因，但多种磷脂却可不同程度地降低菝葜皂苷元对 Na^+、K^+ - ATP 酶的抑制。此外，对 PNP 酶活性也有明显抑制作用，1 mol/L 的哇巴因可完全抑制之，而菝葜皂苷元1 mol/L 抑制率为 68.5%。对整体大鼠红细胞钠泵的研究表明，菝葜皂苷元可显著抑制甲状腺激素所致大鼠红细胞摄取 Rb^+ 能力的亢进，且大鼠的甲亢表现也见改善。

5. 对 βAR - MchoR 细胞调控机制的影响　知母水煎剂灌服可使氢考或甲高模型鼠注射异丙肾上腺素后血浆 cAMP 峰值明显降低，βAR 的 RT 值也明显为低，而灌服生地龟板合剂者有类似作用，但灌服附子、肉桂合剂者 βAR 的 RT 值及 cAMP 系统对异丙肾上腺素的反应性反而均明显更为升高。菝葜皂苷元有知母水煎剂相似的作用，能使“甲高”小鼠脑 βAR 受体 RT 的升高下调趋于正常水平，但对亲和力 KO 无影响。此外，知母、菝葜皂苷元均可明显对抗甲高小鼠体重的明显下降，表明知母对 βAR 下调作用的机制，主要是使异常升高的受体分子生成速率减慢。

6. 降血糖作用　知母水提物对正常家兔、四氧嘧啶糖尿病家兔和小鼠以及胰岛素抗血清所致糖尿鼠均有降血糖作用，并可使小鼠血中酮体减少。知母多糖灌胃可使小鼠血糖及肝糖原含量明显降低，并可使四氧嘧啶高血糖小鼠血糖降低，腹腔注射也有明显效果，但对血脂含量无明显影响。知母对正常大鼠不促进葡萄糖氧化，但可促进横膈、脂肪组织等对葡萄糖的摄取，使横膈中糖原含量增加，但肝糖原含量下降。

7. 对肾上腺皮质及肾上腺皮质激素的影响　给家兔灌服地塞米松造模前 5 天或同时给予知母、生地、甘草的单味、双味或三味合煎也均可使血浆皮质酮含量明显上升，尤以知母作用为强，知母粗提物总皂苷也有类似作用；但如无皮质激素存在则均无此作用，仅单味生地可使兔血皮质酮浓度显著降低。知母上述作用机制与其抑制肾上腺皮质激素在肝中的分解代谢有关。但另有报告对于连续肌注氢化可的松所致家兔外周血淋巴细胞 B 受体密度升高，5.5 mg/kg 知母总皂苷可使其显著降低，但对血浆皮质激素浓度无明显影响。

8. 对心血管系统的影响　对于高脂饲料所致实验性动脉粥样硬化鹌鹑，知母皂苷 60 mg/kg、120 mg/kg、240 mg/kg 灌服 2 周，可明显降低血清 TC、TG、LDL 的含量，提高 HDL/LDL 比值，减小动脉粥样斑块的面积并减轻其病变程度。知母能明显拮抗 ISO 所致小鼠心率加快与心肌肥厚，降低腹主动脉结扎小鼠清醒态心率并增加其跑步能力。另有报告，知母皂苷能抑制血管平滑肌的增殖及凋亡增强；知母皂苷可下调血管内皮细胞血管紧张素酶原基因、肾上腺素 α2A 受体基因和内皮素转换酶- 1 基因的表达。

9. 抗癌作用　知母皂苷能使新生大鼠 AFP 下降，且使肝中 AFP mRNA 降低近 1 倍，而对 ALB mRNA 影响不大，表明其可能是调节癌发育基因表达的调节因子。由于恶性肿瘤与细胞膜钠泵密切有关，肿瘤细胞和宿主细胞中钠泵活性均明显增高，知母是 Na^+、K^+ - ATP 酶的抑制剂，抑制钠泵活性可能有助于癌瘤生长的抑制和宿主的存活，也有助于减少机体能量消耗。

[临床应用]

1. 温病发热 多种急性传染、感染性疾病初、中期均可用知母进行治疗，最常用者为白虎汤，在白虎汤中，以石膏清热泻火，以知母清热、生津、除烦。白虎汤为治温病气分大热要方，对于流行性乙型脑炎、流行性出血热、钩端螺旋体病、肺部感染以及其他多种感染有一定疗效。

2. 母猪乳房炎 连翘、银花、蒲公英、地丁草各15 g，知母、黄柏、大黄、木通、甘草各20 g，研细拌稀粥喂服（《甘肃畜牧兽医》，2011）。

3. 耕牛口炎 石膏（先下）250 g，知母60 g，板蓝根、薄荷、栀子、连翘、金银花、大黄各30 g，甘草20 g，水煎2次，每天1剂，一般3～4天痊愈（曾昭芙等，2000）。

4. 阴虚火旺，盗汗 常与黄柏等同用，如知柏地黄汤。

5. 肺虚燥咳 常与沙参、麦冬、川贝等同用。

6. 阴虚所致肠燥便秘 常与郁李仁、火麻仁等同用。

7. 马肺气把膊，胸膈一切痛病 如《元亨疗马集》中知母散：知母、枳壳、白芷、青皮、贝母、大黄、茯苓、菖蒲、补骨脂、枇杷叶、瓜蒌根、赤芍药，以上各等分为末，草后灌之。

[注意事项]

脾胃虚寒，大便溏泻的病畜禁服。

[不良反应]

据报道，每年3～4月枯草期，绵羊采食大量知母可导致中毒，估计为大量知母皂苷抑制呼吸，使血压下降，心肌麻痹（倪培培等，2008）。

知母水提液的小鼠经口最大耐受量为35.0 g/kg。知母80%乙醇提取液的小鼠经口最大耐受量为37.5 g/kg，毒性较低，临床给药安全可靠（刘芳等，2014）。

栀 子

本品为茜草科植物栀子（*Gardenia jasminoides* Ellis）的干燥成熟果实。主要分布于江西、湖北、湖南、浙江、福建、四川等地。

栀子性寒，味苦。归心、肺、三焦经。具有泻三焦火、清胃脘血，治热厥心痛、解热郁、行结气、清热利尿的功效。

[主要成分]

环烯醚萜苷类，如栀子苷（gardenoside，jasminoidin）、去羟栀子苷（京尼平苷，geniposide）、京尼平-1-龙胆双糖苷（genipin-1-β-D-gentiobioside）和山栀苷（shanzhiside）等。

[药理作用]

1. 解热作用 本品生或炮制品的醇提物灌胃，对酵母所致发热大鼠有明显解热作用，以生品作用为强。腹腔注射栀子醇提液可使小鼠体温显著下降，此作用可持续近10 h。大鼠腹腔注射也可产生同样明显的降体温效果。

2. 镇静催眠作用 栀子醇提物灌胃或腹腔注射均可使小鼠自发活动减少，给药后

1.5～3 h 作用达高峰，并能明显增强环己巴比妥钠的催眠作用，使小鼠睡眠时间显著延长，表明有镇静作用。但栀子对苯丙胺诱发的小鼠活动亢进及戊四氮、士的宁引起的惊厥和电惊厥无对抗作用。另外，CO_2 超临界萃取所得之栀子油能抑制小鼠自发运动，诱导小鼠入睡，协同戊巴比妥以及具有抗戊四氮惊厥等作用。

3. 镇痛作用 皮下注射京尼平 0.5 g/kg，能抑制腹腔注射醋酸引起的小鼠扭体反应，提示其有镇痛作用，但小鼠热板法和甩尾法实验栀子醇提物均无明显镇痛效果。

4. 抗炎作用 栀子的乙醇、醋酸乙酯、甲醇提取物涂于小鼠耳壳，对二甲苯致小鼠耳壳肿胀均有明显抑制作用；后两者涂于大鼠足爪，对甲醛所致亚急性足肿胀有明显的抑制作用，涂药后 48 h 作用最明显。对外伤所致小鼠和家兔实验性软组织损伤也有明显治疗效果。以京尼平苷配制的霜剂涂耳，对二甲苯和巴豆油所致小鼠耳肿胀均有明显抑制作用。栀子总苷是其抗炎镇痛主要成分。此外，栀子对免疫性炎症也有明显抑制作用，栀子对Ⅱ型胶原蛋白引致的大鼠关节炎模型能剂量依赖地抑制其肿胀，抑制骨膜细胞增生，降低血中 IL－1β 与 TNF－α 以及滑膜细胞 IL－1β 的分泌。

5. 保肝利胆作用 栀子可明显降低血清总胆红素水平，并明显降低四氯化碳、硫代乙酰胺所致 SGPT 升高，对 D－半乳糖胺所致小鼠肝损伤可使血清 AST 活性降低，肝细胞坏死、变性减轻，栀子不同炮制品对四氯化碳所致小鼠急性肝损伤也有明显保护作用，以生品作用为强，炒炭无效。D－半乳糖胺所致大鼠爆发性肝炎，栀子水煎液灌胃有明显保护作用，可降低死亡率。对异硫氰酸酯大鼠急性黄疸模型，栀子灌胃可使血清胆红素、谷丙转氨酶和谷草转氨酶均明显降低。栀子正丁醇提取物对其引起的肝组织灶性坏死、胆管周围炎和片状坏死等病理变化有明显保护作用。栀子黄色素是其保肝有效部位之一。栀子还对 CCl_4 所致大鼠的肝纤维化有抑制作用，作用环节主要在抑制胶原增生。栀子苷可缓解双酚 A 诱导的鲤鱼肝损伤，改善鲤鱼肝脏脂质代谢紊乱（顾郑琰等，2021）。

6. 对胰腺的作用 对于实验性急性出血性坏死性胰腺炎大鼠，栀子可明显改善胰、肝、胃、小肠血流，并降低早期死亡率。胰导管逆行注射去氧胆酸钠制备的大鼠实验性胰腺炎模型可见胰腺细胞的荧光偏振度明显升高，膜流动性降低，胰腺细胞膜结构和功能均发生显著改变。栀子水煎液灌胃可使上述胰腺细胞膜的结构和功能趋于正常，并能降低胰腺炎时升高了的胰腺细胞的线粒体、溶酶体膜脂的荧光偏振度，使之接近正常，表明栀子水煎液对胰腺细胞膜、线粒体膜、溶酶体膜均有稳定作用。栀子对实验性急性胰腺炎的治疗机制还与减轻胰腺组织毛细血管通透性亢进、减轻胰腺细胞氧化代谢和溶酶体功能、保护胰腺细胞膜功能、改善胰腺血液灌注、抑制血中炎性介质 TNF－α、IL－6、NO 以及髓过氧化物酶释放等作用相关。

7. 抗病原体作用 体外及整体试验表明，栀子具有明显的抗病毒活性。在体外栀子提取物 ZG 能明显抑制对甲型流感病毒、PIV－1、RSV、单纯疱疹病毒－1 型（HSV－1）、HSV－2 等病毒的致细胞病变作用；对于小鼠流感病毒性肺炎模型，可降低小鼠死亡率、延长存活时间。对 HSV－1 的作用主要在阻止病毒对 Hep－2 细胞表面的吸附，改善细胞膜的流动性，从而维持细胞的正常功效，而此可能与膜电位和膜 Na^+、K^+－ATP 酶活性等能态来源无关。栀子提取物对于实验性疱疹病毒性角膜炎有明显的治疗作用，其作用靶点可能是病毒复制晚期参与病毒颗粒组装，且同时作为重要的功能蛋白在病毒感染早期发挥转录调节功能的 HSV－1 的结构蛋白 VP16，通过对 VP16 表达的抑制、提高 IFN－γ 的表达和抑制 HSV－1 对细胞膜吸附而发挥抗病毒作用。对于柯萨奇病毒 B3（CVB3），栀子水煎剂能显著抑制病毒吸附与增殖，并抑制 CVB3 所致小鼠病毒性心肌炎心肌组织病毒量和减少病变面积。栀子还能抑制丙型肝炎病毒于裸鼠体内的复制。

8. 对消化系统的作用 栀子乙醇提取液可使兔、大鼠离体肠管的紧张度增加，蠕动减少，阿托品可阻断之。但高浓度栀子乙醇提取液反使肠肌松弛，以致小肠蠕动完全被抑制。京尼平苷或京尼平静脉注射能抑制大鼠自发性胃蠕动及毛果芸香碱诱发的胃收缩，但作用维持时间短。幽门结扎大鼠十二指肠内给药，京尼平可减少胃液分泌，降低总酸度。栀子对兔离体胃及十二指肠肌条有明显兴奋作用。对于无水乙醇、阿司匹林及吲哚美辛所致小鼠胃黏膜损伤及阿司匹林致大鼠急性胃黏膜损伤，栀子总苷均有显著的保护作用，此作用与其增加胃黏膜血流量，促进 NO 水平及 NOS 活性、降低 ICAM－1 在胃组织的表达及抗氧化等作用有关。

9. 对心脑血管系统的影响 对于大鼠局灶性脑缺血再灌注模型，栀子腹腔注射能改善神经功能缺损，降低脑组织 Na^{+}、K^{+}－ATP 酶活性，明显升高缺血再灌注 24 h 脑组织的 SOD 活性，降低 MDA 含量，促进脑组织神经生长因子的表达。栀子总环烯醚萜苷早期应用对于自体血注入制备的大鼠脑出血模型能使脑水肿体积减小，神经功能改善，NF－κB 活性抑制；栀子苷还可使脑缺血再灌注损伤小鼠脑消失的 5 691Da 蛋白恢复，缺血后新出现的 5 373Da、15 103Da 高表达降低。栀子醇提取液淋巴腔注入对在体蛙心有明显抑制作用，对离体蛙心使收缩幅度减小。猫和家兔腹腔注射栀子醇提物在降压的同时，可使心跳的频率减慢，但对心肌收缩力无明显影响。

［临床应用］

1. 黄疸 以栀子、黄柏、泽泻为主药的栀子柏皮汤加味治疗湿热型黄疸疗效显效。茵陈蒿汤重用栀子、大黄治疗急性病毒性肝炎高胆红素血症疗效显著。

2. 目赤肿痛 常与黄连、黄芩、黄柏等同用，如黄连解毒汤。

3. 血热妄行、热淋、尿血、鼻衄等 常与大黄、丹皮、大蓟、小蓟等同用。

4. 关节软组织损伤 生栀子散外敷治疗急性关节扭伤，可明显消肿止痛。栀黄散（生栀子、生大黄等份）外用治疗关节扭伤也有显著疗效。用栀子药粉加薄荷脑制成的膜剂，治疗跌打损伤、止痛消肿效果显著。

［注意事项］

大便溏泻的病畜禁服。

［不良反应］

栀子醇提物对小鼠的 LD_{50} 腹腔注射为 17.1 g/kg，灌胃为 107.4 g/kg。大剂量栀子及其有效成分对肝脏有一定毒性作用，以山栀子乙醇提取物给小鼠腹腔注射连续 4 天，可使环己巴比妥睡眠时间显著延长，肝脏呈灰绿色。山栀子乙醇提取物 4 g/kg 或京尼平苷 250 mg/kg 灌胃，每日 1 次，共 4 天，大鼠肝微粒体酶 P_{450} 含量以及对硝基苯甲醚脱甲基酶活性分别降至对照组的 30％和 35％以及 67％和 72％，给药组大鼠肝脏呈灰绿色。

第二节　清热燥湿药

黄　芩

本品别名黄金条根、山茶根、黄芩茶。为唇形科植物黄芩（*Scutellaria baicalensis* Georgid.）的干燥根。主产于我国西北、东北、华北北部和内蒙古草原东部，分布界北起大兴安岭山脉，南到河南中南部，西至鄂尔多斯高原。

黄芩性寒，味苦。归心、肺、胆、大肠经。具有泻实火，除湿热，止血，安胎的功效。主治壮热烦渴，肺热咳嗽，湿热泻痢，黄疸，热淋，吐、衄、崩、漏，目赤肿痛，胎动不安，痈肿疔疮。

［主要成分］

主要含黄芩素、黄芩苷、双黄芩苷、汉黄芩苷、可加黄芩素和黄芩黄酮Ⅰ等。

［药理作用］

1. 抗细菌作用　黄芩煎剂对金黄色葡萄球菌、肺炎球菌、溶血性链球菌、脑膜炎球菌、痢疾杆菌、白喉杆菌、炭疽杆菌、大肠杆菌、绿脓杆菌、副伤寒杆菌、伤寒杆菌、变形杆菌、霍乱弧菌等有不同程度的抗菌作用。黄芩醇浸液 0.5 g/mL 或 0.05 g/mL 用琼脂斜面培养，药液与培养基 1∶1 混合，对绿脓杆菌有抑制作用。黄芩醇浸液 2 g/mL 浓度，平皿法试验对大肠杆菌、枯草杆菌、金黄色葡萄球菌有抑制作用。黄芩醇提取剂 1 g/mL 浓度，用平板法试验时对脑膜炎球菌均有抑制作用。黄芩苷对温和气单胞菌、嗜水气单胞菌和变形杆菌均有抑菌作用，其中对温和气单胞菌抑制作用效果最好（聂鲕蓉等，2010）。

2. 抗真菌作用　黄芩煎液，试管斜面法试验 4%浓度抑制犬小芽孢菌及堇色毛癣菌，8%浓度抑制许兰氏黄癣菌，10%浓度抑制许兰氏黄癣菌蒙古变种，15%浓度制同心性毛癣菌及铁锈色毛癣菌。黄芩水浸剂 1∶3 浓度在试管内对堇色毛癣菌、同心性毛癣菌、许兰氏黄癣菌、奥杜盎氏小芽孢癣菌、羊毛样小芽孢癣菌、红色表皮癣菌、K、W 氏表皮癣菌、星形奴卡氏菌等 10 种皮肤真菌有不同程度抑菌作用，对犬小芽孢菌等 9 种皮肤真菌亦有抗菌效力。

3. 抗病毒作用　黄芩煎剂 25%～100%浓度，体外试验对乙型肝炎病毒 DNA 复制有抑制作用。黄芩的浸制剂与煎剂对流感病毒 PRS 株与亚洲甲型流感病毒有一定抑制作用。

4. 抗原虫作用　体内试验证明较高浓度的黄芩苷元能抑制阿米巴原虫的生长。体外实验表明，黄芩水煎剂与醇提物能抑制钩端螺旋体，高浓度时对钩端螺旋体有杀灭效果。

［临床应用］

1. 湿热泻痢，黄疸，热淋治泻痢，常配伍大枣、白芍等；治黄疸，多配伍栀子、茵陈等；治湿热淋证，可配伍木通、生地等。用黄芩提取物治疗肉仔鸡白痢 30 例，治愈率 93.3%，其疗效与环丙沙星、庆大霉素相当（$P>0.05$），而优于痢特灵和土霉素（$P<0.01$）（孙展和，2004）。

2. 上焦实火　用于肺热咳嗽，可与知母、桑白皮等配伍；用泻上焦实热，常与黄连、栀子、石膏等同用；用治风热犯肺，与栀子、杏仁、桔梗、连翘、薄荷等配伍。治鸡传染性鼻炎，用金银花 10 g，板蓝根 6 g，黄芩 6 g，白芷 25 g，防风、苍耳子、苍术各 15 g，甘草 8 g，烘干碾细末，成鸡每次 1～1.5 g，每天 2 次，拌料喂服。

3. 肿毒疮黄　常与金银花、连翘等同用。

4. 胎动不安　常与白术同用，治疗热盛胎动不安。

5. 犬瘟热　肺炎型：板蓝根、鱼腥草、黄连、黄芩、黄柏、栀子各 10 g。肠炎型：白头翁、郁金各 25 g，黄柏、黄连、诃子、栀子、白芍各 15 g，秦皮、仙鹤草各 10 g（《畜禽业》2014）。

［注意事项］

恶葱实，畏丹砂、丹皮、藜芦。

对于内寒中虚者，配伍不当可致腹痛、恶心呕吐等胃肠道反应。

［不良反应］

黄芩口服毒性甚小，煎剂给小鼠灌服达 163.3 g/kg 也不引起死亡，注射给药则有一定毒性，腹腔注射的 LD_{50} 为 11.0 g/kg±1.0 g/kg，LD_{95} 为 17.55 g/kg，LD_{20} 为 8.78 g/kg，雄鼠较雌鼠为敏感。皮下注射对小鼠的 LD_{50} 醇提物 6 g/kg，黄芩苷 6 g/kg，汉黄芩素 4 g/kg；腹腔注射黄芩苷为 3.081 g/kg。兔口服煎剂 10 g/kg、静脉注射醇提物 2 g/kg 不致死。犬一次口服浸剂 15 g/kg 或每次 5 g/kg，1 日 3 次，连服 8 周无明显毒性，但可见粪便稀软。兔静脉注射黄芩苷 15 mg/kg 可致死。

黄　连

本品为毛茛科植物黄连（*Coptis chinensis* Franch.）、三角叶黄连（*Coptis deltoidea* C. Y. Cheng etHsiao.）或云连（*Coptis teeta* Wall.）的干燥根茎。生用，姜汁炒或酒炒用。主产于我国四川、云南及中部、南部各地。

黄连性寒，味苦。归心、肝、胃、大肠经。具有清热燥湿，泻火解毒的功效。主治湿热诸症，心火亢盛，疮黄肿毒等。

［主要成分］

主要含小檗碱（berberine）、黄连碱（coptisine）、甲基黄连碱（worenine，云连无）、阿魏酸（ferulic acid）、黄柏酮（obacunone）和黄柏内酯（obacutactone）。

［药理作用］

1. 抗微生物及抗原虫作用　关于黄连抗微生物的作用，国内外报道最多。体外实验证明，黄连和小檗碱的抗菌作用基本一致，对葡萄球菌、链球菌、肺炎球菌、霍乱弧菌、炭疽杆菌及除宋内氏以外的痢疾杆菌均有较强抗菌作用；对枯草杆菌、结核杆菌、百日咳杆菌、白喉杆菌也有抗菌作用；对大肠杆菌、变形杆茵、伤寒杆菌作用较弱，而对副伤寒杆菌、绿脓杆菌和宋内氏痢疾杆菌则无作用。小檗碱低浓度抑菌，而高浓度杀菌。

2. 抗炎及对免疫系统的作用　黄连的甲醇提取液对大鼠多种实验性脚爪浮肿及肉芽肿有抗炎作用。局部用药也能减轻肉芽肿的发展，效果近似保泰松。对大鼠须部皮下局部注射霍乱毒素有抗炎作用。小檗碱能对抗霍乱毒素引起肠绒毛顶端水肿。无论口服还是皮下注射，小檗碱都有抗急性炎症作用，如抑制醋酸提高小鼠腹腔毛细血管渗透性、组胺提高大鼠皮肤毛细血管渗透性和二甲苯引起的小鼠耳壳肿胀，抑制角叉菜胶引起的大鼠足部肿胀，作用持续 7 h 以上，每天口服 50 mg/kg 小檗碱，能抑制皮内注射抗大鼠兔血清引起的皮肤水肿，并且棉花球法、巴豆油肉芽肿气囊法及受精卵法，都证明小檗碱有抑制肉芽组织生长作用。其抗炎机理可能与刺激促皮质激素释放有关。使用黄连投喂大黄鱼，发现黄连能提高大黄鱼白细胞吞噬活性、血清溶菌酶活性、超氧化物歧化酶活性（李梅芳等，2014）。

3. 抗癌作用 早期实验认为，小檗碱无细胞分裂毒作用。但较多资料认为，小檗碱及其一些衍生物有抗癌活性。小檗碱能抑制腹水瘤细胞呼吸约 15%，但不影响其糖分解。小檗碱抑制呼吸的作用，主要是抑制黄酶。小檗碱还可抑制癌细胞对羧胺（carboxamide）的利用，从而抑制嘌呤及核酸的合成而达到抗癌作用。

［临床应用］

1. 湿热泻痢 黄连主治中焦湿热，并具解毒作用，故有较好疗效。治仔猪黄痢，用黄连 25 g，加水 1 000 mL，煎成 500 mL 汤剂。每次 2～3 mL，2 天 1 次（胡元亮，2006）。

2. 热盛火炽、壮热神昏 本品泻心火、解热毒，适用于心火亢盛、烦躁不眠及血热妄等证，常与白芍、阿胶等配伍，如黄连阿胶汤。

3. 痈肿疮毒 对于耳目肿痛，亦可外用。研末或浸汁涂患处。

4. 口舌生疮 常与黄芩、黄柏、栀子、天花粉、牛蒡子、桔梗、木通等同用，如洗心散。治犬传染性口炎，用黄连 10 g，黄柏、薄荷、桔梗各 15 g，青黛 10 g，冰片 5 g，共研细末，喷撒口内，同时用纱布卷药含于口内，每天 3 次。

［注意事项］

本品大苦大寒，过量或服用较久，易致败胃。凡胃寒呕吐、脾虚泄泻之证均忌用。

［不良反应］

黄连所含生物碱于肠道吸收少，故毒性低，其所含多种季胺碱胃肠道给药毒性也小，但注射给药则可有较大毒性。小檗碱腹腔注射对小鼠的 LD_{50} 为 24.3 mg/kg，灌服为 392 mg/kg，静脉注射对大鼠、小鼠、豚鼠和兔的 MLD 在 27.5～250 mg/kg 之间，15 mg/kg 静脉注射于麻醉兔可引起全心抑制，16 只家兔中 4 只出现结性心律；0.1%的小檗碱给犬静脉恒速滴注，初始时可见心脏兴奋，至 180～270 min 则出现血压下降，抑制而死亡。盐酸巴马亭小鼠腹腔注射的 LD_{50} 为 136 mg/kg±8 mg/kg，每日灌服 14 mg/kg 连续 10 天对家兔无明显毒性，其硫氰酸盐小鼠静脉注射的 LD_{50} 为 9.8 mg/kg。药根碱小鼠注射的安全量为 50～100 mg/kg，200 mg/kg 可出现中毒表现，400 mg/kg 迅速引起动物死亡，小鼠静脉注射的 LD_{50} 为 10 mg/kg。

黄　柏

本品为芸香科植物黄檗（*Phellodendron amurense* Rupr.）或黄皮树（*Phellodedron chinense* Schneid）的干燥树皮。前者称黄柏，后者称川黄柏。切丝生用或盐水炒用。产于内蒙古、四川、云南以及东北、华北等地。

黄柏性寒，味苦。归肾、膀胱、大肠经。具有清湿热，泻火毒，退虚热的功效。主治黄疸泻痢，湿热淋证，肺热咳嗽，风热犯肺等。

[主要成分]

主要为小檗碱，呈盐酸盐存在；其次为黄连碱、甲基黄连碱等；酸性化合物有阿魏酸、3,4-二羟基苯乙醇、葡萄糖苷等；另外，含有黄柏酮、黄柏内酯以及多种微量元素。

[药理作用]

1. 抗病原微生物作用 在体外黄柏水煎剂或醇浸剂对多种致病性细菌有不同程度的抑制作用，如金黄色葡萄球菌、白色葡萄球菌、柠檬色葡萄球菌、溶血性链球菌、肺炎双球菌、炭疽杆菌、霍乱弧菌、白喉杆菌、枯草杆菌、大肠杆菌、绿脓杆菌、伤寒杆菌、副伤寒杆菌、脑膜炎双球菌、粪产碱杆菌等，对各型痢疾杆菌（福氏、宋内氏、志贺氏及施氏痢疾杆菌）的抑制作用强。以黄柏为主药的一些中医名方，如黄连解毒汤、白头翁汤等也具有广谱抗菌作用。在黄连解毒汤中黄柏、黄连抗菌活性可产生协同效果，但在白头翁汤中，黄柏与该方其他组成药的抗痢疾杆菌作用则既未见协同增效，也未见有拮抗作用发生。此外，黄柏对结核杆菌、钩端螺旋体等也有较强的抑制或杀灭作用，但对豚鼠的实验性结核杆菌感染无效。近有研究，黄柏还能显著抑制变形链球菌的生长。所含之多种季胺生物碱是黄柏抗菌有效成分，如小檗碱、巴马亭、药根碱等均有较强的抗菌活性，巴马亭的抗菌活性与小檗碱基本相同或略低。

2. 降压作用 黄柏流浸膏或醇提液碱性物质腹腔注射均具有显著的降压效果。黄柏2 g/kg灌服能使睾丸切除高血压大鼠血压降低，由黄柏配伍仙茅、淫羊藿、巴戟天、知母、当归组成的二仙合剂十二指肠给药，对麻醉猫及慢性肾型高血压犬也有一定降压作用，黄柏为此方降压主药。黄柏所含多种成分，如小檗碱、黄柏碱、巴马亭等都具有不同程度的降压活性。黄柏碱静脉注射，对兔、猫、犬等均可引起降压，并能增强肾上腺素及去甲肾上腺素的升压反应，抑制人工窒息及刺激迷走神经向中端所致的升压反应，抑制刺激节前纤维引起猫瞬膜收缩，由黄柏碱合成的衍生物也有明显降压作用。巴马亭灌服、腹腔注射或静脉注射均有明显降压效果，其降压机制与小檗碱类似，与阻断神经节、抑制血管中枢及抗交感等神经介质有关。药根碱的降压效果则可能与抗交感神经介质有关。此外，黄连解毒汤也有显著降压效果，黄柏为其降压主药之一，从中已分得具有α-肾上腺素及β-肾上腺素样活性的物质。

3. 对消化道的作用 黄柏对胰蛋白酶活性有抑制作用，能使酶活性降低34%～87%，此作用与其所含小檗碱无明显关系。对于盐酸-乙醇所致大鼠实验性胃溃疡，黄柏50%甲醇提取物有显著保护作用，小檗碱也有效，但总提取物抗溃疡活性比小檗碱为强。对于肠平滑肌，黄柏可增强家兔离体肠管收缩，其所含小檗碱也增加收缩幅度，黄柏酮也兴奋肠平滑肌，黄柏内酯则反使肠管弛缓。黄柏水提液可促进饥饿家兔胆汁及胰液分泌，同时有利胆作用，能促进胆汁分泌，并促进胆红素的排出。

[临床应用]

1. 湿热泻痢 常与白头翁、黄连同用，如白头翁汤。用复方黄柏散按每天1.2 g/kg和0.6 g/kg连续用药3天，对禽霍乱人工病例有极显著保护作用（胡元亮，2006）。

2. 湿热黄疸 常与茵陈、栀子同用。

3. 膀胱湿热 常与木通、淡竹叶、车前子、栀子等同用。

4. 阴虚发热，潮热盗汗 常与知母、地黄等同用，如知柏地黄汤。

5. 疮黄肿毒 常与黄连、黄芩、栀子等同用。

[注意事项]

脾胃虚寒、胃弱者忌用。

[不良反应]

黄柏小鼠腹腔注射的 LD_{50} 为 2.7 g/kg，MLD 为 0.52 g/kg，腹腔注射黄柏煎剂 LD_{50} 为 9.86 g/kg±0.96 g/kg。盐酸巴马亭小鼠腹腔注射的 LD_{50} 为 136 mg/kg±8 mg/kg，黄柏碱为 69.5 mg/kg。

苦　参

本品为豆科植物苦参（*Sophora flavercens* Ait.）的干燥根。全国各地均产。

苦参性寒，味苦。归心、肝、胃、大肠、膀胱经。具有清热燥湿，杀虫，利尿的功效。主治热疾便血，黄疸，尿闭，带下，阴肿阴痒，湿疹，皮肤瘙痒等。

[主要成分]

主要含有生物碱和黄酮类，生物碱主要有苦参碱（matrine）、氧化苦参碱（oxymatrine）、槐果碱（sophocarpine）、槐胺碱（sophoramine）及槐定碱（sophoridine）。

[药理作用]

1. 抗病原微生物作用 苦参水提物体外对多种细菌具有明显的抗菌活性。苦参生物碱、黄酮为主要抗菌有效成分。苦参碱于体外对痢疾杆菌、大肠杆菌、变形杆菌、乙型链球菌及金黄色葡萄球菌均有明显的抑制作用。苦参及苦参总碱在体外细胞培养物上及小鼠体内均有显著的抗柯萨奇B组病毒（CVB）作用，体外可抑制CVB的致细胞病变作用，体内可抑制CVB3所致病毒血症，抑制病毒于心肌中的增殖，延长感染鼠存活时间，抗病毒机制与抑制蛋白质合成有关。苦参水煎液能抑制毛癣菌、黄癣菌、小芽孢癣菌和红色表皮癣菌等多种皮肤真菌的生长，苦参醇浸膏于体外能杀灭白色念珠菌与阴道滴虫。苦参水煎剂能杀死贾第氏鞭毛虫，引起虫体滋养体脱壁、死亡。其乙醇提取物及生物碱、黄酮均是杀虫有效成分。此外，苦参还有抗血吸虫尾蚴感染及杀灭鱼体车轮虫的作用。

2. 抗炎作用 苦参有显著的抗炎作用，所含生物碱为主要抗炎成分。苦参注射液、氧化苦参碱腹腔注射，能抑制大鼠蛋清性足肿胀，苦参碱 15 mg/kg、25 mg/kg 肌内注射，可明显抑制巴豆油诱发小鼠及大鼠耳壳肿胀、角叉菜胶诱发的大鼠鼠爪肿胀及腹腔注射醋酸诱发的炎性渗出。有报告苦参碱对大鼠棉球性肉芽组织增生无明显影响，但另有报道，苦参碱肌注，可抑制大鼠肉芽组织增生。由于苦参碱及氧化苦参碱对摘除肾上腺小鼠仍有显著抗炎效果，提示其抗炎作用与垂体—肾上腺系统无明显关系。

3. 免疫抑制作用 苦参水煎剂灌胃，可显著抑制ConA及LPS所致小鼠脾细胞增殖反应，对小鼠脾细胞生成IL-2活性及腹腔巨噬细胞产生IL-1活性也均有显著抑制作用，表明其对T、B淋巴细胞及巨噬细胞均有显著抑制作用。对马血清所致豚鼠过敏性休克，苦参液注射可降低过敏性休克的死亡率，表明对I型变态反应有抑制作用。氧化苦参碱皮下注射，连续 5 天，可显著抑制小鼠腹腔巨噬细胞的吞噬能力，苦参碱对小鼠脾脏 T 细胞增殖的 IC_{50} 为 0.55～0.65 mg/mL，抑制 IL－2 产量的浓度 IC_{50} 是 0.1 mg/mL，提示苦参碱可抑制 T 细胞功能。用肿瘤相伴免疫试验（TCI），对依赖 T 细胞的抗绵羊红细胞抗体反应、血清溶菌酶活性、碳粒清除试验等比较苦参所含 5 种生物碱的免疫抑制作用，结果表明，苦参碱的免疫抑制作用较强，而槐果碱作用较弱。另有报告，氧化苦参碱对小鼠脾脏 T、B 淋巴细胞及细胞因子呈双相调节作用。还有报告，苦参总碱 50～200 μg/mL 于体外能明显诱导小鼠脾细胞干扰素的生成，并明显对抗氢化可的松对干扰素生成的抑制作用，且此作用与药物浓度相关。苦参及氧化苦参碱对小鼠脾细胞不影响 IgE 的形成，但氧化苦参碱明显抑制肥大细胞脱颗粒，稳定细胞膜；对 PC 所致小鼠 DTH，苦参煎剂主要抑制致敏 T 淋巴细胞释放淋巴因子及继后的炎症反应，抑制 IL－2、IL－1 的生成。

4. 抗肿瘤作用 苦参煎剂具有明显抗肿瘤和促进肿瘤细胞分化等作用，如抗 S_{180}、艾氏腹水癌，抑制 H_{22} 肝癌腹水癌细胞生长，诱导白血病细胞 HL－60 凋亡，诱导 K_{562} 红白血病细胞和人早幼粒白血病细胞分化等。所含生物碱及黄酮都是抗癌有效成分，含苦参血清对 H_{22} 细胞生长也有明显抑制作用，且有细胞毒活性，对 S_{180} 和艾氏腹水癌有明显抑制作用。多种苦参生物碱均有抗肿瘤作用，对于小鼠艾氏腹水癌，苦参总生物碱和苦参碱、脱氧苦参碱、氧化苦参碱等均有较显著的抑制作用，以氧化苦参碱的作用最强，给小鼠腹腔注射氧化苦参碱 375 mg/kg 可使荷瘤小鼠生命延长率达 128.9％。以上各种生物碱及以不同比例组成的混合碱对小鼠肉瘤 S_{180} 也有不同程度的抑制作用。苦参碱、氧化苦参碱及混合生物碱对小鼠实体性宫颈癌 U_{14} 也有抑制作用。流式细胞仪的研究表明，苦参碱对人肝癌 SMMC－7721 细胞株可使其 G_1/G_0 期和 G_2/M 期细胞 DNA 含量轻度减少，人参皂苷 Rb1 则轻度增加，二物合用时 DNA 则明显减少，但对 S 期细胞 DNA 含量无显著影响。抑制血管生成可能也是苦参总碱粒肿瘤作用的机制之一。

［临床应用］

1. 湿热黄疸 常与栀子、龙胆草等同用。雏鸭病毒性肝炎，用苦参 80 g、大黄 60 g、大青叶 80 g、板蓝根 80 g、柴胡 65 g、茵陈蒿 60 g，水煎饮水，每天 1 剂，连用 3 天。预防率达 99％，治愈率达 85％（李敬云，2005）。

2. 泻痢 单用或与木香、甘草等同用。治仔猪白痢，用苦参 30 g，煎水服汁，分 3～5 次喂服（宋舜田等，2001）。

3. 疥癣 常与雄黄、枯矾等同用。治家兔疥癣，用苦参、雄黄、大黄、牛蒡子、生杏仁、荆芥各 15 g，连翘 12 g，防风 6 g，生山楂 6 g，没药 15 g，研成极细粉末水调涂擦。

4. 马疳风 用于马膘满肉肥，皮毛不洁，毛窍瘀塞，心肺有热，不得外泄，以致内热生风，风热搏结于肌表，使皮肤瘙痒。如《元亨疗马集》中苦参散：苦参、玄参、黄连、大黄、独活、枳实、防风、黄芩、栀子、何首乌、秦艽、甘草，共为细末，猪脂、蜂蜜为引，开水冲调，候温灌服。

［注意事项］

脾胃虚寒、食少便溏者忌用。

[不良反应]

苦参急性中毒的主要表现是对中枢神经系统的影响，苦参总碱 0.5～1.82 g/kg 灌胃，小鼠出现间歇性抖动和痉挛，进而出现呼吸抑制，数分钟后心跳停止，呼吸麻痹是苦参中毒致死的主要原因。苦参总碱小鼠腹腔给药 LD_{50} 为 147.2 mg/kg±14.8 mg/kg，灌胃给药 LD_{50} 为 586.2 mg/kg±80.46 mg/kg；苦参碱小鼠肌肉注射的 LD_{50} 为 74.15 mg/kg±6.14 mg/kg；氧化苦参碱小鼠肌肉注射 LD_{50} 为 256.74 mg/kg±57.36 mg/kg；苦参总黄酮小鼠静脉注射的 LD_{50} 为 103.1 g/kg±7.66 g/kg。

亚急性毒性实验结果显示，苦参注射液、苦参混合生物碱静脉注射和腹腔注射，均未显示明显毒性作用，小鼠体重、血象和脏器基本正常。给犬肌肉注射苦参结晶碱 0.5 g，每天 1 次，连续 2 周，多数动物出现食量减少，体重减轻，但肝、肾功能和血象无明显毒性改变。

白　头　翁

本品为毛茛科植物白头翁［*Pulsatilla chinensis*（Bge.）Regel］的干燥根。生用。主产于内蒙古及华北、东北等地。

白头翁性寒，味苦。归大肠经、胃经。具有清热解毒，凉血止痢的功效。主治肠黄作泻，下痢脓血、里急后重等。

[主要成分]

主要含白头翁素（anemonin）、白头翁酸等。

[药理作用]

1. 抗阿米巴原虫　白头翁煎剂及其皂苷在体外和体内都能抑制溶组织阿米巴原虫生长，但都需大剂量。在体外试验中，煎剂在 1∶40 时，能完全抑制阿米巴虫的生长；1∶60 时培养液中已出现有圆缩的囊前型，皂苷则在 1∶200 能完全抑制原虫生长，1∶500 时即出现圆缩的囊前型，1∶1 000 时出现滋养体感染大鼠的治疗作用。煎剂及皂苷都能有效的抑制鼠肠内阿米巴原虫的生长，低有效量均为 1.0 g/kg（相当于盐酸依米丁的 1/250～1/750），剂量降为 0.3 g/kg 时作用即不明显。

2. 抗阴道滴虫　白头翁在体外抗阴道滴虫的试验中，60%浸膏或水液于 5%浓度时 5 min 即可杀灭天滴虫，流浸膏对阴道黏膜刺激很大，但以丙酮、乙醚相继提取所得部分刺激性小，对滴虫仍然有效。另有报道，白头翁粉杀滴虫的 MIC 为 2 mg/mL。

3. 抗菌作用　白头翁新鲜茎叶榨取的汁液在体外（平皿挖洞法）对金黄色葡萄球菌、绿脓杆菌有抑制作用，在除去鞣质后即失去作用；对痢疾杆菌的作用较差，但亦有报告，煎剂对痢疾杆菌的作用依菌种浓度不同而异，对志贺氏菌作用较强，对舒氏、弗氏及宋氏杆菌的作用依次减弱或不抑菌。白头翁汤（白头翁、秦皮、黄连、黄柏）各成分间在对痢疾杆菌的体外试验中，既无协同也无拮抗作用。白头翁酒精浸液在试管中对枯草杆菌及金黄色葡萄球菌也有某些抑制作用，对体外结核杆菌的生长无抑制作用；对小鼠流感病毒感染有轻度抑制作用。有人研究过白头翁（anemonecernua）在试管中对致病性及非致病性真菌的作用，结果显示对少数真菌有微弱的抑制作用。白头翁的抗菌有效成分为白头翁素，白头翁素对白喉杆菌、葡萄球菌、链球菌、大肠杆菌、结核杆菌等的 MIC 在 $2\times10^{-6}\sim8\times10^{-5}$之间、白头翁素的抗菌活性还与链霉素有协同作用。

4. 抗病毒作用 白头翁水浸液能延长患流感病毒 PR8 小鼠的存活日期，对其肺部损伤亦有轻度减轻。

5. 其他作用 据报道，白头翁乙醇提取物具有镇静、镇痛及抗痉挛作用。除去根部的白头翁全草有一种强心成分喔奇哪灵（okinalin），其作用略似洋地黄。国外产的白头翁（Pulsatill anigricans）有镇静作用，并能降压，使心率变慢，心收缩增强，增进胃肠运动。

［临床应用］

1. 牛出血性乳房炎 白头翁、黄连、黄柏、栀子、秦皮、苦参各 30 g，焦荆芥、焦蒲黄、焦地榆各 20 g（杨安龙等，2002）。

2. 泻痢便血 治仔猪白痢，用白头翁 90 g，黄柏、黄连 60 g，秦皮 45 g，1 月龄仔猪每天服 4～6 g（王伟等，2003）。治犬湿热痢，用白头翁 6 g、秦皮 6 g、黄柏 3 g、黄连 3 g、赤芍 3 g、黄芩 3 g，每天 1 剂，连用 3 剂（易俊兴等，2005）。

［注意事项］

虚寒下痢者忌用。

［不良反应］

原白头翁素对皮肤黏膜具有强烈的刺激作用，新鲜的白头翁全草捣烂可因原白头翁素逸出而有强烈刺激性气味，接触眼部可引起流泪；吸入可引起喷嚏、咳嗽；内服可引起流涎、胃肠炎症、呕吐、腹痛、肾炎、血尿及心衰，并可因呼吸衰竭而死。干燥久贮者则因原白头翁素聚合为白头翁素，局部刺激作用大为降低。白头翁煎剂毒性也低，一般服用量无明显毒副作用。

秦 皮

本品为木犀科植物苦枥白蜡树（*Fraxinusrhyn chophylla* Hance）、白蜡树（*F. chinensis* Roxb）、尖叶白蜡树（*F. chinensis* Roxb. var. *acuminata* Lingelsh）或宿柱白蜡树（*F. stylosa* Lingelsh.）的枝皮或干皮。主产于辽宁、吉林、河北、河南、内蒙古、陕西、山西、四川等地。

秦皮性寒，味苦、涩。归肝、胆、大肠经。具有清热燥湿，清肝明目，收涩止痢的功效。主治热痢，泄泻，带下，目赤肿痛，目生翳膜。

［主要成分］

主要含秦皮甲素（esculin）、秦皮苷（fraxin）及秦皮素（fraxetin）等。

［药理作用］

1. 抗病原微生物作用 体外试验本品煎剂对多种致病性细菌有不同程度的抑制效果，如金黄色葡萄球菌、大肠杆菌、痢疾杆菌等。秦皮乙素为秦皮抗菌主要有效成分，其 MIC 对金黄色葡萄球菌为 1∶2 000，对卡他球菌为 1∶2 500，对大肠杆菌为 1∶1 000，对福氏痢杆菌为 1∶2 000；秦皮甲素 1∶1 000 时对金黄色葡萄球菌、卡他球菌、甲型链球菌、奈氏球菌等也均有抑制作用。近有研究也表明，秦皮甲、乙素对肠道中的大肠杆菌有显著抑制效果。秦皮对伤寒杆菌感染所致小鼠死亡有明显保护效果。不同基原的秦皮其体外抗菌活性有不同。秦皮还有一定抗病毒作用，如抗流感病毒、疱疹病毒等，对于家兔实验性单纯疱疹性角膜炎有明显防治作用。

2. 抗炎作用 秦皮、秦皮甲素、秦皮乙素都具有明显的抗炎作用。对于豚鼠紫外线红斑及组胺所致毛细血管通透性增高，秦皮甲素、乙素皆能显著抑制之；但对缓激肽所致者则无效。另有研究秦皮乙素对于肠黏膜微血管内皮细胞可降低其 NO 及 ICAM－1 的分泌，近一步研究发现秦皮乙素可因抑制基质金属蛋白酶活性及其合成与分泌，而对骨关节及软骨有明显保护作用。

3. 抗肿瘤作用 秦皮乙醇提取物于体外能显著抑制人乳腺癌细胞 MCF－7（ER^+）和 MDA－MB－231（ER^-）的增殖，且呈一定量效关系，95%乙醇提取物作用 72 h 对前者的 IC_{50} 为 221 μg/mL，后者为 251 μg/mL，低浓度乙醇提取物作用差。秦皮乙素、甲素体内外均呈明显抗肿瘤活性，在体外，秦皮乙素对 A_{549} 肺癌细胞、黑色素瘤细胞、人 T 淋巴细胞性白血病细胞及人胃癌细胞等均有明显抑制，并能抑制 HL－60 白血病细胞增殖，促进其凋亡；还可增强紫杉醇所致 HepG2 人肝癌细胞凋亡。秦皮乙素和秦皮甲素均能抑制 1,2－二甲肼诱导的大鼠结肠 DNA 氧化损伤和肿瘤生长。

［临床应用］

1. 痢疾 秦皮对痢疾有较好疗效，以其为主要组成之一的白头翁汤是中医治痢传统名方，配伍研究发现白头翁汤组成各药均对菌痢有良效，合而为方后疗效并未见有明显增强。单以秦皮煎剂或秦皮乙素治疗菌痢也有较好疗效。治疗雏鸡白痢，可用处方为鱼腥草、蒲公英、黄芩、神曲、麦芽、葶苈、桔梗、秦皮、苦参、穿心莲、黄芪、甘草（胡元亮，2006）。

2. 眼科疾病 秦皮清热明目，可用于多种眼科疾病的治疗。急性结膜炎可用本品配草决明、木贼等煎水洗眼或配黄连、竹叶煎服。

［注意事项］

脾胃虚寒者忌服。

［不良反应］

秦皮毒性很低，秦皮甲素及乙素毒性也小。对于小鼠，灌服的 LD_{50} 值为秦皮甲素 11.5 g/kg，秦皮乙素 2.398 g/kg；静脉注射的 MLD 为 250 mg/kg，中毒表现二者相似，为镇静、惊厥、昏迷，终因呼吸麻痹而死亡。秦皮苷及秦皮素也可抑制小鼠及兔的中枢神经，并致呼吸停止而死亡。秦皮乙素 1.0 g/kg 每天灌服 1 次，连续 2 周，未见毒性反应。

龙　胆　草

本品为龙胆科植物龙胆（*Gentiana scabra* Bge.）、条叶龙胆（*Gentiana manshurica* Kitag.）或三花龙胆（*Gentiana tirflora* Pall.）的干燥根及根茎。切断生用。我国南北各地均产。

龙胆草性寒，味苦。归肝、胆、膀胱经。具有清热燥湿，泻肝火的功效。主治湿热黄疸，尿短赤，湿疹等，也常用于治肝火。

［主要成分］

主要含龙胆苦苷（gentiopicroside）、龙胆三糖、龙胆碱及黄色龙胆根素等。

［药理作用］

1. 保肝作用 用CCl_4和D-氨基半乳糖（GALN）造成小鼠肝脏急性损伤模型，以240 mg/kg的剂量给小鼠腹腔注射龙胆苦苷，每天2次，共4次，给药第3天采血测定血GPT值，发现龙胆苦苷+CCl_4组血GPT值明显低于CCl_4组（$p<0.05$）；同时，龙胆苦苷+GALN组血GPT亦明显低于GALN组，以同剂量给正常小鼠腹腔注射龙胆苦苷和正常对照组（腹腔注射等体积生理盐水）血GPT无明显差异（$p>0.05$）。提示龙胆苦苷对CCl_4和GAIN所致化学性肝损伤的整体动物有保护作用。

2. 抗菌作用 试验14种龙胆属植物，其中7种对根瘤细菌、大肠杆菌、枯草杆菌和根癌病土壤杆菌等有作用。龙胆草水浸剂在试管内对石膏样毛癣菌、星形奴卡氏菌等皮肤真菌有不同程度的抑制作用。试管法证明龙胆煎剂对绿脓杆菌、变形杆菌、伤寒杆菌、痢疾杆菌、金黄色葡萄球菌等有不同程度的抑制作用。

3. 对中枢神经系统的作用 龙胆碱对小鼠中枢神经系统呈兴奋作用，但较大剂量时则出现麻醉作用。另有报道，龙胆碱25～200 mg/kg腹腔注射或灌胃，有中枢抑制作用，能减少小鼠自发活动和定向反射，延长戊巴比妥钠和水合氯醛的睡眠时间，降低体温，松弛肌肉，以及降低士的宁的毒性等；200～400 mg/kg对小鼠有镇静作用，可降低小鼠的活动能力。

4. 抗炎作用 用龙胆碱对Bucche法造成甲醛性关节炎的大鼠进行治疗，并设水杨酸钠对照组，结果表明龙胆碱抗炎效价优于水杨酸钠。分别以30 mg/kg、60 mg/kg、90 mg/kg剂量给动物腹腔注射龙胆碱，尔后测定动物肾上腺内维生素C含量，发现给药组维生素C含量明显低于对照组（$p<0.05$），且维生素C含量与剂量成反比，肾上腺内维生素含量降低可致肾上腺皮质功能亢进，产生抗炎作用；对切除脑垂体的动物无降低肾上腺内维生素含量作用，故认为龙胆碱抗炎作用并非对肾上腺直接作用。

5. 升血糖作用 给大鼠腹腔注射龙胆减，30 min后血糖升高，持续3 h；且剂量越大，升血糖作用越强；切除动物肾上腺则升血糖作用消失，用Komp法测定肝糖原发现明显降低。肾上腺素能部分或完全阻断龙胆碱的作用。

［临床应用］

1. 湿热黄疸、尿短赤 常与黄柏、苦参、茯苓等配伍。

2. 肝经风热，目赤肿痛 常与栀子、黄芩、柴胡、木通等同用，如龙胆泻肝肠；治肝经热盛、热极生风、抽搐痉挛等，多与钩藤、牛黄、黄连等配伍。治耕牛肝热目疾，取龙胆草水煎取汁洗眼、点眼，每天3～4次，重症配合夏枯草（炒）、香附（醋炒）、生甘草煎服（谭沛，1996）。

［注意事项］

脾胃虚寒和虚热者慎用。

［不良反应］

本品饭后服用或用量过大，反可使消化机能减退。

龙胆碱小鼠灌服 LD_{50} 为 460 mg/kg。龙胆碱小鼠皮下注射的 LD_{50} 大于 500 mg/kg，静脉注射的 LD_{50} 为 250～300 mg/kg。龙胆苦苷一次性大剂量腹腔注射，小鼠 LD_{50} 为 2 770 mg/kg（96 h 内）；犬静脉注射龙胆苦苷 500 mg/kg 引起呕吐，1 000 mg/kg 引起死亡。

第三节　清热解毒药

金　银　花

本品为忍冬科植物忍冬（*Lonicera japonica* Thunb.）的干燥花蕾或带初开的花。主产于河南、河北、山东、湖南等地。

金银花性寒，味甘。归肺、心、胃经。具有清热解毒、疏风散寒的功效。主治温病发热，风寒感冒，肺热咳嗽，咽喉肿痛。

[主要成分]

主要含绿原酸（chlorogenic acid）、木樨草苷，另含挥发油。

[药理作用]

1. 抗病毒作用　在人胚肾原代单层上皮细胞培养上金银花能抑制流感病毒京科 68－1 株、孤儿病毒 $ECHO_{11}$ 及单纯疱疹病毒的致细胞病变作用；鸡胚试验于感染病毒前或后给药均能明显抑制流感病毒增殖，但对副流感病毒无效；金银花还能保护感染流感病毒小鼠免于死亡，并明显抑制流感病毒所致小鼠肺部炎症，降低感染鼠肺中病毒血凝素的效价及细支气管内病毒特异性荧光颗粒，表明金银花水提物于体外、体内均显示抗病毒活性。近年研究也表明，金银花体外对腺病毒、疱疹病毒、伪狂犬病毒、巨细胞病毒、鸡新城疫病毒、禽流感病毒等均有不同程度的抑制作用。

2. 抗菌作用　迄今许多报告表明，金银花在体外对多种致病性细菌有不同程度的抑制作用，少数报告在体内也有一定疗效，这些细菌包括引起中医热毒证的金黄色葡萄球菌、溶血性链球菌、肺炎球菌、脑膜炎球菌，引起肠道急性感染的伤寒杆菌、副伤寒杆菌、志贺氏、福氏、施氏痢疾杆菌，以及大肠杆菌、铜绿假单胞菌、变形杆菌、霍乱弧菌等。金银花的抗菌活性水浸剂强于煎剂，煎剂经高压灭菌处理后抗菌活性降低。金银花经热烘制后抗痢疾杆菌、变形杆菌作用明显增强，对白色葡萄球菌的抑制也呈增强趋势，对金黄色葡萄球菌则没有。金银花在体外可使敏感细菌菌体膨大而革兰染色性质不受影响。于体外复制的绿脓假单胞菌生物膜形成，银花水煎剂能抑制该菌的黏附能力及生物膜的形成，并能破坏已形成的生物膜，还可增强头孢他啶对生物膜内该菌的清除效果。此外，有报告金银花还可于体内外试验中消除铜绿假单胞菌 R 质粒。

3. 抗细菌毒素作用　金银花有一定的抗内毒素作用。金银花腹腔注射可明显减少铜绿假单胞菌内毒素所致小鼠死亡，其蒸馏液静脉注射对铜绿假单胞菌内毒素所致家兔的白细胞下降和核左移等有明显对抗作用。金银花注射液在体外无明显的直接抗内毒素活性，但对内毒素所致家兔发热则有明显解热作用，对内毒素所致 DIC 家兔肾小球微血栓的检出率及密度则均可减少，表明金银花有一定的拮抗内毒素毒性作用的效果。大鼠含金银花的药血清对内毒素所致大鼠腹腔巨噬细胞、原代小胶质细胞 NO 的释放具有显著抑制作用。此外，银黄口服液对于大肠杆菌肠毒素所致小鼠小肠积液量及乳小鼠肠道水肿均有显著的抑制效果，银花连翘对大肠杆菌所致家兔肠袢液体蓄积，以及 Na^+、K^+ 的净分泌和菌数均有显著抑制，且对前者的作用强于后者，表明其可能对大肠菌热敏肠毒素的生成或毒性有明显作用，表明具有一定的抗大肠杆菌外毒素效果。

4. 解热作用　对于酵母所致大鼠发热，20 g/kg 金银花煎剂具有明显解热作用。金银花静脉注射，对内毒素、IL－1β 所致家兔发热也有明显解热作用。金银花对于 IL－1β 作用下热敏神经元的放电频率能增加之，而对冷敏神经元的放电频率则减少之。另有报告，济银花、密银花以及灰毡毛忍冬对酵母所致大鼠发热其解热作用无明显差异。

5. 抗炎作用　金银花注射给药可明显抑制新鲜鸡蛋清、角叉莱胶等所致大鼠脚爪水肿，能明显抑制巴豆油性肉芽囊大鼠的炎性渗出和炎性增生。金银花水提物显著抑制角叉莱胶所致大鼠足肿胀时还可显著降低渗出液中 PGE_2、组胺、5－HT 与 MDA 含量，但不影响肾上腺中维生素 C 含量，表明金银花的抗炎机制与抑制炎性介质合成释放有关。二甲苯所致小耳肿胀试验结果表明，不同品种及产地金银花抗炎作用有差异。

6. 利胆、保肝作用　金银花总黄酮对 BCG＋LPS 所致免疫性肝损伤小鼠血清中 ALT、AST、肝匀浆中 MDA 的升高有显著抑制作用，同时升高 SOD，并显著抑制 TNF－α和 NF－κB p65 在肝中的表达；改善肝组织的病理学改变，降低肝匀浆中 NO、NOS 水平。金银花本身的利胆作用尚未见研究，但其所含多种绿原酸类化合物则具有显著的利胆作用，可增进大鼠胆汁分泌，如绿原酸曾被认为是茵陈的利胆代表成分，咖啡酸也有显著利胆作用。

7. 降血糖、降血脂作用　对于四氧嘧啶所致高血糖小鼠，金银花能降低血糖；对于正常小鼠、四氧嘧啶糖尿病小鼠与高脂血症小鼠，金银花能使 TC 降低，HDL－C 升高，AI 明显降低。另报告金银花提取物可降低蔗糖与四氧嘧啶性小鼠血糖，对高脂血症小鼠、大鼠则可使血清及肝组织 TG 水平降低。曾报告金银花在体外可与胆固醇相结合而阻止其于肠道中吸收，灌服金银花煎剂可降低血中胆固醇水平，对正常家兔有降血脂作用。

8. 抗氧化作用　金银花含高量的以绿原酸为代表的多酚类化合物，具有显著的抗氧化作用。化学发光试验表明，金银花多种品种、多种溶媒提取物对 $O_2^{-\cdot}$、·OH、H_2O_2 三种自由基系统均具显著清除作用；金银花水煎液灌胃，大鼠血浆中 T－AOC、GSH－Px、GSH、SOD 明显增高，MDA 明显下降，而对 NO、NOS 未见明显影响。正常人 RBL 肝细胞增高，金银花对其 H_2O_2 所致过氧化损伤有保护作用，其机制与抑制 HSP－70 和 NF－KB 表达，阻抑 NF－KB 信号转导和提高细胞内抗氧化防御酶素水平等有关。金银花的抗氧化成分与所含绿原酸类成分、SOD、POD 及 CAT 有关。金银花提取物对于油脂的抗氧化也有显著效果。

［临床应用］

1. 热毒痈肿　有红、肿、热、痛症状属阳证者，常与当归、陈皮、防风、白芷、贝母、天花粉、乳香、穿山甲等配伍，如真人活命饮。

2. 外感风热，温病初起　常与连翘、荆芥、薄荷等同用，如银翘散。治兔感冒，用金银花 15 g、紫苏 12 g、薄荷 10 g、甘草 8 g，加水 200 mL，煎液成 600 mL，每只兔服 15 mL，每天 3～4 次（王宏博，2005）。

3. 热毒泻痢 常与黄芩、白芍等配伍。治兔球虫病，用金银花 10 g、黄芩 10 g、乌梅肉 6 g、甘草 5 g，共研极细末，分 6 次拌料服，每天 3 次（王宏博，2005）。

［注意事项］

虚寒作泻、无热毒者忌用。

［不良反应］

金银花毒性低，水浸液灌服对家兔、犬等均无明显毒性，对呼吸、血压、尿量等也均无影响。金银花水浸液灌胃，对家兔、犬等无明显毒性反应，对呼吸、血压、尿量均无影响。小鼠皮下注射本品浸膏的 LD_{50} 为 53 g/kg。绿原酸具有致敏原作用，可引起变态反应，但口服无此反应，因绿原酸可为小肠分泌物转化为无致敏活性的物质。

小鼠皮下注射金银花浸膏的 LD_{50} 为 53 g/kg。绿原酸对幼大鼠灌服的 LD_{50} 大于 1 g/kg，腹腔注射大于 0.25 g/kg。咖啡酸小鼠腹腔注射的 LD_{50} 为 1 583 mg/kg。家兔静脉注射每天 14 mg/kg，连续 10 天，对心、肝肾功能及病理切片均未见明显毒性。黄褐毛忍冬总皂苷皮下注射对小鼠的 LD_{50} 为 1.08 g/kg，中毒症状为自发活动减少，死于呼吸抑制。

连　翘

本品为木犀科植物连翘［*Forsythia suspensa*（Thunb.）Vahl.］的果实。主产于山西、陕西、河南等地，甘肃、河北、山东、湖北亦产。

连翘性微寒，味苦。归肺、心、小肠经。具有清热解毒，消肿散结的功效，主治温热，丹毒，斑疹，痈疡肿毒，瘰疬，小便淋闭。

［主要成分］

主要含木脂素及其苷、苯乙醇苷、五环三萜、黄酮和挥发油等。

［药理作用］

1. 抗病原微生物作用 许多研究表明，连翘在体外对多种病原菌有显著的抑制作用，如金黄色葡萄球菌、溶血性链球菌、多型痢疾杆菌、伤寒杆菌和变形杆菌等。一般而言，连翘对葡萄球菌等作用为强，对大肠杆菌等为弱，乙醇提取物作用强于水提物。连翘在抑制细菌生长的同时可见部分细菌菌体膨大，并可连续改变 AcrA 基因的编码序列而抑制重复耐药大肠杆菌的生长。现知连翘所含挥发性成分及非挥发性成分均有一定抗菌活性，如连翘酯苷 A 的 MIC 对金黄色葡萄球菌为 1 875 μg/mL、乙型溶血性链球菌为 1 250 μg/mL、肺炎杆菌为 0.38 μg/mL，而对藤黄八叠球菌为 5 mg/mL。连翘酯苷 B 有强抗真菌作用。而连翘种子挥发油于生药中含量高，具有较强的抗病毒、抗细菌作用，其对乙型链球菌和金黄色葡萄球菌的 MIC 分别为 1∶512 和 1∶1 024，传代 20 代无耐药性产生，并能对抗金黄色葡萄球菌凝固酶所致血凝作用，对乙型链球菌所致小鼠感染有明显的保护，对于静脉感染金黄色葡萄球菌家兔，连翘子挥发油 0.8 mL/kg 静脉注射 4 天，可使家兔血中细菌明显减少，且可减少家兔体重的丧失，表明有一定的保护效果。连翘果皮挥发油也有显著抗菌效果，并能抑制白色念珠菌的生长。连翘对亚洲甲型流感病毒和鼻病毒有抑制作用。连翘子挥发油在 1∶65 536 稀释的情况下仍能抑制流感病毒亚甲型京科 68－1 株的复制，20%连翘子挥发油乳剂每只 0.2 mL 皮下注射，能明显降低流感病毒滴鼻感染所致小鼠死亡率，连翘子挥发油对Ⅰ型副流感病毒也有抑制活性。除挥发油外，连翘的其他成分也具有抗呼吸道合胞病毒及单纯疱疹病毒等作用。连翘并有抗内毒素作用，能拮抗内毒素所致溶血，提高家兔对内毒素的致死耐受性，促进小鼠内毒素血症降低，使大肠杆菌内毒素性腹膜炎大鼠血浆中 IL－1、TNF－a 降低，此作用还与干扰 LPS－TLR4 跨膜信号转导通路等有关。

2. 解热作用 4 g/kg 灌服可抑制枯草浸液所致家兔发热。连翘、连翘提取物和连翘及金银花的提取物都具有一定的解热作用，连翘酯苷是其解热活性成分。连翘注射液能显著拮抗内毒素所致家兔发热。

3. 抗炎作用 连翘能显著抑制炎性渗出、水肿，如抑制大鼠蛋清性脚肿，抑制巴豆油性肉芽囊的渗液量，对炎性屏障形成非但不抑制反而增强之，能明显减少^{32}P标记的红细胞从囊内的渗出。连翘多种提取物，如水溶性提取物、挥发油等均具明显抗炎活性。琼脂扩散法测弹性蛋白酶活力发现连翘可明显抑制之，且随药浓度增加而作用增强，7.5 mg 的连翘可使 0.095U 的弹性蛋白酶完全失活，由于体内弹性蛋白酶主要来源于中性粒细胞及肺泡巨噬细胞，它可分解肺弹力纤维而在慢性阻塞性肺疾病的发病上有重要意义。

4. 保肝作用 对于四氯化碳所致大鼠急性肝损伤，连翘有明显保护作用，能使 SG-PT 及 AKP 明显降低，并能减轻肝细胞的变性、坏死，促进肝细胞内肝糖原、核糖核酸含量恢复正常，但对正常大鼠、小鼠肝功能未见明显影响。另有报告 3 g/kg 连翘煎剂灌服每天 1 次，连续 6 天，对大鼠肝药酶 CYPA2 抑制，CYP3A4 诱导，而对 CYP2El 影响不明显。

5. 镇吐作用 连翘可用于止呕吐。实验表明连翘有显著镇吐作用，连翘煎剂灌服对洋地黄所致鸽的呕吐及阿扑吗啡所致犬的呕吐均有明显效果，镇吐机制可能在于连翘能抑制延髓催吐化学感受区。

6. 抗过敏作用 致敏豚鼠肺切片在抗原刺激下过敏介质的释放可因连翘乙醇提液 10^{-3} g/mL 而明显减少，提示连翘可能具有抗过敏作用。

7. 抗肿瘤作用 MTT 法试验连翘醇提物对人肝癌细胞株 SMMC－7721、人肠癌细胞株 LoVo、人胃低分化腺癌细胞株 BGC－823 和小鼠肝癌细胞的 IC_{50} 分别为 1.03 μg/mL、2.40 μg/mL、1.18 μg/mL、0.73 μg/mL，对 H_{22} 小鼠肝癌的抑制率可达 53.24%，并增加 TNF－a，降低 IL－8。

[临床应用]

1. 各种热毒、外感风热、温病初起 常与金银花同用，如银翘散。治猪丹毒，用连翘 25 g、金银花 15 g、红藤 15 g、当归尾 10 g、甘草 5 g，白酒适量，水酒合煎，灌服，每天 1 剂，连用 2～3 剂（熊小华等，1999）。

2. 疮黄肿毒 多与金银花、蒲公英等配伍。

[注意事项]

体虚发热、脾胃虚寒、阴疮经久不愈者忌用。

[不良反应]

连翘注射液腹腔注射时对小鼠的 LD_{50} 为 24.85 g/kg±1.12 g/kg，连翘壳煎液皮下注射为 29.37 g/kg，连翘心在 30 g/kg 以上；青翘壳为 13.23 g/kg，青翘心为 28.35 g/kg；复方连翘注射液小鼠腹腔注射为 119.5 g/kg。连翘煎剂灌服对小鼠的 LD_{50} 为 172.21 g/kg，腹腔注射为 20.96±1.82 g/kg，LD_{95} 为 28.32 g/kg，急性毒性雄雌之间无明显差异。

大 青 叶

本品为十字花科植物菘蓝（*Isatis indigotica* Fort.）的干燥叶。主产于江苏、河北、安徽、河南等地。

大青叶性寒，味苦。归心、胃经。具有清热解毒，凉血消斑的功效。主治热入营血，气血两燔，温毒发斑及咽肿口疮。

［主要成分］

主要含靛玉烷、靛蓝、靛玉红、色氨酸和色氨酮。

［药理作用］

1. 抗病毒作用 大青叶具有一定的抗病毒作用。采用鸡胚法对不同种质的 15 种大青叶水提醇沉提取物进行抗流感病毒检测，结果大多数样品对甲型流感病毒 Al 京防 86－1 株有明显的抑制作用，无论是与病毒直接作用还是治疗和预防作用均为有效，直接作用普遍稍强于治疗和预防作用。大青叶抑制 HSV－I 的生物合成和直接杀灭病毒；其各提取部位对 HSV－I 有直接灭活作用，但各部位均不能阻止 HSV－T 侵入细胞，正丁醇部位能显著降低 HSV－I 脑炎小鼠死亡率。采用细胞病变法和 MTT 法观察发现大青叶乙醇提取物体外抗豚鼠巨细胞病毒的抑制率为 96.28%。对于柯萨奇病毒 B3（CvB3）所致小鼠病毒性心肌炎，大青叶煎剂灌胃可见心肌病变积分较感染对照组明显减轻，心肌坏死灶数量和范围显著减少，炎细胞浸润减轻。大青叶所含喹唑酮能抑制流感病毒和柯萨奇病毒。有研究表明，当感冒病毒 A/NWS/33 和 B/Lee 感染 H_{292} 细胞时，靛玉红能够抑制病毒 T 细胞的表达和分泌（RANTES）；靛玉－3－肟具有间接抑制 RANTES 的作用，可以通过抑制核酸转录调节分子 NF－κB 中 IKBa 和 p38MAP 两种激酶的活性来抑制 RANTES 表达，从而使大青叶在 RAN－TES 的表达显示免疫调节活性来达到抗病毒的作用。

2. 抗菌作用 大青叶具有抗菌作用，对金黄色葡萄球菌、白色葡萄球菌、甲型链球菌、乙型链球菌有明显抑菌作用，以对金黄色葡萄球菌效果更明显。大青叶醇沉物对大肠杆菌、痢疾杆菌、肺炎球菌、金黄色葡萄球菌的生长均有明显抑制作用，且逐级提取法可使其抗菌成分富集。

3. 抗内毒素作用 大青叶有显著的抗内毒素作用，大青叶氯仿提取物的 1%溶液稀释 64 倍后仍有破坏内毒素作用，40 EU/kg 内毒素经其作用后注入家兔不产生典型的致热反应。大青叶正丁醇萃取部位亦能直接中和降解内毒素，显著降低内毒素的致热性，显著降低 ACTD 敏化小鼠的死亡率。

4. 解热作用 大青叶醇沉物灌胃给药对干酵母所致的大鼠发热及内毒素所致的家兔发热均有明显的降温作用。

5. 抗炎作用 大青叶醇沉物对二甲苯所致的小鼠耳肿胀及蛋清所致的大鼠足肿胀有明显的抑制作用。大青叶中总有机酸可能是大青叶抗炎的有效组分之一。

6. 其他作用 大青叶水煎剂在 0.4～1.6 mg/mL 时能促进 ConA 活化的正常小鼠的淋巴细胞分泌 IL－2，辅助 Te 细胞和 B 细胞的分化和增殖，但对小鼠腹腔巨噬细胞分泌 TNF－a 水平无影响。大青叶水煎剂对小鼠脾淋巴细胞的增殖反应具有上调作用，并促进与 ConA、LPS 对小鼠脾淋巴细胞的增殖，并促进小鼠腹腔巨噬细胞的吞噬功能。

［临床应用］

1. 多种病毒性、细菌性感染性疾病 如上呼吸道感染、乙型脑炎、传染性肝炎等，常与其他清热解毒药、清热凉血药组成复方应用。对于多种细菌性感染也有一定疗效，如扁桃体炎、急性菌痢、肠炎和宫颈炎等。

2. 风温时疫 常代替板蓝根与黄芩、连翘、牛蒡子等同用。治猪乙型脑炎，用大青叶 30 g，生石膏 120 g，芒硝 6 g（冲），黄芩 12 g，栀子、牡丹皮、紫草各 10 g，鲜生地 60 g，黄连 3 g，加水煎至 60～100 mL，候温 1 次灌服（50 kg 体重以下的猪减半），每天 1 剂，连服 3～5 剂（毛庆迎，1998）。

3. 热毒发斑 常与水牛角、栀子、淡豆豉等同用。

4. 咽喉肿痛 常与石膏、贝母等同用。

［注意事项］

脾胃虚寒者忌用。

［不良反应］

大青叶口服毒性很小，其煎剂腹腔注射的 LD_{50} 为 16.25 g/kg±1.47 g/kg，大青叶腹腔注射毒性确较明显，毒性成分为水溶性。大青苷小鼠灌服 LD_{50}＞8 g/kg，腹腔注射为 5 g/kg。

板 蓝 根

本品为十字花科植物菘蓝（*Isatis indigotica* Fort.）的干燥根。主产于江苏、河北、安徽、河南等地。

板蓝根性寒，味苦。归心、肺经。具有清热解毒，凉血，利咽的功效。主治温毒发斑，舌绛紫暗，喉痹，大头瘟疫，丹毒，痈肿。

［主要成分］

主要含靛苷、靛蓝、靛玉红、菘蓝苷 B、尿苷、次黄嘌呤、尿嘧啶、水杨酸、青黛酮和胡萝卜苷。

［药理作用］

1. 抗病原微生物作用 体外与整体动物试验方法研究结果均表明，板蓝根有明显的抗病毒作用，如流感病毒、腺病毒、流行性腮腺炎病毒、单纯疱疹病毒、柯萨奇病毒、巨细胞病毒、出血热病毒、鸡新城疫病毒、猪繁殖与呼吸综合征病毒以及猪细小病毒等。板蓝根对流感病毒的神经氨酸酶也有明显抑制作用。流感病毒 FM1 感染鸡胚试验或甲型流感病毒株 H3N2 感染的犬肾传代细胞（MDCK）试验中，板蓝根均有明显的直接抗病毒作用，并能预防与治疗流感病毒的感染。对流感病毒株 FM1 滴鼻感染小鼠，板蓝根腹腔注射可明显降低小鼠死亡率、降低肺指数。根据抗流感病毒作用的抗病毒活性成分研究表明，表古碱（epigoitrin）为主要抗病毒成分，但以其他病毒为指标时可能存在多种抗病毒作用成分。体外试验表明，板蓝根对多种细菌也有一定抑制作用。有报告板蓝根口服对大肠杆菌感染的小鸡死亡有明显的保护作用；板蓝根多糖腹腔注射对鼠伤寒沙门菌感染有明显保护效果。板蓝根能阻断草鱼呼肠孤病毒吸附和穿入的作用，通过改变细胞膜的通透性来阻断病毒吸附（安伟等，2011）。

2. 抗内毒素作用 板蓝根、四倍体板蓝根及其板蓝根注射液及板蓝根中分离的多种组分，如氯仿提取物（F_{02}）及其 F_{022}部分均有抗内毒素作用，体外试验能抑制鲎试剂的凝胶化，显微镜下可见内毒素结构破坏，能保护内毒素攻击所致正常或敏化小鼠的死亡，抑制内毒素发热，抑制内毒素所致巨噬细胞分泌 TNF－α、IL－6 及 NO 的生成，抑制 LPS 诱导鼠单核细胞分泌的 P38 丝裂原活化蛋白激酶活性；抑制 LPS 刺激鼠肝、脾、肾组织中膜突蛋白（moesin）mRNA 的表达，对于内毒素所致家兔的急性血管内凝血也有明显保护作用，减少肾中血栓的形成。板蓝根中高极性部位本身抗内毒素作用弱，但可增强 F_{022}的抗内毒素活性。

3. 解热作用 板蓝根给药 3 天，能显著降低内毒素所致家兔发热，生药 10 g/kg 的作用与 200 mg/kg 的阿司匹林相近。预先静脉注射 F_{022}后 10 h 静脉注射 LPS，可显著抑制体温反应指数（TRI4）和最高升温（ΔTmax）。但 F_{022}与内毒素于体外混和可取消内毒素的致热活性。4（^{3} H)-喹唑酮、3－(2'－红羧基苯基)－1（^{3}H）喹唑酮、苯甲酸、丁香酸、邻氨基苯甲酸和水杨酸等提前 10 min 静脉注射也均有类似效果。

4. 抗炎作用 板蓝根乙醇提取后经溶剂系统分离得到的 5 个不同极性化学部位中，以 20 g/kg 生药剂量灌服，总提取物及高极性部位 2、4、5 均具有显著的抗二甲苯所致小鼠耳肿胀作用。板蓝根 70%乙醇提取物对二甲苯所致小鼠耳肿胀、角叉菜胶所致大鼠足肿胀、醋酸致小鼠腹腔毛细血管通透性亢进，以及大鼠棉球肉芽肿等均有抑制作用。板蓝根含片也有一定抗炎作用。

5. 凉血消斑 板蓝根对 ADP 诱导的家兔血小板聚集有显著抑制作用，所含尿苷、次黄嘌呤、尿嘧啶、水杨酸等对 ADP 诱导的家兔血小板聚集也都表现出一定的抑制活性。

6. 抗癌作用 板蓝根有一定抗癌作用，板蓝根注射液对小鼠 Friend 红白血病细胞 3CL－8 在体外有明显杀伤作用。有报告其有效组分为一种高级脂肪酸组成，注射给药能抑制 S_{180}的生长，延长 H_{22}肝癌的生长期。

7. 抗氧化作用 板蓝根多糖灌服，能明显降低高脂饲料大鼠血清胆固醇及甘油三酯含量，并降低 MDA 含量。板蓝根的高极性流分具有显著的抗自由基活性。

[临床应用]

1. 各种热毒、瘟疫、疮黄肿毒 常与黄芩、连翘、牛蒡子等同用，如普济消毒饮。治鸡传染性法氏囊病，用板蓝根 4 kg，分 4 次用沸水浸泡，每次用水 10 kg，合并滤液，分 3 次服，每次 500 mL，凉开水加至 10 kg，供 1 000 只鸡 1 次饮用，连用 6 天（董崇友等，1995）。

2. 肠黄血痢 常与黄连、栀子、赤芍、升麻等同用。

3. 咽喉肿痛、口舌生疮 多与金银花、桔梗、甘草等配伍。

4. 草鱼出血病 发病季节前 1 个月起，每半个月投喂 1 个疗程的板蓝根、穿心莲合剂，预防草鱼出血病有特效（王玉堂，2014）。

［注意事项］

脾胃虚寒者慎用。

［不良反应］

板蓝根煎剂给小鼠灌服，发现在其骨髓细胞常规染色体片下染色体结构畸变无明显改变，但染色体畸变数明显增加，提示可能对染色体有损伤。

山 豆 根

本品为豆科植物越南槐（*Sophora tonkinensis* Gapnep）的根及根茎。主产于广西、广东、湖南、贵州等地。

山豆根性寒，味苦，有毒。归心、肺经。具有清热解毒，利咽喉的功效。主治火毒蕴结，咽喉肿痛，齿龈肿痛。

［主要成分］

苦参碱、氧化苦参碱、槐果碱、黄酮和咖啡酸衍生物。

［药理作用］

1. 抗炎、解热作用 本品煎剂灌服，对二甲苯所致小鼠耳肿胀、醋酸所致小鼠腹腔毛细血管通透性亢进，以及组胺所致大鼠皮肤毛细血管通透性亢进等均有显著的抑制作用。本品所含苦参碱、氧化苦参碱、槐果碱等均具有显著的抗炎作用。苦参碱对醋酸所致小鼠腹腔毛细血管通透性亢进、巴豆油所致小鼠耳部水肿、蛋清或角叉菜胶所致大鼠足肿胀及棉球肉芽肿均有明显抑制作用，切除肾上腺后苦参碱的抗炎活性仍存，表明其抗炎原理与垂体—肾上腺皮质系统无明显关系。此外，苦参碱还能抑制马血清的热变性，并能稳定红细胞膜。对于急性渗出性炎症的抗炎作用苦参碱强于槐果碱，氧化苦参碱更弱；但在最适剂量下的抗炎作用强度则以苦参碱为最弱，氧化苦参碱最强。氧化苦参碱 50 mg/kg 腹腔注射可使正常大鼠体温显著降低，于 10 mg/kg 即可使四联菌苗引致家兔的发热明显下降，表明有解热作用。

2. 抗病原微生物作用 山豆根水煎剂、醇提物及总生物碱于体外有一定抗菌作用。也能抑制白色念珠菌的生长，水煎剂的 MIC 为 25 mg/L，强于北豆根。0.1%的苦参碱对痢疾杆菌、变形杆菌、大肠杆菌、金黄色葡萄球菌、铜绿假单胞菌等有明显抑制作用，氧化苦参碱抗菌作用较弱。山豆根水煎剂还有较强的抗柯萨奇 B5 病毒作用。

3. 保肝作用 山豆根有保肝降酶作用，对于四氯化碳（CCl_4）所致家兔和小鼠的急性肝损伤、D-氨基半乳糖所致小鼠肝损伤均有明显保护效果，可使 SGPT 降低、肝细胞坏死减轻。山豆根总生物碱制备的肝炎灵注射液对 CCl_4 及 D-半乳糖胺所致小鼠肝损伤也均有显著保护效果，能使 SGPT、SGOT 显著降低，改善肝组织的病理损伤。

4. 抗肿瘤作用 山豆根有抗肿瘤作用，其水浸、温浸剂或水提取物灌服或腹腔注射对多种实验性肿瘤有抑制作用，如小鼠宫颈癌 U_{14}、肉瘤 S_{180}、大鼠腹水型吉田肉瘤和腹水实体肝癌等。山豆根提取物对于肿瘤乏氧细胞具有选择性毒性，对小鼠 LA_{795} 肺腺癌细胞系乏氧细胞的毒性为有氧细胞的 36 倍，此比值随药物浓度加大而加大。流式细胞术研究发现山豆根对 Eca－109 细胞 DNA 合成有显著抑制作用。柔枝槐水浸剂对人肝癌 SMMC－7721 细胞增殖有显著抑制，降低线粒体代谢活性。越南槐总生物碱灌胃，对小鼠 S_{180}、ESC 及 H_{22} 抑瘤活性弱而毒性较大。山豆根所含多种生物碱为其抗肿瘤有效成分，苦参碱、氧化苦参碱、槐果碱等对实验性肿瘤均有明显抑制作用。

5. 抗心律失常作用 山豆根总生物碱腹腔注射或肌肉注射，对由乌头碱、洋地黄毒苷、氯仿-肾上腺素、氯化钾等所致实验动物的心律失常均有明显对抗作用。其所含多种生物碱如苦参碱、氧化苦参碱、槐果碱等均具有明显抗心律失常作用。

6. 对血脂及血液流变学的影响 苦参碱 50 mg/kg 灌服可显著降低高脂饲料所致实验性高脂血症大鼠血清甘油三酯含量，减轻肝的脂肪性变及一定的升高高密度脂蛋白效果，并能显著改善血液流变性，降低血黏度，加快红细胞电泳时间。

7. 对免疫功能的影响 山豆根灌服可提高小鼠 Meth 肿瘤细胞中和活性，提高小鼠 IgM、PFC 数，以及血清 IgM、IgG 水平。山豆根制剂及其所含数种生物碱均有较强的免疫药理活性，但报告作用强度及性质时有不同。苦参碱还有明显的升白作用，每天 20 mg/kg 肌肉注射对 X－线照射所致白细胞降低的家兔能明显促进白细胞上升。在饲粮中添加山豆根多糖能升高吉富罗非鱼血清中酸性磷酸酶、过氧化物酶和溶菌酶活性，促进炎症因子白细胞介素 12、白细胞介素 2 的分泌，从而促进吉富罗非鱼的生长并增强其抗氧化能力及免疫功能（赵怡等，2021）。

8. 对中枢神经系统的影响 山豆根有明显的中枢抑制作用，有效成分主要为其所含生物碱。苦参碱、氧化苦参碱和槐果碱等均具有镇静、镇痛及降低体温作用。如氧化苦参碱、槐果碱能减少小鼠自发活动，协同阈下剂量戊巴比妥钠、水合氯醛或氯丙嗪的中枢抑制作用，拮抗苯丙胺或咖啡因所致中枢兴奋，但不能对抗戊四氮性惊厥，对士的宁所致惊厥则反有易化作用，增加士的宁性惊厥死亡数。苦参碱、氧化苦参碱和槐果碱还能明显抑制醋酸所致小鼠扭体次数，延长烫尾法小鼠痛反应时间，氧化苦参碱、槐果碱等尚可降低正常大鼠体温，作用可持续 5 h。

9. 抗溃疡作用 山豆根有抗溃疡作用，其醇提水不溶部分能抑制胃液分泌，对大鼠幽门结扎性溃疡、应激性溃疡、醋酸性溃疡等均有明显效果。对于小鼠水浸应激性溃疡，山豆根口服也有明显效果，苦参碱的作用类似。此外，山豆根所含异戊烯查耳酮也具有抗胃溃疡活性。广豆根素（sophoranone）具有强的抗胃溃疡及抑制胃液分泌作用，广豆根酮（sophora－din）作用次之。

[临床应用]

咽喉肿痛：本品能清热解毒，利咽喉，是治咽喉肿痛的要药，用于治疗热毒肺火所致的咽喉肿痛。常与射干、玄参、桔梗等同用。

[注意事项]

肺有风寒或脾虚溏泄者忌用。

[不良反应]

山豆根在发挥抗炎功效的同时也会产生副作用和肝毒性反应，药效剂量的山豆根可造成小鼠血清肝功能指标的明显改变，所含的苦参碱既是有效成分，也是其毒性物质的基础。

山豆根煎剂腹腔注射对小鼠的 LD_{50} 为 15.6 g/kg。山豆根总碱大于 2.4 g/kg 对大鼠心电图有负性频率、负性传导作用并影响心肌复极化。苦参碱对小鼠的 LD_{50} 腹腔注射为 652 mg/kg±47 mg/kg，氧化苦参碱腹腔注射为 571 mg/kg±49 mg/kg，皮下注射为 953 mg/kg±12 mg/kg。苦参碱的 LD_{50} 小鼠肌肉注射为 74.2 mg/kg±6.1 mg/kg、静脉注射为 64.9 mg/kg ± 5.4 mg/kg；氧化苦参碱腹腔注射、肌肉注射或静脉注射分别为 168 mg/kg±7 mg/kg、257±57 mg/kg 及 125 mg/kg±3 mg/kg；槐果碱小鼠灌服、肌肉注射、静脉注射分别为 242 mg/kg±26 mg/kg、92.4 mg/kg±15 及 72 mg/kg±0.4 mg/kg，大鼠灌服为 196 mg/kg，腹腔注射为 124 mg/kg。

蒲　公　英

本品为菊科蒲公英属植物蒲公英（*Taraxacum mongolicum* Hand - Mazz.）或碱地蒲公英（*T. sinicum* Kitag.）的全草。各地均产。

蒲公英性寒，味甘、苦。归肝、胃经。具有清热解毒，散结消肿的功效。主治疗疮肿毒，乳痈，瘰疬，目赤，咽痛，肺痈，肠痈，湿热黄疸，热淋涩痛。

[主要成分]

蒲公英甾醇、蒲公英素、蒲公英苦素、芹菜素及其葡萄糖苷、芸香苷、菊淀粉、多糖和树脂。

[药理作用]

1. 抗菌作用　蒲公英对多种病原微生物均有抑制作用。K - B 纸片扩散法研究表明，蒲公英水浸液对金黄色葡萄球菌、变形杆菌、甲型链球菌、乙型链球菌均有抑制作用。采用琼脂稀释法研究表明，蒲公英水提醇沉液对 100 株凝固酶阴性葡萄球菌的 MIC_{50} 和 MIC_{90} 分别为 0.036 g/mL 和 0.288 g/mL。另有研究表明，蒲公英所含成分 T－1 体外有抗丙型肝炎病毒作用。超微结构观察可见蒲公英可引起金黄色葡萄球菌细胞膨大、细胞壁增厚、拟核、核糖体均聚集成块状等形态学改变。30 g/kg 煎剂给大鼠灌胃 4 天，收集各天尿液并测定其抗菌效力，证明尿尚能保持一定的抗菌作用，提示蒲公英的抗菌成分吸收良好，且不易被降解。

2. 抗病毒作用　本品煎剂或水提物能延缓 $ECHO_{11}$ 及疱疹病毒引起的人胚肾或人胚肺原代单层细胞的病变，但对流感京科 68－1 株、副流感仙台株、腺病毒 3 型及鼻病毒 17 型等呼吸道病毒均无抑制作用。

3. 保肝作用　蒲公英水提液 0.3 g/L 对四氯化碳损伤原代培养大鼠肝细胞有明显的保护作用，镜下显示琥珀酸脱氢酶活性增强，酸性磷酸酶活性下降，糖元增加；电子显微镜观察发现肝细胞膜、线粒体膜结构完整，粗面内质网大都平行排列，线粒体数量增加，溶酶体膜完整，表明蒲公英拮抗四氯化碳所致肝损伤可能是通过保护肝细胞膜和细胞器膜这一途径实现的。

4. 抗肿瘤作用　蒲公英的多糖部分有抗肿瘤作用，用小鼠足跖反应法进行试验，于接种艾氏肿瘤细胞或 MM_{46} 肿瘤细胞后，腹腔注射多糖可抑制足跖的厚度增加，并见给药时间越往后越为有效。对小鼠蹊部皮下接种 S_{180} 或 MM_{46} 肿瘤细胞也有抑制作用，但若于接种前

1～10 天行前期给药则无效。多糖活化巨噬细胞的作用可能是其抗癌作用机制之一。

5. 抗溃疡作用 蒲公英水提液体外对幽门螺杆菌甲硝唑耐药株和敏感株的 MIC 为 6.25～800 mg/mL，甲硝唑耐药株与敏感株间无明显差异。体内实验表明，蒲公英水提液 0.5、1.25、5.0 g/kg 灌胃连续 5 天，对无水乙醇所致的小鼠胃黏膜损伤有不同程度的保护作用。

6. 对免疫功能的影响 蒲公英提取物 0.6、1.2、3.6 g/kg 灌胃 30 天，各剂量组均可增强小鼠的脾淋巴细胞增殖能力、NK 细胞活性及巨噬细胞吞噬指数水平；1.2、3.6 g/kg 剂量组可提高小鼠抗体生成细胞数和巨噬细胞吞噬率；蒲公英粗多糖灌胃能提高小鼠脾脏指数和胸腺指数。蒲公英对环磷酰胺或氢化可的松造成的免疫抑制有改善作用，蒲公英水提液 3.3 g/kg 灌胃 20 天，可改善环磷酰胺所致小鼠 T-淋巴细胞活性降低、免疫器官的重量减轻、迟发性变态反应及巨噬细胞吞噬功能降低的免疫低下状态。蒲公英能抑制环磷酰胺诱发的染色体畸变和微核率，促进细胞的增殖。其水提液 0.25、1.25、5.0 g/kg 灌胃 10 天，能增加小鼠骨髓淋巴细胞有丝分裂指数，拮抗环磷酰胺对骨髓淋巴细胞增殖的抑制；能降低由于环磷酰胺引起的小鼠骨髓淋巴细胞染色体畸变率，其抑制率分别为 39.62%、58.49%、54.72%，同时对环磷酰胺诱发的微核率也有明显的抑制效应。另外，蒲公英匀浆 5.0、10.0、20.0 g/kg 灌胃连续 28 天，可对抗环磷酰胺诱发的小鼠骨髓细胞微核的发生。

7. 抗氧化作用 蒲公英水提液灌胃 40 天，可提高 D-半乳糖所致衰老大鼠脑组织 SOD 活性，减少 MDA 含量，抑制 MAO 活性，表明蒲公英可增强机体内源性抗衰老物质活性，从而抑制自由基对细胞的损害。蒲公英水提液 13 g/kg 灌胃 30 天，可降低 D-半乳糖所致衰老小鼠脑组织 MAO 活性，提高 NE、DA、5-HT 含量。蒲公英总黄酮 13 g/kg 灌胃 30 天，可提高对 D-半乳糖衰老模型小鼠脑组织 SOD 活性及去甲肾上腺素（NE）、多巴胺（DA）、5-羟色胺（5-HT）含量；降低 MAO 活性和 MDA、LPF 含量。经 NBT 法研究表明，蒲公英黄酮类提取物和其中的芦丁均有体外清除超氧阴离子作用。

［临床应用］

1. 痈疽疔毒 常与金银花、野菊花、紫花地丁等同用。如蒲公英、黄菊花各 200 g，共捣烂敷患处，并用纱布包扎（卢胜等，2005）。

2. 乳痈 单用或与金银花、连翘、通草等同用，如公英散。治奶牛乳房炎，用蒲公英 500 g、金银花 100 g，共为末，一次灌服，连服 3 剂，同时蒲公英 300 g 煎水热敷红肿处（石晓青，2000）。

3. 湿热黄疸 常与茵陈、栀子配伍。

4. 热淋 常与白茅根、金钱草等同用。

［注意事项］

非热毒实证不宜用。

［不良反应］

兔每日灌服煎剂 30 g/kg 3 天，可见肝细胞及肾小管上皮细胞轻度浊肿、肾小管变窄，其他无明显改变；连服 7 天，白细胞总数亦无明显异常。蒲公英注射液的小鼠急性 LD_{50}：腹腔注射为 156.3 g/kg±9.0 g/kg，静脉注射为 58.9 g/kg±7.9 g/kg。小鼠和兔亚急性毒性试验，尿中可出现少量管型，肾小管上皮细胞浊肿。

鱼腥草

本品为三白草科植物蕺菜（*Houttuynia cordata* Thunb.）的全草。主产于我国中部、东南部及西南各省份。

鱼腥草性寒，味辛、微苦。归肺、肝、胃经。具有清热解毒，消炎止痢的功效。主治肺痈吐脓，痰热喘咳，热淋，热痢，痈肿疮毒。

［主要成分］

挥发油、黄酮类。

［药理作用］

1. 抗病原微生物作用 多种体外实验方法均表明，鱼腥草对多种致病性细菌、分枝杆菌、钩端螺旋体、真菌及病毒有不同程度的抑制作用，如金黄色葡萄球菌、白色葡萄球菌、溶血性链球菌、肺炎球菌、卡他球菌、白喉杆菌、变形杆菌、痢疾杆菌、肝炎杆菌、猪霍乱杆菌、结核杆菌以及非发酵菌。对于病毒，鱼腥草在体外对流感病毒、孤儿病毒、巨细胞病毒、鼠肝炎病毒、腮腺炎病毒等有明显抑制作用，鱼腥草注射液对感染甲型流感病毒 H_1N_1 小鼠能减轻肺部损伤和血凝滴度，降低死亡率。鱼腥草抗菌有效成分主要为挥发油，故鱼腥草鲜汁抗菌作用较强，干品或久煎后抗菌活性降低。

2. 解热作用 鱼腥草注射液腹腔注射，对酵母所致大鼠发热有明显解热作用，其机制与抑制下丘脑中 cAMP 含量升高和促进腹中膈区精氨酸加压素（AVP）的释放有关。

3. 抗炎作用 鱼腥草煎剂对大鼠甲醛性脚肿有抑制作用，对于二甲苯所致小鼠耳肿胀和醋酸所致小鼠腹腔毛细血管通透性亢进，鱼腥草也有明显抑制作用。鱼腥草对环氧酶有抑制作用，50 μg/mL 的己烷、氯仿或甲醇提取物对环氧酶的抑制率为 98.99%或 89%，从己烷部分获得的化合物 X 于同一浓度的抑制率为 94%。对于油酸所致大鼠急性肺损伤，鱼腥草静脉注射能提高 PaO_2，减轻肺水肿，降低肺动脉压，抑制 TNF－a 的表达。鱼腥草素也有显著抗炎作用，能抑制巴豆油、二甲苯所致小鼠耳肿胀或皮肤毛细血管通透性亢进，对醋酸所致腹腔毛细血管染料渗出也有显著的抑制作用。鱼腥草所含槲皮素、槲皮苷及异槲皮苷等黄酮类化合物也具有显著抗炎作用，能显著抑制炎症早期的毛细血管通透性亢进。

4. 抗内毒素作用 鱼腥草注射液体外有直接抗内毒素作用，并能明显降低内毒素所致 DIC 家兔肾小球微血栓的检出率，减少微血栓密度。对内毒素所致大鼠心肌损伤，鱼腥草注射液有明显保护作用。

5. 对免疫功能的影响 鱼腥草煎剂于体外能促进人外周白细胞吞噬金黄色葡萄球菌的能力。合成鱼腥草素可提高慢性气管炎患者全血白细胞对白色葡萄球菌的吞噬能力。鱼腥草注射液皮下注射可显著增加大鼠外周血 ANAE 阳性淋巴细胞百分率，鱼腥草还可明显增加大鼠外周血中性粒细胞的吞噬率。对于人外周血中性粒细胞的化学发光值鱼腥草注射液可显著增加之，而对单核细胞者无明显作用，表明可增强中性粒细胞的氧化杀菌能力。还有资料表明，鱼腥草可显著增加小鼠玫瑰花结形成细胞、红细胞凝集素效价及溶血素效价，显著增强天然杀伤细胞活性。鱼腥草对 X 线和环磷酰胺所致小鼠外周血白细胞减少有明显恢复作用，罗非鱼啃食鱼腥草后，机体免疫应答能力和抗应激能力增强，存活率得到提高（季桓涛等，2019）。鱼腥草能提高鲫鱼血清溶菌酶的活力和抗菌活力，提高鲫鱼抵抗嗜水气单胞菌的感染，降低死亡率（邹金虎等，2008）。上述结果均提示，鱼腥草的免疫增强效果在其对多种感染性疾病的治疗中有一定价值。

6. 抗过敏作用 鱼腥草挥发油具有显著的抗过敏作用，在卵白蛋白攻击前先用鱼腥草油 100 μg/mL 接触 5 min，可大为降低攻击所致过敏豚鼠回肠收缩的幅度；鱼腥草油皮下注射 200 mg/kg 4 天，可明显拮抗喷雾卵白蛋白所致致敏豚鼠过敏性哮喘的发生；对于 SRS－A 所致豚鼠离体回肠收缩，鱼腥草油有显著拮抗作用，对于 SRS－A 所致豚鼠肺条收缩，鱼腥草油的 ID_{50} 为 66 μg/mL；鱼腥草油 100 mg/kg 静脉注射能显著拮抗 SRS－A 所致豚鼠肺溢流增加作用，表明鱼腥草油对 SRS－A 有显著拮抗作用。此外，对组胺、乙酰胆碱所致豚鼠离体回肠收缩鱼腥草油也有显著对抗作用，ID_{50} 分别为 31 μg/mL 及 51 μg/mL。对于豚鼠离体气管平滑肌，鱼腥草油有直接的舒张作用，ED_{50} 为 19 μg/mL，而舒张离体肺条平滑肌的 ED_{50} 则为 13 μg/mL。上述结果表明，鱼腥草油抗过敏效果既与其能抑制过敏介质的释放，又与拮抗过敏介质的作用及对平滑肌的直接松弛作用有关。有报告对于 2,4－二硝基氯苯和醋酸制备的溃疡性结肠炎大鼠，鱼腥草注射液灌肠有治疗作用。

7. 肾保护作用 鱼腥草煎剂对链脲佐菌素诱导的糖尿病大鼠，可降低 24 h β_2 微球蛋白、尿白蛋白排泄率和肌酐清除率，抑制肾小球肥大，减少 TGF－β_1 的表达，增加 HGF 表达。对于牛血清白蛋白造模所致肾病大鼠，鱼腥草注射液可使 24 h 尿蛋白排出减少，肾组织病理损伤减轻。

［临床应用］

1. 痰热壅滞，肺痈鼻脓 常与桔梗、芦根、桃仁、浙贝母等同用。肺炎高热，可与球兰同用。治雏禽曲霉菌病，用鱼腥草 100 g、蒲公英 50 g，煎汁去渣代替饮水，供 100 只 10～20 日龄雏禽 1 天饮用，连用 3 天即愈（凌运东等，1994）。

2. 泻痢 单用或与黄连、木香等同用。治仔猪白痢，用鲜鱼腥草汁液 80 mL，仔猪一次内服，每天 1 次，连用 3 天（吴周水，1998）。

3. 膀胱湿热 常与海金沙、车前子、木通等同用。

［注意事项］

虚寒症及阴性外疡忌用。

［不良反应］

鱼腥草毒性甚小，民间以鲜品做蔬菜鲜吃，或炖服，猪做青饲料等均未见有中毒报告或毒副反应发生。但鱼腥草煎剂腹腔注射则有毒性，其对小鼠的 LD_{50} 为 51.04 g/kg±3.63 g/kg。合成鱼腥草素对小鼠灌服的 LD_{50} 为 1.6 g/kg±0.081 g/kg，每日静脉注射 75～90 mg/kg，连续7 天不致死，但于注射前期有行动失调、痉挛等表现，继续注射则上述表现不再出现。犬静滴 38 mg/kg 或 47 mg/kg 无明显异常反应，解剖主要脏器无病变。犬每日口服 80 mg/kg 或 160 mg/kg 连续 30 天，对动物食欲、血象及肝肾功能等均无明显影响，但可引起不同程度的流涎及呕吐。

穿心莲

本品为爵床科植物穿心莲［*Andrographis paniculata*（Burm. f）Nees］的地上部分。主产于华南、西南、华东等地。

穿心莲性寒，味苦。归肺、胃、大肠、小肠经。具有清热解毒、泻火燥湿、止痢的功效。主治肺热咳喘，咽喉肿痛，口舌生疮，泄泻痢疾，热淋涩痛，痈肿疮疡，毒蛇咬伤。

［主要成分］

内酯、内酯苷和黄酮类化合物。

［药理作用］

1. 对病原微生物的影响 穿心莲黄酮部分在体外对痢疾杆菌有明显抑制作用，而内酯部分无作用；但临床研究却表明内酯部分有良好疗效而黄酮部分效果差。穿心莲多种内酯单体在体外均无抗菌活性，而用于治疗多种急性感染疗效良好。内酯类化合物大剂量给家兔灌服于不同时间取血均未能发现它们能于体内转变成有效的抗菌物质；在肺炎球菌、金黄色葡萄球菌、大肠杆菌及钩端螺旋体的实验治疗中穿心莲内酯类化合物也均未能显示明显的保护效果。有研究表明，穿心莲内酯对铜绿假单胞菌的生长无明显抑制作用，但能明显抑制其绿脓菌素的分泌、胞外蛋白水解酶和弹性蛋白酶的活性；在 50～200 mg/mL 穿心莲内酯作用下，铜绿假单胞菌 PA01 株外排泵 Mex AB-OprM 外排 mRNA 表达明显降低；穿心莲内酯还能抑制白色念珠菌生物膜的形成，并减低其早期黏附及菌丝生长，表明穿心莲治疗多种急性感染的疗效机制很可能主要不在于其具有的微弱抗菌作用。穿心莲可以通过降低气单胞菌在草鱼肠内的丰度来防治草鱼肠炎病（罗琳等，2001）。此外，体外实验表明，穿心莲有一定抗病毒作用，如单纯疱疹病毒、合胞病毒、EB 病毒以及 HIV 等。

2. 解热作用 穿心莲有一定解热作用，穿心莲浸膏、穿心莲内酯、含内酯与黄酮的提取物以及穿心莲多种其他单体成分对内毒素、伤寒副伤寒菌苗等所致发热家兔，或酵母、2,4-二硝基酚所致发热大鼠均有显著解热效果。多种穿心莲内酯及其衍生物注射剂也对家兔有不同程度的解热活性，如穿琥宁注射液、穿心莲甲素注射液等。

3. 抗炎作用 穿心莲有明显抗炎作用。穿心莲单体成分脱氧穿心莲内酯、穿心莲内酯、穿心莲新苷及脱水穿心莲内酯（甲、乙、丙、丁素）灌服 1 g/kg 能显著抑制二甲苯、醋酸所致小鼠皮肤或腹腔毛细血管通透性亢进，减少巴豆油性肉芽囊中急性渗液量，抑制大鼠蛋清性脚肿，但对肉芽组织增生无明显影响。抗炎作用以丁素作用最强，丙素和甲素次之，乙素最弱。穿心莲内酯成分的水溶性衍生物注射液也多具有显著抗炎活性，且作用有增强，穿琥宁注射液 125、250 mg/kg 皮下或腹腔注射，对二甲苯、组胺、醋酸等所致小鼠皮肤或腹腔毛细血管通透性增高、大鼠蛋清性脚肿胀及巴豆油性肉芽囊渗液均有显著抑制作用，穿心莲甲、乙、丙、丁素及穿琥宁注射液的抗炎机制均与肾上腺皮质有关。此外，穿心莲内酯磺化物注射液（喜炎平）抗炎强度与穿琥宁相似，而穿心莲甲素注射液的抗炎作用约为其一半。穿心莲的抗炎机制还与抑制 TNF-a 诱导的 ICAM-1 表达上调和内皮—单核细胞黏附性增强等有关。

4. 抗蛇毒作用 穿心莲在印度用于蛇伤，实验表明穿心莲有显著的抗蛇毒作用。穿心莲乙醇提取物腹腔注射能显著延长眼镜蛇毒中毒小鼠呼吸衰竭和死亡时间。由于此提取物可致犬血压下降，此作用可为毒扁豆碱所增强而为阿托品所阻断，而不受抗组胺药及 β-受体阻断剂的影响。此提取物能抑制在位蛙心，阿托品也可阻断之。其还能使豚鼠回肠收缩，毒扁豆碱可增强之，而阿托品则阻断之，抗组胺药则不影响，提取物对蛙腹直肌无作用，可见穿心莲对烟碱受体无影响，而呈毒蕈碱样作用，这可能是其抗毒作用的一个机制。

5. 保肝、利胆作用 穿心莲在印度医学中广泛用于抗肝毒。实验表明，穿心莲内酯对四氯化碳、D-半乳糖胺及对乙酰氨基酚所致肝损伤均有显著对抗作用，100 mg/kg 的穿心莲内酯能使四氯化碳所致血清谷草转氨酶、谷丙转氨酶、碱性磷酸酶、胆红素和肝甘油三酯的升高下降，但穿心莲的甲醇浸膏反有毒性，促进肝损伤大鼠死亡。另有报告，穿心莲内酯对大鼠、豚鼠具有显著利胆作用，能防止对乙酰氨基酚所致胆汁含量和体积的减少，促进胆汁、胆盐和胆酸的排泌，作用有剂量依赖关系。

6. 抗血小板聚集作用 穿心莲全草水提黄褐色粗结晶 APN 有显著的抗血小板聚集作用，患者口服穿心莲该制剂能显著抑制 ADP 所致的血小板聚集，口服该制剂后 3 h 血小板聚集率即显著被抑制，整个服药期间抑制作用均存在，口服该制剂后并使 ELT 显著缩短，但对 KPTT、PT、TT 无明显影响。血栓弹力图各参数中对反应时间及凝固时间无明显变化，但血栓最大幅度 Ma 明显变小，表明穿心莲该制剂有强而迅速的抗血小板聚集作用，此作用与其阻抑血小板的排泌反应有关。该制剂对内、外凝血系统影响不大，但可增强纤溶系统活力。

7. 抗动脉粥样硬化作用 穿心莲中提取的黄酮成分 API0134 具有显著的防治动脉粥样硬化、缺血——再灌注损伤及可能具有的防止冠脉腔内成形术后再狭窄等作用。API0134 能预防粥样硬化血管狭窄，其机制可能与其能拮抗氧化修饰低密度脂蛋白对主动脉内皮细胞的损伤、提高动脉硬化家兔血 NO、cGMP 含量和 SOD 活性而降低 ET 和 LPO 含量、显著拮抗 mm-LDL（轻度氧化低密度脂蛋白），促进单核细胞表达 PDGF-B（血小板源生长因子）和 bFGF（碱性成纤维细胞生长因子）及促 SMC（平滑肌细胞）增殖，以及显著抑制 AS 兔主动脉壁 PDGF-B 及 C-sis mRNA、C-myc mRNA 基因表达，逆转内皮索所致 VSMC（血管平滑肌细胞）增殖，阻止其由静止期进入 DNA 合成期和有丝分裂期，逆转内皮索引起的 PDGF-B、bFGF 及 C-sis 和 C-myc 的 mRNA 表达增强等有关。

8. 降血糖作用 穿心莲有一定降血糖作用，穿心莲内酯 50、100 mg/kg 灌胃 14 天，可明显降低链佐星糖尿病小鼠血糖，提高血清和胰组织的 SOD，降低 MDA 含量。

9. 对免疫功能的影响 穿心莲对免疫功能的影响较为复杂，不同制剂的作用也有不同。对鼠伤寒沙门氏菌液滴鼻感染所致细菌性肺炎小鼠，穿心莲内酯 100 mg/kg、200 mg/kg 腹腔注射可降低肺炎指数，增强支气管肺泡灌洗液中巨噬细胞吞噬率、溶菌酶活性和 T 细胞百分率，表明穿心莲的上述制剂抗感染的临床疗效可能与其能增强机体非特异抗感染免疫能力有关。新穿心莲内酯在 30～150 μmol/L 强度可明显抑制佛波豆蔻酸乙酯（PMA）所致小鼠骨髓细胞定向分化巨噬细胞的呼吸暴发，抑制 LPS 诱导的小鼠巨噬细胞增殖及

NO合成，抑制小鼠淋巴细胞增殖。小鼠灌服穿心莲新内酯仍可抑制BCG刺激下小鼠腹腔巨噬细胞NO的生成率，但穿心莲内酯无明显作用。穿心莲内酯在少量sIL-2的协同下可明显促进LAK细胞增殖，穿心莲内酯可明显抑制ConA诱导的IFN-γ和IL-2生成、脾T淋巴细胞增殖以及LPS诱导下B淋巴细胞增殖。另有报告穿心莲总内酯灌服可提高小鼠细胞毒性T淋巴细胞的杀伤活性。在罗非鱼饲料中添加穿心莲浸膏粉，可显著降低其肝脏中丙二醛含量，并显著提高其血清中超氧化物歧化酶活力（邹金虎等，2008）。穿心莲内酯能够改善南亚野鲮的血液吞噬活性、血清溶菌酶和抗蛋白酶活性，提高对嗜水气单胞菌感染的抵抗力（K. A. Basha，2013）。

10. 抗癌作用 脱水穿心莲内酯琥珀酸半酯对瓦克癌256有一定的抑制作用，其精氨酸复盐能抑制大鼠乳腺癌SH2-88细胞株的生长，随浓度增大，抑制作用增强，并能抑制其DNA合成，^{3}H-TdR掺入抑制ED_{50}约为295 μg/mL。但另有报告，穿心莲内酯、脱氧穿心莲内酯及地下部分分离得到的黄酮成分具有较强的促急性骨髓性白血病Ml细胞分裂活性。穿心莲黄酮APN本身对小鼠S_{180}生长无影响，但却可显著增强环磷酰胺的抗肿瘤效果，而又可缓解其所致白细胞降低的速度和程度，表现出增效减毒效果。

11. 终止妊娠作用 穿心莲的多种制剂对于多种实验动物、采取多种给药途径时均能显示明显的终止妊娠效果，但以腹腔注射、静脉注射时效果为佳，子宫腔内注射效果也佳，且用量小。外源性孕酮或黄体生成释放激素均可完全或明显对抗穿心莲的致流产效果，提示穿心莲可能具有对抗体内孕酮的作用。

［临床应用］

1. 肺热咳喘 常与桑白皮、黄芩等同用；治猪喘气病，用穿心莲和环丙沙星粉针肌肉注射，每天2次，连用3～5天（魏善美，1999）。

2. 咽喉肿痛 常与山豆根、牛蒡子等配伍。

3. 泻痢 可与秦皮、白头翁等同用。治仔猪白痢，用穿心莲2份，地榆1份，苦参1份，红糖2份，研末灌服，2～3次即可治愈（姜永忠等，2001）。

［注意事项］

脾胃虚寒者不宜用。

［不良反应］

穿心莲毒性较小，穿心莲数种内酯或制剂对小鼠的LD_{50}值为：总内酯灌服为13.4 g/kg，甲、乙、丙、丁素灌服分别为>20、>40、>20及>20 g/kg，穿心莲甲素注射液（穿心莲内酯亚硫酸氢钠加成物）静脉注射为1.075～1.145 g/kg，穿琥宁注射液（脱水穿心莲内酯琥珀酸半酯）腹腔注射0.675±0.030 g/kg，静脉注射0.600±0.020 g/kg。穿心莲浸膏灌服对小鼠的LD_{50}为13.19 g/kg（以穿心莲内酯计），穿心莲根总黄酮给小鼠静脉注射的LD_{50}为1.15±0.28 g/kg。

亚急性毒性试验：穿心莲内酯（乙素）1 g/kg灌服，每天1次，连续7天，对大鼠或家兔无明显毒性；10 mg/kg静脉注射于兔或30 mg/kg于未孕及中孕家兔子宫角作宫腔内注射对主要脏器及子宫内膜形态结构均无不良影响。穿琥宁注射液84 mg/kg腹腔注射每天1次，连续10天对大鼠无毒性作用。

紫花地丁

本品为堇菜科植物紫花地丁（*Viola yedoensis* Makin.）的干燥或新鲜全草。主产于江苏、福建、云南及长江以南各地。

紫花地丁性寒，味苦、辛。归心、肝经。具有清热解毒，消痈排脓的功效，主治痈肿疔疮，乳痈肠痈，丹毒肿痛，毒蛇咬伤。

［主要成分］

黄酮及其苷类、香豆素及其苷类、植物甾醇、生物碱、挥发油和糖类。

［药理作用］

1. 抑菌作用 紫花地丁中的黄酮苷类及有机酸是其抗菌的有效成分，体外抑菌试验显示对金黄色葡萄球菌、巴氏杆菌、大肠杆菌、链球菌和沙门氏菌都有较强的抑菌作用，还可抑制乳房链球菌、停乳链球菌、无乳链球菌。其醇提物 31 mg/mL 浓度和水提物 62 mg/mL 浓度对钩端螺旋体也有抑制作用。

2. 抗炎作用 小鼠腹腔注射紫花地丁煎剂 0.5～1.5 g/kg，对二甲苯所致的小鼠皮肤毛细血管通透性亢进有显著的抑制作用，而且对小鼠棉球肉芽增生以及大鼠甲醛性足趾肿胀均有很强的抑制作用。

3. 抗内毒素作用 体外试验证明，紫花地丁提取液对细菌内毒素有拮抗作用。

4. 对免疫系统作用 紫花地丁有显著的增强机体和细胞免疫的作用。有研究者通过给小鼠腹腔注射紫花地丁水煎液，发现紫花地丁可显著增强小鼠血清溶菌酶的活力，对白细胞数的影响不大，但可不同程度地使中性球减少而使淋巴球增加；可促进小鼠脾脏溶血空斑的形成，且作用极其显著。研究结果提示紫花地丁对机体非特异性免疫功能有增强作用。体外试验研究结果显示，紫花地丁水煎剂在高浓度时能通过下调 IL-2、TNF-A 的分泌调控小鼠免疫细胞功能，减少巨噬细胞炎症介质的释放；体内试验研究发现，紫花地丁煎剂通过调控小鼠巨噬细胞活性从而下调小鼠的免疫功能。紫花地丁水煎剂体外对 C57 小鼠脾淋巴细胞转化试验和腹腔巨噬细胞的吞噬功能的影响试验研究发现，紫花地丁水煎剂通过抑制小鼠由 LPS 诱导的 B 淋巴细胞的增殖下调抗体的生成，但对小鼠细胞免疫功能无明显影响。

5. 抗氧化作用 采用催化动力学荧光法测定紫花地丁对羟基自由基的清除率，清除率为 60.8%，显示有较强的抗氧化活性。采用乙醇提取紫花地丁中芹菜素苷，经分离纯化得到芹菜素，试验结果表明紫花地丁中的芹菜素对清除 O^{-2} · 和 · OH 均有一定效果。当芹菜素浓度为 4 μg/mL 时，其清除 O^{-2} · 率为 43.4%，且清除效果比维生素 C、维生素 E 都强；芹菜素浓度为 9 μg/mL 时，清除 · OH 率为 22.45%，其清除效果比维生素 C 差，但比维生素 E 好。紫花地丁乙醇提取物的抗氧化活性研究显示，紫花地丁乙醇提取物对猪油的抗氧化效果明显，1.5%的乙醇提取物的抗氧化效果强于 0.02%维生素 C，略差于 0.02%维生素 E；对菜籽油的抗氧化实验表明，1.5%的乙醇提取物强于 0.02%维生素 C 和 0.02%维生素 E；随着乙醇提取物溶液浓度的增加，清除 DPPH · 的能力也增强。1.5%的乙醇提取物溶液清除 DPPH · 能力比 0.02%维生素 C 和 0.02%维生素 E 强。

［临床应用］

1. 疮黄肿毒、丹毒、肠痈 常与蒲公英、金银花、野菊花、紫背天葵同用，如五味消毒饮。

2. 毒蛇咬伤 鲜品捣烂外敷患处。

3. 乳痈 鲜品捣烂外敷，或与蒲公英、金银花、王不留行等同用。

［注意事项］

体质虚寒者忌服。

半 边 莲

本品为桔梗科植物半边莲（*Lobelia chinensis* Lour.）的干燥全草。主产于我国长江以南及台湾地区。

半边莲性平，味辛。归肝、肺经。具有凉血解毒，消肿利水的功效。主治痈肿疔疮，蛇虫咬伤，晚期血吸虫病腹水。

［主要成分］

半边莲碱、去氢半边莲碱、氧化半边莲碱、异氢化半边莲碱、黄酮苷、皂苷、氨基酸和多糖。

［药理作用］

1. 利尿作用 半边莲浸剂 0.1 g/kg 给麻醉犬静脉注射或等量灌入十二指肠，均有利尿作用。给大鼠灌胃浸剂 1 g/kg 则表现显著而持久的利尿作用，尿中氯化物的排泄量亦明显增加。全半边莲素 2 mg/kg 口服与撒利汞 10 mg/kg 的利尿作用相当。半边莲浸剂碱化后的乙醚提取物静脉注射，呈明显利尿作用。从半边莲中分离出的菊糖给大鼠口服或腹腔注射则有抑制利尿作用。半边莲在出现利尿作用之前，常有血液比重下降，表明有肾外因素参与利尿作用，长期应用半边莲后，利尿作用逐渐减弱，开花前的半边莲比开花后的半边莲利尿作用弱，烘烤对其利尿作用有影响。

2. 兴奋呼吸作用 半边莲煎剂及其所含的半边莲碱给麻醉犬静脉注射，小剂量可兴奋呼吸，随着剂量的增加其作用可延长 5 h 左右。但剂量过大可引起呼吸麻痹、血压下降，以致死亡。摘除颈动脉体或切除窦神经后再注射半边莲制剂，则不出现呼吸兴奋作用，故其作用机理主要为通过刺激颈动脉体化学感受器，反射性兴奋呼吸中枢。半边莲碱肌肉注射有呼吸兴奋作用，吸入则能使支气管扩张对吗啡所致的呼吸抑制有较好的兴奋作用，对乌拉坦和水合氯醛则作用较差。

3. 对心血管系统的作用 半边莲浸剂静脉注射，对麻醉犬有显著而持久的降压作用。浸剂乙醚提取后的残余液具有降压作用，其降压成分口服不易吸收。半边莲的利尿成分和降压成分非同一物质，以乙醚提取其碱性溶液可将其分开。切断迷走神经和注射阿托品，均不影响其降压作用，但压迫双侧颈总动脉的升压反射被抑制。兔灌服半边莲煎剂可见耳部血管扩张，但血管灌注时对兔耳血管和蛙后肢血管则呈直接收缩作用。表明其降压作用可能与其对血管运动中枢的抑制和神经节阻断有关。

4. 解蛇毒作用 半边莲制剂以及从中分离出的琥珀酸钠、延胡索酸钠、对羟基苯甲酸钠分别于注射蛇毒前半小时口服，或同时皮下注射，或用琥珀酸纳、延胡索酸钠和对羟基苯甲酸钠组成复方于注射蛇毒前 0.5～4 h 口服，对于注射最小致死量眼镜蛇毒的小鼠均有较高保护作用，保护率为 59.1%～93.1%。

5. 对消化系统的作用 半边莲煎剂口服，有轻泻作用。半边莲对离体兔肠的张力和蠕动，小剂量时有一过性增强作用，随后则抑制；大剂量时有麻痹作用。半边莲碱口服，有抑制食欲作用。半边莲中含的琥珀酸 50 mg/kg，可对抗大鼠幽门结扎产生的胃溃疡，其机理是由于抑制胃液分泌和扩张胃肌而呈抗溃疡作用。

6. 对神经系统的作用 半边莲碱对植物神经节、肾上腺髓质、延脑各中枢、神经肌肉接头以及颈动脉体和主动脉体的化学感受器都有先兴奋后抑制作用。半边莲所含的琥珀酸对小鼠、大鼠、豚鼠、兔、猫和犬腹腔注射均能保护其对抗高压氧电休克和听源性惊厥；与戊巴比妥钠合用有协同镇痛作用，并能镇静和降低体温。另有报道，半边莲碱可致吐，其原理似既与延脑催吐化学感受区有关，亦有周围机制参与。

［临床应用］

毒蛇咬伤：治疗毒蛇咬伤可单用，或配其他清热解毒药同用。

［注意事项］

虚症忌用。

白花蛇舌草

本品为茜草科植物白花蛇舌草［*Oldenlandia diffusa*（Willd.）Roxb.］的带根全草。主产于云南、广东、广西、福建、浙江、江苏、安徽等地。

白花蛇舌草性寒，味酸、甘。归心、肝、肺、肾经。具有清热解毒，消肿散结，利水通淋的功效。主治恶性肿瘤，肝炎，泌尿系统感染，支气管炎毒蛇咬伤，痈肿疔疮。

［主要成分］

车叶草苷、车叶草苷酸、鸡屎藤次苷、鸡屎藤次苷甲酯、2-甲基-3-甲氧基蒽醌、熊果酸、β-谷甾醇、β-谷甾醇-β-葡萄糖苷、对-香豆酸、氨基酸和挥发油。

［药理作用］

1. 抗肿瘤作用 白花蛇舌草多种成分具有抗肿瘤活性。MTT 法检测白花蛇舌草总黄酮对 HepG2 肿瘤细胞的增殖抑制作用，发现其对人肝癌细胞 HepG2 的生长增殖有抑制，48 h 后效果明显。白花蛇舌草中乌索酸的体外抗肿瘤实验表明，其具有显著的抑制培养瘤细胞增殖的作用。白花蛇舌草多糖对 S_{180} 和 H_{22} 荷瘤小鼠均有抗肿瘤作用，并呈现一定的量效关系，对瘤株抑瘤效果更加明显。白花蛇舌草水提物对 8 种不同的癌细胞生长具有抑制作用。白花蛇舌草乙醇提取物（SCD）的体外抗肿瘤活性研究表明，SCD 对体外培养的肿瘤细胞有明显的抑制作用，SCD 可以显著促进 PBMC 增殖。白花蛇舌草中环烯醚萜对 SMMC-7721、SW480、SW620、Bel7402 和 HepG2 等细胞具有抑制作用。

2. 抗氧化作用 白花蛇舌草提取物中抗氧化成分以多酚、黄酮、羟基蒽醌为主。半枝莲、白花蛇舌草及其药对配伍的提取物抗氧化及清除自由基活性研究表明，白花蛇舌草虽无半枝莲还原性强，但依然具有相对较强的还原性。

3. 抗菌作用　二甲苯诱导小鼠耳肿胀模型、大鼠松节油气囊肉芽增生模型、新鲜蛋清诱导大鼠足爪肿胀模型、醋酸所致小鼠毛细血管通透性增高实验和体外抗菌实验等研究表明，白花蛇舌草总黄酮具有抗炎及抗菌作用。白花蛇舌草中的熊果酸、齐墩果酸也具有抗菌消炎等作用。白花蛇舌草对大肠杆菌、绿脓杆菌、金黄色葡萄球菌都有明显的抑制作用。

4. 免疫调节作用　白花蛇舌草提取物可以增强试管内吞噬细胞活性，从而起到免疫调节作用。白花蛇舌草提取物对小鼠脾细胞的增殖活性有很强的促进作用；增强小鼠杀伤细胞对肿瘤细胞的特异性杀伤活性，增强 B 细胞抗体的产生以及单核细胞的细胞因子产生，并增强单核细胞对肿瘤细胞的吞噬功能。白花蛇舌草总黄酮具有增强机体特异性免疫功能和非特异性免疫功能的作用。白花蛇舌草可刺激小鼠抗体的产生，使抗体分泌量增加，对淋巴细胞增殖有明显促进作用，有明显促进抗体形成细胞的作用，可促进小鼠骨髓细胞增殖反应和 IL-2 的分泌。

5. 神经系统保护作用　从白花蛇舌草分离出的 5 个具有黄酮醇苷类化合物与 4 个环烯醚萜苷类化合物均可减弱谷氨酸盐诱导的神经毒性，具有神经保护活性。

[临床应用]

1. 热淋　可与车前、海金砂、石苇同用。

2. 毒蛇咬伤　与清热解毒药，如半边莲、雄黄同用。

[注意事项]

孕畜慎用。

败 酱 草

本品为败酱科多年生草本植物黄花败酱（*Patrinia scabiosaefolia* Fisch. ex Link.）、白花败酱（*Patrinia villosa* Juss.）的带根全草。黄花败酱草主产于黑龙江、河北、湖南等省，白花败酱主产于我国南方各省。

败酱草性微寒，味苦。归肝、肾、大肠经。具有清热解毒，止痢消炎的功效。主治肠痈，肺痈，痢疾，痈肿疮毒以及产后瘀阻腹痛。

[主要成分]

黄花败酱草主要含有香豆素、环烯醚萜、皂苷、甾醇及其苷等。白花败酱草主要含有挥发油、莫罗忍冬苷、番木鳖苷和白花败酱苷等。

[药理作用]

1. 抗菌、抗病毒作用　白花败酱草及其制剂对金黄色葡萄球菌、白色葡萄球菌、伤寒杆菌、链球菌、枯草杆菌、大肠杆菌和变形杆菌等亦有抑制作用。黄花败酱草具有很强的抗菌、抗病毒的作用，其浸提液和由其制成的口服液对多种球菌、杆菌都具有不同程度的抑制作用。体外抑菌实验证实，黄花败酱草的乙醇浸提液可以抑制伤寒杆菌、绿脓杆菌、宋氏痢疾杆菌、金黄色葡萄球菌、福氏痢疾杆菌和大肠杆菌的增殖活性，而对破伤风杆菌、肺炎球菌、炭疽杆菌等无抑制作用。此外，黄花败酱草对呼吸道的合胞病毒、柯萨奇病毒和流感病毒也具有抑制作用。败酱草水提物能有效抑制石斑鱼虹彩病毒的感染，且浓度为 2.50 mg/mL 的败酱草水提物抗病毒效果最佳（肖贺贺等，2019）。

2. 镇静作用 黄花败酱草 95%乙醇提取液对小鼠具有明显的镇静作用，95%乙醇提取分成的四部分中，乙酸乙酯萃取物和正丁醇萃取物均能显著减少小鼠自主活动，而正丁醇萃取物能够明显延长阈剂量戊巴比妥钠所诱导小鼠的睡眠时间。白花败酱草水提取液对小鼠自发活动有明显的抑制作用，可以缩短由戊巴比妥钠诱导的入睡时间及延长睡眠时间，由此可知白花败酱草具有明显的中枢抑制作用，与戊巴比妥钠的中枢抑制功能有协同作用，并且表现为剂量加大其镇静。

3. 抗肿瘤作用 黄花败酱草总皂苷高、中、低剂量组对荷艾腹水癌小鼠的存活时间均有不同程度的延长，说明黄花败酱总皂苷有一定的抗肿瘤作用。白花败酱草抗小鼠宫颈癌的作用机制研究表明，与对照组相比，白花败酱草有效地降低了宫颈癌的重量，显著增加肿瘤细胞在 G_0/G_1 期的凋亡，减少了一些 S 期细胞，抑制了肿瘤细胞 G_2 期的增殖细胞核抗原。白花败酱革的抗肿瘤作用机制可能与其抑制肿瘤细胞在 G_0/G_1 期，诱导细胞凋亡和抑制 PCNA，突变型 P53 和 Bcl－2 蛋白表达有关。白花败酱草中分离所得化合物——熊果酸对乳腺癌细胞表现出明显的细胞毒活性，其 IC_{50} 为 15 μg/mL，活性较强。

4. 保肝利胆作用 白花败酱草的浸膏有促进肝细胞再生及抑制细胞变性的作用，齐墩果酸被认为是抗肝炎的强活性成分。白花败酱草对大鼠离体肝脏脂质过氧化有抑制作用且呈量效关系。黄花败酱草的提取物能够促进肝细胞的增殖，防止肝细胞的变性和坏死，针对肝炎病毒也有很好的抑制作用，可以疏通毛细胆管，使肝炎的病灶消退，进一步改善肝脏功能。黄花败酱草的全草具有降低谷丙转氨酶的作用，其根部的水煎剂可促进胆汁分泌，用于治疗急性黄疸型肝炎，效果非常好。从黄花败酱草的根部分离得到的皂苷类化合物还能够提高血清转氨酶的活性，这些齐墩果酸类型的皂苷类化合物具有较强的抑制肝炎病毒的活性，被认为是黄花败酱草保肝利胆的活性成分。

[临床应用]

1. 泻痢 常与白头翁、马齿苋等同用。

2. 目赤肿痛 常与蒲公英、金银花、千里光等同用。

3. 疮黄疔毒 鲜败酱草、鲜蒲公英等捣烂调敷。

[注意事项]

无实热瘀血者忌用。

千　里　光

本品为菊科千里光属植物（*Senecio scandens* Buch－Ham.）的干燥地上部分。主产于我国浙江、江苏、安徽等地，广西、云南也有分布。

千里光性寒，味苦、辛。归肺、肝、大肠经。具有清热解毒，明目退翳，杀虫止痒，散瘀消肿的功效。主治风热感冒，目赤肿痛，泄泻痢疾，皮肤湿疹，疮疖。

[主要成分]

吡咯里西啶类生物碱、黄酮类、酚酸类和挥发油。

［药理作用］

1. 抗菌作用　千里光对粪肠球菌、鸡沙门氏菌、大肠杆菌等细菌有较强的抑菌作用，且在 pH 8～9 范围内抑菌效果最好。千里光煎剂对肺炎链球菌、乙型溶血性链球菌、流感嗜血杆菌等也有不同程度的抑制作用。口服千里光煎剂后的小鼠血清可明显抑制金黄色葡萄球菌、大肠杆菌、痢疾杆菌、乙型副伤寒杆菌、绿脓杆菌的生长。千里光水煎剂对小鼠金黄色葡萄球菌感染有良好的抗金黄色葡萄球菌作用。进一步的研究表明，千里光抗金黄色葡萄球菌的作用机制可能与通过抑制细菌的 DNA、RNA、蛋白质和肽聚糖合成有关，其有效成分可能是黄酮类化合物。

2. 抗氧化作用　千里光提取液具有较强的抗氧化活性，其中水提取液清除超氧自由基（$\cdot O_2^-$）的作用较强、醇提取液清除 $\cdot$OH 的作用较强。千里光多酚提取物对 $\cdot$OH 的清除率为 86.74%，并可有效阻止由 $\cdot$OH 引起的 DNA 损伤和脂质过氧化。

3. 抗炎作用　二甲苯致小鼠耳廓肿胀实验、腹腔注射醋酸致小鼠腹腔毛细血管通透性增高实验以及小鼠棉球肉芽肿实验结果显示，千里光总黄酮对多种炎症模型均有对抗作用，推测其抗炎作用与抑制炎症因子 PGE_2 的产生和释放有关。

4. 镇痛作用　千里光 70%乙醇提取物（SCE）对于化学性刺激引起的疼痛具有明显的镇痛作用，可延缓疼痛的发生。对于物理性刺激引起的疼痛需较长时间才能发挥明显的镇痛作用。

5. 抗肿瘤作用　千里光总黄酮对人肝癌细胞株 SMMC－7721、人胃癌细胞株 SGC－7901 和人乳腺癌细胞株 MCF－7 三种瘤株生长的半数抑制浓度分别为 48.73 μg/mL、61.31 μg/mL、31.26 μg/mL，表明千里光总黄酮体外具有明显的抗肿瘤活性。

［临床应用］

1. 湿热泻痢　常与木香、白芍、地榆等同用。复方千里光注射液对仔猪黄痢和仔猪白痢有显著疗效（王刚等，2004）。

2. 目赤肿痛　单用或与金银花、蒲公英、败酱草等同用。治家畜结膜炎和角膜炎，用鲜千里光 500 g 切细，加水 2 500 mL，煎煮去渣，加食盐 100 g，拌匀，趁温敷洗患眼，每天 2 次，每次 1～2 min（杨胜奎，1995）。

［注意事项］

中寒泄泻者勿服。

第四节　清热凉血药

生　地　黄

本品为玄参科地黄属植物地黄［*Rehmannia glutinosa*（Gaertn.）Libosch.］和怀庆地黄［*Rehmannia glutinosa* Libosch. f. *hueichingensis*（Chao et Schih.）Hsiao］的干燥根茎。新鲜者称鲜地黄。主产于河南、河北、内蒙古及东北。

生地黄性寒，味甘。归心、肝、肾经。具有清热凉血，养阴生津的功效。主治热病舌绛烦渴，阴虚内热，骨蒸劳热，内热消渴，吐血，衄血，发斑发疹。

［主要成分］

主要含环烯醚萜苷类、低聚糖等，如 β-谷甾醇、甘露醇、梓醇（catalpol）、地黄素（rehmannin）和地黄低聚糖。

［药理作用］

1. 降血糖作用 体外研究表明，地黄寡糖可促进前脂肪细胞增殖，抑制其向脂肪细胞分化，对地塞米松诱导的 3T3－L1 脂肪细胞胰岛素抵抗有明显改善作用，提示地黄寡糖既可增强细胞对葡萄糖的摄取和利用，又不会引起脂肪聚集。地黄寡糖 100 mg/kg 腹腔注射 15 天，可明显降低四氧嘧啶所致糖尿病模型大鼠血糖水平，增加肝糖原含量，降低肝葡萄糖-6-磷酸酶活性；其对正常大鼠虽无明显影响，但可部分预防葡萄糖及肾上腺素引起的血糖升高，提示地黄寡糖不仅可调节实验性糖代谢紊乱，亦可调节生理性高血糖状态。地黄寡糖 250 mg/kg 灌胃给予 60 天，可明显逆转老年或去胸腺大鼠由于糖代谢紊乱而引起的肝糖原含量、血浆胰岛素水平增高和血浆皮质酮下降；200 mg/kg 灌胃给予 22 天，可使高脂饲料合并链脲佐菌素诱导的 2 型糖尿病模型大鼠和葡萄糖-肾上腺素诱导的高血糖模型大鼠血糖和肝脏葡萄糖-6-磷酸酶活性降低，增加肝糖原和胰岛素含量；200 mg/kg 灌胃给予 7 天及 14 天，可使四氧嘧啶所致妊娠糖尿病模型大鼠血糖降低，胰岛素水平升高。以地黄水提物 0.6～2.4 g/kg 灌胃可使高热量饲料合并链佐星所致 2 型糖尿病模型大鼠抵抗素（resistin）mRNA 表达显著降低，提示地黄可通过抑制脂肪组织抵抗素基因表达，降低胰岛素抵抗水平，改善脂质代谢紊乱，从而降低高血糖。

2. 生血作用 本品生血功效与其促进造血功能作用有关。生地黄、熟地黄均可促进血虚动物红细胞、血红蛋白的恢复，加快骨髓造血细胞 CFU－S、CFU－E 的增殖、分化。生地黄水煎液灌胃 10 天对放血所致贫血模型小鼠可改善动物状态，提高红细胞和血红蛋白量，促进骨髓多能造血干细胞和红系造血祖细胞的增殖，但其作用强度不及熟地黄。地黄促进造血的作用与其所含糖类和苷类物质有关，地黄低聚糖 10～40 mg/kg 可促进小鼠骨髓造血祖细胞包括粒单系祖细胞、早晚期红系祖细胞的增殖与分化，使 CFU－GM、BFU－E 及 CFU－E 显著增加。对于快速老化模型小鼠 SAMP8，地黄低聚糖也可使其 CFU－S、CFU－GM、CFU－E 和 BFU－E 明显增多，外周血中降低的 WBC 数明显增加，表明地黄低聚糖可影响小鼠造血的整个过程。小鼠血清集落刺激活性试验表明，其可促进集落刺激因子的产生，增加祖细胞的增殖分化，增强造血功能。另有报道，地黄苷 D 20～60 mg/kg 可明显升高甲状腺素和利舍平所致血虚模型小鼠白细胞数、血小板数、网织红细胞数和骨髓 DNA 含量，提示其具有促进造血作用。此外，鲜地黄汁、鲜地黄煎液和干地黄煎液均可在一定程度上拮抗阿司匹林所致小鼠凝血时间延长，且鲜地黄汁的作用明显强于干地黄。地黄注射液腹腔注射，能使接受 600r 照射大鼠血小板损伤减轻，回升加快，表明地黄有抗放射损伤作用。

3. 免疫增强作用 鲜地黄汁、鲜地黄水煎液能使甲状腺素所致类阴虚小鼠的脾脏淋巴细胞碱性磷酸酶的表达增加，鲜地黄汁还可增强 ConA 诱导的脾脏淋巴细胞转化；干地黄水煎液对该模型小鼠脾脏 B 细胞功能也有明显的增强作用，但弱于鲜地黄汁。本品所含地黄苷 A 可提高环磷酰胺所致白细胞减少模型小鼠的白细胞数量，促进 B 淋巴细胞抗体生成，刺激 T 淋巴细胞转化成致敏淋巴细胞。另有报道显示，怀地黄多糖可拮抗 D-半乳糖所致衰老模型小鼠脾脏和胸腺的萎缩，使胸腺皮质厚度及细胞数、脾小结及淋巴细胞数超过正常水平，且可使环磷酰胺所致免疫抑制模型小鼠腹腔巨噬细胞吞噬百分率、吞噬指数显著升高，显著促进溶血素、溶血空斑形成和淋巴细胞转化，提示其对低下的免疫功能有显著的兴奋作用。此外，地黄寡糖可提高老年或去胸腺大鼠脾淋巴细胞增殖率。

4. 抗肿瘤作用　地黄多糖 b 20 mg/kg 灌胃或腹腔注射，均可抑制 S_{180} 在小鼠体内的生长，腹腔注射尚可抑制 Lewis 肺癌、B_{16} 黑素瘤和 H_{22} 肝癌，同时可提高荷瘤小鼠脾脏 T 淋巴细胞增殖、改善肿瘤引起的 IL－2 水平降低、部分阻抑肿瘤对脾脏天然杀伤细胞和细胞毒性 T 细胞的抑制作用，由于体外试验显示其无直接抑瘤作用，推测地黄多糖 b 的体内抑瘤效应与其提高免疫功能有关。低分子量地黄多糖 20 mg/kg、40 mg/kg 腹腔注射给予荷瘤小鼠，可增加肿瘤组织 *c－fos* 基因和抗癌基因 *p53* 表达，降低 *c－myc* 基因表达，体外试验结果与此类似，提示地黄多糖可通过调节肿瘤相关基因的表达而影响肿瘤细胞的增殖、分化和凋亡。

5. 强心利尿作用　地黄有强心作用，对衰弱心脏作用更为明显。生地黄水提物2.4 g/kg 灌胃可对抗异丙肾上腺素致大鼠脑缺血而造成的脑组织中钙-镁- ATP 酶（Ca^{2+}－Mg^{2+}－ATPase）活力异常升高，从而防止脑组织的缺血性损伤和 ATP 耗竭，提示地黄中可能有钙拮抗活性物质。麻醉犬静脉注射地黄浸膏可使尿量增加，利尿原理可能与其强心及扩张肾血管作用有关。地黄利尿作用的有效成分为梓醇苷（catalposide）和去对羟基苯梓醇苷，而前者比后者作用强。

[临床应用]

1. 热入营血、斑疹吐衄　用于温热病热入营血，壮热烦渴，神昏舌绛，常与水牛角、玄参等同用，如《温病条辨》清营汤；若血热妄行，吐血衄血，斑疹紫黑，常与水牛角、赤芍、牡丹皮配伍，如《千金要方》犀角地黄汤；若血热吐衄便血，崩漏下血，血色鲜红，亦可与生荷叶、生艾叶、生柏叶配用；若血分热盛，吐血脉数，又可与牡丹皮、焦山栀、三七等配伍，如《医学心悟》生地黄汤。

2. 阴虚内热、潮热盗汗　用于温病后期余热未尽，邪伏阴分，夜热早凉，舌红脉数者，常与鳖甲、青蒿、知母等同用，如《温病条辨》青蒿鳖甲汤；若阴虚火旺，盗汗不止，多与黄柏、黄芪、浮小麦等配用，如《景岳全书》生地黄煎；若劳疾阴虚，骨蒸劳热，可与牡丹皮、知母、地骨皮等配伍，如《古今医统》地黄膏；若肺阴亏损，虚劳干咳，咽燥咯血，常与人参、茯苓、白蜜同用，如《洪氏集验方》琼玉膏。

3. 津伤口渴、内热消渴　用于热病伤阴，口干咽燥，烦渴多饮，常与玉竹、麦冬、沙参同用，如《温病条辨》益胃汤；用于肺热津伤，烦渴多饮，多与天花粉、黄连、藕汁等配用，如《丹溪心法》消渴方；若暑热伤阴，肾水不能上济，而口渴欲饮，则与黄连、乌梅、阿胶等同用，如《温病条辨》连梅汤；用于阴虚内热的消渴证，口渴多饮，可与山药、黄芪、山茱萸等配用，如《医学衷中参西录》滋膵饮；若温病伤津，大便燥结，咽干口渴，常与玄参、麦冬同用，如《温病条辨》增液汤。

[注意事项]

生地黄性寒而滞，脾虚湿滞、腹满便溏、胸膈多痰者慎用。

玄　参

本品为玄参科植物玄参（*Scrophularea ningpoensis* Hemsl.）的干燥根。切片生用。主产于浙江、湖北、安徽、山东、四川、河北、江西等地。

玄参性寒，味甘、苦、咸。归肺、胃、肾经。具有清热养阴，润燥解毒的功效。主治热毒实火，阴虚内热，虚火上炎引起的咽喉肿痛、津枯燥结等。

［主要成分］

主要含环烯醚萜类、苯丙素苷类，尚含植物甾醇、有机酸类、黄酮类、三萜皂苷、挥发油、糖类、生物碱及微量的单萜和二萜成分等。

［药理作用］

1. 对心血管系统的影响

（1）扩张冠状动脉作用　玄参醇浸膏水溶液能显著增加离体兔心冠脉流量，同时对心率、心收缩力有轻度抑制；玄参能明显增加小鼠心肌营养性血流量，并对小鼠垂体后叶素所致的冠脉收缩有明显对抗作用。

（2）降血压作用　药理学研究表明，玄参水浸液、醇提液和煎剂均有降血压作用。玄参醇提液静脉注射可使麻醉猫的血压随即下降，血压平均下降 40.5%；煎剂对肾性高血压犬的降压作用更明显。降压作用初步分析玄参无对抗 A－肾上腺素能受体作用，对阻断颈动脉血流所致的升压反射无明显影响，降压机理可能与扩张血管有关，有待进一步的研究。

（3）抗血小板聚集作用　苯丙素苷 XS－8、XS－10 和环烯醚萜苷 XS－6、XS－7 在 0.5 mmol/L 下都有抗血小板聚集作用，但苯丙素苷作用较强。苯丙素苷 XS－8 对血浆中的 TXB_2 和 6－keto－$PGF_{1\alpha}$ 均有降低作用，但对 TXB_2 的降低作用更明显，可能都是其抗血小板聚集的机制。另有报道指出，玄参的亲脂性成分亦有抑制血小板聚集的作用，相同剂量条件下玄参醚提取、醇提物、水提物的抑制率分别为 55.5%、40.5%、51.9%，三者都有显著降低血小板聚集率的作用。

（4）促进纤溶作用　玄参醚、醇、水提取物对 PAI－1 都有显著降低作用，其中玄参石油醚提取物作用最强，与生理盐水对照组、相同剂量的丹参水提取液对照组比较有均显著差异，与阿司匹林组比较也有显著差异。

（5）改善血液流变性　玄参醚、醇、水提液对大鼠全血黏度、全血还原黏度、血浆黏度、细胞比容均无显著影响，但玄参提取液可明显改善缺血 2 h 后皮层 CBF（$P<0.05$），其中 5 mg/kg 剂量组对于缺血各时间点的血流改善均有显著作用（$P<0.05$）。

（6）抗脑缺血损伤作用　玄参提取物对大鼠脑缺血有保护作用，尾静脉注射玄参提取物可明显减少缺血 24 h 后大鼠的脑梗死体积，明显改善神经功能，此作用可能与提高脑血流量有关。

2. 镇痛作用　玄参口服液给药 1 h 后对醋酸所致小鼠扭体反应有明显的抑制作用，且作用与剂量有一定的依赖关系。

3. 抗炎作用　玄参有抗炎作用，临床可用于齿龈炎、扁桃体炎、咽喉炎等。药理实验结果表明，玄参对巴豆油致炎引起小鼠耳壳肿胀，蛋清、角叉莱胶和眼镜蛇毒诱导引起大鼠足趾肿胀、小鼠肉芽肿的形成均有明显的抑制作用。目前，玄参的抗炎活性成分尚有争议，一般认为是环烯醚萜类物质哈帕酯苷和哈帕苷，然而环烯醚萜类物质单用的有效剂量远大于原生药中的相应含量。根据实验证明苯丙素苷类抗氧活性明显比环烯醚萜类强，提示玄参的抗炎活性可能与其苯丙素苷类成分的抗氧化作用有密切关系。

4. 抗菌作用 玄参根和叶的杀菌作用比较弱，其最低杀菌浓度均需 1 mL 含药量在 50 mg 以上。玄参叶的抑菌效力较根强，尤对金黄色葡萄球菌有效，对白喉、伤寒杆菌次之，对乙型链球菌等作用差，但弱于黄连。

5. 免疫增强活性 哈帕酯苷皮下注射能使阴虚小鼠抑制的免疫功能恢复；哈帕苷和哈帕酯苷均能促进阴虚小鼠体外脾淋巴细胞增殖。在生理条件及环磷酰胺所致免疫功能抑制条件下玄参、黄芪均能升高白细胞数和胸腺指数。

6. 保肝作用 玄参中苯丙素苷有保肝作用。研究发现苯丙素苷 XS-10 对 D-氨基半乳糖造成的肝细胞损伤有明显的保护作用，且能抑制肝细胞凋亡。抗肝损伤细胞凋亡可能与其调控肝细胞凋亡相关基因有关。

7. 抗氧化作用 玄参中苯丙素苷类抗氧活性明显比环烯醚萜类强。苯丙素苷 XS-8 与 XS-10 对脱氧核苷酸羟基加成自由基产生显著的修复作用，而环烯醚萜苷 XS-6 与 XS-7 在相同条件下作用不明显。对红细胞氧化性溶血四者均有显著抑制作用，且前两者明显强于后两者。

［临床应用］

1. 热入营血 配生地、丹皮等。

2. 肺虚燥咳 配生地、麦冬、熟地、百合、当归、白芍、川贝、桔梗、甘草等。如玄参散，治骡马咳嗽气喘。

3. 伤津便结 配生地、麦冬、芒硝、大黄等。如增液承气汤。

4. 咽喉肿痛 常配生地、银花、连翘、大力子、黄芩、山豆根、白芍、枇杷叶、甘草等。若用于虚火上炎所致咽喉肿痛，并兼有虚热症状者，配生地、沙参等有良效。鲜根捣汁涂布可治咽喉症，牛、马 10～25 g。

［注意事项］

脾虚泄泻者忌用。反藜芦。

［不良反应］

玄参叶较玄参毒性小。玄参叶 LD_{50} 的 95%可信限为 19.35～24.63 g/kg 体重，最小致死量为 15.4 g/kg；玄参 LD_{50} 的 95%可信限为 15.99～19.81 g/kg 体重，最小致死量为 10.8 g/kg。两者均无明显的蓄积作用。小鼠中毒表现为安静、消瘦、反应迟钝、腹泻、黑稀便，尸检未发现对肝、脾、心、肺和肾脏等器官造成病理改变。

牡 丹 皮

本品为毛茛科芍药属植物牡丹（*Paeonia suffruticosa* Andr.）的干燥根皮。主产于安徽、山东、湖南、四川、贵州等地。

牡丹皮性微寒，味苦、辛。归心、肝、肾经。具有清热凉血，活血散瘀的功效。主治温毒发斑，吐血衄血，夜热早凉，无汗骨蒸，痈肿疮毒，跌扑伤痛。

［主要成分］

主要含芍药苷（paeoniflorin）、牡丹酚苷（paeonoside）、牡丹酚原苷（paeonolide）、苯甲酰芍药苷（benzoylpaeoniflorin）、羟基芍药苷（oxypaeoniflorin）、苯甲酰羟基芍药苷（benzoyloxypaeoniflorin）、丹皮酚新苷（apiopaeonoside）以及牡丹酚（paeonol）。

［药理作用］

1. 抗炎、镇痛作用 丹皮水提取物、丹皮总苷和丹皮酚对炎症均有不同程度的抑制作用。丹皮水煎液可抑制二甲苯所致小鼠耳肿胀，角叉菜胶、甲醛、蛋清等所致大鼠足肿胀。其抗炎作用不依赖于垂体肾上腺皮质系统。丹皮总苷可抑制角叉菜胶诱导的大鼠急性足肿胀和二甲苯诱导的小鼠耳肿胀；在致炎前 1 h 或致炎后第 12 天给药，对佐剂性关节炎大鼠原发性或继发性炎症反应均有明显抑制作用。丹皮酚不同途径给药也对多种急性渗出性炎症有明显的抑制作用，0.5 g/kg、1.0 g/kg 灌胃给药对内毒素致小鼠腹腔毛细血管通透性升高有显著的抑制作用，丹皮酚抗炎作用也不依赖于垂体—肾上腺系统，也无可的松样作用，丹皮酚 100 mg/kg、200 mg/kg 灌胃还可明显减轻 AA 大鼠的炎症反应，降低其血清中白细胞介素 1、2、6 及肿瘤坏死因子的含量。丹皮水煎液灌胃，可提高热板法致痛小鼠的阈值，减少醋酸所致小鼠扭体的次数。丹皮酚 50 mg/kg 或 100 mg/kg 皮下注射，可提高热板法致痛小鼠的阈值、减少醋酸所致小鼠扭体的次数、抑制甲醛所致小鼠疼痛反应，丹皮酚起效较慢，但持续时间长，适用于慢性钝痛的治疗。

2. 抗过敏作用 牡丹皮水煎液灌胃对大鼠 PCA、RCA、Arthus 型足肿胀等变态反应均有抑制作用，能抑制补体经典途径溶血活性，但不影响旁路溶血活性和小鼠血清溶血素生成，对天花粉所致颅骨膜肥大细胞脱颗粒也无明显影响。丹皮总苷对绵羊红细胞（SRBC）引致的小鼠迟发型超敏反应（DTH），腹腔注射丹皮酚有明显抑制作用，丹皮酚还能抑制二硝基氟苯（DNFB）引起的小鼠耳廓接触性皮炎。对于豚鼠 Forssman 皮肤血管炎，丹皮酚腹腔注射有显著抑制作用，对大鼠反向皮肤过敏反应（RCA）丹皮酚亦有明显抑制作用，还能显著抑制牛血清白蛋白（BSA）诱导的大鼠 Arthus 型足肿胀。

3. 解热作用 丹皮酚 200 mg/kg 腹腔注射 30 min 后可使正常小鼠体温降低 2.9 ℃，对三联疫苗引起的发热有解热作用。

4. 抗菌作用 丹皮提取物对白色和金黄色葡萄球菌、溶血性链球菌、肺炎球菌、枯草杆菌、大肠杆菌、伤寒杆菌、副伤寒杆菌、痢疾杆菌、变形杆菌、铜绿假单胞菌、百日咳杆菌及霍乱弧菌等有一定的抑制作用，对铁锈色小芽孢杆菌等 10 多种皮肤真菌也有一定的抑制作用，丹皮酚是抗菌有效成分之一。

5. 降血糖作用 丹皮多糖及丹皮多糖 2b 可降低多种糖尿病动物模型的血糖水平，丹皮多糖灌胃给药，可使正常小鼠或葡萄糖诱发的小鼠高血糖水平降低。

6. 降血脂、抗动脉粥样硬化作用 丹皮水煎液 5.0 g/kg 灌胃，可降低高脂血症模型大鼠血清 TC、LDL－C，血液流变学指标全血黏度、血浆黏度、血小板聚集率及纤维蛋白原水平；滇丹皮水煎液 5.0 g/kg 灌胃给药，仅可降低 LDL－C、纤维蛋白原水平。调节脂质代谢是丹皮酚抗 AS 的基础之一。丹皮酚 0.3 g/kg、0.6 g/kg 可明显降低实验性 AS

模型鹌鹑血清总胆固醇（TC）、甘油三酯（TG）、低密度脂蛋白（LDL）、极低密度脂蛋白等含量，升高高密度脂蛋白亚型（HDL2）；提高载脂蛋白 apoAl/apoB_{100}、HDL/TC 比值，减少主动脉壁及肝脏 TC 含量，缩小斑块面积，抑制主动脉脂质斑块形成。研究发现，丹皮酚 0.15 g/kg、0.3 g/kg 灌胃给药，可明显抑制高脂大鼠血清、主动脉及肝脏脂质过氧化反应，0.3 g/kg 减少高脂大鼠血浆 LDL 的氧化修饰，且 40～1 000 pg/kg 剂量丹皮酚对健康人血清 LDL 的体外氧化反应有显著抑制作用。丹皮酚抗 AS 作用还与抑制平滑肌细胞异常增生及保护血管内皮细胞有关，可呈浓度依赖性地抑制人血管平滑肌细胞的增殖，并对高脂血清刺激的平滑肌细胞异常增生有显著的抑制作用；对大鼠血管平滑肌（VSMC）也观察到相似的结果。

7. 抗缺血再灌注性损伤作用 丹皮酚 2.5 mg/kg、5.0 mg/kg、10 mg/kg 十二指肠给药能明显减小心肌梗死面积，降低心肌梗死程度，减少心肌酶的释放，同时可以提高血清中 SOD 的活力，降低血清中 MDA 的含量，减轻脂质过氧化损伤的程度。丹皮酚对多种不同脏器的缺血再灌注模型动物均有保护作用，主要是通过抗氧化、稳定膜结构等途径使机体细胞免受损伤。丹皮酚灌胃或腹腔给药，能缩小缺血再灌注模型大鼠心肌梗死范围，降低缺血再灌注损伤大鼠心肌组织 MDA 含量和血清中肌酸磷酸激酶（creatine phosphokinase，CPK）浓度，并明显保护心肌组织 SOD 活性和心肌细胞超微结构。其次，丹皮酚注射液腹腔注射，可降低心肌缺血再灌注模型大鼠线粒体膜胆固醇/磷脂的比值，减少心肌细胞游离脂肪酸含量，改善 Ca^{2+}-ATP 酶活性，调节线粒体膜脂的流动性，保护心肌细胞膜脂结构。另外，丹皮酚 50 mg/kg 腹腔注射，可使脑缺血再灌注模型沙鼠增高的外周 WBC、脑实质中小胶质细胞降低；而丹皮酚注射液 100 mg/kg 腹腔注射，可改善线栓法缺血再灌注大鼠神经功能缺损表现，降低中性粒细胞浸润，抑制 ICAM-1 的表达，从而减轻了神经元的损伤。

8. 抗心律失常作用 丹皮酚具有抗心律失常作用，对钙通道的阻滞作用是其主要的作用机制之一。丹皮酚 80 mg/kg、160 mg/kg 腹腔注射，能不同程度地降低心肌缺血再灌注模型大鼠心室颤动及室性心动过速的发生率，缩短其持续时间；且使心律失常分数下降 33%及 55%。应用膜片钳全细胞技术研究发现，丹皮酚 50～400 μg/mL 呈浓度依赖性地阻滞单个豚鼠心肌细胞钙通道电流 I_{Ca}，同时能降低体外培养乳鼠心肌细胞搏动频率，对心肌细胞快相（5 min）和慢相（120 min）^{45}Ca 摄取均有显著抑制作用。

9. 改善微循环作用 丹皮酚 0.5 g/kg、0.7 g/kg 灌胃，可使肾型高血压犬血压第 10 天开始下降，持续 9～14 天；对肾性高血压大鼠也有相同作用。丹皮酚 5 mg/kg 腹腔注射，能降低肾上腺素＋冰水应激所致急性微循环障碍大鼠血清 ET-1 含量，增加血清 NO 的含量，抑制血管内皮损伤和血栓形成，防止内皮细胞脱落，对物理性血管损伤具有明确的保护作用。丹皮酚溶液局部滴加于肠系膜上，可加快单个红细胞运行速度，增加毛细管管径，改善微循环。

10. 保肝作用 丹皮总苷 50～80 mg/kg 灌胃，对 CCl_4、D-Gal、乙醇所致化学性肝损伤有保护作用，降低 ALT、AST 水平，减轻肝脏变性和坏死程度，促进肝脏糖原合成和提高血清蛋白含量，降低肝匀浆脂质过氧化产物丙二醛（MDA）的含量及提高血清和肝脏谷胱甘肽过氧化物酶活力，且可缩短 CCl_4 小鼠戊巴比妥钠后的睡眠时间。另外，丹皮总苷 50 mg/kg、100 mg/kg 灌胃对 BCG 和 LPS 所致免疫性肝损伤有保护作用，可显著降低小鼠血清 ALT 和 AST 活性，降低其血清与肝组织中 LPO 含量，并减轻其增大的脾脏指数。

11. 抗肿瘤作用 丹皮酚在体、内外对人白血病细胞 K562、人乳腺癌基因细胞 T6-17、肝癌细胞 BEL-7404、移植性肝癌 HepA、人白血病肿瘤细胞株 K562/ADM 细胞、宫颈癌细胞系 HeLa、人大肠癌细胞株 HT-29 细胞等多种肿瘤细胞具有增殖抑制作用。丹皮酚在非细胞毒性剂量（12.5 μg/mL）下能降低阿霉素（ADM）、柔红霉素（DAU）、长春新碱（VCR）及长春碱（VLB）对多耐药（MDR）肿瘤细胞株 K562/ADM 细胞半数抑制浓度（IC_{50}），且能提高细胞内化疗药物的浓度，呈现协同抗肿瘤作用，其与 5-氟尿嘧啶、丝裂霉素、顺铂联用对 HT-29 产生较强的抑制作用。丹皮酚还能逆转肿瘤多药耐药性，对多种化疗药物有增敏作用。丹皮酚可通过调节肿瘤相关基因的表达而影响肿瘤细胞的增殖、分化和凋亡。

[临床应用]

1. 血热出血 配水牛角、生地、赤芍等。如配蒲黄、炒阿胶、血余炭、焦栀子、丹参、当归、生地、赤小豆、麦门冬、绿豆，治牛心热尿血证有较好的疗效。

2. 血瘀肿痛

（1）外伤性瘀血肿痛 配赤芍、红花、乳香。如《师皇安骥集》补血散（生地、丹皮、当归、川穹、马鞭草、赤芍、甘草）治瘀血证。

（2）牛肩痈 毒气内陷，体温升高而有全身症状者，配生地、玄参、赤芍、黄连、黄芩、栀子、银花、连翘、地丁、甘草，煎汤内服。

（3）产后瘀血、恶露不下的发热 常配赤芍、桃仁、红花和益母草等。

[注意事项]

脾虚胃弱及孕畜忌用。

[不良反应]

小鼠灌胃丹皮酚 50%花生油剂 LD_{50} 为（4.9±0.47）g/kg，小鼠腹腔注射丹皮酚油剂的 LD_{50} 为 735 mg/kg，丹皮酚磺酸钠的 LD_{50} 为 6.9 g/kg。注射丹皮酚磺酸钠后，小鼠活动减少，30 min 后出现抽搐、竖尾、闭眼、翻正反射消失，呼吸频率降低，呼吸停止而死亡。

亚急性毒性，给大鼠腹腔注射丹皮酚磺酸钠 250 mg/kg、500 mg/kg、750 mg/kg，共 30 天，对肝肾功能均无明显影响，各脏器无异常病理改变，给药大剂量组大鼠的胃黏膜出现水肿，但无溃疡发生。给家兔静脉注射丹皮酚磺酸钠 60 mg/kg、200 mg/kg，共 30 天，所得结果与此相同。

赤 芍

本品为毛茛科植物芍药（*Paeonia lactiflora* Pall.）或川赤芍（*Paeonia veitchii* Lynch）的干燥根。主产于内蒙古、河北、东北等地；陕西、甘肃、宁夏、山西亦产。川赤芍主产于四川。

赤芍性微寒，味苦。归肝、脾经。具有清热、凉血、散瘀、散痹、消肿、止痛的功效。主治热入营血，温毒发斑，吐血衄血，目赤肿痛，肝郁胁痛，癥瘕腹痛，痈肿疮痛，跌扑损伤。

［主要成分］

含芍药苷（paeoniflorin），另含苯甲酰芍药苷（benzoylpaeoniflorin）、芍药内酯苷（albiflorin）、芍药新苷（lactiflorin）、氧化芍药苷（oxypaeoniflorin）、芍药吉酮（paeoniflorigenone）、芍药花苷（paeonin）、牡丹酚苷（paeonoside）、牡丹酚（paeonol）、苯甲酸、β-谷甾醇（β- sitosterol），以及芍药碱、芍药醇、有机酸、鞣质、挥发油等。最近还发现赤芍中还含有 d-儿茶精、没食子酸乙酯。

［药理作用］

1. 抗凝血作用 赤芍及其所含有效成分能显著抑制血小板聚集活性。赤芍水煎剂、芍药苷等对 ADP、胶原、花生四烯酸等所致血小板聚集均有显著抑制效果，但并不使血小板数明显降低。报告对 ADP 诱导的血小板聚集，赤芍煎剂可使其用量由（7.3 ± 0.5）μg/mL 增加到（174.9 ± 94.2）μg/mL。赤芍精还能使高脂饲料饲养的大鼠血小板内 cAMP 显著升高，此可能是其能抑制血小板聚集的机制之一。对于葡聚糖所致大鼠红细胞聚集，6 个产地赤芍中 4 种有显著的抑制作用，而以道地多伦赤芍作用为强。赤芍水煎醇沉液于体外能显著延长家兔血浆白陶土部分凝血活酶时间（KPTT）、凝血酶原时间（PT）及凝血酶时间（TT），于 10 mg/mL 浓度即有显著作用，并随浓度增大而作用增强。赤芍 3 g/kg 静脉注射，也能显著延长家兔的 KPTT、PT 及 TT。赤芍的抗凝作用不依赖于 ATP，而可能是对凝血酶的直接抑制所致。1 mg 赤芍约相当于 2.0×10^{-3} 单位肝素的抗凝活性。赤芍煎剂也可显著抑制大鼠血浆及纤维蛋白原凝固，500 mg/mL 可使血浆或纤维蛋白原不凝，表明对内源和外源凝血系统以及凝血酶均有浓度依存性抑制作用。赤芍总苷为赤芍抗凝作用有效部位。不同产地赤芍的抗凝血活性有一些差异，有研究 6 种产地赤芍药材中以地道多伦赤芍作用为佳，野生赤芍优于栽培赤芍。赤芍提取物能通过激活纤溶酶原变成纤溶酶，使已凝固的纤维蛋白发生溶解；显著抑制尿激酶对纤溶酶原的激活作用。赤芍可能是通过提高细胞内 cAMP 的含量，发挥其第二信使功能而达到调节血液凝固和纤维蛋白溶解系统等作用。

2. 抗心肌缺血与动脉粥样硬化作用 赤芍注射液可使大鼠离体心脏冠脉流量和电刺激引致室颤的心脏冠脉流量增加。赤芍还可增加犬的冠脉流量，降低冠脉阻力。对于垂体后叶素所致大鼠急性心肌缺血，赤芍能明显抑制心电图 ST－T 段的升高。赤芍扩张冠脉时对心率无明显影响，可增加小鼠心肌营养性血流量，降低犬心肌氧耗量。赤芍所含主要有效成分为赤芍总苷，3.0 mg/kg、6.0 mg/kg 静脉注射对冠状动脉和结扎所致急性心肌缺血犬可增加心肌血流量，降低冠脉阻力，减少心肌耗氧量，降低心肌氧摄取量和心肌耗氧指数，明显降低心肌缺血程度，减少心肌缺血范围和梗死面积，降低心肌缺血的血清酶学指标和游离脂肪酸含量，增高 SOD 和谷胱甘肽过氧化物酶活性。对于异丙肾上腺素诱导的大鼠心肌缺血损伤，赤芍总苷静脉注射可降低早期心肌细胞凋亡率和促凋亡基因 *Bax* 及其蛋白的表达，而增高 Bcl－2 及其蛋白的表达，增高 Bcl－2/Bax 蛋白比值。对于异丙肾上腺素所致体外培养的乳鼠心肌细胞损伤，赤芍总苷对细胞的搏动加速，存活率下降，GOT、LDH 和 CK 的显著升高都有明显改善作用，抑制超氧化物歧化酶的降低和 MDA、

NO的升高，降低心肌细胞凋亡。另一有效成分d-儿茶精也可显著增加豚鼠和犬的冠脉流量，降低冠脉阻力，并对垂体后叶素所致心肌缺血有显著的保护作用，但对心肌耗氧量无明显影响。赤芍能通过影响钙代谢，调节 TXA_2/PGI_2 平衡抗动脉粥样硬化。实验性动物粥样硬化家兔喂饲赤芍浸膏能显著升高高密度脂蛋白胆固醇（HDL-C），明显降低总胆固醇（TC）、低密度脂蛋白胆固醇（LDL-C）和极低密度脂蛋白胆固醇（VLDL-C）水平，使高血脂引起的 TXA_2/PGI_2 的比值改变趋于平衡；并降低血浆脂质过氧化物（LPO）、动脉壁脂质、钙和磷脂及主动脉斑面积。

3. 抗脑缺血作用 赤芍总苷对断头和结扎双侧颈总动脉所致小鼠脑缺血模型，能延长断头小鼠喘气时间，减轻脑水肿，抑制脑毛细血管通透性亢进，75 mg/kg的作用与白芍总苷类似。体外试验中对培养大鼠神经细胞的缺糖、缺氧、自由基、咖啡因、NO及NMDA以及KCl等毒性损伤，赤芍总苷均有明显的保护作用。对于KCl及NMDA诱导的PC12细胞钙超载损伤也有显著保护作用。此外，对于神经生长因子（NGF）诱导的PC12细胞分化神经样突触，赤芍总苷12.5～200 mg/kg有明显协同作用。

4. 对免疫系统的抑制作用 赤芍水提取物和70%乙醇提取物能明显抑制小鼠溶血素反应，对鸡红细胞激发的迟发型过敏反应亦有显著抑制作用；赤芍70%乙醇提取物对小鼠脾脏玫瑰花结形成细胞（RFC）有明显抑制作用。

5. 抗病原微生物及抗内毒素作用 赤芍有一定的抗病原微生物作用，体外试验赤芍对痢疾杆菌、伤寒与副伤寒杆菌、铜绿假单胞菌、大肠杆菌、变形杆菌、葡萄球菌、链球菌、肺炎球菌、百日咳杆菌及霍乱弧菌等均有显著抑制作用。对流感病毒、副流感病毒、疱疹病毒及某些肠道病毒有一定的抑制作用，以兔肾细胞进行的防治试验表明，赤芍水提物能抑制单纯疱疹病毒Ⅱ型的生长，并能直接杀伤病毒。

体外中和试验表明，赤芍水煎剂能抑制鲎试剂凝胶化，使内毒素含量降低，并抑制内毒素所致小鼠RAW 264.7细胞TNF-α的释放。赤芍灌服给药，能减少内毒素攻击所致小鼠死亡。赤芍抗内毒素作用有多个有效成分，其中赤芍总苷为一有效部位。对于内毒素所致急性肺损伤，赤芍静脉注射有显著的保护作用，能抑制肺组织病理损伤及肺重量增高与肺灌洗液中蛋白含量与中性粒细胞升高，动脉血气分析改善，其作用机制与抑制肺组织iNOS异常高表达和增加eNOS及诱导型血红素氧化酶（HO-1）表达有关。

6. 保肝作用 对于大剂量D-半乳糖胺所致大鼠急性重度肝损伤，赤芍静脉注射可使死亡率有所降低，肝萎缩程度明显减轻；赤芍还可显著减轻D-半乳糖胺所致大鼠血清ALT的大幅度上升，光镜及电镜观察也可见赤芍明显保护此时肝细胞膜和细胞器的损伤，减轻肝细胞变性坏死与间质炎性细胞浸润；此外，临床及实验研究均可见赤芍可改善肝炎后肝纤维化变化，促进肝纤维组织的重吸收。对 CCl_4 所致肝纤维化大鼠，赤芍煎剂灌服可使ALT及透明质酸HA、Ⅳ型胶原、Ⅲ型前胶原PCⅢ及层黏连蛋白LN水平降低，组织学明显改善。此外，赤芍对脂肪肝形成也有明显抑制效果。赤芍保肝和抗肝纤维化的机制可能与其能改善肝微循环、降低门脉压等有关。

7. 解痉及抗胃溃疡作用 赤芍总苷的主要成分为芍药苷，芍药苷能抑制胃、肠、子宫等平滑肌痉挛，如能抑制大鼠、豚鼠的胃和肠管运动，拮抗乙酰胆碱所致痉挛，0.2～0.4 g/kg静脉注射可对抗毛果芸香碱所致大鼠在体胃肌紧张性收缩，对抗垂体后叶素所致在体子宫收缩。芍药苷还能显著抑制大鼠应激性溃疡的形成。

8. 抗炎作用 芍药苷具有显著的抗炎作用，能显著抑制大鼠角叉莱胶性脚肿和右旋糖酐性脚肿。牡丹酚则有较强的抗炎作用，对多种致炎剂所致毛细血管通透性亢进、渗出和水肿以及免疫性炎症均有显著抑制作用。赤芍水提物于致敏当日起开始灌服 0.2 g/kg 对 DNCB 或 PC 所致小鼠迟发型超敏反应无明显影响，但于攻击后连续灌服则可显著抑制 PC-DTH，表明其作用在于影响效应相而对诱导相无明显影响。

9. 对中枢神经系统的影响 芍药苷具有显著的镇静、抗惊、镇痛及解热作用。芍药苷能显著延长环己巴比妥所致小鼠翻正反射消失时间。对于戊四氮所致小鼠惊厥，芍药苷可显著抑制之，但对电惊厥无明显效果。芍药苷具有较弱的镇痛作用，能明显抑制醋酸所致小鼠扭体反应。

10. 抗肿瘤作用 赤芍总苷有明显的抑瘤作用，120 mg/kg 灌服对小鼠 S_{180} 的抑瘤率为 42.81%，同时可见脾脏增大，并防止荷瘤鼠胸腺萎缩。对于 HepA 肝癌小鼠，赤芍总苷 120 mg/kg、240 mg/kg 的抑瘤率分别为 28.90%和 38.75%，肿瘤细胞凋亡指数显著增加。另外，赤芍总苷灌服对 S_{180} 荷瘤鼠能促进 TNF-α 和 IL-2 分泌，上调 IL-4，可能在其抗肿瘤作用中有一定意义。

11. 其他作用 赤芍对胃肠、子宫等平滑肌均有抑制作用。芍药、甘草合用有协同作用，但两者并用毒性相应增加。芍药苷有镇静作用，与甘草合用可延长小鼠的睡眠时间。芍药浸膏对士的宁诱发的惊厥有对抗作用。单用芍药苷或芍药与甘草合用，均有明显镇痛作用。

[临床应用]

1. 热入营血 证见发热、舌绛、斑疹等，常与水牛角、生地、丹皮等同用。治绵羊痘，用升麻 9 g、葛根 12 g、赤芍 6 g、薄荷 4 g、牛蒡子（炒）6 g、黄芩 9 g、木通 6 g、金银花 8 g、连翘 8 g、炙甘草 6 g，混合后粉碎，每只 20～30 g，开水冲调、候温灌服，每天 1 剂，连服 3～4 天（郭小清等，2005）。

2. 产后发热 与水牛角、丹皮等配伍。方如《千金方》中的犀角地黄汤。

3. 跌打损伤，瘀血肿痛 常与桃仁、红花、川芎、当归等同用。方如血府逐瘀汤。

4. 疮黄肿毒 常与当归、金银花、甘草等同用。治奶山羊急性坏死性乳腺炎，用柴胡、连翘、金银花各 30 g，蒲公英、紫花地丁各 40 g，黄芩 35 g，大黄、赤芍、当归各 30 g，丹参 50 g，桃仁 25 g，甘草 15 g，水煎候温，分 2 次灌服，每天 1 剂，连用 5 剂（刘成生，2004）。

5. 目赤肿痛 常与菊花、夏枯草、薄荷等同用。

6. 赤白痢疾 常与大黄、木香、黄芩等同用。方如《牛经备要医方》中的通肠芍药汤。用白头翁 6 g，秦皮 6 g，黄柏、黄连、赤芍、黄芩各 3 g，水煎灌服，每天 1 剂，连用 3 剂，治犬湿热痢疾（易俊兴等，2005）。

[注意事项]

中寒腹痛及血虚者忌用。反藜芦。

[不良反应]

赤芍水提醇沉液静脉注射，对小鼠的最大耐受量为 50 g/kg，猫的最小致死量大于

180 g/kg。赤芍水提物、70%乙醇提取物和正丁醇提取物给小鼠腹腔注射的 LD_{50} 分别为 10.8±1.39 g/kg、2.9±0.19 g/kg 和 4.6±0.4 g/kg。芍药苷静脉注射对小鼠的 LD_{50} 为 3.53 g/kg，腹腔注射为 9.53 g/kg。芍药苷与甘草或 FM_{100} 合用毒性增加，对小鼠静脉注射的 LD_{50} 降低为 474 mg/kg。由赤芍与黄芪组成的复方赤芍 2.5～10 mg/kg 浓度未见有致突性，也无抗突变作用。

白 药 子

本品为防己科植物头花千斤藤（*Stephania cepharantha* Hayata）的干燥块根。分布于江苏、安徽、浙江、江西、福建、台湾、湖南、广东、广西、贵州等地。

白药子性寒，味苦。归脾、肺、肾经。具有散瘀消肿，止痛的功效。主治痈疽肿毒，腮腺炎，毒蛇咬伤，跌扑肿痛。

[主要成分]

本品含头花藤碱、小檗胺、氧甲基异根毒碱、小檗碱、头花诺林碱、异粉防己碱及高千斤藤碱等多种生物碱。

[药理作用]

本品中金线吊乌龟碱在试管内有中度抑制结核杆菌的作用，但对小鼠的实验性结核并无确实疗效。对酒精中毒有良好的解毒作用，对小鼠的四氯化碳中毒有良好的解毒作用，对小鼠的四氯化碳中毒的作用（延迟死亡）较甲硫氨酸或葡萄糖醛酸为优。对南美所产的毒蛇蛇毒有保护作用。对破伤风、白喉、肉毒杆菌的外毒素及河豚毒素对小鼠的致死作用也有某些保护作用。对某些过敏性休克有一定的抑制作用。小剂量时能促进蟾蜍网状内皮细胞的功能，大剂量则抑制，与抗原性物质一样，它能激活淋巴结，引起浆细胞增多，并使此类细胞的核糖核酸重量及浓度增加。其碘甲基化物有箭毒样作用，经脉注射可使犬血压下降，脾容积增加，能抑制离体兔心，故有降压及心脏抑制、血管扩张的结果。

白药子的另一种生物碱——异汉防已碱毒性很低，有消炎、退热、镇痛作用，与保泰松汉防已甲素相似，能抑制毛细血管通透性，口服作用较差。

[临床应用]

1. 风热咳嗽、肺热咳喘 常与桑白皮、黄芩、柴胡等同用。

2. 喉肿热痛、疮黄肿毒 常与黄药子、知母、郁金、黄芩等同用。

[注意事项]

凡病虽有血热吐衄等证，若脾胃素弱，易于作泄者勿服。

阴虚内热者忌用。

◆ 参考文献

安伟，曾令兵，周勇，等，2011. 体外抗草鱼呼肠孤病毒药物筛选细胞模型的建立［J］. 中国兽医科学，41（9）：972-978.

程广东，岳丽红，吕冬云，等，2014. 连翘酯苷 A 抗 LPS 介导大鼠类风湿性关节炎机制研究［J］. 东北农业大学学报，45 (6)：103-108.
杜凡，李惠芬，王宇歆，等，2008. 牡丹皮中丹皮酚、总苷、多糖单用及合用后的协同抑菌作用考查 [J]. 天津药学，20 (2)：10-12.
方莲花，吕扬，杜冠华，2008. 秦皮的药理作用研究进展 [J]. 中国中药杂志，33 (23)：2732-2736.
高雪岩，王文全，孙建宁，等，2011. 赤芍总苷抗氧化活性及对大鼠肝星状细胞增殖的影响 [J]. 现代生物医学进展，11 (14)：2609-2611.
宫芳芳，薛飞燕，师光禄，等，2013. 生栀子杀螨活性物质的提取与分离 [J]. 农学学报，3 (10)：11-14.
顾郑琰，贾睿，何勤，等，2021. 栀子苷对双酚 A 致鲤鱼肝毒性的保护作用 [J]. 南方农业学报，52 (2)：501-508.
官妍，章九云，汪长中，等，2012. 穿心莲内酯对表皮葡萄球菌生物被膜作用初探 [J]. 中国中药杂志，37 (14)：2147-2150.
郭海凤，朴惠顺，2010. 龙胆苦苷的提取工艺及药理作用研究进展 [J]. 延边大学医学学报，33 (1)：70-73.
韩佳寅，易艳，梁爱华，等，2014. 千里光对小鼠体外培养胚胎的胚胎毒性研究 [J]. 药学学报，49 (9)：1267-1272.
何立巍，董伟，杨婧妍，等，2013. 板蓝根抗病毒有效部位的化学成分及其活性研究 [J]. 中草药，44 (21)：2960-2964.
贺玉伟，柴程芝，寇俊萍，等，2013. 玄参醇提物对甲状腺素诱导小鼠表观指征变化的作用 [J]. 中药药理与临床，29 (1)；87-90.
胡晓燕，刘明华，孙琴，等，2013. 板蓝根抑菌活性部位的谱效关系研究 [J]. 中草药，44 (12)：1615-1620.
黄一帆，李富文，马玉芳，等，2004. 超微粉碎对黄连解毒汤中黄芩苷溶出的影响 [J]. 福建农林大学学报：自然科学版，33 (2)：215-218.
黄有霖，林珠灿，郭素华，等，2007. 鱼腥草超微粉挥发油气相指纹图谱的研究 [J]. 中华中医药杂志，22 (12)：836-839.
季桓涛，祝璟琳，杨弘，等，2019. 池塘种植鱼腥草对罗非鱼链球菌抗病力影响及机理研究 [J]. 淡水渔业，49 (2)：71-77.
贾鹰珏，李国辉，张平，等，2011. 黄连及黄连解毒汤对小鼠的急性毒性实验研究 [J]. 中国药学杂志，46 (18)：1399-1404.
姜艳艳，石任兵，刘斌，等，2009. 半边莲中黄酮类化学成分研究 [J]. 北京中医药大学学报 (1)：59-61.
冷弘，刘慧涛，臧玉翠，等，2011. 复方大青叶注射液对体外培养 HT-H9 细胞 CXCR4 启动子活性的影响 [J]. 郑州大学学报：医学版，46 (5)：681-684.
李飞艳，邱赛红，尹健康，等，2007. 常用苦寒药对大鼠胃肠激素影响的研究 [J]. 湖南中医药大学学报，27 (1)：9-11.
李健，马玉芳，俞道进，等，2011. 鱼腥草超微粉的显微特性 [J]. 福建农林大学学报：自然科学版，40 (4)：392-395.
李莉，吴诚，许惠琴，2012. 药对生地山茱萸抗糖尿病大鼠糖化产物生成的作用研究 [J]. 辽宁中医药大学学报，14 (4)：31-34.
李梅芳，张文杰，毛芝娟，等，2014. 投喂中草药对大黄鱼几种免疫酶活性的影响 [J]. 水产科学，33 (11)：718-722.

李晓宇，栾永福，2012. 山豆根不同组分抗炎及伴随毒副作用研究［J］. 中国中药杂志，15：2232－2237.
廖文兵，2011. 双黄连粉针在家兔、鸡体内的药动学研究［D］. 福州：福建农林大学.
林丽美，王智民，王金华，等，2008. 金银花、连翘及银翘药对水煎剂的抗炎、解热作用研究［J］. 中国中药杂志，33（4）：473－475.
林雪玲，马玉芳，俞道进，等，2011. 黄连解毒散超微粉有效成分栀子苷在家兔体内的药代动力学研究［J］. 科技导报，29（5）：51－55.
刘才英，冯小燕，万丹，2013. 板蓝根粉体抗病毒活性的研究［J］. 湖南中医杂志（6）：104－106.
刘东梅，毕建成，郄会卿，2008. 黄芩、黄连、乌梅、金银花、败酱草对产 AmpC β-内酰胺酶细菌的体外抑菌作用［J］. 河北中医，30（6）：654－655.
刘芳，李兰芳，刘广杰，等，2014. 知母水、醇提取液的急性毒性实验研究［J］. 天津中医药，31（6）：361－364.
刘建成，黄一帆，陈庆，等，2007. 超微粉碎对鱼腥草中金丝桃苷和槲皮苷溶出的影响［J］. 福建农林大学学报：自然科学版，36（2）：167－170.
刘建成，黄一帆，陈庆，等，2007. 鱼腥草超微粉黄酮类成分 HPLC 指纹图谱的研究［J］. 科技导报，25（2）：45－49.
刘瑾，2011. 白花蛇舌草和半枝莲配伍微粉对移植性小鼠肝癌肿瘤组织 Bcl－2，Bax 表达的影响［J］. 中国实验方剂学杂志，17（21）：227－230.
刘盼盼，姚晓东，李洁，2011. 白花蛇舌草化学成分及其药理作用研究进展［J］. 中国药业，20（21）：96－98.
刘蕊，廖文兵，李健，等，2011. 超微粉碎对葛根芩连汤中葛根素、黄芩苷溶出的影响［J］. 中兽医医药杂志，13（2）：11－14.
刘晓宇，2009. 半边莲煎剂对肝癌 H22 荷瘤小鼠的抑瘤作用及对 P27 和 Survivin 表达的影响［J］. 中国药物与临床，9（10）：944－946.
鲁文茹，刘广锋，郭志勋，等，2014. 金银花、连翘对溶珊瑚弧菌及其生物膜活性的影响［J］. 广东药学院学报（3）：297－300.
陆海峰，罗建华，蒙春越，2009. 蒲公英总黄酮提取及对羟自由基清除作用［J］. 广州化工，37（3）：101－103.
罗琳，陈孝煊，蔡雪峰，2001. 穿心莲对草鱼肠内细菌的影响［J］. 水产学报（3）：232－237.
马玉芳，林雪玲，池春梅，等，2008. 母猪喂服中药黄白痢散对哺乳仔猪血液的有关生理生化及免疫学参数的影响［J］. 福建农林大学学报：自然科学版，37（3）：286－289.
马玉芳，林雪玲，俞道进，等，2007. 黄连解毒散超微细粉中黄芩苷在家兔体内的药代动力学研究［J］. 畜牧兽医学报，38（12）：1368－1372.
马玉芳，林雪玲，俞道进，等，2008. 黄连解毒散超微粉有效成分小檗碱在家兔体内的药代动力学研究［J］. 中国农业科学，41（3）：875－879.
马玉芳，刘洪娜，俞道进，等，2009. 穿心莲超微粉有效成分在家兔体内的药动学研究［J］. 畜牧兽医学报，40（6）：904－909.
马玉芳，姚金水，俞道进，等，2007. 母猪喂服中药黄白痢散对吮乳仔猪抗氧化功能的影响［J］. 中兽医医药杂志，26（4）：12－15.
闵存云，2009. 牡丹皮对糖尿病患者 CRP、TNF、IL－6 的影响［J］. 中药材，32（9）：1490－1492.
闵存云，刘和强，2007. 牡丹皮对糖尿病大鼠 PGI2、TXA2、ET、NO 的影响［J］. 中药材，30（6）：687－690.
倪培培，任忠伟，张红霞，等，2008. 绵羊知母中毒的诊治［J］. 河北农业科技（22）：34.

聂鲕蓉，郑曙明，仇登高，2010. 12 种中药有效成分对 3 株水产致病菌体外抑菌试验 [J]. 水生态学杂志，31 (6)：141-144.

钱利武，戴五好，周国勤，等，2012. 苦参及山豆根主要生物碱镇痛抗炎作用研究 [J]. 中成药，34 (8)：1593-1596.

尚通明，谢天柱，2007. 赤芍超临界萃取、化学成分及其抗氧化性能研究 [J]. 食品科学，28 (10)：38-41.

邵珊，王贵平，2011. 黄芪多糖和白花蛇舌草多糖对猪繁殖与呼吸综合征灭活疫苗免疫猪 T 细胞亚群及抗体水平的影响 [J]. 中国兽医学报，31 (8)：1196-1199.

沈贤，莫晓燕，杜晓阳，2007. 赤芍总苷对大鼠缺血损伤心肌细胞凋亡的保护作用 [J]. 中国药理学通报，23 (10)：1300-1305.

孙艺方，杜利利，周乐，等，2011. 紫花地丁抗菌活性成分研究 [J]. 中国中药杂志，36 (19)：2666-2671.

孙勇，李德鹏，张雯，等，2013. 栀子苷对 LPS 诱导的小鼠乳腺炎的抑制效果 [J]. 中国兽医科学，43 (8)：876-880.

陶玉菡，许惠琴，李莉，等，2013. 生地、山茱萸抑制和清除糖基化产物的效应成分研究 [J]. 中药药理与临床，29 (4)：30-33.

佟丽，陈育尧，刘欢欢，等，2001. 龙胆粉针剂对实验性肝损伤的作用 [J]. 第一军医大学学报，21 (12)：906-907.

汪长中，程惠娟，官妍，2009. 牡丹皮水煎剂对体外白念珠菌生物膜的抑制作用 [J]. 微生物学杂志，29 (2)：67-70.

王强，陈东辉，邓文龙，2007. 金银花提取物对血脂与血糖的影响 [J]. 中药药理与临床，23 (3)；40-42.

王玉堂，2014. 中草药及其在防治水产动物疾病中的应用（连载一）[J]. 中国水产 (6)：55-58.

翁远超，刘静雯，2014. 秦皮中化学成分的分离鉴定及其体外抑菌活性 [J]. 中国药物化学杂志，24 (1)：40-47.

吴建璋，文永新，黄永林，等，2012. 苦玄参提取物对小鼠的抗炎及镇痛作用 [J]. 中国医院药学杂志，32 (16)：1303-1304.

夏卉莉，刘力，徐德生，等，2010. 生地提取物对小鼠不同给药途径的急性毒性研究 [J]. 时珍国医国药，21 (4)：794-796.

夏卉莉，刘力，徐德生，等，2010. 生地提取物对小鼠不同给药途径的急性毒性研究 [J]. 时珍国医国药，21 (4)：794-796.

肖贺贺，刘明珠，余庆，等，2019. 败酱草水提物对石斑鱼虹彩病毒的抗病毒作用 [J]. 广西科学院学报，35 (3)：185-192.

许金国，李祥，陈建伟，2012. HPCE 法测定中药石膏中钠和钙离子含量 [J]. 解放军药学学报，28 (1)：77-79.

薛占永，呼秀智，2009. 复方蒲公英注射液治疗奶牛乳房炎的效果研究 [J]. 黑龙江畜牧兽医 (9)：109-110.

杨佳冰，丁大旺，赵金香，2011. 紫花地丁总生物碱抗病毒与抑菌试验 [J]. 中兽医医药杂志，13 (4)：8-10.

杨明炜，陆付耳，徐丽君，2010. 紫花地丁联用苯唑西林对质粒介导的耐甲氧西林金黄色葡萄球菌 (MRSA) 感染小鼠败血症的治疗作用 [J]. 中西医结合研究 (5)：233-234.

杨明炜，赵静，2012. 黄连、生地及其配伍对 2 型糖尿病大鼠治疗作用的比较研究 [J]. 中西医结合研究，4 (6)：302-305.

杨素德，2013. 中药药对知母—石膏配伍的化学成分变化及药效学研究［D］. 济南：山东中医药大学.
杨晓杰，陈静，2009. 蒲公英多糖的超滤分离及其清除自由基的作用研究［J］. 时珍国医国药，20（11）：2692-2694.
尹明浩，吕惠子，姜丽君，等，2007. 秦皮提取物对小鼠急性肝损伤保护作用的实验研究［J］. 时珍国医国药，18（3）：590-591.
院珍珍，吴春彦，王阿利，等，2014. 小蓟中氧化蒲公英赛酮和醇的分离鉴定和细胞毒活性测试［J］. 中国食品学报（3）：196-204.
曾永长，梁少瑜，2011. 白花蛇舌草水提部位体内外抗肿瘤实验研究［J］. 中药新药与临床药理，22（5）：521-524.
张凤梅，刘璐，李鑫，等，2008. 败酱草多糖提取、纯化、鉴定及其体外抗 RSV 作用研究［J］. 中药材，31（12）：1879-1881.
张国祖，贾艳华，郭振环，2014. 杨树花、千里光、连翘与抗菌药联用对鸡大肠杆菌的体外抑菌作用［J］. 中国兽医学报，34（1）：140-143.
张国祖，贾艳华，刘梅，等，2012. 穿心莲水提物与 10 种临床常用抗菌药联用的体外抑菌试验［J］. 中国畜牧兽医，39（12）：186-189.
张海燕，邬伟魁，李芳，等，2011. 栀子保肝利胆作用及其肝毒性研究［J］. 中国中药杂志，36（19）：2610-2614.
张刘强，2011. 近 10 年玄参属植物化学成分和药理作用研究进展［J］. 中草药，42（11）：2360-2368.
张晓玲，薛冰，李莉，等，2008. 半边莲生物碱缓解肾性高血压大鼠的血管重塑［J］. 中国病理生理杂志，24（6）：1074-1077.
张有志，李存保，杨丽敏，等，2014. 黄芩提取物对金黄色葡萄球菌体内外抑菌作用的实验研究［J］. 科学技术与工程（21）：191-194.
赵栋，丁青，肖艺，2009. 败酱草的研究进展［J］. 中医药导报，15（10）：76-78.
赵晓娟，李琳，刘雄，等，2011. 大青叶的本草学研究、化学成分及药理作用研究概况［J］. 甘肃中医学院学报，28（5）：61-64.
赵怡，文露婷，黄姻，等，2021. 山豆根多糖对罗非鱼生长性能和免疫功能的影响［J］. 中国畜牧兽医，48（10）：3635-3643.
郑建明，陈晓春，林敏，等，2011. 赤芍通过抑制 NF-κB 抗脑缺血—再灌注损伤的机制［J］. 药学学报，46（2）：158-164.
钟华，赵宝玉，范国英，等，2008. 黄芪和板蓝根对猪细小病毒的体外抑制作用［J］. 西北农林科技大学学报：自然科学版，36（10）：48-52.
周开宇，毛天明，2014. 苦参碱对人髓母细胞瘤 D_{341} 细胞凋亡及相关蛋白表达的影响［J］. 中国病理生理杂志，30（4）：629-634.
周林，杨慧，艾有生，等，2014. 连翘酯苷 A 对脂多糖诱发的小鼠急性肺损伤的保护作用［J］. 细胞与分子免疫学杂志（2）：151-154.
周新蓓，张志国，2008. 苦参不同溶剂提取物对白色念珠菌体外抑制作用的研究［J］. 中国现代药物应用，2（7）：29-31.
周永学，李敏，唐志书，等，2012. 中药石膏及其主要成分解热抗炎作用及机制研究［J］. 陕西中医学院学报，35（5）：74-76.
朱大诚，周军，何莲花，2012. 山豆根水提物对白血病 CEM 细胞生长抑制及其机制研究［J］. 时珍国医国药，23（8）：1931-1933.
朱婷，尹潺纹，张贵强，2013. 板蓝根多糖提取工艺及对活性成分影响的研究［J］. 中国新药杂志，22

(12)：1390-1395.

朱晓萍，庄智威，叶泽铭，等，2021. 黄连等中草药对常见病原菌体外抑菌效果的研究 [J]. 饲料研究，44 (7)：98-101.

邹金虎，喻运珍，艾桃山，2008. 6种中药对鲫非特异性免疫效果的影响 [J]. 江西水产科技 (4)：28-32.

Asmita Samadder，Jayeeta Das，Sreemanti Das，et al.，2012. Dihydroxy-isosteviol methylester of *Pulsatilla nigricans* extract reduces arsenic-induced DNA damage in testis cells of male mice：its toxicity，drug-DNA interaction and signaling cascades [J]. Journal of Chinese Integrative Medicine，10 (12)：1433-1442.

Zijian ZHAO，Xiaojuan HU，Enhu ZHANG，et al.，2013. Literatures revaluation of the pharmacological effects of *Anemarrhena asphodeloides* [J]. Medicinal Plant，4 (7)：51-55.

第八章

泻　下　药

以通利大便、排除积滞、攻逐水饮为主要功效的药物称为泻下药。泻下药多性寒、味苦。归脾、胃、大肠经。具有通便、下积、泻火、逐水等功效。临床主要用于治疗里实证，如燥屎秘结、食积、虫积、蓄血、痰饮阻于肠胃者；又如内热壅盛、痢疾初期、食物药物中毒等病证。

根据泻下作用特点和适应证的不同，将泻下药分为三类：攻下药（大黄、芒硝、番泻叶和芦荟等）、润下药（火麻仁、郁李仁等）和峻下逐水药（牵牛子、芫花、大戟、甘遂、商陆、巴豆等）。

泻下药的主要药理作用如下：

1. 泻下作用　本类药物及其复方可通过不同方式使肠蠕动增加，传导功能恢复正常，产生不同程度的泻下作用。根据其作用机制不同可分为刺激性泻药、容积性泻药和滑润性泻药。

（1）刺激性泻下作用　大黄、番泻叶和芦荟等攻下药的致泻有效成分为结合型蒽苷，口服抵达大肠后在细菌酶作用下水解成苷元，刺激大肠黏膜或黏膜下神经丛，使结肠蠕动显著增加，传导功能增强，排便次数增加，间隔时间缩短，排出软质稀便而产生泻下通便作用。峻下逐水药如牵牛子中所含牵牛子苷、巴豆中所含巴豆油以及芫花中所含芫花酯均能强烈地刺激肠黏膜，使整个肠胃运动增加，产生剧烈的泻下作用，导致水泻。这类药一般不用于便秘，主要用于水饮内停的胸水、腹水、水肿等证。

（2）容积性泻下作用　攻下药芒硝的主要成分为硫酸钠，口服后在肠道内分解成硫酸根离子和钠离子，在肠腔内不被吸收，使肠腔形成高渗状态，从而保留大量水分，扩大肠容积，刺激肠壁使肠蠕动增加，产生泻下作用，为容积性泻药。另外，大黄通过抑制肠壁细胞膜 Na^+、K^+-ATP 酶而抑制水分的吸收，亦产生容积性致泻作用。

（3）润滑性泻下作用　润滑性泻药如火麻仁、郁李仁含大量脂肪油（30%～50%），可润滑肠道，软化粪便，加之脂肪油在碱性肠液中分解产生脂肪酸，对肠壁产生温和的刺激作用，使肠蠕动增加，从而解除排便困难。

2. 利尿作用　峻下药大多有利尿作用。分别在大鼠、麻醉犬、蟾蜍、家兔实验中观察到芫花、商陆、牵牛子的利尿作用，且其利尿作用呈现一定的量效关系。芫花的利尿作用与增加排钠量有关。此外，大黄也有利尿作用，利尿同时 Na^+、K^+ 排出量增加，其作用机制与大黄酸、大黄素抑制肾小管上皮细胞 Na^+、K^+-ATP 酶有关。

3. 抗菌、抗病毒　体外试验显示，大黄、芦荟、番泻叶中所含的苷元、大黄酸、大黄素、芦荟大黄素对多种致病菌、某些真菌和病毒有抑制作用。较敏感的细菌首先是厌氧菌；其次是葡萄球菌、溶血性链球菌和淋病双球菌；再次是白喉杆菌、伤寒、副伤寒杆菌和痢疾杆菌；对皮肤癣菌、流感病毒也有一定的抑制作用。大戟、商陆、芫花、巴豆等对肺炎球菌、痢疾杆菌和流感杆菌及某些皮肤癣菌有一定的抑制作用。

4. 抗炎作用 大黄、商陆对炎症早期的水肿有明显抑制作用，可抑制二甲苯等致炎物引起的小鼠耳肿胀，以及角叉莱胶、甲醛所致大鼠足肿胀；并可抑制炎症后期的结缔组织增生。大黄抗炎作用机制可能与抑制花生四烯酸代谢有关，大黄能抑制环氧化酶，减少致炎物 PG 的合成，同时抑制炎症介质白三烯 B_4 的合成。商陆皂苷能兴奋垂体-肾上腺皮质系统，从而发挥抗炎作用。

5. 抗肿瘤作用 大黄、芒硝、芦荟、商陆、芫花等具有抗肿瘤作用。大黄酸、大黄素及芦荟大黄素对小鼠黑色素瘤、乳腺癌和艾氏腹水癌有一定的抑制作用。芒硝可降低二甲肼（DMH）诱发 SD 大鼠大肠癌的诱癌率。芫花烯、芫花萜对小鼠 P_{388} 淋巴细胞白血病有抑制作用，其作用机制主要是影响肿瘤组织 DNA 和蛋白质的合成。商陆多糖-Ⅰ（PAP-Ⅰ）能显著抑制小鼠 S_{180} 的生长，其作用机制可能通过激活巨噬细胞诱导肿瘤坏死因子（TNF）的释放，增强 T 淋巴细胞功能来抑制移植性肿瘤（沈映君，2012）。

第一节 攻 下 药

大 黄

大黄为蓼科植物掌叶大黄（*Rheum palmatum* L.）、唐古特大黄（*Rheum tanguticum* Maxim. ex Balf.）及药用大黄（*Rheum officinale* Baill.）的干燥根及根茎。掌叶大黄和唐古特大黄药材称北大黄，主产于青海、甘肃等地；药用大黄药材称南大黄，主产于四川。

大黄性寒，味苦。归脾、胃、大肠、肝、心包经。具有泻下攻积，清热泻火，凉血解毒，逐瘀通经的功效。主治热结便秘，热毒疮肿，瘀血阻滞，烧伤，烫伤等。

［主要成分］

大黄根茎含蒽醌衍生物，总量为 1.01%～5.19%（一般 3%～5%），其中以结合型为主，结合状态的蒽醌，是泻下的有效成分，主要包含蒽醌苷和双蒽醌苷；双蒽醌苷中有番泻苷 A、B、C、D、E、F（sennoside A、B、C、D、E、F），是致泻的主要成分；游离型仅占小部分，包括大黄酸（rhein）、大黄素（emodin）、大黄酚（chrysophanol）、芦荟大黄素（aloe-emodin）、大黄素甲醚（physcin）等。此外，大黄根茎中还含有鞣质类物质，其中有大黄鞣酸（rheum tannic acid）、没食子酸（gallic acid）、儿茶精（catechin）及大黄四聚素（tetrarin）。

［药理作用］

1. 泻下作用 大黄有明显的泻下作用。大黄泻下有效成分为结合型蒽苷，其中番泻苷 A 和大黄酸苷类是主要活性成分，番泻苷 A 作用最强，大黄酸苷类含量最高。大黄的泻下作用与大黄品种、炮制和煎煮条件关系极为密切。已有研究表明，生大黄泻下作用峻烈，经酒制后其苦寒泻下作用稍缓；经酒蒸后，泻下作用缓和，并能增强活血祛瘀之功。

大黄炭泻下作用极微，并具有凉血化瘀止血作用。大黄经口服后，结合状态的蒽苷大部分未经吸收直接到达大肠，在肠内细菌的酶作用下，还原成蒽酮（或蒽酚）刺激肠黏膜，并抑制钠离子从肠腔转运至细胞，使大肠内水分增加，蠕动亢进而致泻，部分蒽苷由小肠吸收，在体内也可还原成蒽酮（或蒽酚）再经大肠或胆囊分泌入肠腔而发挥作用。其主要作用部位在大肠，能使中、远结肠段的张力增加，蠕动加快，而不影响小肠对营养物质的吸收。此外，大黄通过抑制肠壁 Na^+、K^+ - ATP 酶，抑制 Na^+ 通过肠壁转运到细胞。使 Na^+ 和水滞留于肠腔，肠腔容积扩大，机械刺激肠壁使蠕动增加。

2. 调节胃肠功能 小剂量大黄可促进胃液分泌，并有促进胃运动的作用，但大剂量对胃蛋白酶有抑制作用。对实验性胃溃疡大鼠，大黄可减少胃液分泌量，降低胃液游离酸浓度，并对离体和在体十二指肠呈抑制作用，此作用的主要成分为鞣质；对实验性失血性休克大鼠，大黄能显著提高胃肠黏膜内 pH，即大黄能提高失血性休克大鼠胃肠黏膜的血流量，而且还能提高正常大鼠胃肠道的血流灌注。大黄能促进肠黏膜杯状细胞大量增生，杯状细胞能分泌大量黏液，形成黏膜与肠腔之间的黏液层，阻止肠腔内毒素与上皮细胞接触而损伤上皮。饲料中添加大黄素可以提高克氏螯虾肠道蛋白酶的活性，提高机体对蛋白质的消化吸收能力（杨维维等，2013）。

3. 保肝利胆作用 大黄可使四氯化碳所致急性肝损伤大鼠血清谷丙转氨酶活性明显下降，肝细胞肿胀、变性及坏死明显减轻，肝蛋白、核酸和糖原明显增加，并促进肝细胞再生。对半乳糖胺所致大鼠急性肝损伤，大黄组可推迟肝性脑病发生时间，使血氨下降，肝性脑病死亡率降低，认为大黄有防治肝性脑病的作用。大黄素可使小鼠肝细胞游离 Ca^{2+} 浓度增加；相反，番泻苷和大黄多糖可使肝细胞内 Ca^{2+} 浓度明显降低，提示大黄对肝细胞功能有多种调节作用（熊兴富，2014）。

4. 抗病原微生物 大黄具有广谱抗菌作用。较敏感的细菌首先是厌氧菌（MIC 在 1 μg/mL 以下）；其次是葡萄球菌、溶血性链球菌和淋病双球菌（MIC 为 1～25 μg/mL）；再次是白喉杆菌、伤寒、副伤寒杆菌及痢疾杆菌（MIC 为 25～50 μg/mL）。大黄的主要抑菌成分是游离型苷元，其中大黄酸、大黄素、芦荟大黄素作用较强，大黄素甲醚和大黄酚活性较低。大黄抗菌机理主要是抑制菌体糖及糖代谢中间产物的氧化和脱氧过程，并能抑制蛋白质和核酸的合成。大黄对某些病毒如流感病毒、单纯疱疹病毒、流行性出血热病毒、乙肝病毒等均有抑制作用。

5. 抗炎作用 大黄对多种实验性炎症模型表现出明显的抗炎作用。灌胃大黄煎剂能显著抑制巴豆油所致小鼠耳肿胀。对大鼠蛋清性、甲醛性足肿胀和大鼠棉球肉芽肿均有明显抑制作用。大黄素对脂多糖（LPS）诱导的大鼠实验性牙周炎具有明显的抑制作用。抗炎作用机制研究显示，大黄对切除双侧肾上腺大鼠仍有抗炎作用，抗炎同时不降低肾上腺维生素 C 含量，大黄也无肾上腺皮质激素样作用，说明大黄抗炎作用与垂体-肾上腺皮质系统无关。目前认为大黄抗炎作用机制主要与抑制花生四烯酸代谢有关，大黄可抑制环氧化酶，使前列腺素 E（PGE）合成减少，并抑制白三烯 B_4（LTB_4）的合成。

6. 止血作用 生大黄和大黄醇提物可使血小板表面活性增加，血小板聚集性增高，电镜下可观察到扩大型血小板数量增加，血液黏度增加，微循环中血液速度减慢，有利于止血。大黄中止血的主要成分为 d-儿茶素和没食子酸，能促进血小板黏附和聚集，并可降低抗凝血酶Ⅲ（AT-Ⅲ）活性。已知 AT-Ⅲ是活性最强的生理性抗凝物质，d-儿茶素和没食子酸干扰 AT-Ⅲ与凝血酶的正常结合，使其活性降低，从而增强凝血酶的活力，加速血液凝固。没食子酸还能提高 α_2-巨球蛋白（α_2-MG）的含量，从而降低纤溶酶原激活因子的活性，使纤溶酶含量降低，或竞争性抑制纤溶酶的活性，发挥抑制纤维蛋白溶解的作用。但对凝血因子活性皆无明显影响。番泻苷和大黄多糖可使大鼠血小板细胞内游离钙浓度明显降低，其降低效应与剂量相关，提示大黄抑制血小板聚集与番泻苷和大黄多糖抑制钙内流有关。

此外，大黄可使局部血管收缩，通透性下降。大黄对小肠运动有抑制作用，可减少出血部位的机械损伤，有利于血小板在血管破溃处聚集而止血。大黄对胃蛋白酶有抑制作用，有利于胃黏膜屏障的重建并控制其出血，对溃疡出血有止血作用。大黄可提高血浆渗透压，使组织内的水分向血管内转移。这样可补充大失血所丢失的血容量，降低血液黏度，有利于改善微循环，可纠正大失血时所引起的体液平衡失调和细胞内代谢障碍。这与目前临床治疗大出血时所采用的“血液稀释性止血”相一致。此种作用目前认为与抑制细胞膜 Na^+、K^+-ATP 酶有关。

7. 降血脂作用　给家兔及小鼠喂饲高脂饲料诱发高脂血症，服用大黄可使血清和肝脏总胆固醇（TC）、甘油三酯（TG）、低密度脂蛋白（LDL）、极低密度脂蛋白（VLDL）及过氧化脂质明显降低，高密度脂蛋白（HDL）与 TC 比值升高。可能是因为大黄的泻下作用而影响胆固醇的吸收。此外，大黄还可增加骨骼肌组织中过氧化物酶体增殖物激活 α 受体（*PPARα*）基因表达，在转录水平调控脂肪代谢关键酶，降低血脂水平而促进机体减肥；同时增加肥胖大鼠骨骼肌解耦联蛋白 3（UCP3）表达、促进细胞能量代谢而有效减肥（沈映君，2012）。各种浓度的大黄素对锦鲤脂肪细胞的增殖和分化均有抑制作用（赵晓燕等，2016）。

8. 利尿作用　大黄及大黄酸、大黄素均有利尿作用，用药后能使尿量增加，并促进输尿管的蠕动，尿中钠、钾含量也明显增加。

9. 收敛作用　鞣质是促进大黄收敛作用的主要成分，也是经大黄止泻治疗后常见便秘症状的主要原因。

10. 抗肿瘤作用　抑制癌细胞的脱氢和氧化是大黄抗肿瘤的主要机制；此外，大黄中含有的大量大黄酸也具有明显的癌细胞抑制作用（林悦君等，2014）。

［临床应用］

1. 实热积滞　常与厚朴、枳实、木香、槟榔、芒硝配伍。方如大承气汤、马价丸、无失丹、木槟硝黄散等。

2. 便秘腹痛　治寒积便秘，配附子、干姜、白术、甘草等。治实热便秘，腹痛不安，配朴硝、厚朴、枳实等。如《司牧安骥集》中的大黄散（大黄、牵牛子、郁李仁、甘草），治马粪头紧硬、脏腑热秘等；治食积停滞，肚腹胀大，配焦槟榔、炒麦芽等。

3. 跌打损伤　常与红花、桃仁等配伍。《司牧安骥集》用于“马结，瘀血、金疮、打身”。

4. 血热出血　鼻出血，配白茅根、桑白皮等；尿出血，加配瞿麦、大蓟、旱莲草、水灯心等；便血者，配地榆碳、荆芥碳等（陈正伦，1995）。

5. 湿热黄疸 常与茵陈、栀子配伍。方如茵陈蒿汤。

6. 湿热尿淋 常与蔚蓄、瞿麦、木通、滑石、栀子、车前仁、水灯心等配伍。方如八正散。

7. 烧伤烫伤 常配地榆、黄柏、生石膏等。方如烫火散。

[注意事项]

大黄味苦、性寒，伤气、耗血，孕畜及哺乳期慎用。

[不良反应]

现代研究表明，大黄可导致机体胃肠、肝、肾的一定损害。芦荟大黄素在多种细胞株的 AMES 试验中有致突变作用。大黄素、大黄酚、2-羟大黄素、大黄素甲醚在多种细胞株试验中表现为遗传毒性作用。芦荟大黄素、大黄素，可使 C3H/M2 成纤维细胞转化为恶性表型等。另外，长期服用大黄可致水盐代谢和肠功能紊乱。

芒　硝

本品为硫酸盐类矿物芒硝族芒硝，经加工精制而成的结晶体，主要成分为含水硫酸钠（$Na_2SO_4 \cdot 10H_2O$），有少量的氯化钠、硫酸钙等。芒硝经风化失去结晶水而成的白色粉末称玄明粉（元明粉）。主产于河北、河南、山东、江苏、安徽等地。

芒硝性寒，味咸、苦。归胃、大肠经。具有泻热通便，润燥软坚，清火消肿之功效。主治实热便秘，大便燥结，积滞腹痛，肠痈肿痛等症。

[主要成分]

水硫酸钠（$Na_2SO_4 \cdot 10H_2O$）、氯化钠和硫酸钙等。

[药理作用]

1. 泻下通便作用 本品苦寒，其性降泄，有较强的泻热通便，润下软坚，荡涤胃肠作用。适用于胃肠实热积滞，大便燥结等证。芒硝泻下的功效，主要与其对消化系统的作用有关。芒硝溶化或煎汁内服后，其硫酸钠的硫酸根离子不易被肠黏膜吸收，在肠道内形成高渗盐溶液，吸附大量水分，使肠道扩张，引起机械刺激，促进肠蠕动，从而发生排便效应。其对肠黏膜也有化学性刺激作用，但并不伤害肠黏膜（周永学，2007）。

2. 润燥软坚作用 芒硝味咸软坚，能通燥结，外用有清热消肿作用，可用于咽痛、目赤、口疮及痈疮肿痛。芒硝软坚的功效，主要体现在抗肿瘤方面。

3. 清火消肿作用 芒硝性寒、味苦，外用有清热消肿作用，可治咽痛、口疮、目赤及痈疮肿痛。芒硝清热的功效，主要与其抗炎作用有关。用 10%～25%元明粉溶液外敷于感染性创伤的创面，可以加快淋巴循环，增强网状内皮细胞的吞噬功能，随着皮肤发红而产生软坚散结、消肿止痛的作用。

4. 其他作用 研究表明，用芒硝作为添加剂加入饲料中，按猪饲料 1%、奶牛饲料 2%，具有明显的增进食欲、扩大肚腹、促进生长的作用。奶牛饲料中添加芒硝，亦可防止阳明胃经实热型乳腺炎的发生（李增池，2011）。

[临床应用]

里热燥结、积滞腹痛 《元亨疗马集》："六十四难豆伤肠，用药朴硝川大黄"。治马大便秘结，腹痛起卧。常与大黄、青皮、牵牛、三棱等配伍。方如马价丸。治胃肠实热积滞，大便燥结之症，也常配大黄、枳实、厚朴等泻下热结之品以增强疗效。如《伤寒论》大承气汤。在夏季或新包谷、新稻草上市的季节，在饲料中加入一定量的芒硝，也可防止牲畜实热及其便秘的发生。

[注意事项]

芒硝含钠离子多，水肿者慎用；芒硝内服易冲化，不宜煎煮，若与其他药物同煎，可降低皂苷生物碱等有效成分的溶解度；芒硝口服易恶心，宜凉服。

[不良反应]

芒硝煎剂腹腔注射小鼠LD_{50}用量为6.738 g/kg，给药后1 h死亡，动物表现为肾缺血现象。

番 泻 叶

本品为豆科植物狭叶番泻（*Cassia angustifolia* Vahl）和尖叶番泻（*Cassia acutifolia* Delile）的干燥小叶。前者主产于印度、埃及和苏丹，后者主产于埃及，我国广东、广西、云南等地也有引种栽培。

番泻叶性寒，味甘、苦。归大肠经。具有泻热导滞、通便利水之功效。主治热结积滞，便秘腹痛，水肿胀满。

[主要成分]

主要成分为番泻苷A-F（sennoside A-F）、芦荟大黄酸葡萄糖苷（aloe-emodin-glucoside）、大黄酸-8-葡萄糖苷（rhein-8-mono-β-D-glucoside）、芦荟大黄素（aloe-emodin）、大黄酸（rhein）、大黄酚（chrysophanol）、芹菜素-6,8-C葡萄糖苷、D-3-O甲基肌醇和蔗糖等（邬秋萍等，2007）。

[药理作用]

1. 泻下作用 临床实践发现，番泻叶治疗家畜便秘具有很好的疗效。以番泻叶煎剂3 g/kg灌服土拨鼠，经胃和小肠吸收后在体内转变成有效活性成分，通过血液循环到达大肠，导致大肠推进性运动而致泻，其致泻的主要成分为番泻苷A、B。小鼠给予炭粉-番泻叶浸剂灌肠后30 min和60 min，肠道推进率明显增加，且全消化道重量明显增加，表明番泻叶浸剂可减少肠道对液体的吸收，有利于体内毒物的排出。

2. 抗菌作用 10%番泻叶溶出液对大肠杆菌、变形杆菌、痢疾杆菌、甲型链球菌和白色念珠菌均有明显抑制作用。番泻叶中某些羟基蒽醌类成分具有一定的抑菌作用。卵叶番泻叶的醇提物对多种细菌如葡萄球菌、白喉杆菌、伤寒杆菌、副伤寒杆菌及大肠杆菌等有抑制作用，其水提物仅对伤寒杆菌有效。番泻叶水浸剂（1∶4）在试管内对奥杜盎氏小芽孢癣菌和星形奴卡氏菌等皮肤真菌有抑制作用。

3. 止血作用 番泻叶粉口服后可增加血小板和纤维蛋白原，能缩短凝血时间、复钙时间、凝血活酶时间与血块收缩时间，而有助于止血番泻叶中的晶纤维和草酸钙簇晶则有局部止血作用。以番泻叶的总蒽醌苷小鼠腹腔注射，行断尾法止血试验，表明番泻叶苷具有明显止血作用（孟彦彬等，2012）。

4. 其他作用

（1）对心肌收缩功能的影响　麻醉大鼠整体实验结果表明，番泻苷（主要含番泻苷A85%）7.4 μmoL/(L·kg) 静脉给药具有正性肌力作用，提示番泻苷通过升压，使左室后负荷增加，从而使心肌耗氧耗能增加。

（2）肌松与解痉　番泻叶有箭毒样作用，能在运动神经末梢和骨骼肌接头处阻断乙酰胆碱与 N_2 受体结合，从而使肌肉松弛。番泻叶中某些羟基蒽醌类成分具有一定的解痉作用。

（3）耳叶番泻的种子有降低犬空腹血糖作用，全草中还含有强心苷。

[临床应用]

1. 热结便秘，腹痛起卧　单用或与大黄、枳实、厚朴同用。

2. 腹水肿胀　单味泡服或与牵牛子、大腹皮同用（胡元亮，2013）。

[注意事项]

孕畜慎用。

[不良反应]

大剂量服用番泻叶可引起剧烈腹泻。剧烈腹泻可导致大量水分和电解质丢失，发生低钠血症。此外，番泻叶使用不当还可能导致变态反应，诱发急性肠梗阻，引起肠痉挛等。番泻叶苷小鼠腹腔给药的 LD_{50} 为 1.414 g/kg，折合番泻叶生药为 36.3 g/kg，此剂量大于临床番泻叶口服治疗量 300 倍以上。

芦　荟

本品为百合科植物库拉索芦荟（*Aloe barbadensis* Miller）及好望角芦荟（*A. ferox* Miller）的汁液经浓缩的干燥物。前者主产于非洲北部及南美洲的西印度群岛，我国云南、广东、广西等地有栽培，药材称老芦荟，质量较好。后者主产于非洲南部地区，药材称新芦荟。全年可采，割取植物的叶片，收集流出的汁液，置锅内熬成稠膏，倾入容器，冷却凝固，即得。

芦荟性寒，味苦。归肝、胃、大肠经。具有清热解毒，泻下通便，清肝，杀虫等功效。主治湿热便秘，肝火内盛，蛔虫。

[主要成分]

主要含有蒽醌及其苷、萘酮、树脂、有机酸；另一部分是黄色汁液渗完后留下的凝胶，主要含糖类（单糖、多糖及聚合体）、蛋白质、草酸钙、纤维等。蒽醌类是芦荟叶渗出液中的主要成分，该类物质主要由芦荟大黄素（aloe emodin）及其苷类组成，还有芦荟苷、7-羟基芦荟大黄素苷（7-hydroxyaloin）、大黄酚（chrysophanol）及其苷、蒽酚（anthranol）、高那特芦荟素（homonataloin）、芦荟皂草（aloesaponol）Ⅰ～Ⅳ等，萘酮类主要包括芦荟苦素（aloesin）、异芦荟苦素（isoaloesin）及其苷元部分形成的衍生物。

［药理作用］

1. 泻下作用 芦荟可使复方地芬诺酯所致便秘小鼠的排便数量、重量明显增加，并显著增强肠蠕动，减少肠壁重吸收水分功能，且作用温和，起到治疗便秘的作用。芦荟和芦荟叶均具有导泻作用，其作用强度与所含的芦荟苷含量有关，芦荟中芦荟苷含量较高，故泻下作用强于芦荟叶，且两者均明显促进大肠炭末推进，而对小肠炭末推进的速度无影响，说明芦荟的作用部位在大肠。

2. 清肝泻火作用 芦荟清肝的功效，主要表现为对实验性肝损伤的保护作用。早年研究显示，芦荟注射液、芦荟总苷对 CCl_4、硫代乙酰胺或氨基半乳糖所致的动物试验性肝损伤均具有保护作用，可降低谷丙转氨酶（SGPT），作用强度与联苯双酯相当。近年研究表明，中华芦荟（又称斑纹芦荟）多糖（aloe polysaccharide，AP）能剂量依赖性地显著降低 CCl_4 致慢性肝损伤大鼠的血清 ALT、AST 活性，减少肝小叶的坏死，对 CCl_4 所致大鼠慢性肝损伤有保护作用。并且还能显著降低肝脏脂质过氧化产物 MDA 的含量，升高肝脏 SOD 活性。提示 AP 能够通过提高抗氧化酶活性，清除自由基，进而抑制细胞脂质过氧化，稳定肝细胞膜的结构，减轻肝小叶结构的破坏，对 CCl_4 所致慢性肝损伤起较好的保护作用。

3. 抗菌作用 芦荟提取物能有效地抑制细菌的生长，对供试菌的最低抑菌浓度金黄色葡萄球菌为10%、沙门氏菌为8%、大肠杆菌为9%、产气杆菌为9%、枯草杆菌为11%，同时芦荟提取物能耐受高温短时的热处理。芦荟水浸剂，对腹股沟表皮癣菌、红色表皮癣菌、星形奴卡菌等皮肤真菌均有不同程度的抑制作用。芦荟大黄素对金黄色葡萄球菌、大肠杆菌、福氏痢疾杆菌及临床分离的119株金黄色葡萄球菌的最低抑菌浓度是有差别的。芦荟大黄素对临床常见的100株厌氧菌有很强的抑菌作用，对其中的脆弱类杆菌能达到100%的抑菌作用。金黄色葡萄球菌对芦荟大黄素可产生耐药性。

4. 抗炎作用 芦荟素、芦荟素A可抑制巴豆油或角叉菜胶所致的动物实验性炎症，作用与提高细胞膜和细胞骨架的稳定活性有关。从芦荟凝胶中可分离出可消炎的组分和能治愈伤口的组分。芦荟凝胶对由高岭土、角叉菜、白蛋白、明胶、芥末油、多核淋巴细胞和巴豆油诱导的炎症均有不同程度的抑制作用，机制可能是芦荟凝胶能促进前列腺素的合成或能增加淋巴细胞的渗透性。芦荟凝胶中含有生长因子，能加速伤口的愈合。在高水平透明质酸的存在下，芦荟凝胶对切口伤的恢复更快，可能是因为刺激了胶原质的合成和成纤维细胞的活性。在全叶芦荟中存在的三萜类化合物和类固醇，如胆固醇、菜油甾醇和β-麦硬脂醇，具有消炎作用。

5. 免疫促进作用 芦荟可显著提高巨噬细胞吞噬功能，促进淋巴细胞增殖反应，诱导IL产生，增加外周血网织红细胞数。芦荟多糖具有抗衰老，延缓衰老模型小鼠胸腺的萎缩与退化，提高机体免疫功能的作用（孙培，2012）。

6. 降血糖作用 30%的芦荟液（200 mg/kg）能明显降低链脲菌素所致糖尿病大鼠硫代巴比妥酸反应物质（TBARS）的水平，并保持超氧化物歧化酶、过氧化氢酶活性至正常水平；芦荟液使糖尿病大鼠还原型谷胱甘肽增加4倍。从芦荟叶表层分离到的粉末（A粉末）和从叶肉质层分离到的粉末（B粉末）对自发糖尿病小鼠和正常小鼠均呈现降糖作用。给小鼠芦荟A粉末对链脲菌引起高血糖病不仅有明显降低血糖作用，而且同时减少了胰岛素13细胞的变性和坏死（李聚仓等，2011）。

［临床应用］

1. 热结便秘 治热结便秘，兼见心、肝火旺，烦躁之证。常与朱砂等配伍。

2. 烦躁惊痫 治肝经火盛等便秘，烦躁易怒、惊痫抽搐。常与龙胆草、栀子、青黛等配伍。方如当归芦荟丸。

3. 疮疡痈肿 本品能有效抑制溃疡渗出液中微生物菌丛的生长，增加吞噬作用，促进伤口愈合；还可用于治疗湿疹、癣疮等。

［注意事项］

芦荟味极苦，气极寒，内热气强者可用，如内虚泄泻食少者禁之。

［不良反应］

动物急性毒性试验表明，芦荟汁（1∶1）的LD_{50}＞160 mL/kg，毒性很低。长期毒性试验中用5倍浓芦荟注射液（0.5 g（生药）/mL）0.05 mL/kg，0.1 mL/kg给予犬连续肌肉注射6个月，结果表明，给药组动物一般状况良好，体重增加，血象及肝、肾功能正常，各器官无实质性病变，高剂量及低剂量组个别犬可见注射局部肌肉坏死。皮肤刺激性试验中用芦荟汁（1∶2和1∶1）1次和多次涂于白色豚鼠的皮肤，每只1 mL，结果均未见皮肤红斑、水肿等异常现象，说明芦荟汁对皮肤无刺激作用。皮肤过敏试验中，将1∶1芦荟汁每只0.2 mL涂于白色豚鼠背部脱毛区，第7、14天再各涂药1次，均未见豚鼠局部皮肤出现红斑、水肿等过敏反应。

第二节 润 下 药

火 麻 仁

本品为桑科植物大麻（*Cannabis sativa* L.）的干燥成熟果实或成熟去壳的种子，又名大麻仁、麻子仁和线麻子等。打碎生用。主产于山东、河北、黑龙江、吉林、江苏等地。

火麻仁性平，味甘。归脾、胃、大肠经。具有润肠通便，滋养补虚的功能。主治燥肠便秘，血虚便秘。

［主要成分］

主要成分含脂肪酸及酯类（如硬脂酸、花生酸、豆蔻酸、棕榈酸、油酸、亚油酸、亚麻酸、棕榈酸甲酯、油酸甲酯、硬脂酸甲酯等）、木脂素酰胺类［如大麻酰胺A、B、C、D、E、F、G（cannabisin A－G），大海米酰胺（grossamide），N－反－咖啡酰酪胺（N－trans－caffeoyltyramine）等］、甾体类［如菜油甾醇（campesterol）、豆甾醇（stigmasterol）、β－谷甾醇（β－sitosterol）、麦角甾醇等］，同时含有少量的大麻酚类，如大麻酚（cannabinol）、大麻二酚（cannabidiol）等；生物碱类，如胡芦巴碱（trigonelline）、胆碱等；黄酮及苷类（如大麻黄酮甲、乙，木樨草素等）、蛋白质等。

［药理作用］

1. 润肠通便作用 火麻仁甘平，质润多脂，能润肠通便，且又兼有滋养补虚作用，适用于体弱、津血不足的肠燥便秘证。火麻仁具有缓泻作用，其中所含脂肪油内服后在肠道内分解产生脂肪酸，刺激肠黏膜，促进分泌，加快蠕动，减少大肠的水分吸收而产生缓泻作用。动物实验证明，25%麻仁丸水剂4滴，对离体家兔肠管有兴奋作用，导致肠管蠕动幅度增大，频率加快而规则，与临床观察相一致。

2. 降血脂作用 在高脂饲料中加10%火麻仁干品，喂饲大鼠4周，对照组喂与高脂饲料，结果表明火麻仁有明显阻止大鼠血清胆固醇升高的作用，其作用机制可能与促进胆固醇排泄有关。此外，火麻仁油可降低高脂血症大鼠血清胆固醇、甘油三酯、高密度及低密度脂蛋白胆固醇和肝脏脂质过氧化物（LPO）的含量。

3. 降压作用 麻醉猫十二指肠内给予火麻仁乳剂2 g/kg，30 min后血压开始缓慢下降，2 h后约降至原水平的一半，心率及呼吸未见显著变化。2 g/kg和10 g/kg给正常大鼠灌胃，亦可使血压明显降低。

4. 对中枢神经系统的影响 火麻仁具有镇痛、降低动物自发活动，抗惊厥、降低动物体温及影响动物辨别性逃避反应和学习能力的作用。大麻提取物100 mg/kg腹腔注射可增强和延长镇痛时间，可增强和延长环己巴比妥钠的催眠作用和入睡时间，并能抑制电刺激足底引起的小鼠激怒行为；500 mg/kg腹腔注射可增强皮下注射苯丙胺的中枢兴奋作用；500 mg/kg腹腔注射能引起小鼠僵住症状，效应与氟哌啶醇相似。

5. 利胆和抗腹泻作用 火麻仁75%醇提物，10 g/kg十二指肠给药，显著促进麻醉大鼠胆汁分泌，作用持续1 h。10 g/kg灌胃可明显抑制番泻叶引起的大肠性腹泻，但对蓖麻油引起的小肠性腹泻无明显抑制作用。

6. 抗溃疡作用 火麻仁75%醇提物，5 g/kg、15 g/kg灌胃，能明显抑制小鼠水浸应激性溃疡、盐酸性溃疡和吲哚美辛-乙醇性溃疡形成，并能抑制小鼠胃肠推进运动。

7. 抗衰老作用 火麻仁油能明显提高便秘和D-半乳糖致衰老模型小鼠血清和脑组织匀浆低下的SOD、GSH-Px的活性，明显降低MDA含量，显著升高小鼠胸腺指数和脾脏指数，改善模型小鼠大脑皮层退化程度。在大鼠或鹌鹑的衰老模型中火麻仁油能降低血清TC、TG、LDL和LPO水平，升高HDL水平。以上研究表明，火麻仁油可通过抗氧化和免疫调节而产生抗衰老作用（贺海波等，2010）。

［临床应用］

1. 邪热伤阴，津枯肠燥而致粪便燥结 常与大黄、杏仁、白芍等配伍。方如麻子仁丸。

2. 病后津亏，产后血虚所致肠燥便秘 常与当归、地黄等配伍。方如通关散。津血不足的肠燥便秘证，单用有效，或配生地、玄参、麦冬等生津润燥之品。

［注意事项］

用量不宜过大。

［不良反应］

由于火麻仁中含有毒蕈碱及胆碱等，用量过大可致中毒，症状为恶心、呕吐、腹泻、烦躁不安等。

郁 李 仁

本品为蔷薇科植物欧李（*Prunus humilis* Bge.）、郁李（*P. japonica* Tunb.）或长柄扁桃（*P. pednculata* Maxim.）的干燥成熟种子，前二种习惯称“小李仁”，后一种习惯称“大李仁”。主产于内蒙古、河北、辽宁等地。

郁李仁性平，味辛、甘、苦。归脾、大肠、小肠经。具有润肠通便，利水消肿的功效。主治气滞肠燥便秘，水肿。

[主要成分]

主要成分有油脂、皂苷类化合物、黄酮类化合物、酚酸类化合物和维生素。

[药理作用]

1. 肠管的作用 郁李仁有显著的促进肠蠕动的作用。研究表明，郁李仁苷 A 具有强烈的泻下作用。

2. 呼吸系统的作用 本品所含皂苷有使支气管黏膜分泌的作用，内服则有祛痰效果。有机酸亦有镇咳祛痰作用。所含的苦杏仁苷在体内可产生微量的氢氰酸，对呼吸中枢呈镇静作用，使呼吸趋于安静而达到镇咳平喘作用，大剂量则易引起中毒。

3. 抗炎镇痛作用 从郁李仁水提液中提得两种蛋白质成分，静脉注射分别在 20 mg/kg 和 0.5 mg/kg 时，对大鼠足关节浮肿均有抑制炎症的活性，给小鼠静脉注射时，抑痛率分别为 61.0%及 61.5%。

4. 其他作用 用郁李仁制成的配剂，对试验犬降低血压有显著作用。本品亦有抗惊厥作用，扩张血管作用（元艺兰等，2007）。

[临床应用]

1. 便秘 老弱病畜或因久病津亏所致的肠燥便秘，常与杏仁、桃仁、柏子仁等配伍使用。大肠燥结所引起的便秘，常与大黄、滑石等配伍使用。

2. 水肿 小便不利的水肿胀满，常与白术、茯苓、槟榔等配伍使用。

[注意事项]

孕畜慎用。

[不良反应]

本品在常规剂量时毒性较小，若剂量过大，大量皂苷进入体内可破坏红细胞，造成溶血；尼可酸可致皮肤潮红、瘙痒、灼热感，甚至可能引起荨麻疹、恶心、呕吐、心悸等；苦杏仁苷大剂量使用，可致延髓中枢先兴奋后麻痹，并抑制酶的活性，阻碍新陈代谢，引起组织窒息。

第三节 峻下逐水药

甘 遂

本品为大戟科植物甘遂（*Euphorbia kansui* T. N. Liou ex T. P. Wang）的干燥块根。

别名主田、猫儿眼、苦泽等。主产于陕西、山西、河南等地，其中以陕西产者质量最佳。

甘遂性寒，味苦，有毒。归肺、肾、大肠经。具有泻水饮，破积聚，通二便等功效。主治胸腹积水，痈肿疮毒。

［主要成分］

含四环三萜类化合物 α-和 γ-大戟醇、甘遂醇、大戟二烯醇；此外，尚含有棕榈酸、柠檬酸、鞣质和树脂等。

［药理作用］

1. 泻下作用　小鼠口服生甘遂或炙甘遂的混悬液或乙醇浸膏均有较强的泻下作用。甘遂生品、醋制及甘草制品醇提物对小鼠致泻的半数有效量依次为 0.59 g/kg、3.26 g/kg、4.79 g/kg，炮制后泻下作用显著减弱。甘遂属刺激性泻下，能刺激肠管，促进肠蠕动，增加肠道内肠液，加速肠内容物的推动，产生泻下作用。

2. 利尿作用　甘遂水煎剂动物试验无利尿作用，对实验性腹水大鼠亦无利尿作用，反而有尿量减少的倾向。但临床无论是用炙甘遂研末内服治疗肾脏水肿，或是采用甘遂散外敷治疗不同疾病引起的小便不利，均能起到通利小便的效果。可见，其利尿效果可能是与机体的机能状态有关。甘草制甘遂能保留生甘遂的利尿活性，醋制甘遂利尿作用不明显。

3. 抗生育作用　甘遂 50%乙醇注射液给药，能终止小鼠、家兔及豚鼠的中、晚期妊娠，但对早孕无影响。经临床试验，羊膜腔内注射甘遂 50%乙醇液 0.5～0.8 mL，流产效果达 99.37%，具有用量小、产程短、并发症少、胎盘黏连少、产后出血不多等优点（李燕等，2010）。

4. 抗肿瘤作用　甘遂浸膏对肺鳞癌，未分化癌及恶性黑色素瘤有杀伤作用，肿瘤的细胞多呈急性坏死；甘遂乙醇提取物含有的甘遂大戟萜酯 A 和 B 有抗白血病作用；大戟二烯醇能显著抑制 TPA 诱导小鼠皮肤致癌的作用。甘遂中有 6 种甲酯和衍生物能抑制胃癌细胞株（SGC－7901）生长和促进凋亡（李燕等，2010）。

5. 免疫抑制作用　甘遂水煎剂醇沉物能使小鼠胸腺减轻和脾脏增重，能明显抑制小鼠抗羊红细胞（SRBC）抗体的产生。甘遂粗制剂 100 mg/kg 腹腔注射，可使小鼠脾细胞在体外由聚羟基脂肪酸脂（PHA）和刀豆蛋白 A（ConA）诱导的淋巴细胞转化抑制，并能明显抑制 SRBC 诱导的迟发型超敏反应，提示甘遂对免疫系统有明显的抑制作用。

6. 其他作用　生甘遂低剂量能使离体蛙心收缩力增强，高剂量则抑制。甘遂萜酯有镇痛作用。

［临床应用］

1. 胸腹积水、宿水停脐、水肿胀满、二便不利　常与大戟、芫花等配伍使用。

2. 痈肿疮毒　常用单味药适量外敷。

［注意事项］

孕畜慎用，不宜与甘草同用。

［不良反应］

甘遂的毒性作用较强。本品内服过量，其中毒反应为腹痛，剧烈腹泻水样便，呈里急后重感；如服量较多，可出现霍乱样米汤状大便，并有恶心、呕吐、心悸、脱水、呼吸困难、体温下降等症状；可因呼吸循环衰竭死亡。

大　戟

本品是茜草科植物红大戟（*Knoxia valerianoides* Thorel et Pitard）和大戟科植物大戟（*Euphorbia pekinesis* Rupr.）的根。红大戟主产于广东、广西；大戟主产于山西等地。

大戟性寒，味苦，有小毒。归肺、脾、肾经。具有峻下逐水、消肿散结的功效。主治胸腹积水、痈肿疮毒。

[主要成分]

含大戟苷（euphorbon）。此外，尚含有大戟素 A、B、C（euphorbia A、B、C）和生物碱等。

[药理作用]

1. 泻下作用　大戟根的乙醚提取物有致泻作用，热水提取物对猫有剧泻作用。其作用是刺激肠管，引起蠕动增加所致。

2. 利尿作用　对大鼠实验性腹水，大戟的煎剂或醇浸液均能产生明显的利尿作用。但健康动物利尿作用不明显，所以大戟的利尿作用，可能与动物机体的状态有关。

3. 其他作用　提取物对末梢血管有扩张作用，能抑制肾上腺素的升压作用。酊剂及植物细粉油膏对皮肤有刺激作用（陈正伦，1995）。

[临床应用]

1. 水草肚胀、宿草不转　常与甘遂、牵牛子、滑石、大黄等配伍。方如大戟散。

2. 水肿喘满、胸腹积水　常与甘遂、芫花、牵牛子等配伍。

3. 疮黄肿毒　常与慈姑、雄黄等配伍，内服或外敷。

[注意事项]

老弱及孕畜禁用。不宜与甘草同用。

[不良反应]

大戟有毒，用量过大可致中毒，出现腹痛、腹泻、虚脱，甚至呼吸麻痹致死。

芫　花

本品为瑞香科植物芫花（*Daphne genkwa* Sieb. et Zucc.）的干燥花蕾。主产于安徽、江苏、浙江、四川、山东等地。

芫花性温，味苦、辛，有毒。归肺、脾、肾经。具有泻水逐饮，祛痰止咳，解毒杀虫的功效。主治水肿，痰饮积聚，气逆喘咳等症。

[主要成分]

主要成分黄酮类化合物：芫花素（genkwanin）、芹菜素（apigenin）、3′-羟基芫花素（3′- hydroxygenkwanin）、芫根苷（yuenkanin）、木犀草素（luteolin）等；香豆素类化合物：伞形花内酯（umbelliferone）、西瑞香素（daphnoretin）、瑞香苷（daphnin）及双香

豆素—异西瑞香素（isodaphnoretin）；二萜原酸酯类化合物：芫花萜甲、乙、丙、丁、戊和芫花烯。此外，尚含绿原酸类化合物、木脂素类化合物及其他类型化合物等（李玲芝等，2007）。

［药理作用］

1. 利尿作用　芫花有利尿作用，大鼠慢性利尿试验表明，50%芫花煎剂以0.25 mL/100 g体重、0.5 mL/100 g体重的剂量灌胃均有利尿作用，后者更为显著。急性利尿试验表明，50%芫花煎剂0.8～20 mL/只给麻醉犬静脉注射均有利尿作用，且随剂量增加而作用明显，大剂量用药时对血压也有一定影响，但恢复甚快，难以认为是降压作用。家兔以人等效剂量给药，口服给药4只均出现利尿反应，尿量增加百分率为41%，腹腔注射给药3只无利尿反应出现。此外，芫花煎剂对已形成腹水的动物亦有利尿作用（沈映君，2012）。

2. 泻下作用　生芫花与醋制芫花的醇浸剂、水提剂和煎剂（浓度均为50%），在小剂量（0.001 8 g生药/mL）时对兔离体回肠和小鼠离体小肠均具有兴奋作用，表现为肠蠕动增加、肠平滑肌张力提高。随着剂量加大，则呈现抑制作用，肠平滑肌张力极度松弛，肠蠕动几乎完全停止。芫花醇浸剂对小鼠（1 g生药/kg）、大鼠（3 g生药/kg）均无导泻作用，对兔（3 g生药/kg）有轻度导泻作用，对犬（1 g生药/kg）则发生呕吐和轻度导泻作用。芫花煎剂10～20 g/kg灌胃给药，分别有40%及80%给药动物出现腹泻，但同时利尿和排钠作用完全消失，腹泻的出现很可能是利尿及排钠作用消失的原因。

3. 祛痰止咳作用　早年研究显示，醋制芫花醇水提取液、苯制芫花醇水提取液及羟基芫花素可抑制氨水刺激所致的小鼠咳嗽，并可增加小鼠呼吸道酚红排泌量，具有镇咳、祛痰作用。其祛痰作用可能与治疗后炎症减轻、痰液黏滞性降低等因素有关（李玲芝等，2007）。

4. 抗肿瘤作用　在芫花的花及花蕾中存在抗白血病有效成分芫花烯和芫花萜，低剂量的芫花烯在小鼠体内P_{388}白血病生物试验中即有显著的抗白血病活性。两者主要机制是影响DNA和蛋白质的合成。体外试验包括整体细胞和匀浆细胞试验，结果表明两者影响DNA合成的浓度比影响蛋白质合成的浓度要低，对DNA合成的影响是通过抑制DNA聚合酶和嘌呤的合成实现的。体内试验表明，这些二萜酯类在0.8 mg/kg剂量时就对嘌呤和DNA的合成有明显影响，而且可降低存活肿瘤细胞的数量。

5. 引产作用　给孕期3～5个月的孕猴羊膜腔注射芫花二萜原酸酯类成分，其引产最低有效剂量分别为：芫花萜每只200 μg、芫花酯乙每只50 μg、芫花酯丙每只200 μg、芫花酯丁每只50 μg。妊娠19～20天的家兔经羊膜腔与宫腔给予黄芫花乙醇液（66 mg/kg），给药组死胎率为100%。用家兔妊娠和非妊娠子宫肌条对黄芫花混悬液进行实验，结果显示，黄芫花混悬液（50 mg/mL）只对妊娠家兔子宫有刺激作用，引起收缩加强，对非妊娠子宫则无此作用。

6. 中枢抑制作用　芫花乙醇提取物给小鼠或犬腹腔注射，均可增强硫喷妥钠的麻醉作用，并增加转棒试验中小鼠掉下次数，还能对抗士的宁和咖啡因所引起的小鼠惊厥、对抗苯丙胺或阿扑吗啡引起的刻板行为，并降低苯丙胺引起的小鼠高度活跃行为和攻击行为。水提物腹腔注射还有与氯丙嗪相似的降低体温作用。

7. 镇痛、抗炎作用 腹腔注射芫花乙醇提取物可明显提高热板法试验中小鼠的痛阈；抑制酒石锑酸钾所致小鼠扭体反应次数，显著减少电击刺痛所致尖叫动物数；其镇痛作用可被特异性吗啡受体阻断剂纳洛酮所阻断。芫花根乙醇提取物能明显减轻佐剂性关节炎（AA）大鼠的痛觉反应和抑制足肿胀，能显著抑制炎症组织中 PGE_2 和 IL－1β 的形成并提高 SOD 和 CAT 的活性，能明显降低 AA 大鼠脑组织中 iNOS 的活性从而降低 NO 的水平。芫花根乙醇提取物的镇痛机制与其显著抑制大鼠脊髓 C－Fos 蛋白的表达，以及抑制 PGE_2 和 IL－1β 的形成，降低脑组织 iNOS 的活性，从而减少 NO 的生成，增强 SOD 和 CAT 的活性，以抑制脂质过氧化反应有关（沈映君，2012）。

8. 对心血管系统的影响 芫花叶提取物可使离体豚鼠心脏冠脉流量明显增加，对心率影响不明显；经股静脉给予冠脉结扎猫芫花叶提取物可抑制血清磷酸肌酸激酶活性的升高；腹腔注射芫花叶能明显提高小鼠耐缺氧能力，延长平均存活时间；静脉注射芫花叶提取物还引起短时血压下降，作用维持 2 min 左右。

［临床应用］

1. 咳喘胀满 痰饮停滞所致的喘咳、胀满、胸腹积水、水草肚胀。常与大戟、甘遂、大枣等同用。方如《伤寒论》中的十枣汤。

2. 疥癣 常单味药适量外用。

［注意事项］

体质虚弱及孕畜禁用。不宜与甘草同用。

［不良反应］

芫花煎剂大鼠腹腔注射的 LD_{50} 为 9.25 g/kg。中毒后呈现呕吐、腹痛、腹泻等症状。

巴　豆

本品为大戟科植物巴豆（*Croton tiglium* L.）的干燥成熟果实。又名大叶双眼龙、虫蛊草、猛子树。主产于四川、广西、云南、贵州等地。

巴豆性热，味辛，有大毒。归胃、大肠、肺经。具有泻下冷积，逐水退肿，祛痰利咽，蚀疮溃脓的功效。主治寒邪食积，大腹水肿，痈肿疥癣恶疮等症。

［主要成分］

含巴豆油 34%～57%，其中含巴豆油酸和甘油酯。油中尚含巴豆醇二酯和多种巴豆醇三脂。此外，还含巴豆毒素、巴豆苷、生物碱和 β-谷甾醇等。

［药理作用］

1. 致泻作用 巴豆脂肪油是巴豆泻下的有效成分，也是主要的毒性成分。临床上多制霜用。巴豆霜 1.5 g/kg 给小鼠灌胃，明显增强胃肠推进运动，促进肠套叠的还纳作用。在兔离体回肠实验中，3.0×10^{-3} g/mL 可显著增强回肠的收缩幅度。用巴豆油水解液 1.4、2.8 g/kg 给小鼠灌胃，可促进小鼠炭末的肠推进。

2. 抗肿瘤作用 巴豆水提液在 4 mg/L 或在 0.5～8 g/L 范围处理白血病 HL－60 细胞，使 HL－60 细胞向正常方向分化。巴豆生物碱针剂使红细胞膜和牛血清白蛋白 α 螺旋量增加，改变膜蛋白二级结构，其抗肿瘤作用可能与之相关。巴豆总生物碱 0.4 mL，给接种腹水型肝癌小鼠灌胃，给药的第 5 天抽取腹水，发现总生物碱可使腹水型肝癌细胞质膜刀豆球蛋白（ConA）受体侧向扩散速度明显增加，ConA 受体流动性增加，胞浆基质结构程度有所改变，这可能与总生物碱破坏癌细胞微管有关。

3. 促肿瘤发生作用　巴豆油有弱致癌性，并能增强某些致癌物质的致癌作用。巴豆油每次 0.1 mL，每周 3 次，连续 4 周接种于小鼠宫颈部，对人巨细胞病毒接种（每次 0.1 mL，每周 3 次，连续 8 周）诱发小鼠宫颈癌的作用有促进效果。

4. 致炎作用　各种炮制品巴豆油对小鼠的耳均有明显致炎作用。其强度依次为炒巴豆油＞高压蒸巴豆油、常压蒸巴豆油＞生巴豆油＞煮巴豆油。巴豆油溶液涂擦声带，对家兔声带组织有明显致炎作用。

5. 止泻作用　通过番泻叶诱导兔腹泻模型回肠吸收实验观察巴豆霜对回肠水液代谢的影响，发现巴豆霜能显著增加回肠水液的分泌，但随剂量的递减表现出相反的作用，小剂量巴豆霜止泻作用与促进回肠水分吸收、降低病理性肠蠕动加快、改善肠吸收功能密切相关。常用剂量的 1/20～1/10 可以改善肠道吸收功能，降低肠动力，因而可以用来治疗腹泻（金峰等，2013）。

6. 抗炎及对免疫功能的影响　巴豆制剂 1.5 g/kg 灌胃，对小鼠耳廓肿胀、腹腔毛细血管通透性，以及大鼠白细胞游走、热疼痛反应均有显著的抑制作用；能明显减少小鼠胸腺和脾指数及腹腔巨噬细胞的吞噬功能。巴豆霜给小鼠灌服，可抑制小鼠腹腔巨噬细胞的吞噬活性，还降低小鼠碳粒廓清率及胸腺重量。

7. 其他作用　除上述药理作用外，巴豆还有降血压、抗溃疡、降血脂、降血糖、松弛血管等作用。

[临床应用]

1. 寒秘腹痛　里寒所致的便秘、腹痛起卧症。常与干姜、大黄、杏仁等配伍。

2. 水肿胀满　常与杏仁、甘遂配伍。

3. 疮黄痈肿　用于已成脓而未溃破者。常与乳香、没药、木鳖子等炼成膏状，外贴患处（胡元亮，2013）。

[注意事项]

孕畜及哺乳期忌用。不宜与牵牛子同用。

[不良反应]

巴豆毒素兔皮下注射的 LD_{50} 为 50～60 mg/kg。巴豆油大鼠口服的 LD_{50} 为 1 g/kg。中毒后表现为剧烈腹泻、水泻和黏样血便，血压下降，甚至休克。对肾亦有刺激作用。皮肤接触巴豆油后，可引起急性皮炎。

牵　牛　子

本品系旋花科植物裂叶牵牛［*Pharbitis nil*（L.）Choisy］或圆叶牵牛［*Pharbitis purpurea*（L.）Voigt］的干燥成熟种子，又名黑丑、白丑。全国各地均有分布。

牵牛子性寒，味苦、辛，有毒。归肺、肾、大肠经。具有泻水通便，消痰涤饮，杀虫攻积的功效。主治水肿胀满，粪便秘结，虫积腹痛。

[主要成分]

牵牛子苷（pharbitin）、生物碱类、糖类、蛋白质、甾醇类化合物、色素及脂肪油等。

[药理作用]

1. 泻下作用 牵牛子所含牵牛子苷在肠内遇胆汁及肠液分解出牵牛子素，刺激肠道，增进肠蠕动，导致泻下。除牵牛子苷外，尚含其他泻下成分。

2. 利尿作用 牵牛子能加速菊糖在肾脏中的排出，同时牵牛子酸吸收后，经尿排出时，对肾脏和泌尿道有刺激性，增强排尿。

3. 抑菌作用 以链格孢菌和灰霉菌为供试菌种，用生长速率法分别对牵牛子乙醇提取物进行室内抑菌活性测试。结果提取物浓度为 0.02 g/mL 时对灰霉菌抑菌率在 70.0%以上，对链格孢菌菌丝生长的抑制率达 50.0%以上。

4. 兴奋平滑肌 牵牛子含树脂 0.2%，对家兔立体肠管和子宫均有兴奋作用。牵牛子苷水解产物碱性盐对肠管有兴奋作用。配伍槟榔、使君子治疗虫积，可能与牵牛子能刺激肠蠕动、利于排粪有关。

5. 兴奋子宫 提取牵牛子中有效成分，稀释成不同浓度。观察不同浓度的牵牛子提取物（Ph）对子宫收缩的影响，结果 Ph 对动情期离体小鼠子宫具有明显的兴奋作用，这种作用可能与 Ph 促进前列腺素的释放有关（田连起等，2008）。

[临床应用]

1. 大肠实热、粪便秘结 常与大黄、芒硝等配伍。《元亨疗马集》：治马“中结”。方如马价丸。

2. 水肿胀满、二便不通 常与大戟、甘遂等配伍。《牛经大全》：治牛“水草肚胀”，方如大戟散。

3. 虫积 多用于驱除蛔虫、绦虫等肠道寄生虫。常与槟榔同用。

[注意事项]

脾虚患畜及孕畜禁用，不宜与巴豆同用。

[不良反应]

小鼠皮下注射牵牛子树脂的 LD_{50} 为 37.5 mg/kg。大剂量对胃肠等直接刺激，可引起呕吐、腹痛、腹泻及血便，并能刺激肾脏导致血尿。

商　陆

本品为商陆科植物商陆（*Phytolacca acinosa* Roxb.）或垂序商陆（*Phytolacca americana* L.）的干燥根。主产于河南、湖北、安徽、山东、浙江等地。

商陆性寒，味苦，有毒。归肺、脾、肾、大肠经。具有逐水消肿，通利二便，解毒散结的功效。主治水肿，宿水停脐，疮痈肿毒（李忠芳等，2013）。

[主要成分]

主要成分有商陆碱（phytolaccine）、商陆酸（esculentic acid）、商陆皂苷 A－F（esculentoside A－F）、商陆毒（phytolaccatoxin）、商陆多糖（phytolacca acinosa polysaccharides）、氧化肉蔻酸（oxyristic acid）、生物碱和大量硝酸盐等。

［药理作用］

1. 利尿作用　大鼠代谢笼法利尿试验表明，商陆及其各种炮制品以 1/5 LD_{50} 的剂量腹腔注射，均有不同程度的利尿作用。20%商陆炮制品 0.02 mL/10 g 给小鼠灌胃，记录 3 h 尿量，表明商陆及其炮制品均有利尿作用，且差异不大。

2. 抗肾炎作用　大鼠尾静脉分次注射阿霉素合计 7.5 mg/kg 制备肾病模型，分别灌以商陆粗提物每天 4 g/kg 和 1 g/kg，连续 2 周，对阿霉素肾病模型大鼠具有减少尿蛋白、降低肾组织内 NO 浓度作用。

3. 抗菌作用　商陆水浸剂（1∶4）在试管内对许兰氏黄癣菌、奥杜盎氏小芽孢癣菌等皮肤真菌有杀灭作用，抑菌浓度为 30%。商陆根煎剂和酊剂对流感杆菌及肺炎双球菌部分菌株有一定的抑菌作用。最高抑菌浓度商陆煎剂均为 1∶4，酊剂分别为 1∶2 和 1∶4。

4. 抗炎作用　商陆皂苷甲（Es. A）对多种急、慢性炎症模型有明显抑制作用。5～20 mg/kg Es. A 腹腔注射能明显抑制醋酸提高小鼠腹腔毛细血管通透性的作用，并能显著抑制二甲苯引起的小鼠耳肿胀。Es. A 体外给药在 0.01～10 μmoL/L 范围内，对 ICR 小鼠腹腔巨噬细胞吞噬中性红和脂多糖诱导的巨噬细胞合成及释放 IL－1 都有明显的抑制作用。Es. A 在 0.1～100 μmoL/L 浓度范围内及 30～50 min 试验时间范围内，呈剂量及时间依赖性抑制卡西霉素诱导大鼠腹腔巨噬细胞释放血小板活化因子（黄国英等，2013）。

5. 抗肿瘤作用　小鼠腹腔注射商陆多糖，可使腹腔巨噬细胞对小鼠肉瘤细胞的免疫细胞毒作用增强，在脂多糖辅助下，诱生肿瘤坏死因子和 IL－1。商陆抗病毒蛋白能够通过抑制肿瘤细胞增殖，促进肿瘤细胞凋亡。美商陆中的糖蛋白对骨髓瘤细胞 DNA 的合成有抑制作用。

6. 调节机体免疫功能　小鼠 1 次腹腔注射 5～50 mg/kg 的商陆多糖（PAP－I），连续 7 天，能显著促进刀豆蛋白 A 和脂多糖诱导的淋巴细胞转化；体外试验发现 PAP－I 在 0～1 000 μg/mL 呈剂量依赖地刺激 NC 和 BALB/C 裸鼠脾细胞增殖，直接刺激正常 BALB/C 小鼠脾细胞增殖，有协同刀豆蛋白 A、脂多糖刺激脾细胞增殖的作用；小鼠腹腔注射 PAP－I 10 mg/kg（每周 1 次），能显著增强刀豆蛋白 A（5 μg/mL）刺激的 DNA 多聚酶 α 活性，提示 PAP－I 增强 DNA 多聚酶 α 活性可能是促进脾淋巴细胞增殖，增强免疫功能的机制之一。

7. 祛痰、镇咳、平喘作用　商陆煎剂、酊剂、乙醇浸膏、氯仿提取物、皂苷元给小鼠或家兔灌胃（2～15 g/kg）、腹腔注射（2～3 g/kg）或气管内给药（每只 0.002～0.01 g）均可明显增加呼吸道排泌酚红量、促进支气管纤毛黏液运送速度，显示祛痰作用。其祛痰机制目前认为是：药物直接作用于气管黏膜，引起腺体分泌增加，使黏痰稀释，易于排出；使气管纤毛黏液运行速度加快，有利于清除气管内痰液；收缩末梢血管，降低毛细血管通透性，减轻炎症，减少渗出，产生消炎祛痰作用。其祛痰有效成分是皂苷元 A、C（沈映君，2012）。

［临床应用］

1. 水肿胀满，粪便秘结　常与甘遂、大戟等同用。

2. 疮痈肿毒　鲜商陆捣烂外敷。

[注意事项]

商陆有堕胎作用，怀孕母畜及高血钾、低血容量、低钠血症等患畜慎用。

[不良反应]

商陆有毒部位为根部及未成熟果实，生食毒性更大，其有毒成分主要为商陆毒素。对交感神经、胃肠黏膜、呼吸及血管运动中枢有刺激兴奋作用，引起腹痛、腹泻；同时有催吐及利尿作用，能兴奋呼吸中枢及血管运动中枢，大剂量可引起惊厥、呼吸中枢麻痹及运动障碍，最后导致呼吸、循环衰竭而死亡。商陆根水浸剂、煎剂、酊剂小鼠灌胃给药的 LD_{50} 分别为 26 g/kg、28 g/kg、46.5 g/kg，腹腔注射的 LD_{50} 分别为 1.05 g/kg、1.3 g/kg、5.3 g/kg。

千　金　子

千金子又名续随子，为大戟科大戟属植物续随子（*Euphorbia lathyris* L.）的干燥成熟种子。主产于吉林、河南、浙江、四川等地。

千金子性温，味辛，有毒。具有逐水消肿，破血散结的功效。主治粪便秘结，水肿血瘀证。

[主要成分]

含脂肪油 40%～50%，油中含毒性成分，油中分离出千金子甾醇、巨大戟萜醇-20-棕榈酸酯等，含萜的酯类化合物。又含百瑞香素、续随子素、马粟树皮苷等（胡建平等，2012）。

[药理作用]

1. 致泻作用　千金子脂肪油中所含的续随二萜酯对胃肠道有刺激作用，刺激胃肠蠕动，可产生峻泻作用，强度为蓖麻油的 3 倍（宋卫国等，2010）。临床上为避免其峻泻作用，采用炮制去除其油。其炮制方法以制霜法为主，也有炒制、酒制、煮制的记载。

2. 抗肿瘤及抗菌作用　千金子鲜草对急性淋巴细胞白血病、慢性粒细胞性白血病以及急性单核细胞性白血病有一定的抑制作用。进一步分离得到活性单体后，药理实验表明，巨大戟二萜醇 3-十六烷酸酯对 S_{180} 腹水癌有显著抗癌作用。体外药效试验结果表明，千金子甲醇提取物体内对小鼠移植性肿瘤细胞株显示出较显著抑制作用。另外，千金子对金黄色葡萄球菌、大肠杆菌、福氏痢疾杆菌及绿脓杆菌的生长有抑制作用，抗菌的有效成分为瑞香素和七叶树苷（王正平等，2014）。

3. 镇痛、抗炎作用　千金子镇痛作用的有效成分为瑞香素，其治疗指数为 20.9，虽略低于磷酸可待因，仍然较为安全。瑞香素还有一定的抗炎作用，等剂量下其抗炎作用稍弱于水杨酸钠。

[临床应用]

1. 粪便秘结　用于大肠燥热、便秘实证。常与木通、牵牛子、滑石等配伍。

2. 水肿　用于二便不利的水肿实证。常与大黄、大戟、牵牛子等配伍。

3. 血瘀　常与桃花、红花等配伍。

[注意事项]

中气不足，大便溏泻及怀孕母畜忌服。

[不良反应]

千金子所含有毒成分为千金子甾醇、殷金醇棕榈酸酯等，对胃肠道有强烈刺激作用，且对中枢神经系统有毒。临床多服或误服可引起中毒，表现为恶心、剧烈呕吐等，严重者大汗淋漓，四肢厥冷，呼吸浅粗，脉微欲绝等。

◆ 参考文献

陈正伦，1995. 兽医中药药理学 [M]. 北京：中国农业出版社.

贺海波，石孟琼，2010. 火麻仁的化学成分和药理活性研究进展 [J]. 中国民族民间医药：56-57.

胡建平，周东龙，郑进章，2012. 千金子化学成分及药理活性的研究进展综述 [J]. 安徽农学通报，18 (7)：45-46.

胡元亮，2013. 中兽医学 [M]. 北京：科学出版社.

黄国英，刘星星，2013. 中药商陆的药理及应用研究 [J]. 中国实用医药，8 (15)：249-250.

金锋，张振凌，任玉珍，等，2013. 巴豆的化学成分和药理活性研究进展 [J]. 中国现代中药，15 (5)：372-375.

李聚仓，王德才，2011. 芦荟药理作用研究进展 [J]. 泰山医学院学报，32 (2)：158-160.

李玲芝，宋少江，高品一，2007. 芫花的化学成分及药理作用研究进展 [J]. 沈阳药科大学学报，24 (9)：587-592.

李燕，孙洁，孙立立，2010. 中药甘遂的研究进展 [J]. 食品与药品，12 (9)：363-366.

李增池，2011. 芒硝在兽医临床上的应用 [J]. 猪场兽医：86.

林悦君，林旭文，倪少义，2014. 大黄的传统用法与现代药理学特点分析 [J]. 中国医药科学，4 (13)：56-58.

孟彦彬，洪霞，2012. 番泻叶的化学成分和药理作用 [J]. 承德医学院学报，29 (3)：322-323.

沈映君，2012. 中药药理学. 第 2 版 [M]. 北京：人民卫生出版社.

宋卫国，孙付军，张敏，等，2010. 千金子和千金子霜及其主要成分泻下作用研究 [J]. 中药药理与临床，26 (4)：40-42.

孙培，2012. 芦荟的药理作用研究进展 [J]. 湖北中医杂志，34 (4)：79-81.

田连起，张振凌，张本山，2008. 牵牛子药理、毒副作用及临床应用研究探讨 [J]. 光明中医，23 (11)：1864-1865.

王正平，高燕，赵渤年，2014. 千金子的化学成分及药理作用研究进展 [J]. 食品与药品，16 (1)：58-61.

熊兴富，2014. 中药大黄主要有效成分药理学研究进展 [J]. 中医临床研究，6 (10)：143-146.

杨维维，沈美芳，刘文斌，等，2013. 大黄素对克氏螯虾生长、免疫、肝脏抗氧化以及肠道消化酶的影响 [J]. 江苏农业学报，29 (6)：1405-1410.

元艺兰，2007. 郁李仁的药理作用与临床应用 [J]. 现代医药卫生，23 (13)：1987-1988.

张明发，沈雅琴，2008. 火麻仁的药理研究进展 [J]. 上海医药，29 (11)：511-513.

赵晓燕，高妍，翟胜利，等，2016. 大黄素对锦鲤脂肪细胞增殖和分化的影响 [J]. 水产科技情报，43 (1)：15-18.

周永学，王倩，张筱军，2007. 芒硝的临床运用与药理研究 [J]. 陕西中医学报，30 (1)：54-55.

周媛，陈冬梅，2011. 芦荟的毒理研究进展 [J]. 现代农业科技 (6)：118-119.

第九章

消　导　药

凡能健脾开胃、消积导滞、促进消化为主要功效的药物，称为消导药。适用于治疗消化不良、草料停滞、肚腹胀满、伤食腹泻或便秘等导致的食积内停、气机失畅、脾胃升降功能失调病症，相当于现代医学的消化不良、胃肠功能紊乱、胃神经官能症、胃下垂等疾病。常用消导药有山楂、麦芽、神曲、鸡内金等，这些中药其性味大多甘温，入脾、胃经。医学心语中说："消者，去其壅也。脏腑、经络、肌肉之间，本无此物，而忽有之，必为消散，乃得其平。"据现代研究，这类药物主要的药理作用如下：

1. 助消化作用　本类药物大多含有脂肪酶、淀粉酶及B族维生素等，有明显的促进胃液、胃酸以及消化酶的分泌，具有促进消化的作用。山楂、神曲含有脂肪酶则有利于脂肪的消化；麦芽、神曲均含淀粉酶，具有促进消化淀粉的作用。神曲还含有酵母菌及B族维生素等，可增进食欲，促进消化。鸡内金含胃激素（ventriculin）等，能使胃液分泌量较正常提高30%～37%，胃的总酸增加25%～75%，具有促进消化、增进食欲的作用。

2. 对胃肠运动的调节　消导药对胃肠运动有不同的影响。山楂、鸡内金对胃肠运动有促进作用。山楂既能对抗乙酰胆碱，又能促进大鼠松弛状态的胃平滑肌收缩活动，显示对胃肠活动的调节作用；鸡内金能促进胃的运动。

3. 抗菌作用　山楂对志贺氏、福氏、宋内氏痢疾杆菌有较强的抗菌作用；对绿脓杆菌、金黄色葡萄球菌、大肠杆菌、变形杆菌、炭疽杆菌、乙链球菌、白喉杆菌和伤寒杆菌等均有抑制作用。莱菔子含抗菌物质莱菔素，对葡萄球菌和大肠杆菌有明显抑制作用。

4. 对心血管系统的作用　山楂提取物对蟾蜍在体、离体、正常及疲劳的心脏均有一定程度的强心作用；南山楂粉剂给兔口服，有降低实验性高脂血症的血清胆固醇和β脂蛋白的作用；山楂醇提取物连续给兔灌服3周，其血清总胆固醇含量低于对照组，有降血脂的作用；山楂提取物给犬口服可明显增加心肌血流量。山楂浸膏及水解物、黄酮均能增强小鼠心肌对Rb的摄取能力，增加心肌营养性血流量；山楂黄酮、水解物、三萜醇3种提取物，分别以静脉、腹腔注射及十二指肠给药，对麻醉猫有一定的降压作用（陈正伦，1995）。

山　楂

本品为蔷薇科植物山里红（*Crataegus pinnatifida* Bge. var. *major* N. E. Br.）、山楂（*Crataegus pinnatifida* Bge.）或野山楂（*Crataegus cuneata* Sieb. et Zucc.）的成熟果实。主产于河北、江苏、浙江等地。

山楂性微温，味酸、甘。归脾、胃、肝经。具有消食化积、健胃、行气、活血散瘀的功效。主治肉食积滞，泻痢腹痛，瘀阻胸腹痛。

［主要成分］

主要含有机酸及黄酮类化合物。有机酸主要有山楂酸（crataegolic acid）、枸橼酸、琥珀酸、绿原酸（chlorogenic acid）、咖啡酸、齐墩果酸（oleanolic acid）和熊果酸（ursolic acid）等。黄酮类主要有槲皮素（quercetin）、牡荆素（vitexin）、金丝桃苷（hyperin）、槲皮苷等。尚含脂肪酶、蛋白质、脂肪、糖类、淀粉、维生素C和核黄素等。

［药理作用］

1. 助消化作用 山楂含多种有机酸，口服后能增加胃液酸度，刺激胃黏膜、促进胃液分泌；能增加胃中消化酶的分泌，促进消化；能增强胃脂肪酶、蛋白酶的活性，使食物尤其是脂肪易于消化。山楂对胃肠运动功能具有调节作用，对痉挛状态的胃肠平滑肌有抑制作用，对松弛状态的平滑肌有兴奋作用。

2. 对心血管系统的作用 山楂有增强心肌收缩、增加心输出量、减慢心率的作用。对冠状循环具有扩张冠状血管、增加冠脉流量、降低心肌耗氧量和氧利用率的作用。山楂流浸膏静脉注射，对家兔因脑垂体后叶素引起的心律失常有抑制作用。

山楂黄酮可显著降低实验性高血脂动物的血液总胆固醇（TC）、低密度脂蛋白胆固醇（LDL－C）和载脂蛋白B（ApoB）浓度，显著升高高密度脂蛋白胆固醇（HDL－C）和载脂蛋白A（APoA）浓度。山楂降血脂作用是通过抑制肝脏胆固醇的合成，促进肝脏对血浆胆固醇的摄入而发挥降血脂作用。此外，山楂尚具有抗实验性动脉粥样硬化病变的作用。

山楂黄酮、三萜酸，静脉、腹腔及十二指肠给药，均显示有一定的降压作用。其作用机制主要与扩张外周血管作用有关。

3. 增强免疫功能 山楂对非特异性和特异性免疫功能均有促进作用；山楂可显著增加小鼠胸腺和脾脏重量、血清溶菌酶含量，增加血球凝集抗体滴度；T淋巴细胞转化率和外周血T淋巴细胞百分率。对小鼠红细胞免疫黏附能够有促进作用（陈长勋，2006）。

4. 抗氧化作用 山楂水煎剂可提高D－半乳糖致衰小鼠血清总抗氧化能力（TAA）、SOD活性及红细胞膜Na^{+}－K^{+}－ATP酶活性，并能降低脑组织中Ca^{2+}和MDA的含量。山楂水提液具有较强清除O_2^{-}·及·OH的能力，且新鲜山楂水提液清除氧自由基作用明显高于干山楂水提液。山楂叶中的总黄酮能提高组织中抗氧化酶的活性，抑制自由基损伤，防止脂质过氧化，具有明显的抗氧化作用。山楂叶提取物增强大鼠血清GSH－Px活性，降低LDL－C中维生素E的消耗。提示山楂叶提取物可对LDL－C的氧化修饰具有抑制作用（于秋红，2006）。

5. 抗菌作用 山楂煎剂对痢疾杆菌有较强的抑制作用，对绿脓杆菌、金黄色葡萄球菌、大肠杆菌、变形杆菌、炭疽杆菌和乙型链球菌等均有抑制作用。

6. 防突变、防癌作用 山楂提取物对环磷酰胺致小鼠精子畸变有抑制作用，能保护遗传物质免受外来致变物损伤。山楂果总黄酮在体外对癌Hep－2细胞有抑制作用，其主要机制是通过抑制肿瘤细胞DNA的生物合成，从而阻止瘤细胞的分裂繁殖。山植醇提物可以促进受辐射损伤小鼠外周血白细胞、血小板以及骨髓造血功能的恢复，对骨髓DNA

及有核细胞有一定的保护作用（沈映君，2012）。

7. 其他作用 对子宫有收缩作用，可使子宫内血块易于排出，有利于产后子宫复原。还有镇痉、镇痛等作用。

[临床应用]

1. 草料停滞、食积不消 《元亨疗马集》记载："化草谷"，治牛水草胀肚，与麦芽、枳实、厚朴、大黄、炒萝卜子等配伍，方如《抱犊集》消食散。《本草纲目》记载：山楂"化饮食，消肉食"，尤其适用于肉食兽的肉食积滞，单用山楂煎水服。治猪腹泻用山楂粉30～50 g炒至少许发黑后饲喂。治食欲不振，体瘦毛焦，生长迟缓（张克家，2009）。如强壮散，出自《中华人民共和国兽药典》（2020年版），以党参200 g、六神曲70 g、麦芽70 g、山楂（炒）70 g、黄芪200 g、茯苓150 g、白术100 g、草豆蔻140 g。为未，开水冲调，候温灌服。马、牛250～400 g，羊、猪30～50 g。

2. 产后腹痛、恶露不尽 与当归、川芎、桃仁、益母草等配伍。

[注意事项]

脾胃虚弱者慎用。

山楂中含有多种有机酸、鞣质。有机酸可与重金属或鞣质与胃酸中的蛋白相结合，生成不溶于水的聚合物，沉积于胃内，形成硬块即结石；有报道，由于食用生山楂在小肠内形成结石而引起肠梗阻。

[不良反应]

山楂的聚合黄烷类成分小鼠腹腔注射和皮下注射的LD_{50}分别为130 mg/kg、300 mg/kg；10%的山楂醇浸膏给雄性大鼠及小鼠灌胃不久出现镇静作用，30 min后死于呼吸衰竭，小鼠的LD_{50}为18.5 mL/kg，大鼠的LD_{50}为33.8 mL/kg；山楂叶总黄酮小鼠腹腔注射，其LD_{50}为1.65 g/kg，小鼠每日灌胃总黄酮100 mg/kg一个月，其血象及生理功能不受影响，生产后代正常（沈映君，2012）。

麦　芽

本品为禾本科植物大麦（*Hordeum vulgare* L.）的成熟果实经发芽干燥而成。各地均产。

麦芽性平，味甘。归脾、胃、肝经。具有健脾消食，回乳消胀的功效。主治米面薯芋食滞、断乳乳房胀痛、肝胃不和的胁痛、脘腹痛，脾胃虚寒积滞泻痢。

[主要成分]

主含α-淀粉酶及β-淀粉酶（amylase）、过氧化异构酶（peroxidize isomerase）、催化酶（catalyticase）、大麦芽碱（hordenine）、大麦芽胍碱（hordatine）、腺嘌呤（adenine）、胆碱（choline）。麦芽须根中有微量麦芽毒素（maltoxin）；其次为麦芽糖、糊精、蛋白质、氨基酸、脂肪油、维生素B、维生素D、维生素E、细胞色素C（cytochrome C）等。

[药理作用]

1. 助消化作用 所含淀粉酶有消化淀粉助消化的作用；因淀粉酶不耐高温，麦芽炒黄、炒焦或制成煎剂，药效均受影响。但有人认为炒焦香品刺激消化道，焦香之气也可通过条件反射使胃腺细胞分泌胃液帮助消化。所含维生素 B 也有促进消化的作用；此外，麦芽煎剂对胃酸及胃蛋白酶的分泌似有轻度促进作用。

2. 降血糖作用 麦芽浸剂口服可使家兔与正常人血糖降低。将麦芽渣水提、醇沉精制品，制成 5%注射液，给家兔注射 200 mg，可使血糖降低 40%或更多。且作用比较持久。

3. 回乳作用 乳汁的产生与母体内存在泌乳素（PRL）的多少有密切关系。麦芽中含有麦角胺类化合物能够抑制 PRL 的释放。同时麦芽中维生素 B_6 也促进多巴向多巴胺转化，从而影响 PRL 的分泌。生麦芽有催乳作用，炮制后的麦芽则催乳作用减弱。炒麦芽常常用于回乳，但实验结果表明，麦芽也有催乳作用。麦芽的回乳和催乳的双向作用关键不在于生炒与否，而在用量的差异，即小量催乳，大剂量抑乳。临床上用于抑制乳汁分泌的剂量应在 30 g 以上（沈映君，2012）。

4. 其他作用 麦芽中富含谷氨酰胺的蛋白质和富含半纤维素的纤维，这些物质对溃疡性结肠炎有治疗作用。研究发现，麦芽纤维能使小鼠肠道内肠杆菌和肠球菌数量减少，双歧杆菌和乳酸杆菌数量明显增加，纠正肠道菌群紊乱状态，增强了肠道黏膜屏障功能。大麦芽碱属于拟交感胺类，其药理作用特点与肾上腺素相似，可兴奋心脏，收缩血管，扩张支气管，抑制肠运动。由于它在麦芽中含量很少，且不易溶于水中，故无药理意义。

［临床应用］

1. 伤食积滞 《本草纲目》载：麦芽“消化一切米、面、诸果食积。”用于宿食停滞、消化不良、脾胃虚弱之症，可单用或配伍应用。治猪伤食，与山楂、神曲、莱菔子、大黄、芒硝配伍，方如《兽药规范》（二部）中的消积散。治牛伤食积滞，消化不良，如《中华人民共和国兽药典》（2020 年版）收载的健胃散：山楂 60 g、神曲 60 g、麦芽 60 g、槟榔 15 g，共为末，开水冲调，候温灌服。

2. 乳房胀痛 断乳时乳房胀育，可单用生麦芽或炒麦芽 120 g（或生麦芽、炒麦芽各 60 g）煎服。

3. 脘腹疼痛 用于肝气郁滞或肝胃不和的胁痛、脘腹痛，可与川楝子、柴胡等同用。

4. 虚寒泻痢 与陈皮、茯苓、乌梅、人参、附子、肉桂等同用。如《证治准绳》麦梅丸。

［注意事项］

生麦芽功偏消食健胃，炒麦芽多用于回乳消胀。故哺乳期不宜使用。

［不良反应］

麦芽制剂毒性小，无不良反应。由于麦芽具有下气及破血作用，妊娠期间如果大剂量服用麦芽，可能导致流产（沈映君，2012）。麦芽根中含有毒成分为麦芽毒素，即 N-甲基大麦芽碱（candicine），其在麦芽中含量仅 0.02%～0.35%，且属于季胺类，口服不易吸收，故无临床毒理意义。但国外用麦芽作乳牛饲料，发生中毒，经研究，有些中毒是因麦芽中含有麦芽毒素所致；另有中毒是由于麦芽变质，有毒霉菌寄生所致。

鸡内金

本品为雉科动物家鸡（*Gallus gallus domesticus* Brisson）的砂囊内壁，剖开后洗净晒干。

鸡内金性平，味甘。归脾、胃、小肠、膀胱经。具有健胃消食，涩精止遗之功效。主治饮食积滞，固精缩尿，砂石淋症，胆结石。

[主要成分]

主要含胃激素（ventriculin）、胆汁三烯（bilatriene）、胆绿素、角蛋白（keratin），并含天冬氨酸、苏氨酸、丝氨酸、谷氨酸、甘氨酸和丙氨酸等17种氨基酸、微量胃蛋白酶和淀粉酶等。

[药理作用]

1. 助消化作用 能增加胃液的分泌和胃液的酸度；因鸡内金含胃激素和胃蛋白酶，胃泌素能激动受体，促进胃液和胃酸的分泌，使胃液分泌量增加、胃酸pH下降、游离酸浓度、总酸度显著增加。胃酸pH的下降可以提高胃蛋白酶活性，加强胃内蛋白质的分解，促进其消化。鸡内金增强消化作用出现较迟缓，但维持较久。

2. 调节胃肠活动 鸡内金能延长胃运动期，增强蠕动波而加强胃蠕动功能，提高胃排空速率，胃运动机能明显加强。

3. 其他作用（方泰惠，2005）

（1）对凝血系统的影响 高脂家兔服用鸡内金提取冻干粉8周后，其血浆纤维蛋白原（Fbg）减少，活化部分凝血酶时间（APTT）与凝血酶凝固时间（TT）延长，提示鸡内金具有较强的促纤溶作用，能使血栓溶解。实验表明，鸡内金对凝血系统有抑制作用。

（2）改善血液流变学、抗动脉粥样硬化 鸡内金使高脂家兔服用鸡内金提取冻干粉8周后全血黏度及血浆黏度、血沉、红细胞压积均较用药前显著降低，表明鸡内金有改善血液流变学的作用，以及对动脉粥样硬化有一定程度的预防作用。

（3）促进物质排泄 加快放射性锶从尿中排出。

[临床应用]

1. 草料积滞 用于宿食停滞、肚腹胀满、消化不良等各种食滞。常与山楂、麦芽、神曲等配伍。《全国中兽医经验选编》中的育肥散，以何首乌、贯众、鸡内金、炒神曲、苍耳子各45 g，炒黄豆150 g，共为末，每天25 g，早上拌饲喂服，可治猪生长迟滞，僵猪。

2. 砂石淋症 常与金钱草、海金沙、牛膝等同用。

[注意事项]

脾虚无积滞者慎用。

神曲（六神曲）

本品为面粉或麸皮与杏仁泥、赤小豆粉，以及新鲜青蒿、苍耳、辣蓼汁，按一定比例混匀后经自然发酵的干燥品。原主产于福建，现全国各地均能生产。

神曲性温，味甘、辛。归脾、胃经。具有消食健胃，和中止泻之功效。主治食积不化，脘腹胀满，恶心呕吐，肠鸣腹泻，外感风寒表证。

［主要成分］

主要含有酵母菌、乳酸杆菌、淀粉酶、蔗糖酶、脂肪酶、胰酶、B族维生素、麦角固醇、挥发油、苷类及机体所必需的微量元素等成分。

［药理作用］

1. 促进消化、增进食欲　神曲含有诸多消化酶，如脂肪酶、胰酶、胃蛋白酶、淀粉酶和蔗糖酶等，能解除谷物类在肠道的积滞，促进消化，改善食欲。以神曲为主要成分的神曲胃痛片对小鼠应激性胃溃疡、大鼠幽门结扎性溃疡、烧灼性胃溃疡、利舍平致大鼠胃溃疡4种胃溃疡模型均有显著的抑制作用，能显著减少溃疡的形成或促进溃疡的愈合，并可明显抑制胃蛋白酶活性，减低胃液游离酸的酸度。

2. 调节肠道菌群状态　神曲中含有的酵母菌和乳酸杆菌具有调节肠道微生态作用。神曲含有的乳酸杆菌，在肠道内可分解糖类产生乳酸，从而抑制腐败菌繁殖，防止肠道内异常发酵，减少肠道内毒素产生而发挥作用。以神曲水煎液灌喂脾虚小鼠（大黄造模）12天后，小鼠粪便及结肠内容物中的肠杆菌、肠球菌数量显著减少，双歧杆菌、乳杆菌和类杆菌数量明显增多。光镜检查见小鼠肠壁肌层厚度增加，结肠腔扩张消失，肠黏膜表面绒毛趋于正常，杯状细胞有所增加；电镜见小鼠肠绒毛排列整齐，线粒体肿胀消失，具有肠内菌群调整以及促进损伤肠组织恢复的作用。神曲及其复方制剂对肠道菌群失调小鼠能促进双歧杆菌、类杆菌水平的升高，降低肠杆菌、肠球菌的数量，其机制可能是双歧杆菌生长促进物质，促进双歧杆菌等有益于机体的厌氧菌的生长。同时提高超氧化物歧化酶（SOD）、黄嘌呤氧化酶（XOD）和一氧化氮（NO）水平，降低丙二醛（MDA）浓度，减少自由基对机体的损害，具有肠组织调整和保护作用（郭丽双，2005）。

3. 其他作用　再炮制的神曲能有效抑制产后乳汁分泌，有回乳作用。

［临床应用］

1. 草料积滞　本品辛以行气消食，甘温健脾开胃，和中止泻。用治食滞脘腹胀满、食少纳呆，肠鸣腹泻者，常与山楂、麦芽、木香等同用。治消化不良、厌食、腹泻，用神曲水煎服，连续3～5天。过食精料所致的积食不化，以神曲配伍麦芽、牵牛、木通、山楂等，水煎服，如《元亨疗马集》中的神曲散。

2. 外感风寒　本品辛温能散寒解表，故可用治风寒表证，兼食滞者尤宜，但解表力薄，故可配辛温解表药同用。

◆ 参考文献

陈长勋，2006. 中药药理学［M］. 上海：上海科学技术出版社.

陈正伦，1995. 兽医中药药理学［M］. 北京：中国农业出版社.

方泰惠，2005. 中药药理学［M］. 北京：科学出版社.

郭丽双，杨旭东，胡静，等，2005. 中药神曲对肠道菌群失调小鼠调整和保护作用的观察［J］. 中国微生态学杂志，17（3）：174-175.

沈映君，2012. 中药药理学. 第2版［M］. 北京：人民卫生出版社.

于秋红，黄沛力，张淑华，等，2006. 山楂叶提取物抗氧化作用［J］. 中国公共卫生，22（4）：463-464.

张克家，2009. 中兽医方剂大全［M］. 北京：中国农业出版社.

第十章

祛风湿药

凡能祛除风寒湿邪、解除痹痛为主要功效的药物称为祛风湿药。本类药物大多味苦、辛，性温入肝、脾、肾经。辛能祛风，苦能燥湿，温以散寒，故具有祛风散寒，除痹解痛的功效，部分药还能舒筋活络、止痛、强筋骨。

祛风湿药主要用治痹病（肢节痹病）。痹病是指风寒湿热等外邪入侵，闭塞肢体经络关节，导致气血不通、经络痹阻，引起肌肉、关节、筋骨发生疼痛、酸楚、麻木、重着、灼热、屈伸不利，甚至关节肿大变形为主要临床表现的病证，其临床特征类似于现代医学的风湿性疾病。

祛风湿药根据其药性及功效特点，可分为祛风湿散寒药、祛风湿清热药及祛风湿强筋骨药。祛风湿散寒药具有祛风除湿、散寒止痛、舒筋通络功效，主要适用于行痹、着痹及寒痹，代表药物有独活、威灵仙、川乌、雷公藤、木瓜等；祛风湿清热药多性寒，具有祛风胜湿、通络止痛、清热消肿等作用，多用于热痹、湿痹，代表药物有秦艽、防己、桑枝、丝瓜络等；祛风湿强筋骨药味甘性温，兼有补肝肾、强筋骨等作用，多用于足痹、骨痹及肝肾不足的痹病，代表药物有五加皮、桑寄生、狗脊、千年健。

祛风湿药药理作用如下：

1. 抗炎作用 祛风湿药均具有不同程度的抗炎作用，有的能抑制或减轻炎症局部的基本病理变化，有的能稳定溶酶体膜，减少炎症介质缓激肽、组胺、5－HT等成分的分解、释放，或抑制炎症局部组织中PGE的合成与释放。实验表明，独活、粉防己、雷公藤、独活寄生汤、大活络丹等具有抑制甲醛、蛋清和角叉莱胶所致大鼠足肿胀和佐剂性关节炎的作用。秦艽、独活、雷公藤、五加皮、独活寄生汤能抑制毛细血管通透性，减少炎症渗出，是一种非类固醇激素的抗炎药，可减少中性粒细胞的游出和β-葡萄糖醛酸酶的释放。秦艽、雷公藤、五加皮的抗炎作用可能是由于兴奋垂体-肾上腺皮质功能。雷公藤红素、短梗五加醇提取物的抗炎作用与抑制PGE2释放有关。

2. 镇痛作用 祛风湿药川乌、秦艽、独活均有镇痛作用，可显著提高实验动物的痛阈。乌头碱镇痛作用的部位在中枢神经系统，但无耐受性，无吗啡样成瘾作用。乌头碱的镇痛作用可能与中枢去甲肾上腺素能系统和阿片能系统有关。

3. 抑制免疫作用 研究表明，本类药物的祛风除湿作用与其抑制机体过高的免疫功能有密切关系，不少药物可作用于免疫过程中的不同阶段和不同免疫成分。雷公藤是一强免疫抑制剂，雷公藤生药制剂及其所含多种成分，如雷公藤多苷、雷公藤甲素、雷公藤红素、雷公藤内酯、雷酚内酯等，对由T淋巴细胞介导的细胞免疫、B淋巴细胞介导的体液免疫、NK细胞、巨噬细胞、多种淋巴因子以及非特异性免疫功能均有抑制作用，而且近年对其抑制免疫作用的机制从细胞水平和分子水平上进行了深入研究和探讨。如雷公藤多苷能直接抑制 IL－2 的基因表达。雷公藤甲素能影响环核苷酸，使细胞内 cAMP 水平降低，cGMP 水平呈剂量依赖性增高，从而抑制 NK 细胞活性等。秦艽具有明显的抗过敏作用。五加皮的不同提取物对免疫功能有不同作用，其水提醇沉注射液能抑制小鼠腹腔巨噬细胞吞噬功能及溶血空斑形成。南五加提取物（主要含多糖）则可提高巨噬细胞吞噬指数，南五加总皂苷能增加小鼠血清抗体浓度，独活寄生汤则具有免疫调节作用。

4. 其他作用 近代对许多祛风湿药，如雷公藤、乌头、秦艽、独活等，进行了化学成分的分离提取，对这些化合物药理作用的深入研究，已突破了祛风湿药传统的功效，这些药理作用有：

（1）对心血管系统的作用 从汉防己中提取出的粉防己碱对心血管系统具有广泛的药理活性，如对心脏的负性肌力作用、扩张冠脉改善冠脉血流量作用、降压及抗心律失常作用等，其作用机制研究表明，它既是一个钙通道阻滞剂，又是钙调蛋白拮抗剂。乌头碱能抑制心脏，引起室性期前收缩、心室颤动，甚至停搏。威灵仙、秦艽碱和大活络丹能使血压下降。独活水提取物中分离出的 γ-氨基丁酸具有抗心律失常的作用。

（2）抗血小板聚集作用 粉防己碱及独活醇提物具有抗血小板聚集作用。独活、大活络丹能抑制血栓形成。雷公藤可降低血液黏滞度并能抑制血管内膜异常增生。

（3）抗肿瘤作用 雷公藤内酯，雷公藤甲素、乙素以及独活中香豆素能抑制人肝癌细胞、鼻咽癌（KB）细胞、小鼠白血病瘤株、乳腺癌、胃癌以及 HeLa 细胞的生长（沈映君，2012）。

羌 活

羌活为伞形科植物羌活（*Notopterygium incisum* Ting ex H. T. Chang）或宽叶羌活（*Notopterygium forbesii* Boiss.）的干燥根茎。主产于甘肃、青海、四川、云南等地。

羌活性温，味辛、微苦。归膀胱、肾经。具有解表散寒，祛风，除湿，止痛之功效。主治外感风寒，风湿痹痛，跌打损伤等。

［主要成分］

含挥发油、香豆素、氨基酸、有机酸和甾醇等。

［药理作用］

1. 镇痛，解热作用 羌活可抑制角叉菜胶足肿胀，对乙酸引起的扭体反应有抑制倾向，对热痛刺激引起的小鼠甩尾反应潜伏期有延长作用，且可使致热性大鼠体温明显降低（马丽梅等，2021）。

2. 抗炎、杀菌、抗病毒作用 适当剂量的羌活水提醇沉液对大鼠蛋清形足肿胀、小鼠二甲苯所致耳肿胀、纸片所致小鼠炎性增生、小鼠胸腔毛细血管的通透性的增加、弗氏完全佐剂所致大鼠足肿胀的第Ⅰ、Ⅱ期炎症肿胀等具有明显的抑制作用，还能够直接杀死小鼠肺内的流感病毒，降低肺内流感病毒的血凝滴度和感染力，而且羌活挥发油能使 2,4-二硝基氯苯所致小鼠迟发型超敏反应受到一定的抑制作用。另外，0.002 mg/mL 的羌活稀释液对弗氏痢疾杆菌、大肠杆菌、伤寒杆菌、绿脓杆菌有一定的抵抗作用（李美睢等，2021）。

3. 抗血栓作用 动物实验表明，75%的羌活醇提液 3 g/kg 和 10 g/kg 能延长电刺激其颈总动脉血栓形成时间，大剂量羌活液还能使凝血时间延长 50.9%，显示了羌活具有抗血栓形成和抗凝血作用。

4. 促进脑血流作用 羌活在一定的浓度下能选择性地增加麻醉犬和麻醉猫的脑血流量，而不增加外周血流量，且不加快心率，不升高血压。

5. 抗心律失常作用 羌活小分子、大分子水溶液抗心律失常作用的最佳使用浓度分别为 12 g/kg 和 22 g/kg；当羌活小分子水溶液浓度为 12 g/kg 时，能在短时间恢复正常心律。羌活水提物能明显缩短氯仿-肾上腺素引起的兔心律失常的持续时间。口服羌活提取物能延长乌头碱致大鼠心律失常的出现时间，提高哇巴因致豚鼠室颤和心搏停止的用量，降低大鼠缺血再灌注诱发的室早、室速和室颤的发生率（金盼盼，2011）。

6. 抗过敏作用 给小鼠灌服或腹腔注射给药，对 2,4 -二硝基氯苯引起的迟发型超敏反应有抑制作用。

7. 其他作用 羌活能使因肾上腺素引起的小鼠肠系膜微动脉、微静脉收缩。另外，羌活中的苯乙基阿魏酸酯和镰叶芹二醇能够抑制 5 -脂肪加氧酶和环加氧酶活性。

[临床应用]

1. 风寒外感 常与防风、白芷、细辛、川芎等配伍。《养耕集》："发表，去寒。"方如九味羌活汤。

2. 寒伤腰胯、风寒湿痹 常与独活、秦艽、防己、木瓜等配伍。《元亨疗马集》："疗诸风，解表。"方如羌活胜湿汤、加味羌活行痹汤等（陈正伦，1995）。

[注意事项]

本品气味浓烈，用量过多，易致呕吐，脾胃虚弱不宜服。血虚痹痛，阴虚者慎用。

[不良反应]

小鼠灌胃羌活 SFE - CO_2 提取物，给药容量为 0.020 mL/g 体重，最高剂量为6.250 mL/kg 体重，最低剂量为 2.050 mL/kg 体重，LD_{50}为 3.940 mL/kg 体重（金盼盼，2011）。

独 活

独活为伞形科植物重齿毛当归（*Angelica pubescens* Maxim f. *biser rata* Shan et Yuan）的根。主产于四川、湖北、浙江、安徽等地。

独活性微温，味辛、苦。归肝、膀胱经。具有祛风除湿、通痹止痛的功效。主治风寒湿痹，腰肢疼痛。

[主要成分]

主要化学成分为香豆素。独活浸膏（1 g 相当于生药 19.6 g）中香豆素含量为 29.1%。香豆素有甲氧基欧芹素（osthol）、二氢欧山芹醇（columbiametin）、二氢欧山芹醇醋酸（columbiametin acetate）、二氢欧山芹素（columbianadin）、佛手柑内酯（bergapten）、伞形花内酯（umbeliferone）、香柑内酯（bergapten）和花椒毒素（xanthotoxin）等，还含有挥发油、γ-氨基丁酸等。

［药理作用］

1. 抗炎、镇痛作用　甲氧基欧芹素可抑制角叉莱胶所致大鼠足跖肿胀及醋酸引起的小鼠扭体反应，腹腔注射50 mg/kg，抗炎抑制率为63.3%±3.62%，比10 mg/kg的吲哚美辛作用还强。镇痛百分率为61.2%±5.14%，与100 mg/kg的阿司匹林作用相当。独活对环氧化酶-1（COX-1）和环氧化酶-2（COX-2）都有不同程度的抑制作用，在相同剂量时，独活对COX-2的抑制率大于COX-1，祛风湿作用可能是通过抑制环氧化酶介导（邱建波等，2011）。此外，高剂量的独活挥发油还具有镇痛作用。

2. 镇静作用　当归酸、伞形花内酯有明显的镇静作用，为其活性成分之一。独活乙醇流浸膏腹腔注射，5 min后小鼠呈镇静催眠状态，催眠作用达5 min以上。小鼠或大鼠口饲或腹腔注射独活煎剂可使自主活动减少，并可防止士的宁对蛙的惊厥作用，但不能保护其免于死亡。

3. 抗血小板聚集作用　独活水浸出物、乙醇提取物均能抑制二磷酸腺苷（ADP）诱导的大鼠及家兔血小板聚集，且有量效关系，当乙醇提取物的终浓度为0.9 mg/mL、1.8 mg/mL和2.7 mg/mL时，抑制率分别为22.6%±0.6%、49.2%±10.7%、69.35±12.3%。其抑制大鼠体外血小板聚集有显著活性的5种成分是二氢欧山芹醇、二氢欧山芹醇醋酸酯、甲氧基欧芹素、二氢欧山芹素和二氢欧山芹醇葡萄糖苷。

4. 抗血栓作用　大鼠腹腔注射独活乙醇提取物0.4 g/kg及1.0 g/kg，可抑制大鼠颈动静脉旁路血栓的形成，血栓湿重比对照组轻，其抑制率分别为38.4%、51.1%。另外腹腔注独活乙醇提取物1.0 g/kg，每天1次，共5天，可抑制大鼠体外血栓形成，不但延迟“雪暴”（血小板聚集）发生的时间、特异性血栓形成时间和纤维蛋白血栓形成时间，而且使湿血栓长度缩短，湿重减轻。

5. 抗凝作用　给小鼠口服H6F4 2.6 g/kg，30 min后出血时间开始延长，1 h最明显，3 h后作用则消失。此作用呈量效关系。独活在体外也有抗凝作用，并可部分溶解纤维蛋白。

6. 其他作用

（1）对心血管系统的作用　独活酊剂或煎剂给予麻醉猫或犬静脉注射均有降压作用，但不持久，酊剂作用大于煎剂。切断双侧迷走神经不影响独活降压效果，但阿托品则可部分乃至完全阻断其降压作用，其所含成分欧芹酚甲醚，在10 mg/kg、20 mg/kg剂量时，对猫动脉压分别可降低30%和50%，持续时间分别为1 h和2 h。

（2）抗肿瘤作用　独活中香豆素如东莨菪素具有抗癌作用。欧芹素乙和异欧芹素乙具有明显的抑制HeLa细胞生长作用，但如双键被氧化后则活性显著降低。

（3）解痉作用　欧芹酚甲醚、佛手柑内酯对兔回肠，东莨菪素对雌激素或氯化钡所致在体或离体大鼠子宫痉挛均有解痉作用。伞形花内酯也有解痉作用。独活根醇提物能拮抗组胺所致豚鼠离体气管痉挛。

（4）抗氧化、抗神经细胞凋亡　独活及其醇提物对自然衰老小鼠线粒体DNA的氧化损伤有保护作用，并能减少自然衰老小鼠大脑神经细胞凋亡。

［临床应用］

1. 寒伤腰胯、风寒湿痹　常与桑寄生、防己、秦艽、木瓜等配伍。《元亨疗马集》：

“疗风解表；引经，少阴肾经。”方如独活寄生汤、秦防平胃散。用于猪风湿瘫痪，配羌活、川乌、草乌、木瓜、苡仁、灵仙、防风、牛膝、甘草，用带肉猪骨为引，炖熟内服。

2. 外感风寒、四肢疼痛 常与羌活、防风、白芷、川芎等配伍。《养耕集》：“发表解毒。”方如防风散、荆防败毒散等。

［注意事项］

《本草经集注》记载：“蠡实为之使。”《本经逢原》记载：“气血虚而遍身痛及阴虚下体痿弱者禁用。一切虚风类中，咸非独活所宜。”故阴虚血燥者慎服。

［不良反应］

大鼠肌内注射花椒毒素、香柑内酯的 LD_{50} 分别为 160 mg/kg、945 mg/kg。花椒毒素 200～300 mg/kg 可引起豚鼠肝脏细胞混浊，脂肪性变及急性出血性坏死，肾脏严重充血、血尿。1～2 mg/kg 连续 5 个月可致豚鼠肝脏坏死。400 mg/kg 可使豚鼠死亡。

威 灵 仙

威灵仙是毛茛科铁线莲属植物威灵仙（*Clematis chinensis* Osbeck）、棉团铁线莲（*Clematis hexapetala* Pall.）或东北铁线莲（*Clematis manshurica* Rupr.）的干燥根及根茎。主产于江苏、安徽、浙江等地。

威灵仙性温，味辛、咸，有毒。具有祛风除湿，通经络，逐痰饮的功效。主治风湿痹痛，肢体麻木，跌打损伤。

［主要成分］

含白头翁素（protoanemonin）、白头翁内酯、甾醇、糖类、皂苷、内酶酚类、氨基酸、生物碱、有机酸及蒽醌物质。

［药理作用］

1. 抗菌、抑菌作用 威灵仙抗菌、抑菌活性成分主要是白头翁素和原白头翁素。原白头翁素不稳定，易聚合为白头翁素，白头翁素具有显著的抗菌作用，对葡萄球菌、链球菌、白喉杆菌的抑菌浓度为 1∶12 500，对结核杆菌为 1∶50 000，对大肠杆菌也有类似抑菌作用，对革兰阴性菌有效，与链霉素有协调作用，且有强的杀真菌活性的作用。威灵仙水提物对致病性溶藻弧菌具有抑制作用，通过破坏溶藻弧菌的细胞膜，使细胞内容物释放从而引起菌体裂解（刘明珠等，2021）。

2. 镇痛作用 威灵仙煎剂对热刺激引起的疼痛反应能明显提高小鼠的痛阈值，并且酒炙品的镇痛作用较强且持久。威灵仙注射剂及其大剂量煎剂对冰醋酸引起的小鼠扭体反应具有抑制作用，表现出显著的镇痛作用，并且在镇痛作用与秦艽具有协同作用（张蕴毅等，2009）。

3. 抗炎作用 威灵仙注射剂能显著抑制二甲苯引起的小鼠耳廓肿胀，能显著抑制引起的大鼠肉芽组织生长。威灵仙煎剂能显著减轻二甲苯所致小鼠耳廓肿胀，具有抑制毛细管通透性作用，大剂量灌服对用 10%蛋清所致大鼠足跖部致炎模型有一定的保护作用（李佳等，2011）。

4. 解痉作用 威灵仙有效成分可使咽部或食道中下端局部平滑肌痉挛得以松弛，且增加其蠕动而使梗于咽或食道的诸骨下移。威灵仙水煎剂可促进肠平滑肌运动。威灵仙醇提液和注射剂均能松弛豚鼠离体回肠平滑肌，可对抗组织胺或乙酰胆碱引起的回肠收缩反应。

5. 抗肿瘤作用 威灵仙总苷（CCS）显示出有较好的抗癌活性。CCS对体外培养的艾氏腹水瘤（EAC）、肉瘤腹水型（S_{180A}）和肝癌腹水型（HepA）细胞有杀伤作用，给药浓度越大，作用越强；对小鼠移植肉瘤S_{180}有一定的抑制作用。

6. 利胆作用 威灵仙水煎剂及醇提取物均能促进大鼠的肝胆汁分泌，且醇提液利胆作用发生快，优于水煎剂。威灵仙注射液（1 g生药/kg）能促进肝内胆汁分泌量明显增加，同时能使总胆管末端括约肌张力明显松弛，能有效地促进肝胆管的泥沙样结石及胆囊内的小结石排出。

7. 降血压作用 50%威灵仙浸膏（棉团线莲）对离体蟾蜍心脏有先抑制后兴奋作用，浸膏的药效比煎剂大3～5倍，且能使麻醉后的犬血压下降。

8. 其他作用 威灵仙还能调节体温中枢而解热，能增加尿酸盐排泄，具有抗痛风作用。

［临床应用］

1. 风寒湿痹、寒伤腰胯、风湿风瘫 《师皇安骥集》："去五脏内风、温腰冷瘫。"用于痹痛偏风肿，配防风、羌活、荆芥、川芎等；用于痹痛偏寒胜，配细辛、桂枝、川乌、草乌、当归等；用于痹痛偏湿胜，配秦艽、萆薢、薏苡仁、木通、黄柏、牛膝；用于痹痛偏热胜，配黄柏、苍术、薏苡仁、忍冬藤、牛膝。

2. 跌打损伤 常与桃花、红花、赤芍等配伍，亦可烧酒局部涂搽。方如《牛医金鉴》中的灵仙散，治牛喉肿胀。

3. 尿路结石 以威灵仙配伍白茅根各100 g，水煎服，每日1剂；或威灵仙、金钱草水煎内服，每日1剂。

4. 乳腺炎 以威灵仙适量研末，醋调为糊状，敷于患乳部，随干随换。

5. 蛇伤 伤口先做常规处理后，分别采用鲜威灵仙、朱砂根各100 g，擂汁冲水灌服。药渣调白酒外敷肿胀处，连续使用治好为止（适用于蛇伤早期）。

6. 牛破伤风 威灵仙150 g、大蒜250 g、菜油100 mL，同捣烂，热酒冲服，每天1剂。

［不良反应］

威灵仙含白头翁素，有刺激性，接触过久可使皮肤发泡，黏膜充血。原白头翁素易聚合生成白头翁素，白头翁素是威灵仙的有毒成分，临床过量服用威灵仙或大剂量长时间外敷均可引起中毒。外用过量可引起皮肤发泡溃烂及过敏性皮炎；内服过量则可有口腔灼热、肿痛、腹痛或剧烈的腹泻、呼吸困难、瞳孔扩大，严重者可导致死亡。

汉 防 己

本品为防己科植物粉防己（*Stephania tetrandra* S. Moore）的干燥根。主产于安徽、浙江、江西、福建等地。

防己性寒，味辛、苦。归膀胱、肺经。具有利水消肿，祛风散邪，泄热除湿，清利膀胱湿热的功效。主治风湿痹痛，小便不利，水肿，湿热性痈肿等。

［主要成分］

汉防己甲素（汗防己碱，tetrandrine）、汉防己乙素（去甲汗防己碱，demethltetrandrine）、汗防己丙素以及汗己素（轮环藤酚碱，cyclanoline）和水溶性生物碱汗防己 B_6；此外，尚含有挥发油、黄酮苷、酚类、有机酸等。

［药理作用］

1. 镇痛作用 小鼠热板法试验证明汉防己总碱及汉防己甲素、乙素、丙素均有镇痛作用。总碱的作用最强，其有效剂量为 50 mg/kg，LD_{50}则为 241～251 mg/kg。电刺激小鼠尾巴法也证明，甲素、乙素以及汉防己流浸膏或煎剂皆有一定的镇痛作用，甲素的作用强于乙素，其有效剂量大于吗啡的 10～20 倍。

2. 消炎及抗过敏作用 汉防己甲素、乙素对大鼠甲醛性关节炎均有一定的消炎作用；甲素的作用强于乙素。在切除肾上腺后，作用消失。它可使大鼠肾上腺中维生素 C 含量降低，末梢血液中的嗜酸性细胞减少；在切除脑下垂体后 7 天再给甲素，仍有此作用，故为直接作用于肾上腺。对正常大鼠连续给甲素 7 天，则肾上腺中维生素 C 含量既不降低，二侧肾上腺也无肥大现象，尿中 17-羟类甾醇的排出量亦不增加，表明兴奋肾上腺皮质的作用是非特异性的。汉防己甲素对家兔的实验性耳壳烧伤也有抗炎作用；在大鼠皮肤台盼蓝试验中，能降低血管通透性。对用全蛋清所引起的家兔过敏性休克，能明显地降低严重休克症状的发生率，但对死亡率则无明显影响，对豚鼠组织胺休克，并无作用。另可抑制免疫性溶血。

3. 对循环系统的作用 在麻醉猫身上，汉防己甲素有显著的降压作用，3～6 mg/kg 可使血压下降 50%～65%达 1 h 以上。静脉、肌肉注射或口服均有作用。降压时心收缩力仅有短暂的削弱，心率及传导无显著变化。在离体及连神经兔耳标本上，皆可见到血管的扩张，较罂粟碱强而持久。能加强和延长乙酰胆碱的降压作用，抑制或减弱压迫颈总动脉引起的升压反应。阿托品可部分取消甲素的降压作用。

4. 对横纹肌的作用 汉防己甲素及其若干同类物有松弛横纹肌的作用。

5. 对平滑肌的作用 汉防己甲素能抑制兔离体小肠及豚鼠或兔的子宫平滑肌。对离体兔肠是先兴奋而后抑制，较大剂量可部分抑制由毛果芸香碱、氯化钡引起的痉挛性收缩。对兔离体及在位子宫作用并不显著。对豚鼠、猫的支气管平滑肌引起收缩，此乃由于组织胺的释放所引起。

6. 抗原虫作用 汉防己甲素在体外及体内均有抑制或杀灭溶组织阿米巴的作用。

7. 抗肿瘤作用 汉防己甲素在体外可杀癌细胞。30～50 mg/kg 腹腔注射或 100 mg/kg 皮下注射（LD_{50}为 950 mg/kg），可抑制小鼠艾氏腹水癌细胞及大鼠腹水肝癌细胞。

8. 其他作用 汉防己碱对犬呈催眠作用，与阿扑吗啡无拮抗作用；使家兔中性白细胞显著增加，淋巴细胞则减少。木防己素甲、乙和汉防己碱都能使鸽呕吐。汉防己丙素有兴奋中枢神经系统的作用，小剂量可致呼吸兴奋，反射亢进；中毒剂量则使小鼠发生阵挛性惊厥，死于呼吸衰竭，苯巴比妥有拮抗作用，对注射大肠杆菌肉汤而发热的大鼠，有解热作用；不引起动物呕吐。

［临床应用］

1. 风湿痹痛 本品祛风湿、止痹痛力强，用于风湿热痹。常与秦艽、独活、羌活、木瓜、苍术等配伍。《元亨疗马集》："疗风解表。"方如秦防平胃散。若配伍温性祛风湿药或温经散寒药，也可治疗风湿寒痹，如《千金方》防己汤。本品与乌头、肉桂等同用。

2. 小便不利、水肿 常与白术、茯苓或木通、车前子等配伍。《养耕集》："去湿热，消肿"。方如《中兽医治疗学》中的防己退肿散。

3. 湿热痢疾 常与白头翁、秦皮、黄连等配伍。

［不良反应］

大量的临床病例观察中未见明显副作用，汉防己甲素注射 2 周对肝功能、血糖及血脂无明显影响。只有少数有口干、恶心、乏力、嗜睡、轻度头昏、胸闷及注射处出现皮疹和注射局部疼痛。

汗防己总碱小鼠 LD_{50}腹腔注射为 113.1 mg/kg，甲素为（41.3±6.8）mg/kg。甲素对小鼠、大鼠、豚鼠、家兔和鸽 MLD 分别为 55 mg/kg、55 mg/kg、21 mg/kg、17 mg/kg 和 125 mg/kg。猴为 30～40 mg/kg。中毒后四肢无力、共济失调、震颤、惊厥、呼吸困难等；死前有阵挛性惊厥，呼吸麻痹而亡。

秦　艽

本品为龙胆科植物秦艽（*Gentiana macrophylla* Pall.）、麻花秦艽（*Gentiana straminea* Maxim.）、粗茎秦艽（*Gentiana crassicaulis* Duthie ex Burk.）或小秦艽（*Gentiana dahurica* Fisch.）的干燥根。主产于内蒙古、宁夏、河北、陕西、新疆、山西以及东北等地。

秦艽性平，味辛、苦。归胃、肝、胆经。具有祛风湿、清湿热、止痹痛的功效。主治风湿痹痛，阴虚发热。

［主要成分］

秦艽碱甲（gentianine）、秦艽碱乙（gentianidine）、秦艽碱丙（gentianol）；此外，还含龙胆苦苷（gentiopicroside）、糖及挥发油。

［药理作用］

1. 抗炎作用 给大鼠腹腔注射秦艽碱甲 90 mg/kg，连续 10 天，可抑制大鼠甲醛性及蛋清性关节肿及足肿，肿胀消退速度与水杨酸钠 200 mg/kg 相似。对切除两侧肾上腺及戊巴比妥钠麻醉大鼠无上述作用。正常大鼠腹腔注射秦艽碱甲 30 mg/kg、60 mg/kg、90 mg/kg，肾上腺内维生素 C 含量明显下降，给切除垂体和麻醉大鼠注射秦艽碱甲则作用消失，故认为秦艽碱甲抗炎作用机制与通过神经系统兴奋垂体-肾上腺系统有关。大鼠灌胃秦艽乙醇浸出液对大鼠足肿亦有抑制作用。

2. 免疫抑制作用 对免疫系统的作用秦艽碱甲具有抗过敏性休克和抗组胺作用。给兔腹腔注射秦艽碱甲 90 mg/kg，能明显减轻蛋清所致的过敏性休克症状，降低毛细血管通透性。同样剂量给豚鼠腹腔注射亦能明显地减轻组胺喷雾引起的哮喘及抽搐，且能对抗组胺和乙酰胆碱引起的离体豚鼠回肠平滑肌的收缩作用。给大鼠腹腔注射秦艽碱甲能明显降低注射蛋清所致毛细血管通透性增高（徐雅等，2020）。

3. 镇痛作用 秦艽碱甲对大鼠和小鼠有一定的镇痛作用，大鼠腹腔注射秦艽碱甲能提高对光热刺激的痛阈值，但作用持续短暂，无剂量依赖关系。热板法试验说明，秦艽碱甲对小鼠有镇痛作用（周松林等，2022）。

4. 镇静解热作用 大鼠、小鼠腹腔注射小剂量秦艽碱甲后出现镇静作用，较大剂量则可引起小鼠中枢兴奋，最后导致麻痹而死亡。秦艽碱甲本身无催眠作用，但能显著延长大鼠、小鼠戊巴比妥钠睡眠时间。秦艽碱甲对酵母所致大鼠发热有解热作用。

5. 抗菌、抗病毒作用 秦艽醇浸液对痢疾杆菌、伤寒杆菌、肺炎球菌等有抑制作用。秦艽水浸液对同心性毛癣菌、许兰氏黄癣菌、奥杜盎氏小芽孢癣菌等均有抑制作用。秦艽水提物和乙醇提取物可明显延长甲型流感病毒感染小鼠存活天数和存活率，对甲型流感病毒感染小鼠肺指数、肺组织形态学都有保护作用。

6. 利尿作用 家兔灌胃秦艽水煎剂有利尿作用，能促进尿酸排泄，可减轻痛风所致肌肉酸痛和关节肿胀。

7. 其他作用

（1）降压作用 静脉注射秦艽碱甲可引起麻醉兔、犬的血压下降，同时使心率减慢，但持续时间较短，阿托品及切断迷走神经不能阻断降压作用。对离体蛙心呈现抑制作用。

（2）升高血糖作用 大鼠腹腔注射秦艽碱甲 150～250 mg/kg，半小时后可使血糖显著升高，维持约 3 h。对小鼠亦有同样作用，同时肝糖原显著降低。切除肾上腺用肾上腺素阻断剂后，即失去此作用，故认为升高血糖作用可能是通过肾上腺素的释放所致。

（3）保肝作用 秦艽提取物龙胆苦苷对化学性（CCl_4）及免疫性（BCG/LPS）肝损伤有明显保护作用。

（4）抗氧化作用 秦艽的甲醇和酸水提取物及主要活性成分龙胆苦苷清除自由基能力显著，龙胆苦苷标准品浓度在 0.25～10 g/L，清除羟基自由基能力随浓度的增加呈增长趋势，可达 40.74%～87.03%。

［临床应用］

1. 风湿痹痛，寒伤腰胯 常与防己、独活、羌活、木瓜等配伍。《抱犊集》：“强筋”。方如秦防平胃散。关节红肿热痛者，常与防己、络石藤、忍冬藤等祛风湿、清热药同用。若与羌活、肉桂等祛风湿、温经散寒药同用，常用于风湿寒痹证。如《医学心悟》蠲痹汤。

2. 黄疸、尿血、膀胱湿热 常与茵陈、大黄、栀子、瞿麦、扁蓄等配伍，也可单用为末服。《养耕集》：“去十二经湿热，走筋骨。”

［注意事项］

秦艽碱甲临床用于风湿性关节炎，可出现恶心、呕吐等胃肠道反应。

［不良反应］

小鼠灌胃及腹腔注射秦艽碱甲的 LD_{50} 分别为（480.0±6.7）mg/kg 和（350.0±12.3）mg/kg。大鼠灌胃秦艽碱甲 420～520 mg/kg，犬灌服 240 mg/kg 或静脉注射 80 mg/kg，猫和猴灌服 100 mg/kg，每天 1 次，连续 3 天，均未发现明显的不良反应。

木　瓜

本品为蔷薇科植物贴梗海棠（*Chaenomeles speciosa* Nakai）干燥成熟果实，习称“皱皮木瓜”，又名铁脚梨、宣木瓜、酸木瓜、空儿木瓜、木瓜实。主产于我国安徽、浙江、河南、湖北和四川等地。

木瓜性温、味酸。归肝、脾、胃经。具有舒筋活络、和胃化湿之功效。主治风湿痹痛，呕吐泄泻。

［主要成分］

含皂苷、黄酮类、维生素C和苹果酸、果酸、酒石酸、枸橼酸等有机酸；尚含过氧化氢酶、过氧化物酶、酚氧化酶、氧化酶、鞣质和果胶等。

［药理作用］

1. 抗肿瘤作用　木瓜中含有许多抗肿瘤的化学成分，实验证明，齐墩果酸、熊果酸、桦木酸、木瓜蛋白酶、木瓜凝乳蛋白酶均有很好的抑制肿瘤的效果。25%浓度的皱皮木瓜结晶溶液对小鼠艾氏腹水癌有较高的抑制率。

2. 保肝作用　木瓜中含有保肝化学成分齐墩果酸和熊果酸。木瓜中齐墩果酸对HBsAg和HBeAg具有一定的抑制作用，对HBsAg的抑制率要明显高于HBeAg的抑制率，斑点杂交的结果显示对于HBV DNA的抑制率达到29.33%，高于对HBeAg的抑制率而低于对HBsAg的抑制率。给CCl_4所致的慢性肝损伤大鼠灌胃给予不同剂量木瓜乙醇提取物，结果显示试验组大鼠一般状态显著改善，ALT、AST、GGT、ALP指标明显下降（王宏贤，2007）。

3. 抗炎、镇痛作用　木瓜的提取物、木瓜总苷、木瓜苷（GCS）及木瓜籽等均有较好的抗炎镇痛效果。资木瓜提取物对醋酸、温度所致小鼠疼痛有较好的镇痛作用，但对二甲苯所致小鼠耳肿胀消肿作用很弱。表明资木瓜提取物有显著镇痛作用。木瓜籽提取物对醋酸致小鼠腹腔毛细血管通透性、二甲苯致小鼠耳廓肿胀和大鼠棉球肉芽肿的形成均有显著的抗炎作用，能明显延长小鼠的疼痛阈值，抑制小鼠腹腔毛细血管通透性、二甲苯致小鼠耳廓肿胀和大鼠棉球肉芽肿形成（刘淑霞等，2008）。

4. 祛风湿作用　木瓜苷具有抗炎和免疫调节的功能，并且通过G蛋白-AC-cAMP滑膜细胞跨膜信号转导途径对胶原性关节炎大鼠有治疗的作用。木瓜苷可减轻佐剂性关节炎（AA）大鼠关节肿胀、疼痛和多发性关节炎程度；该作用可能与调节T淋巴细胞的功能，抑制腹腔巨噬细胞过度分泌炎性细胞因子有关。

5. 降血脂作用　木瓜中的齐墩果酸具有降血脂作用，利用鹌鹑进行动脉粥样硬化模型系统试验，其能明显降低血清胆固醇、过氧化脂质、动脉壁总胆固醇含量及动脉粥样硬化的发生率，对动脉粥样硬化的形成具有显著的抑制作用；木瓜含有抗氧化活性的氨基酸、SOD、过氧化氢酶、过氧化物酶等，具有清除自由基、抗脂质过氧化作用等（邹传宗，2012）。

6. 抗菌作用　木瓜中的挥发油成分具有抗菌作用，且对革兰氏阳性菌比革兰氏阴性菌更加敏感。

［临床应用］

1. 风湿痹痛 常与牛膝、秦艽、防己、独活等配伍。《养耕集》："通气，走脚，去肿，并通筋络。"方如秦防平胃散，木瓜防己汤等。

2. 呕吐、泄泻转筋证 可单用或与半夏、藿香、吴茱萸、黄连等配伍。《师皇安骥集》："霍乱转筋用之良。"方如木瓜散（木瓜、茴香、吴茱萸、藿香、黄芩、黄柏、黄连、甘草、生姜）。治牛猪反胃吐食、拉稀症。

［注意事项］

木瓜中含番木瓜碱，对机体有小毒，每次食量不宜过多。怀孕母畜不能吃木瓜，以防引起子宫收缩腹痛，但不会影响腹中胎儿。

桑 寄 生

本品为桑寄生科植物桑寄生［*Taxillus chinensis*（DC.）Danser］的干燥带叶茎枝。主产于福建、台湾、广东、广西、云南、贵州等地。

桑寄生性平、味苦，归肝、肾经。具有补肝肾，除风湿，强筋骨，益血安胎，通络行乳之功效。主治风湿痹证，崩漏经多，妊娠漏血，胎动不安等症。

［主要成分］

含扁蓄苷（avicularin），并含少量槲皮素（quercetin）及芸香苷（rutin）等。

［药理作用］

1. 降血压作用 桑寄生新鲜叶的醇提物给麻醉兔犬静脉注射，其血压明显下降，或以茎、叶的浸剂同样有降压作用，如与山楂、大蒜、臭梧桐合用，其降压作用大为增强，作用时间也有所延长。降压原理初步认为桑寄生兴奋了循环系统的内感受器，通过迷走神经传入纤维抑制了血管运动中枢，而产生降压作用；若切断迷走神经的动物，即不再引起降压。

2. 利尿作用 麻醉犬以扁蓄苷 5 mg/kg 静脉注射，可引起利尿作用；若增加剂量，作用更显著；在慢性大鼠试验中，无论口服或注射 34 mg/kg，即开始有显著的利尿作用。

3. 对心脏收缩作用 据初步试验，在正常搏动和颤动的离体豚鼠心脏标本上，桑寄生有舒张冠状血管的作用，并能对抗脑垂体后叶素，对心肌收缩力则为先抑制、后增加。

4. 抗病毒作用 桑寄生煎剂在体外能显著抑制脊髓灰质类病毒活性，桑寄生提取物体外能够抑制 H1N1 型流感病毒 NA 的活性。

5. 镇静作用 小鼠腹腔注射桑寄生配剂 2 g/kg 能抑制由咖啡因所引起的运动性兴奋和延长五甲烯四氮唑引起的小鼠死亡时间。

［临床应用］

1. 风湿痹痛 常配独活、牛膝、当归、杜仲等，如独活寄生汤；若四肢风湿，加羌活、桂枝；腰胯疼痛加杜仲；痛无定处加防风、灵仙；疼痛剧烈加乳香、没药等。《抱犊集》："强筋。"

2. 胎动不安、胎漏下血 《师皇安骥集》："止腰痛，安胎。马血少用之。"用于血热胎动，配生地、熟地、白芍、山药、续断、黄芩、黄柏、阿胶、栀子、艾叶、香附等。用于气血虚之胎动，配当归、熟地、白芍、党参、黄芪、菟丝子等，如参芪四物汤。

［注意事项］

桑寄生由于寄生的宿主及药物制备方法不统一，使其作用有所差异，大量尚可引起呕吐、下泻，乃至死亡。

［不良反应］

扁蓄苷小鼠 LD_{50}，腹腔注射为 1.173 g/kg；毛叶桑寄生酊剂为 11.24 g/kg。中毒后呈现阵发性惊厥，死于呼吸麻痹。

桑 枝

桑枝为桑科植物桑（*Morus alba* L.）的嫩枝。主产于安徽、河南、江苏、浙江、湖南等地。

桑枝性苦，味平。归肝经。具有祛风湿，利关节，行水之功效。主治风寒湿痹，四肢拘挛，浮肿等症。

［主要成分］

主要成分有多糖、黄酮类化合物、香豆精类化合物、生物碱；此外，还含有挥发油、氨基酸、有机酸及各种维生素等。

［药理作用］

1. 抗炎作用 桑枝 95%乙醇提取物的乳剂能显著抑制二甲苯性小鼠耳肿胀、醋酸致小鼠腹腔血管内染料的渗出，显著拮抗鸡蛋清致小鼠足跖肿胀和滤纸片所诱导的肉芽组织增生。桑枝对巴豆油致小鼠耳肿胀、角叉菜胶致足浮肿均有较强抑制作用，并可抑制醋酸引起的小鼠腹腔液渗出，表现出较强的抗炎活性（李平平，2013）。

2. 降糖作用 在高糖环境中，桑枝可使培养液中 $HepG_2$ 细胞的葡萄糖消耗量增加，同时桑枝、桑白皮对胰岛素刺激的 $HepG_2$ 葡萄糖消耗有协同增强作用。促进外周组织特别是肝脏的葡萄糖代谢、提高肝细胞对胰岛素的敏感性可能是桑枝防治糖尿病作用的机理之一。给四氧嘧啶所致的高血糖大鼠连续口服桑枝水提物 15 天，其食物和水摄取量、空腹和非禁食血糖、血果糖氨及尿糖等高血糖综合征指标均明显降低（汪宁等，2005）。

3. 降血脂 用水和 95%乙醇为溶剂的桑枝提取物给高血脂小鼠灌胃治疗后，小鼠体重的降低率分别为 8.9%和 15.0%；血清中的总胆固醇和甘油三酯水平均有差异，其中以 95%乙醇作溶剂的桑枝提取物使小鼠血清总胆固醇水平和甘油三酯水平与阳性组比较差异极显著（吴娱明等，2005）。

4. 提高机体免疫功能 桑枝能显著加快小鼠网状内皮细胞对体内碳粒的吞噬速度，增强机体非特异性免疫功能；对 2,4-二硝基氟苯所致的小鼠迟发型变态反应有明显的增强作用。

［临床应用］

1. 风湿痹痛 用于风湿麻木，常与威灵仙、防己、当归等同用，如桑枝汤；若风湿热痹，常与络石藤、忍冬藤、地龙等同用，如桑络汤。

2. 紫癜风 《圣惠方》桑枝煎：桑枝 5 kg（锉），益母草 1.5 kg（锉）。上药，以水

5斗，慢火煎至5 L，滤去渣，入小铛内，熬为膏。

［注意事项］

寒饮束肺者忌服。

五　加　皮

本品为五加科植物五加（*Acanthopanax gracilistylus* W. W. Smith）的根皮，又名南五加。主产于湖北、河南、安徽、浙江、湖南、四川等地。

五加皮性温，味辛、苦。归肝、肾经。具有散风祛湿，利水消肿，益肝肾壮筋骨之功效。主治风湿痹痛，筋骨痿软，四肢拘挛，水肿，小便不利等。

［主要成分］

含芳香成分为4-甲氨基水杨酸（4-methoxysalicy aldehyde）。尚含鞣质、花生酸、软脂酸、亚麻酸，以及维生素A、维生素B_1等。

［药理作用］

1. 抗炎作用　南五加对急性和慢性炎症均有明显抑制作用。大鼠腹腔注射南五加注射液10 g/kg，对角叉莱胶所致足肿有明显抑制作用。小鼠腹腔注射南五加注射液10 g/kg，可明显抑制棉球肉芽肿增生，抑制率为24%（高月来等，2000）。

短梗五加醇提取物灌胃给药，能明显抑制大鼠蛋清性、角叉莱胶性、热烫性及甲醛性足跖肿胀。对大鼠巴豆油气囊肿渗出及肉芽组织增生均有明显抑制作用。此外，还能显著抑制大鼠佐剂性关节炎肿胀和免疫复合物介导的变态反应性炎症，使胸腔渗出液减少。

2. 对免疫功能的影响　小鼠腹腔注射南五加注射液30 g/kg，对脾脏抗体形成细胞（PFC）有明显抑制作用，并可降低腹腔巨噬细胞吞噬率和吞噬指数。南五加提取物Ⅰ和提取物Ⅱ小鼠灌胃给药15 g/kg，连续7天，结果提取物Ⅱ可提高巨噬细胞吞噬指数，提取物Ⅰ作用不明显。南五加总皂苷给小鼠灌胃1 g/kg和3 g/kg，血清抗体浓度明显提高。

3. 镇痛作用　热板法实验表明，南五加正丁醇提取物及短梗五加醇提物小鼠腹腔注射，均能提高痛阈值，具有明显的镇痛作用。

4. 抗应激作用　小鼠分别每日灌胃给予细柱五加100 g/kg、南五加总皂苷3 g/kg，连续5天，均能明显延长游泳时间和热应激存活时间。用氢化可的松和利血平复制中医虚证模型小鼠，然后灌胃给予南五加多糖部分15 g/kg，连续7天，与对照组比可延长游泳时间（$P<0.05$）；常压耐缺氧实验表明，小鼠腹腔注射南五加总糖苷15 g/kg和22.5 g/kg，平均存活时间分别比对照组延长33%和183%。南五加总皂苷每天灌胃3 g/kg，连续5天，亦可延长小鼠耐缺氧时间。

5. 促进DNA合成　小鼠分别每天灌胃南五加水提醇沉液2.06 g/kg和水提多糖0.86 g/kg，连续7天，结果前者对幼年小鼠^3H-UdR掺入肝脾DNA放射性强度较对照组增加（$P<0.05$）；水提多糖对CCl_4中毒性肝损伤小鼠掺入肝脏DNA放射性强度与对照组比较明显增加。

6. 性激素样作用　幼年雄性大鼠每日灌胃南五加提取物Ⅰ（主含糖苷）15 g/kg，连续7天，能明显增加睾丸、前列腺及精囊腺湿重，提示能促进副性腺器官发育，具有雄性激素样作用。

7. 其他作用

（1）抗胃溃疡作用　南五加萜酸灌胃 50～100 mg/kg，对吲哚美辛型、幽门结扎型和无水乙醇型大鼠实验性胃溃疡均具有良好的保护作用，并可显著升高幽门结扎大鼠胃液中氨基己糖含量，而对胃液分泌和胃蛋白酶活性无明显影响，提示其可增加胃黏膜的保护因素。

（2）降血糖作用　细柱五加给小鼠每天灌胃 100 g/kg，连续 4 天，可抑制四氧嘧啶所致高血糖。

（3）镇静作用　小鼠腹腔注射南五加提取物 15 g/kg，能明显提高戊巴比妥钠阈下睡眠时间，入睡深，苏醒慢。

（4）抗肿瘤作用　红毛五加粗多糖 200 mg/kg 能抑制 S_{180} 肿瘤生长，能明显增加小鼠静脉注射碳粒廓清速率。

[临床应用]

1. 风湿痹痛　常与木瓜、威灵仙、牛膝、独活、杜仲等配伍。《抱犊集》："强筋。"《师皇安骥集》："止身痛，补肾水。"方如独活寄生汤。

2. 水肿、小便不利　常与大腹皮、茯苓皮、陈皮、生姜皮等配伍。《养耕集》："走脚，通气，消肿。"方如五皮饮。

3. 肝肾亏虚　常与当归、续断、白术等配伍。

[注意事项]

临床大剂量使用可出现中枢抑制症状，并出现下肢软弱无力，有时出现房室传导阻滞，T 波抬高，个别引起周围神经炎。

[不良反应]

南五加注射液小鼠腹腔注射的 LD_{50} 为 81.85 g/kg±10.4 g/kg。小鼠灌胃南五加总皂苷20 g/kg，1 h 后活动减少，2 h 后恢复正常，观察 7 天无中毒表现。未成年大鼠和成年家兔每日灌胃南五加提取物Ⅰ和Ⅱ（大鼠 60.6 g/kg，家兔 12.12 g/kg）连续 30 天，血象、肝肾功能及心、肝、脑、脾等重要器官的病理形态学检查均无异常。

豨　莶　草

本品为菊科植物豨莶（*Siegesbeckia orientalis* L.）、腺梗豨莶（*Siegesbeckia pubescens* Makino）或毛根豨莶（*Siegesbeckia glabrescens* Makino）的干燥地上部分。主产于湖南、安徽、江苏、湖北等地。

豨莶草性寒，味辛、苦。具有祛风湿，利关节，解毒之功效。主治风湿痹痛，骨节疼痛。

[主要成分]

腺梗豨莶含多种二萜类化合物，属海松烷类衍生物的有：豨莶萜三醇苷（darutoside）、腺豨莶萜四醇、异腺豨莶萜四醇（kirenol）；属贝壳松烷类衍生物的有：腺豨莶萜醇酸、腺豨莶萜二醇酸、腺豨莶萜二酸、异丁酸腺豨莶萜醇酸酯、十二烷酸腺豨莶萜醇酸酯、十四烷酸腺豨莶萜醇酸酯、十六烷酸腺豨莶萜醇酸酯、十八烷酸腺豨莶萜醇酸酯等。

豨莶全草也含海松烷型二萜，已分离得到豨莶萜三醇苷等；还分离得到多种倍半萜内酯，如豨莶萜内酯（orientin）、豨莶萜醛内酯（orientalide）、去羟基萜醛内酯、去乙酰基豨莶萜醛内酯甲醚等。尚含豆甾醇（stigmasterol）、生物碱和挥发油等。

［药理作用］

1. 抗炎作用 豨莶草与臭梧桐（1∶2）煎剂，对大鼠甲醛性或蛋清性关节炎有明显抗炎消肿作用。腺豨莶萜二醇酸、腺豨莶萜二酸及腺豨莶萜醇酸等经动物试验证明有抗炎作用。豨莶草甲醇提取液局部外用对二甲苯致小鼠耳廓肿胀、角叉菜胶致大鼠足跖肿胀具有明显的抗炎、镇痛作用效果。

2. 降压与扩血管作用 豨莶水煎液和乙醇浸出液等对麻醉动物有降压作用，已知腺豨莶萜二醇酸为降压成分之一。豨莶草提取液能使保留神经等兔耳血管扩张，并能阻断刺激神经所引起的缩血管反应，但不能对抗肾上腺素收缩血管的作用，对离体兔耳则无扩张作用。其扩张血管的作用是通过阻断收缩血管的交感神经而产生。

3. 抗病原微生物作用 豨莶草对炭疽杆菌、白喉杆菌、溶血性链球菌、金黄色葡萄球菌有很强的抑制作用；对表皮葡萄球菌、卡他球菌有中度抑制作用；对猪霍乱杆菌、肠炎杆菌、伤寒杆菌、大肠杆菌及绿脓杆菌和白色念球菌有轻度抑制作用。

4. 抗肿瘤作用 豨莶草的乙酸乙酯和正丁醇部位对 HeLa 细胞有较强的体外增殖抑制作用。毛梗豨莶对人乳腺癌细胞 MCF-7 和 MDA-MB-231 具有诱导凋亡作用，其作用途径分别为内部途径和外部途径（张荣强等，2011）。

5. 促皮肤创伤愈合作用 浓度 50～200 mg/mL 的豨莶草提取物对成纤维细胞的增殖作用显著；豨莶草甲醇提取物外涂对实验性大鼠皮肤损伤有加速修复作用。

6. 软骨保护作用 毛梗豨莶对胶原蛋白酶诱导的家兔骨关节炎（CIA）所致的关节僵直具有减弱作用，明显增加家兔膝关节中蛋白多糖、聚集蛋白聚糖和Ⅱ型胶原。

7. 对血液流变学及凝血作用 豨莶草胶囊高剂量可降低急性血瘀大鼠模型的全血黏度、红细胞压积、红细胞聚集指数；对大鼠活化部分凝血活酶时间（PTT），凝血酶原时间（PT）有明显延长作用（张超等，2011）。

［临床应用］

1. 风湿痹痛 可单用或与海桐皮等配伍。本品酒蒸后用，有祛风湿、利关节作用，用于急慢性风湿痹痛，尤其对腰膝关节痛效果较好。《活兽慈舟》："祛风湿，通经络。"方如豨桐丸。

2. 湿热黄疸、小便不利 常与茵陈、栀子、金钱草、车前草等配伍。

3. 疮黄肿毒、皮肤湿疹 单用捣敷或内服，常与木槿皮、防风、荆芥、黄芩等配伍。

［不良反应］

豨莶草水煎剂半数致死量 LD_{50} 为 18.02 g/kg，该药给小鼠 0.1～1.0 g/kg 剂量下连续灌胃给药 2 周，对小鼠无明显的毒性作用。在 3.0 g/kg 剂量时，血清 BUN 高于对照组，肺呈现间质性肺炎病变。进一步对其肺毒性进行研究发现，豨莶草水煎粉剂 3.0 g/kg 剂量组 14 天，21 天肺指数有增高趋势，肺组织病理变化明显。停药 2 周后，肺毒性变化消失。可以推断豨莶草水煎粉剂对小鼠肺脏有一定毒性，其毒性是可逆的（关建红等，2007）。

乌 梢 蛇

本品为游蛇科动物乌梢蛇（*Zaycos dhumndaes*）去内脏的干燥蛇体，剥开腹部或剥皮留头尾，除去内脏后干燥。主产于湖北、湖南、江西、浙江、安徽等地。

乌梢蛇性平，味甘。归肝经。具有祛风、通络、止痉的功效。主治风寒湿痹，抽搐痉挛，破伤风。

［主要成分］

含氨基酸，无机元素，蛋白质，脂肪，果糖- 1,6 -二磷酸醋酶，蛇肌醛缩酶及胶原蛋白等。

［药理作用］

1. 抗炎作用 乌梢蛇水解液对大鼠胶原性关节炎具有预防和治疗作用。乌梢蛇水煎剂或醇提液对大鼠琼脂致足肿和二甲苯致鼠耳肿胀均有显著抑制作用，具有良好的抗炎作用。乌梢蛇水提液能明显减轻佐剂性关节炎（AA）大鼠的关节肿胀度，明显降低关节炎指数评分，降低 AA 大鼠血清中炎性因子 TNF - α、IL - 1、IL - 6 水平（蒋福升等，2013）。

2. 镇痛作用：小鼠热板法和扭体法实验表明，乌梢蛇水煎剂或醇提液对小鼠有显著的镇痛作用。

［临床应用］

1. 风寒湿痹 常与羌活、防风等配伍。

2. 惊痫抽搐 常与蜈蚣、全蝎等配伍。

3. 破伤风 常与天麻、蔓荆子、羌活、独活、细辛等配伍。方如千金散。

［注意事项］

本品虽无毒，但如属阴亏血虚或内热生风，仍应慎用。

海 桐 皮

海桐皮为豆科植物刺桐（*Ergthrina variegata* L.）或乔木刺桐（*Ergthina arborescens* Roxb.）的干皮或根皮。主产于我国广东、广西、云南、浙江、湖北、福建、台湾等地。

海桐皮性平，味苦、辛。归肝、脾经。具有祛风湿，通络止痛之功效。主治风湿痹痛，腰膝疼痛，皮肤湿疹。

［主要成分］

主要成分有刺桐灵碱、氨基酸和有机酸等。

［药理作用］

1. 抗菌作用 海桐皮水浸剂（1∶3）在试管内对蓝色毛癣菌、许兰氏黄癣菌、铁锈色癣菌、红色毛癣菌等皮肤真菌均有不同程度的抑制作用。在体外，海桐皮对金黄色葡萄球菌有抑制作用。

2. 镇痛作用 6种海桐皮的镇痛药理结果表明，刺桐和乔木刺桐对醋酸致痛和热刺激致痛有较强的镇痛作用，刺楸、樗叶花椒的作用次之，朵椒仅对醋酸所致的疼痛有一定的镇痛作用，木棉无镇痛作用（李吉珍等，1992）。

3. 对大鼠离体回肠的影响 海桐皮6种药材均有不同程度的拮抗乙酰胆碱所致的离体回肠痉挛性收缩，其作用强度有剂量效应依赖关系。

［临床应用］

1. 风寒痹痛 常与薏苡仁、生地黄、牛膝、五加皮等配伍。《日华子本草》："治血脉麻痹疼痛，及煎洗目赤。"

2. 疥癣，湿疹 可单用或配伍蛇床子、苦参、土茯苓、黄柏等煎汤外洗或内服。

［注意事项］

痢疾、痹躄诸证非关风湿者不宜用。血虚者忌服。

［不良反应］

分别给小鼠灌胃100 g/kg，观察7天，处死动物，解剖观察内脏，未发现异常。腹腔注射测定小鼠半数致死量（LD_{50}）：用冠氏改良法测定蒴桐、乔木刺桐、刺楸、木棉、朵椒、樗叶花椒的LD_{50}分别为40.5±4.37 g/kg、26.8±2.78 g/kg、5.7±0.77 g/kg、1.83±0.26 g/kg、16.9±2.66 g/kg和82±11.07 g/kg。

◆ 参考文献

陈正伦，1995. 兽医中药药理学［M］. 北京：中国农业出版社.

甘露，任振堃，叶彪，等，2020. 威灵仙不同提取物的抗炎、镇痛、平痉作用［J］. 华西药学杂志，35（2）：179-182.

关建红，薛征，任晋斌，2007. 稀莶草水煎液小鼠急性毒性及亚急性毒性的实验研究［J］. 中国实验方剂学杂志，13（11）：49-51.

胡付侠，2022. 皱皮木瓜多酚的提取纯化、鉴定及抗氧化与抗炎活性研究［D］. 泰安：山东农业大学.

蒋福升，马哲龙，陈金印，等，2013. 乌梢蛇水提物对大鼠佐剂性关节炎作用的实验研究［J］. 中国中医药科技，20（4）：367-368.

金盼盼，2011. 药用植物羌活的研究进展［J］. 安徽农业科学，39（2）：815-816，903.

李法杰，谷金玉，张悦，等，2022. 海桐皮汤提取膏经皮给药对小鼠抗炎镇痛作用及机制研究［J］. 海南医学院学报.

李美雎，朱瑞娟，陈海娟，等，2021. 青海不同产地宽叶羌活抗菌活性的筛选及活性比较［J］. 青海草业，30（4）：26-28.

刘明珠，李梦梦，黄帅帅，等，2021. 威灵仙水提物对卵形鲳鲹源溶藻弧菌的抑制作用［J］. 广西科学院学报，37（2）：94-100.

刘双，2020. 齐墩果酸分离与纳米粒制备及对CCl_4肝损伤小鼠防护作用［D］. 哈尔滨：哈尔滨工业大学.

马丽梅，杨军丽，2021. 羌活药材的化学成分和药理活性研究进展［J］. 中草药，52（19）：6111-6120.

沈映君，2012. 中药药理学. 第2版［M］. 北京：人民卫生出版社.

时孝晴，梅伟，茆军，等，2020. 基于网络药理学与分子对接探讨木瓜治疗膝骨关节炎的分子机制［J］. 中国现代中药，22（9）：94-102.

邢冬杰，宿世震，陈桂玉，等，2014. 中药桑枝提取物对糖尿病肾病大鼠的作用研究［J］. 中华中医药学刊，32（11）：2730-2732.

徐丽伟，徐帅，王菁，等，2021. 豨莶草药理作用研究进展［J］. 长春中医药大学学报，37（3）：704-708.

徐雅，张景瑜，刘杜，等，2020. 麻花秦艽醇提物对小鼠免疫功能的影响［J］. 中药药理与临床，36（3）：111-115.

周松林，黄俊卿，李科，等，2022. 秦艽醇提物下调 RhoA/ROCK 通路发挥对神经根型颈椎病模型大鼠镇痛作用［J］. 中国医院药学杂志，42（11）：1107-1111.

第十一章

化　湿　药

凡以化湿运脾为主要功效的药物称为化湿药。由于本类药物气味芳香，性偏温燥，故又称芳香化湿药。

本类药物除化湿运脾以外，藿香、佩兰兼能解暑，可用于暑湿和湿温初起者，厚朴、砂仁兼能行气，可用于脾胃气滞证。此外，本类药物除多属芳香之品、燥湿以外，尚有辟秽除浊的功效。

运用化湿药时，应根据湿的不同性质进行配伍。寒湿甚者，配以温里药；湿热甚者，配以清热燥湿药；脾虚易生湿，故脾虚者宜于补脾药同用。在治疗原则上，行气有助于化湿，故化湿方药多佐以行气之品。而湿性趋下，适当配以利水渗湿药，此为“治湿不利小便，非其治也”，可使湿邪下泄，提高祛湿效果。

现代研究认为化湿药的化湿运脾功效，主要与以下药理作用有关：

1. 健胃、祛湿作用　化湿药多含芳香性挥发油，如厚朴含挥发油约1%，广藿香含挥发油1.5%，苍术含挥发油因品种不同差异较大，1%～9%等，佩兰含挥发油1.5%～2%，砂仁含挥发油1.7%～3%，这些挥发油通过刺激胃肠运动，有助于消除胃肠积气，增加食欲，减轻或消除脾为湿困患者纳呆食减的症状。

2. 调节胃肠运动　厚朴、苍术及砂仁等对乙酰胆碱、氯化钡、新斯的明等引起的动物离体肠肌痉挛均有不同程度的解痉作用；佩兰、白豆蔻则能提高肠道紧张性，砂仁有促进肠管推进运动的作用。化湿药对胃肠道的双向调节作用，与机体的功能状态有关，如苍术煎剂既能对抗乙酰胆碱所致小肠痉挛，又能对抗肾上腺素所致平滑肌抑制。此外，与剂量也有一定关系，如厚朴煎液对小鼠和豚鼠离体肠管，在小剂量下表现为兴奋，而大剂量则表现为抑制。

3. 抗溃疡作用

（1）增强胃黏膜屏障　从苍术中提取的氨基己糖，其促进胃黏膜修复作用强于甘草利酮FM100。此外，关苍术提取物还能增加氨基己糖在胃液和黏膜中的含量，亦有增强胃黏膜屏障的作用。

（2）调整胃液pH和胃蛋白酶活力　厚朴酚能明显对抗四肽胃泌素及卡巴胆碱引起胃酸分泌增多，茅苍术所含β-桉叶醇有抗H_2受体作用，能抑制胃酸分泌，并对抗皮质激素对胃酸分泌和胃蛋白酶活力的刺激作用。

（3）拮抗化学、物理、生物因素所致溃疡的发生　许多化湿药对盐酸、醋酸、乙醇、阿司匹林类非甾体抗炎药、幽门结扎、注射胃黏膜抗血清等所致溃疡均有拮抗作用，其中尤以苍术、厚朴效果显著。

4. 促进肠道吸收　研究发现，苍术煎液对实验性“脾虚泄泻”模型小鼠有一定的治疗作用，并能改善“脾虚”动物模型血清微量元素水平；平胃散加味（加茯苓、猪苓）能促进家兔小肠对 D-木糖的吸收，并能促进肝脏蛋白质合成，增加动物体重。

5. 抗病原微生物作用

（1）抑制肠道致病微生物　化湿药如厚朴、佩兰、砂仁、白蔻仁、广藿香等，对沙门菌属、嗜盐菌、变形杆菌、致病性大肠杆菌、葡萄球菌细菌毒素、空肠弯曲菌、轮状病毒、腺病毒等，均有程度不等的抑制作用，其中尤以厚朴抗菌力强，抗菌谱广。

（2）消毒灭菌　根据古方研制的苍术艾叶熏香，能有效降低空气中腮腺炎病毒、流感病毒、核型多角体病毒、腺病毒、鼻病毒、疱疹病毒的滴度，对多种细菌、真菌、支原体亦有杀灭作用（沈映君，2012）。

苍　术

本品为菊科植物茅苍术［*Atractylodes lancea*（Thunb.）DC.］或北苍术［*A. chinensis*（DC.）Koidz.］的干燥根茎，主产于江苏、安徽、浙江、河北、内蒙古等地。

苍术性温，味辛、苦。归脾、胃、肝经。具有燥湿健脾，祛风散寒，明目的功效。主治湿阻脾胃，脘腹胀满，泄泻水肿等症。

［主要成分］

茅苍术根茎挥发油含量 5%～9%，北苍术根茎含挥发油 1.5%。挥发油主要成分为苍术醇（atractyloy）、β-桉叶醇（β- eudesmol）、茅术醇（hinesol）；此外，还含有苍术酮（atractylone）、苍术素（atractylodin）和维生素 A 样物质及维生素 D 等。

［药理作用］

1. 调整胃肠运动　苍术煎剂能明显降低家兔离体小肠张力，并对抗乙酰胆碱所致小肠痉挛，对抗肾上腺素所致小肠运动抑制。苍术水煎剂剂量依赖性减低大鼠离体近端结肠纵行肌条的收缩波平均振幅。主要成分研究认为，苍术挥发油中所含 β-桉叶醇及茅术醇为其抑制胃肠肌运动的主要活性成分。在体实验证实，75 mg/kg 苍术丙酮提取物能明显促进小鼠对炭末的推进运动，苍术丙酮提取物、β-桉叶醇及茅术醇对卡巴胆碱、Ca^{2+} 及电刺激所致大鼠在体小肠收缩加强，均有明显对抗作用（沈映君，2012）。

2. 抗溃疡作用　茅苍术及北苍术对幽门结扎型溃疡、幽门结扎-阿司匹林溃疡、应激性溃疡有较强的抑制作用；茅苍术对组胺所致溃疡，北苍术对血清所致溃疡亦有抑制作用。北苍术对附子提取物所致胃液、胃酸分泌增多、胃蛋白酶活力增强及所致腺胃部损害也有较强的对抗作用；北苍术 50%甲醇提取物 200 mg/kg 能强烈抑制胃液分泌，但对胃泌素等胃酸分泌刺激剂未见拮抗作用。茅苍术抗溃疡的活性物质为其挥发油中所含 β-桉叶醇，对 H2 受体有拮抗作用；北苍术抗溃疡作用活性物质为挥发油中的苍术醇和水溶性成分。对 0.1 mol/L 盐酸 10 mL/kg 灌胃所致大鼠急性胃炎及大鼠幽门结扎型溃疡，1.0 g/kg 灌胃苍术煎剂亦有较好的防治作用，可使胃黏膜损伤减轻，溃疡指数下降。

3. 保肝作用　苍术提取物及 β-桉叶醇、茅术醇、苍术酮对 CCl_4 及 D-氨基半乳糖诱发的一级培养鼠肝细胞损害均有显著的预防作用。苍术煎剂对肝脏蛋白质合成亦有明显促进作用。

4. 烟熏消毒 以苍术和艾叶制成的消毒香或烟熏剂点燃烟熏，对腮腺炎病毒、流感病毒、腺病毒3型、支原体（肺炎支原体、口腔支原体）、真菌及乙型溶血性链球菌、金黄色葡萄球菌等均有显著的杀灭作用。有研究证实，烟熏制剂配方中，起主要作用的是苍术。

5. 抑菌作用 苍术挥发油对金黄色葡萄球菌以及酵母、青霉、黑曲霉、黄曲霉等真菌有抑制作用，对大肠杆菌、枯草芽孢杆菌亦有抑菌作用，而对沙门菌没有影响。此外，苍术提取物有一定的消除福氏杆菌R质粒的作用（唐裕芳，2008）。

6. 利水作用 正常大鼠灌胃给予茅苍术煎剂，尿中 $Na^{+}-K^{+}-ATP$ 酶有较强的抑制活性，IC_{50} 为12.8 μg/mL。所含成分中，尤以β-桉叶醇抑酶活性最强，IC_{50} 为 1.6×10^{-4} mol/L。当β-桉叶醇的浓度提高到 2.7×10^{-3} mol/L时，抑酶率可达85%，但再提高β-桉叶醇浓度，抑制率不再增加。

7. 降血糖作用 苍术煎剂灌胃给药可使正常家兔血糖水平升高，但对四氧嘧啶性糖尿病家兔则有降血糖作用。苍术水提物0.2 g/kg、2.0 g/kg灌胃8天可使链脲佐菌素诱发的大鼠高血糖水平降低，该水提物能剂量依赖性升高由20 μU/mL SZ前处理所致的血清胰岛素水平降低，且升高的胰岛素水平较正常值42 μU/mL更高，可达65 μU/mL。

8. 对神经系统作用 苍术含有的β-桉叶油醇和苍术醇为其镇痛作用的有效成分。β-桉叶油醇兼有布比卡因和氯丙嗪具有的类似苯环利定的降低骨骼肌乙酰胆碱受体敏感性作用。苍术挥发油少量对蛙有镇静作用，同时使脊髓反射亢进；较大量则呈抑制作用，终至呼吸麻痹而死（赵春颖等，2010）。

9. 其他作用

（1）抗缺氧作用 苍术抗缺氧的主要活性成分为β-桉叶醇，该成分在300 mg/kg灌胃有明显作用，而相同剂量的茅术醇则未见抗缺氧作用。苍术丙酮提取750 mg/kg、1 500 mg/kg灌胃均能明显延长KCN 3.0 mg/kg静脉注射处理小鼠的存活时间，并降低小鼠相对死亡率。

（2）抗肿瘤作用 苍术挥发油、茅术醇、β-桉叶醇1 000 mg/mL在体外对食管癌细胞有抑制作用，其中茅术醇作用较强。

［临床应用］

1. 寒湿伤脾、肚腹冷痛 常与厚朴、陈皮、肉桂等配伍。若脾虚湿聚，水湿内停的痰饮证或外溢肌肤之水肿，则配伍利水渗湿药之品，如《证治准绳》胃苓汤，以本品与茯苓、泽泻、猪苓等同用。《元亨疗马集》："健脾和中。"方如平胃散、四顺散。

2. 痹证 风湿寒痹，常与独活、秦艽、防杞、木瓜等相配；风湿热痹，常与黄柏、牛膝、薏苡仁等配伍。若治湿热痹痛，则配清热泻火之品，如《普济本事方》白虎加苍术汤，以本品与石膏、知母等配伍。

3. 外感风寒 常与白芷、柴胡等配伍。《抱犊集》："发汗。"方如解表平胃散。

［注意事项］

阴虚有热或多汗者忌用。

［不良反应］

小鼠口服北苍术挥发油，LD_{50}为（4.71±0.68）mL/kg，也有报告苍术挥发油小鼠口服LD_{50}为2 245.87 mg/kg，95%可信限为1 958.3～2 575.7 mg/kg（杨明，2008）。小鼠0.25 mL/kg、1 mL/kg×28天灌胃苍术挥发油，血常规、肝肾功能及主要脏器（心、肝、脾、肺、肾）病理组织学检查均未见异常。小鼠、大鼠用苍术艾叶消毒香薰0.5～2 h，外观行为活动及病理检查均未见异常。

佩　兰

本品为菊科植物佩兰（*Eupatorium fortunei* Turcz.）的干燥地上部分，主产于江苏、浙江、安徽、山东等地。

佩兰性平，味辛。归脾、胃、肺经。具有化湿开胃，发表解暑的功效。主治伤暑，食欲不振。

［主要成分］

含挥发油1.5%～2%，主要成分为对聚伞花素（P-cymenel）、5-甲基麝香草醚（5-methylthymolether）、橙花醇乙酯（nerylacetate）、叶含香豆精（coumarin）、邻香豆精（0-coumaric acid）及麝香草氢醌（thymohydroquinone）。

［药理作用］

1. 祛痰作用　佩兰的超临界CO_2萃取物对细菌、酵母、霉菌均有较强的抑菌作用，可能是佩兰的超临界CO_2萃取物含有一些萜烯类、酸、醇、醛、酮、萘、酚、醚等物质，这些物质的分子结构特征与生物膜分子结构特征相似，容易进入菌体从而发挥抑菌作用，它们综合作用能较强地抑制微生物的生长。

2. 抑菌作用　佩兰水煎剂对白喉杆菌、金黄色葡萄球菌、八联球菌、变形杆菌、伤寒杆菌等有抑制作用。佩兰的黄酮组分有一定的抑菌作用：对枯草杆菌的抑制效果最好；对金黄色葡萄球菌和大肠杆菌次之；对四联球菌最差，随着浓度增加，抑菌效果最佳。

3. 抗炎作用　干、鲜佩兰挥发油对巴豆油引起的小鼠耳廓炎症有明显的抑制作用，其作用强度随剂量增加而增强。体外实验证实其对唾液淀粉酶活性具有增强作用（魏道智，2007）。

4. 抗肿瘤作用　倍半萜内酯及黄酮类在体外实验均具有抗癌活性，佩兰的挥发油倍半萜烯类组分及萜醇类组分相对含量较高。菊科佩兰属植物尚含双稠吡咯啶生物碱，在该属植物中以泽兰的生物碱含量最高，生物总碱是由几种不同生物碱共同组成，该生物总碱在体外试验中表现出一定的抗肿瘤活性。

［临床应用］

1. 脾湿内阻　常与藿香、厚朴、苍术等配伍。方如《中兽医诊疗》中的佩兰止痢散，治牛虚寒痢疾。

2. 暑湿表证、夏湿腹泻、中暑　治牛中暑，常与香薷、藿香等配伍。方如《牛经备药方》中的清暑香薷饮；治外感暑湿常与藿香及其他化湿或燥湿药同用，如《时病论》之芳香化浊法，即以本品配藿香、陈皮、厚朴、荷叶等；治湿温初起，《重订广温热论》五叶芦根汤，则以本品与藿香叶、薄荷叶、芦根等配伍。

［注意事项］

阴虚血燥，气虚者不宜用。

［不良反应］

本品鲜叶及干叶的醇浸出物含有一种有毒成分，能使机体急性中毒。家兔给药后，能使其麻醉，甚至抑制呼吸，使心搏变慢，体温下降，血糖过高及引起糖尿诸症。本品能引起牛、羊慢性中毒，侵害肾、肝而生糖尿病。

厚　朴

本品为木兰科木兰属植物厚朴（*Magnolia officinalis* Rehd. et Wils.）或凹叶厚朴（*Magnolia officinalis* Rehd. et Wils. var. *biloba* Rehd. et Wils.）的干皮，包括枝皮和根皮。主产四川、云南、湖北、贵州、浙江、福建、湖南等地。以产于四川、湖北的称川朴，质量最佳，又称紫油厚朴。产于浙江称温朴。

厚朴性温，味苦、辛。归脾、胃、肺、大肠经。具有行气燥湿，消积，消胀，消痰，降逆平喘的功效。善治食积肚胀便秘，气滞痞闷，脘腹胀痛，痰饮喘咳，以及痰气相博所致梅核气等证。大凡湿、食、寒引起的气滞胀满、痞闷喘咳诸证皆可选用。

［主要成分］

厚朴中木脂素类成分主要有厚朴酚（magnolol）、和厚朴酚（honokiol）、四氢厚朴酚（tetrahydromagnolol）及异厚朴酚（isomagnolol）；近年来发现日本的和厚朴中含有和厚朴酚具有特殊而持久的肌肉松弛活性。尚有厚朴醛（magnal dehyde）B、C、D、E，厚朴木脂素（magnolignan）A、B、C、D、E、F、G、H、I，丁香脂素（syringaresinol）。亦含有挥发油，油中主要成分为桉叶醇（eudesmol），并含 α-蒎烯（α-pinene）、β-蒎烯（β-pinene）、对聚伞花烯（p-cymene）等。厚朴含的水溶性生物碱称为厚朴碱（magonocurarine），主要成分为木兰箭毒碱（magnoflorine）；凹叶厚朴挥发油含量约1%，油中主要含有 β-桉叶醇（β-machilol）。

［药理作用］

1. 对胃肠活动的影响　厚朴挥发油具有驱风健胃作用，其煎液对家兔、豚鼠、小鼠离体肠管活动低浓度兴奋，高浓度抑制；厚朴碱静脉注射使麻醉猫在体小肠张力下降，并可抑制组胺所致大鼠十二指肠痉挛。厚朴生品、姜炙品煎液均可对抗大鼠幽门结扎型溃疡和应激型溃疡，姜炙后抗溃疡作用增强，一般认为其抗应激型溃疡的本质是在中枢抑制的基础上产生的应激反应缓解作用。此外，厚朴酚对应激反应时胃液分泌的增加有抑制作用，并对应激反应引起的胃黏膜对胃液抵抗力减弱带来的胃出血具有强烈的抑制效果。具有二苯基结构的厚朴酚、和厚朴酚具有镇吐作用（张永太等，2005）。

2. 抗氧化作用　不同溶剂的厚朴提取物对DPPI-I自由基均有清除作用，其中以乙醇提取物的清除能力最强，厚朴乙醇提取物对亚油酸、猪油的脂质氧化有良好的阻断作用。高剂量每天1 000 mg/kg与低剂量每天200 mg/kg组的和厚朴酚均能提高小鼠的耐缺氧能力，极显著延长小鼠游泳时间，高剂量组（1.12×10^{-3} mol/L）和厚朴酚能够明显抑制小鼠心、脑、肝匀浆的体外过氧化脂质氧化产物的生成（李娜等，2011）。

3. 保肝作用 厚朴酚对急性实验性肝损伤有一定的保护作用，可减轻肝损伤时肝细胞变性和坏死的病变程度。在室温 8.5～9.0 ℃环境，大鼠十二指肠给予厚朴煎剂，其胆汁分泌量较给药前明显增加，而胆固醇、胆汁酸及总胆红素含量无明显变化。厚朴酚对牛磺胆酸钠逆行胆胰管注射所致大鼠急性坏死胰腺炎的急性肺损伤有一定的保护作用。

4. 抗菌作用 厚朴煎剂有广谱抗菌作用，其抗菌成分较稳定，不易被热、酸、碱等破坏，煎剂在体外对葡萄球菌、溶血性链球菌、肺炎球菌、百日咳杆菌等革兰阳性菌，以及炭疽杆菌、副伤寒杆菌、霍乱弧菌、大肠杆菌、变形杆菌、枯草杆菌等革兰阴性菌均有抑杀作用。厚朴煎剂对大小芽孢癣菌、同心性毛癣菌、红色毛癣菌、堇色毛癣菌等皮肤真菌亦有抑制作用。厚朴抗菌作用以厚朴酚作用较强，厚朴酚对革兰阳性菌、耐酸性菌、类酵母菌和丝状真菌均有显著的抗菌活性（唐飞等，2019）。厚朴酚抗枯草杆菌、金黄色葡萄球菌的活性强于链霉素，抗须发癣菌活性比两性霉素 B 高，抗黑曲霉菌的活性与两性霉素 B 相当（张淑洁等，2013）。厚朴酚可以通过抑制溶血素的表达来降低嗜水气单胞菌的溶血活性，在嗜水气单胞菌感染期间，预先注射厚朴酚可以明显提高斑点叉尾鮰的存活率（Dong Jing，2017）。

5. 肌肉松弛和中枢抑制作用 厚朴的水提取物有显著的箭毒样作用，其乙醚提取物能抑制脑干网状激活系统及丘脑下部激活系统而降低握力，对由士的宁、印防己毒素、戊四唑等药物诱发的痉挛也有强烈的抑制作用。日本产和厚朴乙醚提取物、乙醚提取物中分离出的和厚朴酚、厚朴酚与异厚朴酚为箭毒样的肌松剂，口、腹腔给予小鼠，均显示出正相反射消失的强烈中枢抑制及肌松作用。具有中枢性肌肉松弛作用，表现为特殊而持久，作用强于美乃新，可被士的宁所拮抗。和厚朴酚是产生抗焦虑作用的主要成分，具有特殊持久的肌松作用；木兰箭毒碱有松弛肌肉与降压作用；柳叶木兰花碱（salicifoline）有箭毒样作用与神经节阻断作用。

6. 对脑缺血损伤保护作用 厚朴酚与和厚朴酚对脑缺血-再灌注损伤具有保护作用，涉及对兴奋性氨基酸、自由基、细胞内钙超载、炎症、一氧化氮合酶过度激活及神经细胞凋亡等多环节的调控。和厚朴酚也升高脑组织 Na^+-K^+-ATP 酶的活性。

7. 对钙通道的影响 厚朴提取物有较明显的钙通道阻断作用，其活性成分为厚朴酚及和厚朴酚，其作用类似于维拉帕米对高浓度 K^+、Ca^{2+}、去甲肾上腺素，但其活性较维拉帕米为弱。和厚朴酚对钙调素（CaM）刺激磷酸二酯酶（PDE）活性呈抑制作用。随着 CaM 浓度增加，和厚朴酚抑制 PDE 的 IC_{50} 也相应增加。和厚朴酚在 Ca^{2+} 存在下，可与 CaM 结合，从而拮抗其对靶酶 PDE 的激活。

8. 抗肿瘤作用 和厚朴酚有抗肿瘤作用。和厚朴酚在 0.1 μg/只和 0.2 μg/只剂量时显著抑制鸡胚尿囊膜（CAM）新生血管形成；和厚朴酚在 10 μmol/L 和 20 μmol/L 时显著抑制 RKO 细胞的 VEGF-A mRNA 表达及细胞培养上清液中 VEGF 蛋白的分泌，故认为其在非凋亡剂量时具有抗血管形成作用，其机制与抑制血管内皮细胞增殖以及抑制肿瘤细胞表达 VEGF 有关。

9. 抗炎作用 厚朴酚对小鼠体内 A23187 引起的胸膜炎具有很好的抗炎疗效，厚朴酚减少了胸膜液体中的前列腺素和白三烯水平，抑制由 A23187 引起的凝血噁烷 B2（TXB2）

和 LTB4 的形成。其抗炎机理是厚朴酚可能是一种环氧酶（COX）和脂肪氧化酶（LO）的双重酶抑制剂，通过减少花生酸中间体的形成而实现的。抑制溶酶体酶的释放也可能是厚朴酚抗炎作用机制之一，厚朴酚在 1～100 μmol/L 可增加趋化三肽激活的大鼠中性粒细胞的超氧阴离子，在大于 10 μmol/L 时可明显抑制激活的中性粒细胞 β-葡萄糖苷酸酶和溶菌酶的释放。

［临床应用］

1. 湿阻中焦，气机失畅，脘腹痞满　常与其他燥湿行气药配伍，如《和剂局方》平胃散，以本品与苍术、陈皮等同用。又如《中华人民共和国兽药典》2020 年版）厚朴散：厚朴 30 g、陈皮 30 g、麦芽 30 g、五味子 30 g、肉桂 30 g、砂仁 30 g、牵牛子 15 g、青皮 30 g。为末，开水冲调，候温灌服。马、牛 200～350 g，羊、猪 30～60 g。治脾虚气滞，胃寒少食。治马冷痛，与陈皮、槟榔、桂心等配伍，方如《元亨疗马集》中的橘皮散。

2. 气逆咳喘　用于痰浊阻肺，咳喘胸膺满闷者，多与化痰降气药配伍，如《和剂局方》苏子降气汤，以本品与紫苏子、陈皮、半夏等同用；宿有喘病，又外感风寒者，则须配伍解表药，如《伤寒论》桂枝加厚朴杏子汤，则以本品与桂枝、苦杏仁等同用。治耕牛急性支气管炎：大黄 100 g，芒硝 500 g，枳实、厚朴各 40 g，黄芩、银花、连翘各 50 g，木通 35 g，甘草 15 g，水煎灌服，早晚各 1 次，连用 4 天（胡元亮，2006）。

3. 食积不化、积滞不行　常配伍山楂、麦芽、神曲等消食药。

［注意事项］

本品行气之力较强，有“破气”之说。如果应用不当易耗元气，对于虚胀者治疗时不宜用量过大；脾胃无积滞者慎用。孕者亦当慎用。

［不良反应］

小鼠一次灌服厚朴煎剂 60 g/kg 观察 3 天未见死亡。厚朴主要有毒成分为木兰箭毒碱，其在肠中吸收缓慢，吸收后即经肾脏排泄，故在血中浓度较低。在一般肌松剂用量时，对实验动物心电图无影响，大剂量运用时可引起呼吸抑制而死亡。厚朴煎剂给小鼠腹腔注射 LD_{50} 为 6.12 g/kg±0.038 g/kg。

藿　香

本品为唇形科植物藿香［*Agastache rugosus*（Fisch. et Mey.）O. Ktze］或广藿香［*Pogostemon cabling*（Blanco）Benth］的干燥地上部分。主产于四川、江苏、浙江、湖南、广东等地。

藿香性微温，味辛。归脾、胃、肺经。具有发表解暑，芳香化湿，和中止呕的功效。主治夏伤暑湿，暑湿泄泻，反胃呕吐，肚腹胀满等症。

［主要成分］

含挥发油 0.45%，主要成分为甲基胡椒酚（estragole），占 80%，并含异茴香脑（isoanethele）、茴香醛（anisaldehyde）、茴香醚（anethole）、柠檬烯（limonene）。尚含微量鞣质及苦味质。

［药理作用］

1. 抗病原微生物作用

（1）抗真菌作用　藿香属藿香中的二萜类成分具有弱的抗真菌活性。藿香的乙醚、醇、水的浸出液在体外对同心性毛癣菌等 15 种真菌具有弱的抗真菌作用。

（2）抗钩端螺旋体活性　藿香水煎剂在低浓度（15 mg/mL）对钩端螺旋体仅有抑制作用，将浓度增至 31 mg/mL 时，能杀死钩端螺旋体。

（3）抗病毒活性　日本学者发现藿香中的黄酮类物质具有抗病毒活性，该物质可用来抑制及消灭上呼吸道病原体鼻病毒的繁殖增长。

（4）抗菌作用　广藿香水提物和挥发油 10 g/mL 对沙门氏菌、大肠杆菌、志贺氏菌、金黄色葡萄球菌等均有一定的抑制作用，对金黄色葡萄球菌作用明显强于肠道杆菌。

2. 对胃肠的作用

（1）调整胃肠运动　广藿香对胃肠道平滑肌呈双向调节作用。广藿香的水提物、去油水提物和挥发油均可抑制离体兔肠的自发收缩性和乙酰胆碱、氯化钡引起的痉挛性收缩，对乙酰胆碱和氯化钡引起的收缩作用强度顺序是：挥发油＞去油水提物＞水提物。在整体实验中，广藿香水提物能减慢胃排空、抑制正常小鼠肠推进运动和新斯的明引起的小鼠胃肠推进运动亢进，对抗番泻叶引起的小鼠腹泻；而挥发油则对胃排空、正常小鼠肠推进运动以及新斯的明引起的小鼠肠推进运动无影响且协同番泻叶引起小鼠腹泻。水提物和挥发油都可抑制冰醋酸引起的内脏绞痛。藿香调节胃肠运动功能的机制是在不改变胃肠平滑肌基本频率的前提下增强其峰电活动或增加促胃动素释放，以提高血浆胃动素水平（任守忠等，2006）。

（2）促进消化液分泌　广藿香水提物、挥发油以及去油其他部分均能不同程度地增加胃酸分泌，提高胃蛋白酶活性，增强胰腺分泌淀粉酶的功能，提高血清淀粉酶活力；以水提物作用较强。

（3）对肠屏障功能具有保护作用　藿香可显著降低血清 NO 浓度，减少肢体缺血—再灌注模型大鼠的肠壁各层内肥大细胞数量，抑制 TNF－α 等细胞因子的释放，减轻相关的病理程度。另外，对肠黏膜的保护作用还包括通过增强杯状细胞分泌功能，提高肠道自身防御体系。

3. 抗炎、镇痛、解热作用　广藿香提取物能明显抑制二甲苯所致的小鼠耳廓肿胀和醋酸所致的扭体实验，对由物理、化学刺激引起的疼痛有较强的镇痛作用，对由 2,4－二硝基苯酚引起的大鼠发热有一定的解热作用（赵书策等，2007）。

［临床应用］

1. 呕吐　本品治呕吐之证，无论寒热虚实皆可应用，脾胃湿浊者尤宜，单用即有效。寒湿困脾，胃失和降之呕吐，常与温中散寒、温胃止呕药物配伍，如《和剂局方》藿香半夏汤，以本品与半夏、丁香等同用；若属湿热呕吐者，常与清胃降逆止呕黄连、竹茹等药物同用；至于湿阻气滞而脾胃虚弱者，宜与补脾健脾胃之品同用，如党参、白术等。《痊骥通玄论》："正气用藿香。"《养耕集》："止呕。"方如藿香正气散。

2. 湿困脾土　治湿阻中焦、中气不运，症见脘腹痞闷，少食作呕，神疲体倦等，常与燥湿、行气药配伍，如《和剂局方》不换金正气散，以本品与苍术、厚朴、陈皮等同用。

3. 暑热发痧 常与香薷、佩兰、白扁豆、青蒿等配伍。若湿温初起，湿热并重者，常与清热利湿药配伍，如《温热经纬》甘露消毒丹，以本品与黄芩、滑石、茵陈等同用。《养耕集》："宽胸行气。"方如《抱犊集》中的清暑散。

[注意事项]

阴虚无湿及胃虚作呕者忌用；不宜久煎。

砂　仁

本品为姜科植物阳春砂（*Amomum villosum* Lour.）、绿壳砂（*Amomum villosum* Lour. var. *xanthioides* T. L. Wu et Senjen）或海南砂（*Amomum longiligulare* T. L. Wu）的干燥成熟果实。主产于云南、广东、广西等地。

砂仁性温，味辛。归脾、胃、肾经。具有化湿开胃，温脾止泻，理气安胎的功效。主治脾胃气滞，宿食不消，肚胀，反胃呕食，冷痛，肠鸣泄泻，胎动不安等症。

[主要成分]

含挥发油，主要成分为乙酸龙脑酯（bomyl acetate）、樟脑（camphor）、柠檬烯（limonene）、龙脑（borneol）、樟烯（camphene）、月桂烯（myrcene）、蒈烯-3（careen-3）和松油醇（terpineol）等；此外，还含有皂苷类、黄酮苷类和有机酸等。

[药理作用]

1. 对消化系统的作用

（1）胃保护作用　将75%阳春砂醇提物（相当于5.15 g生药/kg用量）给小鼠灌胃，可抑制小鼠水浸应激性溃疡、盐酸性溃疡和吲哚美辛-乙醇性溃疡的形成。阳春砂挥发油能使乙酸涂抹法制作的大鼠慢性胃溃疡修复。

（2）胃排空作用　砂仁水煎剂能显著促进其胃排空，减少其胃内色素残留物，一次给药持续作用6 h以上。砂仁水提物一次性灌胃也能显著促进其胃排空。阳春砂挥发油是促进胃排空的有效部位，还可对抗番泻叶促进大鼠胃排空的功能，但阳春砂及其挥发油在低剂量时促进胃排空，其疗效随剂量增加而促进胃排空的作用则减弱，并逐步转成阻滞胃排空，产生胃潴留。

（3）调节胃肠运动收缩幅度　阳春砂种子水煎剂可增强离体豚鼠回肠节律性收缩幅度和频率，其作用随浓度增大而增强。绿壳砂可使离体豚鼠及大鼠肠管收缩加强，增大浓度则肠管收缩受抑制。砂仁挥发油脂质体混悬液可增强离体兔的回肠张力和收缩频率，不增强收缩幅度。

（4）止泻作用　阳春砂75%醇提物可减少番泻叶性小鼠腹泻的次数，止泻作用可持续8 h以上。阳春砂挥发油可延长番泻叶性大鼠腹泻的潜伏期（即推迟稀便出现），还可减少其腹泻的次数。砂仁挥发油中的乙酸龙脑酯也有抗番泻叶性腹泻的作用（张明发等，2013）。

2. 镇痛作用　阳春砂粉末混悬液、阳春砂75%醇提物、砂仁水提物、海南砂挥发油可减少乙酸引起的小鼠扭体反应次数，延长热痛刺激引起的小鼠甩尾反应的潜伏期，还可提高小鼠压尾痛反应的痛阈。乙酸龙脑酯是其镇痛活性成分之一，纳洛酮未能减弱乙酸龙脑酯的镇痛作用。

3. 抗炎作用 阳春砂75%醇提物、砂仁水提物均可抑制乙酸提高小鼠腹腔毛细血管通透性和角叉莱胶致小鼠足趾的肿胀；也可抑制二甲苯致小鼠耳肿胀的厚度。砂仁水提物还能降低小鼠滤纸植入性肉芽肿的质量，对小鼠佐剂性足趾的肿胀也有一定的抑制作用。海南砂挥发油可对抗二甲苯致小鼠耳的肿胀，能对抗卡拉胶致大鼠足趾的肿胀，其抑制作用可持续6 h以上，乙酸龙脑酯系挥发油中的抗炎活性成分（赵锦，2009）。

4. 利胆作用 砂仁醇提物具有持久的利胆作用，胆汁分泌量呈剂量依赖性特征。3 g/kg和10 g/kg的砂仁75%醇提物麻醉大鼠3 h胆汁分泌增加率分别为18.5%和26.2%，有弱到中度的利胆作用。

5. 对血小板聚集功能的影响 砂仁可扩张血管，改善微循环。0.6 g/kg和1.2 g/kg砂仁水煎液灌胃健康雄性家兔后在不同间隔时间颈动脉取血，以枸橼酸钠抗凝，以ADP为致聚剂在血小板聚集仪上测定血小板聚集率（%），结果表明砂仁能明显抑制血小板聚集。

6. 抗氧化、保肝作用 砂仁多糖（ASP）具有较强的清除自由基的活性，显著抑制体外丙二醛的形成和增强CCh诱导的肝损伤小鼠的抗氧化酶活性（严娅娟等，2013）。

7. 降血糖作用 砂仁提取物对链脲佐菌素诱导的糖尿病大鼠胰岛细胞具有明显的保护作用，并可改善胰岛细胞超微结构变化（赵荣杰等，2006）。砂仁提取物具有保护大鼠胰岛细胞株中由白细胞介素-1β（IL-1β）和干扰素-γ（IFN-γ）介导的细胞毒性（RINm5F）的作用，并显著减少IL-1β，IFN-γ诱导的NO的生产。并且砂仁提取物抑制一氧化氮合成酶（iNOS）基因表达的分子机制可能与抑制NF-KB的激活有关，研究结果显示砂仁对胰岛素依赖型糖尿病具有一定的治疗价值（严娅娟等，2013）。

[临床应用]

1. 脾胃气滞、湿阻中焦 常与枳实、陈皮等配伍。若脾胃气滞明显者，则与行气止痛药同用，如《景岳全书》香砂枳术九，以本品配伍木香、枳实等；若证兼脾胃虚弱者，宜与健脾益气之品配伍以标本兼顾，如《和剂局方》香砂六君子汤，以本品与党参、白术、茯苓等同用。

2. 脾胃虚寒、呕吐泄泻 常与木香、党参、白术、茯苓等配伍。治脾胃虚寒之呕吐、泄泻，可单用研末吞服，或与温中、止呕、止泻之品（如与干姜、附子、炒白术、肉豆蔻等）同用。

3. 胎动不安 可单用，或配伍苏梗、白术等同用。若兼气血不足者，配伍益气养血药，如《古今医统》泰山磐石散，以本品与人参、白术、熟地等同用。

[注意事项]

胃肠热结者慎用。

白豆蔻

本品为姜科植物豆蔻属（*Amomum*）植物泰国白豆蔻（*Amomum kravanh* Pierre ex

Gagnep.）或瓜哇白豆蔻（*A. compactum* Soland. ex Maton）的干燥成熟果实。前者主产于泰国、越南、老挝、柬埔寨等国，后者出产于印尼、马来西亚等地。我国海南、云南等地亦有引种栽培。

白豆蔻性温，味辛。归肺、脾、胃经。具有醒脾化湿、行气温中、开胃消食的功效。主治腹痛下痢，肚腹胀满，胃寒呕吐。

［主要成分］

含挥发油，其主要成分有1,8-桉叶油素（1,8 cineole）(60%～80%)；此外，尚含少量α-蒎烯（α-pinene）、β-蒎烯（β-pinene）、莰烯、柠檬烯（limonene）、P-聚伞花烃（P-cymene）、松油烯、α-松油醇（α-terpineol）等。

［药理作用］

1. 镇咳、祛痰、平喘作用 白豆蔻中的α-蒎烯、对-聚伞花素、柠檬烯、醋酸龙脑脂、α-松油醇等成分具有镇咳、祛痰、平喘的作用。

2. 抗菌作用 白豆蔻中存在的柠檬烯、α-松油醇、柠檬醛、对聚伞花素、α-蒎烯及黄酮类是抗菌作用的有效成分。

3. 抗氧化作用 从总体抗氧化能力、清除超氧阴离子自由基能力、清除羟基自由基能力三个方面证实了白豆蔻精油的抗氧化活性；并以合成抗氧化剂没食子酸丙酯（PG）作为参照物，证实中国、印度产白豆蔻精油清除超氧阴离子自由基的能力强于PG，且印度产白豆蔻精油抗氧化性略强于中国产白豆蔻精油（冯雪等，2012）。

4. 对胃部的影响 以白豆蔻药煎剂10 g/kg给大鼠灌胃5天，可使动物胃黏膜血流量（GMBF）和血清胃泌素有不同程度的提高。

5. 对肠道促进作用 印尼与云南白豆蔻对家兔离体肠管自发活动等影响随剂量不同而有所差别，小剂量时呈现一定的兴奋作用，中剂量时呈现一定的抑制作用，大剂量则为明显抑制，两种白豆蔻的作用趋势与强度一致（游建军等，2009）。

［临床应用］

1. 湿阻中焦、寒湿泄泻 《痊骥通玄论》："化涎。"《养耕集》："补脾、止泻。"方如《牛医金鉴》中等的健脾平胃散。若湿邪偏重者，每与宣肺利湿药配伍，如《温病条辨》三仁汤，以本品与苦杏仁、薏苡仁等同用。

2. 胃寒吐涎、虚寒呕吐 常与砂仁、半夏、藿香、生姜等配伍。《元亨疗马集》："温脾和中。"方如《抱犊集》中的益胃散。

3. 脾胃气滞 与行气开胃药同用。如《和剂局方》匀气散，以本品与砂仁、木香、丁香配伍；寒湿偏盛，气机不畅之腹满胀痛者，需与温胃燥湿药同用。如配伍干姜、厚朴、苍术等。

［注意事项］

脾胃气滞、阴虚血燥而无寒湿者忌服。

草 豆 蔻

本品为姜科植物草豆蔻（*Alpinia katsumadai* Hayata.）的干燥近成熟种子，主产于海南、广东、广西、云南等地。

草豆蔻性温，味辛。归脾、胃经。具有燥湿健脾，温胃止呕的功效。主治脾胃虚寒，冷痛泄泻，气逆呕吐。

[主要成分]

含挥发油，主要有1,8桉叶油素（1,8 cineole）、松油烯-4-醇、对-聚伞花素（P-cymene）、α-侧柏桐（α-thujone）、β-蒎烯（β-pinene）、α-蒎烯（α-pinene）、γ-松油烯（γ-terpinene）、α-松油醇（α-terpineol）、龙脑（borneol）等。

[药理作用]

1. 抗炎作用 草豆蔻挥发油高剂量（100 mg/kg）、中剂量（50 mg/kg）能够降低小鼠毛细血管通透性，并抑制二甲苯诱发小鼠耳肿胀，减轻角叉莱胶诱发大鼠肉芽肿，其中高剂量草豆蔻挥发油的抗炎作用与地塞米松组相当（申德堰等，2012）。

2. 抑菌作用 草豆蔻水提物、醇提物、醇-水提取物、挥发油4个活性部位对金黄色葡萄球菌、芽孢杆菌等11种菌株有不同程度的体外抗菌活性，且对革兰氏阳性菌的抗菌活性较对革兰氏阴性菌的活性强；在4个活性部位中，以挥发油的体外抗菌活性最强。草豆蔻油在体内对金黄色葡萄球菌感染模型小鼠和大肠杆菌感染模型小鼠有强的保护作用（彭芙等，2012）。

3. 抗溃疡作用 草豆蔻挥发油高、中剂量组能显著提高溃疡抑制率及降低胃液酸度和胃蛋白酶活性，明显升高大鼠血清的SOD活性，显著下调MDA的含量。草豆蔻挥发油对大鼠醋酸性胃溃疡有较好的治疗作用，其作用机制可能为清除自由基（吴珍等，2010）。

4. 抗肿瘤作用 草豆蔻中总黄酮具有抗肿瘤活性。其总黄酮对人胃癌细胞株SGC-7901有较强抑制作用，IC_{50}为3.48 μg/mL；对人肝癌细胞株$HepG_2$、人慢性粒细胞白血病细胞株K562和人肝癌细胞株SMMC-7721也有一定的抑制作用，IC_{50}分别为32.30 μg/mL、29.21 μg/mL和16.38 μg/mL（叶丽香等，2012）。

5. 抗氧化作用 草豆蔻总黄酮体外具有与茶多酚相似的抗氧化活性，且抗氧化活性随浓度增加而增强；灌服草豆蔻总黄酮可有效提高衰老小鼠血浆SOD活力，降低肝组织MDA含量（吴珍等，2011）。

[临床应用]

1. 湿温初起 热盛者可与黄芩、连翘、竹叶等配伍；湿重者可与滑石、薏苡仁、通草等配伍。

2. 脾胃虚寒 配伍砂仁、陈皮、建曲等，用治因脾胃虚寒引起的食欲不振、食滞腹胀，冷肠泄泻，伤水腹痛等证。

3. 寒湿郁滞、气逆作呕 常与高良姜、生姜、吴茱萸等配伍；气虚寒凝而呕逆不止者，则需配伍益气健中之品，如《广济方》豆蔻子汤，以本品与人参、甘草、生姜等同用。

[注意事项]

阴血不足、无寒湿郁滞者不宜用。

[不良反应]

草豆蔻挥发油对小鼠经口服及腹腔注射的急性毒性症状主要有：行动迟缓、异步态、心率加快、呼吸急促、连续性抽搐。小鼠每天口服给药的 LD_{50} 为 237.8 g/kg，腹腔每天给药的 LD_{50} 为 157.9 g/kg（陈永顺等，2011）。

◆ 参考文献

陈永顺，吴珍，2011. 草豆蔻挥发油的小鼠急性毒性实验 [J]. 中国药师，14 (12)：1740-1741.

陈正伦，1995. 兽医中药药理学 [M]. 北京：中国农业出版社.

胡玉兰，张忠义，林敬明，2005. 中药砂仁的化学成分和药理活性研究进展 [J]. 中药材，28 (1)：72-77.

李利华，郭豫梅，2020. 白豆蔻总黄酮的提取及抗氧化活性研究 [J]. 中国调味品，45 (9)：178-181.

彭芙，代敏，万峰，2012. 草豆蔻有效部位对奶牛乳腺炎病原菌的抗菌活性研究 [J]. 中国兽医科学，42 (10)：1073-1080.

任守忠，靳德军，张俊清，等，2006. 广藿香药理作用研究进展 [J]. 中国现代中药，8 (8)：27-29.

沈映君，2012. 中药药理学. 第2版 [M]. 北京：人民卫生出版社.

唐飞，刘美辰，张世洋，等，2019. 广藿香、厚朴配伍前后挥发油化学成分及抗菌活性对比研究 [J]. 中药新药与临床药理，30 (4)：478-483.

王萍，石海莲，吴晓俊，2017. 中药草豆蔻抗肿瘤化学成分和作用机制研究进展 [J]. 中国药理学与毒理学杂志，31 (9)：880-888.

王喆，蒋圆婷，靳羽含，等，2020. 苍术挥发油杀菌活性评价及抑菌机制 [J]. 食品与生物技术学报，39 (12)：21-27.

魏道智，宁书菊，林文雄，2007. 佩兰的研究进展 [J]. 时珍国医国药，18 (7)：1782-1783.

吴珍，陈永顺，杜士明，等，2010. 草豆蔻挥发油对大鼠醋酸性胃溃疡的影响 [J]. 中国医院药学杂志 (7)：560-563.

吴珍，陈永顺，王启斌，2011. 草豆蔻总黄酮抗氧化活性研究 [J]. 医药导报，30 (11)：1406-1409.

严娅娟，曹曼，张丹雁，等，2013. 砂仁现代药理的国内外研究 [J]. 轻工科技 (7)：52-53.

游建军，彭建明，2009. 白豆蔻引种栽培研究进展. 中成药，31 (12)：1916-1918.

张明发，沈雅琴，2013. 砂仁临床药理作用的研究进展 [J]. 抗感染药学，10 (1)：8-13.

张明发，沈雅琴，2022. 厚朴提取物、厚朴酚及和厚朴酚的抗氧化和抗衰老药理作用研究进展 [J]. 药物评价研究，45 (3)：596-604.

张淑洁，钟凌云，2013. 厚朴化学成分及其现代药理研究进展 [J]. 中药材，36 (5)：838-843.

张永太，吴皓，2005. 厚朴药理学研究进展 [J]. 中国中医药信息杂志，12 (5)：96-99.

张越，2022. 砂仁中黄酮类化合物的提取及其生物活性研究 [D]. 吉林：吉林大学.

赵春颖，毛晓霞，2010. 北苍术化学成分与药理作用研究进展 [J]. 承德医学院学报，27 (3)：209-31

赵锦，董志，朱毅，等，2009. 海南砂仁挥发油抗炎镇痛止泻的实验研究 [J]. 中成药，31 (7)：1010-1014.

赵容杰，赵正林，金梅红，等，2006. 砂仁提取物对实验性糖尿病大鼠的降血糖作用 [J]. 延边大学医学学报，29 (2)：97-99.

赵书策，贾强，廖富林，2007. 广藿香提取物的抗炎、镇痛药理研究 [J]. 中成药，29 (2)：285-287.

Li YY，Huang SS，Lee MM，Deng JS，Huang GJ，2015. Anti-inflammatory activities of cardamonin from Alpinia katsumadai through heme oxygenase-1 induction and inhibition of NF-κB and MAPK signaling pathway in the carrageenan-induced paw edema. Int Immunopharmacol，25 (2)：332-339.

第十二章 渗湿利水药

凡能渗湿利水、通利小便的药物，称为渗湿利水药。

渗湿利水药味多甘、淡，可消除有形之水在体内潴留形成的水肿，还适用于淋浊（泌尿系统结石）、痰饮（如慢性支气管炎时的痰液积留，以及胸水、腹水等体腔内的异常液体）、湿热、黄疸、疮疡等水湿病证。

渗湿利水药根据作用性质不同，分为利水消肿药、利尿通淋药和利湿退黄药三类。渗湿利水药应用不当，容易耗伤阴液，故阴虚津伤者应慎用。现代药理研究证明，渗湿利水药的主要药理作用如下：

1. 利尿作用 本类药物中，茯苓、猪苓、泽泻、玉米须、半边莲、车前子、通草、木通、萹蓄、瞿麦、金钱草、茵陈均具有不同程度的利尿作用。其中猪苓、泽泻利尿作用较强。渗湿利水药的利尿作用可通过不同途径来实现：①抑制肾小管对电解质及水的重吸收：如猪苓、泽泻等。②影响 Na^+-K^+-ATP 酶活性：如茯苓、泽泻。③与钾离子排出有关：如通草、泽泻。④作用于血浆心钠素，如泽泻可明显升高小鼠血浆心钠素含量。⑤醛固酮受体拮抗剂作用：试验研究表明，茯苓素可能是一种醛固酮受体拮抗剂。

2. 利胆保肝作用 本类药物中茵陈（茵陈蒿汤）、金钱草、半边莲、玉米须具有明显的利胆作用，其中茵陈蒿所含利胆成分最多，茵陈及其复方能扩张 Oddi 括约肌，促进胆汁中固体物、胆酸及胆红素的排出；泽泻能改善肝脏脂肪代谢，具有抗脂肪肝作用；泽泻、茵陈、猪苓、茯苓有保肝作用，茵陈能减轻 CCl_4 致大鼠肝纤维化模型的肝细胞损伤，改善肝功能。

3. 抗病原体作用 本类药物中，茯苓、猪苓、茵陈、金钱草、木通、萹蓄、半边莲等具有抗菌作用，车前子、茵陈、地肤子、萹蓄、木通等具有抗真菌作用；车前子、茵陈等具有抗钩端螺旋体作用。

4. 其他作用 泽泻、通草、茵陈蒿、虎杖等均能降血脂；茯苓、薏苡仁、泽泻则具有降血糖的功效。茯苓、猪苓、泽泻以及薏苡仁均有一定的增强免疫的作用。茯苓多糖体、茯苓素及茵陈均有抗肿瘤作用，能抑制多种动物移植性肿瘤的生长。薏苡仁注射液广泛应用于肿瘤治疗。香加皮、车前子、茵陈蒿、金钱草均有一定的抗炎作用。另外，茯苓能镇静、抗溃疡，茵陈蒿能解热、镇痛，香加皮具有强心和兴奋神经系统作用，金钱草和车前子可预防结石，虎杖对血小板聚集有抑制作用、能抗血栓（沈映君，2012）。

茯　苓

本品为多孔菌科真菌茯苓［*Poria cocos*（Schw.）Wolf.］的干燥菌核。傍松根而生的为茯苓，其白色部分为白茯苓、淡红色为赤茯苓、褐色外皮为茯苓皮，围绕松根而生且中间天然抱有木心者为茯神。主产于云南、安徽、河南、湖北及湖南各地。

茯苓性平，味甘、淡。归心、肺、脾、肾经。具有利水渗湿，健脾，宁心安神的功效。主治水肿尿少，脾虚食少，便溏泄泻，心神不宁。

茯神性平，味甘、淡。归心、肺、脾、肾经。具有宁心安神，镇静止痛，健脾补中的功效。主治心虚惊悸，惊痫，小便不利。

［主要成分］

主要成分含有 β-茯苓聚糖（β-pachyman）、茯苓次聚糖（pachymaran）、茯苓酸（pachymic acid）、乙酰茯苓酸、茯苓素、松苓酸（pinicolic acid）、齿孔酸（eburicoic acid）、3β-羟基羊毛甾三烯酸、组氨酸、胆碱、腺嘌呤；另外，还含有茯苓新酸（poricoic acid）A.B. 和 C.，以及 β-香树脂醇醋酸酯。

［药理作用］

1. 利水作用　茯苓素具有和醛固酮及其拮抗剂相似的结构，是利水消肿的主要成分。大鼠体外试验证明，随着茯苓素浓度的增加，肾细胞膜醛固酮受体结合的 ^{125}I-醛固酮逐渐减少，即茯苓素和 ^{125}I-醛固酮竞争结合醛固酮受体的能力加强。体内试验表明，醛固酮效应可被一次口服茯苓素 50 mg/kg、100 mg/kg、200 mg/kg 所逆转，提高尿中 Na^+/K^+ 比值，且有剂量依赖关系。但茯苓素对大鼠血浆中醛固酮及血管紧张素Ⅱ水平无影响。故茯苓素可能是一种醛固酮受体拮抗剂。茯苓素可显著激活 Na^+-K^+-ATP 酶和细胞中总 ATP 酶，可促进机体的水盐代谢功能。茯神的利水作用与体液的利尿激素样调节机制以及肾的生理作用关系密切。茯苓素能激活细胞膜上与利尿有关的 ATP 酶。以 25%的茯神醇浸剂对正常家兔腹腔注射表现利尿作用。30%茯神煎剂与去氧皮质酮一起使用比单一的去氧皮质酮尿量增多，尿中钾和钠的排除量增多，从而说明茯神不具有抗去氧皮质酮作用，而与影响肾小管对钠离子的重吸收有关（张晓娟等，2014）。

2. 安神作用　药理研究和临床用药表明茯神可以延长睡眠时间，与戊巴比妥钠等有协同作用。茯苓、茯神水煎液对小鼠的直接睡眠作用较弱；茯苓、茯神水煎液可明显增加戊巴比妥钠阈下剂量的动物入睡率，且茯神作用更为明显；茯神水煎液有一定的抗惊厥作用，茯苓、茯神水煎液具有一定的镇静催眠作用，且茯神强于茯苓（游秋云，2013）。

3. 抗炎抑菌作用　平板打洞法实验发现，100%茯苓水煎剂可抑制金黄色葡萄球菌、大肠杆菌及变形杆菌；但另有报道，100%、50%和 20%茯苓水浸剂对金黄色葡萄球菌、溶血性链球菌、肺炎球菌、白喉杆菌、类白喉杆菌、肠伤寒杆菌、志贺氏痢疾杆菌、铜绿假单胞杆菌、变形杆菌及大肠杆菌无效。含 20 mg/100 mL 茯苓的培养基对结核杆菌无抑制作用。茯神的甲醇提取液中分得的三萜化合物可抑制 12-O-十四烷酰佛波醇-13-乙酸酯（TPA）引起的鼠耳肿；在鼠皮肤致癌过程中几种抗炎物质有抑制肿瘤促进剂作用，抗炎作用可能在抗肿瘤促进机理中起重要作用，研究证明 TPA 引起的炎症模型检测对鼠耳肿的抑制活性。因为对TPA引起炎症的抑制潜伏期可以平行地检测对肿瘤促进作用的抑制活性，使其成为天然的潜在抗炎剂，所以茯神具有天然抗炎作用。另外茯神煎剂对金黄色葡萄球菌、结核杆菌和变形杆菌等有抑制作用。

4. 对免疫功能的影响　茯苓水提液可提高小鼠T淋巴细胞增殖反应和白细胞介素2（IL-2）活性。茯苓多糖可促进正常及荷瘤小鼠巨噬细胞吞噬功能，增加ANAE阳性细胞及脾脏抗体分泌细胞的数量。小鼠腹腔注射茯苓素可使腹腔巨噬细胞百分数增加，吞噬率升高；细胞内酸性磷酸酶和N-乙酰氨基葡萄糖苷酶含量升高；细胞膜中碱性磷酸酶、非特异性酯酶及亮氨酸氨基肽酶活性升高，而5'-核苷酸酶、碱性磷酸二酯酶活性下降；细胞释放葡萄糖醛酸酶及半乳糖苷酶增加，RNA及蛋白质合成增加。茯苓粉末灌胃可明显抑制小鼠实验性接触性皮炎。常温条件下，茯苓对施氏鲟血清中总蛋白、白蛋白、球蛋白的含量均有提升作用，可有效增强施氏鲟免疫功能（线婷等，2018）。

5. 抗肿瘤作用　腹腔注射茯苓多糖10～200 mg/kg 10天对小鼠肉瘤180（S_{180}）实体瘤均有明显的抑制作用。腹腔注射茯苓多糖A100、1 000 mg/kg对S_{180}腹水瘤动物生命延长率为29%和36%。有报道，茯苓多糖对小鼠肉瘤180及EAC的抑制作用与口服5-氟尿嘧啶（5-Fu）作用相同。茯神的抗肿瘤作用主要是通过增强机体免疫功能来抑制肿瘤生长。从茯神中提取的被称为茯苓素的三萜类化合物的混合物在体外对小鼠白血病$L_{1\,210}$细胞的DNA合成有明显的不可逆抑制作用，可显著抑制$L_{1\,210}$细胞核的运转。茯苓素对艾氏腹水癌、S_{180}肉瘤以及小鼠Lewis肺癌的转移也有一定抑制作用。茯苓素对抗癌药有增效作用，可以增强巨噬细胞产生肿瘤坏死因子的能力。茯苓多糖能显著增强平阳霉素对食管癌SGA-73的抑制作用，提高环磷酰胺对白血病小鼠L_{615}、$L_{1\,210}$和长春新碱对白血病L_{615}的生命延长率，与抗癌药合用有明显的增效作用（曹颖，2013）。

6. 保肝作用　茯苓注射液1.4 g/kg给大鼠皮下注射8天，每天1次，可对抗四氯化碳所致肝损伤的谷丙转氨酶升高。实验性肝硬变动物经茯苓醇治疗3周后，肝硬化明显减轻，肝内胶原蛋白低于对照组，而尿羟脯氨酸排出量高于对照组，表明茯苓可促进实验性肝硬变动物胶原蛋白降解，使肝内纤维组织重吸收。茯神对四氯化碳所致大鼠肝损伤有明显的保护作用，使谷丙转氨酶活性明显降低，防止肝细胞坏死。茯神抗肝细胞坏死的效果显著，能使肝细胞肿胀显著减退，肝脏重量明显增加，并加速肝细胞再生，达到保肝降酶的作用（张雪等，2009）。

7. 其他作用　茯苓还具有抑制酪氨酸酶作用、促进造血功能、抗排斥反应等；茯神还具有抗衰老、增白作用，以及一定的降血糖作用等。

［临床应用］

1. 水湿停滞　用于水湿为患的水肿、宿水停脐、前槽停水、小便不利、尿淋、湿盛腹泻等症，常与猪苓、泽泻、白术、党参等配伍。《痊骥通玄论》："赤茯苓：利小肠。"方如五苓散、二苓平胃散。

2. 脾虚湿困　用于脾虚湿困的少食，便溏，脾虚泄泻，寒湿泄泻，以及脾不化湿水饮内停的痰饮证，常与白术、苍术、党参、猪苓等相配。《痊骥通玄论》："白茯苓：健脾和中。"方如参苓白术散、参苓平胃散。

3. 躁动不安　用于心热风邪，狂奔乱走，心动急速，脉象结代，以及心风狂，黑汗，心风癫狂不宁等证，常与朱砂、党参、黄连、猪胆汁等配伍。《痊骥通玄论》："茯苓：镇心。"方如朱砂散、镇心散、茯神散（陈正伦，1995）。

［注意事项］

阴虚而无湿热、虚寒滑精、气虚下陷者慎服。

猪　苓

本品为多孔菌科真菌猪苓［*Polyporus umbellatus*（Pers.）Fries］的干燥菌核。主产于山西、陕西、河北等地。

猪苓性平，味甘、淡。归肾、膀胱经。具有渗水利湿的功效。主治小便不利，水肿，泄泻，淋浊，带下等证。

［主要成分］

含麦角甾醇（ergosterol）、2-羟基-二十四烷酸（2-hydroxytetracosanoic acid）、生物素（biotin）、猪苓酸 A. C.、猪苓多糖、猪苓酮、土莫酸等。

［药理作用］

1. 利尿作用　猪苓水煎剂或流浸膏 2 g/kg 给雄性家兔灌胃，6 h 内总尿量无明显增加，但尿中氯化物增加 121.7%～165%。在犬输尿管瘘慢性实验中，肌内或静脉注射猪苓煎剂 0.25～0.5 g/kg，4～6 h 尿量增加 62%，尿中氯化物增加 54.5%。猪苓利尿作用机制可能是抑制了肾小管对电解质及水的重吸收。

2. 保肝作用　猪苓多糖可保护小鼠由 CCl_4 或 D-半乳糖胺所致肝损伤，使肝 5′-核苷酸酶、酸性磷酸酶和 6-磷酸葡萄糖磷酸酶活性回升，SGPT 活性下降。猪苓多糖明显降低脂肪肝大鼠血清中总胆固醇、血清甘油三酯水平，使肝脏细胞的脂肪变性程度减轻，对大鼠酒精性脂肪肝具有一定的治疗作用。体外实验证实，其保肝机制不在于抑制 CCl_4 在肝内的激活及对抗 CCl_4 代谢产物的作用，而在于抑制整个肝损伤过程中某个或某些靠后的环节（刘祥兰等，2013）。

3. 对免疫功能的影响　猪苓水煎剂可明显增加小鼠脾重和吞噬指数。猪苓多糖腹腔注射可使腹腔巨噬细胞三磷酸腺苷酶、酸性磷酸酶、α-醋酸萘酯酶活性增强。不同浓度的猪苓多糖可单独诱导以 LAK 细胞，对 IL-2 诱导的 LAK 细胞活性有调节作用。猪苓多糖可使小鼠脾细胞出现规律的增殖反应，胸腺细胞毫无反应，提示猪苓多糖可能是一种非 T 细胞性促有丝分裂素。猪苓多糖能显著增强小鼠 T 淋巴细胞对凝聚素 A（ConA）及 B 细胞对脂多糖（LPS）的增殖反应，对小鼠全脾细胞有明显的促有丝分裂作用。对特异的体液和细胞免疫应答的检测表明，每天 12.5 mg/kg 的猪苓多糖能明显增加小鼠对绵羊红细胞（SRBC）的特异抗体分泌细胞数，能明显增强小鼠对异型脾细胞的迟发型超敏反应，以及促进异型脾细胞激活的细胞毒 T 细胞（CTL）对靶细胞的杀伤。CTL 是机体免疫监视的重要效应细胞，在肿瘤免疫中具有关键作用（王丹等，2012）。

4. 抗肿瘤作用　猪苓 85%乙醇提取物水溶部分腹腔注射对小鼠肉瘤 180（S_{180}）实体瘤的抑制率为 62%，对宫颈癌 14（U14）及肝癌有抑制作用，对白血病 615（L615）无效。猪苓多糖肌内注射对接种 Lewis 肺癌小鼠有抗肿瘤转移的作用，腹腔注射能明显抑制小鼠皮下移植性 B16 恶性黑色素瘤的生长。猪苓多糖联合 5-氟尿嘧啶且均可明显抑瘤 S_{180}、Lewis、H22，并增加小鼠脾重和吞噬指数。猪苓多糖注射液亦可增强化疗药对小鼠前胃癌 FC 和 Lewis 肺癌的抑瘤作用。

5. 增强血小板聚集　猪苓提取成分Ⅱ、Ⅲ、Ⅳ可以增强胶原诱导的家兔血小板聚集。猪苓提取成分Ⅱ、Ⅲ可以增强 ADP 诱导的血小板聚集，而成分Ⅰ表现为抑制作用。上述 4 种成分对花生四烯酸和钙离子载体 A23187 诱导的血小板聚集无任何作用。该作用的作用点可能是在血小板膜上。

6. 抗辐射作用　雌性小鼠腹腔注射猪苓多糖 8 mg，接受致死剂量（800 rad）全身照射，照射前给药，存活率提高。一次全身 6GY ^{60}Co 线照射的大鼠腹腔注射猪苓多糖，结果可明显提高受照后 10 天大鼠骨髓有核细胞数、脾指数及 NK 细胞活性。其作用机制可能是调节垂体-肾上腺系统功能，使机体处于应激状态。

7. 抗诱变作用　腹腔注射猪苓多糖可抑制腹腔注射环磷酰胺 50 mg/kg 小鼠微核的产生，且随剂量的增加微核数相应减少，呈明显的剂量效应关系。

[临床应用]

1. 泄泻　用于冷肠泄泻，仔猪寒痢，脾虚泄泻，寒泄等证。常与茯苓、泽泻、肉桂、天仙子等配伍。《养耕集》："利湿行水，去血热。"方如二苓平胃散。

2. 水肿　用于膀胱蓄水不化所致的水肿胀满，小便不利，湿热淋浊等证，常与茯苓、白术、泽泻等配伍。《大武经》："利膀胱，利小水。"方如五苓散、五皮饮等。

[注意事项]

无水湿者忌服。

[不良反应]

小鼠腹腔注射猪苓半精制提取物 500 mg/kg，72 h 无任何毒性反应；腹腔注射 1 mg/kg、3 mg/kg、60 mg/kg、100 mg/kg，每天 1 次，连续 28 天，仅 100 mg/kg 组肾脏重量高于对照组，60 mg/kg、100 mg/kg 组脾重高于对照组，其余均与对照组无差异。每天 1 次腹腔注射猪苓多糖 100 mg/kg 连续 28 天，对小鼠无任何毒性作用。小鼠皮下或腹腔注射猪苓多糖提取物 0.5 mg/kg、50 mg/kg，每天 1 次，连续 6 个月，无致癌作用。腹腔注射猪苓多糖 200 mg/kg 对妊娠小鼠无致畸作用。

泽　泻

本品为泽泻科植物泽泻［*Alisma orientale*（Sam.）Juzep.］的干燥块茎。主产于福建、广东、江西、四川等地。

泽泻性寒，味甘、淡。归肾、膀胱经。具有利水渗湿，泄肾火的功效。主治小便不利，水肿胀满，湿热泄泻等证。

[主要成分]

三萜类化合物，如泽泻醇 A（alisol A）及其乙酸酯、泽泻醇 B（alisol B）及其乙酸酯、泽泻醇 C、单乙酸酯（alisol C 23 - acetate）；倍半萜类化合物，如泽泻醇萜 A、B、C、E 等二萜类化合物。此外，还含有 β-谷甾醇（β- sitosterol）、硬脂酸、甘油醇-1-硬酸脂、三十烷、胆碱、植物凝聚素、泽泻多糖等成分（陈曦，2011）。

［药理作用］

1. 利尿作用 口服泽泻水煎液可使正常家兔尿量增加；泽泻流浸膏给兔腹腔注射可使尿量增加达 24%。泽泻煎剂给犬静脉注射可使其尿量增加，且增加了尿中钠、钾、氯的排出量；但灌胃则未见有利尿效应。泽泻 50%乙醇提取物静脉注射，可使大鼠的尿量增加。在 5～75 mg/kg 的剂量中，以 37.5 mg/kg（相当 100 mg/kg 生药）的剂量使尿量增加最多，为原来尿量的 1.5 倍，同时钠的排出量增加。生泽泻、酒制、麸制泽泻均有一定的利尿效果，而盐泽泻则无利尿作用。泽泻利尿作用的机制可能与螺内酯相似，通过直接作用于肾小管的收集管，抑制钾离子及酸的排泄，同时抑制钠离子的重吸收而产生利尿作用。泽泻提取物能剂量依赖性地抑制肾脏 Na^{+} - K^{+} - ATP 酶的活性。泽泻煎剂可明显升高小鼠血浆心钠素（ANF）的含量，提示其利尿作用与 ANF 有关。大鼠药理实验证实泽泻醇 B 和泽泻醇 A - 24 -醋酸酯是泽泻利尿的有效成分。

2. 抑制肾结石 泽泻醋酸乙酯提取物能通过抑制肾组织内草酸钙晶体的形成和减少肾间质 α 胰蛋白酶抑制物的表达与抑制肾骨桥蛋白的表达来抑制尿结石的形成。对醋酸乙酯提取物的进一步研究显示，有 1 个四环三萜化合物对草酸钙晶体生长抑制作用最强，呈时间、剂量依赖性，可能是泽泻抑制尿草酸钙结石形成的活性成分。泽泻 50%甲醇提取物通过下调 bikunin 在结石大鼠肾组织的表达，减少肾组织草酸钙晶体的形成，从而抑制大鼠肾结石形成（禹建春等，2011）。

3. 肾保护作用 泽泻甲醇热提取物能减少免疫性肾炎大鼠尿蛋白排泄量，降低肾小球细胞浸润、肾小管变性和再生，表明泽泻抗肾炎活性是其作用于水代谢异常疾患的机制之一。泽泻提取物对二甘醇所致小鼠肾脏损伤具有明显的保护作用，灌服泽泻提取物后小鼠肾中毒表现明显减轻，肾脏/体质量比减少，血清中肌酐和尿素氮水平明显降低，肾组织超氧化物歧化酶和谷胱甘肽过氧化酶活性升高、丙二醛含量降低，可见其改善肾脏功能与抗氧化酶活性及抑制脂质过氧化反应有关。

4. 降血脂作用 泽泻提取物可显著升高高胆固醇和高甘油三酯饲喂的家兔 HDL - C 水平，降低总胆固醇和 LDL - C 的含量；泽泻提取物可明显降低实验性动脉粥样硬化家兔血清胆固醇和甘油三酯，并升高 HDL - C 的作用。从泽泻脂溶性部分分离的三萜类化合物被认为是降血脂的有效成分。用同位素示踪证实泽泻提取物可使大鼠小肠胆固醇的吸收率降低 34%，并能抑制小肠胆固醇的醇化作用。

5. 保肝作用 泽泻的多种组分以 0.01%～0.1%的比例添加至低蛋白高脂饲料中，对大鼠均有不同程度的抗脂肪肝作用，能明显改善大鼠肝组织的病变程度，表现为用药后肝细胞脂变数目减少，胞浆内脂滴减少。泽泻会使高脂饲料饲喂的家兔肝脏脂肪含量明显降低。泽泻提取物对四氯化碳引起的大鼠损伤性脂肪肝有保护作用，磺溴酞钠（BSP）试验保护率为 59.8%，并使肝脂肪量降低。实验性动脉粥样硬化（AS）家兔口服泽泻提取物，肝细胞脂变及气球样变明显减轻，推测泽泻在降血脂的基础上，可促进肝细胞对脂肪的代谢，增加脂蛋白的合成，抑制肝内脂肪堆积。泽泻提取物对二甘醇（DEG）所致的小鼠急性肝脏损伤具有明显的保护作用，明显减轻小鼠中毒，表现为血清中丙氨酸氨基转移酶、天冬氨酸氨基转移酶、总胆红素水平明显降低，肝组织超氧化物歧化酶、谷胱甘肽过氧化酶活性升高、丙二醛含量降低。该作用与泽泻提取物改善肝脏抗氧化酶活性及抑制脂质过氧化反应有关。

6. 抗动脉硬化　泽泻提取物可抑制家兔实验性动脉粥样硬化，动脉内膜斑块明显变薄，减轻病变程度，缩小病变范围，内膜下泡沫细胞层数和数量明显减少。此外，平滑肌细胞增生、炎细胞浸润也不明显，病变性质亦多呈静止病变，较模型组明显减轻。泽泻提取物对AS家兔饱和与不饱和脂肪酸比值的明显升高、血清油酸百分比的升高、血清不饱和脂肪酸含量的明显下降均有显著的对抗作用。泽泻可明显抑制AS家兔血小板生成MDA的功能，可促进动脉管壁前列腺素 I_2（PGI_2）释放，明显降低血小板聚集百分率。

7. 对免疫系统的作用　灌胃泽泻煎剂可使小鼠廓清指数（K）值明显降低，使血清溶血素抗体含量稍有降低，但对免疫器官（胸腺、脾脏、肝脏）重量和血清抗体IgG含量无明显影响。表明它可能不影响机体的体液免疫功能。泽泻煎剂在2,4-二硝基氯苯（DNCB）攻击前给药可明显抑制小鼠接触性皮炎；而于抗原攻击后给药对DNCB所致接触性皮炎无显著影响，对绵羊细胞（SRBC）所致小鼠迟发性足垫肿胀亦无明显影响，提示泽泻可能降低细胞的免疫功能，且对迟发型超敏反应的抑制作用具有抗原特异性。泽泻素对各种血型的人和豚鼠的红细胞有凝集作用；对小鼠脾淋巴细胞的凝集情况与ConA相似，较PHA略强。

8. 抗炎作用　泽泻煎剂可显著减轻小鼠耳廓肿胀，可明显抑制大鼠棉球肉芽肿，而对胸腺、肾上腺重量及肾上腺中维生素C含量影响不显著，对醋酸或组胺所致毛细管通透性增高亦无明显影响。

9. 抗血小板聚集和抗血栓作用　泽泻具有抗血小板聚集作用。泽泻不同提取物对家兔体外ADP和AA诱导的血小板聚集均有明显的抑制作用；对降低血浆凝固程度，缩短纤溶时间亦有显著功效。大鼠腹腔注射和家兔耳静脉点滴均表现泽泻可明显提高体内纤溶活性。与尿激酶一样，泽泻也具有激活纤溶酶原的作用，且呈相加作用，互不影响。大鼠腹腔注射泽泻可明显延长动脉血栓形成时间。泽泻对部分凝血酶时间及凝血酶原时间有延长作用。

10. 对血糖的影响　家兔皮下注射泽泻醇浸膏6 g/kg，有轻微降血糖作用，但皮下注射泽泻煎剂5 g/kg，则无降糖作用。小鼠腹腔注射泽泻甲醇提取物10 g（生药)/kg有降血糖趋势，但剂量增加至20 g/kg、40 g/kg则未见血糖下降。

［临床应用］

1. 水湿停滞　用于水湿停滞所致的尿不利、泄泻、水肿、湿热淋浊等证。常与茯苓、猪苓、车前子等相配。《元亨疗马集》："利小肠。"方如五苓散、猪苓散等。

2. 脾虚泄泻　用于脾虚不能运化水湿所致的泄泻。常与茯苓、猪苓、白术、党参等相配。《养耕集》："止泻，利小肠水。"方如猪苓散、平胃散加泽泻、猪苓，以治猪寒湿泄泻。

3. 相火妄动　用于肾虚相火妄动、滑精等证，常与知母、黄柏、生地黄、牡丹皮等配伍。方如知柏地黄丸、六味地黄丸、麦味地黄丸等。

［注意事项］

无湿及肾虚精滑者禁用。

[不良反应]

小鼠腹腔注射 LD_{50} 为 36.36 g/kg，水提物及 50%乙醇提取物的 LD_{50} 均大于 5 g/kg（相当于 15 g 生药/kg），静脉、腹腔注射泽泻甲醇提取物的 LD_{50} 分别为 780 mg/kg 和 1 270 mg/kg，灌服 4 g/kg 未见死亡。小鼠灌胃泽泻醇提取物 100 g/kg 反应正常，仅活动减少，观察 72 h 无死亡。大鼠每日给醇浸膏粉 1 g/kg、2 g/kg 共 3 个月，期间一般状况良好，活动与反应均无异常。病理观察见肝肾病变，均为变性，未见坏死，心脏未见明显变化。泽泻水煎剂可致 1/2 肾切除大鼠残肾间质炎症细胞浸润和肾小管损害（祝建辉，2007）。

薏 苡 仁

本品为禾本科植物薏苡［*Coix lacryma-jobi* L. var. *ma-yuen*（Roman.）Stapf］的干燥成熟种仁。主产于山东、福建、河北、辽宁、江苏等地。

薏苡仁性凉，味甘、淡。归脾、胃、肺经。具有利水渗湿，健脾止泻，除痹，排脓的功效。主治脾虚泄泻，湿痹拘挛，水肿，尿不利，肺痈等证。

[主要成分]

薏苡仁的一般成分有淀粉（50%～79%）、蛋白质（16%～19%）、脂肪油（2%～7%），系棕榈酸、软脂酸、硬脂酸、油酸、亚油酸、肉豆蔻酸、亚麻酸的甘油酯、类脂（糖脂 5.67%，磷脂 1.83%）、维生素 B_1（330 μg%），亮氨酸、精氨酸、赖氨酸、酪氨酸等氨基酸，腺苷以及磷、钙、铁等矿物质；特殊成分有薏苡仁酯（coixenolide）、薏苡素（coixol）、阿魏酰豆甾醇、阿魏酰菜子甾醇，薏苡多糖 A、B、C，中性葡萄糖 1-7，酸性多糖 CA-1、CA-2，4-酮松脂醇等。

[药理作用]

1. 免疫调节作用 薏苡仁油、薏苡仁酯和薏苡仁多糖是薏苡仁免疫调节活性成分。薏苡仁中性多糖类葡聚糖 1-7 及酸性多糖类 CA-1、CA-2 均显示抗补体活性；薏苡仁多糖可显著提高环磷酰胺所致免疫低下小鼠腹腔巨噬细胞的吞噬百分率和吞噬指数，促进溶血素及溶血空斑形成，并促进淋巴细胞转化。薏苡仁多糖剂量依赖性地恢复被链脲佐霉素降低的红细胞 C_{3b} 受体花环率，降低被升高的红细胞免疫复合物花环率，恢复被降低的 T 淋巴细胞亚群 CD_3、CD_4 和 CD_8 的水平，进而改善红细胞和 T 淋巴细胞免疫功能的作用。薏苡仁油可剂量依赖性地促进荷瘤（肺癌 Lewsi 细胞）小鼠脾淋巴细胞、NK 细胞活性和刀豆球蛋白 A 诱导脾细胞产生 IL-2，升高被环磷酰胺减少的荷瘤（肉瘤 S_{180} 细胞）小鼠白细胞数（沈映君，2012）。

2. 降血糖作用 薏苡仁多糖腹腔给药有明显的降低正常小鼠血糖作用。薏苡仁多糖对四氧嘧啶糖尿病模型小鼠及肾上腺素高血糖模型小鼠有显著降血糖作用，而四氧嘧啶能选择性破坏胰岛 β 细胞，肾上腺素能促进肝糖原分解和肌糖原酵解，加速糖异生，故认为其降糖作用是通过影响胰岛素受体后糖代谢的某些环节和抑制肝糖原分解、肌糖原酵解而影响糖异生来实现的。薏苡仁多糖对四氧嘧啶所致大鼠糖尿病的预防作用在一定范围内呈剂量依赖性，最佳预防剂量为 100 mg/kg，可使预防组血糖控制在正常水平。薏苡仁多糖还能提高四氧嘧啶所致高血糖大鼠体内 SOD 活性对抗四氧嘧啶引起的胰岛 β 细胞的损伤，起到保护 β 细胞的作用来抑制四氧嘧啶性糖尿病的发生。

薏苡仁多糖能改善实验性 2 型糖尿病大鼠糖耐量异常，增加肝糖原量和肝葡萄糖激酶活性，且呈一定的量效关系。薏苡仁多糖可使 STZ 所致糖尿病血管并发症大鼠主动脉大鼠模型 iNOSmRNA 的表达下调（徐梓辉，2007）。

3. 抑制肌肉收缩　石油醚浸出薏苡仁油对蛙的离体横纹肌、运动神经末梢及离体兔小肠呈现低浓度兴奋、高浓度抑制（离体兔小肠是先兴奋、后抑制）。而将 0.5 g 薏苡仁油注射入蛙的胸部、淋巴腔或腓肠肌中则可减少肌肉的挛缩、缩短其疲劳曲线。薏苡仁油对连续通电刺激的蛙腓肠肌神经肌肉也有抑制收缩作用，证明其作用点在肌纤维上。薏苡仁油抑制骨骼肌收缩的作用与其所含饱和脂肪酸关系密切。0.1%薏苡素可明显抑制蛙肌肉收缩；给兔静脉注射 3 mg/kg、6 mg/kg 薏苡素对小肠有抑制作用，而 1×10^{-4} mol/L、4×10^{-4} mol/L 的薏苡素则可抑制离体兔小肠。

4. 镇痛抗炎作用　薏苡仁水提物对热板致痛、醋酸扭体小鼠有镇痛作用。腹腔注射薏苡素 100 mg/kg 对电刺激致痛小鼠和辐射热致痛大鼠均有镇痛作用。薏苡仁镇痛抗炎的机制与抑制炎症组织的前列腺、一氧化氮和过氧化物的生成有关。

5. 抗肿瘤作用　薏苡仁的活性成分（薏苡仁酯、薏苡仁油）及总提取物均有很强的抗肿瘤作用。薏苡仁总提取物则对晚期原发性肝癌患者的免疫功能有促进作用，对患者的肝癌细胞有较好的毒性作用。薏苡仁通过抑制细胞增殖和诱导细胞凋亡来直接抑制 SGC-7901 胃癌细胞的生长。薏苡仁提取液可诱导人胰腺癌细胞凋亡，其作用呈剂量和时间依赖性，线粒体可能在早期细胞凋亡中起重要作用。

6. 解热作用　薏苡素对荧光假单胞菌的复合多糖类所致发热的解热作用较好，对二硝基酚引发的发热无效。薏苡素腹腔注射可使大鼠正常体温下降。

7. 对心血管的影响　薏苡素能抑制离体蟾蜍心脏，减小收缩振幅，减慢频率；薏苡仁油对离体蛙心与豚鼠心脏低浓度时兴奋，高浓度时抑制。0.01%和 0.1%的薏苡素对离体兔耳血管无影响，而低浓度的薏苡仁油使其收缩、高浓度使其扩张。薏苡素及薏苡仁油给麻醉兔静脉注射，可出现短暂的血压下降，并伴有呼吸兴奋。

8. 抗血栓形成　薏苡仁还具有抗动脉血栓形成和抗凝血作用，由于不延长凝血酶原时间和部分凝血活酶时间，推测其抗凝血作用点可能不在凝血酶原和部分凝血活酶的激活阶段。

9. 抗溃疡、止泻作用　薏苡仁 75%醇提物能够抑制水浸应激性小鼠溃疡、盐酸性小鼠溃疡的形成；但不抑制吲哚美辛-乙醇性小鼠溃疡的形成；可抑制番泻叶性小鼠腹泻；但不抑制蓖麻油性小鼠腹泻；不抑制胃肠推进运动，但能缓慢促进大鼠胆汁分泌（巩晓杰等，2013）。

［临床应用］

1. 脾虚泄泻　用于脾虚湿困的泄泻。常与党参、白术、茯苓等配伍。《养耕集》："利湿，补脾，去脚肿。"方如参苓白术散。

2. 水肿尿少　用于脾虚水肿，湿热内蕴，小便短赤等证。常与茯苓、猪苓、泽泻等配伍。《兽医中药类编》："健胃，利尿，镇咳治水肿。"方如《活兽慈周》："治马淋症方：

用苡仁、滑石。捣烂，入酒曲合啖。”

3. 风湿热痹　用于湿热痹痛，关节疼痛，风湿水肿，筋肉拘紧等证。常与苍术、牛膝、防己、木瓜、独活或黄柏等配伍。

4. 肺痈　常与苇茎、桃仁、黄芪、鱼腥草等配伍。方如苇茎汤等。

[不良反应]

薏苡仁油每只 90 mg 给小鼠腹腔注射，24 h 未见死亡。小鼠皮下注射、兔腹腔注射薏苡仁油致死量分别为 5～10 mg/g，1～1.5 g/kg。小鼠口服薏苡仁汤丙酮提取物（油状）的最大耐受量为 10 mg/kg。小鼠 1 次腹腔注射薏苡仁悬液 500 mg/kg 后仅出现短暂的镇静作用，无一死亡；口服每日 20、100、500 mg/kg 连续 30 天，无明显症状出现；静脉注射薏苡素溶液 100 mg/kg 亦不致死。薏苡酯注射液对小鼠腹腔注射最大量为 60 mg/kg，7 天无一死亡；静脉注射 40 mg/kg，7 天无毒性反应症状，无一死亡，LD_{50}＞40 mg/kg。

车　前　子

本品为车前科植物车前（*Plantago asiatica* L.）或平车前（*Plantago depressa* Willd.）的干燥成熟种子或干燥全草。前者江西、河南及东北、华北、华东和西南；后者主产于黑龙江、辽宁、河北、山西、内蒙古、吉林、陕西、山东等地。

车前子性微寒，味甘。归肝、肾、肺、小肠经。具有清热利尿，渗湿通淋，明目的功效。主治热淋尿血，泄泻，目赤肿痛，水肿，胎衣不下等证。

车前草性寒，味甘。归肝、肾、肺、小肠经。具有清热利尿，祛痰，凉血，解毒的功效。主治热淋，尿短赤，湿热泄泻，痰热咳嗽，痈肿疮毒等证。

[主要成分]

含有多糖类、黄酮及其苷类、苯乙醇苷类、环烯醚萜类、三萜类、挥发油类等。黄酮类成分主要有车前苷（plantagin）、高车前苷（homoplantaginin）、车前子苷 A（plantagoside A）、芹菜素（apigenin）、木樨草素（luteolin）、6-羟基木樨草素（6-hydroxylutelin）和高车前素（hispidulin）等；苯乙醇苷类成分主要有车前草苷 A、B、C、D、E、F（plantainoside A、B、C、D、E、F）、大车前苷（plantamajoside）、京尼平苷酸（geniposidie acid）等；环烯醚萜苷类成分主要有熊果酸（ursolic acid）、齐墩果酸（oleanolic acid）、桃叶珊瑚苷（aucubin）等；另外，还含有多种无机元素及生物碱、小分子酸性物质、β-谷甾醇（β-sitosterol）等成分。

[药理作用]

1. 对泌尿系统的影响　车前草乙醇提取物均能增加大鼠排尿量和尿中 Na^+、K^+、Cl^- 离子含量，但水提物则无利尿作用，乙醇提取物为其利尿作用的有效部位。车前草乙醇提取物可抑制马肾脏 Na^+，K^+-ATP 酶活性，并呈剂量依赖性；0.5 g（生药）/kg 车前草水提醇沉液静脉注射可显著增加犬的尿液量，并使其输尿管蠕动频率增加，输尿管上端腔内压力升高，压力变化为蠕动性，短时紧张性压力和长时紧张性压力升高，利于输尿管结石下移。车前子提取液每只 0.6 g 生药给大鼠灌胃，连续 13 天，结果显示，车前子有一定降低尿草酸浓度及尿石形成的危险性作用，肾钙含量显著性下降，说明其有较强的抑制肾脏草酸钙结晶沉积的作用。可能是车前利尿排石通淋作用机制之一（王歌，2014）。

2. 祛痰、镇咳作用　车前草煎剂对大鼠和猫具有较强的镇咳与祛痰作用，β-谷甾醇、车前苷、高车前苷都有镇咳的作用，车前苷是其作用的主要有效成分。苯乙酰咖啡酰糖酯类化合物能够抑制环腺苷酸磷酸二酯酶与5-脂氧合酶，其可能为车前镇咳抗炎活性的主要物质基础。

3. 抗病原微生物作用　车前草水浸剂对同心性毛癣菌、羊毛状小芽孢癣菌、星形奴卡菌等具有不同程度的抑制作用，且金黄色葡萄球菌对本品高度敏感。另外，车前草醇提取物可杀灭钩端螺旋体。熊果酸可以杀灭多种葡萄球菌、革兰阳性菌、革兰阴性菌等细菌，6-羟基木樨草素可以杀灭金黄色葡萄球菌、绿脓杆菌、表皮葡萄球菌和痤疮棒状杆菌等。

4. 抗炎作用　车前子能明显降低皮肤及腹腔毛细血管的通透性，降低红细胞膜的通透性。车前子能通过抑制一氧化氮合酶、环加氧酶的表达，减少一氧化氮和前列腺素E产生来发挥抗炎作用的。车前子的提取成分还能减轻肉芽肿及急性水肿模型小鼠的炎性反应，且能抑制滑膜炎症中肿瘤坏死因子和白细胞介素12等细胞因子的分泌。车前子多糖对急性期和晚期炎性反应均有抑制作用，表现为减轻炎性因子渗出，抑制白细胞趋化（王芳等，2013）。

5. 保肝、降脂作用　车前子水提液可使含半乳糖胺肝细胞培养液中GTP活性显著降低，有抗肝毒作用。7.5%的车前子可显著降低叙利亚仓鼠血浆及肝内胆固醇浓度，但对胆固醇的吸收无显著作用。8%的车前子可显著抑制胆固醇的吸收。车前子可降低高脂饲料饲喂的大鼠血清总胆固醇、三酰甘油和脂质过氧化物水平并提高超氧化物歧化酶活性，15 g/kg的车前子清除氧自由基、抗氧化的作用最明显，可减轻脂质代谢紊乱。车前草总三萜能降低肝损伤小鼠ALT和AST水平，提高肝SOD活性，能降低脂质过氧化产物MDA量；减轻肝组织损伤程度。

6. 抗氧化作用　车前子提取液给小鼠灌胃，能明显延长小鼠游泳时间、常压缺氧存活时间及亚硝酸钠中毒性组织缺氧存活时间，能明显增加SOD的活性，减少过氧化脂质LPO的生成，延缓衰老。车前子的总黄酮提取物和总多糖提取物均具有较强的体外抗氧化性，且能有效抑制6-OHDA诱导的神经细胞死亡，是天然有效的抗氧化及神经保护物质。车前草中的黄酮类化合物车前子苷A对DPPH自由基、$ABTS^+$自由基有很强的清除作用，并可以抑制脂质体过氧化，苯乙醇苷类化合物也有很强的抗氧化活性；车前草多糖在体外有较强的自由基清除能力；车前草水溶性膳食纤维对·OH^-自由基有较强的清除能力，对·O_2^-有较高的清除能力。鲜车前草及干车前草水煎液对邻苯三酚自氧化体系产生的超氧阴离子自由基及邻二氮菲Fe^{2+}/H_2O_2体系产生的自由基均有显著的清除作用（郑秀棉等，2013）。

7. 降血糖调血脂作用　毛平车前具有显著的降血糖调血脂作用，作用机制可能与提高机体抗氧化能力、减轻自由基对胰岛细胞的损伤有关。毛平车前醇提取物对正常小鼠血糖无明显影响，可明显降低糖尿病小鼠的糖耐量，显著降低糖尿病小鼠血糖及血清中、糖化血清蛋白（GSP）、TC、TG、LDL、C、MDA含量，明显升高HDL-C/TC比值、SOD活性和NO含量，并减轻四氧嘧啶对胰岛细胞的损伤。

8. 抗肿瘤作用　熊果酸可以抑制致癌剂如苯骈芘、黄曲霉素 B_1 诱发的基因突变，明显抑制 TPA 对二甲基苯骈的促癌作用，其机制是熊果酸可阻断鸟氨酸脱羧酶引起的多胺枯竭，导致生长抑制，使细胞累积在 G_1 期并且出现分化。另外，车前草中的类黄酮-毛地黄黄酮，可抑制一系列肿瘤细胞（肾 A－549、卵巢 SK－OV－3、黑素瘤 K－MEL－2、XF－498、HCT－15、胃 HGC－27）、MCF－7 和白血病细胞。

9. 其他作用　车前子多糖可以促进肠蠕动、对阴道菌群失调有调整作用等。

［临床应用］

1. 下焦湿热　用于湿热淋浊，膀胱湿热，尿血，水肿，水泻等证。常与木通、滑石、萹蓄、瞿麦等配伍。《元亨疗马集》："利小肠。"方如八正散。

2. 目赤肿痛　用于肝经风热的目赤、翳障及肝肾不足的迎风流泪等证。常与青葙子、菊花或熟地、山药等配伍。《抱犊集》："凉肝。"方如龙胆泻肝汤、济生肾气丸等。

3. 水湿泄泻　用于湿热内闭，肠黄及脾虚泄泻等证。常与茯苓、猪苓、泽泻或党参、白术等配伍。方如《牛经备要医方》中的厚朴苓术饮。

4. 咳嗽气喘　用于肺热咳喘，时行感冒而喘咳等证。常与桔梗、葶苈子、贝母等配伍。方如《抱犊集》中的贝母郁金汤。

［注意事项］

内无湿热及肾虚精滑者忌用。

［不良反应］

5%车前子液注入兔膝关节腔内，最大剂量的情况下对关节囊滑膜有一定的损害作用。

滑　石

本品为硅酸盐类矿物滑石族滑石。主产于广东、广西、云南、山东、四川等地。

滑石性寒，味甘、淡。归膀胱、肺、胃经。具有利尿通淋，清热解暑，外用祛湿敛疮的功效。主治热淋，石淋，湿热泄泻，暑热，湿疹，湿疮等证。

［主要成分］

主含含水硅酸镁［$Mg_3 \cdot (Si_4O_{10}) \cdot (OH)_2$］，并含黏土、石灰等。

［药理作用］

1. 收敛作用　外用撒布于黏膜创面时，形成保护性膜可减少局部摩擦，防止外来刺激，能吸着大量化学刺激物或毒物，并有吸收分泌液，促进干燥结痂的作用，显示其祛湿敛疮功效。内服后可保护发炎的胃肠道黏膜，发挥镇吐、止泻、消炎的作用。

2. 利尿作用　六一散对小鼠有明显的利尿作用，按 2 g/kg 灌胃给药，观察其 6 h 内排尿情况，结果服药后 3 h 内尿量明显增加，3 h 后恢复正常。拆方研究证实，滑石具有一定的利尿作用，但作用时间较短。六一散和滑石的利尿高峰均在服药后 1 h，以后逐渐下降。甘草无利尿作用，但能延长滑石的利尿时间（王春丽，2007）。

3. 抑菌作用　本品煎剂对伤寒杆菌与副伤寒杆菌、金黄色葡萄球菌、脑膜炎球菌有抑制作用。

［临床应用］

1. 心经伏热　治疗口舌生疮，心热尿血，湿热尿淋等证。常与淡竹叶、萹蓄、瞿麦、车前子、栀子、生地等配伍。《元亨疗马集》："利小肠。"方如八正散、导赤散等。用于牛尿血证，以本品配蚯蚓、桃仁，绿豆浆为引，煎服有效。

2. 缺乳　常与当归、穿山甲、王不留行等配伍。《师皇安骥集》："散肿气，破淤血。"方如通乳散。

［注意事项］

内无湿热、尿过多及孕畜忌用。

木　通

本品为木通科植物木通［*Akebia quinata*（Thunb.）Decne.］、三叶木通［*Akebia trifoliata*（Thunb.）Koidz.］或白木通［*Akebia trifoliata*（Thunb.）Koidz. var. *Australis*（Diels）Rehd.］的干燥藤茎。主产于湖南、贵州、四川、吉林、辽宁等地。

木通性微寒，味苦。归心、小肠、膀胱经。具有清心泻火，利尿，通经下乳的功效。主治口舌生疮，尿赤，水肿，湿热带下，乳汁不通等证。

［主要成分］

主要化学成分为三萜及其皂苷；此外，还含有木脂素苷类、香豆素、氨酸、酚类、油脂、有机酸和多糖类等多种成分。

［药理作用］

1. 利尿作用　兔慢性利尿实验，每天腹腔给予木通醇浸膏0.5 g/kg，连续5天，有显著利尿作用，并较肌肉注射0.1 g/kg的汞撒利强。兔灌胃未见利尿作用，而腹腔注射尿量增加10.5%。木通具有抗水肿和利尿作用，与保泰松合用，会增加尿量，增强抗水肿作用。但有研究对三叶木通、五叶木通、小木通、淮通、关木通的研究中只有三叶木通具有利尿作用。

2. 抗菌作用　木通的热水浸液和乙醇浸液对金黄色葡萄球菌有抑制作用，木通醇浸液在体外对革兰氏阳性菌、阴性菌如痢疾杆菌、伤寒杆菌均具有抑制作用。三叶木通、木通的水提物对乙型链球菌、痢疾杆菌作用明显，对大肠杆菌、金黄色葡萄球菌有一定的抑菌作用。三叶木通水提物抑菌作用强于木通水提物。

3. 抗肿瘤作用　八月札水提物能够明显抑制荷瘤鼠体内肿瘤生长，八月札和环磷酰胺联合用药抑制肿瘤率高，可能两者间有协同作用，与其能有效改善荷瘤鼠体内氧自由基代谢有关。白木通种子的乙醇提取物有抑制肿瘤细胞的作用。α-常春藤皂苷具有较强的抑制肿瘤生长作用，抗肿瘤作用亦呈剂量依赖型。

4. 抗血栓作用　大剂量的预知子（三叶木通的干燥果实）粗总皂苷可明显减轻大鼠静脉血栓重量，推测预知子粗总皂苷可能有抗血栓的作用。

5. 抗炎作用　三叶木通和五叶木通水提物均能显著抑制二甲苯及醋酸所致小鼠炎症反应。木通中得到刺楸皂苷A、常春藤皂苷元和齐墩果酸均具有抗炎作用，其中常春藤皂苷元抗炎作用强于其他两个化合物（刘岩庭等，2012）。

6. 其他作用 木通还具有抗抑郁作用、对酪氨酸酶活性的抑制作用等。

［临床应用］

1. 心经伏热 治疗口舌生疮，心热尿血，湿热尿淋，水肿等证。常与淡竹叶、萹蓄、瞿麦、车前子、栀子、生地等配伍。《元亨疗马集》："利小肠。"方如八正散、导赤散等。

2. 缺乳 用于缺乳，常与当归、穿山甲、王不留行等配伍。《师皇安骥集》："散肿气，破淤血。"方如通乳散。

3. 关节不利 用于四肢关节不利，配桂枝、当归、羌活、桑寄生等。

［注意事项］

汗出不止、尿频数者、孕畜忌用。

［不良反应］

历代本草所记载的木通为木通科植物木通，因为资源等缘故而逐渐少用。关木通为马兜铃科植物东北马兜铃［*Aristolochia manshuriensis* Kom.］的藤茎。性能苦，寒，有毒。有毒成分为马兜铃酸（aristolochia acid）。小鼠静脉注射马兜铃酸最小致死量为 60 mg/kg，家兔为 1.5 mg/kg；大鼠按 30 mg/kg 引起肾功能衰竭。马兜铃酸的中毒剂量可引起内脏器官毛细血管出血和水肿，肾脏发生广泛性变性。关木通用量过大和久服，可引起急性肾功能衰竭，甚至死亡。

萹　蓄

本品为蓼科植物萹蓄（*Polygonum aviculare* L.）的干燥地上部分。主产于山东、安徽、江苏、吉林等地。

萹蓄性微寒，味苦。归膀胱经。具有利尿通淋，杀虫，止痒的功效。主治热淋，尿短赤，湿热黄疸，湿疹等证。

［主要成分］

全草中含萹蓄苷（avicularin）、槲皮苷（quercitrin）、d-儿茶精、没食子酸、咖啡酸（caffeic acid）、绿原酸（chlorogenic acid）、P-香豆酸（p-coumaric）、草酸、硅酸、黏质、葡萄糖、果糖及蔗糖等。

［药理作用］

1. 利尿作用 萹蓄煎剂给大鼠皮下注射 1.5 g/kg 或口服 20 g/kg 时均能产生显著的利尿作用，萹蓄煎剂 20 g/kg 灌胃大鼠呈现明显的利尿作用，其利尿作用主要是由于所含钾盐所致。萹蓄苷 0.5 mg/kg 给麻醉犬静脉注射有明显的利尿作用，3 mg/kg 给大鼠灌胃或皮下注射均有显著的利尿作用，且其强度与剂量成正比。

2. 抑菌作用 浓度为 25%的全草煎剂对福氏痢疾杆菌和宋内氏痢疾杆菌皆有抑制作用。1∶10 浓度的煎剂对须疮癣菌、毛羊状小芽孢菌有抑制作用。40%水煎剂对葡萄球菌、绿脓杆菌、皮肤真菌均有抑制作用（许福泉等，2010）。萹蓄的水、丙酮、氯仿、乙醇提取物对革兰氏阳性菌和阴性菌均有抑制作用，其氯仿提取物抑菌活性更好。

3. 保肝和抗肝纤维化作用 萹蓄中的萹蓄苷和胡桃苷两个活性成分可显著地抑制酒

精中毒小鼠肝的脂质过氧化，萹蓄苷的抑制作用更强；萹蓄苷还可降低 CCl_4 诱导的小鼠肝毒性的 GOT（AST）和 LDH 的水平，具有显著的肝脏保护作用；萹蓄苷还可降低 α-萘异硫氰酸酯（ANIT）诱导胆红素水平。萹蓄甲醇提取物可显著地降低胆管结扎和剪断的诱发肝纤维化小鼠血清中天冬氨酸转氨酶、丙氨酸转氨酶、磷酸酯酶的水平，小鼠肝脏中羟脯氨酸的含量也减少到原来的 40%。萹蓄甲醇提取物具有显著的抗小鼠肝纤维化作用（徐燕等，2012）。

4. 抗癌作用　萹蓄中的槲皮素和杨梅皮素对多种致癌物如苯并芘、黄曲霉等有抑制作用；其中槲皮素对多种恶性肿瘤细胞如白血病细胞、人乳腺癌细胞等均有抑制生长作用。萹蓄可通过阻断 EB 病毒抗原的激活，抑制肿瘤的促进过程。

5. 降压作用　萹蓄的浸剂、煎剂或乙醇提取液给猫、兔、犬静脉注射，均有降压作用。萹蓄苷给麻醉犬静脉注射有降压作用，但持续时间短，且易产生耐受性。

6. 其他作用　萹蓄还具有杀螨虫作用、抗氧化作用、对血小板的聚集作用、对子宫的止血作用，以及对大鼠、犬的利胆作用等。

[临床应用]

1. 下焦湿热　用于膀胱湿热、尿淋、尿血、仔猪下痢等证，常与瞿麦、木通、车前子、秦艽等配伍。《大武经》："利湿热，利膀胱。"方如八正散；治牛热淋症，方如《活兽慈舟》中的泻热治淋汤（瞿麦、萹蓄、滑石、泽泻、灯芯、知母、贝母、地龙、生地、地榆、大黄）。

2. 湿疹湿疮　用于湿毒所致的皮肤瘙痒、恶疮疹块，可煎汤外洗，也可配地肤子、土茯苓、苦参、白藓皮等药煎水服。杀蛲虫、蛔虫、钩虫可配槟榔、百部、榧子等。

[注意事项]

无湿热及胎前产后忌用。

[不良反应]

猫和兔口服萹蓄浸剂（10%～20%）或煎剂（1∶40）的最小致死量为 20 mL/kg，静脉注射水提物（1∶50）则为 2 mL/kg。鸽对萹蓄的毒性作用最敏感。

瞿　麦

本品为石竹科植物瞿麦（*Dianthus superbus* L.）或石竹（*Dianthus chinensis* L.）的干燥地上部分。主产于湖北、吉林、江苏、安徽等地。

瞿麦性寒，味苦。归心、小肠经。具有利尿通淋，破血通经的功效。主治热淋、血淋、石淋、尿不利，以及胎衣不下等证。

[主要成分]

含大黄素甲醚、大黄素、3,4-二羟基苯甲酸甲酯、3-(3′,4′-二羟基苯基)丙酸甲酯、β-谷甾醇苷和大黄素-8-O-葡萄糖苷等成分。

[药理作用]

1. 利尿作用　瞿麦煎剂对大鼠、兔、麻醉犬及不麻醉犬均有利尿作用。其穗煎剂 2 g/kg 灌胃，可使盐水潴留的家兔在 6 h 内尿量增加到 156.6%，排出的氯化物增加到

268.2%。煎剂使麻醉犬尿量增加 1～2.5 倍，不麻醉犬尿量增加 5～8 倍（陈正伦，1999）。

2. 抑菌作用 瞿麦对大肠杆菌和变形杆菌抑菌效果较强，MIC 分别达到 6.25%和12.5%，且对副伤寒沙门氏菌、金黄色葡萄球菌、枯草杆菌也有一定的抑菌作用（杨红文等，2010）。

3. 兴奋子宫 瞿麦所含的 3,4-二羟基苯甲酸甲酯对受孕大鼠具有明显的抗早孕作用。瞿麦对大鼠离体子宫、兔在体子宫有兴奋作用。

4. 溶血作用 低浓度瞿麦醇提取物（0.1%～10%）并无溶血反应，100%浓度下有轻微溶血反应，说明瞿麦毒性较低。

5. 其他作用 瞿麦还能抑制心肌、扩张血管、降压及兴奋肠管、止痛，以及抗脂质过氧化、抗肝病毒等作用（刘晨等，2011）。

[临床应用]

1. 膀胱湿热 用于下焦湿热蕴结的尿淋、尿血、尿石、水肿等证。常与木通、萹蓄、金钱草、海金沙等配伍。《大武经》："利湿热，利膀胱。"方如八正散、瞿麦散、秦艽散等。

2. 湿热血淋 用于尿血、血淋、胎衣不下等证。常与桃仁、牛膝、益母草、大蓟、小蓟、茜草等配伍。《师皇安骥集》："通尿，调血。"方如瞿麦散、八正散等。

3. 湿热泄痢 用于仔猪白痢的湿热型，可单用或与萹蓄、车前草等配伍。

[注意事项]

孕畜慎用。

[不良反应]

瞿麦 10 g/kg、15 g/kg、30 g/kg 对着床期、早期妊娠，15 g/kg、30 g/kg 对中期妊娠均有较显著的致流产、致死胎的作用，且随剂量增加作用增强，部分胚胎坏死吸收。瞿麦上述剂量无遗传毒性作用（李兴广，2000）。

茵 陈

本品为菊科植物滨蒿（*Artemisia scoparia* Waldst. et Kit.）或茵陈蒿（*Artemisia capillaris* Thunb.）的干燥地上部分。主产于安徽、山西、陕西等地。

茵陈性微寒，味苦、辛。归脾、胃、肝、胆经。具有清利湿热，利胆退黄的功效。主治黄疸、尿少、湿疮瘙痒等证。

[主要成分]

主要成分有绿原酸（chlorogenic acid）、咖啡酸（caffeic acid）、对羟基苯乙酮（4-hydroxyacetophenone）、6,7-二甲氧基香豆素（6,7-dimethoxy coumarin）。全草含挥发油约 0.27%，其中主要有 β-蒎烯（β-pinene）、茵陈烯（capillen）、茵陈酮（capillon）、茵陈二炔酮、茵陈素、茵陈色原酮及 1-(2'-甲氧基苯)-2,4-已二炔、茵陈炔酮和蓟黄素。尚从茵陈蒿中提取到滨蒿酮。此外，还含有 6,7-二甲基七叶苷元、水杨酸、泻鼠李素、黄酮类。

［药理作用］

1. 利胆作用　现代药理研究表明，茵陈有松弛胆道扩约肌、促进胆汁分泌、增加胆汁中胆酸和胆红素排出量等功效。茵陈色原酮利胆作用最强，能通过抑制 β-BD 的活性降低葡萄糖醛酸分解率，从而加强肝脏解毒作用；6,7-二甲氧基香豆素还能使酒精肝损伤家兔的食量及尿量增加，有利尿之功效；茵陈煎剂、水提取物和挥发油中的茵陈二炔、茵陈二炔酮和茵陈炔内酯及醇提取物等，也有促进胆汁分泌和排泄的作用。有关研究表明，茵陈的利胆作用机制可能是通过调节肝组织细胞黏附因子-1的表达来实现的。有研究认为茵陈的利胆机制在于增强肝细胞功能，促进其再生，增加肝脏内胆酸、磷脂、胆固醇的分泌排泄，从而增加胆汁分泌量（曹锦花，2013）。

2. 保肝作用　茵陈及其方剂在临床上常被应用于治疗脂肪肝、酒精肝、病毒性肝炎等肝部疾病。研究表明，茵陈具有保护肝细胞膜完整性及良好的通透性、防止肝细胞坏死，促进肝细胞再生及改善肝脏微循环，抑制葡萄糖醛酸酶活性，增强肝脏解毒等功能。茵陈生药材中含有丰富的 Zn、Mn 等机体所必需的微量元素，这些元素直接参与酶的合成，调节酶的活性，因而有促进肝细胞再生、保护肝细胞完整性的作用；茵陈中 6,7-二甲氧基香豆素具有抗脂质过氧化和抗肝细胞坏死的作用，并可显著降低组织中胆固醇、甘油三酯的含量；茵陈色原酮、东莨菪内酯、茵陈黄酮等对四氯化碳诱发的肝细胞毒性也具有治疗作用。

3. 对心血管系统的作用　茵陈蒿中的香豆素类化合物具有扩张血管，促使血管内皮细胞释放一氧化氮和前列腺素、降血脂、抗凝血等作用。6,7-二甲氧基香豆素有明显的降压作用；茵陈中的黄酮类物质具有减轻高胆固醇症家兔动脉粥样硬化，减少内脏脂肪沉着作用；茵陈水提物可同时提高正常小鼠及心肌耗氧量增加模型小鼠的耐低氧能力。

4. 抗病原微生物作用　茵陈有较强的抗病原微生物作用，其抗菌的主要成分为茵陈炔酮、对羟基苯乙酮。试验表明，茵陈水提物对金黄色葡萄球菌、痢疾杆菌、白喉杆菌等，以及某些皮肤真菌有一定的抑制作用，对人型结核菌有完全抑制作用；另外，茵陈煎剂能抑杀波摩那型钩端螺旋体，茵陈煎剂和挥发油提取物对蛔虫有麻醉作用。茵陈对流感病毒、肝炎病毒均有抑制作用；体外实验表明，茵陈对单纯疱疹病毒、脊髓灰质炎病毒等有不同的抑制作用；茵陈的醇提物对 SARS 病毒有一定程度的抑制作用。

5. 解热镇痛消炎作用　茵陈中的主要成分 6,7-二甲氧基香豆素对正常小鼠体温有明显降温作用，对鲜啤酒酵母、2,4-二硝基苯酚致热大鼠也有明显退热作用，并具有明显镇痛作用；茵陈中部分香豆素和黄酮成分为 5-脂氧合酶（5-lipoxygenase，5-LOX）抑制剂，对小鼠模型中 5-LOX 刺激产生的白血病癌细胞有抑制作用，还可改善小鼠耳肿胀反应；茵陈中的挥发油成分可阻滞分裂素活化蛋白激酶介导的通路，降低真核细胞的转录因子的活化率，抑制炎性递质表达和生成。

6. 降糖、降血脂作用　茵陈提取物具有降低胰岛素抵抗大鼠血糖和血压的作用，其降压作用机制可能与其抗氧化作用，恢复胰岛素敏感性，降低肾素血管紧张素系统活动和提高一氧化氮水平有关。其具有有效降低高脂血症大鼠血清 TG、总胆固醇、低密度脂蛋白胆固醇的含量和肝脏 MDA 含量，升高血清中 HDL-C 的含量和 SOD 活性的作用，不同程度地减轻高脂血症大鼠肝脏脂肪变性（王茜，2012）。

7. 利尿 茵陈水煎剂或精制水浸液、挥发油、绿原酸、咖啡酸、6,7-二甲氧香豆素均有不同程度的利尿作用；茵陈水煎剂在对急性黄疸性肝炎的治疗中也显示出较好的利尿作用。

8. 抗肿瘤作用 从茵陈水提取物分得的6种成分对BEL-7402人肝癌细胞有生长抑制和杀伤作用。口服茵陈水提物对移植MethA细胞的小鼠有阻碍肿瘤细胞增殖的作用。L-929和KB细胞实验表明，茵陈色原酮的合成衍生物Capis有较好的抑瘤作用。蓟黄素和茵陈色原酮在体外均能抑制HeLa细胞和Ehrlich腹水癌细胞增殖的作用。茵陈蒿水煎剂对实验性食管肿瘤大鼠病变组织p53和cdk_2的表达具有下调作用。茵陈蒿对原癌基因*C-myc*、*C-fos*、*V-sis*的表达有不同程度的抑制作用（章林平等，2013）。

9. 抗氧化作用 体外实验中，茵陈黄酮粗提物和茵陈黄酮纯化物对·OH基和DPPH自由基具有良好的清除能力，对花生油氧化有明显的抑制效果（齐善厚，2013）。

10. 其他作用 茵陈还具有抗钩端螺旋体、拮抗细胞遗传损伤、平滑肌兴奋作用以及对灰黄霉素的增效作用等。对猪蛔虫及蚯蚓有麻痹作用。

［临床应用］

1. 黄疸 用于湿热黄疸、寒湿黄疸、急慢肝黄、阴黄、阳黄等证。常与大黄、栀子或附子、干姜等配伍。《养耕集》："去湿热。"方如茵陈蒿汤、陈姜附汤。若黄疸湿重热少，症见脘痞恶心，小便不利，舌苔厚腻者，与利湿之品同用，如《金匮要略》茵陈五苓散。

2. 泄泻 用于湿热泄泻、肠黄等证。常与白头翁、黄连、黄柏、秦皮等配伍。《养耕集》："去湿热。"方如茵陈散。

［注意事项］

非因湿热引起的发黄忌服。

［不良反应］

大鼠每天灌服50%茵陈煎剂5 mL，连续两周，食欲与体重无异常。小鼠口服茵陈煎剂LD_{50}为940 mg/kg。小鼠腹腔注射对羟基苯乙酮的LD_{50}为0.5 g/kg，大鼠灌服的急性LD_{50}为2.2 g/kg。对羟基苯乙酮以每日400 mg/kg、200 mg/kg和50 mg/kg给大鼠灌服，连续3月，血、尿常规和肝功能检查以及部分动物组织学检查均无明显变化。6,7-二甲氧香豆素给小鼠灌胃的LD_{50}为497 mg/kg，猫、兔静脉注射本品30～50 mg/kg，可使部分动物心电图出现一过性房室传导阻滞及室内传导阻滞。

金　钱　草

本品为报春花科植物过路黄（*Lysimachia christinae* Hance）的干燥全草。主产于江南各地。

金钱草性微寒，味甘、咸。归肝、胆、肾、膀胱经。具有清热利湿，利水通淋，排石止痛，解毒消肿的功效。主治湿热黄疸、热淋、石淋、水肿、肿毒、毒蛇咬伤等证。

［主要成分］

全草含酚性成分、黄酮苷、鞣质、甾醇、挥发油、胆碱、氨基酸、氯化钾和内酯类等。

［药理作用］

1. 利胆作用　大鼠每天灌服四川大金钱草煎剂（5 g 生药），6 周后肝胆汁排出量明显增多。金钱草醇提物 500 mg/kg 和醋酸乙酯提取物 200 mg/kg 能明显促进小鼠和大鼠胆汁的分泌，醋酸乙酯提取部分可能是金钱草利胆的有效部位。

2. 抗炎作用　金钱草水针剂（含 50 g 生药/kg）、金钱草黄酮及酚酸物（3.75 g/kg）对组胺引起的小鼠血管通透性增加、巴豆油引起的小鼠耳部炎症反应均显著的抑制作用。金钱草水针剂［24 g（生药）/kg、45 g（生药）/kg］对蛋清所致大鼠关节肿胀、金钱草黄酮及酚酸物（每日 1.4 g 提取物/kg）对炎症第三期模型大鼠棉球肉芽肿亦有显著的抑制作用。

3. 抗病原微生物作用　平板法试验表明金钱草冲剂对肺炎双球菌有抑制作用。体外试验表明，金钱草对乙型肝炎表面抗原（HBsAg）似有抑制作用。用反相被动血凝抑制试验检测到金钱草的水及 50%乙醇两种溶媒提取物［1 g（生药）/mL］对 HBsAg 均有明显的抑制作用，在低剂量 2.5 mg/(50 μg) 即可对 HBsAg 产生 2 倍抑制，且随药物浓度增加，其抑制作用增强，药物剂量为 10 mg/(50 μL) 时，产生 8 倍抑制，其抑制强度为高效，药物浓度与其对 HBsAg 的抑制作用显现出明显的量效关系。

4. 利尿排石、抑制结石形成　麻醉犬经十二指肠注入 120 g 金钱草制成的煎剂，出现与呋塞米相似的增强输尿管蠕动和增加尿流量的效应，且两种效应呈平行关系。金钱草注射液静脉注射麻醉犬［相当于 0.5 g（生药）/kg］，可引起输尿管腔内蠕动性压力、短时紧张性压力和长时紧张性压力增高，输尿管蠕动频率明显增加，尿量同时明显增加。以上的协同作用有利于输尿管结石的下移。金钱草黄酮提取物能抑制实验性高草酸尿症大鼠肾脏草酸钙晶体的形成，干预实验大鼠体内钙代谢可能是金钱草黄酮提取物抑制大鼠肾脏草酸钙晶体形成的途径之一（邹志辉等，2013）。

5. 抗移植排斥作用　金钱草对小鼠的细胞和体液免疫，尤其是细胞免疫有一定的抑制作用，并与环磷酸酰胺合用有协同效应，主要是作用于胸腺髓质的网状上皮细胞，从而使 T 细胞的发育成熟受到阻碍，并影响 B 细胞的正常发育。在兔甲状腺颈前肌肉移植试验中，金钱草组可见大部分滤泡完整，间质有少量淋巴细胞浸润、水肿，纤维组织不多，炎性细胞浸润少，与地塞米松组对照，二者皆可对抗兔甲状腺移植的排斥反应，以金钱草效果最佳，提示金钱草可辅助激素、环磷酰胺用于抗移植排斥（俞仑青，2011）。

6. 其他作用　金钱草具有镇静、抗氧化、抗肿瘤作用。金钱草冲剂 30 g/kg 或 15 g/kg 对冰醋酸引起的小鼠扭体反应都有拮抗作用。金钱草提取物对自由基引起的细胞膜脂质过氧化损伤有保护作用，其有效成分为含酚羟基化合物槲皮素、槲皮素-3-O-葡萄糖苷和山萘酚-3-O-葡萄糖苷等。金钱草中的皂苷类成分具有良好的抗肿瘤作用（沈映君，2012）。

［临床应用］

1. 湿热黄疸　用于湿热黄疸、胆石症、肝黄、肝胀等证。常与茵陈、栀子、大黄等配伍。方如排石汤（《中兽医药物学》：金钱草、黄芩、大黄、枳壳、川子、木香）。

2. 淋证 用于砂石淋、湿热尿淋、尿血、热淋等证。常与萹蓄、瞿麦、木通、石韦等配伍。用于热伤尿血，配木通、生地、瞿麦、萹蓄、生槐花、白茅根、生大黄等。方如金钱草化石胶囊（中兽医学杂志，2015 增刊，343 页）

3. 蛇伤、肿毒 用于恶疮肿毒、毒蛇咬伤等证，以鲜品捣汁服或外敷患处，或与夏枯草、蒲公英、紫花地丁草捣敷患部。

［不良反应］

金钱草能引起接触性皮炎和过敏反应。小鼠腹腔注射金钱草黄酮的 LD_{50} 为 1 583±251 mg/kg。

石　韦

本品为水龙骨科植物庐山石韦［*Pyrrosia sheareri*（Bak.）Ching］、石韦［*Pyrrosia lingua*（Thunb.）Farwell］或有柄石韦［*Pyrrosia petiolosa*（Christ）Ching］的干燥叶。主产于湖北、四川、江西等地。

石韦性微寒，味甘、苦。归肺、膀胱经。具有利尿通淋，凉血，止血，清肺止咳的功效。主治尿不利，热淋，尿血，衄血，肺热咳喘等证。

［主要成分］

石韦中主要含有 β-谷甾醇（β-sitosterol）、绿原酸（chlorogenic acid）、杧果苷（mangiferin）、异杧果苷（isomangiferin）、槲皮素（quercetin）、异槲皮素（isoquercetin）和蔗糖等多种成分。

［药理作用］

1. 抗泌尿系统结石 石韦及多种以石韦为主药的中成药有显著的抗泌尿系统结石作用。采用 1.25%乙二醇和 1%氯化铵制备大鼠肾结石模型，造模同时用单味中药石韦的免煎剂按 0.6 g/天剂量给大鼠灌胃，4 周后，石韦中药组大鼠肾脏损伤情况（肾充血、炎症细胞浸润、肾小管扩张）明显轻于模型组，与枸橼酸钾组相当，且尿中草酸钙结晶排泄明显高于模型组，减少大鼠肾集合系统内草酸钙结晶形成，减轻大鼠肾脏损伤（马跃等，2011）。

2. 镇咳祛痰 庐山石韦煎剂及煎剂提取物或异芒果苷给小鼠灌服，均有明显镇咳作用（二氧化硫引咳法），但不及可待因 60 mg/kg 明显，煎剂提取物用半数致死量的 1/10 即有明显镇咳作用，其效应高于生药材和其他成分。二氧化硫刺激大鼠产生慢性气管炎后，石韦煎剂提取物灌胃，连续 20 天，用药组动物气管腺泡的体积明显缩小，杯状细胞数量也减少（沈映君，2012）。

3. 抗菌、抗病毒 石韦对金黄色葡萄球菌、溶血性链球菌、炭疽杆菌、白喉杆菌、大肠埃希菌均有不同程度的抑制作用，以及抗甲型流感病毒、抗钩端螺旋体（黄疸出血型）作用。从庐山石韦中提取的异杧果苷有抗单纯疱疹病毒作用，其作用系阻止病毒在细胞内的复制。

4. 降血糖 石韦多糖对正常小鼠的血糖水平无明显影响，表明其降血糖作用不是通过刺激胰岛素分泌实现的；石韦多糖对四氧嘧啶所致的糖尿病小鼠有明显降糖作用，同时能增强糖尿病小鼠的负荷糖耐量，明显降低糖尿病小鼠血液及胰腺组织中过高的 MDA 含量，表明其降血糖作用与其抗氧化损伤胰岛细胞有密切关系（毛坤等，2014）。

5. 其他作用　石韦还具有抗缓慢性心律失常、抗炎利尿、抗氧化活性、抑制血小板聚集以及抑制基质金属蛋白酶等作用。

［临床应用］

1. 咳喘　用于肺热咳喘、肺痈等证。常与桑白皮、马兜铃、枇杷叶等配伍。《本草纲目》："清肺气。"《兽医中草药临症应用》以本品配芦根、银花藤治猪牛肺热。

2. 淋证　用于热淋、石淋、血淋、尿结石等证。常与金钱草、蒲黄、赤芍、当归等配伍。方如《千金方》中的石韦散。治水肿实证，常配其他利水消肿药如猪苓、泽泻、薏苡仁等同用。

［注意事项］

尿多者不用。

［不良反应］

庐山石韦水煎剂给小鼠口服的 LD_{50} 为 90 g/kg，异芒果素为 4.65 g/kg。

海　金　沙

本品为海金沙科植物海金沙［*Lygodium japonicum*（Thunb.）Sw.］的干燥成熟孢子。主产于广东、湖南、安徽、江苏等地。

海金沙性寒，味甘、咸。归膀胱、小肠经。具有清利湿热，通淋止痛的功效。主治膀胱湿热，尿淋，尿石，尿痛等证。

［主要成分］

主要含脂肪油、海金沙素、反式-对-香豆酸、棕榈酸（palmitic acid）、油酸（oleic acid）、亚油酸（linoleic acid）、(+)-8-羟基十六酸，以及氨基酸、黄酮等成分。

［药理作用］

1. 抑菌作用　海金沙黄酮对细菌如金黄色葡萄球菌、大肠杆菌有抑制作用，而对霉菌无抑制作用。海金沙对藤黄球菌、枯草芽孢杆菌、金黄色葡萄球菌和乙型溶血性链球菌都有抑菌活性（杨斌等，2011）。

2. 抗氧化作用　浓度95%乙醇、乙酸乙酯、丙酮、乙酸、氯仿、甲醇6种溶剂提取得到的海金沙提取物对 DPPH·、OH·和 O^{2-}·均有一定程度的清除作用，不同溶剂所得提取物对自由基的清除作用均有差别，其中95%乙醇提取得到的海金沙提取物对3种自由基清除效果均最好。

3. 利胆作用　从海金沙中分离得到的反式对香豆酸能增加大鼠胆汁量，而不增加胆汁里胆红素和胆固醇的浓度，利胆机理是增加胆汁里水分的分泌。

4. 防治结石　海金沙注射液可引起输尿管蠕动频率增加和输尿管上段腔内压力增高，压力的变化可表现为蠕动性压力升高、短时紧张性压力升高和长时紧张性压力升高，但对尿量影响不明显。海金沙提取液可抑制二水草酸钙（COD）晶体向热力学更稳定态的一水草酸钙（COM）晶体转变，这种抑制作用随海金沙提取液浓度增大而增大，且 COD 晶体尺寸随着海金沙提取液浓度的增大而减小（王润霞等，2010）。

5. 降血糖作用 海金沙根和根状茎水提液和醇提液对四氧嘧啶所致糖尿病模型小鼠有降血糖作用，降糖效果与阳性对照药降糖灵作用相当，而对正常小鼠血糖无影响。

6. 抗雄性激素 海金沙孢子50%乙醇提取物能显著抑制睾酮5α-还原酶的活性，具有显著的抗雄激素作用。

［临床应用］

1. 膀胱湿热 治热淋涩痛，可以本品为末，甘草汤送服，或配伍车前子、木通等，以增清热通淋之功；治石淋，常与萹蓄、瞿麦、鸡内金、金钱草、牛膝等配伍，共奏通淋排石之功。

2. 水肿 多与泽泻、猪苓、防己、木通等配伍。

［注意事项］

肾阴亏虚者慎用。

灯　心　草

本品为灯心草科植物灯心草（*Juncus effusus* L.）的干燥茎髓。主产于江苏、四川、云南等地。

灯心草性微寒，味甘、淡。归心、肺、小肠经。具有清心火，利尿的功效。主治尿不利，水肿，口舌生疮等。

［主要成分］

含绿原酸（chlorogenic acid）、隐绿原酸、咖啡酸和木犀草素（luteolin）等成分，主要为菲类、黄酮类、酚类和萜类等。

［药理作用］

1. 抗菌活性 从灯心草属植物（*J. roemerianus*）中分离得到的6-甲基灯心草二酚（juncusol）对4种芽孢杆菌和2种ATCC枯草芽孢杆菌以及1种金黄色葡萄球菌显示抑制作用，推断juncusol是一种革兰氏阳性菌的潜在抑制剂。去氢灯心草醛（dehydroeffusol）对两种金黄色葡萄球菌和白色念珠菌的抑制活性比在黑暗中增加了16倍，对枯草芽孢杆菌抑制活性增加了8倍，juncusol对金黄色葡萄球菌和白色念珠菌的抑制活性仅增加了2倍。dehydroeffusol同juncusol相比，有更好的光活化抗菌活性（李红霞，2007）。

2. 抗氧化作用 不同溶剂灯心草提取物抗氧化活性结果表明灯心草乙酸乙酯提取物的抗氧化活性最强（陆风等，2008）。

3. 镇静作用 去氢厄弗酚具有明显的镇静药理作用，是灯心草镇静作用的物质基础。

［临床应用］

1. 淋证 多与木通、瞿麦、车前子等配伍，方如八正散。

2. 口舌生疮 常与淡竹叶、滑石、木通、车前草等配伍（胡元亮，2013）。

［注意事项］

虚寒者慎服；气虚小便不禁者忌服。

◆ 参考文献

曹锦花，2013. 茵陈的化学成分和药理作用研究进展 [J]. 沈阳药科大学学报，30（6）：489－494.

曹颖，2013. 茯苓多糖药理作用的研究 [J]. 中国现代药物应用，7（13）：217－218.

陈曦，2011. 泽泻的研究现状与进展 [J]. 中国民族民间医药杂志，20（9）：50－51.

陈正伦，1995. 兽医中药药理学 [M]. 北京：中国农业出版社.

巩晓杰，滕建业，2013. 药食两用中药薏苡仁研究进展 [J]. 亚太传统医药，9（8）：74－75.

胡元亮，2013. 中兽医学 [M]. 北京：科学出版社.

李红霞，2007. 灯心草的化学成分与生物活性研究 [D]. 武汉：中南民族大学.

刘晨，张凌珲，杨柳，等，2011. 瞿麦药学研究概况 [J]. 安徽农业科学，39（33）：20387－20388，20392.

刘祥兰，徐颖，张钰泉，2013. 猪苓多糖降血脂抗大鼠酒精性脂肪肝的药理实验研究 [J]. 中成药，35（8）：1760－1764.

刘岩庭，侯雄军，谢月，2012. 木通属植物化学成分及药理作用研究进展 [J]. 江西中医学院学报，24（4）：87－93.

陆风，沈建玲，2008. 灯心草抗氧化活性成分研究 [J]. 中国民族民间医药：28－30.

马越，畅洪昇，2011. 石韦的临床应用和药理研究 [J]. 江西中医学院学报，23（4）：87－90.

毛坤，夏新中，2014. 中药石韦的药理作用与临床应用研究进展 [J]. 长江大学学报：自然科学版：医学（下旬），11（2）：110－113.

齐善厚，2013. 茵陈黄酮的抗氧化及镇痛作用研究 [J]. 现代食品科技，29（3）：501－504.

沈映君，2012. 中药药理学. 第2版 [M]. 北京：人民卫生出版社.

王春丽，王炎焱，韩伟，等，2007. 常用矿物药及其类方药理作用研究概况 [J]. 时珍国医国药，18（6）：1343－1345.

王丹，王学仁，2012. 猪苓的免疫调节作用 [J]. 国际中医中药杂志，34（7）：657－658.

王芳，王敏，2013. 车前子的新药理作用及机制的研究进展 [J]. 医学综述，19（19）：3562－3564.

王歌，2014. 车前草化学成分与药理作用的研究 [J]. 黑龙江医药，27（4）：864－865.

王茜，2012. 茵陈的药理作用及其主要化学成分药物代谢动力学研究进展 [J]. 安徽中医学院学报，31（4）：87－90.

王润霞，王秀芳，谢安建，等，2010. 海金沙提取液抑制草酸钙结石的化学基础研究 [J]. 通化师范学院学报，31（4）：1－4.

线婷，王荻，刘红柏，2018. 黄芪、甘草、茯苓对施氏鲟非特异性免疫功能的影响 [J]. 大连海洋大学学报，33（3）：365－369.

徐燕，李曼曼，刘增辉，等，2012. 萹蓄的化学成分及药理作用研究进展 [J]. 安徽农业大学学报，39（5）：812－815.

徐梓辉，周世文，陈卫，等，2007. 薏苡仁多糖对糖尿病血管并发症大鼠NO及主动脉iNOS基因表达的影响 [J]. 第三军医大学学报，29（17）：1673.

许福泉，刘红兵，罗建光，等，2010. 萹蓄化学成分及其归经药性初探 [J]. 中国海洋大学学报，40（3）：101－104.

杨斌，陈功锡，唐克华，等，2011. 海金沙提取物抑菌活性研究 [J]. 中药材，34（2）267－272.

杨红文，胡彩艳，汤雯君，等，2010. 瞿麦、地榆、没药和紫花地丁的体外抑菌实验研究 [J]. 宜春学院学报，32 (12)：89-90.
游秋云，王平，2013. 茯苓、茯神水煎液对小鼠镇静催眠作用的比较研究 [J]. 湖北中医药大学学报，15 (2)：15-17.
俞仑青，2011. 金钱草的药理作用及临床应用概况 [J]. 中国现代药物应用，5 (14)：131-132.
禹建春，叶红梅，林西西，2011. 泽泻的药理研究概况 [J]. 海峡药学，23 (2)：92-93.
张晓娟，左冬冬，范越，2014. 茯苓化学成分、质量控制和药理作用研究进展 [J]. 中医药信息 (1)：117-119.
张雪，向瑞平，刘长河，2009. 茯神的化学成分和药理作用研究进展 [J]. 郑州牧业工程高等专科学校学报，29 (4)：19-21.
章林平，孙倩，王威，等，2014. 茵陈有效成分的药理作用及其临床应用的研究进展 [J]. 抗感染药学，11 (1)：28-31.
郑秀棉，杨莉，王峥涛，2013. 车前子的化学成分与药理活性研究进展 [J]. 中药材 (7)：1190-1196.
邹志辉，崔维奇，谌辉鹏，等，2013. 金钱草黄酮提取物对大鼠肾脏草酸钙结石形成的影响 [J]. 中国实验方剂学杂志，19 (4)：195-199.

第十三章

温 里 药

凡是药性温热，能祛除寒邪的一类药物，称为温里药或祛寒药。

温里药性偏温热，具有温中祛寒及益火扶阳等作用，适用于里寒之症，即是《内经》所说的“寒者温之”的治则。临床用于治疗因寒邪内侵而引起的肠鸣泄泻、肚腹冷痛、大汗、口鼻俱凉、四肢厥冷、脉散欲绝等阴证。本类药物多属于辛热之品，还具有行气止痛的作用，凡是寒凝气滞、肚腹胀痛等都可选用。

目前，在温里药的药理作用方面已开展了大量的研究工作，温里药的药理作用主要表现在以下方面：①对消化系统的作用。温中散寒的中药大多具有健胃祛风的作用，如干姜、高良姜、胡椒、吴茱萸等。它们的健胃祛风作用主要表现为促使胃液分泌量及胃酸排出量增加，唾液淀粉酶、胃脂肪酶、胃蛋白酶活力增强，对胃肠道有缓和刺激作用，能增强胃肠张力和蠕动。②对心血管系统的作用。附子、乌头、干姜、肉桂、细辛等温里药对心血管系统有明显的作用，主要是强心、抗心律失常和抗休克作用。③镇吐作用。姜汁、姜浸膏、姜酮和姜烯酮等能抑制犬由硫酸铜所致的呕吐。吴茱萸、丁香亦有镇吐的作用。④镇痛作用。附子、乌头、姜、肉桂、吴茱萸、细辛等均有不同程度的镇痛作用。

在温里药药材的地道性、化学成分等方面亦进行了卓有成效的研究工作，为进一步开发利用这些药材资源奠定了良好的基础。但是，仍有一系列研究亟待开展，如药材地道性和药效的关系；活性成分构效关系的研究；某些药物抗缺氧、抗血栓形成、改善微循环、抗溃疡、抗肿瘤、抗菌、抗病毒、抗寄生虫的作用机制，所含挥发油促渗透作用的研究以及临床应用研究等。

附 子

本品为毛茛科植物乌头（*Aconitum carmichaeli* Debx.）的侧根。又名熟附子、炮附子、川附子，侧根中间的主根叫乌头。主产于广西、广东、贵州、四川、陕西、湖北、湖南等地。

附子性大热，味辛、甘。有毒，需经炮制后才做内服药用。归心、脾、肾经。具有温中散寒、消阴翳以复阳气；回阳救逆、除湿止痛的功效，为中药中“回阳救逆第一品”。主治风寒湿痹、下元虚冷等证。用于阳微欲绝之际，并有除湿止痛作用。

[主要成分]

附子主要含生物碱类物质，如乌头碱（aconitine）、中乌头碱（mesaconitine）、次乌头碱（hypaconitine）、塔拉地萨敏（talatisamine）、杰斯乌头碱（jesaconitine）、异翠雀花碱（isodelphinine）等。附子中除生物碱外，还含有脂类、多糖等其他非生物碱成分。

［药理作用］

1. 对心血管系统的作用

（1）强心作用　附子煎剂对离体心脏、在体心脏和衰竭心脏均具有强心作用，能增强心肌收缩力，加快心率，使心输出量增加，心肌耗氧量增加；剂量加大可出现心律不齐。附子的强心作用与兴奋β受体有关。强心成分主要为去甲乌药碱、去甲猪毛菜碱、氯化甲基多巴胺、尿嘧啶。生附子因含大量乌头碱，对心脏呈明显毒性，需久煎，可使乌头碱水解，毒性大减而强心成分仍然存在。

（2）对血管和血压的影响　附子注射液或去甲乌药碱静脉注射有明显扩张血管作用，均可使麻醉犬心输出量、冠状动脉、脑及股动脉血流量明显增加，血管阻力降低。附子中含有升压和降压的不同成分，因此对血压有双向影响。生附子有一过性降压作用，用同样剂量的制附子有一过性升压作用。降压的有效成分是去甲乌药碱，它可降低麻醉及不麻醉犬的血压；升压的主要成分是氯化甲基多巴胺和去甲猪毛菜碱，氯化甲基多巴胺为α受体激动剂，去甲猪毛菜碱对β受体和α受体均有兴奋作用。

（3）抗心律失常的作用　附子对异搏定所致小鼠缓慢型心律失常有明显防治作用，能改善房室传导，加快心率，恢复窦性心律；对甲醛所致家兔窦房结功能低下症有一定的治疗作用，使窦房结与房室结功能趋于正常。乌头类生物碱具有增加缺血心肌血流灌作用，增加缺血心肌的供氧供能，从而改善心肌氧的供求平衡，减少因缺氧引起的心律失常的发生。但附子中所含的乌头类生物碱也具有较强的致心律失常的作用，因此附子剂量过大，可导致心律失常，出现心动过缓、室性心动过速、室颤等。但附子中存在一些水溶性物质能特异性地对抗乌头类生物碱诱发的心律失常，而对多巴因、三氯甲烷所致心律失常无效。附子注射液也可对抗垂体后叶素所致的各种不同类型的心律失常（张卫东等，1996）。

（4）提高耐缺氧能力　附子注射液能对抗垂体后叶素所致的大鼠急性心肌缺血；对麻醉犬急性心肌缺血损伤的范围和程度有明显的缩小与减轻作用。

（5）抗休克作用　附子及其复方对失血性休克、内毒素性体克、心源性休克及肠系膜上动脉夹闭性休克等多种休克有明显防治效果，能提高休克动物的平均动脉压，显著延长其存活时间，提高休克动物的存活率。对纯缺氧性休克、血管栓塞性休克等亦有明显保护作用。附子的抗休克作用，与其强心、收缩血管、升高血压，以及扩张血管、改善循环等作用有关。

2. 抗炎作用　附子煎剂可抑制蛋清、角叉菜胶、甲醛等所致的大鼠足跖肿胀。附子的甲醇提取物对醋酸所致的小鼠血管通透性增加有抑制作用，也可抑制肉芽肿形成及佐剂性关节炎（张明发等，2000）。

3. 镇静、镇痛及抗寒作用　生附子能延长环己巴比妥对小鼠的睡眠时间，抑制小鼠自发活动，起到镇静作用；能抑制大鼠尾部加压引起的疼痛和小鼠腹腔注射醋酸引起的扭体反应，出现明显的镇痛作用。附子中起中枢性镇痛作用的是其生物碱类成分，如乌头碱和中乌头碱。炮附子对热板法及上述方法引起的疼痛无效。附子中的乌头碱对皮肤黏膜的感觉神经末梢还具有麻醉作用。附子煎剂在寒冷环境下能抑制小鸡及大鼠的体温下降，甚至使降低的体温升高，延长生存时间，减少死亡率。

4. 降糖与降血胆固醇 乌头、附子多糖可通过增加葡萄糖的利用而不提高胰岛素水平的机制产生降糖作用（于乐等，2009）。附子多糖还具有明显的降低高胆固醇血症大鼠血清中胆固醇和低密度脂蛋白的作用，其机制与提高 LDL－R 的基因和蛋白表达，增加受体数量，增强受体活性，加强 LDL 的转运、转化及清除有关（周芹等，2011）。

5. 对免疫功能的影响 附子注射液可提高小鼠体液免疫功能及豚鼠血清补体含量，但对小鼠血清溶菌酶活性无明显影响。其免疫调节作用机理与附子能显著刺激小鼠脾淋巴细胞分泌白介素-2，增强脾细胞产生抗体有关。另外，附子可将肌肉注射大剂量人肝素辅因子（HC）引起血清 IgG 水平显著下降的大鼠血清 IgG 水平恢复到正常范围；乌头碱能增强巨噬细胞表面 Ia 抗原表达，提高其机体抗原能力，从而增强机体免疫应答反应（考玉萍等，2010）。

6. 抗肿瘤作用 附子多糖对 HL－60 细胞有诱导分化作用，且诱导 HL－60 细胞向粒细胞方向分化。附子多糖的抑瘤机制主要是通过增强机体的细胞免疫功能，诱导肿瘤细胞凋亡和促进抑癌基因的表达等多种因素发挥抗肿瘤作用（任丽娅等，2008）。

7. 兴奋垂体-肾上腺皮质系统 熟附片煎剂能显著降低大鼠肾上腺内抗坏血酸的含量，增加尿中 17-酮、类固醇的排泄，减少末梢血液中嗜酸性白细胞数，对某些肾上腺皮质功能不全的病例具有肾上腺皮质激素样作用（马宗超等，2004）。

8. 抗氧化作用 附子能提高老年大鼠血清总抗氧化能力及抗氧化酶活性，降低自由基代谢产物的含量，提高组织中酶的活性，改善细胞膜的流动性，即附子可提高机体抗自由基能力，减少脂质过氧化，从而保护细胞膜的完整和功能，起到延缓衰老的作用（张涛等，2001）。

有研究表明，附子中的多糖能够明显提高心肌组织抗氧化酶的活性，减少小鼠力竭运动所致的氧化应激损伤，提高小鼠的运动耐力（刘古峰等，2008）。附子多糖还可以保护心肌细胞对抗缺氧复氧损伤，其作用机制与附子多糖抑制内质网应激反应，维持内质网稳态，阻碍内质网应激诱导的细胞凋亡有关（刘颖等，2012）。

9. 其他药理作用 去甲乌药碱对豚鼠离体完整气管及 5-羟色胺所致小鼠肺支气管痉挛均有松弛作用，可对抗组胺所致豚鼠哮喘。附子有胆碱样、组胺样及抗肾上腺素作用，能兴奋大鼠离体肠管的自发性收缩，但抑制胃排空（考玉萍等，2010）。

附子中的磷脂酸钙及 β-谷甾醇等脂类成分具有促进饱和脂肪酸和胆固醇的新陈代谢作用。

［临床应用］

1. 寒伤脾胃 凡阴寒内盛的脾阳不运，伤水腹痛，冷肠泄泻，胃寒草少，肚腹冷痛之证，应用本品有温中散寒、通阳止痛之效。可与党参、白术、干姜、甘草等配伍，如附子理中汤、四逆汤。治仔猪寒泻，用干姜、附子、肉桂、白术各 6 g，茯苓 10 g，肉蔻、良姜、砂仁、煨乌梅、煨诃子、郁金、木通、车前子各 6 g（以上为 15 kg 猪的用量），水煎 2 次，灌服（胡元亮，2006）。

2. 阳气欲脱 对于大汗、大吐或大下后，四肢厥冷，脉微欲绝，或大汗不止，或吐利腹痛等虚脱的危证，应用附子回阳救逆，常与党参、黄芪、炙甘草配伍，如四逆汤、参附汤。治骡低温症，用党参 60 g、白术 60 g、肉桂 40 g、附子 40 g、干姜 40 g、砂仁 40 g、草豆蔻 60 g、厚朴 50 g、丁香 30 g、菖蒲 30 g、五味子 40 g，水煎灌服（胡元亮，2006）。

3. 风寒湿痹　因其性善走，通诸经而散内外之寒邪，可用于风寒湿痹，下元虚冷等证，常与桂枝、白术等同用，如甘草附子汤。《元亨疗马集》："疗风"。方如《司牧安骥集》的黑神散。

[注意事项]

孕畜忌用或慎用。

[不良反应]

熟附片煎剂小鼠 LD_{50}，口服为 1.742 g/kg，腹腔注射为 3.516 g/kg；乌头碱小鼠 LD_{50}，皮下注射为 0.27～0.31 g/kg，灌胃为 1.8 g/kg；去甲乌药碱小鼠 LD_{50}，静脉注射为 58.9 g/kg，口服为 3.35 g/kg。可见附子毒性较大，因炮制或煎法不当，或用量过大，容易引起中毒。中毒症状：流涎，恶心，呕吐，呼吸困难，瞳孔散大，脉搏不规则（弱而缓），皮肤冷而黏，可致死亡。解救方法：及时使用尼可刹米等兴奋剂；心跳缓慢而弱时或出现心律失常者可用阿托品与利多卡因。

[附] 乌头

乌头（*Aconitum carmichaeli* Debx.）与附子虽属同一种植物，但二者的作用却有所不同。乌头抗风湿和镇痛作用比附子强，而祛寒作用不如附子。乌头辛散温通，为散寒止痛之要药，善于逐风邪、除寒湿，故能温经止痛，适用于寒证的疝痛及风寒湿痹或麻木不仁等证。如配胆南星、乳香、没药等为小活络丹。

乌头有大毒，用之宜慎。乌头对呼吸中枢、心血管运动中枢、反射功能等有麻痹作用，乌头中毒可用阿托品解救。

干　姜

本品为姜科植物姜（*Zingiber officinale* Rosc.）的干燥根茎。主产于四川、陕西、河南、安徽、山东等地。

干姜性热，味辛。归心、肺、脾、胃经。具有温中散寒，回阳通脉，燥湿消痰，温肺化饮之功效。主治脾胃虚寒，伤水起卧，亡阳厥逆，寒湿痹痛等证。

[主要成分]

干姜所含主成分为姜酮（zingiberone）、姜烯（zingiberene）、水芹烯（phellandrene）、莰烯（camphene）、β-没药烯（β-bisabolene）、α-姜黄烯（α-curcumene）、姜辣素（gingerol）、姜烯酮（shogaol）、龙脑（borneol）、柠檬醛（citral）、姜油酮（zingerone）及姜醇（zingiberol）等。

[药理作用]

1. 对中枢神经的作用　干姜浸剂对小鼠自发运动有抑制倾向，能延长环己巴比妥的睡眠时间。干姜浸膏能抑制犬由硫酸铜引起的呕吐。干姜的醚提取物和水提取物均有明显的镇痛作用。

2. 对心血管系统的作用　干姜浸剂可使离体心脏自主运动增强，对麻醉犬血管运动中枢及呼吸中枢有兴奋作用，也可直接兴奋心脏，并且扩张血管，促进血液循环。大鼠静脉注射姜烯酚 500 μg/kg 后，血压呈一过性降低后上升，之后又持续下降的三相性作用；这种升压作用能被特拉唑啉所抑制，降压作用能被切断迷走神经所抑制（李素民等，1999）。

3. 对消化系统的作用　干姜对消化道有轻度的刺激作用，可使肠张力、节律及蠕动增加，有时继以降低。干姜浸剂能降低胃液酸度和抑制胃液分泌。干姜醇提物既可激动 M、H 受体，又可拮抗 Ach 和组胺对 M、H 受体的激动作用。

4. 抗炎作用　干姜的醚提取物和水提取物均有明显的抗炎作用。干姜能使幼年小鼠胸腺明显萎缩；使大鼠肾上腺中维生素 C 的含量显著降低，这些作用与强的松相似。

5. 抗缺氧及抗氧化作用　干姜的醚提取物能减慢小鼠的耗氧速度，延长常压密闭缺氧小鼠的存活时间，延长断头小鼠的张口动作持续时间；可抑制家兔脑组织的脂质过氧化物 MDA 的生成，并能提高脑组织中 SOD 的活性和 $Na^{+}-K^{+}-ATP$ 酶的活性，清除体内自由基所造成的神经细胞膜的脂质过氧化损伤，脑水肿减轻而迅速复苏。

6. 抑菌、抗虫作用　体外对堇色毛癣菌有抑制作用，对阴道滴虫有杀灭作用。

7. 其他作用　干姜还具有抗衰老、镇咳、止呕、解毒、防晕、抑制血小板凝集、抗肿瘤和增强免疫等作用（李素民等，1999）。

［临床应用］

1. 脾胃虚寒　对脾胃虚寒、伤水起卧、四肢厥冷、胃冷吐涎、虚寒作泻等均可应用干姜。治马脾胃寒，如《元亨疗马集》中的桂心散：桂心、青皮、白术、厚朴、益智、干姜、当归、陈皮、砂仁、甘草、五味子、肉豆蔻，共为末，每服二两，飞盐半两，青葱三根，酒一升，同煎灌之。治疗牛虚寒性流涎吐沫，用炙甘草 60 g，干姜 60 g，水煎候温灌服，（杨良存，2013）。治疗幼畜痢疾，用红糖 70 g，干姜 30 g，白胡椒 20 g，先用温水将红糖化开，再将白胡椒、干姜捣碎研细后与红糖水混匀，每头幼畜每次内服 6～15 g。（李巧云，2013）。

2. 阳气欲脱　用于阳虚欲脱之证，常与附子、甘草配伍。《抱犊集》："温肺，温大肠"，"中焦有寒，用肉桂、干姜"。方如四逆汤。治疗牛久泻不止，用茯苓 100 g，党参 120 g，炮附子 100 g（先煎），炮姜 60 g，赤石脂 50 g，砂仁、肉桂、炙甘草各 30 g，升麻 20 g，煎汤温灌，两日 1 剂，连用 3 剂（蒋杨华等，2014）。治疗猪寒湿性腹泻，用猪苓 20 g，紫苏、白术（炒）、厚朴、肉蔻、藿香各 15 g，砂仁、干姜各 10 g，车前、茯苓、桂枝各 15 g，水煎候温灌服或拌料喂服，连续用药 2～3 天（李召英，2014）。

3. 肺寒咳嗽、寒饮停胃　可用于肺寒咳嗽或肺寒吐沫、寒饮停胃等证，常与肉桂、半夏、吴茱萸、五味子等同用。方如《抱犊集》中的发表青龙汤等。

［注意事项］

干姜性辛、热，其热气能行五脏，不可多用、滥用。大量可引起口干、喉痛，还可刺激肾脏而发炎。患热性疾病的动物中午发热可能加剧，此时用姜，对病情无异于火上浇油。

肉　桂

本品为樟科植物肉桂（*Cinnamomum cassia* Presl.）的干燥树皮。主产于广东、广西、云南、贵州等地。

肉桂性大热，味辛、甘。归脾、肾、肝经。具有暖肾壮阳，温中祛寒，活血止痛之功效。主治肾阳不足，脾胃虚寒，风寒湿痹，血气衰弱等证。

［主要成分］

肉桂含挥发油1%～2%。油中的主要成分为桂皮醛（cinnamyl dehyde），并含少量乙酸桂皮酯（cinnamyl acetate）、桂皮酸（cinnamic acid）、苯丙酸乙酯（phenylpropyl acetate）等；此外，尚含肉桂醇（cinnamonol）D1、D2、D3，前矢车菊素（procyuidin）B2、B3、B4，表儿茶精（epicatechin）等。从肉桂水提物中还分离出桂皮苷（cinnamoside）、肉桂苷（cassioside）、辛卡西醇（cinncassio1）等成分。

［药理作用］

1. 对中枢神经系统的作用　动物实验证明，肉桂中有效成分桂皮醛对小鼠正常体温以及用伤寒、副伤寒混合疫苗引起的人工发热均有降温作用，且对小鼠有明显镇静作用；桂皮醛能明显提高小鼠对热刺激的痛阈，并能显著抑制醋酸所致的小鼠扭体次数，桂皮水提物能显著延迟热刺激痛觉反应时间，且具有一定的抗惊厥作用。

2. 对心血管系统的作用　肉桂水煎剂对全身血管有扩张作用，桂皮油对兔离体心脏有抑制作用，对末梢血管有持续性扩张作用。对肾上腺皮质性高血压大鼠有降压作用，对肾性高血压大鼠无作用。由于其能改善末梢循环及心肌供血，所以还有一定的抗休克作用。肉桂能抑制ADP（二磷酸腺苷）诱导的大鼠血小板的聚集，体外有抗凝作用。

3. 对消化系统的作用　肉桂对胃肠有缓和的刺激作用，能增强消化功能，排除消化道积气，缓解胃肠痉挛性疼痛。肉桂水提物能通过增加胃黏膜血流量，改善循环，抑制胃溃疡形成。肉桂对多种溃疡模型有效，对蓖麻油和番泻叶引起的小鼠腹泻有显著对抗作用。另外肉桂对麻醉大鼠有明显利胆作用。

4. 抗炎作用　小鼠灌服0.8 mL/kg和1.6 mL/kg肉桂醚提取物或10 g/kg和20 g/kg肉桂水提取物都能抑制二甲苯所致的耳壳肿胀和醋酸所致的腹腔毛细血管渗透性增高，5 g/kg和10 g/kg水提物还抑制角叉菜胶引起的大鼠足趾肿胀。肉桂热水提取物中分离出的鞣酸样物质是其主要抗炎活性成分，其抗炎机制主要是通过抑制NO的生成而发挥抗炎作用。

5. 增强免疫作用　肉桂水提物能抑制网状内皮系统吞噬功能和抗体形成。用肉桂的200 mg/kg提取物给小鼠进行腹腔注射，发现其能明显抑制小鼠对炭粒廓清指数、溶菌素生成和幼年小鼠脾脏质量，但对大鼠被动皮肤变态反应无明显影响。

6. 抗菌作用　肉桂水浸出液体外对大肠杆菌、痢疾杆菌、伤寒杆菌、金黄色葡萄球菌、白色葡萄球菌、白色念珠菌都有明显的抑菌作用，对皮肤真菌有很强的抑制作用。肉桂油对革兰阳性菌及革兰阴性菌也均有良好的体外抑菌效果，而肉桂油的这种广谱抗菌效能应归功于肉桂醛。肉桂醛对大菱鲆弧菌有很好的抑菌效果，其最低抑菌浓度为0.25 μL/mL

(崔惠敬等，2017)。

7. 抗肿瘤作用 小鼠长期服用肉桂醛类可延缓肝癌的发生。肉桂醛可抑制肿瘤细胞的增殖，其机制是导致活性氧簇（ROS）介导线粒体膜渗透性转换并促使细胞色素 C 释放。

8. 对子宫平滑肌的作用 肉桂挥发油有抑制小鼠离体子宫收缩的作用，而且存在一定的浓度效应依存关系，这与肉桂具有活血通经、散寒止痛作用相一致。

9. 杀虫作用 动物实验表明，肉桂具有一定的预防血吸虫病的作用；具有不同程度的杀灭象鼻虫之类甲虫的作用。肉桂提取物对克氏锥虫有 100%的抑制活性；肉桂油熏蒸或喷雾能杀灭粉尘螨；含 5%肉桂油软膏及肉桂的甲醇提取物均能保护人和家畜不受埃及伊蚊的叮咬（方琴，2007）。肉桂醛能抑杀离体的多子小瓜虫，在 8.0～50.0 mg/L 时，能中断小瓜虫的生活史，起到防治小瓜虫病的作用（梁靖涵等，2014）。

10. 其他作用 大量桂皮油可引起子宫充血，显示通经作用。另外，桂皮油吸收后由肺排出，使黏液稀释，呈现祛痰镇咳作用。

[临床应用]

1. 肾阳不足 用于肾阳不足，命门火衰的病证，常与熟地、当归、山茱萸等同用。《抱犊集》："温肾，温肝，温大肠"。方如肾气丸。

2. 脾胃虚寒 治下焦命火不足，脾胃虚寒，伤水冷痛，冷肠泄泻之证，常配附子、茯苓、白术、干姜、党参等。《抱犊集》："中焦有寒，用肉桂、干姜"。治牛脾虚泄泻，用肉桂 60 g，附子 30 g，茯苓、白术、党参、五味子、麦冬各 60 g，黄连 30 g，山药、白芍、滑石各 60 g，甘草 30 g，水煎取汁灌服（胡元亮，2006）。

3. 寒痛 用于脾胃虚寒，肚腹冷痛，风湿痹痛，产后寒痛等证，常与高良姜、当归、茴香、附片等同用。《元亨疗马集》："疗血和血，生血"。《养耕集》："行气，止痛"。方如茴香散、巴戟散等。

亦可外用，配入其他药物制成膏药，外贴可治风湿痛、扭伤、跌伤肿痛等。

[注意事项]

阴虚火旺，里有实热，血热妄行出血，以及孕畜均禁用。

[不良反应]

肉桂煎剂小鼠静脉注射 LD_{50} 为（18.48±1.80）g（生药）/kg。桂皮油 6～18 g 对犬可致死，解剖可见胃肠道黏膜发炎及腐蚀。

吴 茱 萸

本品为芸香科植物吴茱萸［*Evodia rutaecarpa*（Juss.）Benth.］、石虎［*E. rutaecarpa*（Juss.）Benth. var. *officinalis*（Dode）Huang］或疏毛吴茱萸［*E. rutaecarpa*（Juss.）Benth. var. *bodinieri*（Dode）Huang］的干燥近成熟果实。主产于四川、广西、湖南、云南、浙江、陕西等地。

吴茱萸性温，味辛、苦。有小毒。归肝、肾、脾、胃经。具有温中止痛、理气止呕、助阳止泻之功效。主治脾虚慢草，伤水冷痛，胃冷吐涎等证。

［主要成分］

主要含吴茱萸碱（evodiamine）、吴茱萸次碱（rutaecarpine）、羟基吴茱萸碱（rhetsinine）、吴茱萸卡品碱（evocarpine）等生物碱，以及柠檬苦素（limonin）、吴茱萸苦素（rutaevine）、吴茱萸苦素乙酸酯（rutaevincacetate）、格罗苦素甲（grauein A）、吴茱萸内酯醇（evodol）、黄柏酮（obacunone）等苦味素。

［药理作用］

1. 对中枢神经系统的作用 吴茱萸的乙醇提取物给家兔静脉注射，可提高电刺激兔齿髓引起的口边肌群挛缩的阈值。吴茱萸中含有的吴茱萸碱、吴茱萸次碱、异吴茱萸碱和吴茱萸内酯等化学成分具有镇痛作用。

2. 对心血管系统的作用 吴茱萸制剂分别给正常兔、犬和实验性肾型高血压犬进行静脉注射，均有明显的降压作用。甘草煎剂可使吴茱萸的降压作用消失。能抑制血小板聚集，抑制血小板血栓及纤维蛋白血栓形成。在猫心肌缺血后，吴茱萸及吴茱萸汤能减少血中磷酸肌酸酶及乳酸脱氢酶的释放，明显增加血中一氧化氮的浓度，缩小心肌梗塞面积，具有一定的保护心肌缺血的作用（朱碹，2011）。

3. 对消化系统的作用 吴茱萸具有止呕、止泄、抗实验性胃溃疡的作用。吴茱萸水煎剂对药物导致的动物胃肠痉挛有对抗作用，还能对抗阿托品引起的小肠推进抑制。

4. 对子宫平滑肌的作用 吴茱萸次碱和脱氢吴茱萸碱对家兔离体及在体子宫有兴奋收缩作用。去氢吴茱萸碱可能为 5-羟色胺受体激动剂，其兴奋子宫作用能被二甲基麦角新碱阻断而不能被阿托品阻断。

5. 对内分泌系统的药理作用 吴茱萸碱有抑制大鼠睾丸间质细胞分泌睾丸素的作用。吴茱萸碱既可抑制大鼠睾丸间质细胞基础状态下的睾丸素分泌，也可抑制由人绒膜激素（human chorionic gonadotropin）、佛司可林（forskolin）等药物刺激引起的睾丸素分泌的增加，还可抑制大鼠肾上腺皮质球状带细胞醛固酮的分泌（张璐等，2010）。

6. 抗菌、杀虫作用 吴茱萸煎剂对金黄色葡萄球菌、绿脓杆菌、伤寒杆菌、霍乱弧菌、痢疾杆菌、白喉杆菌、大肠杆菌、幽门螺旋杆菌等有较强的抑制作用；对堇色毛癣菌、同心性毛癣菌等多种皮肤真菌均有不同程度的抑制作用。吴茱萸煎剂及醇、乙醚提取物在体外能杀灭猪蛔虫。

7. 其他作用 吴茱萸柠檬苦素具有抗炎作用。吴茱萸碱还可抑制细胞增殖，促进细胞凋亡和抑制肿瘤细胞的转移，从而具有抗肿瘤作用。

［临床应用］

1. 脾胃虚寒、肚腹冷痛 用于脾虚慢草，伤水冷痛，胃寒不食等证，常与干姜、肉桂、党参、白术、陈皮等配伍。《元亨疗马集》："茱萸酒：止腹痛"。《抱犊集》："温肝"。方如吴茱萸汤。治耕牛脾虚腹痛，用香附 24 g、槟榔 20 g、木香 25 g、茴香 30 g、陈皮 25 g、桂枝 20 g、茯苓 24 g、吴茱萸 24 g、滑石 45 g、干姜 20 g、白术 30 g、炒艾叶 15 g、黄芩 25 g、木通 20 g、甘草 15 g，共为细末，开水冲调，加白酒 50 mL，候温灌服（胡元亮，2006）。

2. 呕吐 用于肝胃不和呕吐、胃寒呕吐、脾胃虚寒呕吐，常配生姜、党参、大枣等。治猪神经性呕吐，用吴茱萸、人参、生姜、大枣、姜半夏、茯苓各 15 g，水煎 2 次，分 2

次候温灌服，每天1剂（胡元亮，2006）。

3. 阳虚腹泻 本品能温脾益肾，助阳止泻，为治脾肾阳虚，腹泻之常用药，多与补骨脂、肉豆蔻、五味子等同用，如四神丸。

［注意事项］

血虚有热及孕畜慎用。

花 椒

本品为芸香科植物青椒（*Zanthoxylum schinifolium* Sieb. et Zucc.）或花椒（*Zanthoxylum bungeanum* Maxim.）的干燥成熟果皮。主产于四川、广西、海南等地。

花椒性温，味辛。有小毒。归脾、肺、肾经。具有温中散寒、杀虫止痛之功效。主治脾胃虚寒，虫积腹痛等证。

［主要成分］

果皮中挥发油的主要成分为柠檬烯（limonene）、牻牛儿醇（geraniol）、植物甾醇（phytosterol）、枯醇（cumic alcohol）等，果实尚含甾醇、不饱和有机酸等。

［药理作用］

1. 局部麻醉作用 一定浓度的花椒浸液能可逆性阻断蟾蜍离体坐骨神经干的冲动传导，降低神经干的兴奋性。对家兔角膜的表面麻醉，效力较丁卡因稍弱；对豚鼠的浸润麻醉，其效力较普鲁卡因为强。

2. 对心血管系统的作用 犬静脉注射花椒浸液可导致血压暂时下降；花椒毒素具有解除冠状动脉痉挛的作用。花椒对冰水应激状态下儿茶酚胺分泌增加所引起的血小板聚集和心肌损伤有保护作用；花椒尚能延迟实验性大鼠体内血栓的形成。

3. 对消化系统的作用 花椒具有抗实验性胃溃疡形成的作用。对动物离体小肠有双向调节作用，小剂量时兴奋，大剂量时抑制。花椒提取物给小鼠灌胃，对番泻叶或蓖麻油所致腹泻有对抗作用。

4. 驱虫作用 花椒油0.1 mg/kg能使猪蛔虫麻痹，但同时也使肠管平滑肌松弛，所以驱虫时须加用盐类泻药才能将麻痹虫体驱出。牻牛儿醇对豚鼠蛔虫亦有驱虫作用，但牻牛儿醇有毒，若大剂量使用时，会出现呼吸系统和中枢神经系统的毒性作用。

5. 抗微生物作用 在试管内，花椒煎剂对炭疽杆菌、甲型和乙型链球菌、肺炎球菌、葡萄球菌、枯草杆菌、宋内痢疾杆菌、变形杆菌、副伤寒杆菌、绿脓杆菌及霍乱弧菌均有抑制作用；其挥发油对部分皮肤癣菌和深部真菌也有抑制和杀灭作用。

6. 其他作用 花椒还具有一定的抗疲劳、抗缺氧、保护脑细胞、抗氧化、平喘、镇痛等作用（吴素蕊等，2004）。

［临床应用］

1. 脾胃虚寒、冷肠泄泻 用于治疗脾胃虚寒，伤水冷痛等证。常与干姜、党参等同用；治疗寒湿泄泻，可与苍术、厚朴、陈皮等配伍。

2. 虫积 用于驱蛔虫，属寒者可与乌梅、干姜、细辛等配伍，属热者可与乌梅、黄连、黄柏等同用。治猫绦虫病，用花椒散0.4 g、槟榔粉1 g、木香粉0.3 g，用温开水

10 mL 调服，每天 1 剂，连用 2 天（胡元亮，2006）。

3. 湿疹、疥癣 用于治疗小动物皮肤湿疹瘙痒，可与苦参、地肤子、明矾等煎汁熏洗。治猪湿疹，用花椒散 10 g，艾叶 50 g，白矾、食盐各 20 g，大葱 100 g，煎水洗患处，每天 2 次，连用 2～3 天；治疥癣疮，用花椒散配硫黄、白矾，共为细末，油调擦，每天 2 次，连用 2～3 天（胡元亮，2006）。

［注意事项］

阴虚火旺病畜禁用。

小　茴　香

本品为伞形科植物茴香［*Foeniculum vulgare* Mill.］的干燥成熟果实。主产于山西、陕西、江苏、安徽、四川等地。

小茴香性温，味辛。归肝、肾、脾、胃经。具有祛寒止痛，理气和胃，暖腰肾之功效。主治阴寒腹痛，伤水冷痛，胃寒草少，脘腹胀满等证。

［主要成分］

本品含挥发油 3%～8%，主要成分为反式茴香脑（trans - anethole）、柠檬烯（limonene）、小茴香酮（fenchone）、爱草脑（estragole）、γ-松油烯（γ- terpinene）、α-蒎烯（α- pinene）、月桂烯（myrcene）等。

［药理作用］

1. 对中枢神经系统的作用 小茴香油、茴香脑对蛙有中枢神经抑制作用，蛙心肌开始稍有兴奋，接着引起抑制，神经肌肉呈箭毒样麻痹，肌肉自身的兴奋性减弱。

2. 对消化系统的作用 小茴香油能降低胃的张力，随后又刺激而使其蠕动正常化，缩短排空时间。对家兔在体肠的收缩及肠的蠕动有增强作用，因而促进气体的排出。十二指肠或口服给药对大鼠胃液分泌及 Shay 溃疡和应激性溃疡胃液分泌均有抑制作用，可抗溃疡。能促进胆汁分泌，并使胆汁固体成分增加。对部分肝摘除的大鼠能促进其肝组织再生；对大鼠肝纤维化具有预防作用，能抑制大鼠肝脏炎症、保护肝细胞、促进纤维化肝脏中胶原降解及逆转肝纤维化；对于 CCl_4 所引起的小鼠肝脏的损伤能够起到保护作用。

3. 对泌尿生殖系统的作用 小茴香对肝硬化腹水大鼠总排尿量有明显的促进作用；给小鼠喂食小茴香乙醇提取物能够明显增加小鼠尿液的排泄量和尿液中钠的含量。

小茴香对生殖系统具有已烯雌酚样作用。小茴香的丙酮浸出物可致雄性大鼠在睾丸、输卵管的蛋白浓度明显减少，同时在精囊和前列腺增加，并且这些器官的酸性、碱性磷酸酶活性全部降低；对于雌性大鼠可出现阴道内角化及性周期促进作用；此外，乳腺、输卵管、子宫内膜、子宫肌层重量增加。小茴香挥发油对于小鼠子宫平滑肌具有解痉挛的作用（付起凤等，2008）。

4. 抗菌作用 茴香油有不同程度的抗菌作用。小茴香挥发油对金黄色葡萄球菌、枯草芽孢杆菌、变形杆菌、大肠杆菌均有抑制作用；小茴香籽精油也具有广谱性抗菌活性，其中黑曲霉和副溶血性嗜盐菌对其最为敏感。

5. 抗突变与抗肿瘤作用 小茴香对 O_2^-、—OH 和 H_2O_2 等多种活性氧或自由基有不同程度的清除作用。给小鼠喂食小茴香后实验组的染色体畸变率明显降低，表明小茴香是有效的抗突变物质。由小茴香提取的植物聚多糖也有抗肿瘤作用（付起凤等，2008）。

6. 其他作用 小茴香还有镇痛作用；其挥发油对豚鼠气管平滑肌有松弛作用。

[临床应用]

1. 阴寒腹痛 用于治疗子宫虚寒、伤水冷痛、肚腹胀满、寒泻、疝气等证，常与干姜、木香等同用。《养耕集》："走小肠，去腹痛，去膀胱疝气"。方如茴香散（《司牧安骥集》：茴香、川楝子、当归、巴戟天、胡芦巴、补骨脂、没药、白酒，治马小肠气痛）。

2. 脾虚慢草 用于治疗胃寒草少，常与益智仁、白术、干姜等配伍。治耕牛脾虚慢草，用干姜、白术、党参各 30 g，炙甘草 20 g，青皮、陈皮、茴香各 30 g，草豆蔻 25 g，山楂 30 g，神曲 30 g，茵陈 25 g，大黄 25 g，共为细末，开水冲调，候温灌服（胡元亮，2006）。

3. 寒伤腰胯 配肉桂、当归、槟榔、白术、巴戟天、白附子等治疗寒伤腰胯。《元亨疗马集》中茴香散：茴香、厚朴、元胡、白芍、当归、黑豆、木通、益智仁、陈皮、青皮、川楝子、荷叶。各药等分为末，每用 20～50 g，加葱白 3 根捣碎，黄酒 500 g 烧开，开水适量，与药末同调，草前灌服，可治疗和预防马寒伤腰胯痛。

[注意事项]

热证及阴虚火旺者忌用。

艾 叶

本品为菊科植物艾(*Artemisia argyi* Lèvl. et Vent.)的干燥叶片。全国各地均产，但以苏州、蕲州产者为佳。

艾叶性温，味辛、苦。归肝、脾、肾经。具有理气血、逐寒湿、温经止血、安胎之功效。主治虚寒性出血，腹中冷痛，胎动不安等证。

[主要成分]

艾叶含挥发油，主要成分为 1,8-桉叶素（1,8-cineole）、α-侧柏酮（α-thujone）、α-水芹烯（α-phellandrene）、β-丁香烯（β-caryophyllene）、反式苇醇（transcarveol）、I-α-松油醇（I-α-terpineol）、异蒿属（甲）酮（isoarte-misia ketone）、樟脑（camphorae）、龙脑（borneol）、石竹烯（caryophylene）、α-荜澄茄烯（α-cubebene）等。

[药理作用]

1. 对呼吸系统的作用 艾叶油能直接松弛豚鼠气管平滑肌，也能对抗乙酰胆碱和组织胺引起的气管平滑肌收缩现象，明显延长哮喘潜伏期，并能促进小鼠气道酚红排泄，因此具有镇咳、平喘、祛痰作用，其平喘作用与异丙肾上腺素相近。

2. 对心血管系统的作用 艾叶油对蟾蜍、兔离体心脏均有抑制作用，且能对抗异丙肾上腺素的强心作用。对兔主动脉条无明显影响，但对组织胺或肾上腺素作用下的主动脉条则有松弛作用。因此，具有降压作用。

3. 对胃肠道及子宫的作用 可兴奋家兔离体子宫，产生强直性收缩；对离体兔肠在大剂量时有抑制作用。

4. 对肝胆系统的作用 艾叶有降低转氨酶的作用，能够促进肝功能的恢复。艾叶油混悬液十二指肠给药，可使正常大鼠胆汁流量增加，显示利胆作用。用蕲艾提取液灌胃，可使大鼠肝组织纤维化程度明显减轻。

5. 对免疫系统的作用 艾叶油不仅是过敏介质的拮抗剂，同时也是过敏介质的阻释剂，它对速发型变态反应的几个主要环节都起作用。有研究结果显示，用蕲艾挥发油灌胃，脾脏指数和胸腺指数明显上升，并能显著抑制小鼠迟发型超敏反应，说明其可以促进小鼠细胞免疫功能。蕲艾的热水提取物（多糖），能激活补体，使血清补体值下降（周英栋等，2010）。

6. 抗微生物作用 艾叶烟熏对腺病毒、鼻病毒、疮疹病毒和流感病毒均有抑制作用。艾叶烟熏患处有明显抗菌作用，能使空气中菌落数减少，完全抑制化脓菌的生长。艾叶醇提液在体外对杂色曲霉、焦曲霉、土曲霉、草酸青霉、皱褶青霉、产紫青霉、绳状青霉、圆弧青霉、镰刀菌等有抗菌活性；蕲艾水煎液对金黄色葡萄球菌、肺炎双球菌、大肠埃希氏菌、白念珠菌、表皮葡萄球菌均有明显的体外抗菌作用；艾叶提取物对引起皮肤病的大肠杆菌、金黄色葡萄球菌及枯草芽孢杆菌也有明显的抑制作用（周英栋等，2010）。

7. 止血作用 艾叶能降低毛细血管通透性，抗纤维蛋白溶解，明显缩短出血和凝血时间，从而发挥止血作用。

8. 其他作用 艾叶还有镇静、抗炎、抗过敏、解热镇痛作用，抗自由基作用，抗肿瘤作用。

[临床应用]

1. 腹中冷痛、寒性出血 本品芳香，辛散苦燥，生温熟热，有散寒除湿、温经止血之功效，适用于寒性出血和腹痛等证，特别是子宫出血、腹中冷痛等，常与阿胶、芍药、熟地等同用。用治脾胃虚寒所致的脘腹冷痛，可以单味艾叶煎服，或配伍温中理气之品。治牛胃寒所致的消化不良，用艾叶、生姜各 70 g，小茴香 35 g，水煎灌服，每天 1 剂，连用 3 天（胡元亮，2006）。用于下焦虚寒和宫寒不孕等证，常与香附、川芎、白芍、当归等同用，若虚冷较甚者，再配伍吴茱萸、肉桂等。

2. 胎动不安 本品为安胎之要药，临床多与阿胶、桑寄生等同用。治母猪流产，用艾叶 25 g，荷叶蒂 30 g，萱麻 60 g，煎汁去渣，加红糖 100 g，冲黄酒灌服（胡元亮，2006）。

此外，将本品捣绒，制成艾条、艾炷等，用以熏灸体表穴位，能温煦气血，透达经络，为灸治的主要原料。

[注意事项]

阴虚血热者忌用。

[不良反应]

小鼠 LD_{50}，煎剂腹腔注射为 23 g/kg；艾叶油灌胃为 2.47 mL/kg，腹腔注射为 1.12 mL/kg。

胡　椒

本品为胡椒科植物胡椒（*Piper nigrum* L.）的干燥近成熟或成熟果实。主产于海南、广东、广西、云南等地。

胡椒性热，味辛。归胃、大肠经。具有温中祛寒，下气消痰之功效。主治阴寒腹痛，伤水冷痛，胃寒草少，脘腹胀满等证。

［主要成分］

胡椒碱（piperine）、胡椒脂碱（chavicine）、胡椒新碱（piperanine）、胡椒酸（piperinic acid）、胡椒酸甲酯（piperinic ccid methyl ester）、胡椒酸乙酯（perilli c acid ethyl ester）、胡椒酸丁酯（piperinic acid butyl ester）、胡椒醛（piperonal）、二氢葛缕醇（dihydrocarveol）、氧化石竹烯（caryophylleneoxide）、隐品酮（cryptone）等。

［药理作用］

1. 对中枢神经系统的作用　胡椒中的胡椒碱是一种广谱抗惊厥药物，对多种实验性癫痫模型均有不同的对抗作用。胡椒碱有明显对抗戊四唑惊厥及电惊厥的作用，抗电惊厥作用与苯妥英钠相似，但较苯妥英钠为慢。胡椒碱能拮抗小鼠电刺激引起的癫痫和肌肉松弛。胡椒碱具有一定的镇静作用，能明显减少小鼠自主活动，对硫喷妥钠有协同作用，剂量依赖性的延长苯巴比妥钠催眠时间，能使苯巴比妥的血药浓度维持在高水平，并且显著延长戊巴比妥钠诱发的小鼠睡眠时间。

2. 对消化系统的作用　胡椒果实的丙酮提取物以及分离得到的胡椒碱在多种实验性胃损伤治疗上表现出较好的对抗作用，可剂量依赖性地抑制溃疡面积，抑制胃酸和胃蛋白酶A的活性。但也有相反的研究报道，认为胡椒碱能明显增加胃酸的分泌，但作用强度低于组织胺约40倍，此作用可被西咪替丁对抗，但不被同剂量的阿托品拮抗。

胡椒碱能明显对抗蓖麻油和硫酸镁等导泻剂导致的小鼠腹泻；可抑制固、液体物质在大鼠体内的胃排空和在小鼠体内胃肠通过，连续给药和单剂量给药没有明显差异，其对胃肠通过的影响不依赖于胃酸和胃蛋白酶。

3. 抗氧化作用　胡椒碱可抑制肠黏膜上致癌物质诱导的过氧化产物，增加谷胱甘肽（GSH）和 $Na^{+}-K^{+}-ATP$ 酶的活性，其抗氧化机制是通过抑制脂质过氧化作用，间接增加GSH的合成和传导来调节氧化改变的。在摄入高脂饮食诱导的氧化应激大鼠模型上，给予胡椒碱后，可维持超氧化物歧化酶、谷胱甘肽过氧化物酶和GSH等接近于正常组的水平。体外试验表明，胡椒碱在低浓度时是自由基清除剂，但在高浓度时能使羟基增加。在PC12细胞模型上，胡椒碱能明显降低MPP诱导的核损伤、线粒体膜通透性改变、活性氧形成以及GSH的耗竭，且其作用有剂量依赖性（刘屏等，2007）。

4. 杀虫作用　胡椒的水、醚或酒精提取物在试管内试验或感染大鼠的整体试验中证明有杀绦虫作用，对吸虫及线虫的作用不明显。胡椒果实中含的酰胺类化合物具有杀犬蛔虫的作用。胡椒果中含的胡椒醛、胡椒碱和胡椒油碱B对果蝇幼虫发育有抑制作用。

5. 其他作用　实验表明，胡椒尚有升压作用、抗炎镇痛作用、抗菌作用；口服本品能促进大鼠胆汁的分泌，也具有保肝作用、抗肿瘤作用等（韦琨等，2002）。

［临床应用］

1. 阴寒腹痛　用于伤水冷痛，胃寒草少，脘腹胀满等证，与高良姜、半夏等同用。

2. 泄泻　治脾胃虚寒之泄泻，可与吴茱萸、白术等同用；治寒湿泄泻，常与党参、炒白术、泽泻、茯苓等同用。

3. 脾虚慢草 用于脾胃虚弱、消化不良属寒者，常与砂仁配伍。《活兽慈舟》："治猫食少，多因畏寒。用胡椒、砂仁为末喂之，有醒脾开胃之功。"

4. 癫痫 本品辛散温通，能下气行滞消痰，用于治疗蒙蔽清窍的癫痫痰多证，常与荜茇等分为末灌服。

［注意事项］

胡椒有刺激味，为缓和其对胃肠的刺激可与绿豆等同用。阴虚火旺者忌服。

［不良反应］

大鼠 LD_{50}，腹腔注射为 348.6 mg/kg。小鼠腹腔注射，TD_{50} 为（132.6±12.1）mg/kg；ED_{50} 为（88.5±12.3）mg/kg，预防指数 PI 为 1.5。大鼠腹腔注射，TD_{50} 为（177±19）mg/kg；ED_{50} 为（98.6±14.3）mg/kg，PI 为 1.8（陈正伦，1995）。

丁　香

本品为桃金娘科植物丁香（*Eugenia caryophyllata* Thunb.）的干燥花蕾。主产于坦桑尼亚、马来西亚、印度尼西亚，我国主产于广东、海南等地。

丁香性温，味辛。归脾、胃、肺、肾经。具有温中降逆，散寒止痛，温肾助阳之功效。主治呃逆，胃寒腹痛，痢疾等证。

［主要成分］

丁香花蕾含挥发油 16%～19%，油中主要成分是丁香油酚（eugenol）、乙酰丁香油酚（acetyleugenol）、β-石竹烯（caryophyllene）、葎草烯（humulene）、胡椒酚（chavicol）、α-衣兰烯（α-ylangene）等。花蕾中尚含有 4 种黄酮衍生物，皆为黄酮苷元，其中两种为鼠李素（rhamnetin）及山萘酚（kaempferol）；另有齐墩果酸（oleanolic acid）、番樱桃素亭（eugenitin）、异番樱桃素亭（isoeugenitin）等。

［药理作用］

1. 对神经系统的作用 丁香酚有抗惊厥作用。丁香酚对正常大鼠热敏神经元的放电活动表现出增频效应，对冷敏神经元表现为抑频效应，而对温度不敏感神经元的单位放电则无明显影响。有研究表明，丁香油和薄荷油组成的药剂还具有良好的局麻作用，适用于普通外伤处置，局部炎症处理等。丁香的水提物、醚提物均有镇痛抗炎作用。

2. 对消化系统的作用 丁香内服能促进促进胃酸和胃蛋白酶分泌，增强消化力，减轻恶心呕吐，解除肠痉挛，缓解腹部气胀，为芳香健胃剂。丁香水提物和乙醚提取物对小鼠胃肠推进运动无影响，但 20 g/kg 水提物灌肠给药能显著减少番泻叶引起的小鼠腹泻次数，具有减轻腹泻的作用。

3. 抗菌作用 丁香煎剂对葡萄球菌、链球菌、白喉杆菌、变形杆菌、绿脓杆菌、大肠杆菌、痢疾杆菌、伤寒杆菌等均有抑制或杀灭作用。丁香提取物与喹诺酮类、青霉素类、红霉素类联合应用于金黄色葡萄球菌等时，二者间无相互影响，而与氨基糖苷类抗生素庆大霉素、卡那霉素联合应用则显示明显的拮抗作用，此作用在一定范围内随着药物的浓度增大而加强。丁香酚对皮肤癣菌、深部真菌、酵母菌及酵母样菌也有较强的抑制和杀灭作用，且明显强于水杨酸；对石膏毛癣菌、黄癣菌、絮状表皮癣菌等常见致病真菌同样具有较强的作用。

4. 抗病毒作用　以紫丁香为主要成分的甲丁胶囊对腺病毒、副流感病毒、呼吸道合胞病毒和柯萨病毒所致的细胞病变有抑制作用，但对肠道病毒所致的细胞病变无明显影响。丁香酚在体外可导致病毒感染力下降，说明其对病毒具有一定的直接抑制作用（臧亚茹，2007）。

5. 对心血管系统的影响　丁香提取物可使血压降低，同时也使心律下降。同时，丁香水提物具有抗血小板聚集、抗凝、抗血栓形成的作用（张军锋等，2007）。

6. 其他作用　丁香还具有镇咳祛痰、保肝利胆、抗氧化和抗缺氧作用，甚至有较好的杀螨等抗寄生虫作用。

［临床应用］

1. 呕逆、泄泻　用于治疗胃寒呕逆，常与柿蒂、党参、生姜等同用，如丁香柿蒂汤；与白术、砂仁等同用，治脾胃虚寒之腹泻、草少，如丁香散。

2. 瘤胃臌气　治疗奶牛瘤胃臌气，用丁香 30 g，广木香 30 g，青皮、陈皮各 18 g，槟榔、厚朴各 24 g，枳壳、牵牛子各 30 g，莱菔子 24 g，神曲、麦芽、山楂、大黄各 30 g，麻油 250 mL 为引（陈德斌等，2006）。

3. 脘腹冷痛　常与延胡索、五灵脂、橘红等同用。

［注意事项］

热病及阴虚内热者忌服。

高　良　姜

本品是姜科植物高良姜（*Alpinia officinarum* Hance）的干燥根茎。主产于广东、广西、浙江、福建、四川、海南、云南等地。

高良姜性热，味辛。归脾、胃经。具有散寒止痛、温中止呕之功效。主治脘腹寒痛，胃寒呕吐，消化不良，暖气吞酸等证。

［主要成分］

高良姜主要含挥发油，黄酮类和二芳基庚烷类化合物。挥发油主要成分为 1,8 -桉叶素（1,8 - cineole）、桂皮酸甲酯（methylcinnamate）、丁香油酚（eugenol）、蒎烯（pinene）、荜澄茄烯（cadinene）及辛辣成分高良姜酚（galangol）等；黄酮类化合物主要有高良姜素（galangin）、槲皮素（quercetin）、山萘酚（kaempferol）、山萘素（kaempferide）以及异鼠李素（isorhamnetin）等；二芳基庚烷类化合物主要有姜黄素（curcumin）、二氢姜黄素（dihydrocurcumin）、六氢姜黄素（hexahydrocurcumin）、八氢姜黄素（octahydrocurcumin），5 -羟基- 1,7 -双苯- 3 -庚酮（5 - hydroxy - 1,7 - diphenyl - 3 - heptanone）等（吕玮等，2006）。

［药理作用］

1. 对消化系统的作用　高良姜煎剂灌胃能升高犬胃液总酸排出量。高良姜总黄酮对 $BaCl_2$ 和组胺引起的兔离体回肠收缩有显著的拮抗作用，能明显抑制乙酰胆碱诱导的回肠平滑肌收缩。高良姜煎剂灌胃也能对抗因阿托品所致小鼠胃肠抑制后的墨汁推进率；能对抗番泻叶引起的泻下作用，但不能对抗蓖麻油的泻下作用，因番泻叶为刺激大肠性泻药，而蓖麻油为刺激小肠性泻药。可见，高良姜具有明显的胃肠解痉作用。但高良姜剂量不同以及消化道的部位不同，其所起的作用是不一样的。

高良姜水提物对由酒精引起的小鼠胃损伤有明显的治愈作用；高良姜水提物及醚提物能呈剂量依赖性地抑制水浸应激型小鼠胃溃疡和盐酸致大鼠胃溃疡的形成。

高良姜水提物能协同 CCl_4 肝损伤大鼠转氨酶的升高，醚提物则无影响。高良姜水提物可明显增加麻醉大鼠胆汁流量，醚提物作用时间及强度均高于水提物，提示高良姜具有明显的利胆作用（胡佳惠等，2009）。

2. 抗菌作用 高良姜煎液对炭疽杆菌、α-溶血性链球菌、β-溶血性链球菌、白喉杆菌、假白喉杆菌、肺炎双球菌、金黄色葡萄球菌、柠檬色葡萄球菌、白色葡萄球菌、结核杆菌、枯草杆菌等均有不同程度的抑制作用；高良姜三氯甲烷和乙酸乙酯提取物具有抗白念珠菌活性，其中三氯甲烷提取物活性较强。

3. 其他作用 高良姜水提取物或挥发油给大鼠灌胃，均有抗血栓作用；水提取物能明显抑制 ADP 或胶原诱导的兔血小板聚集。

高良姜煎剂能显著延迟小鼠痛觉（热板法）反应时间，其镇痛作用可能与其抑制前列腺素合成酶系和磷酸酯酶系有关。

高良姜醚提取物和水提取物能显著延长断头小鼠张口动作持续时间和氰化钾中毒小鼠的存活时间，但对亚硝酸钠中毒小鼠的存活时间无影响。醚提取物能延长常压密闭缺氧小鼠的存活时间和减慢机体耗氧速度，水提取物对常压密闭缺氧小鼠的存活时间无延长作用，但能提高小鼠在低氧条件下的氧利用能力。

高良姜水提物有明显抑制炎症的作用，而醚提取物很少有活性。

高良姜也具有抗肿瘤作用（朱家校等，2009）。

[临床应用]

1. 肚腹冷痛、反胃呕吐 用于胃寒草少，胃脘寒痛，常与香附同用，如良附丸；治疗伤水冷痛，气滞腹痛等证，常与肉桂、厚朴等同用；治疗胃寒呕吐，可与生姜、半夏同用。

2. 前胃疾病 治疗虚寒型牛前胃弛缓，用乌药 80 g、高良姜 50 g、槟榔 60 g、苍术 40 g、党参 40 g、甘草 20 g，水煎候温灌服（薛金生，1987）。治疗牛瘤胃积食、瘤胃弛缓，用莱服子 100 g，高良姜 300 g，先用少量水浸泡 30 min，加水 2 000～2 500 mL，煮沸后文火再煎半小时，滤出药液，待温一次灌服（卢增奇，1995）。

[注意事项]

胃火亢盛者忌用。

◆ 参考文献

陈德斌，洪亚玲，2006. 自配“丁香汤”治疗奶牛瘤胃臌气 [J]. 养殖技术顾问 (1)：37.

陈正伦，1995. 兽医中药药理学 [M]. 北京：中国农业出版社.

崔惠敬，孟玉霞，徐永平，等，2017. 植物精油对大菱鲆弧菌的体外和体内抗菌活性 [J]. 微生物学通报，44 (2)：274-284.
方琴，2007. 肉桂的研究进展 [J]. 中药新药与临床药理，18 (3)：249-252.
付起凤，张艳丽，许树军，等，2008. 小茴香化学成分及药理作用的研究进展 [J]. 中医药信息，25 (5)：24-26.
国家中医药管理局《中华本草》编委会，1998. 中华本草 [M]. 上海：上海科学技术出版社.
胡佳惠，闫明，2009. 高良姜的研究进展 [J]. 时珍国医国药，20 (10)：2544-2546.
胡元亮，2006. 中兽医学 [M]. 北京：中国农业出版社.
蒋杨华，王雪玫，杜洪良，等，2014. 茯苓四逆汤加味治牛虚寒杂症 [J]. 中兽医学杂志 (1)：33-34.
考玉萍，刘满军，袁秋贞，2010. 附子化学成分和药理作用 [J]. 陕西中医，31 (12)：1658-1660.
李巧云，2013. 糖疗配方巧治畜病 [J]. 云南农业科技 (4)：25.
李素民，杨秀岭，赵智，等，1999. 干姜和生姜药理研究进展 [J]. 中草药，30 (6)：471-473.
李召英，2014. 春节前后不同类型猪腹泻的防治方案 [J]. 北方牧业 (1)：19.
梁靖涵，张其中，付耀武，等，2014. 肉桂活性成分肉桂醛杀灭离体多子小瓜虫效果 [J]. 水产学报，38 (3)：457-463.
刘古峰，吴伟康，段新芬，2008. 附子多糖对力竭运动小鼠自由基代谢的影响 [J]. 陕西医学杂志，37 (5)：529-532.
刘屏，索婧侠，于腾飞，2007. 胡椒碱药理作用的研究进展 [J]. 中国药物应用与监测 (3)：7-9.
刘颖，纪超，吴伟康，2012. 附子多糖保护缺氧/复氧乳鼠心肌细胞及其抗内质网应激的机制研究 [J]. 中国病理生理杂志，28 (3)：459-463.
卢增奇，1995. 中药清气汤临床应用效果 [J]. 广西畜牧兽医，11 (3)：40.
吕玮，蒋伶活，2006. 高良姜的化学成分及药理作用 [J]. 中国药业，15 (3)：19-21.
马宗超，唐智宏，张海，等，2004. 谈附子的药理及临床应用 [J]. 时珍国医国药，15 (11)：790-792.
任丽娅，高林林，李媛，等，2008. 附子多糖的研究进展 [J]. 实用中医药杂志，24 (6)：406-407.
王国强，2014. 全国中草药汇编. 第 3 版 [M]. 北京：人民卫生出版社.
韦琨，窦德强，裴玉萍，等，2002. 胡椒的化学成分、药理作用及与卡瓦胡椒的对比 [J]. 中国中药杂志，27 (5)：328-333.
吴素蕊，阚建全，刘春芬，2004. 花椒的活性成分与应用研究 [J]. 中国食品添加剂 (2)：75-78.
吴周水，2002. 丁香散加减治疗耕牛风气疝 [J]. 中兽医学杂志 (4)：42.
薛金生，1987. 虚寒型牛前胃弛缓治验 [J]. 中兽医学杂志 (3)：37-38.
杨良存，2013. 牛虚寒性流涎吐沫病例 [J]. 中国兽医杂志，49 (6)：96.
于乐，吴伟康，2009. 附子多糖对胰岛素抵抗脂肪细胞模型葡萄糖摄取的影响 [J]. 亚太传统医药，5 (7)：11-13.
臧亚茹，2007. 丁香及其有效成分药理作用的实验研究 [J]. 承德医学院学报，24 (1)：71-73.
张军锋，张树军，2007. 丁香属植物的化学成分及其药理作用的研究进展 [J]. 海南大学学报：自然科学版，25 (2)：200-205.
张璐，冯育林，王跃生，等，2010. 吴茱萸现代研究概况 [J]. 江西中医学院学报，22 (2)：78-82.
张明发，沈雅琴，2000. 温里药温经止痛除痹的药理研究 [J]. 中国中医药信息杂志，7 (1)：29-32.
张涛，王桂杰，白书阁，等，2001. 附子对老年大鼠抗氧化系统影响的实验研究 [J]. 中老年学杂志，21 (2)：135-136.
张卫东，韩公羽，梁华清，等，1996. 国内外对中药附子成分与活性的研究 [J]. 药学实践杂志，14 (2)：91-93.
周芹，段晓云，武林鑫，等，2011. 附子多糖对大鼠食诱性高胆固醇血症的预防作用及机制研究 [J].

中国药理学通报，27 (4)：492-496.
周英栋，费新应，2010. 艾叶的药理作用研究 [J]. 湖北中医杂志，32 (11)：75-76.
朱家校，何伟，马建春，2009. 高良姜的研究进展 [J]. 食品与药品，11 (9)：68-70.
朱碹，2011. 吴茱萸现代药理研究 [J]. 光明中医，26 (6)：1282-1283.

第十四章

理　气　药

凡有疏通气机，调整脏腑功能，消除气滞、气逆为主要作用的药物，称为理气药。气升降出入运行于全身，如某一脏腑、经络发生病变时，常影响到气机的运行，则出现气滞或气逆。气滞的临床表现，因气滞的部位不同而异，如脾胃气滞可致脘腹胀满疼痛、嗳气泛酸、恶心呕吐、便秘或腹泻；瘤胃气滞则发生瘤胃胀气，肠道气滞则发生肠胀气，肝郁气滞可致胁肋疼痛、胸闷不舒、疝气、乳房胀痛或包块，肺气壅滞则出现胸闷喘咳，以致发生肺气肿。气滞的主证是疼痛和闷胀。气滞的治疗原则是行气理气。病在肺经者，应降气平喘；病在脾胃者，应理脾胃之气。而气逆则表现呕恶、呃逆或喘息。气滞或气逆证的病因主要是内脏平滑肌的运动功能紊乱，或表现为亢进，或表现为抑制。

理气药性味多辛苦温而芳香，主入脾、胃、肝胆、肺经。兽医临床常用理气药有陈皮、青皮、厚朴、枳实、枳壳、木香、乌药、香附。理气药现代研究的主要药理作用如下：

1. 对消化道功能的调节作用

（1）抑制胃肠道　大多数理气药具有松弛胃肠平滑肌的作用。陈皮、青皮、枳实、枳壳、乌药、香附、木香均可降低家兔离体肠管的紧张性。其中以青皮、陈皮、枳实、枳壳作用较为明显，尤以青皮、枳实作用最强。因此颇符合祖国医药学所谓青皮、枳实的破气药的理论。如先用阿托品使肠管紧张性降低，用枳实、青皮、陈皮，可使肠管进一步舒张；如用氯化钡和毛果芸香碱分别引起家兔离体肠管痉挛性收缩时，青皮、陈皮、厚朴都有解痉作用。理气药的解痉作用机制可能是阻断M胆碱受体及直接抑制肠肌所致，部分药物的作用与兴奋α受体有关。理气药解痉作用的有效成分可能为多数药物所含有的对羟福林和N-甲基酪胺。兽医临床行气药常用于翻胃吐草，肠鸣泄泻，似均存在着迷走神经兴奋现象，反映出不同程度的胃肠道兴奋状态，所以理气药的治疗效果可能是与药物直接抑制胃肠道的收缩作用有关。

（2）兴奋胃肠道　枳实、枳壳、木香、乌药、大腹皮等能兴奋胃肠平滑肌，增强其运动，收缩节律加快、收缩幅度增强、张力增大，使胃肠蠕动加快。兽医临床上常用理气药治疗瘤胃鼓气、肠胀气、脾虚胃弱、便秘等消化道运动功能及消化功能低下等病证。外科临床常用理气药防治腹部手术后的肠胀气，缩短手术后排气时间，得到比较肯定的效果。产科上治疗阴道脱出、子宫脱出，有明显疗效。理气药有治疗胃纳不佳之效，中兽医早有使用开胃健脾，促进畜禽体重增加的催肥作用。

（3）促进胃液分泌　许多理气药性味芳香，含挥发油，对胃肠黏膜具有刺激作用，可促进消化液分泌，呈现健胃和助消化作用。陈皮挥发油对消化道有缓和的刺激作用，有利于胃肠积气的排出，能促进胃液和胆汁的分泌，有助于消化。其他理气药枳实、厚朴、木香、香附、乌药等的挥发油化学组成各不相同，其共同的生物活性之一就是具有局部刺激作用，内服能促进胃肠蠕动，逼迫排出大肠内的气体。理气药的行气消胀，健胃助消化作用可能与此有关。理气药对消化液分泌可呈促进和抑制的双向作用。部分理气药又可对抗病理性胃酸分泌增多。如甲基陈皮苷对病理性胃酸分泌增多有降低作用，对幽门结扎性胃溃疡大鼠，可使胃液分泌减少，降低溃疡发病率，具有抗溃疡作用。

(4) 利胆　肝的疏泄作用与胆汁的排泄功能有关。青皮、陈皮、香附、沉香均有不同程度的利胆作用，能促进实验动物和人的胆汁分泌，增加胆汁流量，青皮和陈皮能显著增加胆汁中胆酸盐含量。

2. 松弛支气管平滑肌作用　多数理气药有松弛支气管平滑肌作用。陈皮、青皮、木香、香橼对支气管平滑肌有松弛作用，故能治疗肺气塞滞，呼吸不畅，咳嗽气喘。青皮、陈皮、香附、木香能对抗组胺所致的支气管痉挛性收缩，可使支气管扩张，肺灌流量增加。其作用机制可能与直接松弛支气管平滑肌、抑制亢进的迷走神经功能、抗过敏介质释放、兴奋支气管平滑肌上的β受体有关。陈皮、青皮、香橼中所含挥发油尚有祛痰止咳作用。

3. 调节子宫平滑肌作用　理气药对子宫机能具有调节作用。枳实、枳壳、陈皮等能兴奋子宫，而香附、青皮、乌药则抑制子宫，使痉挛的子宫松弛，张力减小，并有微弱的雌性激素样作用。

4. 对心血管系统的作用　理气药制成的注射液静脉给药，具有升压和强心作用。枳实注射液能明显升高麻醉犬的血压；枳实、枳壳、青皮、陈皮注射液对猫、兔、大鼠亦有明显升压效应，能收缩血管、提高外周阻力和心肌收缩力加强，心输出量及冠脉流量增加的兴奋心脏作用。但在灌胃给药时均不能出现以上作用。青皮对各种实验性休克，如创伤性休克、失血性休克、内毒素性休克等有治疗作用，能使休克状态下的低血压迅速回升。升高血压的有效成分是对羟福林和N-甲基酪胺。兽医临床已应用枳实注射液治疗马急性肠炎中毒性休克、心源性、脑出血等原因引起的休克，均有较好的疗效。古籍文献中未记载这一功效，是近代药理研究的成果，并为老药新用开辟了新途径。

另外，木香中所含挥发油及其各种内酯成分则有不同程度的抑制心脏、扩张血管及降压作用。

陈　皮

本品为芸香科植物橘（*Citrus reticulat* Blanco）及其多种变种的干燥成熟果皮，又称橘皮、陈皮。主产四川，南方各地均产。福建产者称福橘；珠江三角洲以新会的产量高、质量好，故称广陈皮，又叫新会皮。

陈皮性温，味辛、苦。归脾、肺二经。具有理气健脾，燥湿化痰的功效。主治胸脘胀满，食少吐泻，咳嗽痰多。

[主要成分]

陈皮含挥发油1.9%～3.5%，其中主要成分为右旋柠檬烯（limonene），约占80%以上，陈皮祛痰作用的主要有效成分为挥发油中的柠檬烯。以及黄酮类、生物碱、肌醇等成分。黄酮类含橙皮苷（hesperidin）约 8.4%，还有新橙皮苷（neohesperidin）、柚皮苷（naringin）等；川陈皮素、肌醇、维生素 B_1、维生素 C 等。最近报道，陈皮尚含有约 0.22%的对羟福林（synephrine）。对羟福林有一定的平喘、升压的功效。

［药理作用］

1. 对消化系统的作用

（1）对胃肠平滑肌的抑制作用　陈皮对胃肠道平滑肌的自发活动有一定的抑制作用；陈皮水煎剂对新斯的明所致小鼠胃排空、小肠推进加快有拮抗作用；与肾上腺素、阿托品所致的胃排空减慢有协同作用。陈皮水煎剂对家兔离体十二指肠自发活动有一定的抑制作用，能明显拮抗乙酰胆碱、氯化钡引起的小肠收缩痉挛，使先用阿托品紧张性降低的小肠进一步松弛，且呈明显的量效关系。陈皮抑制胃肠平滑肌的作用可能为阻断 M 受体和直接抑制所致。橙皮苷对离体肠肌主要表现兴奋作用，橙皮苷能明显拮抗阿托品、肾上腺素引起的胃排空和小肠推进的抑制作用，而对新斯的明所致的胃排空、小肠推进加快无影响。对在体肠肌，陈皮呈抑制效应，作用弱于肾上腺素，但较持久。另外，陈皮挥发油对胃肠道黏膜温和的刺激而促进胃液的分泌，有助于消化。陈皮水煎剂对离体唾液淀粉酶活性有明显的促进作用。

（2）抗胃溃疡作用　甲基橙皮苷皮下注射能明显抑制实验性胃溃疡，而且能抑制病理性胃液分泌增多。

2. 利胆、保肝作用　皮下注射甲基橙皮苷，可使麻醉大鼠胆汁及胆汁内固体物排出量增加，呈现利胆作用。橘油（陈皮挥发油）具有极强的溶解胆固醇结石的作用；陈皮的甲醇提取物对 α-萘异硫氰酸酯（ANIT）引起的大鼠肝损伤有保护作用，可降低肝损伤大鼠的血清 ALT 及 AST（孙建宁，2006）。

3. 祛痰、平喘作用　陈皮挥发油中有效成分柠檬烯具有刺激性祛痰作用。陈皮挥发油能松弛豚鼠离体支气管平滑肌，其水提物和挥发油均能阻断乙酰胆碱、磷酸组胺引起的支气管平滑肌收缩痉挛。具有平喘、镇咳和抗变应性炎症的作用（蔡周权，2006）。陈皮水提物对电刺激引起的离体豚鼠气管平滑肌收缩有明显抑制作用，其醇提取物可完全对抗组胺所致的豚鼠离体支气管痉挛性收缩；川陈皮素可抑制蛋清所致的离体豚鼠支气管收缩。鲜橘皮煎剂给动物气管灌流，可显示出扩张气管的作用。

4. 对心血管系统的作用　陈皮对心脏具有兴奋作用；陈皮水提物静脉注射可显著增加实验动物的心输出量和收缩幅度，增加脉压差和每搏心排出量。用一般剂量的鲜橘皮煎剂及醇提取液均可对离体与在体蛙心出现兴奋，较大剂量则呈抑制作用。陈皮提取液对离体兔心灌流时还能使冠脉扩张。

给大鼠及麻醉犬静脉注射陈皮注射液，具有升高血压作用，但犬灌胃给药无升压作用。甲基橙皮苷给犬、猫、家兔静脉滴注，血压缓慢下降，此降压作用是直接扩张血管所致。

5. 对子宫平滑肌的作用　鲜橘皮煎剂对小鼠离体子宫有抑制作用。陈皮煎剂静脉注射，对麻醉兔在体子宫则呈强直性收缩，经 15 min 后恢复正常；甲基橙皮苷可完全抑制大鼠离体子宫活动，并对乙酰胆碱所致子宫肌痉挛有对抗作用。陈皮对犬、家兔的胃肠运动及子宫均有抑制作用。当子宫平滑肌痉挛时，则有解痉作用。

6. 抗氧化作用 陈皮提取物有明显的清除自由基、羟自由基和抗组织抗氧化的作用。对自由基引起的细胞膜氧化损伤有保护作用（沈映君，2012）。

7. 抗炎、抗菌、抗病毒、止血、抗过敏等作用 橙皮苷有维生素P样作用，可降低毛细血管通透性，防止微血管出血；皮下注射橙皮苷可减轻大鼠肉芽肿炎症反应。新近研究发现，陈皮有升高血糖、降脂及抗动脉粥样硬化、抗细胞损伤等作用。

8. 抗肿瘤作用 采用四氮唑蓝快速比色法（MTT）观察到陈皮提取物对人肺癌细胞、人直肠癌细胞和肾癌细胞最敏感，提示陈皮提取物是一种有开发前景的抗肿瘤中药提取物（钱士辉，2003）。

[临床应用]

1. 消化不良 凡腹胀腹痛、少食、呕吐，可用本品理气开胃。常与苍术、厚朴、甘草、半夏、丁香、槟榔同用。《元亨疗马集》：治马起卧症，须用橘皮和槟榔为第一。《猪经大全》中橘皮汤猪呕吐：橘皮 60 g，生姜 120 g。煎汤去渣，候温灌服。

2. 牛瘤胃臌气 槟榔 50～100 g，枳实 50 g，香附 30～50 g，川厚朴 50 g，青皮、陈皮、神曲、肉豆蔻、草果、大黄各 50 g，共为末。开水调服（胡元亮，2006）。

3. 咳嗽痰多 用本品理气化痰，常与半夏同用，方如二陈汤、六君子汤等。

[不良反应]

给犬胆囊灌注陈皮挥发油，每天 1 次，每次 5 mL，当灌注速度过快或灌注量过大时会引起恶心、呕吐。长时间灌注后，引起食欲不振，以致明显消瘦；组织学检查可见肝细胞有轻度混浊肿胀成水泡样变等病变。

青　皮

本品为芸香科柑橘属植物橘（*Citrus reticulata* Blanco）的干燥幼果或未成熟果实的外层果皮。主产于广东、福建、浙江、四川等地。

青皮性温，味苦、辛。归肝、胆、胃经。具有疏肝破气，散结化滞的功效；并有一定的发汗、散寒作用。主治胸胁胀痛，疝气，乳核，乳痛，食积腹痛。

[主要成分]

主要含有挥发油、黄酮类等成分。挥发油主要为柠檬烯（limonene），黄酮类主要有橙皮苷（hesperidin）、新橙皮苷（neohesperidin）、川橙皮素、柚皮苷（naringin）等。所含对羟福林比陈皮略高，约为 0.26%。

[药理作用]

1. 松弛胃肠平滑肌 青皮煎剂及青皮注射液对胃肠平滑肌收缩有抑制作用，对毛果芸香碱、氯化钡及组胺所致的离体肠平滑肌痉挛性收缩具有拮抗作用。青皮注射液静脉注射对毒扁豆碱、乙酰胆碱所致的在体胃肠肌痉挛亦有缓解作用。青皮对胃肠平滑肌的解痉作用可能是通过阻断 M 受体，兴奋 α 受体及直接抑制肠平滑肌产生的。与其他理气药相比，青皮松弛胃肠平滑肌的作用最强（孙建宁，2006）。

2. 利胆作用 青皮注射液静脉注射能显著增加大鼠的胆汁流量，对豚鼠胆囊的自发性收缩有明显的抑制作用；对氨甲酰胆碱引起的胆囊收缩有明显的松弛作用。青皮水煎剂对四氯化碳肝损伤大鼠有较强的利胆作用，可促进胆汁分泌，并对大鼠肝细胞功能具有保护作用。

3. 祛痰、平喘作用 青皮挥发油中的有效成分柠檬烯具有祛痰作用，青皮注射液对组胺引起的豚鼠离体支气管痉挛性收缩有明显松弛作用，并能对抗因组胺引起的支气管肺灌流量减少。对羟福林也可完全对抗组胺所致的支气管收缩。

4. 升压作用 青皮注射液静脉注射对麻醉猫、兔及大鼠均有显著的升高血压作用。胃肠途径给药升压作用不明显；青皮的升压作用是通过兴奋M受体而实现的。

5. 抗休克作用 青皮注射液静脉注射对犬、猫、兔及大鼠等多种动物的各种休克（失血性、创伤性、中药肌松剂、内毒素及麻醉意外和催眠药中毒等）有强大的抗休克作用；对豚鼠和家兔的急性过敏性休克及组胺性休克，具有较好的预防和治疗作用。

6. 兴奋心脏作用 青皮注射液静脉注射对蟾蜍在体心肌的兴奋性、收缩性、传导性和内律性均有明显的正性作用。能显著缩短蟾蜍在体心脏的心动周期时间、窦室兴奋传导时间等。

[临床应用]

1. 脾胃气滞 用于脾胃气机不畅的病症。常与木香、枳壳、砂仁等配伍。

2. 牛肚胀气 与陈皮、槟榔、木香等配伍。方如《牛医金鉴》中的宽胸快膈散。

3. 咳嗽痰多 常与木香、桑白皮、半夏等配伍。方如《抱犊集》中的桔梗散。

4. 牛乳房硬肿 白芍、当归、白术、青皮各50 g，柴胡60 g，薄荷、生姜、甘草各40 g，共为末，开水调服。

枳 实

本品为芸香科植物酸橙（*Citrus aurantium* L.）及同属植物未成熟的果实，或甜橙（*Citrus sinensis* Osbeck）等的幼果。主产于四川、江西，福建的闽侯、永泰等地。

《本草衍义》记载“枳实、枳壳，一物也。小则其性酷而速，大则其性和而缓。”枳实性微寒，味苦、辛、酸。归肺、脾、大肠经。具有破气消积、化痰散痞与理气宽中、行气消胀功效。主治胸胁气滞，胀满疼痛，食积不化，痰饮内停；或泻痢后重，大便不通，痰滞气阻胸痹等。

[主要成分]

枳实及枳壳果皮中含挥发油及黄酮苷类，挥发油中主要成分为右旋柠檬烯（d-Limonene）、右旋芳樟醇（d-Linalool）。黄酮苷中含有新橙皮苷（neohesperidin）（约10%）、水解得橙皮苷（hesperidin）和柚皮苷（naringin）、漆树苷（rhoifolin）、忍冬苷（lonicerin）等。枳壳含有大量维生素C。近年从枳实中分离出消旋对羟福林（synephrine）和N-甲基酪胺（N-methyltyramine），二者均有升压作用。枳实的升压作用与兴奋α受体有关。

[药理作用]

1. 对胃肠平滑肌的作用 枳实/枳壳对整体动物胃肠运动表现为兴奋作用。灌胃枳实水煎剂1 g/kg，可使犬在体小肠平滑肌张力和运动功能增强。灌胃100%生、炒枳壳水煎液0.1 mL，能明显促进小鼠胃肠蠕动。小鼠每只灌胃0.3 g枳实水煎液，小肠炭末推进率明显加快，这一作用可被H_1受体拮抗剂苯海拉明阻断，而不能被H_2受体拮抗剂西咪替丁阻断，表明枳实增强小肠运动功能的作用与H_1受体有关。枳实/枳壳对离体胃肠平滑肌运动表现为抑制作用。枳实1.2 mg/mL对离体兔肠平滑肌运动有抑制作用，平滑肌收缩幅度、频率、张力均降低；对乙酰胆碱和氯化钡所致的离体肠平滑肌的活动加强有明显的拮抗作用。枳壳及其有效成分羟福林均能剂量依赖性地显著抑制兔离体小肠的自发活动，收缩幅度和张力均降低。枳实油尚可明显抑制小鼠肠道推进运动。枳实可显著减小大鼠结肠肌条的平均收缩幅度及频率，该作用可被酚妥拉明部分阻断，但不受普萘洛尔或L-NNA的影响，提示该抑制作用部分与α受体有关。

枳实/枳壳对动物在体、离体胃肠平滑肌的作用存在着很大差异，对在体胃肠平滑肌多呈兴奋作用，对离体平滑肌多呈抑制作用，这可能主要是体内外环境之间的差别。离体组织没有神经支配，也不受机体内分泌激素的影响。表明枳实促进胃肠运动的功能是通过神经体液因素实现的（沈映君，2012）。

枳实/枳壳对胃肠平滑肌呈双向调节作用。既可兴奋胃肠平滑肌，使其收缩加强，蠕动加快，又可降低胃肠平滑肌张力，减缓蠕动。这种表现不同作用主要与机体或脏器功能状态有关。临床用其治疗胸腹痞满、胃扩张、胃肠无力性消化不良、脱肛、疝气、肠梗阻等疾病。上述病症同属胃肠平滑肌功能低下，枳实兴奋胃肠平滑肌作用是其药理学基础；而在病理性功能亢进时（如胃肠痉挛、泄泻等），枳实/枳壳表现抑制胃肠平滑肌效应，产生解痉、止痛、止泻疗效。

2. 抗胃溃疡 20%枳实/枳壳挥发油能显著减少胃液分泌量以及降低胃蛋白酶活性，有预防大鼠幽门结扎性溃疡形成的作用。

3. 对子宫平滑肌的作用 枳实/枳壳煎剂、酊剂、流浸膏对未孕及已孕的兔离体子宫、在体子宫和未孕子宫瘘均有明显的兴奋作用，使子宫收缩力加强、张力增加，收缩频率加快，甚至出现强直性收缩。但对小鼠离体子宫（不论未孕或已孕），都呈现抑制作用。由于家兔与人的子宫对药物的反应在许多方面最为接近，为枳实/枳壳治疗阴道脱、子宫脱等疾病提供了药理学依据。

4. 对心血管系统的作用 给麻醉犬静脉注射枳实注射液1.5 g/kg或N-甲基酪胺1 mg/kg，冠脉流量显著增加，冠脉阻力明显降低，而心肌耗氧量增加不明显。静脉注射1 g/kg时有显著增加脑血流量及降低其血管阻力作用。给麻醉犬静脉注射枳实注射液3 mL，在10 s内可见血压明显上升，维持约3 min后恢复正常；给麻醉大鼠静脉注射枳实注射液0.5 mL，在3 s内可见血压显著上升，维持3～4 min后恢复正常。枳实/枳壳具有兴奋心脏，以及收缩血管、升高血压的作用。该作用的有效成分为N-甲基酪胺和对羟福林。其升压机制主要与兴奋肾上腺素能受体以及促使内源性交感介质释放有关。兴奋α受体，收缩血管，提高外周阻力有关；兴奋β受体，增加心肌收缩力，增加心输出量也参与升压作用。枳实所含对羟福林和N-甲基酪胺具有直接和间接兴奋α和β受体的作用。故枳实注射液已作为临床抗休克的药物。由于N-甲基酪胺和对羟福林能收缩胃肠黏膜血管，所以口服吸收甚少，并易被碱性肠液破坏。临床应用须注射给药方能发挥，传统煎剂口服难以达到有效血浓度。

5. 抗氧化作用　枳实提取物体外有较强的抑制脂质过氧化作用（焦士蓉，2008）。

此外，枳实尚具有镇痛、利尿、抗炎、抗过敏、抗肿瘤等作用。

［临床应用］

1. 脾胃气滞　《养耕集》："宽胸下气"。治牛水草肚胀，与厚朴、丁香等配伍。方如《抱犊集》中的消食散。

2. 脾胃虚弱，宿食不化　与白术配伍，方如《脾胃论》中的积术丸。马牛脾虚郁阻少草：党参30 g、焦白术20 g、茯苓20 g、甘草15 g、枳实30 g、炒麦芽60 g、半夏15 g、厚朴20 g、干姜10 g、黄莲20 g、炒槟榔15 g、炒莱菔子60 g，水煎灌服。

3. 消化不良　常与白术、神曲、山楂等药物配伍，治疗胃肠功能虚弱所致的消化不良，如枳实白术丸。若以排气汤（枳实、木香、陈皮等），可用于腹部手术后胃肠功能的恢复。

4. 胃下垂、子宫脱垂、脱肛　单用枳实/枳壳水煎服，或配伍用补中益气汤。

［注意事项］

孕畜慎用。

［不良反应］

小鼠静脉注射枳实注射剂的 LD_{50} 为（71.8±6.5）g/kg；腹腔注射的 LD_{50} 为（267±37）g/kg（沈映君，2012）。

木　香

本品为菊科木香属植物云木香（*Aucklandia lappa* Decne.）的根。因气香似蜜，故原名蜜香，后讹为木香。以前由印度等地经广州进口，通称广木香，今主产云南，故名云木香。近年来四川、湖北、湖南、广东、广西、陕西、甘肃、西藏等省（自治区、直辖市）均有栽培和生产。

木香性温，味辛、微苦。归肺、肝、脾、胃、大肠、胆、三焦经。具有行气止痛，温中和胃，健脾消食的功效。主治脾胃及大肠气滞证；肝郁气滞之胁痛、黄疸；气滞血瘀之胸痹。

［主要成分］

木香根含挥发油0.3%～3%。挥发油的主要成分为木香内酯（costuslactone)、二氢木香内酯（dihydrocostus - lactone)、α木香醇（α - costol)、α-木香酸（α - costic acid)、去氢木香内酯（dehydrocostus lactone)，以及单紫杉烯（aplotaxene)、α-木香烯及β-木香烯（costene)、α-紫罗兰酮及β-紫罗兰酮（ionone)、β-芹子烯（β - selinene)、水芹烯、芳樟醇等。此外，还含有豆甾醇、棕榈酸（palmitic acid)、天台乌药酸（linderic acid)。其他还有甘氨酸、瓜氨酸等20种氨基酸、胆胺等成分。

［药理作用］

1. 对消化系统的作用

（1）木香对胃肠运动具有双向调节作用　木香水提液、挥发油和总生物碱对大鼠离体小肠有轻度兴奋作用。观察木香对离体兔肠平滑肌蠕动的影响，木香提取液1 mL（约为生药 50 mg/mL）对离体兔肠平滑肌肌张力和肠蠕动幅度有明显增强作用。对乙酰胆碱、组胺与氯化钡所致肠肌痉挛有对抗作用。云木香碱 1～2 mg/kg 静脉注射能明显抑制猫在体小肠运动，使肠肌松弛、运动停止，但易于恢复。不同剂量的木香煎剂对大鼠胃排空及肠推进均有促进作用，并呈剂量依赖关系，这种量效关系在促胃动力作用方面更为明显。试验发现木香能显著加快胃对半固体食物的排空，提示木香有增强胃窦运动的作用。

（2）抗消化性溃疡　木香超临界提取液对小鼠利舍平型胃溃疡、大鼠急性胃黏膜损伤、大鼠醋酸损伤型胃溃疡等多种实验性胃溃疡模型均具有明显的抑制作用。灌服浓度为 0.4 g/mL 木香丙酮提取液 1 mL/100 g 体重，对利舍平致大鼠胃黏膜损伤有保护作用，明显减少胃黏膜表面的索状和点状损伤。

（3）促进胆囊收缩　木香水提液（540 mg/kg）、醇提液（480 mg/kg）、去氢木香内酯（100 mg/kg）十二指肠给药均有明显的利胆作用，且醇提物要比水提物作用强。

2. 对呼吸系统作用　豚鼠离体气管与肺灌流实验表明，云木香水提液、醇提液、挥发油、总生物碱能对抗组胺与乙酰胆碱对气管与支气管的致痉作用。云木香碱的支气管扩张反应与迷走中枢抑制有关。其水提液、醇提液、挥发油、去内酯挥发油与总生物碱静脉注射对麻醉犬呼吸有一定的抑制作用，能减慢频率，降低幅度，其中以挥发油作用较强。

3. 对心血管系统的作用　低浓度挥发油对离体兔心有抑制作用，从挥发油中分离出的各种内酯部分均能不同程度地抑制豚鼠与兔离体心脏活动，对离体蛙心也有抑制作用。小剂量的水提液与醇提液能兴奋在体蛙心与犬心，大剂量则抑制。小剂量总生物碱可扩张离体兔耳血管，大剂量反而引起收缩反应。

4. 抗菌作用　木香的挥发油有抗菌作用，煎剂对 10 种真菌有抑制作用。总生物碱无抗菌作用。

［临床应用］

1. 脾胃及大肠气滞　本品辛行苦降，芳香气烈而味厚，能通行三焦气分、中焦脾胃及下焦大肠之气滞，为行气止痛，治疗脾胃和大肠气滞证的要药。理气止痛用于湿热泻痢、肚痛泄泻之症，常与黄连等配伍，方如《太平惠民和剂局方》中的香连丸。牛气胀：与丁香、霍香、大黄等配伍，方如三香承气汤。马、羊、猪食欲减退，消化不良，腹胀满，可以用多味健胃散《中华人民共和国兽药典》（2020 年版）：木香 25 g、槟榔 20 g、白芍 25 g、厚朴 20 g、枳壳 30 g、黄柏 30 g、苍术 50 g、大黄 50 g、龙眼 30 g、焦山楂 40 g、香附 50 g、陈皮 50 g、大青盐（炒）40 g、苦参 40 g，共为末，开水冲调，候温灌服。马 200～250 g，羊、猪 30～50 g。

2. 实热便秘　可用《中华人民共和国兽药典》（2020 年版）木槟硝黄散：木香 30 g、槟榔 30 g、大黄 100 g、芒硝 200 g，前 2 味药煎汤去渣，后 2 味研末冲入，继加常水至 5 kg，灌服。

3. 泻痢　常与黄连配伍如香连丸，对急性菌痢有显著疗效。其中黄连抑杀痢疾杆菌，木香抑制肠管收缩，调整胃肠功能，对泄泻、腹痛有一定疗效。断奶仔猪腹泻：党参 25 g、茯苓 15 g、白术 15 g、淮山药 15 g、炒扁豆 15 g、薏米仁 15 g、白头翁 25 g、黄连 12 g、黄柏 15 g、秦皮 15 g、木香 15 g，共为末。按体重 2 g/kg 拌料饲喂（胡元亮，2006）。

［注意事项］

本品气芳香、能醒脾助胃，故用在补益方剂中用之，能减轻补药的腻滞。有助于吸收，如《济生方》的归脾丸，以木香与补益药同用。

［不良反应］

大鼠腹腔注射的LD_{50}：总内酯 300 mg/kg，二氢木香内酯 200 mg/kg。对其总生物碱静脉注射的最大耐受量，小鼠为 100 mg/kg，大鼠为 90 mg/kg。将本品挥发油混入大鼠饲料中，每天服量为 1.77 mg/kg，连续给药 90 天，对大鼠的生长、血常规、血尿素氮均没有影响，主要脏器病理检查亦未见异常。

香　　附

本品为莎草科莎草属植物莎草（*Cyperus rotundus* L.）的根茎。故香附始称莎草根，后世称为莎草香附子。主产山东、浙江、福建、湖南等地。

香附性平，味辛、微苦、甘。归肝、脾、三焦经。具有理气解郁，活血止痛的功效。主治肝郁气滞，胸、胁、脘腹胀痛，消化不良，胸脘痞闷，寒疝腹痛，乳房胀痛等。《本草纲目》谓香附“利三焦，解六郁，消饮食积聚，痰饮痞满，胕肿腹胀……胎前产后百病”，“乃气病之总司，女科之主帅也”。

［主要成分］

主要含挥发油（约 1%），油中主要成分为香附烯（cyperene）（约占 32%）、香附醇（cyperol）（约占 49%），还有异香附子醇（isocyperol）、柠檬烯（limonene）、樟烯（camphene）、三萜类、黄酮类及生物碱等。

［药理作用］

1. 松弛平滑肌作用　香附挥发油可松弛兔肠平滑肌。丙酮提取物可对抗乙酰胆碱、K^+所致肠肌收缩，对组胺喷雾所致的豚鼠支气管平滑肌痉挛有保护作用。香附提取物对犬、猫、兔、豚鼠离体子宫，不论有孕或未孕均有抑制作用，使子宫平滑肌松弛，肌张力下降，收缩力减弱。

2. 利胆作用　麻醉鼠十二指肠给香附水煎液 30 g/kg，可明显增加胆汁流量及胆汁中固体物含量。对 CCl_4 所致肝损伤大鼠的胆汁分泌也有明显的促进作用（陈长勋，2006）。

3. 雌激素样作用　香附挥发油皮下注射或阴道给药可促进阴道上皮细胞角质化；去卵巢大鼠有轻度雌激素样作用，其中香附烯Ⅰ作用最强，香附酮则无作用。5%香附流浸膏对豚鼠、兔、猫和犬等动物的离体子宫，无论已孕或未孕，都有抑制作用，使收缩力减弱，肌张力降低。

4. 解热、镇痛、抗炎作用　20%香附醇提取物皮下注射，能明显提高小鼠的痛阈。香附醇提取物对酵母菌、细菌内毒素所致大鼠发热有明显解热作用；香附醇提取物 100 mg/kg 大鼠腹腔注射，对角叉菜胶和甲醛引起的足肿胀有明显的抑制作用。此作用比氢化可的松（5～10 mg/kg）强，其抗炎成分为三萜类化合物。

5. 中枢神经系统作用　香附醇提取物有安定作用，使小鼠自发活动减少。对于去水吗啡所致的呕吐有保护作用。

6. 对心血管系统的作用 对离体、在体蛙心、兔心、猫心有强心作用和减慢心率的作用，亦有明显的降压作用。

7. 抗菌作用 体外试验，香附挥发油对金黄色葡萄球菌有抑制作用，香附烯的抑菌作用比挥发油强，香附酮则无抑菌效果。香附提取物对真菌也有抑制作用。

［临床应用］

1. 肝胃气滞 用于气血郁滞所致草少、肚胀、呕吐等证。常与苍术、川芎等配伍。方如《丹溪心法》中的越鞠丸。

2. 伤胎难产 用通灵散（出自《新刻注释马牛驼经大全集》）：香附 25 g、当归 25 g、川芎 20 g、红花 20 g、乌药 20 g、黄芩 15 g、白术 25 g、紫苏 20 g、玄胡索 20 g、小茴香 20 g、人参 15 g、伏龙肝 60 g。为末，开水冲调，候温加黄酒 250 g 灌服。可以活血通经，顺气催产。

3. 产后腹痛 可与毕澄茄、熟地、桃仁、益母草等配伍。方如香附毕澄茄汤。

4. 牛瘤胃臌气 醋香附 60 g，青木香 50 g，砂仁 40 g，莱菔子（炒）60 g，酒莪术、酒三棱各 20 g，水煎 3 次合之，加陈醋 200 mL，灌服。每天 1 剂，连用 3 天（胡元亮，2006）。

［不良反应］

小鼠腹腔注射香附醇提取物的 LD_{50} 为 1.5 g/kg，小鼠腹腔注射香附挥发油的 LD_{50} 为（0.297±0.019）mL/kg。饲料加药比例不超过 25％时，大鼠可以耐受，加药量达到 30％～50％时，动物生长受到一定抑制。

乌　药

本品为樟科山胡椒属植物乌药［*Lindera aggregata*（Sims）Kosterm. J.］的块根。主产中南地区，以及浙江、福建、湖南、广东等地。浙江天台所产量大质优，又名台乌。

乌药性温、味辛。归肺、脾、肾、膀胱经。具有行气，止痛，温肾散寒的功效。主治寒凝气滞之胸腹诸痛，膀胱虚冷之小便频数。

［主要成分］

含挥发油 0.1％～0.2％，油中含有乌药醇（linderenol）、乌药烯（lindenene）、乌药醚（linderoxide）、乌药根烯（lindestrene）、香樟内酯（lindestrenolide）、乌药内酯（linderalactone）、新乌药内酯（neolinderalactone）、新木姜子碱（laurolitsine）、乌药醇（linderol）和乌药酸（lindericacid）等 10 余种呋喃倍半萜烯化合物。

［药理作用］

1. 对消化道的影响 乌药对胃肠平滑肌有双重作用，既能促进肠蠕动，又能缓解胃肠平滑肌痉挛，还能增加消化液的分泌。乌药水煎液有兴奋和增强胃运动节律作用，且能显著抑制溃疡形成，对抗乙醇诱发的细胞损伤，具有细胞保护作用，此作用呈剂量依赖关系。台乌与木香为排气汤的主要药物，静脉注射排气汤，可使麻醉犬在体肠肌蠕动加快，收缩加强，其作用温和而持久，不引起肠痉挛，对呼吸、血压无不良副作用，如减去方中台乌，此作用明显减弱，再减去木香，作用几乎消失。单用台乌、木香不及排气汤全方作用持久。但对兔离体肠肌虽达高浓度也不能增强肠肌收缩，反而产生肠麻痹（陈正伦，1995）。

2. 保肝作用　用天台乌药根的正己烷提取物及由此提取物分得的钓樟萜烯，给予纯种 dd－k 小鼠和 Wistar 雄性大鼠口服，结果表明，正己烷提取物及钓樟萜烯可预防四氯化碳引起的血清谷草转氨酶（AST）和谷丙转氨酶（ALT）的升高。肝切片组织学观察表明，钓樟萜烯可保护肝脏免受脂肪浸润（沈映君，2012）。

3. 止血作用　体外实验证明，乌药粉能明显缩短家兔凝血时间，乌药与其他药物组成的止血粉对兔、羊、犬股动脉和脾部分切除有良好的止血作用。

4. 抗菌消炎作用　鲜乌药叶煎剂对金黄色葡萄球菌、溶血性链球菌、大肠杆菌、绿脓杆菌等有抑制作用。乌药中进一步分离所得组分能够有效对抗角叉菜胶大鼠足趾肿胀。

［临床应用］

1. 寒凝气滞之胸腹诸痛　本品味辛行散，性温祛寒，入肺而宣通，入脾而宽中，故能行气散寒止痛，用治寒凝气滞之胸腹诸病。

2. 牛气胀发噎　与槟榔、草果、木香等配伍。方如《养耕集》中的顺气内消散。

3. 牛前胃弛缓及瘤胃积食　乌药 45 g，木香、砂仁各 30 g，青皮、陈皮、枳壳、厚朴苍术、薄荷、甘草各 90 g，山楂、神曲、麦芽、莱菔子、大黄各 60 g，芒硝 100 g，共为末。开水冲调，候温加麻油 200 g，一次灌服（胡元亮，2006）。

4. 寒疝冷痛　常与小茴香青皮等配伍。方如《医学发明》中的天台乌药散。

5. 猫腹胀、呕吐　乌药磨水灌服。

6. 尿频、遗尿　本品辛散温通，入肾与膀胱而温肾散寒，缩尿止遗，治疗肾阳不足，膀胱虚冷之小便频数等，常与益智仁、山药等同用。

7. 牛尿道感染　黄柏、知母各 35 g，山栀 25 g，瞿麦 30 g，车前子 45 g，滑石 60 g（包），白花蛇舌草 60 g，紫花地丁 50 g，败浆草、蒲公英各 40 g，香附、乌药、生甘草各 25 g。水煎灌服。

川　楝　子

本品为楝科落叶植物川楝（*Melia toosendan* Sieb. et Zucc.）的干燥成熟果实。因果实成熟金黄色似小铃，象形称为金铃子。主产于四川、贵州、云南等地。

川楝子性寒，味苦，有小毒。归肝、胃、小肠、膀胱经。具有行气止痛，杀虫疗癣。主治肝郁化火诸痛证，虫积腹痛。

［主要成分］

主要含川楝素（toosendanin）、麦克辛（mergsine）、苦楝子萜酮（melianone）、苦楝子内酯（melialactone）和苦楝子萜醇（melicmol）等。

［药理作用］

1. 驱虫作用　本品驱虫有效成分是川楝素，它比乙醇提取物的作用强。在浓度 1∶（5 000～9 000）时，川楝素对蛔虫肌肉有直接作用，较高浓度（1∶1 000 以上）对猪蛔虫，特别是蛔虫头部的神经节有麻痹作用。川楝子是一种有效的神经肌肉接头阻断剂，其作用部位在突触前神经末梢，作用方式是抑制神经诱发的乙酰胆碱释放，这可能是川楝素驱蛔虫的作用原理之一。川楝子煎剂对阴道滴虫有轻度杀灭作用。

2. 对消化系统的作用 川楝素 200 mg/kg 给兔灌胃，可使在体肠肌张力和收缩力增强。川楝子能提高胃液的 pH，能抑制胃液对蛋白质的消化。以川楝子、黄芪、白术、木香等组成的健脾疏肝汤对胃肠功能有良好的双向调节作用，即降低小鼠小肠炭末推进百分率，抑制肌注新斯的明的小鼠胃肠推进运动的加快，也能抑制离体小肠的自发活动，对乙酰胆碱、氯化钡所致的肠管收缩有明显的拮抗作用，且能改善微循环和血液流变学指标，从而使异常的肠管运动功能趋向正常化。口服川楝子煎剂可引起胆囊收缩，促进胆汁排泄。

3. 对呼吸中枢的作用 川楝素对大鼠以每只 2 mg 静脉注射或肌肉注射，引起大鼠呼吸衰竭。延脑呼吸中枢部体直接给川楝素（每只 0.01～0.15 mg），对呼吸中枢有抑制作用。

4. 抗肉毒作用 川楝素具有显著的抗肉毒作用。在特定的试验条件下，川楝素显著延长肉毒中毒小鼠对间接刺激收缩反应的麻痹时间，与川楝素本身的麻痹时间相近，未见相互协同增强阻遏的现象。川楝素给药治疗可使致死量肉毒中毒小鼠的存活率达 80%以上。与抗毒血清结合，而明显降低抗毒血清用量。川楝素为呋喃三萜类化合物，肉毒中毒服用后通过对 Ca^{2+} 通道的作用，增加了神经末梢内的 Ca^{2+} 数量，使得囊泡和突触前膜融合的概率增加，大大促进了乙酰胆碱的释放，从而改善了中毒症状（沈映君，2012）。

5. 抗生育作用 SD 大鼠川楝子油两侧附睾尾部注射，每侧 100 μL，10 天后，将上述大鼠分别与有生育力的雌鼠进行交配，研究结果显示用药组与对照组大鼠生育率分别为 13.3%和 90%，用药组 5 周时组织学检查附睾及输精管，均无梗阻改变，睾丸形态正常；附睾出现了轻度炎症，6 周时睾丸曲细精管口径缩小，表明川楝子油可抑制睾丸生精细胞的生成，刺激非生精细胞使其合成代谢增加（沈映君，2012）。

6. 抗氧化作用 川楝总黄酮和多糖均具有较强的抗氧化活性，当总黄酮质量浓度为 9.74 g/L 时，对超氧阴离子自由基的清除效率达到 76.6%，其质量浓度为 12.38 g/L 时，对羟基自由基的清除效率可达到 84%。当多糖质量浓度达到 10 g/L 时，对超氧阴离子自由基的清除效率达到 63.7%，对 · OH 的清除效率可达到 74.0%。

7. 抗菌、抗炎作用 川楝子醇浸液对致病性真菌有抑制作用，尤其对白色念珠菌作用明显。研究还发现川楝子有抗噬菌体作用。挥发油分离物印楝啶，可通过降低血管通透性而抑制水肿形成，有明显的抗炎作用和抗组织胺活性。

8. 抗癌作用 体外筛选法表明川楝子对肿瘤细胞有抑制作用。对宫颈癌有明显抑制作用，抑制率在 90%以上（高学敏，2000）。

［临床应用］

1. 胆道蛔虫 以川楝子、乌梅、川椒、黄连、生大黄，共为末，口服。

2. 虫积腹痛 本品苦寒，有毒，能驱杀肠道寄生虫，味苦又能疏泄气机而行气止痛。可用治蛔虫等引起的虫积腹痛。常配使君子、槟榔等同用。

3. 胸胁痛、肝胃气痛 本品苦寒降泄，导热下行，主入肝经以泻肝火，泄郁热而奏清肝行气止痛之效，故可治肝郁化火诸痛证。常配延胡索同用，如《素问病机气宜保命集》金铃子散，或配柴胡、郁金、白芍等同用。

4. 急性胆囊炎、胆系感染 以生大黄、郁金、川楝子、山楂、积雪草水煎服。或以金铃泻肝汤（川楝子、乳香、没药、龙胆草、大黄、三棱、莪术加减）水煎服。

［注意事项］

1. 本品有毒，不宜过量或持续服用（因为川楝素为强积累物质），以免中毒。又因性寒，脾胃虚寒者慎用。

2. 同科属不同种植物苦楝（*Melia azedarach* L.）的果实性状等略有不同，苦楝子毒性较川楝子为大，应分别入药，不能混淆。川楝子临床应用一般无严重反应，但不少地方以苦楝子代用，因误食苦楝子或用量过大引起中毒则较多见。

3. 川楝素对肉毒中毒的动物有明显疗效，但毒副作用大，化疗指数低，使用价值不大，其作用与川楝素分子存在的半缩醛羟基有一定关系（沈映君，2012）。

［不良反应］

本品的主要毒性成分是川楝素、苦楝萜酮内酯等。给小鼠静脉注射川楝素的 LD_{50} 为 14.6±0.9 mg/kg。川楝素在肝脏的含量比其他组织高，肝脏病理形态学的变化也比其他脏器明显。

◆ 参考文献

蔡周权，代勇，袁浩宇，2006. 陈皮挥发油的药效学实验研究［J］. 中国药业，15（13）：29－30.

陈长勋，2006. 中药药理学［M］. 上海：上海科学技术出版社.

陈正伦，1995. 兽医中药药理学［M］. 北京：中国农业出版社.

高学敏，2000. 中药学（上、下册）［M］. 北京：人民卫生出版社.

胡元亮，2006. 中兽医学［M］. 北京：中国农业出版社.

蒋健，2008. 木香槟榔丸临床应用发挥［J］. 福建中医药，39（6）：40－41.

焦士蓉，马力，黄承钰，等，2008. 枳实提取物的体外抗氧化作用研究［J］. 中药材，31（1）：113－116.

钱士辉，王佾先，亢寿海，等，2003. 陈皮提取物体外抗肿瘤作用的研究［J］. 中药材，26（10）：744－745.

沈映君，2012. 中药药理学. 第2版［M］. 北京：人民卫生出版社.

孙建宁，2006. 中药药理学［M］. 北京：中国中医药出版社.

张克家，2009. 中兽医方剂大全［M］. 北京：中国农业出版社.

第十五章

驱 虫 药

凡能祛除或杀灭畜禽体内、体外寄生虫的药物，称为驱虫药。

牲畜虫证一般具有毛焦肷吊、饱食不长或大便失调等症状。使用驱虫药时，必须根据寄生虫的种类，病情的缓急和体质的强弱，采取急攻或缓驱。对于体弱脾虚的病畜，可采用先补脾胃后驱虫或攻补兼施的办法。为了增强驱虫效果，应配合泻下药促进虫体排出。驱虫时一般在空腹时投药，以使药物与虫体易于接触，更好地发挥驱虫效果。

常用的驱虫药有使君子、苦楝皮、槟榔、观众、常山、鹤草芽、雷丸等。这些驱虫药的药理作用主要是：①驱蛔虫作用。使君子所含的使君子酸钾具有较强的麻痹猪蛔虫头部的作用，苦楝皮中的苦楝素则作用于蛔虫头部神经环而起抗蛔虫作用。②驱绦虫作用。雷丸对绦虫和钩虫有一定效果，槟榔对猪肉绦虫全虫均有较强的麻痹作用，南瓜子则主要对绦虫的中段和后段起作用。③驱蛲虫作用。槟榔粉剂、煎剂体外试验对小鼠蛲虫有麻痹作用，能驱除成虫和幼虫，而使君子粉剂则只对小鼠蛲虫的成熟雌虫作用比较显著。④驱钩虫作用。高浓度苦楝根皮煎剂对犬钩虫在体外试验时能将其全部杀死，槟榔片煎剂亦能杀死钩虫。⑤驱鞭虫、姜片吸虫。槟榔煎剂有驱鞭虫、姜片吸虫的作用。⑥抗血吸虫作用。南瓜子的有效成分南瓜子氨酸有抑制血吸虫作用，尤其是对血吸虫幼虫有显著的抑制和杀灭作用。

用驱虫药时，要注意药物对寄生虫的选择性作用，如治蛔虫病可选用使君子、苦楝皮，驱绦虫时选用槟榔等。此外，驱虫药对畜体也有不同程度的毒副作用，使用时必须掌握药物的用量和配伍，以免引起中毒。

使 君 子

本品为使君子科植物使君子（*Quisqualis indica* L.）的干燥成熟果实。主产于四川、江西、广东、广西、福建、台湾、湖南等地。

使君子性温，味甘。归脾、胃经。具有杀虫消积，健脾胃之功效。主治虫积体瘦，虚热泻痢等证。

[主要成分]

使君子主要成分含有使君子酸（quisqualic acid）、使君子酸钾（potassium quisqualate）、植物甾醇（phytosterol）、胡芦巴碱（trigonelline）、吡啶（pyridine）及其同类物等。

[药理作用]

1. 抗寄生虫作用 使君子煎剂、乙醇提取物能抑制猪蛔虫。使君子仁提取物水溶部分有较强的麻痹猪蛔虫头部的作用，麻痹前可见刺激兴奋现象。使君子的驱虫作用与其浸膏经发酵除去糖质、灰分、草酸钾无关，其有效成分为使君子酸钾。其所含吡啶类及油对人、动物均有明显的驱蛔虫效果。使君子高浓度对蛔虫先兴奋后麻痹，此种作用为驱虫效果的原因之一。使君子对蛲虫、钩虫和绦虫无明显作用，但使君子粉剂对小鼠蛲虫的成熟雌虫和子宫充满虫卵的雌虫有比较显著的驱虫作用（杨继生等，2007）。

2. 抗菌作用　使君子水浸剂对奥杜盎氏小孢子菌、许兰氏毛菌、腹股沟表皮癣菌等皮肤真菌均有抑制作用。

3. 解毒作用　使君子所含枸橼酸为抗凝剂，对碱金属中毒有解毒作用；琥珀酸钠盐也是重金属及巴比妥中毒的解毒剂；对眼镜蛇毒亦有对抗作用。

4. 其他作用　尚有镇咳祛痰、利尿、抗癌等作用。

［临床应用］

1. 虫积　用于治疗蛔虫、蛲虫病，可单用，或配槟榔、鹤虱等同用，如化虫汤。治猪蛔虫病，常用使君子 18 g、花椒 8 g、乌梅 12 g、苦楝皮 12 g，煎水内服（胡元亮，2006）。

2. 疥癣　外用可治疥癣。

［不良反应］

使君子有毒成分为使君子酸钾。使君子酸的神经毒作用研究表明，可造成实验动物癫痫大发作，其引起的脑损伤与动物年龄、给药剂量有关。本品内服可致胃肠刺激及膈肌痉挛，毒副作用表现为：呃逆、眩晕、呕吐、出冷汗、四肢发冷，重者可出现抽搐、惊厥、呼吸困难、血压下降等。中毒原因主要是内服生品、误食过量新鲜果实，或用量过大。解救办法可洗胃、催吐，对症治疗；轻者可用绿豆、甘草煎水服。

苦　楝　皮

本品为楝科植物楝（*Melia azedarach* L.）或川楝（*Melia toosendan* Sieb. et Zucc.）的干燥树皮及根皮。全国大部分地区均产。

苦楝皮性寒，味苦，有毒。归肝、脾、胃经。具有驱虫消积，燥湿解毒之功效。主治虫积腹痛，湿疹瘙痒，疥癣等证。

［主要成分］

苦楝皮中的主要成分为苦楝素（川楝素，toosendanin）、印楝波灵 A（nimbolin A）、印楝波灵 B（nimbolin B）、葛杜宁（gedunin）、苦楝皮萜酮（kulinone）、苦楝萜酮内酯（kulactone）、苦楝萜醇内酯（kulolactone）、苦楝子三醇（meliantriol）、苦楝萜酸甲酯（methyl kulonate）、苦楝子萜酮（melianone）、楝树碱（margosin）、正卅烷（triacontane）以及β-谷甾醇（β-sitosterol）等。

［药理作用］

1. 抗寄生虫作用　水煎剂或醇提取物均对猪蛔虫有抑制，甚至麻痹作用。驱蛔虫作用的有效成分为苦楝素，苦楝素能透过虫体表皮，直接作用于蛔虫肌肉，使肌肉 ATP 的分解代谢加快，造成蛔虫能量供应短缺，导致收缩性疲劳而痉挛，使虫体不能附着肠壁而排出体外。苦楝根皮提取物对小鼠蛲虫也有麻痹作用，并能治疗小鼠实验性曼氏血吸虫病（张建楼等，2007）。

2. 对呼吸中枢的影响 大剂量的苦楝素给大鼠静脉或肌内注射，能抑制呼吸中枢而引起大鼠呼吸衰竭。中枢兴奋药尼可刹米对苦楝素引起的呼吸抑制有轻微的对抗作用。

3. 对消化系统的作用 苦楝素（200 mg/kg）给家兔灌胃，对兔在体及离体肠的张力和收缩力有显著增加作用；口服苦楝皮75%醇提物5 g/kg和15 g/kg，能显著地抑制小鼠水浸应激性和盐酸性胃溃疡的形成，但对吲哚美辛-乙醇性溃疡的形成无抑制作用；能减少蓖麻油及番泻叶引起的小鼠腹泻次数，能增加麻醉大鼠的胆汁分泌量，但对小鼠胃肠推进运动无明显影响。可见，苦楝皮有抗胃溃疡、抗腹泻和利胆作用。

4. 抗微生物作用 苦楝皮不同提取物的抑菌活性不同，其中乙醇提取液的抗菌作用最强，对绿色木霉和黑曲霉有很好的抑菌活性，最低抑菌浓度均为0.5%，甲醇提取物对这2种霉的最低抑菌浓度为2%；苦楝皮水浸液对堇色毛癣菌、奥杜盎小孢子菌、串珠镰孢菌等多种致病性真菌也有抑制作用。苦楝皮提取物还具有一定的抗A型禽流感病毒H_1N_1亚型活性。

5. 其他作用 苦楝素对肉毒中毒动物具有治疗作用；苦楝皮提取物对癌细胞的生长有抑制作用（李桂英等，2012），并能提高动物的非特异性免疫功能（程玮等，2009）。

［临床应用］

1. 虫积 苦楝皮苦寒有毒，有较强的杀虫作用，可治蛔虫、绦虫、鞭毛虫等多种肠道寄生虫，为广谱驱虫中药，但以驱杀蛔虫效果最强。治蛔虫病，可单用水煎、煎膏或制成片剂；亦可与使君子、槟榔、大黄等同用。与百部、乌梅同煎，连用2～4天，可治蛲虫病。与石榴皮同煎，可治钩虫病。治疗猪蛔虫病，使君子、苦楝皮各20 g（50 kg猪的用量），共研细末，1天分2次拌料喂服（姚新铃，2010）。治疗鸡和兔球虫病，用黄连、苦楝皮各6 g，贯仲10 g，水煎取汁，雏鸡与仔兔分4次服，成年鸡、兔分2次服，每天2次，连用3～5天（于华光，2000）。

2. 疥癣、湿疮 本品能清热燥湿，杀虫止痒。单用本品研末，用醋或猪脂调涂患处，可治疥疮、疥癣、湿疮、湿疹瘙痒等证。

［不良反应］

苦楝皮的毒性较大。苦楝素对犬、猫以不同剂量灌胃给药，血压降低可随剂量递增而加大，血压可急降至零，呼吸、心搏停止，肺、胃肠出血；口服川楝素片中毒的猪则出现四肢颤抖、行动强拘、阵发性惊厥。不同动物对其耐受力可因营养状态及体质等原因而差异较大，其敏感程度依次为猪、猫、猴、犬、兔、大鼠、小鼠。使用时应严格掌握适应证，对体弱、肝脏疾病、消化性溃疡、心肾功能不全及孕畜则当慎用或不用。

槟　榔

本品为棕榈科植物槟榔（*Areca catechu* L.）的干燥成熟种子。主产于海南、福建、云南、广西、台湾等地。

槟榔性温，味苦、辛。归胃、大肠经。具有杀虫，行气，利水，截疟之功效。主治虫积体瘦，食积气滞等证。

［主要成分］

主要成分含总生物碱 0.3%～0.6%、主为槟榔碱（arecoline）、少量为槟榔次碱（arecaidine）、去甲基槟榔碱（guvacoline）、去甲基槟榔次碱（guvacine）、异去甲基槟榔次碱（isoguvacine）、槟榔副碱（arecolidine）、高槟榔碱（homoarecoline）等，均与鞣酸（tannic acid）结合而存在。含脂肪油约 14%，其中脂肪酸有月桂酸（lauric acid）、肉豆蔻酸（myristic acid）、棕榈酸（palmitic acid）、硬脂酸（stearic acid）、油酸（oleic acid）等。

［药理作用］

1. 驱虫作用 槟榔碱是有效的驱虫成分。槟榔碱能引起绦虫虫体弛缓性麻痹，触之则虫体伸长而不易断，故能把全虫驱出；槟榔碱对猪肉绦虫有较强的麻痹作用，能使全虫各部都麻痹，对牛绦虫仅能使头节和未成熟节片麻痹；槟榔碱对蛲虫、蛔虫、钩虫、肝吸虫、血吸虫均有麻痹或驱杀作用。

2. 抗微生物作用 槟榔水浸液在试管内对堇色毛癣菌等皮肤真菌有不同程度的抑制作用。水煎剂和水浸剂对流感病毒甲型某些株有一定的抑制作用，抗病毒作用可能与其中所含鞣质有关。对金黄色葡萄球菌、枯草芽孢杆菌、蜡状芽孢杆菌、大肠杆菌和幽门螺旋杆菌也有抑制作用（刘文杰等，2012）。

3. 对胆碱受体的作用 槟榔碱有拟胆碱样作用。槟榔碱的作用与毛果芸香碱相似，可兴奋 M-胆碱受体，促进唾液、汗腺分泌，增加肠蠕动，减慢心率，降低血压，滴眼可使瞳孔缩小。也能兴奋 N-胆碱受体，表现为兴奋骨骼肌、神经节及颈动脉体等。对中枢神经系统也有拟胆碱样作用，猫静脉注射小量槟榔碱可引起皮层惊醒反应。

4. 其他作用 小鼠皮下注射槟榔碱可抑制其一般活动，对氯丙嗪引起活动减少及记忆力损害则可改善。槟榔能使小鼠精子数量明显减少，精子活动率明显降低，精子畸形率明显升高，提示槟榔对雄性小鼠生殖功能可能造成一定影响；槟榔对小鼠胚胎有一定毒性，可延缓胎鼠的发育，特别是未经加工的槟榔影响更甚；连续服用槟榔可增强致癌物质对大鼠的癌变作用（梁宁霞，2004）。

［临床应用］

1. 虫积 槟榔驱虫谱广，对家畜的绦虫、蛔虫、蛲虫、钩虫、姜片吸虫等消化道寄生虫都有驱杀作用，并以泻下作用驱除虫体为其优点。用治绦虫证疗效最佳，可单用，亦可与木香同用；现代多与南瓜子同用，其杀绦虫疗效更佳。与使君子、苦楝皮同用，可治蛔虫病、蛲虫病；与乌梅、甘草配伍，可治姜片吸虫病。

2. 草料积滞 本品辛散苦泄，入胃肠经，善行胃肠之气，消积导滞，兼能缓泻通便。常与青皮、枳壳、神曲、厚朴等同用，治疗反刍兽宿草不转、草料积滞，方如《牛经备要医方》。

3. 湿热痢疾 与木香、黄连、芍药等同用，可治湿热泻痢。

4. 水肿 槟榔既能利水，又能行气，气行则助水运。常与商陆、泽泻、木通等同用，治疗水肿实证，二便不利；与木瓜、吴茱萸、陈皮等配伍，用于治疗寒湿脚气肿痛。

[注意事项]

脾虚便溏或气虚下陷者忌用；孕畜慎用。

[不良反应]

槟榔煎剂给小鼠灌胃的 LD_{50} 为 120±24 g/kg。使用过量槟榔碱可引起流涎、呕吐、利尿、昏睡及惊厥。如系内服引起者可用过锰酸钾溶液洗胃，并注射阿托品。

[附] 大腹皮

本品为棕榈科植物槟榔（*Areca catechu* L.）的干燥果皮。大腹皮性微温，味辛。归脾、胃、大肠、小肠经。具下气宽中、行水消肿之功效。用于治疗湿阻气滞，胸腹胀闷，水肿，小便不利，大便不爽等证。

大腹皮中主要含有槟榔碱、副槟榔碱等成分。现代药理研究表明，大腹皮有兴奋胃肠道平滑肌，并有促进纤维蛋白溶解、驱杀绦虫等作用（韩腾飞等，2011）。

临床上治疗耕牛水肿病，用白术 40 g、大腹皮 30 g、茯苓 30 g、枳壳 30 g、生姜 30 g、羌活 30 g、桑白皮 20 g、草果 20 g、茵陈 40 g、党参 40 g、大枣 12 枚、炙甘草 30 g，水煎候温内服（叶叁水，1998）。治疗母畜妊娠水肿，用土炒白术 45 g，大腹皮、生姜、茯苓各 25 g，桑白皮 20 g，水煎内服，每天 1 剂（李巧云，2011）。治孕马腹痛不宁，用腹皮散（《元亨疗马集》方）：大腹皮、人参、川芎、白芍药、熟地黄、陈皮、甘草、桔梗、半夏、紫苏，以上共为细末，每服两半，细切青葱三枝，水一升，调煎三沸，候温灌之。

贯　众

本品为鳞毛蕨科植物贯众（*Cyrtomium fortunei* J. Smith）的干燥根茎及叶柄残基，又名贯仲。主产于湖南、广东、福建、四川、云南等地。

贯众性微寒，味苦。有小毒。归肝、胃经。具有杀虫，凉血止血，清热解毒之功效。主治虫积，湿热毒疮等证。

[主要成分]

贯众主要含间苯三酚类化合物，即绵马酸类（filicic acids），包括黄绵马酸 BB、PB、AB（flavaspidic acid BB、PB、AB）、白绵马素（albaspididin）、新绵马素（dryocrassin）、异槲皮苷（isoquercitrin）、紫云英苷（astragalin）、冷蕨苷（cyrtopterin）、贯众素（cyrtominetin）、贯众苷（cyrtomin）、杜鹃素（cyrtopterinetin）、绵马酚（aspidinol）、绵马次酸（filinic acid）、茶烯-b（diploptene）以及铁线蕨酮（adianton）等（陈红云等，2006）。

[药理作用]

1. 抗寄生虫作用　贯众能使绦虫、钩虫麻痹变硬而被驱除；对绵羊肺线虫的驱虫率达 100%；对动物肝片吸虫、日本血吸虫、牛片形吸虫及阔吸盘吸虫、疟原虫也有效；在体外对猪蛔虫有效。贯众的乙醚、乙醇提取液对至倦库蚊和白纹伊蚊幼虫具有较强的杀伤作用。贯众对海水鱼刺激隐核虫幼虫也具有很好的驱虫效果。

2. 抗病毒作用　贯众对流感病毒在鸡胚试验上有强烈抑制作用，在小鼠（滴鼻法）试验上也有效，但作用较弱。贯众的水煎剂也有抗单纯疱疹病毒的作用。对人体乙肝病毒、感冒病毒、水痘疱疹病毒和艾滋病病毒等也都具有明显的抑制作用。

3. 抗菌作用　贯众对痢疾杆菌、伤寒杆菌、大肠杆菌、变形杆菌、绿脓杆菌、枯草芽胞杆菌、金黄色葡萄球菌、脑膜炎双球菌及石膏样毛癣菌等皮肤真菌均有不同程度的抑制作用（李义军等，2009）。

4. 对子宫平滑肌的作用　贯众煎剂及精制后的有效成分对家兔离体及在体子宫平滑肌有明显的收缩作用。贯众注射液对豚鼠、家兔的离体子宫有显著的兴奋作用，运动频率及紧张度均增加，振幅减小，大剂量呈现强直性收缩；但换液后，仍可恢复正常。

5. 止血作用　贯众炒炭后止血作用增强，出血时间和凝血时间比生品明显缩短。

6. 其他作用　贯众还具有抗癌作用、抗衰老作用（陈红云等，2006）。

[临床应用]

1. 虫积　可与槟榔、雷丸等配伍用于驱除绦虫；与槟榔、苏木、肉豆蔻等配伍，驱除牛、羊肝片吸虫，方如肝蛭散；可与鹤虱、苦楝皮配伍，驱除蛲虫。治牛肝片吸虫病，用贯众 50 g、苦参 40 g、槟榔 40 g、苦楝皮 40 g、龙胆草 40 g、大黄 30 g、茯苓 50 g、泽泻 30 g、厚朴 30 g、苏木 20 g、肉豆蔻 20 g，水煎，候温灌服，服药前 30 min 灌服蜂蜜 250 g（胡元亮，2006）。

2. 时疫　用于湿热毒疮，时行瘟疫等，可单用或配伍应用。治风热型流感，与金银花、连翘、板蓝根等配伍。预防猪流感，用贯众 4 份，金银花 3 份，苦参 4 份，粉碎装袋，每 100 kg 体重用药 50 g，每天 1 次，拌料喂服（胡元亮，2006）。

3. 血证　本品炒炭，适用于血热妄行所致的衄血、子宫出血、便血等，可配伍仙鹤草、侧柏叶等。

4. 疥癞　本品还可用于外治疥癞。

[注意事项]

肝病、贫血、衰老病畜及孕畜忌用。

[不良反应]

不同品种的贯众毒性相差较大。东北贯众注射液，小鼠的 LD_{50} 为（1.7±0.021）g/kg；粗茎鳞毛蕨（绵马鳞毛蕨）注射液毒性较轻，小鼠腹腔注射的 LD_{50} 为（34±0.04）mL/kg。

常　山

本品为虎耳草科植物黄常山（*Dichroa febrifuga* Lour.）的根。主产于主要产于四川、云南、贵州、湖南等地。

常山性寒，味苦、辛，有小毒。归肺、肝经。具有杀虫，截疟，祛痰之功效。主治疟疾，瘰疬等证。

[主要成分]

常山主要成分含喹唑酮类生物碱常山碱甲（α－dichrorine）、常山碱乙（β－dichrorine)、常山碱丙（γ-dichrorine），三者为互变异构体，总称常山碱。此外，尚含新常山碱（neodichroine）、常山次碱（dichroidine）、4-喹唑酮（4-quinazolone）、常山素 A（dichrin A，即伞形花内酯 umbelliferone）、常山素 B（dichrin B）、异香草醛（isovanillin）、异香草酸（isovanillic acid）等。常山酮是常山碱甲、乙、丙的混合物，也是常山的抗疟有效成分。

［药理作用］

1. 抗疟作用 常山的水煎剂及醇提液对疟疾有显著的疗效，其中常山碱丙抗疟作用最强，约为奎宁的 100 倍，常山碱乙次之，常山碱甲的疗效则相当于奎宁。常山碱主要是通过引起动物巨噬细胞 NO 的含量增加，从而起到抗疟原虫的作用（李燕等，2011）。

2. 催吐作用 常山碱能通过刺激胃肠道的迷走与交感神经末梢而反射性地引起呕吐。

3. 其他作用 本品尚具有降压、兴奋子宫平滑肌、消炎、抗肿瘤、抗流感病毒、抗钩端螺旋体、抗阿米巴原虫、抗球虫等作用（郭志廷，2012）。

［临床应用］

1. 虫积 常用于防治鸡球虫病，可煎水单用或与其他药物配伍。或与青皮、青蒿、黄芪、首乌等药配合，治疗犬巴贝西虫病（中兽医学杂志，2015 增刊，343 页）。

2. 痰饮停聚 适用于痰饮停聚，胸膈壅塞，不欲饮食，欲吐而不能吐者。常以本品配甘草，水煎，和蜜温服。

3. 牛产后前胃弛缓 用椿皮 60 g、常山 20 g、柴胡 30 g、莱菔子 60 g、枳壳 30 g、党参 50 g、白术 45 g、茯苓 35 g、山楂 45 g、麦芽 30 g、神曲 40 g、甘草 30 g，碾细，开水冲，候温灌服，每天 1 剂，连用 3 天（曹贵忠，2012）。

［注意事项］

体虚及孕畜不宜用。

［不良反应］

常山有毒，用量不宜过大。小鼠口服常山碱（总碱）的 LD_{50} 为（7.79±1.30）mg/kg。常山碱乙的毒性比奎宁约大 150 倍，总碱的毒性约为奎宁的 123 倍。常山碱丙口服毒性反而比静注大。

雷　丸

本品为白蘑科雷丸菌（*Omphalia lapidescens* Schroet.）的干燥菌核。主产于四川、贵州、云南、湖北、广西等地。

雷丸性寒，味微苦，有小毒。归胃、大肠经。具有杀虫，消积之功效。主治虫积腹痛，疳疾，风痫等证。

［主要成分］

主要成分为雷丸素（omphalin），是一种蛋白水解酶，对酪蛋白、酯有水解作用，为驱绦虫有效成分，尚有凝乳、溶菌作用；此外，尚含雷丸多糖 S-4002、钙、铝、镁等。

［药理作用］

1. 抗寄生虫作用 雷丸蛋白酶是雷丸的杀虫成分，具有水解蛋白的作用，使虫体蛋白质分解破坏、虫头不再附于肠壁而排出。研究表明，雷丸蛋白酶能引起猪囊尾蚴组织结构变化，其皮层、皮层下肌层以及实质层都呈现不同程度的损伤；对药物培养后的猪囊尾蚴制成的全囊蛋白液用 PAGE 方法分析，发现雷丸蛋白酶作用后的囊虫蛋白谱带比正常囊虫多 2～3 条，这一变化可能与雷丸蛋白酶对虫体蛋白质破坏有关。50%雷丸乙醇提取物对猪蛔虫、蚯蚓及水蛭有杀灭作用；在 5%雷丸煎剂培养液中，经 5 min 可使大部分阴道毛滴虫虫体颗粒变形（王宏，2008）。

2. 抗肿瘤作用　从雷丸中已经分离得到了 OL－1、OL－2、OL－3 等多种多糖成分，其中 OL－2 对小鼠肉瘤 S_{180} 有一定的抑制作用。雷丸的发酵菌丝蛋白也具有显著的抑瘤作用，在深入研究药理毒理的基础上可替代菌核入药。

3. 降血糖作用　雷丸的粗提多糖具有降血糖作用。通过热水提取和乙醇沉淀的方法从雷丸子实体和菌丝体中可提取获得富含多糖的提取物，用这种提取物对药物诱导的糖尿病小鼠腹膜内注射可引起血糖下降，且这种现象表现出一定的时间和剂量效应。

4. 其他作用　雷丸多糖还有抗炎及提高动物非特异性免疫功能的作用。

［临床应用］

1. 虫积　本品驱虫面广，对多种消化道寄生虫有驱杀作用，尤以驱杀绦虫效果最佳。治疗绦虫病，可单用研末灌服；与槟榔、牵牛子、木香、苦楝皮等同用，可治疗钩虫病、蛔虫病；与大黄、牵牛子共用，可用治蛲虫病；与半夏、茯苓等同用，可用治脑囊虫病。另有用雷丸治疗滴虫病、丝虫病等。治鸡绦虫病，用雷丸按 3～5 g/kg 体重剂量投喂；治猪蛔虫病，用贯众、木香、槟榔、鹤虱、使君子、雷丸各 25 g，黄连 10 g，共研细末，温开水调服，每次 10～20 g，每天 1 次，连用 2～3 天（胡元亮，2006）。

2. 幼畜疳积　本品具杀虫消积之功，主入胃经以开滞消疳。常配伍使君子、鹤虱、榧子肉、槟榔各等分，为末，乳食前温米饮调下。

［注意事项］

不宜入煎剂。因本品含蛋白酶，加热 60 ℃左右即易于破坏而失效。有虫积而脾胃虚寒者慎服。

蛇　床　子

本品为伞形科植物蛇床［*Cnidium monnieri*（L.）Cuss.］的干燥成熟果实。全国各地广泛分布。

蛇床子性温，味辛、苦，有小毒。归肾经、三焦经。具有燥湿杀虫，温肾壮阳之功效。主治湿疹瘙痒，肾虚阳痿，宫冷不孕等证。

［主要成分］

主要成分含左旋蒎烯（L－pinene）、左旋莰烯（L－camphene）、异戊酸龙脑酯（bornyl isovalarate）、蛇床子素（osthol）、蛇床定（cnidiadin）、当归酸酯（columbianadin）、异虎耳草素（isopimpinellin）、白芷素（angelicin）、欧山芹素（oroselone）、欧芹属素乙（imperatorin B）、佛手柑内酯（berapten）、水合橙皮内酯（meranzin hydrate）、花椒毒素（xanthotoxin）、花椒毒酚（xanthotoxol）、二氢欧山芹素（columbianetin）以及元当归素

(archangelich) 等。

[药理作用]

1. 抗滴虫作用 蛇床子浸膏(1∶2 浓度)体外试验有杀灭阴道滴虫的作用。也有资料表明蛇床子素及10%、20%蛇床子煎剂体外无杀灭滴虫作用。

2. 性激素样作用 蛇床子能延长小鼠交尾期，增加子宫及卵巢重量；其提取物也可增加小鼠前列腺、精囊、提肛肌重量。经放射免疫法测定发现，蛇床子提取物中含有睾丸酮和雌二醇，蛇床子的激素样作用可能就是睾丸酮和雌二醇直接作用于靶器官而引起的。目前国外学者已从蛇床子中分离得到具有强壮益精的活性成分-苯并呋喃类衍生物及单萜类衍生物(陈镜锋，2007)。

3. 祛痰平喘作用 蛇床子素具有松弛由药物(组胺、乙酰胆碱)引起的支气管痉挛和直接扩张支气管的作用，此作用可被肾上腺素受体阻断剂心得安所阻断。小鼠灌服蛇床子素后，体内酚红排出量明显增加，表明有较强的祛痰作用。

4. 止痒作用 蛇床子可以抑制由二硝基氟苯(DNFB)和苦基氯(PC)引起的接触性皮炎，也有明显的止痒和拮抗组胺释放的作用，并可显著提高磷酸组织胺致痒阈；对组胺引起的离体回肠平滑肌收缩和致敏大鼠腹腔肥大细胞脱颗粒也有明显的抑制作用。蛇床子的止痒作用可能与拮抗组胺和抑制肥大细胞脱颗粒作用有关(张春梅，2006)。

5. 抗微生物作用 蛇床子对金黄色葡萄球菌、耐药性金黄色葡萄球菌、绿脓杆菌、大肠杆菌、变形杆菌均有抑制作用。蛇床子甲醇提取物对须发癣菌有较强的抑制作用，其有效成分中以蛇床子素作用最强，花椒毒酚具有显著的抗霉菌作用。不同产地的蛇床子对细菌和真菌的抑制作用有一定的差异。蛇床子尚可延长鸡新城疫病毒鸡胚的生命。

6. 抗癌作用 蛇床子素、欧芹属素乙、佛手柑内酯、异虎耳草素、花椒毒酚、花椒毒素在黄曲霉素 B_1 诱变的抑制作用中具有较高的活性；蛇床子素、欧芹属素乙、佛手柑内酯、异虎耳草素在环磷酰胺诱发的染色体畸变和多染红细胞微核的抑制中也显出较高的活性(张春梅，2006)。蛇床子水提取液可抑制 S_{180} 肉瘤，可抑制肿瘤生长，延长生存天数(陈艳，2006)。

7. 其他作用 蛇床子还有抗心律失常，降低血压，延缓衰老，促进记忆，镇静、镇痛，抗炎，局麻，抗骨质疏松等作用；此外，蛇床子浸膏也具有杀精子作用。

[临床应用]

1. 湿疹瘙痒 外用杀虫止痒，多与明矾、苦参、黄柏、银花等煎水外用；用于荨麻疹，可配地肤子、荆芥、防风等煎水外用；亦可用以驱杀蛔虫。单用本品研粉，猪脂调之外涂，治疗疥癣瘙痒。治牛全身瘙痒，用蛇床子、地肤子、苦参各 50 g，黄柏 25 g，花椒 15 g，甘草 20 g，水煎 3 次，每次加水约 800 mL，煎取 500 mL，用第 1、3 次的煎液，加温水适量洗擦患部，第 2 次煎液分 2 次灌服，一般 2 剂可愈(胡元亮，2006)。

2. 肾虚阳痿、宫冷不孕 可与五味子、菟丝子、巴戟天等同用。亦常配伍当归、枸杞、淫羊藿、肉苁蓉等治疗阳痿不育。

[注意事项]

阴虚火旺者忌用。

◆ 参考文献

曹贵忠，2012. 椿皮散加减治疗牛产后前胃弛缓 [J]. 中国兽医杂志，48 (11)：74.

陈红云，刘光明，石武祥，等，2006. 中药贯众的研究进展 [J]. 大理学院学报，5 (6)：75 - 77.

陈镜锋，2007. 蛇床子的化学成分及药理作用研究 [J]. 中华临床医学研究杂志，13 (9)：1235 - 1237.

陈艳，张国刚，余仲平，2006. 蛇床子的化学成分及药理作用的研究进展 [J]. 沈阳药科大学学报，23 (4)：256 - 260.

程玮，肖啸，严达伟，等，2009. 苦楝皮乙醇提取物驱除猪蛔虫效果研究及对猪主要免疫指标的影响 [J]. 中兽医医药杂志 (1)：15 - 17.

郭志廷，韦旭斌，梁剑平，等，2012. 常山总碱的亚急性毒性试验 [J]. 中国兽医学报，32 (8)：1207 - 1211.

国家中医药管理局《中华本草》编委会，1998. 中华本草 [M]. 上海：上海科学技术出版社.

韩腾飞，高昂，巩江，等，2011. 大腹皮药学研究概况 [J]. 安徽农业科学，39 (14)：8382 - 8384.

胡元亮，2006. 中兽医学 [M]. 北京：中国农业出版社.

李桂英，支国，2012. 苦楝皮提取物的抗肿瘤活性研究 [J]. 安徽农业科学，40 (11)：6433 - 6434.

李巧云，2011. 母畜妊娠水肿治疗验方 [J]. 当代畜禽养殖业 (10)：26.

李燕，刘明川，金林红，等，2011. 常山化学成分及生物活性研究进展 [J]. 广州化工，39 (9)：7 - 9.

李义军，胡明月，2009. 贯众不同浓度提取液对大鼠体癣治疗作用的研究 [J]. 黑龙江医药，22 (6)：804 - 806.

梁宁霞，2004. 槟榔药理作用研究进展 [J]. 江苏中医药，25 (8)：55 - 57.

刘文杰，孙爱东，2012. RSM 法优化提取槟榔中槟榔碱及其抑菌活性研究 [J]. 浙江农业科学 (6)：847 - 852.

王国强，2014. 全国中草药汇编. 第 3 版 [M]. 北京：人民卫生出版社.

王宏，程显好，刘强，等，2008. 雷丸研究进展 [J]. 安徽农业科学，36 (35)：15526 - 15527，15580.

杨继生，肖啸，杨美兰，等，2007. 使君子提取物对感染猪蛔虫小鼠的驱虫试验 [J]. 中国畜牧兽医，34 (8)：81 - 82.

姚新铃，2010. 防治猪蛔虫病的几种土方 [J]. 农家科技 (11)：35.

叶叁水，1998. 耕牛水肿病的治疗 [J]. 福建农业 (7)：12.

于华光，2000. 鸡和兔球虫病的中药治疗 [J]. 中兽医医药杂志 (2)：32.

张春梅，冯霞，钟艺，2006. 蛇床子的药理研究进展 [J]. 实用药物与临床，9 (1)：55 - 57.

张建楼，钟秀会，2007. 苦楝皮及其主要药理成分的药理作用和临床应用 [J]. 中兽医医药杂志 (2)：65 - 66.

邹峰，2013. 刺激隐核虫趋化性研究与体外培养的探索 [D]. 厦门：集美大学：14 - 22.

第十六章

止　血　药

凡能制止体内外出血的药物，称为止血药。本类药物可治疗体内外各种出血症，如衄血、咳血、便血、尿血、子宫出血和创伤性出血等。止血作用的药物有仙鹤草、白及、艾叶、紫珠草、侧柏叶、地榆、茜草、蒲黄、藕节、大蓟、小蓟、三七、白茅根、土大黄、灶心土等。止血药的药性各有不同，如药性寒凉，能凉血止血，适用于血热之出血；如药性温热，能温经止血，则适用于虚寒出血；有的兼有化瘀作用，能化瘀止血，适用于出血而兼有瘀血者；有的药性收敛，能收敛止血，可用于出血日久不止者。尽管止血药的药性各有所偏重，但在治疗出血时，也应根据出血的原因和不同的症状，选择适当药物进行配伍，以增强疗效。如出血属于血热妄行的，应与清热凉血药同用；阳虚不能温经，应与温阳益气药合用；阴虚阳亢，宜与养阴潜阳药合用；气虚不能摄血，当与补气药合用；瘀滞出血，宜祛瘀止血，以祛瘀止血药配伍活血药与行气药。

止血药的止血机理尚未完全阐明，有关药理作用：①使局部血管收缩而止血，如三七、紫珠草、小蓟。②作用于凝血过程，缩短凝血时间。有增加血小板数及促凝的，如仙鹤草、紫珠草；有增强血小板第Ⅲ因子活性，缩短凝血活酶生成时间的，如白及；有增加血液中凝血酶的，如三七、蒲黄；有纠正肝素引起的凝血障碍的，如茜草。③改善血管壁功能，增强毛细血管对损伤的抵抗力，降低血管通透性，如槐花、白茅根。④抑制纤溶酶的活性，如白及、大蓟、小蓟、地榆、艾叶、仙鹤草。

止血药中的三七、茜草、蒲黄等，既有促进血凝的一面，也有促使血块溶解的一面，这说明其功能兼具止血与活血祛瘀功能，有利于止血而不留瘀。

大　蓟

本品为菊科植物蓟（*Cirsium japonicum* DC.）的地上部分或根。全国大部分地区均产，华北地区多用地上部分，华东地区多用地上部分及根，中南及西南地区多用根。

大蓟性凉，味甘、苦。归心、肝经。具有凉血止血，散瘀消肿，清热利尿之功效。主治出血，热毒痈肿等证。

[主要成分]

大蓟主要成分含三萜和甾体类、挥发油类、长链炔醇类、黄酮苷类，以及大蓟菊糖、丁香苷、绿原酸、尿苷等化合物。如柳穿鱼苷（pectolinarin）、蒙花苷（linarin）、金合欢素（acacetin）、槲皮素（quercetin）、香叶木素（diosmetin）、日本椴宁（tilianin）、尿嘧啶（uridine）、胸腺嘧啶（thymine）、豆甾醇 3－O－β－D－吡喃葡萄糖苷（stigmasterol

3-O-β-D-glucopyranoside)、胡萝卜苷（daucosterol）、单紫杉烯（aplotaxene）、α-雪松烯（α-himachalene）等（蒋秀蕾等，2006）（赵彧等，2017）。

［药理作用］

1. 对血液循环系统的作用 大蓟可抑制纤溶系统。大蓟水煎剂能显著缩短凝血时间，炒炭后使用还能缩短出血时间。其水浸剂、乙醇-水浸出液和乙醇浸出液应用于犬、猫、兔等麻醉动物均有降低血压作用，降压的同时能使心率减慢及心收缩力减弱。

2. 对平滑肌的作用 水煎剂对平滑肌有明显兴奋作用，能使子宫张力增加，收缩幅度加大。

3. 对神经系统的作用 大蓟中的一种炔醇化合物可明显改善有记忆缺损小鼠的记忆力。

4. 抗微生物作用 大蓟乙醇浸剂对人型结核杆菌有抑制作用；其根煎剂或全草蒸馏液对结核杆菌、脑膜炎球菌和炭疽杆菌等多种病菌均有抑制作用；大蓟草正丁醇提取物对白色念珠菌、克柔念珠菌有抑菌效果。水提物对单纯疱疹病毒有明显抑制作用。

5. 抗糖尿病作用 大蓟中的黄酮有一定的抗糖尿病的效果，但柳穿鱼苷和5,7-二羟基-6,4-二甲氧基黄酮的混合物比单一化合物的抗糖尿病效果要显著。

6. 抗肿瘤作用 大蓟水煎液对人白血病细胞、肝癌细胞、宫颈癌细胞、胃癌细胞、结肠癌细胞的生长有明显抑制作用。

7. 其他作用 还具有补血、利尿、调节动物雌性激素分泌、促排卵作用、抗氧化作用、抗骨质疏松、杀线虫作用等。

［临床应用］

1. 血热妄行 用于血热妄行之各种出血证，如衄血、尿血、便血、子宫出血等，常与生地、蒲黄、侧柏、丹皮同用；单用鲜根捣汁灌服，亦能止血。若治外伤出血，可用本品研末外敷。治疗家畜腹泻带血者，用炒香附30 g，炒白茅根40 g，炒大蓟40 g，炒柿蒂20 g，炒石榴皮10 g，炒老枣树皮30 g，地榆炭、生地炭、荆芥炭各40 g，每剂2煎，加茵陈末20 g灌服，每天1剂，服用3剂而愈（蒋昭文，2002）。

2. 疮痈肿毒 无论内外痈肿都可使用，单味内服或外敷均可，以鲜品为佳。若外用治疮痈肿毒，多与盐共研，或鲜品捣烂外敷。

［注意事项］

虚寒病畜忌用。

小 蓟

本品为菊科植物刺儿菜［*Cirsium Setosum*（Willd.）MB.］或刻叶刺儿菜［*Cephalanoplos segetum*（Bunge）Kitam.］的干燥地上部分或根。全国大部分地区均产。

小蓟性凉，味甘、苦。归心、肝经。具有凉血止血，祛瘀消痈之功效。主治衄血，尿血，便血，子宫出血，外伤出血，痈肿疮毒等证。

［主要成分］

小蓟主要成分含生物碱、黄酮、三萜以及有机酸类等化合物。如黄酮类成分蒙花苷（linarin）即刺槐苷（acaciin）、芸香苷（rutin）、柳穿鱼苷（peetolinaron），有机酸类成分原儿茶酸（protocatechuic acid）、咖啡酸（caffeic acid）、绿原酸（chlorogenic acid）；尚含有氯化钾（potassium chloride）、4-羟基-β-苯乙胺（酪胺）（triacontano1）、4-乙酰蒲公英甾醇、蒲公英甾醇（traxastero1）、三十烷醇（triacontano1）、β-谷甾醇（β-sitostero1）和豆甾醇（stigmastero1）等（杨炳友等，2017）。

［药理作用］

1. 对血液循环系统的作用 小蓟水煎液及醚提取物能缩短小鼠凝血时间。小蓟具有明显的促进血液凝固作用，止血有效成分是绿原酸及咖啡酸。小蓟主要通过使局部血管收缩，升高血小板数目，促进血小板聚集及增高凝血酶活性，抑制纤溶，从而加速止血。

小蓟对心脏可起兴奋作用，有升高血压、强心及收缩血管作用。水煎剂和乙醇提取物对离体免心、豚鼠心房肌有增强收缩力和频率的作用，普萘洛尔可阻滞此作用。水煎剂能增强兔主动脉的收缩作用，此作用可被酚妥拉明所拮抗，说明小蓟对肾上腺素能受体有激动作用。小蓟煎剂或酊剂给麻醉犬、猫及家兔静脉注射有明显升压作用，该作用可被可卡因和麻黄碱增强，而育亨宾能取消该作用，甚至将其逆转为降压作用。

2. 抗菌作用 小蓟水煎剂对肺炎球菌、溶血性链球菌、金黄色葡萄球菌、白喉杆菌、绿脓杆菌、变形杆菌、大肠杆菌、伤寒杆菌及结核杆菌等有一定的抑制作用。

3. 对平滑肌的作用 水煎剂或酊剂对兔离体肠平滑肌呈抑制作用，对支气管平滑肌有收缩作用；对兔子宫无论未孕或已孕，离体、在体或子宫瘘均呈兴奋作用，但对猫在体子宫及大鼠离体子宫则呈抑制作用，因此对平滑肌的作用存在种属差异。

4. 抑癌作用 小蓟所含的微量元素 Se 能调动白细胞的吞噬能力，增强机体抗肿瘤的免疫力。小蓟提取物对人肺癌 A549 细胞、乳腺癌 MDA-MB-231 细胞等肿瘤细胞有抑制生长和诱导凋亡的作用（韩文聪等，2019）。

5. 其他作用 小蓟尚有降低血胆固醇、利胆、利尿、抗突变、镇静作用，但无镇痛作用。

［临床应用］

1. 血热妄行 用于血热妄行所致的各种出血证，如尿血、鼻衄及子宫出血等。但因本品兼能利尿通淋，故尤善治尿血、血淋，可单味应用，也可配伍蒲黄、木通、生地、滑石、山栀、淡竹叶等。临证治疗多种出血证，常与大蓟、侧柏叶、茅根、茜草等同用。治犬、猫泌尿系感染，用车前草 15 g、小蓟 15 g、炒蒲黄 9 g、藕节 9 g、黄柏 9 g、淡竹叶 9 g、木通 6 g、栀子 9 g、当归 6 g、甘草 6 g，水煎取汁，犬灌服 250 mL，猫灌服120 mL，每天 2 次，连用 2～3 剂（胡元亮，2006）。

2. 热毒疮疡 用治热毒疮疡初起肿痛之证。可单用鲜品捣烂敷患处，也可与乳香、没药同用。治疗鸡葡萄球菌病，用小蓟（鲜）400 g，黄连、黄芩、黄柏各 100 g，大黄、甘草各 50 g，连煎 3 次，得滤液约 5 000 mL，供雏鸡饮水，连用 3 天（孙刚等，2014）。

［注意事项］

小蓟忌犯铁器。脾胃虚寒者忌用。

地　榆

本品为蔷薇科植物地榆（*Sanguisorba officinalis* L.）或长叶地榆［*Sanguisorba*

officinalis L. var. *longifolia*（Bert.）Yu et Li］的干燥根。前者产于我国南北各地；后者习称“绵地榆”，主要产于安徽、浙江、江苏、江西等地。

地榆性微寒，味苦、酸、涩。归肝、胃、大肠经。具有凉血止血、解毒敛疮之功效。主治血热出血证，烫伤，湿疹，疮疡痈肿等证。

［主要成分］

地榆主要成分含有黄酮类物质，如山萘酚苷（kaempferitrin）、槲皮素（quercetin）、矢车菊苷（centaurin）、矢车菊双苷（centaurea glycosides）、茨菲醇（cifei alcohol）、杨梅苷（myricetrin）、花青苷（anthocyanin）、无色花青苷（leucoanthocyanin）以及黄酮醇（flavonol）等；三萜及其苷类，如地榆苷（zigu－glucoside）Ⅰ、Ⅱ、Ⅳ，地榆皂苷（sanguisorbin）B、E等，地榆苷元（sanguisorbigenin）、熊果酸（ursolic acid）、3－β－乙酰乌苏酸（3－β－acetyl ursolic acid）、坡曼酸（Po Man acid）、野樱皮苷（prunasin）等；甾体类化合物，如β－谷甾醇（β－sitosterol）、豆甾醇（stigmasterol）、胡萝卜苷（daucosterol）等；酚类和鞣质类，如儿茶酚（catechin）、3－O－甲基没食子酸甲酯（3－O－methyl methyl gallate）、2,3,4,6－O－四没食子酰甲基－β－D－吡喃葡萄糖甙（methyl－2,3,4,6－tetra－O－galloyl－β－D－glucopyranoside）、没食子酸（gallic acid）、阿魏酸（ferulic acid）、丙氰定（C procyanidins）、丁香色原酮（eugenin）、赤芍素（pedunculagin）、大黄酚（chrysophanol）、大黄素甲醚（rheochrysidin）等；糖类物质，如阿拉伯糖、半乳糖、果糖、葡萄糖、鼠李糖、木糖、蔗糖、麦芽糖、乳糖等。尚含少量维生素A，锌、钙、铁、铜、锰等多种微量元素。

［药理作用］

1. 止血作用　地榆止血主要成分为鞣质。地榆煎剂可明显缩短出血和凝血时间，生地榆止血作用明显优于地榆炭。但也有人比较了地榆炒炭前后的止血作用，认为地榆炭的止血作用优于生地榆。

2. 收敛作用　地榆制剂对烧伤、烫伤及伤口的愈合有明显的促进作用，能降低毛细血管的通透性，减少渗出，减轻组织水肿，且药物在创面形成一层保护膜，有收敛作用，可减少皮肤擦伤，防止感染，有利于防止烧、烫伤早期休克和减少死亡发生率。

3. 抗菌作用　体外实验表明，地榆水煎剂对金黄色葡萄球菌、绿脓杆菌、伤寒杆菌、溶血性链球菌、枯草杆菌、脑膜炎双球菌及钩端螺旋体等均有抑制作用，尤其对痢疾杆菌作用较强。

4. 抗炎作用　大鼠腹腔注射地榆水提取液或醇提取液能抑制甲醛所致的炎性肿胀，降低 PGE_1 为介质引起的毛细血管通透性增加，减少炎症渗出和减轻组织水肿；给小鼠腹腔注射地榆水提取液或醇提取液可抑制实验小鼠巴豆油性耳肿胀，作用与氢化可的松相当。

5. 抗肿瘤作用　地榆提取液对3种癌细胞HepG2、HeLa、BGC823的生长增殖有明显抑制作用，且呈剂量依赖性。

6. 其他作用　地榆尚有免疫增强、镇吐、止泻、降血糖、抗过敏、抗氧化和抗溃疡等作用（夏红曼等，2009）（吴龙龙，2022）。

［临床应用］

1. 血热出血 可用于各种出血证，但以治下焦血热的便血、血痢、子宫出血等最为常用。《养耕集》、《活兽慈丹》均有记载，地榆、槐花、肉豆蔻、石榴皮等配伍可治牛肠痈便血。用治因热便血者，常配伍生地黄、白芍、黄芩、槐花、侧柏等；治血痢久不愈，常与甘草、黄连、木香等配伍；用治血热甚子宫出血者，可与生地黄、黄芩、牡丹皮等同用。治鸡球虫病继发坏死性肠炎，用苦参 300 g，常山、柴胡、青蒿、大黄、地榆炭、白茅根各 200 g，甘草 100 g，水煎供 2 000 羽鸡自由饮用，连用 3 天；治羔羊痢疾，用地榆 150 g、白头翁 100 g、乌梅 50 g、山楂 20 g，加水 1 500 mL，煎取汁 500 mL，羔羊每只每次灌服 30～50 mL，早晚各 1 次，连用 3 天（胡元亮，2006）。

2. 水火烫伤 本品苦寒，能泻火解毒，味酸涩能敛疮，为治水火烫伤之要药，可单味研末麻油调敷，或配大黄粉，或配黄连、冰片研末调敷。地榆炭、大黄、生石膏、冰片、黄柏共研细末，用植物油调敷患处，或用地榆 1 000 g 炒干碾末，用孔径 1 mm 的铜筛筛出细粉，干撒于创面，可治牛烧伤（胡元亮，2006）。

3. 湿疹、疮疡痈肿 用治湿疹及皮肤溃烂，可以本品浓煎外洗，或用纱布浸药外敷，亦可配煅石膏、枯矾研末外掺患处。用治疮疡痈肿，若初起未成脓者，可单用地榆煎汁浸洗，或湿敷患处；若已成脓者，可用单味鲜地榆叶，或配伍其他清热解毒药，捣烂外敷局部。

［注意事项］

患各种虚寒症病畜忌用。

紫　珠

本品为马鞭草科植物紫珠（*Callicarpa bodinieri* Levl.）、杜虹花（*Callicarpa formosana* Rolfe）、华紫珠（*C. cathayana* H. T. Chang）、白棠子树［*C. dichotoma*（Lour）K. Koch.］以及老鸦糊（*C. giraldii* Hesseex Rehd.）等的叶，又名紫荆。主产于陕西、甘肃、江苏、安徽、浙江、江西、福建、河南、湖北、湖南、广东、广西、四川、贵州、云南等地。

紫珠性凉，味苦、涩。归肝、肺、胃经。具有凉血止血，收敛，清热解毒之功效。主治各种出血证，烧伤烫伤，疮疡痈肿等证。

［主要成分］

主要含有黄酮类物质，如 3,4′,5,7 -四甲氧基黄酮（3,4′,5,7 - tetramethoxy flavone）、3,3′,4′,5,7 -五甲氧基黄酮（3,3′,4′,5,7 - pentamethoxy flavone）、5 -羟基- 3,4,7 -三甲氧基黄酮和 5 -羟基- 3,3′,4,7 -四甲氧基黄酮（5 - hydroxy - 3,3′,4,7 - tetramethoxy flavone）、槲皮素（quercetin）、槲皮素- 7 - 0 - α - L -鼠李糖苷、紫珠草酮等；三萜类物质，如紫珠萜酮、2α,3α,19α -三羟基-乌索- 12 -烯- 28 -酸、2α -羟基-乌索酸、齐墩果酸、熊果酸（ursolic acid）、大叶紫珠萜酮（calliterpenone）、大叶紫珠萜酮单醋酸酯（calliterpenone monoacetate）、异丙叉大叶紫珠萜酮（sopropylideno calliteroenone）及一些萜苷。又含植物甾醇类及其葡萄糖苷、缩合鞣质、中性树脂、糖类，和镁、钙、铁

等无机元素成分。

［药理作用］

1. 止血作用　紫珠可直接通过收缩肠道血管和间接通过肠管挛缩压迫堵阻血管而起止血作用。由实验表明，紫珠对蛙肠系膜血管有收缩作用；紫珠液滴于家兔肠壁上，可引起肠管强烈痉挛收缩，浆膜由粉红变白，使家兔出血时间缩短。紫珠注射液对人可使血小板增加，使出血时间、血块收缩时间缩短。因此，紫珠可使局部血管收缩，促进血液凝固，缩短凝血时间。紫珠对纤溶系统也有显著的抑制作用。

2. 抗菌作用　紫珠煎液对金黄色葡萄球菌、白色葡萄球菌、链球菌、大肠杆菌、痢疾杆菌、伤寒杆菌、绿脓杆菌等均有抑制作用。

3. 抗病毒作用　裸花紫珠对单纯疱疹病毒和肠道病毒 71 型病毒具有抑制作用（康兴东等，2021）。

4. 其他作用　紫珠尚有镇痛、抗氧化等作用，对谷氨酸诱导的神经毒性也有对抗作用。

［临床应用］

1. 出血证　用于各种内外伤出血证，可单独应用，也可配其他止血药物同用。如治尿血、血淋，可与小蓟、白茅根等同用；治便血，可与地榆、槐花等同用；治外伤出血，可单用捣敷或叶末敷掺，或以纱布浸紫珠液覆盖压迫局部。治疗牛鼻衄，将紫珠叶粉用麦管吹入牛鼻腔内，每天 2 次，每次约 60 g，连用 2 天（李方来，1991）。治疗牛血痢，用紫珠叶、叶下珠、马齿苋、白花蛇舌草、墨汁草各等份研末，每头成年牛灌服 150 g，每天 2 次，连用 2 天（魏运锑，2009）。

2. 水火烫伤、热毒疮疡　本品苦涩寒凉，有清热解毒敛疮之功效。治烧烫伤，用本品研末撒布患处，或用本品煎煮滤取药液，浸湿纱布外敷；治热毒疮疡，可单用鲜品捣敷，并煮汁内服，也可配其他清热解毒药物同用。治疗家畜恶毒肿痛，用紫珠 100 g，木鳖子（去壳）100 g，川乌 100 g，共为细末，用鸡毛蘸水涂患处（魏运锑，2009）。

［注意事项］

患各种虚寒症病畜忌用。

白　茅　根

本品为禾本科植物白茅［*Imperata cylindrica* Beauv. var. *major*（Nees）C. E. Hubb.］的根茎。主产于河南、辽宁、河北、山西、山东、陕西，以及新疆等北方地区。

白茅根性寒，味甘。归肺、胃、膀胱经。具有凉血止血，清热利尿，止呕，止咳之功效。主治血热出血证，尿血，水肿，胃热呕哕，肺热咳嗽等证。

［主要成分］

白茅根主要含三萜类化合物芦竹素（arundoin）、白茅素（cylindrin）、羊齿烯醇（fernenol）、西米杜鹃醇（simiarenol）、乔木萜醇（arborinol）、异乔木萜醇（isoarborinol）、乔木萜醇甲醚（arborinol methyl ether）、乔木萜酮（arborinone）、木栓酮（friedelin）等，甾醇类化合物豆甾醇（stigmasterol）、β-谷甾醇（β- sitosterol）、菜油甾醇（camposterol）、胡萝卜苷（daucosterol）等，内酯类化合物薏苡素（coixol）、白头翁素（anemonin）等，黄酮类化合物麦黄酮（triein）、六羟黄酮-3,6,3′-三甲基醚（jaceidin）等，糖类化合物蔗糖、葡萄糖、果糖、木糖等，酸类化合物枸橼酸、草酸（oxalic acid）、苹果酸（malic acid）等。

［药理作用］

1. 促进凝血作用 白茅根能显著缩短出血和凝血时间。白茅根的生品和碳品均能明显缩短小鼠的出血时间、凝血时间和血浆的复钙时间，炒碳后止血作用提高。体外凝血实验表明，白茅根是对凝血第二阶段（凝血酶生成）产生促进作用的。

2. 利尿作用 白茅根水煎剂和水浸剂有利尿作用，以给药 5～10 天时作用最明显，20 天左右即不明显。此作用可能与神经系统有关，切断肾周围神经，其利尿作用丧失；也有人认为白茅根的利尿作用与其所含的丰富钾盐有关。其作用机制主要在于缓解肾小球血管痉挛，从而使肾血流量及肾滤过率增加而产生利尿效果，同时改善肾缺血，减少肾素产生，使血压恢复正常。

3. 抗菌作用 白茅根煎剂在试管内对福氏、宋氏痢疾杆菌有明显的抑菌作用，对肺炎球菌、卡他球菌、流感杆菌、金黄色葡萄球菌等也有抑制作用，而对志贺氏及舒氏痢疾杆菌却无作用。

4. 免疫增强作用 白茅根对小鼠腹腔巨噬细胞的吞噬功能有加强效应，可增强机体的非特异性免疫作用，提高小鼠 TH 细胞数及促进 IL-2 的产生，从而增强机体免疫功能。对正常及免疫功能低下小鼠能明显提高其外周血 ANAE 阳性细胞百分率和外周血 CD_4^- T 淋巴细胞百分率，降低 CD_8^- T 淋巴细胞百分率，并调整 CD_4^-/CD_8^- 比值趋向正常。

5. 抗肿瘤作用 白茅根水提物和白茅根多糖均能抑制人肝癌细胞系 SMMC-7721、HepG2 细胞增殖和 H22 小鼠实体瘤的生长，升高荷瘤小鼠外周血的白细胞介素 2 分泌水平；白茅根水提物能抑制肝癌 SMMC-7721 细胞增殖，其作用机制为增加细胞 S 期比例和升高 DNA 水平，降低 G_2/M 期细胞比例，诱导细胞凋亡（马成勇等，2019）。

6. 其他作用 白茅根尚有抗炎作用，保肝作用，对提高乙型肝炎表面抗原阳性的转阴率也有显著效果。

［临床应用］

1. 血热出血 可用治多种血热出血之证，且单用有效，或配伍其他凉血止血药同用，如治鼻衄出血，吐血不止，皆以茅根煎汁或鲜品捣汁服用。对膀胱湿热蕴结而致尿血、血淋之证尤为适宜，如治尿血，单用本品煎服；若血尿时发，属虚而有热者，常配人参、地黄、茯苓同用。治疗家畜血热妄行而致的各种出血症，用大蓟、小蓟、荷叶、侧柏叶、白茅根、茜草根、栀子、大黄、牡丹皮、棕榈皮各取 10 等份，烧灰后开水调匀灌服（孙刚等，2014）。

2. 水肿、小便不利 单用本品煎服，也可与其他清热利尿药同用。

3. 湿热黄疸 常配伍茵陈、山栀等同用。

4. 胃热呕吐 常与葛根同用。

5. 肺热咳喘 常配桑白皮同用。治疗牛大叶性肺炎，白花蛇舌草 60 g，鱼腥草、穿心莲各 50 g，虎杖、当归、生地、黄芩、白茅根、赤芍、川芎、桃仁各 30 g，甘草 15 g，每天1剂，水煎2次，取2 000 mL，分4次灌服（王海霞，2008）。

[注意事项]

脾胃虚寒，溲多不渴者忌用。

槐　花

本品为豆科植物槐（*Sophora japonica* L.）的干燥花蕾及花。主产于辽宁、湖北、安徽、北京等地。

槐花性微寒，味苦。归肝、大肠经。具有凉血止血，清肝明目之功效。主治便血，尿血，子宫出血，衄血，肝热目赤等证。

[主要成分]

槐花主要含黄酮类化合物芸香苷（rutin）、槲皮素（quercetin）、山萘酚（kaempferol）、异鼠李素（isorhamnetin）、异鼠李素-3-芸香糖苷（isorhamnetin-3-rutinoside）、山萘酚-3-芸香糖苷（kaempferol-3-rutinoside）、异黄酮苷元染料木素（genistein）、槐花米甲素（sophorin A）等；甾醇类化合物槐花米乙素（sophorin B）、槐花米丙素（sophorin C）等；三萜皂苷类化合物赤豆皂苷（azukisaponin）Ⅰ、Ⅱ、Ⅴ，大豆皂苷（soyasaponin）Ⅰ、Ⅲ，槐花皂苷（kaikasaponin）Ⅰ、Ⅱ、Ⅲ，白桦脂醇（betulin），槐花二醇（sophoradiol）等；花油中含月桂酸（lauric acid）、十二碳烯酸（dodecenoic acid）、肉豆蔻酸（myristic acid）、十四碳烯酸（tetradecenoic acid）、十四碳二烯酸（teradecadienoic acid）、棕榈酸（palmitic acid）、十六碳烯酸（hexadecenoic acid）、硬脂酸（stearic acid）、十八碳二烯酸（octadecadienoic acid）、花生酸（arachidic acid）等脂肪酸；又含β-谷甾醇（β-sitosterol）和鞣质、蜡、绿色素、树脂、色素等。

[药理作用]

1. 对血液循环系统的作用　槐花水浸剂能够明显缩短出血和凝血时间，制炭后促进凝血作用更强；其水煎液有减少心肌耗氧量，保护心功能的作用。槐花还有降血压、扩张冠状动脉等作用。槐花液对麻醉犬有短暂但显著的降压作用，对离体蛙心肌有轻度兴奋作用，对心传导系统有阻滞作用。其所含主要成分芦丁能够降低毛细血管的异常通透性和脆性，可用于高血压、脑溢血、出血等症的治疗和预防，能维持血管抵抗力等；其所含的槲皮素有降低血压、增强毛细血管抵抗力、减少毛细血管脆性、扩张冠状动脉、增加冠脉血流量、降血脂等作用。

2. 抗炎作用　槐花中所含芦丁及槲皮素对大鼠因组胺、蛋清、5-羟色胺、甲醛、聚乙烯吡咯烷酮等引起的脚爪浮肿，以及透明质酸酶引起的足踝浮肿均有抑制作用；芦丁能显著抑制大鼠创伤性浮肿，并能阻止结膜炎等炎症及肺水肿的发展；大鼠腹腔注射芦丁对植入羊毛球的发炎过程有明显的抑制作用。

3. 抗微生物作用　槐花有抗病毒、抗真菌作用。芦丁在200 μg/mL浓度时对水疱性口炎病毒有抑制作用；对堇色毛癣菌、许兰黄癣菌、奥杜盎小芽孢癣菌、羊毛状小芽孢癣菌、星状奴卡菌等皮肤真菌也有不同程度的抑制作用。

4. 降血糖作用　芦丁具有改善微循环和降低毛细血管脆性的作用，主要用于糖尿病、高血压和高血糖等的辅助治疗；槐花醇提物对 2 型糖尿病合并高尿酸血症模型小鼠，具有较好的降尿酸及降血糖活性（刘琳等，2019）。

5. 其他作用 大剂量的槐花水泡剂具有解痉止痛、溶石排石及利尿作用，可用于治疗石淋（尿路结石）；槐花提取物能强烈抑制 15 -羟前列腺素脱氢酶的活性，从而有利于延长 PCE_2 的利尿作用。槐花还有一定的平喘作用、雌激素样作用、抗肿瘤作用和致突变作用等（李娆娆等，2002）。

［临床应用］

1. 血热出血 可用治血热妄行所致的各种出血证，尤其对血热所致的便血等最为适宜，常与地榆等配伍；也可与侧柏叶、荆芥炭、枳壳、山栀等配伍，如槐花散；若大肠热盛，伤及络脉而引起的便血，可与黄连等同用。治黄牛水样血便，用炒槐花 35 g、炒地榆 50 g、荆芥炭 40 g、炒枳壳 35 g、炒蒲黄 40 g、黄柏 30 g、栀子炭 35 g、当归 45 g、赤芍 30 g、茯苓 40 g、苦参 40 g、甘草 25 g，水煎候温灌服，每天 1 剂，连用 2～4 天（胡元亮，2006）。

2. 目赤肿痛 用于肝火上炎所导致的目赤肿痛，可用单味煎汤灌服，或配伍夏枯草、菊花、黄芩、草决明等同用。

［注意事项］

脾胃虚寒及阴虚发热而无实火者慎用。

仙　鹤　草

本品为蔷薇科植物龙牙草（*Agrimonia pilosa* Ledeb.）的全草。主产于浙江、江苏、湖南、湖北等地。

仙鹤草性平，味苦、涩。归肺、肝、脾经。具有收敛止血，清热止痢，截疟之功效，鹤草芽则有驱除绦虫之效。主治衄血，便血，尿血，疮疡肿毒，久痢不愈等证。

［主要成分］

仙鹤草主要成分含有均苯三酚衍生物仙鹤草酚（agrimophol），5 种间苯三酚缩合体的衍生物仙鹤草酚（agrimo）A、B、C、D、E，仙鹤草鞣酸（agrimoniin），仙鹤草素（agrimonin），仙鹤草酚酸（agrimonic acids）A、B，木犀草素- 7 -葡萄糖苷（luteolin - 7 - glucoside），芹菜素- 7 -葡萄糖苷（apigenin - 7 - glucoside），槲皮素（quercetin），大波斯菊苷（cosmosiin），芦丁（rutin），儿茶酚（catechin），鞣花酸（ellagic acid），没食子酸（gallic acid），咖啡酸（caffeic acid），仙鹤草内酯（agrimonolide），香豆素（coumarin），欧芹酚甲醚（osthole），仙鹤草醇（agrimonol）及甾醇、皂苷、维生素和挥发油等。

［药理作用］

1. 对血液循环系统的作用 仙鹤草能增加外周血小板数目，提高血小板黏附性、聚集性或促进其伸展伪足，加速血小板内促凝物质释放的作用。仙鹤草醇浸膏能收缩周围血管，有明显地促凝血作用；仙鹤草水提液可明显抑制脂多糖诱导小鼠巨噬细胞中 NO 的生成，也起到收敛止血的作用。

仙鹤草水提取物和乙醇提取物对麻醉兔有明显的降压作用，降压特点为快、强、短，并呈剂量依赖性。在作用强度和维持时间上，乙醇提取物的降压效果强于水提取物，提示仙鹤草中的黄酮类化合物可能是其降压活性成分。仙鹤草素能加强心肌收缩，使心率减慢。仙鹤草对乌头碱、氯化钡所致的心律失常均有防治作用，其机制与调节 NO 的合成与释放有关（宋伟红等，2011）。

2. 抗寄生虫作用　仙鹤草中的主要成分鹤草酚对猪肉绦虫、囊尾蚴、幼虫、莫尼茨绦虫和短壳绦虫均有确切的抑杀作用。有实验证明，鹤草酚灭绦速度远超过灭绦灵。杀虫机理可能是抑制虫体细胞糖原分解代谢，切断了维持生命的能量供给。另外，鹤草酚对蛔虫有持久的兴奋作用，但无杀灭作用。鹤草酚对疟原虫、阴道滴虫和血吸虫也有抑制和杀灭作用。

3. 对骨骼肌的兴奋作用　仙鹤草能使已疲劳的骨骼肌兴奋，故又名“脱力草”，可治肌无力。

4. 抗菌作用　仙鹤草的热水或乙醇浸液在试管内对枯草杆菌、金黄色葡萄球菌、大肠杆菌、绿脓杆菌、福氏痢疾杆菌及伤寒杆菌等均有抑制作用，对人型结核杆菌亦有抑制作用。

5. 镇痛抗炎作用　仙鹤草乙醇提取物和水提取物均具有明显的镇痛抗炎作用，两者均可减少醋酸致小鼠扭体次数，延长小鼠舔足时间，减轻二甲苯致小鼠耳廓肿胀程度，减小角叉菜胶致足跖肿胀程度，其中乙醇提取物作用强于水提取物。全草水提取物及水-醇提取物，对芥子油或葡萄球菌感染引起的家兔结膜炎也有消炎作用，该作用与仙鹤草中含有的鞣质有关。

6. 抗肿瘤作用　仙鹤草对小鼠肉瘤（S_{180}）、肝癌（H_{22}）、宫颈癌（U_{14}）、脑瘤（B_{22}）、艾氏腹水（EAC）、黑素瘤（B_{16}）和大鼠瓦克癌（W_{256}）体外培养细胞均有较好的抑制作用。仙鹤草在抑杀癌细胞的同时未损害正常细胞，可以治疗各种肿瘤（洪阁等，2008）。

［临床应用］

1. 出血证　广泛用于全身各种的出血证。可单用，也可与侧柏叶、白及、大蓟、小蓟、茜草等其他止血药同用。用治血热妄行之出血证，可配生地、侧柏叶、牡丹皮等凉血止血药同用；若用于虚寒性出血证，可与党参、熟地、炮姜、艾叶等益气补血、温经止血药同用。治耕牛出血性胃肠炎，用苦参根 300 g、仙鹤草 200 g、刺梨根 200 g、车前草 200 g，水煎灌服，每天 1 剂，分 2 次灌服，连用 3～4 天（胡元亮，2006）。

2. 久痢、血痢　本品既能补虚，又能止血，故对于血痢及久病泻痢尤为适宜，如单用本品水煎服，可治疗血痢和白痢，也可配伍其他药物同用。治耕牛血痢，用鲜仙鹤草 250 g，切碎后加水煎汤候温灌服，每天 1 次，连用 2～3 天，或用地榆、槐花、白头翁各 60 g，金银花、连翘、白芍、茯苓、苍术、泽泻各 45 g，车前子 60 g，甘草 20 g，仙鹤草 200 g，水煎灌服，连用 3 次（胡元亮，2006）。

3. 虫积　用于驱绦虫，可单用鹤草芽浸膏胶囊。

4. 疮痈肿毒　可用治疮痈肿毒，单味外用或内服。

5. 抗肿瘤　鹤蝉人参丸（人参、仙鹤草、蟾蜍等）联合长春瑞滨（NVP）与顺铂

（DDP）治疗非小细胞肺癌；仙鱼汤（仙鹤草、党参、鱼腥草）治疗中晚期非小细胞肺癌；活血散结、益气养胃方（仙鹤草、丹参、党参等）治疗胃癌前病变；解毒活血方（蒲公英、连翘、仙鹤草等）治疗胃癌前病变热毒血瘀证（朱源等，2018）。

［不良反应］

仙鹤草的有效成分鹤草酚有毒，毒性主要表现为胃肠道及神经系统反应，能引起视神经炎而导致失明。鹤草酚小鼠口服给药 LD_{50} 为 599.8 mg/kg，因此使用仙鹤草时应注意剂量问题，大剂量仙鹤草会导致恶心呕吐，甚至大汗虚脱的不良反应，严重者可出现肾功能衰竭。

侧柏叶

本品为柏科植物侧柏［*Platycladus orientalis*（L.）Franco］的干燥枝叶。主产于辽宁、山东，但全国各地均有产。

侧柏叶性寒，味苦、涩。归肺、肝、大肠经。具有凉血止血，清肺止咳之功效。主治血热出血，肺热咳喘等证。

［主要成分］

侧柏叶中的主要成分是挥发油、黄酮类物质、鞣质等。挥发油中主要成分为 α-侧柏酮（α-thujone）、侧柏烯（thujene）、雪松烯（cedrene）、雪松醇（cedrol）、蒎烯（pinene）、石竹烯（caryophyllene）、樟脑（camphor）、小茴香酮（fenchone）等；黄酮类成分有香橙素、槲皮素、杨梅树皮素、扁柏双黄酮、穗花杉双黄酮等。还含钾、钠、氮、磷、钙、镁、锰和锌等微量元素。

［药理作用］

1. 对血液循环系统的作用 侧柏叶中的槲皮素有抗毛细血管脆性和止血作用，鞣质有收缩血管和促凝血作用。将侧柏叶提取液对小鼠腹腔给药，对照组给于同体积蒸馏水，60 min 后用快刀片切去 1/5 尾部，在出血处滤纸每分钟吸一次至出血完全凝固为出血时间，结果发现对照组小鼠的平均止血时间显著长于试验组。侧柏叶煎剂灌胃亦能明显缩短出血时间及凝血时间。

侧柏叶中的槲皮素具有降血压、保护心肌缺血再灌注损伤等作用。槲皮素能显著抑制血小板衍生生长因子（PDGF）诱导的肺动脉平滑肌细胞增殖，对于肺动脉高压的防治具有重要作用。

2. 对呼吸系统的作用 侧柏叶的有效成分能舒张气管平滑肌，并有部分阻断乙酰胆碱的作用，因此具有祛痰、镇咳、平喘、镇静等作用。

3. 抗微生物作用 侧柏叶对金黄色葡萄球菌、乙型链球菌、痢疾杆菌、伤寒杆菌和白喉杆菌等均有抑制作用，且侧柏叶醇提物抑制金黄色葡萄球菌的作用强于水煎液。侧柏叶还具有抗念珠菌的作用。侧柏叶煎剂（1∶40）对流感病毒、疱疹病毒均有抑制作用。

4. 神经保护作用 侧柏叶 90%甲醇提取物对过量谷氨酸诱导的原代培养的大鼠皮层细胞损害具有显著的防护作用。

5. 抗肿瘤作用 侧柏叶粗多糖通过提高机体免疫能力和抗氧化能力对皮下移植瘤小

鼠达到抗肿瘤作用；侧柏叶挥发油对肺癌细胞 NCI－H460 有较强的抑制率，且雪松醇是抗肺癌细胞的主要功能性成分（张瑞峰等，2021）。

6. 其他作用　侧柏叶尚有抗炎作用、抗肿瘤作用和抗红细胞氧化作用等（陈兴芬等，2010；张瑞峰等，2021）。

［临床应用］

1. 血热出血　治血热妄行之便血、尿血、子宫出血等，常与生荷叶、生地、生艾叶同用，均取鲜品捣汁灌服。治犬瘟热便血，用金银花、大青叶、生石膏、黄芩各 6 g，黄连 3 g，柴胡 6 g，升麻 3 g，生地、连翘、生甘草、大黄各 6 g，木香 3 g，侧柏炭 6 g，水煎灌服，每天 1 剂，连用 5 天；治牧羊犬尿道出血，用淡竹叶、侧柏叶、艾叶各 20 g，生地黄 15 g，水煎灌服，每天 1 剂，连用 2～3 天（胡元亮，2006）。

2. 肺热咳喘　可单味运用，或配伍贝母、制半夏、桑白皮、枇杷叶等同用。

［注意事项］

止血多炒炭用，化痰止咳宜生用。

白　及

本品为兰科植物白及［*Bletilla striata*（Thunb.）Reichb. f.］的块茎。主产于贵州、四川、湖南、湖北、安徽、河南、浙江、陕西等地。

白及性寒，味苦、甘、涩。归肺、胃、肝经。具有收敛止血，消肿生肌之功效。主治出血，痈肿疮疡等证。

［主要成分］

白及主要成分含有白及胶、黏液质、菲类衍生物和淀粉等。黏液质中含白及葡萄糖甘露聚糖（bletill glucomannan）、白及醇（bletilol）等。

［药理作用］

1. 止血作用　白及能增强血小板第Ⅲ因子活性，显著缩短凝血时间及凝血酶原形成时间，抑制纤维蛋白溶酶活性，对局部出血有止血作用；白及水浸出物对实质性器官（肝、脾）、肌肉血管出血等外用止血效果颇好。白及的止血作用与所含胶质有关。

2. 保护胃黏膜作用　白及对胃黏膜损伤有明显保护作用。1%白及煎剂灌胃，对盐酸引起的大鼠胃黏膜损伤有保护作用；对麻醉犬实验性胃、十二指肠穿孔具有治疗作用；对溃疡抑制率可达 94.8%。

3. 促进肉芽生长作用　对实验性烫伤、烧伤动物模型能促进肉芽生长，促进疮面愈合。

4. 抗微生物作用　白及乙醇浸液对金黄色葡萄球菌、枯草杆菌、人型结核杆菌有抑制作用；水浸剂对奥杜盎小孢子菌、白色念珠、顺发癣菌均有抑制作用。

5. 其他作用　白及尚有防癌及抗癌作用。

［临床应用］

1. 出血证　可用治体内外诸出血证。因其主要入肺、胃经，故临床多用于肺胃出血之证。可用单味研末，糯米汤调服，也可配伍阿胶、藕节、生地等。用治外伤出血，可单味研末外掺或水调外敷。

2. 痈肿疮疡、水火烫伤 对于疮疡，无论未溃或已溃均可应用。若疮疡初起，可单用本品研末外敷，或与金银花、天花粉、乳香等同用；若疮痈已溃，久不收口者，则与黄连、贝母、轻粉、五倍子等为末外敷。治水火烫伤，可以本品研末，用油调敷，或以白及粉、煅石膏粉、凡士林调膏外用，能促进生肌结痂。治疗耕牛腮腺炎，用黄芩（酒炒）、黄连（酒炒）各 45 g，陈皮 60 g，玄参、柴胡、桔梗各 25 g，连翘、板蓝根、马勃、牛蒡子、薄荷各 20 g，僵蚕、升麻、甘草各 15 g，共为末，开水冲服，每天 1 剂，5 天为 1 个疗程；同时，用白及、黄柏、青黛、冰片、儿茶各等分，共为细末过筛，食醋调为糊状，涂于肿胀处，每天 2 次，5 天为 1 个疗程（温伟等，2013）。

3. 消化性溃疡 丹参 30 g、白及 18 g、杭芍 12 g、三七 6 g（另冲）、甘草 3 g，水煎服，每天 1 剂，内服 1 个月为 1 个疗程（蒋颖，2020）。

[注意事项]

不宜与乌头类药材同用。

血 余 炭

本品为人发制成的炭化物，又名乱发炭、头发炭、人发炭。各地均有。

血余炭性平，味苦。归肝、胃经。具有收敛止血、化瘀利尿之功效。主治衄血，血痢，血尿，小便不利等证。

[主要成分]

血余的主要成分是一种优角蛋白（eukeratin），水分 12%～15%，脂肪 3.5%～5.8%，氮 17.4%，硫 5.0%，灰分 0.3%。灰分中含钙、钾、锌、铜、铁、锰、砷；有机质中主要含胱氨酸，以及硫氨基酸与不含硫氨基酸组成的头发黑色素。血余炮炙成血余炭时，有机成分破坏炭化，无机成分同灰分。

[药理作用]

1. 止血作用 血余炭水煎液能明显缩短出血、凝血时间及血浆复钙时间。药理实验证明，血余炭的水提取液和醇提取液可诱发大鼠的血小板聚集并缩短出血、凝血和血浆再钙化时间，具有内源性系统凝血功能；血余炭对绵羊也具有促凝血作用。

血余炭尚能栓塞末梢小动脉，维持时间可达 8 周，可使栓塞部分肾组织缺血性梗死。血余炭栓塞的病理过程为血余炭附着血管壁，诱发血栓形成，血栓机化，血管壁炎性坏死，管腔闭塞，栓塞组织缺血性梗死。

2. 抗微生物作用 血余炭煎剂对金黄色葡萄球菌、伤寒杆菌、甲型副伤寒杆菌及福氏痢疾杆菌有较强的抑制作用（董小胜等，2009）。

3. 促进疮面愈合 以血余炭为炭剂，局部应用后可吸附组织中多余的水分和分泌物，减轻伤口水肿，另外其含有多种体内必需的微量元素，可促进伤疮面愈合（刘帅等，2020）。

[临床应用]

1. 出血证 可用于衄血、便血、尿血、子宫出血等证。既可内服，也可外用。如治血尿，常配蒲黄、生地、赤茯苓、甘草，水煎服；若治便血，可与地榆、槐花等同用；如治子宫出血，可单用本品，与酒和服。茸鹿锯茸止血，用白及 30 g，炒蒲黄 15 g，紫珠 15 g，大黄炭 10 g，枯矾 15 g，血余炭 10 g，冰片 5 g，经炮制后，研末过 80 目筛备用，锯茸后，立即将药粉扣压在出血的创面上（陈金山等，1997）。

2. 小便不利 常与滑石、白鱼同用，如滑石白鱼散。

3. 耕牛烂蹄 用桐油 500 g、血余炭 25 g、黄蜡 50 g、陀僧 50 g、刺猬皮（灰）31 g、广丹 31 g、冰片 10 g，制成“铁板膏药”放在阴凉处储存备用，用时将加热熔化后的“铁板膏药”先绕创口周围向中心填塞，要求厚度达 5 mm 左右，并用扇子扇冷使膏药硬固，直至以手擦动不黏手为止，一般 1 次即可痊愈（周健，1986）。

4. 褥疮 血余炭 10 g、黄柏 20 g、大黄 30 g、珍珠粉 10 g，共研极细末，加入少许鸡蛋清调匀混合制成膏状，均匀涂敷于疮面，以无菌纱布包扎（韩伟锋等，1999）。

［注意事项］

内有瘀热者忌用。

三 七

本品为五加科植物三七［*Panax notoginseng*（Burk.）F. H. Chen］的干燥根。主产于云南、广西等地。

三七性温，味甘、微苦。归肝、胃经。具有化瘀止血，活血定痛之功效。主治衄血，便血，子宫出血，外伤出血，瘀血肿痛等证。

［主要成分］

三七总皂苷含量约为 12%，是三七主要药理活性成分。从三七中分离得到 20 种达玛烷（dammarane）型皂苷，根据水解后次皂苷元结构的不同，分为人参皂苷（ginsenoside）Rg、Rb、Ro 三种类型，包括：人参皂苷 Rg1、Rg2、Rb1、Rb2、Rb3、Rc、Rd、Re、Rh、F2，三七皂苷 R1、R2、R3、R6、Fa、Fc、Fe、R4 等；并含有三七黄酮 A、三七黄酮 B、挥发油、生物碱、多糖、氨基酸-β-草酰基-L-a′β-二氨基丙酸（三七素，deneichine）等有效成分。其中人参皂苷 Rgl、Rbl 是三七总皂苷中含量最高的两个成分，而三七皂苷 Rl 则是三七总皂苷的特征化合物。三七素是三七的止血有效成分，是一种特殊的氨基酸类物质。

［药理作用］

1. 对血液系统的作用 三七具有良好的止血功效。三七中的三七素在短时间内能增加血小板的数量，诱导血小板释放凝血物质，从而起到止血的功效。给麻醉犬口服三七粉，自颈动脉放血，凝血时间缩短；三七浸膏能缩短家兔凝血时间，对家兔肝、脾出血有良好的止血效果。但三七素不稳定，加热后易被分解破坏，所以三七止血应生用。三七中的钙离子及槲皮苷也能止血。

三七还具有显著的造血功能。三七中的有效成分三七总皂苷可促进多功能造血干细胞的增殖，使 GATA-1 和 GATA-2 转录调控蛋白合成增加，同时能够提高其与上游调控区的启动子和增强子结合的活性，调控与造血细胞增殖和分化相关的基因表达上调，因此具有良好的造血补血作用。

抗血栓形成。三七皂苷中的Rgl单体能促进内皮细胞合成和释放NO，而NO有抗血小板黏附、聚集的功能；三七三醇苷能明显抑制胶原、花生四烯酸、二磷酸腺苷（ADP）诱导的大鼠及家兔血小板聚集，抑制大鼠试验性血栓形成，抑制胶原诱导的大鼠血小板血栓素A_2（TXA_2）释放，抑制血管收缩、血小板聚集和血栓形成，从而使三七具有抗血小板聚集及溶栓的作用（古丽丽等，2012）。

2. 对心血管系统的作用 三七提取液低浓度对离体心脏有强心作用，高浓度则抑制作用明显。另外，三七能够降低血压，减慢心率，对各种药物诱发的心律失常均有保护作用；能够降低心肌耗氧量和氧利用率，扩张脑血管，增加脑血流量，并能加强和改善冠脉微循环。

三七总皂苷对出血性脑损伤也具有保护作用。三七总皂苷可以增加脑出血后Bcl-2（抑凋亡基因）蛋白的表达，有抑制脑组织细胞凋亡的作用，对脑组织具有保护作用；能使局部血流量显著增加，血脑屏障通透性改善，全脑或局灶性脑缺血后再灌注水肿明显减轻。

3. 对中枢神经系统的作用 三七总皂苷能减少动物中枢神经系统中突触体谷氨酸含量，从而产生中枢抑制作用，使动物的自主活动减少而表现出明显的镇静作用。

三七、三七总皂苷等对热板法、扭体法及大鼠光辐射甩尾法等多种镇痛模型实验动物还具有明显的镇痛作用，对化学性刺激引起的疼痛亦有镇痛作用，且与氢化可的松相似，能明显抑制多种致炎物质所致大鼠足肿胀和小鼠耳廓炎症，对摘除肾上腺鼠也有一定的抗炎作用（王爱华等，2010）。

4. 免疫调节作用 三七多糖具有免疫调节作用，能活化巨噬细胞，促进淋巴细胞的有丝分裂作用，增强NK细胞与LAK细胞活性，增强T细胞功能，诱生细胞因子，调节神经内分泌免疫网络等。因此，三七具有免疫调节剂的作用，能够提高体液免疫功能，能使过高或过低的免疫反应恢复到正常，但不干扰机体正常的免疫反应。

5. 抗肿瘤作用 三七能明显抑制小鼠肝癌的发生，对四氯二苯二氧化物（TCDD）所致的肝损害有抑制作用，并能降低血清中ALP、AST、ALT、LDH的活性，延长小鼠生存期；可以对荷瘤肝转移大鼠的脾脏原发肿瘤的生长和肝转移有一定的抑制作用，对肿瘤组织的微血管密度（MVD）、血管内皮生长因子（VEGF）、基质金属蛋白酶（MMP2）的表达均有明显抑制作用；能够明显治疗大鼠胃黏膜的萎缩性病变，逆转腺上皮的不典型增生和肠上皮化生。因此，三七能够直接杀伤和抑制肿瘤细胞生长，诱导细胞凋亡和分化等，从而具有多靶点抗肿瘤作用（王爱华等，2010）。

6. 其他作用 三七尚具有抗菌、抗氧化、抗衰老、降低血脂及胆固醇等作用。

［临床应用］

1. 出血证 对体内外各种出血，无论有无瘀滞，均可应用，尤以有瘀滞者为宜。单味内服、外用均有良效。治衄血、子宫出血，可单用本品米汤调服；若治衄血，血便及血尿，可与花蕊石、血余炭合用；治各种外伤出血，可单用本品研末外掺，或与龙骨、血竭等同用。治疗犊牛便血，用三七3 g、明矾5 g、雄黄1 g、黄芩5 g、车前子10 g、甘草10 g（以上为75 kg牛的用量），灌服，治愈率达100%（王守君等，2009）。

2. 跌打损伤、痈疽肿痛 可单味应用，以三七为末，黄酒或白开水送服；若皮破者，亦可用三七粉外敷。若配伍活血行气药同用，则活血定痛之功更著。本品散瘀止痛，活血消肿之功，对痈疽肿痛也有良效。如治无名痈肿，疼痛不已，以本品研末，米醋调涂；治痈疽破烂，常与乳香、没药、儿茶等同用。

[注意事项]

孕畜忌用。

茜　草

本品为茜草科植物茜草（*Rubia cordifolia* L.）的干燥根及根茎。主产于安徽、江苏、山东、河南、陕西等地。

茜草性寒，味苦。归肝经。具有凉血止血、活血化瘀、祛痰通经之功效。主治血热出血，跌打损伤，瘀滞肿痛，风湿痹痛等证。

[主要成分]

茜草的主要成分为蒽醌及其糖苷类，如茜草酸（rubierythrinic acid）、茜草素（alizarin）、异茜草素（purpuroxanthine/xanthopurpurin）、紫色素（羟基茜草素/紫茜素，purpurin）、伪紫色素（伪紫茜素，pseudopurpurin）、1-羟基-2-甲基蒽醌（1-hydrox-2-methy1anthraquinone）等；萘醌衍生物类，如大叶茜草素（rubimaillin）、2-氨基甲酰基-3-甲氧基-1,4-萘醌（2-carbamoyl-3-methoxy-1,4-naphthoquinone）、去氢-α-拉杷醌（dehydro-α-lapachone）、呋喃大叶茜草素（furomol1ugin）、二氢大叶茜草素（dihvdromollugin）、茜草内酯（rubi1ac-tone）、2′-甲氧基大叶茜草素（2′-methoxymollugin）、2′-羟基大叶茜草素（2′-hydroxymollugin）、钩毛茜草聚萘醌（rubioncolin）等；环已肽类，如RA（rubia akane）-Ⅰ、Ⅱ、Ⅲ、Ⅳ、Ⅴ、Ⅶ、Ⅵ、Ⅷ、Ⅸ、Ⅹ、Ⅺ、Ⅻ、XⅢ、XⅣ、XⅤ、XⅥ，rubiyunnaninsA、rubiyunnanins B、rubiyunnanins C、rubiyunnanins D、rubiyunnanins E、rubiyunnanins F、rubiyunnanins G、rubiyunnanins H等；三萜化合物类，主要为乔木烷型三萜，包括茜草乔木醇及其苷rubiarbonol B、rubianol-a、rubianol-b、rubianol-c、rubianol-d、rubianol-e、rubianol-f、rubianoside Ⅰ、rubianosideⅡ、rubianosideⅢ、rubianosidesⅣ，茜草乔木酮及其苷rubiarbonone D、rubianol-g、rubiarbonone F、rubiarboside G，oleanolic acid和akebia saponin D等。还含有多糖类、β-谷甾醇（β-sitostero1）、胡萝卜苷（daucosterol）及微量元素Fe、Zn、Cr、Mg、Ca、Mn、Cn、Pb、Cd、As、Ai等（王晓建等，2012）。

[药理作用]

1. 对血液系统的作用 茜草有明显的促进血液凝固作用。茜草对凝血过程三个主要环节（凝血活酶生成、凝血酶生成、纤维蛋白形成）均有促进作用，而且其凝血作用可能与其抗肝素效能有关。也有动物实验表明，茜草能延长小鼠的凝血时间，而茜草炭则能明显缩短小鼠的凝血时间；家兔口服茜草温浸液后30～60 min均有明显的促进血液凝固作用，表现为复钙时间、凝血酶原时间及白陶土部分凝血活酶时间缩短，茜草炭口服也能明显缩短小鼠尾部出血的时间。茜草提取物的水溶部分可明显增加心肌和脑组织中ATP含量，对 ADP 引起的大鼠血小板聚集有解聚作用，即有抗心肌梗死的作用。

茜草的粗提取物对环磷酰胺引起的小鼠白细胞降低有升高作用；茜草酸的合成衍生物茜草双酯具有明显的抗辐射和升高白细胞的作用，并能促进机体的造血功能，抑制巨噬细胞和中性粒细胞的吞噬功能，抑制抗体的产生和分泌，抑制体液免疫，减轻迟发性超敏反应，抑制植物血凝素诱导的 T 淋巴细胞转化，即具有细胞免疫功能等作用。

2. 抗癌作用 从茜草根中分离到的环己肽类化合物对白血病、腹水癌、P_{388}、L_{1210}、B_{16}黑色素瘤和实体瘤、结肠癌 38、Lewis 肺癌和艾氏腹水癌均有明显的抑制作用，其疗效等于或优于长春碱、丝裂霉素、阿霉素。

3. 抗菌作用 茜草素具有较强的抗菌作用。茜草水提取液在体外对金黄色葡萄球菌、肺炎双球菌、变形杆菌、大肠埃希氏菌、绿脓杆菌、沙门氏菌和克雷伯氏菌等均有显著抑制作用；在小鼠体内对大肠埃希氏菌也有非常显著的抗菌作用；对人工感染多杀性巴氏杆菌的患病仔猪有显著治疗作用。对流感病毒、部分皮肤真菌也有一定的抑制作用。

4. 对平滑肌的作用 茜草根煎剂能对抗乙酰胆碱所致的离体肠痉挛，有解痉作用。茜草根的水提物对离体豚鼠子宫有兴奋作用，产后口服亦有加强子宫收缩作用。

5. 抗炎、抗风湿作用 茜草对大鼠多发性关节炎有明显的治疗作用，并降低其血清中 IL-1、IL-2、IL-6、TNF 的含量，但不影响皮质醇的含量。通过抑制机体免疫反应，改善局部炎症反应而发挥抗炎、抗风湿作用（杨连荣等，2007）。

6. 神经保护作用 茜草多糖可通过增强蛋白酶体的降解功能抑制阿尔茨海默症中关键致病蛋白 Aβ42 的细胞毒性；大叶茜草素可以抑制谷氨酸对大鼠肾上腺髓质嗜铬瘤分化细胞 PC12 的兴奋性毒性（李海峰等，2016）。

7. 其他作用 茜草尚具有祛痰镇咳作用、解热镇痛作用、抗氧化作用和保肝作用，对碳酸钙结石的形成也有抑制作用。

［临床应用］

1. 血热妄行 广泛用于血热妄行所致的各种出血证，如衄血、便血、子宫出血、尿血等证。治血热便血或大便脓血，可与地榆、仙鹤草等同用；治血热子宫出血，常配生地、仙鹤草、生蒲黄、侧柏叶、丹皮等；若治衄血，可与艾叶、乌梅同用；治尿血，常与小蓟、白茅根等同用。属虚证出血，可与龙骨、牡蛎、山萸肉、棕榈炭等同用。

2. 跌打损伤、血瘀络阻 治血滞，单用本品酒煎服，或配桃仁、红花、当归、川芎、益母草、香附、蒲黄、五灵脂等同用。治跌打损伤，可单味泡酒服，或配三七、乳香、没药等同用。如用紫草 50 g、茜草 40 g、紫花地丁 50 g、醋制乳香 80 g、没药 80 g、香白芷 40 g、黄连 30 g、五倍子 40 g、当归 50 g、地黄 50 g、香油 1 200 g、白蜡 80 g，制成中药纱布贴敷创面（胡元亮，2006）。治痹证，可单用浸酒服，或配伍鸡血藤、海风藤、延胡等同用。

［注意事项］

脾胃虚寒及无瘀滞者慎用；孕畜忌用。

蒲　黄

本品为香蒲科植物水烛香蒲（*Typha angustifolia* L.）、东方香蒲（*T. orientalis*

Presl）或同属植物的干燥花粉。主产于浙江、江苏、安徽、湖北、山东等地。

蒲黄性平，味甘。归肝、脾、心包经。具有止血，化瘀，通淋之功效。主治衄血，便血，子宫出血，跌打肿痛，血淋涩痛，重舌，口疮，阴下湿痒等证。

［主要成分］

蒲黄的主要成分为黄酮类物质，如柚皮素（naringenin）、槲皮素（quercetin）、异鼠李素（isorhamnetin）、异鼠李素-3-O-芸香糖苷（isorhamnetin-3-O-rutinoside）、槲皮素-3-O-芸香糖苷（quercetin-3-O-rutinoside）、异鼠李素-3-O-新橙皮糖苷（isorhamnetin-3-O-neohesperidoside）、槲皮素-3-O-新橙皮糖苷（quercetin-3-O-neohesperidoside）、山萘酚-3-O-新橙皮糖苷（kaempferol-3-O-neohesperidoside）等；甾类物质，如α-香蒲甾醇（α-typhasterol）、α-谷甾醇（α-sitosterol）、β-谷甾醇（β-sitosterol）、β-谷甾醇棕榈酸酯（β-sitosterol palmitate）等；酸类物质，如棕榈酸（palmitic acid）、硬脂酸（stearic acid）、花生油烯酸（arachidonic acid）、香草酸（vanillic acid）、香蒲酸（typhic acid）、乳酸（lactic acid）、苹果酸（malic acid）、琥珀酸（succinic acid）、柠檬酸（citric acid）等；脂肪油、生物碱及氨基酸等；此外，还含有 20 多种无机成分，如 K、P、Zn、S、Mg、Ca 等。

［药理作用］

1. 对血液系统的作用　蒲黄能使家兔血小板数增加，蒲黄水浸液、10％煎剂或 50％乙醇浸液给兔灌服，有明显缩短血液凝固时间的作用，且作用显著而持久。生蒲黄具有延长小鼠凝血时间和较大剂量下的促纤溶活性作用，而炒蒲黄和蒲黄炭则能明显缩短小鼠凝血时间，无促纤溶活性作用。蒲黄粉外用于创面，对麻醉犬实验性股动脉出血有止血作用。有人认为，蒲黄中所含的异鼠李素是促凝和止血的有效成分。

2. 对心血管系统的作用　蒲黄提取液具有增加冠脉血流量和改善微循环的作用，可使家兔心肌梗死范围缩小，病变减轻；能提高心肌及脑对缺氧的耐受性，或降低心、脑等组织的耗氧量，对心脑缺氧有保护作用。蒲黄提取物对离体蛙心、兔心有可逆性抑制作用，高浓度时使心脏停搏于舒张状态，并有降低家兔血压的作用。蒲黄对心脏的抑制作用可能与槲皮素（胆碱酯酶抑制剂）有关。

蒲黄还能防止高脂喂养动物的血清胆固醇水平增高，并能增加喂饲高脂家兔的粪便胆固醇。蒲黄具有良好的降低血清总胆固醇、升高 DHL-C、降低血小板黏附及聚集性的作用，同时，对血管内皮细胞有保护作用，并能抑制粥样硬化斑块的形成。因此，蒲黄具有调整脂质代谢、保护血管内皮细胞、抗血小板聚集与抗血栓形成等作用。

3. 对平滑肌的作用　50％蒲黄注射液对豚鼠离体子宫和家兔在体子宫均有兴奋作用；蒲黄煎剂、酊剂及乙醚浸液对豚鼠、大鼠、小鼠的离体子宫均表现为兴奋作用，大剂量可致痉挛性收缩；醇提取物可使家兔已孕离体子宫出现节律性收缩，使未孕离体子宫紧张性增强。蒲黄注射液对豚鼠、小鼠中期引产有明显效果。

蒲黄提取物可使离体兔肠的蠕动增强，还可使家兔、犬、鼠及豚鼠离体十二指肠紧张度上升、节律性收缩加强，该作用均可被阿托品阻断。

4. 抗菌作用　蒲黄水溶部分体外对金黄色葡萄球菌、痢疾杆菌、绿脓杆菌、大肠杆菌、伤寒杆菌及Ⅱ型副伤寒杆菌等，都有较强的抑制作用。

5. 其他作用 蒲黄还具有抗炎、利胆、利尿、镇痛、平喘及抗缺血再灌注损伤等作用。

［临床应用］

1. 出血证 用治衄血、尿血、子宫出血等各种出血证，可单用冲服，亦可配伍其他止血药同用。如治子宫出血过多，可配合龙骨、益母草、艾叶、阿胶同用；治尿血不已，可与郁金、白茅根、大蓟、小蓟同用；治外伤出血，可单用外掺伤口。治骡尿血，用蒲黄炭 50 g，秦艽、酒黄柏、酒知母各 30 g，当归 40 g，红花 25 g，萹蓄 30 g，瞿麦 30 g，茯苓 35 g，泽泻 30 g，车前子 35 g，木通 25 g，夏枯草 20 g，防风 25 g，焦栀子 25 g，黄酒 150 mL 为引，共为末，开水冲，候温灌服，连用 3～4 剂（胡元亮，2006）。

2. 跌打损伤、产后瘀痛 多与桃仁、红花、赤芍等同用，或单用蒲黄末，温酒灌服；若治产后瘀痛等，常与益母草、香附、当归、五灵脂同用。方如失笑散。

［注意事项］

孕畜慎用。

◆ 参考文献

陈金山，金永春，孙琏，等，1997. 锯茸止血中药方剂的研制［J］. 中国兽医学报，17（2）：196－199.

陈兴芬，单承莺，马世宏，等，2010. 侧柏叶化学成分、生理活性及防脱发功能研究进展［J］. 中国野生植物资源，29（3）：1－5.

董小胜，黄洁婧，张林，2009. 中药血余炭的研究进展［J］. 中医药导报，15（12）：85－86.

国家中医药管理局《中华本草》编委会，1998. 中华本草［M］. 上海：上海科学技术出版社.

韩文聪，董优，孙颖，等，2019. 小蓟的药理作用与临床应用研究［J］. 海峡药学，31（4）：84－87.

洪阁，戴永红，刘培勋，等，2008. 仙鹤草化学成分和药理作用研究进展［J］. 药学服务与研究，8（5）：362－366.

胡元亮，2006. 中兽医学［M］. 北京：中国农业出版社（12）.

蒋秀蕾，范眷林，叶文才，2006. 大蓟化学成分的研究［J］. 中草药，37（4）：510－512.

蒋颖，蒋红心，乔明，等，2020. 白及治疗消化性溃疡的研究进展［J］. 实用临床医药杂志，24（19）：129－132.

蒋昭文，2002. 中草药炭化治疗黄牛腹泻效验［J］. 中兽医医药杂志（6）：42.

李方来，1991. 治疗牛病的几个单方秘方［J］. 中兽医医药杂志（6）：39－40.

李娆娆，原思通，肖永庆，2002. 中药槐花化学成分、药理作用及炮制研究进展［J］. 中国中医药信息杂志，9（6）：77－72.

马成勇，王元花，杨敏，等，2019. 白茅根及其提取物的药理作用机制及临床应用［J］. 医学综述，25（2）：370－374.

宋伟红，郝晓玲，2011. 仙鹤草的药理活性和临床应用［J］. 中国医学创新，8（1）：185－186.

孙刚，张文波，朱延林，2014. 小蓟的配伍及在兽医临床上的应用［J］. 养殖技术顾问（7）：244.

王爱华，郭婕，2010. 中药三七的药理作用研究新进展［J］. 中国中医药咨讯，2（31）：39－42.

王国强，2014. 全国中草药汇编. 第 3 版［M］. 北京：人民卫生出版社.

王海霞，2008. 自拟复方清毒活瘀汤治疗牛大叶性肺炎［J］. 中兽医医药杂志（3）：70.

王守君，严松奎，丛玉平，等，2009. 三七明矾散治疗牛便血症［J］. 黑龙江畜牧兽医（14）：98.

王晓建，黄胜阳，2012. 茜草属植物化学成分及其药理作用研究进展［J］. 中国中医药信息杂志，19（2）：109－112.

魏运锑，2009. 紫珠在兽医临床上的应用［J］. 中兽医医药杂志（1）：71－72.

温伟，陈茹，于冰，2013. 普济消毒饮配合白及拔毒散治疗耕牛腮腺炎［J］. 中国兽医杂志，49（9）：88.

吴龙龙，徐昊阳，张刘强，等，2022. 地榆化学成分及药理作用研究进展［J］. 世界科学技术-中医药现代化，24（1）：360－378.

夏红曼，孙立立，孙敬勇，等，2009. 地榆化学成分及药理活性研究进展［J］. 食品与药品（117）：67－69.

闫超山，2012. 川连白及汤加减治疗马异物性肺炎二例［J］. 中兽医学杂志（6）：34.

杨炳友，杨春丽，刘艳，等，2017. 小蓟的研究进展［J］. 中草药，48（23）：5039－5048.

杨连荣，周庆华，张哲锋，等，2007. 茜草的化学成分与药理作用研究进展［J］. 中医药信息，24（1）：21－23.

张瑞峰，曾阳，刘力宽，等，2021. 侧柏叶的化学成分与药理学作用研究进展［J］. 中国野生植物资源，40（4）：53－56.

赵彧，邱明阳，刘玉婷，等，2017. 大蓟化学成分及药理活性研究进展［J］. 中草药，48（21）：4584－4590.

周健，1986. 治疗耕牛烂蹄膏药方［J］. 中兽医学杂志（4）：50.

朱源，黄思瑜，王珏，等，2018. 仙鹤草的抗肿瘤作用机制及临床应用综述［J］. 世界科学技术-中医药现代化，20（12）：2196－2201.

第十七章

活 血 化 瘀 药

活血化瘀药是指以疏通血脉、祛除瘀血为主要作用，临床用于治疗血瘀证的药物。活血化瘀药通过活血祛瘀，产生止痛、调经络、破血、消肿、活血消痈等作用。其主治范围较广，凡一切瘀血阻滞之证，均可用之。血液循环以通为顺，如因寒热之邪侵袭，或因外伤、情绪变化等，致血液瘀滞，循行不畅，即可形成各种血瘀证。中医认为，“瘀”者“积血之病也”。

活血化瘀是祖国医学的一个重要理论和治疗原则，《内经》记载的“疏其血气，令其调达”，已成为后世活血化瘀治则的基础。活血化瘀类药物品种较多，临床应用应根据各药适应证偏重不同而选用。据现代研究，活血化瘀药的药理作用归纳如下：

1. 对血液循环系统的作用 丹参、三七等具有改善心功能、调节心肌代谢、降低心肌耗氧、减慢心率等作用；丹参、赤芍、川芎、当归、红花、益母草、蒲黄等有扩张血管的作用，增加血流量，降低血压等作用；丹参、蒲黄、赤芍等可以改善微循环、改善血管通透性；川芎、赤芍、丹参、红花等有抑制血小板聚集，改善血凝状态，促进血栓溶解等作用。

血瘀证患者一般血液浓度和黏滞性增加。体内血液凝固系统和纤维蛋白溶解系统失调，血小板黏附聚集；血流速度缓慢，血液处于高凝状态，纤溶酶活性降低，易形成血栓。活血化瘀药改善血液流变性，抗血栓形成。主要表现在以下方面：

（1）抗血小板聚集 大多数活血化瘀药都能减少血小板黏附与聚集，降低血小板表面活性，抑制血小板聚集。如川芎、红花、益母草、三棱、莪术和延胡索等。

（2）抗凝血 有些活血化瘀药具有显著的抗凝血作用，如丹参、川芎、赤芍、益母草、三棱、桃仁等。丹参酮ⅡA磺酸钠的抗凝效应主要是延长凝血酶原时间。红花与白芍合用呈协同抗凝效应，使凝血活化酶时间和活血酶时间延长，作用呈量效关系。

（3）促纤溶酶活性 有些活血化瘀药可提高纤溶酶活性，促进已形成的纤维蛋白溶解，从而抗血栓形成，如丹参、益母草、红花等。丹参酮ⅡA磺酸钠通过激活纤溶酶系统使纤维蛋白溶解，并裂解为纤维蛋白裂解产物，产生纤溶作用，促进血栓溶解。

（4）降低血黏度 大多数活血化瘀药具有降低全血黏度的作用，包括高切、低切，也能降低血浆比黏度。高脂血症患者普遍存在明显的血液流变学改变，包括血液黏度增加，血液呈高凝倾向。血液中的胆固醇、纤维蛋白原、三酰甘油等浓度过度增加都可使血浆黏度增加。上述诸因素对血浆黏度的影响依次为胆固醇、纤维蛋白原、乙酰甘油。许多活血化瘀中药如丹参、川芎，以及复方如血府逐瘀汤、补阳还五汤等都具有一定的降血脂作用。活血化瘀类方药如与其他降血脂类药物合用，可加强降血脂、抗血栓形成的效果。

另外，活血化瘀药还能使血细胞比容、红细胞聚集指数明显降低，有助于全血黏度的改善。

2. 改善微循环　临床上血瘀患者普遍存在微循环障碍，大多数活血化瘀药都具有不同程度的改善微循环障碍的作用，如丹参、赤芍、当归、川芎、红花、益母草、桃仁等。研究显示，静脉注射益母草注射剂后，血液流速、流态均有明显改善，微血流迅速从粒状变为线状，闭锁的毛细血管重新开放，恢复正常。

3. 改善血流动力学，增加器官血流量　活血化瘀药一般都有增加器官血流量的作用。这与此类药物具有改善血液流变学、改善微循环有关外，也与轻度扩张外周血管、降低外周阻力有关。在扩血管方面，各个活血化瘀药扩血管作用主要部位有所不同，如川芎、丹参、延胡索、红花、益母草、赤芍等对冠状动脉的扩张作用较强，而莪术、桃仁、穿山甲对于股动脉等作用较为突出。在增加血流量方面，由于活血化瘀药扩张血管，血管阻力减小，血流量相应增加，如川芎、红花、丹参、益母草、赤芍、延胡索等，具有增加冠脉流量及心肌营养血流量的作用，可改善心肌供血、供氧。在降血压方面，活血化瘀药往往具有轻度降低血压作用，如益母草、红花、蒲黄、延胡索、丹参、银杏叶等。

4. 保护血管内皮系统功能　血管内皮对调节心、脑等重要脏器血流具有重大影响。内皮细胞功能的发挥是通过调控其衍生的血管活性物质的释放平衡来实现的。其中以一氧化氮（NO）和内皮素（ET）较为重要。通过测定血浆 NO、ET 浓度及一氧化氮合酶（NOS）的活性可以反映内皮的功能状况。研究发现不少活血化瘀药对急性心肌缺血动物可抑制血管 ET 的分泌，提高血浆 NO 水平、NOS 活性，恢复 NO/ET 平衡，改善心肌缺血。不少活血化瘀复方能增加缺血再灌注脑组织 NOS 的活性，促进 NO 合成，扩张血管，发挥抗脑缺血的作用，而在某些病理情况下，又能防止脑组织 NOS 活力及 NO 含量过度升高，避免过多的 NO 对神经细胞的毒性损害（陈长勋，2006）。

5. 减轻组织过氧化损伤　缺血损伤时细胞间黏附分子表达上调，促进白细胞黏附、活化并产生大量的氧自由基，以及炎症因子如 TNF－α、IL－1、IL－8、IL－10 等。许多活血化瘀药具有抑制细胞间黏附分子表达上调、降低白细胞黏附率、抑制白细胞活化、清除氧自由基的作用，这是其抗组织缺血损伤的机制之一。

活血化瘀药临床也常用于治疗各种炎症。其抗炎作用原理除与降低炎症区域毛细血管通透性、减少炎症渗出、促进炎症渗出物的吸收有关外，也与抑制组织细胞间黏附分子表达上调、降低白细胞黏附率、抑制白细胞活化、抗氧自由基有密切关联。

6. 对炎症的影响　活血化瘀药有抗菌、抗病毒和抗炎作用，改善毛细血管通透性，减轻渗出及炎症反应，还可提高吞噬细胞的功能，促进炎症的吸收。

7. 对组织损伤的影响　近年发现活血化瘀药具有减轻组织损伤、促进修复、再生等作用，如丹参等可减轻缺血心肌的组织损伤，加速组织修复，甚至促进心肌细胞再生、骨折愈合等。活血化瘀药通过抑制胶原合成，促进其分解，抑制组织异常增生。以治疗肝纤维化，结缔组织增生，如肉芽肿、组织粘连、瘢痕等。

8. 其他作用　有些活血化瘀药在化瘀的同时显示行气止痛作用，如延胡索、赤芍等。有的具有兴奋子宫的作用，如益母草、白芍、红花、蒲黄等，能加强子宫收缩。有些活血化瘀药则抑制免疫功能，如桃仁、红花。某些活血化瘀药有抗肿瘤作用，直接影响肿瘤细胞的代谢，或改善机体免疫状态抑杀瘤细胞。

近年来，对血瘀证进行了多学科的综合研究，形成了比较一致的认识。血瘀证是一个与血循环障碍有关的病理过程，主要涉及以下方面：①血液流变学异常。血液流变学是研究血液的流动性质和凝固性质，血液有形成分，主要是红细胞的黏弹性和变形以及心脏、血管的黏弹性的一门血液及其组成成分流动变形规律的新学科。流变学异常时，一般血液表现有“浓、黏、凝、聚”的倾向。浓，指血液的浓度增高，表现为血细胞比容增加，血浆蛋白、血脂浓度增高等；黏，指血液黏稠性增加，表现为全血和血浆比黏度增加；凝，指血液的凝固性增加，表现为血浆纤维蛋白原增加，血浆纤维蛋白原活化倾向增强，凝血速度加快；聚，指血细胞聚集性增加，表现为红细胞沉降率加快，血小板对各种因素（如二磷酸腺苷、胶原等）诱导的凝集性增高等。上述血液流变学异常可致血液运行不畅，进而易致血栓形成，血管栓塞。目前测定血液流变性的五项指标是血液黏度、红细胞电泳速度、血细胞压积、血细胞沉降率以及血浆或血清黏度。活血化瘀药可以改善血液流变学异常状态，如加快血液流动，改善心脏功能，改善血管功能，降低液黏度，加快红细胞电泳时间，有的稀释血液等作用。②微循环障碍。微循环一般是指微动脉与微静脉之间的微血管血液循环。微循环是体内各脏器最小功能单位里的血液循环（如肝小叶、肾小球、肺泡等均为脏器的最小功能单位）。血瘀患者常有微循环障碍的表现，如微血流缓慢和瘀滞，甚至血管内凝血；微血管变形如管襻扭曲、畸形、缩窄，甚至闭塞；微血管周围渗血和出血等。微循环的研究方法很多，一般分直接观察与间接判断两类。目前国内外学者常用甲皱、球结膜、舌、唇、齿龈等部位做微循环的直接观察（如微血管的变化、微血流的改变、微血管外的病变等）。间接观察包括神志、皮肤黏膜色泽与温度、呼吸频率和幅度，血压、脉搏以及尿量等。目前国内中兽医界有人用高分子葡聚糖复制家兔的外周微循环障碍病理模型，用活血化瘀药治后使微循环获得改善。③血液动力学异常。血流动力学是研究血液在血管中流动的力学，包括血流量、血压、血流阻力等。血流动力学异常可表现为某器官或某部位的循环障碍，血管狭窄或闭塞，血流量降低。用血流动力学的测定方法来了解心血管功能有无异常，经过活血化瘀药治疗后，心血管功能异常有无改善，对了解瘀血的本质和活血化瘀疗效的原理有重要作用。

心血管功能和血液动力学的测定方法分两类：侵入性方法，用心导管法配合流量计测定血液流速与流量等。这种方法虽损伤机体，但准确性高，价值大；非侵入性方法，对机体不产生创伤，所以在临床和实验研究中得到了普遍的重视和应用。如用同位素研究方法，静脉注射某种同位素，探头在特定部位测定有用数据，对诊断和疗效观察有一定参考价值。活血化瘀药一般都可使血流量明显增加，其中破血化瘀药如三棱、莪术等增加血流量的作用最强。

川　芎

本品为伞形科植物川芎（*Ligusticum chuanxiong* Hort.）的根茎。主要栽培于四川；此外，江西、湖北、陕西、甘肃、贵州、云南等地都有种植。

川芎性温、味辛。归肝、胆、心包经。有活血化瘀，行气止痛，祛风燥湿之功。为血中气药，故血虚者宜用，味辛则散之，故气郁者亦宜用。主治中风头痛，腹痛，风湿痹痛，跌扑肿痛，疮疡肿痛，胸胁刺痛。

［主要成分］

川芎主要成分含川芎内酯（cnidiumlactone）、川芎酚（chuanxingol）、川芎嗪（chuanxingzine）、阿魏酸（ferulic acid）、苯乙酸甲酯（metyl phenylacetate）；尚含黑麦碱、香草醛（vanillin）、β-谷甾醇（β-sitosterol）、维生素A等。

［药理作用］

1. 对心血管系统的作用　川芎煎剂对离体或在体心脏使收缩振幅增大，心率减慢，其作用机理可能是通过交感神经间接兴奋心脏β受体所致。川芎为“血中气药”，善于行气活血。动物实验结果表明，从川芎中提取的川芎生物碱及酚性物静脉注射，可以使麻醉犬冠脉明显扩张，增加冠脉流量及心肌营养血流量，使心肌供氧量增加。川芎生物碱能提高实验动物的耐缺氧能力，降低其心肌耗氧量。川芎嗪对心血管系统有强大活性，对血管平滑肌有解痉作用，对由肾上腺素或氯化钾引起的主动脉收缩有明显拮抗作用。静脉注射对麻醉犬有强心作用，伴心率加快（孙建宁，2006）。川芎嗪能抑制血管平滑肌细胞的增殖。川芎嗪与脂质抗氧化内皮细胞预孵育后，细胞存活率明显增加，对血管的内皮细胞具有保护作用（李翠乔，2008）。

川芎嗪有抑制体内及体外血小板聚集、防止血栓形成等作用。川芎嗪在体外能抑制ADP、胶原、凝血酶等引起的血小板聚集，可使已聚集的血小板解聚；能抑制磷酸二酯酶，使血小板中cAMP含量升高1倍；有抑制骨髓质微粒体合成TXA_2的作用，可降低血小板表面活性，抑制血小板聚集，且能使已聚集的血小板解聚。这些均可抑制血栓的形成。

川芎能改善微循环，使微血管解痉，增加毛细血管开放数目，加速血流的作用。川芎嗪及藁本内酯明显改善家兔球结膜、肠系膜、软脑膜循环和肺循环，且有较好的剂量依赖关系。

2. 川芎对肾脏和肝脏的保护作用　川芎嗪对肾切除致慢性肾衰竭、糖尿病肾病、马兜铃酸性肾损伤、免疫性肾损伤均具有保护作用，降低血肌酐、尿素氮，24 h尿蛋白定量，减轻肾脏病理形态，并能对抗自由基引起的脂质过氧化损伤。川芎嗪可通过减少氧自由基的生成，增强氧自由基的清除，抑制脂质过氧化反应，有效减轻肾缺血再灌注损伤，与Bcl-2蛋白表达增强和Bax蛋白表达减弱介导的肾脏细胞凋亡有关。

川芎嗪对于各种肝损伤具有保护作用。能降低脓毒血症大鼠血和肝组织·OH活力及血TNF-α、IL-6浓度，有抑制炎症反应和保护肝功能的作用。能显著降低D-氨基半乳糖肝损伤小鼠血清中升高的GPT、GOT，降低XOD活力和过氧化物终产物MDA的含量。对氧化应激引起的肝脏GSH含量下降具有升高作用（朱晓琴，2008）。对肝纤维化有改善作用，其抗纤维化的可能机制是抑制肝星状细胞的增殖（王文丽，2009）。

3. 镇静作用　川芎挥发油用少量时，对动物大脑活动有抑制作用。有人认为川芎的镇静作用是所含阿魏酸所致。川芎水煎剂以25～50 g/kg给大鼠或小鼠灌胃，可见自发运动抑制，并能延长戊巴比妥睡眠时间，表明有镇静作用。

4. 对妊娠子宫平滑肌有兴奋作用　连续给妊娠兔或大鼠注射10%川芎浸膏40 mL/kg，

可使胎仔坏死于子宫中，这可能与动物子宫痉挛收缩、引起胎儿营养不良所致有关。小剂量增加子宫收缩力，大剂量则抑制子宫收缩，甚至麻痹。试验表明，川芎浸膏使子宫收缩增强，呈现明显的收缩作用。临床上用川芎治疗产后下血，胎死腹中，产后腹痛与川芎收缩子宫作用有关。

此外，川芎还具有一定的抗肿瘤、解热、解毒作用等。

［临床应用］

1. 胎衣不下、难产 《师皇安骥集》："散瘀血"。用于胎衣不下、难产等症，常与桃仁、红花、乳香等配伍。方如生化汤。牛难产：当归 50 g、川芎 60 g、黄芪 250 g、肉桂 45 g、牛膝 50 g、红花 20 g、益母草 60 g、车前子 45 g。水煎灌服。牛胎衣不下：当归 120 g、川芎 50 g、桃仁 45 g、炮姜 10 g、炙甘草 10 g、红花 30 g、益母草 60 g、三棱40 g、莪术 40 g，共为末，加水拌调，加白酒 150 mL，一次灌服，隔天 1 剂，连用 2～3 剂（胡元亮，2006）。

2. 跌打损伤 常与当归、桃仁、赤芍等配伍。方如血府逐瘀汤。

［注意事项］

川芎可引起过敏反应，大剂量引起剧烈头痛。

［不良反应］

川芎水提物给小鼠腹腔和肌内注射 LD_{50}分别为 65.86 g/kg 和 66.42 g/kg。川芎嗪小鼠静脉注射的 LD_{50}为 239 mg/kg。小鼠每天灌服川芎嗪 5 mg/kg 或 10 mg/kg，连续 4 周，动物体重、血象、肝肾功能和病理组织学检查均未明显异常。

乳　香

乳香为橄榄科植物卡氏乳香树（*Boswellia carterii* Birdw.）的胶树脂。因渗出的树脂垂滴状如乳头且极香，故名乳香。主产于印度、土耳其、利比亚等地。

乳香性温，味辛、苦。归心、肝、脾经。具有活血行气止痛、消肿生肌之功效。主治血瘀气滞，心腹诸痛，风湿痹痛，跌打损伤，疮疡，痈疽。

［主要成分］

主含树脂（resin）、树胶（gum）及挥发油。树脂主要成分含 α-乳香酸及其衍生物，β-乳树脂素（amyrin）的衍生物、乳香萜烯、多聚糖（polysaccharides）、阿拉伯糖（arabinose）、半乳糖（galactose）及糖醛酸（alduronic acid）。挥发油呈淡黄色、芳香，含蒎烯（pinene）、二戊烯、α-水芹烯（α-phellandrene）、d-马鞭草烯醇（d-verbanol）、马鞭草烯酮（verbanone）。

［药理作用］

乳香具有镇痛、消炎、抗滴虫及升高白细胞作用，所含蒎烯有祛痰作用。

1. 改善微循环作用 实验研究证明，以乳香、没药组成的药方，在临床上可改善患者的甲皱微循环和红细胞聚集状态，能显著降低高血黏度和血浆黏度；能使家兔血瘀模型眼球结膜微循环恢复至正常状态，并能释放 β 血小板微球蛋白，调节血栓素 β_2 和前列腺素（$TX\beta_2$ 和 PGI）的平衡，从而表明对治疗冠心病具有较好的效果；此外，以乳没组成的方药有体外抗血栓形成，降低血脂，有利于预防体内血栓的形成。

2. 镇痛作用　乳香镇痛作用的有效部位主要为挥发油。研究结果表明，乳香和没药的挥发油及醇提物＋挥发油对小鼠均有明显的镇痛作用，醇提物＋挥发油的镇痛作用比挥发油组明显要强。

3. 抗溃疡作用　动物实验研究结果表明，大鼠于幽门结扎后立即灌服乳香，6 h后可使溃疡指数及胃内容物游离酸度显著下降。乳香能明显减轻阿司匹林、保泰松、利血平所致胃黏膜损伤及应激性胃黏膜损伤，降低幽门结扎性溃疡指数及胃液游离酸度。灌服乳香前处理能有效减轻动物给予阿司匹林所诱发的胃黏膜损伤。用冰醋酸制备大鼠慢性胃溃疡模型，乳香提取物能提高溃疡再生黏膜结构和功能成熟度，提高溃疡愈合质量。

4. 抗炎、消肿、生肌作用　乳香既能活血行气止痛，又能活血消痈，去腐生肌，为外伤科要药，用于治疗跌打损伤瘀滞肿痛。乳香的消肿生肌，主要与其具有抗炎和组织再生的药理作用有关。乳香酸类成分是乳香抗炎作用的重要成分，具有抗炎、抗关节炎及抗补体活性。动物实验结果证实，重度的软组织损伤，外敷该药后具有改善微循环，加速坏死组织净化，促进局部组织新陈代谢，加强肌组织的再生和愈合作用。

此外，乳香树脂还具有一定的抗氧化作用。

5. 抗肿瘤作用　研究发现乳香的粗提物有细胞毒作用，具有较强的抗白血病活性，研究证实乳香挥发油等乳香提取物对白血病细胞具有诱导分化作用。乳香提取物能下调*Bcl-2*基因蛋白表达水平，能明显降低HL-60细胞端粒酶活性。研究还表明，乳香挥发油能够抑制肝癌SMMC-7721细胞的增殖，并可能通过上调线粒体内Bax/Bcl-2的表达比例诱导细胞凋亡，而且诱导的凋亡具有细胞周期依赖性（陈正伦，1995）。

［临床应用］

1. 各种痛症　乳香辛散温通、活血化瘀、行气散滞，为气滞血瘀病证常用之品。

2. 疮肿疔毒　初期证见红肿疼痛，舌红苔黄等，用消疮散（《中华人民共和国兽药典》，2020年版）：金银花、陈皮、白芷、贝母、防风、赤芍、当归、甘草、炒皂角刺、炙穿山甲、天花粉、乳香、没药。煎汤去渣，酒为引，候温灌服。疮疡溃破、去腐生肌：常与没药、儿茶、血竭等研末外敷。如《医宗金鉴》腐尽生肌散。

3. 风湿痹痛　常与羌活、独活、秦艽等药同用。

［注意事项］

本品对胃肠道有较强的刺激性，可引起呕吐、腹痛、腹泻、肠鸣音亢进、过敏反应。孕畜、病弱及痈疽已溃者忌服。

［不良反应］

乳香醇提取物毒性较小，大鼠和小鼠口服及腹腔给药的LD_{50}均大于2 g/kg。采用制乳香组成的复方的75%醇提物分别给早孕大鼠、小鼠灌胃给药，早期妊娠终止率在80%以上，可能与药物对子宫引发兴奋作用有关。

没　药

没药为橄榄科植物没药（*Commiphora myrrha* Engl.）及同属它种植物的树干皮部渗

出的油胶树脂。主产于热带地区、非洲东南部及阿比西尼亚、印度等地。

没药性平，味苦。归心、肝、脾经。具有活血止痛，消肿生肌之功效。主治瘀血阻滞，心腹诸病，跌打损伤，疮疡痈疽。

［主要成分］

没药所含成分因产地不同而有差异。商品没药含挥发油、没药树脂、树胶，少量苦味质，没药酸、甲酸、乙酸及氧化酶。挥发油含丁香酚（eugenol）、间甲基酚、枯茗酚、B-没药酚，没药脂酚含原儿茶酸（protocatechuic acid）、儿茶酚（catechol）。树脂与阿伯胶相似，水解则生成阿拉伯糖、半乳糖、木糖。

［药理作用］

1. 对心血管系统的影响

（1）改善微循环、抑制血小板聚集和抗血栓的作用　以乳香、没药组成的药方，在临床上可改善微循环和红细胞聚集状态，体外抗血栓形成的作用。

（2）降血脂作用　没药含的树脂能降低兔高胆固醇血症的血胆固醇含量。没药有明显的降胆固醇（总有效率为 65.7%）和血浆纤维蛋白原作用，并对高凝状态所致继发性纤溶亢进有治疗作用。

2. 消肿、生肌作用　没药既能活血止痛，又能活血消肿。用于跌打损伤，疮疡痈肿。《本草纲目》中记载："乳香活血，没药散血，皆能止痛、消肿、生肌，故两药每每相兼而用。"没药的消肿功效与其抗炎、生肌、抗菌的作用有关。

（1）抗炎　各种剂型、各种炮制品的没药对外伤引起的小鼠足肿胀均有显著的消肿作用，生品没药的化痕消肿作用更强，炮制后药效有所下降。

（2）生肌　有人将没药的生肌作用与其他具有生肌功效的中药比较，结果表明没药的生肌作用较佳，伤口愈合天数、生肌敛口作用与对照组比较，差异非常显著。

（3）抗菌　没药有良好的抗菌、抗真菌作用，且抗菌谱广泛。

3. 镇痛作用　从非洲没药中提取出 3 种倍半萜烯成分，实验表明至少有 2 种倍半萜烯类成分具有强烈镇痛作用，对热刺激和醋酸引起的疼痛模型都体现出显著的镇痛作用，而吗啡拮抗剂纳洛酮可抵消这两种提取成分的镇痛作用，由此认为没药提取物的强烈镇痛作用可能与吗啡一样作用于脑中阿片受体，却没有吗啡成瘾的副作用。

4. 对平滑肌的作用　没药对离体子宫先呈短时间的兴奋作用频率增加，然后子宫张力提高，收缩频率增加，然后呈抑制现象。没药有兴奋肠道作用，通过局部刺激作用而兴奋肠蠕动。

5. 抗肿瘤作用　没药具有抗肿瘤作用，实验测定了 *C. myrrha* 水提取物对 8 种肿瘤细胞株的生长抑制作用，生长抑制率均大于 75%，而且对正常细胞无抑制作用。没药甾酮具有阻滞细胞于 G_1/S 期的抗增殖作用，还能诱导肿瘤凋亡或分化，抑制肿瘤新生血管生成，逆转肿瘤多药耐药。

6. 保护肝脏和抗氧化作用　没药外敷肝区对血吸虫肝损害有良好的保护作用，对肝脏脂质过氧化损害有保护作用。没药甾酮还能抗病毒。乳香、没药精油均有抗氧化作用。

［临床应用］

1. 跌打损伤、瘀滞肿痛　与乳香、穿山甲、木鳖子同用。如《宣明论方》没药散。

2. 疔疮、无名肿毒　与血竭、乳香、雄黄等配伍，常与乳香相须为用。如《疡医大全》舌化丹。常用治瘘管：红升丹 10 g，冰片 10 g，乳香、没药各 30 g，研极细末，清理瘘管后先用红升丹填塞 2～3 天，生理盐水冲洗管腔，再填上本药，一般 2～4 次即愈。

［注意事项］

与乳香配伍则应减量；脾虚胃弱者慎用；孕畜忌用。

［不良反应］

没药对局部有较强的刺激；制没药可发生过敏反应。

丹　参

本品为唇形科植物丹参（*Salvia miltiorrhiza* Bge.）的根。主产于安徽、山西、河北、四川、江苏等地。

丹参性微寒、味苦。归心、肝经。有活血祛瘀，安神宁心，消痈止痛之效。主治产后瘀滞腹痛，肝炎，肾功能不全，疮疡痈肿等。

［主要成分］

主要有丹参酮类（邻醌型）和罗列酮类（邻羟基对醌型）。如丹参酮Ⅰ（tanshione Ⅰ）、二氢丹参酮Ⅰ（dihydrotanshinone Ⅰ）、丹参酮ⅡA、丹参酮ⅡB，异丹参酮Ⅰ（isotanshinone Ⅰ）、异丹参酮Ⅱ（isotanshinone Ⅱ）、隐丹参酮（cryptotanshione）、异隐丹参酮（isocryptotanshinone）、丹参酸甲酯（methyltansionate）、丹参新酮（miltirone）、丹参酚（salvio1）、丹参素、丹参酸（danshensuan）、原儿茶醛（protocatechuic aldehyde）、原儿茶酸（protocatechuic acid）、熊果酸（ursolic acid）、异阿魏酸（isoferulic acid）、乳酸、维生素 E 等。

［药理作用］

1. 对心血管系统的影响　在心功能不良时，丹参可以改善心脏收缩力，而不增加心肌耗氧量，并可促进侧支循环及体内的血流再分配，还可改善微循环，增加毛细管张力，降低其脆性。丹参有效成分能改善心功能，纠正心肌梗塞，犬心电图 S-T 段变化，并缩小心肌梗塞范围。中医认为“丹参专入血分”，通过现代研究证实了丹参对血瘀症血液有良好的调理和治疗作用：

（1）改善血液流变性　丹参水煎剂、复方丹参注射液等丹参提取物制剂，可降低实验动物全血黏度和血清、血浆比黏度，使红细胞电泳速度加快，增加红细胞变形能力和降低白细胞黏附性，使血液流变性得到改善。其作用机理主要有以下几方面：

① 抑制血小板聚集。丹参制剂、丹参酮ⅡA 磺酸钠、丹参素、丹酚酸等都有抑制血小板聚集的作用。用 ADP 诱导血小板聚集，丹参制剂有抑制聚集和促进解聚作用，并在一定范围内随药物浓度的增加作用增强。

② 抗凝血。丹参素、丹参酮为抗凝作用的有效成分，以丹参酮作用为强，丹参酮ⅡA 磺酸钠可延长凝血酶原复钙时间和白陶土部分疑血活酶时间，丹参素亦可延长凝血酶原时间。

③ 促进纤维蛋白溶解。丹参素、丹参酮ⅡA 磺酸钠有促进纤溶作用。丹参对纤维蛋

白的溶解实验提示此作用可能通过激活纤溶酶原-纤溶酶系统使纤维蛋白裂解，产生纤溶作用，促进血栓溶解。

④ 抗血栓。丹参素、丹参酮ⅡA磺酸钠均可抑制体外血栓形成，使血栓形成时间延长，血栓长度缩短、重量减轻。抗血栓作用与其抑制血小板聚集、抗凝血、促纤溶作用有关。

⑤ 降血脂。实验性动脉粥样硬化的研究表明，丹参可降低血浆三酰甘油及LDL，并可降低主动脉粥样硬化面积及主动脉壁的胆固醇含量。

（2）改善微循环　丹参可使瘀滞的微循环血流加速，流态改善，微血管口径扩大，微血管开放数增加。如丹参注射液及丹参素能明显增加微循环障碍的家兔眼球结膜毛细血管开放数，加快微循环血流速度。又如丹参增加家兔肾血流量，能使肾组织微循环速度加快，血黏滞度下降，毛细血管网开放数目增多等因素有关。

（3）改善血流动力学　丹参具有一定的扩张血管作用，丹参的扩血管作用为直接作用，但作用较弱。丹参注射液、丹参素、丹参酮ⅡA磺酸钠等可使一些重要组织如心肌、脑、肾脏的供血量增加。丹参增加组织供血作用除与其具有一定的扩血管作用外，还与其改善血液流变性、微循环有关。

（4）抗心肌缺血损伤　丹参能增加冠脉血流量，改善微循环，促进侧支循环的开放，改善血液流变性，调节血液在心脏更新分布。通过上述综合作用而改善对缺血心肌的供血。丹参对缺血心肌的保护作用还与其能减轻缺血区炎症浸润、抑制白细胞活化、减少自由基生成、清除有害的自由基、抗脂质过氧化损伤有关。

（5）抗脑缺血损伤　丹参对脑缺血及缺血再灌注损伤有保护作用。丹参可降低动物实验性脑卒中的发病率和病死率，减轻缺血再灌注后脑水肿，使缺血病变减轻，脑梗死范围缩小。其作用环节除改善血液流变学、改善脑组织微循环、增加脑血流量外，还与抑制炎症反应和氧化损伤有关。丹参降低脑缺血再灌注后的多核白细胞浸润，可减轻神经细胞损伤。丹参能抗小胶质细胞活化及抑制其吞噬作用。丹参能阻断血管内皮细胞与白细胞的黏附，减轻中性白细胞在缺血脑组织的浸润和对神经细胞的损伤。丹参能减少兴奋性氨基酸如谷氨酸的释放，阻断Ca^{2+}向细胞内转移，有利于抗脑缺血损伤。

2. 抗肝损伤　丹参对多种因素引起的肝损伤均有明显的保护作用（陈长勋，2006）。如对醋氨酚、四氯化碳引起的实验性肝损伤有保护作用。表现在可降低ALT、减轻肝细胞的病理损伤、促进肝功能恢复、抑制肝纤维化的发展等。抗肝损伤机制可能是：①改善肝脏微循环，提高肝血流量；②抗氧自由基，抑制肝细胞脂质过氧化反应；③促进肝细胞的修复与再生，降低肝脏胶原蛋白含量，抑制肝纤维组织增生。丹参明显地抗肝纤维化作用主要通过激活胶原酶促进形成的胶原蛋白降解，明显降低慢性肝炎、肝硬化患者及中毒性肝损伤动物的血清载脂蛋白、丙氨酸氨基转移酶，促进肝细胞再生（沈映君，2012）。丹参对由CCl_4诱导的鲤肝损伤具有较好的修复效果（曹丽萍等，2012）。

3. 改善肾脏功能　丹参对多种物质引起的肾功能损伤均有保护作用，可以改善衰竭的肾功能，使肾脏的血流量和滤过率增加，降低血液尿素氮、肌酐水平。丹参保护肾功能与其改善血液流变学、改善肾组织的微循环、防治血栓形成及抗肾组织过氧化损伤等作用密切相关。

4. 促进组织修复与再生　丹参对多种组织的损伤都具有促进修复作用。如促进皮肤伤口、骨折的愈合；加快胃、肠黏膜溃疡修复的作用；加快局部血液循环以及清除氧自由基，抑制脂质过氧化损伤。

5. 镇静作用　丹参的清心除烦、安神宁心功效主要与镇静作用有关。丹参可使小鼠自主活动减少，该作用与水合氯醛等催眠药合用引起动物睡眠作用加强。丹参也可对抗苯丙胺的兴奋作用。在犬实验结果说明，丹参素是丹参引起中枢镇静的一种有效成分。丹参对中枢神经系统的抑制作用表现明显的镇静作用，与氯丙嗪、水合氯醛有协同作用，可降低家兔脑电图的自发电活动振幅。

6. 抑菌抗炎作用　体外抑菌试验，丹参 1∶1 煎剂对金黄色葡萄球菌、大肠杆菌等有抑制作用，对实验性结核病小鼠的治疗有效。对炎症引起的肺损伤，丹参可通过阻止白细胞游定和聚集，减轻组织损伤，控制炎症发展。

7. 抗氧化作用　丹参的多种制剂都有强大的抗氧化作用。对多种原因产生的自由基表现出较强的清除作用。丹酚酸是抗氧化作用的主要成分。丹参对老年小鼠血浆及组织中超氧化物岐化酶活性有促进作用，提示丹参可能具有延缓衰老过程的作用。

8. 抗肿瘤作用　丹参抗肿瘤的作用主要在于抑制细胞增殖和 DNA 合成，诱导细胞分化和凋亡，增强荷瘤小鼠的免疫调节作用，以及放射增敏作用。而对化疗、放疗引起的损伤有一定的保护作用。注射用丹参多酚酸盐可能通过作用于细胞周期、诱导肿瘤细胞凋亡来发挥抗肿瘤作用。

9. 增强免疫功能　丹参能明显增强正常小鼠的免疫功能，可明显增强吞噬能力，使 T 淋巴细胞数增高。

10. 保护肺功能　丹参可抑制多种原因所致肺水肿，与其具有降低毛细血管通透性、改善微循环、抗炎及抑制弹性蛋白酶有关。

[临床应用]

1. 产后瘀滞腹痛，恶露不尽　常与桃仁、红花、当归、丹皮、益母草等同用。水牛胎死腹中，用丹参 400 g，益母草、当归各 120 g，川芎 60 g，三棱、莪术、骨碎补、炙龟板各 35 g，桃仁、红花各 20 g，水煎 2 次合并后加酒 200 mL 灌服。

2. 跌打损伤　常与当归、红花等配伍。方如《兽药规范》中的跛行镇痛散。

3. 乳痈　与金银花、蒲公英、穿山甲等配伍。方如《衷中参西录》中的消乳汤。

4. 肝炎　丹参用于治疗慢性肝炎、迁延性肝炎或慢性活动性肝炎、早期肝硬化等，可减轻症状，促进肝功能恢复。

5. 肾衰、肾功能不全　应用丹参制剂，可使肾功能恢复加快，增强其他药物的治疗效果。

[注意事项]

丹参注射液已发现可引起多种不良反应，如变态反应性皮疹、过敏性哮喘，甚至过敏性休克，临床应用应以注意。

[不良反应]

小鼠连续 14 天每天灌胃 2%丹参酮混悬液 0.5 mL，大鼠连续 10 天每天灌胃 2.5 mL，均未见毒性反应。小鼠腹腔注射丹参注射液 LD_{50} 为（36.7±3.8）g/kg。

桃　仁

桃仁为蔷薇科植物桃［*prunus persica*（L.）Batsch］或山桃［*prunus davidiana*（Carr.）Franch.］的干燥成熟种子。全国大部分地区均产。

桃仁性平，味苦、甘。归心、肝、大肠经。有活血化瘀、润燥滑肠之效。《用药心法》中记载“桃仁苦以泄血滞，甘以生新血。”桃仁活血祛瘀功效主要与扩张血管、抗凝、抑制血栓形成、抗心肌缺血、抗肿瘤等有关。桃仁味苦能泻血热，体润能滋肠燥。若连皮研碎用，走肝经，活血化瘀，主破蓄血。主治血瘀证、肺痈、肠痈、跌打损伤而致的瘀血滞留作痛、血虚津亏肠燥之便秘及跌打损伤后瘀热内积引起的便秘等。

［主要成分］

桃仁中主含脂质体、多种磷脂、甾体、氨基酸、黄酮及其糖苷类化合物，主要有苦杏仁苷（amygdalin）约1.5%，苦杏仁酶（amygdalase）约占3%，尿囊素酶，乳糖酶，维生素 B_1，挥发油约占0.4%，脂肪油占45%。苦杏仁酶包括苦杏仁苷酶和樱叶酶。苦杏仁苷经酶或酸水解后产生氢氰酸、苯甲酸和葡萄糖。油中主含油酸、甘油酯、少量攀登脂肪酸和硬脂酸的甘油酯。

［药理作用］

1. 对循环系统的作用　桃仁可使血管扩张、脑血流量增加和抗凝作用。

（1）对心血管的作用　桃仁提取液给家兔静脉注射，可使脑血管及外周血管流量增加；给小鼠腹腔注射，可使耳血管扩张。

（2）抗凝及抑制血栓形成　桃仁具有提高血小板中 cAMP 水平、抑制 ADP 诱导血小板聚集、抑制血液凝固、抗血栓形成的作用。本品作用强于当归、赤芍、红花、益母草及鸡血藤等活血化瘀药。临床观察也证明，桃仁具有改善血流阻滞、血行障碍等作用，能使各脏器、组织机能恢复，尤其扩张脑血管作用显著。桃仁的醋酸乙酯提取物能延长小鼠的凝血时间、缓解 ADP 诱导的小鼠肺栓塞所致的呼吸窘迫症状，能明显延长实验性大鼠血栓形成的时间，表现出显著的抗血栓作用。

2. 兴奋子宫平滑肌　桃仁可促进子宫收缩，其作用比麦角生物碱更强。

3. 润肠缓泻作用　桃仁含有45%脂肪油，提高了肠道的润滑性而利于通便。其缓泻作用不是通过促进肠管蠕动，而是润肠易于通便，适用于年老体弱、虚性便秘。

4. 镇咳作用　桃仁含有苦杏仁苷，水解后生成氢氰酸和苯甲醛，对呼吸中枢呈镇静作用。氢氰酸吸收后能抑制细胞色素氧化酶，低浓度能减少组织耗氧量，还能通过抑制颈动脉体和主动脉弓的氧化代谢，而反射性地使呼吸加深，使痰易于咳出。

5. 抗渗出性炎症作用　桃仁多种提取物具有较好的抗炎作用。其抗急性渗出作用强，具有促进炎症吸收作用；对肉芽形成有一定的抑制作用。抗炎有效成分为苦杏仁苷。

6. 抗过敏作用　桃仁和丹皮、桂枝一样，均有抗过敏作用，临床常用柴胡桂枝汤加丹皮和桃仁，用于荨麻疹和过敏性皮炎。桃仁乙醇提取物，可抑制小鼠皮肤过敏反应（PCA 反应）的色素渗出量。每天 100 mg/kg 的生药作用强度相当于免疫抑制剂依木兰 5～10 mg/kg，每天 100 mg/kg 水提取物相当于 5～10 g/kg 硫唑嘌呤。

7. 保肝、抗肝硬化作用　桃仁提取物 10 mg/kg 腹腔注射能明显防止酒精所致小鼠肝脏谷胱甘肽的耗竭及丙二醛的生成，对 F^{2+}-半脱氨酸所致大鼠肝细胞脂质过氧化损伤也有明显防护作用。提取物也用于治疗 CCl_4 所致肝纤维化大鼠，通过提高肝组织胶原酶活性和抑制肝贮脂细胞的活化，有效抑制胶原合成，促进其分解，使肝组织结构趋于正常。山桃仁水煎提取物能有效地阻止肝纤维化小鼠血清中Ⅰ、Ⅱ型前胶原的沉积，从而预防肝纤维化的形成（沈映君，2012）。

8. 抗肿瘤作用　桃仁有一定程度抗肿瘤作用。苦杏仁苷的水解产物氢氰酸和苯甲醛对癌细胞有协同破坏作用；另外，苦杏仁苷能帮助体内胰蛋白酶消化癌细胞的透明样黏蛋白被膜，使体内白细胞更易接近癌细胞，并吞噬癌细胞。

［临床应用］

1. 血瘀腹痛　与红花、川芎、当归等配伍。方如《医宗金鉴》中的桃红四物汤。

2. 跌打损伤　与红花、乳香等配伍。方如桃仁活血散。

3. 胸中血淤　与红花、当归、生地、牛膝、赤芍、枳壳、川芎、桔梗、柴胡、甘草配伍。如《医林改错》中的血府逐淤汤。

4. 肠燥便秘　与火麻仁，杏仁等配伍。治山羊便秘：用当归 1 000 g、肉苁蓉 80 g、枳实 25 g、麻仁 150 g、鸡内金 25 g、山楂 40 g、桃仁 30 g、炒二丑 50 g，水煎灌服。

［不良反应］

桃仁常规用量没有毒性作用，但过量可发生中毒。则使中枢神经受损，发生呕吐、心悸、睡孔散大、惊厥、呼吸困难，甚至发生中毒死亡。桃仁水煎液，小鼠腹腔注射 3.5 mg/kg，可见肌肉松弛、运动失调、竖毛等现象。LD_{50} 为（222.5±7.5）g/kg。

苦杏仁苷（amygdalin）属于芳香族氰苷，它在苦杏仁酶（amygdalase）及樱叶酶（prunase）等葡萄糖苷酶作用下，水解生成野樱皮苷（prunasin）和杏仁氰（mandelonitrile），后者不稳定，遇热易分解生成苯甲醛和氢氰酸（HCN），HCN 有剧毒，大量口服苦杏仁苷易导致严重中毒，机制主要是 HCN 与细胞线粒体内的细胞色素氧化酶 Fe^{3+} 起反应，抑制酶的活性而引起组织细胞呼吸抑制，导致死亡。

延　胡　索

本品为罂粟科植物延胡索（*Corydalis ganhusuo* W. T. Wang）的干燥块茎。主产浙江、江苏、湖北、湖南等地。

延胡索性温，味辛、苦。归肝、脾经。有活血祛瘀、理气止痛之功效。《本草纲目》曰：延胡索"行血中气滞，气中血滞，故专治一身上下诸痛。用之中的，妙不可言。"主治气滞血瘀，诸种痛证，宣通瘀滞，胸闷咳嗽。

［主要成分］

主要含有近 20 种生物碱。经鉴定有延胡索甲素（延胡索碱，d－corydaline）、延胡索乙素（dl－四氢掌叶防己碱，dl－tetrahydropalmatine，即消旋四氢巴马汀）、延胡索丙素（原阿片碱，protopine）、丁素、戊素、己素、辛素、壬素、葵素、子素、丑素（corydalis L）、寅素，还有黄连碱（coptisine）、去氢延胡索甲素、延胡索胺碱、去氢延胡索胺碱等。

延胡索止痛作用以乙素和丑素作用最强。另含大量淀粉及少量黏液质、树脂、挥发油等。

［药理作用］

1. 镇痛作用 延胡索的多种制剂均具有镇痛作用，其有效成分为生物碱。延胡索总碱中甲素、乙素、丙素、丑素均有镇痛作用，其中乙素的镇痛作用最强，丑素次之，甲素最弱。镇痛强度虽较吗啡弱，但无成瘾性、无呼吸抑制、无便秘、停药后无戒断症状等副作用。与复方阿司匹林镇痛作用相比，乙素的镇痛效果较复方阿司匹林为优。尤以醇制浸膏、粉剂及醋制流浸膏镇痛作用最明显，对慢性持续性疼痛及内脏钝痛效果较好，对创伤及手术后的疼痛作用较差。镇痛机制可能有：①抑制脑内多巴胺系统功能，阻断脑内 D_1 受体。②增加纹状体亮氨酸脑啡肽含量。

2. 镇静作用 延胡索及其所含延胡索乙素具有明显的镇静作用，可减少小鼠自发活动与被动活动，能对抗咖啡因和苯丙胺的中枢兴奋作用。犬皮下注射较大剂量的延胡索乙素 30 min 后出现嗜睡，持续约 80 min，但感觉仍在，且易被惊醒。对兔及猴均有镇静作用而用于猴的驯服；此外，还具有中枢性镇吐作用。

3. 抗心肌缺血、脑缺血 去氢延胡索碱能扩张冠状动脉血管、增加冠脉流量、改善心肌营养性血流量、增加心肌耐缺氧能力，减轻心肌缺血性坏死。延胡索总碱能使冠脉流量明显增加，有利对心肌供氧。延胡索碱注射液能明显改善红细胞流变性。延胡索还能扩张外周血管，降低外周阻力，有利于减轻心脏负荷。

延胡索乙素对大鼠大脑中动脉栓塞造成缺血再灌注损伤有保护作用。可明显减少脑梗死范围、脑组织含水量和脑组织脂质过氧化物生成，促进脑电恢复，降低脑 Ca^{2+} 聚集，提高脑组织 ATP 含量，保护脑缺血损伤。

4. 抗溃疡作用 延胡索总碱对大鼠幽门结扎性溃疡、水浸应激性溃疡和组胺溃疡有保护作用，并能抑制幽门结扎大鼠胃酸分泌、降低游离酸和总酸酸度。去氢延胡索甲素能抑制幽门结扎、禁食或阿司匹林所致实验性胃溃疡，减少大鼠胃液和胃酸分泌，抑制胃蛋白酶的活性。其抗溃疡和抑制胃酸分泌作用认为与机体儿茶酚胺有关，可能通过下丘脑-垂体-肾上腺系统实现。

5. 对内分泌系统的作用 延胡索乙素使甲状腺重量增加，影响甲状腺功能，并可抑制小鼠发情周期，对性功能也有一定的影响。

6. 对子宫平滑肌的影响 延胡索乙素能抑制子宫平滑肌收缩运动，能使子宫平滑肌收缩波的频率减慢。小剂量对大鼠离体子宫有兴奋作用，但大剂量则产生抑制作用。

［临床应用］

1. 产后腹痛 与五灵脂、蒲黄等配伍。方如加味失笑散。

2. 跌打损伤 《师皇安骥集》："用于马产后血晕、损伤瘀块"，与五灵脂、木香等配伍。

3. 腰膀风湿 《元亨疗马集》："暖腰肾"，与当归、川芎、木瓜等配伍。

［不良反应］

延胡索乙素临床应用副作用较少，去氢延胡索甲素副作用也较低。延胡索醇浸膏小鼠灌胃 LD_{50} 100±4.53 g/kg，延胡索乙素静脉注射 LD_{50} 146 mg/kg。延胡索 40 mg/kg 给予小鼠后，病理检验肝脏有轻度肿大，当归、莪术配伍后加大延胡索给药剂量，肝脏未见异常。

郁　金

本品为姜科植物郁金（*Curcuma wengujin* Y. H. Chen et C. Ling）、广西莪术（*Curcuma kwangsiensis* S. Lee et C. F. Liang）、姜黄（*Curcuma longa* L.）或蓬莪术（*Curcuma phaeocaulis* Val.）的干燥块根。主产于浙江、四川、江苏、福建、广西、广东、江南等地。广郁金（黄郁金）主产于四川，偏行气解郁；川郁金（黑郁金）主产于浙江温州，又名温郁金，偏活血化瘀。

郁金性寒，味辛、苦。归肝、心、肺、胆经。有活血、凉血止血、行气解郁、去瘀止痛、疏肝利胆、退黄等功效。主治血热出血证，热病神昏，湿热黄疸，肝瘀气滞，乳房胀痛等证。

［主要成分］

郁金块根主含挥发油，包括莰烯（d-camphene）、樟脑（d-camphor）等单萜类成分和倍半萜成分；以及姜黄素（curcumin）、姜黄醇、姜黄酮（turmerone）等。另含淀粉、脂肪油、黄色染料以及水芹烯（phellandrene）等。

［药理作用］

1. 利胆、化石作用　郁金挥发油能促使胆囊收缩，促进胆汁分泌。郁金挥发油对泥沙状结石有较好地溶化胆结石的作用。

2. 对肝、胆的影响　对大鼠急性中毒性肝炎模型，腹腔注射温郁金 0.5 mg/100 g，4 月后检查肝功发现，血清谷草转氨酶（AST）、WBC、γ-球蛋白、脾脏 PFC 均明显下降，而 RHC、Hb、总蛋白量、白蛋白均明显升高。组织学检查：病变明显减轻，多数肝细胞恢复，坏死肝细胞多已被修复。说明郁金有保护肝细胞、促进肝细胞再生、抑制肝细胞纤维化作用，而且对大鼠炎症反应及免疫功能均有抑制作用。郁金能对抗 CCl_4 和牛乳糖胺所造成的肝损伤，能使肝炎小鼠升高的 PFC 和溶血素含量降低；其乙醇提取物能显著抑制用原代培养的大鼠肝细胞损伤；郁金对四氯化碳和 D-氨基半乳糖盐酸盐所致小鼠急性肝损伤具有保护作用。试验结果小鼠血清谷丙转氨酶（ALT）、谷草转氨酶（AST）含量均降低，显示郁金对小鼠急性肝损伤有明显的保肝作用。此外，其挥发油还可诱导肝脏微粒体细胞色素 P_{450}，提高肝脏对肝毒物的生物转化功能，并可一定程度地对抗或减轻毒物对肝的破坏作用。还可通过提高肝内还原性谷胱甘肽的含量等抗氧化能力，通过抑制脂质过氧化而抑制这一过程。

3. 对血液系统的作用　100%水煎剂给家兔口服 5 mg/kg，1 天 2 次，连续 3 天，发现能明显降低切变率下的全血黏度和红细胞聚集指数，显著提高红细胞的变形指数。还明显抑制 ADP 诱导的血小板聚集。郁金能显著地扩张大鼠肠系膜微循环和动静脉，其醇提物对纤维蛋白原亦有明显影响，推测其"活血"作用可能与降低血浆纤维蛋白原含量有关。

4. 对免疫系统的影响　从郁金的热水提取物中提得的三种多糖 Ukoman A、B、C，分别给小鼠腹腔注射，通过炭廓清除法测其吞噬指数，发现低剂量时它们均显示极强的网状内皮系统激活活性。用郁金挥发油包括 PFC 和溶血素均明显下降，淋巴细胞增殖被抑制。本品的提取物还能抑制混合淋巴细胞反应和自然杀伤细胞的活性（高学敏，2000）。

5. 其他作用 郁金能使家兔离体肠管的紧张性升高，对肠平滑肌有兴奋作用。对豚鼠离体子宫有兴奋作用。能增加犬股动脉血流量和降低血管阻力。对晚期妊娠子宫的自发性收缩有抑制作用。还有抗早孕、镇痛、抗蛇毒、抗氧化、抗细胞癌变等作用。

［临床应用］

1. 肠黄 马慢肠黄：常与诃子、白芍、黄柏、黄芩、栀子等配伍，如郁金散。牛急性肠炎：黄连、黄芩、黄柏、白头翁各 45 g，栀子、大黄、苦参、郁金各 30 g，白芍、诃子各 15 g，水煎灌服。每天 1 剂。

2. 胸肋胀疼 常与柴胡、白芍配伍。如《牛经大全》：用郁金治牛回头斜走。

［不良反应］

小鼠腹腔注射温郁金Ⅰ号注射液 LD_{50} 为 23.7 mL/kg。

姜　黄

本品为姜科植物姜黄（*Curcuma longa* L.）的根茎。主根茎呈卵圆形，肉质，因形似姜而色黄，有特异香气，故名姜黄。姜黄根茎下的根细长，末端膨大成肉质纺锤形，即郁金，故郁金又名姜黄子。姜黄主产于四川、福建、广东、浙江、江西等地。

姜黄性温，味辛、苦。归心、脾、肝三经。有破血行气，散结止痛之功。主治肝郁气滞之胁肋疼痛，以及肝郁血瘀之腹痛，跌打肿痛，疮痈肿痛。

［主要成分］

含挥发油 4%～6%，油中主要成分为姜黄酮（turmerone）、芳姜黄酮、姜烯（zingiberene）等。黄色物质为姜黄素（curcumin），占 1.8%～5.4%。新近分离 3 种具有网状内皮组织活性的姜黄多糖 Ukonan A、B 和 C。

［药理作用］

1. 对心血管系统的影响 姜黄素能降低冠脉阻力，增加冠脉流量，减少心肌耗氧量，减轻心肌缺血程度和缺血范围，减小心肌梗死面积，保护心肌缺血性损伤。姜黄醇提取液对离体及在体蛙心呈抑制作用。姜黄素口服能增加心肌营养性血流量，能增强纤溶酶活性，抑制血小板聚集和抗血栓形成。给犬静脉注射 7.5 mg/kg 的姜黄素，可见明显而短暂的降低血压的作用，阿托品、抗组织胺药物以及 β-肾上腺素能拮抗剂均不能阻断其降压作用。姜黄素对离体豚鼠心脏具有抑制作用。姜黄素能抑制胶原和肾上腺素所引起的血小板聚集，可能具有抗 TXA_2 的作用。

2. 降血脂作用 姜黄醇或醚提取物、姜黄素和挥发油灌胃于实验性高脂血症大鼠和家兔都有明显的降血浆总胆固醇和 β-脂蛋白的作用，并能降低肝胆固醇，纠正 α-脂蛋白和 β-脂蛋白比例失调。对降血浆甘油三酯的作用更为显著，能使血浆中甘油三酯降低至正常水平以下。高蔗糖饮食能引起大鼠产生高脂血症，姜黄素能对抗此高脂血症的产生。灌服姜黄素能降低肝重，减少肝中甘油三酯、游离脂肪酸、磷脂含量及血清总甘油三酯、VLDL+LDL 胆固醇和血中游离脂肪酸的含量，也能提高血清总胆固醇和 HDL 胆固醇含量。姜黄素能提高载脂蛋白 A 水平，降低低密度脂蛋白胆固醇（LDL-C）含量，增加高密度脂蛋白胆固醇（HDL-C）含量。

3. 保肝、利胆作用　姜黄可拮抗四氯化碳、D-半乳糖胺、过氧化物及离子载体所引起的细胞毒作用，进而保护肝细胞。1 mg/mL 浓度的姜黄素可使四氯化碳引起的 ALT、AST 降低，使 D-半乳糖胺引起 ALT 的增加降低到对照组的 44%。其保护肝脏的作用机制主要与清除肝脏自由基、抑制肝脏炎症反应及抑制肝星状细胞活化等有关。姜黄提取物、姜黄素、挥发油、姜黄酮以及姜烯、龙脑和倍半萜醇等，都有利胆作用，能增加胆汁的生成和分泌，并能增强胆囊收缩，其中姜黄素作用最强，煎剂、浸剂利胆作用则较弱。姜黄浸膏粉以 1%的添加量拌饲投喂草鱼 7 天后，丙二醛含量、谷丙转氨酶及谷草转氨醇活性，均显著降低；总超氧化物歧化酶、过氧化氢酶和谷胱甘肽过氧化酶活性均显著增加，说明姜黄浸膏粉对草鱼肝损伤具有一定修复作用（余少梅等，2014）。

4. 抗早孕、宫缩作用　姜黄水煎剂腹腔注射或皮下注射 10.0 g/kg，每天 1 次，连续 2 天，对小鼠各期妊娠都有明显作用，终止妊娠率为 90%～100%，而对照组胚胎发育正常。家兔于妊娠早期、中期、晚期腹腔注射或皮下注射姜黄水煎剂 8.0 g/kg，每天 1 次，连续 2～3 天，8 只早期妊娠家兔和 4 只中期妊娠家兔亦全部流产。对照组 6 只家兔全部正常妊娠。姜黄 10.0 g/kg 所致的终止动物早期妊娠作用可被黄体酮拮抗。引起动物早期流产作用的机理，可能是由于其具有抗孕激素活性和宫缩作用（高学敏，2000）。姜黄煎剂、浸膏对小鼠、豚鼠离体子宫和兔子宫瘘均有兴奋作用，使子宫阵发性收缩增强，可持续 5～7 h。

5. 抗病原微生物、抗炎作用　体外实验，姜黄素对细球菌有抑制作用。姜黄提取物能够明显抑制嗜水气单胞菌、鳗弧菌、迟缓爱德华氏菌和铜绿假单胞菌等水产动物病原菌的生长、增殖，具有显著的抗菌活性（喻鹏飞等，2016）。挥发油有强大的抗真菌作用。姜黄能延长接种病毒小鼠的生存时间。姜黄对多种实验性炎症模型均有不同程度的抑制作用。此作用在摘除大鼠双侧肾上腺后大大下降，故认为皮质激素参与了姜黄素的抗炎作用，以及抗炎活性部分与抑制花生四烯酸合成有关。

6. 抗肿瘤作用　姜黄素可抑制多种肿瘤细胞系的生长，显著减少肿瘤数目，减小肿瘤体积，预防化学性和放射性物质所诱导的实验性动物的多种癌症。姜黄素的抗肿瘤作用机制主要与调控癌基因和抑制癌基因表达，诱导细胞周期停滞和细胞凋亡，抑制肿瘤血管生成，阻断肿瘤细胞生长信号传导通路等因素有关（沈映君，2012）。

此外，姜黄素还有抗氧化，可降低细胞内的活性氧水平，保护线粒体功能和调节细胞凋亡等途径，保护细胞的氧化损伤。饲料中添加 200～400 mg/kg 的姜黄素能提高草鱼血清及肝胰脏中超氧化物歧化酶活性，降低丙二醛含量，从而提高草鱼机体的抗氧化水平（史合群等，2013）。

［临床应用］

1. 产后瘀血腹痛　与枳壳、香附、肉桂等配伍。

2. 气滞腹胀　与桂皮、黄连、郁金、茵陈、枳壳等配伍。

3. 风湿痹痛　常与当归、赤芍、羌活、威灵仙等配伍。

［注意事项］

郁金味苦寒，色赤，姜黄味辛温，色黄，莪术味苦，色青黄，三物不同，所用各别。

姜黄与郁金来源与功效相似，二者皆为活血行气止痛之品，然姜黄性温，破瘀力强，通经止痛，可治风湿病、疮痈肿痛等证。郁金性寒，行气力胜，又可清心解郁、利胆退黄、凉血止血，用治湿热黄疸、结石及血热出血等证。

［不良反应］

姜黄浸膏 5.0 g/kg 拌入饲料中饲喂大鼠，30 天后体重、食量和活动，以及病理学检查均未见异常。姜黄素小鼠灌胃的 LD_{50}大于 2.0 g/kg。将姜黄油树脂（含姜黄素 17.5%，挥发油 33.66%）拌料喂猪连续 109 日，结果相当于姜黄素 250 mg/kg 的试验组，猪的肝脏和甲状腺明显增重，提示姜黄素的毒性反应存在动物性差异性。

三　棱

三棱为黑三棱科植物黑三棱（*Sparganium stoloniferum* Buch. Ham.）的干燥块茎。主产江苏、河南、山东、江西等地。

三棱性平，味苦、辛，归肝、脾经。具有破血行气，消积止痛之功效。主治气滞血瘀，食积，脘腹胀满，产后瘀痛。

［主要成分］

黑三棱块茎含挥发油，其中主要成分为苯乙醇（benzeneethanol）、对苯二酚（1,4-benzenediol）、十六酸（hexadecanoic acid），还有去氢木香内酯（dehydrocostuslactone）、β榄香烯（β-elemene）、2-呋喃醇（2-furanmethanol）、2-乙酰基吡咯（2-acetylpyrrole）等共 21 个成分。多种有机酸：如琥珀酸（succinic acid）、三棱酸（sanleng acid）、9-11-十八碳二烯酸（9-11-octadedicenoic acid）、苯甲酸（benzoic acid）、癸二酸（decanedioic acid）以及含有 C_8-C_{10}、C_{12}、C_{14}-C_{20}的脂肪酸；还含刺芒柄花素（formonetin）、豆甾醇（stigmasterol）、β-谷甾醇（β-sitosterol）、胡萝卜苷（daucosterol）。

［药理作用］

1. 对血液系统的作用　三棱水煎剂对兔灌胃 10 g/kg，能显著抑制血小板聚集，使血小板计数降低，全血黏度降低，使凝血酶原时间和白陶土部分凝血时间延长；同时使血栓时间延长，血栓长度缩短，重量减轻；并使优球蛋白溶解时间缩短。三棱水煎剂对小鼠给药（每只相当生药 10 g），有抑制血小板聚集、延长血栓形成时间、缩短血栓长度和减轻重量的作用，有延长凝血酶原时间及部分凝血致活酶的趋势，降低全血黏度。其结果对传统的活血化瘀药提供了理论依据。

2. 对平滑肌的作用　三棱水煎剂对离体家兔子宫呈兴奋作用，表现为宫缩频率增加，张力提高。三棱水煎制成含生药 75%的煎剂 0.2 mL，观察对离体肠管的影响，结果表明，三棱可引起肠管收缩加强，紧张性升高，但其作用可被不同浓度的阿托品所拮抗。

［临床应用］

1. 中期妊娠引产后蜕膜残留　用《蜕膜散》：以三棱、莪术为主配五灵脂、肉桂、大黄。

2. 产后瘀滞腹痛、恶露不尽　常与莪术、当归、红花、桃仁、郁金等同用。奶牛产后恶露不尽：当归 60 g，川芎 45 g，桃仁 30 g，炮姜 10 g，三棱 30 g，莪术 30 g，黄连

25 g，白术 45 g，党参、山药各 60 g，枳壳 30 g，甘草 20 g，开水冲调，候温加白酒 250 mL灌服，每天 1 次，连用 3～5 天（胡元亮，2006）。

3. 食积腹痛　常与莪术、青皮，山楂配伍同用；若兼脾胃虚弱者，还须配伍党参、白术等健脾补气之品。

[注意事项]

三棱与莪术均有破血逐瘀之效，又皆能化结消食、行气止痛。临床上常相须为用。然三棱偏入血分，破血之力较莪术强；而莪术则偏入气分，行气消积之力大于三棱。

本品破血逐瘀力强，孕畜忌用。

[不良反应]

三棱水煎剂给小鼠腹腔注射，LD_{50}为（233.9±9.9）g/kg。

莪　术

本品为姜科植物蓬莪术（*Curcuma phaeocaulis* Val.）、温郁金（*Curcuma wengujin* Y. H. Chen et C. Ling)、广西莪术（*C. F.* Liang）的根茎。主产于广西、四川、浙江、江西等地。

莪术性温，味苦。归脾、肝经。具有行气、破血、散结、消积止痛之功效。主治气滞血瘀，瘀肿疼痛，食积不化，脘腹胀痛，为破瘀行气、食积胀痛的常用药。

[主要成分]

莪术中主要为挥发油类成分（1%～1.5%），油中含单萜数种，主要含 20 多种倍半萜，有 α-蒎烯（α-pinene）、β-蒎烯（β-pinene）、樟脑（camphor）、龙脑（borneol）、异龙脑（isoborneol）、莪术醇（curcumol）、异莪术烯醇（isocurcumenol）。乙酸龙脑酯，丁香酚、芳姜黄烯（arturmerene）、姜烯（zingiberene）、莪术酮（姜黄醇酮）（curcolone）以及姜黄酮（turmerone）等。莪术醇、莪术二酮，二者为抗癌的有效成分。

[药理作用]

1. 抗肿瘤作用　莪术油制剂在体外对小鼠艾氏腹水癌细胞、白血病、肝癌细胞等多种瘤株的生长有明显抑制作用和破坏作用。莪术油能增强瘤细胞的免疫原性，从而诱发或促进机体对肿瘤的免疫排斥反应。温莪术有效成分 β-榄香烯对某些腹水癌有一定疗效。β-榄香烯对体外培养的肝癌细胞有较强的杀伤作用，艾氏腹水癌小鼠腹腔注入 β-榄香烯，显微镜下可看到癌细胞形态有明显病变，甚至细胞碎裂、癌细胞核酸含量明显减少，尤以 RNA 含量减少更为显著，表明 β-榄香烯对 RNA 聚合酶有明显的抑制作用。

莪术抗癌作用机理：①杀伤肿瘤细胞：莪术及其成分对多种肿瘤细胞有抑制作用，呈时间-剂量依赖性。②诱导肿瘤细胞凋亡和分化：莪术油及 β-榄香烯可明显抑制癌细胞的端粒酶活性，并有一定的剂量依赖性；莪术油联合 α-2b 干扰素比单独莪术油效果好。榄香烯在诱导癌细胞凋亡之前，有端粒酶活性的明显下降，而且端粒酶活性受抑程度与榄香烯的作用浓度和作用时间呈正相关。③抗肿瘤转移作用：莪术抑制新生血管产生是其抗转移的机制之一。④逆转肿瘤细胞耐药：β-榄香烯对人肝癌细胞耐药株 BEL-7402/DOX 仍有较强的抑制作用。⑤减轻其他抗肿瘤药物的毒性：莪术对肿瘤化疗药环磷酰胺对小鼠所产生毒副作用有减轻作用（沈映君，2012）。

2. 对心血管系统的作用 莪术具有破血散瘀的作用。测定22种活血化瘀药物对股动脉血流量的影响，其中以破血散结药如三棱、莪术等增加血流量最为明显。莪术能抑制血小板聚集，对抗血栓的形成。莪术可改善肠道、肺部等器官的微循环。

3. 抗早孕作用 莪术有拮抗内源性孕酮的作用。莪术提取物不兴奋离体或在体子宫。对早期妊娠，可使胚胎坏死、吸收或排出体外，但口服无效。莪术的醇浸膏及分离的萜类和倍半萜类化合物，对大鼠、小鼠均有明显的抗早孕作用。莪术混悬液相当于原生药15 g/kg给小鼠灌胃4天后，剖检可见卵巢的黄体萎缩，子宫内膜无蜕膜化反应，分泌期均被抑制，胚胎发生退化，以至剥脱。

4. 兴奋肠平滑肌作用 莪术挥发油有芳香健胃作用，能直接兴奋肠平滑肌，离体兔肠管试验发现，低浓度莪术使肠管紧张度升高，高浓度则使肠管舒张。

5. 免疫调节作用 莪术油能增强瘤细胞的免疫原性，从而诱发或促进机体对肿瘤的免疫排斥反应。病理切片中发现，有密集的小淋巴细胞围绕癌细胞，淋巴窦中有大量的窦细胞增殖，血液中淋巴细胞显著升高，提示宿主有明显的免疫反应。莪术水煎液给小鼠连续灌胃10天，每天1次，使小鼠抗体产生能力、淋巴细胞增殖以及白介素-2（IL-2）产生均有明显增强作用（李法庆，2006）。

6. 抗纤维化作用 莪术对猪血清制备的免疫性肝纤维化大鼠、CCl_4诱导的肝纤维化大鼠有作用，提高TP、Alb含量及A/G比值，降低ALT、GGT、LN、HA，减轻肝组织纤维化程度，降低肝组织中Hyp的含量，抑制αI-col mRNA。莪术提取物的抗肝纤维化效应可能与干扰ANGII的分泌、部分阻断ATIR的表达，从而下调TGF-β1的致纤维化效应有关。

7. 抗菌作用 莪术能抑制金黄色葡萄球菌、溶血性链球菌、大肠杆菌、伤寒杆菌、霍乱弧菌等。

[临床应用]

1. 积食 三棱、莪术、大黄配伍。《元亨疗马集》："莪术去积"。

2. 腹胀 三棱、莪术、香附、木香、陈皮配伍。《痊骥通玄论》："导积除滞气"。

3. 产后腹痛 莪术、三棱、当归、红花配伍。《大武经》："莪术去症瘕"。奶牛胎衣滞留：当归100 g、红花60 g、川芎70 g、桃仁80 g、牛膝80 g、炮姜70 g、炙甘草60 g、黄芪90 g、党参90 g、益母草75 g、荆三棱65 g、蓬莪术60 g、赤芍90 g、龟板100 g、血余炭40 g，共为末，开水冲调，候温灌服。白酒150 mL为引。每天1剂，连用2天。

[不良反应]

莪术提取物无局部刺激和体内溶血作用。小鼠灌胃LD_{50}为147.0 g/kg，肌内注射LD_{50}为55.0 g/kg。也有报道莪术浸剂15 mg/kg，镜检见肝肾有明显损伤。莪术油注射液（含莪术油1%，吐温-80 10%）小鼠腹腔及肌内注射的LD_{50}分别为819.8 mg/kg及789.1 mg/kg。

益　母　草

本品为唇形科植物益母草（*Leonurus heterophyllus* Sweet）的全草。全国大部分地区均有分布。

益母草性凉，味辛、苦。归心、肝、肾经。有活血化瘀、利水消肿之功。主治胎漏难产、胎衣不下，血晕，血风，血痛，崩中漏下。

［主要成分］

主要成分含生物碱，其中有益母草碱（leonurine）、水苏碱（stachydrine）、益母草定（leonuridine）、益母草宁等多种生物碱；此外，还含有苯甲酸、氯化钾、油酸、月桂酸、亚麻酸、油酸、甾醇、维生素 A、芸香苷（rutin）、延胡索酸（fumaric acid）、精氨酸、水苏糖等。最近又分离出一种新的二萜化合物 prehiopanolone。

［药理作用］

1. 对子宫平滑肌的作用　益母草碱对大鼠、家兔等离体子宫均有兴奋作用，使子宫平滑肌收缩幅度增大，收缩力增强，收缩频率加快，并有剂量依赖性，作用可持续几个小时。益母草为行血祛瘀药，产后子宫内有胎盘或胎膜组织残留、子宫复归不全、恶露不尽者，辨证常属血瘀，可用益母草行血祛瘀。益母草煎剂、浸膏及所含益母草碱等对兔、猫、犬、豚鼠等多种动物的子宫均呈兴奋作用，无论未孕、已孕、离体、在体子宫均有显著的兴奋作用，但是用蒸馏法制得的益母草针剂却无缩宫作用。益母草叶缩宫作用最强，根部作用很弱，茎部无效。益母草总生物碱通过抑制痉挛子宫的活动，抗炎，降低子宫平滑肌上 PGE 及 PGE 含量，升高体内孕激素水平等多种途径而缓解疼痛症状。

2. 对心血管系统的作用

（1）抗心肌缺血　益母草乙醇制剂对在体兔心有轻度的兴奋作用。益母草对异丙肾上腺素和垂体后叶素引起的动物实验性心肌缺血和实验性心肌梗死都有保护作用，并证明这种保护作用同冠脉流量增加、微循环收善、心肌营养性血流量增加有关。对结扎犬冠状动脉前降支所形成的实验性心肌梗死有保护作用，能使梗死范围缩小，病变程度减轻，心肌细胞坏死量减少，对心肌细胞的超微结构，特别是线粒体有保护作用。

（2）抑制血小板聚集及抗凝　体外实验，益母草乙醇提取物加入大鼠血小板悬液中，明显对抗 ADP 诱发的血小板聚集。服用益母草煎剂的大鼠，其体外血栓形成时间较长，血栓长度较短，血栓的干湿重量都较轻，这种作用同益母草减少血小板数、抑制血小板功能、抑制血小板聚集有关。

3. 利尿作用　益母草碱静脉注射显著增加家兔尿量。对甘油肌内注射所引起的大鼠急性肾小管坏死模型，可明显降低血液尿素氮，减轻肾组织损伤，并对庆大霉素所致大鼠急性肾功能衰竭有一定的防治作用。

4. 改善微循环　①改善血液微循环。用 4%异丙肾上腺素 50 mg/kg 腹腔注射造成大鼠肠系膜微循环障碍，益母草能使微血流从粒状变为线状，闭锁的毛细血管重新开放，恢复正常。弥散性血管内凝血（DIC）大鼠经益母草注射液（LHS）治疗后，微血管明显扩张，血黏度、血小板黏附率和聚集率降低，红细胞变形能力增强（张健，2007）。②改善淋巴微循环。益母草总生物碱能通过增强淋巴管转运功能，增加淋巴液细胞总数及单核细胞数目、降低淋巴液黏度作用，改善 DIC 时的淋巴循环障碍。益母草注射液对失血性休克时的淋巴微循环障碍也有非常好的改善作用。

5. 抗癌、抗诱变　细叶益母草甲醇浸膏可促进小鼠妊娠依赖性乳腺瘤（PDMT）和由之引发的乳腺癌的发生，但抑制由增生性泡状瘤（HAN）引起的乳腺癌，使 HAN 数目减少，体积缩小。益母草还对小鼠遗传物质具有保护作用，即抗诱变作用（陈正伦，1995）。

6. 增强免疫作用 益母草有一定程度的增强免疫作用。

7. 益母草鲜汁有抑制黑色素的作用。

［临床应用］

1. 产后诸证 产后血瘀、胎衣不下、产后血晕、瘀血腹痛、崩中漏下、产后子宫出血、子宫复旧不全等，常与当归、桃仁等配伍。方如《兽药规范》中的益母生化汤。牛产后胎衣不下：用当归 100 g、党参 50 g、川芎 40 g、红花 40 g、桃仁 100 g、连翘 100 g、枳壳 50 g、牛膝 50 g、益母草 100 g，水煎灌服。每天 1 次，连用 3～4 天（胡元亮，2006）。

2. 水肿 常与茯苓、车前子、白术等配伍。

3. 疮疡痈肿 以益母草茎叶，捣烂敷疮上，并绞汁内服。

［不良反应］

益母草毒性很低。大鼠每天腹腔注射益母草碱 2 mg，连续 4 天，无明显不良反应；给家兔皮下注射总碱，每天 30 mg/kg，连续 2 周，未见明显不良反应。但是孕畜忌用。

益母草总碱给小鼠静脉注射 LD_{50} 为（572.2±37.2）mg/kg。益母草的浸膏液有明显的杀精作用，杀精效果随药物浓度增加而增加，对雄性生殖系统有毒性。但是益母草对雄性小鼠生殖细胞无遗传毒性，对小鼠雄性生殖细胞遗传损伤具有防护作用（沈映君，2012）。

红　花

本品为菊科植物红花（*Carthamus tinctonrius* L.）的花。主产四川、河南、浙江等地。

红花性温，味辛。归心、肝二经。有活血通经，散瘀消肿止痛之功效。主治难产，产后恶露不行，瘀血作痛，痈肿，跌打损伤等。

［主要成分］

红花含有红花黄色素（safflor yellow）、红花醌苷（carthamone）、新红花苷（neocarthamin）、红花苷（carthamin）。红花苷经盐酸水解后产生红花素（carthamidin）和葡萄糖。红花及其油中含有棕榈酸（palmitic acid）、肉豆蔻酸（myristic acid）、月桂酸（lauric acid），以及花生酸（arachidic acid）、油酸（oleic acid）、亚油酸（linoleic acid）和亚麻酸（linolenic acid）等脂肪酸组成的甘油酸酯类。

［药理作用］

1. 对子宫平滑肌的作用 红花煎剂对小鼠、豚鼠、猫及犬等多种动物的子宫平滑肌均有明显的收缩作用。小剂量可使张力提高或节律性收缩，大剂量则明显增强收缩力，甚至痉挛，尤其对已孕子宫的作用更加明显。兔静注煎剂可增强子宫兴奋性，收缩频率增加、幅度加大，作用较持久。红花对子宫兴奋作用主要与兴奋组胺 H_1 及肾上腺素 α 受体有关。红花对多种动物的肠管平滑肌也有短暂的兴奋作用，对支气管平滑肌也有兴奋作用。

2. 对心血管的作用　红花可增加冠脉血流量，改善微循环，提高动物耐缺氧能力，抑制血小板聚集以及改善心律失常等作用。红花“善通利经脉”，对血液循环有多方面的作用。红花有轻度兴奋心脏、降低冠脉阻力、增加冠脉流量的作用。对蟾蜍离体心脏和兔在体心脏，小剂量煎剂可增强心肌收缩力，大剂量则有抑制作用。红花煎剂 0.5 g/kg 给犬静脉注射可轻度兴奋心脏。煎剂腹腔注射对垂体后叶素引起的大鼠或家兔的急性心肌缺血有明显的保护作用。

在离体实验中，对正常离体血管，红花煎剂均有不同程度的血管收缩作用。在体实验表明，红花可使麻醉犬股动脉血流量轻度增加，扩张血管，降低外周血管阻力，有不同程度的降压作用；大剂量可使血压骤降、呼吸抑制而死亡。

3. 抗血栓形成　红花及红花黄色素可抑制 ADP 诱导血小板聚集，增加纤维蛋白水解，抑制血栓形成。红花对凝血过程的内在凝血酶原及凝血酶-纤维蛋白的反应具有显著抑制作用。红花、红花黄色素、醌苷母液等均能抑制 ADP 和胶原诱导的家兔血小板聚集作用。对大鼠体外纤维蛋白血栓有明显延长血栓形成时间、缩短长度和减轻重量的作用，从而防止血栓的形成和促进血栓的溶解。

4. 降血脂作用　红花油有降低血脂，防止动脉粥样硬化斑块形成作用。给高脂血症家兔灌胃红花油，可降低家兔血清总胆固醇、总脂、甘油三酯及脂肪酸水平的作用。用含4%红花油的普通饲料喂高胆固醇血症的小鼠 30 天，发现血清胆固醇降低 36%，肝胆固醇下降 30%。

5. 镇静、镇痛作用　红花黄色素对小鼠热板法及醋酸扭转实验证明，本品有镇痛作用。同时还有增强巴比妥类及水合氯醛的中枢抑制，减少尼可刹米性惊厥的反应率和死亡率，具有镇痛、镇静和抗惊厥作用。

6. 激素样作用　红花含药血清可显著促进雌激素受体（ER）阳性 MCF－7 细胞增殖；抑制己烯雌酚促细胞增殖的作用。当红花在单独用药时具有拟雌激素作用，但在与雌激素同时用药时具有抗雌激素作用；其双向调节效应依赖于体内雌激素水平的高低（赵丕文，2007）。

7. 抗肿瘤作用　红花的提取物及其成分豆甾醇有抗促癌作用。红花注射液对宫颈癌细胞株 HeLa 的细胞增殖有较强的抑制作用。

［临床应用］

1. 马料伤五攒痛　与没药、当归、枳壳、山楂等配伍。

2. 产后血瘀作痛、胎衣不下　与川芎、当归、赤芍等配伍，如桃红四物汤。母猪胎衣不下：用当归 15 g、红花 10 g、川芎 9 g、桃仁 6 g、香附 12 g、五灵脂 9 g、甘草 6 g，水煎灌服（胡元亮，2006）。

3. 跌打损伤　常与川芎，乳香等配伍。治马闪伤后胯，滞气把腰病，如《元亨疗马集》中红花散：红花、当归、没药、茴香、楝子、巴戟、枳壳、木通、乌药、藁本、血竭。以上为末，空草灌之。

［注意事项］

红花有一定毒性，不宜大量久服，特别是红花注射液尤应慎重。溃疡病及出血性疾患者应慎用。孕畜应忌用。

［不良反应］

红花黄色素小鼠静脉注射 LD_{50} 为（2.35±0.14）g/kg。

［附］番红花

番红花为鸢尾科多年生草本植物番红花（*crocus sativus* L.）的干燥花柱头。原产于西班牙、法国、荷兰、印度等国，后来经印度转入我国西藏，故称番红花或藏红花。

番红花性微寒，味甘。归肝、心经。具有活血祛瘀、通经络等作用与红花相似，但力量较强。又兼凉血解毒之功。主治孕产血瘀，跌扑肿痛，胸腹痞闷等证。尤宜用于温热病热入血分，热郁血瘀证。

［药理作用］

现代研究主要倾向于藏红花对心血管及血液系统的作用。发现藏红花甲醇提取物静脉给药能显著降低大鼠全血黏度，缩小大鼠急性心肌梗死范围。藏红花有调节纤溶酶原激活剂（tPA）及其抑制剂（PAI）作用。

［注意事项］

孕畜忌用。

五　灵　脂

五灵脂为鼯鼠科动物复齿鼯鼠（*Trogopterus xanthipes* Milne - Edwards.）的干燥粪便。因其似凝脂而受五行之灵气，故名。主产河北、山西、甘肃、河南等地。

五灵脂性温，味苦、咸、甘。归肝经。具有通利血脉，活血止痛，散瘀止血之功效。主治瘀血阻滞，胸腹诸痛，吐血，便血，虫蛇咬伤。

［主要成分］

主要成分含三萜类化合物，其次是酚酸及含氮化合物，以及二萜、维生素等。三萜类化合物含有五灵脂三萜酸Ⅰ、Ⅱ、Ⅲ（goreishic acid Ⅰ、Ⅱ、Ⅲ）、马斯里酸（maslinic acid）、乌苏酸（ursolic acid）、托马酸（tomentic acid）。酚酸有单萜、邻苯二酚、苯甲酸、原儿茶酸（protocatechuic acid）、五灵脂二萜酸（wulingzhic acid）。含氮化合物有尿嘧啶、尿素、6-氧嘌呤等。还有维生素A样物质、树脂及香豆素等。

［药理作用］

1. 对血液流变性的影响　大鼠静脉注射五灵脂制剂 2.5 g/kg，可抑制血小板聚集。采用五灵脂煎液按 5.0 g/kg 灌胃 7 天，能显著降低急性血瘀和气虚血瘀模型大鼠的全血黏度、血浆黏度，血细胞压积和加快红细胞电泳时间。

2. 对微循环的影响　五灵脂水提物（1.0 g/mL）0.5 mL 加肾上腺素局部给药，对小鼠肠系膜实验性微循环障碍显示可促进微动脉血流恢复，改善微循环（高学敏，2000）。

3. 抗应激性损伤　以五灵脂煎液 5.0 g/kg 灌胃 7 天，能明显提高小鼠的游泳时间，提高耐缺氧、耐寒和耐高温能力。

4. 增强免疫功能　以五灵脂煎液 5.0 g/kg 灌胃 7 天，对正常及环磷酰胺造成的免疫功能低下小鼠，可明显增加其胸腺指数、增强腹腔巨噬细胞吞噬功能，促进溶血素抗体形成。

［临床应用］

1. 产后瘀滞腹痛及骨折肿痛　常与蒲黄配伍应用，如《太平惠民和剂局方》失笑散。

2. 便血鲜红　配伍乌梅、侧柏叶同用，见《永类钤方》。

3. 跌打损伤、血瘀肿痛　常与当归、川芎、桃仁等同用。

［注意事项］

血虚及无瘀滞者慎用。孕畜慎用。人参畏五灵脂，一般不宜同用。

［不良反应］

小鼠腹腔注射五灵脂注射液 LD_{50} 为 42.6 g/kg。

牛　膝

牛膝为苋科植物牛膝（*Achyranthes bidentata* Blume）及川牛膝（*Cyathula officinalis* Kuan）的根。主产于怀庆府一带的称“怀牛膝”，河南、河北、山西、山东、四川、云南、江苏及辽宁等地也有出产。

牛膝性寒，平。味苦、酸。归肝、肾经。有活血通经，引火（血）下行，补肝肾，强筋骨，利水通淋之功效。怀牛膝偏于补肝肾、强筋骨；川牛膝以活血祛瘀，通利关节之效为主；土牛膝以泻火解毒之功为长。主治产后腹痛，难产，胞衣不下诸证，跌打损伤，腰膝酸痛，无力，淋证，水肿，小便不利。

［主要成分］

牛膝属及川牛膝属植物，均含有甾体类昆虫变态激素，川牛膝含有 9 种昆虫变态激素。土牛膝全草含有生物碱。牛膝主要含三萜类成分为三萜皂苷，水解后可生成齐墩果酸（oleandic acid）和糖。甾体类有蜕皮甾酮（ecdysterone）、牛膝甾酮（inokosterone）、紫茎牛膝甾酮（rubrosterone）。多糖类有 1 个活性寡糖，还含有 1 个免疫活性的肽多糖。此外，牛膝含有精氨酸、甘氨酸、酪氨酸等 12 种氨基酸，以及生物碱类、香豆素类等化合物和铁、锰、铜、锌及钴等微量元素。

［药理作用］

1. 对生殖系统的作用

（1）兴奋子宫平滑肌的作用　离体实验对于家兔的未孕或已孕子宫、收缩无力的小鼠子宫等牛膝均有兴奋作用，而对猫子宫则未孕者弛缓，已孕者兴奋。采用未孕、中孕家兔在体子宫进行局部给药，经给 0.5 g/mL 牛膝总皂苷后 1～4 min 内，未孕及中孕子宫均出现强烈宫缩，表现为张力增加，收缩振幅加大，频率加快。通过采用消炎痛和氯丙嗪作阻断剂探讨牛膝总皂苷对大鼠子宫兴奋的作用机理，提示牛膝兴奋大鼠子宫可能与促进前列腺素及 5－HT 释放有关。

（2）抗生育作用　怀牛膝苯提取物 50～80 mg/kg 皆呈明显抗生育、抗着床及抗早孕作用。氯仿提取物 80～120 mg/kg 呈明显抗生育、抗早孕作用，但无明显抗着床作用。在妊娠第 14～19 天怀牛膝总皂苷按每天 2.0 g/kg 灌胃给药对大鼠也无堕胎作用。怀牛膝抗生育有效成分是脱皮甾醇。

2. 对心血管系统的作用 牛膝醇提取物对离体蛙心、麻醉猫在体心脏有一定的抑制作用；水煎液对麻醉犬心肌亦有明显抑制作用。牛膝能直接扩张蛙血管，其煎剂或醇提液对麻醉犬、猫、兔等均有短暂降压作用。其机制主要在于组织胺的释放，同时也与心脏的抑制及扩张外周血管有关。也有从粗毛牛膝全草中分离得到的一个含有 2 种生物碱的混合物能使麻醉犬血压升高，呼吸兴奋，心脏收缩加强的报告。

3. 镇痛、抗炎作用 用小鼠甲醛致痛模型研究牛膝的镇痛作用，怀牛膝镇痛作用最佳。牛膝根 200%提取液有较强的抗炎消肿作用，并认为其机理是提高机体免疫功能，激活小鼠巨噬细胞系统的吞噬能力，以及扩张血管、改善循环、促进炎性病变吸收等。

4. 对肠管的作用 牛膝煎剂对小鼠离体肠管呈抑制作用。醇提液对家兔离体十二指肠、空肠和回肠有兴奋作用，表现为紧张性提高，收缩力加强。对豚鼠肠管平滑肌则有兴奋作用。静脉注射对麻醉犬及正常或麻醉兔的胃运动，于短暂兴奋后转为抑制。

5. 促进蛋白质合成 牛膝含有昆虫变态甾体激素，具有强的蛋白质合成促进作用。给小鼠腹腔内或经口投喂蜕皮甾酮或牛膝甾酮后，肝脏中氨基酸合成蛋白质的量显著增加。蜕皮甾酮不仅可促进微粒体，而且可促进核及线粒体的蛋白合成活性。在促进蛋白质合成的同时伴有促进 mRNA 合成的作用。蛋白合成促进作用在于微粒体或多聚核蛋白体上。不仅小鼠肝脏细胞核、线粒体、微粒体中氨基酸前体掺入增多，在肾脏也可见到蛋白质合成增强现象，在脾脏则未见有促进蛋白质合成效果。

6. 免疫调节作用 牛膝多糖（achyranthes bidentata polysaccharides，ABPS）对非特异性免疫、体液免疫、细胞免疫均有较明显的增强作用。牛膝多糖能提高小鼠单核巨噬细胞的吞噬功能，明显增加小鼠血清溶血素水平和抗体成细胞数量。川牛膝多糖能增强小鼠 REC 吞噬功能及 PFC 反应能力，能提高 NK 细胞杀伤活性。ABPS 对正常及由环磷酰胺（CY）所致免疫力低下小鼠外周血中 TNF 活性也有显著的促进作用。川牛膝多糖能使鸡外周血 T 淋巴细胞 ANAE 阳性率增加，可增强机体的防御感染、自身稳定和免疫监视作用，从细胞免疫的角度发挥其免疫增强作用（沈映君，2012）。饲料中添加牛膝提取物能够提高大鳞鲃血清溶菌酶、酸性溶菌酶和碱性溶菌酶活力，提高大鳞鲃的生长性能和免疫力（吴春等，2017）。

[临床应用]

1. 产后血瘀、胎衣不下 《师皇安骥集》："治瘀血"。常与川芎、当归等配伍。牛胎衣不下：用蓖麻根 200 g，牛膝 300 g，水煎灌服，同时结合比赛可灵注射液 10～20 mL 皮下注射，一般用药 8 h 左右胎衣可全部排出（胡元亮，2006）。

2. 风湿痹痛 可与桑寄生、独活等配伍。方如《千金方》中的独活寄生汤。

3. 跌打损伤 与当归、乳香等配伍。方如《牛经备要医方》中的当归乳没汤。

[不良反应]

促脱皮甾醇小鼠腹腔注射 LD_{50} 为 6.4 g/kg，牛膝甾酮 LD_{50} 为 7.8 g/kg。两者灌服时 $LD_{50}>9$ g/kg。

王 不 留 行

王不留行为石竹科一年生或越年生草本植物麦蓝菜［*Vaccaira segetalis*（Neck.）Garcke.］的干燥成熟种子。主产河北、辽宁、山东、黑龙江、山西、湖北等省（自治区、直辖市）。

王不留行性平，味苦。归肝、胃经。具有活血通经，下乳消痈，利尿通淋之功效。主治产后乳汁不下，乳痈肿痛，疔肿疮疡，跌打损伤，小便不利。

［主要成分］

种子含多种皂苷。包括王不留行皂苷（vacsegoside）、棉根皂苷元（gypsogenin）、单糖、汕酮、王不留行汕酮（sapxanthone）、脂肪酸及王不留行黄酮苷等。

［药理作用］

1. 抗早孕作用　王不留行抗早孕有效率为80%。连续予以王不留行煎剂15天后，发现雌性小鼠血浆和子宫组织中第二信使cAMP含量明显升高。提示王不留行对小鼠具有抗着床抗早孕作用。

2. 抗肿瘤作用　腹腔给予王不留行的水提液和乙醚萃取液，发现两液均有抗肿瘤活性。

3. 其他作用　除去钾质的王不留行水煎剂对子宫有兴奋作用，能促进乳汁分泌。

［临床应用］

1. 产后乳少　常配伍当归、黄芪等，如通乳散（《中华人民共和国兽药典》，2020年版）：当归30 g、王不留行30 g、黄芪60 g、路路通30 g、红花25 g、通草20 g、漏芦20 g、瓜蒌25 g、泽兰20 g、丹参20 g，共为末，开水冲调，候温灌服。马、牛250～350 g，羊、猪60～90 g。治产后乳少，乳汁不下（张克家，2009）。

2. 乳痈肿痛　可配蒲公英、夏枯草、瓜蒌等同用；治痈肿疮疡，可与甘草、葛根、当归配伍，如《医心方》王不留行散。母猪乳房炎：虎杖30 g、杏香兔耳风35 g、党参40 g、王不留行30 g、穿山甲25 g，水煎灌服。

3. 小便不利　配以石韦、瞿麦、冬葵子等同用。

［注意事项］

孕畜慎用。

泽　兰

泽兰为唇形科植物毛叶地瓜儿苗（*Lycopus lucidus* Turcz. var. *hirtus* Regel.）的干燥地上部分。主产于黑龙江、辽宁、浙江、湖北等地。

泽兰性微温，味苦、辛。归肝、脾经。具有活血，散瘀，消痈，利水消肿之功效。主治产后腹痛，瘀血肿痛，跌打损伤，疮痈肿痛，利水消肿。

［主要成分］

主要成分含挥发油0.2%～0.4%，主要有：己醛（hexanal）、苯甲醛，香桧烯（sabinene）、月桂烯（myrcene）、紫苏油烯、水杨酸甲酯、桃金娘烯醇（myrtenol）、荜澄茄素（cubebin)、苯甲酸苄酯、植物醇。糖类如葡萄糖、半乳糖、蔗糖、泽兰糖等。三萜类如齐墩果酸等。尚含黄酮苷-刺槐苷-蒙花苷（acaciin，linarin)、酚类、皂苷、羟质和树脂等。

［药理作用］

1. 对血液系统的作用 泽兰水煎剂 15～20 g 大鼠灌胃，对体外血栓形成有对抗作用，能使血栓干重明显减轻，使血小板聚集功能明显减弱、白陶土部分凝血活酶时间延长，对纤维蛋白及优球蛋白溶解时间无影响。泽兰及毛叶泽兰水提物 2.0 g/kg 家兔腹腔注射，能明显改善模拟失重引起的微循环障碍，加快微血管内血流速度，扩张微血管管径。4.0 g/kg口服，能降低血液黏度、纤维蛋白原含量和红细胞聚集指数的异常上升幅度，改善血液流变学。

2. 强心作用 泽兰有强心作用。

［临床应用］

1. 产后腹痛 常与当归、丹参、益母草等配伍使用。如《医学心悟》泽兰汤。

2. 跌打损伤，瘀血肿痛 常与当归、红花、桃仁等药同用。如《医学心悟》泽兰汤。

3. 疮痈肿毒 可与金银花、黄连、赤芍等同用。如《外科全生集》夺命丹。

4. 产后小便淋漓 可配防己同用。如《随身备急方》。

［注意事项］

血虚及无瘀滞者慎用。

苏　木

苏木为豆科灌木或小乔木苏木（*Caesalpinia sappan* L.）的心材。主产于我国广西、云南丽江，以及海南、台湾等地。

苏木性平，味甘、咸、辛。归心、肝、脾经。具有散瘀消肿，活血调经之功效。主治跌打损伤，瘀滞肿痛，产后瘀阻，疮痈肿毒。

［主要成分］

从苏木心材的石油醚提取物有棕榈酸（palmitic acid)、硬脂酸（stearic acid)、亚油酸（linoleic acid）和油酸（oleic acid)。还含有巴西苏木素（brazilin)、苏木查耳酮(sappanchalcone)。在 20 个化合物中，有槲皮素（quercetin)、鼠李亭（rhamnetin)、商陆精（ombuin)、苏木醇（sappanol)、表苏木醇（episappanol)、苏木酮 B（sappanone B)。新的芳香化合物有云实品 J（caesalpins J）和云实品 P（caesalpins P)。这两种结构与巴西苏木素相关的芳香化合物，具有抗高胆固醇血症的作用。还含有二十八醇（octacosanol)、β-谷甾醇（β-sitosterol)、蒲公英赛醇（taraxerol）等。挥发油中主要成分为 d-α-水芹烯（d-α-phellandrene)、罗勒烯（ocimene)。

［药理作用］

1. 抗菌、消炎作用 苏木水提液对白喉杆菌、副伤寒杆菌、福氏痢疾杆菌、金黄色葡萄球菌、流感杆菌、溶血性链球菌和肺炎双球菌等有抑制作用，对百日咳、肺炎等也有抑制作用。本品所含的巴西苏木素经角叉菜胶引起的大鼠足趾肿胀试验表明其消炎作用比黄连素强。

2. 对心血管的作用 本品煎剂和巴西苏木素能使离体蛙心收缩力增强，并可使由枳壳煎剂减弱的心肌收缩力有所恢复。对水合氯醛等药引起的蛙心抑制有恢复作用。对于肾上腺素所致小鼠肠系膜微循环障碍，苏木水煎醇提取液能显著促进微动脉血流促进微循环和管径的恢复。犬静脉注射苏木水煎醇提取液还可增加冠脉流量，降低冠脉阻力，减少心率，减低左心室作功，但增加心肌耗氧量。能显著缩短家兔血浆钙化时间。与巴西苏木素相关的芳香化合物还具有抗高胆固醇血症活性，并能恢复大鼠毛细血管的抵抗力。可抑制ADP诱发的血小板聚集。

3. 镇静作用 本品煎剂灌胃给予小鼠、豚鼠、兔等，均有镇静、催眠作用，大剂量有麻醉作用，并能对抗士的宁和可卡因对小鼠的中枢兴奋作用，但不能对抗吗啡的兴奋性。

4. 抗癌作用 以人早幼粒白血病细胞株HL-60为靶细胞，苏木水提取液0.5 mg（生药）/kg有细胞毒作用，HL-60的谷氨酰胺合成酶的活性受抑制，此作用也随药浓度增加而加强。此外，苏木还有抑制诱变效果。

[临床应用]

1. 跌打损伤、瘀滞肿痛 常配乳香、没药、自然铜、血竭等同用。如《医宗金鉴》八厘散。

2. 产后瘀滞病症 与川芎、当归、红花等同用或单用。如《肘后方》苏木水煎服以治产后血晕。

3. 痈疮肿毒 常与金银花、连翘、白芷等清热解毒、消肿之品同用。

[注意事项]

本品煎剂3.0 g/kg，能引起正常犬呕吐和腹泻。皮下注射在活体组织内有延长肾上腺素的作用。

孕畜忌用。

[不良反应]

苏木水提液腹腔注射给予小鼠的LD_{50}为18.9 mL/kg。

刘寄奴

刘寄奴为菊科多年草本植物奇蒿（*Artemisia anomala* S. Moore）的干燥地上部分。传说此药为南朝刘裕所发现，刘裕小名寄奴，故称刘寄奴。主产于江苏、浙江、湖南、江西等地。

刘寄奴性温，味辛、苦。归心、肝、脾经。具有散瘀止痛，破血通经，消食化积之功效。主治治跌打损伤，瘀滞肿痛，产后瘀阻之症，食积腹痛，赤白痢疾。

[主要成分]

主要成分含香豆精（coumarin）、异泽兰黄素（eupatilin）、西米杜鹃醇（simiarenol）、脱肠草素（herniarin）、奇蒿黄酮（arteanoflavone）、奇蒿内酯（arteanomalactone）、刘寄奴内酯（artanomaloide）、刘寄奴酰胺（anomalamide）、棕榈酸（palmitic acid）等。

[药理作用]

1. 对心血管系统的作用 刘寄奴煎液能增加豚鼠冠脉灌流量，对小鼠缺氧模型有明显的抗缺氧作用。

2. 抑菌作用 刘寄奴水煎液对宋内氏痢疾杆菌、福氏痢疾杆菌等有抑制作用。

［临床应用］

1. 跌打损伤、瘀滞肿痛 配伍骨碎补、延胡索同用。如《千金方》。

2. 产后瘀阻 如《圣济总录》刘寄奴汤。

3. 暑湿食积，脘腹胀痛 可配伍山楂、麦芽、鸡内金等消导药同用。

4. 赤白痢疾 可配伍乌梅、干姜同用。赤痢重用乌梅，白痢则干姜加量。

［注意事项］

孕畜忌用。

◆ 参考文献

曹丽萍，贾睿，杜金梁，等，2012. 甘草提取物对叔丁基氢过氧化物（t-BHP）诱导的建鲤原代培养肝细胞损伤的保护作用［J］. 农业生物技术学报，20（10）：1192-1200.

陈长勋，2006. 中药药理学［M］. 上海：上海科学技术出版社.

陈正伦，1995. 兽医中药药理学［M］. 北京：中国农业出版社.

高学敏，2000. 中药学（上、下册）［M］. 北京：人民卫生出版社.

胡元亮，2006. 中兽医学［M］. 北京：中国农业出版社.

胡元亮，2013. 中兽医学［M］. 北京：科学出版社.

李翠乔，2008. 天然药物川芎嗪对脂质过氧化内皮细胞的保护作用研究［J］. 科学技术与工程，8（7）：4789-4792.

李法庆，邱大琳，陈雷，2006. 莪术对小鼠免疫功能影响的研究［J］. 时珍国医国药，17（8）：1482-1483.

沈映君，2012. 中药药理学. 第2版［M］. 北京：人民卫生出版社.

史合群，周永奎，谢晓晖，2013. 姜黄素的生理功能及其在水产饲料工业中的应用［J］. 饲料研究（6）：9-11.

孙建宁，2006. 中药药理学［M］. 北京：中国中医药出版社.

王文丽，李孝生，李文生，2009. 川芎嗪对肝星状细胞基质金属蛋白酶13和金属蛋白酶组织抑制剂1表达的影响［J］. 中国组织工程研究与临床康复，13（11）：2075-2080.

吴春，单金峰，丁辰龙，2017. 牛膝提取物对大鳞鲃生长、部分非特异性免疫指标及抗病性的影响［J］. 大连海洋大学学报，32（6）：676-681.

喻鹏飞，赵丽娟，董玲燕，等，2016. 姜黄提取物对水产动物病原菌的抑制作用［J］. 安徽农业科学，44（11）：148-150.

张健，李蓟龙，刘圣君，等，2007. 益母草注射液对DIC大鼠血液动力学的影响［J］. 天津医药，35（3）：206-208.

张克家，2009. 中兽医方剂大全［M］. 北京：中国农业出版社.

赵丕文，王大伟，牛建昭，等，2007. 红花等10种中药的植物雌激素活性研究［J］. 中国中药杂志，32（5）：436-439.

朱晓琴，雷水生，2008. 川芎嗪对小鼠化学性肝损伤保护作用的实验研究［J］. 辽宁中医杂志，35（1）：138-140.

第十八章

化痰止咳平喘药

凡以祛除痰涎，化痰、缓解或制止咳嗽和气喘为主要作用的药物，称为止咳平喘药。其中以祛痰或消痰为主的药物称为化痰药。

咳嗽、气喘与痰涎在病机上有密切关系，一般咳嗽气喘每多有挟痰，而痰多每致咳嗽气喘。祖国医学对痰、咳、喘，均有详细的论述。《明医杂著·痰饮》云："痰属湿热乃津液所化"；《灵枢·五阅五使》篇说："肋病者，喘息鼻张，论其病因病机，以肺为主。"

中医对痰的认识分有形与无形两类，有形之痰咳吐可见，通常指呼吸道咳出的痰，多见于上呼吸道感染、急慢性支气管炎、肺气肿、支气管扩张等肺部疾患，一般咳嗽有痰者为多，痰多又易引起咳喘，因此痰、咳、喘三者关系密切，咳嗽、咯痰和喘息往往同时存在，并互为因果。无形之痰从证测知，通常指停积于脏腑经络之间各种各样的痰证，如痰浊滞于皮肤经络可生瘰疬瘿瘤，常见皮下肿块、慢性淋巴结炎、单纯性甲状腺肿等病症；痰阻胸痹，则胸痛、胸闷，见于冠心病、高血压、心力衰竭等；痰迷心窍，则心神不宁，昏迷，谵妄，见于脑血管意外、癫痫等。

在治疗时化痰药和止咳平喘药常相互配伍。化痰药主要用于痰多咳嗽、咯痰不爽以及与痰有关的诸证。止咳平喘药主要用于治疗症见咳嗽、气喘的多种疾患。本类药药性有温、有寒，味多辛、苦，主要归肺、心、脾、胃、大肠经，其功效为宣肺祛痰、止咳、平喘。常用药物有苦杏仁、半夏、桔梗、天南星、贝母、皂荚、百部、紫菀、款冬花等。根据药物的主要性能，化痰止咳平喘药可分为温化寒痰药、清化热痰药和止咳平喘药三类。据现代研究其药理作用，祛痰药多能止咳，而止咳、平喘药又多兼有化痰作用。所以，它们的功效与相应的选择性药理作用相似，难以明确区分。以下为该类药的主要药理作用：

1. 化痰作用 动物实验证实，桔梗、川贝母、前胡、紫菀、皂荚、天南星、款冬花、蔊菜、满山红等的煎剂或流浸膏口服均有祛痰作用，都能增加呼吸道的分泌量，一般在给药 1 h 后作用达到高峰，其中以桔梗、前胡、皂荚作用最强，而款冬花较弱。川贝母醇流浸膏有显著祛痰作用，由川贝母提出的生物碱及贝母皂苷对小鼠亦有显著祛痰效果；家兔口服天南星煎剂后，增加呼吸道分泌液作用可持续 4 h 以上。大多药物的祛痰作用与其所含的皂苷有关。皂苷能刺激胃或咽喉黏膜，反射性地引起轻度恶心，增加支气管腺体的分泌，从而稀释痰液而发挥祛痰作用。杜鹃素祛痰作用与皂苷不同，其机制：①促进气管黏液-纤毛运动，增强呼吸道清除异物的功能；②溶解黏痰，使呼吸道分泌物中酸性黏多糖纤维中的二硫键（－s－s－）断裂，同时降低唾液酸的含量，使痰液黏稠度下降，易于咳出。

2. 镇咳、平喘作用 实验证明，半夏、桔梗、款冬花、苦杏仁等有镇咳作用。桔梗镇咳作用较强。款冬花给猫灌胃后半小时有显著镇咳作用；服用小量杏仁，在体内可慢慢分解产生微量氢氰酸，对呼吸中枢有轻微抑制作用，使呼吸运动趋于安静，从而有镇咳平喘作用。苦杏仁、半夏、桔梗、款冬花、贝母、百部、满山红、紫菀等均有程度不等的镇咳作用。苦杏仁、半夏、百部等的镇咳作用主要在中枢神经系统，但作用稍弱。其中的半夏煎剂对碘溶液注入猫右肋膜引起的咳嗽有明显的镇咳作用，药效可维持 5 h 以上，可能由于直接抑制咳嗽中枢之故。

苦杏仁、浙贝母、桔梗、蔊菜、款冬花、枇杷叶等有一定的平喘作用。中药的平喘作用机制是多方面的，如苦杏仁在体内分解成微量的氢氰酸，抑制呼吸中枢而达到平喘作用；浙贝母碱能扩张支气管平滑肌；款冬花醚提物小剂量对支气管有扩张作用，加大剂量还有升压作用，六羟季胺能对抗其升压作用，故推测其平喘机制可能与兴奋神经节有关；蔊菜素、桔梗皂苷、款冬花醚提物能抑制组胺所致豚鼠支气管痉挛等（陈长勋，2006）。

3. 其他作用 半夏各种制剂均有一定的镇吐作用。款冬花能引起中枢兴奋，升压，兴奋呼吸，抑制胃肠道平滑肌。动物实验证明，桑白皮煎剂给家兔口服 6 h 内，尿量及其中氯化物含量均较显著增加，具有利水消肿之效。中医的“痰证”，除呼吸系统外，一些心血管系统、消化系统、内分泌系统以及部分肿瘤的病因病机也与“痰浊”有关。但从目前的中药药理研究来看，只有极少数化痰药能对“痰证”的治疗学机制有所涉及，如半夏的抗肿瘤、海藻的降血脂作用、天南星的抗惊厥，多数未能阐明对中医临床呼吸道之外的“痰证”的“化痰”作用。

第一节　清化热痰药

桔　梗

本品为桔梗科多年生植物桔梗［*Platycodon grandiflorum*（Jacq.）A. DC.］的根。主产于东北、华北、华东地区等地。

桔梗性平，味苦、辛。归肺经。具有宣肺、祛痰、利咽、排脓消痈的功效。主治咳嗽痰多，咽喉肿痛，热毒壅肺，下痢后重。

［主要成分］

主要成分是桔梗皂苷（platycodin），在多种皂苷中，以皂苷 D 含量最高。桔梗根部富含桔梗皂苷 D，正开花的桔梗茎枝亦含有多量的桔梗皂苷。桔梗中还含有萜烯类物质、远志酸（polygalacic acid）、α-菠菜甾醇（α - spinasterol）、Δ^7-豆甾烯醇（Δ^7 - stigmasterol）及桔梗酸 A、B、C（platycogenic acid A、B、C），桦木脑脂肪油、桔梗多糖、天冬氨酸、生物碱等。

［药理作用］

1. 祛痰止咳作用 麻醉犬灌服本品煎剂能显著增加呼吸道黏液的分泌量，桔梗祛痰效果与氯化铵相当，对麻醉猫亦有明显的祛痰作用，其效果可维持 7 h 以上。桔梗的祛痰作用主要是由于其所含的皂苷口服时对咽喉黏膜和胃黏膜的刺激，引起轻度的恶心，反射性地引起呼吸道黏膜分泌增加，痰液稀释，使潴留于支气管和气管中的痰液易于排出。粗制桔梗皂苷有镇咳作用。豚鼠腹腔注射的半数镇咳量（ED_{50}）为 6.4 mg/kg。桔梗水煎液可通过增加肺部血管活性肠肽（VIP）、肠三叶因子（TFF3）的表达量，从而改善肺部疾病，发挥祛痰镇咳作用（郭明章，2009）。

2. 抗炎作用　粗桔梗皂苷有抗炎作用。对大鼠后肢角叉莱胶性脚肿、棉球肉芽肿及醋酸性肿胀均有显著的抗炎效果。该制剂对皮肤有局部刺激作用，能使炎区血液循环改善，促进炎症消退。其水提取物可增强巨噬细胞的吞噬功能，增强中性白细胞的杀菌力，提高溶菌酶的活性。

3. 解热、镇痛及镇静作用　桔梗粗皂苷对正常小鼠和人工引起发热的小鼠均有显著的降温作用，可维持 3～4 h。对小鼠用醋酸扭体法和压尾法引起的疼痛，有显著的镇痛作用。桔梗粗皂苷比同剂量的阿司匹林作用强。小鼠口服桔梗粗皂苷后自发活动减少，并能延长环己巴比妥钠引起的睡眠时间，显示较强的镇静作用。

4. 抑制胃液分泌及抗胃溃疡作用　桔梗粗皂苷对大鼠、小鼠、豚鼠在低于 1/5 LD_{50} 的剂量时，有抑制胃液分泌和抗消化性溃疡的作用。对幽门结扎的大鼠，十二指肠给予桔梗粗皂苷可使胃液分泌减少，胃蛋白酶的活性部分受抑制，对实验性溃疡的抑制作用与阿托品皮下注射 10 mg/kg 的效果相似。剂量加大，似可完全抑制胃液分泌及溃疡的发生（陈正伦，1995）。

5. 对平滑肌的影响　桔梗粗皂苷能减弱小鼠的肠蠕动，能对抗组胺及乙酰胆碱引起离体回肠的收缩；亦能对抗组胺对豚鼠离体支气管的收缩作用，但对平滑肌无直接作用。

6. 降血糖作用　家兔口服桔梗水或醇提取物 200 mg/kg 均可使血糖下降；对实验性四氧嘧啶引起的家兔糖尿病降血糖作用更加明显，在用药后降低的肝糖原亦可恢复正常，且能抑制食物性血糖上升。醇提取物的作用大于水提取物。

7. 降血脂作用　桔梗皂苷能降低大鼠肝脏内胆固醇含量，增加类固醇和没食子酸的排泄。

8. 对心血管功能的影响　麻醉大鼠静脉注射小量桔梗粗皂苷可引起暂时性血压下降，剂量加大，血压明显下降，心率减慢。血压下降的原因与直接扩张外周血管有关。

9. 免疫调节作用　桔梗水提物可显著刺激小鼠腹腔巨噬细胞增生，剂量依赖性地促进一氧化氮（NO）、肿瘤坏死因子（TNF-α）的产生，对白介素（IL）-1β 和 IL-6 也有升高作用。还具有调节特异性免疫应答的作用，能显著提高多克隆抗体 IgM 的产生和 B 淋巴细胞的增殖。尚具有抗氧化、抗肿瘤的作用。

10. 保肝作用　桔梗水提物能够抑制四氯化碳诱导的肝毒性，其抑制机制可能与阻断肝药酶对四氯化碳的生物激活以及清除氧自由基有关（沈映君，2012）。

［临床应用］

1. 咳嗽　常用于外感风寒或风热所致痰多咳嗽。常与其他镇咳祛痰药等同用。方如《温病条辨》中的杏苏散、桑菊饮和《中兽医方剂学》中的止咳散。

2. 肺痈　用于治疗肺痈咳嗽，鼻脓腥臭，多配伍鱼腥草、冬瓜仁等。方如《伤寒论》中的桔梗汤和《中兽医诊疗》中的济生桔梗汤。

3. 肺热咳喘　治疗家畜肺热咳喘，常与清热化痰药配伍。如清肺止咳散（《中华人民共和国兽药典》，2005 年版）：桑白皮 30 g、知母 25 g、苦杏仁 25 g、前胡 30 g、金银花 60 g、连翘 30 g、桔梗 25 g、甘草 20 g、橘红 30 g、黄芩 45 g。为末，开水冲调，候温灌服（张克家，2009）。

［不良反应］

小鼠灌服桔梗煎剂的 LD_{50} 为 24 g/kg。小鼠皮下注射桔梗粗皂苷最小致死量为 770 mg/kg，亦有报告小鼠口服桔梗粗皂苷的 LD_{50} 为 420 mg/kg，大鼠则大于 800 mg/kg。动物中毒症状为安静不动、呼吸抑制，加大剂量可引起惊厥、呼吸麻痹而死亡。皮下注射桔梗粗皂苷有较强的局部刺激，引起局部浮肿及坏死。

前　胡

前胡为伞形科植物白花前胡（*Peucedanum praeruptorum* Dunn）或紫花前胡（*Peucedanum decursivum* Maxim.）的根。白花前胡主产于浙江、湖南、四川、安徽等地。紫花前胡主产于江西、浙江、安徽等地。

前胡性微寒，味苦、辛。归肺经。具有降气祛痰、宣散风热的功效。主治肺热咳嗽，痰黄黏稠，风热郁肺，咳嗽痰多。

［主要成分］

前胡中主要含有多种类型的香豆素及其糖苷、三萜糖苷及甾体糖苷。主要有：伞形花内酯（umbelliferone），东莨菪苷（scopolin），茵芋苷（skimmin），紫花前胡苷Ⅰ、Ⅱ、Ⅲ、Ⅳ、Ⅴ（decuroside Ⅰ－Ⅴ），紫花前胡内酯苷（前胡苷、前胡宁、紫花前胡苷）（nodakenin），白花前胡素甲、乙、丙、丁（praeruptorin A、B、C、D），白花前胡苷Ⅰ、Ⅱ、Ⅲ、Ⅳ、Ⅴ（praeroside Ⅰ－Ⅴ），紫花前胡素 Pd－Ia，紫花前胡皂苷Ⅰ、Ⅱ、Ⅲ、Ⅳ、Ⅴ（Pd－saponin Ⅰ－Ⅴ）等。

前胡中尚含有挥发油等主要成分。

［药理作用］

1. 祛痰作用　用麻醉猫收集呼吸道分泌物法证实，前胡具有祛痰作用。灌服紫花前胡煎剂 1 g/kg，能显著增加呼吸道的黏液分泌，且作用时间较长。前胡还可拮抗缺氧性肺动脉收缩，降低肺动脉压力，抑制肺动脉壁细胞增殖与肥大。

2. 抗菌、抗病毒、抗炎作用　前胡煎剂（1∶1）与亚洲甲型流感病毒接种于鸡胚尿囊腔，孵育 72 h 后，取尿囊液做血凝试验，证明前胡对流感病毒抑制作用。伞花内酯及紫花前胡内酯有抗菌、抗真菌作用。紫花前胡甲醇总提取物对于炎症初期反应的小鼠血管通透性亢进有显著的抑制作用。

3. 扩张冠脉作用　花前胡丙素能增强心冠脉血流量，但不影响心率和心收缩力。近年报道，从同属植物（*Peuced arenarenarium* W. K.）中分离得到一种呋喃香豆素类（peueordin），可以使离体兔心冠脉血流量增加 165%以上。静脉注射 10 mg/kg，使麻醉猪冠脉流量增加 82%，并能降低心肌耗氧量；Peueordin 能对抗垂体后叶素引起的冠状动脉收缩作用，是选择性很强的一种冠脉扩张剂。

前胡有效成分尚有抗心律失常、抗心肌缺血、抗心力衰竭等作用。

4. 解痉、抗溃疡作用　紫花前胡甲醇提取物能非竞争性抑制豚鼠小肠由乙酰胆碱及组织胺引起的收缩，并能竞争性抑制 Ca^{2+} 引起的平滑肌收缩。实验证明，其抑制平滑肌

收缩机制与抑制 Ca^{2+} 内流有关。白花前胡石油醚提取物能抑制 Ach 和 KCl 所致的支气管平滑肌收缩，使之呈舒张状态。紫花前胡甲醇总提取物对小鼠水浸捆束溃疡可呈明显抑制作用，并在甲醇提取物中发现有促进应激性胃溃疡的作用。

［临床应用］

1. 外感咳嗽　本品常与解表药配伍治疗感冒咳嗽、气管炎等。如《全国中兽医经验选编》中治风寒咳嗽，以杏苏饮加减。

2. 气喘　适用于肺热壅盛之痰多气喘，多与知母、贝母、桑白皮、杏仁等同用。如《中华人民共和国兽药典》(2005 年版) 中的止咳散，《圣济总录》中的前胡饮。

3. 疮疡肿毒　鲜根捣烂外敷，治疮疡初起、红肿疼痛。

［注意事项］

1. 因系苦泄宣散之品，故阴虚咳喘不宜用。

2. 前胡与柴胡，素有"二胡"之称。前胡主入肺经以主降，下气祛痰为其主要功效；柴胡主入肝胆经以主升，升发肝经阳气，并疏泄半表半里之邪为其主要功效。若患寒热错杂之症，兼有咳逆上气、胸闷者，两药可相须为用。如《摄生众妙方》荆防败毒散中的"二胡"同用。

瓜　蒌

瓜蒌，又名栝楼。为葫芦科多年生草质藤本植物栝楼（*Trichosanthes kirilowii* Maxim.）或双边栝楼（*Trichosanthes rosthornii* Harms）的干燥成熟果实。其果皮称瓜蒌皮，种子称瓜蒌子，种仁称瓜蒌仁，瓜蒌仁研细去油后称瓜蒌霜。主产山东、浙江、安徽、河南等地。

瓜蒌性寒，味甘、微苦。归肺、胃、大肠经。具有清热化痰、利气散结、润肠通便的功效。主治肺热咳嗽，痰浊黄稠，气滞痰阻，乳痈肺痈，肠燥便秘。

［主要成分］

瓜蒌的果实含三萜皂苷、有机酸、树脂、糖类、氨基酸和色素，瓜蒌皮含少量挥发油。以棕榈酸（palmitic acid）、亚油酸（linoleic acid）和亚麻酸（linolenic acid）的含量最高。瓜蒌和双边瓜蒌的果皮中尚含有多种游离氨基酸和微量元素。在瓜蒌皮中分离得到饱和脂肪醇混合物、饱和脂肪酸混合物等。

瓜蒌种子富含油脂、甾醇、三萜及其苷。脂肪油含量为 26%，其中饱和脂肪酸占 30%，不饱和脂肪酸占 66.5%，以瓜蒌酸（trichosanic acid）为主。从种子中得到两种有抗血栓形成作用的甘油酸酯。瓜蒌种子蛋白质总含量为 5.46%，无天花粉蛋白那样的中期妊娠引产作用，但含有一种能使核糖失去活性的蛋白质（trichokirin）。

［药理作用］

1. 祛痰作用　动物实验证明，自瓜蒌皮分离的总氨基酸有良好的祛痰作用。

2. 对消化系统的作用　瓜蒌有泻下作用。瓜蒌皮的泻下作用较弱；瓜蒌仁所含脂肪油致泻的作用较强；瓜蒌霜的致泻作用较为缓和。瓜蒌乙醇提取物对幽门结扎、5-羟色胺、盐酸乙醇造成的胃黏膜损伤有抑制作用。瓜蒌乙醇提取物对乙酰胆碱造成的小鼠回肠收缩有明显的抑制作用。

3. 扩张冠脉作用 瓜蒌皮及瓜蒌仁的水煎醇沉浓缩剂以及瓜蒌皮制成的瓜蒌注射液均对豚鼠离体心脏有扩张冠脉的作用，而以后者更为显著，可使冠脉流量明显增加。瓜蒌不同部位的扩张冠脉作用强度：瓜蒌皮>瓜蒌霜>瓜蒌子>瓜蒌仁>瓜蒌子壳。瓜蒌皮中分离的生物碱也有扩张冠脉的作用。瓜蒌注射液对垂体后叶素引起的大鼠急性心肌缺血有明显的保护作用；且能明显提高小鼠对常压、低压缺氧的耐受力；对预先皮下注射异丙肾上腺素的小鼠，在低压缺氧情况下亦能提高存活率。瓜蒌提高耐缺氧能力的作用与中枢神经系统无关。瓜蒌酸对胶原、二磷酸腺苷、肾上腺素刺激的血小板聚集有抑制作用（高学敏，2000）。

4. 抗缺氧作用 给小鼠腹腔注射瓜蒌注射液，能明显地增加小鼠对常压和低压缺氧的耐受力；对预先皮下注射异丙肾上腺素的小鼠，在低压缺氧情况下能提高存活率。但此注射液不延长司可巴比妥钠对小鼠的睡眠时间，提示其提高耐缺氧能力的作用与中枢神经系统无关，表明对心脏有选择性的抗缺氧作用。

5. 抗菌作用 体外试验证明，瓜蒌煎剂或浸剂对大肠杆菌等肠内革兰氏阴性致病菌，对葡萄球菌、肺炎双球菌、甲型溶血性链球菌、绿脓杆菌、流感杆菌等均有抑制作用。对星形奴卡氏菌等皮肤致病性真菌亦有一定抑制作用。

6. 对血糖的影响 瓜蒌的水提取物给兔灌胃可使血糖先上升，后下降，最后复原，而对肝糖原和肌糖原没有明显影响。给饥饿家兔服此药后，血糖上升较正常兔为大，肝糖原增量，肌糖原未明显变化。

7. 抗肿瘤作用 体外实验证明，瓜蒌煎剂及瓜蒌皮和瓜蒌仁的提取物对小鼠腹水癌细胞有杀灭作用。瓜蒌皮的体外抗癌效果比瓜蒌仁好，且以60%乙醇提取物作用最强。从瓜蒌皮的醚浸出液中得到的类白色非晶体性粉末也有体外抗癌作用。

[临床应用]

1. 肺热咳喘 临床上可用于治疗急性支气管炎、胸膜炎、肺炎等，常与知母、浙贝、栀子等配伍。《牛经大全》治牛肺热咳喘，方如瓜蒌平喘散。

2. 乳汁不下 用于产后乳少、乳汁不下。方如《中华人民共和国兽药典》（2020年版）中的通乳散：当归30 g、王不留行30 g、黄芪60 g、路路通30 g、红花25 g、通草20 g、漏芦20 g、瓜蒌25 g、泽兰20 g、丹参20 g，共为末，开水冲调，候温灌服。马、牛250～350 g，羊、猪60～90 g。

3. 乳痈 用于乳痈初起，肿痛未成脓者，常与当归、川芎、乳香、没药、连翘等合用。《全国中兽医经验选编》治马乳房炎初期硬肿，方如瓜蒌散。

4. 肠燥便秘 因粪便干燥难下，常与麻仁、郁李仁、枳壳等同用。

[不良反应]

瓜蒌注射液的毒性甚低。小鼠一次腹腔注射或静脉注射的LD_{50}分别为363±33 g/kg和306±22 g/kg。

贝　母

贝母本品主要分川贝母、浙贝母、伊贝母、平贝母四大类。按贝母的效用，现主要介绍川贝母和浙贝母。

川贝母为百合科多年生草本植物川贝母（*Fritillaria cirrhosa* D. Don）、暗紫贝母（*Fritillaria unibracteata* Hsiao et K. C. Hsia）、甘肃贝母（*Fritillaria przewalskii* Maxim.）或棱砂贝母（*Fritillariadelavayi* Franch.）的干燥鳞茎。川贝母主产于四川、青海、甘肃、云南、西藏等省（自治区、直辖市）。

浙贝母为百合科多年生草本植物浙贝母（*Fritillaria thunbergii* Miq.）的干燥鳞茎。浙贝母主产于浙江、江苏、湖南等地。

川贝母性微寒，味苦、甘；归肺、心经。浙贝母性寒，味苦；归肺、心经。

川贝母具有清热润肺，止咳化痰的功效。浙贝母具有清热化痰，开郁散结之功效。主治热痰咳嗽，阴虚燥咳，外感咳嗽，痰气郁结，心胸郁闷，痈疽疮疡。

［主要成分］

贝母的主要成分为生物碱类。川贝母主要含川贝碱（fritimine）、青贝碱（chinpeimine）、白炉贝碱（beilupeimine）、炉贝碱（fritimine）、松贝碱甲（sonpeimine）、松贝碱乙、西贝母碱（sipeimine）、岷贝碱甲（minpeimine）、岷贝碱乙（minpeiminine）。

浙贝母的鳞茎主要含有浙贝母碱（peimine verticine）、去氢浙贝母碱（peimine）。此外，尚含4种微量生物碱，即贝母丁碱、贝母芬碱、贝母辛碱、贝母定碱。亦含甾醇类化合物贝母醇（propeimine）。从浙贝母中还分离得到一种生物碱苷，称为浙贝母碱葡萄糖苷，水解后生成浙贝母碱与1分子葡萄糖。

［药理作用］

1. 镇咳祛痰作用　小鼠氨水引咳法证明，灌服贝母总生物碱及非生物碱部分均有镇咳作用。小鼠灌服家种及野生川贝母流浸膏，则无明显镇咳作用。二氧化硫引咳法表明，贝母生物碱对小鼠无明显镇咳作用。

豚鼠皮下注射浙贝母碱或去氢浙贝母碱均无镇咳作用。灌服贝母-皂苷Ⅱ号，能使小鼠咳嗽潜伏期明显延长。小鼠酚红排泌法证明，灌服家种及野生川贝流浸膏、川贝母生物碱、川贝母皂苷Ⅰ-Ⅳ号，均有不同程度的祛痰作用，以生物碱及皂苷Ⅲ的祛痰作用较明显。碘溶液注入猫肋膜腔引咳法表明，浙贝母0.4 g/kg灌胃，无镇咳作用。另据报道，浙贝母贝芯（商品幼芽）粉及乙醇浸剂，分别按2.4 g/kg给小鼠灌服，或浙贝母生物碱3 mg/kg给小鼠腹腔注射，均有较明显的镇咳作用。

2. 对循环系统及呼吸的作用　猫静脉注射川贝碱4.2 mg/kg，可产生持久性血压下降，并伴以短暂的呼吸抑制。西贝碱对麻醉犬也有降压作用。浙贝母碱及贝母碱宁极少量时可使血压上升，大量则使血压下降。离体蛙心灌流表明，浙贝母碱与去氢浙贝母碱可使心率减慢，房室传导阻滞。浙贝母碱及浙贝母碱葡萄糖苷给麻醉犬（5～10 mg/kg）、猫（1～3 mg/kg）、兔（10 mg/kg）静脉注射，可见血压下降。

3. 对平滑肌的作用　川贝母碱能增强豚鼠离体子宫收缩、抑制离体兔肠；西贝母碱对离体豚鼠回肠、兔十二指肠、大鼠子宫及在体犬小肠均有明显松弛作用，其解痉作用类似于罂粟碱。浙贝母碱可以使家兔离体子宫收缩加强，紧张度加大，甚至处于痉挛状态。已孕子宫比未孕子宫敏感。对大鼠子宫亦有兴奋作用。浙贝母碱0.5 mg引起家兔子宫收缩的强度与1单位的垂体后叶素或0.04 mg的麦角新碱相似。用阿托品阻断乙酰胆碱对子宫的收缩作用后，浙贝母碱仍有兴奋子宫的作用。但改用双苄胺阻断肾上腺素兴奋子宫的作用后，再应用浙贝母碱，即不出现子宫兴奋作用或兴奋作用减弱。提示浙贝母碱对子宫的兴奋作用可能与兴奋肾上腺素能受体有关。浙贝母碱可使家兔离体小肠收缩加强，蠕动增加。

猫和家兔离体支气管肺灌流，浙贝母碱在低浓度时对支气管平滑肌有明显扩张作用，高浓度时则使之收缩。前者类似阿托品的作用，后者可能系直接兴奋支气管平滑肌。

4. 其他作用 给家兔静脉注射川贝母碱 7.5 mg/kg，可使血糖升高，并维持 2 h 以上。去氢贝母碱能使犬的唾液分泌暂时停止。此作用比阿托品小 20～30 倍。故口服浙贝母后无口干现象。川贝母醇提取物 5 g（相当于生药)/kg，可提高小鼠的常压耐缺氧能力；1%盐酸去氢浙贝母碱溶液，可使猫、鸽、兔和犬的瞳孔扩大，对光反射消失。对兔和鸽的扩瞳作用较阿托品或后马托品强大而持久。川贝母总生物碱对小鼠移植肝实体瘤具有明显的抑制作用。

[临床应用]

1. 痰热咳嗽 川贝母多用于虚劳咳嗽，肺虚久咳，可与沙参、麦冬、天冬等配伍；浙贝母多用于外感风热咳嗽或肺热咳喘，可与桑叶、牛蒡子、前胡、杏仁等同用；或与栀子、桔梗、杏仁、紫菀、牛蒡子，百部等同用治肺热咳嗽。《元亨疗马集》：主治马肺热咳嗽，方如贝母散。

2. 咳嗽痰少，日久不愈 与款冬花、杏仁、五味子等伍用。如《御药院方》贝母汤。

3. 外感风燥，干咳无痰 与桑叶、杏仁、栀子皮等同用。如《温病条辨》桑杏汤。

4. 风寒犯肺，咳嗽气喘 与麻黄、杏仁、生姜等配伍。如《圣济总录》贝母汤。

5. 疮疡肿毒 用于疮痈肿毒初起未溃者，方如《中华人民共和国兽药典》（2005 年版）中的加减消黄散：大黄 30 g、玄明粉 40 g、知母 25 g、浙贝母 30 g、黄药子 30 g、栀子 30 g、连翘 45 g、白药子 30 g、郁金 45 g、甘草 15 g。共为末，开水冲调，候温灌服。马、牛 250～400 g，羊、猪 30～60 g。治疗疮痈、乳痈等，临床常与浙贝母与天花粉、连翘、蒲公英同用。方如《全国中兽医经验选编》中的内消散。

[注意事项]

1. 本品性质寒润，善化寒痰，燥痰，如属湿痰则不宜用。反乌头。

2. 川贝母苦甘、微寒，滋润性强，长于润肺化痰。用于肺热燥咳及阴虚劳嗽。

3. 浙贝母苦寒降泄，长于清化热痰及开郁散结。适用于外感风邪、痰热郁肺所致的咳嗽痰黄黏稠及瘰疬痈肿之证。

[不良反应]

川贝母碱静脉注射，对小鼠的 MLD 为 40 mg/kg，死前有痉挛。去氢浙贝母碱及浙贝母碱对小鼠静脉注射的 MLD 约 0.9 mg/kg。另一种浙贝母碱对家兔的 MLD 为 10～12 mg/kg（静脉），对猫为 8～10 mg/kg（静脉），动物均在 1～2 h 内死亡，中毒症状为呼吸抑制，瞳孔散大，震颤，惊厥，最后呼吸衰竭而死亡。

竹　茹

竹茹为禾本科多年生常绿乔木或灌木植物青秆竹（*Bambus tuldoides* Munro.）、大头典竹（*Sinocalamus beecheyanus* P. F. Li.）或淡竹（*Phyllstachys nigra* Stapf ex Rendle.）的茎秆的干燥中间层。主产于长江流域和南方各省。

竹茹性微寒，味甘。归肺、胃经。具有清热化痰，除烦止呕，凉血止血之功效。主治痰热咳嗽，胃热呕吐，暑热烦渴，吐血，衄血等。

［主要成分］

主含生物碱、鞣质（tannins）、皂苷（saponins）、氨基酸、有机酸、还原糖、三萜等多种有机成分和微量元素。尚含葡萄糖、果糖、蔗糖、乙酸、甲酸、甲酚、苯酚、苯甲酸、水杨酸、愈创木酚（guaiacol）等。淡竹的竹茹含有对cAMP磷酸二酯酶抑制作用的成分2,5-二甲氧基-对-羟基苯甲醛、丁香醛、松柏醛；另含对苯二甲酸2′-羟乙基甲基酯。

［药理作用］

抗菌作用：实验表明，竹茹粉在平皿上对白色葡萄球菌、枯草杆菌、大肠杆菌、伤寒杆菌等均有较强的抗菌作用。

［临床应用］

1. 肺热咳嗽，痰黄黏稠　常与桑白皮、川贝母、知母等同用。如《中国药物大全》止嗽金丹。

2. 痰热中阻，烦闷呕逆　常与黄连、橘皮、半夏配伍。如《温热经纬》黄连橘皮竹茹半夏汤。

3. 虚热呃逆　用于胃虚有热之呃逆。如橘皮竹茹汤：橘皮、竹茹、生姜、甘草、人参、大枣。

4. 夏伤暑热，烦渴不止　与乌梅、甘草配伍。如《圣济总录》竹茹汤。

［注意事项］

寒痰咳嗽、胃寒呕吐勿用。

海　藻

海藻为马尾藻科植物海蒿子［*Sargassum Pallidum*（Turn.）C. Ag.］或羊栖菜［*Sargassum fusiforme*（Harv.）Setch.］的干燥藻体。主产于辽宁、山东、福建、浙江、广东等沿海地区。

海藻性寒，味苦、咸。归肝、胃、肾经。具有消痰软坚，利水消肿之功效。主治痰火凝聚，瘿瘤瘰疬，水湿停聚，小便不利。

［主要成分］

羊栖菜含藻胶酸（亦名海藻酸、褐藻酸，alginic acid）20.8%，海蒿子含藻胶酸19.0%。亦含马尾藻多糖（sargassan），其中含D-半乳糖、D-甘露糖、D-木糖、L-岩藻糖、D-葡萄糖醛酸和多肽。

［药理作用］

1. 对甲状腺的作用　主要通过所含的碘和碘化物而纠正因缺碘所引起的甲状腺机能不足；抑制甲状腺机能亢进；碘化物进入组织和血液后，尚能促进病理产物如炎症渗出物的吸收，并能使病态的组织崩溃和溶解。

2. 降压作用 海藻在较大剂量（0.75 mg/kg）时对麻醉犬、兔有比较明显而持久的降血压作用，水剂较酊剂为强。藻胶酸钠对离体兔心有短暂的兴奋作用，对平滑肌则无影响。

3. 降血脂作用 海藻有降低大鼠（高脂饮食）血清胆固醇水平或脏器中胆固醇含量的作用。并认为其中所含的甾醇，特别是β-谷甾醇作用最强。藻胶酸硫酸酯给家兔注射5～10 mg/kg，不仅可降低高脂血症，且可显著降低血清胆固醇水平及减轻动脉粥样硬化，而血液凝固性并无明显改变。但是，此时实验兔的体重增长速度受到抑制，表现大网膜及腹膜后脂肪较少，脾脏增大，有脂质积累，故其作用除有肝素样作用外，还可能与网状内皮系统吞食脂粒的能力增强有关。

4. 抗凝和止血作用 藻胶酸磺酸化后，具有抗凝作用，其抗凝作用与肝素相似但较弱。藻胶酸本身可防止血凝障碍。藻胶酸钙做成外科敷料有止血作用。

5. 对免疫功能的影响 给药组小鼠腹腔注射100 mg/kg褐藻酸钠溶液，连续给药7天，结果褐藻酸钠能明显增强小鼠腹腔巨噬细胞的吞噬功能，吞噬百分数为对照组的1.43倍，吞噬指数为对照组的2.96倍。第7天除生理盐水组外，其余每鼠腹腔注射Cy（环磷酰胺），第9天检查各鼠白细胞数。结果表明，褐藻酸钠对环磷酰胺引起的白细胞减少均有对抗作用，对抗率达54.35%。对小鼠溶血素生成试验结果，半数溶血值（HC_{50}）为对照组的3.70倍，表明褐藻酸钠具有增强体液免疫的功能。

6. 抗皮肤真菌的作用 海藻水浸剂（1∶4）在试管内对堇色毛癣菌、同心性毛癣菌、铁锈色小芽孢癣菌、腹股沟表皮癣菌、红色表皮癣菌等皮肤真菌均有不同程度的抑制作用。海藻的水、醇提取物在体外亦有不同的抑菌作用。海藻对枯草杆菌有一定抑制作用。

7. 其他作用 褐藻酸钠具有明显降低血清胆固醇的作用；对^{60}Co射线照射所致的损伤有一定的保护作用；抗内毒素作用；抗肿瘤作用。藻胶酸钠可制成血浆代用品；其扩容能力与右旋葡萄糖酐相似，对肝、脾、肾、骨髓无伤害，一般无过敏，能增进选血功能。经消毒后，产品可保存数年。藻胶酸钠可作为维生素C水溶液的稳定剂（浓度为0.03%），在酸性食物中以藻胶酸钠作稳定剂亦有良好的效果。藻胶酸与等分子的苯丙胺制成的合剂可作为食欲抑制剂减轻肥胖而不引起失眠。亦可用于消除药剂的不良气味。

［临床应用］

1. 瘿瘤瘰疬 常与昆布、贝母、青皮等同用。如《外科正宗》海藻玉壶汤。

2. 水湿停聚、小便不利 常与牡蛎、泽泻、商陆等同用。如《伤寒论》牡蛎泽泻散。

［注意事项］

传统认为反甘草。

［不良反应］

给小鼠腹腔注射褐藻酸酯钠LD_{50}为1 013±308 mg/kg。藻酸双酯钠约23%可出现发热、过敏反应、造血系统、循环系统及消化系统等不良反应。故用藻胶酸钠作混悬剂以测定药物毒性时，不应使用小鼠。对猫静脉或腹腔注射藻胶酸钠能引起心内血栓或伤害脑、肾、肝等器官。藻胶酸对小鼠无致癌作用。

昆　布

昆布为海带科植物海带（*Laminaria japonica* Aresch.）或翅藻科植物昆布（*Ecklonia kurome* Okam.）的干燥叶状体。海带主产于辽宁、山东、浙江、福建、广东。昆布主产于浙江、福建等沿海地区。

昆布性寒，味咸。归肝、胃、肾经。具有消痰软坚散结，清热利水消肿之功效。主治瘿瘤瘰疬，利尿消肿，痰气阻滞，膈食不下。

［主要成分］

昆布中含多糖、氨基酸、藻胶酸，以及碘、钾等多种元素。

海带富含多糖类成分藻胶素（algin）、海带氨酸（laminine）、海带聚糖（laminarin）、藻胶酸、杂多糖-褐藻糖胶及其硫酸酯。并含碘、钙、铁、钠、镁、铝、锰、铜、钴、氟、多种氨基酸，以及胡萝卜素、核黄素、抗坏血酸等维生素、多种脂肪酸等。

［药理作用］

1. 对甲状腺的作用　昆布中含碘量较高，可纠正机体因缺碘引起的甲状腺组织增生肿大，使甲状腺腺肿缩小，机能恢复正常。同时也可以暂时抑制甲状腺机能亢进的新陈代谢率而减轻症状。碘化物进入组织及血液后，尚能促进病理产物如炎症渗出物的吸收，并能使病态的组织崩溃和溶解。

2. 抗肿瘤作用　昆布热水提取物对于体外的人体 KB 癌细胞培养有明显的细胞毒作用，可杀灭 50%以上的癌细胞。0.4%海带粉末于饲料中给 SD 系雄性大鼠口服，可以明显降低皮下注射二甲基肼所致大肠癌的发病率。昆布抗肿瘤主要成分可能是多糖类和核酸类，其活性成分在体内具有良好的抗肿瘤活性，但在试管内无活性，推定昆布抗肿瘤活性属于宿主介导的免疫反应。有人认为昆布中的藻酸盐通过刺激 T 细胞而起作用。所以昆布或许既有细胞毒作用，又可刺激宿主的免疫防御功能。

3. 对免疫功能的影响　昆布对机体免疫功能有明显促进作用。褐藻酸钠及褐藻淀粉 100 mg/kg 腹腔注射能明显促进小鼠腹腔巨噬细胞的吞噬功能，对抗由环磷酰胺引起的白细胞下降，增强体液免疫功能，同时可以促进淋巴细胞的转化。

4. 对心血管系统的作用　昆布水提取液 0.25 g/kg 有显著降压作用。海带根经水提醇沉及阴阳离子树脂处理，其中性部位 12 g/kg 给犬灌胃或静脉注射具有降压、减慢心率作用。昆布降血压还因其含有丰富的钾元素。

昆布流浸膏粉每天 1 g，连续喂饲 15 天，明显降低喂饲胆固醇结晶及猪油诱发的实验性高脂蛋白血症家兔的胆固醇（TC），β-脂蛋白（β-LP）及甘油三酯（TG）水平，同时升高高密度脂蛋白-胆固醇（HDL-C）的水平。褐藻酸钠 100 mg/kg 给小鼠腹腔注射，具有明显降低血清胆固醇作用。褐藻淀粉硫酸酯 80 mg/kg 灌胃可使高脂大鼠凝血酶原时间延长，并可抑制凝血酶的活性和血小板的凝集性，改善家兔实验性微循环障碍。

5. 降压作用　海带氨酸（Laminine）具有降压作用，海带氨酸单枸橼酸盐对麻醉兔静脉注射，可使血压短暂下降，此作用不被阿托品阻断；对平滑肌有较显著的抑制作用，如小肠、支气管等，并能对抗乙酰胆碱、5-羟色胺、氯化钡引起之收缩。

［临床应用］

1. 气滞痰凝而致瘿瘤 与青木香、陈皮、海藻等配用。如《疡医大全》四海舒郁丸。

2. 痰火郁滞而致瘿瘤 与夏枯草、川贝母、玄参等配伍。如《顾氏医经读本》昆布散。

3. 水肿，小便不利 多与海藻、泽泻、槟榔等同用，以增行水之力。

［注意事项］

昆布功似海藻，但药力较强。二药常相须为用。

第二节 温化寒痰药

半 夏

本品为天南星科植物半夏［*Pinallia ternata*（Thunb.）Breit.］的块茎。主产于四川、湖北、河南等地。夏、秋二季采挖，洗净，除去外皮及须根，晒干，为生半夏；经白矾制者，称清半夏；经生姜、白矾制者，称姜半夏；经石灰、甘草制者，称法半夏。

半夏性温，味辛。有毒。归脾、胃、肺经。具有燥温化痰，降逆止呕，消痞散结的功效。主治痰多咳喘，痰饮，呕吐，胸脘痞闷，梅核气。

［主要成分］

主要成分含挥发油、L-麻黄碱（L-ephedrine hydrochloride）、葫芦巴碱、胆碱、多种氨基酸、β-和γ-氨基丁酸及植物固醇、3,4-二羟基苯甲醛葡萄糖苷，其苷元及其衍生物2,5-二羟基苯乙酸（尿黑酸 homogentisic acid）为半夏刺激性物质等多种氨苯酸，以及少量脂肪、多糖、淀粉、蛋白质等。半夏嫩芽含尿黑酸及其苷。半夏蛋白Ⅰ具有坠胎作用。

［药理作用］

1. 镇咳祛痰 生半夏、姜半夏、姜浸半夏和明矾制半夏的煎剂0.6～1.0 g/kg灌胃，对0.1%碘溶液注入猫右肋膜腔引起的咳嗽有明显的镇咳作用，药效维持5 h以上。静脉注射0.5～1.0 g/kg亦有明显止咳作用。制半夏的乙醇提取物150～300 mg/kg有祛痰作用。有人认为本品所含挥发性生物碱有抑制中枢和末梢神经的作用，镇咳可能与其抑制咳嗽中枢有关。

2. 镇吐及催吐 生半夏、制半夏煎剂（生药）50 g/kg、100 g/kg给鸽灌胃，使硫酸铜110 g/kg所致呕吐次数显著减少；犬灌服半夏煎剂（生药）5 g/kg、10 g/kg，可使硫酸铜所致呕吐次数减少，对阿扑吗啡所致犬呕吐亦有抑制。其有效成分为生物碱、植物甾醇及L-麻黄碱。半夏的镇吐作用，可能是对呕吐中枢的直接抑制作用。生半夏研末口服，反有催吐作用，生半夏粉经高温处理（120 ℃）可除去其催吐成分，而不损其镇吐作用。其水浸剂也无催吐作用。说明其催吐成分不耐高温，难溶或不溶于水，而镇吐成分对热稳定。

3. 抑制腺体分泌的作用 半夏制剂腹腔注射，对毛果芸香碱引起的唾液分泌有显著的抑制作用。半夏煎剂口服时，唾液分泌先增加，后减少。半夏能显著抑制胃液分泌，抑制胃液酸度，其水提醇沉液能降低游离酸和总酸酸度，抑制胃蛋白酶活性，对急性胃黏膜损伤有保护和促进恢复作用。

4. 抗早孕和抗生育　半夏蛋白 30 mg/kg 对小鼠具有明显抗早孕作用，抗早孕率达100%。皮下注射后 24 h，血浆孕酮水平下降，子宫内膜变薄，出现蜕膜反应，胚胎停止发育并死亡。认为由于半夏蛋白影响卵巢黄体功能，使血浆孕酮水平下降导致蜕膜而流产（孙建宁，2006）。

5. 其他作用　半夏浸膏对离体蛙心和兔心呈抑制作用。20%乙醇制成的半夏浸膏溶液静脉注射对犬、猫和兔有短暂降压作用，且有快速耐受性。肌肉注射则对血压和呼吸无影响。半夏所含葡萄糖醛酸的衍生物有显著的解毒作用，可使士的宁、乙酰胆碱对动物的毒性作用减弱。

[临床应用]

1. 咳嗽　用于脾不化湿的湿痰咳喘，常与茯苓、陈皮等配伍。方如《和剂局方》中的二陈汤（《中华人民共和国兽药典》2005 年版）：半夏、陈皮各 45 g，茯苓 30 g，炙甘草 15 g，引生姜、乌梅，煎汤去渣，候温灌服。

2. 呕吐　用于猪等中、小动物的呕吐，对湿邪所致呕吐者尤为适宜，常与生姜同用；如属胃热呕吐，可与黄莲、竹茹等清热药同用。

3. 胃肠功能紊乱　半夏可用于胃肠功能紊乱的多种病证，如恶心、呕吐、泄泻等。

4. 牛瘤胃臌气　与法半夏、干姜、黄芩、黄连各 30 g，柴胡 45 g，神曲、山楂、麦芽、枳壳各 60 g，白芍 100 g，虎杖 120 g，甘草 15 g。水煎灌服（胡元亮，2006）。

5. 马肺寒　治马肺寒吐沫，方如半夏散（元亨疗马集）：半夏、升麻、防风、枯矾。各药等分，共为细末，每用 150～200 g，加荞麦面 20～30 g，蜂蜜 50 g，生姜 15 g（捣碎），酸浆水适量，同调，喂草后灌服。

[注意事项]

1. 半夏具有刺激性，混悬液给鸽灌胃引起呕吐，喂给豚鼠可致声嘶或失音。生半夏误食可引起咽喉和消化道黏膜的强烈刺激，表现肿胀、疼痛、失音、流涎、痉挛、呼吸困难，甚至窒息而死亡。如果要用生半夏，应经过煎煮以减毒，配伍生姜以制毒。

2. 生半夏、姜半夏、法半夏的水煎液（生药）10 g/kg，从小鼠受孕第 7 天起腹腔注射，连续 10 天，其致畸率均明显高于空白对照组，认为 3 种半夏均有致畸作用，尤以生半夏为严重。提示孕畜临床应慎用。

[不良反应]

半夏浸膏小鼠腹腔注射的 LD_{50} 为 325 mg（生药）/kg。兔每天每只用 0.5 g 灌胃，连用 10 天，未见毒性反应。剂量增加时，可致腹泻或死亡。动物实验证明，半夏的炮制方法不同，其毒性亦异，小鼠灌服半夏制剂的混悬液，以死亡为毒性指标，其毒性顺序：生半夏毒性最大，其次为清半夏，再次为姜浸半夏和蒸半夏，白矾半夏毒性最小。生半夏引起中毒的靶器官主要是肝脏、肠道、肾脏。生半夏粉以 9 g/kg 灌胃，对妊娠大鼠和胚胎均有非常显著的生殖毒性。生半夏、姜半夏、法半夏的水煎剂腹腔注射，均有致畸作用，以生半夏最为显著。其致突变频率与丝囊霉属接近。姜半夏不仅能致母体细胞遗传物质的改变，而且还可通过胎盘屏障对胎儿细胞有诱变作用（沈映君，2012）。

天　南　星

本品为天南星科植物天南星［*Arisaema erubescens*（Wall.）Schott］、异叶天南星（*Arisaema heterophyllum* Bl.）或东北天南星（*Arisaema amurense* Maxim.）的干燥块茎。主产于东北、江苏、江西、湖北、四川、陕西等地。

天南星性温，味苦、辛，有毒。归肺、肝、脾经。具有燥湿化痰，祛风定惊，消肿散结的功效。主治痰壅，惊风，破伤风，喉痹，瘰疬，痈肿。

［主要成分］

块茎中大多数都含有三萜皂苷、安息香酸、D-甘露醇、有毒生物碱、苛辣性毒素；果实含类似毒芹碱（coniine）的物质。

［药理作用］

1. 祛痰作用　天南星水煎剂口服有显著的祛痰作用，能显著增加呼吸道黏液分泌。祛痰机理可能与皂苷有关。

2. 镇痉作用　天南星水煎剂对于士的宁引起的小鼠的惊厥有对抗作用；并能提高戊四氮的惊厥阈。

3. 镇静与止痛作用　兔、大鼠腹腔注射天南星煎剂后，均呈现活动减少、安静、翻正反射迟钝。对小鼠能明显延长戊巴比妥钠的睡眠时间。小鼠腹腔注射煎剂有明显的镇痛作用。

4. 抗肿瘤作用　鲜天南星（未鉴定品种）的水提取液经醇沉淀后的浓缩制剂，体外对 HeLa 细胞有抑制作用，使细胞凝缩成团块，破坏正常细胞结构，部分细胞脱落。对小鼠实验性肿瘤包括肉瘤 S_{180}、HCA 肝癌实体型等均有一定抑制作用，并证明 D-甘露醇可能是抗癌有效成分之一。

5. 其他作用　天南星生物碱对离体犬的心房和乳头肌收缩力及窦房结频率均有抑制作用，并能拮抗异丙肾上腺素对心脏的作用；能对抗乌头碱所引起的心律失常，延长心肌细胞的动作电位的有效不应期。天南星块茎的醇提物对多种细菌有抑制或杀灭作用。其作用机制可能是其中的皂苷成分抑制了菌体分裂所需的蛋白或酶类。天南星块茎的 2 种生物碱均有清除超氧阴离子自由基，抑制肝线粒体脂质过氧化和膜 ATP 酶反应，呈现抗氧化作用。

［临床应用］

1. 咳嗽　用于痰湿壅滞的咳嗽，常与陈皮、半夏、茯苓等配伍。方如《济生方》中的导痰汤。

2. 破伤风　常与防风、白芷、蝉蜕、僵蚕等配伍治破伤风。《元亨疗马集》方如千金散，主治马破伤风。《中兽医方剂学》中的五虎追风散：蝉蜕 60 g，天南星、天麻、全蝎、僵蚕各 15 g，朱砂 10 g。为细末，水调灌服。功能祛风化痰，止痉。主治破伤风。

3. 疮疔痈疽　外敷能消肿散结止痛治疮肿。常与大黄、黄柏、姜黄、陈皮、苍术等同用。

［不良反应］

1. 天南星醇浸膏给小鼠皮下注射后，可使动物因惊厥而死。水浸液小鼠腹腔注射的LD_{50}为13.5 g/kg。

2. 天南星鲜品毒性剧烈，误食后的中毒症状：咽喉发痒，灼辣，麻木，大量流涎，张口困难，口腔黏膜糜烂，以至坏死。严重的昏迷、窒息，最后因呼吸衰竭而死亡。

旋　覆　花

旋覆花为菊科多年生草本植物旋覆花（*Inula japonica* Thunb.）或欧亚旋覆花（*Inula britannica* L.）的干燥头状花序。旋覆花的地上部分称旋覆梗（或金沸草）。主产于河南、河北、江苏、浙江、广东、广西等地。

旋覆花性微温，味苦、辛、咸。归肺、脾、胃、大肠经。具有消痰，软坚，行水，降气止呕的功效。主治痰多喘咳，胸膈痞闷，呕吐嗳气。

［主要成分］

含黄酮苷、倍半萜内酯化合物大花旋覆花素（britanin）和旋覆花素（inulicin）、槲皮素（quercetin）、异槲皮素（isoquercetin）、咖啡酸（caffeic acid）、绿原酸（chlorogenic acid）、蒲公英甾醇（taraxasterol）、生物碱、挥发油及油脂等。

［药理作用］

1. 对呼吸系统的作用　旋覆花有平喘、镇咳作用。旋覆花黄酮对组织胺引起的豚鼠支气管痉挛性哮喘有明显的保护作用，对组织胺引起的豚鼠离体气管痉挛亦有对抗作用，但较氨茶碱的作用慢而弱。小鼠腹腔注射旋覆花水煎剂有显著镇咳与抗炎作用，可抑制小鼠SO_2引起的咳嗽，消除巴豆油涂擦耳部诱发的急性炎症，灌胃有明显祛痰作用。

2. 对平滑肌的作用　绿原酸能显著增加大鼠、小鼠的小肠蠕动；绿原酸、咖啡酸、奎宁酸均可增加子宫的张力，但该作用能被罂粟碱所取消，而阿托品则对此无明显影响。

3. 对消化系统的作用　绿原酸和咖啡酸口服，可增加胃中盐酸的分泌量；亦有增加大鼠胆汁分泌。

4. 保肝作用　旋覆花的热水提取物可增加细菌脂多糖（LPS）所致免疫学肝损伤小鼠模型的存活率，其有效成分在四氯化碳和半乳糖胺肝损伤小鼠模型中对其血中（ALT、AST）的上升均有抑制作用（高学敏，2000）。

5. 抗菌作用　旋覆花煎剂对金黄色葡萄球菌、炭疽杆菌和福氏痢疾杆菌有明显的抑制作用。旋覆花中的咖啡酸及绿原酸有较广泛的抑菌作用，但在体内能被蛋白质灭活。

［临床应用］

1. 咳喘　该品苦降辛开，降气化痰而平喘咳，消痰行水而除痞满。凡痰壅气逆，胸腹痞闷，喘咳痰多，无论寒热，皆可应用。用于寒痰咳喘，兼有表证者，常与前胡、荆芥、生姜、半夏、细辛等配伍，方如《南阳活人书》中的金沸草散；用于热痰咳喘的实热证，常与桔梗、桑白皮、大黄、槟榔等配伍，方如《圣济总录》中旋覆花汤。

2. 呕吐　用于脾胃虚寒、痰湿内阻所致的呕吐，常与代赭石、半夏、生姜、党参等配伍，方如《伤寒论》中的旋覆代赭汤。

[注意事项]

本品温散降逆，若阴虚燥咳及气虚便溏者不宜用。

[不良反应]

50%旋覆花煎剂腹腔注射，小鼠的急性 LD_{50} 约为 22.5 g/kg，给小鼠腹腔注射此煎剂 2 mL，注射后立即呼吸加快，6 min 后出现兴奋、抽搐、举尾、四肢震颤，8 min 后死亡。

白 芥 子

白芥子为十字花科一年生或越年生草本植物白芥（*Sinapis alba* L.）或芥［*Brassica juncea*（L.）Czern. et Coss.］的干燥成熟种子。前者习称“白芥子”，后者习称“黄芥子”。主产于河南、安徽等地。

白芥子性温，味辛。归肺、胃经。具有温肺化痰，利气散结，通络止痛之功效。主治寒痰咳喘，痰湿阻滞，肢体麻木，关节疼痛。

[主要成分]

主要成分含白芥子苷（sinalbin）、芥子碱（sinapine）、芥子酶（myrosin）、脂肪、蛋白质、粘液质及维生素 A 类物质。白芥子苷经芥子酶水解，产生异硫氰酸对羟基苄酯（P－hydroxybenzyl isothiocynate，白芥子油）、酸性硫酸芥子碱（sinapin bisulfate）及葡萄糖。酸性硫酸芥子碱经碱性水解可产生芥子酸和胆碱。

[药理作用]

1. 抗真菌作用 白芥子水浸剂（1∶3），在试管内对堇色毛癣菌、许兰氏黄癣菌等皮肤真菌有不同程度的抑制作用。

2. 刺激作用 白芥子苷本身无刺激作用，遇水后经白芥子酶的作用生成挥发性油（白芥子油）。芥子挥发油有刺鼻辛辣味及刺激作用。应用于皮肤，有温热感觉，并使之发红，甚至引起水泡、脓疱。通常将芥子粉除去脂肪油后做成芥子硬膏，用作抗刺激剂（刺激性药物使用于皮肤局部，其作用不仅限于用药部位，并牵涉其他部位，产生治疗作用时，称为抗刺激作用）。治疗神经痛、风湿痛、胸膜炎及扭伤等。使用前先用温水湿润，以加强芥子酶的作用（沸水则抑制芥子酶的作用）。应用时间不超过 15～30 min，皮肤敏感者只能应用 5～10 min。芥子粉作为调味剂，使唾液分泌及淀粉酶活性增加，心率减少。少量可增加胃黏膜胃液和胰液的分泌，有时可缓解顽固性呃逆。大量可迅速引起呕吐，用于麻醉性药物中毒的治疗。

[临床应用]

1. 寒痰咳喘、痰多清稀 常与苏子、莱菔子同用。如《韩氏医通》三子养亲汤。

2. 痰湿阻滞经络，肢节麻痹疼痛 与木鳖子、没药、桂心等同用。如白芥子散。

[注意事项]

1. 本品辛温走散，耗气伤阴，久咳肺虚及阴虚火旺者忌用。

2. 对粘膜有刺激性，易发泡，故有消化道溃疡、出血及皮肤过敏者忌用。

[不良反应]

白芥子所含的异硫氰酸苄酯对小鼠、豚鼠、大鼠腹腔注射的 LD_{50} 分别为 76～107 mg/kg、

68 mg/kg 及 72 mg/kg，口服的 LD_{50} 分别为 134 mg/kg、81 mg/kg 及 128 mg/kg。

苏　子

苏子又称紫苏子，为唇形科一年生草本植物紫苏［*Perilla frutescens*（L.）Britt.］的干燥成熟果实。主产于湖北、江苏、河南、浙江、河北等地。

苏子性温，味辛。归肺、大肠经。具有降气化痰，止咳平喘，润肠通便之功效。主治痰壅气逆，肺气不宣，胸闷喘咳，肠燥气滞，腹胀便秘。

［主要成分］

苏子主要成分含脂肪油和亚油酸（linoleicacid），α-亚麻酸（α-linolenicacid），还有维生素 B_1 和氨基酸类化合物。紫苏所含的挥发油紫苏油中的主要成分是紫苏醛，其他主要的萜烯类物质包含柠檬烯、石竹烯以及金合欢烯。种子和叶中含黄酮类化合物，已分离出 9 种黄酮苷、2 种黄酮和 5 种花色素苷。果实尚含 β-谷甾醇（β-sitosterol）、豆甾醇、鞣质等。

［药理作用］

1. 对血脂的作用　用含紫苏油的饲料喂鸡，能使鸡血浆胆固醇水平降低，但对小鼠无此作用，并导致小鼠颈部脱毛和皮肤损害；用含紫苏油的饲料喂兔，能增加其体重和肝脏重量，但对血浆及肝脏的胆固醇含量无明显影响。

2. 抑菌作用　紫苏油（0.1%）对变形杆菌、黑曲霉菌、青霉菌及自然界中的霉菌均有抑制作用，其中对霉菌和酵母菌的作用明显强於 0.05%的尼泊金和 0.3%的苯甲酸。紫苏对葡萄球菌有较强的抑制作用，对大肠杆菌、痢疾杆菌也有抑制作用。

3. 止咳祛痰作用　紫苏能扩张皮肤血管，刺激汗腺分泌，故有发汗作用，亦能减少支气管分泌，缓解支气管痉挛而起到止咳祛痰作用，故多用于感冒咳嗽。

4. 促进消化液分泌，增强胃肠蠕动作用　紫苏增强消化道蠕动及促进消化液分泌，起到行气和中的作用。

5. 防腐、抗氧化作用　紫苏子经脱脂后的乙醇提取物有防腐及抗氧化作用。可用于食物和药品的长期贮存。其抗氧化作用较 0.02%的 BHT（2,6-二叔丁基对羟基苯甲醇）为强。

［临床应用］

1. 风寒外束，咳嗽胸闷　常与麻黄、陈皮、杏仁等同用。如《博济方》华盖散。

2. 寒痰壅肺，久咳痰喘　多与半夏、厚朴、肉桂等配用。如《太平惠民和剂局方》苏子降气汤。

3. 咳嗽气喘，食少痰多　多与白芥子、莱菔子配伍。如《韩氏医道》三子养亲汤。

4. 肠燥气滞，腹胀便秘　可与火麻仁、瓜蒌仁、杏仁等配伍，以润燥行滞通便。

［注意事项］

1. 脾虚便溏者慎用。

2. 紫苏叶、紫苏梗和紫苏子同出一种植物。紫苏叶长于发散风寒（治风寒表证），紫苏梗长于理气开郁（治脾胃气滞，胸闷呕吐），紫苏子长于降气消痰（治痰壅气逆，咳嗽痰喘）。

3. 苏子独润香而不燥，为虚劳咳嗽之专药。与橘红同为除喘定嗽、消痰顺气之良剂。

白　前

白前为萝藦科多年生草本植物柳叶白前［*Cynanchum Stauntonii*（Decne.）Schltr. ex Levl.］或芫花叶白前［*Cynanchum glaucescens*（Decne.）Hand. Mazz.］的干燥根茎及根。主产于浙江、安徽、福建、江西、湖北、湖南等地。

白前性微温，味辛、苦。归肺经。具有祛痰，降气，止咳之功效。主治肺气壅实，咳嗽痰多，胸满喘急。

［主要成分］

主要成分含三萜皂苷，其中主要为白前皂苷（甲、乙、丙、丁、戊、己、庚、辛、壬、癸），华北白前醇（hancokind）、β-谷甾醇（β- sitosterol）和 C_{24}- C_{30}脂肪酸。

［药理作用］

1. 祛痰作用　芫花叶白前水提物和醇提物均有显著的祛痰作用，二者作用相近，醚提物祛痰作用不明显，水提物的祛痰作用有一定的量效关系。柳叶白前的醚提物也有祛痰作用。

2. 镇咳作用　动物实验表明，芫花叶白前水提物、乙醇提取物及石油醚提取物，对浓氨水刺激诱导的小鼠咳嗽均有明显的镇咳作用，可使咳嗽次数明显减少，并呈现明显的量效关系。

3. 平喘作用　动物实验表明，芫花叶白前水提物对哮喘有明显的预防作用，可使给药各组豚鼠发生抽搐跌倒的潜伏期延长，次数明显减少。

4. 抗炎作用　芫花叶白前水提物对巴豆油所致的小鼠耳廓急性渗出性炎症有非常显著的抗炎作用，并有明显的量效关系。柳叶白前水提取物也有非常显著的抗炎作用。

［临床应用］

1. 外感咳嗽　用于寒邪犯肺，咳嗽气逆，肺气壅实，咯痰不爽，与陈皮、桔梗、紫菀等同用。如《医学心悟》止嗽散。风寒咳嗽，常与荆芥、桔梗、陈皮等同用；风热咳嗽，常与牛蒡子、桑叶等同用。

2. 痰热壅肺　用于肺热喘急，咳痰黄稠，与桑皮、杏仁、石膏等配用。如《杂病源流犀烛》桑皮白前汤。临床治肺炎，常与白果、苏子、青黛、麻黄、款冬花、全瓜蒌等同用。

［注意事项］

1. 肺肾双虚、摄纳无权的虚喘忌用。
2. 《本草经疏》：“白前，肺家之要药”。

第三节　止咳平喘药

杏仁（苦杏仁）

杏仁为蔷薇科落叶乔木植物山杏（*Prunus armeniaca* L. var. *ansu* Maxim.）、西北利亚杏（*Prunus sirica* L.）、东北杏［*Prunus mandshurica*（Maxim.）Koehne］或杏

（*Prunus armeniaca* L.）的成熟种子。主产于我国山西、陕西、河北、内蒙古、辽宁、吉林、山东等地。

杏仁性微温，味苦。有小毒。归肺、大肠经。具有止咳平喘，润肠通便的功效。主治咳嗽气喘，胸满痰多，血虚津枯，肠燥便秘等。

［主要成分］

含苦杏仁苷（amygdalin）约3%，水解后产生氢氰酸（约0.2%）；此外，尚含苦杏仁酶（amygdalase）、苦杏仁苷酶及脂肪油（杏仁油，50.1%），其中的油酸、亚油酸含量最高，其次是棕搁酸、硬脂酸、亚麻酸、十四烷酸、棕榈油酸和20C-烯酸。尚含有挥发性成分的β-紫罗兰酮（β-ionone）、芳樟醇（linalool）、已醛（hexanal）等。还含有蛋白质和氨基酸。

［药理作用］

1. 祛痰、镇咳、平喘作用　苦杏仁给小鼠灌胃有明显的祛痰作用。苦杏仁苷结小鼠灌胃，对二氧化硫致咳小鼠的咳嗽频数有明显抑制作用。实验证实，苦杏仁能促进肺表面活性物质（PS）的合成，因而有利于肺的呼吸功能。服用小剂量杏仁，其所含苦杏仁苷在体内慢慢分解，逐渐产生微量氢氨酸，能轻度抑制呼吸中枢，使呼吸加深，痰液易于排出，而达到镇咳平喘的作用。生苦杏仁、炒苦杏仁对枸橼酸致咳的豚鼠模型均有明显的止咳平喘作用（李贵海，2007）。

2. 对消化系统的作用　由苦杏仁苷经酶作用形成氢氰酸，同时也产生苯甲醛。苯甲醛在体外以及在健康者或溃疡病者体内，均能抑制胃蛋白酶的消化功能。不同剂量的苦杏仁苷对小鼠应激性胃溃疡模型具有良好的治疗作用，表现为溃疡面积明显缩小。苦杏仁苷可以显著抑制慢性胃炎大鼠胃蛋白酶活力，对胃黏膜有一定的保护作用。对大鼠慢性胃炎及萎缩性胃炎均有较好的防治作用。苦杏仁味苦而下气，所含脂肪油有润肠通便作用。

3. 抗肿瘤作用　氢氰酸、苯甲醛、苦杏仁苷体外实验证明，均有微弱的抗癌作用。给小鼠自由摄食苦杏仁，可抑制艾氏腹水癌的生长，并使其生存期延长。苦杏仁苷能防治二甲基亚硝胺诱导的肝癌，使肿瘤病灶缩小。

4. 增强免疫作用　苦杏仁苷给小鼠灌胃，能提高小鼠腹腔巨噬细胞对鸡红细胞吞噬的百分率及吞噬指数。苦杏仁苷小鼠肌内注射，明显促进有丝分裂原对脾脏T淋巴细胞的增殖和增强小鼠脾脏NK细胞的活性，对小鼠肝枯否氏细胞吞噬功能有非常明显的促进作用。

5. 保肝作用　苦杏仁水溶性部分的胃蛋白酶水解产物能降低四氯化碳处理的大鼠AST、ALT水平和羟脯氨酸含量的升高及肝结缔组织的增生，但不能抑制D-半乳糖胺引起的AST、ALT水平升高。苦杏仁苷皮下注射，对小鼠肝细胞增生有明显的促进作用。

6. 降血糖作用　对高血糖小鼠预先腹腔注射苦杏仁苷，有明显的特异性降血糖作用，并与苦杏仁苷血药浓度呈依赖关系。

苦杏仁苷还具有抗脑缺血、抗氧化、抑制肝脏和肾脏纤维化等作用。苦杏仁苷能明显提高脑缺血状态下细胞色素氧化酶的活力，促进组织细胞代谢和功能恢复及组织的修复。苦杏仁苷醇提取物及苦杏仁苷能抑制自由基的生成，抑制脂质的氧化而呈现抗氧化作用。

苦杏仁苷 3 mg 腹腔注射，能明显延缓肾间质纤维化的进程，发挥其抗纤维化的作用（沈映君，2012）。

［临床应用］

1. 咳喘 治风寒咳嗽，与细辛、麻黄、苍术、知母、桂枝、瓜蒌仁、桑白皮、款冬花、甘草配伍；治燥热咳嗽，与桑叶、贝母、沙参等同用，方如《温病条辨》桑杏汤；治肺热咳喘，多与麻黄、生石膏等合用。方如《伤寒论》麻杏甘石汤。

2. 肠燥便秘 常与麻仁、当归、枳壳等同用。如《沈氏尊生书》中的润肠丸。

［不良反应］

苦杏仁苷小鼠静注 LD_{50} 为 25 g/kg；大鼠静注 LD_{50} 为 25 g/kg，腹腔注射 LD_{50} 为 8 g/kg。苦杏仁苷口服易在胃肠道分解出氢氰酸，毒性比静脉注射大 40 倍左右。大量口服杏仁易产生中毒。首先作用于延脑的呕吐、呼吸、迷走及血管运动等中枢，均引起兴奋；随后进入昏迷、惊厥，继而整个中枢神经系统麻痹，由于呼吸中枢麻痹而死亡。其中毒机理主要是由于杏仁所含的氢氰酸很易与线粒体中的细胞色素氧化酶的三价铁起反应，形成细胞色素氧化酶-氰复合物，从而使细胞的呼吸受抑制，形成组织窒息导致死亡。

小鼠微核实验、细胞畸变实验均为阴性，说明苦杏仁无致突变作用（陈长勋，2006）。

百　部

本品为百部科多年生草本植物直立百部［*Stemona sessilifolia*（Miq.）Miq.］、蔓生百部［*Stemona japonica*（Bl.）Miq.］、或对叶百部［*Stemona tuherosa* Lour.］的干燥块根。主产于山东、安徽及长江流域等地。

百部性微温，味甘、苦。归肺经。具有润肺止咳、杀虫的功效。主治新久咳嗽，燥湿杀虫，止痒。

［主要成分］

百部的根含多种生物碱。蔓生百部的根主要含有百部碱（stemonine）、百部定碱（stemonidine）、百部宁碱（paipunine）、百部新碱（stemoninine）。对叶百部的根主要含有百部碱（stemonine）、对叶百部碱（tuberostemonine）、异对叶百部碱（isotuberostemonine）、次对叶百部碱（hyoptuberostemonine）、氧化对叶百部碱（oxotuberostemonine）。此外，对叶百部尚含有糖、脂类、蛋白质及乙酸、甲酸、苹果酸、琥珀酸、草酸等。直立百部的根主要含有百部碱（stemonine）、原百部碱（protostemonine）、百部定碱（stemonidine）、霍多林碱（hordorine）、直立百部碱（sessilis temonine）。

［药理作用］

1. 平喘、镇咳、祛痰作用 百部生物碱能降低动物呼吸中枢的兴奋性，抑制咳嗽反射。100%百部生物碱提取液 0.2 mL，对组织胺所致的离体豚鼠支气管平滑肌痉挛有松弛作用，其作用强度与氨茶碱近似，但缓慢而持久。兔灌服 100%百部生物碱提取液 2 mL/kg，无祛痰作用。

2. 抗病原微生物作用 体外试验表明，百部煎剂及醇浸剂对肺炎球菌、乙型溶血性链球菌、脑膜炎球菌、金黄色葡萄球菌、白色葡萄球菌、痢疾杆菌、伤寒杆菌、副伤寒杆菌、大肠杆菌、变形杆菌、霍乱弧菌等均有不同程度的抑制作用。蔓生百部水浸液在体外对某些致病真菌亦有一定的抑制作用。百部煎剂能降低亚洲甲型流感病毒对小鼠的致病力。

3. 杀虫作用　蔓生百部及其他品种百部的水浸液及70%的醇浸液对蚊蝇幼虫等在体外均有明显的杀灭作用。5%百部水提液对鸡羽虱有明显的杀灭作用。

［临床应用］

1. 咳嗽　外感咳嗽时，多配伍桔梗、荆芥、紫菀等；阴虚久咳，配伍百合、麦冬、桑白皮、茯苓、沙参、地骨皮等；肺热咳嗽，与知母、贝母、黄芩、栀子同用；或与石膏、贝母、葛根等同用，如《太平圣惠方》百部散。劳伤咳嗽时，常配伍百合、补骨脂、紫菀、枸杞子、骨碎补等。

2. 虫疾　百部制剂可内服或外用，对畜禽体虱、虱卵及蛲虫等具有较强的杀灭作用。

［注意事项］

脾胃有热者慎用。

［不良反应］

服用过量中毒，常引起呼吸中枢麻痹。

紫　菀

紫菀为菊科多年生草本植物紫菀（*Aster tataricus* L. f.）的干燥根及根茎。主产于河北、安徽、河南、黑龙江、山西等地。

紫菀性温，味辛、苦。归肺经。具有润肺下气，化痰止咳之功效。主治咳喘痰多，劳嗽咳血，小便不利。

［主要成分］

含紫菀皂苷A、B、C、D、E、F、G（asterprosaponinA、B、C、D、E、F、G)、紫菀酮（shionone)、槲皮素（quercetin)、紫菀苷（asterin)、表木栓醇、木栓酮、挥发油中含毛叶醇（lachnophyllol)、乙酸毛叶酯（lachnophyllol acetate)、茴香醚（anethole)、烃、脂肪酸、芳香旋酸等。

［药理作用］

1. 祛痰镇咳作用　紫菀酮、紫菀皂苷和紫菀醇都有祛痰作用。紫菀煎剂1.0 g/kg灌胃，对麻醉兔有显著祛痰作用，且可持续4 h以上。粗提物口服对大鼠气管分泌物也有明显增加作用。家鸽纤毛运行实验中，紫菀的90%乙醇溶液作用最好，可以促进家鸽气管收缩，表明紫菀发挥祛痰作用是由多个成分共同作用的（李娜，2009)。从紫菀根与根茎醇提物中分离出的结晶之一（暂名紫中素）有止咳作用”。对用氨水喷雾引起的小鼠咳嗽有显著镇咳效果；对碘液注入猫右肋膜腔引起的咳嗽，灌吸煎剂无效。

2. 抗菌作用　体外试验，紫菀煎剂对大肠杆菌、痢疾杆菌、变形杆菌、伤寒杆菌、副伤寒杆菌、绿脓杆菌及霍乱弧菌等有一定的抑制作用。

3. 抗癌作用　从紫菀中分离出的表木栓醇对小鼠艾氏腹水癌有抑制作用。

4. 利尿作用　紫菀所含槲皮素和紫菀苷有较强的利尿作用。

5. 抗氧化作用 紫菀中的槲皮素和山奈酚有显著的抗氧化作用（沈映君，2012）。

［临床应用］

1. 各种咳嗽 用杏仁、紫苏、黄芩、玄参、桔梗，共研末，开水冲服。久咳加百部；热甚伤津加栀子，麦冬 30 g；痰多加贝母，知母。

2. 外感风寒 多与款冬花、苏子、麻黄、法半夏、杏仁、生姜等配伍；或与百部、桔梗、白前等同用。如《医学心悟》止嗽散。

3. 肺热咳喘 多与栀子、黄芩、葶苈子、板蓝根等同用。方如《中兽医治疗学》中的紫菀散。或与桑白皮、枇杷叶、杏仁等配伍。如《世医得效方》紫菀膏。

4. 劳伤咳喘 多与麦冬、五味子、沙参、杏仁、苏子等配伍。方如《中兽医治疗学》中的滋阴定喘散。

［不良反应］

紫菀皂苷有强力溶血作用，其粗制剂不宜静脉注射。紫菀水煎液口服有较强的急性毒性和致肝损伤作用，LD_{50}为 54.1 g/kg，能显著升高血清及肝匀浆中各项生化指标的含量和肝重系数，导致肝组织形态明显改变（沈映君，2012）。

款　冬　花

款冬花为菊科多年生草本植物款冬（*Tussilago farfara* L.）的花蕾。主产于华北、西北及河南、湖北、四川、内蒙古、新疆、西藏等地。

款冬花性温，味辛。归肺经。具有润肺下气、止咳化痰的功效。主治咳嗽气喘，肺虚久咳，燥热伤肺，肺痈胸满。

［主要成分］

款冬花的花蕾主要含款冬二醇等甾醇类、芸香苷（芦丁，rutin）、槲皮素（quercetin）、金丝桃苷（hyperin）、款冬酮（tussilagone）、款冬素（tussilagoin）、千里碱（senecionine）、香芹酚（carvacrol）、亚油酸甲酯（methyl linoleate）、款冬二醇（faradiol）、降香醇（bauerenol）、蒲公英黄素（taraxanthin）、β-谷甾醇（β-sitosterol）、阿魏酸（ferulic acid）、咖啡酸（caffeic acid）、挥发油、三萜皂苷和植物固醇等。鲜根茎含挥发油、石蜡、菊糖、鞣质。

［药理作用］

1. 镇咳、祛痰和平喘作用 给小鼠 10.0 g/kg 灌胃，1 h 后有非常显著的镇咳效果。40%款冬花煎剂 4 mL/kg 灌胃，对狗有显著镇咳作用；款冬花煎剂对猫有祛痰作用，但不及桔梗和车前草。其乙酸乙酯提取物有祛痰作用，乙醇提取物有镇咳作用。有人认为，其所含挥发油和硝酸钾是其镇咳、祛痰的有效成分。

款冬花醚提取物对组织胺引起的支气管痉挛有解痉作用，但不如氨茶碱确实。其醚提取物静脉注射，对麻醉猫和兔有呼吸兴奋作用，但有时在呼吸兴奋前或后有呼吸暂停。其呼吸兴奋作用类似尼可刹米，可对抗吗啡引起的呼吸抑制。

2. 对心血管系统的作用 款冬花醚提取物给麻醉猫、兔、犬和大鼠等静脉注射，一般无先期降压现象，而升压作用更明显，心率增快，以后血压缓慢下降，心率变慢。款冬花煎剂及醇提取液对离体蟾蜍心脏有抑制作用。对于失血性休克猫，醚提取物 0.2 g（生药）/kg 的升压作用极为显著。其升压作用特点是用量小、作用大、作用发生快、持续时间久。反复给药，无快速耐受性。升压原理认为与兴奋延髓血管运动中枢有关，也有外周因素的参与。对血管 α 受体及血管平滑肌都有一定作用，而且还有与神经节兴奋药类似的作用。款冬酮引起兔主动脉收缩，其作用不被酚妥拉明或维拉帕米阻断，但在无 Ca^{2+} 溶液中显著减弱，提示款冬酮升压部位在外周，其升压作用是促进儿茶酚胺类递质释放与直接收缩血管平滑肌的综合结果，后者与细胞外 Ca^{2+} 内流有关。

3. 对胃肠和子宫平滑肌的作用　款冬花醚提取物对胃肠平滑肌呈抑制作用，可对抗氯化钡引起的肠管收缩。对在位或离体子宫，小剂量时兴奋，大剂量时呈抑制，或兴奋后继以抑制。

4. 其他作用　款冬花制剂静注，于血压升高的同时，可见瞳孔散大，泪腺和气管腺分泌增加，四肢肌肉紧张。醚提取液滴眼，未见瞳孔散大。

[临床应用]

咳嗽：各种咳嗽无论寒热虚实，均可用之。肺热咳嗽常与橘红、法半夏、陈皮、苏子、杏仁、贝母等同用，方如《中兽医治疗学》中的橘红散；风寒咳喘，常与麻黄、桂枝、桑白皮、白芥子、苏子、制南星等同用，如《活兽慈舟》治马风寒作喳方；若属暴咳，可与贝母、桑白皮、杏仁等配伍，如《圣惠方》中的款冬花汤。

[不良反应]

大剂量款冬花醚提取物给鼠腹腔注射，豚鼠和兔静脉注射，蛙淋巴囊注射，均可引起狂躁不安、呼吸兴奋、肌肉挛缩、惊厥，甚至死亡。

小鼠口服款冬花煎剂 LD_{50} 为 124 g/kg；醇提取物小鼠灌服的 LD_{50} 为 112 g/kg；醚提取物小鼠腹腔注射的 LD_{50} 为 43 g/kg。

马　兜　铃

本品为马兜铃科多年生藤本植物北马兜铃（*Aristolochia contorta* Bge.）或马兜铃（*Aristolochia debilis* Sieb. et Zucc.）的成熟果实。主产于东北、华北、陕西、河南、河北、山东、安徽、浙江、江苏、江西等地。

马兜铃性微寒，味苦、微辛。归肺、大肠经。具有清肺化痰，止咳平喘，清肠消结之功效。主治肺热喘咳，大肠积热，疮肿出血。

[主要成分]

马兜铃的果实含马兜铃碱（aristolochine）、木兰碱（magnoflorine）、马兜铃酸（aristolochic acid）、马兜铃次酸（aristolochinic acid）等。

[药理作用]

1. 对呼吸系统的作用　用测定麻醉兔呼吸道黏液分泌的方法证明，本品煎剂 1 g/kg 灌胃有微弱的祛痰作用，效果不如紫菀及天南星。离体豚鼠支气管肺灌流试验证明，1% 浸剂可使其舒张，并能对抗毛果芸香碱，乙酰胆碱及组织胺所致的支气管痉挛性收缩，但不能对抗氯化钡引起的痉挛。马兜铃碱对动物末梢血管呈强大的收缩作用，对肠管和子宫也有同样作用，并且不受阿托品的影响，这可能是对平滑肌直接兴奋作用的结果。

2. 抗菌作用 本品水浸剂（1∶4）在试管内对多种常见皮肤真菌有不同程度的抑制作用。鲜北马兜铃果实及叶在试管内对金黄色葡萄球菌有抑制作用，果实的作用比叶强。

3. 其他作用 马兜铃具有温和而持久的降压作用，马兜铃煎剂的降压效果与利血平相近。

［临床应用］

1. 肺热咳喘、痰壅气促 常与桔梗、甘草同用。如《普济方》马兜铃汤。或与桑白皮、黄芩、知母、贝母、杏仁等同用。

2. 肺热伤津，咳逆烦渴 多与知母、贝母、天门冬、麦门冬等配用。如《证治准绳》门冬清肺汤。

3. 阴虚久咳 用于阴虚火旺，咳嗽喘急，干咳无力之症，常与阿胶、牛蒡子、杏仁、炙甘草配伍。方如《小儿药证直诀》中的补肺阿胶汤。

［注意事项］

本品苦寒易伤胃气，故脾虚便溏及虚寒咳喘均忌用。

［不良反应］

马兜铃碱有毒，兔皮下注射 7.5 mg/kg 马兜铃碱，可引起严重的肾炎，5～6 天后才能恢复，若剂量增至 20 mg/kg，可出现血尿、尿少、尿闭，后肢不全麻痹，呼吸困难，角膜反射减退，终因呼吸停止而死。马兜铃酸亦有毒，雄性小鼠静脉注射 30 mg/kg 的马兜铃酸，可降低肾小球的滤过能力，增加血尿和肌酐酸，引起肾衰竭。国际肿瘤研究机构（IARC）2009 年已将马兜铃酸列为 1 级致癌物，主要导致泌尿道上皮细胞癌、膀胱癌。

桑　白　皮

桑白皮为桑科灌木或小乔木植物桑（*Morus alba* L.）除去栓皮的根皮。主产于安徽、河南、江苏、浙江、湖南等地。

桑白皮性寒，味甘。归肺经。具有专清肺火，泻肺中水气，止咳平喘，利水消肿之功效。主治肺热咳嗽，喘咳痰多，肺气不宣，脾虚不运，小便不利。

［主要成分］

主要成分含多种黄酮衍生物，包括桑皮素（mulberrin）、桑根皮素（morusin）、桑皮色烯素（mulberrochromene）、环桑皮素（cyclomulbetrin）、环桑皮色烯素（cyclomulberrochromene）等。有作用类似乙酰胆碱的降压成分，还有伞形花内酯、东莨菪素、挥发油、树脂丹宁醇（resinotannol）、谷甾醇（sitosterol）、右旋葡萄糖、棕榈酸、鞣质以及黏液素等。

［药理作用］

1. 利尿与导泻作用 家兔以桑白皮煎剂 2 g/kg 灌胃，6 h 内排尿量及其氯化物均有较显著增加，7～24 h 恢复正常。桑白皮水提取物或正丁醇提取物 300～500 mg/kg 给大鼠灌胃或腹腔注射，均有利尿作用。尿量及钠、钾离子和氯化物排出量均增加。水提取物 3 g/kg灌喂小鼠，可排出液状粪便，表明有导泻作用。

2. 对心血管系统的作用　桑树煎剂给动物口服有轻微缓慢的降压作用，根或枝的皮降压效果显著，而根和新梢叶则无作用。有人从桑皮中提取了一种乙酰胆碱样物质，给兔静脉注射 10 mg/kg，血压立即显著下降。桑白皮煎剂和水、乙醇、正丁醇或乙醚等多种溶媒提取物，经静脉、十二指肠给药或口服，对正常犬、兔、大鼠均有不同程度的降压作用，且比较持久，并伴有心动徐缓。对高血压的动物灌胃给药降压作用明显。切断两侧迷走神经对降压无影响，但给予阿托品可完全对抗其降压作用。桑白皮降压机理可能抑制了颈动脉加压反射，抑制血管运动中枢而产生的。桑白皮提取物能抑制离体蛙心、对蛙下肢血管表现收缩作用；对兔耳血管有扩张作用，此作用亦可被阿托品所阻断。

3. 镇静、镇痛和抗惊厥作用　给小鼠腹腔注射桑白皮水或正丁醇提取物 50 mg/kg 以上可发生镇静和安定作用，动物自发性活动减少，触觉及痛觉反应降低，瞳孔扩大。小鼠醋酸扭体及压尾实验表明，水提取物有明显的镇痛作用，可提高痛阈。2.0 g/kg 灌胃与阿司匹林 0.5 g/kg 的作用相似。桑白皮水或正丁醇提取物均能轻度抑制小鼠电休克发作，有抗惊厥作用。

4. 对平滑肌的作用　正丁醇提取物 50 mg/kg 给犬静脉注射，能明显增加胃肠道活动；对兔离体肠管和子宫有兴奋作用。

[临床应用]

1. 肺热咳喘　配地骨皮、生甘草等，方如《中兽医内科学》中的款冬花散。肺热咳嗽痰多，常与黄芩、山栀、贝母等配用，如清肺止咳散（《中华人民共和国兽药典》2020年版）：桑白皮、知母、苦杏仁、前胡、金银花、连翘、桔梗、甘草、橘红、黄芩，共为末，开水冲调，候温灌服。

2. 水肿实证　常与大腹皮、茯苓皮、生姜皮等同用，方如《中藏经》中的五皮饮。水肿小便短少，配伍赤小豆等。

[使用注意]

本品性质寒降，由肺寒所致喘嗽者不宜用。

[不良反应]

桑白皮经石油醚、乙醇、乙醚、醋酸酐、水、乙酸乙酯等反复处理，所得黄色粉末，给小鼠静脉注射的 LD_{50} 为 32.7 mg/kg。

枇　杷　叶

枇杷叶为蔷薇科常绿小乔木植物枇杷［*Eriobotrya japonica*（Thunb.）Lindl.］的干燥叶。主产于广东、广西、浙江、江苏、福建、江西、湖南等地。

枇杷叶性凉、微寒，味苦。归肺、胃经。具有清肺止咳，和胃降逆止呕之功效。主治肺热咳喘，咯痰黄稠，胃热呕逆，烦热口渴。

[主要成分]

主要含有乌苏烷型三萜酸，主要成分为委陵菜酸（tormentic acid）、23-反式-对-香豆酰基委陵菜酸（23-trans-P-coumaroyltormentic acid）、3-O-反式-对-香豆酰基委陵菜酸（3-O-trans-P-coumaroyltormenticacid）、熊果酸（ursolic acid）、齐墩果酸

(oleanolic acid)。含有挥发油类如橙花叔醇（nerollidol)、金合欢醇（farnesol)、α-蒎烯(α-pinene)、月桂烯（myrene)、芳香醇（linool)、樟脑（camphor)、橙花醇（nerol)。尚含有枇杷倍半萜苷 A、B、C（eriobotryanosides A、B、C）以及苹果酸、柠檬酸、酒石酸、苦杏仁苷（amygdalin)、鞣质、维生素 B 和 C、山梨糖醇等。

［药理作用］

1. 抑菌、抗炎作用 枇杷叶及其乙酸乙酯提取部分对白色葡萄球菌、金黄色葡萄球菌、肺炎双球菌及福氏痢疾杆菌均有较明显的抑制作用。但亦有报道，叶提取物无抗菌作用，还能刺激金黄色葡萄球菌的生长。枇杷叶的乙醇提取物对角叉莱胶诱导的大鼠足肿胀有明显抑制作用，从中分离的山楂酸亦有抗炎作用。

2. 止咳、镇痛作用 枇杷叶中的苦杏仁苷能分离出氢氰酸，有一定的止咳、镇痛作用。

3. 祛痰、平喘作用 动物实验证明，枇杷叶的油脂质、水煎液及其乙酸乙酯提取部分有轻度祛痰和平喘作用。枇杷叶三萜酸能对抗乙酰胆碱、组胺等过敏介质引起的气管、支气管收缩而发挥平喘作用（葛金芳，2006)。

4. 制酵作用 苦杏仁苷水解产生苯甲醛，在消化道内有抑制酵母的作用，防止发酵。

5. 从枇杷叶的甲醇提取物分离的倍半萜糖苷 C 以 200 mg/kg 给小鼠口服，对糖尿有较好的抑制作用。

6. 抗肿瘤作用 枇杷叶中提取的熊果酸对 S_{180} 细胞呈细胞毒和抗肿瘤作用。

［临床应用］

1. 肺热咳喘，咯痰黄稠 常与桑白皮、黄连、甘草等同用，如《医宗金鉴》枇杷清肺饮。与前胡、桑叶等配伍，可治疗风热咳嗽；或与桑白皮、沙参等配伍，治疗燥热咳嗽；或与知母、贝母、石膏等同用，治疗实热咳喘。牛肺燥咳嗽，方用杏仁款冬饮（出自《牛经备要医方》)；枇杷叶 30 g、杏仁 15 g、橘红 30 g、款冬花 20 g、麦冬 30 g、五味子 15 g、茯苓 30 g、青皮 30 g、青木香 60 g、紫菀 30 g、炙甘草 30 g、当归 30 g、桑白皮 30 g。水煎去渣，候温灌服。(张克家，2009)。

2. 胃热呕逆，烦热口渴 常与黄连、竹茹、玉竹、橘皮、沙参、石斛等同用，或与白茅根配伍。如《古今录验方》枇杷叶饮子。

［注意事项］

本品清泄苦降，凡肺寒喘咳及胃寒作呕不宜用。

未去毛的枇杷叶可引起咳嗽加剧，喉头水肿、痉挛等症状。

［不良反应］

枇杷叶中的苦杏仁苷在消化道微生物酶的作用下逐渐分解产生微量的氢氰酸，在服用大剂量枇杷叶时可能引起中枢抑制的中毒现象。

白　果

白果，又名银杏，为银杏科落叶乔本植物银杏（*Ginkgo biloba* L.）的成熟种子。全国大部分地区有产，主产于广西、四川、河南、山东、湖北、辽宁等地。

白果性平，味甘、苦、涩。有毒。归肺经。具有敛肺定喘止咳、固涩止带缩尿的功效。主治久咳不止，喘咳痰多，下焦虚寒尿频。

［主要成分］

白果含黄酮类化合物，如山萘黄素（kaempferol）、山萘黄素-3-鼠李葡萄糖苷（kaempferol-3-rhamnoglucoside）、槲皮黄素（quercetin）、异鼠李亭（isorhamnetin）、芦丁（rutin）、白果素（bilobetin）、银杏黄素（ginkgetin）、金松素（sciadopitysin）、穗花双黄酮（amentoflavone）。含酚类和有机酸类物质，它们是白果酸（ginkgdic acid）、氢化白果酸（hydroginkgolic acid）、亚油酸、莽草酸、抗坏血酸、白果二酚。含少量氰苷、赤霉素和细胞分裂素样物质（cytokinin-like）。内胚乳中还分离出两种核糖核酸酶。

外种皮含有甲酸、丙酸、丁酸、辛酸。醇类如α-已烯醇（α-hexenol）、红杉醇（sequoyitol）、β-谷甾醇、白果醇、银杏A、银杏B、芝麻素、白果酮、天门冬素等。

［药理作用］

1. 对呼吸系统的作用　白果乙醇提取物给小鼠腹腔注射，可使呼吸道酚红排泌增加，似有祛痰作用。对离体豚鼠气管平滑肌表现微弱的松弛作用。二氧化硫所致大鼠实验性慢性气管炎，用复方银杏喷雾剂治疗，与对照组相比，能使气管黏膜分泌机能改善，杯状细胞减少，黏液分泌减少，炎症病变减轻。

2. 对循环系统的作用　白果二酚500 mg/kg对蛙心无影响，对兔有短暂的降压作用，使毛细血管通透性增加，以豚鼠最为明显，其次是大鼠和兔。大鼠下肢灌流实验表明，白果二酚有组织胺释放作用，引起毛细血管通透性增加，导致水肿。此作用可为扑尔敏所对抗。银杏毒对离体蛙心先兴奋、后抑制，乃至停跳。小剂量使血管收缩，大剂量扩张。

3. 抗菌作用　白果汁、白果肉、白果酚、白果酸在试管中，能抑制结核杆菌的生长。白果对葡萄球菌、链球菌、白喉杆菌、炭疽杆菌、枯草杆菌、大肠杆菌、伤寒杆菌等有不同程度的抑制作用。果肉的抗菌力较果皮强。白果水浸剂对常见致病性真菌也有不同程度的抑制作用。

4. 清除自由基、抗衰老的作用　银杏提取物在试管试验有较强的自由基清除作用。它易与OH·反应。在大鼠的微粒体中能减低自由基诱发的通过脂质过氧化而产生的NADPH-Fe^{3+}离子。口服或颈静脉注射50 mg/kg能有效防止动物模型中的心肌或脑局部缺血。

抗衰老实验表明，银杏外种皮水溶性成分能清除在有氧存在下的黄嘌呤氧化酶系统产生的超氧自由基；老年小鼠口服12天后，能阻遏脾脏组织的老年色素颗粒形成，并使已形成的色素颗粒变得分散，数量减少的抗衰老作用（高学敏，2000）。

5. 其他作用　新鲜白果中提出的白果酚甲，对离体兔有麻痹作用。使离体子宫收缩。白果肉有收敛作用。

［临床应用］

1. 咳喘　适用于治疗过劳伤肺或久病肺虚引起的咳喘，常与麻黄、杏仁、黄芩、桑白皮、苏子、款冬花、半夏、甘草配伍。方如《中兽医学》中的白果定喘汤。

2. 外感风寒，肺有蕴热，喘咳痰多　多与黄芩、半夏、麻黄等同用。如《扶寿精方》定喘汤。

3. 脾肾亏虚，下焦虚寒，小便频数 与乌药、山萸肉、覆盆子等伍用，以补肾固涩。

4. 湿热尿浊 常与芡实、黄柏等同用。

[不良反应]

白果酸、白果醇、白果酚、银杏毒、氰苷等为白果的毒性成分。毒素可从皮肤吸收，通过肠与肾排泄，引起胃肠炎与肾炎，有溶血作用。毒素吸收后作用于神经系统，先兴奋后抑制，还可引起末梢神经障碍。白果所含毒素能溶于水，遇热能减少毒性，故白果生食毒性较大，易中毒。尤以绿色的胚芽毒性最大。

白果种仁中的中性成分给小鼠皮下注射460 mg/kg，30 min后致惊厥，延髓麻痹，随即呼吸心跳停止而死亡。白果外种皮提取物给小鼠腹腔注射LD_{50}为（5.02±0.31）g/kg。

洋　金　花

洋金花为茄科一年生草本植物白蔓陀罗（*Datura metel* L.）或毛蔓陀罗（*D. innoxia* Mill.）的干燥花。主产于江苏、河北、浙江、福建、广东等地。

洋金花性温，味辛，有毒。归肺、肝经。具有麻醉、平喘止咳、镇痛解痉之功效。主治哮喘咳嗽，风湿痹痛，痉挛抽搐。

[主要成分]

本品含生物碱0.3%～0.43%，其中东莨菪碱（scopolamine）约占85%，莨菪碱（hyoscyamine）和阿托品（atropine）共约占15%。在洋金花水溶性生物碱中分离到的对甲氧基苯甲酸组成的化合物（datumetine）具有横纹肌松弛作用，还发现一系列醉茄类甾族内酯化合物。

[药理作用]

洋金花的主要有效成分东莨菪碱和阿托品，药理学上属于作用于M胆碱受体的抗胆碱药。

1. 对中枢神经系统的作用 东莨菪碱和阿托品均有双相性的中枢作用，但在抑制和兴奋的程度上则有所不同。东莨菪碱的中枢抑制作用比阿托品强，而兴奋作用则阿托品比东莨菪碱强。如东莨菪碱与冬眠合剂合用于猴、犬均可产生全身麻醉，而阿托品则不能。给动物（猫、兔、大鼠、小鼠、雏鸡等）侧脑室注射东莨菪碱，均可引起翻正反射消失，出现明显的中枢抑制作用；阿托品与东莨菪碱不同。给家兔侧脑室注射阿托品（1.0～6.0 mg/kg）后，于出现翻正反射消失的同时，发生阵发性强烈抽搐，甚至强直性惊厥，角弓反张，出现明显兴奋现象。如以东莨菪碱与小剂量阿托品混合侧脑室注射，动物翻正反射消失持续时间虽与单用东莨菪碱无显著差异，但在恢复过程中兴奋现象明显。东莨菪碱和α-受体阻滞剂相似，通过其抗肾上腺素作用，产生镇痛和加强度冷丁的镇痛作用。洋金花对中枢神经系统的抑制机理：东莨菪碱及其类似物的中枢抑制作用，与其阻断中枢M-胆碱受体有关。东莨菪碱和樟柳碱注入家兔侧脑室所致翻正反射消失，均可为毒扁豆碱所拮抗。临床应用此类药物麻醉，用毒扁豆碱可以催醒。东莨菪碱与拟肾上腺素药在中枢部位发生相互拮抗作用。东莨菪碱中枢抗肾上腺素作用可能与阻滞α受体有关。

洋金花对中枢兴奋作用的机理：认为与阻断抑制性中间神经元M受体和使乙酰胆碱

释放增多，激动 N-受体有关。阿托品等的中枢兴奋作用，可能是皮层胆碱能抑制机制的去抑制。实验证明，东莨菪碱、阿托品和樟柳碱均可使脑中乙酰胆碱释放增多 3～4 倍或更多，释放增多的原因是由于此类药物阻断了胆碱能神经突触前 M-受体。因此，东莨菪碱是洋金花麻醉作用的有效成分。其作用机理，初步认为东莨菪碱的中枢性抗胆碱作用所致。东莨菪碱对创伤性脑损伤弥散性脑损伤有保护作用（高凯，2005）。

2. 对循环系统的作用

（1）对心率的影响　洋金花生物碱在小剂量时兴奋迷走中枢使心率减慢。剂量较大时，则阻滞心脏 M 胆碱受体，使心率加快。东莨菪碱能解除迷走神经对心脏的抑制，使交感神经作用占优势，故心率加快，其加速的程度随迷走神经对心脏控制的强弱而不同。正常兔和麻醉犬静注阿托品 2～4 mg/kg 或东莨菪碱 4 mg/kg 后，可拮抗肾上腺素或去甲肾上腺素所诱发的心律紊乱，但不能拮抗引起的心率加快。东莨菪碱的心率加快作用不及阿托品。

（2）对血管的作用　一般治疗量的洋金花生物碱对血管无明显影响，但能明显对抗拟胆碱药引起的血管扩张。大剂量时亦能拮抗去甲肾上腺素的收缩血管作用。阿托品的血管解痉作用比东莨菪碱强。初步证明阿托品有阻断 α 受体的作用。

（3）对血压的影响　治疗剂量的东莨菪碱对血压影响不大。中药麻醉平稳时血压亦颇稳定。洋金花生物碱既能明显对抗拟阻碱药引起的血压下降，大剂量时又能对抗儿茶酚胺的升压作用。

（4）对微循环的影响　洋金花生物碱有改善微循环的作用。休克病例使用中药麻醉后显示四肢转暖、尿量增加等一系列微循环灌流改善的表现。洋金花可使大鼠气管的微循环血管扩张。注射东莨菪碱可明显减轻气管微循环的障碍，可减轻或阻止肺血管通透性的增加。洋金花生物碱改善微循环的作用，可能与其抗儿茶酚胺有关。

3. 对呼吸系统的作用　东莨菪碱能兴奋呼吸中枢，使呼吸加快，并能对抗冬眠药物的呼吸抑制。洋金花生物碱具有抑制呼吸道腺体分泌，松弛支气管平滑肌的作用。这是药物作用于效应细胞的 M 胆碱受体，阻滞乙酰胆碱作用的结果。动物实验亦见洋金花能加强正常动物和模型动物的“排痰”功能。其作用机理一是由于抑制了黏液的过度分泌，二是由于改善了纤毛运动，从而有利于痰的排出。

4. 抑制腺体分泌　洋金花有抑制多种腺体分泌的作用，抑制唾液腺分泌，可感口干；抑制汗腺，散热困难，体温升高，尤以夏天明显。但体温升高大多在 48 h 内自行消退。

5. 其他作用　临床应用洋金花后可见中度以上的瞳孔散大，视物模糊，此系由于抗胆碱作用所致。东莨菪碱能降低胃肠道的蠕动及张力，能阻断胆碱能神经的功能，使膀胱逼尿肌松弛，尿道括约肌收缩，引起尿潴留。

［临床应用］

1. 外科麻醉止痛　可与川乌、草乌、姜黄等同用，亦可与火麻花配伍。如《扁鹊心书》睡圣散。或以洋金花为主药配合氯丙嗪、杜冷丁等做静脉复合麻醉；或配伍生草乌、川芎、当归等作为手术的麻醉剂。

2. 久咳不愈，哮喘　常与胆南星、五味子、麻黄等同用，如《中国药物大全》哮喘宁片；也可与桑白皮、桔梗等配伍。

3. 风湿痹痛、跌打损伤 常配伍祛风湿药或活血祛瘀药用于风湿痹痛、跌打损伤。

［不良反应］

洋金花注射液小鼠静脉注射的 LD_{50} 为 8.2 mg/kg，洋金花总碱犬静脉注射的 MLD 为 75～80 mg/kg。用于犬的麻醉有效量为 2 mg/kg。

洋金花所含生物碱其中毒机理主要为抗 M-胆碱反应。对周围神经则为抑制副交感神经机能，引起口干、散瞳、心动过速、皮肤潮红等。对中枢神经系统则为兴奋作用，引起烦躁、谵妄、幻听、幻视、惊厥。严重者转入中枢抑制致嗜睡、昏迷。也可影响呼吸及体温调节中枢，产生呼吸困难及发热。最后因脑中枢缺氧，脑水肿而使呼吸中枢抑制或麻痹，呼吸和循环衰竭死亡。

◆ 参考文献

陈长勋，2006. 中药药理学 [M]. 上海：上海科学技术出版社.
陈正伦，1995. 兽医中药药理学 [M]. 北京：中国农业出版社.
高凯，杨克力，2005. 东莨菪碱对大鼠弥漫性脑损伤的脑保护作用研究 [J]. 中国冶金工业医学杂志，22 (2)：107-109.
高学敏，2000. 中药学（上、下册）[M]. 北京：人民卫生出版社.
葛金芳，李俊，金涌，等，2006. 枇杷叶三萜酸的镇咳祛痰平喘作用 [J]. 安徽医科大学学报，41 (4)：413-416.
郭明章，黄颖，李宇航，等，2009. 桔梗对慢性阻塞性肺疾病大鼠不同组织血管活性肠肽（VIP）含量的影响 [J]. 中华中医药学刊，27 (4)：714-715.
胡元亮，2006. 中兽医学 [M]. 北京：中国农业出版社.
李贵海，董其宁，孙付军，等，2007. 不同炮制对苦杏仁毒性及止咳平喘作用的影响 [J]. 中国中药杂志，32 (12)：1247-1250.
李娜，马世平，黄芳，等，2009. 紫菀、款冬配伍中紫菀的祛痰研究 [J]. 中国临床药理学与治疗学，14 (2)：159-162.
沈映君，2012. 中药药理学. 第2版 [M]. 北京：人民卫生出版社.
孙建宁，2006. 中药药理学 [M]. 北京：中国中医药出版社.
张克家，2009. 中兽医方剂大全 [M]. 北京：中国农业出版社.

第十九章
安神药

凡以安定神志、治疗心神不宁病症为主要作用的一类中药，称为安神药。

安神药以归心经为主，具有镇静安神作用，适用于惊风、癫痫、狂躁不安之证。部分安神药又可用来治疗热毒疮肿、大汗不止、肠燥便秘等证。

根据临床应用不同，安神药可分为重镇安神药与养心安神药两大类。前者为质地沉重的矿石类物质，如朱砂、龙骨、琥珀、磁石等，多用于惊痫发狂、烦躁不安等阳气躁动、心神不安的实证；后者为植物药，如酸枣仁、柏子仁、远志等，具有养心滋肝作用，用于心肝血虚、心神失养所致的神志不宁等虚证，并常与补血养心药同用，以增强疗效。现代研究证明，不少安神药具有抑制中枢神经系统的作用。其主要药理作用有：①对中枢神经系统的作用。实验证明，酸枣仁确有镇静、催眠作用，远志确有镇静作用。茯神 10～20 g/kg 灌胃有明显的镇静作用，茯神煎剂腹腔注射能对抗咖啡因所引起的小鼠兴奋；②祛痰作用。如远志有明显的祛痰和镇咳作用，其作用甚至强于等剂量的可待因和咳必清；③对心功能的影响。酸枣仁可增强机体耐缺氧能力，对抗垂体后叶素所致的急性心肌缺血，抗心律失常，降低血压，抗烫伤休克。

酸枣仁

本品为鼠李科植物酸枣［*Ziziphus jujuba* Mill. var. *spinosus*（Bunge） Hu ex H. F. Chou］的干燥成熟种子。主产于河北、河南、陕西、辽宁、山西、山东、甘肃等地。

酸枣仁性平，味甘、酸。归心、肝经。具有养心益肝，安神，敛汗之功效。主治心肝血虚，虚汗等证。

［主要成分］

酸枣仁的主要有效成分有酸枣仁皂苷 A、B、B1（jujubosideA、B、B1），酸枣仁皂苷 E、D、H（jujubosideE、D、H），乙酰酸枣仁皂苷 B（acetyljujubosides B），原酸枣仁皂苷 A、B、B1（protojujubosides A、B、B1），胡萝卜苷（daucosterol），白桦脂酸（betulinic acid），白桦脂醇（betulin），美洲茶酸（ceanothic acid），麦珠子酸（alphitolic acid），罗珠子酸甲酯（alphitolic acid methylester），斯皮诺素（spinosin），酸枣仁黄素（zivulgarin），酸枣仁碱 A、B、D、E、F、GO、G、I、K（sanjoinineA、B、D、E、F、GO、G、I、K）；此外，还含大量脂肪油和多种氨基酸、维生素 C、多糖及植物甾醇等（陈雯等，2011）。

［药理作用］

1. 对中枢神经系统的作用　酸枣仁具有良好的镇静和催眠作用。酸枣仁总皂苷是酸枣仁的主要有效成分，这类物质能够减少正常小鼠自发活动，协同戊巴比妥钠的中枢抑制作用，拮抗苯甲酸钠咖啡因、苯丙胺的中枢兴奋作用，降低大鼠的协调运动，明显延长戊巴比妥钠阈剂量的小鼠睡眠时间，显著降低戊四氮引起的惊厥率，有阈下催眠镇静作用。酸枣仁黄酮类成分也是镇静催眠的有效成分之一，可明显抑制小鼠的自发活动，增强戊巴比妥钠、硫喷妥钠及水合氯醛对中枢神经系统的抑制作用。酸枣仁总生物碱同样具有明显的镇静作用，并与戊巴比妥钠具有协同作用；能对抗士的宁引起的小鼠惊厥作用，说明生物碱也可能是酸枣仁中枢抑制作用的有效成分。此外，酸枣仁中的不饱和脂肪酸也有明显的镇静和催眠作用，可使小鼠的自主活动次数减少，缩短小鼠睡眠潜伏期，延长睡眠持续期，增加小鼠入睡次数，并且随着用药时间延长其作用越加明显（李秋玲等，2010）。酸枣仁虽然有与安定药相似的中枢神经抑制作用，但即使用很大剂量，也并不能使动物产生麻醉。

酸枣仁还有显著的镇痛作用，作用可持续 3 h 之久；对发热和正常大鼠均有降温作用。

2. 对心血管系统的作用 酸枣仁对心肌细胞具有保护作用。有研究表明，酸枣仁总皂苷能对抗注射垂体后叶素造成大鼠心肌缺血后的心电图 T 波抬高；用结扎冠状动脉左前降支（LAD）致大鼠急性心肌缺血，酸枣仁总皂苷预防给药可显著缩小心肌梗塞面积，减慢心率和明显改善心电图 S-T 段、T 波在急性心肌缺血期的抬高。

抗心律失常作用。酸枣仁能预防和治疗乌头碱、氯仿、氯化钡诱发的小鼠、大鼠心律失常，对兔在体心脏亦有减慢心率的作用。有研究发现，酸枣仁皂苷 A 是一种可靠的钙通道阻滞剂，不仅可以减少细胞内钙离子浓度，减轻钙超载，还可以缩短心肌动作电位时程（APD），避免早后去极化，减少心律失常的发生。

改善血液流变学作用。酸枣仁能显著降低血瘀大鼠的全血黏度、血浆黏度，使纤维蛋白原含量减少，降低体外血栓长度、湿重指数，故酸枣仁总皂苷具有去纤、降黏、抗血栓的作用，能起活血化瘀作用（陈雯等，2011）。

酸枣仁尚有明显的降血压、降血脂和抗血小板聚集的作用。

3. 对免疫功能的影响 酸枣仁能增强小鼠的细胞免疫和体液免疫，并对放射线引起的小鼠白细胞降低有保护作用，延长受辐射损伤小鼠的存活时间。

4. 对平滑肌的兴奋作用 酸枣仁有兴奋子宫作用，也可增强离体肠平滑肌的收缩作用。

5. 其他作用 酸枣仁还有抗烧伤、抗缺氧、抗肿瘤等作用。

[临床应用]

1. 虚火上炎、躁动不安 用于心肝血虚不能滋养，以致虚火上炎，出现躁动不安之证，常与党参、熟地、柏子仁、茯苓、丹参等同用。与酸枣仁、远志、朱砂、当归、防风、天冬等配伍可治牛癫痫。《师皇安骥集》：酸枣仁治马胸闷热，不眠用之良，马受惊时用之则安。

2. 虚汗 本品味酸能敛而有收敛止汗之功效，常用治虚汗，多与五味子、山茱萸、白芍、黄芪等同用，或与牡蛎、麻黄根、浮小麦、茯神等配伍。治大家畜自汗，用生黄芪 150 g、麻黄根 100 g、五味子 50 g、浮小麦 200 g、炒枣仁 150 g、净远志 50 g、麦门冬

50 g，水煎服，每天 1 剂，连用 5 天；治盗汗，用生地 75 g、熟地 75 g、全当归 75 g、黑玄参 75 g、酸枣仁 100 g、龙牡粉 75 g，水煎服，每天 1 剂，连用 5 天（胡元亮，2006）。

［注意事项］

凡有实邪郁火及患有滑泄症者慎用。

柏　子　仁

本品为柏科植物侧柏［*Biota orientalis*（L.）End1.］的种仁。主产于山东、河南、湖南、安徽等地。

柏子仁性平，味甘。归心、肾、大肠经。具有养心安神，润肠通便之功效。主治心神不宁，肠燥便秘等证。

［主要成分］

柏子仁主要含柏木醇（cedrol）、谷甾醇（sitosterol），以及双萜类成分红松内酯（pinusolide）、二羟基半日花三烯酸（12R，13－dihydroxycommunic acid）等。并含脂肪油约 14%，同时含少量挥发油皂苷、维生素 A 和蛋白质等。脂肪油的主要成分为不饱和脂肪酸，含量为总脂肪酸的 62.39%（韩淑芬等，2008）。

［药理作用］

1. 对睡眠的影响作用　柏子仁单方注射液可使猫的慢波睡眠深睡期明显延长，并具有显著的恢复体力作用。

2. 对鸡胚背根神经节生长的作用　柏子仁石油醚提取物对鸡胚背根神经节突起的生长有轻度促生长作用。柏子仁石油醚提取物主要成分为不饱和脂肪酸和不饱和脂肪酸酯，这些物质的促生长作用有两种可能性：一是促进神经生长因子（NGF）的合成、分泌及释放；二是本身具有类似 NGF 的功能，即拟神经生长因子（NGF－like）物质。

3. 对前脑基底核破坏的小鼠被动回避学习的作用　有专家用电极热损伤破坏小鼠两侧前脑基底核，每天灌胃给予柏子仁乙醇提取物，连续 15 天，在避暗法和跳台法实验中均证明其对损伤造成的记忆再现障碍及记忆消失促进有明显地改善；对损伤所致的获得障碍亦有改善倾向；对损伤造成的运动低下无拮抗作用（韩淑芬等，2008）。

4. 对消化系统的作用　柏子仁含有大量脂肪油，有润肠通便的作用。

［临床应用］

1. 心神不宁　常用于血不养心引起的心神不宁之证，常与酸枣仁、远志、熟地、当归、茯神等同用。

2. 肠燥便秘　本品质润，富含油脂，有润肠通便之功，适用于阴虚血亏及老龄、产后血虚的肠燥便秘证，常与郁李仁、火麻仁等配伍。

［注意事项］

大便溏薄者忌食柏子仁。

远　　志

本品为远志科植物远志（*Polygala tenuifolia* Willd.）或卵叶远志（*Polygala sibiri-*

ca L.）的干燥根。主产于山西、陕西、吉林、河南、河北等地。

远志性微温，味苦、辛。归心、肾、肺经。具有安心宁神，祛痰开窍，消痈肿之功效。主治心神不宁，痰阻心窍，疮疡肿毒，乳房肿痛等证。

［主要成分］

主要含皂苷，水解后可分得远志皂苷元 A（tenuigenin A)、远志皂苷元 B（tenuigenin B）以及细叶远志素（tenuifolin)。还含远志酮、生物碱、糖及糖苷、远志醇、细叶远志定碱、脂肪油、树脂等。

［药理作用］

1. 对神经系统的作用 远志具有镇静、催眠及抗惊厥作用。远志根皮、未去木心的远志全根和根部木心对巴比妥类药物均有协同作用；远志煎剂灌服可使小鼠活动减少，安静，甚至出现嗜睡，并有抗惊厥作用；远志皂苷可抑制阿朴吗啡诱导的小鼠刻板行为和攀登行为。远志的作用机制为多巴胺和 5-羟色胺受体拮抗作用（傅晶等，2006)。

远志水浸膏对脑有保护作用。远志的水提液还对基底前脑核损伤造成的大鼠记忆和行为失调具有一定的修复作用。

2. 祛痰、镇咳作用 动物实验表明，远志有明显的祛痰和镇咳作用，其作用甚至强于等剂量的可待因和咳必清。

3. 降压作用 远志皂苷有降低血压作用，但作用短暂，经 1～2 min 即可恢复到原来水平。远志的降压作用与迷走神经兴奋、神经节阻断以及与外周 α-肾上腺受体、M-胆碱受体和 H_1 受体无关。在对离体兔心肌的研究中发现，远志皂苷对离体兔心肌具有抑制作用。

4. 对子宫的兴奋作用 远志煎剂对大鼠和小鼠未孕及已孕子宫均有增强子宫平滑肌收缩的作用。

5. 抑菌作用 远志乙醇浸液在体外对革兰氏阳性菌及痢疾杆菌、伤寒杆菌、人型结核杆菌均有明显抑制作用。

6. 其他作用 体外试验表明，远志皂苷有溶血作用；其煎剂及水溶性提取物分别具有抗衰老、抗突变抗癌等作用；尚有免疫增强作用、降血糖作用。

［临床应用］

1. 心神不宁 用于心神不宁、躁动不安，常与朱砂、茯神、龙齿等配伍。治牛中暑，用茯神、党参、栀子各 50 g，远志、酸枣仁、天麻各 40 g，荆芥、防风、黄连各 30 g，薄荷 25 g，朱砂 10 g，共研末，加鸡蛋清 5 个，水调灌服，每天 1 剂，连用 2 天（胡元亮，2006）。

2. 痰阻心窍 可治痰阻心窍所致的狂躁、惊痫等证，常与石菖蒲、郁金等同用。咳嗽而痰多难咯者，常与杏仁、桔梗等同用。

3. 痈疽肿痛 用于痈疽疖毒、乳房肿痛，单用为末加酒灌服，外用调敷患处。

［注意事项］

有胃炎者慎用。

朱　砂

本品是硫化汞（*mercuric sulfide*）的天然矿石。主产于湖南、湖北、贵州、四川、广西、云南等地，以产于古之辰州（今湖南沅陵）者为地道药材。

朱砂性微寒，味甘。有毒。归心经。具有镇心安神、定惊解毒之功效。主治心火上炎，疮疡肿毒等证。

［主要成分］

本品主要成分为硫化汞（HgS），含量不少于96%；此外，含铅、钡、镁、铁、锌等多种微量元素及雄黄、磷灰石、沥青质、氧化铁等杂质。

［药理作用］

1. 对中枢神经系统的作用　有报告认为，朱砂能降低大脑中枢神经的兴奋性，有镇静催眠、抗惊厥作用。小鼠每天口服朱砂1.0、1.5 g/kg，连续给药5天，朱砂对动物自发活动无明显影响；可使兴奋小鼠的自发活动次数有一定下降；可明显延长给予水合氯醛小鼠的睡眠时间；对小鼠给予戊巴比妥钠的睡眠时间无影响；对士的宁所致惊厥作用无明显影响；可使小鼠抗惊厥出现的时间明显延长，出现惊厥动物数减少。但亦有报告认为，朱砂混悬液给小鼠灌胃后，无明显的催眠、镇静和抗惊厥作用（陈现民等，2009）。因此，朱砂对中枢神经系统的作用与剂量及疗程有关。

2. 其他作用　有研究表明，朱砂外用对皮肤细菌和寄生虫有抑制或杀灭作用。

［临床应用］

1. 躁动不安、惊痫之证　用于心火上炎、躁动不安、惊痫之证，常与黄连、茯神同用，如朱砂散；若因心虚血少所致的心神不宁，尚需配伍熟地、当归、酸枣仁等以补心血安神。

2. 疮疡肿毒　用于疮疡肿毒，常与雄黄配伍外用；治口舌生疮、咽喉肿痛，多与冰片、硼砂、玄明粉等研末吹喉。治牛传染性角膜结膜炎，用硼砂、硇砂、朱砂各等份，研成极细末，用塑料管吹入眼内，每天1次（胡元亮，2006）。

［注意事项］

朱砂忌用火煅。

龙　骨

本品为古代大型哺乳类动物象类、犀类、三趾马类、牛类、鹿类等的骨骼化石。主产于河南、河北、山西、山东、陕西、甘肃、青海、内蒙古、湖北、四川、云南、广西等地。

龙骨性平，味甘、涩。归心、肝经。生用或煅用。具有镇惊安神，平肝潜阳，收敛固涩之功效。主治癫狂惊厥，湿疮痒疹，疮口不敛及外伤出血等证。

［主要成分］

主要含碳酸钙（$CaCO_3$）、磷酸钙［$Ca_3(PO_4)_2$］，尚含铁、钾、钠、氯、铜、锰、锌、钴、铬、镍、锂、硒、硫酸根等，以及甘氨酸、胱氨酸、蛋氨酸、异亮氨酸、苯丙氨酸等。

［药理作用］

1. 对中枢神经系统及骨骼肌的作用 龙骨水煎剂对小鼠的自主活动有明显抑制作用，能明显增加巴比妥钠对小鼠的入睡率；具有抗惊厥作用，其抗惊厥作用与铜、锰元素含量有关；龙骨中的 Mg^{2+} 可参与神经冲动的传递和神经肌肉接头功能的维持等活动，使运动神经末稍乙酰胆碱释放减少，具有中枢抑制和骨骼肌松弛作用。

2. 对免疫功能的影响 龙骨不仅能够增加小鼠免疫器官胸腺和脾脏的相对重量，并且能明显增强小鼠单核巨噬细胞对血清碳粒的吞噬能力，加速损伤组织的修复过程。

3. 其他作用 龙骨含有的碳酸钙、磷酸钙及某些有机物，能促进血液凝固、降低血管壁通透性、减轻骨骼肌的兴奋性等作用（李娜等，2011）。

［临床应用］

1. 心神不宁、惊痫抽搐 用治心神不宁，可与菖蒲、远志等同用；也常与酸枣仁、柏子仁、朱砂、琥珀等安神之品配伍；治疗痰热内盛，惊痫抽搐，癫狂发作者，须与牛黄、胆南星、羚羊角、钩藤等化痰及息风止痉之品配伍。治疗家畜阵发性抽搐、转圈和癫痫样症状，柴胡、大黄各 36 g，生赭石（代铅丹，另包，研末先灌服）10 g，大枣 18 枚，黄芩、生姜、党参、桂枝、茯苓、龙骨、牡蛎各 14 g，半夏 7 g，水煎灌服，每天 1 剂，共 2 剂（杨卫国，1987）。

2. 肝阳上亢、烦躁不安 用治肝阴不足，肝阳上亢所致的烦躁不安等症，多与代赭石、生牡蛎、生白芍等滋阴潜阳药同用。

3. 亡阳大汗 用治大汗不止，脉微欲绝的亡阳证，可与牡蛎、人参、附子同用，以回阳救逆固脱。

4. 疮疡不敛 外用治湿疮流水，阴汗瘙痒，常配伍牡蛎研粉外敷；若疮疡溃久不敛，常与枯矾等份，共研细末，掺敷患处。

［注意事项］

湿热积滞者不宜使用。

◆ 参考文献

陈芳正，2014. 益气升提汤治疗家畜垂脱症［J］. 中国兽医杂志，50（8）：96－97.

陈雯，黄世敬，2011. 酸枣仁化学成分及药理作用研究进展［J］. 时珍国医国药，22（7）：1726－1728.

陈现民，魏立新，杜玉枝，等，2009. 朱砂对脑及神经系统药理作用的研究进展［J］. 安徽农业科学，37（8）：3372－3373，3375.

傅晶，张东明，陈若芸，2006. 远志属植物的皂苷类成分及其药理作用研究进展［J］. 中草药，37（1）：144－146.

国家中医药管理局《中华本草》编委会，1998. 中华本草［M］. 上海：上海科学技术出版社.

韩淑芬，金仲品，2008. 柏子仁的传统认识与现代药理研究概况［J］. 辽宁中医药大学学报，10（3）：141－142.

胡元亮，2006. 中兽医学［M］. 北京：中国农业出版社.

李娜，高昂，巩江，等，2011. 龙骨药材的鉴别及药学研究进展 [J]. 安徽农业科学，39 (15)：8922 - 8923，8925.

李秋玲，王二丽，郭素华，2010. 中药酸枣仁镇静催眠化学成分及药理作用 [J]. 天津药学，22 (5)：59 - 61.

王国强，2014. 全国中草药汇编 [M]. 北京：人民卫生出版社.

杨卫国，1987. 柴胡加龙骨牡蛎汤验例 [J]. 中兽医医药杂志 (6)：51 - 53.

第二十章

平肝熄风药

凡以平肝潜阳、熄风止痉为主要作用的药物，称平肝熄风药。此类药物皆归肝经，多为介类、昆虫等动物药及矿物药。具有平肝潜阳、熄风止痉及镇静安神等作用。主治肝阳上亢或肝风内动病证。家畜多见为破伤风、乙型脑炎、面神经麻痹、癫痫等病症。

平肝熄风药可分为以平肝潜阳为主要作用的平抑肝阳药和以息肝风、止痉抽为主要作用的熄风止痉药两类。但由于肝风内动以肝阳化风为多见，且熄风止痉药兼具平肝潜阳的作用，两类药物常互相配合应用，故又将两类药物合称为平肝熄风药。

本类药的平肝熄风功效，可能与以下药理作用有关：①抗惊厥作用。天麻、地龙、僵蚕、全蝎、蜈蚣等均有抗惊厥作用，对用咖啡因、士的宁、电惊厥等人工造病模型，均有不同程度的解痉作用，表现出明显的镇静效应。②镇静、解热作用。天麻、钩藤、全蝎、僵蚕等均有镇静、催眠作用；地龙、羚羊角等有良好的解热作用。③降血压作用。天麻、钩藤、地龙、蜈蚣、全蝎等均有降血压的作用。钩藤降压成分为钩藤碱，天麻则为天麻素。钩藤降压作用确实，天麻降压作用较差。当然，平肝熄风药不是单纯降压问题，其药效主要还与镇静、镇痛等中枢抑制作用有关。

牛　黄

本品为牛科动物牛（*Bostaurus domesticus* Gmelin）干燥的胆结石。主产于北京、天津、内蒙古、陕西、新疆、青海、河北、黑龙江等地。

牛黄性凉，味苦。归心、肝经。具有豁痰开窍，凉肝熄风，清热解毒之功效。主治癫痫狂乱，痉挛抽搐，咽喉肿痛，口舌生疮，痈疽疔毒等证。

［主要成分］

本品主要含胆酸（cholic acid）、脱氧胆酸（deoxycholate）、胆甾醇（cholesterin），以及胆红素（bilirubin）、胆绿素（biliverdin）、麦角甾醇（ergosterol）、维生素 D、钠、钙、镁、锌、铁、铜、磷等；尚含类胡萝卜素及丙氨酸、甘氨酸、牛磺酸、天门冬氨酸、精氨酸、亮氨酸、蛋氨酸等多种氨基酸；还含黏蛋白、脂肪酸及水溶性肽类（SMC）等成分。

［药理作用］

1. 对中枢神经系统的作用　牛黄能对抗由咖啡因、樟脑或印防己毒素等引起的小鼠中枢兴奋症状，并可增强水合氯醛、乌拉坦、吗啡或巴比妥钠的镇静作用。牛磺酸可减少小鼠的自主活动和踏轮活动，增强阈下剂量戊巴比妥钠对小鼠的催眠作用。因此，牛黄对中枢兴奋药有拮抗作用，对中枢抑制药有协同作用，从而表现出镇静作用。

抗惊厥与抗癫痫作用。牛黄具有抑制樟脑、咖啡因、印防己毒素等所致的小鼠惊厥作用，但对士的宁及戊四氮惊厥无效。牛磺酸有明显延长小鼠士的宁引起惊厥的潜伏时间，对戊四氮、毒毛花苷G、印防己毒素、一氧化氮、氧化铝、4-氨基吡啶、青霉素、高压氧、缺氧、低钙、听源性、L-犬尿氨酸和光诱发等多种因素所致的惊厥亦有抑制作用，但对氨基脲惊厥反而有易化作用（元艺兰，2011）。

2. 解热作用　牛黄对正常大鼠体温无降低作用，但可抑制2,4-二硝基苯酚及酵母所致发热大鼠的体温。解热机理可能与牛磺酸在下丘脑作为介质而调节体温有关。较大剂量牛磺酸的降温作用可能是由于扩散到与体温调节有关的其他脑区；去氧胆酸亦有解热作用。

3. 对血液循环系统的作用　牛黄主要成分去氧胆酸、牛磺胆酸钠、牛磺去氧胆酸钠、胆绿素及胆红素有降压及抑制心跳作用。牛黄静脉注射时能降低麻醉猫和大鼠的血压，增加在体和离体蟾蜍正常心脏及戊巴比妥钠、普萘洛尔、低钙所致心衰模型心脏的心肌收缩力，其中对心衰模型心脏的正性肌力作用最明显，减慢离体蟾蜍心脏的心率。牛黄还能显著降低正常大鼠的血压，显著减少离体蛙心的收缩频率和输出量；而对离体蛙心的收缩幅度和大鼠的心电图无显著影响。牛黄及胆酸对离体蛙、豚鼠和家兔心脏均表现强心作用。牛磺酸能对抗肾上腺素、地高辛和洋地黄诱发的心律失常。小剂量牛黄能显著促进红细胞及血色素增加，大剂量反而有破坏红细胞的作用。牛黄还有止血、降血脂作用。

4. 对呼吸系统的作用　牛黄有兴奋呼吸的作用。牛黄可使小鼠支气管酚红的分泌量增加，并对氨雾刺激引起的小鼠咳嗽有明显抑制作用。牛黄中的胆酸钠可抑制电刺激麻醉猫喉上神经引起的反射性咳嗽，并具有扩张支气管的作用，能够拮抗由组胺和毛果芸香碱所致的支气管收缩。

5. 对消化系统的作用　牛黄具有刺激肠蠕动和通便作用。所含的胆酸、去氧胆酸对离体豚鼠回肠、结肠，小剂量刺激蠕动，大剂量致痉挛。但就其总体表现而言，牛黄主要呈现抑制平滑肌的解痉作用。牛黄对肠平滑肌的作用是其所含各成分的综合作用。

利胆及对肝损伤的保护作用。牛黄水溶液成分SMC具有胆囊收缩作用，所含胆酸，尤其是脱氧胆酸，均能松弛胆道口括约肌，促进胆汁分泌而有利胆作用。牛黄酸对四氯化碳引起的急性及慢性大鼠肝损害有显著的保护作用，能够促进肝细胞康复和预防脂肪肝。

6. 对免疫系统的作用　牛磺鹅去氧胆酸能提高小鼠外周血中吞噬细胞的吞噬功能、血清溶菌酶含量、溶血素形成以及抑制迟发型变态反应，在增强机体非特异性免疫和特异性免疫功能方面发挥着重要作用。

7. 抗炎作用　牛黄具有显著的抗炎作用。牛黄灌胃给药对巴豆油所致小鼠耳肿胀，角叉菜胶致大鼠足肿胀，胸膜炎模型的炎症有明显的抑制作用，显著降低小鼠耳肿胀和大鼠足肿胀的程度，抑制胸膜炎大鼠白细胞的趋化和游走（赵艳红等，2007）。

［临床应用］

1. 热病神昏、痰迷心窍、痉挛抽搐　用于热病神昏、痰迷心窍所致的癫痫、狂乱等证，多与麝香、冰片、朱砂、黄连、栀子等配伍，如《温病条辨》的安宫牛黄丸用于治疗神经型犬瘟热可获一定疗效。用于温病高热引起的痉挛抽搐等证，常与朱砂、全蝎、水牛角、钩藤等清热熄风止痉药配伍；若治痰蒙清窍之癫痫发作，症见突然仆倒，口吐涎沫，四肢抽搐者，可与珍珠、远志、胆南星等豁痰、开窍醒神、止痉药配伍。

2. 口舌生疮、咽喉肿痛、痈疽疔毒 用于热毒郁结所致的口舌生疮、咽喉肿痛、痈疽疔毒等证，常与黄芩、黄连、大黄、雄黄、麝香等同用。

［注意事项］

脾胃虚弱及孕畜不宜用，无湿热者忌用。

石 决 明

本品为鲍科动物杂色鲍（*Haliotis diversicolor* Reeve）、皱纹盘鲍（*Haliotis discus hannai* Ino）、羊鲍（*Haliotis ovina* Gmelin）、澳洲鲍［*Haliotis ruber*（Leach）］、耳鲍（*Haliotis asinina* Linnaeus）或白鲍［*Haliotis laevigata*（Donovar）］的贝壳。主产于广东、海南、福建、山东、辽宁等地。

石决明性寒，味咸。归肝经。具有平肝潜阳、明目去翳之功效。主治肝肾阴虚，肝阳上亢，目赤肿痛等证。

［主要成分］

主要含碳酸钙和胆素、壳角质等有机质，尚含少量镁、铁、硅酸盐、磷酸盐、氯化物和极微量的碘；煅烧后碳酸钙分解，产生氧化钙，有机质则破坏。还含锌、锰、铬、锶、铜等微量元素。贝壳内层具有珍珠样光泽的角质蛋白，经盐酸水解得甘氨酸、门冬氨酸、丙氨酸、丝氯酸、谷氨酸、精氨酸、脯氨酸、亮氨酸、缬氨酸、苏氨酸、酪氨酸、苯丙氨酸、异亮氨酸、赖氨酸、胱氨酸、组氨酸等16种氨基酸。

［药理作用］

1. 对消化系统的作用 石决明在胃中能中和过多的胃酸，有一定的制酸作用。石决明内层水解液可致四氯化碳急性中毒小鼠的谷丙转氨酶明显下降，病理切片观察给药组肝细胞变性不明显，而对照组肝细胞有明显坏死灶，从而表现出保肝作用。

2. 对血液循环系统的作用 石决明具有强而持久的降压作用（刘爽等，2011）；其酸性提取液对家兔体内外的凝血实验表明，有显著的抗凝作用。

3. 对中枢神经系统的作用 动物实验表明，石决明有明显的镇静作用。

4. 抗菌作用 石决明提取液对金黄色葡萄球菌、大肠杆菌、绿脓杆菌等有明显的抑制作用。

［临床应用］

1. 肝肾阴虚、目赤肿痛 用于肝肾阴虚、肝阳上亢所致的目赤肿痛之证，常与生地、白芍、菊花、龙骨等配伍。治牛角膜炎，用金银花40 g、连翘40 g、石决明50 g、菊花60 g、龙胆草50 g、柴胡40 g、木贼10 g、石膏40 g，煎汤灌服，每天1剂，连用3～5天（胡元亮，2006）。

2. 肝热实证、目赤肿痛 用于肝热实证所致的目赤肿痛、羞明流泪等证，常与夏枯草、决明子、菊花、钩藤等同用；治疗风热目赤，翳膜遮睛，常与蝉蜕、菊花、木贼、夜明砂等配伍；治目生翳障，本品常配伍木贼、荆芥、桑叶、白菊花、谷精草、苍术等。

［注意事项］

脾胃虚寒，食少便溏者慎用。

天　麻

本品为兰科植物天麻（*Gastrodia elata* Blume.）的干燥块茎。冬季茎枯时采挖者名“冬麻”，质量优良；春季发芽时采挖者名“春麻”，质量较差。主产于四川、云南、贵州、陕西、湖北、湖南、安徽、台湾、西藏等地。

天麻性平，味甘。归肝经。具有熄风止痉，平抑肝阳，祛风通络之功效。主治惊痫抽搐，风湿痹痛，破伤风等病证。

［主要成分］

天麻中含量较高的主要成分是天麻苷（gastrodin，天麻素）、天麻醚苷（gastrodioside）、香草醇（vanillyl alcohol）、β-甾谷醇（β-sitosterol）、胡萝卜苷（daucosterol）、枸橼酸（citric acid）、柠檬酸单甲酯（citric acid mono-methyl ester）、琥珀酸（succinic acid）、棕榈酸（palmitic acid）、蔗糖等。尚含天麻多糖、维生素A、多种氨基酸、微量生物碱、多种微量元素（如铁、铬、锰、钴、镍、铜、锌、锶、氟、碘等）。

［药理作用］

1. 对中枢神经系统的作用　天麻水提取物、醇提取物及不同制剂，均能使小鼠自发性活动明显减少，且能延长巴比妥钠、环己烯巴比妥钠引起的小鼠睡眠时间。天麻素及天麻苷元不能拮抗士的宁所引起的惊厥，也不能拮抗吗啡所致小鼠的举尾反应，但天麻素能够延长癫痫发生的潜伏期，抑制或缩短实验性癫痫的发作时间以及减轻大发作强度，并且能够加快其恢复和减低死亡率。这与天麻能抑制中枢多巴胺、去甲肾上腺素的重摄取和储存，降低脑内多巴胺和去甲肾上腺素的含量有关。天麻素还具有清除自由基的能力，能拮抗兴奋性氨基酸的神经毒性作用，对神经细胞膜缺血再灌注损伤也有保护作用。因此，天麻素具有抗惊厥、抗癫痫、镇静以及催眠的药理作用。

2. 对血液循环系统的作用　天麻素具有降低外周血管、脑血管和冠状血管阻力，并有降压、减慢心率的作用。天麻素还能显著增加小鼠心肌的营养性血流量，提高心肌细胞的能量代谢作用，明显增强小鼠的抗缺氧能力。

天麻提取物在对家兔体外、大鼠半离体和小鼠体内血小板聚集试验中，能抑制二磷酸腺苷（ADP）诱导的血小板聚集；在体外试验中，天麻提取物 G_2 还能抑制由血小板活化因子（PAF）诱导的血小板聚集，因而天麻具有阻止血栓形成的作用。

3. 镇痛抗炎作用　天麻可显著提高小鼠的痛阈值、延长扭体反应的潜伏期，该作用呈现剂量依赖性。天麻素可较快提高疼痛模型大鼠的基础痛阈，降低炎症局部皮温，减轻踝关节的肿胀程度，降低疼痛级别。其机制可能与减少致痛物质的传递、减少神经冲动传入、激活镇痛系统释放镇痛物质以及抑制疼痛基因表达有关（田春梅，2010）。

4. 免疫增强作用　天麻能够明显增强小鼠体内巨噬细胞的吞噬功能，以及加强血清溶菌酶的活力；可提高小鼠迟发性变态反应的强度。天麻对小鼠特异性免疫中的细胞免疫以及非特异性免疫均有增强作用（杨超等，2012）。

［临床应用］

1. 肝风内动 用于肝风内动所致的惊痫抽搐之证，可与羚羊角、钩藤、全蝎、川芎、白芍等同用。若用治破伤风的痉挛抽搐、角弓反张，可与天南星、全蝎、僵蚕、白附子、防风等药配伍。治骡破伤风，用天麻 45 g、白附子 45 g、防风 21 g、羌活 45 g、南星20 g、白芷 50 g、大黄 45 g、甘草 21 g，共为细末，开水冲药后加蜂蜜，候温胃管投服，每天 1 剂，连用 6 天（胡元亮，2006）。用治偏瘫、麻木等证，可与牛膝、桑寄生等配伍。

2. 风湿痹痛，肢体麻木 用治风湿痹痛，肢体麻木，多与秦艽、牛膝、独活、羌活、杜仲、桑枝等同用。口眼歪斜者亦可用天麻、马钱子配伍。治马脾虚湿邪偏风，方如《元亨疗马集》中的天麻散：天麻、人参、川芎、防风、荆芥、甘草、薄荷、蝉蜕、何首乌、白茯苓，共为末，草后灌之。

［注意事项］

津液衰少，血虚、阴虚等，均慎用天麻。

［不良反应］

天麻浸膏小鼠腹腔注射的 LD_{50} 为 51.4～61.4 g/kg。

钩　藤

本品为茜草科植物钩藤［*Uncaria rhynchophylla*（Miq.）Jacks.］、大叶钩藤［*Uncaria macrophylla* Wall.］、毛钩藤（*Uncaria hirsuta* Havil.）、华钩藤［*Uncaria sinensis*（Oliv.）Havil.］或无柄果钩藤（*Uncaria sessilifructus* Roxb.）的干燥带钩茎枝。主产于陕西、安徽、浙江、江西、福建、湖北、湖南、广东、广西、四川、贵州、云南等地。

钩藤性凉，味甘。归肝、心包经。具有熄风止痉、清热平肝之功效。主治痉挛抽搐，目赤肿痛，外感风热等证。

［主要成分］

钩藤主要成分含多种吲哚类生物碱，主要有钩藤碱（rhynchophylline，rhynchophyllic acid methylester）、异钩藤碱（isorhynchophylline，isorhynchophyllic acid methylester）、去氢钩藤碱（corynoxeine）、异去氢钩藤碱（isocorynoxeine）、柯楠因碱（corynantheine）、二氢柯楠因碱（dihydrocorynantheine）、硬毛钩藤碱（hirsutine）、去氢硬毛钩藤碱（hirsuteine）、瓦塞乔特明碱（vallesiachotamine）、喜果苷（vincosidelactam）、钩藤芬碱（rhynchophine）等。尚含黄酮类化合物左旋-表儿茶酚（epicathechin）、金丝桃苷（hyperin）、三叶豆苷（trifolin）等。

［药理作用］

1. 对血液循环系统的作用 钩藤中的钩藤碱、异钩藤碱、钩藤总碱及非生物碱部分对鼠、兔、猫、犬等各种动物的正常血压和高血压都具有降压作用。其降压特点是先降压，继而快速升压，再持续降压。钩藤碱能明显抑制血管平滑肌细胞外钙离子内流，给予钩藤碱后大鼠血压随给药时间延长降压效果逐渐明显，因此钩藤的降压作用可能与抑制细胞外钙离子内流有关。钩藤碱还可以直接扩张小血管，且对多种激动剂所致的血管收缩有显著作用；钩藤碱对整体动物的血管外周阻力的降低，主要是对血管特别是小动脉的直接扩张作用所致。钩藤对大鼠肾素-血管紧张素-醛固酮系统具有明显的调节作用，可以降低血浆中血管紧张素Ⅱ和内皮素的水平，提高降压基因相关肽的活性。钩藤的降压机制是通过多途径协调作用，主要是直接和反射性抑制血管中枢并阻滞交感神经及神经节，使外周血管扩张，阻力降低；也通过对降压活性物质的水平调节发挥降压作用。

对麻醉大鼠静脉注射钩藤可对抗乌头碱、氯化钡、氯化钙诱导的心律失常；此外，钩藤还有抑制血小板聚集及抗血栓、降血脂等作用。

2. 对中枢神经系统的作用　钩藤水煎剂对小鼠有明显的镇静作用。采用戊巴比妥钠阈下催眠实验及巴比妥钠阈剂量诱导小鼠睡眠时间实验表明，钩藤及毛钩藤叶高、中、低剂量组均能使小鼠自主活动减少，延长戊巴比妥钠阈剂量睡眠时间。通过小鼠自主活动实验表明，钩藤提取物以及吲哚类生物碱具有显著的镇静催眠效果，这一作用可能与中枢多巴胺系统的调节相关。

钩藤乙醇浸液能明显抑制中枢神经系统的突触传递过程，制止豚鼠实验性癫痫的发作，并有一定的抗戊四氮惊厥作用。钩藤醇提液具有的抗癫痫活性，可能与钩藤的钙拮抗作用及通过对NO生成的抑制进而抑制其促进钙内流和谷氨酸释放有关。

钩藤碱还具有抑制NOS活性，提高SOD活性，减少神经细胞脂质过氧化损伤和抑制神经细胞凋亡等作用，对脑缺血造成的损伤有保护作用；钩藤甲醇提取物对缺血引起的海马CA1区神经元造成的损伤也具有保护作用（叶齐等，2012）。

3. 镇痛抗炎作用　小鼠热板法和扭体法镇痛实验表明，钩藤醇提液具有明显的镇痛作用，大剂量能降低毛细血管通透性，抑制由二甲苯所致的炎症反应。钩藤对角叉菜诱导的大鼠足趾肿胀也具有良好的抗炎效果。钩藤中的异钩藤碱具有较好地抑制中枢炎症反应的作用。钩藤抗炎作用是多种次生代谢产物共同作用的结果。

4. 抗肿瘤作用　钩藤中的钩藤酸类及三萜酯类对磷脂酶Cγ1具有抑制作用，对磷脂酶Cγ1过分表达的HCT-15（结肠癌）、A549（肺癌）、HT-1197（膀胱癌）、MCF-7（乳腺癌）等肿瘤细胞的增殖有较好的抑制作用。钩藤生物碱成分乌索酸及乌索酸类的其他成分在体外或体内都具有较强的抗肿瘤活性。

5. 对呼吸系统的作用　钩藤碱能兴奋呼吸中枢。钩藤总碱腹腔或灌胃给药能制止部分豚鼠免于组胺所致的窒息，这种作用存在着量效关系，可在临床上用于平喘发作。

［临床应用］

1. 热盛风动、痉挛抽搐　用于热盛风动所致的壮热神昏、牙关紧闭、痉挛抽搐之证，常与天麻、蝉蜕、僵蚕、全蝎同用。治母猪产后热动肝风性发热，用羚羊角（先煎）15 g、鲜地黄25 g、双钩藤（后下）15 g、滁菊花15 g、生白芍15 g、茯神15 g、川贝母20 g、霜桑叶10 g、生甘草8 g、鲜竹茹8 g，水煎灌服，每天1剂，连用3天（胡元亮，2006）。对马骡眩晕症，则重用钩藤，与石决明、龙骨、牡蛎、菊花、白芍、生地、玄参、麦冬、牛膝等配伍。对牛癫痫，重用钩藤、南星，与当归、川芎、党参等配伍。

2. 目赤肿痛　用于肝经有热、肝阳上亢的目赤肿痛之证，常配石决明、白芍、菊花、夏枯草等同用。

3. 外感风热　常与防风、蝉蜕、桑叶、薄荷等配伍。

[注意事项]

钩藤经煮沸 20 min 以上，降压效能降低，故不宜久煎。

[不良反应]

钩藤毒性很低，小鼠腹腔注射钩藤碱的 LD_{50} 为 162.3 g/kg。小剂量对肾有轻度损害，大剂量可引起动物死亡，心肝肾病变较为明显。

地　龙

本品为巨蚓科动物参环毛蚓［*Pheretima aspergillum*（E. Perrier）］、通俗环毛蚓（*Pheretima vulgaris* Chen）、威廉环毛蚓（*Pheretima guillelmi* Michaelsen）或栉盲环毛蚓（*Pheretima pectinifera* Michaelsen）的干燥体。前一种习称“广地龙”，主产于广东、广西、福建等地；后三种习称“沪地龙”，主产于上海一带。

地龙性寒，味咸。归肝、脾、膀胱经。具有熄风、清热、通络、平喘、利尿之功效。主治热病狂躁，痉挛抽搐，风湿痹痛，肺热喘息等证。

[主要成分]

地龙主要含脂类蛋白、抗微生物蛋白、收缩血管蛋白、溶血和凝血兼具的蛋白、钙调素结合蛋白、蚯蚓新钙结合蛋白等蛋白质；谷氨酸（glutamic acid）、天冬氨酸（aspartic acid）、亮氨酸（leucine）等 18 种氨基酸；纤溶酶、胆碱酯酶、过氧化氢酶、过氧化物酶、歧化酶、B-D 葡萄糖苷酸酶、碱性磷酸酶、卟啉合成酶等酶类；花生四烯酸、琥珀酸、棕榈酸、十五烷酸、十六烷酸、十七烷酸、十八烷酸、硬脂酸、亚油酸等有机酸；黄嘌呤（xanthine）、次黄嘌呤（hypoxanthine）、腺嘌呤（adenine）、鸟嘌呤（guanine）、尿嘧啶（uracil）等多种核苷酸；铁、锌、镁、铜、铬、钼、硒等微量元素；还含蚯蚓解热碱（lumbrofebrin）、蚯蚓素（lumbritin）、蚯蚓毒素（terrestro-lumbrilysin）、透明质酸（hyaluronic acid）、胆碱（choline）、胍（guanidine）、促髓细胞增殖组分、类血小板活化因子（platelet activating factor，PAF）、免疫球蛋白样粘连物、碳水化合物及色素等成分。

[药理作用]

1. 对神经系统的作用　地龙热浸液、醇提取物对小鼠和家兔均有镇静、抗惊厥作用，对亚甲烯四氮唑及咖啡因引起的惊厥有拮抗作用，但不能对抗士的宁引起的惊厥，可见其抗惊厥作用部位是在脊髓以上的中枢神经部位。

2. 对血液循环系统的作用　地龙针剂、干粉混悬液、热浸液、煎剂等，均有缓慢而持久的降压作用。其降压机制可能与直接作用于脊髓以上中枢神经系统有关，因在第二颈椎处切断猫脊髓后，其降压作用即消失。地龙对用氯仿-肾上腺素、乌头碱、氯化钡造成的心律失常动物有明显的拮抗作用，并有抑制心脏传导作用。

地龙提取物具有纤溶和抗凝作用。地龙的水提液能明显延长血小板血栓和纤维蛋白血栓的形成时间，减少血栓长度和干重，降低血浆纤维蛋白原含量、缩短蛋白溶解时间作用。从地龙的水提取液中分离的地龙溶栓酶，可溶解家兔实验性血栓和人血凝块、血小板血栓凝块。其纤溶作用有直接纤维蛋白溶解和激活纤溶酶原的间接作用，但以直接纤溶为主。

地龙提取物还可提高小鼠红细胞变形能力，从而改善血液流变性和微循环障碍。蚯蚓冻干粉可明显降低高血脂症小鼠的总胆固醇、总甘油三酯和 LDL－C，并使高密度脂蛋白胆固醇（HDL－C）显著升高。

3. 对呼吸系统的作用　广地龙次黄嘌呤具有显著的舒张支气管作用，并能拮抗组织胺及毛果芸香碱对支气管的收缩作用。地龙对豚鼠过敏性哮喘有部分缓解作用，但对乙酰胆碱所致的豚鼠哮喘无作用。

4. 解热、镇痛、消炎作用　蚯蚓水煎液及蚯蚓解热碱有良好的解热作用。蚯蚓水浸剂对大肠杆菌内毒素及温热刺激引起的发热家兔均有良好的解热作用，但较氨基比林的作用弱。地龙粉剂有明显的镇痛作用，但与扑热息痛没有协同作用。醋酸致小鼠扭体反应和热板法小鼠舔足试验亦均显示了其较强的镇痛作用。地龙醇提取物可明显抑制致炎动物局部肿胀程度，降低血管通透性，且作用时间长。

5. 对免疫系统的作用　地龙液能减少渗出，缩短炎症周期，加速伤口的愈合，其良好的抗炎能力与巨噬细胞的活化作用有关。地龙能显著提高巨噬细胞活化率，提高其吞噬嗜中性粒细胞的能力。地龙肽具有调节免疫功能、拮抗环磷酰胺引起的免疫抑制功能。地龙注射液具有较明显的免疫调节活性（刘亚明等，2011）。

6. 对生殖系统的作用　地龙具有杀灭精子的作用。动物实验表明，当在阴道内给予适当浓度的地龙提取物时，能迅速破坏精子结构，使其制动。地龙提取物还具有抗阴道滴虫的作用（单彪等，2009）。

7. 其他作用　地龙还具有抗肿瘤、抗菌、利尿、促进创伤愈合、兴奋子宫及肠平滑肌作用。

［临床应用］

1. 热病狂躁，痉挛抽搐　用于热病狂躁，痉挛抽搐之证，可与钩藤、牛黄、僵蚕、全蝎等熄风止痉药同用。

2. 风湿痹痛　用治风湿痹痛，可与川乌、草乌、南星、乳香等祛风散寒，通络止痛药配伍；用治关节红肿疼痛、屈伸不利之热痹，常与防已、秦艽、忍冬藤、桑枝等除湿热、通经络药物配伍。

3. 肺热喘息　用治邪热壅肺，肺失肃降之喘息不止，喉中哮鸣有声者，单用研末灌服即效；或与麻黄、杏仁、黄芩、葶苈子等同用。治猪气喘病，用金银花、大青叶、葶苈子、远志各 10 g，瓜蒌、杏仁、枇杷叶、川贝、地龙各 5 g，马兜铃、紫苏、甘草各 3 g，共研细末，拌料喂服，连用 3 剂（胡元亮，2006）。对马骡慢性肺气肿，用蚯蚓定喘汤（鲜蚯蚓、生石膏、白果、香油、蜂蜜、鸡子清）。

4. 热结膀胱、小便不通　用于热结膀胱、小便不通及水肿等证，可单用，或配伍车前子、木通、冬瓜皮等同用。

［注意事项］

非热证者忌用。

［不良反应］

地龙灌服用量过大可致中毒。主要表现为：血压先升高，后降低，腹痛，胃肠道有时有出血现象，心悸，呼吸困难。中毒救治的一般疗法为：①中毒后立即灌服盐水 1 杯，即解；②葱 3 根，甘草 15 g，水煎灌服。

僵　蚕

本品为蚕蛾科昆虫家蚕（*Bombyx mori* Linnaeus.）4～5 龄的幼虫感染（或人工接种）白僵菌［*Beauveria bassiana*（Bals.）Vaillant］而致死的干燥体。主产于浙江、江苏、四川等养蚕区。

僵蚕性平，味咸、辛。归肝、肺、胃经。具有熄风止痉、祛风止痛、化痰散结之功效。主治痉挛抽搐，目赤肿痛，咽喉肿痛，瘰疬结核等证。

［主要成分］

本品主要含蛋白质、脂肪，以及钙、磷、镁、铝等常量元素。尚含多种氨基酸，还有铁、锌、铜、锰、铬、镍等微量元素。白僵蚕体表的白粉中含草酸铵。

［药理作用］

1. 对中枢神经系统的作用　僵蚕醇水浸出液对小鼠、家兔均有催眠、抗惊厥作用。小鼠灌服僵蚕煎剂能降低士的宁所致惊厥的死亡数，其止惊的主要成分为僵蚕及僵蛹所含的大量草酸铵，除去草酸铵则抗惊厥作用消失。僵蚕的抗惊厥作用呈剂量依赖性，灌胃 10～20 g/kg 僵蚕煎剂的小鼠对电休克、戊四氮和咖啡因引起的惊厥无明显作用，225 g/kg 灌胃能对抗士的宁诱发的小鼠强直惊厥。

2. 对血液系统的作用　僵蚕提取液在体内、外均有较强的抗凝、抗血栓、促纤溶作用。僵蚕对内源性、外源性凝血过程启动及凝血酶Ⅱ都具有抑制作用。对模型动物注射僵蚕液后，其血栓重量明显减轻，纤溶酶原含量、纤溶蛋白原含量均减少，优球蛋白溶解时间明显缩短。僵蚕粉有较好的降血糖作用和降血脂作用，能抑制体内胆固醇合成、促进胆固醇的排泄、提高磷脂合成功能的作用。

3. 抗癌作用　僵蚕醇提取物体外可抑制人肝癌细胞的呼吸，可用于直肠瘤型息肉的治疗。僵蛹 50％煎剂每天给小鼠灌胃 0.2 mL，对小鼠 S_{180} 有抑制作用。

4. 抗菌作用　僵蚕中的白僵菌素对革兰氏阳性菌、阴性菌及霉菌有中等强度的抑制作用，对金黄色葡萄球菌、绿脓杆菌有轻度的抑制作用。

［临床应用］

1. 痉挛抽搐　适用于肝风内动所致的癫痫、中风等痉挛抽搐之证，常与全蝎、天麻、朱砂、牛黄、胆南星等配伍；用治幼畜脾虚久泻、慢惊搐搦者，当与党参、白术、天麻、全蝎等益气健脾、熄风止痉药配伍；用治破伤风角弓反张者，则与全蝎、蜈蚣、钩藤等配伍。治高热抽搐者，可与蝉蜕、钩藤、菊花等同用。

2. 目赤肿痛，咽喉肿痛　用治风热上扰而致目赤肿痛等证，常与菊花、桑叶、薄荷等配伍；用治风热外感所致的咽喉肿痛，可与桂枝、薄荷、荆芥、防风、甘草等同用。

3. 痰核瘰疬、疔疮痈肿　用治痰核、瘰疬，可为末单用，或与浙贝母、夏枯草、连翘等化痰散结药同用。亦可用治乳腺炎、疔疮痈肿等症，可与金银花、连翘、板蓝根、黄芩等清热解毒药同用。

［不良反应］

服用僵蚕后有时会引起一些不良反应，可能是蚕蛹的某些蛋白质成为假性神经介质而干扰了脑内正常神经介质的传递，以及引起急性变态反应所致。僵蚕中还含有6种毒素，其中的黑僵毒素A、B和细胞松弛素可使动物中毒。发生僵蚕中毒时，应首先清除毒物，意识障碍者给予温开水洗胃导胃及25%甘露醇导泻，应用糖皮质激素减轻毒性反应，有肌肉震颤者用东莨菪碱及安定，并全部给予静脉输液，促进排泄。

全　蝎

本品为钳蝎科动物东亚钳蝎（*Buthus martensii* Karsch.）的干燥体。主产于甘肃、辽宁、河北、山东、安徽、河南、湖北等地。

全蝎性平，味辛。有毒。归肝经。具有熄风镇痉、攻毒散结、通络止痛之功效。主治痉挛抽搐，恶疮肿毒，风湿痹痛等证。

［主要成分］

主要含蝎毒（buthotoxin），是一种类似蛇毒神经毒的蛋白质。并含三甲胺（trimethylamine）、甜菜碱（betaine）、牛磺酸（taurine）、棕榈酸、软硬脂酸、胆固醇（cholesterol）、卵磷脂（lecithine）、苦味酸羟胺（hydroxylamine picrate）、蝎酸（katsu acid）及铵盐等。尚含钠、钾、钙、镁、铁、铜、锌、锰、磷、氯等元素。现研究最多的是镇痛活性最强的蝎毒素Ⅲ（tityustoxin Ⅲ）、抗癫痫肽（AEP）、透明质酸酶（hyaluronidase）等。

［药理作用］

1. 对神经系统的作用　全蝎对外周和中枢神经系统均有显著的镇痛作用。全蝎的中枢镇痛作用可能是通过吗啡受体实现的。纳洛酮可部分拮抗全蝎的镇痛作用，这种拮抗作用可能通过拮抗β-内啡肽作用而实现。但纳洛酮对大剂量的全蝎无翻转作用，可见全蝎的镇痛作用不仅是通过激活内源性阿片系统，还存在其他的镇痛途径。蝎身及蝎尾制剂对动物躯体痛或内脏痛均有明显镇痛作用，蝎尾的镇痛作用比蝎身强约5倍。

东亚钳蝎毒和从粗毒中纯化得到的抗癫痫肽（AEP）有明显的抗癫痫作用，但抗癫痫肽的作用更强。有人在马桑内酯致痫的大鼠模型上，通过侧脑室注射蝎毒素，发现给予蝎毒素的大鼠无任何大发作的行为，并且小发作的平均持续时间也显著短于对照组，脑电图多呈散在单个痫样波，说明蝎毒素对癫痫发作时的神经细胞同步放电及放电的传播有较强的抑制作用（姬涛等，2009）。全蝎对士的宁、烟碱、戊四氮等引起的惊厥也有对抗作用。

2. 对血液循环系统的作用　静脉注射蝎毒60 mg/kg，能使大鼠血压升高，心肌收缩力增强，显著改善左心室收缩功能。蝎毒和全蝎提取液对离体蛙心收缩和心率具有较强的抑制作用；蝎头部和四肢的提取液对心脏收缩也具有抑制作用；尾部对离体心脏收缩则有兴奋作用。

全蝎提取液有抗凝、抗血栓、促纤溶作用。全蝎提取液可通过抑制血小板聚集，减少纤维蛋白含量和促进纤溶系统活性等因素抑制血栓形成，且全蝎提取液对内源性及外源性凝血途径都有影响。蝎毒纤溶活性肽（SVFAP）在用药后10 min及4 h，可使血管内皮细胞释放的组织型纤溶酶原激活剂（t-PA）活性增强，纤溶酶原激活剂抑制物（PAI-1）活性降低，t-PA/PAI-1 比值升高，说明 SVFAP 的纤溶作用与抑制内皮细胞分泌 PAI-1 和促进 t-PA 释放有关。另外，蝎毒对血小板聚集功能的影响有助于减少斑块形成，延缓动脉粥样硬化进程。

3. 对骨骼肌的作用 全蝎毒素对骨骼肌具有直接作用，可引起骨骼肌自发性抽动和强直性痉挛，最后导致不易恢复的麻痹。

4. 抗肿瘤作用 全蝎水、醇提取物对癌细胞有抑制作用。全蝎的抗肿瘤作用主要是通过增强免疫功能和抑制 DNA 合成及肿瘤生长来实现的。将蝎毒抗癌多肽（APBMV）分离纯化得到单组分的蝎毒抗癌多肽纯化组分Ⅲ（AP-Ⅲ），研究它对小鼠肝癌的作用，结果显示它在高浓度时抑制率达 46.69%，接近 5-氟脲嘧啶（49.90%），而且对机体免疫器官胸腺具有保护作用（雷田香等，2006）。

［临床应用］

1. 痉挛抽搐 适用于惊痫及破伤风等的痉挛抽搐之证，常与蜈蚣、钩藤、僵蚕等同用；用治幼畜高热、神昏、抽搐，常与羚羊角、钩藤、天麻等配伍；治中风口眼歪斜之证，可与白僵蚕、白附子等同用。治幼畜脐带风，用巴豆霜 10 g、朱砂 50 g、雄黄 50 g、全蝎 15 g、僵蚕 100 g，共研细末，开水调匀，候温灌服，羔羊、仔猪每头服 2～3 g，驹、犊 6～9 g，连用 4～5 剂（胡元亮，2006）。

2. 疮疡肿毒 用治疮疡肿毒、瘰疬结核之证，用全蝎、栀子、麻油煎黑去渣，入黄蜡为膏外敷患处。若与蜈蚣、半支莲、莪术、海藻、黄芪、当归等药合用组成托消化瘤胶囊，以治疗犬猫乳腺肿瘤，常获良好疗效（中兽医学杂志 2015 年，增刊 350 页）

3. 风湿顽痹 对风寒湿痹久治不愈，筋脉拘挛，甚则关节变形之顽痹，作用颇佳。可用全蝎配麝香少许，共为细末，温酒灌服，对减轻疼痛有效；亦常与蜈蚣、川芎、僵蚕、羌活等同用。

［注意事项］

本品有毒，用量不宜过大。孕畜慎用。

蜈　蚣

本品为蜈蚣科动物少棘巨蜈蚣（*Scolopendra subspinipes mutilans* L.）的干燥体。主产于江苏、浙江、安徽、湖北、湖南、四川、广东、广西等地。

蜈蚣性温，味辛。有毒。归肝经。具有熄风镇痉，攻毒散结，通络止痛之功效。主治痉挛抽搐，疮疡肿毒，瘰疬结核，风湿顽痹等证。

［主要成分］

蜈蚣主要含有两种类似蜂毒的有毒成分，即组织胺（histamine）样物质及溶血性蛋白质。尚含有脂肪油、胆固醇（cholesterol）、蚁酸（formic acid）及组氨酸、精氨酸、鸟氨酸、赖氨酸、甘氨酸、丙氨酸、缬氨酸、亮氨酸、苯丙氨酸、丝氨酸、牛磺酸、谷氨酸等多种氨基酸，糖类、蛋白质，以及铁、锌、锰、钙、镁等多种微量元素。

［药理作用］

1. 对中枢神经系统的作用　蜈蚣水煎液对小鼠具有明显的中枢抑制作用，对士的宁引起的惊厥有显著的对抗作用，而醇提物基本没有效果（周莉莉等，2008）。

2. 对血液循环系统的作用　蜈蚣煎剂能增强心肌抗氧化能力及保护心肌免受脂质过氧化损伤，保护血管内皮细胞免受损伤，有效防止动脉粥样硬化的形成，增加冠脉血流量，改善心肌缺血状况。蜈蚣提取液能调节脂代谢、降低血脂、改善血液流变学、降低血黏度、延长凝血时间，从而改善动物的微循环。

3. 抗肿瘤作用　蜈蚣油性提取成分对肝癌细胞增殖有较强的抑制作用，乙醚、乙醇提取物在体外对宫颈癌 Caski 细胞的生长有明显地抑制作用，其机制与影响癌细胞的DNA 合成、阻止瘤细胞的分裂增殖和促进其凋亡有关，并呈现一定的量效和时效相关性。

4. 抗微生物作用　蜈蚣醇提物与水提物对大肠杆菌、金黄色葡萄球菌、枯草杆菌黑色变种芽孢、结核杆菌及多种皮肤真菌有不同程度的抑制作用，但醇提物在抑菌效果上优于水提物（周莉莉等，2008）。

5. 其他作用　蜈蚣尚有镇痛抗炎、抗衰老、促进消化、增强免疫功能等方面作用。

［临床应用］

1. 痉挛抽搐　用于癫痫、破伤风等引起的痉挛抽搐、角弓反张之证，常与全蝎、钩藤、南星、防风同用。治猫癫痫，用蜈蚣 1 条，焙干研末，分 2 次灌服；治羊阉割性破伤风，用羌活 10 g，防风 10 g，蜈蚣 3 条，僵蚕、赤芍、远志、秦艽、牛膝、蔓荆子、甘草各 10 g，每天 1 剂，连用 3 天（胡元亮，2006）。

2. 疮疡肿毒　用治疮疡肿毒、瘰疬溃烂等证，可与雄黄、猪胆汁配伍制膏，外敷恶疮肿毒；或与茶叶共为细末，敷治瘰疬溃烂；以本品焙黄研细末，开水送服，或与黄连、大黄、生甘草等同用，可治毒蛇咬伤。治犬疥癣，体重 16 kg 以上者 1～2 条，15 kg 以下者 0.5～1 条，烘干研末，加适量适口性好的食物，1 次喂服，一般 1 次即愈（胡元亮，2006）。

3. 风湿顽痹　用于风湿顽痹，常与全蝎、防风、独活、威灵仙等同用；用于通络止痛，多与天麻、川芎、白僵蚕等同用。

［注意事项］

孕畜忌用。

代　赭　石

本品为三方晶系氧化物类矿物赤铁矿的矿石。主产于河北、山西、山东、河南、湖南、广东、四川等地。

代赭石性寒，味苦。归肝、心经。具有平肝潜阳、重镇降逆、凉血止血之功效。主治肝阳上亢，呕吐，呃逆，哮喘，吐血，衄血等证。

［主要成分］

代赭石主含三氧化二铁（Fe_2O_3），并含镉、钴、铬、铜、锰、镁、铝、铅、砷、钛等多种微量元素。

［药理作用］

1. 对中枢神经系统的作用 代赭石对中枢神经系统有镇静作用。

2. 对血液循环系统的作用 代赭石溶液大剂量时对离体蛙心有抑制作用，但对麻醉兔的血压无明显影响。其所含铁质能促进红细胞及血红蛋白的新生。

3. 对肠道平滑肌的作用 代赭石溶液注射于麻醉兔对肠管有兴奋作用，可使肠蠕动增强；对离体豚鼠小肠也有明显的兴奋作用。

［临床应用］

1. 肝阳上亢 用于肝阳上亢所致的头目眩晕等症，常与怀牛膝、生龙骨、生牡蛎、生白芍等同用。

2. 呕吐呃逆 用治胃气上逆之呕吐、呃逆、噫气不止等证，常与旋覆花、半夏、生姜等配伍；若治噎膈不能食，大便燥结，配伍党参、当归、肉苁蓉等；治疗宿食结于肠间，胃气上逆不降，大便多日不通者，可配伍甘遂、芒硝、干姜等同用。治疗牛脾胃虚弱、胃气上逆，用旋复花 25 g，代赭石 60 g，制半夏 45 g，党参 30 g，生姜、厚朴、炙甘草各 25 g，陈皮、鸡内金各 40 g，大枣 15 g，每天 1 剂内服，连用 3 天（蒋继琰，1989）。

3. 咳喘气逆 用治哮喘有声、卧睡不得者，单用本品研末，米醋调服；用治肺肾不足、阴阳两虚之虚喘，每与党参、山茱萸、胡桃肉、山药等同用；若治肺热咳喘者，可与桑白皮、苏子、旋覆花等同用。

4. 出血证 适宜于气火上逆、迫血妄行之出血证，可单用，研细调服；如因热而胃气上逆所致吐血、衄血者，可与白芍、竹茹、牛蒡子、清半夏等配伍。

［注意事项］

孕畜忌用。

◆ 参考文献

国家中医药管理局《中华本草》编委会，1998. 中华本草［M］. 上海：上海科学技术出版社.
胡元亮，2006. 中兽医学［M］. 北京：中国农业出版社.
姬涛，田景振，2009. 全蝎抗癫痫研究进展［J］. 齐鲁药事，28（1）：31－33.
蒋继琰，1989. 旋复代赭石汤加味治牛脾胃虚弱［J］. 中兽医学杂志（4）：11.
雷田香，彭延古，徐爱良，2006. 中药全蝎的研究进展［J］. 湖南中医学院学报，26（4）：60－61.
刘爽，肖云峰，李文妍，2011. 石决明药理作用研究［J］. 北方药学，8（11）：21－22.
刘亚明，郭继龙，刘必旺，等，2011. 中药地龙的活性成分及药理作用研究进展［J］. 山西中医，27（3）：44－45.
单彪，武金霞，张瑞英，等，2009. 地龙的药理作用研究进展［J］. 医学研究与教育，26（6）：77－80.
田春梅，2010. 天麻的药理学研究进展［J］. 哈尔滨医药，30（4）：71－72.
王国强，2014. 全国中草药汇编. 第 3 版［M］. 北京：人民卫生出版社.
杨超，吕紫媛，伍瑞云，2012. 天麻的化学成分与药理机制研究进展［J］. 中国现代医生，50（17）：27－29.

叶齐，齐荔红，2012. 钩藤的主要成分及生物活性研究进展 [J]. 西北药学杂志，27 (5)：508 - 510
元艺兰，2011. 牛黄的真伪鉴别及药理作用 [J]. 现代医药卫生，27 (13)：2062 - 2063.
赵艳红，阮金秀，2007. 牛黄及其代用品的药理作用及临床应用 [J]. 军事医学科学院院刊，31 (2)：175 - 178.
周莉莉，黄迎春，任超，2008. 蜈蚣醇提取物和水提取物部分药理作用比较 [J]. 时珍国医国药，19 (11)：2697 - 2698.

第二十一章 开窍药

凡具有辛香走窜之性，以开窍醒神为主要功效的药物，称为开窍药。这类药善于走窜，通窍开闭，适用于热病神昏、中风昏厥、癫痫痉厥、气血逆乱、蒙闭清窍引起的突然昏迷等病证。常用开窍药有麝香、石菖蒲、牛黄、冰片等，其药理作用主要有：①对中枢神经系统的作用。开窍药对中枢神经系统的作用与现代药理学中苏醒药的作用不完全相同，其中枢兴奋作用尚难肯定。多数开窍药对中枢的作用具双向性，小剂量有兴奋作用，大剂量则呈抑制效应乃至麻醉作用。除此之外，牛黄、麝香还能增强中枢神经系统的耐缺氧能力，石菖蒲有降温作用。因此，开窍药开窍作用的机理尚有待进一步研究。②对心血管系统的作用。麝香具有明显的强心作用，能兴奋心脏，增加心脏收缩振幅，增强心肌功能；对离体心脏有兴奋作用，可使家兔、犬、麻醉猫的血压上升。牛黄也对离体心脏有兴奋作用。③消炎抗菌作用。大多数开窍药具有消炎止痛的功效。麝香有一定的抗炎作用，其抗炎作用与氢化可的松相似；冰片能轻度刺激感觉神经末梢而产生止痛作用。麝香、冰片、石菖蒲等均有不同程度的抗菌作用。

开窍药是急以治标之药，不宜久服，以免泄元气；而且走窜性强，对于大汗亡阳引起的虚脱及肝阳上亢所致的昏厥，都应慎用。

石菖蒲

本品为天南星科植物石菖蒲（*Acorus tatarinowii* Schott.）的干燥根茎。主产于四川、浙江、江苏、湖南等地。

石菖蒲性温，味辛、苦。归心、肝、胃经。具有宣窍豁痰，化湿和中之功效。主治痰蒙清窍，湿困脾胃，痈疽疮疡等证。

[主要成分]

石菖蒲含挥发油 0.11%～0.42%，以及糖类、有机酸、氨基酸等。其中挥发油主要为β-细辛醚（β-asarone）、α-细辛醚（α-asarone）、石竹烯（caryoppbyllene）、α-葎草烯（α-humulene）、莰烯（Camphene）、石菖醚（sekishone）、γ-细辛醚（γ-asarone）、d-δ杜松烯（d-δcadinene）、细辛醛（asarylaldehyde）、肉豆蔻酸（myristric acid）、百里香酚（thymol）、龙脑（bomeol）、榄香素（elemicine）、欧细辛醚（euasarone）、1-烯丙基-2,4,5-三甲氧基苯（1-allyl-2,4,5-trimethoxy benzene）、甲基丁香油酚（methyleugenol）、顺式甲基异丁香油酚（cis-methylisoeugenol）、反式甲基异丁香油酚（trans-methylisoeugenol）等。

［药理作用］

1. 对中枢神经系统的作用 石菖蒲水煎剂或其挥发油均有镇静和抗惊厥作用。煎剂或挥发油均能使小鼠自发活动减少，解除单笼饲养小鼠的攻击行为；亦能延长戊巴比妥钠所致的睡眠时间，对阈下催眠剂量的戊巴比妥钠有协同作用，并能显著延长戊巴比妥钠的麻醉时间。石菖蒲氯仿提取物对猴等多种动物有镇静作用，强度与剂量相关。石菖蒲可能是通过降低单胺类神经递质（包括儿茶酚胺类、吲哚胺类）水平起到对中枢神经的镇静作用。此外，石菖蒲水提液尚能延长回苏灵、戊四唑所致小鼠惊厥潜伏期，降低回苏灵引起的小鼠死亡率。有研究表明，挥发油中的细辛醚是镇静和抗惊厥的有效成分，但除去挥发油后仍有镇静和抗惊厥作用，提示其镇静抗惊厥成分可能不只一种（王争等，2012）。

石菖蒲水溶性成分可调节癫痫大鼠脑内的兴奋性与抑制性氨基酸的平衡，从而起到抗癫痫的作用。石菖蒲还能减少脑皮质神经细胞凋亡，对脑皮质神经细胞有保护作用。石菖蒲挥发油对小鼠也有较强的降温作用。

2. 对气管平滑肌的作用 石菖蒲对豚鼠气管平滑肌具有解痉作用。石菖蒲挥发油静脉注射有肯定的平喘作用，能对抗组胺引起的支气管收缩，与舒喘灵吸入后的即时疗效相似。

3. 对心血管系统的作用 石菖蒲挥发油能抑制犬、蛙的心律失常，对抗乙酰胆碱、乌头碱引起的心房纤颤，其延长传导时间及不应期的作用与奎尼丁相似；石菖蒲挥发油对大鼠由乌头碱诱发的心律失常也有一定治疗作用，并能对抗由肾上腺素或氯化钡诱发的心律失常，挥发油治疗量时还有减慢心律作用。石菖蒲挥发油（β-细辛醚）在一定浓度下对豚鼠冠状血管有扩张作用，临床常用于冠心病、肺心病等属于痰浊气滞之胸痹者的治疗，其机制可能与其能增加冠脉流量有关；β-细辛醚还能明显降低动脉粥样硬化大鼠血脂，改善高黏血症大鼠的血液流变性，降低心肌组织损伤程度和坏死率。

4. 对消化系统的作用 石菖蒲煎剂可促进消化液分泌，制止胃肠的异常发酵，并有缓解肠管平滑肌痉挛的作用。石菖蒲中含的细辛醚能对抗氯化钡引起的离体肠管的兴奋作用。

5. 抗菌作用 石菖蒲水浸剂在试管内对堇色毛癣菌、同心性毛癣菌、许兰黄癣菌、奥杜盎小芽孢癣菌等常见致病性皮肤真菌均有不同程度的抑制作用。α-细辛醚对金黄色葡萄球菌、白色葡萄球菌、乙型链球菌、粪链球菌、肺炎杆菌等均有抑制作用。

6. 其他作用 石菖蒲煎剂有杀死腹水癌细胞的作用；对垂体后叶素引起的子宫收缩，α-细辛醚有对抗作用；体外实验发现，石菖蒲煎剂能使蛔虫麻痹和死亡；外用对皮肤有轻微刺激作用，能改善局部血液循环。

［临床应用］

1. 痰蒙清窍 用于痰湿蒙蔽清窍、清阳不升所致的神昏、癫狂，常与远志、茯神、郁金等配伍。

2. 湿困脾胃 常用于湿困脾胃、食欲不振、肚腹胀满之证，单用或与香附、郁金、藿香、陈皮、厚朴等同用。治牛瘤胃积食，用石菖蒲鲜全草 1 000 g，水煎服（胡元亮，2006）。

［注意事项］

阴虚阳亢血亏者、烦躁汗多者慎用石菖蒲。

[不良反应]

水煎剂小鼠腹腔注射的 LD_{50} 为 53 g/kg；38 g/kg 时出现中毒症状，表现为呼吸困难，痉挛、抽搐。

冰 片

本品为龙脑香科植物龙脑香（*Dryobalanops aromatica* Gaertn. f.）树脂加工品，或龙脑香树的树干、树枝切碎，经蒸馏冷却而得的结晶。主产于印度尼西亚等东南亚地区，我国台湾有引种。作为商品的冰片还有艾片，是从菊科植物艾纳香（大艾）（*Blumea balsamifera* DC.）的新鲜叶经提取加工制成的结晶，又名合艾粉；产于贵州、广东、广西、云南等地。现多用松节油、樟脑等经化学方法合成的机制冰片，又名合成龙脑。主产于上海、南京、广州、天津等地。

冰片性微寒，味辛、苦。归心、肝、脾、肺经。具有宣窍除痰、消肿止痛之功效。主治热病神昏，目赤肿痛，喉痹口疮，疮疡肿痛，疮溃不敛，水火烫伤等证。

[主要成分]

龙脑冰片含右旋龙脑（d－borneol），又含葎草烯（humulene）、β－榄香烯（β－elemene）、石竹烯（caryophyllene）等倍半萜成分，以及齐墩果酸（oleanolic acid）、麦珠子酸（alphitolic acid）、积雪草酸（asiatic acid）、龙脑香醇酮（dipterocarpol）、龙脑香二醇酮（dryobalanone）、古柯二醇（erythrodiol）等三萜化合物。艾片含左旋龙脑（l－borneol）。机制冰片为消旋混合龙脑。

[药理作用]

1. 对中枢神经系统的作用 冰片龙脑、异龙脑对中枢神经系统有双向调节作用，既可镇静抗惊厥，又可醒脑。冰片能缩短戊巴比妥钠持续睡眠时间，还能延长苯巴比妥钠入睡时间，表现出醒脑和兴奋作用。但冰片也可以对抗苦味酸兴奋中枢神经的作用，延长惊厥潜伏期，起镇静抗惊厥作用。另外，冰片的主要成分龙脑、异龙脑均有耐缺氧的作用，能延长常压耐缺氧实验小鼠耐缺氧存活时间。冰片还能促进神经胶质细胞的分裂和生长（黄卫东等，2008）。

冰片经肠系膜吸收迅速，给药 5 min 即可通过血脑屏障，且在脑蓄积时间长，量也相当高，此为冰片芳香开窍作用的初步药动学基础。

2. 对心血管系统的作用 冰片能使急性心肌梗死犬冠状窦血流量回升，减慢心率和降低心肌耗氧量；可明显降低麻醉犬的血液黏度、脑血流阻力，使脑血流量增加；也可增加离体心冠脉流量，减慢心率。

3. 抗炎作用 异龙脑抗炎作用比龙脑强，5%龙脑或异龙脑乳剂涂耳对 2%巴豆油合剂涂耳所致小鼠炎症反应有抑制作用，其中异龙脑作用显著；5%龙脑或异龙脑乳剂 3.5 mL/kg 腹腔注射对大鼠蛋清性足跖肿胀均有显著的抑制作用。其作用机制可能是冰片具有拮抗 PGE 和抑制炎性介质释放的作用。

4. 抗菌作用 龙脑、异龙脑和合成冰片对金黄色葡萄球菌、链球菌、大肠杆菌及部分致病性皮肤真菌等均具有不同程度的抑杀作用。冰片对猪霍乱弧菌也有抑制作用。

5. 其他作用　冰片对中、晚期妊娠小鼠有引产作用；有一定的止痛作用和防腐作用；具有促进其他药物透皮吸收的作用。

［临床应用］

1. 闭证神昏　冰片性偏寒凉，为凉开之品，宜用于热病神昏。治疗痰热内闭、暑热痉厥等热闭证，常与牛黄、麝香、黄连等配伍；若闭证属寒，常与苏合香、安息香、丁香等温开药配伍。

2. 目赤肿痛，喉痹口疮　外用治疗目赤肿痛，单用点眼即效，也可与炉甘石、硼砂、熊胆等制成点眼药水；治疗咽喉肿痛、口舌生疮，常与硼砂、朱砂、玄明粉共研细末，吹敷患处，如冰硼散；治疗风热喉痹，以冰片与灯心草、黄柏、白矾共为末，吹患处取效。

3. 疮溃不敛，水火烫伤　外用治疮疡溃后日久不敛，可配伍牛黄、珍珠、炉甘石等，或与象皮、血竭、乳香等同用；治水火烫伤，可用本品与银朱、香油制成药膏外用；治疗急、慢性化脓性中耳炎，可以本品搅溶于核桃油中滴耳。治疗奶牛严重烧伤，用新鲜虎杖根 10 kg，洗净，切片，捣碎（鲜品捣碎易煎出药汁），加水 5 000 mL，煎至 2 000 mL，去渣，文火浓缩至 1 000 mL，待凉加冰片 30 g，搅拌均匀即成，每 6 小时用药涂布病灶 1 次，从第 2 天起，改为每天 2 次，对已坏死的表皮及时剪除，再涂药，待病情控制后，用药次数可逐渐减少（张恕等，1996）。

［注意事项］

阴虚阳亢、脾虚肚泻、肝肾虚亏者忌用，孕畜慎用。

苏　合　香

本品为金缕梅科植物苏合香树（*Liquidambar orientalis* Mill.）的树干渗出的香树脂。主产于印度、土耳其非洲等地，我国广西、云南有栽培。

苏合香性温，味甘、辛。归心、脾经。具有开窍豁痰，辟秽，行气止痛之功效。主治中风痰厥，胸腹冷痛，惊痫，时疫，瘴疟等证。

［主要成分］

苏合香中主要含萜类、黄酮类、酚酸类、苯丙素类、挥发油等。常见成分有 α-及 β-蒎烯（pinene）、月桂烯（myrcene）、樟烯（camphene）、柠檬烯（limonene）、1,8-按叶素（l,8-cineole）、对聚伞花素（p-cymene）、异松油烯（terpinolene）、芳樟醇（linalool）、4-松油醇（4-terpineol）、α-松油醇（α-terpineol）、桂皮醛（cinnamicaldehyde）、反式桂皮酸甲酯（trans-methyl cinnamate）、乙基苯酚（ethyphenol）、烯丙基苯酚（allylphenol）、桂皮酸正丙酯（n-propyl cinnamate）、β-苯丙酸（β-phenylpropionic acid）、苯甲酸（benzoic acid）、棕榈酸（palmitic acid）、亚油酸（linoleic acid）、二氯香豆酮（dihydrocoumarone）、桂皮酸环氧桂皮醉酯（epoxycinnamylcinnamate）、顺式桂皮酸（cis-cinnamic acid）、顺式桂皮酸桂皮醉酯（cis-cinnamyl cinnamate）、齐墩果酮酸（oleanonic acid）、3-表齐墩果酸（3-epioleanolic acid）等。

［药理作用］

1. 对中枢神经系统的作用　苏合香能缩短戊巴比妥钠所致小鼠睡眠的时间，能抗动物电休克，又能对抗苦味酸兴奋中枢神经系统的作用。因此，对中枢神经系统表现出双向调节作用。

2. 对心血管系统的作用 苏合香有增强耐缺氧能力的作用，对实验性心肌梗塞有减慢心率、改善冠脉流量和降低心肌耗氧的作用；通过促进心肌组织中NO生成和释放，扩张冠脉血管而发挥抗心肌缺血作用，并可通过清除氧自由基、减轻自由基损伤，起到保护心肌细胞的作用；可以明显降低氯仿诱导的小鼠心律失常的发生率，心律失常发生的时间也显著缩短；对兔、大鼠血小板聚集有显著抑制作用，桂皮酸是抗血小板聚集的主要有效成分；具有抗心肌缺血及抗凝血促纤溶活性，能够促进血浆纤维蛋白原溶解，发挥抗凝血作用，预防血管内血栓的形成；能使兔血栓形成长度缩短、重量减轻，提高血小板内cAMP含量，还能明显延长血浆复钙时间，从而起到抗血栓作用。

3. 抑菌、抗炎作用 苏合香有较弱的抗菌作用，可用于各种呼吸道感染，以及疥癣等皮肤病。苏合香还有温和的刺激作用，可作为刺激性祛痰药，也可用于局部以缓解炎症，如湿疹和瘙痒，并能促进溃疡与创伤的愈合。

4. 抗肿瘤作用 近几年国内外有研究表明，桂皮酸有广泛的抗实体瘤活性，包括黑色素瘤、激素难治性前列腺癌、肺癌、胶质细胞癌、肝癌、白血病等，对肿瘤细胞具有抑制其生长增殖、诱导其分化的作用，而且其衍生物亦具有抗肿瘤活性（刘萍等，2010）。

［临床应用］

1. 中风痰厥 治疗中风痰厥、惊痫等属于寒邪、痰浊内闭者，常与麝香、安息香、檀香等同用，如苏合香丸。

2. 胸腹冷痛 用治痰浊，血瘀或寒凝气滞之胸脘痞满、冷痛等症，常与冰片等同用。

3. 冻疮 将苏合香溶于乙醇中，涂敷之。

［注意事项］

苏合香性燥气窜，阴虚多火者禁用。

◆ 参考文献

国家中医药管理局《中华本草》编委会，1998. 中华本草［M］. 上海：上海科学技术出版社.
黄卫东，吕武清，2008. 冰片的研究进展［J］. 中国药业，17（4）：64－66.
刘萍，于绍帅，何新荣，2010. 中药苏合香研究进展［J］. 中国药物应用与监测，7（5）：315－317.
王国强，2014. 全国中草药汇编. 第3版［M］. 北京：人民卫生出版社.
王争，王曙东，侯中华，2012. 石菖蒲成分及药理作用的研究概况［J］. 中国药业，21（11）：1－3.
张恕，应长源，叶树生，等，1996. 虎杖冰片糊治疗奶牛严重烧伤［J］. 中兽医医药杂志（3）：24－25.

第二十二章

补 虚 药

凡能补充物质、增强功能、提高机体抗病能力、消除虚弱征候的药物，称为补虚药，亦称补益药或补养药。

气、血、阴、阳是中兽医学对动物体组成物质和功能的高度概括，当机体物质不足或功能低下时则产生虚证。虚证分为气虚、血虚、阴虚和阳虚 4 种类型。补虚药也相应分为补气药、补血药、补阴药和补阳药 4 类。补气药的主要功效是益气健脾、敛肺止咳平喘，如人参、黄芪、甘草及四君子汤等；补血药能促进血液的化生，主要用于治疗血虚证的药物，常用的补血方药有当归、白芍、何首乌、熟地及四物汤等；补阳药主要用于补益肾阳，代表方药有鹿茸、淫羊藿、补骨脂及肾气丸等；滋阴药具有滋养阴液、生津润燥等功效，多用于热病后期及某些慢性病中出现的肺阴虚、胃阴虚及肝肾阴虚等，主要有沙参、麦冬、枸杞子及六味地黄丸等。

补虚药的药理作用广泛，不同类型的补虚药既有相似的药理作用，也有各自的特点。补虚药主要的药理作用如下：

1. 对机体免疫功能的影响 补益药对机体天然免疫系统和获得性免疫系统都有广泛的影响。早期研究表明，补虚药对免疫功能的影响包括：增加免疫器官胸腺或脾脏重量，对抗免疫抑制剂引起的免疫器官萎缩；增强巨噬细胞的吞噬功能，升高外周白细胞数并对抗放疗、化疗引起的白细胞减少；增加外周血 T 淋巴细胞数，提高 E 花环形成率和 T 淋巴细胞酯酶染色阳性率，促进 T 淋巴细胞转化增殖，增强 T 细胞功能；促进抗体生成。另外，某些补虚药具有抑制免疫功能的作用，如沙参多糖降低淋巴细胞的增殖转化，对小鼠迟发型超敏反应有显著的抑制作用。还有一些补虚方药具有免疫增强和抑制的双相作用。如六味地黄汤明显提高老龄小鼠 T、B 淋巴细胞转化功能和巨噬细胞活性，但能预防烫伤大鼠过度炎症反应，拮抗巨噬细胞吞噬活性及脾脏淋巴细胞转化增殖，显示免疫抑制作用。补虚药免疫调节的另一途径是通过调节神经内分泌免疫网络，从整体宏观水平对免疫功能发挥调节作用。神经内分泌免疫调节网络是一个由神经递质、神经肽、激素与细胞因子所介导的神经、内分泌、免疫三大系统相互作用与调节的网络环路。神经内分泌免疫调节网络从整体水平上维持机体稳态及正常生理功能，这与祖国医学的“阴阳气血，脏腑功能”平衡的整体观具有高度的一致性。近年来通过检测下丘脑-垂体-性腺及肾上腺轴的终末激素、下丘脑神经递质及下丘脑有关酶（蛋白激酶 A、蛋白激酶、下丘脑单胺氧化酶、胆碱酯酶）、靶腺以及免疫组织（脾、胸腺）的变化，系统研究了补虚药对内分泌、免疫系统以及中枢神经系统的作用，提示中药对神经内分泌免疫网络的调节作用表现在：既可通过下丘脑-垂体-内分泌腺（肾上腺、甲状腺和性腺等）轴参与调节机体的免疫功能，又可通过调节免疫系统，改善下丘脑-垂体-内分泌腺（肾上腺、甲状腺和性腺等）轴的功能。如人参皂苷可以通过垂体-肾上腺通路参与调节机体由于应激而致的免疫功能抑制，还可通过抑制中枢神经肽促肾上腺皮质激素释放因子的外周淋巴器官效应，使免疫细胞功能得以恢复。

2. 对神经内分泌系统的影响 大多数虚证患者有不同程度的内分泌功能减退，病理可见内分泌腺体发生变性或萎缩，垂体前叶、肾上腺皮质、甲状腺、睾丸或卵巢均呈现不同程度的退行性变化。补虚药具有改善内分泌功能的作用。

（1）增强下丘脑-垂体-肾上腺皮质轴功能 肾阳虚病人多数伴有下丘脑-垂体-肾上腺皮质轴功能减退，很多补益药都能增强该系统功能，如补气药人参、黄芪、白术、甘草；补血药熟地黄、当归、何首乌；补阴药玄参、生地黄、知母；补阳药巴戟天、淫羊藿、鹿茸、杜仲，以及生脉注射液等，均有促进肾上腺皮质分泌功能的作用。

（2）增强下丘脑-垂体-性腺轴功能 补虚药鹿茸、紫河车、补骨脂、冬虫夏草、淫羊藿、人参、刺五加等均有兴奋性腺轴功能的作用。如淫羊藿流浸膏具有雄激素样作用；鹿茸中的雌二醇具有雌激素的作用；人参及人参皂苷具有兴奋垂体分泌促性腺激素样作用。

（3）调节下丘脑-垂体-甲状腺轴功能 甲状腺激素的主要作用是促进物质与能量代谢，促进生长和发育过程。老龄动物或老年人及阳虚患者多伴有甲状腺功能减退，补益药，特别是温肾助阳药能增强垂体-甲状腺分泌系统的功能。紫河车、人参具有增强甲状腺轴功能的作用；人参及补阳药附子肉桂合剂具调节甲状腺轴功能的作用；人参能防治小鼠由甲状腺素引起的“甲亢”症和6-甲硫氧嘧啶导致的“甲低”症。

3. 对神经系统功能的影响 补虚药对神经系统的作用主要是提高学习记忆功能，如人参、黄芪、党参、何首乌、枸杞子等可显著提高正常小鼠的学习记记的能力，改善学习记忆过程的三个阶段，即记忆获得、记忆巩固和记忆再现。对东莨菪碱、樟柳碱、戊巴比妥钠所致的小鼠记忆获得障碍，蛋白质合成抑制剂环己酰亚胺、亚硝酸钠引起的小鼠记忆巩固障碍以及40%乙醇导致的小鼠记忆再现不良均有明显的对抗作用。补虚药对神经系统功能影响作用环节有：调节大脑皮层的兴奋与抑制过程，使过度紧张和过度衰弱的神经功能得以恢复；改善神经递质传递功能；提高脑组织抗氧化酶活性，抗氧自由基损伤；改善大脑的血氧和能量供应；增加脑内蛋白质合成，促进大脑的发育，改善学习记忆功能。

4. 对物质代谢的影响 补虚药与物质代谢及能量代谢关系密切，一方面补虚药含有大量营养物质可补充营养，纠正缺失，如四物汤富含维生素 B_{12}、叶酸、多种氨基酸、多种微量元素等，为红细胞和血红蛋白生成提供必需的原料；另一方面补虚药可影响物质代谢过程。

（1）促进蛋白质和核酸合成 临床阳虚患者和各种虚证动物模型均有体重下降，蛋白质、RNA 和 DNA 含量低下的特点。研究表明人参中的蛋白质合成促进因子及人参皂苷对生发活动旺盛的组织（如睾丸、骨髓等）的 DNA、RNA 及蛋白质的生物合成有促进作用；黄芪能促进血清和肝脏蛋白质的更新；四君子汤加黄芪明显改善大黄致脾虚动物肝脏合成 RNA 的能力。

（2）调节糖代谢 枸杞子、麦冬、六味地黄汤等对多种原因引起的大鼠或小鼠高血糖均有降低作用，并能减轻多种糖尿病并发症的症状，如枸杞既能降糖，又能补肝明目，对抗糖尿病大鼠视网膜组织氧化损伤，六味地黄汤可通过降低四氧嘧啶高血糖大鼠坐骨神经山梨醇含量，从而减轻糖尿病神经病变的症状。有些补虚药具有双向调节血糖的作用，如黄芪多糖能明显对抗肾上腺素引起的小鼠血糖升高和苯乙双胍致小鼠实验性低血糖。人参对四氧嘧啶或链脲佐菌素引起的小鼠高血糖有明显的降低作用，对注射胰岛素而降低的血糖又有回升作用。

（3）改善脂质代谢　人参、当归、何首乌、枸杞子、淫羊藿以及六味地黄汤能改善脂质代谢的作用，降低高脂血症家兔血清胆固醇和甘油三酯的含量，并能减少脂质在主动脉壁的沉着。

5. 对心血管功能的影响　心血管疾病常用补虚药防治。补虚药对心血管功能的影响比较广泛而且复杂。补气药在一定剂量范围内可产生正性肌力作用，如人参、党参、黄芪、生脉散、参附汤等均具有强心、升压、抗休克的作用。多数补虚药具有调节血压作用，如人参及生脉散均显示双向调节血压作用，升压或降压作用与剂量及机体状态有关，黄芪、刺五加、淫羊藿、当归、杜仲等有扩张血管和降低血压的作用。人参、党参、当归、淫羊藿、补骨脂、麦冬、女贞子等有抗心肌缺血作用，能扩张冠脉、增加冠脉血流量、改善心肌血氧供应，提高心肌抗缺氧能力，缩小心肌梗死面积；甘草、淫羊藿、冬虫夏草、当归、麦冬、生脉散具有抗心律失常作用。

6. 对造血功能的影响　补血药、补气药、补阴药促进造血功能作用显著。如人参、党参、黄芪、菟丝子、鹿茸、熟地黄、灵芝、何首乌、当归、四物汤等对失血性贫血、缺铁性贫血、溶血性贫血有一定的补血作用，不仅能明显升高红细胞数和血红蛋白含量，还能有效地修复化学药品及放射线对造血组织的损伤，促进骨髓造血干细胞的增殖。

7. 对消化系统功能的影响　现代研究认为脾气虚证是以消化系统分泌、吸收和运动功能障碍为主的全身性适应调节和营养代谢失调的一种疾病状态，与现代医学中功能性消化不良、慢性胃炎、溃疡病及慢性腹泻等诸多消化系统的慢性疾病相似。多数补气药及补气方能促进和调节胃肠运动。如人参、党参、黄芪、白术、甘草、四君子汤等均能促进小肠吸收功能，调节胃肠道平滑肌运动，并有抗溃疡、保护胃黏膜的作用。

8. 抗自由基损伤　自由基参与许多疾病的病理生理过程，自由基介导的自由基连锁反应具有病理损害作用。如人参二醇皂苷抗脑缺血损伤与降低脑组织中脂质过氧化产物丙二醛（MDA）有关；甘草黄酮对抗多种实验性肝损伤的作用机制之一是降低肝脏丙二醛含量，减少肝组织还原性谷胱甘肽的消耗。许多补虚药都有延缓衰老的作用，抗氧化损伤是其重要途径之一。如人参、黄芪及四君子汤均有清除自由基及提高超氧化物歧化酶（SOD）活性作用，鹿茸提取物可明显降低老化小鼠脑和肝组织中的MDA含量。

9. 抗肿瘤　人参、刺五加、黄芪、甘草、大枣、白术、党参、当归、枸杞子、补骨脂、冬虫夏草、鹿茸、天冬、女贞子、龟甲、紫河车等对实验性动物肿瘤有不同程度的抑制作用。

综上所述，补虚药的药理作用非常广泛，与补充机体物质不足，增强功能，提高抗病能力，消除虚弱症候功效相关的药理作用主要有：提高机体免疫功能、调节中枢神经系统及内分泌功能、促进物质代谢、增强某些器官和系统的功能、抗氧化损伤、抗肿瘤等。

第一节　补 气 药

人　参

本品为五加科植物人参（*Panax ginseng* C. A. Mey）的干燥根和根茎。主产于吉林、辽宁和黑龙江等地。

人参性微温，味甘、微苦。归心、肺、脾经。具有大补元气、补益脾肺和生津安神的功效。主治体虚欲脱，脾胃虚弱，肺气亏虚，惊悸不安和热病伤津。

［主要成分］

主要有效组分为人参皂苷（ginsenosides），多数是达玛烷型皂苷，按苷元分为三类：人参二醇类、人参三醇类和齐墩果酸类等。人参二醇类主要有 Ra_{1-3}、Rb_{1-3}、Rc、Rd、Rg_3，其中 Rb_1，为活性较强的二醇类人参皂苷；人参三醇类主要有 Re、Rf、Rg_1、Rg_2、Rh_1，其中 Rg_1，为活性较强的三醇型人参皂苷；齐墩果酸类有 Ro。人参中的糖类成分有人参多糖（ginseng polysaccharides）、单糖、寡糖。此外，人参还含有多肽类化合物、氨基酸、蛋白质、酶、有机酸、生物碱、挥发油、微量元素等。

［药理作用］

1. 强心、抗休克作用　人参治疗量有增强心功能作用，可增加心肌收缩力、减慢心率、增加心排出量和冠脉流量。人参皂苷在增强麻醉猫心肌收缩力的同时，可使冠脉血流量增加、动静脉氧分压降低，而对血压影响不明显。其强心作用机制与促进儿茶酚胺的释放及抑制心肌细胞膜 Na^+、K^+-ATP 酶活性有关，增加细胞内 Na^+，促进 Na^+-Ca^{2+} 交换，使 Ca^{2+} 内流增加。

2. 降压作用　研究证明各种人参皂苷对血管的影响不同，其中 Rb_1 和 Ro 使兔耳血管扩张，而 Rg_1 则无作用。对去甲肾上腺素引起的血管收缩，Rb_1 和 Ro 能使其扩张，而 Rg_1 也不能对抗。对氯化钙引起的血管收缩，Rb_1、Ro 和 Rg_1 均能使其扩张。

3. 抗心肌缺血、抗心律失常作用　人参提取液能提高小鼠耐常压缺氧能力和耐亚硝酸钠中毒缺氧的能力。人参注射液对垂体后叶素引起的心肌缺血有改善作用。人参皂苷可能是人参抗缺氧作用的有效成分，腹腔注射人参皂苷可明显延长小鼠在不同低压缺氧环境的存活时间，其作用有量效关系。

4. 抗脑缺血损伤作用　人参皂苷对脑缺血损伤有保护作用。人参皂苷可明显降低脑缺血引起的海马锥体细胞损伤，延长被动回避实验的反应潜伏期，阻止迟发性神经元死亡。在脑室内注入人参皂苷可以保护致死性脑缺血损伤的海马 CA_1 区神经元，提高缺血再灌注后海马齿状回细胞的数量。

5. 增强造血功能作用　人参通过促进骨髓 DNA、RNA、蛋白质及脂质的合成，促进骨髓细胞的有丝分裂、刺激骨髓的造血功能，增加正常及贫血动物红细胞、白细胞和血红蛋白含量。当骨髓受到抑制时，人参增加外周血细胞数的作用更为明显。采用 ^{60}Co 照射，注射环磷酰胺、氯霉素复合造模建立贫血小鼠模型，人参总皂苷可增加贫血小鼠骨髓有核细胞和红细胞总数、促进血红蛋白、血小板的回升（吕艳等，2005）。

6. 提高免疫功能的作用　人参皂苷具有调节机体免疫功能的作用。人参皂苷 Rg_1 能增加正常小鼠脾脏、胸腺的重量，增强巨噬细胞的吞噬功能，同时能提高正常大鼠血清中 IL-2 及补体 C_3、C_4 的含量（王卫霞等，2005）。人参皂苷在体内和体外对创伤失血性休克大鼠免疫功能抑制均有一定的改善作用。人参皂苷（GS）预处理 3 天后进行大鼠创伤失血性休克模型的复制，GS 可改善创伤失血性休克大鼠脾淋巴细胞和巨噬细胞的免疫功能，表现在脾淋巴细胞增殖能力增强，脾细胞 IL-2 产生、IL-2R 表达增加，巨噬细胞 MHCⅡ抗原表达、TNFα 释放及巨噬细胞的吞噬能力明显提高；一定浓度范围内的 GS（1～100 μg/mL）在体外应用对创伤失血性休克大鼠 1 天，脾淋巴细胞和巨噬细胞功能也有不同程度的改善作用。

7. 抗应激作用　人参能提高小鼠耐缺氧、耐疲劳的能力，降低血浆和组织中的 MDA，增加红细胞 SOD 活性。人参根总皂苷对热应激和噪声应激所致小鼠直肠温度和血清皮质酮水平升高及脑内 5-HT、NE 和 ACh 含量降低均有对抗作用。

8. 抗肿瘤作用　人参对肥大细胞瘤、白血病、骨肉瘤、恶性淋巴瘤等肿瘤的生长均具有明显的抑制作用，可诱导肿瘤细胞凋亡、分化以及抑制肿瘤细胞的转移、扩散等。人参抗肿瘤作用的机制：一方面可能是通过影响肿瘤细胞的增殖、分化和凋亡等途径实现的；另一方面通过增强机体免疫功能而起到的抗肿瘤作用。人参多糖能增强巨噬细胞吞噬能力并诱导白介素-2（IL-2）、干扰素-7（IFN-7）mRNA 的表达，增强 LAK、NK、CTL 细胞的活性，提高机体抗肿瘤的能力。人参皂苷可增强 NK 细胞的活性，同时又可促进 NK 细胞分泌 IFN 和 IL-2。20（S）-人参皂苷 Rg_3 抑制 B16 黑色素瘤的生长，其机制可能是通过抑制肿瘤内血管生成及阻止肿瘤细胞进入分裂期来发挥作用（辛颖等，2006）。人参皂苷衍生物 AD-1 对小细胞肺癌 A549 细胞增殖和荷瘤裸小鼠肿瘤生长的抑制作用（龙浩，2015）。

9. 增强学习记忆功能　人参对多种化学药物造成的实验动物学习记忆获得、巩固和再现障碍均具有改善作用。人参增强学习记忆能力的主要有效成分为人参皂苷 Rb_1 和 Rg_1。作用机制有：促进脑内物质代谢，人参可促进脑内 RNA、DNA 和蛋白质的合成；提高脑内单胺类递质活性和胆碱能神经功能，人参可促进脑内合成单胺类递质的前体物质苯丙酸透过血脑屏障，有利于 DA、NA 合成，人参皂苷 Rg、Rb_1 能增加脑内乙酰胆碱（ACh）的合成和释放，提高中枢 M 受体的密度；促进脑神经细胞发育，人参皂苷 Rg_1、Rb_1 可增加动物脑重及皮层厚度，增加海马 CA_3 区锥体细胞的突触数目，提高海马神经元功能。

10. 其他作用　保肝、保护肾功能、改善性功能、降血糖和降血脂作用，并能促进核酸和蛋白质合成。

[临床应用]

1. 元气虚脱　单用有效。方如《十药神书》中的独参汤。与附子等同用，方如《重订严氏济生方》中的参附汤，治元气大亏。

2. 脾胃气虚　常与白术、茯苓配伍。方如《和剂局方》中的四君子汤。在蛋鸡饲料中添加 1 %的四君子散，能显著提高高温条件下蛋鸡的生产性能和免疫能力，降低血清中皮质醇含量。

3. 气阴不足 常与麦冬、五味子配伍。方如《内外伤辨惑论》中的生脉散，治耕牛中暑衰竭症、小尾寒羊产后气虚自汗。

4. 热病伤津 热伤气津所致的口渴，脉大无力，常与茯苓、黄连等配伍。方如《安骥药方》中的人参止渴散，治马发热贪饮。

［注意事项］

反藜芦，畏五灵脂。忌饮茶，忌与葡萄同吃营养受损，葡萄中含有鞣酸，极易与人参中的蛋白质结合生成沉淀，影响吸收而降低药效。

［不良反应］

吉林白参100 g/kg口服给药，小鼠2天后出现活动少、进食少、毛发竖直、眼睛上睑下垂、眼球突出、会阴部污秽、缺乏知觉的中毒症状，以后恢复正常，人参急性毒性LD_{50}>100 g/kg。人参在高剂量（20 g/kg）时可以明显增加小鼠骨髓微核数，在正常剂量下对小鼠骨髓微核数无影响。人参在高剂量（20 g/kg）时明显增加了小鼠精子畸变率，但仍较安全。

党　参

本品为桔梗科植物党参［*Codonopsis pilosula*（Franch.）Nannf.］或川党参（*C. tangshen* Oliver)、素花党参［*C. pilosula* Nannf. var *modesta*（Nannf.）L. T. *Shen*］的干燥根。主产于东北、西北、山西和四川等地。

党参性微温，味甘。归脾、肺经。具有补肺益气，健脾生津的功效。主治脾胃虚弱，肺虚咳喘，气虚垂脱，津伤口渴。

［主要成分］

主要含有糖类如葡萄糖（glucose)、菊糖（inulin)，党参苷（tangshenoside)，党参碱（codonopsine)、挥发油，还含有黄酮类、甾类、脂肪、氨基酸及微量元素等物质。

［药理作用］

1. 对消化系统作用 党参是调节脾胃功能的有效中药之一，对消化系统具有多重作用。党参可调节肠道运动，使离体豚鼠回肠张力升高或先降后升、收缩幅度增大、频率变慢；党参还能提高严重烫伤豚鼠胃泌素和胃动素的含量，调节烫伤后的胃肠动力（王少根等，2005)。党参具有抗胃溃疡和黏膜损伤的作用。预防幽门结扎、醋酸致溃疡，促进溃疡愈合；抑制胃液、胃酸分泌及胃蛋白酶活性。

2. 保肝作用 党参花粉可减轻CCl_4中毒小鼠肝脏粗面内质网扩张、脱颗粒、线粒体肿胀、脂褐质增加等病理变化，减轻肝脂肪变性及肝坏死，显著减少肝细胞间Disse腔胶原纤维。

3. 增强免疫系统作用 党参能促进外周血单个核细胞$CD2^+$细胞的增长，党参水提液可增强鼠J774巨噬细胞的吞噬活性。党参多糖对C57BL/6小鼠腹腔巨噬细胞吞噬功能有一定的激活作用，增加小鼠免疫器官脾脏、胸腺重量，促进正常脾淋巴细胞及刀豆蛋白A，刺激淋巴细胞增殖，这种作用在一定浓度内与剂量成正比（王敏等，2004)。

4. 抗应激作用 党参改善低氧血症，纠正呼吸性酸中毒，维持酸碱平衡，为治疗呼吸窘迫综合征（RDS）提供了理论依据。

5. 对血液系统作用　党参煎剂可明显增加红细胞数与血红蛋白含量，降低白细胞数。党参水浸膏、醇浸膏或饲以党参粉均可增加家兔红细胞数而减少白细胞数。党参注射液缩短血浆复钙时间，抑制 ADP 诱导的家兔血小板凝集，对其解聚有增强作用，其作用强度随浓度增加而增强。

6. 对心血管系统作用　党参对晚期失血性休克家兔可回升动脉压，降低中心静脉压，减慢心率，延长生存时间。党参注射液可对抗垂体后叶素引起的大鼠急性心肌缺血，党参水提醇沉物灌胃给药和党参注射液腹腔注射对异丙肾上腺素引起心肌缺血有保护作用。

7. 镇静、催眠、抗惊厥作用　党参具有镇静催眠作用，有效成分是党参的水溶性部分。党参注射液腹腔给药，可明显延长士的宁、戊四氮所致惊厥时间，对小鼠激怒反应无明显影响。

8. 抗脑损伤作用　党参多糖对硫代硫酸钠致神经干细胞损伤有明显的保护作用。降低神经干细胞死亡率和乳酸脱氢酶漏出率（武冰峰等，2008）。以原代培养的大鼠大脑星形胶质细胞进行缺氧缺糖再给氧处理，党参总皂苷、党参皂苷 L_1 抑制星形胶质细胞的坏死，降低细胞 LDH 漏出率，但对凋亡过程无保护作用（闫彦芳等，2006）。党参醇提物和水提物通过不同途径可改善小鼠记忆功能（郭军鹏等，2014）。

9. 抗脂质过氧化作用　党参多糖能使 D-半乳糖致衰老模型小鼠胸腺指数和脾脏指数升高，血清和肝组织中 MDA 明显下降及 SOD 活力明显上升，肾组织中 GSH-Px 活力及 NOS 活力明显升高。党参多糖可降低四氧嘧啶诱导的糖尿病小鼠血糖和血清胰岛素水平，提高糖尿病小鼠血清 SOD 的活性，减少 MDA 产生；对氢化可的松琥珀酸钠诱导的小鼠胰岛素抵抗有改善作用（傅盼盼等，2008）。党参能降低黄颡鱼肝脏和血清中丙二醛的含量，提升黄颡鱼清除活性氧的能力，降低活性氧自由基的积累和对细胞膜的损伤（张宝龙等，2018）。

［临床应用］

1. 中气不足　用于脾气虚弱，体虚倦怠，食少便溏。常与白术、茯苓、藿香、木香、葛根等同用。方如《金匮要略》中的白术散。

2. 气虚下陷　用于中气下陷，脱肛，子宫脱垂。常与黄芪、白术、升麻等同用。方如《中兽医诊疗经验》中的补中益气汤。

3. 津伤口渴，肺虚气短　常与麦冬、五味子、生地等同用。

［注意事项］

反藜芦。气滞、肝火盛者禁用；邪盛而正不虚者不宜用。

［不良反应］

党参为补气药，正常服药基本没有副作用，但是用药时间过长或用量过大，会因补气太过，而伤人体正气，产生燥邪。党参水煎液给小鼠灌胃的半数致死量为 240.3 g/kg。党参的地下部分总甙给小鼠灌胃的半数致死量为 2.7 g/kg。党参注射液给小鼠腹腔注射的半数致死量为（79.21±3.6）g（生药）/kg，相当于人口服常用量的 317 倍。党参碱给小鼠腹腔注射的半数致死量为 666～778 mg/kg。党参毒性很低，党参注射液给大鼠每只每天皮下注射 0.5 g，连续 13 天，无毒性反应；给兔每只每天腹腔注射 1 g，连续 15 天，亦未见毒性反应。

黄　芪

本品为豆科植物黄芪（膜荚黄芪、东北黄芪）[*Astragalus membranaceus*（Fisch.）Bge.]、蒙古黄芪 [*Astragalus membranaceus*（Fisch.）Bge. var. *mongholicus*（Bge.）Hsiao] 或其他同属相近植物的干燥根。主产于中国的内蒙古、山西、黑龙江等地。

黄芪性微温，味甘。归肺、脾经。具有补气升阳，固表止汗，托疮生肌，利水退肿的功效。主治脾肺气虚，气虚下陷，表虚汗出，疮痈难溃，气虚水肿。

[主要成分]

黄芪主要含多糖和皂苷类成分。主要多糖成分：两种葡萄糖 AG－1、AG－2 和两种杂多糖 AH－1 和 AH－2。皂苷类成分有黄芪皂苷Ⅰ～Ⅷ及大豆皂苷Ⅰ；黄芪甲苷（即黄芪皂苷Ⅳ）与黄芪乙苷。

[药理作用]

1. 免疫增强作用　黄芪注射液可明显增加荷瘤小鼠的 T 淋巴细胞总数与辅助性 T 淋巴细胞数。黄芪多糖能上调 IL－2 mRNA 和 IL－2R mRNA 基因转录表达，恢复 IL－2 和 IL－2R 水平，达到调节淋巴细胞的作用（刘端勇等，2008），对博莱霉素致肺纤维化大鼠的肺组织具有保护作用，调节 Thl/Th2 型细胞因子平衡及 NO 代谢（张毅等，2009）。用黄芪多糖作为饲料添加剂饲喂 70 天藏羊后，藏羊免疫器官指数显著提高，增强动物机体免疫力（鲍玉林等，2019）。黄芪多糖可提高大黄鱼血清酸性磷酸酶、碱性溶菌酶和溶菌酶活性，能增加大黄鱼原代头肾巨噬细胞的 NO 生成和吞噬活性，并调控免疫相关基因的表达水平，在体内外均表现出对鱼体的免疫增强作用（Zhang Weini，2020）。

2. 对胃肠道的影响作用　黄芪有促进小肠氧化代谢的作用；增强小肠（主要是空肠）运动和平滑肌紧张度；改善脾虚型肠应激综合征模型大鼠的胃肠推进功能，增加大鼠十二指肠最大收缩力和最小舒张力（王光明等，2008）。在日粮中添加黄芪超微粉能改善三黄鸡小肠绒毛结构，提高消化酶活性，改善盲肠微生物区系（邓必贤等，2014）。

3. 对心脏的影响作用　黄芪注射液通过抑制氧自由基的产生、改善心肌舒张功能而发挥拮抗心肌再灌注损伤作用；黄芪多糖可改善糖尿病心肌病变仓鼠心肌的胶原沉积，减少心肌血管紧张素Ⅱ（AngⅡ）生成（金露等，2006）。

4. 促进造血功能作用　黄芪能防治因辐射而造成的外周血白细胞，骨髓有核细胞数量的减少，促进造血干细胞的分化和增殖，并能预防腹腔巨噬细胞因辐射而致的吞噬功能下降。黄芪多糖对造血系统的作用机制是：保护和改善骨髓造血微环境、促进外周造血干细胞的增殖和动员、促进内源性造血因子的分泌等（翁玲等，2003）。

5. 调节血压的作用　黄芪对多种动物均有降压作用。黄芪的降压成分为黄芪皂苷甲。黄芪皂苷甲颈外静脉给药对麻醉大鼠可引起明显的降压作用。动物血压降至休克水平时，黄芪又可使血压上升且保持稳定，对血压具有一定的双向调节作用（陈治奎等，2003）。

6. 抗肿瘤作用 黄芪能增强树突状细胞的功能，直接刺激NK细胞，还可通过增加自然杀伤细胞因子的释放间接杀伤肿瘤细胞。黄芪对紫杉醇抑制肿瘤血管生成和移植肿瘤转移有一定的增强作用。明显减少移植瘤内的微血管密度，肺脏转移瘤个数，延长小鼠的存活时间（柏长青等，2008）。

7. 抗辐射作用 黄芪总黄酮对辐射所致的免疫系统损伤有一定的保护作用，还具有改变免疫细胞能量代谢和促进淋巴细胞分裂的功能。

8. 抗疲劳和抗氧化损伤作用 黄芪能够有效抑制脂质过氧化反应，提高机体在不同功能状态下的抗氧化能力，减轻骨骼肌损伤，从而延长大鼠运动时间，推迟疲劳的发生。黄芪多糖能提高杂交鳢抗氧化酶的活性、降低环磷酰胺对大鳞副泥鳅肝胰脏抗氧化体系的损伤，增强鱼体的抗氧化能力（陈亚军等，2016；王煜恒等，2018）。

9. 保肝作用 黄芪、黄芪注射液、黄芪总黄酮对对乙酰氨基酚等所致的肝损伤有一定的保护作用。黄芪注射液可显著降低肝损伤小鼠血清丙氨酸氨基转移酶（ALT）和天门冬氨酸氨基转移酶（AST）的含量。

[临床应用]

1. 脾胃虚弱 用于脾胃气虚，食欲不振，食少便溏，肢倦无力等症。常与党参、白术、山药同用，方如《痊骥通玄论》中的益气黄芪散。

2. 气虚下陷、内脏下垂 用于脱肛、子宫脱落、胃下垂等。常与党参、升麻、柴胡等同用。方如《牛经备要医方》中的补中益气汤。《中兽医医药杂志》报道，用本方加减，可治疗阴道脱出。

3. 表虚自汗 用于表气不固，外感风寒而汗出，以黄芪配白术、防风。方如《世医得效方》中的玉屏风散。

4. 阴虚盗汗 可与生地、麦冬等滋阴药同用。

5. 疮痈难溃、久溃不愈 用于疮疡久不溃破而内陷，痈疽久不穿头。常与穿山甲、皂角刺、当归、川芎同用。疮疡久溃不愈，久不收口。常配银花、皂刺、地丁等。脓液清稀，常与党参、肉桂等同用

[注意事项]

表实邪盛，气滞湿阻，食积停滞，痈疽初起或溃后热毒尚盛等实证，以及阴虚阳亢者，均须禁服。

[不良反应]

肾病属阴虚，湿热、热毒炽盛者用黄芪一般会出现毒副作用，应禁用。因为黄芪性味甘、微温，阴虚患者服用会助热，易伤阴动血；而湿热、热毒炽盛的患者服用容易滞邪，使病情加重。如果必须服用黄芪，一定要配伍运用。另外，有一些品种有一定的毒性，所以不能随便服用。

白　术

本品为菊科苍术属植物白术（*Atractylodes macrocephala* Koidz）的干燥根茎。主产于浙江、安徽、湖南等地。

白术性温，味甘、苦。归脾、胃经。具有补脾益气，燥湿利水，固表止汗的功效。主治脾虚泄泻，水肿，自汗，胎动不安。

［主要成分］

白术的主要成分为苍术醇（atractylol）、苍术醚（atractyloxide）、杜松脑（juniper camphor）、苍术内酯（atractylenolide）、羟基苍术内酯（hydroxyatractylodide）、倍半萜烯酮（sesquiterpenelon）、β-桉醇（β-eudesmol）、茅苍术醇（hinesol）、脱水苍术内酯（anhydroatractylolide）、果糖（fructose）、菊糖（synanthrin）。

［药理作用］

1. 对胃肠功能的作用 白术能增强小肠平滑肌收缩幅度、收缩频率，改善小肠平滑肌耐缺氧能力，通过影响空肠 AChE、SP 阳性神经的分布促进肠道运动（朱金照等，2003）。白术可以预防运动应激性胃溃疡，其保护机制可能与降低大鼠胃组织中自由基含量，增强 SOD 活性和提高 Hsp70 的表达有关（王小梅等，2008）。白术均可不同程度地提高十二指肠和空肠的绒，加深十二指肠和空肠的隐窝深度，并且增加肠道微生态区系的多样性（赵燕飞等，2015）。

2. 免疫增强作用 白术能提高免疫抑制动物细胞体外培养存活率，增加 T_H 细胞，提高 T_H/T_S 比值，纠正 T 细胞亚群分布紊乱状态，可使低下的 IL-2 水平显著提高，并能增加 T 淋巴细胞表面 IL-2R 的表达。白术多糖可以减轻 LPS 诱导的雏鹅法氏囊损伤，维持法氏囊组织的结构完整性，通过 TLR4/p38 MAPK 信号通路调节 IL-1β、IL-6 和 TNF-α 的表达，提高雏鹅的免疫应答能力（张冰琪等，2022）。

3. 抗肿瘤作用 白术对小鼠 S_{180} 肉瘤组织具有抑制作用，可促进肿瘤细胞的凋亡及坏死。白术挥发油能明显阻止癌性恶病质鼠体重下降，增加其摄食量，延缓肿瘤生长。升高血清 IL-2 降低 TNF-α（徐丽珊等，2003）。

4. 抗氧化作用 白术水煎液灌胃给药，提高 D-半乳糖致衰老模型小鼠脑一氧化氮合酶（NOS）活性、NO 含量，降低过氧化脂质（LPO）含量；增强老龄大鼠心肌 Na^+-K^+-ATP 酶活性；提高正常小鼠过氧化物歧化酶（SOD）活性，抑制单胺氧化酶（MAO-B）活性，对抗红细胞自氧化溶血，清除活性氧自由基；降低氢化可的松造模小鼠心、肝、脑 LPO；提高老年小鼠全血 SOD 活性、谷胱甘肽过氧化物酶（GSH-Px）活力，降低红细胞丙二醛（MDA）含量及组织中 LPO 含量。

5. 对神经系统的影响 双白术内酯能提高痴呆模型小鼠海马脑区的乙酰胆碱（Ach）含量，且呈剂量依赖性关系。白术及白术多糖均能提高小鼠学习记忆，提高小鼠脑及肝的 SOD 活力，降低脑、肝 MDA 及脑中脂褐素含量（蔡云等，2006）。

6. 利尿作用 白术水煎剂和流浸膏灌胃或静脉注射对大鼠、家兔、犬具有明显而持久的利尿作用。研究证实其有效成分为 β 桉叶油醇，能很强地抑制 Na^+、K^+-ATP 酶的磷酸化反应。

［临床应用］

1. 脾胃虚弱 补脾胃可与党参、甘草等配伍。方如《全国兽医中草药制剂经验选编》中的健脾丸；消痞除胀可与枳壳等同用；健脾燥湿止泻可与陈皮、茯苓等同用。

2. 脾虚水肿 治水湿内停可与茯苓、桂枝等配伍；治水肿常与茯苓皮、大腹皮等同用。如《蒙兽医方剂学》中的白术七味散。主治孕畜产前四肢浮肿，宿水停脐，脾虚腹泻。

3. 表虚自汗 本品与黄芪、浮小麦等同用。

4. 胎动不安 可用白术散（《元亨疗马集》）：白术 30 g、当归 30 g、熟地 30 g、白芍 10 g、川芎 30 g、人参 30 g、紫苏 10 g、甘草 30 g、砂仁 30 g、陈皮 10 g、黄芩 10 g、阿胶 10 g，共为细末，生姜 15 g 捣碎，水适量，同煎三、五沸，候温灌服。

［注意事项］

阴虚燥渴，气滞胀闷者忌服。

［不良反应］

小鼠腹腔注射煎剂半数致死量为（13.3±0.7）g/kg。麻醉狗静脉注射煎剂 0.25 g/kg，多数血压急剧下降，平均降低至原水平的 52.8%，3～4 h 内未见恢复。大鼠每日灌服煎剂 0.5 g/kg，共 1～2 月，未见任何明显的毒性反应。但在用药 14 天后，有中等度白细胞减少，主要是淋巴细胞减少；服药 2 月，有轻度贫血，脑、心肌及肝组织无任何变化。某些动物个别肾小管上皮细胞有轻度颗粒变性，肾小球则无任何改变。

山 药

本品为薯蓣科薯蓣（*Dioscorea opposita* Thunb）的块茎。主产于河南、湖南、广东等地。山药性平，味甘。归脾、肺、肾经。具有健脾胃、益肺肾的功效。主治脾虚食少，久泻不止，肺虚咳喘，肾虚遗精，带下，尿频，虚热消渴。

［主要成分］

山药块茎中含皂苷、黏液质、胆碱（choline）、尿囊素、多巴胺（dopamine）、山药碱（batasine）、止权素（abscisim）、淀粉（16%）、淀粉酶、糖蛋白、维生素 C、3,4-二羟基丙乙胺、多酚氧化酶、甘露聚糖（mannan）、植酸（phyticacid）及 17 种以上氨基酸，其中以精氨酸、谷氨酸、天冬氨酸含量较高。

［药理作用］

1. 对胃肠功能的作用 山药能抑制小鼠胃排空运动；抑制大、小鼠肠管推进运动，对氯化乙酰胆碱、氯化钡引起离体大鼠回肠的强直性收缩作用也有明显的拮抗作用；增强大鼠小肠吸收功能，抑制其血清淀粉酶的分泌。

2. 保护肾功能的作用 山药灌胃预处理能减轻肾脏缺血再灌注损伤大鼠肾小管细胞凋亡指数，增加增殖细胞抗核抗体（PCNA）表达，促进受损肾小管的再生修复和重建，有效保护了肾功能（张亚等，2008）。

3. 免疫增强作用 山药多糖可明显提高小鼠腹腔巨噬细胞的吞噬百分率和吞噬指数，增强小鼠淋巴细胞增殖能力，提高小鼠外周血 T 细胞百分比，促进小鼠抗体生成，增强小鼠炭粒廓清能力。表明山药多糖具有一定的免疫功能增强作用（徐增莱等，2007）。

4. 抗氧化、抗衰老作用 山药能提高 D-半乳糖所致衰老模型大鼠脑中的超氧化物歧化酶（SOD）、谷胱甘肽过氧化物酶（GSH-PX）的活性，降低氧化产物丙二醛（MDA）的含量。山药多糖具有明显的体外和体内抗氧化活性，对活性氧自由基具有良好的清除作用，可抑制小鼠肝匀浆脂质过氧化反应（相湘，2007）。山药多糖可显著提高血清抗活性氧单位、降低肝匀浆 MDA 含量（邢文会等，2014）。山药多糖可通过上调肝和肾脏中抗衰老 klotho 基因的表达来延缓衰老，klotho 蛋白通过与细胞膜表面特定受体结合启动胞内信号转导过程，调控锰超氧化物歧化酶 SOD_2（MnSOD）的表达，从而清除细胞内活性氧类物质，减轻氧化应激，延缓机体衰老。

5. 抗肝损伤作用 山药多糖能降低 CCl_4 损伤小鼠血清 ALT、AST 活性，对小鼠肝、肾、心肌、脑组织体内外有抗氧化作用，尤其对心肌、肾脏、肝脏抗氧化作用较强（孙设宗等，2009）。山药水提物对四氯化碳造成的化学性肝损伤具有保护作用，减轻肝组织损伤坏死，减少粒细胞浸润，降低血清 ALT、AST 活性和肝组织中 MDA、TNF-α、IL-1β含量，升高肝组织中 SOD 活性，并呈现一定的剂量依赖关系（刘伟萍等，2008）。

[临床应用]

1. 脾虚泄泻 常与党参、白术、茯苓、扁豆等同用。方如《全国中兽医经验选编》中的参苓平胃散。

2. 肺虚咳嗽 常与沙参、麦冬、五味子等同用。方如《活兽慈舟》中的益肺止咳汤。

3. 肾虚 治马肾虚、阴肾黄、肾虚腿肿、气虚遗尿。常与益智仁、桑螵蛸等同用。方如《中兽医诊疗经验》中的秦艽巴戟散。

[注意事项]

湿盛中满或有实邪、积滞者禁服。

[不良反应]

山药皮中所含的皂角素或黏液里含的植物碱，少数接触会引起山药过敏而发痒，处理山药时应避免直接接触；山药与甘遂不要一同食用；也不可与碱性药物同服；不可以生吃，因为生的山药里有一定的毒素；山药有收涩的作用，故大便燥结者不宜食用；另外，有实邪者忌食山药。

刺 五 加

本品为五加科植物刺五加（*Acanthopanax senticosus* Harms）的干燥根及根茎。主产于黑龙江、吉林、辽宁等地。

刺五加性温，味辛、微苦。归脾、肾、心经。具有祛风湿，补肝肾，强筋骨，活血脉的功效。主治脾肾阳虚，体虚乏力，食欲不振，腰膝酸痛等。

[主要成分]

刺五加的主要成分包括皂苷类、刺五加多糖、黄酮类、脂肪酸等。皂苷类主要有刺五加苷（eleutheroside A、B、C、D、E），即胡萝卜苷 A（daucosterin A）、紫丁香苷 B（syringoside B）、乙基-α-D-半乳糖苷 C（ethyl-α-D-galactoside C）、刺五加苷 D 和 E 皆是紫丁香树酯酚的二葡萄糖苷，两者是异构体。黄酮类主要有绿原酸、芝麻素、金丝桃苷等。脂肪酸主要有丁香酸、棕榈酸、阿魏酸、硬脂酸等。

［药理作用］

1. 对中枢神经系统的作用　刺五加可促进小鼠脑内蛋白质、DNA、RNA 的生物合成，防止脑衰老及增强记忆。刺五加对单胺氧化酶-B（MAO-B）有抑制作用，降低老年大鼠纹状体、中脑和延髓的 MAO-B 活性。刺五加可能通过影响某些脑部位 MAO 及其同工酶的活性，改善神经系统功能，增强学习记忆功能。采用 4-血管阻断改良法制备血管性痴呆（VD）大鼠模型，避暗回避试验和跳台试验等行为学测试表明刺五加皂苷能明显改善 VD 模型大鼠学习记忆等认知功能，并减轻海马 CA_1 区神经元丢失（葛许华等，2004）。

2. 免疫增强作用　刺五加根乙醇提取物可增强小鼠单核吞噬细胞系统吞噬炭粒的功能。刺五加多糖可增加幼年小鼠及荷瘤小鼠脾脏重量，抑制荷瘤小鼠肿瘤生长，增加脾脏巨噬细胞数，并可减少由环磷酰胺引起的脾萎缩；促进异基因骨髓移植小鼠免疫功能，增强异基因移植小鼠对刀豆蛋白 A（ConA）和细菌脂多糖（LPS）的增殖反应；增加 rIL-2 激活的杀伤细胞（LAK）抗肿瘤活性；明显增强细胞毒 T 淋巴细胞（CTL）杀伤靶细胞的活性，同时对小鼠全脾细胞及去 T 细胞后的脾细胞有促有丝分裂作用，并能促进 ConA 刺激的小鼠脾细胞分泌白细胞介素-2（IL-2）。添加 1‰、2‰刺五加显著提高了机体内溶菌酶活性，增强吉富罗非鱼的非特异性免疫能力（李鸣霄等，2019）。

3. 抗应激作用　刺五加水浸膏及醇浸膏能增加小鼠对高温和低温的耐受力，可降低高温或低温应激刺激引起的小鼠死亡率。刺五加可增强机体抗辐射应激的能力，刺五加乙醇提取物对 X 线照射引起的白细胞减少有显著的预防作用，对遭受一次急性 X 线照射或多次慢性照射大鼠，刺五加有延长生命、保护骨髓和胸腺组织作用。刺五加还可提高机体对磷酸二甲苯酚酯和士的宁的解毒能力。

4. 对代谢系统的影响　刺五加对糖的有氧代谢、无氧代谢均有一定的影响，在静止状态促进肌肉和肝中糖原的合成，在运动状态促进糖的代谢；刺五加对蛋白质、DNA 和 RNA 的生物合成有促进作用。刺五加提取物能使游泳 2 h 大鼠血中没酯化的脂肪酸、磷脂及血中总脂肪含量增高，增加肌肉中脂肪量。

5. 对血液系统的影响　刺五加可改善血液流变性、抑制血小板聚集、抗血栓形成。刺五加提取物对花生四烯酸（AA）、腺苷二磷酸（ADP）诱导的血小板聚集有明显的抑制作用，并能抄制花生四烯酸诱发的血小板血栓烷 B_2（TxB_2）的生成。

6. 其他作用

（1）抗病原体、抗肿瘤作用　刺五加多糖可减轻感染人型结核菌Ⅱ37RO 豚鼠脾、肺病变程度，减少腰丛淋巴结肿胀程度，表明刺五加有一定的抗结核感染作用。刺五加多糖（ASPS）可抑制小鼠肉瘤 S_{180} 细胞，人白血病 K_{562} 细胞体外增殖。

（2）抗炎作用　刺五加地上茎浸膏抑制二甲苯致小鼠耳部炎症、大鼠甲醛性、角叉菜胶性足趾肿胀和大鼠棉球肉芽组织增生，还可抑制佐剂致大鼠足部早期渗出性炎症和后期迟发变态反应性炎症。刺五加能通过调节吉富罗非鱼肝脏中肿瘤坏死因子 α 等基因的过量表达而起到抗炎的作用（李鸣霄等，2019）。

（3）刺五加既能阻止促肾上腺皮质激素（ACTH）引起的肾上腺增生，又能减少由可的松引起的肾上腺皮质萎缩。

[临床应用]

1. 风湿痹痛、腰膝酸痛 常与熟地、山药等同用。如健骨散。

2. 肝肾不足 常与牛膝、木瓜、续断等药同用。如《新刻注释马牛驼经大全集》中的七补散。

3. 水肿、小便不利 常与茯苓皮、大腹皮、生姜皮、地骨等药同用。如《中兽医诊疗经验》中的消肿利水散。

[注意事项]

阴虚火旺者慎服。

[不良反应]

刺五加总苷对小鼠的半数致死量为 4.75 g/kg。副作用通常在较高剂量（每天 3 次，每次 4.56 mL）时出现，其中包括失眠、过敏、忧郁和焦虑。患有风湿性心脏病的在使用刺五加后会出现心包疼痛、头痛、心悸和血压上升。极少数使用者会出现短暂的轻微腹泻。小鼠刺五加 33%乙醇提取物的 LD_{50} 为 14.5 mL/kg 或 20.0 mL/kg。而且在以日常剂量 5.0 mL/kg 服用刺五加 33%乙醇提取物的小鼠，没有发现任何长期毒性。

白 扁 豆

白扁豆为豆科植物扁豆（*Dilichos lablab* L.）的干燥成熟种子。有白色、黑色、红褐色等数种，入药主要用白扁豆。主产于湖南、河南、安徽、江苏、浙江等地。

白扁豆性微温，味甘、淡。归脾、胃经。具有健脾，化湿，消暑之功效。主治脾虚湿盛，食少便溏，泄泻，湿浊下注，暑湿吐泻。

[主要成分]

种子含油 0.62%，内有棕榈酸（palmitic acid）占 8.33%，亚油酸（linoleic acid）占 57.95%，反油酸（elaidic acid）占 15.05%，油酸（oleic acid）占 5.65%，硬脂酸（stearic acid）占 11.26%，花生酸（arachidic acid）占 0.58%，山萮酸（behenic acid）占 10.40%。又含葫芦巴碱（trigonelline）、蛋氨酸、亮氨酸、苏氨酸、维生素（vitamin）B_1 及 C，胡萝卜素（carotene）、蔗糖、葡萄糖、水苏糖、麦芽糖、棉子糖、L-2-哌啶酸（L-2-pipecolic acid）。还含胰蛋白酶抑制物、淀粉酶抑制物、植物凝集素（phytoagglutinin）、甾体、氰苷、酪氨酸酶等。

[药理作用]

1. 白扁豆植物凝集素具有某些球蛋白特性，能够非特异性凝集人的红细胞，对牛、羊的红细胞无凝集作用。扁豆的植物凝集素有 A、B 两种，植物凝集素有 A 不溶于水，无抗胰蛋白酶活性；植物凝集素 B 可溶于水，有抗胰蛋白酶活性。

2. 植物凝集素可抑制凝血酶，使得枸橼酸血浆的凝固时间由 20 s 延长到 60 s。

3. 扁豆的植物凝集素与 AFP 糖链的结合力测定，可鉴别诊断肝细胞癌。

4. 抗菌、抗病毒作用 100%白扁豆煎剂用平板纸片法，对痢疾杆菌和有抑制作用；白扁豆水提物对小鼠 Columbia SK 病毒有抑制作用。

5. 抗氧化作用 白扁豆多糖体外具有一定的清除羟自由基及超氧阴离子自由基的作

用，清除能力与浓度呈现明显的量效关系。

6. 对免疫功能的影响　20%白扁豆冷盐浸液 0.3 mL，对活性 E-玫瑰花结的形成有促进作用，可增强 T 淋巴细胞的活性，提高机体的细胞免疫功能。

［临床应用］

1. 脾虚泄泻　用于脾虚所致的食少便溏泄泻，常与人参、白术、茯苓、山药配伍。白扁豆补脾而不滋腻，化湿而不燥烈。凡脾虚有湿之泄泻皆常应用。如《太平惠民和剂局方》的参苓白术散。

2. 暑湿吐泻　扁豆能化清降浊，消暑除湿。用于夏日暑湿伤中所致的呕吐、泄泻，常与香薷、厚朴配伍，如香薷散（《元亨疗马集》）：香薷、黄芩、黄连、花粉、当归、栀子、连翘、甘草。各药等分，共为细末，浆水适量同调，草后灌服。

3. 病后体虚　病后体虚而虚不受补尤为适用，常与太子参、山药同用。

4. 解食物、药物中毒　白扁豆解一切草木毒。解砒霜毒，单用扁豆生研水绞汁饮。解河豚毒，与芦根相配。服轻粉或食鸟肉所致的中毒，单用扁豆。解酒毒，与葛花、白豆蔻、砂仁同用。

5. 恶疮痒痛　白扁豆捣碎外敷，见《肘后备急方》。

6. 安胎　扁豆与脾性最合，最善于和中益气而安胎。

［注意事项］

健脾止泻宜炒用，清暑解毒宜生用。

［不良反应］

扁豆含毒性蛋白质，生用有毒，应慎之。扁豆中的血细胞凝集素 A 不溶于水，喂饲大鼠可抑制生长，甚至引起肝坏死。加热可使毒素明显降低。

甘　草

本品为豆科植物甘草（*Glycyrrhiza uralensis* Fisch）或同属植物胀果甘草（*G. inflata* Bata）和光果甘草（*G. glabra* L.）等的干燥根和根茎。主产于内蒙古、甘肃、新疆等地。

甘草性平，味甘。归心、肺、脾、胃经。具有补中益气，润肺止咳，清热解毒，缓和药性的作用。主治脾胃虚弱，倦怠乏力，腹痛便溏，肺痿咳嗽，心悸气短，咽喉肿痛，痈疽疮疡，解药毒及食物中毒（生用）。

［主要成分］

甘草的化学成分主要有三萜皂苷类和黄酮类，前者包括甘草皂苷（glycyrrhizin），又名甘草酸（glycyrrhizic acid）和甘草次酸（glycyrrhetinic acid）。后者包括甘草苷（liquiritin）、异甘草苷（isoliquiritin）、新甘草苷（neoliquiritin）、异甘草素（isoliquiritigenin）等。还从甘草皮质部提得异黄酮类的 FM_{100}、甘草利酮（licoricone）、甘草黄酮（FG）及含苷元和糖蛋白的复合物 LX。此外还含有阿魏酸、甘草酸单胺（AG）、多种氨基酸、糖类及微量元素。

［药理作用］

1. 对消化系统的作用 ①抗溃疡作用。甘草对结扎大鼠幽门形成的实验性溃疡有明显抑制作用，降低胃液量、总酸度和游离酸度。②调节平滑肌运动。甘草对胃平滑肌有解痉作用。甘草解痉作用的有效成分主要是黄酮类化合物。③保肝作用。甘草有抗多种实验性肝损伤作用。甘草水提取物可抗五氯硝基苯造成的肝损伤。

2. 免疫增强作用 ①调节细胞免疫功能：甘草酸可显著抑制 T 细胞的过度激活；调节 T 细胞释放细胞因子，保持 Th1/Th2 平衡；抑制 TNF－α 介导的细胞毒作用。②调节体液免疫功能：甘草多糖能诱导 B 细胞分化，并促进 B 细胞合成及分泌。③调节细胞因子：甘草皂苷可调节多种细胞因子的分泌，促进淋巴细胞产生 IL－2、IFN－γ，抑制 IL－4、IL－10 的生成。④抗变态反应作用：甘草明显减轻卵蛋白致敏哮喘模型小鼠肺组织的炎症病理变化，增加哮喘小鼠血清、IFN－γ，降低血清 IL－4。中华鳖饲料中添加一定量的甘草素，饲喂一段时间后，中华鳖免疫应答能力得到增强，嗜水气单胞菌人工感染后的死亡率下降（陈超然等，2000）。

3. 抗病毒作用 甘草皂苷在较高浓度（但不产生细胞毒）可抑制病毒的复制（董晞等，2009），也可抑制 SARS 冠状病毒（SARS－CoV）的复制（Morgenstern B et al，2003）。通过角膜接种单纯疱疹病毒-1（HSV－1）而罹患疱疹脑炎的小鼠，腹腔注射甘草皂苷可抑制其大脑 HSV－1 的复制，同时增加存活率。甘草酸可抑制鸭肝炎病毒（DHV）在 Vero 细胞中的细胞病变，使 DHV 疫苗在机体内产生更高的抗体效价，并表现出显著的淋巴细胞增殖反应（Soufy H et al，2012）。

4. 抗氧化作用 甘草水提液对慢性肾功能不全大鼠具有保护肾功能的作用，其作用机制与抗肾脏氧化应激作用有关。可降低模型大鼠 24 h 尿蛋白、肌酐；增加内生肌酐清除率及血清、肾组织匀浆中硒谷胱甘肽过氧化物酶（SeGSHPx）活性；减少丙二醛（MDA）及中晚期氧化蛋白终产物（AOPPs）含量（张瑞斌等，2008）。

5. 解毒作用 甘草对误食毒物（毒蕈）、药物中毒（敌敌畏、喜树碱、顺铂、咖啡因、巴比妥）均有一定的解毒作用，能缓解中毒症状，降低中毒动物的死亡率。甘草与附子合煎口服可减小附子毒性，部分原因是其可减少附子中有毒生物碱的煎出。生甘草对 CYP3 As 诱导和对雷公藤内酯醇的解毒作用显著（刘星雨等，2014）。但甘草酸及甘草次酸并不能减少附子中有毒生物碱的煎出，而可能与有毒生物碱结合，延缓其在胃肠道吸收，发挥一定的减毒作用。

6. 其他作用

（1）抗肿瘤作用 甘草既具有直接杀伤癌细胞的作用，又具有保护正常细胞防其癌变的作用。

（2）对神经保护作用 甘草醇提物（EEG）对东莨菪碱造成的学习记忆障碍大鼠的学习记忆能力有明显的改善作用（崔永明等，2008）。

（3）皮质激素样作用 皮下注射乌拉尔甘草水提物能抑制巴豆油致小鼠耳廓炎症，醋酸致小鼠腹腔渗出性炎症及棉球肉芽肿。

（4）抗心律失常 炙甘草注射液对毒毛花苷 G、乌头碱、地高辛、氯化钙致心肌细胞节律紊乱，有明显的对抗作用，推测炙甘草具有慢钙通道的阻滞作用。

(5) 降血脂 甘草皂苷可降低实验性高脂血症家兔血浆胆固醇、甘油三酯含量。

[临床应用]

1. 脾胃虚弱 常与党参、白术等同用，如四君子汤。

2. 各种咳喘 常与化痰止咳药同用。方如《安骥药方》中的知母散。

3. 疮疡肿痛 治马肿毒疮疡，常与金银花、连翘等同用。如《新刻注释马牛驼经大全集》中的清凉散；治咽喉肿痛，常与桔梗同用，如桔梗汤。

4. 中毒 用于附子等多种药物或食物所致的中毒，有一定的解毒作用。如《新刻注释马牛驼经大全集》中的正胃散，治马误食恶物，翻胃吐草。

5. 缓和药性 能缓和某些药物的峻烈之性，具有调和诸药的作用。

[注意事项]

湿阻中满、呕恶及水肿胀满者忌服。

[不良反应]

甘草与强心苷药物合用则可加重其中毒反应；甘草与西药速尿合用，使血清钾离子浓度降低，引起低血钾；甘草与水杨酸衍生物配伍，使消化道溃疡发生率增加；甘草与口服降糖药合用，因甘草的类皮质激素功能使氨基酸、蛋白质从骨骼肌中移到肝脏，由于酶的作用，使糖元与葡萄糖产生增加有升血糖的作用；麻黄素和肾上腺素中毒时，用甘草解毒反而加强其毒性作用；甘草甜素虽对可的松抗体产生抑制和应激反应抑制有增强作用，但对可的松肉芽肿，肝糖元蓄积，肝色胺酸吡咯酶活性增强，肝胆固醇合成加强，胸腺萎缩及促肾上腺皮质激素合成和分泌抑制作用有拮抗作用；甘草不宜与水合氯醛合用，因甘草可拮抗水合氯醛的镇静和催眠作用，诱发洋地黄中毒。

大 枣

本品为鼠李科植物枣（*Ziziphus jujuphus* Mill）的干燥成熟果实。主产于内蒙古、甘肃、新疆等地。

大枣性温，味甘。归脾、胃经。具有补脾和胃，养血安神的作用。主治脾胃虚弱，内伤肝脾，耗伤营血。

[主要成分]

大枣的主要成分包括苷类、生物碱、多糖、有机酸、维生素 C 等。苷类主要有环磷酸腺苷，无刺枣苄苷Ⅰ、Ⅱ，无刺枣催吐醇苷Ⅰ、Ⅱ，长春花苷，柚皮素-C-糖苷类等。生物碱主要有酸枣碱、荷叶碱、无刺枣碱等。多糖主要有粗多糖、中性多糖、酸性多糖等。

[药理作用]

1. 抗氧化 采用对照组及大枣香菇多糖复合物低、中、高 3 个浓度剂量灌胃小鼠，30 天后对其进行负重游泳实验。抗氧化指标测定中，低、中、高剂量组都能够提高血浆和肝组织中 CAT 活性、GSH-PX 活力和 SOD 活力，并能清除羟自由基，降低 MDA 的含量（王凤舞，等 2014）。

2. 调节免疫作用 大枣多糖灌胃给药，提高小鼠腹腔巨噬细胞吞噬功能，促进溶血素和溶血空斑形成和淋巴细胞转化；增加环磷酰胺（CY）致免疫抑制小鼠腹腔巨噬细胞的吞噬率。饲料中添加大枣多糖，可提高肉鸡的免疫功能和生产性能，能促进淋巴细胞增殖、提高新城疫抗体效价、免疫器官指数，提高其平均日增重，降低料重比（王思凝等，2021）。

3. 抗突变作用 用姐妹染色单位互换（SEC）技术发现给小鼠灌服浓度为 0.5 g/mL 的大枣煎液 20 mL/kg，能明显降低环磷酰胺所致的 SEC 值升高，表明有抗突变作用。

4. 抗Ⅰ型变态反应作用 体外培养用 2×10^{-2} g/mL 的抗体氮的抗 IgE 刺激时，可见白三烯 D_4（LTD_4）释放，此时加入 1∶10 稀释的大枣提取液，LTD_4 释放受到抑制，此时 LTD_4 的释放与自发性释放大致相同。大枣本身含 Camp，它易透过白细胞膜作用于化学介质释放的第二期，因而抑制了化学介质主要物质 LTD_4 的释放，故可抑制变态反应。

5. 对体重、肌力的作用 雄性小鼠，体重 10～20 g，分大枣组，对照组各 18 只。大枣组每天上午用 30%大枣煎剂按体重 0.3 mL/kg，对照组给水 0.3 mL/kg，实验中对小鼠分别以吞米混合饲料及蔬菜饲养 3 周，上午空腹时称重，大枣组平均增加体重 3.0 g，对照组则平均增加 1.6 g。同时，两组动物进行空腹游泳试验，结果大枣组为 3 min 50 s，而对照组为 2 min 30 s。证明有增加体重、增强肌力作用。

[临床应用]

1. 中气虚弱、食少便溏 常与党参、白术等同用。

2. 缓和药性 常与生姜同用，方如桂枝汤用大枣以缓其发散；十枣汤用大枣以缓其峻烈，保其脾胃，使峻泻而不伤正。

[注意事项]

湿盛中满者不宜用。

[不良反应]

过多食用大枣会引起胃酸过多和腹胀。

蜂　蜜

本品为蜜蜂科昆虫中华蜜蜂（*Apis cerana* Fabricius）或意大利蜜蜂（*A. mellifera* Linnaeus）所酿成的蜜。全国大部分地区都产。

蜂蜜性平，味甘。归肺、脾、大肠经。具有补脾肺气，润燥，缓急止痛，解毒的作用。主治脾肺气虚，肺虚久咳，肠燥便秘。

[主要成分]

中华蜜蜂，在蜂巢中酿成的糖类物质，主含葡萄糖（glucose）、果糖（fructose）；其他还含蔗糖，糊精，有机酸，蛋白质，挥发油，蜡，花粉粒，维生素 B_1、B_2、B_6、C、K、H，淀粉酶，转人酶，过氧化酶（peroxidase），酯酶，生长刺激素，乙酰胆碱（acetylcholine），烟酸（nicotinic acid），泛酸（pantothenate；pantothenic acid），胡萝卜素(carotene)，无机元素钙、硫、磷、镁、钾、钠、碘等；意大利蜜蜂，在蜂巢中酿成的糖类物质，主含葡萄糖果糖；其他还含少量蔗糖，糊精，有机酸，蛋白质，挥发油，蜡，维生素 B_1、B_2、B_6、C、K、H，淀粉酶，转化酶，过氧化酶，酯酶，α-甘油磷酸盐脱氢酶

(α - glycerophosphate dehydrogenase)，乙酰胆碱，生长刺激素，泛酸，烟酸，胡萝卜素，花粉粒，并含钙、磷、硫、镁、钾、钠、碘等元素。

［药理作用］

1. 保护肝脏的作用　蜂蜜对因四氯化碳中毒的大鼠的肝脏有保护作用，它能促使动物的血糖、氨基己糖含量升高，肝糖含量增加，血胆固醇含量恢复正常，切片观察结果发现，服用蜂蜜的大鼠肝组织结构接近于正常的肝脏（缪晓青，2006）。

2. 对消化系统的作用　蜂蜜常用于治疗胃肠道疾病，中医认为蜂蜜能润滑胃肠，被认为是便秘，特别是热病后津伤便秘和习惯性便秘的良药。蜂蜜对胃液的酸度有双向调节作用，它主要是对胃酸分泌的影响进行调节，服用蜂蜜的时间和蜂蜜溶液的温度对胃酸分泌影响起决定性作用，实验证明在饭前 1.5 h 食用蜂蜜，它能抑制胃酸的分泌。在食用蜂蜜后马上进食，它又会刺激胃酸的分泌。蜂蜜溶液温热时能促使胃液稀释，胃液酸度降低，冷的蜂蜜水可提高胃液酸度，并能刺激胃肠运动和分泌功能。

3. 对免疫功能的影响　分别给小鼠用 1%和 5%椴树蜜或杂花蜜灌胃，每天 1 次，连续 7 天。经溶血空斑实验表明，1%和 5%椴树蜜均能使抗体分泌细胞的数量增加，其中 5%剂量组与对照组比较差异显著，表明椴树蜜有增强体液免疫功能的作用，而1%杂花蜜使抗体分泌细胞明显减少，有抑制抗体产生的作用（刘万珍，2007）。

4. 蜂蜜的抗菌作用　未经处理的天然成熟蜂蜜具有很强的抗菌能力。在室温下蜂蜜放置数年甚至长期放置也不会腐败变质。蜂蜜对结核菌并无抑制作用，但对霉菌抑制能力很强。此外，蜂蜜对肠道菌也有抑制作用。

5. 对心血管系统的作用　蜂蜜对心血管系统能起双向调节作用，即当血压升高时有降低血压的作用；相反，当血压下降时有升高血压的作用，使血压达到正常。蜂蜜还有强心作用，它能使冠状血管扩张，消除心绞痛。蜂蜜还对幼儿的血红蛋白含量有提高作用。将经净化处理除去花粉的蜂蜜给狗静脉注射，就引起冠状血管扩张，血压下降，但是，当血压下降时，蜂蜜有升高血糖的作用。蜂蜜之所以能引起血糖下降，目前认为是蜂蜜中含有乙酰胆碱的作用结果。

6. 抗氧化作用　蜂蜜能够清除自由基、过氧自由基及一氧化氮，还原铁离子、螯合金属离子，抑制脂质过氧化和 β-胡萝卜素漂白。此外，还可以通过体内途径有效抑制 MDA 的生成、抑制脂质过氧化、保护细胞膜从而使细胞维持正常功能。

7. 抗炎作用　蜂蜜中含有丰富的黄酮和多酚类物质，此物质具有较好的抗炎作用。采用蜂蜜对乙酸诱导的慢性胃溃疡进行抗炎特性测试发现，蜂蜜（0.625～2.5 g/kg）降低了粘膜髓过氧化物酶活性和炎性细胞因子浓度（Saad B A et al.，2017）。在 LPS 诱导的慢性亚临床全身性炎症大鼠中，蜂蜜治疗通过降低肝、肾、心脏和肺中的 NF - κB 表达改善了炎症标记物，同时也防止了组织学和功能的改变（Yazan R et al.，2019）。此外，小鼠口服蜂蜜可通过抑制炎症有效地预防顺铂肾毒性。

8. 对动物生长发育的作用　研究证明含 15%蜂蜜的饲料喂早期断奶的小猪，其日增重高于对照组（用白糖代替蜂蜜）。

9. 抗肿瘤作用　肿瘤接种前 10 天开始灌胃（20%蜂蜜水溶液，每天小鼠 2 g/kg，大鼠 4 μg/kg），连续 10 天，使肿瘤生长明显减慢，并抑制转移过程，大鼠生存期延长，小鼠效果相似，表明蜂蜜有一定预防肿瘤作用。单用蜂蜜治疗动物肿瘤也有一定疗效，能抑制病灶生长，减少转移，且有25%的小鼠无转移灶；转移淋巴结质量减少。小鼠、大鼠生存期增加。蜂蜜与环磷酰胺或5-氟尿嘧啶联合治疗大鼠或小鼠肿瘤，有显著协同作用，使疗效增强，毒性降低。

［临床应用］

1. 脘腹疼痛 本品可补虚缓急，治中虚脘腹疼痛，常与白芍、甘草等同用。

2. 肺虚久咳 用于治燥邪伤肺，干咳无痰或痰少而黏者，常与阿胶、桑叶、川贝母等同用。

3. 肠燥便秘 用于肠燥便秘，常与生地黄、当归、火麻仁等同用。

4. 药物中毒 本品与乌头类药物同煎，可降低其毒性。服乌头类药物中毒者，大剂量服用本品，有一定解毒作用。

［注意事项］

痰湿内蕴、中满痞胀及大便不实者禁服。

太　子　参

本品为石竹科植物孩儿参的干燥块根。别名孩儿参、童参、四叶参、米参、双批七。主产于福建、江苏、安徽、浙江、贵州等地。

太子参味甘、微苦；性平。归脾、肺经。具有益气健脾，生津润肺之功效。主治脾虚体倦，食欲不振，病后虚弱，气阴不足，自汗口渴，肺燥干咳等。

［主要成分］

环肽类（如太子参环肽A-H；pseudostellaria A-H）、苷类（如太子参皂苷A、尖叶丝石竹皂苷D、胡萝卜苷、刺槐苷、α-菠菜甾醇-β-D-葡糖苷）、多糖类、氨基酸类（组氨酸、亮氨酸、赖氨酸、精氨酸、天门冬氨酸等）、磷脂类（如溶磷脂酰胆碱、磷脂酰肌醇、磷脂酰丝氨酸、磷脂酰乙醇胺、磷脂酰甘油等）、挥发油类（吡咯、糠醛、糠醛、邻苯二甲酸二特丁酯等）、脂肪酸类（如棕榈酸、亚油酸、2-吡咯甲酸、二十四碳酸、十八碳酸、琥铂酸等）、油脂类（如1-甘油单硬脂酸酯、三棕榈酸甘油酯、棕榈酸三十二醇酯等）、甾醇类（如β-谷甾醇等）、微量元素（如钾、钙、铁、锰、锌、锰、铜等）等。

［药理作用］

1. 免疫调节作用 太子参总提取物能缓解环磷酰胺所致的免疫抑制小鼠免疫器官重量的减轻，且脾脏DNA和胸腺DNA、RNA含量、白细胞数都明显升高，同时T、B淋巴细胞转化功能、白细胞吞噬功能和迟发型超敏反应显著增强，说明太子参总提取物可增强免疫力；太子参总皂甙能提高小鼠的胸腺、脾脏重量，可促进免疫小鼠血清中溶血素生成，明显激活小鼠网状内皮系统（RES）吞噬功能，说明太子参总皂苷可以增强小鼠免疫功（曾丽，2022）。太子参茎叶多糖、太子参参须提取物、太子参参须多糖、太子参参须皂苷能提高正常小鼠免疫器官总质量和巨噬细胞吞噬能力，并能增强脾淋巴细胞增殖能力，同时能促进细胞因子的分泌；能降低环磷酰胺（CY）所致免疫小鼠脾脏指数、能不同程度提高其胸腺指数、吞噬指数、脾淋巴细胞刺激指数SI、免疫球蛋白、补体及细胞因子含量等（乔石，2022；檀新珠，2018）。太子参参须多糖在一定程度上能纠正 CY 所致的免疫抑制小鼠免疫器官的肿大或萎缩和 T 淋巴细胞亚群的失衡，提高 NK 细胞杀伤活性，减少脾细胞凋亡，增加白细胞和淋巴细胞数，调节免疫球蛋白、补体、细胞因子的分泌及细胞因子、转录因子 mRNA 表达等从而对免疫抑制小鼠具有一定的免疫修复和免疫保护作用（曾丽，2022）。断奶仔猪日粮中添加太子参茎叶多糖（1 000 mg/kg BW、1 500 mg/kg BW）能显著提高断奶仔猪血清免疫球蛋白（IgA、IgG、IgM）和补体（C_3、C_4）含量，提示太子参茎叶多糖能提高断奶仔猪免疫功能（蔡旭滨，2017）。0.3%太子参多糖连续投喂福瑞鲤 35 d 后可提高其血清溶菌酶、SOD、酸性磷酸酶、碱性磷酸酶和补体 C_3 水平，并增强对嗜水气单胞菌（Js70322NA）的抗病力，提示太子参多糖对福瑞鲤的非特异性免疫功能有增强作用，并可提高其抗病力。

2. 降血糖作用 太子参多糖对高脂饲喂小鼠的影响，结果发现小鼠的血糖水平明显降低，肝脏和线粒体 MDA 含量下降，肝脏组织 p－AKT 及 p－AMPK 蛋白水平显著增高，Nrf2 抗氧化系统被激活，高脂诱导的高血糖被抑制，说明太子参多糖可以改善糖代谢紊乱（乔石，2021）。研究发现太子参多糖（PHP）具有较好的降血糖活性，其中相对分子质量为（50－210）$\times 10^3$（PF40）的多糖可明显改善胰岛素耐受，抑制炎症因子 TNF－α 和抗炎因子 IL－10 的表达，调节脂联素 Acrp30 和瘦素水平，发挥胰岛素增敏作用。从太子参多糖中分离得到新的均一多糖 H－1－2，能明显提高肌肉和脂肪细胞对葡萄糖的摄取和利用，为筛选抗糖尿病的先导化合物提供依据；太子参果胶多糖（0.5 MSC－F）能明显刺激高糖培养的胰岛细胞分泌胰岛素，在降糖作用中具有潜在的实用价值；太子参多糖（H－1－2）增强了葡萄糖刺激胰岛素分泌，改善了Ⅱ型糖尿病（T2DM）细胞中的血糖和血脂水平，同时提高了葡萄糖和胰岛素耐量，此外，实验证明 H－1－2 通过抑制缺氧和上调来自 T2DM 大鼠的分离胰腺 β 细胞来缓解 T2DM；太子参环肽 E 可明显促进 3T3－L1 前脂肪细胞的分化过程，增强成熟脂肪细胞的胰岛素敏感性，从而提高脂肪细胞对葡萄糖的吸收，提示其可作为治疗Ⅱ型糖尿病的候选化合物。

3. 抗氧化应激作用 复制急性心肌梗死大鼠后，用太子参水煎剂进行干预，结果发现大鼠心肌梗死导致的慢性心衰有所改善，这可能与机体内抗氧化酶活力和 T－AOC 的提高以及 MDA 含量的降低，抗氧化能力的提高有关（杜鋆鋆，2021）。太子参水提物、醇提物、皂甙粗提物均能显著清除 DPPH 自由基、羟自由基和超氧离子自由基活性，并能抑制亚油酸氧化及血细胞溶血，说明太子参的不同提取物均有抗氧化活性，其中皂甙粗提物效果最好。太子参水煎液可显著增加小鼠在缺氧和高温环境下的适应能力，通过增强小鼠的抗应激能力来提高应对恶劣环境的适应性（甘思言，2020）；断奶仔猪日粮中添加太子参茎叶多糖（1 000 mg/kg BW、1 500 mg/kg BW）能显著提高断奶仔猪血清 SOD 酶活性，降低 MDA 含量，提示太子参茎叶多糖能断奶仔猪氧化应激（蔡旭滨，2020）。

4. 心肌保护作用 有研究表明，太子参多糖及皂苷可减轻 $CoCl_2$ 诱导的缺氧损伤，二者是太子参发挥心脏保护作用的 2 个活性部位，其机制可能是通过防止氧化应激的增加，从而保护细胞膜免受缺氧损伤和细胞免受氧化损伤，也可能通过抑制细胞凋亡保护细胞；通过下调促凋亡相关蛋白 Bax、Caspase－3 和上调抑凋亡相关蛋白 Bcl－2 的表达

(檀新珠，2018)。太子参多糖能有效减轻心肌缺血再灌注损伤模型大鼠心肌组织的损伤，使其发挥保护作用；太子参皂苷富集部位可显著改善心衰大鼠血流动力学指标，抑制心肺梗死组织和炎细胞浸润，保护大鼠心肺损伤（闵思明，2020；衣伟萌，2020）。

5. 抗炎作用 太子参环肽 B 对脂多糖（LPS）刺激 RAW 264.7 巨噬细胞产生的 NO 和炎症细胞因子（如 IL-1β 和 IL-6）具有明显的抑制作用；还能抑制 LPS 诱导的 RAW 264.7 巨噬细胞中活性氧（ROS）的产生和消除，其作用机制为太子参环肽 B 通过调控磷脂酰肌醇 3-激酶/蛋白激酶（PI3K/Akt）信号通路减轻氧化应激所致细胞损伤及抑制炎症细胞因子的表达；肺气虚证慢性阻塞性肺疾病（LQIS-COPD）模型大鼠给予不同剂量的太子参环肽提取物治疗后，咳嗽、气急、喘鸣症状明显改变，气道阻力降低，证明其对 LQISCOPD 有良好的干预作用；2,4-二硝基氯苯所致的特应性皮炎（AD）模型小鼠经太子参水提物治疗后，其真皮厚度、表皮厚度及血清免疫球蛋白 IgE 的生成均减少，表明太子参水提物能够抑制炎症细胞（包括肥大细胞和 CD+T 细胞）的渗透，同时能抑制免疫细胞因子（IFN-γ、IL-4、IL-6、IL-8、IL-1β、TNF-α）mRNA 表达水平，其作用机制可能与核因子-κB 蛋白表达水平下调，κBα 磷酸化被抑制和丝裂原蛋白激酶被激活有关。太子参茎叶多糖能够通过减少炎症因子表达，促进肠道粘膜紧密连接蛋白的表达起到对葡聚糖硫酸钠（DSS）诱导的溃疡性结肠炎治疗作用；通过增加抑炎因子表达抑制炎症，增加肠上皮紧密连接蛋白的表达而起到对 DSS 诱导结肠炎干预作用（檀新珠，2017）。

6. 抗肿瘤作用 通过建立异种移植肿瘤小鼠模型，评估太子参多糖 H-1-2 对肿瘤生长的影响，研究表明，H-1-2 抑制胰腺癌细胞的侵袭和迁移，抑制异种移植胰腺肿瘤生长，增加小鼠的存活率，H-1-2 通过其启动子区域中的缺氧反应元件抑制胰腺癌细胞中的 AGR2 表达，提示 H-1-2 通过抑制缺氧诱导的 AGR2 表达来抑制胰腺癌。太子参环肽已被证明是抑制 3 种人类肿瘤细胞系（MGC803、HepG2 和 RKO）细胞活性的主要成分。研究发现太子参内生真菌 Aspergillus terreus TZS-201607 所产的次级代谢产物，即 16 种化合物，在体外抗肿瘤活性测试中，化合物 6、7 和 14 对人肿瘤细胞株 A549、BT-549、HeLa 和 THP-1 表现出较强的细胞毒活性，提示上述化合物可能具有一定的抗肿瘤作用。

7. 镇咳作用 太子参乙酸乙酯部位提取物、粗多糖提取物均能能够降低肺气虚模型大鼠血清细胞因子 IL-8、TNF-α、粒细胞-巨噬细胞集落刺激因子（GM-CSF）含量，并促进抗炎因子 IL-10 的分泌，从而发挥镇咳效果。太子参乙酸乙酯提取部位可以缩小肺通气孔，增强肺活力，显著降低细胞因子 IL-8、GM-CSF、TNF-α 和 ET-1 含量，表明太子参有效部位能减轻气管炎症，具有明显止咳作用。

太子参乙酸乙酯部位能使慢阻塞性肺疾病（COPD）大鼠的肺气道阻力下降、动态肺顺应性升高，血清 IL-8、(GM-CSF)、TNF-α、内皮素 1（ET-1）水平下降，提示其作用机制与调节多种细胞因子水平及减轻气道炎症而改善肺功能有关。太子参乙酸乙酯部位及太子参粗多糖提取物能显著降低其肺阻力和动态肺顺应，其作用机制可能是降低肺部炎症细胞趋化因子 IL-8、TNF-α、GM-CSF 的生成及增加抗炎细胞因子 IL-10 的生成。

8. 抗疲劳作用　太子参酒能够延长小鼠负重游泳时间，降低乳酸生成，促进肝糖原储备，抑制血清尿素生成，对太子参酒毒性初步研究结果显示对肝脏无影响，表明太子参酒无毒，且有缓解疲劳的作用；太子参多糖的抗疲劳效果研究发现不同剂量组均可延长小鼠游泳时间，但只有高剂量组才有显著效果。

9. 其他作用　在断奶仔猪饲粮中添加太子参茎叶多糖（1 000 mg/kg、1 500 mg/kg）能够极显著提高十二指肠绒毛高度，显著提高十二指肠 V/C 值，一定程度提高肠道黏膜上皮内淋巴细胞数量，表明太子参茎叶多糖具有调节肠道形态结构、促进仔猪对营养物质的消化吸收、提高肠道免疫功能的作用；能不同程度地提高断奶仔猪肠道黏膜 IL－2、IL－4、IFN－γ、sIgA 含量，说明太子参茎叶多糖能够促进肠道分泌免疫细胞的增殖分化，提高机体免疫力；能够提高能够降低盲肠内容物中大肠杆菌的数量并提高乳酸杆菌数量，提示太子参茎叶多糖能够调节盲肠内容物菌群结构，维持肠道微生态平衡（陈凌锋，2017）。

[临床应用]

1. 缓解断奶仔猪应激　饲粮中添加太子参茎叶多糖（1 000 mg/kg）可有效提高断奶仔猪的平均日增重，降低腹泻率，缓解断奶仔猪应激。

2. 消化不良者　太子参能够益气健脾，可治疗脾气虚弱、胃阴不足所引起的消化不良，食少倦怠等症。

第二节　补 阳 药

巴　戟　天

为茜草科多年生藤本植物巴戟天（*Morinda offcinalis* How）的干燥根。主产于广东、广西、福建、四川等地。

巴戟天性温，味辛、甘。归肝、肾经。具有补肾壮阳，强筋健骨，祛风湿的功效。主治遗精阳痿，筋骨痿软，风湿痹痛，麻木拘挛，神疲健忘等。

[主要成分]

本品含胆甾醇、菜油甾醇、β-谷甾醇、豆甾醇、β-香树精及三萜酸类物质。另据报道，种子含树脂苷、糖类，全草含维生素及淀粉酶。

[药理作用]

1. 调节免疫功能　巴戟天水提液可以促进刀豆蛋白 A（ConA）活化的人体淋巴细胞的增殖，促进 ConA 和细菌多糖（LPS）活化的小鼠淋巴细胞的增殖，提高小鼠脾淋巴细胞产生白细胞介素 2（IL－2）和干扰素-γ（INF－γ）的水平，在体外促进小鼠体液免疫；增强单核吞噬细胞的廓清率及腹腔巨噬细胞的吞噬功能，提高机体的细胞免疫力（陈忠等，2003）。

2. 对生殖系统的作用　巴戟天具有性激素样作用。巴戟天水提液、醇提液、总寡糖均具有促进精子生成的作用。巴戟天水提液能够降低小鼠基础精子畸形率，保护精子运动功能，减少 ROS 对精子的损伤。巴戟天醇提物能够增加衰老大鼠精子总数、提高活精子率。对精索静脉曲张大鼠饲喂巴戟天多糖后，能增加大鼠精子数量，改善生精上皮结构，促进下丘脑促性腺激素释放激素的合成和释放，刺激卵泡刺激素分泌，修复大鼠睾丸生精能力（Zhu Z et al.，2017）。

3. 调节甲状腺功能 阳虚患者与甲状腺功能低下症有共同之处，均表现为脉缓无力、畏寒、乏力、肢冷、反应迟缓等，且副交感神经-M受体-cGMP系统功能偏亢。有报道巴戟天水煎液能增加甲状腺功能低下小鼠的耗氧量，使甲低小鼠脑中的M受体最大结合容量恢复正常。

4. 抗衰老及抗疲劳作用 巴戟天水煎液对大鼠具有增重及抗疲劳作用，能显著增加小白鼠体重、延长持续游泳时间，提高在吊网上的运动能力，降低在缺氧状态下的氧耗量，延长耐缺氧持续时间。提高运动大鼠抗自由基氧化的功能，使大鼠运动能力明显增强。巴戟天能够提高脑组织抗氧化酶活性，从而抑制大强度力竭运动造成的脑组织氧化损伤，延缓疲劳（崔笑梅等，2014）。

5. 增强记忆作用 巴戟素对大鼠脑缺氧损伤有保护作用，并能增强大鼠的记忆功能，其作用机理与其对抗自由基生成，增加能源供应或对抗NO的毒性作用等有关。

6. 抗肿瘤作用 巴戟天所含的蒽醌类成分有抗致癌促进剂的作用，其氯仿提取物的粗结晶对L1210白血病细胞生长有抑制活性的作用。

7. 促进骨生长作用 锰（Mn）是机体必需的微量元素。缺锰时，破骨细胞活性增强，成骨细胞活性降低，动态平衡破坏，出现骨质疏松（陈照坤，2005）。巴戟天中锰元素含量高达559 μg/g，并含大量丰富钙、镁等对骨骼有特殊亲和力的第2主族（A）元素。

8. 对造血功能的影响 巴戟天中铁元素含量高达595.75 μg/g，而铁参与血红蛋白、肌红蛋A细胞色素及多种酶系的合成和三羧酸循环，具有较强的刺激生血作用。研究表明，巴戟天能提高大鼠幼鼠血中的白细胞数，能拮抗小鼠血中白细胞下降。

[临床应用]

1. 肾阳亏虚 用于补肾壮阳，与肉从蓉、补骨脂、山药、覆盆子等同用，方如《兽医中药学》中的巴戟散，主治牛马阳萎症；与淫羊藿、当归、川芎、艾叶、肉桂、熟地、益母草等同用，治肾阳亏虚所致的胞宫寒冷，阴道温度低下，几配不孕等；与补骨脂、覆盆子、黄芪、升麻、萆薢等同用，治肾阳虚所致的多尿证。

2. 筋骨痿软 常与杜仲、续断、菟丝子等同用，方如《元亨疗马集》中巴戟散，主治马肾痛，后脚难移。

3. 风湿痹痛 常与狗脊、续断、独活、桑寄生、威灵仙等同用，治肾虚所致的风湿痹痛。

[注意事项]

阴虚火旺者忌服。

[不良反应]

巴戟天水煎液用药浓度250 g/kg体重时，未见动物死亡，对大肠杆菌SOS应答系统无明显影响，提示巴戟天可能无诱变或致诱变的遗传作用。

肉 苁 蓉

本品为列当科植物肉苁蓉（*Cistanche deserticola* Y. C. Ma）的干燥带鳞叶的肉质茎。主产于内蒙古、陕西、甘肃、宁夏、新疆等地。

肉苁蓉性温，味甘、咸。归肾、大肠经。具有补肾助阳，润肠通便的功效。主治阳痿，不孕，腰膝酸软，筋骨无力，肠燥便秘。

［主要成分］

肉苁蓉中含有D-甘露醇、β-谷甾醇、肉苁蓉苷（cistanoside A、B、C、D、E、F等）、麦角甾苷（acteoside）、琥珀酸、甜菜碱、β-谷甾醇-β-D葡萄糖苷、京尼平苷酸（geniposidic acid）、8-表马钱子酸葡萄糖苷、多种氨基酸、肉苁蓉多糖，肉苁蓉中还含有性激素类似物睾酮和雌二醇，K、Na、Ca、Zn、Mn、Cu等微量元素。

［药理作用］

1. 对生殖系统的作用 肉苁蓉可促进卵巢孕激素分泌，增强雌激素和孕激素受体的表达，抑制卵巢及间质的IL-2受体表达。肉苁蓉苷对悬吊应激致雄性小鼠的性功能低下有对抗作用，肉苁蓉中含有的苯丙基糖苷类化合物肉苁蓉苷（cistanoside）A和Cs-5等提取部位能明显增加负荷小鼠舔吻、爬跨、交配及射精等性行为的频率；减少小鼠的错误行为，表明这些物质能提高小鼠的性功能和记忆力。

2. 增强免疫功能 肉苁蓉的水提液可增加免疫器官（胸腺、脾脏）重量，使 ^{3}H-TdR的掺入淋巴细胞的量增多，提高淋巴细胞转化率，增强小鼠腹腔吞噬细胞的吞噬能力，使巨噬细胞内cAMP上升而cGMP下降，从而使cAMP/cGMP比值升高。同时它能增加小鼠抗体分泌细胞功能及脾细胞对绵羊红细胞IgM空斑形成细胞（PFC），且与剂量呈正相关。肉苁蓉醇提取物能促进OVA特异性的Th_1/Th_2免疫反应，通过激活DCs，下调Treg，增加抗体水平，促进细胞因子的产生从而增强Th_1和Th_2应答，具有良好的免疫调节活性。

3. 促进代谢、增强体力 肉苁蓉水煎液可使小鼠游泳时间延长，降低负荷运动后血清肌酸激酶升高幅度。电镜观察显示肌糖原丰富，运动后线粒体数目增多，体积增大、嵴完整，未见空泡状巨线粒体形成。提示肉苁蓉能够增加糖原储备，减少运动后肌肉蛋白质分解，促使线粒体发生适应性肥大与增生以满足肌肉收缩和康复所需要的能量。

4. 抗氧化作用 肉苁蓉可延长果蝇的寿命、半数致死天数和最高寿命。新疆肉苁蓉可改善衰老小鼠肝细胞核线粒体体积缩小，以及大脑皮质中央前回血管基底膜增厚等超微结构的变化。肉苁蓉的醇提物能抑制大鼠的脑、肝、肾、睾丸组织过氧化脂质的生成，并呈现良好的量效关系。从肉苁蓉的水溶液中提取出的多糖和D-甘露醇，能显著延长动物的皮肤衰老，增加动物皮肤羟脯氨酸的含量，使胶原纤维含量增加，皮肤的弹性增强。

5. 对肠道的作用 肉苁蓉的水溶液能提高小鼠小肠推进功能，增强肠蠕动，抑制小鼠大、小肠对水分的吸收，缩短小鼠排便时间。可引起大鼠胃底条和豚鼠回肠条的收缩，该作用能被阿托品所抑制。肉苁蓉所含主要有效成分之一甜菜碱与胆碱结构极为相似，故肉苁蓉润肠通便的机制与胆碱有关。另有实验证明，肉苁蓉润肠通便的有效成分为无机离子和多糖类。

6. 其他作用

（1）中枢神经系统作用　肉苁蓉水煎液能增加正常大鼠5-羟色胺、多巴胺、3,4-二羟基苯醋酸及5-羟基吲哚醋酸比值。

（2）抗应激作用　肉苁蓉可增加负荷运动小鼠肝糖原含量，降低LDH5同工酶活性，对肝脏具有保护作用（赵锡安等，2007）。

［临床应用］

1. 肾阳亏虚　用于肾阳不足所致的阳痿、滑精、尿频、腰膝冷痛、肢冷恶寒等，常与仙茅、山茱萸等补肾药同用。方如《元亨疗马集》中的苁蓉散。

2. 风湿痹痛　用于风湿痹痛、筋骨不利、肢体麻木等常与威灵仙、独活、肉桂、当归、川芎等同用。方如《新刻注释马牛驼经大全集》中的千金散。

［注意事项］

胃弱便溏，相火旺者忌服肉苁蓉。

仙　茅

本品为石蒜科植物仙茅（*Curculigo orchioides* Gaertn）的干燥根茎。主产于四川、广西、云南、贵州、广东等地。

仙茅性热，味辛。归肝、肾、脾经。具有补肾阳，强筋骨，祛风湿的功效。主治阳痿滑精，风寒湿痹。

［主要成分］

仙茅根茎含仙茅甙（curculigoside）A、B，地衣二醇葡萄糖甙（orcinol glucoside），地衣二醇-3-木糖葡萄糖苷（corchiosideA），仙茅皂苷（curculigosaponin）A、B、C、D、E、F、K、L、M，仙茅素（curculigine）A、B、C，仙茅皂苷元（curculigenin）A、B、C，仙茅萜醇（curculigol），丝兰苷元（yuccagenin），石蒜碱（lycorine）等。

［药理作用］

1. 清除氧自由基　采用比色法及电子顺磁共振技术（ESR）测定仙茅苷对羟自由基和超氧阴离子自由基的清除效果，结果仙茅苷对羟自由基和超氧阴离子自由基均有良好的清除作用（吴琼等，2007）。仙茅各提取物对羟基自由基（·OH）、1,1-二苯基-2-苦基苯肼自由基（DPPH·）的清除率以及对Fe^{3+}还原力，结果显示仙茅对·OH、DPPH-的清除率和对Fe^{3+}还原力较强（张振东等，2009）。

2. 增强免疫作用　仙茅甲醇提取物能够明显增强吞噬细胞的吞噬作用，经乙酸乙酯萃取分离得到地衣酚糖苷-A和苔黑酚-3-D-β-葡萄糖苷，可促进迟发型超敏反应和细胞介导的免疫反应，增强机体的免疫作用（Lakshmi V et al.，2003）。仙茅多糖能提高正常小鼠的脾指数级胸腺指数，增厚足跖厚度，增加血清血溶素，从而增强免疫功能（余晓红，2007）。

3. 抗骨质疏松作用　用去卵巢方法制备骨质疏松大鼠模型，结果灌胃给药仙茅提取物的大鼠胫骨骨小梁的骨矿含量和骨矿密度显著提高。其机制可能与仙茅提取物能抑制大鼠血清抗酒石酸酸性磷酸酶（TRAP）活性，增加护骨素（OPG）水平，抑制脱氧吡啶啉（DPD）的分泌，从而升高血清中钙、磷水平等有关（曹大鹏等，2008）。

4. 补肾壮阳作用　仙茅正丁醇部位能使去势雄性小鼠附性器官（包皮腺、精液囊、前列腺）重量明显增加，说明仙茅有补肾壮阳作用，其补肾壮阳有效成分可能为仙茅素 A（张梅等，2006）。仙茅水提物和醇提物能明显增加小鼠体质量，并延长游泳时间。

5. 预防和改善雌激素水平对乳腺的影响　仙茅水煎剂能使成年大鼠乳腺结构得到明显改善，增生或萎缩的重量指数恢复正常，并使核浆雌、孕激素受体比值趋于正常，表明仙茅能够预防与改善性激素水平异常导致的乳腺萎缩或增生（李培英等，2001）。

6. 保肝作用　给四氯化碳致肝脏损害的雄性小鼠服用仙茅甲醇提取物，结果发现，其使小鼠血清中碱性磷酸酶（ALP）、r-谷氨酰转肽酶（r-GGT）、总蛋白和总脂的水平降低并接近正常值，表明仙茅保肝效果较好（Venukumar MR et al.，2002）。

7. 保护心血管系统的作用　仙茅总提取物、丁酮组分以及单体化合物 pilosidine 可以剂量依赖性地升高麻醉 Wistar 大鼠血压。以新西兰大兔胸腔下行主动脉为实验部位，发现仙茅总提取物、丁酮组分以及部分单体化合物可作用于肾上腺素受体，收缩血管，进一步发挥保护心血管的作用（Palazzino G et al.，2000）。

8. 降血糖作用　仙茅乙醇提取物能够在 100～200 mg/kg。范围内成剂量依赖性地抑制四氧嘧啶诱导糖尿病大鼠的血糖水平升高，其活性与降血糖药格列美脲相似，原因可能与仙茅乙醇提取物能够促进胰脏 B 细胞增殖从而抑制糖吸收有关（Chauhan NS et al.，2007）。

9. 其他药理作用　用仙茅水提物对大鼠骨髓间质干细胞进行刺激，可以定向诱导骨髓干细胞向神经元细胞分化（沈骅睿等，2005）。仙茅在一定剂量下有明显的对小鼠细胞诱变作用，这可能与仙茅诱生干扰素，而干扰素又有复杂的生物学效应有关（魏巍，2004）。不同剂量的仙茅可应用于乳腺癌患者。仙茅可以通过上调 cAMP-PKA 信号通路从而调控肝脏细胞 L02 细胞的药物代谢酶细胞色素 P4503A 的表达，作用与 cAMP-PKA 信号通路激动剂相似（李敏等，2010）。仙茅有抗炎、适应原样（使小鼠抗高温、耐缺氧能力增加）作用，能延长小鼠对巴比妥的睡眠时间和抗惊厥。仙茅 70%甲醇提取物对环磷酰胺诱导的雄性小鼠膀胱和肾脏毒性有明显的抑制作用（Murali V P et al.，2016）。

［临床应用］

1. 阳痿滑精　常与淫羊藿、枸杞子、金樱子等同用。

2. 风寒湿痹　常与巴戟天、黄芪、鸡血藤、牛膝、木瓜、路路通等药同用。

［注意事项］

阴虚火旺者忌服。

［不良反应］

给小鼠一次灌胃最大容量的仙茅醇浸剂 150 g/kg，7 天内无一死亡，说明仙茅的毒性很低。

淫　羊　藿

本品为小檗科植物淫羊藿（*Epimedium brevicornum* Maxim.）、箭叶淫羊藿（*Epimedium sagittatum* Maxim.）、柔毛淫羊藿（*Epimedium pubescens* Maxim.）等的干燥地上部分。主产于江西、陕西、湖南、四川等地。

淫羊藿性温，味辛、甘。归肝、肾经。具有补肾阳，强筋骨，祛风湿的功效。主治遗精阳痿，筋骨痿软，风湿痹痛，麻木拘挛，神疲健忘等。

［主要成分］

箭叶淫羊藿茎叶含淫羊藿苷（icariine）、去氧甲基淫羊藿苷（des-o-methy-icariine）、β-去氢淫羊藿素（β-anhydroicaritin），还含有木兰素，异槲皮素和金丝桃苷等。

［药理作用］

1. 降血糖及减轻糖尿病并发症　给小鼠腹腔注射四氧嘧啶造成糖尿病模型，以淫羊藿总黄酮 50 mg/kg 和 100 mg/kg 的剂量给小鼠灌胃，结果发现高低剂量的淫羊藿总黄酮均能降低糖尿病小鼠的血糖（Xin H et al.，2012）；淫羊藿苷能改善链脲霉素诱导的大鼠糖尿病视网膜病变；能通过调节转化生长因子 β_1 和Ⅳ型胶原蛋白的表达对实验性糖尿病肾病（链脲佐菌素诱导的）产生保护作用（Qi MY et al.，2011）。

2. 对骨骼系统的影响　淫羊藿可以通过提高性激素水平，调节骨相关蛋白及 RNA 的表达等来改善骨损伤，促进成骨细胞及软骨细胞增殖，抑制破骨细胞（李晓东等，2009）。

3. 对生殖系统的影响　淫羊藿的主要成分为淫羊藿苷，淫羊藿苷为磷酸二酯酶 V 型抑制剂，可以显著增加一氧化氮（NO）-环磷酸鸟苷（cGMP）信号通路活性，从而增加阴茎的勃起功能。淫羊藿苷对雌性性腺也具有“助阳”作用，可以提高雌性激素的水平；淫羊藿苷还可以通过刺激下丘脑和垂体间接提高血清中的睾酮水平，产生壮阳作用（张森等，2011）。

4. 对心血管系统的作用　淫羊藿具有抗心力衰竭、抗心肌缺血、抗心律失常、降血压的作用（郭寒等，2009）。

5. 抗肿瘤作用及抗氧化作用　王婷等对 6 种淫羊藿中的黄酮（木犀草素、金丝桃苷、朝藿素、淫羊藿苷、宝藿苷Ⅰ、宝藿苷Ⅱ）进行了抗氧化与抗肿瘤活性的研究，以 DPPH 清除率为指标时，木犀草素、金丝桃苷和朝藿素具有较强的抗氧化作用，且抗氧化作用大于维生素 C（王婷等，2007）；而离体实验表明，淫羊藿苷、木犀草素、朝藿素和宝藿苷Ⅰ能抑制人乳腺癌细胞株（MCF-71）和人肝癌细胞株（HepG2）的增殖。淫羊藿能够增加人的心脑血管的血流量，改善提高生殖系统的功能．促进人体免疫功能、造血功能以及骨代谢，并同时具有延缓衰老、抗肿瘤等多种神奇的功效（王雷等，2014）。

6. 对血液系统的作用　CFS 是促进人或动物骨髓细胞增殖、分化和成熟的一类糖蛋白，以小鼠为研究对象，淫羊藿苷能使脾淋巴细胞产生 CFS 样活性，提高小鼠的造血功能（王婷等，2007）；米健国等人研究发现，以康力龙为阳性对照药，淫羊藿能够影响慢性再障模型大鼠的造血调控因子，从而能够促进大鼠骨髓造血功能的恢复（米健国等，2012）。

7. 其他作用　淫羊藿具有抑菌作用，能够抑制金黄色葡萄球菌和白色葡萄球菌的生长。此外，淫羊藿还具有抗炎、抗衰老、免疫调节等作用。

［临床应用］

1. 肾阳虚衰　用于肾虚阳痿、遗精早泄、腰膝痿软、肢冷畏寒等，常与仙茅、山萸肉、肉苁蓉等同用。方如《中华人民共和国兽药典》中的壮阳散。与红花、益母草配伍，治卵巢静止和持久黄体性不孕症。如《中华人民共和国兽药典》中的促孕灌注液。

2. 寒湿痹痛　用于寒湿痹痛或四肢拘挛麻木，常与威灵仙、巴戟天、肉桂、当归、川芎等同用。

［注意事项］

阴虚火旺阳强易举者禁服。

［不良反应］

淫羊藿浸膏小鼠腹腔注射的 LD_{50} 为 36 g/kg，小鼠静脉注射淫羊藿水浸膏片中提取的非氨基酸部分的 LD_{50} 为 56.8±2.7 g/kg。Wistar 大鼠灌胃淫羊藿总黄酮 1.0、2.0 和 4.0 g/kg，每天 1 次，连续 12 周，逐日观察动物行为、外观及大小便，每 2 周测食物消耗量 1 次，每周及停药后 2 周称体重 1 次，给药 12 周后和停药 2 周后各查每组 10 只大鼠血液学指标、血生化指标，并测脏器系数，同时对主要脏器进行病理学检查。结果显示淫羊藿总黄酮无明显的长期毒性。

杜　仲

本品为杜仲科落叶乔木杜仲（*Eucommia ulmoides* Oliv）的干燥树皮，主产于四川、贵州、云南、湖北等地。

杜仲性温，味甘。归肝、肾经。具有补益肝肾，强筋壮骨，调理冲任，固经安胎的功效。主治肾虚腰痛，风湿痹痛，胎动不安。

［主要成分］

杜仲成分主要有环烯醚萜类、苯丙素类、木质素类、甾体类、杜仲胶（6%～10%）、多糖、黄酮类等。环烯醚萜类主要包括杜仲醇（eucommiol）、杜仲醇苷（eucommioside）、脱氧杜仲醇、桃叶珊瑚苷、京尼平苷、京尼平苷酸等。苯丙素类主要包括氯原酸、咖啡酸、松柏酸、熊果酸等。木质素类及甾体类主要包括双环氧木质素类（如松脂素二糖苷）、松脂酚类、丁香树脂醇类等。此外，还含有氨基酸、矿质元素、维生素等。

［药理作用］

1. 抗癌作用　N-亚硝基化合物是目前所知的最强的化学致癌物质之一，而 N-亚硝胺能引起人和动物的胃、肝脏等多种器官的恶慢性肿瘤。刘晓河等对杜仲皮中多糖进行提取，紫外分光光度法测定多糖对亚硝酸盐的清除作用。结果表明，杜仲皮中多糖含量为 41.46%，杜仲多糖对亚硝酸盐有较强清除作用，最大清除率为 73.41%，即通过清除合成 N-亚硝胺的前体物质亚硝酸根，达到阻断致癌物质的合成，从而起到预防癌症的目的（刘晓河等，2009）。

2. 镇痛作用　辛晓明等给各组小鼠连续灌胃不同剂量的杜仲多糖 7 天，末次给药后

1 h，以己烯雌酚和缩宫素诱发辐射热致病、热板致痛法、醋酸扭体法为疼痛模型。生理盐水为阴性对照药，阿司匹林为阳性对照药，考察杜仲多糖的镇痛作用。结果表明，杜仲多糖能显著延长辐射热致痛模型中小鼠的痛阂（$P<0.01$），而对热板致痛、醋酸致痛、痛经模型有一定的抑制作用（辛晓明等，2009）。

3. 舒张血管作用 杜仲皮、叶中含的降压成分主要有木脂素类、苯丙素类、环烯醚萜类、黄酮类。木质素类可能通过对磷酸二酯酶的抑制作用，使血管平滑肌中 cAMP 浓度升高，从而激活蛋白激酶 A，抑制钙离子的内流，舒张血管，降低血压。苯丙素类的咖啡酸能通过诱导内皮细胞中一氧化氮合酶，促使 NO 的合成增加，从而达到舒张血管的作用。黄酮类中的槲皮素可能通过对血管平滑肌细胞电压依赖性钙通道和受体操纵性钙通道的双重抑制作用，降低细胞内游离钙水平，从而舒张血管，降低血压。

4. 抗氧化作用 用 D-半乳糖建立小鼠代谢紊乱实验性衰老模型，给予不同剂量的杜仲叶水提取物。观察其对小鼠肺和红细胞中超氧化物歧化酶、谷胱甘肽过氧化物酶及肺和血浆中丙二醛含量的影响，结果显示，杜仲叶水提取物对 D-半乳糖导致的衰老小鼠氧化性损伤具有保护作用。

5. 抗菌作用 吕武兴等在玉米-豆粕型日粮中添加杜仲提取物和丙酸类、复合有机酸类防霉剂的防霉效果。在 2 个月的贮存期中观察测试饲料外观、气味、水分、脂肪、蛋白质、料温和霉菌总数。结果表明，在饲料中添加杜仲提取物能有效地抑制霉菌的生长繁殖，减少营养成分的损失，并对饲料外观有着显著的影响，与复合有机酸类防霉剂的防霉保鲜效果相当（吕武兴等，2004）。

6. 抗疲劳作用 有人对杜仲叶的缓解体力疲劳功效进行了系统的研究，杜仲叶通过对运动肌中的乳酸脱氢酶（LDH）活力及其同工酶分布及 3-羟基乙酰基辅酶 A 脱氢酶 HAD 活力的影响，从而在骨骼肌中避免乳酸积聚，以增强肌肉缓解体力疲劳能力。

7. 减肥作用 对 4 周龄 ICR 系雌性小鼠，连续给予掺入牛脂（40%）的高脂肪饲料及含杜仲叶提取物的高脂肪饲料 4 周，给药期间检测体重及摄食量。结果杜仲叶提取物对给予高脂肪饲料引起的体重增加以及血中甘油三酯升高显示出良好的抑制作用，表明摄取杜仲叶或杜仲茶具减肥作用。

8. 防治骨质疏松症 杜仲为骨伤科常用药物之一。有人曾于 1985 年利用电子计算机对 111 种医学典籍中所收载的有关治疗骨科疾病的中药方剂 3 269 首进行统计，使用频率最高的前 64 名中，杜仲位居 46 名。杜仲水煎液内服能促进家兔骨折断端矿物质的沉积、促进创伤性骨折愈合（崔永锋等，2003）。

［临床应用］

1. 肾阳不足、腰脊痿软 本品补肝肾，强筋骨，常与补骨脂、菟丝子、枸杞、熟地、牛膝等同用。治疗肾虚腰脊痿软，阳痿，多尿证。

2. 安胎 常与白术、炒白芍、熟地、阿胶、黄芪等同用。治疗肝肾不足所致的胎动不安。

［注意事项］

阴虚火旺者慎服。

续 断

本品为川续断科植物川续断（*Dipsacus asperoides* C. Y. Cheng et T. M. Ai.）的干燥根。主产于四川、贵州、湖北、云南等地山区。

续断性温，味苦、辛。归肝、肾经。具有补肝肾，强筋骨，续折伤；止血安胎；通血脉，利关节的功效。主治风湿痹痛，筋骨折伤，胎动不安。

［主要成分］

续断主要含川续断皂苷Ⅵ、续断碱、黄酮、多糖、挥发油、维生素E及有色物质等。

［药理作用］

1. 抗骨质疏松作用 用切除大鼠双侧卵巢的方法建立骨质疏松模型，用骨计量学的方法研究了川续断水煎液对去卵巢大鼠骨质疏松的防治作用。结果川续断组与去卵巢大鼠组相比，其四环素标记和骨小梁类骨质表面积均呈降低趋势，而类骨质成熟时间延长，提示其可能有降低骨激活频率和抑制骨吸收的作用。即去卵巢可以增加骨转换和提高骨激活频率，加速骨丢失，服用川续断后可以使之逆转。

2. 促进骨损伤愈合 川续断水煎液对实验性大鼠骨损伤愈合有明显的促进作用。且随剂量增加作用加强；川续断总皂苷粗提物与相当剂量（20 g/kg）的水煎剂疗效无差异，二者具有等同的疗效，说明皂苷是续断促进骨损伤愈合作用的活性组分。续断能促进家兔骨折愈合，通过提高成骨细胞的活性和数量，促进基质钙化、骨痂生长，加快骨痂的改建。

3. 对在体子宫的作用 川续断总生物碱能显著抑制妊娠大鼠在体子宫平滑肌的自发收缩活动，降低其收缩幅度和张力；对抗催产素诱发的妊娠大鼠在体子宫收缩幅度和张力的增加；并具有对抗大鼠摘除卵巢后导致的流产作用。提示其可能是川续断安胎作用的有效部位。

4. 对免疫功能的影响 川续断水煎液能提高小鼠缺氧能力，延长小鼠负重游泳持续时间，促进小鼠巨噬细胞的吞噬功能。

5. 其他药理作用 川续断对肺炎双球菌有抑制作用，并能抗维生素D缺乏症；另外，还有镇痛、消炎、杀灭阴道毛滴虫的作用。

［临床应用］

1. 风湿痹痛、腰膝酸软 本品既能祛风湿，又能补肝肾、强筋骨，可用于风湿痹痛、筋骨拘挛、腰膝酸痛等症，对肝肾不足有风湿者最为适用。可单用浸酒服，也可与羌活、秦艽、威灵仙等同用。

2. 水肿、小便不利 常与茯苓皮、大腹皮、生姜皮、地骨等同用。

［注意事项］

阴虚火旺者忌用。

［不良反应］

服用续断可发生过敏性红斑症状，患者出现红色斑块，奇痒难受，且有灼热感觉。

狗　脊

本品为蚌壳蕨科植物金毛狗脊［*Cibotium barometz*（L.）J. Sm］的干燥根茎。采挖后去除泥沙、硬根、叶柄及金黄色绒毛，切厚片，干燥，为“生狗脊片”；水煮或蒸后，晒至六七成干，切厚片，干燥，为“熟狗脊片”。主产于福建、四川、云南、广西等地。

狗脊性温，味甘，微苦。归肝、肾经。具有强腰膝，祛风湿，固肾气的功效。主治肾虚腰痛脊强，足膝软弱无力，风湿痹痛，遗尿，尿频，遗精，白带。

［主要成分］

狗脊主要含糖和糖苷类成分，还有挥发性成分、蕨素、鞣制、黄酮、酚酸以及皂苷等成分。不同的炮制方法成分含量有所不同，熟品酚酸类成分含量较高，生品挥发性成分、鞣制含量较高。

［药理作用］

1. 对心肌的影响　狗脊注射液单次腹腔注射 20～30 g/kg，对小鼠心肌 ^{86}Rb 摄取无明显影响，但 1 天 1 次，连续 14 天，可使心肌对 ^{86}Rb 摄取增加 54％，表明本品有增加心肌营养血流量作用，而且连续给药时产生蓄积作用。

2. 止血作用　经动物实验证明，狗脊的毛茸对疤痕组织、肝脏、脾脏的损害性及拔牙等外伤性出血有较好的止血作用，其效果较明胶海绵迅速。同时，狗脊毛茸似能被组织逐渐吸收消化。其还具有升高血小板的作用。

3. 抗血小板聚集作用　通过比较狗脊及其不同炮制品对凝血酶诱导的兔血小板聚集的影响，发现狗脊的各种炮制均有抑制血小板聚集作用，抗血小板聚集作用：砂烫品＞盐制品＞酒蒸品＞单蒸品＞生品。

4. 抗癌作用　同属植物席氏狗脊叶的 70％乙醇提取物，腹腔注射对接种艾氏腹水癌及肉瘤 S_{180} 腹水型的小鼠能延长其存活天数，但对小鼠淋巴细胞瘤 L_{120} 无效，腹腔注射此提取物 8 g/kg，小鼠能显著地抑制以 ^{3}H 标记的前体进入 S_{180} 细胞。

5. 镇痛作用　生狗脊和砂烫狗脊的醇提液经腹腔注射 1.8 g/mL 可明显提高小鼠热板疼痛阈值；减少醋酸引起的小鼠扭体次数。

6. 其他作用　本品经体外试验，对流感病毒、肺炎双球菌有抑制作用。此外，狗脊中的活性成分十六酸具有抗炎作用，十八碳二烯酸具有降血脂作用。水溶性酚酸类成分原儿茶酸和咖啡酸还具有抗炎、抗风湿作用，阐明了狗脊祛风湿止痛的药理学基础。

［临床应用］

1. 肾阳不足、腰脊痿软　本品补肝益肾，常与杜仲、牛膝、苡仁、木瓜等同用，治疗肝肾不足的腰脊痿软，四肢无力；与菟丝子、覆盆子、巴戟天、肉桂等同用，治疗肾经虚寒所致之带下、尿多症。

2. 肝肾亏损、风湿痹痛　常与续断、桑寄生、牛膝、木瓜、当归、川芎、川乌、五加皮等同用，治疗肝肾亏损兼有风湿之腰膝疼痛，筋骨痿软或关节变形，运动不灵，如类风湿性关节炎。

［注意事项］

肾虚有热，小便不利，或短涩黄赤者慎服。

骨　碎　补

本品为水龙骨科植物槲蕨［*Drynaria fortunei*（Kunze）J. Sm］或中华槲蕨［*Drynaria baronii*（Christ）Diels］的干燥根茎。主产于浙江、福建、台湾、四川、云南、广西等地。

骨碎补性温，味苦。归肝、肾经。具有补肾壮骨，活血止痛的功效。主治肾虚久泻，筋伤骨折。

［主要成分］

骨碎补主要含黄酮类、三萜类、酚酸、木质素及其苷类等。黄酮类化合物主要包括二氢黄酮类（柚皮素、北美圣草素、苦参黄素等）、黄酮（木犀草素、山奈酚等）、黄烷醇类（儿茶素、表儿茶素、阿夫儿茶素等）等。三萜类化合物主要包括何帕-21-烯、里白醇、环劳顿醛、里白烯酸、东北贯众醇、环劳顿醇、何北贯众醇乙酸酯等。

［药理作用］

1. 促增殖分化作用　唐琪等检测到 0.01 mg/L 骨碎补醇提液，1 mg/L 骨碎补水提液及柚皮苷显著促进成骨细胞株 MC3T3-E1 增殖，提高活跃期 S 期细胞的百分率，减少静止期 G_1 期细胞百分率，增加细胞钙化点面积百分比，促进细胞骨钙素合成和分泌，促进细胞钙化（唐琪等，2010）。骨碎补总黄酮能够促进低氧浓度下犬骨髓间充质干细胞（BMSCs）向成骨方向分化（龙亚丽等，2022）。

2. 抗骨质疏松作用　有报道每 100 g 含 0.5 mL 的骨碎补提取物显著抑制去睾丸大鼠股骨、胫骨骨密度的降低，改善骨小梁数目、周长和面积百分率的降低，增加骨小梁厚度，促进护骨因子表达，下调破骨细胞分化因子/护骨因子比率，抑制破骨细胞形成，减少骨丢失。

3. 抗骨关节炎作用　将木瓜蛋白酶注入兔膝关节腔内造成膝骨关节炎模型，灌服骨碎补总黄酮（27 mg/kg、54 mg/kg 和 108 mg/kg）8 周，显著改善模型动物关节的病理改变，包括关节囊滑膜组织较完整，减少滑膜上皮细胞增生肥大和囊腔渗出物，抑制血管翳生成（廖悦华等，2007）。

4. 骨缺损修复作用　建立大鼠股骨干骨缺损模型，灌胃 20 g/kg 骨碎补总黄酮 21 天，骨碎补提取物显著促进骨愈合，有效降低低剪切速下大鼠的血液黏度、红细胞聚集指数和血小板黏附性，抑制大鼠血小板聚集，改善血液流变性（龚晓健等，2006）。

5. 牙骨细胞保护作用　骨碎补水提物抑制牙龈卟啉单胞菌产生的胰酶样蛋白酶活性的 IC_{50} 为 1.2 g/L，抑制糖苷酶活性的 IC_{50} 为 1.3 g/L，降低牙龈卟啉单胞菌毒力，减缓细菌生成和菌斑形成，减少其对牙周组织的破坏（左渝陵等，2008）。

6. 肾保护作用　庆大霉素诱导豚鼠肾衰模型和氯化汞致小鼠肾衰模型中，10 mg/kg 骨碎补黄酮显著降低模型动物增高的血尿素氮和肌酐水平；肾曲小管明显增大，肾小管细胞再生增加，肾功能得到改善，小鼠存活时间显著延长（Long M et al.，2005）。

［临床应用］

1. 肾阳不足 常与菟丝子、五味子、肉豆蔻等同用，治疗肾阳不足所致的久泻。

2. 跌打损伤 常与续断、乳香、没药等同用，治疗跌打损伤及骨折等。

［注意事项］

阴虚及无瘀血者慎服。

［不良反应］

大剂量煎服会引起中毒，主要表现为口干、恐惧感、胸闷，继则神志恍惚。

补 骨 脂

本品为豆科植物补骨脂（*Psoralea corylifolia* L.）的干燥成熟果实。主产于分布河南、安徽、广东、陕西等地。

补骨脂性大温，味苦、辛。归肾、脾经。具有温肾助阳，纳气，止泻的功效。主治阳痿遗精、遗尿、尿频、腰膝冷痛、肾虚作喘、五更泄泻。

［主要成分］

补骨脂含有香豆精、黄酮和挥发油类化合物。主要包括补骨脂素（psoralen）、异补骨脂素（isopsoralen）、补骨脂甲素（coryfolin）、补骨脂乙素（corylifolinin）、异补骨脂双氢黄酮（isobavahin）、补骨脂查尔酮（bavachalcone）、补骨脂异黄酮（corylin）、柠檬烯（limonene）、萜品醇-4（terpineol-4）等。还含有K、Mn、Ca、Fe、Zn、Cu、Sr等多种微量元素。

［药理作用］

1. 对骨形成和性激素样作用 补骨脂水提物对骨转换的影响可能包括抑制骨吸收和促进骨形成两方面，而且对雌激素依赖性骨丢失具有防治作用，对血脂代谢也有一定的调节作用（邓平香等，2005）。补骨脂水煎剂可升高去卵巢骨质疏松大鼠骨密度、血清1,25-二羟基维生素D_3、骨钙素水平，降低血清肿瘤坏死因子α水平（蔡玉霞等，2009）。

2. 抗肿瘤作用 研究证明，补骨脂及其部分化学成分可以通过抑制拓扑异构酶Ⅱ和DNA聚合酶、细胞毒性等不同机制发挥抗肿瘤活性。补骨脂中的抗癌成分补骨脂素和异补骨脂素，对胃癌细胞、肝癌细胞、白血病细胞、前列腺癌细胞、食管癌细胞、肺癌细胞等有代表性的人癌细胞株均具有一定程度的抑瘤活性，进一步对抑瘤活性结果最为突出的胃癌模型的体内抗癌作用研究发现，补骨脂素具有抗癌活性，而无明显毒性作用（郭江宁，2004）。

3. 对心血管系统的影响 补骨脂乙素具有强心和扩张冠状动脉，增加冠脉血流量的作用。扩张大鼠、豚鼠、兔、猫等动物的冠状动脉，对抗脑垂体神经素对冠状动脉的收缩，但对总外周血管阻力影响不大。增强豚鼠、大鼠的心肌收缩力，兴奋蛙心，对抗乳酸引起的蛙心力衰竭。增加犬冠脉血流量，降低冠脉阻力，增加每搏心排出量及做功量，心肌耗氧量则增加不明显。补骨脂乙素可明显增加实验性心动过缓家兔的心率，其强度可与阿托品相当。补骨脂甲素开环生成的查耳酮也有扩张冠脉的作用（辛丹等，2009）。

4. 免疫调节作用 补骨脂能增强小鼠的体液免疫，提高特异性抗体的水平。补骨脂多糖具有促进羊红细胞抗体和卵清抗体生成、提高 IL-2、γ干扰素激发水平的作用。

5. 抗菌作用 补骨脂提取物具有抗幽门螺杆菌作用，用于治疗幽门螺杆菌感染引起的胃炎、消化性溃疡等疾病，尤其对活动性胃炎、胃糜烂、胃溃疡及十二指肠溃疡有良好的治疗作用。补骨脂种子提取液体外对金黄色葡萄球菌、耐青霉素葡萄球菌等的生长均有抑制作用，新补骨脂异黄酮能抑制新型隐球菌、烟曲霉和金黄色葡萄球菌，补骨脂中的二氢黄酮与补骨脂酚能直接抑制 Simian 病毒 40（SV-40）DNA 聚合酶的复制。

6. 抗炎作用 补骨脂中有多种成分具有抗炎活性。酚类中的补骨脂酚、psoracorylifol A 和 psoracorylifol F 对脂多糖诱导的 RAW264.7 细胞的一氧化氮（NO）生成有抑制作用。

7. 其他作用

（1）致光敏和增加皮肤色素作用 补骨脂乙醇提取物对酪氨酸酶有明显的激活作用，而酪氨酸酶是人体内黑色素合成的关键酶，因此认为补骨脂系通过提高酪氨酸酶的活性使黑色素的生成速度和数量增加。

（2）细胞毒样作用 补骨脂对 Hep-2 细胞株有较强的毒性（IC_{50}值为 22 μg/mL），对 A549 有细胞毒性（IC_{50}为 68 μg/mL）。

（3）神经保护作用 补骨脂素对淀粉样蛋白损伤海马神经元胆碱能系统有保护作用。

［临床应用］

1. 肾阳不足 用于肾阳不振的阳痿、滑精、腰胯冷痛及尿频，常与淫羊藿、菟丝子、熟地等同用。方如《新刻注释马牛驼经大全集》中的茴香七补散。

2. 阳虚泄泻 用于脾肾阳虚引起的泄泻，常与肉豆蔻、吴茱萸、五味子等同用。方如《中兽医治疗学》中的补骨脂散。

［注意事项］

阴虚火旺、粪便秘结者忌服。

［不良反应］

在紫外线照射下，8-甲氧基补骨脂可引起某些哺乳类动物细胞表现型的变异（引起细胞生长特征发生形态学的变化），并且可在某些哺乳动物的细胞中刺激产生内源性鼠白血病病毒。8-甲氧补骨脂素在 1.0 μg/mL 浓度下，加长波紫外线照射下，诱发的人体外周血淋巴细胞姐妹染色单体交换频率发生变化，补骨脂素和异构补骨脂素无此作用。

补骨脂素作为光敏剂，可能造成眼干、急性角膜和结膜细胞毒性。补骨脂素作为抗癌剂可引发正常细胞发生基因突变，最终导致肿瘤的发生（曹金一等，2008）。

小鼠急性毒性实验测得的补骨脂总油、补骨脂酚和异补骨脂素的口服 LD_{50}分别为：(38.0±3.5) g（生药）/kg；(2.3±0.18) mL/kg 和（180±29.6）mg/kg。

益智仁

本品为姜科植物益智（*Alpinia axyphylla* Miq.）的干燥成熟果实。主产于广东、云南、福建、广西等地。

益智仁性温，味辛。归脾、肾经。具有补肾固精、缩尿、温脾止泻、摄唾唾。主治脾寒泄泻，腹中冷痛，口多唾涎，肾虚遗尿，小便频数，遗精白浊。

［主要成分］

益智仁中含有倍半萜类、二苯庚烷类、黄酮类、挥发油类等。主要包括：桉油精（cineole）、姜烯（zingiberene）、姜醇（zingiberol）、香橙烯、聚伞花烃、芳樟醇、桃金娘醛、白杨素、杨芽黄酮、益智酮甲，还含有 Mg、Al、Zn、Cd、Pb、Ca、Cu 等多种微量元素。

［药理作用］

1. 对心血管系统的作用 益智仁的甲醇提取物对豚鼠左心房具有强大的正性肌力作用，接着从益智仁甲醇提取物的乙酸乙酯部位分得一具有强心作用的成分益智酮甲（yakuchinone A），该化合物的强心作用可解释为抑制心肌的 Na^+-K^+泵。

2. 抗癌作用 有人以总细胞容积法比较益智仁醇提物和水提物对小鼠腹腔内的腹水型肉瘤（saroma 180 ascites）的活性作用，发现水提物具有抑制肉瘤细胞增长的中等活性作用。

3. 抗衰老作用 以水蚤为实验动物，从药效学方面研究益智仁对水蚤的生命力和寿命的影响。结果表明 0.25%的益智仁提取液使水蚤的体长增加为 2.37 mm，产仔时间提前了 2 天，产仔 12 代，平均寿命延长 71.11%，充分显示出益智仁对水蚤的生长、发育、繁殖和寿命等，有较为显著的促进作用。

4. 抗过敏性反应 益智仁水提物对免疫球蛋白 E 介导的过敏性反应有影响。腹腔或口服给药，益智仁水提物能抑制被动皮肤过敏性反应，而静脉给药则表现出微弱制约作用。

5. 抑制细胞中 NO 的产生和脱粒作用 从益智仁中分得的倍半萜类化合物有抑制脂肪多糖活化巨噬细胞中 NO 产生的作用（Muraoka O et al.，2011）。

6. 对神经中枢的作用 益智仁氯仿提取物（20 g/mL）和水提物（1 g/mL）对小白鼠在戊巴比妥钠睡眠剂量的影响。结果表明 2 种提取物均有中枢抑制作用，小白鼠的睡眠时间和睡眠率与剂量成正比关系，其中氯仿提取物 200 g/kg 组和水提取物 30 g/kg 组效果明显。

7. 镇痛作用 益智酮甲（yakuchinone A）在 0.51 μm 能抑制 50%的 PG 合成酶，而对照消炎痛需达 4.9 μm 才有相同效果，可见益智酮甲镇痛效果比消炎痛强。

8. 镇静催眠作用 剂量为 240 mg/kg 的益智仁水提取物，醇提物氯仿部位、正丁醇部位均可抑制小鼠自主活动，增加戊巴比妥钠阈下剂量引起的小鼠入睡率和阈上剂量的睡眠维持时间，具有良好的镇静催眠作用。

9. 对胃肠道系统的作用 益智仁提出物能影响鼠小肠中胺咪（sulfaguanidine）的吸收，有止泻作用。

［临床应用］

1. 肾气不固 常与肉苁蓉、金樱子、菟丝子、巴戟天、覆盆子、龙骨、牡蛎等同用，治下元虚冷，不能固密所致的滑精、早泄；常与乌药、山药、升麻、黄芪、潼蒺藜、萆薢等同用。治肾气不固的尿多或尿浊。

2. 虚寒泄泻 常与白术、茯苓、山药、诃子等同用。治脾胃虚寒所致的泄泻。

3. 胃寒、吐涎 本品有摄涎功效，常与干姜、砂仁、白豆蔻、半夏、茯苓等同用。治胃冷吐涎；与砂仁、白豆蔻、炮姜、白术、丁香等同用。治胃寒呕吐。与吴茱萸、小茴香、木香、陈皮等同用，治胃寒腹痛。

［注意事项］

阴虚火热者忌用。

蛤 蚧

本品为壁虎科动物蛤蚧（*Gekko gecko* Linnaeus）除去内脏的干燥体。主产于广西、云南、广东等地。

蛤蚧性平，味咸。归肺、肾经。具有补肺益肾，纳气定喘，助阳益精的功效。主治咳喘，劳嗽咳血，阳痿，遗精。

［主要成分］

蛤蚧含肌肽（carnosine）、胆碱（choline）、肉毒碱（carnitine）、鸟嘌呤（guanine）、蛋白质（protein）、胆甾醇（cholesterol）；甘氨酸（glycine）、脯氨酸（proline）、谷氨酸（glutamic acid）等14种氨基酸；钙、磷、锌等18种元素，5种磷脂成分。

［药理作用］

1. 免疫增强作用 蛤蚧身或尾的醇提物，均能加强豚鼠白细胞的移动力，增强肺、支气管和腹腔吞噬细胞的吞噬功能。蛤蚧提取物能显著增加小鼠脾重，并能对抗强的松龙和环磷酰胺的免疫抑制作用，还能提高小鼠静脉注射碳粒的廓清指数增强网状内皮系统功能的活性，提高正常小鼠免疫后血清中的溶血素含量，促进B-淋巴细胞增生作用。黑斑蛤蚧可抑制哮喘模型小鼠的哮喘气道炎症（廖成成等，2014）。

2. 性激素样作用 蛤蚧醇提物对雌大鼠附性器官（子宫及阴道）主要为直接作用，但其完整作用须经卵巢、垂体及下丘脑，蛤蚧体、尾醇提物均可使幼年雌小鼠子宫和卵巢增重，阴道开放时间提前，使去势雄性大鼠精囊和前列腺增重，且蛤蚧尾组更明显。

3. 解痉平喘 鲜蛤蚧水煎剂无明显平喘作用，蛤蚧体及尾的醇提物给豚鼠肌注，对乙酰胆碱所致的豚鼠哮喘有明显平喘作用。但有报道蛤蚧醇提物对组胺或乙酰胆碱致痉的豚鼠离体气管平滑肌无松弛作用。

4. 提高机体抗应激作用 蛤蚧-桂圆（1：2）提取物能显著延长小鼠常压耐缺氧时间，提高小鼠耐受低温和高温能力。蛤蚧水提物对小鼠遭受低温、高温、缺氧等应激刺激有明显保护作用。

5. 抗炎作用 蛤蚧醇提物水溶性部分和脂溶性部分对甲醛性大鼠踝关节肿胀，二甲苯所致小鼠耳部炎症及冰醋酸所致腹腔毛细血管通透性增加均有抑制作用，但不能对抗蛋清所致的豚鼠过敏性休克。蛤蚧醇提物对正常或去肾上腺大鼠的蛋清性足肿胀有明显抑制作用。

6. 抗衰老作用 蛤蚧提取液能明显降低鼠脑单胺氧化酶B型活性，且能显著降低鼠血液中卵泡激素浓度而显著提高血中雌二醇的浓度。

7. 抗氧化作用 蛤蚧能提高早老龄大鼠红细胞的抗氧化能力。蛤蚧乙醇提取物能够提高18月龄大鼠心肌组织胞浆中的自由基代谢酶的活性及谷胱甘肽（GSH）的含量，同时显著降低过氧化脂质（LPO）含量，蛤蚧尾部作用大于蛤蚧体部。

［临床应用］

久咳虚喘：常与贝母、百合、天冬、麦冬等同用，方如蛤蚧散，主治肺肾两虚所致的久咳虚喘。

［注意事项］

阴虚火旺体质者不宜食用。

［不良反应］

蛤蚧毒性低。蛤蚧醇提物经口半数致死量，灌胃最大耐受量大于135 g/kg，腹腔注射醇提物脂溶性部分的半数致死量为5.24 g/kg，水溶性部分的半数致死量与脂溶性相近。蛤蚧眼及脑在相当于25～200倍剂量下未见动物出现毒性反应。

菟　丝　子

本品为旋花科一年生寄生性植物菟丝子（*Cuscuta chinensis* Lam.）的干燥成熟种子。主产于东北、河南、江苏、四川、贵州等地。

菟丝子性平，味辛、甘。归肝、肾、脾经。具有补肝肾，益精髓的功效。主治阳痿，滑精，尿频，胎动不安，脾肾虚泻。

［主要成分］

菟丝子含生物碱、蒽醌、香豆素、黄酮、苷类、甾醇、鞣酸、糖类等。黄酮类有槲皮素（quercetin）、紫云英苷、金丝桃苷（hyperin）；甾醇类有胆甾醇（cholesterol）、菜油甾醇（cam-pesterol）、β-谷甾醇（β-sitosterol）、豆甾醇（stig-masterol）、β-香树脂醇（β-amyrenol）。亦含微量元素如锶、钼、钙、镁、铁、锰、锌、铜等以及多种氨基酸（种子中的游离氨基酸和水解后的总氨基酸为5.3%，其中必需氨基酸的含量占42.8%）。

［药理作用］

1. 对生殖系统的作用　研究发现，菟丝子水、正丁醇、石油醚提取部位均能提高小鼠抓力，延长游泳时间，对睾丸、精囊腺的改善作用可能与其温补肾阳有关（陈素红等，2008）。菟丝子水提物能显著提高精子悬液SOD活力，降低MDA含量，对ROS造成的精子膜、顶体结构和精子线粒体功能损伤具有明显的保护作用（杨欣，2006）。菟丝子水提取物能增加肾阳虚大鼠睾丸系数、精囊腺系数，提高精浆果糖含量（苏洁等，2006）。

2. 抗衰老作用　菟丝子醇提液可以提高致衰大鼠神经细胞抗氧化物酶的活性，降低自由基代谢产物的含量，抑制非酶糖基化反应，减少自由基生成，发挥抗衰老作用。菟丝子醇提液对D-半乳糖衰老模型大鼠脾淋巴细胞DNA损伤具有保护作用，且呈现时间依赖性（孙洁等，2009）。

3. 免疫调节作用　菟丝子可促进小鼠免疫器官脾脏、胸腺增长，并提高巨噬细胞吞噬功能；促进淋巴细胞增殖反应；诱导白介素产生（林慧彬等，2003）。菟丝子水煎剂能明显增强D-半乳糖所致衰老模型小鼠的红细胞免疫功能，表明菟丝子具有增强小鼠机体免疫功能和免疫调节作用。

4. 保肝作用 菟丝子水煎剂能降低血清 ALT、AST 水平，提高血清 SOD 水平，保护肝细胞，抑制肝损伤，可诱导大鼠肝微粒体中的 CYP2D6 和 CYPlA2，而对 CYP3A4 无影响。作用机理可能与抑制自由基产生，减少脂质过氧化有关（余辉艳等，2007）。

5. 心脑血管的作用 菟丝子醇提取物能增加心肌冠脉血流量。菟丝子水提物能提高心肌线粒体抗氧化能力，改善线粒体能量代谢障碍，维护线粒体功能（张丽等，2009），可显著改善脑缺血所致大鼠的记忆障碍（嵇志红等，2006）。

6. 降血糖作用 菟丝子多糖对糖尿病小鼠具有良好的治疗作用，能显著降低血糖、增加体重、增加肝糖原含量、延长游泳时间、增加脾脏和胸腺重量，作用机理可能是通过抑制胃肠道中仪一淀粉酶的活性、改善糖尿病机体氧化应激水平、增强免疫功能等多条途径发挥其降糖作用的，而不是通过提高胰岛素的浓度（李道中等，2008）。

7. 其他作用 菟丝子多糖能促进骨缺损修复，调整骨形成和骨吸收的关系。菟丝子对小脑神经元具有保护作用。菟丝子水提取物可促进毛囊无色素黑素细胞 AMMC 的分化，且呈浓度依赖性，这种作用与其增强酪氨酸酶活性有关（李晓捷等，2008）。菟丝子可延缓大鼠白内障形成，可使半乳糖引起的白内障大鼠的醛糖还原酶活性降低，并提高多元醇脱氢酶、己糖激酶及 6-磷酸葡萄糖脱氢酶的活性。

［临床应用］

1. 肾阳不足 常与五味子、枸杞子、覆盆子、车前子等同用。治肾虚阳痿、滑精、腰胯痛、马腰痛久久不愈等。

2. 肾虚久泻 常与茯苓、山药、肉豆蔻、补骨脂等同用。治脾肾虚弱的久泻不止。

3. 安胎 常与杜仲、桑寄生、续断等同用。治马习惯性流产。

［注意事项］

强阳不痿者忌之，大便燥结者亦忌之。

［不良反应］

菟丝子醇提水溶液皮下注射于小白鼠半数致死量为 2.465 g/kg，按 30 g/kg 灌胃并不出现中毒症状；按每 120 g 含 0.05 g 之菟丝子酱油、浸剂、酊剂给大白鼠灌胃，连续 70 天，并不影响动物的生长发育，亦未见病理改变。

锁　阳

本品为锁阳科植物锁阳（*Cynomorium songaricum* Rupr）的干燥肉质茎。主产于内蒙古、青海、甘肃、新疆等地。

锁阳性温，味甘。归肾、肝、大肠经。具有补肾壮阳，润燥养筋，润肠通便。主治阳痿滑精，腰胯无力，肠燥便秘。

［主要成分］

锁阳中含有本品主要成分为黄酮类、多糖类、甾体类、有机酸类、萜类、鞣制等多种活性成分。黄酮类包括儿茶素、表儿茶素、异槲皮苷等。三萜类包括熊果酸、乙酸熊果酸、齐墩果酸丙二酸半酯等。甾体类包括 β-谷甾醇油酸盐、β-谷甾醇棕榈酸酯等。有机酸类包括没食子酸、香草酸等。

［药理作用］

1. 对性功能及肾脏的影响 锁阳具有动物性成熟作用。锁阳及人参等中药可对抗长期紧张等因素引起的小鼠性行为减少。

2. 润肠通便作用 用锁阳液试验对家兔离体回肠运动功能的影响，结果证明锁阳液在一定浓度下兴奋肠管，增加肠蠕动。在药典规定的用法用量下，具有润肠通便作用，不因锁阳含有大量的鞣质，具有收涩固精之效而导致便秘。如果在更高浓度下或直接食用时，可能引起肠管运动功能紊乱，甚至出现便秘。

3. 清除自由基、抗氧化及抗衰老作用 用ESR方法对锁阳清除自由基作用的研究表明，锁阳能显著阻止白酒损伤造成的血清和线粒体内SOD活性降低及过氧化脂质（LPO）的升高，但对白酒损伤引起的血清CAT水平降低无对抗作用，对谷胱甘肽过氧化酶也无影响，体外实验表明锁阳内含物具有直接清除羟自由基作用。这种作用是锁阳补肾阳，抗衰老的作用机理之一。

4. 耐缺氧、抗应激、抗疲劳作用 锁阳总糖、总苷类和总甾体类均能延长小鼠常压耐缺氧、硫酸异丙肾上腺素（IsO）增加耗氧致缺氧的存活时间：使小鼠静脉注射空气的存活时间延长；并可增加断头小鼠张口持续时间和张口次数。锁阳不仅具有显著地抗疲劳和抗缺氧效应，而且还能提高机体血红蛋白的含量。

5. 增强动物的免疫功能 锁阳对机体非特异性免疫功能及细胞的免疫功能均有调节作用，其作用在免疫受抑制状态下尤为明显；对体液免疫功能也有增强作用，并有促进动物性成熟的作用。

6. 抗血小板聚集作用 锁阳总糖、总苷类及总甾体类对ADP诱导的大鼠体外血小板聚集也有明显地抑制作用，并呈良好量效关系。

7. 其他 锁阳还具有抑制前列腺增生、降糖、抗骨质疏松等作用。

［临床应用］

1. 阳痿滑精 常与菟丝子、肉苁蓉、龙骨等同用。治肾阳不足所致的阳痿、滑精等。

2. 腰胯无力 常与熟地、牛膝、枸杞子等同用。治肝肾阴虚、精血不足所致的筋骨痿软，起卧困难。

3. 肠燥秘结 常与肉苁蓉、火麻仁等同用。治津枯肠燥秘结。

［注意事项］

肾火盛者忌用。

第三节　补 血 药

当　归

本品为伞形科植物当归［*Angellica Sinensis*（Oliv）Diels.］的干燥根。主产于甘肃、云南、四川等地。

当归性温，味甘、辛。归肝、心、脾经。具有补血，活血，止痛，润燥滑肠等功效。主治血虚萎黄，虚寒腹痛，肠燥便秘，风寒湿痹，跌打损伤，痈疽疮疡。

[主要成分]

当归含挥发油及水溶性成分。挥发油的主要成分是藁本内酯（ligustilide），其他有正丁烯内酯、当归酮、月桂烯以及蒎烯类等多种成分。水溶性部分含有阿魏酸（freulic acid）、丁二酸、菸酸、尿嘧啶等。

[药理作用]

1. 促进造血功能 当归可促进骨髓和脾细胞造血功能，显著增加血红蛋白和红细胞数。当归水溶液可使 ^{60}Co γ 照射小鼠内源性脾结节数增加、脾脏和胸腺增重，促进骨髓和脾细胞造血功能的恢复，防止胸腺继发性萎缩，提高动物存活率，增加脾脏内源性造血灶形成，提高骨髓有核细胞计数；升高溶血性血虚模型小鼠血红蛋白，促进 ^{60}Co γ 照射后小鼠骨髓细胞 DNA 合成（张晓君等，2002）。

2. 抗血栓形成 当归水煎剂能抑制胶原、二磷酸腺苷诱导的大鼠血小板聚集，特别是对胶原诱导的血小板聚集有较强的抑制作用，对花生四烯酸诱导的家兔血小板聚集的强弱顺序为正丁烯基苯酞＞藁本内酯＞阿魏酸。当归水浸膏提取物中 5－羟基呋喃甲醛对胶原诱导的血小板聚集有抑制作用（夏泉等，2004）。

3. 降血脂 阿魏酸添加到高脂饲料中喂饲，可显著抑制大鼠血清胆固醇水平的升高。复方当归液可使高脂模型家兔血清甘油三酯降低。当归注射液具有抗家兔主动脉粥样硬化形成的作用，这种作用与降低血清甘油三酯水平、抗脂质过氧化有关。阿魏酸能抑制肝脏合成胆固醇的限速酶甲羟戊酸－5－焦磷酸脱羟酶，减少肝脏内胆固醇合成，降低血浆胆固醇含量，此为阿魏酸降胆固醇作用机制之一。

4. 对心血管的影响 当归具有抗心肌缺血作用。当归水提物能缓解垂体神经素引起的心肌缺血，增加小鼠心肌对 ^{86}Rb 的摄取能力，改善心肌营养性血流量。当归可明显减轻结扎冠状动脉左前降支致心肌梗死大鼠全心和左室相对重量，减少心肌细胞内肌酸激酶（CK）和乳酸脱氢酶（LDH）的释放，增强心肌凋亡相关蛋白 Bcl－2 的表达，减少 Bax 表达。减少心肌细胞凋亡（上官海娟等，2008）。

5. 对子宫的调节作用 当归挥发油及阿魏酸具有抑制子宫平滑肌收缩作用，水溶性及醇溶性的非挥发性成分具有兴奋子宫平滑肌作用。当归挥发油对离体子宫的抑制作用迅速而持久，使子宫节律性收缩减少，可对抗当归挥发油对垂体神经素、肾上腺素等引起的子宫平滑肌收缩。当归醇浸膏兴奋子宫平滑肌，大剂量时会引发子宫强直性收缩。

6. 保肝作用 当归提取物对多种肝损伤模型具有保护作用，可减轻肝纤维化，提高肝细胞 SOD 和降低 MDA。当归可防治实验性肝纤维化，降低四氯化碳诱导的大鼠肝纤维化模型大鼠血清Ⅲ型前胶原及血清转氨酶水平。小剂量当归可提高牛血清白蛋白（BSA）致大鼠免疫损伤性纤维化模型肝细胞 SOD、降低 MDA，升高肝细胞膜 ATP 酶活性。当归还能使对乙酰氨基酚致肝损伤小鼠丙氨酸转氨酶（ALT）和一氧化氮酶（NOS）趋于正常，同时降低 MDA 的浓度（陈斌等，2002）。

7. 抗肾脏损伤 当归对成年日本大耳白兔肾单纯缺血再灌注损伤具有保护作用，其机制可能与其对 TNF－α、IL－6 和 bFGF 等细胞因子的调控有关（胡晓琴等，2006）。

8. 抗肿瘤作用 当归多糖对动物移植性肿瘤有一定的抑制作用，如对艾氏腹水癌、

Lewis 肺癌、腹水型肝癌等均有抑制作用，并能延长荷瘤小鼠的生存期。

9. 抗脂质过氧化 当归水提物能抑制化学发光体系，具有清除氧自由基的作用。当归炮制品可清除次黄嘌呤-黄嘌呤氧化酶系统产生的氧自由基和 Fenton 反应生成的羟自由基，并能抑制氧自由基发生系统诱导的小鼠肝匀浆脂质过氧化作用。当归多糖（ASP）可拮抗 D-半乳糖致衰老小鼠脾脏萎缩、增强血清和脑组织 SOD 活力、减少 MDA 含量、提高 GSH-Px 活性、降低脑细胞凋亡指数（徐露等，2008）。当归多糖可以清除活性氧自由基，显著提高卵形鲳鲹肝脏的抗氧化能力（谭连杰等，2018）。

10. 抗炎、调节免疫功能 在小鼠肺部建立在体肉芽肿反应模型，当归注射剂可减小肺肉芽肿平均直径；另以虫卵建立体外肉芽肿反应模型，在培养液中加入当归制剂后可使感染鼠脾细胞的反应指数下降，说明当归可抑制由虫卵诱发的肉芽肿性炎症反应（谢可鸣等，2002）。当归多糖（ASP）对免疫性结肠炎大鼠局部及全身免疫紊乱有一定调节改善作用，降低结肠黏膜损伤指数（CMDI）及 MPO 活性，下调 IL-2、TNF-α 活性及 NO 含量，增加 TGF-β 活性，改善 T 淋巴细胞功能状态，呈一定量效关系。当归不同有效部位对低氧暴露下的小鼠免疫功能具有一定的增强作用，可提高小鼠脾淋巴细胞增殖能力、转化能力及 NK 细胞杀伤活性（安方玉等，2015）。喂食当归多糖 7 天能提高点带石斑鱼血浆的 N-乙酰胞壁质聚糖水解酶活力，从而提高点带石斑鱼的非特异性免疫力（王庆奎等，2011）。

11. 镇痛作用 当归多糖及其分离出的多种组分均有镇痛作用。当归多糖可显著抑制已烯雌酚、缩宫素和醋酸诱发的小鼠扭体反应，提高热板法所致小鼠痛觉反应的痛阈，作用强度与剂量有关。

12. 抗惊厥作用 在高压氧中暴露 20 min 后，大鼠脑中游离氨基酸的含量明显升高，使用当归后部分氨基酸（天冬氨酸、苏氨酸、丝氨酸、谷氨酸、甘氨酸、丙氨酸）含量保持在相对较低的水平，有些甚至低于正常组（苏氨酸、丝氨酸、谷氨酸），说明高压氧条件下当归能够逆转脑内氨基酸类神经递质的异常改变，这可能是它延缓氧惊厥发生的作用途径之一。

[临床应用]

1. 血虚诸证 常与黄芪、党参、熟地等同用。如当归补血汤、四物汤，治血虚、血滞各种证候。

2. 损伤淤痛 常与红花、桃仁、乳香等同用。如《元亨疗马集》中的定痛散，治马跌打损伤，筋骨疼痛。

3. 痈肿疮疡 常与金银花、牡丹皮、赤芍等同用。如《中兽医诊疗经验》中的消毒散，治马血疗。

4. 肠燥便秘 常与肉苁蓉、麻仁等同用。如《中兽医诊疗经验》中的当归苁蓉汤，治老弱马大便秘结。

5. 产后瘀血 常与益母草、川芎、桃仁等同用。如《安骥药方》中的补益当归散，治母马产后腰胯痛，腰胯无力，恶露不尽。

6. 马胎气 如《元亨疗马集》中的当归散：全当归、熟地黄、白芍药、川芎、枳实、青皮等分为末，加红花同煎，候温灌之。

[注意事项]

脾湿中满、脘腹胀闷、大便稀薄或腹泻者慎服；里热出血者忌服。

[不良反应]

当归的禁忌较多，要适量服用，以避免副作用的产生。小鼠静脉注射当归的 LD_{50} 为100.6 g/kg，另有报道为 80 g/kg；静脉注射当归挥发油 1 mL/kg 可引起麻醉动物血压下降、呼吸抑制。当归乙醚提取物 0.06 mL/kg 与 0.02 mL/kg 静脉注射可分别引起犬及猫死亡。

熟 地 黄

本品为玄参科植物地黄（*Rehmannia glutinosa* Libosch.）干燥的块根（生地黄）炮制而成。主产于河北、河南、辽宁、山东、安徽等地。

熟地黄性微温，味甘。归肝、肾经。具有滋阴补血，滋肾养肝的功效。主治肝肾阴虚，腰膝酸软，骨蒸潮热，盗汗遗精，内热消渴，血虚萎黄，怔忡，崩漏下血等。

[主要成分]

主要含有梓醇（catalpol）、地黄素（relmannin）、桃叶珊瑚苷（aucubin）、地黄苷 A，B，C，D、益母草苷（leonuride）等。与生地黄比较，熟地黄所含单糖量增加，而梓醇含量减少，此与炮制过程有关。

[药理作用]

1. 对血液系统的作用　熟地黄多糖可促进机体的造血功能，对环磷酰胺致血虚小鼠骨髓有核细胞下降有明显的拮抗作用，并可促进小鼠脾结节的形成。熟地黄多糖还可明显对抗放射性损伤小鼠的全血细胞减少，提高放血、环磷酰胺，并用致血虚大鼠血象（黄霞等，2004）。

2. 增强免疫功能　熟地黄麦角甾苷能降低肾毒血清。肾炎模型小鼠尿蛋白、尿素氮、总胆固醇；明显升高白蛋白。肾组织学检测发现肾小球基底膜增厚程度及肾小管蛋白管型均比模型组轻（熊玉兰等，2006）。以放血与环磷酰胺并用致小鼠血虚模型为研究对象，熟地黄粗多糖可对抗动物胸腺和脾脏的萎缩，增加模型胸腺皮质厚度和皮质细胞数，增加脾小结大小和皮质细胞数，提高 IL－2、IL－6、EPO 的水平（苗明三等，2007）。

3. 对内分泌的作用　熟地黄能促进动物肾上腺皮质激素的合成，防止肾上腺皮质萎缩。熟地黄低聚糖对正常大鼠血糖无明显影响，但可部分预防葡萄糖及肾上腺素引起的高血糖。熟地黄低聚糖可明显降低四氧嘧啶糖尿病大鼠高血糖水平，增加肝糖原含量，降低肝葡萄糖-6-磷酸酶活性。

4. 抗氧化作用　熟地黄水煎液可明显增强血清谷胱甘肽过氧化物酶（GSH－Px）活性，降低过氧化脂质含量，但对超氧化物歧化酶（SOD）无显著的影响。地黄不同炮制品对大鼠肝脏皮质酮降解无影响，抗氧化可能是其抗炎机制之一（史敏等，2009）。

5. 抗肿瘤　熟地黄多糖可对环磷酰胺诱导小鼠染色体、微核变异起明显的抑制作用。熟地黄水提液能明显刺激 BALB/c 小鼠单核细胞分泌肿瘤坏死因子-α（TNF－α），TNF－α 具有对肿瘤细胞的杀伤活性和抗肿瘤活性。

6. 抗脑损伤作用 熟地黄可改善谷氨酸单钠毁损下丘脑弓状核大鼠学习记忆能力，其作用机制可能与提高大鼠海马 c-los 和 NGF 的表达有关（崔瑛等，2003）。熟地黄有抵抗老化进程中血清 E_2 浓度、脾细胞 ER 含量和成骨细胞 PR 含量下降这种生理性变化的功能，有一定的抗衰老作用。此外，用熟地黄水提液及熟地黄多糖给小鼠口服给药后观察到小鼠自主活动次数明显下降，熟地黄水提液与阈下催眠剂量的戊巴比妥钠及硫喷妥钠有协同作用，同时可拮抗异烟肼对小鼠的兴奋惊厥作用，说明熟地黄具有一定的中枢抑制作用（崔豪等，2006）。

7. 其他作用

（1）抗溃疡作用 熟地黄液十二指肠给药，能明显抑制大鼠幽门结扎型胃溃疡的发生率和溃疡指数，抑制胃液量、总酸度及总酸排出量，且有一定的量效关系。熟地黄的抑酸作用强于干地黄。

（2）抑制上皮细胞增生 为探讨熟地黄治疗银屑病的作用机制，观察熟地黄水提取物对小鼠阴道细胞的增殖作用，结果表明该药口服具有抑制上皮细胞有丝分裂的作用。

[临床应用]

1. 血虚体弱 常与当归、熟地等同用。方如《和剂局方》中的四物汤。

2. 肝肾阴虚 用于肝肾阴虚所致的腰膝酸软、潮热、盗汗、滑精等。常与山茱萸、山药等通用。方如《中华人民共和国兽药典》中的六味地黄丸。

[注意事项]

本品性质黏腻，有碍消化，故宜与健脾行气药如陈皮、砂仁等同用；凡气滞痰多、脘腹胀满、食少便溏者忌用。脾胃虚弱，气滞痰多，腹满便溏者忌服。

[不良反应]

地黄水煎浸膏剂和醇浸剂给小鼠灌胃每日 60 g/kg，连续 3 天，观察 1 周未见动物死亡及不良反应。

何 首 乌

本品为蓼科植物何首乌（*Polygonum multiflorum* Thunb.）的干燥块根。主产于陕西南部、甘肃南部、华东、华中、华南、四川、云南及贵州等地。

何首乌性温，味苦、甘、涩。归肝、心、肾经。具有补肝肾，益精血，乌须发，强筋骨的功效。主治精血亏虚，腰酸脚软，遗精，崩带等证。生首乌用于久疟，痈疽瘰疬，肠燥便秘。

[主要成分]

主要成分含有卵磷脂、蒽醌类、葡萄糖苷类等。磷脂中卵磷脂为 3.7%。羟基蒽醌类衍生物在何首乌中含量达 1.1%。主要有大黄酚（chrysophanol）、大黄酚蒽酮（chrysophanol anthrone）、大黄素（emodin）、大黄素甲醚（emodin monomethyl ether）、大黄素-甲醚（physcion）、大黄素 1,6-二甲醚（emodin-1,6-dimethylether）、大黄素-8-甲醚（guestin）、大黄酸（chein）等，其中大黄酚与大黄素含量最多。葡萄糖苷为二苯乙烯苷，有 2,3,5,4′-四羟基二苯乙烯-2,3-二-O-β-D-葡萄糖苷（2,3,5,4′-tetrahydroxystilbene-2-O-β-D-glucoside)，含量高达1.2%以上，为主要水溶性成分。其他葡萄糖苷还有2,3,5,4′-四羟基-二苯乙烯-2,3-二-O-β-D-葡萄糖苷，即何首乌丙素、1,3-羟基-6,7-二甲基酮-1-O-8-D-葡萄糖苷，即何首乌乙素以及2,3,4,6-四羟基乙酰苯酮-3-O-β-D-葡萄糖苷（2,3,4,6-tetrahydroxyacetophenone-3-O-β-D-glucoside）。

［药理作用］

1. 促进造血功能　何首乌可促进小鼠粒系祖细胞（CFU-D）的生长。小鼠皮下注射首乌液可使植入体内扩散盒中的粒系祖细胞的产率增高。小鼠腹腔注射何首乌提取液 PM_2，可增加骨髓造血干细胞（CFU-S），还可提高小鼠粒-单系祖细胞产生率，并使骨髓红系祖细胞（BFU-E，CFU-E）值明显升高。何首乌提取物可使正常小鼠外周血网织红细胞比例上升。

2. 增强免疫作用　何首乌能增加小鼠免疫器官重量，提高小鼠腹腔巨噬细胞的吞噬功能，增强T、B淋巴细胞功能。何首乌能增强老龄大鼠的免疫功能，增加溶血素抗体产生水平；增强腹腔巨噬细胞吞噬功能，NK细胞的细胞毒活性及T、B淋巴细胞的转化增殖活性（熊平源等，2007）。

3. 降血脂、抗动脉粥样硬化　何首乌醇提取物可降低老年鹌鹑的血浆甘油三酯（TG）和游离胆固醇水平（FC），抑制血浆总胆固醇和胆固醇脂的升高。何首乌的水提物可明显提高小鼠血清高密度脂蛋白胆固醇（HDL-C）及结合HDL-CPTC比值，降低TC水平，提示何首乌可提高机体运转和清除胆固醇的能力，降低血脂水平，延缓动脉粥样硬化的发展。何首乌的2,3,5,4′-四羟基二苯乙烯-2-O-β-D-葡萄糖苷（TSG）能够有效控制高脂血症模型大鼠血清总胆固醇（TC）和低密度脂蛋白胆固醇（LDL-C）升高，降低动脉粥样硬化指数，增加低密度脂蛋白受体（LDLR）的表达（高追等，2007）。

4. 保肝作用　生首乌及其制品可降低四氯化碳引起的肝肿大，降低肝重系数。何首乌所含成分均二苯烯对过氧化玉米油所致大鼠脂肪肝和肝功能损害、肝脏过氧化脂质含量升高、血清谷丙转氨酶（ALT）及谷草转氨酶（AST）升高等均有对抗作用，并使血清游离脂肪酸及肝脏过氧化脂质含量下降。在体外抑制由ADP和NADPH引起的大鼠肝微粒体脂质过氧化。

5. 抗氧化作用　何首乌中含有一定量的总黄酮，具有较强的抗氧化活性，是良好的天然抗氧化剂（王涛等，2014）。给老年鹌鹑喂饲含首乌粉的饲料，明显延长生存时间（天），提高半数死亡鹌鹑平均生存时间。何首乌水煎浓缩液能降低老年小鼠脑、肝及血中丙二醛（MDA）含量，增强超氧化物歧化酶（SOD）活性，降低老年小鼠脑内MAO-B活性，提高脑组织中5-HT、NE及DA含量。何首乌能增加大鼠和急性脑缺血长爪沙鼠脑内基因Bcl-2基因的表达，提高脑细胞抗衰老能力（姚谦明等，2002）；何首乌乙醇提取物可通过降低小鼠脑组织和肾组织的脂褐素含量，升高心肌ATP酶活性和肝脏SOD活性，有效对抗D-半乳糖所致的小鼠亚急性衰老。何首乌中的二苯乙烯苷类成分具有较强的体外抗氧化能力和清除活性氧作用，且具有良好的量效关系，是一种较强的抗氧化剂。用D-半乳糖注射小鼠致亚急性衰老模型，何首乌多糖能使模型小鼠血清和肝、肾组织中SOD，肝、肾组织中GSH-Px酶活力明显上升；血清、肝、肾组织中MDA及脑组织中

LF 明显下降（许爱霞等，2005）。含何首乌血清对 2BS 细胞具有抗衰老作用，增加 2BS 细胞 SOD 与端粒酶活性（李朝敢等，2008）。

6. 抗脑损伤作用 何首乌水煎液能使老年小鼠脑和肝中蛋白质含量明显增加，还能明显提高老年大鼠的外周淋巴细胞 DNA 损伤修复能力，调节中枢神经活动，延缓大脑的衰老。何首乌明显改善 D-半乳糖致衰大鼠学习记忆能力，降低突触体内钙离子浓度，提高 P38 含量起到抗衰益智作用（张鹏霞等，2005）。大鼠海马内注射 Aβ1－40 建立 AD 模型，何首乌可改善模型大鼠学习记忆能力，提高海马线粒体膜流动性，增高细胞色素氧化酶活性（侯德仁等，2008）。何首乌中的二苯乙烯苷对 β 淀粉样蛋白和过氧化氢所致神经细胞存活率下降及乳酸脱氢酶漏出增多有明显拮抗作用，具有神经保护作用（张兰等，2004）。采用 6-羟基多巴胺（6－OHDA）单侧脑内黑质致密部（SNC）和中脑腹侧被盖区（VTA）两点注射法制备 PD 大鼠模型后，二苯乙烯苷可改善 PD 大鼠的行为学改变，增加黑质-纹状体多巴胺及其代谢物含量并提高黑质多巴胺能神经元的残存率，对 PD 具有一定的神经保护作用（贾新等，2008）。用百草枯引起的黑质多巴胺系统损伤为模型，何首乌提取物可明显抑制小鼠自主活动数的减少和脑黑质内多巴胺神经元数目的降低，对百草枯引起的小鼠自主活动数减少、神经元损害有明显保护作用（李永梅等，2007）。

7. 对内分泌系统的作用 何首乌对内分泌系统功能有促进作用。何首乌可使小鼠肾上腺重量明显增加。何首乌还有类似肾上腺皮质功能作用，对于摘除双侧肾上腺的小鼠，可使其应激能力明显提高，减少冷冻引起的小鼠死亡率。何首乌水煎浓缩液使老年小鼠肾上腺重量增加。复方首乌汤水提醇沉液可增加老年大鼠血中甲状腺素含量。

8. 其他作用

（1）润肠通便　何首乌生用，润肠通便作用较强，其有效成分大黄酚可促进肠管运动。

（2）抗炎、镇痛　何首乌乙醇提取物具有抗炎作用，能够抑制二甲苯导致的小鼠耳廓急性炎症肿胀和角叉菜胶导致的足跖肿胀，对醋酸所导致的小鼠腹腔毛细血管通透性增加也有抑制作用，能抑制小鼠的醋酸扭体反应，具有一定的镇痛作用。

（3）抗骨质疏松　何首乌水煎剂对去卵巢大鼠骨量丢失具有一定的预防作用。

[临床应用]

1. 肝肾不足，腰胯无力 常与熟地、枸杞子、菟丝子等同用。

2. 肠燥便秘或血虚便秘 常与当归、肉苁蓉、麻仁等同用。

3. 疮黄肿毒，皮肤瘙痒 常与玄参、紫花地丁、天花粉等同用。

[注意事项]

大便清泄及有湿痰者不宜。

[不良反应]

生首乌小鼠灌胃 LD_{50} 为 50 g/kg；制首乌用量达 1 000 g/kg 仍未见死亡发生；生首乌醇渗漉液腹腔注射 LD_{50} 为 2.7 g/kg；制首乌醇渗漉液腹腔注射为 169.4 g/kg。何首乌制剂相关的不良反应表现具有很多肝病的体征和症状。包括黄疸（皮肤、巩膜黄染）、尿色变深、恶心、呕吐、乏力、虚弱、胃痛、腹痛、食欲减退。

白芍

本品为毛茛科植物芍药（*Paeonia lactiflora* Pall.）的干燥根。主产于浙江、安徽、四川等地。

白芍性微寒，味苦、酸。归肝、脾经。具有平肝止痛，养血，敛阴止汗的功效。主治头痛眩晕，胁痛，腹痛，四肢挛痛，血虚萎黄等。

［主要成分］

白芍主要含有单萜及其苷类、三萜类化合物、黄酮类化合物、多糖类、鞣制类化合物、挥发油等。单萜及其苷类化合物主要包括芍药苷（paeonif - lorin）、羟基芍药苷（oxy - paeoniflorin）、芍药内酯苷（albiflorin）、苯甲酰芍药苷（benzoylpaeoniflorin）、芍药花苷（peonin）等。芍药苷的含量为3.3%～5.7%。

［药理作用］

1. 保肝作用 白芍水提取物对D-半乳糖胺所致肝损伤有明显保护作用，降低SGPT，减轻肝细胞变性坏死程度。白芍水提液体外对四氯化碳或D-半乳糖胺引起的原代培养大鼠肝细胞损伤具有保护作用，可降低肝细胞培养液中GPT。白芍醇提物对黄曲霉毒素B_1（AFB_1）引起的轻度大鼠急性肝损伤有预防或逆转作用，降低血清乳酸脱氢酶及血清乳酸脱氢酶同工酶的活性。白芍总苷可预防D-半乳糖胺或四氯化碳引起的肝损伤，对抗损伤剂引起的血浆GPT升高、血清白蛋白的下降及肝糖原含量降低，对肝脏形态学的病理变化有明显保护作用。白芍总苷（TGP）减轻猪血清诱导肝纤维化模型大鼠肝组织破坏，改善纤维化程度，减少胶原面积、NF - kB p65和TGF - β_1表达，三者呈相关性，提示TGP抑制纤维化大鼠肝组织NF - KB和TGF - β_1的表达可能是TGP的抗肝纤维化主要作用机制之一（路景涛等，2008）。

2. 抗溃疡、解痉镇痛作用 白芍对大鼠应激性溃疡及幽门结扎引起的胃溃疡均有一定保护作用，此种作用常见于白芍与甘草合用，两者有协同作用。白芍安脾经、治腹痛、收胃气等功效除与其镇痛作用有关外，还与抗溃疡和解除平滑肌痉挛作用有关。白芍单用或与甘草合用，能抑制在体兔肠平滑肌的收缩活动，且合用效果显著。芍药苷对豚鼠离体小肠自发收缩活动有抑制作用，降低肠管紧张性。白芍还可抑制胃肠道电运动。白芍的有效成分白芍总苷及芍药苷均有一定的镇痛作用。白芍总苷呈剂量依赖性地抑制小鼠热板痛反应。

3. 补血和血脉作用 白芍为补血之要药，具有补血及和血脉功效。白芍对血液系统及心血管系统的功能有一定影响。白芍提取物有抗血栓作用，能减轻血小板血栓的湿重，对ADP及花生四烯酸诱导的血小板聚集有抑制作用。白芍总苷对大鼠血小板聚集有抑制作用。

4. 对免疫系统功能的影响

（1）对巨噬细胞功能影响 白芍水煎剂、白芍总苷可提高小鼠腹腔巨噬细胞的吞噬百分率和吞噬指数。白芍总苷抑制大鼠腹腔巨噬细胞产生白三烯B_4的作用，作用呈剂量依赖关系。白芍总苷可抑制LPS诱导的巨噬细胞NF - KB的活化，其机制与抑制IKBa蛋白的降解，阻遏 NF－KB p65 蛋白的核转移和抑制 NF－KB 与 DNA 的结合密切相关（陈刚等，2008）。此外，白芍总苷（TGP）抗炎作用与其通过抑制巨噬细胞 NF－kB 的活性，从而降低巨噬细胞 iNOS 的表达、减少 NO 产生密切相关。

（2）对 T 细胞功能影响　白芍水煎液可拮抗环磷酰胺对小鼠外周血 T 淋巴细胞抑制作用，使之恢复正常水平。白芍总苷的免疫调节功能与 T 调节细胞关系密切。白芍总苷给小鼠腹腔注射能拮抗环磷酰胺引起的迟发型超敏反应低下，以及对抗环磷酰胺引起的脾细胞抗绵羊红细胞溶血素的减少，显示对 T_H/T_S 细胞比值的调节作用。利用超适量免疫及 ^{60}Co 照射加输注受训胸腺细胞，分别诱导抑制性 T（Ts）细胞和辅助性 T（T_H）细胞，用单克隆抗体间接免疫荧光技术和过继转移系统，分别检测 T 细胞亚群的数目与动能。实验结果表明，白芍总苷对超适量 DNFB 诱导特异性 T_S 细胞有明显的促进作用。另外，白芍总苷亦可明显促进特异性 T_H 细胞的诱生。环磷酰胺可减少 Ts 细胞数目，增高 T_H/Ts 比值，白芍总苷可拮抗环磷酰胺的作用。

（3）对 B 细胞功能影响　白芍水煎液能促进脾细胞抗体生成，增强小鼠对绵羊红细胞的体液反应性。白芍总苷对环磷酰胺引起的抗体减少，有一定的恢复作用，但对正常小鼠抗体生成，或地塞米松引起的抗体生成抑制均无影响。

（4）对细胞因子的影响　白芍总皂苷对巨噬细胞产生白细胞介素的作用有明显影响。白芍总皂苷对脂多糖诱导的大鼠腹腔巨噬细胞产生白细胞介素 1 的功能，具有低浓度促进和高浓度抑制的作用，在 0.5～312.5 μg/mL 的范围内，对脂多糖诱导的白介素 1 的产生呈钟形曲线关系，在 12.5～312.5 μg/mL 范围内，吲哚美辛可对抗高浓度白芍总苷的抑制作用，提不白芍总苷对白介素 1 的抑制作用与其促进巨噬细胞释放 PGE_2 有关。白芍总苷对 ConA 诱导的大鼠脾细胞产生白介素 1 的作用也具有双向调节影响。

5. 敛阴止汗、平抑肝阳的作用　白芍配伍牡蛎、龙骨、柏子仁等，可以敛阴止汗；配伍生地、牛膝、代赭石等，能平抑肝阳。

6. 其他作用

（1）抗应激作用　白芍对大鼠应激性溃疡有明显保护作用，能提高机体对缺氧、高温应激的抵抗能力，使动物存活时间明显延长。

（2）抗糖尿病肾损伤　白芍总苷可降低链脲佐菌素（STZ）诱导糖尿病模型大鼠 24 h 尿白蛋白排泄率，肾小球平均容量；减轻肾小管-间质损伤指数，抑制肾组织 ICAM－1 及 TGFβ1 蛋白表达；下调肾小管-间质骨桥蛋白（OPN）、α－平滑肌肌动蛋白（α－SMA）及肾组织硝基酪氨酸（NT）表达；免疫荧光显示白芍总苷增加肾脏足细胞相关蛋白 Nephrin 表达。剂量依赖性降低肾组织 TNF－α 与 NF－kB－p65 蛋白表达。白芍总苷改善糖尿病大鼠肾损害机制可能部分与抑制肾组织的 JAK/STAT 信号通路激活有关，Western 杂交显示白芍总苷给药 8 周可使肾组织磷酸化 JAK2（p－JAK2）蛋白、磷酸化 STAT3（p－STAT3）蛋白、1α（Ⅳ）型胶原蛋白表达下降（方芳等，2008）。

[临床应用]

1. 肝血亏损　常与当归、熟地等同用。方如《和剂局方》中的四物汤。

2. 胸胁、脘腹疼痛　用于肝脾不和所致的胸胁脘腹疼痛。常与柴胡、当归等同用。方如《和剂局方》中的逍遥散。

3. 泄痢腹痛 用于热毒下痢所致的腹痛。常与黄连、大黄、槟榔等同用。方如《和剂局方》中的通肠芍药汤。

4. 肝阳上亢、躁动不安 常与石决明、生地黄、女贞子等同用。

5. 自汗、盗汗 用于体虚卫外不固，自汗盗汗。常与桂枝、牡蛎、地黄同用。方如《和剂局方》中的牡蛎散。

［注意事项］

本品性质黏腻，有碍消化，故宜与健脾行气药如陈皮、砂仁等同用；凡气滞痰多、脘腹胀满、食少便溏者忌用。脾胃虚弱，气滞痰多，腹满便溏者忌服。

阿 胶

本品为驴皮经煎煮浓缩制成的固体胶，别名驴皮胶。主产于山东、浙江。以山东产者最为著名，浙江产量最大。

阿胶性平，味甘。归肺、肝、肾经。具有补血止血，滋阴润肺的功效。主治血虚眩晕，心悸，肌痿无力，阴虚心烦不眠，虚劳咳喘或阴虚燥咳，吐血，衄血，便血，崩漏等。

［主要成分］

阿胶中含骨胶原（collagen），水解可得明胶、蛋白质及多种氨基酸。山东产阿胶的蛋白质含量为84.94%，含有18种氨基酸，包括人体必需的7种氨基酸，其中含量较高的3种氨基酸是甘氨酸（13.36%）、脯氨酸（6.52%）及精氨酸（4.42%）。

［药理作用］

1. 补血作用 用放血的方法造成犬及家兔失血性贫血，阿胶可增加失血模型血白细胞、血小板、红细胞数。阿胶能对抗照射 $^{60}Co\beta$ 射线及腹腔注射苯肼对小鼠造血功能的损伤，使血红蛋白及血细胞比容增长。阿胶对化疗药吉西他滨致全血细胞下降动物模型的骨髓抑制具有一定的的治疗作用，且剂量与疗效之间存在正比关系（吴宏忠等，2007）。体外消化液中提取的阿胶有效组分A、B能促进3.5 Gy137Se全身辐射造模小鼠外周血白细胞和红细胞的升高，保护骨髓和脾造血干/祖细胞集落红系暴增式集落形成单位（BFU－E）、红系集落形成单位（CFU－E）、粒细胞巨噬细胞集落生成单位（CFU－GM），增加脾表面集落形成单位（CFU－S）数量和血清中粒-巨噬细胞集落刺激因子（GMCSF）、IL－6含量，降低骨髓细胞内ROS含量，提高血清内SOD、GSH－Px和肝脏内SOD含量嘲。阿胶有效组分A、B能促进5-氟尿嘧啶制备的贫血模型小鼠外周血白细胞和红细胞的升高，促进骨髓和脾造血干/祖细胞集落BFU－E、CFU－E、CFU－GM的增加，提高外周血GM－CSF、IL－6、EPO的含量，降低负相造血因子INF－7、TGF－p含量，刺激肝和肾EPO和GM－CSF mRNA表达。提示从体外模拟人胃、肠的消化系统能够分离阿胶有效补血活性成分（吴宏忠等，2008）。

2. 改善血液流变性和微循环作用 麻醉犬静脉注射灵杆菌内毒素后，全血相对黏度升高。如在静注内毒素前灌胃阿胶液，能对抗血黏度的升高。麻醉犬注射内毒素后，眼球结膜微循环发生改变，微动脉、微静脉及毛细血管内血流速度均明显减慢，甚至出现停流，最后引起动物死亡。阿胶可明显延长内毒素休克犬的存活时间，降低死亡百分率，此种作用可能与对抗病理性循环障碍有关。

3. 止血作用 家兔灌胃阿胶可显著缩短 aPTT（激活的部分凝血酶原时间），并增加血小板数量。阿胶能使末梢血中血小板数增多，具有促进凝血的作用。

4. 滋阴润肺

（1）对肺损伤的保护作用 家兔静脉注射油酸后，肺泡及肺间质内出现乳白色斑点，以后斑点融合成索条状或片块状。阿胶液可对抗此种肺损伤，减轻家兔的肺水肿、肺出血与肺内白细胞浸润的程度。哮喘大鼠存在 Th2 型细胞优势反应，血液中 IFN－γ 水平显著降低；阿胶可减轻哮喘大鼠肺组织嗜酸性细胞炎症反应，降低血液 IL－4 水平，从而调节 Thl/Th2 型细胞因子平衡（赵福东等，2006）。

（2）对肌肉、骨骼的影响 《别录》记载阿胶主"虚劳羸瘦，阴气不足，脚酸不能久立，养肝气。"给幼年豚鼠喂以葛巴二氏致肌变性 11 号（低蛋白）饲料，可发生类似人的营养性进行性肌变性症，将阿胶掺入饲料内喂饲动物，肌软、肢瘫症状逐渐减轻，尿中肌酐及肌肉肌酸含量均恢复接近正常水平（董福慧等，2006）。

5. 抗肿瘤作用 抗阿胶含药血清可促使肺癌 PG 细胞凋亡，并可使细胞分裂阻滞在 G_0 期，提示阿胶主要通过阻滞细胞分裂，诱导细胞凋亡发挥作用。阿胶含药血清对肺癌 PG 细胞株端粒酶表达水平有大幅度降低，而且具有一定的量效相关性。体内研究也表明，含有阿胶的复方制剂对 S_{180} 肉瘤、Lewis 肺癌的生长具有抑制作用，明显延长荷瘤小鼠的生存时间，促进放/化疗后机体免疫功能的恢复，降低继发性感染死亡率。

6. 其他作用

（1）抗应激作用 阿胶可提高对缺氧、寒冷、疲劳及辐射的耐受能力。延长小鼠在常压缺氧状态的存活时间，降低小鼠在－18 ℃条件下的死亡率，还能增强机体抗辐射（$^{60}Co\beta$ 射线一次照射）的能力，延长小鼠在 25 ℃水温下荷重游泳时间（苗明三等，2004）。

（2）抗休克作用 麻醉猫反复放血致休克，阿胶溶液可使血压逐渐回升至正常水平。阿胶静脉注射对组胺引起的血压下降也有对抗作用，可使血压逐渐恢复至正常水平。麻醉犬静脉注射内毒素引起血压急剧下降，形成内毒素性休克，预先给犬灌胃阿胶溶液，可使血压回升。

（3）增强免疫功能 阿胶能提高机体特异玫瑰花率和单核吞噬细胞功能（提高吞噬百分率和吞噬指数），能对抗氢化可的松所致的细胞免疫抑制作用。阿胶溶液对脾脏有明显的增重作用，对胸腺略有减轻作用，可明显提高小鼠腹腔巨噬细胞的吞噬能力。

（4）增强学习记忆 天麻阿胶联合对染铅鼠脑-氧化氮及学习记忆的影响试验，发现两者均可显著提高染铅鼠游泳试验中直线达到平台次数以及小脑-氧化氮，而且合用效果更显著于任一药物单用。两者均可显著减轻铅对学习记忆的损害作用，尤其两药互用效果更为显著。

[临床应用]

1. 血虚体弱 治血虚，再生障碍性贫血。常与当归、黄芪、熟地等同用。方如《兽医验方新编》中的党参补血散。

2. 肺热出血 治肺热出血及肺热所致的衄血。常与白及、生地、仙鹤草、白茅根等同用。方如《全国中兽医经验选编》中的仙鹤草散。

3. 脾虚便血 常与槐花、地榆、白术等同用。方如《中兽医方剂学》中的黄土汤。

4. 子宫出血 常与艾叶、生地、当归等同用。方如《兽医简便良方》中的阿胶补血散。

5. 虚劳咳嗽 治肺气虚弱，久咳不止。常与马兜铃、牛蒡子等同用。方如《中兽医方剂学》中的九仙散。

6. 胎动不安、下血 常与艾叶、当归、地黄等同用。方如《蒙兽医方剂学》中的阿益母草散。

[注意事项]

凡内有瘀滞，脾胃虚弱，消化不良及有表证者，均不宜用阿胶制剂。

龙眼肉

本品为无患子科植物常绿乔木龙眼（*Dimocarpus longan* Lour.）的假种皮。主产于广东、福建、台湾、广西、云南、贵州、四川等地。

龙眼肉性温，味甘。归心、脾经。具有补益心脾，养血安神的功效。主治劳伤心脾，惊悸怔仲，健忘，或年老体衰，产后、大病之后的气血亏虚。

[主要成分]

龙眼含有极其丰富的维生素 C 和钾，有葡萄糖 24.91%、蔗糖 0.22%、酸类（酒石酸）1.26%、含氮物（其中含腺嘌呤和胆碱）6.309%等，尚含蛋白质 5.6%、脂肪 0.5%；此外，还含有大量的镁和铜。

[药理作用]

1. 抗应激作用 桂圆肉和蛤蚧的提取液，对小鼠遭受低温、高温、缺氧刺激有明显的保护作用。

2. 抗焦虑作用 甲醇提取物皮下给予小鼠（2.0 g/kg），发现小鼠冲突缓解试验饮水次数明显增加，证明具有明显的抗焦虑活性。

3. 抗氧化作用 热水法提取的龙眼肉干品活性物质具有良好的抗氧化活性，其清除 DPPH 自由基的 IC_{50} 为 2.2 g/L（苏东晓等，2009）。

4. 抗菌作用 龙眼肉的水浸剂（1：2）在试管内对奥杜盎小芽孢癣菌有抑制作用。煎剂用纸片法测试对痢疾杆菌有抑制作用。

5. 抗衰老作用 龙眼肉可以抑制体内的一种黄素蛋白酶-脑 B 型单胺氧化酶（MAO-B）的活性，这种酶和机体的衰老有密切的关系，即 MAO-B 的活性升高可加速机体的老化过程。该提取液在试管内可抑制小鼠肝匀浆过氧化脂质（LPO）的生成。龙眼肉提取液可选择性地对脑 MAO-B 活性有较强的抑制作用。

6. 抗肿瘤作用 龙眼肉水浸液对人的子宫颈癌细胞 JTC-26 有 90%以上的抑制率，比对照组博莱霉素（抗癌化疗药）要高 25%左右，几乎和常用的抗癌药物长春新碱相当。

7. 增强免疫作用 龙眼多糖服液小鼠连续灌胃 30 天后，能使小鼠的胸腺指数升高，能使小鼠的抗体数明显升高，同时使动物的溶血空斑数明显增加，能明显增强小鼠迟发型变态反应，能明显增强 ND 细胞的活性，能明显增强细胞的吞噬率及吞噬指数（陈冠敏等，2005）。桂圆肉提取液，可增加小鼠碳粒的廓清速率，能增加小鼠脾重，增强单核吞噬细胞系统活性。

8. 抗疲劳、耐缺氧作用 龙眼肉水提取物能延长常压缺氧条件下小鼠存活时间和负重游泳时间；能提高肝糖原储备量，降低小鼠游泳后血尿素氮和血乳酸水平，增强小鼠血清 SOD 活性，降低 MDA 含量，增强了小鼠的抗氧化能力从而减轻机体的氧化损伤，调节整个机体代谢状态，最终提高小鼠的运动能力，起到抗疲劳、耐缺氧作用。

9. 其他作用 龙眼肉甲醇提取物与戊巴比妥同时使用，低剂量时能够增强睡眠频率和睡眠时间，与毒蝇蕈醇有协调作用。能增强睡眠初期和增强戊巴比妥诱导的睡眠时间（Ma Y et al.，2009）。

[临床应用]

1. 气血亏虚 治缺铁性贫血、慢性疾病的贫血。常与莲子、大枣等同用。

2. 津伤口渴 治伤津口渴，自汗等。常与五味子、西洋参等同用。

[注意事项]

内有痰火及食滞停饮者忌服。

第四节　补阴药

南沙参

本品为桔梗科植物轮叶沙参（*Adenophom tetraphylla* Fisch.）或杏叶沙参（*Adenophora stricta* Miq.）的干燥根。主产于安徽、江苏、浙江、湖南、贵州等地。

南沙参性微寒，味甘。归肺、胃经。具有养阴清肺，清胃生津，补气，化痰的功效。主治气管炎，百日咳，肺热咳嗽，咯痰黄稠，黏性肿疮，牛皮癣；北沙参主治主治肺热燥咳，虚劳久咳，骨蒸劳热，肌皮枯燥，阴伤咽干，口苦口渴等。

[主要成分]

轮叶沙参的根中含沙参皂苷，杏仁沙参的根中含呋喃香豆精类。此外，南沙参中还含有黄酮类化合物、多糖和多种微量元素，北沙参含挥发油、三萜酸、豆甾醇、β-谷甾醇、生物碱、淀粉。

[药理作用]

1. 养阴清肺，祛痰止咳 南沙参味甘微苦，性寒，因其甘润苦降，又入肺经，故能祛痰止咳。轮叶沙参煎液对家兔有祛痰作用，作用强度弱于紫菀和天南星，但可维持 4 h 以上。

2. 对免疫功能的作用 杏叶沙参煎剂可明显增加末梢血中和胸腺内淋巴细胞数和 T-淋巴细胞数，并使腹腔巨噬细胞的吞噬百分率明显增高；但可降低脾脏淋巴细胞数及 T 细胞数。表明沙参可提高细胞免疫和非特异性免疫，但抑制体液免疫，具有调节免疫平衡的功能。

3. 抗辐射作用 南沙参多糖（2 000 mg/kg 或 1 000 mg/kg，ig）对 ^{60}Co 照射所致的

小鼠遗传损伤和免疫器官损伤均有保护作用，可使染色体畸变率、外周血淋巴细胞微核数以及精子畸变率下降；0.5～2 g/kg南沙参多糖（RAPS）给大鼠每天灌胃1次，连续14天，对由$^{60}Co\gamma$射线一次性全身照射有保护作用，可降低血清中MDA含量，提高红细胞中SOD含量和全血中GSH－Px活性以及大鼠50天存活率（唐富天等，2002）。

4. 改善记忆障碍　南沙参多糖（RAPS）500～2 000 mg/kg每天灌胃1次共15天，可改善东莨菪碱、亚硝酸钠、乙醇所致小鼠学习记忆障碍，并可对抗乙醇引起的小鼠脑中MAO－B活性和MDA含量升高及SOD含量减少。按照上述同样方法可观测到大鼠脑中NE、DA、5－HT含量增加，AchE活性降低，血糖含量增加。其机制可能与影响脑中神经递质代谢及增加脑组织能量供应有关（张春梅等，2001）。

5. 抗肝损伤作用　南沙参多糖水溶液（RAPS），灌胃0.01 mL/g，每天1次，共7天，对D－氨基半乳糖（D－Gal）诱导的实验性肝损伤小鼠有保护作用，能显著降低AST、ALT、MDA含量，并能提高肝损伤小鼠肝组织SOD、GSH－Px活性，明显减轻肝组织损伤。另一方面，还能明显降低CCl_4所致肝细胞损伤中培养液的ALT和AST含量，从细胞水平证实了RAPS对肝细胞的保护作用（梁莉等，2008）。

6. 延缓衰老的作用　给2年龄以上大鼠灌服南沙参水煎剂（浓度为30%），每天5 mL，连续10天，能明显改善老年大鼠血液的“粘”性和易“凝”的倾向，可使红细胞解聚，有明显的活血作用，降低形成血栓的可能性，从而延长大鼠的寿命。南沙参多糖可降低老龄小鼠脂褐素和MAO－B，提高与性功能有关的激素，还可延长果蝇寿命并提高果蝇的性活力。

7. 南沙参多糖对（RAPS）小鼠肺癌变引起的SOD和GSH－Px活力下降有保护和恢复作用，并能降低MDA含量，减轻损伤。同时，体外实验也证实RAPS可直接清除超氧阴离子和羟氧自由基，提示该药可通过清除氧自由基达到抗衰老作用。

[临床应用]

1. 肺热阴虚　用于马肺热阴虚咳嗽，鼻口流血。常与桑叶、知母、麦冬等同用。方如《新刻注释马牛驼经大全集》中的补肺汤。

2. 热病伤阴　用于胃阴不足的舌红少津，咽干口燥，食少纳呆病畜。常与石斛、天花粉、准山药、生谷芽等同用。

[注意事项]

寒痰咳嗽及脾胃虚寒者应慎用。南沙参与藜芦共同煎煮，会产生毒性反应，临床应用南沙参时应禁止其与藜芦配伍用药。

北　沙　参

本品为伞形科植物珊瑚菜（*Glehnia littoralis* F. Schmidt ex Miq.）的干燥根。主产于我国辽宁、河北、山东、江苏、浙江、福建、台湾、广东等地。

北沙参性微寒，味甘。归肺、脾、胃经。具有养阴清肺，益胃生津的功效。主治肺热燥咳，虚劳久咳，骨蒸劳热，肌皮枯燥，阴伤咽干，口苦口渴等。

［主要成分］

根和全草含有挥发油，根还含有生物碱和淀粉，果实含珊瑚菜素（phellopterin）；此外，还有多种香豆素类成分和多糖（GLP）。

［药理作用］

1. 免疫抑制作用 可抑制由SRBC（绵羊红细胞）致敏引起的小鼠脾脏PEC（溶血空斑形成细胞）反应并降低血清凝集素效价，对DNCB（2,4-二硝基氯苯）所致小鼠耳迟发型超敏反应，以及PHA（植物血凝）、ConA（刀豆素）和PWM（美洲商陆分裂原）诱导的正常人血淋巴细胞体外增生均有一定的抑制作用，且在致敏前给药作用更明显。说明GLP对细胞免疫功能和T细胞、B细胞的增生均有抑制作用，作用环节可能在T细胞识别抗原的早期。

GLP对小鼠同种植皮排斥反应具有显著抑制作用，对小鼠免疫器官胸腺和脾脏重量无影响或略增重，并能提高小鼠同种植皮的成活率，较大量也不引起小鼠脾脏和胸腺萎缩。提示GLP仅对免疫应答有抑制作用，而对免疫器官影响不大。因此北沙参停药后，其免疫功能的恢复可能较快，这使GLP有可能成为抗器官移植排斥反应的药物。

2. 抗氧化作用 北沙参根的水提取物对红细胞溶血有很强的抑制作用。北沙参正丁醇提取物对脂质过氧化作用有很强的抑制作用。其抗炎活性成分主要为伞形花内酯、东莨菪内酯、花椒毒内酯、佛手柑内酯等香豆素。此外，北沙参多糖对活性氧具有直接清除作用。

3. 抗肿瘤作用 北沙参的正己烷、乙谜和乙酸乙酯提取物在体内具有抗癌作用。主要活性成分为呋喃香豆素，其中欧前胡素和异欧前胡素（浓度为50 μg/mL）抑制活性最强。北沙参多糖能显著降低人肺癌细胞株（A549）增殖指数，且对其细胞周期各个时期均有抑制作用。北沙参粗提物和不同溶剂萃取部位（正己烷、85%甲醇水溶液、正丁醇、水）对胃腺癌细胞AGS、纤维肉瘤细胞HT1080、U937肿瘤细胞和人结肠癌HT-29细胞的增殖呈剂量依赖性抑制作用。

4. 其他作用

（1）解热镇痛　北沙参根的乙醇提取物可使伤寒疫苗引起的发热兔体温降低，并可轻度降低正常家兔的体温；另外，还有镇痛作用（兔牙髓电刺激法）。叶的醇提取物作用较差，根的挥发油作用更差。

（2）对心血管系统的作用　北沙参水浸液在低浓度时，能使离体蟾蜍心脏收缩力加强，浓度增加则出现心脏抑制直至心室停跳（此时心房仍可跳动），但可恢复。对在体蟾蜍心脏的作用与离体相似。静脉注射北沙参可使麻醉兔的血压略升、呼吸加强。切断迷走神经后，上述作用仍然存在。

（3）抗突变作用　北沙参水或乙醇浸出液对2-AF（二氧基芴）、2,7-AF（2,7-二氨基芴）及NaN_3（叠氮钠）诱导的鼠伤寒沙门氏菌组氨酸缺陷型突变株TA_{98}、TA_{100}的回复突变有良好的抑制效果，并具量效关系。

［临床应用］

1. 肺燥阴虚 用于肺燥阴虚，干咳痰少，咽干鼻燥。常与麦冬、玉竹、贝母、杏仁等同用。

2. 胃阴不足　用于胃阴虚之口渴舌干、食欲不振，常与生地、石斛、麦冬等同用以清热养胃生津；胃阴不足，脘部酌痛，嘈杂似饥，常与麦冬、白芍、甘草等同用，以养阴生津止痛。

［注意事项］

风寒作嗽及肺胃虚寒者忌服。

麦　冬

本品为百合科多年生草本植物麦冬（旧称沿阶草）（*Ophiopogo japonicus* Ker - Gawl）的干燥块根。主产于四川、浙江、安徽、福建等地。

麦冬性微寒，味甘、微苦。归心、肺、胃经。具有养阴生津，润肺清心的功效。主治肺燥干咳，虚劳咳嗽，津伤口渴，内热消渴，肠燥便秘，咽干鼻燥。

［主要成分］

主要含有多种甾体皂苷，分别称为沿阶草皂苷（ophiopogonin）A、B、C 和 D 等、β-谷甾醇（β - sitosterol）、豆甾醇（stigmasterol）、高异黄酮类化合物（homoisoflavonoids），如 6 -醛基异麦冬黄烷酮 A、B，甲基麦冬黄烷酮 A、B 等，麦冬中还含有麦冬多糖、β-谷甾醇、β-葡萄糖苷、氨基酸、维生素等。

［药理作用］

1. 增强免疫功能　麦冬具有免疫促进作用，能显著增加正常小鼠和环磷酰胺（CY）所致免疫抑制小鼠、增强巨噬细胞的吞噬作用并对抗由 CY 所引起的小鼠白细胞减少，对模型小鼠的胸腺无明显影响，但显著增加正常小鼠的胸腺重量。膨化后的麦冬对 CY 所致免疫抑制小鼠免疫功能没有影响（王盛民等，2006）。麦冬多糖能增强小鼠炭粒廓清作用，还可刺激小鼠血清中溶血素的产生，对抗 CY 和 $^{60}Co\gamma$ 照射引起的小鼠白细胞数下降，抑制 S_{180} 肉瘤和腹水瘤的生长，并增强兔血红细胞凝集率。麦冬汤提取物对脱颗粒促进剂所致小鼠腹腔内肥大细胞脱颗粒具有抑制作用，对肥大细胞中的组胺游离也有抑制作用。麦冬还可抑制迟发脱敏反应、小鼠耳异种被动皮肤过敏反应和炎症反应。

2. 抗应激作用　麦冬有抗缺氧作用，能提高皮下注射异丙肾上腺素小鼠低压（负压 460 mmHg）、缺氧条件下的存活数。麦冬水煎剂、水提物 I、Ⅲ麦冬注射液及麦冬多糖均能提高小鼠耐缺氧能力。另外，麦冬多糖及氨基酸有一定的抗疲劳作用。

3. 改善心功能、抗心肌缺血作用　麦冬皂苷可明显增强离体蟾蜍心脏的心肌收缩力及增加心排出量。麦冬总皂苷及总氨基酸小剂量均可使离体豚鼠心脏收缩力增强，冠脉流量增加，大剂量则作用相反。

4. 抗休克作用　麦冬注射液对失血性休克大鼠有改善左心室功能与抗休克作用，能逆转失血大鼠心脏功能的抑制，改善循环而使血压回升。麦冬注射液 0.1 mL/100 g 经舌静脉注射，可使左室内压（LVP）、左室内压变化率（dp/dt）、心力环及心肌最大收缩值（Vmax）均明显增大。另有一组失血大鼠于第 1 次静脉注射麦冬后 5 min 时，再静注半量的麦冬（0.05 mL/100 g），血压回升可维持 15 min，说明麦冬作用有量效关系，麦冬能逆转失血大鼠心脏功能的抑制，改善循环而使血压回升，这是抗休克的关键。参麦稀释液可使失血性休克大鼠的血液血细胞比容（Hct）下降，血压回升，尿量增加，而肛温、呼吸等无影响。参麦稀释液有使血液进一步稀释的作用，使微循环内血液黏度降低，血流阻力变小，从而改善微循环。

5. 镇静作用 麦冬煎液及其正丁醇粗提物、醋酸乙酯粗提物均有镇静作用。麦冬煎液及其总氨基酸对戊巴比妥钠阈下催眠量有协同作用，能增强戊巴比妥钠的催眠作用。前者对氯丙嗪的镇静作用也有协同增强作用，能拮抗咖啡因引起的小鼠兴奋作用。

6. 抗肿瘤作用 短亭山麦冬皂苷 C 剂量为 10～40 mg/kg 腹腔注射对艾氏腹水癌有抑瘤活性，剂量为 20 mg/ kg 时，腹腔或皮下注射均对 S_{180} 肉瘤有抑瘤活性。麦冬乙酸乙酯提取物对 HeLa－S3 细胞有强的细胞毒性（IC_5＜10 μg/ mL）。

7. 抗氧化、抗衰老作用 麦冬水提取物可提高 D－半乳糖致衰老大鼠 SOD、GSH－Px 活性，降低 MDA 含量，拮抗自由基对生物膜的脂质过氧化损伤。麦冬注射液腹腔注射可使氟哌啶醇致痴呆大鼠脑组织 SOD、GSH－PX 活性增加。麦冬水溶性部位可直接清除多种 ROS 指标；麦冬多糖能增加亚急性衰老小鼠皮肤组织超氧化物歧化酶活力及羟脯氨酸含量，降低丙二醛含量，具有延缓皮肤衰老的作用。

8. 其他作用

（1）降血糖作用　麦冬多糖对正常小鼠的血糖以及葡萄糖、四氧嘧啶、肾上腺素所致小鼠高血糖均有降血糖作用。麦冬多糖还能降低四氧嘧啶法复制妊娠糖尿病大鼠的血糖，但对血清胰岛素水平及体重无明显影响。其降低空腹血糖的机制可能与增加肝细胞对葡萄糖的摄取及增加肝糖原合成有关（丘保华等，2008）。

（2）抗细胞凋亡作用　麦冬可拮抗脂多糖（LPS）所致的人脐静脉内皮细胞（HUVEC）凋亡，可明显升高 LPS 所致的 Bcl－2 表达降低，并缓解其所致的钙超载（张旭等，2003）。正丁醇、水和氯仿麦冬提取物，对 H_2O_2 诱导的 HUVEC 的凋亡也有拮抗作用（范俊等，2007）。

（3）抗脑缺血作用　分别于造模前 10 min 及后 2 h 各尾静脉注射山麦冬总皂苷（TSL）1 次，容量 2 mL/kg，对用三氯化铁局部涂抹损伤血管的方法诱导的大鼠大脑中动脉血栓所致局灶性脑缺血损伤具有保护作用。10 mg/kg、40 mg/kg TSL 可显著减少大鼠脑梗死范围，改善行为学障碍，降低 nNOS 阳性细胞表达率；20 mg/kg、60 mg/kg TSL 可使小鼠凝血时间及出血时间显著延长。TSL 对缺血神经损伤的保护作用可能与抑制 nNOS 和抗凝作用有关（邓卅等，2007）。

［临床应用］

1. 阴虚燥咳 治马肺咳，口色红赤，喘促气急。常与天冬、知母、贝母、桔梗等同用。方如《新刻注释马牛驼经大全集》中的理肺散。阴虚干咳少痰，常与阿胶、桑叶、枇杷叶等同用。

2. 阴虚发热 治邪热初入营分，牛午后潮热。常与茯神、远志、丹参等同用。方如《温病条辨》中的清营汤。

3. 津伤便秘 治热病伤津，肠燥便秘。常与生地、玄参等同用。方如《温病条辨》中的增液汤。

［注意事项］

虚寒泄泻、湿浊中阴、风寒或寒痰咳喘者均禁服。

天　冬

本品为百合科多年生攀缘草本植物天门冬［*Asparagus cochinchinensis*（Lour.）Merr.］的干燥块根。主产于河北、中南、华东等地。

天冬性寒，味甘，微苦。归肺、肾经。具有养阴清热，润肺滋肾的功效。主治阴虚发热，咳嗽吐血，肺痈，咽喉肿痛，消渴，便秘。

［主要成分］

主要含有天门冬素（天冬酰胺 asparagine）32.4%～35.1%，还含有黏液质、β-谷甾醇（β-sitosterol）及 5-甲氧基-甲基糠醛（5-methoxy-methylfurfural）。所含苦味成分为甾体皂苷，由菝葜皂苷元（smilagenin）、鼠李糖、木糖和葡萄糖组成。

［药理作用］

1. 镇咳、祛痰及平喘作用　天冬有较强的镇咳、祛痰、平喘作用。天冬中所含的天冬酰胺（天冬素，asparagine）是其有效成分之一。给小鼠连续 5 天灌服天冬水煎剂 10 g/kg、20 g/kg 生药都能明显增加呼吸道中酚红排泌量，分别增加 0.76 和 1.22 倍。

2. 抗炎作用　连续 3 天灌服天冬 75%醇提物 5 g/kg、15 g/kg，都明显抑制二甲苯所致的小鼠耳肿胀厚度，抑制作用持续 4 h 以上，但明显抑制角叉菜胶所致的小鼠足跖肿胀厚度的持续时间仅 2 h，对乙酸提高小鼠腹腔毛细血管通透性的抑制不明显。

3. 抗腹泻作用　给小鼠灌服天冬 75%醇提物 5 g/kg、15 g/kg，可显著减少蓖麻油所致的小肠性腹泻，作用持续 8 h 以上；4 h 的腹泻次数分别减少 52.2%和 66.3%，也显著减少番泻叶所致的大肠性腹泻，但作用持续 4 h，4 h 的腹泻次数分别减少 23.4%和 21.9%。可是天冬不影响小鼠墨汁胃肠推进运动。

4. 抗衰老作用　曾有天冬水提液延长家蚕寿命的报道。近年来，有人给小鼠连续 7 天灌服天冬水提液，2 g/kg、4 g/kg 剂量都显著延长常压缺氧存活时间和冰水游泳时间。此二剂量连续 30 天灌服，都能提高 D-半乳糖致衰老小鼠低下的脑、肝组织 Na^+，K^+-ATP 酶活性，并降低被升高的脑、肝和血浆过氧化脂质代谢物丙二醛（MDA）含量。

5. 血栓形成作用　连续 3 天灌服天冬 75%醇提物 3 g/kg 显著延长电刺激大鼠颈总动脉血栓形成时间，延长率为 48.6%，并使凝血时间延长 41.4%，对凝血酶原时间和白陶土部分凝血活酶时间仅有轻度延长作用。离体抗兔血小板聚集实验测得天冬 75%醇提物抗二磷酸腺苷（ADP）和胶原诱导血小板聚集的 IC_{50}分别为 1.84 mg/mL 和 2.26 mg/mL（李敏等，2005）。

6. 抗肿瘤作用　给荷瘤小鼠每天灌服天冬水煎剂 5 g/kg、15 g/kg，可明显抑制接种的 S_{180}肉瘤和 H_{22}肝癌瘤重，对 S_{180}肉瘤生长抑瘤率分别为 31.9%和 38.8%，并分别延长荷瘤小鼠生命 17.6%和 42.2%，对 H_{22}肝癌生长的抑瘤率分别为 29.7%和 32.7%，但不明显抑制艾氏腹水癌在小鼠体内生长（罗俊等，2000）。

7. 抗菌作用　采用 70%的乙醇、浸泡 6 h、温度 35 ℃时提取 20 min 的天冬提取液对金黄色葡萄球菌、大肠埃希菌、黑曲霉菌有较强的抑制作用，是一种天然的抑菌剂。

［临床应用］

1. 阴虚内热、肺热咳嗽 用于阴虚内热或热病伤阴证，配生地、玄参、知母、黄柏等；用于家畜肺热咳嗽，配麦冬、沙参、知母、款冬花、百合等。

2. 肺肾阴虚、肠燥便秘 用于肺肾阴虚，津少口渴等，常与生地、党参同用；用于温病后期，肠燥便秘，常与玄参、生地、火麻仁等同用。

［注意事项］

寒咳痰多、脾虚便溏者不宜用。

黄　精

本品为百合科植物黄精（*Polygonatum sibiricum* Redoute）、滇黄精（*Polygonatum kingiamum* Coll. et Hemsl.）或多花黄精（*Polygonatum cytonema* hua）等的干燥根茎。主产于河北、内蒙古、陕西等省（自治区、直辖市）。

黄精性平，味甘。归脾、肺、肾经。具有补气养阴，健脾，润肺，益肾的功效。主治虚损寒热，肺痨咳血，病后体虚食少，筋骨软弱，倦怠乏力等。

［主要成分］

根茎含黏液质，淀粉及糖分。多花黄精含毛地黄糖苷（digitalis glycoside）以及多种蒽醌类化合物。叶含有牡荆素木糖苷和5,4′-二羟黄酮的糖苷。

［药理作用］

1. 提高机体免疫功能 黄精多糖可使 ^{60}Co 照射小鼠脾脏重量显著增加，造血灶明显增多。小鼠脾、肝、心等脏器的DNA含量增加。黄精、人参、淫羊藿的复方制剂能提高动物脾脏T细胞总数和外源胸腺依赖抗原的体液免疫水平，提示该制剂有增强细胞免疫功能的作用。有人报道滋肾蓉精丸能使小鼠胸腺重量显著增加。

2. 强心作用 0.15%黄精醇制剂使离体蟾蜍心脏收缩力增强，但对心率无明显影响，而0.4%黄精醇或水液则使离体兔心心率加快。0.35%黄精水浸膏洛氏液给离体兔心灌流有明显的增加冠脉流量的作用；黄精醇制剂0.2 g/kg可增加犬在位心脏冠脉流量，作用强度与氨茶碱0.75 mg/kg相当，对股动脉、心率及中心静脉压无明显影响。黄精甲醇提取物（A）5 mg/mL能使大鼠心房的收缩力明显增加。家兔静脉给予黄精溶液1.5 g/kg，有对抗垂体神经素所致急性心肌缺血的作用。给于小鼠腹腔注射黄精溶液12 g/kg，能使其耐缺氧能力明显提高。1%黄精赤芍注射液可显著增加豚鼠离体心脏冠脉流量，使心率减慢，对心肌收缩力仅有轻度抑制作用。向麻醉犬冠状动脉插管内恒速注入黄精赤芍注射液15 mL，也可显著增加冠脉流量，同时血压暂时性降低。

3. 促进造血功能 黄精可能有促进造血系统的作用。以1 g/mL的黄精糖浆，治疗白细胞计数低于 4×10^9/L的患者，结果白细胞计数比服药前增加 2×10^9/L以上。尤其对于药物所致的白细胞减少患者，在不停服原用药物的情况下，黄精的升白作用表现显著。用黄精五味方防治化疗抑制骨髓造血功能的患者，白细胞明显提高，与输血、输白细胞和激素治疗相接近，而且升白作用持续时间长，具有良好的升白作用。用黄精水煎液6 g/kg

连续给小鼠灌胃10天，可提高红细胞膜Na^{+}、K^{+}-ATP酶活性，其机理可能与促进造血功能有关。

4. 延缓衰老及抗氧化作用 将黄精水提取液加入一般果蝇培养基中饲养果蝇，发现食用黄精组果蝇的飞翔能力大于一般培养基组，在高温下平均生存时间长于对照组，平均生存期延长了8%～9%，其中雌性果蝇生存期延长明显，相应的最高生存期亦有了很大的提高，表明黄精有延缓衰老作用。黄精参与构成的复方亦有明显延长果蝇寿命的功效。

5. 降血糖作用 给家兔灌服黄精浸膏可引起血糖暂时性增高，随后降低，前者可能是由于黄精浸膏中含有碳水化合物所致，但黄精浸膏能明显对抗肾上腺素所引起的血糖升高。黄精甲醇提取物（OM）可使正常及链佐星（STZ）和肾上腺素引发的血糖升高小鼠的血糖浓度明显降低，其降糖作用可能与其抑制肝糖酵解系统的功能有关。2 mL/kg的黄精多糖连续腹腔注射12周，对STZ造成的糖尿病小鼠有降血糖作用，心、肾组织糖基化终产物受体mRNA的表达和受体/β-actin相对值明显降低，进而抑制糖基化终产物的结合位点，抑制与其受体结合后的一系列细胞生物反应，保护高血糖时受损的靶器官和组织（Li YY，et al.，2005）。

6. 降血脂 给实验性高脂血症家兔灌服100%黄精煎剂，每次5 mL，连续3天，与对照组相比，在给药后10天、20天和30天甘油三酯（TG）、β-脂蛋白和血胆固醇（TC）均有明显下降。实验性动脉粥样硬化家兔每日肌注黄精-赤芍注射液2 mL，连续给药6天，停药1天，共给药14周。结果给药组动物主动脉壁内膜上的斑块及冠状动脉粥样硬化程度均较对照组减轻。黄精多糖溶于40 mL饮用水，分2次于兔进食后喂服，连续1个月，1.6 mL/kg的黄精多糖能显著降低高脂血症实验兔的血清TC、LDL-C、Lp(a)浓度和减少主动脉内膜泡沫细胞的形成。

7. 抗缺氧性坏死和凋亡作用 黄精多糖对体外培养的新生大鼠大脑皮层神经细胞缺氧性凋亡有保护作用，黄精多糖能显著地降低缺氧复氧培养诱导的神经细胞凋亡率，增加缺氧的神经细胞Bcl-2蛋白的表达，减少Bax蛋白的表达，提高Bcl-2/Bax比值。而缺氧12 h后加入黄精多糖则无明显的抗凋亡作用。黄精多糖在6 mg/mL以内对正常培养的神经细胞无明显毒性作用；随着浓度增加抗缺氧复氧培养诱导的神经细胞坏死和凋亡作用增大（文珠等，2006）。

8. 抗肿瘤作用 多花黄精粗多糖可有效促进荷瘤鼠的胸腺和脾脏的生长发育，并通过提高动物的免疫能力来控制和杀灭肿瘤细胞，有较强的抑制S_{180}肉瘤细胞、人乳腺癌细胞增殖的作用。连续给药黄精口服液，能促进正常小鼠及S_{180}荷瘤小鼠，MNNG诱癌大鼠脾组织产生IL-2，增强正常小鼠及S_{180}荷瘤小鼠杀伤细胞与细胞毒T淋巴细胞活性；对S_{180}瘤重抑制率为28%～40%，使MNNG诱导的大鼠消化道肿瘤发生率由对照组的85%降低到45%。

9. 其他作用

（1）抗病原微生物作用 体外实验表明，黄精水提取液1∶320对伤寒杆菌、金黄色葡萄球菌和抗酸杆菌有抑制作用。其1∶10浓度对腺病毒和疱疹病毒有抑制作用。黄精醇提水溶液浓度>2%时，对多种真菌有抑制作用，如堇色毛癣菌、红色表皮癣菌等。黄精多糖对病毒有抑制作用，从接种病毒后5 h开始，在阴道内及外阴部涂抹黄精多糖（PD）

乳膏，每天2次，连续给药9天，能明显治疗单纯疱疹病毒性豚鼠阴道炎，还能治疗单纯疱疹病毒引发的豚鼠外阴红肿、溃破等病变，并能显著降低感染HSV－2 Sav strain病毒的豚鼠阴道分泌物中病毒的毒力。黄精多糖能显著提高病毒感染的非洲绿猴肾细胞（Vero cell）的活力。

（2）抗抑郁及提高学习记忆　灌胃给于黄精多糖，对高速水平振荡、夹尾、4℃冷刺激、45℃热刺激、昼夜颠倒、禁食、禁水等7种刺激造成的小鼠慢性应激抑郁有拮抗作用，可显著改善行为学指标，其机制可能与提高脑内5－HT含量有关（陈辰等，2009）。此外，黄精乙醇提取物能促进正常小鼠的学习能力。

（3）抑制肾上腺皮质　黄精具有抑制肾上腺皮质的作用。临床上应用黄精煎剂、黄精片（含黄精和当归）和大承气汤加味，治疗皮质醇增多症有良好效果。

（4）影响环核苷酸含量　给小鼠按每只0.5 g/0.6 mL连续10天灌胃予以黄精，降低血浆cAMP和cGMP的含量，cAMP/cGMP略增大；黄精对脾脏cAMP含量无明显影响，但能增加cGMP的含量，而cAMP/cGMP比值无明显变化。

［临床应用］

1. 脾胃虚弱　用于脾胃气虚，食少便溏，体倦乏力。常与党参、白术等同用。

2. 肺虚燥咳　用于肺虚燥咳，干咳少痰等。常与麦冬、天冬等同用。

3. 精血虚损　用于久病体虚、精血不足等。常与熟地、枸杞子等同用。

［注意事项］

脾虚有湿、咳嗽痰多及中寒泄泻者均不宜服。少数群体服用黄精糖浆后轻度腹胀，饭后服可避免。

石　斛

本品为兰科植物环草石斛（*Dendrobium loddigesii* Rolfe）、黄草石斛（*Dendrobium chrysanihum* Wall）、金叉石斛（*Dendrobium nobile* Lindl.）或铁皮石斛（*Dendrobium candidum* Wall. ex Lindl.）的新鲜或干燥茎。主产于广西、台湾、四川等地。

石斛性微寒，味甘。归胃、肾经。具有养阴清热，益胃生津的功效。主治阴伤津亏，口干烦渴，食少干呕，病后虚热，目暗不明。

［主要成分］

石斛主要含有多糖、氨基酸、芪类、生物碱、矿质元素、挥发油等成分，以多糖及芪类成分为主。金钗石斛含生物碱、倍半萜类、菲类、联苄类、多糖等，其中主要成分为石斛碱（dendrobine）、N－甲基石斛季铵碱（N－methyldendrobinium）、亚甲基金钗石斛素（nobilomethylene）、β－谷甾醇、胡萝卜苷（daucosterol）；铁皮石斛主要含有多糖类、氨基酸和微量元素、菲类及少量生物碱。

［药理作用］

1. 提高免疫力　铁皮石斛多糖可以明显提高肉瘤小鼠的T淋巴细胞转化功能，对肉瘤小鼠NK细胞活性有一定的提高，对肉瘤小鼠巨噬细胞吞噬百分率及吞噬指数均有明显提高作用。对肉瘤小鼠的溶血素值也有显著提高（张红玉等，2009）。巨噬细胞是机体免疫系统中重要的免疫细胞，其释放的 TNF－α、NO 是活化巨噬细胞、杀灭病原微生物、炎症反应的主要效应分子，过量的 TNF－α 也会加重炎症反应。在研究金钗石斛多糖对脂多糖诱导的小鼠腹腔巨噬细胞分泌 TNF－α、NO 的影响发现，金钗石斛多糖通过抑制 TNF－α 和 NO 而发挥抗感染作用（李小琼等，2009）。白细胞介素具有促进胸腺细胞、T 细胞活化、增殖和分化增强 NK 细胞的杀伤活性；干扰素具有干扰病毒感染复制的能力。迭鞘石斜中的多糖可以很好地诱导机体分泌白细胞介素与干扰素（范益军等，2010）。

2. 抗氧化作用　通过对四种不同分子量的铁皮石斛多糖体外抗氧化活性的研究发现不同分子量的铁皮石斛多糖都表现出很强的抗氧化能力，其中 DSP 对羟基轴轴基的清除能力最强，DSP1 对 DPPH 的清除率、抑制 Fe^{2+}－维生素 C 诱导小鼠肝匀浆脂质过氧化能力、抑制 H_2O_2 诱导红细胞氧化溶血能力和总抗氧化能力最佳，同时发现不同相对分子质量的铁皮石斛均有较强抑制 DNA 损伤的作用，且明显强于维生素 C（鲍素华等，2009）。

3. 抗肿瘤作用　石斛水溶性多糖具有显著的抗肿瘤活性，其对体内肿瘤的抑制率与浓度成正比且其对荷瘤小鼠的免疫器官有一定的保护作用，石斛水溶性多糖对体外人肝肿瘤细胞与人神经母瘤细胞也具有明显抑制作用（金乐红等，2010）。石斛多糖可以抑制 Raji 细胞增殖并诱导其凋亡，效果随着作用剂量和时间的增加而增强，其抑瘤机制可能与促进 Raji 细胞 Caspase－3 蛋白的表达上调有关（任志国，2014）。

4. 抗高血糖　糖尿病是一种胰岛素分泌绝对和相对不足引起的代谢疾病，其病因和发病机制还不清楚。金钗石斛多糖与生物碱可以抑制肾上腺素性高血糖小鼠的血糖，其高、中剂量组作用明显，且对正常小鼠的血糖无影响（李菲等，2008）。金钗石斛总生物碱可以明显降低四氧嘧啶诱导的高血糖，且其对高血糖导致的胰腺具有保护作用，与对照的二甲双胍比较使用金钗石斛多糖的小鼠，胰岛数量多，体积大，岛内细胞数量多（黄倚等，2009）。

5. 抗溃疡作用　铁皮石斛可促进消化液分泌和提高消化酶活性，改变胃肠道黏膜的结构，同时对消化系统炎症和溃疡等伴随的胃肠黏膜损伤均有一定改善。铁皮石斛可增加动物血液中 6－酮－前列腺素的含量，降低 TXB_2、TL－8 及胃泌素的含量。鲜榨的铁皮石斛汁能降低应激性和化学性胃溃疡的溃疡指数，具有较好的抗胃溃疡作用。

6. 其他作用　金钗石斛多糖可以降低高脂血症大鼠血清 TC、TG 和升高高脂血症大鼠血清 HDL－C 的作用、且可以显著降低高脂血症大鼠的肝脏指数与肝脏脂肪变性程度（李向阳等，2010）。铁皮石斛味甘、性微寒，既可养阴，又能清热，对阴虚胃火盛型的胃病，服用铁皮石斛更是大有益处。铁皮石斛能对抗阿托品对唾液分泌的抑制作用，与西洋参有协同作用，合用后还能促进正常家兔的唾液分泌（屠国昌等，2010）。

［临床应用］

1. 热病伤阴　用于热病后期、伤津口渴、口干、脉数无力等。常与生地、麦冬、玄参、远志、茯苓、炙甘草等同用。方如石斛汤。

2. 胃热伤津　用于胃热而有虚火伤津者。常与沙参、麦冬、花粉、扁豆、鲜竹茹等同用。

［注意事项］

湿温及温热尚未化燥者忌用。

玉　竹

本品为百合科多年生草本植物玉竹［*Polygonatum odoratum*（Mill.）Druce］的干燥根茎。主产于湖南、河南、江苏等地。

玉竹性微寒，味甘。归肺、胃、心经。具有养阴润肺，益胃生津的功效。主治热病阴伤，咳嗽烦渴，虚劳发热，消谷易饥，小便频数。

［主要成分］

玉竹主要含有多糖、甾体皂苷、黄酮、生物碱、甾醇、鞣质、黏液质、强心苷等。

［药理作用］

1. 对免疫系统的影响　玉竹皂苷 POD-Ⅲ在较低浓度（0.1 mg/L）时能够协同亚适剂量和最适剂量的刀豆球蛋白（ConA）及脂多糖（LPS），对淋巴细胞的转化有促进作用。有研究表明玉竹30%乙醇提取物可保护小鼠免疫性肝损伤，其作用机制可能为抑制了T淋巴细胞的转化增殖。减少肝损伤细胞因子的释放，从而抑制活化增殖的T琳巴细胞对肝细胞的直接毒副作用（赵良中等，2006）。玉竹提取物A（EA-PAOA）对巨噬细胞产生的TNF-α有显著抑制作用，这种抑制作用在临床治疗自身免疫性疾病和在其他领域中的应用具有广阔的前景（韩日新等，2010）。

2. 降血糖作用　对玉竹的降血糖研究，实验给正常小鼠玉竹甲醇提取物800 mg/kg，鼠的血糖在4 h后下降约4 mg/dL，同样条件下可使STZ诱发高血糖小鼠血糖从（696±60）mg/dL降到（407±35）mg/dL。还可降低由肾上腺素诱发的高血糖小鼠的血糖。

3. 抗肿瘤作用　用60 mg/kg的玉竹多糖每天灌胃1次，连续10天后对S_{180}、EAC（S）的生长有明显抑制作用，并能延长荷瘤小鼠的生存期，对小鼠巨噬细胞功能也有明显的促进作用。玉竹提取物B具有显著的抗肿瘤作用。玉竹提取物B浓度为10 g/mL时对CEM增殖有显著的抑制作用，并通过促进CEM表面分子HLA-1、CD2和CD3的表达，尤其是CD2分子的表达，提高了CEM的分化程度（潘兴瑜等，2000）。

4. 延缓衰老　连续38天每天为每只小鼠灌服玉竹水煎液0.4 mL（相当于生药0.1 g），能增高其全血SOD的活性，同时还能增强谷胱甘肽过氧化物酶（GSH-Px）的活性，能抑制小鼠全血过氧化脂质（PLO）的形成，证明其确有延缓机体衰老的作用。此外，玉竹多糖能明显提高衰老模型小鼠的细胞及体液免疫功能，延缓机体的免疫衰老。

5. 抗病毒作用　从传统中药大玉竹中提取得低聚糖PooS，用吡啶一氯磺酸法制备了它的硫酸酯衍生物S-Poos。Poos和S-Poos都无细胞毒性。经硫酸酯衍生后的S-Poos获得抗病毒活性，能抑制HSV-2引起的细胞病变和病毒空斑的形成。

6. 抗疲劳作用　玉竹药液给小鼠灌胃，给药组小鼠负重游泳时间显著高于对照组、血尿素氮水平显著低于对照组、肝糖原储备量显著低于对照组、运动后血乳酸升高及消除幅度与对照组均无显著性差异，表明玉竹具有抗疲劳作用（吴晓岚等，2009）。

7. 抗氧化作用　玉竹糖蛋白粗提物具有一定的抗氧化活性，可降低受试小鼠的血清、肝脏和脑中MDA含量，并且能提高血清、肝脏和脑中SOD、CAT及GSH-Px活性。玉竹总黄酮在体外能明显抑制自由基DPPH的活性，在体内能明显增强衰老模型小鼠血液中 SOD 活性，降低肝组织中 MDA 含量，表明玉竹总黄酮具有较强的抗氧化能力。

8. 提高机体耐缺氧能力 玉竹多糖能明显延长缺氧小鼠的存活时间。提高 20、25 和 30 min 时缺氧小鼠存活率。表明玉竹多糖能明显增强小鼠耐缺氧能力（孙立彦等，2008）。

［临床应用］

1. 热病阴伤 本品养肺阴，润肺燥，用于阴虚肺燥有热的干咳少痰、咳血、声音嘶哑等，常与沙参、麦冬、桑叶等同用，方如《温病条辨》中的沙参麦冬汤。

2. 胃热伤津 本品养胃阴，清胃热，用于胃阴虚有热之口干舌燥、饥不欲食、消渴及肠燥便秘等，常与麦冬、沙参、生地黄等同用。

［注意事项］

胃有痰湿气滞者忌服。

百 合

本品为百合科多年生植物百合（*Lilium brownie* F. E. Brown var. *viridulum* Baker）、细叶百合（*Lilium pumilum* DC.）或卷丹（*Lilium lancifolium* Thunb.）的干燥肉质鳞叶。主产于浙江、江苏、湖南、广东、陕西等地。

百合性寒，味甘。归心、肺经。具有润肺止咳，清心养神的功效。主治热病后余热未消，虚烦惊悸，神志恍惚和肺痨久咳，咯血，肺脓疡等症。

［主要成分］

主要含有皂苷、多糖、淀粉、蛋白质、脂肪及微量秋水仙碱等。

［药理作用］

1. 抗癌作用 百合所含的秋水仙碱能抑制癌细胞的增殖。其作用机理为抑制肿瘤细胞的纺锤体，使其停留在分裂中期，不能进行有效的有丝分裂，特别是对乳癌的抑制效果比较好。

2. 对呼吸系统的影响 百合具有止咳作用，给小鼠灌胃百合水提取液 20 g/kg，可明显延长二氧化硫引咳潜伏期，并减少运行咳嗽次数；百合水煎剂对氨水引起的小鼠咳嗽也有止咳作用；百合经蜜制后，对上述两种化学刺激性咳嗽的止咳作用增强；百合还可以通过增加气管分泌起到祛痰作用。另外，百合还可以对抗组织胺引起的动物哮喘。

3. 耐缺氧与抗疲劳作用 百合水提液、水煎醇沉液均可延长正常小鼠常压耐缺氧和异丙肾上腺素所致耗氧增加的缺氧小鼠存活时间，水提液还可以延长甲状腺素所致“甲亢阴虚”动物的常压耐缺氧存活时间。百合水提液可以明显延长动物负荷（5%）游泳时间，亦可使肾上腺素皮质激素所致的“阴虚”小鼠及烟熏所致的“肺气虚”小鼠负荷（5%）游泳时间延长。

4. 降血糖作用 刘成梅等分离纯化出 2 种百合多糖（LPl，重均相对分子质量为 79 400 的葡萄甘露聚糖；LP2，重均相对分子质量为 18 150 的酸性多糖），并将 2 种百合多糖灌胃给予四氧嘧啶引起的糖尿病小鼠：结果 200 mg/kg 剂量 LPl 的降血糖效果接近 150 mg/kg 剂量的降糖灵；200 mg/kg 的降血糖效果则超过 150 mg/kg 剂量的降糖灵，表明百合多糖 LPl 及 LP2 均对四氧嘧啶引起的糖尿病模型小鼠有明显的降血糖作用（刘成梅等，2002）。

5. 抗氧化作用 百合多糖 200 mg/kg、400 mg/kg 灌胃，可使 D-半乳糖致衰老小鼠血清中 SOD、CAT 及 GSH-Px 活性升高，还可明显降低血浆、脑匀浆和肝匀浆中脂质过氧化水平。研究表明百合多糖在 0.02～0.10 mg/mL 浓度范围内其对 O_2^- ·和·OH 的清除能力与维生素 C 相当。

6. 其他作用 百合中的水溶性多糖（Bt-P），能够促进机体细胞免疫功能，对小鼠免疫功能具有明显的调理作用。百合水提液可明显延长戊巴比妥钠睡眠时间，并使阈下量戊巴比妥钠睡眠率显著提高，对二硝基氯苯（DNCB）所致的迟发型过敏反应有抑制作用。

[临床应用]

1. 肺燥咳喘 常与生地、栝楼、桑白皮、黄芩、石膏等同用。方如《元亨疗马集》中的百合散，主治马肺壅热，鼻内出脓证；用于耕牛气虚喘证，配秦艽、天门冬、当归、泡参、白术、杏仁、炙黄芪、炙甘草等；用于肺肾阴虚之咳喘，配百合、生地、熟地、麦冬、玄参、桔梗、贝母、当归、甘草等，方如百合固金汤。

2. 虚烦惊悸 常与沙参、知母、朱砂、麦冬等同用。用于热病后期余热未尽，气阴两伤的虚烦惊悸，动躁不安。

[注意事项]

外感风寒咳嗽者忌用。

[不良反应]

百合有小毒，对鼠类、犬类的实验中发现野生百合全株长时间大剂量食用会导致肺、肾的损坏及对白细胞、血小板的影响，即使是食用百合，也有一定毒性；直接接触生的球茎可能会引起皮肤瘙痒，吞食生的球茎可能会引起呕吐、拉肚子等症状。

枸 杞 子

本品为茄科植物宁夏枸杞（*Lycium barbarum* L.）的干燥成熟果实。主产于宁夏、甘肃、内蒙古等地。

枸杞性平，味甘。归肝、肾经。具有滋补肝肾，益精养血，明目消翳，润肺止咳的功效。主治虚劳精亏，腰膝酸痛，内热消渴，血虚萎黄，目昏不明。

[主要成分]

含有甜菜碱（betaine）、枸杞多糖（polysaccharide of lycium barbarum，LBP）、氨基酸、莨菪亭、粗脂肪、粗蛋白、维生素及微量元素等。

[药理作用]

1. 增强非特异性免疫 连续 3 天给小鼠口服 20 g/kg 宁夏枸杞水提物，或按 5 g/kg 肌肉注射给予醇提物，能明显促进网状内皮系统的吞噬功能，提高巨噬细胞吞噬率及吞噬指数。巨噬细胞数量增多、体积增大、伪足增多。枸杞糖缀合物（LbGp4，即分子量均一的糖缀合物）和枸杞糖链（LbGp4-OL，即用 β-降解的方法除去 LbGp4 上的蛋白或肽成分解离下糖链），对静息和活化的腹腔巨噬细胞的吞噬功能具有明显的促进作用，对巨噬细胞产生 NO、分泌 IL－1β 和 TNF－α 的含量及生物活性亦具有明显的促进作用，表明巨噬细胞是 LbGp4 和 LbGp4－OL 免疫促进作用的靶细胞之一（李英杰等，2005）。LBP 对环磷酰胺（CY）和 ^{60}Co 照射所致的白细胞数降低有明显升白作用，而对免疫器官的重量无明显影响，连续 7 天口服枸杞多糖 10 mg/kg，能显著增强小鼠腹腔巨噬细胞 C_3b 和 Fc 受体数量与活力，并能拮抗 CY 对巨噬细胞 C_3b 和 Fc 受体的抑制作用（曹淑彦等，2007）。枸杞多糖对外周血单核细胞具有激活作用，能增强单核细胞的吞噬作用，增加单核细胞胞质内溶酶体量，显著诱导单核细胞表达 TNF－α 和 IL－6。枸杞子水煎剂尚可促进中性粒细胞吞噬活性，增加溶血空斑形成细胞（PFC）数。

2. 增强特异性免疫

（1）增强体液免疫　每天给 Wistar 大鼠灌服宁夏枸杞袋泡茶 2 mL，共 2 周，可显著增加 IgM 含量，并使补体 C_4 含量增加。采用 Al（OH）$_3$ 佐剂诱导 BALB/C 小鼠产生血清高免疫球蛋白 IgE 的模型发现，口服枸杞子组小鼠血清抗 DNP IgE 水平较对照组低，说明它对 IgE 抗体应答有一定调节作用，可抑制小鼠 IgE 合成，枸杞水浸出液给小鼠灌胃，有明显促进抗体形成细胞的作用。枸杞粗多糖无论对正常小鼠还是对快速老化小鼠均明显促进小鼠脾细胞增殖反应和抗体生成反应，增强脾细胞产生抗体 IgG 的能力。

（2）增强细胞免疫　枸杞多糖（LBP）5 mg/kg 连续 7 天腹腔注射可明显增加小鼠外周血 T 淋巴细胞百分数。20 mg/kg LBP 灌胃 1 个月，对老年小鼠和 D－半乳糖致衰老小鼠能提高 T 淋巴细胞增殖和产生 IL－2、IL－2R 的能力。枸杞多糖能够有效地降低老年大鼠 T 细胞的过度凋亡，而且可以下调促凋亡的 TNFRlmRNA 表达并上调抗凋亡的 Bcl－2 mRNA 表达，从而改善老年大鼠 T 细胞过度凋亡的状态。LBP 5～10 mg/kg 腹腔注射，可明显增强 ConA 诱导的小鼠脾淋巴细胞增殖反应；但对 LPS 诱导的小鼠脾淋巴细胞增殖反应没有影响。表明 LBP 对 T 淋巴细胞有选择性的促进增殖作用，而对 B 淋巴细胞增殖无明显影响。按 5 mg/kg 给予 LBP 连续 7 天腹腔注射，对超适量免疫诱导的 Ts 细胞的抑制抗体产生功能有明显增强作用，剂量增大至 25～50 mg/kg，反降低 Ts 的作用功能，LBP（5～10 mg/kg，腹腔注射）可提高小鼠脾脏 T 淋巴细胞的增殖功能，增强 T 杀伤细胞（CTL）的杀伤功能，亦可增强 NK 细胞的杀伤作用。上述剂量的 LBP 还可以拮抗环磷酰胺对小鼠脾脏 T 细胞、CTL 和 NK 细胞的免疫抑制作用。体外试验还证明，当培养液中浓度为 10～250 μg/mL 时，LBP 可显著增强 IL－2 的促小鼠胸腺淋巴细胞增殖活性。枸杞能明显促进 ConA 活化的脾淋巴细胞 DNA 和蛋白质的生物合成，其促进 DNA 合成的最适浓度为 200 mg/mL，合成高峰在 48 h，并能明显增强 IL－2 的产生。给小鼠腹腔注射 LBP 后，可明显促进其脾细胞增殖，这种脾细胞经 IL－2 体外诱导后，用 125 I－UdR 释放分析发现，LBP 组 LAK 细胞活性较对照组提高 26%～80%，IL－2 用量降低 50%。5×10^4 U 的 IL－2 体外注射可直接诱导出一定的脾细胞 LAK 活性，也可以提高小鼠脾细胞在大剂量 IL－2（6 000 U 1.2×10^7 淋巴细胞/mL）冲击 1 h 的抗肿瘤活性。IL－2 和 LBP 合并使用可进一步提高快速 LAK 细胞的抗肿瘤活性，使之达到常规 LAK 水平，揭示 LBP 在体内不但可提高常规 LAK 活性并能提高快速 LAK 活性（王建华等，2002）。灌胃给予枸杞多糖（200 mg/kg、400 mg/kg、800 mg/kg），连续 10 天，对四氧嘧啶致糖尿病小鼠免疫功能有促进作用，可明显促进小鼠淋巴细胞增殖、调节T淋巴细胞亚群及提高IL-1和IL-2水平，使四氧嘧啶糖尿病小鼠免疫功能恢复接近正常（梁杰等，2007）。枸杞多糖（LBP）可剂量依赖性地升高小鼠淋巴细胞内cAMP和cGMP的水平，50 μg/mL尚可升高PMA活化的脾淋巴细胞内cGMP的水平。另外，100 μg/mL LBP可增加ConA活化后的小鼠脾淋巴细胞膜上的PKC活性（李晶等，2007）。枸杞对未经活化的淋巴细胞没有诱导增殖的作用，对于分别经PHA和PMA活化的淋巴细胞增殖有显著的促进作用。LBP增强免疫功能的机制可能部分是通过调节中枢下丘脑与外周免疫器官脾脏交感神经释放去甲肾上腺素等单胺递质及肾上腺皮质释放皮质激素等环节相互协调以及影响cAMP/cGMP系统以及促进PKC活性。此外，还有可能是作用于细胞膜，通过促进细胞膜的流动性及促进ConA活化的小鼠脾淋巴细胞胞浆内PKC从胞浆到胞膜的激活移位而实现的。

3. 延缓衰老的作用 利用细胞电生理方法，通过对爪蛙卵母细胞电学功能的测试，观察到自由基可使膜电学参数受损害，即膜功能受损，与自然衰老神经细胞膜的电学变化基本一致。枸杞通过清除自由基保护膜功能从而起到延缓衰老的作用。灌胃枸杞多糖能提高D-半乳糖所致衰老小鼠体内GSH-Px和SOD活性，从而可以清除过量的自由基，降低MDA和脂褐素含量，起到延缓衰老的作用（梁杰等，2007）。

4. 抗肿瘤作用 S_{180}荷瘤小鼠细胞免疫功能下降，LBP能升高其脾脏T淋巴细胞^{3}H-TdR的掺入值；T淋巴细胞增殖反应（RPI）从相当于正常的0.3%提高到24.3%，并明显促进NK活性和TNF分泌水平。对肝癌H_{22}荷瘤小鼠也有此作用（朱彩平等，2006）。以硅霜为基质加入枸杞涂抹在硫化钠脱毛处，能促进表皮郎格汉斯细胞（Langerhans cell，LC）数量增加，Ia抗原表达增强及促进皮肤真皮组织内胶原纤维、弹性纤维及DNA增生，从而提高皮肤的免疫防御功能，从而预防老化及抑制皮肤癌肿的发生（Huang C et al.，2006）。10～20 mg/kg LBP抑瘤率为31%～39%，与CY合用可提高CY的抑瘤率（14%～54%），有明显协同作用。用枸杞子冻干粉混悬液和CY联合治疗大鼠Walktr肉瘤，LBP对CY导致的白细胞减少有明显的保护作用，1周内白细胞数即有明显回升，第14天升至正常水平，提高机体免疫能力，减轻CY的毒副作用，促进机体造血功能的恢复。

5. 保肝作用 给大鼠长期饲喂含枸杞水提物（0.5%和1%）或甜菜碱的饲料对四氯化碳（CCl_4）引起的肝损害有保护作用，能抑制CCl_4引起的血清及肝中的脂质变化，降低谷草转氨酶的活性。小鼠灌服枸杞子浸液对CCl_4引起的肝损害亦有保护作用，如轻度抑制脂肪在肝细胞内沉积和促细胞再生。天冬氨酸甜菜碱亦对CCl_4中毒性肝炎有保护作用，甜菜碱的保肝作用可能与其作为甲基供体有关。LBP对CCl_4所致肝损伤有修复作用，对CCl_4所致的血清ALT活性升高有明显的保护作用。连续灌服LBP 10周，对大鼠酒精性脂肪肝（AFL）也有防治作用，能抑制肝细胞色素P4502E1（CYP2E1）基因及蛋白表达，降低血清ALT、AST、y-GT含量，提高GSH-Px、SOD活性，增加GSH含量，减少MDA产生，有效地防治AFL（宋育林等，2002）。枸杞水煎剂对肝切除后的大鼠肝细胞分裂增殖有促进作用。枸杞保肝的机制可能是通过减轻脂质过氧化反应以及保护肝脏的膜结构免受自由基的攻击（张红锋等，2004）。

6. 增强造血功能 连续3天腹腔注射LBP 10 mg/kg，可使正常小鼠骨髓中爆式红系集落形成单位（BFU－E）和红系集落形成单位（CFU－E）分别上升到对照值的342%、192%。外周血网织红细胞比例于给药后第6天上升到对照值的218%，并能促小鼠脾脏T淋巴细胞分泌集落刺激因子，提高小鼠血清集落刺激活性水平，在体外培养体系中，LBP对粒-单系祖细胞无直接刺激作用，但可加强集落刺激因子（CSF）的集落刺激活性。LBP可促进正常小鼠骨髓造血干细胞（CFU－S）增殖，明显增加骨髓单系细胞（CFU－GM）数量，促进CFU－GM向粒系分化。

7. 其他作用

（1）抗应激作用 枸杞总皂苷可显著增强小鼠耐受缺氧的能力以及延长小鼠游泳持续时间。宁夏枸杞可降低束缚应激大鼠血清皮质醇含量、增加行为活动和体重、升高血清TNF－a含量（李宏辉等，2007）。枸杞多糖能够调节下丘脑-垂体-肾上腺皮质（HPA）轴的适应性，降低皮质醇的过量释放，维持免疫功能稳定，调节心理应激水平（周健等，2009）。

（2）降血脂作用 灌胃给枸杞多糖30天对下丘脑损伤性肥胖小鼠有减肥作用，显著降低下丘脑损伤肥胖小鼠的体重、李氏指数和脂肪指数；60 mg/kg枸杞多糖-4可显著降低血清TC，各剂量组的血清TG含量均显著降低，20 mg/kg和40 mg/kg的枸杞多糖-4可显著提高血清HDL－C含量；并可显著减小脂肪细胞大小和增加脂肪组织内Acc mRNA的含量。枸杞多糖-4可通过调节机体的能量代谢达到降脂减肥的作用。枸杞可降低大鼠血胆固醇，并明显抑制灌饲胆固醇和猪油的家兔的血清胆固醇增高，但仅有轻微抗家兔动脉粥样硬化形成作用（朱彩平等，2005）。枸杞多糖具有调节血脂的作用，适当增加摄入有利于维持血脂在较低水平，对心血管疾病具有预防作用（彭安芳，2015）。

（3）抗动脉粥样硬化 灌服2 mL/kg枸杞籽油56天，对高脂膳食制备家兔动脉粥样硬化有显著拮抗作用，可增加实验家兔血浆中HDL－C、ApoA的含量，降低血浆中TC、TG、LDL－C、ApoB的含量，增强血清中SOD、GSH－Px、总抗氧化Ⅰ酶（T－AOC）的活性，降低血清中MDA的含量；降低PKC、MMP－2、MMP－9在血管中的表达（姜怡邓等，2007）。除上述降血脂、抗氧化作用外，LBP还能降低血清TNF－α的含量；降低NF－KB、TNF－α分子在血管中的表达，减少脂质斑块的形成（姜怡邓等，2007）。

（4）改善糖尿病病变 枸杞水提物、枸杞多糖及其养阴活血复方对葡萄糖、肾上腺素、四氧嘧啶、链脲佐菌素（STZ）诱导的多种高血糖模型动物的高血糖均有抑制作用，对正常小鼠和自发性高血糖小鼠也有明显降血糖作用（谭淑敏，2008）。并使空腹血糖、NO、MDA浓度、NOS活性明显下降，而空腹胰岛素水平和β细胞功能指数、SOD活性明显上升。LBP有效地抑制硝普钠（SPN）引起的胰岛细胞功能和氧化损伤指标的改变，能够提高胰岛细胞的抗氧化能力，改善胰岛细胞分泌功能，对外源性NO引起的胰岛细胞损伤有保护作用。枸杞多糖对高脂高糖＋小剂量STZ诱导的2型糖尿病大鼠肾脏氧化应激损伤有改善作用，LBP能使尿素氮、肌苷、尿微量白蛋白、肾肥大指数降低，还可降低2型糖尿病模型大鼠血清AGEs－P及血浆HbAlc与肾脏中IL－8含量。枸杞多糖对α-葡萄糖苷酶具非竞争性抑制作用，0.4 mg枸杞多糖对该酶抑制程度为52%，2 mg的抑制率高达88%（程燕等，2008）。

（5）抗自由基损伤　枸杞水提液给小鼠灌胃 16 天，能明显提高小鼠心、肝、肺组织 SOD、过氧化氢酶活性和总抗氧化能力。枸杞多糖（LBP3）能抑制由羟自由基（·OH）引起的多种氧化损伤现象，可使 MDA 生成量减少，保护肝线粒体膜的流动性，减轻肝线粒体的肿胀，对 H_2O_2 诱导小鼠血红细胞（RBC）溶血有抑制作用，还有强的·OH 清除作用，从而起到保护生物膜系统的作用。枸杞的醇提取物和水提取物都具有较强的抗氧化作用，且枸杞醇提物清除自由基的能力要强于水提物（罗琼等，2006）。在剂量上认为枸杞多糖清除·OH 自由基的能力在 0.25 mg/mL 为 18.64%，在 1.0 mg/mL 为 87.29%，再增大浓度时清除能力呈下降趋势。

（6）增强性功能　灌胃 LBP 10 mg/kg 可以提高半去势大鼠的性功能，能明显缩短阴茎勃起潜伏期、骑跨潜伏期，提高骑跨动物百分率；提高半去势大鼠血清睾酮（T）、降低雌二醇（E_2）水平；提高其附性腺器官脏器系数、精子计数及活力。其机制可能是通过调节下丘脑-垂体-生腺轴功能起作用，而本身不具有雄性激素样作用（黄晓兰等，2003）。枸杞还能通过抗氧化使受损的睾丸组织恢复到接近正常，灌胃 1 mL/100 g LBP 连续 2 周，对雄性大鼠温水浴致睾丸组织损伤有保护作用，可使睾丸损伤大鼠血清性激素水平升高；增加睾丸、附睾的脏器系数；提高大鼠睾丸组织 SOD 活性，降低 MDA 含量（朱萍萍等，2005）。

（7）抗重金属离子中毒　灌胃给花粉枸杞液连续 2 周，对大鼠亚急性镉暴露损伤有拮抗作用，拮抗镉导致的脂质氧化，拮抗染镉大鼠尿 12 h-谷氨酰转移酶（r-GT）和碱性磷酸酶（AKP）的增高趋势，使染镉大鼠肝镉含量明显降低，尿镉排出差值比对照组有明显增高趋势，表明花粉枸杞可能具有一定的促排镉作用（黄美燕等，2005）。LBP 具有脑功能的保护作用，可提高染铅小鼠海马区 NO 和 NOS 活性，改善染铅小鼠学习记忆，降低含铅量（蔡天革等，2006）。对海马中儿茶酚胺含量上升有拮抗作用，可使肾上腺素和去甲肾上腺素水平显著下降（宋琦如等，2007）。

（8）抗辐射作用　枸杞多糖对长波紫外线（UVA）辐射致体外培养人皮肤成纤维细胞损伤有保护作用，提高 SOD 活力，抑制 MDA 含量升高，降低 LDH 漏出量（李德远等，2005）。经口给予 2 g/mL 枸杞汁和 5%的枸杞粉饲料，对小鼠有抗辐射作用，可提高小鼠的存活率，降低肝及脾过氧化脂质（LPO）；白细胞及淋巴细胞受到一定保护；微核率降低，精子畸变率降低。以 5%的枸杞粉饲料为佳，2 g/mL 枸杞汁也有明显效果。LBP 对 ^{60}Co γ 射线造成的小鼠细胞凋亡有拮抗作用，使辐射小鼠 Bcl-2 基因表达提高、Caspase-3mRNA 表达水平降低，骨髓细胞增殖活性提高，凋亡率降低（郝敏，2003）。

［临床应用］

1. 虚劳精亏　用于肝肾亏虚，精血不足，腰胯乏力等。常与菟丝子、熟地、山萸肉、山药等同用。方如《活兽慈舟》中的滋肾壮阳丹。

2. 目昏不明　用于肝肾不足所致的视力减退、眼目昏暗、瞳孔散大等。常与菊花、熟地、山萸肉等同用。方如《实用中兽医诊疗学》中的夜明七宝丹。

［注意事项］

外邪实热，脾虚有湿及泄泻者忌服。

［不良反应］

过量服用枸杞可引起恶心、呕吐、腹痛、腹泻、精神不振、肌肉震颤、心率加快等反应。枸杞所含亚油酸可导致腹痛、腹泻。有报道大果枸杞含铅元素 1%～2%。而铅元素对神经系统及肝脏都有毒性损害。另报道，大果枸杞可引起寒战、高热，使血压、血糖下降，呼吸兴奋等，故服用量不可过大。大鼠静脉注射甜菜碱 2.4 g/kg，未见毒性反应；小鼠腹腔注射 25 g/kg，10 min 内出现全身痉挛，呼吸停止。枸杞水提物小鼠皮下注射的 LD_{50} 为 8.32 g/kg，甜菜碱为 18.74 g/kg。

女 贞 子

本品为木樨科常绿乔木植物女贞（*Ligustrum lucidum* Ait）的干燥成熟果实。主产于江苏、湖南、河南、湖北、四川等地。

女贞子性平，味甘，微苦。归肺、肾经。具有补肾滋阴，养肝明目的功效。主治眩晕耳鸣，腰膝酸软，须发早白，目暗不明。

［主要成分］

主要含有女贞子果实含齐墩果酸（oleanolic acid）、甘露醇、葡萄糖、棕榈酸、硬脂酸、油酸及亚麻酸。果皮含熊果酸（ursolic acid）、齐墩果酸、乙酰齐墩果酸（acetyloleanolic acid）。种子含脂肪油 14.9%，油中棕榈酸与硬脂酸为 19.5%、油酸及亚麻酸等为 80.5%。女贞子中尚含铜、锌、铁、锰等微量元素。

［药理作用］

1. 抗菌、抗病毒 女贞子所含齐墩果酸（OLA）为广谱抗生素，对金黄色葡萄球菌、溶血性链球菌、大肠杆菌、弗氏痢疾杆菌、伤寒杆菌，特别是对伤寒杆菌、金黄色葡萄球菌作用比氯霉素强。女贞子还具有明显的抗病毒作用。橄榄苦苷对呼吸道合胞病毒（RSV）和副流感 3 型病毒（Para 3）具有明显的抑制活性，IC_{50} 分别为 23.4 mg/mL 和 11.7 mg/mL。橄榄苦苷、ligulucisides、liguluciridoids 等化合物均对甲型流感病毒表现出明显的抑制活性，且半数抑制浓度（IC_{50}）低于阳性对照药物利巴韦林（Pang X et al.，2018）。齐墩果酸和熊果酸表现出抗丙型肝炎病毒（HCV）活性，主要与通过作为非竞争性抑制剂抑制 HCV NS5B Rd Rp 活性，且明显抑制 HCV 基因型 1b 复制子和 HCV 基因型 2a JFH1 病毒的复制（Kong L B et al.，2013）。

2. 抗炎作用 30%的女贞子水煎剂灌胃给药对二甲苯引起小鼠耳廓肿胀，乙酸引起的小鼠腹腔毛细血管通透性增加及对角叉菜胶、蛋清、甲醛性大鼠足垫肿胀均有明显抑制作用，并能显著降低大鼠炎性组织 PGE_1 的释放量；能明显抑制大鼠棉球肉芽组织增生，同时伴有肾上腺质量的增加，而对大鼠胸腺质量无明显影响。女贞子叶浸膏外涂治疗烧伤和放射性损伤，具有清热、消炎、止痛生肌作用。

3. 降血糖、降血脂 女贞子煎剂、女贞子中提取的女贞子素、齐墩果酸均有良好的降血糖作用。女贞子 30 g/kg 给小鼠灌胃 10 天，对由肾上腺素、葡萄糖引起的小鼠血糖升高有明显的对抗作用；可明显降低四氧嘧啶糖尿病大鼠、小鼠的血糖水平及降低大鼠并发血清甘油三酯升高的作用。预防给药后能对抗四氧嘧啶引起的小鼠血糖升高。齐墩果酸对正常大鼠的血糖、血脂无明显影响，而对实验性高脂血症大鼠有明显的降脂作用，并能减少脂质在家兔主要脏器的沉积（彭小英等，2010）。

4. 保肝作用 大鼠在注射四氯化碳后，给 OLA 20 g/kg 皮下注射 7 天，结果表明，OLA 对四氯化碳引起的大鼠急性肝损伤有明显的保护作用；使血清 ALT 含量明显下降，肝脏脂肪变性减轻，肝内甘油三酯蓄积减少；肝细胞变性、坏死明显减轻，糖尿蓄积增加。根据超微结构观察，肝细胞内线粒体肿胀与内囊泡减轻，并能促进肝细胞再生。实验表明，酒蒸女贞子的保肝、免疫调节作用最强，OLA 含量最高，降血清 ALT 作用最强。

5. 抗衰老作用 女贞子及其有效成分 OLA 能清除超氧阴离子自由基和羟自由基，提高机体对自由基的防御力，通过研究药物对小鼠脑、肝过氧化脂质（MDA）的含量及肝超氧化物歧化酶（SOD）活性的影响。女贞子能显著抑制高龄鼠肝 MDA 的形成。

6. 对免疫系统的影响 女贞子中的 OLA 具有促进淋巴细胞增殖和动物巨噬细胞吞噬功能，迟发超敏反应的效应，并与 IL－2 具有协同作用。临床观察，服用 OLA 对肝肿瘤患者的 T 淋巴细胞及巨噬细胞吞噬功能均有一定的提高作用，而服用安慰剂的对照组无明显变化，说明其有免疫调节作用。女贞子多糖对小鼠的免疫作用与机体的免疫状态有关，对非特异性细胞免疫有增强作用，对正常小鼠的特异性细胞免疫无明显影响，对免疫抑制状态小鼠的细胞免疫有增强作用。

7. 对血液系统的影响 OLA 加快了血小板的流动性，减弱了血小板之间的碰撞，使其不易粘连和聚集，更不易在血管内膜沉积，从而减缓和防止血栓形成，又可降低脂质内膜的沉积。

8. 对性激素的影响 研究发现女贞子的有机溶剂提取物中，既含睾丸酮样的雄激素，又含雌二醇样的雌激素。用女贞子等补肾中药在无热小白鼠阴道黏膜上产生了雌激素样作用，服药组兔卵巢的大卵泡数明显增加，雌激素升高。女贞子、首乌等组成的补肾益精方具有调节内分泌、降低泌乳素、促进排卵及黄体生成的功能。

9. 抗肿瘤作用 女贞子通过逆转肿瘤细胞对巨噬细胞的功能抑制而发挥抗肿瘤作用。对胃、大肠消化道的 9 种癌细胞有明显的抑制作用，而对正常纤维细胞有增殖作用促进，通过减少 matrilysin 的分泌而起到对肿瘤细胞的抑制和抗转移作用。水提取物可抑制黄曲霉菌交联 DNA，减少 AFB－DNA 的形成，因而认为女贞子能提高肿瘤患者的免疫功能，与化疗药物同用，有一定的增效减毒作用，可作为肿瘤的化疗预防剂（孟静岩等，2001）。

10. 其他作用 女贞子尚有强心、扩张冠状血管、扩张外周血管等心血管系统作用；利尿、止咳，缓泻，抗菌等作用。齐墩果酸有某些强心、利尿作用；甘露醇则有缓下作用；还含有多量的葡萄糖；这些可能与其强壮作用有关。

［临床应用］

1. 肾精不足 用于牛肾虚滑精，腰冷肢软无力。常与熟地、枸杞、菟丝子、旱莲草等同用。方如女贞散。

2. 目暗不明 用于云翳遮睛，视力减退。常与菊花、蝉蜕、决明子、桑叶、生地等同用。

［注意事项］

脾虚泄泻及阳虚者忌用。

［不良反应］

临床应用女贞子，偶有口干、头晕、轻微腹泻等不良反应，停药后可自行消失。

龟　板

本品为龟科动物乌龟［*Chinemys reevesii*（Gray）］的腹甲及背甲。主产于浙江、湖北、湖南等地。

龟甲性微寒，味甘、咸。归肺、肝、心经。具有滋阴潜阳，益肾健骨，固经止血，养血补心的功效。主治阴虚潮热，骨蒸盗汗，头晕目眩，虚风内动，筋骨痿软。

［主要成分］

主要成分含蛋白质（约32%）、骨胶原（collagen），其中含有天冬氨酸、苏氨酸、蛋氨酸、苯丙氨酸、亮氨酸等多种氨基酸。另含碳酸钙约50%。腹甲、背甲的氯仿提取液预试均有甾类化合物反应，酸性氧化铝柱层均得熔点分别为50～51℃及94～96℃两种结晶。腹甲、背甲的水浸出物和醇浸出物含量、总氮量、蛋白质含量及出胶率基本相同，并均含有无机离子K^+、Na^+、Ca^{2+}、Fe^{3+}及磷。背甲胶经酸水解，有与腹甲胶相同的16种氨基酸。

［药理作用］

1. 抗氧化作用　用1,1,二苯基-2-苦基肼基游离基（DPPH）法对比研究了龟甲石油醚、乙酸乙酯、95%乙醇提取部位的体外抗氧化活性，发现随着浓度的增加，抑制率不断增加，其中又以95%乙醇部位提取物抑制作用最强。采用DPPH法比较海南产龟板与湖北汉阳产龟板的抗氧化活性，前者比后者强，差异极显著（$P<0.01$）（谢学明等，2006）。

2. 抗脂质过氧化作用　将50只SD大鼠随即分成5组，受试组分别注射不同质量浓度的龟板醇提物，阳性对照组注射维生素E，对照组注射等量的蒸馏水；每天1次，7天后分别用TBA比色法和亚硝酸盐法测定大鼠肝中丙二醛（MDA）和超氧化物歧化酶（SOD）活性，发现受试组MDA水平显著下降，SOD活性显著提高，表明龟板醇提物具有抗脂质过氧化作用（黄春花，2007）。

3. 骨髓间充质干细胞增殖促进作用　骨髓间充质干细胞（Mesenchymal Stem Cell，MSC）可以分化为神经细胞，由氧化而导致的自由基损伤可能是影响干细胞移植效果的重要因素之一。用密度梯度法分离大鼠的骨髓间充质干细胞（MSC），培养3代后加入H_2O_2损伤3 h造成MSC氧化损伤模型；试验组加入不同质量浓度的龟甲醇提物，24 h后用MTT法测定细胞活性，发现与H_2O_2损伤组存在显著差异，且浓度越大，修复能力越强，表明龟甲醇提物具有修复MSC氧化损伤的作用。

4. 抑制细胞凋亡作用　用紫外线直接照射细胞造成损伤模型，用龟板各成分对照培养，用流式细胞仪检测FITC-Annexin V和碘化丙锭（PI）双标，结果表明早期凋亡率（LR）、正常率（LL）与对照组均存在显著性差异，表明龟板提取物具有较好的抗表皮干细胞凋亡作用（陈兰等，2011）。龟板提取物还有具有抑制6-羟基多巴胺诱导PC12细胞凋亡的作用，其作用机制可能与上调BCL-X/L的表达有关（刘洋等，2011）。

5. 提高免疫力作用 用甲状腺片和利血平溶液给小鼠造模，结果表明龟甲对阴虚小鼠体重减轻、自主活动减少、耐缺氧能力减弱和甲状腺、胸腺、脾脏、肾上腺的萎缩都具有一定的抑制作用，说明龟甲具有增强免疫力的作用（顾迎寒等，2007）。

［临床应用］

1. 筋骨痿软 本品长于滋肾养肝，又能健骨强筋，故多用于肝肾阴虚之筋骨不健，腰膝酸软，步履乏力及佝偻病等。证属阴虚火旺者常与滋阴降火药同用，如《丹溪心法》虎潜丸以其配伍熟地、知母、黄柏等；脾肾不足，阴血亏虚，发育不良，出现佝偻病症状者，宜与补脾益肾、益精养血之紫河车、鹿茸、当归等品同用。

2. 阴虚阳亢 本品补肾阴，养肝阴，用于肝肾阴虚所致阳亢、内热、风动等，常与天冬、白芍、代赭石等同用，方如《医学衷中参西录》中的镇肝熄风汤。

［注意事项］

龟甲恶沙参、蜚蠊。

鳖　甲

本品为鳖科动物鳖（*Trionyx sinensis* Wiegmann）的背甲。主产于湖北、湖南、安徽等地。

鳖甲性寒，味甘，咸。归肝、肾经。具有滋阴潜阳，退虚热，软坚散结的功效。主治眩晕，腰膝酸软，目暗不明。

［主要成分］

主要含骨胶原（collagen）、碳酸钙、磷酸钙、中华鳖多糖、多种氨基酸、碘等。鳖甲浸出物含量以水浸出物为最多。背甲与腹甲均含钙、磷、钠、镁、钾、锌、铁、锰、钴、铜、砷等 11 种元素。

［药理作用］

1. 抗肝纤维化 鳖甲煎口服液对实验性肝纤维化有一定的治疗作用，对大鼠实验性肝纤维化具有明显的保护作用，早期应用可以预防或延缓肝纤维化的形成和发展（姚立等，2002）。以鳖甲为主的中药复方制剂与秋水仙碱对大鼠肝纤维化的治疗效果进行比较，治疗组在生化、肝脏形态方面优于对照组秋水仙碱，临床观察患者的腹胀、恶心、肝区疼痛等症状得到改善，血中透明质酸、层粘连蛋白含量有所下降，尿中羟脯氨酸值有一定提高，结果优于秋水仙碱对照组（王英凯等，2002）。

2. 对肺纤维化的影响 复方鳖甲软肝方可降低肺纤维化大鼠Ⅰ、Ⅲ胶原，层粘连蛋白及透明质酸的含量，减轻肺组织纤维性增生，这可能是通过降低肺纤维化大鼠细胞外基质含量而发挥治疗肺纤维化作用（张东伟等，2004）。

3. 抗肿瘤作用 鳖甲提取液对小鼠 S_{180} 腹水肉瘤细胞、小鼠 H_{22} 肝癌细胞和小鼠 Lewis 肺癌细胞体外生长有抑制作用。鳖甲多糖能明显抑制 S_{180} 荷瘤小鼠肿瘤的生长，其作用机制可能是增强了荷瘤小鼠的非特异性免疫功能和细胞免疫功能（王慧铭等，2005）。

4. 增强免疫作用 从鳖甲中提取出来的生物活性物质，具有抗肿瘤、抗辐射及提高免疫功能等作用。鳖甲多糖能明显提高 S_{180} 荷瘤小鼠的非特异性免疫功能和细胞免疫功能。有人将鳖甲提取物（TSWE）给小鼠口服3天，于末次给药24 h后全身1次6GyX线照射，观察受照后3天小鼠免疫器官和免疫功能的影响。结果显示口服鳖甲提取物能显著提高受照小鼠的免疫功能。

5. 对血脂的影响　复方鳖甲软肝片有明显降低全血高切及低切粘度的作用。其高、中、低3种剂量均能够降低高脂饲料大鼠血中总胆固醇水平，升高高密度脂蛋白水平，减少脂肪的吸收，促进脂肪的代谢（段斐等，2005）。

6. 其他作用　鳖甲提取物（TSWE）能显著增加小鼠乳酸脱氢酶（LDH）活力，有效清除剧烈运动时机体的代谢产物，能延缓疲劳的发生，也能加速疲劳的消除。此外，高、中剂量TSWE还能增加小鼠的耐缺氧能力（张娅婕等，2004）。TSWE能提高机体对负荷的适应性。鳖甲煎丸能够明显上调肾间质纤维化大鼠肾脏ADM蛋白及mRNA的表达，对肾脏起到保护作用（韩琳等，2007）。

［临床应用］

1. 阴虚内热　本品滋阴潜阳、退虚热，用于温病后期，阴液耗伤，热退无汗。常与丹皮、生地、青蒿等同用。方如《温病条辨》中的青蒿鳖甲汤。

2. 癥瘕　本品可软坚散结，用于治癥瘕。常与丹皮、桃仁、土鳖虫、厚朴、半夏等同用。

［注意事项］

脾胃虚寒，食少便溏及孕畜禁服。

山　茱　萸

本品为山茱萸科植物山茱萸（*Cornus officinalis* Sieb. et Zucc.）的干燥成熟果肉。分布于山西、江苏、浙江、安徽、江西、山东、河南、湖南、四川、陕西、甘肃等地。

山茱萸性微温，味酸、涩。具有补益肝肾，收涩固脱之功效。主治眩晕耳鸣，腰膝酸痛，阳痿遗精，遗尿尿频，崩漏带下，大汗虚脱，内热消渴。

［主要成分］

含莫罗忍冬苷（morroniside）、7-o-甲基莫罗忍冬苷（7-o-methylmorroniside）、獐牙菜苷（sweroside）、番木鳖苷（ioganin）、山茱萸鞣质1,2,3（cornus-tannin 1,2,3）等。

［药理作用］

1. 对骨质疏松症的防治　山茱萸水提液高、中剂量组能显著增加SAM-P/6小鼠骨皮质厚度及骨细胞数目；且高、中、低3个剂量组均能显著增加SAM-P/6小鼠的骨小梁面积。

2. 抗失血性休克　用水煮醇沉法将山茱萸制成静脉注射液（1 g/mL），给失血性休克的家兔按每分钟36滴的速度颈外静脉点滴半小时或1 mL/kg耳静脉注入，隔10 min 1次，共5次，对照组以等量NS同种方法注入。结果实验组血压均迅速回升，回升的幅度及血压心搏波振幅平均增值均明显高于对照组。

3. 抑制血小板聚集　山萸肉注射液体外给药，能明显抑制阈浓度二磷酸苷（ADP）

钠盐、胶原或花生四烯酸诱导的兔血小板聚集，抑制作用随其用量加大而增强，剂量与效应相关；静脉给药也表明其能抑制ADP诱导的兔血小板聚集，说明整体与离体试验结果一致。

4. 对免疫系统的影响 山茱萸总苷可抑制T、B淋巴细胞增殖，抑制T淋巴细胞产生IL-2、T淋巴细胞表面CD3、CD4、CD8的表达及提高CD4/CD8的比值；明显抑制rTNF-α和rIL-1诱导ECV304表达黏附分子ICAM-1和CD44，并呈明显的量效关系；影响主要组织相容性抗原。山茱萸总苷和环孢霉素A对T-PA刺激白细胞介素-2推动的淋巴细胞增殖、PHA或PWM与肌联合刺激的反应以及淋巴细胞及CTL细胞的增殖有明显差异。此外两者对淋转、MIR和CTL增殖有协同抑制作用等。

5. 抗肿瘤作用 山茱萸多糖对S_{180}肉瘤小鼠有明显的瘤抑制作用，可以使外周血$CD4^{+}$T细胞数量增加，$CD8^{+}$T细胞数量降低，并能提高IL-2水平、降低IL-4水平，通过调节荷瘤小鼠异常的免疫状态而发挥抗肿瘤作用（邹品问等，2012）。山茱萸体外能杀死腹水癌细胞。山茱萸中的熊果酸体外能迅速杀死培养细胞，熊果酸0.125 mg/mL时可杀死70%的艾氏腹水癌细胞、87%的SP20细胞。

［临床应用］

1. 肝肾阴虚 用于真阴虚，肾水不足，眩晕耳鸣，口燥盗汗等。常与地骨皮、女贞子等同用。方如《景岳全书》中的左归饮。

2. 肾精亏虚 用于阳痿、遗精、滑精。常与熟地黄、枸杞子、山药等同用。方如《扶寿精方》中的草还丹。

3. 肾气不固 用于脾气虚弱，冲任不固之漏下不止，常与黄芪、白术、棕榈炭等同用。方如《医学衷中参西录》中的固冲汤；用于久病虚脱或大汗、误汗之大汗淋漓、肢冷、脉微者，常与人参、附子、龙骨等同用，方如《医学衷中参西录》中的来复汤。

［注意事项］

凡命门火炽，强阳不痿，素有湿热，小便淋涩者忌服。

◆ 参考文献

安方玉，刘永琦，骆亚莉，等，2015. 当归不同有效部位对高原低氧模型小鼠免疫功能的影响［J］. 中国中医药信息杂志，22（2）：51-54.

柏长青，宋颖芳，王德堂，等，2008. 黄芪、党参提取物增强紫杉醇抑制肿瘤血管生成和转移的实验研究［J］. 细胞与分子免疫学杂志，24（4）：375-377.

鲍素华，查学强，2009. 不同分子量铁皮石斛多糖体外抗氧化活性研究［J］. 食品学，30（21）：123-127.

鲍玉林，刘妍妍，2019. 黄芪多糖对舍饲藏羊生长性能和免疫功能的影响［J］. 中国畜牧杂志，55（5）：4.

蔡旭滨，陈凌锋，檀新珠，等，2016. 太子参茎叶多糖对断奶仔猪生长性能和血清抗氧化指标、免疫指标及生化指标的影响［J］. 动物营养学报，28（12）：3867-3874.

蔡旭滨，陈凌锋，吴晓晴，等，2017. 太子参茎叶多糖联合枯草芽孢杆菌对断奶仔猪生长性能及免疫功能的影响［J］. 家畜生态学报，38（11）：32-37.

蔡玉霞，张剑宇，2009. 补骨脂水煎剂对去卵巢骨质疏松大鼠骨代谢的影响［J］. 中国组织工程研究与临床康复，13（2）：268－271.
蔡云，刘昳，王锐，等，2006. 白术挥发油对癌性恶病质小鼠血清细胞因子 TNF－d、IL－2 的影响［J］. 陕西中医，27（11）：1432－1434.
曹淑彦，王宇学，2007. 枸杞多糖对外周血单核细胞激活作用［J］. 中国医院药学杂志，27（9）：1219－1221.
陈斌，孙克伟，谢凤瑛，等，2002. 当归抗大鼠免疫性肝纤维化的实验研究［J］. 湖南中医学院学报，22（4）：1－3.
陈长勋，2015. 中药药理学 . 第 2 版［M］. 上海：上海科学技术出版社 .
陈超然，陈晓辉，陈昌福，2000. 口服甘草素对中华鳖稚鳖抗嗜水气单胞菌感染的作用［J］. 华中农业大学学报（6）：577－580.
陈辰，徐维平，魏伟，等，2009. 黄精多糖对慢性应激抑郁小鼠模型行为学及脑内 5－HT 的影响［J］. 山东医药，49（4）：39－41.
陈刚，郭利霞，邓小红，等，2008. 白芍总苷对巨噬细胞-氧化氮和诱导型-氧化氮合酶生成的影响及其机制研究［J］. 中国免疫学杂志，24（4）：345－351.
陈冠敏，陈润，张荣标，2005. 龙眼多糖口服液增强免疫功能的研究［J］. 毒理学杂志，19（3）增刊：283.
陈娟，郭小红，张小琼，等，2021. 仙茅化学成分，药理与毒理作用研究进展［J］. 中华中医药杂志，36（7）：8.
陈兰，黎晖，李春，等，2011. 龟版有效成分抗无血清损伤表皮干细胞凋亡的研究［J］. 中西医结合学报，8（9）：888－893.
陈凌锋，蔡旭滨，檀新珠，等，2017. 太子参茎叶多糖对断奶仔猪肠道免疫功能、肠黏膜形态结构及盲肠内容物菌群的影响［J］. 动物营养学报，29（3）：1012－1020.
陈素红，范景，2008. 菟丝子不同提取部位对雌二醇致肾阳虚小鼠的影响［J］. 上海中医药大学学报，22（6）：60－63.
陈照坤，2005. 影响骨质疏松症的微量元素研究进展［J］. 护士进修杂志，20（6）：509－510.
陈治奎，胡申江，孙坚，等，2003. 黄芪对自发性高血压大鼠的降压作用［J］. 中药新药与临床药理；14（6）：372－374.
陈治奎，胡申江，孙坚，等，2003. 黄芪对自发性高血压大鼠血压的急性效应［J］. 中国实验诊断学，7（5）：403－405.
陈忠，方代南，纪明慧，2003. 南药巴戟天水提液对小鼠免疫功能的影响［J］. 科技通报，19（3）：244－246.
程燕，刘静，程佳，2008. 枸杞多糖对外源一氧化氮损伤下小鼠胰岛细胞功能的影响［J］. 第四军医大学学报，29（19）：2.
崔豪，冯静，崔瑛，等，2006. 熟地黄及其多糖中枢抑制作用研究［J］. 河南中医学院学报，21（6）：18－19.
崔笑梅，曹建民，周海涛，2014. 巴戟天对大鼠抗运动性疲劳能力及脑组织自由基的影响［J］. 卫生职业教育，32（19）：100－102.
崔瑛，侯士良，颜正华，等，2003. 熟地黄对毁损下丘脑弓状核大鼠学习记忆及海马 c－fos 和 NGF 表达的影响［J］. 中国中药杂志，28（4）：362－365.
崔永锋，王琦，张毅，等，2003. 杜仲对兔骨折愈合影响的 X 线影像学研究［J］. 中药新药与临床药理，14（3）：3.
崔永明，余龙江，丁巧，等，2008. 甘草醇提物对大鼠学习记忆障碍的影响［J］. 中国老年学杂志，28（12）：1055－1057.
邓必贤，李健，黄一帆，等，2014. 黄芪超微粉对三黄鸡小肠绒毛形态结构、肠内容物消化酶活性和盲肠菌群的影响［J］. 福建农林大学学报：自然科学版，43（6）：616－621.

邓平香，徐敏，2005. 补骨脂对去卵巢大鼠骨转换及血脂代谢影响的实验研究［J］. 新中医，37（7）：94－96.
邓卅，李卫平，任开环，等，2007. 山麦冬总皂苷对局灶性脑缺血损伤的保护及抗凝血作用研究［J］. 中国药房，18（30）：2332－2334.
地里亚尔·阿布拉海提，陈嘉辉，徐家棋，等，2022. 甘草提取物的药理作用及其在畜禽生产中的应用［J］. 中兽医医药杂志，41（4）：39－42.
董福慧，金宗濂，郑军，等，2006. 四种中药对骨愈合过程中相关基因表达的影响［J］. 中国骨伤，19（10）：595－597.
董晞，赵世萍，刘岩，等，2009. 甘草苷对乌头碱致心肌细胞损伤的保护作用［J］. 中华中医药杂志，24（2）：163－166..
杜宏举，马玲，郑珊，等，2013. 西洋参和黄芪提取物合用对小鼠免疫功能的影响［J］，7（6）：248－251.
杜蓥蓥，乔石，甘思言，等，2021. 太子参参须提取物对小鼠血清免疫指标和抗氧化指标的影响［J］. 中兽医医药杂志，40（1）：18－21
段雪磊，马奎红，包永占，等，2015. 刺五加免疫调节功能的研究进展［J］. 中兽医学杂志（6）：4.
范俊，张小燕，张志杰，等，2007. 麦冬不同提取部位对过氧化氢所致血管内皮细胞损伤的保护作用［J］. 中国药理学与毒理学杂志，21（2）：131－133.
范益军，淳泽，罗傲雪，2010. 迭鞘石斛中性多糖 DDP1－1 的体内免疫活性［J］. 应用与环境生物学报，16（3）：376－379.
方芳，吴永贵，董婧，等，2008. 白芍总苷对糖尿病大鼠肾小管-间质损伤的保护作用及机制［J］. 中国药理学通报，24（3）：369－373.
冯晶，2012. 淫羊藿的研究进展［J］. 湖北中医杂志，34（9）：74－75.
傅盼盼，洪铁，杨振，2008. 党参多糖对糖尿病小鼠胰岛素抵抗的改善作用［J］. 时珍国医国药，19（10）：2414－2416.
甘思言，衣伟萌，乔石，等，2020. 太子参参须提取物对免疫抑制小鼠血清免疫指标和抗氧化指标的影响［J］. 畜牧与兽医，52（8）：121－124.
高宏伟，李玉萍，李守超，2021. 杜仲的化学成分及药理作用研究进展［J］. 中医药信息，38（6）：9.
高追，胡英杰，符林春，2007. 何首乌二苯乙烯苷的调节血脂作用［J］. 中国中药杂志，32（4）：323－326.
葛淑兰，田景振，2005. 淫羊藿及其有效成分的药理研究进展［J］. 中国药师，8（6）：462－464.
葛许华，顾永健，姜正林，等，2004. 刺五加皂甙对大鼠血管性痴呆防治作用的研究［J］. 卒中与神经疾病，11（6）：353－356.
宫兆燕，张君利，2018. 天冬活性化合物的提取及其药理活性研究进展［J］. 医学综述，24（24）：5.
龚晓健，李运曼，安佰平，等，2006. 骨碎补总黄酮的抗膝骨关节炎作用［J］. 中国天然药物，4（3）：215－218.
郭超萍，张兵，包传红，2019. 龙眼肉水提物对小鼠抗疲劳及耐缺氧作用实验研究［J］. 亚太传统医药，15（10）：3.
郭寒，蔡辉，2009. 淫羊藿对心血管系统的药理作用［J］. 山西中医，25（7）：52－53.
郭军鹏，葛斌，2014. 党参不同提取物对小鼠学习记忆功能的影响［J］. 中国老年学杂志（6）：1564－1565.
郭煜晖，胡大军，陈静，等，2017. 衰老相关基因 Klotho 的研究进展［J］. 中国老年学杂志，37（3）：3.
韩林，李健，姜慧慧，等，2015. 黄芪 3 种成分对 H_2O_2 诱导 Chang liver 细胞凋亡的抑制作用［J］. 中国兽医学报（4）：620－625.
韩林，李健，林欣，等，2014. 黄芪甲苷对 Chang Liver 细胞酒精性和非酒精性氧化损伤的保护作用［J］. 中国中药杂志（22）：4430－4435.

韩日新，关玲敏，潘兴瑜，2010. 玉竹提取物A对小鼠巨噬细胞白细胞介素-1和肿瘤坏死因子产生的影响［J］. 检验医学与临床，7（20）：2198-2199.

郝爽，闫爽，于俪婧，等，2021. 淫羊藿苷对雏鸡频繁疫苗免疫应激状态下免疫功能和生长性能的调控作用［J］. 饲料研究，44（10）：5.

侯德仁，王艳，薛俐，等，2008. 何首乌对Aβ1-40诱导的AD大鼠海马线粒体膜流动性及COX活性的影响［J］. 中南大学学报（医学版），33（11）：987-992.

胡晓琴，廖维靖，杨万同，等，2006. 当归多糖对大鼠缺血性脑损伤后血管生成素表达的影响［J］. 中国康复医学杂志，21（3）：204-206.

黄春花，李熙灿，陈东风，2007. 两种不同产地龟甲抗氧化活性研究［J］. 现代预防医学，34（5）：828-830.

黄海英，于定荣，郭艳丽，2016. 大枣多糖对小鼠免疫功能的影响研究［J］. 人人健康（2）：2.

黄霞，刘杰，刘惠霞，2004. 熟地黄多糖对血虚模型小鼠的影响［J］. 中国中药杂志，29（12）：1168-1170.

黄倚，李菲，吴芹，2009. 金钗石斛总生物碱对四氧嘧啶所致糖尿病大鼠的保护作用［J］. 遵义医学院学报，32（5）：451-453.

嵇志红，张晓利，2006. 菟丝子水提取物对脑缺血大鼠记忆障碍的改善作用［J］. 中国行为医学科学，15（8）：681-682.

贾晓燕，路来金，宣昭鹏，2010. 鹿茸多肽-壳聚糖-蜂蜜混悬剂对猪皮肤褥疮的促愈合作用［J］. 中国矫形外科杂志（6）：498-502.

贾新，陈建宗，林志福，等，2008. 二苯乙烯苷对帕金森病模型大鼠行为学及多巴胺能神经元的影响［J］. 中国新药杂志，17（9）：748-752.

姜怡邓，曹军，董泉洲，等，2007. PKC和MMPs在枸杞籽油抗动脉粥样硬化中的作用和机制［J］. 华西药学杂志，22（1）：9-12.

姜怡邓，曹军，董泉洲，等，2007. 枸杞籽油抗动脉粥样硬化的功效强度及作用机制的实验研究［J］. 中药材，30（6）：672-677.

金乐红，刘传飞，唐婵，2010. 石斛水溶性多糖的抗肿瘤作用及其机制的研究［J］. 健康研究，30（3）：167-170.

金露，符德玉，罗海明，等，2006. 黄芪注射液对大鼠离体心脏缺血再灌注损伤的保护作用［J］. 中西医结合心脑血管病杂志，4（4）：311-312.

李朝敢，韦星，农嵩，等，2008. 含何首乌血清对人胚肺二倍体成纤维细胞端粒酶活性的影响［J］. 右江民族医学院学报，30（4）：527-529.

李道中，彭代银，徐先祥，等，2008. 菟丝子多糖降糖作用机制研究［J］. 中华中医药学刊，26（12）：2717-2718.

李冬梅，尹晓飞，刘晋华，等，2008. 淫羊藿总黄酮的长期毒性研究［J］. 中国实验方剂学杂志，14（7）：6-9.

李宏辉，刘秀芳，杨惠芳，等，2007. 宁夏枸杞对束缚大鼠行为、体重和肿瘤坏死因子-a水平的影响［J］. 卫生研究，36（6）：743-745.

李健，韩林，马玉芳，等，2013. 黄芪超微粉HPLC指纹图谱的建立［J］. 食品科学（20）：199-202.

李健，韩林，马玉芳，等，2015. 黄芪3种成分对Chang Liver细胞氧化应激的抑制作用［J］. 中国中药杂志（2）：318-323.

李晶，欧芹，孙洁，2007. 枸杞多糖对衰老大鼠蛋白质氧化损伤影响的实验研究［J］. 中国老年学杂志（27）：2384-2385.

李敏，费曜，王家葵，2005. 天冬药材药理实验研究 [J]. 时珍国医国药，16 (7)：580 - 582.
李敏，张冰，刘小青，2010. 基于 LO2 细胞 CYP3A 变化的辛热药附子、仙茅药性表达研究 [J]. 中华中医药杂志，25 (12)：2351 - 2355.
李培英，2001. 补肾活血中药对乳腺萎缩，增生雌性大鼠乳腺形态的影响 [J]. 中国中西医杂志，21 (6)：448.
李熙灿，谢学明，黄春花，等，2007. 龟板醇提物对大鼠骨髓间充质干细胞氧化损伤的修复及其抗脂质过氧化作用 [J]. 中草药，38 (7)：1043 - 1046.
李向阳，龚其海，吴芹，2010. 金钗石斛多糖对大鼠高脂血症和肝脏脂肪变性的影响 [J]. 中国药学杂志，45 (15)：1142 - 1144.
李小琼，金葳，葛小军，2009. 金钗石斛多糖对脂多糖诱导的小鼠腹腔巨噬细胞分泌 TNF - α · No 的影响 [J]. 安徽农业科学，37 (28)：13634 - 13635.
李晓东，吴瑕，张磊，等，2009. 淫羊藿对骨骼系统的药理作用研究进展 [J]. 中国药理与临床，25 (1)：74 - 77.
李晓捷，尤海燕，2008. 中药菟丝子水提取物促毛囊无色素黑素细胞分化的实验研究 [J]. 中国皮肤性病学杂志，22 (1)：4 - 13.
李英杰，齐春会，赵修南，等，2005. 枸杞糖缀合物和糖链对小鼠巨噬细胞功能的影响 [J]. 中国药理学通报，21 (11)：1304 - 1308.
李永梅，李霞，周兆丽，等，2007. 何首乌提取物对百草枯引起的小鼠多巴胺神经元损伤的保护作用 [J]. 中国临床药理学杂志，23 (5)：395 - 396.
梁杰，张陈威，李建赤，等，2007. 小鼠皮肤超氧化物歧化酶活性与枸杞多糖的干预 [J]. 中国组织工程研究与临床康复，Ⅱ (36)：7207 - 7210.
梁莉，乔华，王婷，等，2008. 南沙参多糖对 CCl_4 及 D-氨基半乳糖致急性肝损伤的保护作用 [J]. 中药药理与临床，24 (4)：38 - 40.
廖成成，臧宁，班建东，等，2014. 黑斑蛤蚧对哮喘模型小鼠的免疫调节的影响 [J]. 中成药，36 (10)：2037 - 2040.
廖悦华，梁琼，王卓，等，2007. 中药骨碎补对去睾丸骨质疏松症动物模型的影响 [J]. 中国骨质疏松杂志，13 (4)：277 - 280.
林慧彬，林建强，林建群，等，2003. 山东产四种菟丝子免疫增强作用的比较研究 [J]. 中西医结合学报，1 (1)：51 - 53.
刘冰，于宏伟，李梅，等，2015. 益智仁镇静催眠活性部位的筛选 [J]. 时珍国医国药，26 (1)：3.
刘成梅，付桂明，涂宗则，等，2002. 百合多糖降血糖功能研究 [J]. 食品科学，23 (6)：113 - 114.
刘东艳，李健，马玉芳，等，2010. HPLC 法测定芪苓制剂超微粉中白术内酯Ⅲ的含量 [J]. 福建农林大学学报：自然科学版 (3)：286 - 289.
刘端勇，赵海梅，周枫，等，2008. 黄芪多糖调节小鼠小肠黏膜淋巴细胞因子的表达 [J]. 中国中医基础医学杂志，14 (9)：692 - 693.
刘建勋，2020. 中药药理学 [M]. 北京：中国协和医科大学出版社.
刘美红，邹峥嵘，2022. 女贞子化学成分、药理作用及药动学研究进展 [J]. 热带亚热带植物学报，30 (3)：446 - 460.
刘万珍，2007. 蜂蜜的医疗保健功效 [J]. 医药与保健 (9)：42.
刘伟萍，金国平，陈培波，等，2008. 山药水提物对四氯化碳所致小鼠急性肝损伤的改善作用 [J]. 郑州大学学报 (医学版)，43 (5)：885 - 888.
刘晓河，王治宝，梁惠花，等，2009. 杜仲多糖清除亚硝酸盐作用的研究 [J]. 河北北方学院学报：医学版，26 (4)：111 - 112.
刘星雨，吴娜，张娇，等，2014. 生、炙甘草对小鼠 CYP3As 及对雷公藤内酯醇解毒的比较 [J]. 中成药，36 (12)：2451 - 2457.
刘洋，伍艺灵，曹佳会，等，2011. 龟板提取物对 PC12 细胞凋亡的影响及其机制 [J]. 中药材，34 (3)：400 - 403.
龙浩，2015. 人参皂苷衍生物 AD - 1 对小细胞肺癌 A549 细胞增殖和荷瘤裸小鼠肿瘤生长的抑制作用 [J]. 中国药业，24 (1)：25 - 27.
鲁亚奇，张晓，王金金，等，2019. 补骨脂化学成分及药理作用研究进展 [J]. 中国实验方剂学杂志，25 (3)：10.
路景涛，孙妩弋，刘浩，等，2008. 白芍总苷对免疫性肝纤维化大鼠肝组织 NF - KB 和 TGF - β1 蛋白表达的影响 [J]. 中国药理学通报，24 (5)：588 - 592.
吕蓉，韦翡翡，何微微，等，2020. 南沙参的本草考证与研究新进展 [J]. 中兽医医药杂志 (1)：4.
吕武兴，贺建华，2004. 杜仲提取物防霉效果的观察 [J]. 饲料研究 (6)：4 - 7.
吕艳，祝彼得，冯雪梅，等，2005. 人参总皂甙和西洋参茎叶总皂甙对贫血小鼠造血影响的比较 [J]. 成都中医药大学学报，28 (2)：33 - 35.
罗纯清，王兴，2018. 玉竹药理作用研究进展 [J]. 亚太传统医药，014 (7)：95 - 97.
罗俊，龙庆德，李诚秀，等，2000. 地冬及天冬对荷瘤小鼠的抑瘤作用 [J]. 贵阳医学院学报，25 (1)：15 - 16.
罗林明，裴刚，覃丽，等，2017. 中药百合化学成分及药理作用研究进展 [J]. 中药新药与临床药理，028 (6)：824 - 837.
罗勇，聂晶，龚其海，等，2008. 淫羊藿苷减轻铝诱导的大鼠学习记忆减退并增强皮质及海马 Na^+ - K^- ATPase、Ca^{2+} - ATPase 活性 [J]. 中药药理与临床，24 (3)：24 - 25.
骆和生，罗鼎辉，1999. 免疫中药学 [M]. 北京：北京医科大学中国协合医科大学联合出版社：130.
马绍伟，邓文琼，马玉芳，等，2016. 复方中药超微粉对河田鸡生长性能、屠宰性能及肉品质的影响 [J]. 中国畜牧兽医 (1)：114 - 120.
马艳春，吴文轩，胡建辉，等，2022. 当归的化学成分及药理作用研究进展 [J]. 中医药学报，50 (1)：111 - 114.
毛小文，顾志荣，吕鑫，等，2022. 锁阳的资源化学，药理作用及开发利用研究进展 [J]. 中国野生植物资源，41 (4)：5.
梅雪，余刘勤，陈小云，等 .2016. 何首乌化学成分和药理作用的研究进展 [J]. 药物评价研究，39 (1)：122 - 131.
孟静岩，片岗宽章，保岛一树，等，2001. 女贞子苋芪汤抗癌转移的离体实验研究 [J]. 天津中医学院学报，20 (3)：32 - 34.
米健国，黄凯旋，赵俊权，等，2012. 淫羊藿对慢性再障模型大鼠造血调控因子影响的实验研究 [J]. 中医研究，25 (5)：60 - 62.
苗明三，顾丽亚，方晓艳，等，2004. 阿胶益寿颗粒对小鼠衰老模型的影响 [J]. 中国中药杂志，29 (8)：817 - 818.
苗明三，孙艳红，史晶晶，等，2007. 熟地黄粗多糖对血虚模型小鼠胸腺和脾脏组织形态的影响 [J]. 中华中医药杂志，22 (5)：318 - 320.
苗明三，王智明，孙艳红，2007. 怀熟地黄多糖对血虚大鼠血像及细胞因子水平的影响 [J]. 中药药理与临床，23 (1)：39 - 40.
闵思明，赵晓瑶，陈赛红，等，2020. 太子参参须多糖对免疫抑制小鼠的免疫调节作用研究 [J]. 动物医学进展，41 (8)：23-28.
莫梅兰，廖美东，陈亚轻，等，2022. 蛤蚧化学成分和药理作用的现代研究进展 [J]. 大众科技，24 (6)：4.
潘兴瑜，张明策，李宏伟，等，2000. 玉竹提取物B对肿瘤的抑制作用 [J]. 中国免疫学杂志，16 (7)：376-377.
彭安芳，2015. 枸杞多糖和木耳多糖对小鼠血脂的影响 [J]. 安徽农业科学，43 (1)：132.
彭成，彭代银，2018. 中药药理学. 第2版 [M]. 北京：中国医药科技出版社.
彭婉，马骁，王建，等，2018. 麦冬化学成分及药理作用研究进展 [J]. 中草药，49 (2)：12.
彭小英，李晴宇，侯芳，等，2010. 复方女贞子降血糖作用的实验研究 [J]. 上海实验动物科学，21 (2)：103-104.
乔石，闵思明，甘思言，等，2021. 太子参参须多糖对免疫抑制小鼠脾脏损伤的修复作用研究 [J]. 中国预防兽医学报，43 (9)：991-997.
乔石，闵思明，甘思言，等，2022. 太子参参须多糖对小鼠脾淋巴细胞体外免疫活性的影响 [J]. 动物医学进展，43 (3)：73-77.
丘保华，李瑞满，2008. 麦冬多糖对妊娠糖尿病大鼠血糖的影响 [J]. 暨南大学学报：医学版，29 (4)：367-369.
丘雪红，曹莉，韩日畴，2016. 冬虫夏草的研究进展、现存问题与研究展望 [J]. 环境昆虫学报，38 (1)：23.
任梦云，杨光，杜乐山，等，2018. 药用植物锁阳的研究进展 [J]. 生物学杂志，35 (5)：4.
任志国，2014. 石斛多糖对人 Burkitt 淋巴瘤 Raji 细胞增殖、凋亡的影响及机制 [J]. 山东医药，54 (34)：60-62.
上官海娟，徐江，官洪山，等，2008. 当归对心肌梗死后心肌细胞凋亡和心室重构的影响 [J]. 中国中西医结合急救杂志，15 (1)：39-44.
申文玲，彭相君，于丽萍，2019. 熟地黄活性成分药理作用的相关研究 [J]. 临床医药文献电子杂志，6 (85)：1.
沈骅睿，吕文科，杨松涛，2005. 中药仙茅对骨髓干细胞向神经元细胞定向诱导的实验研究 [J]. 成都中医药大学学报，28 (4)：8-11.
沈杰，马恩耀，赵志敏，等，2020. 巴戟天多糖的提取，分离及生物活性研究进展 [J]. 中药新药与临床药理，31 (2)：5.
石娜，苏洁，杨正标，等，2014. 白术多糖对D-半乳糖致衰老模型小鼠的抗氧化作用 [J]. 中国新药杂志，23 (5)：6.
时圣明，2016. 狗脊的化学成分及药理作用研究进展 [J]. 药物评价研究 (3)：4.
史敏，赵宇，温学森，2009. 鲜地黄、生地黄和熟地黄对大鼠肝组织皮质酮降解的影响 [J]. 中国中药杂志，34 (22)：2969-2971.
苏东晓，侯方丽，张名位，等，2009. 龙眼肉干品中活性物质的提取工艺优化及抗氧化作用研究 [J]. 广东农业科学 (1)：68-70.
苏洁，2014. 杜仲及菟丝子对肾阳虚大鼠生殖力及性激素的影响 [J]. 浙江中医药大学学报 (9)：1087-1090.
苏晓妹，魏东，张涛，等，2007. 阿胶对血虚证动物模型的作用 [J]. 中国临床药理学与治疗学，12 (4)：597-599.
隋锐，张烨，姚冰，等，2020. 紫河车提取物通过 FAK 信号通路抑制脑胶质瘤细胞增殖，侵袭和迁移作用的研究 [J]. 生命科学仪器，18 (3)：7.

随家宁，李芳婵，郭勇秀，等，2020. 益智仁化学成分，药理作用及质量标志物研究进展［J］. 药物评价研究，43（10）：7.

孙洁，魏晓东，欧芹，等，2009. 菟丝子醇提液对衰老模型大鼠脾淋巴细胞 DNA 损伤影响的研究［J］. 黑龙江医药科学，32（3）：2-3.

孙立彦，刘振亮，孙金霞，等，2008. 玉竹多糖对小鼠耐缺氧作用的影响［J］. 山东农业大学学报：自然科学版，39（3）：335-338.

孙设宗，张红梅，赵杰，等，2009. 山药多糖对小鼠肝、肾、心肌和脑组织抗氧化作用的研究［J］. 现代预防医学，36（8）：1445-1147.

谭连杰，林黑着，黄忠，等，2018. 当归多糖对卵形鲳鲹生长性能、抗氧化能力、血清免疫和血清生化指标的影响［J］. 南方水产科学，14（4）：72-79.

谭淑敏，2008. 枸杞降血糖作用的药效学研究［J］. 南方医科大学学报，28（11）：2103-2104.

檀新珠，陈赛红，陈俊宇，等，2018. 太子参茎叶多糖对小鼠脾淋巴细胞因子含量及对细胞因子和转录因子 mRNA 表达量的影响［J］. 中国兽医科学，48（1）：124-129.

檀新珠，陈语嫣，蔡旭滨，等，2018. 太子参茎叶多糖的提取及其对小鼠免疫活性的影响［J］. 中国兽医学报，38（3）：556-563.

檀新珠，陈语嫣，陈赛红，等，2017. 太子参茎叶多糖对免疫抑制小鼠免疫功能的影响［J］. 天然产物研究与开发，29（12）：2134-2140.

檀新珠，吴晓晴，吕明其，等，2017. 太子参茎叶多糖对小鼠免疫器官指数和血清免疫球蛋白、补体含量的影响［J］. 福建农林大学学报：自然科学版，46（5）：590-594.

唐富天，梁莉，李新芳，2002. 南沙参多糖对大鼠的辐射防护作用［J］. 中药药理与临床，18（2）：15-17.

唐琪，陈莉丽，严杰，2004. 骨碎补提取物促小鼠成骨细胞株 MC3T3-E1 细胞增殖分化和钙化作用的研究［J］. 中国中药杂志，29（2）：164-168.

唐琪，王维倩，王仁飞，等，2010. 柚皮苷对小鼠成骨细胞 MC3T3-E1 增殖功能的影响［J］. 浙江中医药大学学报，34（2）：171-172.

童小峰，张磊，黄杰，等，2020. 淫羊藿苷对蛋鸡生产性能，蛋品质，输卵管氧化还原状态和炎性细胞因子基因表达的影响［J］. 动物营养学报，32（12）：8.

屠国昌，2010. 铁皮石斛的化学成分［J］. 药理作用和临床应用，22（2）：70-71.

王凤舞，沈心荷，任嘉玮，等，2014. 大枣多糖对香菇多糖抗疲劳抗氧化的增效作用的研究［J］. 食品科技，39（9）：210-215.

王光明，姬爱冬，2008. 黄芪对脾虚大鼠胃肠道动力的作用［J］. 中药药理与临床，24（1）：54-55.

王雷，李军民，卢迪，等，2014. 淫羊藿及其复方有效成分的提取和抗衰老作用探析［J］. 药物与人，27（3）：10-11.

王敏，王彦春，洪小平，等，2004. 党参及其复方对亚急性衰老模型小鼠 IL-2 影响的研究［J］. 湖北中医杂志，26（7）：6-7.

王庆奎，赵海运，吕志敏，等，2011. 口服当归多糖对点带石斑鱼非特异性免疫力的影响［J］. 安徽农业科学，39（22）：13857-13860.

王茹，谢印乾，2006. 蜂胶的免疫增强作用及其在疫苗中的应用［J］. 广东畜牧兽医科技，31（6）：14-16.

王莎莎，张钊，陈乃宏，2018. 枸杞子主要活性成分及药理作用研究进展［J］. 神经药理学报，8（6）：53.

王少根，徐慧琴，陈侠英，2005. 党参对严重烫伤豚鼠肠道的保护作用［J］. 中国中西医结合急救杂志，12（3）：144-145.

王盛民，侯新江，张瑛，等，2006. 膨化麦冬对环磷酰胺所致免疫抑制小鼠免疫功能的影响［J］. 陕西中医，27（3）：368－370.
王思凝，李宁，李敬双，等，2021. 大枣多糖对鸡免疫功能和生长性能的影响［J］. 饲料研究，44（11）：4.
王涛，郝云辉，马晶军，等，2014. 微波辅助提取何首乌中的总黄酮及其抗氧化性研究［J］. 河北医药，36（23）：3654－3656.
王婷，张金超，陈瑶，等，2007. 6种淫羊藿黄酮抗氧化和抗肿瘤活性的比较［J］. 中国中药杂志，32（8）：715－718.
王卫霞，王谦，2005. 人参皂苷的免疫调节作用及其应用［J］. 中华中医药杂志，20（4）：234－236.
王伟，赵学忠，睢大员，等，2008. 西洋参茎叶总皂苷对大鼠实验性心室重构的影响［J］. 中国老年学杂，28（18）：1785－1787.
王小梅，景会锋，2008. 白术对运动应激性溃疡大鼠胃组织中自由基含量及 HSP70 表达的影响［J］. 天津体育学院学报，23（5）：453－456.
王晓琴，苏柯萌，2020. 北沙参化学成分与药理活性研究进展［J］. 中国现代中药，22（3）：9.
王亚琼，祝庆华，唐明文，等，2020. 紫河车临床应用研究概况［J］. 亚太传统医药，16（7）：4.
王煜恒，徐孝宙，王会聪，等，2018. 黄芪多糖对杂交鳢生长性能、免疫能力、抗氧化能力和抗病力的影响［J］. 动物营养学报，30（4）：1447－1456.
王治丹，代云飞，罗尚娟，等，2022. 铁皮石斛化学成分及药理作用的研究进展［J］. 华西药学杂志，37（4）：472－476.
魏巍，2004. 中药沙苑子和仙茅的遗传毒性［J］. 中国社区医师，9（4）：72.
文珠，肖移生，唐宁，等，2006. 黄精多糖对神经细胞的毒性及抗缺氧性坏死和凋亡作用研究［J］. 中药药理与临床，22（2）：29－31.
翁玲，刘学英，刘彦，等，2003. 黄芪多糖对小鼠骨髓及外周血造血干细胞的增殖及动员作用［J］. 基础医学与临床，23（3）：306－309.
吴宏忠，杨帆，崔书亚，等，2008. 阿胶酶解成分对贫血小鼠造血系统的保护机制［J］. 华东理工大学学报：自然科学版，34（1）：47－52.
吴疆，魏巍，袁永兵，2011. 补骨脂的化学成分和药理作用研究进展［J］. 药物评价研究，34（3）：217－219.
吴琼，程小卫，雷光青，等，2007. 仙茅苷对自由基的清除作用［J］. 中国现代应用药学杂志，24（1）：6－9.
吴晓岚，王玉勤，车光昇，等，2009. 黄精和玉竹抗疲劳作用的实验研究［J］. 中国冶金工业医学杂志，26（3）：271－272.
吴芷芷，惠青山，袁江，等，2017. 紫河车提取物联合顺铂对人胶质瘤细胞增殖凋亡的影响［J］. 广州医药，48（4）：4.
武冰峰，杨娟，谢红，等，2008. 党参多糖对神经干细胞硫代硫酸钠损伤的保护作用［J］. 时珍国医国药，19（2）：280－281.
夏泉，张平，李绍平，等，2004. 当归的药理作用研究进展［J］. 时珍 INNIN 药，15（3）：164－166.
相湘，2007. 山药的抗衰老作用研究［J］. 医药论坛杂志，28（24）：109－110.
谢可鸣，居颂光，顾永平，等，2002. 当归对体内外血吸虫卵肉芽肿反应抑制作用的实验研究［J］. 中国病理生理杂志，18（9）：1122－1125.
谢学明，李熙灿，钟远声，等，2006. 龟板体外抗氧化活性的研究［J］. 中国药房，17（18）：1368－1370.
辛丹，严冬梅，王跃飞，等，2009. 补骨脂及其相关化学成分的药理与毒理研究进展［J］. 辽宁中医药大学学报，11（7）：70－72.

辛晓明，王大伟，王远丽，等，2009. 杜仲多糖镇痛作用研究［J］. 现代中西医结合杂志，18（5）：487－488.
辛颖，倪劲松，姜新，等，2006. 20（S）-人参皂苷R够抑制肿瘤生长的作用［J］. 吉林大学学报：医学版，32（1）：61－63.
邢文会，侯金丽，韩鸿鹏，等，2014. 山药多糖对I型糖尿病小鼠血糖和抗氧化能力的影响［J］. 食品研究与开发，35（17）：107－110.
熊平源，王强，郭凯文，等，2007. 何首乌对老龄大鼠免疫功能的影响［J］. 数理医药学杂志，20（2）：242－243.
熊玉兰，王金华，屠国瑞，等，2006. 熟地黄麦角甾苷对小鼠肾毒血清肾炎治疗作用的研究［J］. 世界科学技术-中医药现代化基础研究，8（5）：46－48.
徐宏喜，2019. 中药药理学. 第3版［M］. 上海：上海科学技术出版社.
徐丽珊，金晓玲，邵邻相，等，2003. 白术及白术多糖对小鼠学习记忆和抗氧化作用的影响［J］. 科技通报，19（6）：513－515.
徐露，董志，2008. 当归多糖抗衰老作用的实验研究［J］. 激光杂志，29（4）：89－90.
徐增莱，汪琼，赵猛，等，2007. 淮山药多糖的免疫调节作用研究［J］. 时珍国医国药，18（5）：1040－1041.
许爱霞，张振明，葛斌，等，2005. 何首乌多糖对氧自由基及抗氧化酶活性的作用研究［J］. 中国药师，8（11）：900－902.
许力军，段秀梅，钱东华，等，2004. 西洋参茎叶皂苷对CPHD患者细胞免疫功能的影响［J］. 中国药理学通报，20（8）：901－903.
闫彦芳，张壮，韦颖，等，2006. 党参总皂苷抗缺氧缺糖再给氧诱导大鼠星形胶质细胞损伤的作用［J］. 北京中医药大学学报，29（12）：826－829.
杨敏，杨春，刘莹，等，2019. 鹿茸多肽药理作用的研究进展［J］. 特产研究，41（4）：5.
杨欣，2006. 菟丝子水提物对人精子顶体和超微结构的保护作用［J］. 中国中药杂志，31（5）：422－425.
杨秀梅，杨雨，王丹阳，等，2021. 新疆野生荒漠肉苁蓉醇提物调节小鼠DCs成熟对Th1/Th2的免疫增强作用［J］. 畜牧兽医学报.
姚谦明，何启，蒋宇刚，2002. 何首乌对脑细胞Bcl－2基因表达的影响实验性研究［J］. 现代临床医学生物工程学杂志，8（2）：83－86.
叶纯，苏进，王凡，2008. 淫羊藿水提液对去势大鼠松质骨的影响［J］. 中国临床解剖学杂志，26（1）：87－90.
伊娜，杨铧，武勇，等，2017. 阿胶药理药效研究进展［J］. 世界最新医学信息文摘（54）：4.
衣伟萌，陈赛红，闵思明，等，2020. 太子参参须提取物对免疫抑制小鼠保护作用的研究［J］. 天然产物研究与开发，32（5）：837－844.
殷惠军，张颖，蒋跃绒，等，2005. 西洋参叶总皂苷对急性心肌梗死大鼠心肌细胞凋亡及凋亡相关基因表达的影响［J］. 中国中西医结合杂志，25（3）：232－235.
尹术华，吴文英，宋也好，等，2020. 白扁豆非淀粉多糖的理化性质，抗氧化活性及其抑菌性能［J］. 食品工业科技，41（19）：6.
余辉艳，鲍岩岩，2007. 菟丝子水煎液对大鼠肝微粒体细胞色素P450亚型酶活性的影响［J］. 哈尔滨医科大学学报，41（2）：105－108.
余晓红，2011. 仙茅多糖对小鼠免疫功能影响的实验研究［J］. 海峡药学，23（3）：33－35.
曾丽，甘思言，杜蓥蓥，等，2022. 太子参参须多糖对小鼠OVA蛋白的免疫佐剂作用研究［J］. 中国预防兽医学报，44（6）：648－654，681.

曾丽，甘思言，杜鋆鋆，等，2022. 太子参参须皂苷的免疫佐剂作用研究 [J]. 天然产物研究与开发，34 (2)：830-838.
张宝龙，曲木，暴丽梅，等，2018. 饲料中党参水平对黄颡鱼生长及抗氧化能力的影响 [J]. 饲料与畜牧 (7)：51-55.
张波，徐博，吴昊，等，续断对兔骨折愈合过程中相关基因表达和血钙，磷含量的影响 [J].
张春梅，李新芳，2001. 南沙参多糖改善东莨菪碱所致大鼠学习记忆障碍的研究 [J]. 中药药理与临床，17 (6)：19-21.
张春梅，李新芳，2001. 南沙参多糖改善化学品诱导小鼠学习记忆障碍的研究 [J]. 中药药理与临床，17 (4)：19-21.
张红锋，徐曼艳，王耀发，等，2004. 枸杞多糖对四氯化碳和高糖致损伤大鼠肝细胞的作用 [J]. 华东师范大学学报：自然科学版 (3)：121-125.
张红玉，戴关海，马翠，2009. 铁皮石斛多糖对 S180 肉瘤小鼠免疫功能的影响 [J]. 浙江中医杂志，44 (5)：380-381.
张洁，韩爱萍，丁选胜，2011. 淫羊藿总黄酮对四氧嘧啶糖尿病小鼠降糖作用的研究 [J]. 安徽医药，15 (8)：935-936.
张兰，李林，李雅丽，等，2004. 何首乌有效成分二苯乙烯甙对神经细胞保护作用的机制 [J]. 中国临床康复，8 (5)：118-120.
张丽，张鹏霞，2009. 菟丝子水提物对衰老模型大鼠心肌线粒体呼吸链酶复合体活性的影响 [J]. 中国老年学杂志，29：681-682.
张梅，宋芹，郭平，2006. 仙茅对去势小鼠补肾壮阳作用有效成分研究 [J]. 四川中医，24 (2)：22.
张鹏霞，汤晓丽，朴金花，等，2005. 何首乌对 D-半乳糖致衰大鼠的抗衰益智作用机制的研究 [J]. 中国康复医学杂志，20 (4)：251-253.
张瑞斌，朱彬，李进，等，2008. 甘草水提液对慢性肾衰大鼠肾功能的影响及机制研究 [J]. 山东大学学报 (医学版)，46 (10)：994-997.
张森，谭建华，伊鹏霏，等，2011. 淫羊藿苷对生殖系统影响研究进展 [J]. 中兽医医药杂志 (3)：76-77.
张晓君，祝晨蔯，胡黎，等，2002. 当归多糖的免疫活性和对造血功能影响 [J]. 中药药理与临床，18 (5)：24-25.
张新轩，2021. 菟丝子的药学研究进展 [J]. 海峡药学.
张旭，张超英，王文，等，2003. 麦冬药物血清对血管内皮细胞凋亡相关基因表达及胞内 $Ca2^+$ 的影响 [J]. 中国病理生理杂志，19 (6)：789-791.
张学平，牛丽颖，刘姣，等，2007. 西洋参不同粒径超微粉抗疲劳作用比较研究 [J]. 河北中医药学报，22 (3)：3.
张亚，周云，洪志华，等，2008. 山药对大鼠肾缺血再灌注损伤的保护作用 [J]. 江苏医药，34 (8)：809-811.
张燕丽，田园，付起凤，等，2021. 白芍的化学成分和药理作用研究进展 [J]. 中医药学报，49 (2)：6.
张毅，李金田，刘永琦，等，2009. 黄芪多糖对肺纤维化大鼠血清中 Thl/Th2 细胞因子平衡、NO 水平的影响 [J]. 中国老年学杂志，29 (10)：1185-1187.
张兆华，周正度，倪和宪，1999. 中草药在养鳖生产上的应用 [J]. 中国饲料 (6)：12-13.
张振东，吴兰芳，景永帅，等，2009. 仙茅提取物体外抗氧化活性研究 [J]. 中国老年学杂志，24 (19)：3201-3202.
赵福东，董竞成，崔焱，等，2006. 阿胶对哮喘大鼠气道炎症及外周血Ⅰ型/Ⅱ型 T 辅助细胞因子的影响 [J]. 中国实验方剂学杂志，12 (6)：59-61.

赵良中，赵良化，佟伟，等，2006. 玉竹提取物 A 对小鼠免疫性肝损伤的保护作用 [J]. 中国临床康复，10 (3)：99-101.

赵文莉，赵晔，Tseng Yiider，2018. 黄精药理作用研究进展 [J]. 中草药，49 (18)：7.

赵锡安，阎晓红，侯金凤，等，2007. 肉苁蓉对负荷运动小鼠肝脏保护作用的探讨 [J]. 内蒙古大学学报：自然科学版，38 (3)：311-315.

赵燕飞，汪以真，2015. 白术、微米白术和白术多糖对断奶仔猪生长性能和肠道形态及微生态区系的影响 [J]. 中国畜牧杂志，51 (1)：65-69.

周健，张银娥，杨惠芳，等，2009. 枸杞多糖对大鼠心理应激的作用 [J]. 工业卫生与职业病，35 (1)：1-3.

周群，曾弦，黄丹，等，2021. 骨碎补化学成分和生物活性研究进展 [J]. 世界科学技术：中医药现代化，23 (8)：15.

朱彩平，张声华，2006. 枸杞多糖对肝癌 H22 荷瘤鼠的抑瘤和免疫增强作用 [J]. 营养学报，28 (2)：182-183.

朱金照，冷恩仁，张捷，等，2003. 白术对大鼠肠道乙酰胆碱酯酶及 P 物质分布的影响 [J]. 中国现代应用药学，20 (1)：14-16.

邹品文，赵春景，李攀，等，2012. 山茱萸多糖的抗肿瘤作用及其免疫机制 [J]. 中国医院药学杂志，32 (1)：3.

左渝陵，陈果，2008. 骨碎补对牙龈卟啉单胞菌胰酶样蛋白酶和糖苷酶活性的抑制作用 [J]. 中华中医药学刊，26 (10)：2195-2196.

Chauhan NS，Dixit VK，2007. AntihyPerglyeemie activity of the ethanolic extract of Cureuligo Orehioides Gaerm [J]. Pharmacognosy Magazine，3 (12)：237-240.

Gheldof N，Engeseth N J，2002. Antioxidant capacity of honeys from various floral sources based on the determination of oxygen radical absorbance capacity and inhibition of in vitro lipoprotein oxidation in human serum samples [J]. J Agric Food Chem，50 (10)：3050-3055.

Huang Cheng，Chen Qun-li，Sun Jiang-tao et al.，2006. Protective effect of lycium barbarum polysaccharide and its compound recipe onpancreatic islet function in rats with streptozotocin-induced diabetes mellitus [J]. Chinese Journal of Clinical ehabilitation，10 (23)：173-175.

Ju S，Seo J Y，Lee S K，et al.，2021. Oral administration of hydrolyzed red ginseng extract improves learning and memory capability of scopolamine-treated C57BL/6J mice via upregulation of Nrf2-mediated antioxidant mechanism [J]. J Ginseng Res，45 (1)：108-118.

Kong L，Li S，Liao Q，et al.，2013. Oleanolic acid and ursolic acid：novel hepatitis C virus antivirals that inhibit NS5B activity [J]. Antiviral Res，98 (1)：44-53.

Lakshmi V，Pandey K，Puff A，et al.，2003. Immunostimulant principles from Cumuligo omhiodes [J]. J. Ethnopharmacol，89 (2-3)：181-184.

Lee Y，Oh S，2015. Administration of red ginseng ameliorates memory decline in aged mice [J]. J Ginseng Res，39 (3)：250-256.

Li You-yuan，Deng Hong-bo，Wang Rong，et al.，2005. Regulation of polygonati polysaccharide on expression of glycosylated end-product receptor mRNA in cardie and renal tissues of diabetic mice [J]. Chinese Jounal Clinical Rehabilitation，9 (47)：177-179.

Liu Jun jia，Tian Zhu，Du Guang li，2000. Studies on the Basic Principles for Processing of Rhizoma Cibotii [J]. Chinese Herbal，31 (9)：678-682.

Long M，Qiu D，Li F，et al.，2005. Flavonoid of Drynaria fonunei protects against acute renal failure [J].

Phytother Res, 19 (5): 422 - 427.

Ma Y, Ma H, Eun JS, et al., 2009. Methanol extract of Longanae Arillus augments pentobarbital - induced sleep behaviors through the modification of GABA ergic systems [J]. Journal of Ethnopharmacol, 122 (2): 245 - 250.

Miguel M G, Antunes M D, Faleiro M L, 2017. Honey as a Complementary Medicine [J]. Integr Med Insights, 12: 202399957.

Morgenstern B, Bauer G, Chandra P, et al., 2003. Glycyrrhizin, an active component of liquorice roots, and replication of SARS - associated coronavirus [J]. Lancet, 361 (9374): 2045 - 2046.

Murali V P, Kuttan G, 2016. Curculigo orchioides Gaertn Effectively Ameliorates the Uro - and Nephrotoxicities Induced by Cyclophosphamide Administration in Experimental Animals [J]. Integr Cancer Ther, 15 (2): 205 - 215.

Muraoka O, Fujimota M, Tamabe G, et al., 2011. Absolute stereostructures of novel norcadinane and trinoreudesmane type sesquiterpenes with nitric oxide production inhibitory activity from Alpinia oxyphylla [J]. Bioorg Med Chem Lett, 11 (16): 2217 - 2220.

Palazzino G, Galefli C, Federici E, et al., 2000. Benzylbenzoate and norlignan glucosides from Curculigo pilosa: structural analysis and invitrovascular activity [J]. Phytochemistry, 55 (5): 411 - 417.

Pang X, Zhao J Y, Yu H Y, et al., 2018. Secoiridoid analogues from the fruits of Ligustrum lucidum and their inhibitory activities against influenza A virus [J]. Bioorg Med Chem Lett, 28 (9): 1516 - 1519.

Qi MY, Kai - Chen, Liu HR, et al., 2011. Protective effect of Icariin on the early stage of experimental diabetic nephropathy induced by streptozotoein via modulating transforming growth factor β1 and type Ⅳ collagen expressioninmts [J]. Journal of Ethnopharmacology, 138 (3): 731 - 736.

Ranneh Y, Akim A M, Hamid H A, et al., 2019. Stingless bee honey protects against lipopolysaccharide induced - chronic subclinical systemic inflammation and oxidative stress by modulating Nrf2, NF - κB and p38 MAPK [J]. Nutr Metab (Lond) (16): 15.

Soufy H, Yassein S, Ahmed A R, et al., 2012. Antiviral and immune stimulant activities of glycyrrhizin against duck hepatitis virus [J]. Afr J Tradit Complement Altern Med, 9 (3): 389 - 395.

Venukumar MR, Latha MS, 2002. Hepatoprotecfive effect of the methanolie extract of Curculigo orchioides in CCL4 - treated male rats [J]. Indian J Pharm, 34 (4): 269 - 275.

Wu J, Gao W, Song Z, et al., 2018. Anticancer activity of polysaccharide from Glehnia littoralis on human lung cancer cell line A549 [J]. Int J Biol Macromol, 106: 464 - 472.

Xiao G, Li X, Wu T, et al., 2012. Isolation of a new meroterpene and inhibitors of nitric oxide production from Psoralea corylifolia fruits guided by TLC bioautography [J]. Fitoterapia, 83 (8): 1553 - 1557.

Xin H, Zhou F, Liu T, et al., 2012. Icariin ameliorates streptozotoein induced diabetic refinopathy in vitro and in vivo [J]. International joumal of molecular sciences, 13 (1): 866 - 878.

Zhu Z, Huang F, Wang F, et al., 2017. Morinda Officinalis Polysaccharides Stimulate Hypothalamic GnRH Secretion in Varicocele Progression [J]. Evid Based Complement Alternat Med 2017: 9057959.

第二十三章 外用药

凡以外用为主，通过涂敷、喷洗形式治疗动物外科疾病的药物，称为外用药。外用药一般具有杀虫止痒、消肿止痛、去腐生肌、收敛止血等功效。临床上主要用于痈疽疮毒、瘰疬、疥癣、外伤、蛇虫咬伤、烫伤及五官疾患等。由于疾病发生部位及症状不同，用药方法也有所不同，如内服、外敷、喷涂、点眼、熏洗、浸浴等。

外用药的药理作用主要有：①抗菌抗病毒作用。研究发现，明矾、雄黄、硼砂等对金黄色葡萄球菌等常见化脓菌有抗菌作用；雄黄、明矾、硼砂、大蒜等均有抗结核杆菌的作用；紫草硼酸滴眼有显著抑制单疱疹病毒的作用，可治疗病毒性角膜炎。②抗寄生虫、抗真菌作用。即所谓的杀虫作用。如硫黄可抗真菌、杀疥虫。③局部刺激作用。有些外用药对皮肤黏膜有一定的刺激作用，可使用药部位发红和充血。④收敛止血作用。收敛药明矾、炉甘石等与创面或黏膜接触时，可使表层细胞的蛋白质凝固而形成保护膜，使局部免受刺激，而且可使局部血管收缩减少充血和减少渗出。

外用药多具有不同程度的毒性，应尽量避免内服给药，如确需内服时必须严格按照制药的方法，进行处理及操作，以保证用药安全。毒药应谨慎使用，剂量不宜过大，尤其是剧毒药物，如水银、砒石、斑蝥等，必须严格掌握剂量。对于创面过大的局部病变，药量亦不宜过多，以防因吸收过量而中毒。同时，还必须避免连续用药，以防蓄积中毒。本类药一般多与其他药物配伍，较少单味使用。

硫　黄

本品为自然元素类矿物硫族自然硫或含硫矿物的提炼品。主产于山西、山东、陕西、河南等地。

硫黄性温，味酸。有毒。归肾、大肠经。具有解毒杀虫疗疮，补火助阳通便之功效。主治疥癣，湿疹，阴疽疮疡，肾阳衰微，下元虚冷等证。

[主要成分]

硫黄主要含硫（S），另杂有少量砷、硒、铁、石灰、干土、有机质等成分。

[药理作用]

1. 溶解角质，软化皮肤，杀灭疥虫　硫与皮肤接触后，在体温下可生成硫化氢及五硫磺酸，从而有溶解角质，杀疥虫、细菌、真菌作用。此外，硫化物尚有脱毛作用。

2. 抗炎、祛痰作用　硫黄及升华硫（硫黄经过高温升华之后析出的结晶）对于因二氧化硫刺激引起大鼠的实验性支气管炎有一定的抗炎祛痰作用，可使各级支气管慢性炎症细胞浸润减轻，同时能使各级支气管黏膜的杯状细胞数有不同程度的减少，并可促进支气管分泌增加而祛痰。

3. 缓泻作用 硫黄内服后在肠内有一部分转变为硫化氢、硫化砷，能刺激肠黏膜，使之兴奋蠕动，导致下泻作用。硫化氢在体内产生极慢，故致泻的作用不强。若肠内容物中脂肪性物质较多时，易产生大量的硫化氢而致泻。

4. 对中枢神经系统的作用 硫黄对氯丙嗪及硫喷妥钠的中枢抑制作用有明显的加强作用，表明其对脑干有影响。

［临床应用］

1. 疥癣、湿疹、阴疽疮疡 外用治皮肤湿烂、疥癣阴疽等症，常制成10%～25%的软膏外敷，或配伍大风子、斑蝥、冰片、狼毒、木鳖子等。治疗奶牛疥癣病，用狼毒500 g、硫黄150 g（煅）、白胡椒45 g（炒）、碾为末，取药30 g加入烧开的750 mL植物油中，除去患部痂皮后涂擦（蒋春艳等，2005）。

2. 阳痿、虚喘冷哮、虚寒便秘 内服用于肾阳衰微，下元虚冷诸证，如金液丹即单用硫黄治腰冷膝弱、失精遗溺等；治肾虚阳痿常与鹿茸、补骨脂、蛇床子等同用，若配附子、肉桂、沉香，可治肾不纳气之喘促等；治虚冷便秘，以硫黄配半夏用；因硫黄能补虚而暖肾与大肠，因而也可止泻治冷泻腹痛。

［注意事项］

阴虚阳亢及孕畜忌用。

雄　黄

本品为一种含硫和砷的硫化物类矿石。主产于广东、湖南、湖北、贵州、四川等地。

雄黄性温，味辛。有毒。归肝、胃、大肠经。具有解毒杀虫、燥湿祛痰、化瘀消积之功效。主治痈肿疔疮，湿疹疥癣，蛇虫咬伤，虫积腹痛，惊痫，疟疾等证。

［主要成分］

雄黄主要含二硫化二砷（As_2S_2）。约含砷75%，硫24.5%，并夹杂有少量硅、铅、铁、钙、镁等杂质。

［药理作用］

1. 抗菌作用 雄黄具有广泛的抗菌作用，如对金黄色葡萄球菌、链球菌、痢疾杆菌、结核杆菌等有较强的抗菌作用。0.12%雄黄体外对金黄色葡萄球菌有100%的杀灭作用，提高浓度也能杀灭大肠杆菌及抑制结核杆菌。其水浸剂（1∶2）在试管内对堇色毛癣菌等多种致病性皮肤真菌有不同程度抑制作用。雄黄也有一定的抗病毒作用（刘嵘等，2007）。

2. 抗肿瘤作用 雄黄能抑制移植性小鼠肉瘤S_{180}的生长。雄黄可通过诱导肿瘤细胞凋亡，抑制肿瘤细胞核酸的合成，抑制血管内皮细胞的生长，促进肿瘤细胞成熟、分化及直接杀瘤作用，增强机体的细胞免疫功能等多种途径发挥其抗肿瘤作用（阿拉探巴干，2012）。

3. 对免疫系统的作用 雄黄能增强网状内皮系统的吞噬能力，且不影响白细胞总数及分类，从而提高机体非特异性免疫功能。

4. 抗寄生虫作用 雄黄对鼠疟疟原虫有抑制作用；也有抗日本血吸虫的作用。

［临床应用］

1. 痈肿疔疮，湿疹疥癣，蛇虫咬伤 外用治各种恶疮、疥癣及毒蛇咬伤。与白及、白蔹、龙骨、大黄研末外敷，可用于治疗疮痈肿毒，方如《痊骥通玄论》中的雄黄散；如治疥癣，可研末外撒，或与黄连、松脂、发灰为末，猪脂为膏外涂；用治湿疹，可同煅白矾研末外撒；或治蛇虫咬伤，轻者单用本品香油调涂患处，重者内外兼施，当与五灵脂共为细末，酒调灌服，并外敷。治家畜疥癣病，用明矾 500 g、雄黄 100 g，共研细末过筛，取药粉 50 g 与植物油或柴油 500 mL 充分调匀，涂擦患处（胡元亮，2006）。

2. 虫积腹痛，惊痫 本品内服可祛痰镇惊，如与朱砂同用的治癫痫方；若与牵牛子、槟榔等同用，可治虫积腹痛。

［注意事项］

孕畜禁用。

砒 石

本品为天然的砷华矿石，或由毒砂（硫砷铁矿）、雄黄等含砷矿物的加工品。主产于江西、湖南、广东、贵州等地。药材分白砒与红砒，两者的三氧化二砷（As_2O_3）含量均在 96%以上，但前者更纯，后者尚含少量硫化砷等红色矿物质。药用以红砒为主。砒石升华的精制品即砒霜。

砒石性大热，味辛。有大毒。归肺、肝经。具有攻毒杀虫、蚀疮去腐、化痰平喘、截疟之功效。主治恶疮，瘰疬，顽癣，寒痰喘咳，疟疾等证。

［主要成分］

白砒和砒霜主要成分为三氧化二砷（arsenic trioxide，As_2O_3），红砒尚含少量硫化砷（As_2S）等。

［药理作用］

1. 抗病原体作用 砒石有杀灭微生物、疟原虫及阿米巴原虫的作用。

2. 抗肿瘤作用 对癌细胞有特定的毒性。

（1）诱导肿瘤细胞凋亡 多数研究表明，诱导肿瘤细胞凋亡是砒石主要成分三氧化二砷抗肿瘤的主要机制。三氧化二砷主要通过诱导细胞凋亡杀伤白血病细胞，还能诱导人肝癌细胞凋亡和明显抑制肝癌细胞增殖，也可诱导多发性骨髓癌细胞凋亡。随后的一系列研究发现，三氧化二砷对其他多种实体瘤细胞也有诱导凋亡的作用。线粒体是凋亡的始动因素，在凋亡过程中起关键作用。三氧化二砷诱导肿瘤细胞凋亡效应与其诱导细胞线粒体跨膜电位下降和凋亡蛋白 caspase3 活性升高有关，线粒体跨膜电位下降意味着线粒体内膜结构改变，通透性增加，线粒体通透性转换孔开放，导致促凋亡因子自线粒体释放，结果引起凋亡。三氧化二砷诱导凋亡还可能与氧化应激有关。

（2）影响 DNA 的合成与修复 三氧化二砷所含的砷离子能与体内酶蛋白分子结构中的巯基和羟基结合，使酶失去活性，从而干扰细胞的正常代谢，影响 DNA 的合成与修复，导致细胞死亡，从而表现出一定的细胞毒作用。

(3) 对肿瘤细胞的诱导分化作用　三氧化二砷对急性早幼粒性白血病细胞等肿瘤细胞表现出一定的诱导分化作用，对乳腺癌细胞等实体瘤细胞亦有诱导分化作用。

(4) 抑制端粒酶活性　三氧化二砷还可抑制端粒酶活性。肿瘤细胞的失控性生长与端粒酶关系密切，抑制端粒酶的活性，可达到控制肿瘤的目的。有研究表明，三氧化二砷对鼠移植性肝癌细胞端粒酶活性有抑制作用，且呈时间剂量依赖性。

(5) 抑制瘤组织血管内皮生长因子的表达　三氧化二砷能抑制肝癌细胞和人乳腺癌裸鼠移植瘤组织中血管内皮生长因子（VEGF）的表达，也能抑制白血病细胞产生 VEGF，并影响人脐静脉内皮细胞形成毛细管的作用。在肿瘤血管形成过程中，VEGF 等血管生长因子起着重要作用，而三氧化二砷能通过抑制 VEGF 的表达，阻止肿瘤血管生成（王南瑶等，2004）。

3. 免疫调节作用　三氧化二砷能明显抑制小鼠肺、皮肤等组织的 T 细胞的增殖，调节 Th1/Th2 细胞因子的表达，从而抑制小鼠的体液免疫反应而具有免疫调节作用。

4. 抗炎作用　三氧化二砷具有一定的抗炎能力。它通过抑制核因子 κB（NF-κB）的表达和与靶 DNA 的结合来下调白介素 17（IL-17）、IL-18 和 IL-23 等炎症因子的分泌，发挥抗炎作用。

5. 其他作用　小量砒石可促进蛋白质合成，活跃骨髓造血机能，促使红细胞及血色素新生；能促进血液循环和养分吸收；还有抗组织胺及平喘作用。但大剂量能导致急性中毒，损害中枢神经系统、胃肠道和肾脏，慢性中毒则损害肝脏。砒石的这些毒性主要是由于它当中所含的砷能与含巯基的酶结合，结合后能抑制酶活性进而扰乱机体正常的生理功能。长期用药过程中，三氧化二砷能通过抑制 Nrf_2-ARE 通路，对心肌产生氧化性损伤而使心脏出现毒性反应（刘红艳等，2012）。三氧化二砷也可通过损伤大鼠睾丸的组织结构、抑制睾丸精子生成而产生生殖毒性。

[临床应用]

1. 痈疽瘰疬　本品外用可攻毒杀虫，蚀死肌，去腐肉。治痈疽瘰疬，可单用研末外敷，或与明矾、雄黄、朱砂、乳香、乌梅肉共研为末外敷；若治恶疮日久，可配硫黄、苦参、附子、蜡同用，调油为膏，柳枝煎汤洗疮后外涂。治疗牛放线菌病，取砒石 30 g、樟脑粉 20 g，混合并加水少许，掺入适量面粉，调成糊状，搓成比米粒稍大的条药锭，阴干、装瓶备用，对患畜已破溃的伤口填塞 2～4 个，对未溃烂者，从脓肿中间用大宽针或穿黄针刺一小孔，将药锭塞入 2～4 个，一般 1～2 个月痊愈（才仁吉等，2009）。

2. 寒痰喘咳　配淡豆豉制成丸剂，名紫金丹，内服能祛寒劫痰平喘。

[注意事项]

该品剧毒，内服宜慎用，须掌握好用法用量，不可持续服用，不能做酒剂服；外用也不宜过量，以防局部吸收中毒。孕畜忌用。

炉甘石

本品为天然产的菱锌矿石。主产于广西、湖南、四川、云南等地。

炉甘石性平，味涩。归肝、胃经。具有明目退翳、收湿生肌之功效。主治目赤肿痛，翳膜胬肉，溃疡不敛，湿疹，疮疡多脓，皮肤瘙痒等证。

［主要成分］

主要成分为碳酸锌（$ZnCO_3$），尚含钴、铁、钙、镁、锰的碳酸盐和极微量的镉和钼。煅炉甘石的主要成分是氧化锌。

［药理作用］

本品所含的碳酸锌不溶于水，外用能部分吸收创面的分泌液，有防腐、收敛、消炎、止痒及保护创面作用，并能抑制局部葡萄球菌的生长（刘慧等，2010）。

［临床应用］

1. 目赤肿痛、翳膜胬肉　本品可明目退翳，收敛止泪，外用为眼科常用药。与玄明粉各等份为末点眼，治目赤肿痛；若与海螵蛸、硼砂、冰片为细末点眼，可治羞明多泪及眼生翳膜等证。

2. 疮疡多脓、溃疡不敛　本品外用生肌敛疮，收湿止痒，解毒，常与煅石膏、龙骨、青黛、黄连等同用，以提高药效。如治疮疡不敛，常与铅丹、煅石膏、枯矾、冰片等同用；若配黄连、冰片，可治眼眶破烂，畏日羞明，如黄连炉甘石散。治疗家畜恶疮久不收口，用花蕊石（煅）、密陀僧（煅）、龙骨（煅）、炉甘石（煅，黄连水淬，再煅再淬，反复7次）各100 g，乳香（去油）20 g，轻粉10 g，混和共研极细末，装瓶备用，用时先将恶疮冲洗干净，药粉直接撒布在疮面上，不用包扎，每日或隔日换药1次（苏纪坦，1989）。

［注意事项］

宜炮制后用。一般不内服，因内服后在胃内可生成氯化锌，会刺激腐蚀胃肠道。

硼　砂

本品为硼砂矿经精制而成的结晶体。主产于青海、西藏、新疆、甘肃、陕西、四川等地。

硼砂性凉，味甘、咸。归肺、胃经。具有解毒防腐、清热化痰之功效。主治咽喉肿痛，目赤翳障，肺热咳喘，皮肤溃疡，湿毒趾腐等证。

［主要成分］

主要含四硼酸二钠（$Na_2B_4O_7 \cdot 10H_2O$），另含少量铅、铝、铜、钙、铁、镁、硅等杂质。

［药理作用］

1. 抗微生物作用　硼砂对多种革兰氏阳性及阴性菌有抑制作用，在培养基中加入100 g/L硼砂水溶液，对葡萄球菌、肺炎双球菌、脑膜炎球菌、溶血性链球菌、白色链球菌、大肠埃希菌、绿脓杆菌、炭疽杆菌、白喉杆菌、痢疾杆菌、伤寒杆菌、副伤寒杆菌等均有抑制作用。对浅部皮肤真菌、丝状菌有不同程度抑制作用。硼砂也有抗病毒作用，紫草硼酸滴眼剂有显著的抑制单疱病毒的作用，可治疗病毒性角膜炎。

2. 消毒防腐作用　硼砂与低浓度液化酚合用具有消毒防腐作用。硼砂常用于黏膜消毒。适量硼砂经肠道吸收后，能刺激肾脏增加尿液分泌，减弱尿的酸性，并能防止尿道感染及炎症，可用于伤口的防腐消毒。

3. 抗惊厥及抗癫痫作用 硼砂能抗电惊厥和戊四氮阵挛性惊厥。配合其他抗癫痫药物，硼砂能迅速控制癫痫大发作及癫痫持续状态。

4. 对矿物质代谢的影响 硼与氟、镁、钙、磷等矿物质代谢有关。硼是动物氟中毒的重要解毒剂，可减轻和延缓骨氟积累；减轻机体氟负荷，调整体内微量元素平衡，增加尿氟排出，但不能动员骨氟的移出。硼能纠正过量的钙、磷平衡失调；硼与镁有协同作用，硼缺乏可加剧镁缺乏所致的生长抑制症状，在肉仔鸡血红蛋白和血浆碱性磷酸酶上硼与镁也存在相互作用。硼可提高钙、镁、磷的利用率。

5. 其他作用 硼砂对皮肤和黏膜尚有收敛和保护作用，也有一定的抗肿瘤作用（翟卫红等，2007）。

［临床应用］

1. 咽喉肿痛、目赤翳障 硼砂为喉科及眼科常用药且较多外用。若与冰片、玄明粉、朱砂同用，可治咽喉、口齿肿痛，如冰硼散；若配冰片、炉甘石、玄明粉共为细末点眼，可治火眼及翳障胬肉，如白龙丹；若配冰片、珍珠、炉甘石、熊胆为细末点眼，治火眼及目翳，如八宝眼药。也可单味制成洗眼剂应用。治疗牛羊口膜炎，用硼砂15 g，冰片、薄荷、苏打、青黛各10 g，先将薄荷、冰片依次反复研为末，后与硼砂、苏打、青黛混合拌匀，治疗时先用0.9%生理盐水冲洗口腔后把药末吹入口腔，每天早晚各1次，连用2～3天（张廷胜等，2008）。治疗犊牛角膜炎，用硼砂10 g、胆矾6 g、冰片6 g、薄荷10 g、蝉蜕6 g，先将蝉蜕加水200 mL，煮沸30 min，候温后将薄荷浸泡于药液内4～6 h，再用3～4层医用纱布过滤，把研为极细末的硼砂、胆矾、冰片置于滤液，溶解后备用，在患角膜炎的犊牛眼内点眼，每天3～4次，每次3～5滴，5天即可痊愈（杨更善，2006）。

2. 肺热咳喘 内服宜用于痰热咳喘并有咽喉肿痛者，常与沙参、玄参、贝母、瓜蒌、黄芩等同用，以增强清热化痰之效。

［注意事项］

本品以外用为主，一般不作内服，内服宜慎。

明　矾

本品为硫酸盐类矿物明矾石经加工提炼制成，又名白矾、钾矾、钾铝矾。主产于安徽、浙江、山西、甘肃、湖北等地。将采得的明矾石用水溶解，滤过，滤液加热浓缩，放冷后所得结晶即为白矾，煅后称枯矾。

明矾性寒，味酸、涩。归肺、脾、肝、大肠经。外用具有解毒杀虫，燥湿止痒之功效，内服具有止血，止泻，化痰的作用。主治湿疹瘙痒，疮疡疥癣，便血，久泻久痢，痰厥癫狂，湿热黄疸等证。

［主要成分］

主要成分为含水硫酸铝钾［$KAl(SO_4)_2 \cdot 12H_2O$］。

［药理作用］

1. 收敛、固脱作用 明矾水具有很强的收敛作用。白矾能强力凝固蛋白质，浓度超过4%～6%时，可发生蛋白凝固变性，使直肠失去蠕动功能；8%明矾液注射于直肠周围后，可使浆膜及平滑肌凝固性坏死，继而形成无菌性粘连，从而使直肠各层和直肠与周围组织固定，直肠不再滑脱。

2. 抗菌作用 明矾可广谱抗菌。对多种革兰氏阳性球菌和阴性杆菌，某些厌氧菌、羊毛状小孢子菌和红色毛癣菌等皮肤癣菌、白色念珠菌均有不同程度抑菌作用，对人型、牛型结核杆菌、伤寒杆菌、痢疾杆菌、绿脓杆菌、大肠杆菌、金黄色葡萄球菌抑制明显。

3. 抗寄生虫作用 明矾在体外具有明显的抗阴道滴虫作用。

4. 其他作用 白矾经尿道灌注有止血作用；还能促进溃疡愈合；净化混浊生水。

[临床应用]

1. 湿疹瘙痒、痈肿疮毒 外用枯矾治湿疹瘙痒、疮疡疥癣、口舌生疮等证。治痈肿疮毒，常配等分雄黄，浓茶调敷；治湿疹疥癣，多与硫黄、冰片同用；治口舌生疮，可与冰片研末外搽。

2. 痰厥癫狂 内服白矾治痰厥癫狂痫证。如治风痰壅盛，喉中声如拉锯，常配半夏、牙皂、甘草、姜汁灌服；治癫痫痰盛，则以白矾、牙皂为末，温水调灌。治疗仔猪先天性肌阵挛，用艾叶、淡竹叶、灯芯草、甘蔗渣分别烧灰，各取50 g，加明矾100 g，混匀备用，每头新生仔猪30 g，温水适量调匀，一次灌服，轻症者用药1次，重症者用药2次即愈（王文海，2013）。

3. 久泻久痢 本品收敛止泻，治久泻久痢，单用或配五倍子、诃子、五味子等同用。

[注意事项]

体虚胃弱及无湿热痰火者忌用。

大 蒜

本品为百合科植物大蒜（*Allium sativum* L.）的鳞茎。全国各地均有栽培。

大蒜性温，味辛。归脾、胃、肺经。具有驱虫健胃、化气消胀，止痢，消疮的功效。主治痈疽肿毒，癣疮，痢疾泄泻，蛔虫蛲虫，食积，脘腹冷痛，水肿胀满等证。

[主要成分]

主要含有大蒜油（挥发油）、大蒜素（allicin)、蒜氨酸（alliin)、二烯丙基三硫（diallyl trisulfide，DATS)、二烯丙基二硫（DADS)、二烯丙基一硫（DAMS)、二烯丙基四硫（DATTS）等烯丙基硫化物（DAS)、硫化亚磺酸脂类、γ-L-谷氨酸多肽、苷类、多糖、脂类及多种酶，以及钙、磷、铁、硒和锗等微量元素。

[药理作用]

1. 抗微生物作用 大蒜有较强的广谱抗菌作用。大蒜中的蒜烯对革兰氏阳性菌和革兰氏阴性菌，如金黄色葡萄球菌、结核杆菌、痢疾杆菌、伤寒杆菌、幽门螺旋杆菌、霍乱弧菌等均有较强的抑制或杀灭作用。大蒜素对引起水产养殖中鱼、虾和蟹疾病的嗜水气单胞菌、柱状黄杆菌、白皮极毛杆菌等均有良好的杀灭效果，尤其对草鱼肠炎病、烂鳃病和鲢鱼的出血病及鱼类暴发性传染病效果显著（庞景贵等，2009)。抗菌作用紫皮蒜优于白皮蒜，鲜品强于干品。大蒜素的抗菌机理是分子中的巯基可抑制与细菌生长繁殖有关的含巯基酶。

大蒜中的螺甾烷醇皂苷具有明显的抗真菌活性，对多种致病性浅部真菌如白色念珠菌、隐球菌、烟曲霉菌、喉真菌、白色假丝酵母菌、热带假丝酵母菌及近平滑假丝酵母菌等具有明显的抑杀作用，并对炎症并发深部真菌感染也有一定的抑制作用。大蒜素抗真菌机理主要与大蒜素极易渗透通过真菌细胞膜与巯基蛋白结合，以及与细胞中含巯基的酶结合而抑制其活性，从而抑制真菌细胞生长有关。

大蒜还具有较强的抗病毒活性，其蒜烯、蒜辣素对疱疹病毒、水疱性口炎病毒、副流感病毒等具有抑制作用（胡玉熙等，2007）。

2. 抗寄生虫作用 体外试验表明，大蒜水浸液对阴道滴虫、阿米巴原虫等均有不同程度的杀灭作用。紫皮蒜比白皮蒜效果好。大蒜素可通过抑制胚胎发育表现出抗寄生虫的特性。长期补充大蒜素能显著降低尖吻鲈中新贝尼登虫的感染，对饲料适口性没有负面影响（T. A. Militz，2013）。

3. 对血液循环系统的作用 大蒜可增加一氧化氮合酶（iNOS）活性和提高体内一氧化氮（NO）水平，从而产生舒张血管和降低血压的作用。又可降低胆固醇和甘油三酯，防治动脉粥样硬化，降血脂可能与促进了脂蛋白之间的代谢与转化，抑制了肠道胆固醇的吸收，减少了内源性胆固醇合成或促进了血清和肝脏甘油三酯的分解有关。大蒜油能抑制血小板聚集，增加纤维蛋白的溶解活性。大蒜素还可促进胰腺泡心细胞转化、胰岛细胞和R细胞增殖，使内源性胰岛素分泌增加而发挥降血糖作用。

大蒜素能抑制慢反应细胞的4相舒张期除极速率而降低自律性，并抑制电动位0相最大上升速率和振幅，减慢房室结传导速度，从而发挥其抗心律失常作用。大蒜素还具有抗心肌细胞凋亡作用，可减轻心肌细胞损伤（王琳等，2012）。

4. 抗肿瘤作用 大蒜素可能通过抑制肿瘤细胞的增殖作用，或诱导肿瘤细胞凋亡而产生抗肿瘤作用。大蒜素还可抗突变和阻断亚硝酸胺合成。

5. 其他作用 大蒜还有不同程度的抗炎、免疫增加、抗氧化、延缓衰老、护肝、杀精子、兴奋子宫、驱铅等作用。大蒜素还可以通过增强鲤鱼和甲鱼的特异性和非特异性免疫来调节鲤鱼和甲鱼的免疫力（贾卫斌等，1999）。

[临床应用]

1. 虫积、泄痢 大蒜内服，主要用于驱杀钩虫、蛲虫，但须与槟榔、鹤虱等同用。用治痢疾、泄泻，可单独或配伍入复方中用。治泻痢，或单用或以10%大蒜浸液保留灌肠。大蒜还可防治流感、流脑、乙脑等流行性传染病；此外，大蒜还能健脾温胃而用治脘腹冷痛，食欲减退或饮食不消。

2. 猪感冒、积食 取大蒜6～8瓣捣汁，与红糖茶叶水一起拌料，连用3天；治疗猪积食，取大蒜6～9瓣捣碎，与小苏打适量一起拌料（朱正荣，2014）。

2. 痈疽肿毒 本品可解毒消痈，外用于疮痈初起，可捣烂外敷。

[注意事项]

外用可引起皮肤发红、灼热甚至起泡，故不可敷之过久。阴虚火旺及有目、舌、喉、口齿诸疾者不宜服用。孕畜忌灌肠用。

◆ 参考文献

阿拉探巴干，2012. 雄黄的炮制与研究进展 [J]. 中国民族医药杂志（9）：68 - 70.
才仁吉，杨永清，2009. 用砒石樟脑锭填塞治疗牛放线菌病 [J]. 中兽医学杂志（2）：53.
国家中医药管理局《中华本草》编委会，1998. 中华本草 [M]. 上海：上海科学技术出版社.
胡玉熙，陈曦，刘清飞，2007. 大蒜素药理作用研究的最新进展 [J]. 药学进展，31（11）：481 - 485.
胡元亮，2006. 中兽医学 [M]. 北京：中国农业出版社.
贾卫斌，任培桃，胡波，等，1999. 大蒜素应用研究 [J]. 粮食与饲料工业（5）：33.
蒋春艳，陈书建，赵尔刚，2005. 奶牛疥癣病的诊治 [J]. 黑龙江畜牧兽医（7）：78.
刘红艳，郭静明，王海燕，等，2012. 三氧化二砷对心肌细胞氧化损伤作用机制的实验研究 [J]. 湖北中医药大学学报，14（4）：11 - 12.
刘慧，孙志强，王徽，2010. 炉甘石临床应用研究进展 [J]. 齐鲁药事，29（8）：489 - 490.
刘嵘，濮德敏，2007. 雄黄的研究进展 [J]. 时珍国医国药，18（4）：982 - 984.
吕小钧，2002. 再探砒石治疗非典型猪瘟 [J]. 动物科学与动物医学，19（9）：44 - 45.
庞景贵，郭金龙，2009. 大蒜作为饲料添加剂应用于水产养殖的效果 [J]. 饲料研究（4）：59 - 61.
苏纪坦，1989. 平肌散治疗家畜恶疮 26 例 [J]. 中兽医医药杂志（1）：46 - 47.
王国强，2014. 全国中草药汇编. 第 3 版. [M]. 北京：人民卫生出版社.
王琳，杨兴花，2012. 大蒜素在心血管疾病中药理作用的研究进展 [J]. 云南中医中药杂志，33（2）：65 - 67.
王南瑶，刘琳，李苏宜，2004. 三氧化二砷抗肿瘤机制及其临床应用新进展 [J]. 临床肿瘤学杂志，9（6）：660 - 662.
王文海，2013. 仔猪先天性肌阵挛的治疗 [J]. 畜牧兽医科技信息（12）：81.
杨更善，2006. 自拟硼砂液治疗犊牛角膜炎 [J]. 黑龙江畜牧兽医（3）：23.
翟卫红，马富春，晁宏梅，2007. 中药硼砂研究进展 [J]. 动物医学进展，28（8）：87 - 91.
张廷胜，徐丽，2008. 硼砂散治疗牛羊口膜炎 [J]. 中兽医学杂志（2）：43.
朱正荣，2014. 巧用大蒜防治猪病 [J]. 农家之友（11）：51.

中药拉丁学名索引

A

Acanthopanax gracilistylus W. W. Smith　五加
Acanthopanax senticosus Harms　刺五加
Achyranthes bidentata Blume　牛膝
Aconitum carmichaeli Debx.　乌头
Aconitum carmichaeli Debx.　附子
Acorus tatarinowii Schott.　石菖蒲
Adenophom tetraphylla Fisch　轮叶沙参
Adenophora stricta Miq　杏叶沙参
Agastache rugosus （Fisch. et Mey.） O. Ktze　藿香
Agrimonia pilosa Ledeb.　龙牙草
Akebia quinata（Thunb.）Decne.　木通
Akebia trifoliata（Thunb.）Koidz.　三叶木通
Akebia trifoliata （Thunb.） Koidz. var. *australis*（Diels）Rehd.　白木通
Alisma orientale（Sam.）Juzep.　泽泻
Allium fistulosum L.　葱
Allium sativum L.　大蒜
Aloe barbadensis Miller　库拉索芦荟
Aloe ferox Miller　好望角芦荟
Alpinia katsumadai Hayata.　草豆蔻
Alpinia officinarum Hance　高良姜
Alpinia axyphylla Miq　益智
Amomum compactum Soland. ex Maton　瓜哇白豆蔻
Amomum kravanh Pierre ex Gagnep.　泰国白豆蔻
Amomum longiligulare T. L. Wu　海南砂
Amomum villosum Lour.　阳春砂
Amomum villosum Lour. *var. xanthioides* T. L. Wu et Senjen　绿壳砂
Andrographis paniculata（Burm. f.）Nees　穿心莲
Anemarrhema asphodeloides Bge.　知母
Angelica dahurica （Fisch. ex Hoffm.） Benth. et hook. f.　白芷
Angelica dahurica （Fisch. ex Hoffm） Benth. et hook. f. var. *formosana*（Boiss.） Shan et Yuan　杭白芷
Angellica pubescens Maxim f. *biser rata* Shan et Yuan　重齿毛当归
Angellica Sinensis（Oliv）Diels.　当归
Apis cerana Fabricius　中华蜜蜂
Apis mellifera Linnaeus　意大利蜜蜂
Aquilaria agallocha Roxb.　沉香
Aquilaria sinensis（Lour.）Gilg　白木香
Arctium lappa L.　牛蒡
Areca catechu L.　槟榔
Arisaema amurense Maxim.　东北天南星
Arisaema erubescens（Wall.）Schott　天南星
Arisaema heterophyllum Bl.　异叶天南星
Aristolochia contorta Bge.　北马兜铃
Aristolochia debilis Sieb. et Zucc.　马兜铃
Artemisia anomala S. Moore　奇蒿
Artemisia argyi Lèvl. et Vent.　艾
Artemisia capillaris Thunb.　茵陈蒿
Artemisia scoparia Waldst. et Kit.　滨蒿
Asarum heterotropoidesFr. Schmidt var. *mand－shuricum*（Maxim.）Kitag.　北细辛
Asarum sieboldii Miq.　华细辛
Asarum sieboldii Miq. *var. seoulense* Nakai　汉城细辛
Asparagus cochinchinensis（Lour.）Merr　天门冬
Aster tataricus L. f.　紫菀
Astragalus membranaceus（Fisch.）Bge. var. *mong-holicus*（Bge.）Hsiao　蒙古黄芪
Astragalus membranaceus（Fisch.）Bge.　膜荚黄芪
Atractylodes chinensis（DC.）Koidz.　北苍术

Atractylodes lancea（Thunb.）DC.　茅苍术
Atractylodes macrocephala Koidz　白术
Aucklandia lappa Decne.　木香

B

Bambus tuldoides Munro.　青秆竹
Beauveria bassiana（Bals.）Vaillant　白僵菌
Bletilla striata（Thunb.）Reichb. f.　白及
Boswellia carterii Birdw.　卡氏乳香树
Bupleurum chinense DC.　柴胡
Bupleurum scorzonerifolium Wild.　狭叶柴胡
Biota orientalis（L.）Endl.　侧柏
Bostaurus domesticus Gmelin　牛
Bombyx mori L.　家蚕
Brassica juncea（L.）Czern. et Coss.　芥
Buthus martensii Karsch.　东亚钳蝎

C

Caesalpinia sappan L.　苏木
Callicarpa bodinieri Levl.　紫珠
Callicarpa cathayana H. T. Chang　华紫珠
Callicarpa dichotoma（Lour）K. Koch.　白棠子树
Callicarpa formosana Rolfe　杜虹花
Callicarpa giraldii Hesseex Rehd.　老鸦糊
Cannabis sativa L.　大麻
Carthamus tinctonrius L.　红花
Cassia acutifolia Delile　尖叶番泻
Cassia angustifolia Vahl　狭叶番泻
Cephalanoplos segetum（Bunge）Kitam.　刻叶刺儿菜
Chaenomeles speciosa Nakai　贴梗海棠
Chinemys reevesii Gray　乌龟
Chrysanthemun morifolium Ramat.　菊
Cibotium barometz（L.）J. Sm　金毛狗脊
Cimicifuga dahurica（Turcz.）Maxim.　兴安升麻
Cimicifuga foetida L.　升麻
Cimicifuga heracleifolia Kom.　三叶升麻
Cinnamomun cassia Presl　肉桂
Cinnamomum cassia Presl.　肉桂
Cirsium japonicum DC.　蓟
Cirsium Setosum（Willd.）MB.　刺儿菜
Cistanche deserticola Y. C，Ma　肉苁蓉
Citrus aurantium L.　酸橙
Citrus sinensis Osbeck　甜橙
Citrus aurantium L.　酸橙
Citrus sinensis Osbeck　甜橙
Citrus reticulat Blanco　橘
Clematis chinensis Osbeck　威灵仙
Clematis hexapetala Pall.　棉团铁线莲
Clematis manshurica Rupr.　东北铁线莲
Cnidium monnieri L. Cuss.　蛇床
Codonopsis pilosula Nannf　党参
Codonopsis tangshen Oliver　川党参
Codonopsis nervosa（Chiff）Nannf　素花党参
Coix lacryma－jobi L. var. *ma－yuen*（Roman.）Stapf.　薏苡
Commiphora myrrha Engl.　没药树
Coptis chinensis Franch.　黄连
Coptis deltoidea C. Y. Cheng etHsiao.　三角叶黄连
Coptis teeta Wall.　云连
Cornus officinalis Sieb. et Zucc.　山茱萸
Corydalis ganhusuo W. T. Wang　延胡索
Crataegus cuneata Sieb. et Zuce.　野山楂
Crataegus pinnatifida Bge.　山楂
Crataegus pinnatifida Bge. *var. major* N. E. Br.　山里红
Crocus sativus L.　番红花
Croton tiglium L.　巴豆
Cryptotym panaatrata Fabr.　黑蚱
Cryptotym pustulata Fabr.　蚱蝉
Curculigo orchioides Gaertn　仙茅
Curcuma kwangsiensis S. Lee et C. F. Liang　广西莪术
Curcuma longa L.　姜黄
Curcuma phaeocaulis Val.　蓬莪术
Curcuma wengujin Y. H. Chen et C. Ling　温郁金
Cuscuta chinensis Lam　菟丝子
Cynanchum glaucescens（Decne.）Hand. Mazz.　芫花叶白前
Cynanchum Stauntonii（Decne.）Schltr. ex Levl.　柳叶白前

Cynomorium songaricum Rupr　锁阳
Cyperus rotundus L.　莎草
Cyrtomium fortunei J. Smith　贯众

D

Daphne genkwa Sieb. et Zucc.　芫花
Datura innoxia Mill.　毛蔓陀罗
Datura metel L.　白蔓陀罗
Dendrobium candidum Wall. ex Lindl　铁皮石斛
Dendrobium chrysanihum Wall　黄草石斛
Dendrobium loddigesii Rolfe　环草石斛
Dendrobium nobile Lindl　金叉石斛
Dianthus chinensis L.　石竹
Dianthus superbus L.　瞿麦
Dichroa febrifuga Lour.　黄常山
Dilichos lablab L.　扁豆
Dimocarpus longan Lour　龙眼
Dioscorea opposita Thunb　薯蓣
Dipsacus asperoides C. Y. Cheng et T. M. Ai.　川续断
Drynaria baronii（Christ）Diels　中华槲蕨
Drynaria fortunei（Kunze）J. Sm　槲蕨
Dryobalanops aromatica Gaertn. f.　龙脑香

E

Ecklonia kurome Okam.　昆布
Ephedra equisetina Bge.　木贼麻黄
Ephedra intermedia Schrenk et C. A. Mey.　中麻黄
Ephedra sinica Stapf.　草麻黄
Epimedium brevicornum Maxim　淫羊藿
Epimedium pubescens Maxim　柔毛淫羊藿
Epimedium sagittatum Maxim　箭叶淫羊藿
Ergthina arborescens Roxb.　乔木刺桐
Ergthrina variegata L.　刺桐
Eriobotrya japonica（Thunb.）Lindl.　枇杷
Eucommia ulmoides Oliv　杜仲
Eugenia caryophyllata Thunb.　丁香
Eupatorium fortunei Turcz.　佩兰
Euphorbia kansui T. N. Liou ex T. P. Wang　甘遂
Euphorbia lathyris L.　续随子
Euphorbia pekinesis Rupr.　大戟
Evodia rutaecarpa（Juss.）Benth.　吴茱萸
Evodia rutaecarpa（Juss.）Benth. var. *bodinieri*（Dode）Huang　疏毛吴茱萸
Evodia rutaecarpa（Juss.）Benth. var. *officinalis*（Dode）Huang　石虎

F

Foeniculum vulgare Mill.　茴香
Forsythia suspensa（Thunb.）Vahl.　连翘
Fraxinusrhyn chinensis Roxb　白蜡树
Fraxinusrhyn chinensis Roxb. var. *acuminata* Lingelsh　尖叶白蜡树
Fraxinusrhyn chophylla Hance　苦枥白蜡树
Fraxinusrhyn stylosa Lingelsh.　宿柱白蜡树
Fritillaria cirrhosa D. Don　川贝母
Fritillaria delavayi Franch.　棱砂贝母
Fritillaria przewalskii Maxim.　甘肃贝母
Fritillaria unibracteata Hsiao et K. C. Hsia　暗紫贝母

G

Gallus gallus domesticus Brisson　家鸡
Gardenia jasminoides Ellis　栀子
Gastrodia elata Blume.　天麻
Gekko gecko Linnaeus　蛤蚧
Gentiana crassicaulis Duthie ex Burk.　粗茎秦艽
Gentiana dahurica Fisch.　小秦艽
Gentiana macrophylla Pall.　秦艽
Gentiana straminea Maxim.　麻花秦艽
Gentiana manshurica Kitag.　条叶龙胆
Gentiana scabra Bge.　龙胆
Gentiana tirflora Pall.　三花龙胆
Ginkgo biloba L.　银杏
Glehnia littoralis F. Schmidt ex Miq　珊瑚菜
Glycyrrhiza glabra L.　光果甘草
Glycyrrhiza inflata Bata　胀果甘草
Glycyrrhiza uralensis Fisch　甘草

H

Haliotis asinina Linnaeus 耳鲍
Haliotis discus hannai Ino 皱纹盘鲍
Haliotis diversicolor Reeve 杂色鲍
Haliotis laevigata Donovar 白鲍
Haliotis ovina Gmelin 羊鲍
Haliotis ruber Leach 澳洲鲍
Hordeum vulgare L. 大麦
Houttuynia cordata Thunb. 蕺菜

I

Imperata cylindrica Beauv. var. *major* (Nees) C. E. Hubb. 白茅
Inula britannica L. 欧亚旋覆花
Inula japonica Thunb. 旋覆花
Isatis indigotica Fort. 菘蓝

J

Juncus effusus L. 灯心草

K

Knoxia valerianoides Thorel et Pitard 红大戟

L

Laminaria japonica Aresch. 海带
Leonurus heterophyllus Sweet 益母草
Ligusticum chuanxiong Hort. 川芎
Ligustrum lucidum Ait 女贞
Lilium brownie F. E. Brown var. *viridulum* Baker 百合
Lilium lancifolium Thunb. 卷丹
Lilium pumilum DC. 细叶百合
Lindera aggregata (Sims) Kosterm. J. 乌药
Liquidambar orientalis Mill. 苏合香树
Lobelia chinensis Lour. 半边莲
Lonicera japonica Thunb. 忍冬
Lycium barbarum L. 宁夏枸杞
Lycopus lucidus Turcz. var. *hirtus* Regel. 毛叶地瓜儿苗
Lygodium japonicum (Thunb.) Sw. 海金沙
Lysimachia christinae Hance. 过路黄

M

Magnolia biondii Pamp. 望春花
Magnolia denudate Desr. 玉兰
Magnolia sprengeri Pamp. 武当玉兰
Magnolia officinalis Rehd. et Wils. 厚朴
Magnolia officinalis Rehd. et Wils. var. *biloba* Rehd. et Wils. 凹叶厚朴
Melia azedarach L. 楝
Melia toosendan Sieb. et Zucc. 川楝
Mentha haplocalyx Briq. 薄荷
Morinda offcinalis How 巴戟天
Mours alba L. 桑

N

Notopterygium forbesii Boiss. 宽叶羌活
Notopterygium incisum Ting ex H. T. Chang 羌活

O

Oldenlandia diffusa (Willd.) Roxb. 白花蛇舌草
Omphalia lapidescens Schroet. 雷丸菌
Ophiopogo japonicus Ker-Gawl 麦冬

P

Paeonia lactiflora Pall. 芍药
Paeonia lactiflora Pall 芍药
Paeonia suffruticosa Andr 牡丹
Paeonia veitchii Lynch 川赤芍

图书在版编目（CIP）数据

兽医中药药理学 / 秦韬主编 . —2 版 . —北京：
中国农业出版社，2023. 1.
ISBN 978 - 7 - 109 - 30848 - 0

Ⅰ. ①兽…　Ⅱ. ①秦…　Ⅲ. ①中兽医学—药理学
Ⅳ. ①S853. 74

中国国家版本馆 CIP 数据核字（2023）第 118424 号

中国农业出版社出版
地址：北京市朝阳区麦子店街 18 号楼
邮编：100125
责任编辑：王玉英
版式设计：王　晨　　责任校对：周丽芳
印刷：北京科印技术咨询服务有限公司
版次：2016 年 8 月第 1 版　　2023 年 1 月第 2 版
印次：2023 年 1 月第 2 版北京第 1 次印刷
发行：新华书店北京发行所
开本：787mm×1092mm　1/16
印张：32. 25
字数：765 千字
定价：98. 00 元
